中国地质调查成果 CGS 2022－038
“全国地质调查项目组织实施费（中国地质调查局
武汉地质调查中心）”项目资助

中南地区
地质调查项目成果汇编（2019—2021）

ZHONGNAN DIQU DIZHI DIAOCHA XIANGMU CHENGGUO HUIBIAN

万勇泉　李　珉　魏道芳　主编

图书在版编目(CIP)数据

中南地区地质调查项目成果汇编(2019—2021)/万勇泉,李珉,魏道芳主编. —武汉:中国地质大学出版社,2022.9

ISBN 978-7-5625-5382-3

Ⅰ.①中… Ⅱ.①万…②李…③魏… Ⅲ.①区域地质调查-成果-汇编-中南地区-2019-2021
Ⅳ.①P562.6

中国版本图书馆 CIP 数据核字(2022)第 150564 号

中南地区地质调查项目成果汇编(2019—2021) 万勇泉 李 珉 魏道芳 **主编**

责任编辑:周 豪 选题策划:周 豪 张晓红 责任校对:张咏梅

出版发行:中国地质大学出版社(武汉市洪山区鲁磨路 388 号) 邮编:430074
电 话:(027)67883511 传 真:(027)67883580 E-mail:cbb@cug.edu.cn
经 销:全国新华书店 http://cugp.cug.edu.cn

开本:880 毫米×1230 毫米 1/16 字数:1100 千字 印张:34.75
版次:2022 年 9 月第 1 版 印次:2022 年 9 月第 1 次印刷
印刷:武汉中远印务有限公司

ISBN 978-7-5625-5382-3 定价:198.00 元

前　言

中国地质调查局中南地区地质调查项目管理办公室2019—2021年共接收中南地区地质调查项目完成单位提交的地质调查项目成果报告231份，其中包含二级项目成果报告91份，子项目或任务单元成果报告140份。这些成果报告由53家单位完成（表0-1）。

表0-1　2019—2021年接收成果的来源表

提交单位	完成数量/份
广东省地质局第四地质大队	2
广东省地质调查院	13
广东省佛山地质局	1
广东省核工业地质局	1
广东省有色金属地质局	2
广东省有色金属地质局九三二队	1
广西壮族自治区地质环境监测总站	1
广西壮族自治区地质调查院	11
广西壮族自治区区域地质调查研究院	1
广西壮族自治区水文地质工程地质队	1
中国地质调查局广州海洋地质调查局	1
国家地质实验测试中心	2
海南省地质调查院	5
海南省地质调查院、海南省地质综合勘察院	1
河南省地质环境监测院、河南省水文地质工程地质勘察院有限公司	1
河南省地质矿产勘查开发局第五地质勘查院	1
湖北煤炭地质勘查院、湖北煤炭地质一二五队	1
湖北省地质环境总站	5
湖北省地质局第八地质大队	2
湖北省地质局第一地质大队	1
湖北省地质局水文地质工程地质大队	1
湖北省地质调查院	16

续表 0-1

提交单位	完成数量/份
湖南省地球物理地球化学勘查院	2
湖南省地质环境监测总站	2
湖南省地质矿产勘查开发局四〇二队	5
湖南省地质矿产勘查开发局四〇五队	1
湖南省地质调查院	14
湖南省煤炭地质勘查院	1
湖南省有色地质勘查局	1
江西省地质环境监测总站	1
江西省地质调查研究院	1
南京大学地球科学与工程学院	1
湖南省有色金属矿产地质调查中心	1
中国地质大学(武汉)	11
中国地质大学(北京)	1
中国地质科学院地质力学研究所	3
中国地质科学院矿产资源研究所	2
中国地质科学院水文地质环境地质研究所	1
中国地质科学院岩溶地质研究所	5
中国地质调查局发展研究中心	4
中国地质调查局水文地质环境地质调查中心	2
中国地质调查局油气资源调查中心	4
中国冶金地质总局	1
中国冶金地质总局广西地质勘查院	1
中国冶金地质总局湖南地质勘查院	1
中化地质矿山总局	1
中化地质矿山总局化工地质调查总院	1
重庆市地质矿产勘查开发局 208 水文地质工程地质队(重庆市地质灾害防治工程勘查设计院)	2
中国地质调查局武汉地质调查中心	89
乍得矿业与地质部	1
总计	231

项目成果涵盖基础地质、矿产地质、油气地质、水工环地质、物化遥地质、地质信息、境外地质以及综合研究(图 0-1),工作内容涉及环境地质调查、水文地质调查、地质灾害调查、土地地球化学调查、矿山地质环境调查、脱贫攻坚、区域地质调查、基础矿产调查、基础地质研究、固体矿产找矿勘查、地质信息化建设、实验测试方法与标准研究等方面。

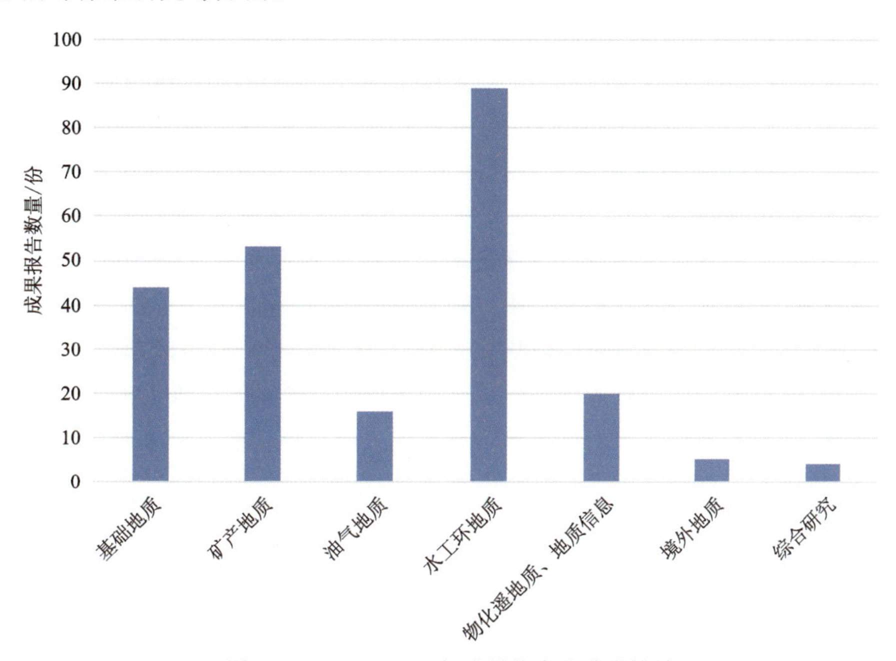

图 0-1 2019—2021 年成果按专业分类统计

(一)基础地质调查为经济社会发展提供了重要地球科学基础数据

截至 2018 年 12 月,中南地区 1∶25 万区域地质调查完成 77%;1∶25 万多目标地球化学调查完成 49.8%;1∶25 万区域地下水污染调查完成 18.9%;全面完成重要经济区 1∶25 万环境地质调查。完成 341 个县、市 1∶10 万地质灾害调查与区划及典型流域地质灾害调查和重点城镇勘查。1∶5 万区域地质调查完成 1125 幅;1∶5 万矿产地质调查完成 426 幅;1∶5 万水文地质调查完成 110 幅;1∶5 万工程地质调查完成 51 幅;1∶5 万环境地质调查完成 60 幅;1∶5 万岩溶塌陷及灾害地质调查完成 55 幅,1∶5 万地质灾害详细调查已完成 230 余个重点县、市。1∶5 万土地质量地球化学调查在湖北、广西共完成 7.46 万 km^2。完成南海 1∶100 万海洋区域地质调查,完成乐东幅和三沙市幅 1∶25 万海洋区域地质调查,完成马岭市幅 1∶5 万陆海统筹综合地质调查,完成乐东—三亚—陵水段 1∶10 万海岸带综合地质调查。

(二)以鄂西宜昌地区为代表的中扬子页岩气地质调查取得战略突破,为我国长江经济带能源结构调整提供了坚实基础

中扬子页岩气调查总体取得重大突破。黄陵隆起东缘志留系鄂宜页 1 井完成高位垂比(1∶1.02)长水平段(1875m)钻探和寒武系水井沱组页岩的分段(26 段)压裂,测试获得 6.02 万 m^3/d、无阻流量 12.38 万 m^3/d 的高产工业气流;鄂宜页 2 井钻获页岩气层 19m、页岩含气层 20m,现场解吸最高含气量达到 3.38m^3/t,平均接近 2m^3/t,500m 有效水平段压裂试气,获得 3.15 万 m^3/d、无阻流量 5.76 万 m^3/d 的高产工业气流。雪峰山隆起两侧寒武系湘安地 1 井和湘张地 1 井分别钻获富有机质页岩 220m 和

250m，页岩气层现场解吸最高含气量分别达到 $1.1m^3/t$ 和 $1.6m^3/t$。初步形成了页岩气地面地质调查和井震结合的目标区优选方法，以二维地震勘探和钻探勘查为基础，分别圈定宜昌斜坡带寒武系和志留系页岩气有利区面积 $671km^2$ 和 $1008km^2$，预测地质资源量分别达到 5069 亿 m^3 和 5720 亿 m^3，显示出宜昌地区巨大的页岩气勘探潜力。

鄂西宜昌地区页岩气调查评价取得战略突破。根据鄂西地区陡山沱组、牛蹄塘组和龙马溪组 3 个层系 8 万 km^2 的页岩气资源潜力、技术经济和环境影响"三位一体"综合评价，预测该地区页岩气地质资源量为 11.68 万亿 m^3，具有建设年产能 100 亿 m^3 资源基地的资源基础，表明宜昌地区有望成为继重庆涪陵焦石坝、四川长宁-威远页岩气示范区之后我国页岩气勘查开发和天然气增储上产新的基地，有力促进了南方页岩气勘查开发新格局的形成。

以科技创新为引领，页岩气成藏理论取得新进展。中扬子湘鄂地区页岩气形成于古生物、古地理、古环境和古气候变化重大转折时期，分布在局限台地、台内凹陷和深水陆棚等低能硫化—弱氧化还原环境中，富集于古海洋天然气水合物或甲烷释放层之上，基底隆升所形成的古隆起边缘。在不断深化研究的基础上，提出"台地凹陷是基础、有机质含量是保证、构造隆升和有机质演化相匹配是关键"的古隆起边缘页岩气富集模式，丰富和发展了页岩气成藏理论。

（三）重要矿产勘查新获得重要资源量，成矿理论与找矿预测科技创新成效突出，找矿突破战略行动取得显著成果，华南矿产资源勘查开发新格局初步重塑

初步提交新发现矿产地 23 处，新发现矿（化）点 314 处，圈定找矿靶区 171 个；开展了资源潜力、技术经济、环境影响评价，助推"三稀"、锰、钨锡、金、铝土等重要矿产资源基地建设。战略性新兴矿产调查获得重要新进展，南岭风化壳离子吸附型稀土矿找矿不断取得新成果，以湘东北仁里大型铌钽矿等为代表的幕阜山-武功山-九岭锂铍铌钽稀有多金属矿找矿潜力进一步凸显，鄂西北竹山-竹溪地区铌钽稀土矿大型资源基地的资源基础进一步得到夯实。

找矿突破战略行动取得重要成果，主要矿种累计新增资源量：（333 类及以上金属量）铜 179 万 t、铅锌 1484 万 t、钨（WO_3）138 万 t、锡 47 万 t、金 392t、银 11 984t；（333＋334_1 类矿石量）锰 2.34 亿 t、铝土矿 6.15 亿 t、钾盐 2.25 亿 t。新增大中型矿产地 170 处，其中大型 53 处。

成矿地质背景和成矿规律综合研究力度得到明显增大，矿产资源潜力评价和成矿预测研究取得重要系列进展。提出的"早期深埋作用或挤压环境下盆地流体演化为低温含矿热液，晚期在伸展构造环境下低温含矿热液沿盆地边缘向台地运移并在台地边缘浅滩/生物礁中沉淀成矿"扬子型铅锌矿成矿模式，科学应用于湘西花垣铅锌矿区，取得了找矿重大突破，有力支撑花垣-凤凰整装勘查区 2000 万 t 铅锌资源基地找矿目标的实现。基于南岭成矿带钨锡多金属成矿作用时空分布规律及成钨、成锡花岗岩判别标志，构建的南岭地区主要锡矿成矿模式和找矿模型，有效指导了骑田岭、锡田、邓阜仙、大义山、彭公庙、诸广山、越城岭和苗儿山等岩基取得突破和白腊水、垄上、桐木山、狮形岭、张家垄、高坳背找矿新发现。创立的"锡田模式"（公益先行、商业跟进；统一部署、有序推进；矿权整合、地方支持；快速突破、多方共赢）在中南地区找矿工作中发挥了示范作用。

（四）沿江沿海重要经济区（城市群）综合地质调查为粤港澳大湾区、海南生态文明示范区等国家区域协调发展战略提供了重要地球系统科学解决方案。进一步总结了此类地区国民经济建设对地质工作的需求，为规划部署提供了依据

创新国家重要经济区和城市群地质调查工作机制，开展具中南特色的沿江沿海重要经济区和城市群综合地质调查，尤其是针对粤港澳大湾区和海南生态文明示范区协同发展规划建设急需解决的国土

资源和地质环境保障问题，深入分析自然资源本底条件和重大地质问题、资源环境承载能力，提出大湾区软土沉降、水土污染及海南生态保护协同发展等资源环境问题，突出实用性、针对性和可读性，创新成果集成一表达一应用和评价的方式，并集成编制粤港澳大湾区、长江中游城市群、珠三角城市群、海南岛、北部湾等系列国家区域协调发展战略区的地质环境图集和地质调查发展报告，为地方政府提交地球系统科学对策建议 50 余份，为区域经济发展、城镇规划、产业布局、环境保护等提供了直接服务。

在环北部湾地区首次统一了海岸带第四系含水层划分标准，建立了区域统一的含水层结构框架并划分出了 7 套含水层，为环北部湾海岸带地下水资源和环境的调查、评价与管理提供了技术支撑。以北部湾经济区为重点，开展北海地区人一地相互耦合关系调查研究，基于 Cl、B、Li 元素在海水、高位养殖咸水及淡水等水源中同位素组成差异等规律，利用 Cl-B-Li 同位素组分定量评价模型，建立了海岸带地下水咸化来源快速评价指标体系和咸化机理识别技术方法，有效评价了海水入侵程度及变化趋势，揭示了海岸带地下水咸化主要物质来源、演化过程和作用机理，为海岸带地下水资源合理开发利用和保护提供了有力依据和地学支撑。在此基础上，进一步丰富了 Cl-B-Li 同位素组成特征和分馏机理的理论认识，弥补了地下水化学、传统同位素(δ^2H、δ^{18}O、δ^{34}S 等)及物探方法的不足。

以河湖演化理论为指导，扬弃冰川论和阶地分析的束缚，重构了长江中游地区"江汉-洞庭盆地"与"黄广-九江"地区统一的第四系地层格架；基于长江中游沉积物碎屑锆石研究，获得了长江贯通年代等系列新认识；剖析并获得了珠江三角洲地区晚第四纪海侵的微体古生物记录和第四纪沉积年代新进展。上述系列重要成果为长江中游城市群及珠江三角洲地区地下水等资源环境问题提供了基础地学依据。

长江经济带横跨东、中、西三大区域，是我国国土空间开发中重要的东西轴线，在全国区域发展总体格局中具有举足轻重的战略地位。习近平总书记高度重视长江经济带发展及生态环境保护工作，两次实地考察并主持召开座谈会，强调要把修复长江生态环境摆在压倒性位置，坚持共抓大保护、不搞大开发。这需要开展水、土、林、草、湿地等多门类自然资源的地质背景条件与资源环境承载能力综合调查评价，开展国土空间开发与保护适宜性评价等地质调查工作，为有效平衡资源开发与国土保护提供地质保障方案。

粤港澳大湾区是国家建设世界级城市群和参与全球竞争的重要空间载体，是与美国纽约湾区、旧金山湾区和日本东京湾区比肩的世界四大湾区之一，是国家重大发展战略中心。粤港澳大湾区将打造成为充满活力的世界级城市群、具有全球影响力的国际科技创新中心、内地与港澳深度合作示范区、宜居宜业宜游的优质生活圈。粤港澳大湾区的科学建设，亟需摸清区域自然资源家底，开展陆海统筹综合地质调查和地质灾害监测预警，开展资源环境承载力评价，从而形成更加有效的地球系统科学解决方案。

在海南建设"三区一中心"(全面深化改革开放试验区、国家生态文明试验区、国家重大战略保障区、国际旅游消费中心)，建设自由贸易试验区和中国特色自由贸易港，需要开展海南生态文明试验区自然资源综合地质调查和国土空间适宜性评价，并提供支撑服务于海南未来高质量大发展的地球系统科学解决方案。

(五)岩溶地质调查研究实现重大科技创新，岩溶区重大资源环境和地球系统科学问题解决能力得到明显提升

岩溶基础地质调查研究查明西南石漠化形成演变规律和资源效应，揭示了西南岩溶区水土流失严峻形势，创新了岩溶区水土流失标准；取得了岩溶生态与石漠化研究领域系列理论创新，创建了石漠化综合治理示范模式，研发了一批因地制宜新技术，在广西百色、湖南新田和乌蒙扶贫取得了显著成绩，带动 50 多万农民脱贫致富；大力促进精准扶贫，探采结合开发岩溶地下水资源，解决 620 多万人饮用水问题；制定了岩溶区地下水污染防治区划，有力保障岩溶地区环境安全。岩溶动力学理论、岩溶石漠化综

合治理、岩溶洞穴石笋高分辨率测年、人工干预固碳增汇和岩溶地下水探测实现重大科技创新。组织编制了《岩溶地区水文地质调查规程(1∶50 000)》《岩溶地区1∶5万水文地质环境地质调查数据库标准》《岩溶地面塌陷调查规范(1∶50 000)》等各类技术行业标准8项。牵头的国际地球科学计划IGCP661项目"岩溶系统关键带过程、循环与可持续性全球对比研究"成功获批。岩溶动力系统与全球变化研究中心被科学技术部认定为国家级国际联合研究中心,岩溶生态系统及石漠化治理重点实验室成为自然资源部重点实验室。解决岩溶区重大资源环境和地球系统科学问题的能力得到明显提升。

(六)土地质量地球化学调查助力脱贫攻坚

在湖北、湖南、广东、广西等省(自治区)发现无污染风险富硒土地面积25 740km^2,富锶土地面积2740km^2,土地质量优良区面积41 095km^2,为地方政府优选可供开发的特色优质农业生产基地8处,提交特色土地资源管理、农业种植规划等建议3份。

在主要农耕区划定绿色富硒食品产地134km^2,其中连片区22处,发现一批富硒且重金属不超标的农产品,编制了富硒土地管理和农业种植区划建议图。

调查成果为广西二塘镇、海渊镇、大安镇等地的精准扶贫工作提供了基础地质资料。

(七)华南古生物、地层、大地构造、岩石学、实验测试等多领域基础地质研究迈上新台阶,科技创新不断突破,地球认知水平进一步得到提高

新发现南漳-远安动物群、卡洛董氏扇桨龙等化石群、新属种。首次正式命名全球最早的海生爬行动物群落——南漳-远安动物群,尤其是首次发现与现生鸭嘴兽具有相似捕食方式的海生爬行动物化石——卡洛董氏扇桨龙等5新属7新种。卡洛董氏扇桨龙头骨关键特征与鸭嘴兽极为相似,说明卡洛董氏扇桨龙应该具有与鸭嘴兽相似的捕食方式,可能在黄昏或者夜间捕食虾类或者其他软体动物,这是最早的四足动物盲感应(非视觉探测)捕食方式的化石记录。这一新捕食方式在南漳-远安动物群中的发现,说明海生肉食动物在早三叠世末期已经具有与现代海洋相媲美的生态多样性,暗示了二叠纪末生物大灭绝之后的海洋生态系统在早三叠世末期已经恢复,而不是传统观点认为的延迟到中三叠世中期。这一重大发现在《自然》杂志的子刊《科学报告》上发表,中央电视台、美国生命科学网随后进行了跟踪报道。还首次建立了湖北鳄目演化谱系。发现的奇特滤齿龙与鳍龙类具有较近的亲缘关系,增补了海生爬行动物目一级的分类单元。首次在神农架地区南沱组中发现宏体藻类化石组合,表明成冰纪是连接新元古代早期宏体藻类初步发展与埃迪卡拉纪宏体藻类类型急剧增加之间的桥梁,同时表明全球性冰期事件中极端寒冷的气候条件也是新类型生物形成的重要契机,冰期之后环境好转促进了宏体藻类在全球广泛适应、大范围分布和多样性发展。

在新发现大量化石、获得大量同位素年龄数据的基础上,厘定完善了中南地区各成矿带岩石地层序列,划分了含矿沉积建造,为华南地区部分疑难地层时代的解决提供了古生物学依据。较为重要的是重新厘定扬子陆块北缘武当岩群地层序列,在变酸性火山岩中获得了760~680Ma的锆石U-Pb年龄;在扬子陆块北缘钟祥地区建立早奥陶世笔石化石带,并新建奥陶纪两个岩石地层单位;在海南岛首次发现中—晚三叠世和侏罗纪地层;在南岭地区广东揭阳新建中更新世炮台组,获得光释光年龄为157ka;厘定了江汉-洞庭盆地西缘第四系地层格架,在常德-汉寿地区建立了第四系磁性年代地层,划分了5个磁化率及粒度变化阶段和16个孢粉组合带;查明了雷州半岛、琼北等重要经济区的第四纪沉积物类型、结构和新构造活动特征,反演了沉积演化过程,恢复了古环境和古气候。

国际寒武-奥陶系界线"后金钉子"研究取得新进展。继湖北省黄花场全球中奥陶统底界暨大坪阶底界"金钉子"建立之后,开启国际寒武-奥陶系界线"后金钉子"时代的攀登。2018年8月,由中国地质

调查局武汉地质调查中心牵头，联合德国、丹麦、意大利、俄罗斯4国专家，向国际地层委员会奥陶系地层分会提出以我国吉林省小阳桥剖面为标准重新厘定全球寒武-奥陶系界线划分的建议，使我国奥陶系年代地层学研究迈上新台阶。

新发现扬子陆块太古宙板块启动证据和中新元古代蛇绿岩，岩浆岩岩石学研究取得新突破。在扬子古陆核区发现出露面积较大的残留的中太古代花岗-绿岩建造，在翔实的岩石学和地球化学研究基础上，通过LA-ICP-MS锆石U-Pb定年获得其成岩年龄为(3017±13)Ma的重要年代学突破，以此获得迄今华南最老变质事件年龄约3.0Ga的新认识，并初步识别出华南地区3.2～3.0Ga的TTG组合，认为存在与全球板块启动时间3.2～3.0Ga一致的构造岩浆热事件；结合系统的岩石学研究，通过SHRIMP锆石U-Pb定年确定扬子古陆核区存在古元古代[(2183±17)Ma]洋板块俯冲弧，加之早期提出的中新元古代庙湾蛇绿岩，表明扬子古陆核在早前寒武纪可能经历了复杂的微陆块拼接、增生历程。重新厘定了中南岩浆岩序列，在赣南加里东期花岗闪长岩中发现冥古宙(4.0Ga)锆石核，在桂西、桂东-粤西地区新发现或重新厘定出海西期—印支期侵入岩和火山岩，提出华南南缘海西期—印支期可能受到特提斯构造域和峨眉山地幔柱共同控制。

在获得大量岩浆活动高精度年龄数据的基础上，重新厘定中南地区各成矿带侵入岩序列，编制了成矿带地质构造演化时空结构表。较为重要的是在扬子陆块北缘西大别山地区定远组中识别出由变质流纹岩和变质玄武岩组成的双峰式火山岩，获得750～740Ma的锆石U-Pb年龄；新识别出新元古代A型花岗岩，获得742～738Ma的锆石U-Pb年龄，为重新认识大别山新元古代构造演化提供了新资料；江南造山带湘东北地区新发现与厘定多个新元古代花岗岩岩体，为扬子陆块和华夏陆块新元古代的拼合过程提供了证据；在云开地块西缘新发现印支期中—酸性火山岩，中—晚侏罗世中—基性火山岩和碱长花岗岩，为揭示华南印支期—燕山期构造-岩浆活动的大地构造背景提供了新证据。进一步证实南岭九嶷山含铁橄榄石和铁辉石的西山杂岩为典型的铝质A型花岗质火山-侵入杂岩，形成于板内构造环境。提出桂西地区广泛分布于T_1/T_2界线附近的火山碎屑岩形成于右江盆地从被动大陆边缘向前陆盆地转换时期。

华南大地构造背景和构造格架取得重要新认识。基础调查研究厘定了扬子北缘大洪山地区和江南造山带新元古代增生造山带地层-岩浆-构造格架，提出扬子陆块南、北缘存在新元古代同时期或近于同时期的罗迪尼亚超大陆聚合向裂解过程转换的构造响应，经历了弧陆碰撞与裂谷盆地充填阶段，奠定扬子陆块古地理格局；华夏陆块前泥盆纪构造格局的重新构建，解体云开地区前寒武纪基底，确认华夏陆块北缘“鹰扬关混杂岩”构造背景。以板块构造学说和大陆动力学理论为指导，采用大地构造相方法理论体系，重新划分了中南地区大地构造单元，将中南地区地质构造演化分为5个阶段，系统总结了中南地区各三级大地构造相单元的基本特征，并以南华纪—志留纪主造山期为优势大地构造相，编制了中南地区大地构造图及说明书。编制完成中南五省(区)新一代区域地质志。

一批实验测试标准物质制定完成，测试技术方法不断丰富完善。新研制了4个唯一含有稀土定值的磷矿石标准物质和3个特有含磷的铁矿石标准物质。新制定了15个同位素测试标准方法，修订了《同位素地质样品分析方法》(DZ/T 0184—1997)中22个标准和《地质矿产实验室测试质量管理规范第8部分：同位素地质样品分析》(DZ 0130.8—2006)，完成DZ/T 0184(含37个标准)和DZ 0130.8标准送审稿。研发了行业内适用性最强、功能最全、性能最先进、应用最广泛的实验室信息管理系统(GEO-LIMS2.0)，该系统已在自然资源行业全面推广使用。建立了闪锌矿Rb-Sr体系定年方法，采用稀盐酸提取方法提高其定年成功率，解决了闪锌矿U-Pb含量低难以开展锆石U-Pb定年分析的难题；建立了低含量(<1μg/g)样品(如超基性岩)Sm-Nd同位素分析方法和玄武岩分相Sm-Nd定年流程，解决了不易挑出单矿物的超基性岩、某些隐晶质岩石样品的定年难题；研究硫化物矿物学特征与其Re-Os

同位素组成关系，实现了 Os 含量低至 1×10^{-11} 的硫化物的 Os 同位素组成分析(测试精度优于 5‰)，成功优化了低含量样品 Re-Os 同位素负热电离质谱分析等技术方法，进一步完善了 Re-Os 同位素分析技术。创新建立手动压片-便携式 XRF 土壤重金属元素野外快速检测方法、基于白色水写布遇水变黑原理的一种简易钻孔地下水水位测量装置和基于"U"形管的一孔多层地下水环境监测新型技术方法，共获得 3 项国家发明专利。

(八)以"地质云 2.0"中南节点为标志的信息化建设实现"云"飞越

从中南地区基础地质、能源地质、矿产地质调查与勘查、水工环地质调查、地质科研等方面，建成了"地质云 2.0"中南节点，实现了从无到有再到"云"的飞越。在云端已发布地质调查成果数据库 35 个及成果产品 200 余个，有效支撑了中国地质调查局决策部署，服务了地质勘查行业数据应用和社会公众信息共享传播。

本汇编按项目和子项目成果为单元集成，每一项成果介绍包含成果名称、提交单位、项目负责人、档案号、工作周期和主要成果。每项成果的内容均引自各自的成果报告，突出表达项目的工作内容、最新研究成果与应用前景，目的是向各级政府管理部门、地质业务管理部门、地质科技工作者及社会公众介绍中南地区 2019—2021 年地质调查所取得的进展与成果，并为检索和查找这些成果与资料提供方便。

本汇编的资料来源于中国地质调查局中南地区地质调查项目管理办公室接收的中南地区地质项目提交的 231 份报告，报告名称列于书后"主要参考文献"中，在此向各项目组表示衷心的感谢！

由于编者水平有限，书中难免存在疏漏和不足之处，敬请读者批评指正。

编者

2022 年 5 月

目　录

第一章

基础地质

JICHU DIZHI

吉林白山大阳岔全球寒武系与奥陶系界线层型候选剖面再研究成果报告

提交单位:中国地质调查局武汉地质调查中心

项目负责人:汪啸风

工作周期:2016—2019 年

主要成果:

课题高质量且超额完成合同书、年度设计和实施方案提出的各项目标和任务,获得的成果集中表现在正式提交给国际地层委员会奥陶系地层分会的建议和在 *Paleoworld* 上发表的题为《修订全球寒武-奥陶系界线:中国北方大阳岔小阳桥剖面与加拿大纽芬兰绿岬金钉子剖面的精确对比》的文章(电子版)之中(图 1-1),以及 2017 年 9 月编印的《大阳岔国际寒武-奥陶系界线讨论会野外考察指南和会议论文摘要集》中(图 1-2)。

ELSEVIER

Available online at www.sciencedirect.com

ScienceDirect

Palaeoworld xxx (2019) xxx–xxx

Palaeoworld

www.elsevier.com/locate/palwor

Correlating the global Cambrian–Ordovician boundary: Precise comparison of the Xiaoyangqiao section, Dayangcha, North China with the Green Point GSSP section, Newfoundland, Canada

Xiao-Feng Wang [a], Svend Stouge [b,*], Jörg Maletz [c], Gabriella Bagnoli [d], Yu-Ping Qi [e,f], Elena G. Raevskaya [g], Chuan-Shang Wang [a], Chun-Bo Yan [a]

[a] *Wuhan Center of China Geological Survey (Wuhan Institute of Geology and Mineral Resources), Wuhan, China*
[b] *Natural History Museum of Denmark, University of Copenhagen, Copenhagen, Denmark*
[c] *Institute of Geology, Free University of Berlin, Germany*
[d] *Dipartimento di Scienze della Terra, Via S. Maria 53, I-56126 Pisa, Italy*
[e] *State Key Laboratory of Palaeobiology and Stratigraphy, Nanjing Institute of Geology and Palaeontology, Chinese Academy of Sciences, 39 East Beijing Road, Nanjing 210008, China*
[f] *Center for Excellence in Life and Palaeoenvironment, Nanjing Institute of Geology and Palaeontology, Chinese Academy of Sciences, 39 East Beijing Road, Nanjing 210008, China*
[g] *AO 'Geologorazvedka', Fayansovaya Street 20, Building 2A, Saint Petersburg 192019, Russia*

Received 14 July 2018; received in revised form 29 November 2018; accepted 22 January 2019

Abstract

The Cambrian–Ordovician boundary interval exposed at the Xiaoyangqiao section, North China is presented. The distribution of stratigraphically important fossils in the Xiaoyangqiao section revealed several nearly coeval graptolite, conodont, trilobite, and acritarch bioevents in the uppermost Cambrian–lowermost Ordovician carbonate-siliciclastic sedimentary sequence. The precise correlation to the Green Point GSSP section, western Newfoundland, Canada allows for the identification of the corresponding GSSP level in the Xiaoyangqiao section. The combined data from the Xiaoyangqiao section and the Green Point GSSP section provide a series of events that all can be applied as proxies for identification of the Cambrian–Ordovician boundary horizon outside the GSSP. Based on this, the Xiaoyangqiao section, Dayangcha, is here strongly recommended as a candidate for an Auxiliary Boundary Stratigraphic Section and Point section (ASSP) for the base of the Ordovician System, because it provides one of the best and most complete Cambrian–Ordovician transitions in the world and because the first planktic graptolites are from the Xiaoyangqiao section.

Keywords: Dayangcha ASSP section; Green Point GSSP section; Cambrian–Ordovician boundary; Acritarchs; Conodonts; Graptolites

图 1-1　2019 年 2 月在 *Paleoworld* 上发表的题为《修订全球寒武-奥陶系界线:中国北方大阳岔小阳桥剖面与加拿大纽芬兰绿岬金钉子剖面的精确对比》论文

by Xiaofeng WANG[1], Svend STOUGE[2], Jörg MALETZ[3], Gabriella BAGNOLI[4], Yuping QI[5], Elena G. RAEVSKAYA[6], Chuanshang WANG[1] and Chunbo YAN[1]

The Xiaoyangqiao section, Dayangcha, North China: Proposal for a candidate Auxiliary Boundary Stratigraphic Section and Point (ASSP) for the base of the Ordovician System

1. Wuhan Center of China Geological Survey (Wuhan Institute of Geology & Mineral Resources), Wuhan, China. *E-mails: ycwangxiaofeng@163.com; wangchuanshang@163.com; yanchunbo123@163.com*

2. Natural History Museum of Denmark, University of Copenhagen, Copenhagen, Denmark. *E-mail: svends@snm.ku.dk*

3. Institute of Geology, Free University of Berlin, Germany. *E-mail: yorge@zedat.fu-berlin.de*

4. Dipartimento di Scienze della Terra, Via S. Maria 53, I-56126 Pisa, Italy. *E-mail: gabriella.bagnoli@unipi.it*

5. State Key Laboratory of Palaeobiology and Stratigraphy, Nanjing Institute of Geology and Palaeontology, Chinese Academy of Sciences, 39 East Beijing Road, Nanjing, 210008, China. *E-mail: ypqi@nigpas.ac.cn*

7. AO ‘Geologorazvedka’. Fayansovaya Stra 20, building 2, lti. A, St-Petersburg, 192019, Russia. *E-mail: lena.raevskaya@mail.ru*

The Xiaoyangqiao section, North China is recommended as ASSP section for the base of the Ordovician System. The Xiaoyangqiao section is continuous, expanded, very well

图 1-2　2019 年 4 月提交给国际地层委员会奥陶系地层分会关于《中国北方大阳岔小阳桥剖面为全球奥陶系底界的辅助层型剖面(ASSP)》的建议

全球奥陶纪年代地层系统通过 3 统 6 阶“金钉子”的建立已基本完成，但“金钉子”的建立并不代表年代地层研究的终结，而恰恰反映全球奥陶系一个新研究阶段的开始。正如国际地层委员会和国际奥陶系地层分会主席(Andrei V. Dronov)在 *Ordovician News*(2018)中所指出的，如何通过建立辅助层型剖面(ASSP)修正某些“金钉子”剖面所发现的问题，以及解决全球不同大陆和相区统与阶的界线的精确对比问题，是当今国际奥陶系地层分会在“后金钉子”时代所面临的新课题，同时还将本课题提交建议和发表的论文作为 2018 年全球奥陶系研究的主要进展之一。本课题成果受到国内与国际地层委员会的支持和重视的主要原因是，它不仅解决了我国华北寒武-奥陶系界线划分与对比问题，解决了长期以来我国缺少符合国际地层指南要求的奥陶系特马豆克阶的界线层型剖面问题，解决了全国地质填图中长期存在的有关寒武-奥陶系界线划分与对比问题，而且也解决了全球寒武-奥陶系“金钉子”剖面经过 10 多年实践检验而暴露出来的、亟待解决的新问题。同时本课题也将弥补我国北方一直没有获得一枚“金钉子”的缺陷，且为拉动东北老工业基地旅游业的发展创造了条件。

提交的研究成果，是由5位国家奥陶系专家组成的国际合作研究组，围绕建立ASSP的目标，并通过对小阳桥和纽芬兰绿岬“金钉子”剖面高精度岩石、生物、化学、层序、事件等综合对比研究而产生的，这无论对我国还是全球奥陶系年代地层研究的理论和实际应用都是一次创新，因为该成果是在全球奥陶系年代地层序列已经基本建立起来的前提下，进一步通过深化研究，解决某些“金钉子”暴露出的问题，以及当前存在的不同大陆和相区统与阶界线的精确划分和对比问题。故而本课题所提交的成果正顺应了深化全球统一奥陶系年代地层研究的需要，不仅解决了全球寒武-奥陶系界线的精确划分和对比问题，而且从理论和研究方法上推动了全球奥陶系年代地层研究的深入和发展，具有广泛的应用前景。具体成果如下。

1. 发现世界上最早的营浮游生活的正笔石类笔石(*Rhabdinopora proparabola*)，并讨论了其与 *Rhabdinopora parabola* 的演化关系以及与寒武-奥陶系界线上下所分牙形石带的关系(图1-3)。

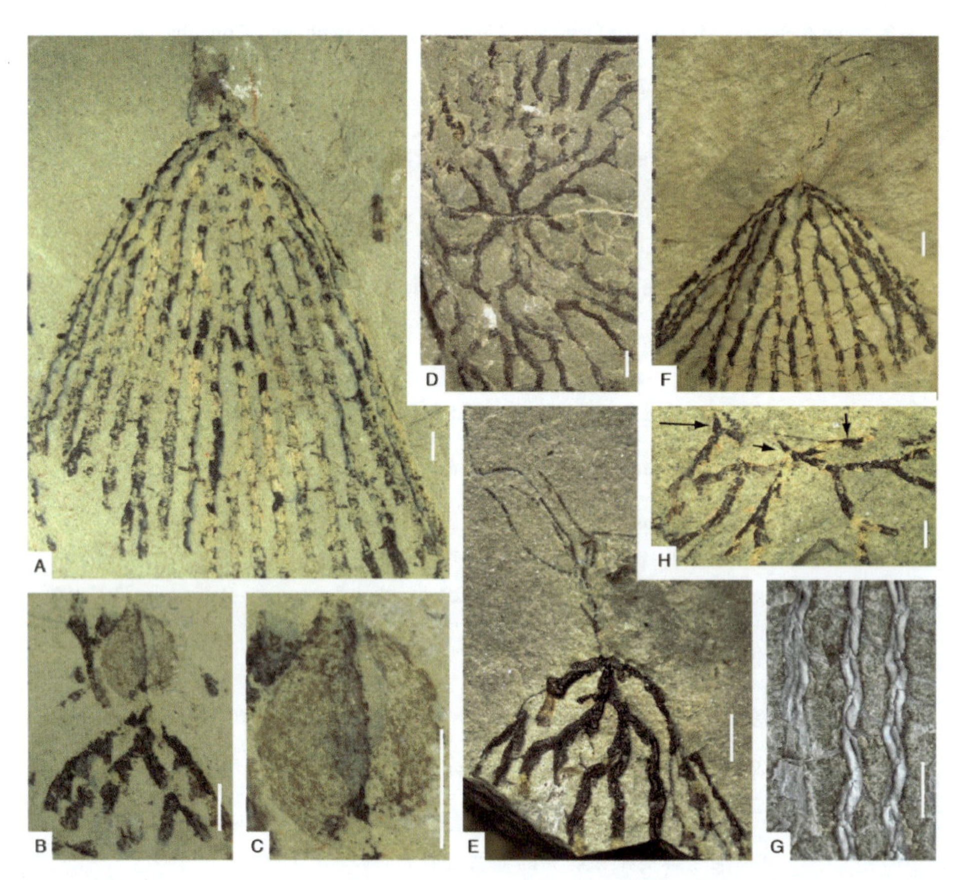

A-C. *Rhabdinopora proparabola* (Lin,1986)(A. NIGP 98646，较大的标本，始部结构较破碎，保存有群体性特征；B，C. NIGP 98605，较小的标本，显示出三翼式始部结构，图C显示其纺锤状形态)；D-G. *Rhabdinopora parabola* (Bulman，1954)(D. NIGP 168426，背视图，显示四辐对称结构；E，F. NIGP 168427 和 NIGP 164496，侧向保存标本，显示群体结构以及分叉的线管形态；G. NIGP 168428，突出的笔石枝片段，表面包裹有亚氯酸盐矿物)；H. *Anisograptus matanensis* Ruedemann，1937，NIGP 168429，一些小的标本，显示有胎管(箭头指向处)。图中比例尺代表1mm。上述所有图形的样本均保存在中国科学院南京古生物研究所。

图1-3　小阳桥剖面所发现和建立的最早营浮游生活的正笔石及其演化关系

2. 厘定和进一步完善了寒武系与奥陶系界线间隔中牙形石、三叶虫、疑源类分带和谱系演化关系及其与层序和碳同位素异常的关系(图1-4～图1-7)。

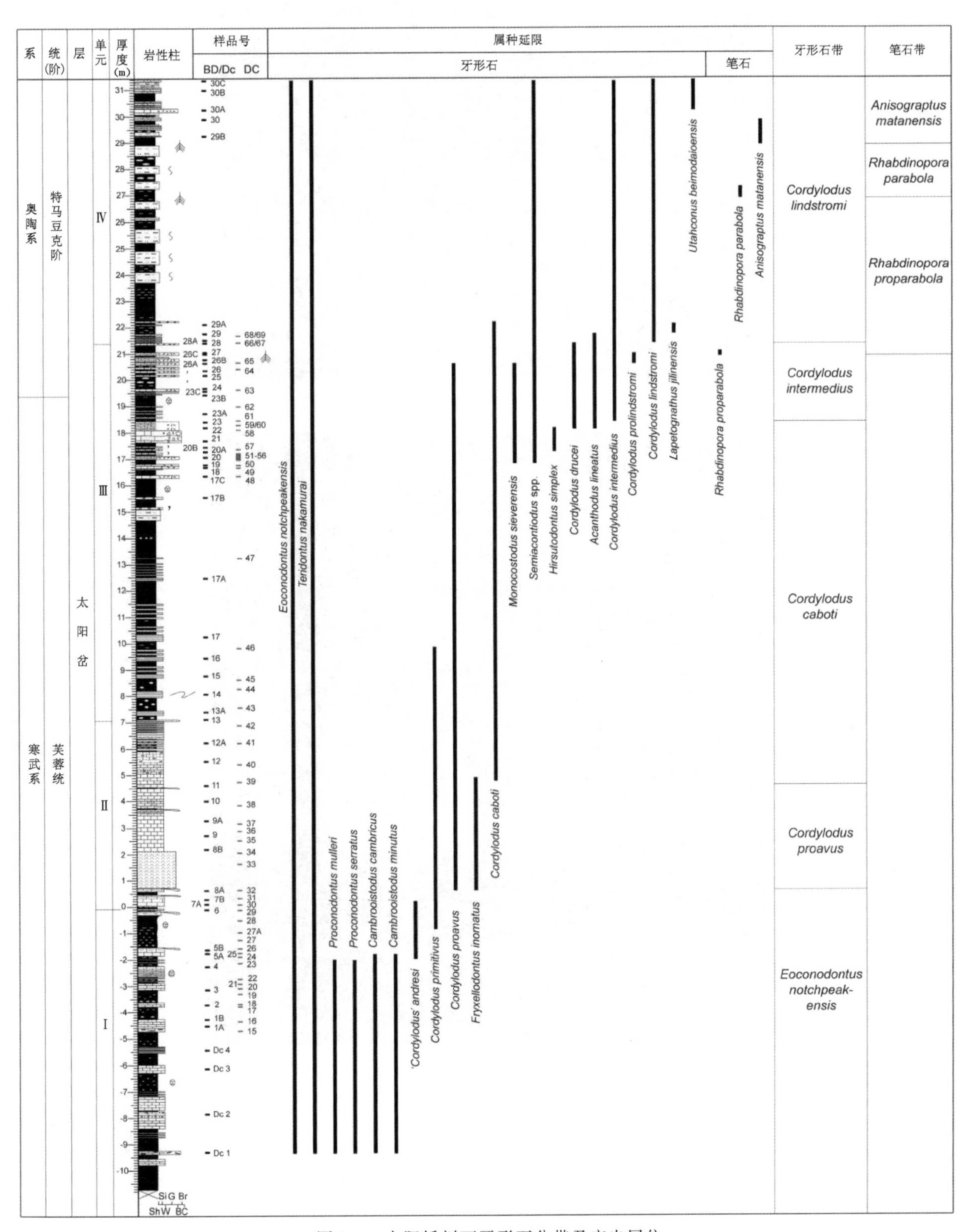

图 1-4　小阳桥剖面牙形石分带及产出层位

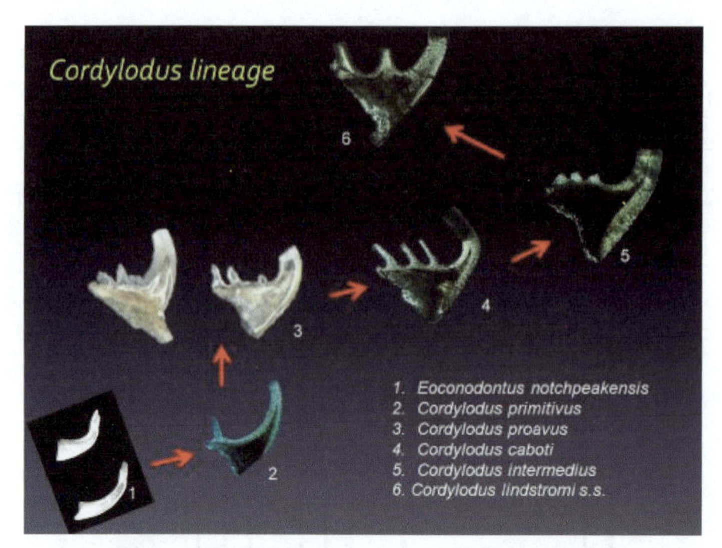

图 1-5　小阳桥剖面 *Codylodus* 谱系演化系列

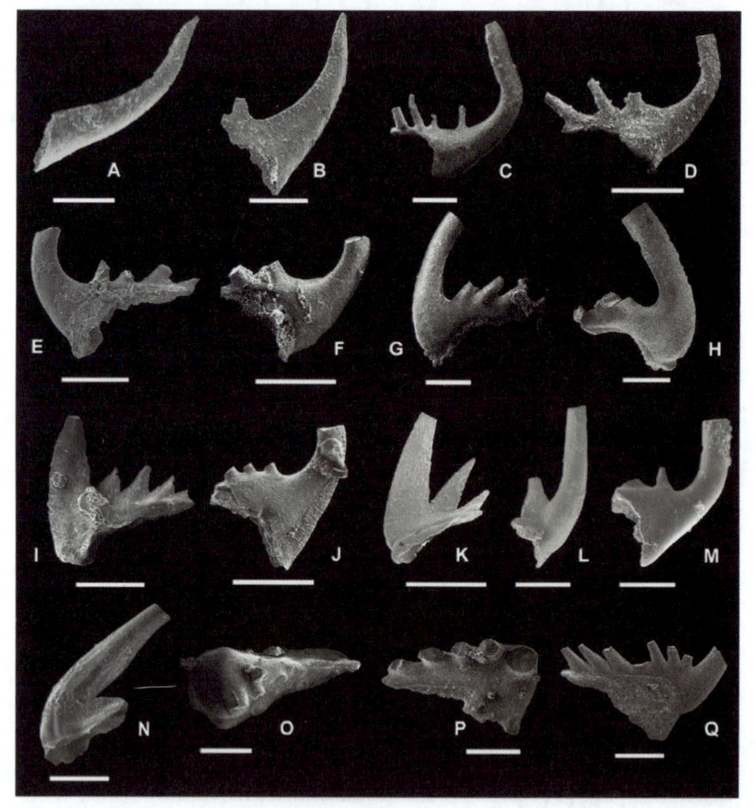

A. *Eoconodontus notchpeakensis*(Miller,1969),侧视图,BD15,NIGP174030;B. *Cordylodus primitivus* Bagnoli,Barnes and Stevens,1987,侧视图,BD15,NIGP174044;C,D. *Cordylodus proavus* Muller,1959,圆形分子,侧视图(C. BD8B,NIGP8B001;D. BD15,NIGP174034);E,F. *Cordylodus caboti* Bagnoli,Barnes and Stevens,1987,圆形分子,侧视图 (E. BD23A,NIGP23A001;F. BD22,NIGP174017);G,H. *Cordylodus drucei* Miller,1980,外侧视图,BD22(G. NIGP174015;H. NIGP174016);I,J. *Cordylodus intermedius* Furnish,1938,侧视图(I. 扁形分子,BD23A,NIGP23A002;J. 圆形分子,BD24,NIGP174011);K-M. *Cordylodus lindstromi* Druce and Jones,1971,侧视图(K. 扁形分子,BD30,NIGP182033;L. 圆形分子,BD30,NIGP182032;M. 圆形分子,BD28B,NIGP182030);N. *Utahconus beimodaioensis* Chui and Zhang in An et al.,1983,侧视图,BD30A,NIGP30A002;O,P. *Lapetognathus jilinensis* Nicoll,Miller,Nowlan,Repetski and Ethington,1999,左型分子和右型分子,上部视图,BD29(O. NIGP173046;P. NIGP29002);Q. *Cordylodus prion* Lindström,1955,*sensu* Nicoll(1991),圆形分子,外侧视图,BD19,NGIP19001。图中比例尺代表 200μm。

图 1-6　小阳桥剖面代表性牙形石

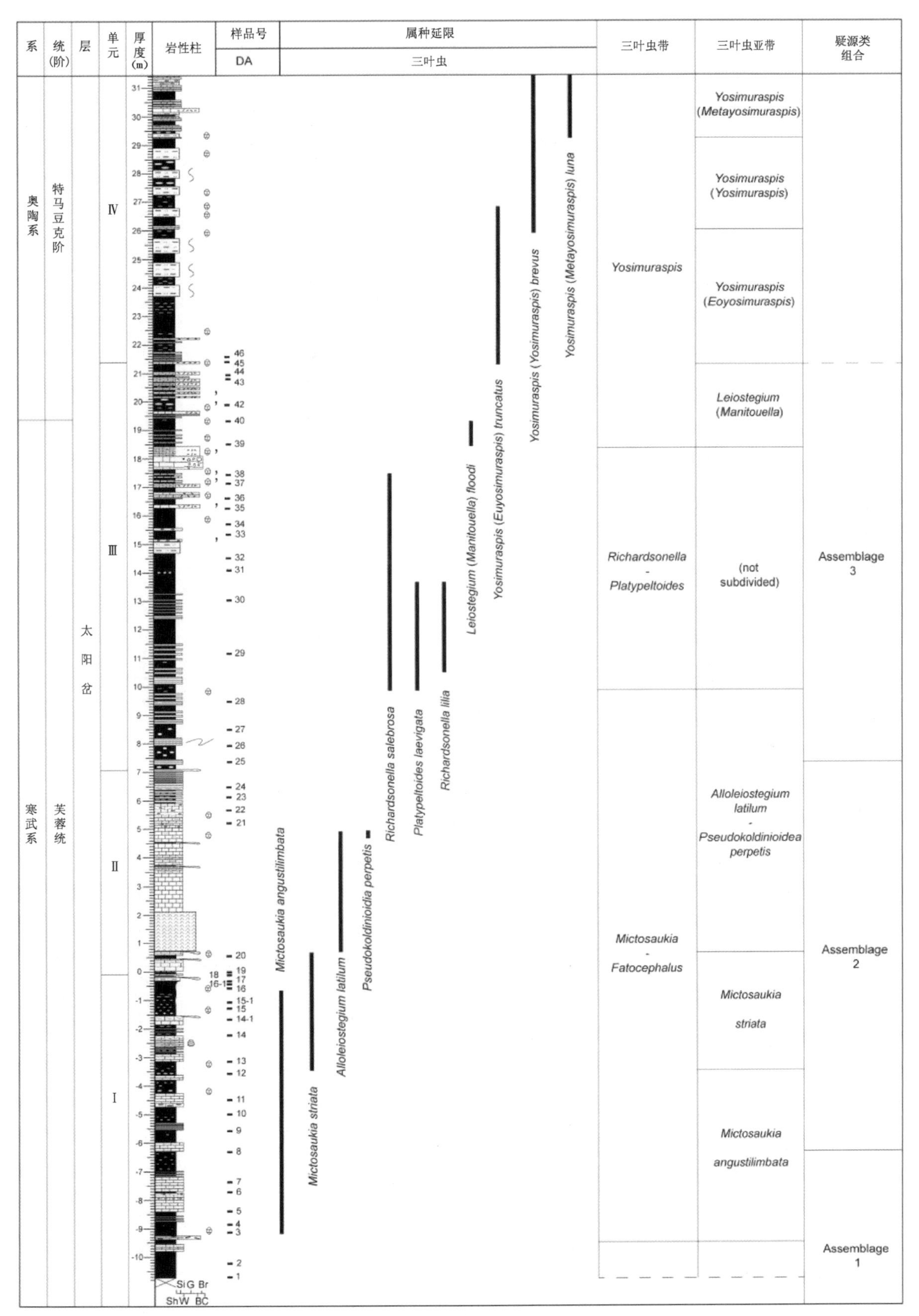

图 1-7 小阳桥剖面代表性三叶虫、疑源类及其分带

3. 通过对我国吉林大阳岔小阳桥剖面高分辨率生物、层序、化学和磁性地层的综合研究及其与纽芬兰绿岬“金钉子”剖面的精确对比，指出纽芬兰绿岬“金钉子”剖面存在的主要问题(图 1-8，表 1-1)。

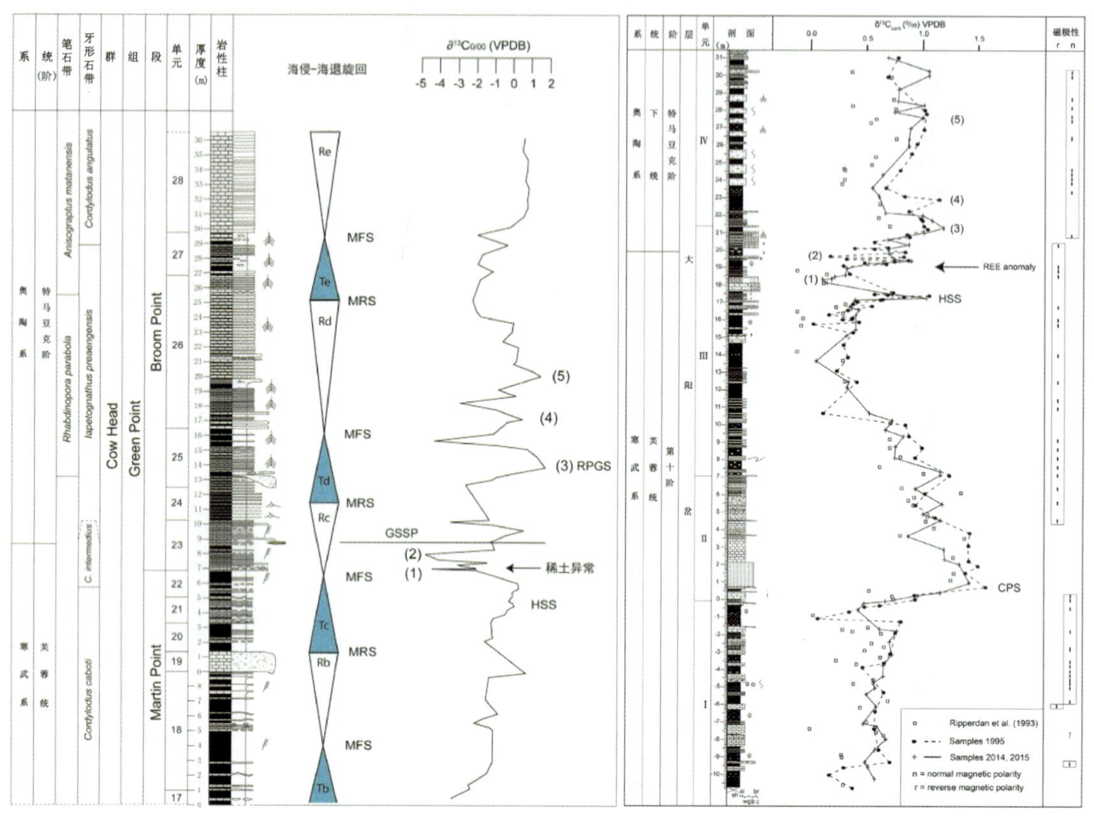

图 1-8　小阳桥剖面与绿岬“金钉子”剖面层序、化学、事件对比

表 1-1　重新修订的小阳桥生物带划分与对比表

系	统(阶)	剖面	组(层)	Chen (ed.) 1986和Chen et al.,1988 笔石带-亚带	牙形石带-亚带	疑源类	三叶虫带-亚带		此次研究 笔石带	牙形石带	疑源类
奥陶系	特马豆克阶	小阳桥剖面	冶里组	*Dictyonema flabelliforme-Staurograptus dichotomus*	*Cordylodus angulatus* - *Chonodina herfurthi* Zone	Microflora A_5	Unnamed zone			(*Cordylodus angulatus*)	
			大阳岔层	*Anisograptus richardsoni*	*Cordylodus lindstromi* Zone	Microflora A_5	*Yosimuraspis*	*Yosimuraspis* (*Metayosimuraspis*)	*Anisograptus matanensis*	*Cordylodus lindstromi*	
				Dictyonema flabelliforme sociale		Microflora A_4		*Yosimuraspis* (*Yosimuraspis*)	*Rhabdinopora parabola*		
				Dictyonema flabelliforme parabola							
				Dictyonema praeparabola				*Yosimuraspis* (*Eoyosimuraspis*)	*Rhabdinopora proparabola*		
				Dictyonema proparabola							
					Cordylodus intermedius Zone			*Leiostegium* (*Manitouella*)		*Cordylodus intermedius*	Assemblage 3
寒武系	芙蓉统				*Cordylodus proavus* Upper	Microflora A_3	*Richardsonella* - *Platypeloides*			*Cordylodus caboti*	
					Cordylodus proavus Middle	Microflora A_2	*Mictosaukia* - *Fatocephalus*	*Alloleiostegium latilum* - *Pseudokoldinioidia perpetis*		*Cordylodus proavus*	Assemblage 2
					Cordylodus proavus Lower			*Mictosaukia striata*			
					Cambrooistodus Zone			*Mictosaukia angustilimbata*		*Eoconodontus notchpeakensis*	Assemblage 1

(1)在加拿大纽芬兰绿岬“金钉子”剖面上所指定的界线划分的生物标志——波动古大西洋牙形石(*Lapetognathus fluctivagus*)实际上并不存在于所指定界线层中，即所说的 23 单元/层(Unit/Bed 23)中，而存在于 26 单元中，位于含笔石 *Rhabdinopora*“*proparabola*”-*R. parabola* 组合的层位之上。

(2)在绿岬剖面 24 单元最上部到 25 单元最下部，距界线层约 4m 的地层间隔中缺少了小阳桥剖面所发现的世界上最早的浮游笔石 *R. proparabola*。

(3)当前在绿岬“金钉子”剖面寒武-奥陶系界线层(即 23 单元或层中)所指定的“金钉子”，实际上以 *Lapetognathus preaengensis* Landing in Fortey et al., 1982(i.e. Bed 23)(Terfelt et al., 2012; Azmy et al., 2014)为代表；如果从全球识别和对比考虑，该种分布相当局限，作为界线划分标志是不合适的(Terfelt et al., 2012)。

4. 重新厘定全球寒武-奥陶系界线和划分的标志。明确提出小阳桥剖面完全具备作为 GSSP/ASSP 的条件，为精确确定全球寒武-奥陶系界线层及其全球对比提供了强有力的基础；并且指出所修订的寒武-奥陶系界线层在小阳桥剖面底部的标志层——厚层叠层石灰岩(19.9m)，处于牙形石*Cordylodus intermedius* 带上部(距该带底部 BD 23 层之上 2.8m)，产于最早的 *Rhabdinopora proparabola* 笔石层之下 1m，后者位于 *Cordylodus lindstromi* 带之下 0.5m，距 *R. parabola* 带底部 5.8m。

层型、事件、化学和磁性地层研究表明，该寒武-奥陶系界线位于 Acerocare 低位域之中，特征的碳同位素负漂移和稀土元素地球化学异常与磁性方向从正向转至负向的层位大致相当，从而为全球不论浅水还是深水，包括不含这些化石的地区，提供了精确划分和对比寒武-奥陶系界线的依据(图 1-9、图 1-10)。

图 1-9　小阳桥剖面寒武-奥陶系界线层的生物标志(红线)

(界线位于含最早浮游笔石 *Rhabdinopora proparabola* 带的 BD 26 层之下 1m，位于 BD 27 层含 *Cordylodus lindstromi* 牙形石带之下 1.5m)

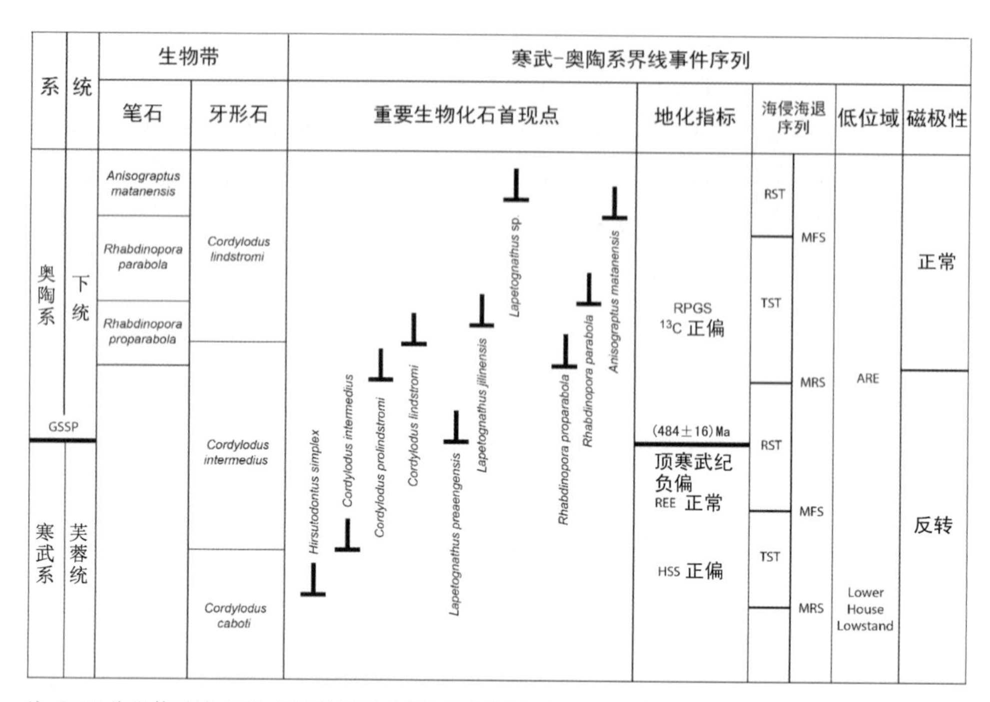

注：RST. 海退体系域；TST. 海侵体系域；MFS. 最大海泛面；MRS. 最大海退面。

图 1-10　小阳桥剖面可识别和进行全球对比的主要生物、地化、层序和事件标志

湖南 1∶5 万铁丝塘幅、草市幅、冠市街幅、樟树脚幅区域地质矿产调查成果报告

提交单位：湖南省地质调查院

项目负责人：王先辉

档案号：档 0549-09

工作周期：2014—2016 年

主要成果：

一、基础地质成果

1. 厘定了区内地层系统，划分 44 个组级岩石地层单位、12 个岩性段、3 个非正式地层填图单位；对晚古生代生物地层进行了较为系统的总结，建立了 25 个生物组合带；对晚古生代层序地层进行了研究，识别了 18 个三级层序，划分了 4 个低水位体系域、5 个陆架边缘体系域、16 个海侵体系域、16 个高水位体系域和 4 个饥饿段。

2. 对川口隆起内的青白口系冷家溪群进行了厘定，将其划分为黄浒洞组、小木坪组，黄浒洞组又可以分为两段。详细查明了冷家溪群岩石组合及沉积构造特征，根据原生沉积构造恢复了地层层序。

3. 通过常量元素、稀土元素和微量元素地球化学特征等，对调查区青白口系冷家溪群和高涧群、南华系、寒武系进行了岩石地球化学研究，并进行大地构造环境分析，认为青白口系冷家溪群和高涧群、南华系属活动大陆边缘—大陆岛弧环境，其物源区主要为长英质火山岩，还可能包括少量的中基性火山

岩；而寒武系为稳定大陆边缘环境，物源区的母岩主要为长英质岩石，包括再旋回的早期沉积岩与部分长英质的岩浆岩。

4.厘定了攸县盆地内的红色陆相沉积。攸县盆地呈北东向展布，盆地边界受伸展断裂控制，根据岩石组合特征，划分为神皇山组、罗镜滩组、红花套组、戴家坪组。同时，将红花套组划分为三段：第一段砂砾岩段；第二段泥岩段；第三段砂岩段，砂岩中发育大型板状、槽状、鱼骨状交错层理。

5.建立了调查区的岩浆演化序列，大大提高了调查区岩浆岩的研究程度，为成矿地质背景分析提供了基础资料。通过岩浆岩剖面测制、野外地质填图、同位素年龄测定、岩石学、岩石化学特征以及岩浆岩与围岩和各侵入次间的接触关系，经室内综合分析研究，将区内花岗岩体归并为志留纪（里东期）和晚三叠世（印支期）2个侵入时代，进一步划分为5个侵入次。

6.查明了衡阳盆地中玄武岩的展布特征及其与围岩的接触关系，探讨了其形成的构造背景。衡阳盆地中玄武岩呈近南北向分布，局部受北东向断裂破坏，具有褶皱、重复、错开等特征；岩体接触关系清楚，与下伏砂岩呈侵入接触，玄武岩上部与紫红色砂岩呈沉积接触；综合岩石学、岩石地球化学及以往的年龄资料研究认为，衡阳盆地中玄武岩为富碱的钙碱性玄武岩，为早白垩世形成，指示调查区早白垩世处于陆内伸展环境。

7.狗头岭岩体研究程度较低，仅根据泥盆纪跳马涧组不整合沉积于岩体之上将其侵位时代归纳到加里东期。本次对狗头岭岩体英云闪长岩采用LA-ICP-MS锆石U-Pb年龄测定，年龄为(395.7±2.7)Ma，表明狗头岭岩体为加里东期侵位形成。综合岩石学、岩石地球化学研究认为，狗头岭英云闪长岩可能是扬子陆块与华夏陆块在俯冲消减的地球动力学背景下，软流圈地幔上涌，诱发岩石圈地幔和上覆的古老地壳物质重熔形成的。

8.采用高精度的SHRIMP锆石、LA-ICP-MS锆石U-Pb定年，获得将军庙二长花岗岩的年龄为(229.1±2.8)Ma，川口花岗岩岩体群的年龄为(223.1±2.6)Ma、(206.4±1.4)Ma和(202.0±1.8)Ma，五峰仙花岗岩年龄为(233.5±2.5)Ma、(236±6)Ma和(221.6±1.5)Ma，为印支期岩浆活动产物。从获得的年龄特征来看，区内印支期岩浆具有多阶段活动特征。本次川口花岗岩年龄数据的获得，还修正了以往川口花岗岩形成于中侏罗世的认识，这对在调查区内开展找矿工作具有重要的指导意义。

9.通过详细的岩石地球化学、同位素示踪研究，查明了川口岩体的地球化学特征、花岗岩的类型，并研究了其构造背景。川口花岗岩具有高的SiO_2含量、高的A/CNK值，含过铝质的白云母矿物；微量元素中大离子元素Rb、Th、U富集，Ba、Sr、Ti亏损明显，稀土元素富集但不明显，Eu亏损明显；Sr、Nd同位素方面具低的$\varepsilon_{Nd}(t)$值、高的$(^{87}Sr/^{86}Sr)_i$值。川口花岗岩为低温、低压条件下形成的S型花岗岩，其成岩物质来源于地壳。成岩构造背景研究表明，川口花岗岩是在印支板块向华南板块俯冲碰撞期后，华南板块与华北板块碰撞期间华南内陆由挤压向伸展转换的背景下形成，川口花岗岩侵位期间华南内陆处于伸展构造背景。

10.对调查区的五峰仙岩体进行了深入研究。五峰仙岩体花岗岩特征为：弱过铝—强过铝、富含刚玉分子、A/CNK值大于1，P_2O_5含量较高；大离子元素Rb、Th、U富集，Ba、Sr、Ti亏损明显；轻稀土富集，配分模式呈右倾，Eu呈负异常等。这些特征表明五峰仙岩体为S型花岗岩。五峰仙黑云母花岗岩中发育岩浆混合成因的暗色包体，黑云母花岗岩$\varepsilon_{Hf}(t)$值（−4.4～0.7）和二云母花岗岩$\varepsilon_{Hf}(t)$值（−8.72～−2.21）较高，可能是幔源岩浆与壳源岩浆混合所致；而锆石Hf的两阶段模式年龄二云母花岗岩（t_{2DM}值为1815～1400Ma）大于黑云母花岗岩（t_{2DM}值为1534～1216Ma），表明黑云母花岗岩中可能有新生地壳物质加入。

11.根据对调查区地层记录、接触关系、岩浆活动、变质作用及同位素年代学资料等方面进行综合分析，调查区先后经历了武陵运动、雪峰（伸展）运动、加里东运动、印支运动、早燕山运动、晚燕山运动及喜马拉雅运动7次大的构造运动;厘定出4个构造层:青白口纪冷家溪期构造层(Qb^1L)、青白口纪板溪期—寒武纪构造层(Qb^2B-∈)、海西期—印支期构造层(D—T)、白垩纪—古近纪构造层(K—E);厘定了调查区的构造变形序列,初步划分为4个构造演化阶段、5个构造旋回和9个变形期次。

12.通过川口隆起带内冷家溪群黄浒洞组—小木坪组构造地层剖面测制,结合地质填图、样品测试及综合研究,厘定了剖面构造格架,查明了区内冷家溪群武陵期褶皱、断裂、劈理等构造变形特征及变形期次、变形机制。调查区武陵期规模褶皱位态以斜歪倾伏和直立倾伏为主,露头尺度褶皱以同斜倒转褶皱最典型;断裂则以与褶皱轴迹同走向的北东东向逆断裂为主;劈理则主要发育两组,一组顺层发育,另一组与层理小角度相交,劈理倾向均以北北西为主,少量北西西,其走向与区内近东西—北东东向线状紧闭褶皱轴面一致。

13.通过测制川口隆起带青白口系高涧群岩门寨组—南华系长安组构造地层剖面,结合地质填图、样品测试及综合研究,厘定了剖面构造格架,查明了调查区加里东期褶皱、断裂、劈理等构造变形特征及变形期次、变形机制。调查区加里东期褶皱位态以直立倾伏和斜歪水平为主,轴向总体呈北东东向或近东西向展布,表明其形成于加里东期北北西向或近南北向挤压;断裂则以与褶皱轴迹同走向的北东东向或近东西向逆断裂为主;劈理以板劈理为主,局部见后期破劈理和褶劈理。

14.查明了调查区印支期盖层褶皱特征,主要有两种类型:一是盖层下部与下伏褶皱基底同步变形形成的隔槽状褶皱;二是盖层上部受内部软弱滑脱层控制形成的侏罗山式褶皱。

15.查明了调查区白垩纪—古近纪断陷盆地特征,并初步探讨了盆地的形成及演化。其中,衡阳盆地为受北北东向和北西向断裂直接控制,并以北东向断裂为主控断裂的大型联合伸展断陷盆地;攸县盆地为一个受北东向断裂控制边界的地堑式盆地,调查区渡口一带为其早期的一个沉积中心。

二、水系沉积物测量成果

1.完成了1836km^2水系沉积物测量,圈定了52处综合异常,其中甲1类2处,甲2类4处,乙1类3处,乙2类10处,乙3类10处,丙1类10处,丙2类4处,丙3类9处。

2.对区内9处高温热液钨矿产异常和15处低温热液锑、金、砷矿床(点)异常进行了层次分析法评序,筛选出了具找矿意义的高温热液钨矿、低温热液锑砷矿等重要异常。

3.通过区内元素地球化学含量参数的研究,获得了调查区不同时代地层元素地球化学参数。青白口系是区内最古老的地层,相对富集的成矿元素和伴生元素较多,W、Co、Bi、As、Ni、Cr、Cu、Zn富集程度较高;南华系中Au呈强富集状态,预示南华系有较好的金成矿地球化学条件;泥盆系Sb、W、Hg、Au、As、Mo和石炭系Sb、Mo、Hg、Cr、As、F富集程度较高,表明区内泥盆系和石炭系是找锑矿、铅锌矿、金矿的重要层位。

三、矿产调查成果

1.系统清理了调查区范围内1∶20万区域矿产调查发现的31处各类矿床(点)。在本次工作中通过异常查证和矿产检查新发现矿(化)点7处,其中包括1处辉钼矿,1处钨矿点,5处金矿(化)点。

2.根据综合分析,调查区共划分7个找矿远景区,圈定找矿靶区3个。依据各靶区成矿有利程度,将靶区划为A、B两级。

3.获得川口钨矿床中伴生辉钼矿的Re-Os年龄为(225.8±4.4)Ma,认为川口钨矿床形成于印支期。该认识对在湘东南地区寻找印支期钨矿具有借鉴意义。

广西1：5万汀坪幅、两水幅、千家寺幅区域地质矿产调查成果报告

提交单位：广西壮族自治区地质调查院

项目负责人：黄锡强

档案号：档0549-11

工作周期：2014—2016年

主要成果：

一、地层

1.通过开展多重地层划分对比研究，查明了调查区的岩石地层、年代地层、沉积旋回和沉积相特征及构造背景，划分了15个组级、2个特殊岩性层共17个岩石地层填图单元，提高了调查区地层的研究程度。

2.查明了丹洲群拱洞组的岩性特征、分布规律、沉积古地理特征等，丹洲群拱洞组与上覆南华系长安组为整合接触关系；查明了南华系的岩性特征、分布规律等。调查区内南华系与区域上对比，沉积厚度较薄，长安组及黎家坡组所含砾石颗粒相对较小且含砾石层较少，富禄组基本不含砾石，代表该区沉积环境离物源区较远，这对桂北地区南华系古地理环境的对比分析具有重要意义。

3.首次于寒武系清溪组三段灰岩中采集到微古化石。长期以来，广西的寒武系尚未取得有实际意义的时代划分依据，本次所采获的微古生物化石经鉴定为孢子囊化石，虽因数量少难以确定其确切时代归属，但于该区域寒武系中首次采集到微古生物化石，对下一步确定桂北乃至整个广西寒武系的时代具有极其重大的意义。

4.首次在白洞组内采集到微古生物化石。白洞组的时代归属长期存在争议，属于寒武系还是奥陶系至今仍缺乏时代依据。本次所采获的微古生物化石经鉴定为孢子囊类微古生物化石，因采集到的化石数量较少，难以对该化石的确切时代进行确认，但经比较分析认为其更接近于寒武纪的孢子囊类化石，结合调查区内白洞组与上覆黄隘组出现短暂的沉积间断面，即类不整合界面，因此认为白洞组应划归于上寒武统顶部。白洞组的时代划分对长期存在争议的寒武系与奥陶系界线的确定具有重要意义。白洞组的命名未有层型剖面，而命名地位于本次调查区内的白洞村一带。本次工作对命名地的白洞组地层进行了剖面测量，并于相邻区域上进行多条剖面的测量，通过白洞组剖面综合研究对比，进一步完善了白洞组的岩性组合特征、沉积环境及时代归属等。

5.发现黄隘组下部粉砂岩夹1～3层浅灰绿色中厚层状层间砾岩。砾岩层主要发育于黄隘组底部，呈顺层或楔状产出，厚0.5～2.5m。砾岩层顶底面与黄隘组砂岩呈突变接触关系。该沉积砾岩的成因，推测应该属于深水重力作用沉积或风暴沉积。但从沉积物的成分上看，砾石及胶结物均与黄隘组底部砂岩相类似，砾石磨圆度一般，且砾石近似无方向性，也无分带性或旋回性。由此可推断沉积物属于近源物质，属于突发性事件造成的快速沉积，推测为深水重力流沉积。沉积砾岩的发现，对研究黄隘组的沉积环境及构造环境都具有重要的意义。黄隘组下部板岩内夹数层(1～4层)厚30～50cm的含泥质(条带)灰岩，且由南往北灰岩逐渐变厚，可作为区域上的特殊岩性层。

6.对升坪组进行了综合研究。从岩石学、沉积学及古生物学等方面将升坪组划分为三段：第一段为灰黑色至黑色、部分灰绿色含碳质页岩，常夹砂质、粉砂质页岩，顶部为硅质页岩，偶夹薄层含长石砂岩，

含 *Didymograptus abnormis*，*D. hirundo*，*D. patulus*，*D. nitidus*，*D. extensus* 等笔石化石，均属于中奥陶世笔石；第二段为灰绿色厚层状细砂岩夹少量泥岩，泥岩以薄层为主，未见化石；第三段以黑色、灰绿色页岩为主，夹粉砂质页岩、粉砂岩、砂岩，顶部为中薄层硅质岩，产 *Dicellograptus sextans*，*D. sextans. exilis*，*D. divaricatus*，*D. pumilis*，*D. ansepus* 等笔石化石，均为中奥陶世笔石。

7. 调查区内田林口组顶部地层时代存在争议，前人认为该区域内田林口组顶部应属于志留纪，且地层发生倒转重复。本次工作从地层、构造及古生物学方面进行了研究，认为区域上，田林口组并未发生地层的倒转和重复。同时，在田林口组底部、中部和顶部均首次采集到笔石化石，底部笔石种类有 *Normalograptus euglyphus* (Lapworth)，*Normalograptus* sp.，*Anticostia lata* (Elles&Wood)，*Psudoclimacograptus* sp.；中部笔石种类有 *Dicellograptus minor* Toghill，*D. ornatus* Elles&Wood，*Rectograptus abbreviates* Elles&Wood，*Rectograptus* sp.；顶部笔石种类有 *Archiclimacograptus* sp.，*Psudoclimacograptus* sp.。化石鉴定结果证明，从底部至顶部，所采集到的笔石化石标本均属于中-中上奥陶统。而其中 *Dicellograptus minor* Toghill，*D. ornatus* Elles&Wood，*Rectograptus abbreviates* Elles&Wood 属于上奥陶统凯迪阶中上部，是 *D. complanatus asiaticus* 带的主要分子。确定了调查区内不存在志留系，泥盆系超覆于奥陶系之上，呈角度不整合接触关系。田林口组时代的确定，解决了长期以来该区域存在志留纪地层的争议。

二、岩浆岩

1. 对调查区内的花岗岩体进行解体，从岩石学及年代学上重新划分期次，建立了调查区内岩浆岩序列期次。将加里东期岩体划分为 2 个侵入期次：主体岩性为晚奥陶世中细粒黑云母二长花岗岩($O_3\eta\gamma$)及早中志留世中粗粒或中粒斑状黑云母二长花岗岩($S_{1-2}\eta\gamma$)；将印支期花岗岩划分为 6 个侵入期次，主体岩性分别为中—中粗粒斑状黑云母二长花岗岩($T_3^a\eta\gamma$)、细—中细粒斑状黑云母二长花岗岩($T_3^b\eta\gamma$)、细粒斑状黑云母二长花岗岩($T_3^c\eta\gamma$)、细—中粒黑云母二长花岗岩($T_3^d\eta\gamma$)、中—中细粒斑状二云母二长花岗岩($T_3^e\eta\gamma$)、细中—中粒二云母二长花岗岩($T_3^f\eta\gamma$)。

2. 首次在调查区内获得晚奥陶世花岗岩同位素 LA-ICP-MS 锆石 U-Pb 年龄(459.0±2.0)Ma，指示晚奥陶世花岗岩物源可能是扬子古陆的古元古代晚期—中元古代早期形成的壳源物质。

3. 调查区内加里东期花岗岩为 S 型花岗岩，源区主要为扬子古陆古元古代—中元古代早期的地壳物质部分熔融，可能存在少量地幔物质的加入，且源岩为变质砂岩部分熔融，混有少量的变质泥岩部分熔融；加里东期岩体主要属过铝质高钾钙碱性—钾玄岩系列，主要形成于同碰撞造山环境，并有向后造山演化的趋势，这与桂东北其他几个加里东期岩体(越城岭、海洋山、大宁)形成构造环境基本一致。

4. 于苗儿山晚三叠世花岗岩中发现少量 MME 型包体，表明调查区甚至整个华南岩石圈在晚三叠世已经开始进入伸展减薄阶段，拉开了华南中生代大规模花岗岩浆活动及成矿的序幕。

5. 获得印支期花岗岩同位素 LA-ICP-MS 锆石 U-Pb 年龄，调查区印支期岩浆活动存在两个峰期，即晚期(220～210)Ma 和早期(230～228)Ma，充分记录了华南印支期构造-岩浆活动事件。尤以晚期岩浆活动最为强烈，形成了区内印支期花岗岩的主体，也是区内钨等多金属矿的赋矿花岗岩。早期花岗岩是加厚的地壳在减压、减薄、导水的条件下发生部分熔融形成的强过铝高钾钙碱性 S 型花岗岩；而晚期花岗岩则是在岩石圈伸展减薄的背景下，同时受底侵基性岩浆诱发地壳重熔，同时混入了少量的地幔物质，形成了区内含有少量 MME 型包体的 H_s 型花岗岩。

三、构造

1. 厘清了区内地质构造格架，查明了各主要断层和褶皱的分布规律、性质特征、活动期次以及控岩控矿作用等。调查区内北东—北北东向断层及褶皱为主体构造层，加里东运动早期，区内断层主要表现为低角度逆断层；而至印支期，经过多期次的构造叠加运动，则多表现为正断层性质。

2. 调查区的构造分布特征表明，区内的绝大部分构造都受到猫儿山岩体侵入的影响并被改造。猫儿山岩体在上侵时对围岩有一定的挤压作用，对围岩的构造（皱褶、断层）进行了改造，使其与岩体界线相协调，具有主动侵位的性质。先存的围岩构造被调整到与岩体构造基本一致，其走向环绕岩体的接触带，并大致平行岩体的主轴方向。例如区内早期近南北走向的断层（轴向南北的褶皱）在猫儿山岩体侵入期发生了被动挤压改造作用，从而导致其形成北北东向展布特征。岩体侵位时有主动的性质，在侵位过程中通过压缩围岩来取得一定的侵位空间。

3. 新发现一个推覆构造，并对构造带的根部、中部和峰部进行了分析。推覆构造的发现可作为区内造山运动的指示，为猫儿山岩体的侵入时间提供补充依据。

四、矿产及化探

1. 调查区内矿床（点）的分布与印支期岩株在空间、时间上密切相关，如云头界、油麻岭等地区钨矿成矿年龄均属于印支晚期。

2. 调查区内矿产受地层、岩浆岩及构造控制，矿产的空间展布与地层、岩浆岩及构造的空间展布有较高相关性。区内钒矿主要由地层控制，分布于下寒武统清溪组一段黑色碳质页岩中；区内钨矿受岩体控制，均分布于岩体内外接触带中；铅银等多金属矿则同时受岩体和构造控制，分布于相对远离岩体的构造有利部位；非金属矿如沸石、萤石则主要受北东—北北东向断裂控制，规模矿床基本上沿华江-车田-双滑江区域性断裂分布。

调查区钨多金属成矿年龄集中分布在 220Ma 之后，与印支期晚阶段花岗岩年龄分布范围基本一致，表明猫儿山地区与印支期花岗岩有关的钨多金属矿床主要是晚阶段岩浆活动的产物。

3. 完成 3 个图幅的水系沉积物测量工作，编制了调查区水系沉积物采样实际材料图 3 张、单元素异常图 20 张、地球化学图 20 张、元素组合异常图 4 张、综合异常图 1 张，以及异常剖析图、找矿预测图等若干张。这些图件是调查区首次编制的精度最高、最可靠、最新的水系沉积物地球化学普查成果。圈定综合异常 22 处，其中甲类异常 10 处，乙类异常 9 处，丙类异常 3 处，并初步对异常进行了评价解释；圈定Ⅰ级成矿远景区 5 处，Ⅱ级成矿远景区 1 处。

4. 新发现金属矿（化）点 3 处，宝玉石矿点 1 处（图 1-11）。

图 1-11　调查区原生玉石脉（左）及河中矿石滚块（右）

广东 1∶5 万大镇幅、官渡幅、高岗圩幅、白沙圩幅区域地质调查成果报告

提交单位：广东省地质调查院

项目负责人：郭敏

档案号：档 0549-13

工作周期：2016—2018 年

主要成果：

1. 将区内岩石地层划分为 18 个组级地层单位、5 个段级地层单位和 7 个非正式填图单位。其中，东坪组、长埈组、曲江组和大埔组为新厘定岩石地层单位。老虎头组进一步可划分为下段和上段，天子岭组进一步可划分为下、中、上 3 段。7 个非正式填图单位分别为杨溪组复成分砾岩、老虎头组下段石英质砾岩、帽子峰组泥质灰岩、测水组砾岩、曲江组硅质岩、红卫坑组砾岩和煤层。调查结果明显提高了调查区岩石地层的研究程度。

2. 在晚泥盆世天子岭组，早石炭世大赛坝组、石磴子组、测水组、曲江组，晚石炭世大埔组和晚三叠世红卫坑组等地层中发现大量化石。特别是在石蹬子组顶部首次发现了广东早石炭世保存完好的三叶虫化石（图 1-12）：*Paladin*（*Sinopaladin*）*xinganensis* Li et Yuan，1994；在晚三叠世红卫坑组中发现了陆相植物组合，包括真蕨类、种子蕨类、本内苏铁类、苏铁类、松柏类和银杏类，真蕨类 *Cladophlebis* sp. 和松柏类 *Podozamites* sp. 数量最为丰富，苏铁类 *Taeniopteris* sp. 和 *Nilssonia* sp. 次之。这些化石的发现为调查区的古环境恢复、古生态研究、生物地层研究提供了丰富的资料和可靠的依据。

图 1-12　石磴子组顶部三叶虫化石：*Paladin*（*Sinopaladin*）*xinganensis* Li et Yuan，1994（微距）

3. 对调查区内难以采集标准化石的地层单元进行了沉积时限厘定。对坝里组变质细粒岩屑石英砂岩进行碎屑岩 LA-ICP-MS 锆石 U-Pb 年代学研究，获得的最小岩浆锆石年龄为(610±9.8)Ma。获得的杨溪组下部含砾粗粒岩屑石英砂岩 LA-ICP-MS 碎屑锆石 U-Pb 同位素最小年龄值为(413.7±13)Ma，可作为杨溪组沉积时代的下限，有效约束了调查区泥盆系的底界。

4. 通过对岩性特征、岩石组合、沉积构造等的详细调查，结合相应的古生物、岩石地球化学等特征，对区内岩石地层的沉积相、沉积环境进行了系统的研究。其中，取得的重要进展有：确定坝里组为浅海沉积，高滩组为滨浅海沉积，杨溪组和老虎头组为河流—滨浅海沉积，棋梓桥组为碳酸盐岩潮坪沉积，东坪组为浅海沉积，天子岭组为碳酸盐岩潮坪沉积，帽子峰组为滨浅海—潮坪沉积，长埈组和石磴子组均为碳酸盐岩潮坪沉积，大赛坝组为碎屑岩潮坪沉积，测水组为滨浅海碎屑岩潮坪—含煤海湾沼泽沉积，曲江组为浅海沉积，大埔组为半局限台地潮上亚相，红卫坑组为河口三角洲—滨海泥炭沼泽沉积，丹霞组为河流—滨湖沉积。

5. 对调查区内褶皱进行了梳理，共识别出 11 处褶皱构造。其中，加里东期 3 处，为组内褶皱，整体表现为北北东向，属紧闭型同斜倒转褶皱；海西-印支期褶皱 8 处，以洋伞岌背斜和翁城复式向斜规模最

大，长15～20km，宽10～15km，主要发育于泥盆纪、石炭纪地层中，总体轴线方向为北东—北北东，受多期构造叠加，褶皱形态十分复杂，多发育配套的次级褶皱和微型褶皱，洋伞岌背斜为转折端圆滑的开阔型背斜，翁城复式向斜为转折端圆滑的同斜复式向斜。

6. 共厘定出37条断裂构造，其中北东向官坪断裂为调查区内规模最大的断裂，是英德-始兴断裂带的一部分。官坪断裂发育一系列平行的次级断层，以挤压逆冲性质为主，具有多期活动的特征。北东向官坪断裂、合水潭断裂、官渡断裂、青塘断裂、旗山冈断裂及北西向马屋断裂为调查区内主干断裂，控制了调查区的整体格局，与区内其他配套断裂共同构成调查区基本构造格架。

7. 调查区内首次发现火山岩的存在，岩性为灰—深灰—灰黑色块状玄武质角砾熔岩、角砾状玄武质角砾凝灰熔岩和玄武岩，成分分带比较明显。火山岩呈侵出相出露于晚三叠世红卫坑组中，锆石U-Pb加权平均年龄为(205.4±3.0)Ma。研究认为，玄武质火山岩形成于板内裂谷环境，其地球化学特征表明成岩岩浆主要来源于古元古代造山纪地壳组分的熔融。

8. 重新厘定了调查区岩浆岩形成时代，建立了岩浆岩的岩石序列。将调查区岩浆岩划分为6期10次，基本查明了各期次侵入体之间、侵入体与围岩的接触关系。获得的一大批锆石U-Pb同位素年龄为(163.7±2.3)～(92.4±1.7)Ma和(441±13)Ma。开展了侵入岩的岩石学、岩石化学、地球化学等研究，并查明了各期次岩浆侵入体的岩性特征、分布范围、化学成分特征以及成岩年代。将区内1∶25万韶关幅中寒武世片麻状、眼球状黑云母花岗闪长斑岩($\in_2\gamma\delta\pi$)和晚侏罗世细粒石英闪长岩($J_3\delta o$)修订为早志留世片麻状中细粒黑云母二长花岗岩($S_1\eta\gamma$)和中侏罗世第一阶段第一次侵入岩($J_2^{1a}\delta o$)，新增晚白垩世第二阶段第二次花岗斑岩($K_2^{2b}\gamma\pi$)、晚白垩世第二阶段第一次粗中粒黑云母二长花岗岩($K_2^{2a}\eta\gamma$)等填图单位。

9. 查明了区内变质岩的岩石类型及其分布规律，总结了各种变质岩的岩石类型及相应的变质矿物共生组合，划分出区域变质、接触变质、动力变质、气-液交代变质4种变质作用类型，厘定了变质相。

10. 新发现新丰县离子吸附型轻稀土矿1处，通过布设陡坎+垌口锹采样，初步估算离子吸附型轻稀土资源量(333+334类)103 161t。其中，333类资源量22 212t，334类资源量80 949t。

11. 创新找矿思路，以老虎头组上段(D_2l^b)中顺层产出的含金蚀变岩为目标，基本查明含金层位(老虎头组上段)的岩性组合、沉积环境、分布特征，并初步对金矿化富集因素进行了探讨，对本地区金矿的找矿工作具有极大的现实指导意义，预期可以寻找到中型规模及以上的金矿床。

广东1∶5万丰顺县幅、坪上幅、五经富幅、揭阳县幅区域地质调查成果报告

提交单位：广东省地质调查院

项目负责人：李瑞

档案号：档0549-14

工作周期：2016—2018年

主要成果：

1. 采用多重地层划分方法，重新厘定了调查区内前第四纪地层填图单位，将区内地层划分为3个群级、8个组级岩石地层单位和2个段级非正式岩石地层单位。划分依据较充分，查明了各地层单位的岩性组合、生物及沉积相特征。其中在调查区上龙水组地层中新发现虫管，枝脉蕨 *Cladophlebis*、似木贼 *Equisetites* 等，双壳类 *Pseudomytiloides matsumotoi*、*Parainoceramus amygdaloides* 等，为 *Parainoceramus-Ryderia guangdognensis* 组合带的重要分子，时代为早侏罗世辛涅缪尔期(Sinemurian)。对银

瓶山组、上龙水组分别划分了泥岩、砂岩特殊岩性层，为区域地层划分对比及研究提供了新的资料。

2.本次调查施工钻孔 4 个(其中研究孔 2 个)，进尺 513.05m；收集利用了钻孔 216 个。在研究钻孔岩石(沉积)地层划分及收集钻孔资料的基础上，结合沉积物^{14}C年龄、光释光年龄、磁化率和微体生物等特征，重新厘定了第四纪地层填图单位，划分了 5 个组、7 个段和 3 个层级岩石地层单位以及 2 个非正式地层单位。新建中更新世岩石地层单位炮台组(Qp_2p)，获得中更新世光释光年龄(157±13)ka，进一步划分为钟厝洋段(Qp_2p^{zc})和水路尾段(Qp_2p^{sl})(图 1-13)。

3.首次确定了里斯冰期及间冰期在潮汕平原的沉积记录。前人受测年所限，认为潮汕平原第四系与珠江三角洲一样为约 50ka 以来的沉积，相当于深海氧同位素 3 阶段(MIS3)中晚期开始接受沉积。本项目认为潮汕平原第四系为约 325ka 以来的沉积，相当于深海氧同位素 7 阶段(MIS7)开始接受沉积，表明潮汕平原和珠江三角洲在中更新世(里斯冰期和间冰期)时并非作为一个整体，潮汕平原沉积中心处此时已开始接受沉积，形成了厚达几十米的地层，珠江三角洲则仍处于风化剥蚀阶段。

4.对中生代火山岩进行了火山构造-岩性岩相-火山地层填图，基本查明了火山岩物质组成及空间展布规律，划分了 3 个火山活动旋回，划分出火口-火山颈相、侵出相等 10 种火山岩相类型，圈定了桐梓洋火山喷发盆地等 5 个Ⅳ级火山喷发盆地和桐梓洋穹状火山等 9 个Ⅴ级火山机构。进行了岩石学、岩石地球化学、副矿物等研究，并在火山岩中获得一批激光等离子锆石 U-Pb 同位素年龄，结果介于(163.3±1.9)～(145.8±1.9)Ma 之间，据此将火山岩的活动时代确定为中侏罗世—早白垩世。本区域发现了大量 160Ma 左右的高精度同位素年龄样品，为粤东中—晚侏罗世火山喷发提供了新的证据。

5.将调查区侵入岩划分为 21 个“岩性＋时代”填图单位，属于燕山期构造岩浆旋回，包含了早侏罗世—晚白垩世侵入体。基本查明了各期次侵入体之间、侵入体与围岩的接触关系，获得了一大批锆石 U-Pb 同位素年龄，结果主要介于(189.7±2.2)～(101.2±3.7)Ma 之间。开展了侵入岩的岩石学、岩石化学、地球化学等研究，并查明了各期次岩浆侵入体的岩性特征、分布范围、化学成分特征以及成岩年代。

6.将原茶背岩体(石英二长岩)修正为早侏罗世细粒斑状含角闪石黑云母二长花岗岩，采用激光等离子锆石 U-Pb 测年分析，获得花岗岩的年龄为(189.7±2.2)Ma。将原观音山一带石英闪长岩修正为细粒斑状含角闪黑云母二长花岗岩，获得花岗岩的年龄为(159.2±1.7)Ma。

7.对区内侵入岩构造环境及成因类型进行了探讨。早侏罗世岩体形成于大洋和大陆碰撞环境，属于变质沉积岩源区重熔改造的 S 型花岗岩；中晚侏罗世—早白垩世侵入岩形成于大陆板内与活动性大陆边缘的过渡型构造环境，属于变质沉积岩源区重熔改造的 I—S 过渡型花岗岩；晚白垩世岩体形成于板内构造环境，属于板内构造环境中改造的 S 型花岗岩。

8.将区内变质岩划分为热接触变质岩、气-液蚀变岩和动力变质岩，并研究了各种变质岩的岩石类型及相应的变质矿物共生组合。

9.基本查明了调查区褶皱、断裂等主要地质构造特征，建立了调查区地质构造格架。查明了 31 条主要断裂构造带，并划分为北东向、北西向、南北向、北东东向共 4 个方向的断裂构造；重点查明了区域上莲花山断裂东束的大埔-海丰断裂带及三饶-潮安-普宁断裂带在区内的展布位置、构造形迹和活动期次，并对莲花山断裂东束成生时限进行了探讨；厘定了区内打石栋片理化带、龙颈水库片理化带及梅岗山片理化带，查明了其主要特征，指出片理化带与断裂相伴而生。

10.新发现丰顺小溪背离子吸附型重稀土矿 1 处，通过布设陡坎＋垌口锹采样，对丰顺小溪背地区 2 条矿体进行了资源量估算，共求得重稀土资源量 113 634t，其中 333 类资源量 14 334t，334-1 类资源量 99 300t。

11.在查明火山岩和侵入岩野外产出特征、地质地球化学特征、年代学及成矿地质条件研究、典型矿床研究等工作的基础上，结合调查区控矿构造特征，总结了火山-侵入杂岩时空演化关系和岩浆活动与成矿作用的时空耦合关系。

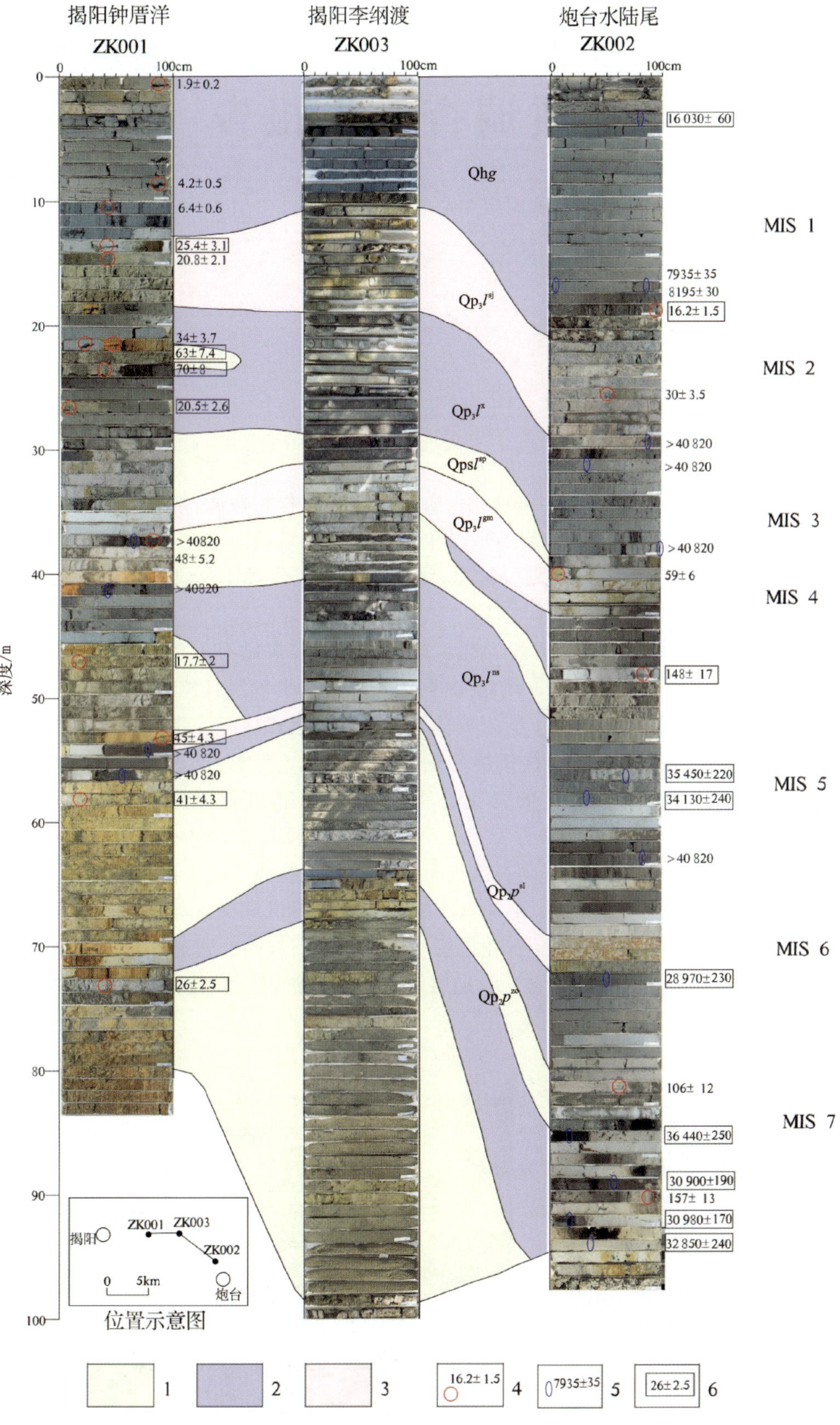

1. 砂层；2. 黏土层；3. 风化层；4. 光释光测年(ka)；5. ^{14}C 测年(a)；6. 舍去的年龄值(ka)

图 1-13　调查区揭阳-炮台钻孔剖面对比图

广西 1∶5 万绍水幅、全州县幅区域地质调查成果报告

提交单位：中国地质调查局武汉地质调查中心

项目负责人：崔森

档案号：档 0549-15

工作周期：2017—2018 年

主要成果：

一、地层学及古生物学

1. 基本查明了调查区的岩石地层、生物地层、层序地层和沉积相特征，采用多重地层划分对比，建立了调查区不同相区地层序列。划分组级岩石地层单位 30 个，段级填图单位 4 个，特殊岩性层（鲕状赤铁矿层）1 个，确定了不同地层单元的顶底划分标志，为区域地层划分对比及研究提供了新的资料，提高了调查区地层的研究程度。

2. 探讨了桂东北地区寒武-奥陶系界线问题。通过白洞组碎屑锆石 U-Pb 定年，限定了白洞组的最老沉积年龄为 480Ma，为早奥陶世早期。因此，白洞组灰岩应属奥陶系且位于奥陶系底部。

3. 通过白洞组碎屑锆石的研究，进一步分析早奥陶世早期沉积物源。获得的 141 颗锆石年龄中，有 9 颗年龄≥2500Ma，其中最老的 4 颗锆石年龄分别为 3338Ma、3370Ma、3417Ma、3566Ma，反映物源区保存了 2500Ma 之前发生的岩浆热事件的物质记录或具有太古宙古老物质的再循环。有 20 颗年龄在 1302～1106Ma 之间，反映物源区可能靠近罗迪尼亚（Rodinia）超大陆的中心位置。通过年龄频率直方图与华夏陆块、扬子陆块年龄数据对比，调查区内早奥陶世碎屑物源主要为南东侧的华夏陆块。

4. 在调查区内唐家湾村一带，测制了上泥盆统桂林组—下石炭统尧云岭组地层剖面，将原岩关阶划分为上泥盆统额头组与下石炭统尧云岭组，并逐层采取了牙形石样品。通过已获牙形石面貌的变化，结合已获 *Pseudouralinia* sp. 化石的层位与岩石地层综合讨论分析，泥盆-石炭系界线应在下石炭统尧云岭组底部的微晶灰岩中。

5. 在调查区新发现信都组遗迹化石——环状石针迹与贝尔高尼亚迹（图 1-14、图 1-15），丰富了该地

图 1-14 环状石针迹

图 1-15 贝尔高尼亚迹

区化石种类。环状石针迹指示了其形成于高能环境下的滨海潮间、潮下带的浅水环境;贝尔高尼亚迹常见于滨浅海环境。

6. 对调查区内第四系开展调查,划分与Ⅱ级阶地对应的桂平组、望高组,建立了第四系堆积序列。

二、岩浆岩

本次工作基本上查明了调查区内岩浆岩的分布和侵入体岩石的物质组成、结构、构造、锆石 U-Pb 年代学等方面的特征,首次获得了锆石 U-Pb 年龄(420.0±4.7)Ma、(436.8±6.1)Ma,表明岩体侵入时代为志留纪,共两个侵入期次($S_4\eta\gamma$、$S_1\eta\gamma$),并查明了两个期次侵入体之间、侵入体与围岩的接触关系,为二级项目"越城岭岩体与围岩的接触关系及其对成矿作用的影响"提供了数据支撑。

三、构造学及新构造

对调查区构造运动及不同时代、不同性质的褶皱和断裂发育特征进行了系统总结和详细阐述,建立了区内构造变形序列,厘定了调查区加里东期、印支期及燕山期构造机制及构造形迹。重点对断层及褶皱构造进行了详细解剖,对白垩纪陆相盆地成因进行了分析。

四、矿产

通过对小洞锰矿、棠村锰矿、荣华里锰矿的踏勘检查,初步认为本区在二叠纪时为浅海陆棚相,岩性主要为硅质岩、含锰硅质岩、含锰硅质页岩、含锰泥岩等,为锰矿的形成提供了物质基础。区内褶皱构造控制了含锰层和次生氧化锰矿层的空间及形态特征,它们使含锰层重复隆起,广泛裸露,在炎热、潮湿的气候条件下,经化学风化作用,锰质在含锰层氧化带上次生富集,形成本区锰帽型矿床

矿床的形成严格受地层、构造等因素控制。地层是主要控矿因素,为孤峰组含锰硅质岩、含锰硅质灰岩、含锰泥岩和硅质岩、硅质灰岩及硅质泥页岩。褶皱、断裂构造是层状氧化锰矿体次生富集最有利的控矿构造。此外,地形条件是决定次生氧化强度的重要因素,当含锰原岩产状与地形坡度一致,即同向倾斜时,则一般次生氧化矿体规模较大,延伸较深;若上覆基岩盖层较薄,坡度(倾角)较缓,则氧化矿体延伸往往达到 100m 以上,为区内最优的次生氧化条件;当含锰原岩产状(倾向)与地形坡向相反时,则一般次生氧化作用较弱,矿体延伸有限。

区内锰矿为风化淋滤型锰矿,主要应在二叠系孤峰组中上部的氧化带以及褶皱构造发育地段寻找。

五、环境与灾害地质

从地球系统科学的角度分析调查区内引起自然灾害的原因与诱发因素。分析调查大毛坪煤矿水污染问题,并为防止水体进一步被污染提供具体建议。

广西1∶5万界首镇幅、石塘幅区域地质调查成果报告

提交单位:广西壮族自治区区域地质调查研究院

项目负责人:周开华

档案号:档0549-16

工作周期:2017—2018年

主要成果:

一、地层

1.对调查区地层进行了系统调查,基本查明了调查区的岩石地层、生物地层、层序地层和沉积相特征,采用多重地层划分对比,建立了不同相区地层序列。划分组级岩石地层单位27个,3个岩组细分到段,对3个特殊岩层(或含矿层)按非正式岩石地层单位填绘,提高了调查区地层的研究程度。

2.根据岩性组合、沉积相,结合生物地层、年代地层,对广西与湖南两省(区)接壤地区台地相地层进行多重地层划分与对比。结合两省(区)以往区调报告及《中国区域地质志·广西志》(2016)、《中国区域地质志·湖南志》(2017)的地层划分方案,初步建立了湘桂交界地区台地相地层序列,对湘桂交界地区台地相地层调查研究具有一定的参考意义。

3.基本查明了调查区台盆相与台地相的相变关系及沉积相分异时间,特别是石炭系不同沉积环境的相变关系在桂北地区的表现形式,较好地完成科技创新目标。同时,本次调查还解决了以往一些地质学者认为"湘桂海槽"与桂林台地以白石断裂为界,从中泥盆世沉积相开始分异这一观点的争议,将沉积相分异时间确定为晚泥盆世至早石炭世,特别是早石炭世,沉积分异最为明显。

中泥盆世中晚期,东、西部均为开阔—半局限台地相,沉积一套灰岩夹白云质灰岩及少量白云岩,划分为黄公塘组、棋梓桥组。晚泥盆世,东、西部开始出现明显的沉积相分异,西部为开阔台地相夹潮坪相沉积,从下往上划分为融县组、欧家冲组、额头村组;东部为开阔台地相—局限台地相沉积,划分为长龙界组、锡矿山组、欧家冲组、额头村组。至早石炭世,进一步拉张,西部台地断陷形成台盆(西以桂林-来宾断裂为界,东以白石断裂为界),沉积一套台盆相的鹿寨组;东部则为局限—半局限台地相夹潮坪相—开阔台地相沉积,划分为尧云岭组、英塘组、黄金组、寺门组。

4.采集了一批化石,为调查区岩相古地理的研究分析、地层划分与对比提供了古生物依据和时代依据。在调查区西南角图幅边贺县组中采获化石 *L. variabilis* Wang et Rong,确定莲花山组应为早泥盆世沉积,与下伏基底上奥陶统—志留系兰多维列统田林口组为角度不整合接触;在栖霞组近底部灰岩中采获蜓化石 *Parafusulina* cf. *kiangsuensis*,*Parafusulina rothi*,*Pseudofusulina pseudosuni* 等,其形成时代为中二叠世。结合采获的早石炭世晚期化石,确定大埔组(原壶天群)的时代应为晚石炭世至二叠纪的跨时岩石地层单位。

5.调查了白垩系岩性及组合特征。白垩系为陆内碎屑-类磨拉石建造,以紫红色中厚层至块状细—中粒(含砾)岩屑砂岩、粉砂岩、含泥质粉砂岩为主,底部局部见砾岩,采用湖南省岩石地层划分方案,划为栏垅组和神皇山组。

6.对第四系开展调查，划分出三级阶地，对应桂平组、望高组、白沙组。Ⅰ级、Ⅱ级阶地易识别、易划分，Ⅰ级阶地出露距现代河床高约5m，标高170～190m，下部为砂质层，上部为砂质黏土层，松软，其上有少量居民建房，为目前居民种植农作物的主要耕地。Ⅱ级阶地标高180～260m，由砾石层、砂质黏土层2个单元组成韵律层，局部见3个单元，中间夹砾砂质层，大量居民于Ⅱ级阶地上修建住房，主要种植果园、林地及部分稻田。于界首镇南东开山村新发现Ⅲ级阶地，出露长约200m，宽约150m，厚度大于5m，标高360m，覆盖于塘家湾组之上，由砾石砂质层及砂质黏土层2个单元组成。

二、构造

1.调查区总体上分为1个一级构造单元、1个二级构造单元、1个三级构造单元、1个四级构造单元。加里东运动之后，调查区转入陆内伸展裂陷，发育相对稳定的早泥盆世—晚二叠世盖层沉积，印支运动使海西期沉积盖层褶皱隆起，形成开阔的以北东向和近南北向为主的褶皱，发育一系列北北西—近南北向、北东向的主干断裂，奠定了调查区主体构造格架。燕山期以断块活动为主，进入白垩纪，形成若干白垩纪断陷盆地，沉积一套红色复陆屑、类磨拉石建造。早白垩世晚期，构造运动使白垩纪地层发生褶皱和断裂，地壳进一步抬升，调查区全面接受风化剥蚀。

2.初步查明了白石断裂的构造形迹特征、性质及其控岩控相作用。

三、矿产

1.初步查明孤峰组含锰矿的含矿岩系、沉积厚度、展布特征、纵-横向变化及开采现状，并对锰矿的成矿地质背景、成因类型及成矿规律进行了初步总结。

锰矿主要有锰帽型、淋积型、堆积型锰矿，以锰帽型氧化锰矿为主。矿体主要产于二叠系阳新统孤峰组含锰层中上部及其附近，已发现锰矿5处，其中锰帽型氧化锰矿床(点)4处、堆积型锰矿床(点)1处。

含锰岩系为硅质岩、泥岩夹含锰泥岩、含锰硅质岩、含锰硅质泥岩和含锰硅质灰岩或互层，为斜坡-盆地相沉积环境，沉积了大量的原生贫锰岩层，为氧化锰矿的形成提供了丰富的物质基础。褶皱构造控制了含锰层和次生氧化锰矿层的展布及形态特征，使含锰层重复隆起，广泛裸露。在本区炎热、潮湿的气候条件下，经长期的物理化学风化作用，原生沉积含锰岩层经氧化次生、淋滤富集而成，在氧化带上形成较稳定的氧化锰矿床。

2.对调查区东部煤矿开展了调查，初步了解其分布情况、沉积厚度及开采现状，采集部分样品，对煤质进行了分析，对调查区煤矿进行初步分析总结。主要含煤层位为下石炭统寺门组，其次为下石炭统英塘组。

寺门组含矿岩系为薄层煤层夹薄—中层泥岩、砂岩、粉砂岩、硅质岩、泥灰岩，夹层多为透镜体。泥岩中富黄铁矿结核。受构造影响，该层位产状均较陡，倾角以50°～75°为主。煤层有0～8层，一般为3层，以Ⅰ、Ⅱ煤层为主要煤层，呈透镜状、鸡窝状、似层状产出，总厚度0～2.34m。横向上不稳定。含煤系数1.1%～5.6%。区内已知煤矿产地15处，以小型矿床、矿点为主。该层位地表及浅部煤层多被采空。

英塘组含煤层位位于该组中上部，含煤岩系由泥灰岩、灰岩、泥岩、钙质砂质泥岩、煤层组成，含煤1～3层，不稳定，多为1层，厚0.1～0.2m，最大厚度0.98m。煤层厚度随含煤岩系厚度增大反而变薄，甚至变为碳质泥岩。煤层形状多呈透镜状、鸡窝状,含结核状黄铁矿,煤层顶、底板多横向上相变为碳质泥岩、砂质泥岩。煤质为无烟煤,普遍具有高灰分多硫的特点。煤层薄且不稳定,煤质差,规模小,局部厚度较大地段可供民用开采。

3.对台盆区下石炭统鹿寨组及二叠系乐平统龙潭组有机质泥岩开展调查,了解了有机质泥岩的厚度、岩系展布情况及构造破坏程度,对采集的样品进行了总有机碳含量(ROC)和镜质体反射率(R_o)测试,初步总结了台盆区有机质泥岩层段的地质背景及页岩气成藏条件,为广西页岩气调查选区提供了翔实的基础资料。

鹿寨组第一段有机质泥岩厚度大于10m,第三段有机质泥岩厚12~47m。两段中含有机质泥岩的化学性质相似,总有机碳含量为0.5%~6%,大部分在2%以上;镜质体反射率为2%~3.5%,大部分在2%~3%之间。构造破坏程度低,具有较好的成藏条件。

龙潭组有机质泥岩厚14m,总有机碳含量为1%~4%,镜质体反射率为2%~2.5%。但横向极不稳定,多尖灭或碳质急剧减少,且面积小,开展页岩气调查意义不大。

4.调查区东部晚泥盆世晚期额头村组沉积了一套厚层—块状的含生物碎屑灰岩,是加工石灰岩板材的优良矿石。该岩性特点是单层厚度大、裂隙少、岩石致密、产状缓、出露宽、分布稳定、规模大、含泥质低。综合勘查,统筹规划,合理利用,有望形成上规模的开采、加工、销售等产业链,对当地的经济发展有良好的促进作用,为地方绿色矿山勘查和开采及上规模碳酸钙重要产业建设提供了基础资料。

5.在安和一带信都组上部发现赤铁矿(化)层,分布于米级旋回底部,共4层,厚0.2~3.5m,TFe含量为18%~43.05%,仅下部2层局部达到工业边界品位,且厚度小、夹层厚,不具勘查、开采利用价值。但往南台地相方向矿(化)层有可能加厚,品位增高,为找矿提供了信息。

四、旅游地质

在开展地质调查的同时对调查区具有地质特色的现象进行了重点调查,共调查了5个旅游地质和特色景点,即石脚盆天坑群、麻全塘溶洞、文市石林、龙井河地质生态风景区及金槐产业园,其中石脚盆天坑群、麻全塘溶洞为新发现地质旅游景点。结合界首—凤凰一带湘江的优美风景、风土人情和当地红色教育基地资料,进行了旅游资源的分类总结,为广西旅游业发展提供了多元信息资料。

五、其他

基本查明了调查区石炭纪台盆相及台地相的不同沉积序列的岩石地层、年代地层、沉积相及生物化石面貌,并通过山地工程揭露其接触关系,证实了调查区石炭纪台盆相区与台地相区为断层接触关系。

桂东北凹陷是以桂林-来宾断裂及白石断裂为界的北东向断陷盆地,是在台地相的基础上断陷发展所形成。泥盆纪末在开阔台地相的基础上,因柳江运动使断裂进一步拉张下陷,形成早石炭世台盆相区,沉积了一套鹿寨组的硅质岩、泥岩、含碳泥岩夹泥灰岩、含生物灰岩,反映为斜坡—盆地相的还原环境。时代为杜内期—维宪期。白石断裂以东仍为碳酸盐岩台地相夹少量含煤建造。德坞期后运动使台盆区逐渐抬升,至晚石炭世全区形成统一的局限台地相沉积环境。

湖南1∶5万上江圩幅、江永县幅区域地质调查成果报告

提交单位：湖南省地质调查院

项目负责人：梁恩云

档案号：档0549-17

工作周期：2017—2018年

主要成果：

1.调查区大地构造位置位于扬子陆块和华夏陆块的结合部位，区内多期次构造发育，岩浆活动频繁，岩性、岩相及含矿性复杂多变。通过地质调查与详细的剖面研究，参照《湖南省岩石地层》和《中国地层指南》，结合邻近工作区的划分方案，厘定出24个组级岩石地层单位、3个段级岩石地层单位和4个非正式地层填图单位，查明了各岩石地层单位的岩石组合、沉积环境及相变特征等的变化规律；根据各岩石地层单位中生物化石组合特征，划分出34个化石带、组合带、组合；重点研究了区内泥盆系岩性、岩相及古生物特征。此项成果提高了区内基础地质研究程度。

2.对调查区内的泥盆系进行了层序地层研究，通过对层序界面识别及基本层序的划分，将泥盆系划分为2个二级层序和10个三级层序，三级层序中包括3个Ⅰ型层序和7个Ⅱ型层序。

3.重点对泥盆纪开展了岩相古地理研究。早泥盆世属碎屑滨岸沉积体系，中泥盆世开始受同沉积断裂活动影响，造成相带分异，形成"台—盆—丘—槽"沉积格局，属浅海碳酸盐岩沉积体系；编制了泥盆纪各个时期的岩相古地理图件，系统地阐述了各沉积相特征和相带展布模式，恢复了区内泥盆纪地史变迁及沉积盆地演化模式。

4.对调查区内奥陶系、泥盆系进行了岩石地球化学特征研究，重点探讨了奥陶纪古环境、古气候特征以及沉积大地构造背景等。研究表明，奥陶纪总体属缺氧—贫氧水体环境，源区大地构造背景属活动大陆边缘；早奥陶世物源具多样性(指示来源有长英质源区及混合长英质/基性岩源区)，且遭受过温暖湿润气候条件下的中等风化；晚奥陶世物源较为单一(指示为古老的长英质沉积岩源区)，且遭受过寒冷干燥气候条件下的低等风化。

5.根据岩体的接触关系、岩石特征、同位素年龄，对调查区岩浆岩进行了详细的分解，共划分为8个侵入次，归并为晚三叠世、中晚侏罗世2个岩浆演化系列。其中，对铜山岭岩体进行了详细解体，在前人工作的基础上，根据同位素年龄、剖面测制、野外各侵入次的岩性对比、接触关系资料的综合分析研究，将铜山岭岩体划分为5个侵入次。此项成果提高了调查区岩浆岩的研究程度，为成矿地质背景分析提供了基础资料。

6.采用高精度的SHRIMP锆石U-Pb定年，获得都庞岭岩体(东体)灰白色粗中粒斑状(环斑)黑云母二长花岗岩年龄为(215.6±2.1)Ma，灰白色细中粒环斑黑(二)云母二长花岗岩年龄为(222.8±1.5)Ma，灰白色细粒二云母二长花岗岩年龄为(220.5±1.8)Ma，灰白色细粒二云母二长花岗岩年龄为(209.7±3.1)Ma，将岩体侵位时间限定在222.8～209.7Ma之间，为印支期岩浆活动产物，非以往认为的燕山期(图1-16)。都庞岭岩体(东体)具A型花岗岩的特征，岩体侵位时限滞后于印支运动的变质峰期(258～243Ma)，岩石学特征未显示有挤压变形特点，是在印支运动的主碰撞阶段之后应力松弛阶段侵位形成的。

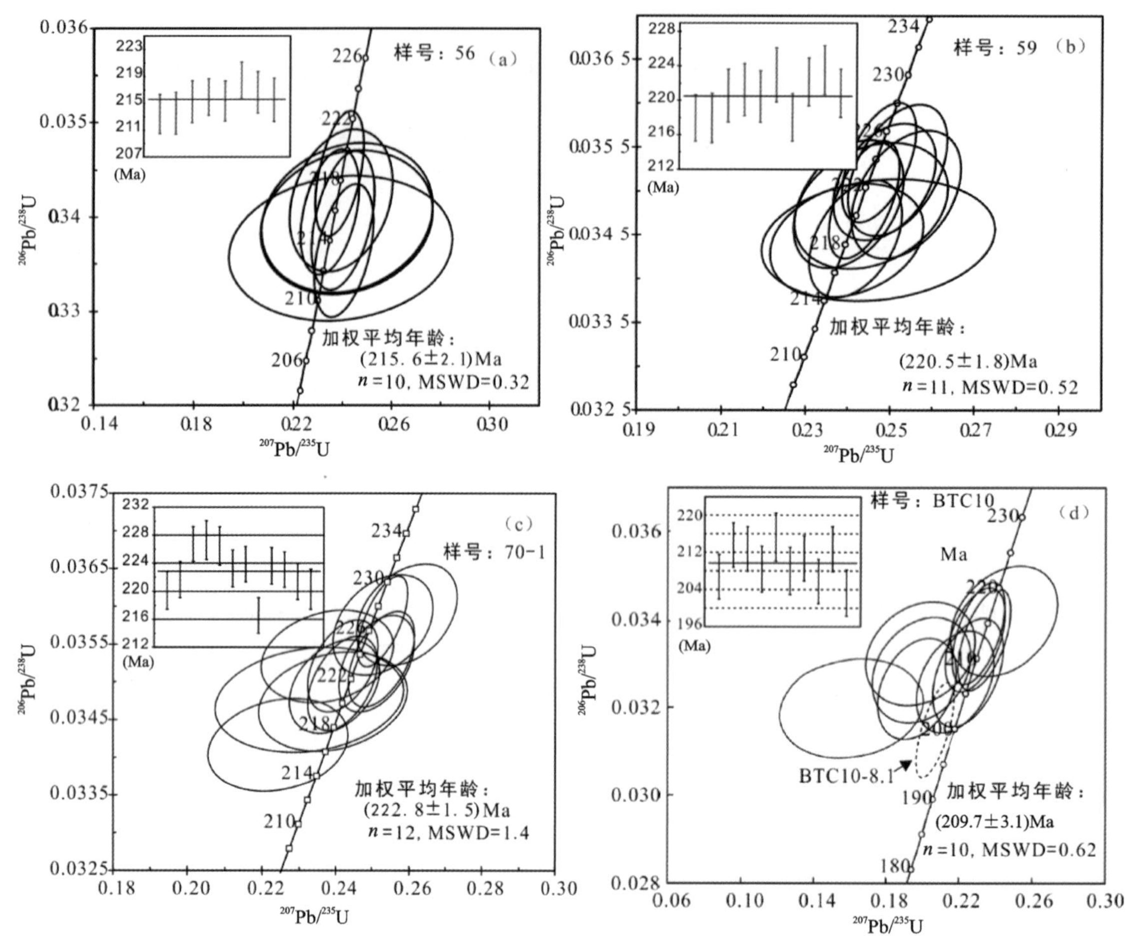

图 1-16 都庞岭花岗岩锆石 U-Pb 年龄谐和图

7.采用高精度的 SHRIMP 锆石 U-Pb 定年和 LA-ICP-MS 锆石 U-Pb 定年，获得铜山岭岩体深灰色细粒角闪石石英闪长岩年龄为(170.2±2.2)Ma，灰白色中粒巨斑状角闪石黑云母花岗闪长岩年龄为(167.0±0.9)Ma，灰白色中细粒斑状角闪石黑云母花岗闪长岩年龄为(168.1±1.2)Ma，钾化花岗闪长岩年龄为(162.0±1.1)Ma，二长花岗岩年龄为(149±4)Ma。上述年龄数据显示铜山岭岩体形成于燕山期，时限为 170.2～149.0Ma，在中—晚侏罗世侵位形成，具多阶段岩浆活动特征。

铜山岭岩体主体组成岩石为Ⅰ型花岗岩，是在古太平洋板块低角度俯冲、伸展的大地构造环境下，形成的具埃达克岩质Ⅰ型花岗岩。这种具有埃达克质的Ⅰ型花岗岩是由新元古代富含火山物质的基底在增厚地壳的背景下熔融形成，同时有不同程度地幔物质的混入。

8.铜山岭岩体中暗色微粒包体的岩相学和岩石化学特征表明，暗色微粒包体为岩浆混合成因。锆石 U-Pb 定年结果表明，暗色微粒包体年龄[(165.1±1.2)Ma]与寄主花岗闪长岩的年龄[(167.0±0.9)Ma]基本一致，显示为岩浆混合成因，该年龄的获得为岩浆混合作用的时间提供了有力的同位素年代学约束，时限为中侏罗世。

9.对调查区回龙圩煌斑岩开展了系统的岩石学、岩石地球化学和 SHRIMP 锆石 U-Pb 定年研究。回龙圩煌斑岩属于钾质钙碱性煌斑岩，来源于富集地幔。岩浆在板块俯冲导致部分熔融和少量分离结晶的作用下形成，其形成时间为(161.5±1.9)Ma。煌斑岩在拉张的构造环境下沿断裂上升侵位形成。

10.查明了调查区的主体构造格架。下部前泥盆纪褶皱基底与上部晚古生代沉积盖层构成了调查区内 2 个主要变形构造层。其中，褶皱基底以北东—北北东向中常—开阔型线状褶皱-断裂体系发育为特点，沉积盖层则主要发育北北东—近南北向平缓—开阔型短轴状-线状褶皱与同走向断裂体系。

11. 通过对区内已有地层纪录、地层间角度不整合接触关系、岩浆活动、变质作用及构造变形综合分析，结合前人研究成果，厘定了调查区内7期构造变形事件。

(1)早古生代后期加里东运动构造变形(D_1)：加里东运动分两幕，即奥陶纪末—志留纪初的北流运动(崇余运动)和志留纪后期的广西运动，形成前泥盆纪地层中北东向线状褶皱与同走向逆断裂。

(2)中三叠世后期印支运动构造变形(D_2)：上古生界沉积盖层中形成北北东—近南北向褶皱与同走向逆断裂；前泥盆纪褶皱基底中叠加小型北北东—近南北向褶皱、逆断裂与劈理，先存北东向断裂右行走滑，派生北东东向左行张剪性断裂，并于前泥盆纪褶皱基底中派生北西向小型褶皱与逆断裂。

(3)晚三叠世—早侏罗世构造变形(D_3)：先存北东向断裂左行走滑；前泥盆纪褶皱基底中叠加近东西向小褶皱；上古生界沉积盖层中形成北东向左行走滑断裂和北西向右行走滑断裂；北北东—近南北向褶皱翼部叠加近东西向褶皱；先存北北东—近南北向断裂发生伸展作用，控制断陷盆地发育。

(4)中侏罗世晚期早燕山运动构造变形(D_4)：因构造体制与D_2相近，难以明确分辨。

(5)早白垩世伸展构造变形(D_5)：先存北东向断裂叠加伸展活动。

(6)古近纪中晚期构造变形(D_6)：先存北北东—近南北向断裂发生右行走滑。

(7)古近纪末—新近纪初构造变形(D_7)：先存北东向断裂叠加逆冲活动。

12. 从矿体的空间分布特征、成矿元素在岩浆岩中的富集情况、矿石与岩浆岩的稀土元素特征、成矿流体、氢氧硫铅同位素、成岩成矿年龄等多方面论证了岩浆岩与成矿的密切关系。空间上由岩体内→接触带→远离接触带，矿种分别为钨锡→铅锌铜→金锑；岩体中的W、Mo、Cu、Pb等成矿元素较为富集，可以为成矿提供有利条件；矿石与铜山岭岩体的稀土配分模式图形迹基本一致，指示了矿石与铜山岭岩体可能具有相同来源；岩体的流体包裹体均一温度比成矿流体高、密度小、形成压力大，可能在某种意义上指示了成矿流体对岩体中岩浆水的继承；同位素显示成矿流体可能部分来源于岩浆且受变质作用明显，具有上地壳、壳幔混合的物质特征。

13. 建立了岩浆岩与成矿关系的模型，认为深源成矿溶液在构造引导下，通过浅成—超浅成侵入，在有利的地层、构造、地球化学屏障等组合条件下，形成成矿元素的富集，构成一个多层次、多矿床类型组合的矿床。在此基础上，提出了铜山岭铜铅锌银多金属找矿远景区。

湖北1∶5万三角坝幅、建始县幅、三里坝幅、屯堡幅、白杨坪幅、花果坪幅区域地质调查成果报告

提交单位：中国地质调查局武汉地质调查中心

项目负责人：李福林

档案号：档0556-03

工作周期：2013—2016年

主要成果：

一、地层及古生物

1. 在研究前人地层资料的基础上，通过剖面测制和路线地质调查，调查区内无庙坡组出露，奥陶纪牯牛谭组过渡为宝塔组，在恩施市杉木村地区发现寒武纪天河板组。系统厘定了调查区地层序列，包括组级岩石地层单位31个，段级岩石地层单位14个，特殊岩性层12个及第四系地层单位1个，完善了调

查区地层格架。

2.首次发现调查区栖霞组底部出露一套中薄层状硅质岩,代表局限深水盆地沉积环境,这为调查区该时期岩相古地理的研究提供了新的资料,也修订了栖霞组以深灰色中厚层瘤状灰岩的出现为底界的划分标志。

3.对古生物化石进行了较详细的分析鉴定。在奥陶纪地层中获得了益阳阶中的两个标准牙形石带:*Triangulodus bifidus* 带、*Serratognathus diversus* 带;二叠-三叠系界线附近建立了3个化石带:*Negsndolella wangi* 带、*N. changxingensis* 带和 *N. yini* 带。

4.首次获得龙马溪组钾质斑脱岩 LA-ICP-MS 锆石 U-Pb 年龄介于(446.4±2.8)Ma 至(440.1±3.7)Ma 之间,其峰期年龄与晚奥陶世赫南特期对应,时代与地质历史上第一次生物大灭绝事件对应,据此认为火山喷发活动可能是造成晚奥陶世生物大灭绝事件和冈瓦纳冰川的主导因素。

5.首次获得孤峰组底部硅质岩段中凝灰质火山岩的 U-Pb 年龄为(261.5±3.0)Ma,属瓜德鲁普统末期,与峨眉山玄武岩喷出时代对应。而瓜德鲁普统末期生物灭绝是发生在二叠纪末期生物灭绝之前的一次独立的生物灭绝事件,可能与本次火山事件有关。

6.对吴家坪组内生物碎屑灰岩和硅质岩界线附近的3层黏土层及二叠-三叠系界线附近的13层黏土层进行了详细的矿物学、地球化学、年代学等方面的研究,其中矿物组成主要为伊利石、蒙脱石和少量的火山晶屑,地球化学特征显示为火山作用的产物,年代学数据显示火山活动的年龄为(254.2±2.4)Ma 至(247.9±0.8)Ma,主体与峨眉山火山岩持续喷发的时间(260~238Ma)吻合。碳酸盐岩样品中的^{13}C的负偏略微滞后于火山活动峰值,反映火山事件是影响二叠-三叠纪之交生物灭绝事件的重要因素。

7.对调查区纱帽组生物碎屑灰岩和写经寺组泥质条带灰岩中采集的牙形石样品进行了分析鉴定,结果显示两个层位的牙形石所代表的时代分别为早志留世和晚泥盆世,两者顶部的碎屑岩中未能获得牙形石化石。该项成果填补了这两个地层牙形石生物地层的空白,准确限定了灰岩以下地层的时代。

二、沉积

1.加强了层序地层学方面的研究,在调查区的石龙洞组至新滩组下部识别三级层序13个,其层序界面类型为Ⅱ型层序界面;泥盆系和石炭系中分别识别出4个三级层序,其界面类型包括Ⅰ型和Ⅱ型层序界面;梁山组至巴东组共识别出20个三级层序,其界面类型包括Ⅰ型和Ⅱ型层序界面。

2.发现调查区奥陶纪地层中出露的数层泥页岩中钾质含量较高,其中龙马溪组硅质岩中钾也相对富集,结合粉晶衍射测试结果,钾元素主要富集在伊利石中(伊利石为奥陶纪地层中泥页岩的主要造岩矿物);对比发现奥陶系中泥页岩在周边地区也非常发育,奥陶系—下志留统中的泥页岩和钾质黏土岩中的钾可能来自与周围海水的物质交换,推测调查区当时的海水应为钾、镁、铁富集的局限环境。

三、构造

1.查明了调查区主要构造格局和空间展布规律。区内具一定规模的褶皱20条,断层66条。褶皱和断裂的展布方向均以北东—北北东向为主,它们共同组成了调查区主体构造格架。

2.查明了调查区主要褶皱和断裂构造的形态、产状、性质、规模、展布范围、变形特征、活动期次、形成时间、力学性质及复合关系。阐明了调查区构造形成、演化历史,划分了构造变形阶段。新发现了多条较大规模的断层,提高了调查区构造研究程度。

3.从地势、地貌及成层水平溶洞、多级河流阶地、多级夷平面、水系特征、断裂活动及地震与地壳形变等多个方面入手,对调查区新构造运动特点进行了系统总结,认为新构造运动主要表现为地壳整体间歇性抬升并兼有差异性的掀斜作用。

4.通过对沉积事件、岩浆事件、变形事件的综合分析，结合区域资料，建立了调查区地质演化序列，划分出3个构造阶段，共计11期构造事件。

四、经济地质与环境灾害地质

1.调查区内矿产资源以宁乡式铁矿、沉积型硫铁矿、低温热液型铜(锌)矿、煤矿、页岩气、石英砂岩(硅石)矿、黏土(高岭土)矿、含钾页岩、石灰石矿、硒矿、观赏石矿为主，其中主要矿床资源为宁乡式铁矿和煤矿。区内各类矿床(点)共计37处，本次调查新发现矿床(点)12处。通过旅游地质资源的调查，共计筛选出有旅游意义的地文和水域景观6处，小型待开发的旅游资源2处。

2.通过实地调查和系统总结，区内共调查统计地质灾害点254处，其中滑坡190处、崩塌31处、潜在不稳定斜坡32处、泥石流1处。地下暗河1条。岩溶洞穴和漏斗调查统计点共370个，其中岩溶洞穴96个、岩溶漏斗(塌陷)274个。

3.系统总结了调查区内地质灾害形成条件与地形地貌、地层岩性、岩土体结构、降雨、河流侵蚀、人类活动等因素的关系。对调查区内发育的典型地质灾害点及其稳定性进行了评价。

湖南省沅陵县北部地区铜金多金属矿产地质调查报告

提交单位：湖南省有色金属矿产地质调查中心

项目负责人：彭南海

档案号：档0556-08

工作周期：2015—2017年

主要成果：

1.通过1∶5万水系沉积物测量工作，共圈定综合异常46处，按照其找矿意义，分为甲1类异常4处、甲2类异常16处，乙2类异常5处、乙3类异常12处，丙1类异常1处、丙3类异常8处。区内综合异常的分布与地层、构造关系密切，元素异常组合复杂，浓集中心明显，分布范围广。多数综合异常有一定的找矿前景，区内Au、Sb、W成矿可能性较大，为今后矿产勘查工作提供了丰富的信息。

2.通过1∶5万遥感解译工作，基本圈定了各时代地层的地质界线，对区内主要的含金地层(青白口系小木坪组、马底驿组和五强溪组)及白垩纪红盆圈定较为清楚，为后期地质调查工作起到了先导作用；遥感地质构造解译结果显示，北东东向断裂是本区最为发育、分布较广的一组断裂，影像较为清晰，解译准确度较高；通过铁染和羟基蚀变信息的提取，结合异常所处的岩性地层、构造、矿化等地质矿产背景，开展了遥感异常查证，划分了矿化型异常和地层型异常2种类型，为矿产检查工作提供了基础资料。

3.通过剖面性物探激电中梯剖面测量工作，测定了各类岩矿石标本的电性参数。调查区矿体主要赋存在由含矿石英脉及蚀变板岩构成的构造破碎带(岩)中，矿化岩石一般反映出中高极化、低电阻率的特征，与围岩(板岩、变质砂岩等)有明显的电性差异；矿产检查工作中，部分激电异常与含矿地质体吻合较好。

4.通过1∶5万矿产地质专项填图，结合1∶5万水系沉积物测量成果，大致查明了调查区内地层、构造及矿化特征。依据最新成果资料，在区内划分出22个主要填图单元；重点查明了与金矿成矿有关的地层、构造和矿化蚀变的分布特征;新登记了磨子溪、廖家湾、小西溪、木旺溪、青山垭等一批金多金属矿(化)点,进一步完善了区内矿产信息。

5.对廖家湾金锑钨异常区、小西溪金锑钨异常区、青山垭铜金异常区、洞溪金锑钨异常区、木旺溪金锑钨异常区、齐家冲铅锑异常区、洪水洞银钼异常区等22处地质-化探综合异常开展概略矿产检查,优选廖家湾、天王池、青山垭、磨子溪4处开展了重点矿产检查,并发现了多条金矿(化)体。

6.总结了区域矿产分布特征和典型矿床地质特征,确定了调查区的主要矿产预测类型,总结了沃溪式金锑钨矿的成矿模式和预测模型。据此,圈定了10处找矿预测区,其中Ⅰ级找矿预测区3处、Ⅱ级找矿预测区4处、Ⅲ级找矿预测区3处。

7.提交了天王池、廖家湾、磨子溪3个金多金属找矿靶区,完成了项目的主要预期成果。预测天王池、廖家湾2个靶区有找获大—中型金多金属矿的潜力,磨子溪靶区有找中—小型金矿床的潜力。

湖北省1∶5万三岔、红土溪、官店口、万寨、椿木营、下坪幅区域地质调查成果报告

提交单位:湖北省地质调查院

项目负责人:石先滨

档案号:档0556-09

工作周期:2013—2016年

主要成果:

一、地层

1.厘定了33个组级正式岩石地层单位,26个非正式(包括14个标志性岩石、含矿层等)岩石单位。加强了层序地层学方面的研究,在调查区识别出不同成因类型的Ⅰ型层序界面,建立了Ⅱ型层序界面类型野外识别标志及划分依据,对奥陶纪—白垩纪地层共划分出42个三级层序。

2.发现了具有事件地层标志的二叠-三叠系界线黏土层,获取了高精度的U-Pb同位素年龄(251.6±1.2)Ma,厘定了该区二叠-三叠系界线位置。调查区二叠-三叠系界线处沉积环境存在东西分异特征,具体表现为东部界线处沉积环境为深水相,西部界线处沉积水体相对较浅,界线之下发育一套碳酸盐岩,这为在该区开展二叠-三叠系界线附近的综合地层学研究工作提供了新的资料。

3.首次在调查区内中二叠世与晚二叠世地层中获取了高精度锆石U-Pb年龄(256.3±2.0)Ma、(260.0±2.0)Ma、(265.1±2.4)Ma、(269.1±2.5)Ma、(272.7±2.9)Ma、(292.8±3.9)Ma,由此表明二叠纪地层中记录了多次火山喷发事件,其中(260.0±2.0)Ma为中二叠世与晚二叠世界线附近火山事件年龄值,这为研究该区P_2/P_3界线及二叠纪时期火山事件提供了新的资料。

4.首次发现区内晚石炭世时期发育近北西向的古隆起,且在古隆起西侧大埔组底部发现一套砾岩层。该古隆起早期范围较为局限,晚期范围逐渐增大,逐渐发展为隆坳相间的古地理格局,这为研究该时期岩相古地理提供了新的资料。

5.开展了调查区二叠纪地层系统的岩相古地理研究,总结了该时期沉积盆地演化规律。中二叠世早期古地理格局总体表现为北西向展布特征,与晚石炭世时期古地貌具有继承性,后期继承性发展,晚期表现为台盆相间的特征,这为该时期岩相古地理及沉积盆地演化研究提供了新的资料。

6. 调查区不同地质历史时期发育多套砾岩层。寒武-奥陶系娄山关组上部发育一套砾屑白云岩，写经寺组发育砾屑灰岩层，由东往西具砾屑沉积逐渐减少、地层厚度逐渐减薄的趋势，以上两套砾岩均具风暴沉积特征；三叠系大冶组中发育两套含砂屑砾屑灰泥灰岩层，垂向上具粒序层理，均属于风暴流沉积；石炭系大埔组底部发育一套砾岩层，分布范围局限，具牵引流沉积特征。以上砾岩层在地质图中均作为非正式填图单位进行了表达，对研究该时期沉积环境具重要意义。

7. 调查区娄山关组与南津关组以粉砂质页岩为界，娄山关组顶部白云岩中牙形石产出层位为下奥陶统特马豆克阶下部，表明娄山关组为一跨时地层单元。界线处 $\delta^{13}C$ 值也表现出明显的负偏特征，指示该时期缺氧环境下生物生产率迅速下降，这为研究该时期生物地层提供了新的资料。

二、构造地质

1. 新发现卯子山断裂带在调查区内南北贯通。该断裂带南延部分新四河一带断裂构造发育。查明了卯子山断裂带发育规模及各个构造部位的构造样式的差异性，早期以张性为主，中期以压性为主，兼具左行走滑特征，晚期以张性为主，重新厘定了卯子山断裂带的构造意义。

2. 查明了三元坝断裂带的构造变形样式。该断裂带具有多期活动性特征，早期以张性为主，中期以压性为主，兼具左行走滑特征，晚期新构造活动期以张性为主。该断裂带构造变形样式记录了调查区构造演化历史，这为研究该区构造变形序次提供了新资料。

3. 区内发育大量的穹盆构造带，以卯子山断裂带为界，西部以北北东向紧密褶皱为主，中东部总体上以穹盆构造带或叠加构造为主的特征，具体表现为北北东向与北东向或北东向与东西向构造的叠加，形成向北西凸出的弧形断裂或略作弧状分布的褶皱，弧形褶皱斜跨在东西向的隆起与坳陷上，形成隆坳相间格局，呈带状展布。基本查明穹盆构造带成因机制，为区域上叠加构造研究提供了新的资料。

4. 梁山组与大埔组之间风化壳具分层结构特征，该套物质详细记录了该时期区域构造演化历史，为该时期区域构造运动（云南运动）提供了新的资料。晚二叠世龙潭组与下伏的中二叠世孤峰组接触界线附近发育风化壳，区域上风化壳发育规模和特征具有明显的差异性，局部可见龙潭组底部发育底砾岩，指示了该时期遭受了风化剥蚀作用，这为该时期发育大规模构造抬升事件提供了证据，为研究东吴运动在该区的表现形式提供了新的资料。中三叠世至早侏罗世存在 2 次沉积间断，残留少量风化壳，为不整合接触界面，这是对印支运动Ⅱ幕和Ⅲ幕的沉积响应，其中 T_2/T_3 界面为微角度不整合接触，风化壳发育，这为研究印支运动在调查区的表现形式提供了新的资料。

5. 查明了调查区主要褶皱和断裂构造的变形样式、活动期次、力学性质等，结合沉积建造和构造变形事件综合研究，厘定了调查区构造变形序列，建立了调查区的构造格架。按形成时代、规模、变形特征划分了 3 个构造旋回、7 个构造变形期次。加里东旋回以差异性升降为主要特征，表现为 D/S、P/C、P_3/P_2 等多个平行不整合接触界面，区内早期构造具伸展构造特征。海西-印支旋回以近东西向构造为特征，早期断层破碎带可见张性构造特征；晚期表现为近东西向残留褶皱。燕山-喜马拉雅旋回主体表现为北东—北北东向构造，早期受由南东向北西挤压作用，并伴有右行走滑特征，发育北东向褶皱-冲断构造组合；中期受由南东东向北西西的挤压作用，区内应力作用较强，形成北北东向褶皱-冲断构造组合，卯子山断裂以东，北北东向褶皱与早期北东向褶皱叠加，发育横跨褶皱类型，区域上具穹盆构造特征，卯子山断裂西侧总体以北北东向构造为主；晚期受由北西向南东方向的挤压作用，该期挤压作用相对较弱，后期应力释放后表现为张性构造特征。喜马拉雅早期主要表现由南向北的逆冲推覆作用；晚期应力调整，表现为张性构造特征。

三、矿产地质

1. 查明了硒元素富集规律、富硒层位岩相古地理特征,建立了新的找矿标志。首次确定硒矿的成矿时限为(265.1±2.4)Ma 至(260.0±2.0)Ma,总结了硒矿成矿地质条件及成矿规律。

2. 首次查明了调查区硫铁矿成矿时限及硫铁矿的硫元素物质来源。结合该时期岩相古地理及碎屑锆石测年分析,发现龙潭组物质来源呈多源汇聚特征,硫铁矿硫源主要来自晚二叠世龙潭期沉积硫酸盐细菌还原作用,以轻同位素^{32}S为主。由于同位素分馏作用,$\delta^{34}S$值均为负值,硫物质来源于沉积地层,硫铁矿形成时间为同沉积时期。通过对硫铁矿层顶底火山事件层的锆石测年工作,确定硫铁矿成矿时限为(260.0±2.4)～(256.3±2.0)Ma。

3. 查明了页岩气目的层的分布及规模。调查区页岩气目标层位为龙马溪组和大隆组,查明了其空间展布、厚度、沉积等地质特征,获取了各目标层总有机碳含量(TOC)、镜质体反射率(R_o)、物性特征等页岩气基本评价参数,为下一步页岩气勘探部署提供了重要依据。大隆组页岩有机碳含量最高、品质最好,达到极好烃源岩标准;龙马溪组稍差,为中等烃源岩。龙马溪组有机质热演化程度全部为过成熟;大隆组有机质热演化程度最低,但是绝大部分也为过成熟,少量为成熟。大隆组比龙马溪组易于压裂和形成溶蚀孔隙,大隆组残余原生孔隙发育情况好于龙马溪组。

4. 通过本次1∶5万区域地质调查工作,新发现中型硫铁矿床1处,硫铁矿矿点3处,小型赤铁矿床1处,赤铁矿点2处,硒矿点1处、钒矿点1处、菊花石矿点1处。圈定了红土溪硒、铁成矿远景区,罗家坪硫、硒成矿远景区,杨柳池-七垭铁成矿远景区和下坪硫、铁成矿远景区。其中,罗家坪硫、硒成矿远景区硫铁矿远景资源量巨大,有望达到大型矿床规模,杨柳池-七垭铁成矿远景区赤铁矿远景资源量规模有望达到中型矿床规模,这为下一步矿产调查工作提供了重要的线索。

四、其他地质工作

1. 地层、岩石、构造、地貌等与地质环境、地质灾害关系密切。调查区岩溶地貌广泛发育,石漠化、岩溶塌陷、漏斗、天坑或地裂缝常相伴出现,且与地下河关系密切。岩溶地貌的展布方向与地下河展布方向相近,大多呈北东或北北东向展布,且成群成带地顺构造带走向方向展布,受该时期发育的北东—北北东向断裂带或节理构造影响。

2. 根据调查区地质灾害发育特点,在收集有关资料的基础上,结合本次区域地质调查成果,总结了调查区主要地质灾害分布、类型及特征,对区内主要地质灾害类型——滑坡、崩塌、泥石流等的形成机制进行了分析,总结了其与地质条件相关的控制因素及形成规律,提出了地质灾害防治建议措施,为地质灾害防治工作提供了地质依据。

3. 新塘—红土溪—石灰窑一带,二叠纪地层中硒含量高于区域背景值,为富硒异常区,总体上富硒岩石中镉含量较低,但局部镉含量具明显异常特征,这为该区生态环境调查提供了基础地质资料。

4. 区域地质调查过程中加强了遥感地质解译工作,在利用ETM影象进行1∶5万初步地质解译形成地质草图的基础上,根据不同地质体、地质构造、矿化异常等解译标志,再应用高分辨率的SPOT5影像进行地层组、段、侵入体及地质界线、不同性质断层详细解译和矿化异常信息提取,分别编制了1∶5万解译地质图和羟基异常图、铁染异常图,并对高山深切割区进行了详细的解译,提高了调查区路线地质调查的预见性和控制程度。

湖北1∶5万岳武坝、恩施县、见天坝、芭蕉、大集场幅区域地质调查成果报告

提交单位：湖北省地质调查院
项目负责人：李朋
档案号：档0556-10
工作周期：2014—2016年
主要成果：

一、地层

1.厘清了岩石地层特征，建立了填图地质单位划分方案。通过野外踏勘基本认识，结合《湖北省岩石地层》以及2014年度中国地层表的划分方案，将调查区寒武纪、奥陶纪、志留纪、泥盆纪、石炭纪、二叠纪、三叠纪、侏罗纪、白垩纪及第四纪地层，初步划分为33个组级单位、2个第四系成因地层单位、30个非正式填图单位，其中有19个段级非正式地层单位以及11个层级非正式（标志性岩层、含矿层等）填图单位。

2.在志留系纱帽组中发现一套凝灰质黏土岩，通过锆石U-Pb年龄测试，获得加权平均年龄（424.5±6.4）Ma，证明纱帽组为一跨时代地层单元（早、中志留世界线年龄为428.2Ma，国际年龄为433Ma）。通过野外地质调查推测，早、中志留世界线应为灰岩透镜体或条带出现的位置，若在区域上该现象普遍存在，可选择新建组级地层单元。

3.通过对龙马溪组地层剖面采集大量的笔石化石，建立了3个化石带：*Orthograptus vesiculosus*带、*Orthograptus vesiculosus*－*Demirastrites triangulatus*带、*Demirastrites convolutus*带，均为下志留统的笔石带。根据笔石化石带及岩石类型，确定沉积环境为浅水盆地；通过不同剖面的笔石化石带综合对比分析了该区的古地理环境等问题。

4.龙马溪组下部发育一套生物屑微晶灰岩，厚30～40cm，灰岩上下岩层均为富含笔石化石的含碳粉砂质泥岩。下层古生物主要以海绵骨针、介形虫等为主，并伴有碎屑物质混入，上层生物碎屑含量极少，仅见海绵骨针，证明该灰岩层发育期，生物种类较为单一，与当前国际研究的赫南特期所述一致，因此灰岩层应对应于湘西—黔北一带的观音桥组，顶界则为奥陶纪与志留纪的界线。该灰岩层的发育受控于全球冰川事件。

5.通过调查研究，写经寺组在调查区西部仅残存下部钙质泥页岩层，向西发育灰岩层，并在恩施市郊及罗轴田一带见石炭纪地层，反映二叠纪地层沉积前，总体具由西向东、由南向北剥蚀程度减弱的特征。

6.对下窑组、大隆组开展了详细的古生物地层研究，以花椒坪剖面为典型剖面，根据岩性变化、古生物变化特征，划分出局限浅水台地—半深水陆棚—深水陆棚的沉积过程，并通过与区域其他剖面对比研究，认为沉积时期区内发生了规模较大的构造活动，导致在总体海平面上升的情况下，局部区域呈现相对海平面下降（利川见天坝）的特征。

7.针对二叠-三叠系界线问题，展开了大量剖面对比研究及牙形石工作，查明了区内二叠-三叠纪之交西浅东深的沉积古地理特征，在不同位置开展了二叠-三叠纪岩性与古生物地层划分与对比的多重研究。

8.通过剖面测制、露头尺度的刻画、粒度分析等手段，恢复了恩施盆地的充填过程，认为盆地为一多源近源断陷充填形成。

二、构造

1.通过详细的路线地质调查、构造剖面测制工作，查明了调查区的区域构造发展阶段，并对各个构造阶段的构造样式进行了系统的总结。

2.对区域性断裂进行了系统的研究，通过大量的区域地质资料，评价了恩施断裂的稳定性。

3.通过对白果坝背斜的系统构造研究，总结了背斜的构造样式。总体为由北西向南东的逆冲推覆，并叠加了后期南东向挤压-伸展应力，同时在南东翼形成了恩施盆地，并在构造样式上南东翼表现为现今的紧闭褶皱样式、北西翼则以宽缓褶皱为主的特征。

4. 4件磷灰石样品的裂变径迹模拟结果表明，219.5～193.0Ma，研究区地层主要表现为大幅沉降，为三叠纪及以前地层的沉积响应；193.0～184.3Ma的短暂隆升，为九里岗组与桐竹园组之间的平行不整合响应。桐竹园组从184.3Ma开始沉积，到110.8Ma沉积结束，开始再次隆升剥蚀，至88.7Ma隆升至最高点，再次转为沉降，开始沉积白垩系跑马岗组。白垩系跑马岗组沉积结束后，研究区进入总体隆升阶段，至约2.2Ma时有小幅沉降，沉积第四纪地层。

调查区周边的年龄数据结果显示，从湘鄂西地区向川东地区隆升年龄具有整体逐渐变年轻的趋势，反映挤压应力的传递性和时间延迟。

三、矿产

1.在白果坝背斜新发现4处锌矿点及1处铜、银、锌多金属矿点，为区域找矿工作提供了基础地质资料；同时通过地质调查，将区内发现的锌矿点分为两种成因，即构造热液型和沉积改造型。构造热液型锌矿总体上呈北西—北北西向展布，呈透镜状、鸡窝状产出，单个透镜体内具有品位高、尖灭快的特点；沉积改造型锌矿主体沿娄山关组二段底部具方解石脉体的粉—细晶白云岩层展布，风化后表面呈蜂窝状，具有走向上相对连续、品位较低且稳定的特征。通过1∶1万重点区调查，提交远景区1处。

2.恩施罗轴田—田风坪一带孤峰组中，钒、钼元素达到工业品位，具有成层性好、品位高、厚度大的特征，初步估算达到小型规模。由于远景区位于图幅边缘，对图幅外围未做调查，根据走向的稳定性，认为该区至少在钒矿上达到中型以上规模，提交334类预测资源量1.8万t。

3.志留系纱帽组中发现锰异常，局部具铅异常。锰质层主要富集于见天坝图幅内的纱帽组上部，局部品位达到10%，对于区域找矿工作具有重要的指导意义。

神农架-雪峰山地区区域地质专项调查成果报告

提交单位：中国地质大学(武汉)

项目负责人：童金南

档案号：档0556-12

工作周期：2014—2016年

主要成果：

1.建立了研究区晚新元古代地层对比格架。根据最新的国际埃迪卡拉纪(震旦纪)年代地层划分和对比方案，分别在鄂西神农架地区、长阳地区和湘西北壶瓶山地区开展了专项地质调查工作，在大量剖面资料和野外调查的基础上，厘定了各分区晚新元古代地层序列，建立了神农架-雪峰山地区晚新元古代区域地层对比格架。

2. 创新性地重新厘定庙河生物群赋存层位。有针对性地对黄陵地区陡山沱组上部至灯影组下部地层进行详细研究，根据生物地层、层序地层和化学地层等多方面的证据，创新性地提出庙河生物群的赋存层位（庙河段）比陡山沱组四段年轻，应与灯影组石板滩段下部地层相当。同时，指出陡山沱组四段沉积的地质时间要远远早于 551Ma，陡山沱组上部碳同位素负偏的结束年龄要远远早于 551Ma，记录在陡山沱组四段中的海洋氧化事件也远远早于 551Ma。

3. 通过对神农架地区南沱组的系统沉积学工作，将区内南沱组杂砾岩确定为冰成杂砾岩，并识别出了冰川消融沉积相、冰筏沉积相和重力流沉积相，建立了南沱冰期垂向上沉积演化序列。通过南沱组横向地层分布特征研究，确定了南华纪神农架地区东高西低的古地理格局。基于南沱组中黑色页岩夹层以及其中宏体藻类化石的发现（图 1-17），在 Marinoan 冰期（南沱冰期），至少在中纬度的华南滨岸环境存在开放水域，存在适合宏体底栖藻类生存的底质，为理解“雪球地球”时期古环境提供了新思考。

4. 揭示了研究区新元古代沉积环境的演变历程，恢复了不同时期古地理格局，基于神农架-长阳地区大塘坡锰矿的发育程度和分布特点，调查认为大塘坡式锰矿主要受盆地沉积空间控制，在南华纪地层序列完整、莲沱组四段发育的地区易于成矿。

5. 在神农架-黄陵周缘地区新元古代震旦纪晚期庙河段地层中新发现多个宏体化石组合，共鉴定出 19 属 27 种。属性分析表明其中大部分为宏体藻类化石，同时包含可能的后生动物化石；化石组合对比分析表明区域上含化石的庙河段是可以进行广泛对比的，但庙河段具体层位归属问题还需要后续不断找到更多特征性化石证据来支持。此外，化石埋藏学分析表明，有机碳质压膜、黄铁矿化和铝硅酸盐化均对化石的保存起到了一定作用，进一步支持前寒武纪特异埋藏化石库是多种地球化学过程共同作用的结果。

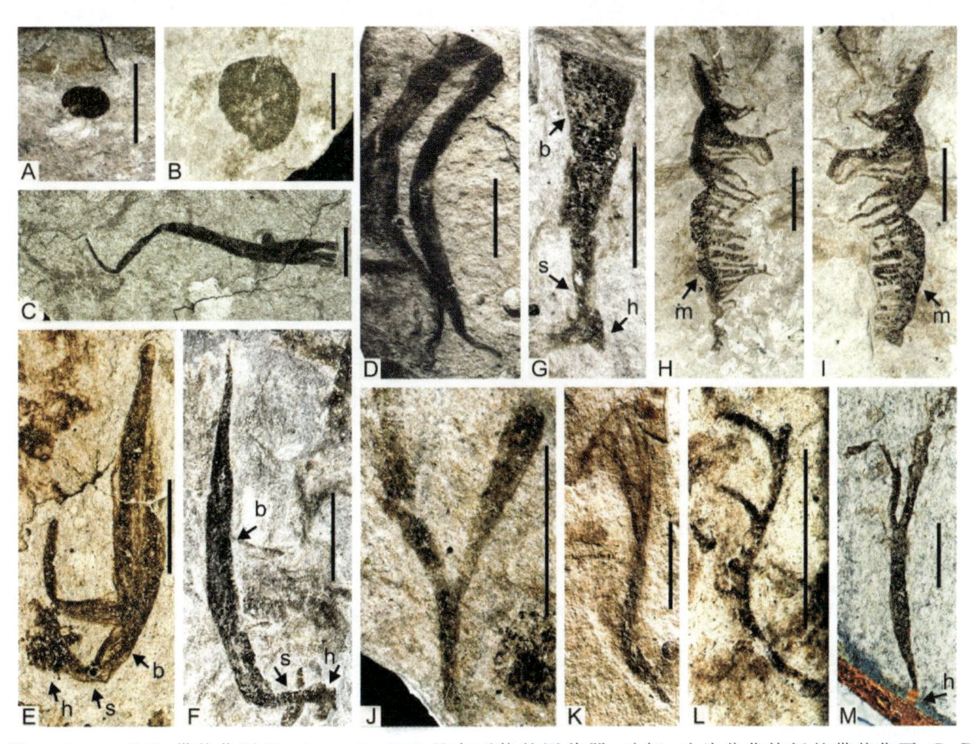

A-B. *Chuaria* sp.；C-D. 带状化石 *Vendotaenia*；E-F. 具有可能的固着器-叶柄-叶片分化特征的带状化石；G. *Baculiphyca*，具有须根状固着器，圆柱状叶柄和棒状叶片的分化特征；H-I. 似 *Parallelphyton* 的化石；J. *Konglingiphyton erecta*；K. *Enteromorphites siniansis*；L. 似 *Wenhuiphyton* 的一类单轴分枝状化石；M. *Enteromorphites* sp.，固着器被氧化呈红褐色。h-固着器；s-叶柄；b-叶片；m-主轴。图中线段比例尺均代表 3mm。

图 1-17　宋洛南沱组宏体碳质压膜化石组合典型代表

湖南 1∶5 万永顺县幅、抚字坪幅、王村幅综合地质调查成果报告

提交单位：湖南省地质调查院

项目负责人：李泽泓

档案号：档 0556-13

工作周期：2015—2017 年

主要成果：

一、区域地质调查

1. 厘定了调查区的岩石地层系统，划分为 32 个组、2 个段、5 个层级（非正式）填图单位，查明各岩石地层单位的岩性、岩相及其厚度变化规律；根据古生物组合特征在寒武系—志留系中共划分出 34 个化石组合带、延限带。上述成果提高了调查区地层的研究程度。

2. 系统收集了寒武系、奥陶系、志留系的岩相古地理资料，进行了沉积相、沉积微相的划分与研究。通过非正式填图单位的表达，将志留纪灰岩夹层划分为生物礁相、生物滩相、潮坪相三种类型。在此基础上编制了各个时期的岩相古地理图件，系统阐述了地史变迁、沉积作用机理以及判断依据。

3. 在调查区中部奥陶系桐梓组底界附近发现了一套厚 3～20m 的沉积角砾岩，暴露特征明显，为台地露出水面并发生崩塌形成的产物，结合邻区资料，表明在湘西北的台地区寒武系与奥陶系之间发生过一次明显的构造抬升，可与区域上的郁南运动相对应。

4. 将调查区的沉积建造划分为 16 种类型，阐述了不同沉积建造类型的岩石特征及含矿性，总结了其形成的岩相古地理环境及大地构造背景。

5. 对早古生代寒武系、奥陶系、志留系进行了层序界面识别和基本层序划分，共划分出 4 个二级层序（寒武系 2 个、奥陶系 1 个、志留系 1 个），30 个三级层序（寒武系 13 个、奥陶系 9 个、志留系 8 个），建立了区内早古生代层序地层格架。

6. 分析了南华系、震旦系、寒武系、奥陶系、志留系沉积岩地球化学特征，结合区域构造探讨了南华系、志留系的沉积构造背景，认为南华纪时期处于活跃的大陆裂谷盆地，志留纪时期处于挤压条件下的前陆盆地。

7. 首次对湘西永顺-泽家逆冲推覆构造的几何样式与变形特征进行了详细研究。推覆构造总体呈北东向展布，在逆冲推覆构造的前锋断层沿线，寒武系及奥陶系向北西逆冲推覆于奥陶系及志留系之上，形成 4 个飞来峰与 3 个构造窗。推覆主断层具有典型的台阶式结构特征，即推覆断层在上寒武统和奥陶系以灰岩、白云岩为主的强硬岩层中形成高角度切层断坡，进入下志留统下部以泥岩、页岩为主的软弱岩层后断层倾角变缓，转为断坪。推覆构造沿走向变形强度以及结构特征存在明显变化，由北东（中段）往南西各区段的水平位移总体上呈现递减趋势，最大推覆距离约 4km。分析认为推覆构造是早中生代复合递进变形的产物。

8. 查明了调查区的主体构造格架。以永顺-泽家-大明乡推覆断裂与保靖-张家界-慈利深大断裂为边界断裂，形成前缘以逆冲推覆断裂与倒转背斜为特征，后缘以堑垒式构造组合为特征的独特构造格局。主体构造定型于印支期北西向的挤压应力场。

9. 厘定了调查区各个时期构造运动形成的不同构造形迹及其构造变形特征与相互叠加、改造样式，

建立了构造变形序列，分为以下8个期次。

(1)板溪期—南华纪构造变形(D_1)：区域伸展形成同沉积断裂，慈利-保靖断裂与古丈-吉首断裂形成。

(2)晚志留世加里东运动构造变形(D_2)：慈利-保靖断裂南东形成北东向褶皱与同走向逆断裂；断裂北西仅有抬升，造成泥盆系与志留系间平行不整合。

(3)中三叠世后期印支运动构造变形(D_3)：北东向褶皱(近共轴叠加在加里东期褶皱之上)与逆断裂；应力松弛阶段形成重力滑动构造。

(4)晚三叠世—早侏罗世构造变形(D_4)：北西向右行走滑断裂形成；先存北东向断裂左行平移活化，并派生北北东向张剪性断裂；北东东—近东西逆断裂形成。

(5)中侏罗世晚期早燕山运动构造变形(D_5)：先存北东向断裂右行走滑，派生北西向左行走滑断裂；先存北东东—近东西向断裂发生伸展正断；逆冲推覆断裂右行走滑派生北北东—近南北向褶皱与逆断裂；调查区北部近南北向褶皱叠加在印支期北东向褶皱之上。

(6)早白垩世伸展构造变形(D_6)：慈利-保靖断裂南东侧形成白垩纪断陷红盆；前白垩纪地层中北东向先期逆断裂叠加伸展活动，列夕复向斜内堑-垒格局形成。

(7)古近纪中晚期构造变形(D_7)：先存北西向断裂发生逆冲活动，局部诱发北西向褶皱；调查区南部先存北东东向断裂发生左行走滑；北东向左行走滑断裂切割白垩纪盆地。

(8)古近纪末—新近纪初构造变形(D_8)：先存北西向走滑断裂伸展活动；逆冲推覆构造递进发展。

二、水系沉积物测量

1.完成1∶5万水系沉积物测量面积1350km²。圈定综合异常32处，其中甲2类异常6处、乙3类异常23处、丙1类异常3处；划分地球化学找矿远景区4处，其中Ⅰ级找矿远景区1处、Ⅱ级找矿远景区2处、Ⅲ级找矿远景区1处。

2.对调查区不同时代地层的元素地球化学参数研究表明：志留系无明显富集元素；奥陶系富集Co、Cd、Pb、Sb、Hg；寒武系富集Mo、As、Ag；震旦系富集Ba、Cr、V、Ni、Cu、Zn、Mo、Cd、As、Sb、Bi、Hg、Ag、F、Au，尤以Ag、Mo、V、Ba、Cu、Zn丰度高。预示着奥陶系有较好的铅、钴成矿地球化学条件；震旦系是铜、银、重晶石矿的重要赋矿层位。

3.对32处综合异常进行了评序，筛选出12处具有较大找矿潜力的综合异常进行了异常查证，发现矿(化)点1处。

三、矿产地质调查

1.大致查明了调查区内地层的含矿性。下奥陶统桐梓组、红花园组是区内江家垭式铅锌矿的赋矿层位；上震旦统金家洞组为区内董家河式铅锌矿的赋矿层位；下南华统大塘坡组为区内锰矿的主要赋矿层位；下寒武统牛蹄塘组为钒矿的赋矿层位；上震旦统留茶坡组、下寒武统牛蹄塘组底部、中志留统吴家院组上部是磷矿的含矿层位。同时，对矿体的特征做了初步的了解。基本查明区内矿产资源分布特征，在总结全区矿产资源分布规律、成因类型的基础上，通过与典型矿床对比，初步建立了区内锰矿与铅锌矿的成矿模型。

2.通过路线地质调查与异常查证，新发现矿(化)点8处，其中褐铁矿点(化)2处、锰矿点1处、铜矿(化)点2处、重晶石矿点1处、方解石矿点2处。择优对南华系大塘坡式锰矿开展了矿产检查工作。

3.根据调查区已知矿产地质特征、内外生矿产地分布规律及物化探、遥感资料综合分析，调查区共圈定3处找矿远景区，其中Ⅰ级找矿远景区2处，分别是大坝-吊井铅锌钴Ⅰ级找矿远景区、罗依溪-里明锰铜铅锌钡Ⅰ级找矿远景区;Ⅱ级找矿远景区1处,为禾作铅锌钴Ⅱ级找矿远景区。

4.在已圈定的找矿远景区基础上,分析各远景区中成矿地质条件有利部位,综合对比已知矿床(点)规模、矿化强度、围岩蚀变等特征,结合物化探异常资料,共圈定找矿靶区3处,依据各靶区成矿有利程度、成矿概率高低,将靶区划为A、B两级,分别为洋山铅锌找矿靶区(A-1)、罗依溪锰铜找矿靶区(A-2)、断龙山方解石找矿靶区(B-1)。

5.通过闪锌矿Rb-Sr同位素测年,获得区内江家垭式陡倾脉状铅锌矿床的成矿年龄为(238.9±4.5)Ma,提供了湘西北地区印支期成矿的年代依据。

湖北1∶5万古老背、安福寺、枝城市、董市镇幅区域地质调查成果报告

提交单位:湖北省地质调查院

项目负责人:杨青雄

档案号:档0556-14

工作周期:2016—2018年

主要成果:

一、地层

1.厘清了调查区岩石地层特征,建立了填图单元的划分方案和标志。通过野外地质调查,结合《湖北省岩石地层》(1997)以及中国地层表的划分方案(2014),将调查区寒武纪、奥陶纪、志留纪、泥盆纪、石炭纪、二叠纪、白垩纪及第四纪地层,初步划分为37个组级单位以及7个非正式填图单元。

2.对白垩系五龙组细砂岩进行了LA-ICP-MS碎屑锆石U-Pb法年龄测试,获得100组U-Pb谐和年龄,年龄峰值主要集中在2457Ma、1866Ma、950Ma、809Ma、434Ma、226Ma和166Ma。通过对比扬子陆块与华夏陆块,认为白垩纪早期为扬子陆块的近源堆积。

3.通过剖面测制、路线地质调查和露头尺度的刻画,结合样品测试分析,初步建立了白垩纪以来的沉积构造耦合序列,认为白垩纪以来是多源的断陷充填。

4.利用钻孔、磁化率、粒度、孢粉及测年样(光释光、^{14}C和热释光)等各类样品,建立了江汉盆地西缘第四系沉积充填序列,并进行了多重地层划分对比。

5.对第四系云池组底部和顶部进行了LA-ICP-MS碎屑锆石U-Pb法年龄测试。通过对碎屑锆石统计对比,发现在顶部出现了44Ma的峰值,与青藏高原在这一时期强烈隆升出现大量花岗岩较为吻合,暗示在早更新世晚期,有来自青藏高原的物源,为确定长江贯通的时限提供了有力的证据。

6.结合钻孔、物探等测试手段,基本查明了第四系覆盖区基岩分布特征和北西高、南东低的古地貌形态。

二、构造

1.通过路线地质调查和构造剖面测制与解剖,查明了调查区的区域构造发展阶段,并对各个构造阶段的构造样式进行了系统总结。

2.通过构造剖面解析,结合地震、高密度电阻率等物探技术的应用,探讨了调查区天阳坪断裂的特

征以及演化。

3. 利用2件磷灰石样品的裂变径迹模式，结合前人研究成果，对调查区的构造抬升事件进行了全面剖析，分析了140～25Ma之间的构造事件。

三、矿产

1. 系统总结了调查区地层的含矿性。赤铁矿主要赋存于泥盆系写经寺组；含煤地层主要赋存于二叠系梁山组；石膏矿含矿层主要位于白垩系跑马岗组。

2. 通过对牛蹄塘组的岩石组合特征、沉积环境与沉积相的分析，结合总有机碳含量（TOC）、镜质体反射率（R_o）、孔隙度与渗透率等参数的测定，利用前人在邻区开展的页岩气钻探成果，认为在调查区西南部的牛蹄塘组具有较好的页岩气潜力。

四、环境地质

以1∶5万区域地质调查为依托，对调查区28处地质灾害点的分布及特点进行了调查，其中滑坡8处、崩塌1处、不稳定斜坡19处。在野外调查基础上，系统总结了调查区地质灾害类型、分布特征及形成条件，探讨了其与地形地貌、岩性、地质构造、水、人类工程活动等因素的关系。

湖北1∶5万丁砦幅、来凤幅、大河坝幅、龙山县幅、百福司幅区域地质调查成果报告

提交单位：湖北省地质调查院
项目负责人：罗华
档案号：档0556-15
工作周期：2016—2018年
主要成果：

一、地层

1. 运用现代沉积学、地层学、岩石学等理论和方法，通过剖面测制与填图，查明调查区内各时代地层的空间分布与产出特征、岩石组合类型及区域变化规律，厘定了28个组级岩石地层单位、13个段级岩石地层单位以及15个特殊岩性层级非正式岩石地层单位。加强了层序地层学方面的研究，对调查区岩石地层进行层序地层划分，共计识别出27个地层层序。

2. 为了服务社会，本次工作系统总结和对比了调查区及周边地区寒武系和志留系的地层划分标志、特殊岩性层、沉积环境等特征，对应了不同区域内各地层单位名称，总结了岩性变化规律和对比标志，为今后在湘鄂西开展工程地质调查及灾害治理工作提供了资料。

3. 在牯牛潭组上部采获 *Periodon aculeatus*、*Pygodus serrus* 等牙形石分子，在宝塔组下部采获 *Periodon aculeatus*、*Drepanodus arcuatus*、*Dapsilodus mutatus* 等牙形石分子，均为 *Pygodus serrus* 牙形石带 *Eoplacognathus foliaceus* 亚带的主要分子（图1-18）。上述化石为将宝塔组归属为中—晚奥陶世提供了依据。

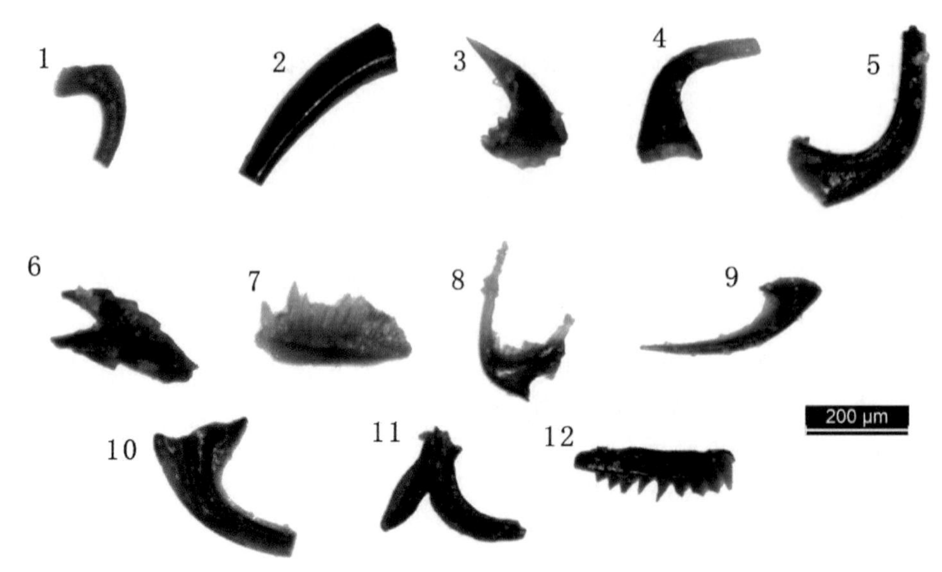

1. *Protopanderodus xianningensis* An,1984(牙 2/2,咸宁原潘氏牙形石);2. *Scolopodus* Pander,1856(牙 2/2,尖牙形石属碎片);3. *Belodella fenxiangensis* An,1981(牙 2/3,分乡小针牙形石);4. *Cornuodus longibasis* Lindstrom,1955(牙 2/3,长基角齿牙形石);5. *Scolopodus rex* Lindstrom,1955(牙 2/3,华美尖牙形石);6. *Baltoniodus* Lindstrom,1971(牙 2/4,波罗的牙形石属);7. *Histiodella intertexta* An,1981(牙 2/5,错综小帆牙形石);8. *Periodon aculeatus* Hadding,1913(牙 2/5,刺状围牙形石);9. *Drepanodus arcuatus* Pander,1856(牙 2/6,弯曲镰牙形石);10. *Dapsilodus mutatus* Branson,Mehl. ,1933(牙 2/7,变异富牙形石);11. *Eoplacognathus pseudoplanus* Viira,1974(牙 2/7,假平始盾牙形石);12. *Yaoxianognathus yaoxianensis* An,1985(牙 2/8,耀县耀县牙形石)。

图 1-18 牯牛潭组-宝塔组界线附近典型牙形石分子

4. 对来凤-龙山盆地进行了调查研究,将其划分为拉张断陷-坳陷—盆地扩张—盆地萎缩—盆地整体抬升—剥蚀等演化阶段。总结了盆地石膏矿是在干旱气候导致的强烈蒸发作用下,湖水进一步浓缩形成浅水环境下的膏岩层,后在区域性构造应力的作用下,盆地边缘的断裂活动使湖相地层中产生了裂隙,溶解了早先沉积膏岩的地表水或表层地下水进入裂缝,形成了沿裂隙发育的石膏脉。

二、构造

1. 基本查明了调查区主要构造运动的变形特点,建立了构造变形序列。第一期构造变形表现为受加里东运动影响而在娄山关组内部形成的同沉积变形;第二期构造变形发生于印支期,区内以褶皱为主;第三期构造变形发生于燕山早期,在区内表现为一系列北(北)东向纵弯褶皱、逆断层;第四期构造变形形成于燕山晚期,区内表现为形成一系列北西向走滑断层;第五期构造变形形成于喜马拉雅早期,区内形成南北向走滑断层,同时北东向褶皱亦得到进一步发展;第六期构造变形发生于喜马拉雅晚期,表现为先存的近南北向断层发生张裂,北(北)东向断层表现为一定程度的左行走滑,区内地壳抬升,来凤-龙山盆地沉积结束;第七期构造变形发生于新构造运动期,区内以隆升运动为主。

2. 查明了咸丰断层在调查区内的构造表现。识别出 4 期构造活动:第一期为南东向北西的逆冲,第二期为北西向南东的逆冲,第三期为倾向北西的正断层,第四期为倾向北西的逆断层。

3. 在白垩纪陆相沉积盆地西缘新发现川大河断层,充实了该盆地为断陷盆地的证据。并识别出 4 期构造变形:第一期构造可能为南东向北西的逆冲,第二期构造为北西向南东的逆冲,第三期构造表现为左行平移,第四期构造表现为走向北东断层的晚期正断层活动。这 4 期构造变形很好地契合了“红盆”演化规律。

三、矿产

1. 完成了“深坨构造-蚀变调查区”的1∶1万地质草测，查明其围岩、构造及矿化蚀变等成矿地质条件，编制了地质图，编写了调查报告，为后期矿产勘查工作提供基础依据。

2. 新发现闪锌矿化点和萤石矿化点各1处，圈定铅锌矿找矿靶区1处；初步总结了区内古生代沉积盆地演化与铅锌-萤石矿的成矿关系，认为区内铅锌矿物源主要来自地壳，向南混有造山带矿质来源，成矿时间下限为239Ma；北东向断裂带伴随雪峰造山运动起到流体、矿源通道的作用，同时亦和北西向张性断裂带一起作为配矿和储矿空间。

3. 总结了区内古生代沉积盆地演化与页岩气、硒矿等矿产之间的成矿关系。结合区内上奥陶统—下志留统龙马溪组碳质岩系厚度变化规律、有机质丰度分析，发现鄂西地区龙马溪组富有机质页岩总体表现出生气潜力由西往东逐渐减小的趋势，其有利成矿环境主要为深水陆棚相；硒矿的成矿作用与硅质岩关系密切，同时受古地理背景影响在古水体更深的部位硒矿资源往往更为富集。

四、其他

对调查区岩溶塌陷、崩塌、滑坡和石漠化进行了调查，共识别出19处地质灾害点，初步调查了3处地质灾害点，并对各类地质灾害的地质背景进行了初步总结，为当地地质灾害防治及分析提供了依据。

湖南1∶5万常德市、牛鼻滩、斗姆湖、汉寿县幅区域地质调查成果报告

提交单位：湖南省地质调查院

项目负责人：魏方辉

档案号：档0556-16

工作周期：2016—2018年

主要成果：

1. 重新厘定了常德-汉寿地区基岩地层序列，建立了24个组级岩石地层单位，进一步查明了各岩石地层单位的厚度、岩性特征、沉积层序和沉积环境，并取得以下新的进展：①将原板溪群多益塘组解体为多益塘组、百合垅组和牛牯坪组；②将调查区内所有的寒武系统一厘定为盆地相区的牛蹄塘组、污泥塘组和探溪组；③将区内所有奥陶系统一厘定为盆地相区的白水溪组、桥亭子组、烟溪组和天马山组；④板溪群自下而上可分为2个Ⅰ型层序界面、7个Ⅱ型层序界面，共划分为2个二级层序和9个三级层序。

2. 查明了第四纪地层的沉积序列、岩性组成、接触关系、空间展布特征（包括厚度、埋深、底界高程等）。将调查区第四系划分为抬升区和凹陷区2个地貌单元，其中抬升区划分出常德组、白沙井组、马王堆组、白水江组4个组级地层单位，凹陷区划分出华田组、汨罗组、洞庭湖组、坡头组4个组级地层单位。将沅江两岸全新统划分为曲流河河道相等10个非正式填图单位。其中常德组对应于前人划分的新开铺组下部砾石层，为一套冲积扇粗碎屑沉积；白沙井组对应于前人划分的白沙井组下部砾石层，为一套镶嵌在由常德组构成的阶地之上的河流相沉积；马王堆组对应于前人划分的新开铺组和白沙井组上部的网纹黏土，为具风化壳性质的原地或准原地堆积。

3. 进行了多益塘组沉凝灰岩LA-ICP-MS锆石U-Pb年龄测定，获得（766.5±7.3）Ma的地层沉积

年龄。进行了牛牯坪组 LA-ICP-MS 碎屑锆石 U-Pb 年龄测定,获得新太古代—古元古代(峰值为2460Ma)、古元古代晚期(峰值为 1997Ma)、新元古代早期(峰值为 864Ma)3 个主年龄谱。其中,2.5Ga的碎屑锆石年龄表明,扬子陆块也存在该时期的岩浆和变质事件,对应华北克拉通微陆块拼合形成统一华北克拉通陆块的地质事件;2.0Ga 的碎屑锆石年龄与调查区北侧黄陵地区多期岩浆活动时限具有较好的可对比性,是哥伦比亚(Columiba)超大陆拼合、增生的物质记录;860Ma 左右的碎屑锆石对应江山-绍兴缝合带开始闭合,弧后盆地向北俯冲消减,形成陆源型火山岩的时期;(766.5±7.3)Ma 的地层沉积年龄,反映板溪群沉积期间 760Ma 左右的强伸展事件,可能为罗迪尼亚(Rodina)超大陆裂解过程中华南地区裂解最强烈、火山活动最活跃的时期。

4.基于常德太阳山地区板溪群碎屑岩的地球化学特征,探讨了扬子陆块东南缘板溪群沉积盆地性质及区域构造格局。结果表明:板溪群沉积总体处于被动大陆边缘环境,具有活动大陆边缘、大陆岛弧的属性,是由裂谷盆地火山碎屑提供物源,并继承了早期华南洋盆地演化过程中形成的活动陆源及大陆岛弧的地球化学信息。

5.查明了调查区构造行迹的展布特征,重点对太阳山隆起内主要褶皱和断裂进行了变形期次的识别和划分,建立了构造变形序列,探讨了各期变形的构造体制和背景,为区域上知之甚少的新生代构造运动研究补充了具重要价值的基础地质资料。

6.查明了第四纪凹陷区内构造行迹,主要表现为断裂、褶皱、掀斜和抬升等。其中断裂有南北—北北东向和北西—北北西向两组,早更新世—中更新世中期活动的正断裂具有从盆缘向盆地中心扩展的规律,表现为前展式正断裂,犁状(或叠瓦状)的各条断裂在深部可能合拢成一条主断裂;第四纪期间断块的抬升或沉降运动具有较明显的阶段性和脉动性。整个第四纪可分为早更新世—中更新世中期的整体沉降、中更新世晚期—晚更新世的整体抬升以及晚更新世—全新世的缓慢升降 3 个阶段。第四纪洞庭盆地构造活动的动力学机制表现为早期的断陷盆地与地幔上隆背景下的深部物质迁出有关,晚期的凹陷盆地与深部物质蠕移运动的弹性回返相关。

7.通过地表地质调查和钻孔资料,系统总结和深入研究了安乡凹陷及周缘地区第四纪期间的沉积作用特征及其演化过程,取得集成性的成果资料和一些新的地质认识。

(1)调查区第四系抬升区识别出了 2 套冲积扇,分别为灌溪镇-淞河镇冲积扇和丁家港乡-草坪镇冲积扇,查明了冲积扇体的规模、展布、沉积相序、物源区方向。其中灌溪镇-淞河镇冲积扇由北西往南东逐渐扩展开,沉积物出露标高、底界标高逐渐降低;横向上表现为宽缓的冲积河谷,河谷底部较平整,两岸陡峻,受后期抬升剥蚀影响,整个扇体向正东方向掀斜,掀斜程度约 1°;沉积作用表现为砾质辫状河相河道沉积夹间歇性的片流沉积,泥石流沉积不发育,属湿润性冲洪积扇体。丁家港乡-德山镇冲积扇由南东往北西方向逐渐展开,多个方向物源相互叠加、干扰;纵向剖面上呈下凹透镜体或楔状体,横剖面上呈上凸形,受后期沉积-构造的影响,该冲积扇形成之后河流下蚀形成南北向的冲积河谷,之上叠置了中更新世白沙井组砂砾石层;层序上表现为 3 次大的冲洪积作用,第一次沉积作用较强,沉积结构由下往上粒度逐渐变细,第二次沉积作用相对较弱,沉积体分布比较局限,以横向沙坝为主体,第三次沉积作用较强,沉积结构也表现为向上变细的序列。

(2)将盆地边缘分布的网纹红土单独划分为马王堆组,网纹红土或小角度斜披覆于下伏地层,或与下部地层接触界面波状起伏,或高角度斜切下伏地层,二者表现为平行不整合或角度不整合。对长堰剖面进行了古地磁、沉积物年龄、磁化率、粒度、地球化学的测试与研究。古地磁和光释光(OSL)测年表明,马王堆组网纹黏土主体形成于中更新世;磁化率随深度变化曲线可分为 4 段,表现为下部平直、中部大幅波动、上部逐渐增高的样式;堆积物的粒度整体较细,其沉积作用较弱,母质风化成壤作用强烈并网纹化,记录了中更新世早期到晚期冬季风加强、风化减弱的气候变化过程;地球化学分析表明,网纹黏土整体经历过早期的强化学风化作用,K、Na、Ca、Mg 等易溶组分均强烈淋失,后期的网纹化过程中基质的 K_2O、Na_2O、CaO 和 MgO 等易溶组分较白色网纹迁移淋失更充分,而白色网纹中的 TFe_2 和 MnO 呈明显的迁出亏损。

8.对新施工的罗家铺村 CZ04 孔岩芯进行了高分辨率层序划分及大量的古地磁、沉积物年龄、孢粉、磁化率、粒度、地球化学等分析或测试，建立了旋回层序地层，提取了若干有关洞庭盆地第四纪气候与环境演化的新信息。

(1)在古地磁分析和沉积物年龄(ESR)的基础上建立了比较完整的第四系年代序列，通过与洞庭盆地内其他典型钻孔的对比分析，认为第四纪洞庭盆地两个主要的沉积中心(沅江凹陷、安乡凹陷)下更新统底界位于各钻孔底部 200～300m，中更新统底界位于 88～92m，上更新统底界位于 15.5～50m，全新统底界位于 1.5～4.5m；计算了全新统、晚更新统坡头组、中更新统洞庭湖组、下更新统汨罗组和华田组的沉积速率分别为 8.9cm/ka、3.7cm/ka、10.5cm/ka、4.4cm/ka 和 8.4cm/ka。

(2)识别了 3 种层序界面，分别为沉积间断形成的不整合面、基准面从下降到上升的转换面以及湖泛面；自下而上划分出 2 个长期基准面旋回，进一步细分为 5 个中期基准面旋回及 25 个短期基准面旋回，建立了安乡凹陷下更新统高分辨率层序地层对比格架。

(3)根据岩石地层单位划分、粒度分布曲线特征及各粒度参数、曲线，由上往下将 CZ04 孔粒度划分为 10 个阶段。粒度分析结果表明，华田组黏土主要形成于水动力条件弱的湖泊环境，少量形成于滨浅湖环境(或受河流冲积物的代入)；汨罗组沉积环境变化较大，有水动力条件很强的辫状河河道沉积、水动力条件较强的水道沉积或分支水道沉积和水动力条件相对较强的洪泛平原沉积，以上沉积为典型的辫状河三角洲之三角洲平原和三角洲前缘沉积；洞庭湖组主要形成于水动力条件较强的辫状河沉积，受季节性水流影响，河道变迁较快，部分形成于长期未被冲刷的河道间洼地环境；全新统和坡头组形成于水动力条件较弱的曲流河河漫洼地或河漫湖泊环境(图 1-19)。

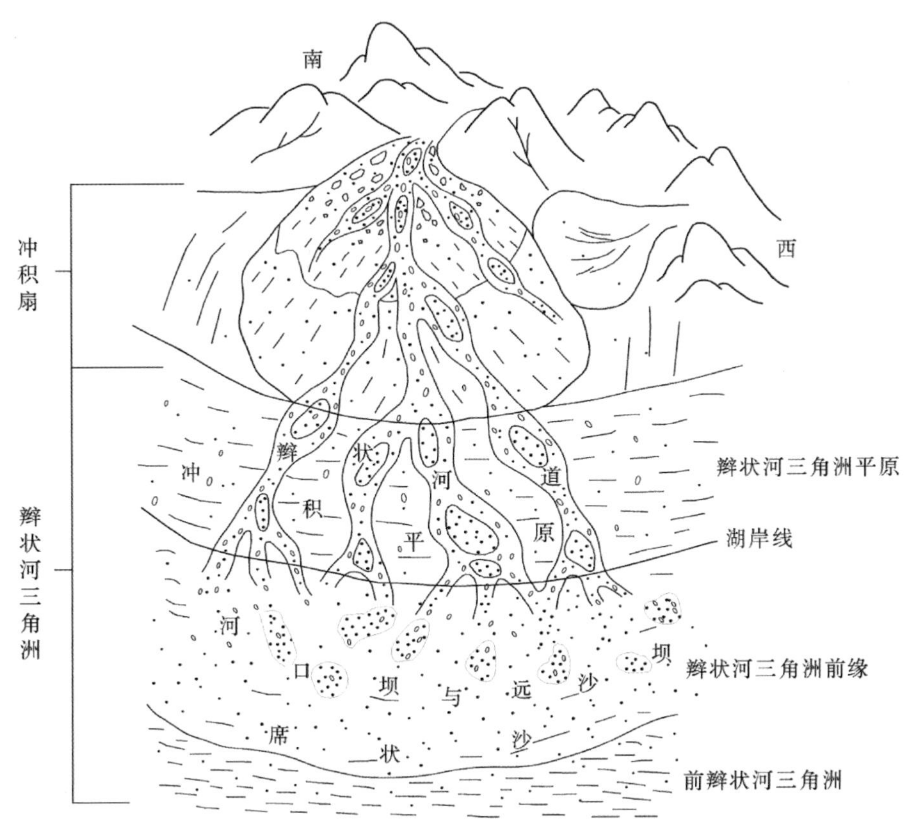

图 1-19　早更新世常德组与汨罗组冲积扇-辫状河三角洲沉积模式图

(4)磁化率分析表明,沉积物的磁化率大小和变化规律与沉积气候环境、沉积物粒度大小、磁性矿物来源等因素有关,在孔深108m处出现的磁化率最高峰可能与长江上游磁性物质的加入有关;顶部黏土的磁化率曲线与洛川黄土、深海氧同位素记录具有较好的对比性,反映了区内250ka以来的气候变化及岩石地层单位的时代。

(5)地球化学分析表明,区内可以选择CIA、ba值、Saf值为气候代用指标,它们与特征元素比值Rb/Sr、Sr/Ba具有较好的正相关关系。其中,CIA与ba值的相关系数R^2为8.56,CIA与Saf值的相关系数R^2为0.596,说明所选用指标和特征元素比值对气候的响应是有效的。根据气候代用指标和特征元素比值绘制的深度曲线具有明显的气候分带性,从下而上可分为7个气候带。

(6)自下而上可划分16个孢粉组合带。根据钻孔的岩性特征,结合沉积物粒度分析、磁化率分析、地球化学分析和孢粉分析结果,并结合前人研究结果可大致将整个调查区第四纪时期环境气候演化划分为以下28个阶段。第四纪每个时期的古气候环境具有如下特征:早更新世早期,主要沉积了华田组,经历了由冷干→温干→暖干→温湿夹暖湿→温湿的气候变化过程,整体具有由冷变暖、由干变湿的气候演化过程;早更新世晚期,主要沉积了汨罗组,经历了冷干→暖湿→冷干→湿热→凉干→暖湿的气候变化过程;中更新世,主要沉积了洞庭湖组,经历了冷干→温干偏湿→暖湿→冷干→暖热→冷干→湿热→冷干→湿热的气候变化过程;晚更新世,主要沉积了坡头组,经历了冷湿→暖湿的气候变化过程,与中志留世以来深海同位素变化及北方洛川黄土显示的气候变化阶段大致吻合;全新世以来,也大致经历了冷干→暖湿→温干→暖湿→温干的气候变化过程,具有明显的波动性和旋回性变化特征。

9.基于对区内第四系深入细致的研究,考虑岩石地层单位命名既要尊重优先律,又要避免混乱的原则,实现了江汉-洞庭盆地第四纪地层的划分与对比。将洞庭盆地边缘及四水流域中原划的"洞井铺组""新开铺组""黄牯山组""陈家咀组""湖仙山组"等地层下部砾石层划分为下更新统常德组,对应江汉盆地边缘的下更新统云池组(宜昌一带)和阳逻组(武汉一带);保留白沙井组名称,对应原"白沙井组"下部砾石层;将洞庭盆地边缘广泛分布的网纹黏土划分为中更新世马王堆组,对应江汉盆地的善溪窑组。

10.进行了概略的环境地质调查与研究。对调查区进行了环境地质分区,阐述了地貌、水系、水文地质、工程地质、地质灾害等环境地质特征以及人类活动对地质环境的影响。

湖南1∶5万石门县、合口镇、夏家港幅区域地质矿产调查成果报告

提交单位:湖南省地质调查院

项目负责人:杨少辉

档案号:档0556-17

工作周期:2017—2018年

主要成果:

一、地层

1.厘定了区内地层系统,将区内前第四系划分为34个组级岩石地层单位,5个段级岩石地层单位,3个层级非正式填图单位,查明了各个岩石地层单位的厚度、岩石组合特征与沉积环境;根据古生物组合特征,将寒武系至三叠系共划分出25个化石带、组合带、组合,提高了调查区地层的研究程度。

2.加强了非正式填图单位的填绘与表达,丰富了图面结构,将志留系划分出2个非正式填图单位,

三叠系划分出1个非正式填图单位，分别为志留系小河坝组中的生物屑灰岩段、溶溪组中的砂岩段以及三叠系大冶组顶部的鲕粒灰岩/白云岩段；根据其中岩性、岩石组合与沉积结构构造特征，查明以上3个非正式填图单位的沉积环境分别属生物点礁亚相、有障壁海岸环境中冲溢扇微相以及碳酸盐岩开阔台地亚相的鲕粒滩微相，其中三叠系大冶组鲕粒灰岩段在调查区内基本上分布连续，但厚度稍有变化。

3. 通过地层剖面测制及野外路线地质填图，查明了调查区内二叠系茅口组与龙潭组之间存在一套厚度不一、以硅质岩与泥质硅质岩为主夹硅质页岩及灰岩透镜体的地层，将其划分为孤峰组，并对其岩性组合及厚度变化特征进行了调查，认为调查区内及周边地区在阳新世晚期由于“东吴运动”强烈的拉张作用，基底活化，同沉积断层发育，出现台-盆格局分异，在茅口组浅水台地相碳酸盐岩之上沉积形成了较深水的孤峰组台盆相硅质岩。

4. 对志留系、泥盆系、二叠系及三叠系进行了层序界面识别和基本层序划分，调查区内志留系—泥盆系、二叠系—三叠系划分为晚奥陶世五峰期—志留纪、中泥盆世晚期—晚泥盆世、早二叠世晚期—中二叠世以及晚二叠世—中三叠世4个超层序，27个三级层序。其中，志留系划分出6个层序、泥盆系划分出5个层序、二叠系划分出11个层序、三叠系划分出5个层序。

二、构造

1. 根据调查区地层分布及其接触关系等进行综合分析，调查区先后经历了加里东运动、印支运动、早燕山运动、晚燕山运动及喜马拉雅运动5次大的构造运动，并厘定出5个构造层：加里东构造层（Є—S）、海西—印支构造层（D_2—T_2）、早燕山构造层（J）、晚燕山—喜马拉雅构造层（K—E）、第四纪构造层（Q）；厘定了调查区的构造变形序列，划分为3个构造演化阶段、4个构造旋回和8个变形期次。

2. 调查区印支期构造体制为北北西向—近南北向挤压，早燕山期构造体制则表现为北西西向挤压，喜马拉雅期存在北北东向挤压。与此3期构造挤压事件相对应的构造形迹在调查区内表现为3组褶皱轴迹走向，第一组呈北东东—东西向展布，第二组呈北北东向展布，第三组呈北北西向展布。北东东—东西向褶皱形成于印支期，早燕山期共轴叠加，但构造线走向主要受南北两侧东西向构造带边界及先期北东东—东西向逆断裂和滑脱断裂的继承性活动控制；北北东向褶皱则主要与早燕山期强挤压作用有关；北北西向褶皱则与喜马拉雅期北北东向挤压有关。

3. 查明了调查区的褶皱特征并探讨了褶皱变形机制。构造剖面的褶皱构造均未显示出明显的隔槽式特征，且褶皱轴面和逆冲断裂无向东或南东倾斜极性，剖面结构清楚地揭示了“复杂”褶皱的组合样式。褶皱构造变形机制与柏道远等(2015)提出的褶皱变形主要受区域挤压体制下原地深部褶皱基底和上部盖层的收缩与冲断作用控制吻合较好，为该动力机制提供了新的证据。

4. 查明了慈利-保靖断裂在调查区的空间展布、几何学特征、运动学特征。慈利-保靖断裂在调查区主要呈近东西向展布，断裂性质为倾向南或者南南西的逆断裂，断裂形成时代为印支期，在近南北向的挤压作用下，形成近东西向的走向逆断裂；早燕山期同向叠加，受先期断裂的继承性活动控制。

5. 查明了调查区侏罗系与前侏罗系呈低角度不整合接触，表明印支运动强度较低，变形较弱；白垩系与前白垩系呈大角度不整合接触，表明早燕山运动强度大，变形强烈。

6. 调查区石门县北西的侏罗纪盆地为类前陆盆地，沉积物特征指示沉积环境西浅东深、北浅南深，指示盆地发育期间受北西向挤压控制。

7. 通过路线地质调查，于石门夹山一带的红层盆地北缘发现了同沉积断裂，表明红层盆地形成及演化受断裂控制。

8. 结合区域地质资料，探讨了调查区印支期、早燕山期构造线走向变化成因。构造线走向受多种因素控制，主要有区域性构造体制、先期构造的继承性活动及构造带边界限制等。

9. 调查区上覆盖层多处发生倒转或发育多个大型挠曲构造、重力滑脱褶皱，尤其以志留系、二叠系、三叠系表现最明显,表明区内自下而上存在多个区域性滑脱面或软弱滑脱层,对褶皱变形起重要作用。

三、第四系

1. 重新厘定了调查区的第四纪岩石地层序列,根据调查区第四纪地貌总体特征,大致以澧县凹陷控盆断裂为界,将第四系划分为凹陷区和抬升区两大类型。抬升区地层序列由老到新依次为下更新统常德组、中更新统白沙井组和马王堆组、上更新统白水江组、全新统橘子洲组;凹陷区地层序列由老到新依次为下更新统华田组、汨罗组,中更新统洞庭湖组和全新统湖冲积层。分析和总结了各岩石地层的沉积厚度、岩性组合特征、沉积环境,为江汉-洞庭盆地第四纪地层对比、盆地演化等研究提供了基础资料。

2. 通过 S03、SZ05 钻孔的古地磁测试结果,分析了澧县凹陷第四纪磁性地层特征,通过与国际标准磁性地层单位对比,将 SZ03 古地磁柱自上而下划分为布容正极性带和松山反极性带,识别出了 SZ03 钻孔的 B/M 界线位于 23.13m 处,在松山反极性带中 58.7～60.2m、62.4～63.7m 两段显示正极性,分别对应贾拉米洛(Jaramillo)正极性亚带和奥杜威(Olduvai)正极性亚带。

3. 总结了调查区第四纪以来的构造特征。抬升区总体以脉动式抬升为主,并伴随有掀斜构造、(挤压)褶皱变形构造以及控盆断裂和逆冲走滑断裂。凹陷区以幕式沉降为主,通过沉积物组合特征、沉积环境及层序特征,将洞庭湖第四纪盆地划分为 4 期幕式断陷沉积:第Ⅰ幕为华田早期,沉积物由华田组下段组成,下部发育河流相砂砾石,上部为浅湖相粉砂、"杂色"黏土;第Ⅱ幕为华田晚期,由华田组上段组成,主要为一套浅湖—半深湖盆型沉积层序组,岩性以黏土、粉砂为主,为最快速断陷阶段;第Ⅲ幕为汨罗期,主要为一套河流—浅湖盆层序组,岩性总体以灰绿色粉砂、黏土为主;第Ⅳ幕为中更新世早—中期,由洞庭湖组砂砾石夹砂、黏土组成,主要为河流—冲积扇盆型层序组。

4. 分析、总结了澧水隐伏断裂的几何学特征和第四纪以来的活动规律。通过遥感影像解译、高密度电法剖面、第四系钻探等资料,澧水断裂总体呈近东西向展布,总体倾向北,倾角约 60°。断裂大致由 3 条向北倾的次级断裂组成,宽 500～600m。断裂切穿第四系和古近系,表明其活动时间应在白垩纪—古近纪或者更早,第四纪以来的活动控制着断裂两侧第四系的沉积序列。

四、矿产

1. 基本查明区内矿产资源分布特征,并总结了调查区矿产资源分布规律、成因类型。

2. 新发现矿(化)点 3 处,其中雄黄矿 1 处、菊花石矿 1 处(图 1-20)、海泡石矿 1 处(图 1-21)。

图 1-20 放射状菊花石矿

a. 单朵放射体直径一般 1～5cm;b. 大者可达 15cm

图 1-21　原岩型海泡石矿

湖南 1∶5 万芷江县、中方县、原神场、黔城镇幅区域地质调查成果报告

提交单位：中国地质调查局武汉地质调查中心

项目负责人：赵武强

档案号：档 0556-18

工作周期：2017—2018 年

主要成果：

一、地层

1. 在研究前人地层资料的基础上，通过剖面测制和路线地质调查，对调查区地层进行了系统的调查，基本查明了调查区的岩石地层、层序地层和沉积相特征。采用多重地层划分对比，系统厘定了调查区地层序列，将调查区地层共划分为 28 个组级岩石地层单位、2 个段级非正式填图单位，总结了各填图单位岩性及划分标志，进一步完善了调查区地层格架。

2. 查明了区内青白口系板溪群与高涧群的界线。以芷江一怀化一线为界，北西为板溪群，南东为高涧群。板溪群以一套河流冲积相砾岩、砂砾岩高角度不整合于冷家溪群之上，自下而上划分为横路冲组、马底驿组、通塔湾组、五强溪组、百合垅组、牛牯坪组等地层单位；高涧群自下而上划分为砖墙湾组、架枧田组、岩门寨组等地层单位，南部冷水溪一带岩门寨组上部相变为百合垅组、牛牯坪组。

3. 通过对区内南华系的岩性划分，认为调查区内不存在下南华统长安组，仅出露中、上南华统。查明了南华系在区内的空间分布规律，即主要受北北东向大塘界-洞下场复向斜控制。通过对比区域上南华系特征，认为区内南华系自下而上划分为富禄组、古城组、大塘坡组、南沱组。

4. 对青白口系板溪群、高涧群及南华系碎屑岩地层选取多组样品进行了岩石化学全分析、微量元素分析和岩石稀土含量分析，进而运用环境判别图解对其大地构造背景进行判别，并对其沉积物来源进行了初步分析。

5. 在分析研究前人资料的基础上，结合区内南华系沉积特征，初步识别出南华系地层层序。区内南华系碎屑岩共识别出 4 个Ⅰ型层序界面与 2 个Ⅱ型层序界面；划分出 5 个Ⅲ级层序，其中富绿组 2 个，古城组、大塘坡组和南沱组各 1 个。

二、构造

1.区内经历了武陵运动、雪峰运动、加里东运动、印支运动、早燕山运动、晚燕山运动及喜马拉雅运动等多次大地构造运动，对其中的主要构造运动特征进行了初步研究。根据构造运动将调查区沉积建造分为武陵构造层、雪峰—加里东构造层、海西—印支构造层、早燕山构造层和晚燕山—喜马拉雅构造层等五大构造层。

2.查明了调查区主要构造格架和空间展布规律。调查区构造变形较为复杂，褶皱、断裂均较为发育。已查明具一定规模的褶皱5个，断层21条，其中褶皱构造以近北东向、北北东向为主，断裂构造以近北东向、北北东向为主，近东西向、北西向为辅，它们共同造就了调查区地质构造的总轮廓。

3.查明了调查区主要褶皱和断裂构造的形态、产状、性质、规模、展布范围等特征，提高了调查区构造研究程度。

4.对区内中生代构造盆地进行了划分，主要分为晚三叠世—中侏罗世类前陆盆地和白垩纪断陷盆地两类。

三、经济地质

1.调查区内各类矿床(点)共计23处，本次地质调查新发现矿(化)点2处(图1-22)。主要有煤矿、耐火黏土矿、铜矿、金矿、锑矿等，其中煤矿、耐火黏土矿是本区的优势矿产。煤矿主体以调查区东部的梁山组最为发育，耐火黏土矿亦主要赋存在调查区东部的梁山组中。初步总结了区内矿产资源的分布规律。

图1-22　本次调查新发现的部分矿化点

a.洞下场铁矿化点；b.大塘界铁矿化点

2.对区内旅游地质资源进行了初步调查，认为在大力发展自然资源的同时，应结合区域优势重点弘扬民族特色，加强对当地历史遗迹、革命遗迹的宣传力度，打造出具有地方特色的旅游亮点。

四、环境地质

初步总结了调查区地质灾害类型、分布特征及形成条件，分析了地质灾害与地形地貌、地层岩性和岩土体结构、降雨、人类活动等因素的关系，并对其防治方法提出了初步建议。

湖北1:5万十堰市、吕家河、薛家村、土城幅区域地质调查成果报告

提交单位:中国地质调查局武汉地质调查中心

项目负责人:李福林

档案号:档0559-01

工作周期:2016—2018年

主要成果:

一、地层

1.以地球系统科学新理论为指导,采用构造-地层法,通过路线调查和剖面测制,结合室内岩矿鉴定及原岩恢复,着重从火山-沉积组合序列、沉积环境变迁等方面对武当群进行系统研究,厘定了武当群的地层序列,分析了沉积特征及盆地演化,划分了武当群火山-岩浆活动期次:早期(姚坪期,756~743Ma)沉积环境对应滨浅海,以伸展拉张下的双峰式火山喷发形成的一套石英角斑岩和细碧岩的岩性组合为主,伴随陆源碎屑沉积;间歇期(杨坪期,743~727Ma)形成近滨岸相杂砂岩、砂岩、粉砂岩、碳泥质岩的组合序列,不同地区岩石组合特征不同,其间夹少量火山喷发沉积,垂向上出现较多含铁锰结核和磷质条带碳泥质岩,向滞流浅海盆地转化;晚期(双台期,727~700Ma)为盆地主体发展阶段,形成火山喷发-沉积组合序列,该时期火山喷发活动相对早期较弱,垂向上同样为双峰式火山岩伴随碎屑沉积,向上以沉积岩为主伴随少量的火山喷发,为盆地间歇期充填沉积,形成薄层状、条带状杂砂岩与泥粉砂岩互层沉积序列。在此基础上,将武当群由下至上划分为姚坪组、杨坪组、双台组。结合详细的测年结果(按照720Ma为青白口纪和南华纪的分界)将其归为青白口纪—南华纪。

2.武当群双峰式火山岩的地球化学含量投图显示,酸性岩大多落入火山弧花岗岩区,基性岩大都落入岛弧玄武岩区域,说明调查区主体构造背景为岛弧环境。姚坪组碎屑岩的物源区也具成熟岛弧特征,说明武当地区在该时期可能为弧后盆地沉积环境。

3.按照科技创新目标,本次工作重点解决武当群和耀岭河组地层层序方面的基础地质问题。通过野外详细调查和室内大量的岩矿鉴定,结合全岩地球化学和锆石U-Pb年代学,对武当群和耀岭河组进行了系统研究。通过对比研究商南地区耀岭河组玄武岩(主要形成于火山弧的构造环境中)和十堰、竹山地区耀岭河组玄武岩(形成于板内的构造环境),本次数据分析显示商南地区的耀岭河组年龄与武当地区接近,构造环境相同,说明可能与武当群处于同一时代。本次在武当群和耀岭河组取得的一批新数据,改变了前人对武当群时代或层序的认识,这批新的数据对进一步认识南秦岭地区大地构造演化具重要意义。

二、岩石

1.通过详细的野外调查,结合室内分析测试数据,系统归纳总结了调查区的变质期次及变质相,探讨了变形变质与区域构造活动的关系。本次工作将调查区变质作用划分为3种类型;结合武当群获取的白云母石英片岩中白云母两组Ar-Ar坪年龄分别为(222.33±2.11)Ma(2δ,MSWD=0.27)、(208.36±2.01)Ma(2δ,MSWD=0.61),将调查区变质期次划分为2期,均属印支期构造变质事件。

2.利用特征矿物石榴子石-黑云母温度计计算得到调查区内变质温度介于440～560℃之间，其中90%以上的数据在480～560℃之间；利用多硅白云母地质压力计对变质压力的上限进行估算，得出的结果在0.55～0.73GPa之间。该温度和对应压力条件表明调查区的变质程度应为高绿片岩相—低角闪岩相。

3.对调查区出露的石榴子石角闪斜长岩进行了年代学和Hf同位素测试，其LA-ICP-MS锆石U-Pb加权平均年龄为(742.1±4.1)Ma(MSWD=0.86，n=11)，该年龄代表原岩年龄属青白口纪。锆石单个测点对应的ε_{Hf}(742Ma)值为6.5～10.1，t_{DM1}(Hf)值为1.09～0.93Ga，t_{DM2}(Hf)值为1.17～0.97Ga，代表新生地壳。野外调查和室内岩相学、地球化学分析显示，石榴子石角闪斜长岩与相邻的基性侵入岩具有渐变过渡特征和相同的构造环境，推测与基性岩具有同源性。

4.首次在调查区内解体出5处花岗岩类岩石，其中在房县梅花谷武当群姚坪组下部发现的花岗岩类岩石经镜下鉴定为花岗闪长岩，其LA-ICP-MS锆石U-Pb加权平均年龄为(764.3±4.9)Ma(MSWD=0.47，n=19)(图1-23)，为该岩体成岩年龄。该年龄值属于青白口纪，其地球化学特征显示为岛弧环境，据此推测该岩体由基底岩石构成。该发现为深化认识南秦岭造山带新元古代地质发展史与构造演化提供了新的资料。

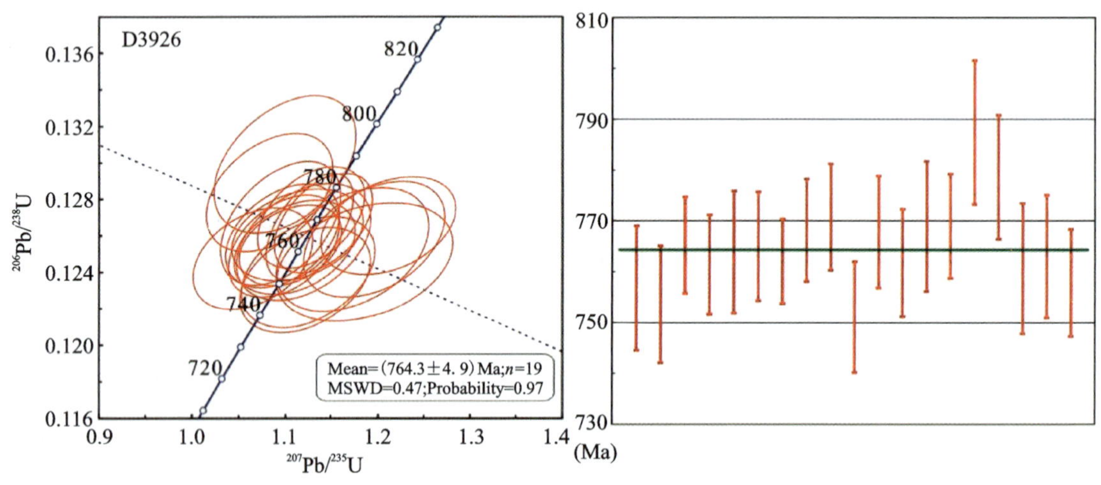

图1-23　花岗闪长岩中锆石U-Pb谐和年龄和加权平均年龄

5.在古生代基性侵入岩中获取了两组分别以2190Ma和830Ma为峰值的碎屑锆石年龄，并获取了505～495Ma和473～466Ma的岩浆锆石年龄以及261Ma的岩浆锆石年龄。但其地球化学特征相似，均为偏碱性，岩性相近。矿物组合和蚀变程度略有差别，可能反映同一岩浆源区的岩浆在不同时期多次被动侵入；构造环境均显示为板内玄武岩。新元古代基性侵入岩岩石类型复杂，虽然岩性相同但地球化学特征存在较大差异，构造环境亦不相同，代表不同源区的岩石组合。

6.在耀岭河组中发现的碳酸岩，其碳氧同位素组成和稀土元素显示火成碳酸岩($\delta^{13}C_{PDB}$=-8.64‰～-7.88‰)特征，属于首次发现，为研究武当地区火成碳酸岩及相关铌-钽矿提供了第一手资料。

7.在竹山县柯家坡发现不整合于武当群之上的陆源碎屑微晶灰岩盖层，具陆相沉积特征，这一发现对研究武当地区地质构造演化历史具有重要意义。

8.归纳了调查区岩浆活动的特征，划分了岩浆活动期次，查明了不同类型岩浆岩在区内的分布状态，并分析了岩浆活动与区域构造的关系。

三、构造

1.查明了调查区总体构造变形特征和变形序列，共计4期，以前3期为主：①早期脆-韧性剪切变形；②陆内俯冲褶皱造山；③脆性走滑断层。第 4 期不明显。

2. 以地球系统科学理论为指导，采用构造解析法，总结了调查区地质构造特征，从沉积建造、岩浆活动、变质作用、构造变形事件对比研究等方面，建立了调查区构造演化序列，将调查区内构造划分为 5 个发展演化阶段。

四、矿产地质

1. 在全面收集和整理前人调查资料的基础上，对调查区内已有铜、镍、黄铁矿、绿松石矿等矿产进行了踏勘检查，认为杨家堡的绿松石矿具工业价值。

2. 在十堰市房县尚家湾一带姚坪组中发现硅灰石矿化点 1 处；在武当群石榴子石角闪斜长岩中石英脉和杨坪组石英脉中均发现重晶石矿化现象。此外，还发现石英矿点 1 处（正在开采），工业用石材矿点 2 处，位于石榴子石角闪斜长岩和基性侵入岩体内。

湖北 1∶5 万土地堂、渡普口、山坡乡、神山镇、咸宁市幅区域地质调查成果报告

提交单位：中国地质调查局武汉地质调查中心
项目负责人：涂兵
档案号：档 0559-03
工作周期：2016—2018 年
主要成果：

一、基岩地层

1. 重新厘定了调查区地层序列，在前第四纪地层中划分了 17 个组级岩石地层单位、6 个段级岩石地层单位，建立完善了调查区多重地层划分对比系统。

2. 初步查明了志留系茅山组、泥盆系云台观组、二叠系龙潭组的岩性特征及空间展布。调查区内由南向北志留纪茅山组厚度由厚变薄，岩性南部以石英砂岩为主，向北粉砂岩、泥岩增多。泥盆系云台观组主要分布于调查区北部，南部缺失。茅山组与石炭系大埔组为平行不整合接触。调查区南部二叠系龙潭组厚度很薄（或缺失），贺胜桥以北该组地层厚度加大，发育煤系，见青龙山和乌龙泉两个小型煤矿床。

3. 上白垩统—古近系公安寨组为冲积扇沉积，地表可见明显的两期冲积扇叠加改造现象，层理产状倾向北西—北北东，表明物源为南东方向；根据地表调查和钻孔揭露，第四系覆盖层下伏基岩多为上白垩统—古近系公安寨组，指示晚白垩世—古近纪红盆与现今地貌具有高度相似性。

二、第四纪地层

1. 通过地质填图、钻孔剖面、样品测试等，查明了调查区第四系堆积物的物质成分、厚度、结构、分布范围等，对其进行了成因类型划分，按剥蚀区与沉降区分别建立了第四系地层系统。剥蚀区划分为下更新统阳逻组、中更新统王家店组、上更新统青山组、全新统走马岭组；沉降区划分为下更新统东西湖组、

中更新统辛安渡组、上更新统青山组、全新统走马岭组。

2. 圈定了两个早中更新世泥石流堆积体的范围。泥石流堆积体分别发育于咸宁地区和神山镇。其中,咸宁地区泥石流堆积体规模较大,由南向北发育,北部地表边界大致沿双溪桥—横沟桥—官埠桥一线,钻孔及地表零星露头指示边界可延伸到斧头湖畔;神山镇泥石流堆积体规模相对较小,由南向北发育,根据地表露头和钻孔揭露,堆积体边界沿祝家垴—向阳湖—钟鸣桥一线。根据泥石流堆积体的分布和地貌特征推测物源分别来自南部的淦水河和汀泗河。在泥石流堆积体中获得的 ESR 测年数据有(885±106)ka、(636±90)ka、(336±51)ka,表明咸宁地区泥石流(冲洪积)活动时间从早更新世末期一直延续到中更新世中晚期。

3. 中更新世王家店组中划分了 3 种成因类型。根据网纹红土岩性组合特征,将其划分为残坡积、冲洪积和冲积 3 种成因。残坡积典型沉积序列为红棕色黏土碎石层-红棕色网纹状黏土-红棕色均质黏土;冲洪积典型沉积序列为红棕色含砾黏土(泥砾混杂堆积)-紫红色或红棕色含砾网纹黏土-红棕色网纹黏土(偶见砾);冲积典型沉积序列为红棕色网纹黏土-红棕色均质黏土。中更新世网纹黏土中获得的 ESR 测年数据范围为(680±112)~(276±46)ka。

4. 于斧头湖、西凉湖和梁子湖上钻获共计 102m 湖底岩芯样,选择取样最完整的 3 个钻孔系统送检^{14}C、孢粉、^{210}Pb、碳氧同位素、主量元素等,探讨(9640±30)a 以来各湖泊的演化、环境变迁、底泥污染等。

三、构造

1. 查明了调查区褶皱和断裂构造的变形特征,对新构造活动特征进行了总结。根据调查区所处的大地构造位置及区域大地构造演化的基本轮廓和规律,以调查区的沉积建造、构造变形等特点为基础,划分了本区地质构造演化阶段,阐明了调查区构造形成过程、演化历史。

2. 通过对称四极视电阻率测深法、大地电磁测深法和高密度电法等多种勘查手段对长江两岸隐伏断裂进行了勘探和相互验证,确定了基岩与第四系界面以及隐伏断裂的位置和产状等。

四、其他

1. 开展了土地质量地球化学调查评价,填补了调查区 1∶5 万表层土壤地球化学数据空白。分析评价了调查区表层土壤 30 种元素的丰缺情况、分布规律,调查发现调查区 B 元素丰富,圈定了土壤 F 过量区、富 Se 区的范围,圈定元素综合异常区 6 处。评价了土壤环境地球化学等级和土壤养分地球化学等级,划分了土壤质量地球化学等级。

2. 开展了 1∶5 万咸宁市幅专项水文地质测量,基本查明区内含水系统空间结构与边界条件,地下水补径排条件及其变化,地下水特征,评价了地下水资源质量并提出了利用建议,为城市规划和生态环境保护提供地学支撑。

3. 在项目实施过程中,探索了平原与丘陵过渡第四系浅覆盖区填图技术方法。利用手持式土壤取样钻机和槽型钻相结合的地表路线地质调查,结合工程地质钻探、物探,可有效揭露浅覆盖区第四系地质结构。

湖北 1∶5 万长寿店、钟祥市、东桥镇幅区域地质调查调查报告

提交单位：中国地质调查局武汉地质调查中心

项目负责人：邓鑫

档案号：档 0559-02

工作周期：2016—2018 年

主要成果：

一、地层

1. 重新厘定了调查区的岩石地层序列，进一步查明了各岩石地层单位的厚度、岩性特征、沉积环境。对区内震旦纪—奥陶纪的古地理特征取得了一些认识，在调查区新建下奥陶统温峡口组和钟祥组，并对其岩性特征、生物地层、地层分布及对比、沉积环境等进行了分析和总结

2. 对下奥陶统钟祥组和大湾组页岩进行了系统的生物地层研究，建立了笔石地层序列，为目前化石保存较好、种类齐全的扬子区化石分异度最高的剖面之一，也是目前扬子地区笔石类型最为多样、笔石带较最为完整的剖面之一（图 1-24）。

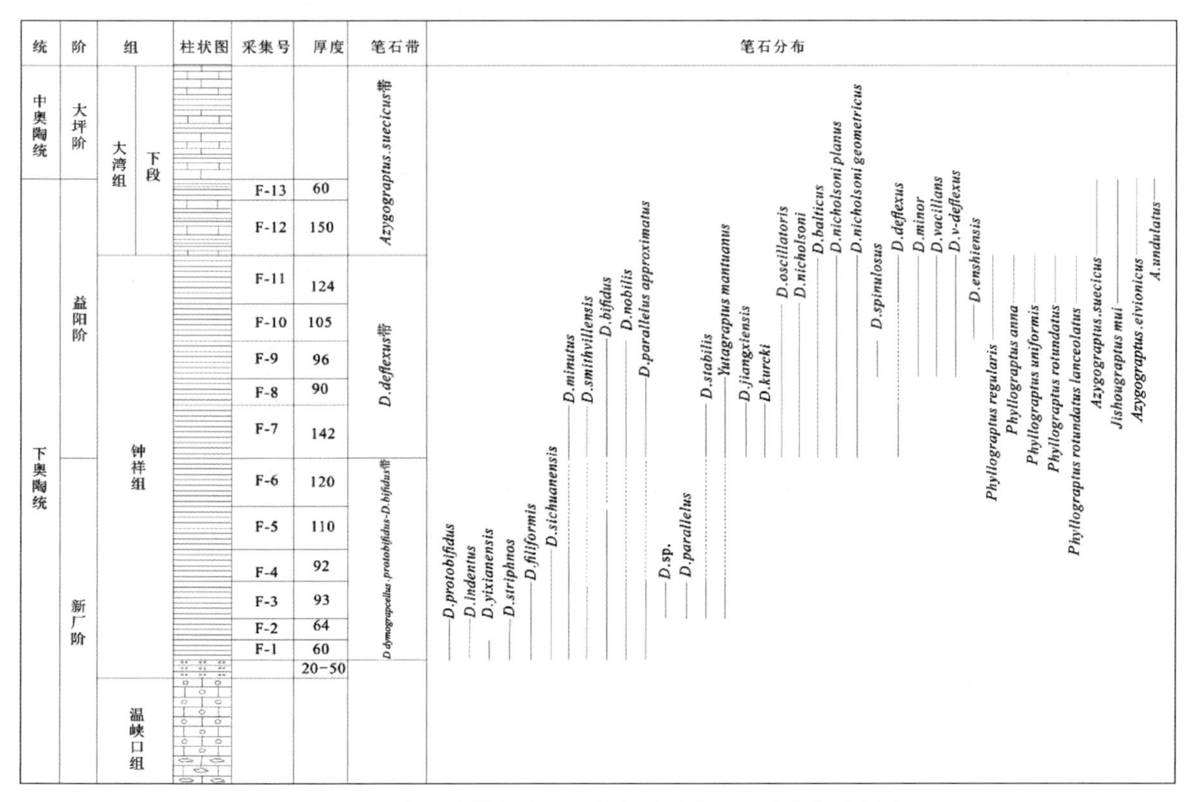

图 1-24　湖北钟祥长寿地区早奥陶世笔石地质分布示意图

二、构造

1. 划分了调查区大地构造单元。调查区位于扬子陆块北缘大洪山逆冲推覆带，大地构造背景处于武当-桐柏-大别造山带前陆褶冲带，以发育逆冲推覆断层和与断层相关褶皱为主。依据物质组成、变形特征等可将调查区划分为前陆褶冲带和上叠盆地区。

2. 基本查明了调查区构造变形样式，识别出调查区构造变形层次与滑脱层，初步厘定了调查区构造变形序列。

3. 获得了前陆褶冲带构造变形温压特征。通过石英C轴组构、有限应变及方解石e双晶测量，获得的调查区变形温度为中低温，变形温度集中在250～350℃之间，变形应力 $\Delta\sigma$ 在23～28MPa之间，靠近襄广断裂带应力可以达到45～60MPa。

三、矿产

初步厘定了扬子北缘脉状黄铜矿矿化成因机制，为该区铜找矿勘查提供一定的理论基础(图1-25)。

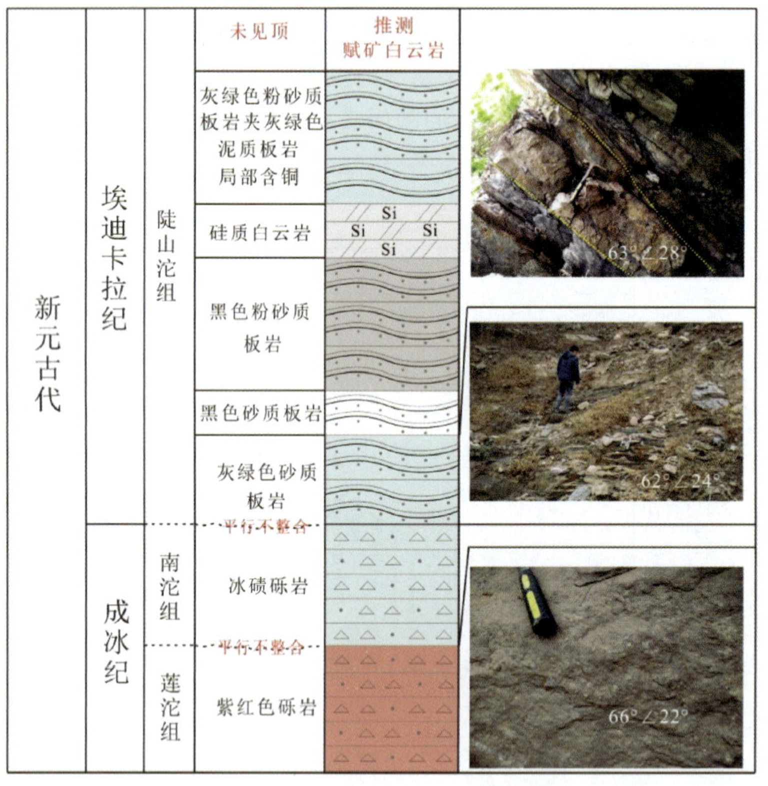

图1-25　银子湾铜矿化点地层柱状图

四、环境地质、地质灾害

1. 初步总结了钟祥地区第四纪断裂活动特征，为区域地质灾害研究补充了重要资料。

2. 初步总结了双峰观滑坡的特征，为区域防灾提供了资料。双峰观滑坡位于湖北省京山县双峰观村，滑坡体最宽达200m左右，滑坡主体呈北北西向，外形呈“舌状”。

湖北1∶5万长岗店、均川、客店坡、古城畈、三阳店幅区域地质调查成果报告

提交单位：湖北省地质调查院

项目负责人：杨成

档案号：档0559-06

工作周期：2016—2018年

主要成果：

一、地层

1.经野外填图、剖面测制，对中元古代打鼓石岩群、新元古代青白口纪花山岩群进行了重新划分。将打鼓石岩群自下而上划分为斋公岩岩组、筱泉湾岩组、当铺岭岩组、洪山河岩组、罗汉岭岩组、太阳寺岩组，其中斋公岩岩组、筱泉湾岩组、太阳寺岩组可分为2个岩性段。打鼓石岩群与神农架群同物异名，两者形成于相同的地质背景之下。青白口纪花山岩群则划分为土门岩组、绿林寨岩组、六房岩组和洪山寺岩组，土门岩组是一套岛弧环境的火山岩，绿林寨岩组是以弧后盆地玄武岩为主的一套火山岩地层，六房岩组和洪山寺岩组是一套海相冲积扇。

2.厘定了大洪山地区新元古代青白口纪弧-盆系。原"打鼓石岩群"和"花山岩群"由形成于不同时期、不同沉积环境和构造背景的岩石类型组成，主要包括岛弧和弧后盆地两大体系的物质。初步探讨了扬子北缘新元古代地质演化过程，认为在青白口纪晚期(876Ma以来)"三里岗洋"洋壳向南西一侧扬子陆块之下俯冲，形成一套岩浆弧和弧火山岩(即三里岗岩体和土门岩组)，与此同时位于三里岗岩浆弧之后的大洪山区域在"三里岗洋"洋壳俯冲时的后滚作用下发生拉张，形成以绿林寨岩组为代表的弧后盆地玄武岩(BABB)及基性岩墙，绿林寨岩组在上升过程中侵位或者捕虏了大量作为弧后盆地基底的中元古代打鼓石岩群白云岩。同时，弧后盆地在发育过程，在盆地东侧靠近岩浆弧的区域，发育的大型长英质浊积岩扇体(六房岩组)角度不整合覆盖在盆地基底之上，物源主体是岛弧及岛弧底座岩石(包括扬子结晶基底岩石和打鼓石岩群)，伴随碎屑岩的充填以及盆地发育的停滞，晚期发育一套钙屑浊积岩冲积扇体，叠置于长英质浊积岩扇体之上。在790Ma左右，在莲家垭一带发育后造山S型岛弧花岗岩，"三里岗洋"的洋壳俯冲过程已接近尾声。在780Ma之前，"桐柏-大别陆块"完全拼贴到扬子陆块的边缘，年轻的大洪山弧后盆地也停止了发育。在780Ma之后(南华纪)，大洪山地区被陆相的磨拉石建造(莲沱组)角度不整合覆盖。

3.根据地层沉积、相变特征恢复调查区南华纪及其之后岩相古地理基本格局。南华纪调查区北部为裂谷盆地，发育武当群裂谷双峰式火山岩、耀岭河组(含砾)基性火山岩，砾石成分复杂，有些砾石具有冰蚀刻痕，可能是冰海沉积；调查区南部为鄂中古陆北缘，发育莲沱组山前冲积扇相—河流相沉积物、南沱组冰前滨岸相冰碛砾岩。南华纪之后的沉积地层在此古地理格局之下继承和发展。

4.恢复随南南华纪裂谷盆地演化过程。在裂谷形成的早期形成以"裂谷基""裂谷肩"为主体物源的碎屑岩沉积(杨坪组)；随着裂谷的发育，裂谷双峰式火山岩(武当群双台组)占主导地位，覆盖全区；裂谷成熟阶段发育以耀岭河组基性火山岩为主的地层；裂谷萎缩关闭期，盆地整体沉降，发育陡山沱组细碎屑岩(变粉砂岩、板岩等)"裂谷盖"沉积。

二、岩石

根据本次调查测年成果,结合前人资料,在查明各类侵入岩结构构造、变质变形特征及空间分布特征的基础上,将区内侵入岩划分为晋宁期和加里东期两个时期。对这些不同时期的侵入体开展了详细的野外地质调查,通过岩石学、岩石地球化学和同位素年代学等方面的研究,着重对岩石成因进行分析,探讨其形成的大地构造背景,提高了调查区岩浆岩的研究程度。研究认为,晋宁期的侵入体主要是与挤压(俯冲)背景有关的岛弧侵入体(三里岗岩体、莲家垭岩体);加里东期的侵入体是与拉张背景有关的双峰式侵入体(覃家门岩体、楼子湾岩体、黄羊山杂岩体、七里冲岩体、花山岩体、钾镁煌斑岩次火山岩等)。

详细研究了调查区内不同时期火山岩野外地质、岩石学、岩石地球化学、同位素年代学特征,将调查区内火山岩划分为青白口纪、南华纪和奥陶纪—早志留世3个时期,认为青白口纪的火山岩为岛弧火山岩(土门岩组)和弧后盆地玄武岩(绿林寨岩组);南华纪为一套裂谷双峰式火山岩(武当群、耀岭河组),代表了南华纪时期的大陆裂谷事件;奥陶纪—早志留世为一套碱性的基性火山岩(兰家畈组),代表了奥陶纪—早志留世南秦岭地区强烈的拉伸事件。该成果为深入研究调查区的地质演化历史提供了资料。

三、变质岩

查明了调查区变质岩的岩石类型及分布规律。对区域变质岩进行了原岩恢复,归纳总结了调查区变质期次、变质相及其与区域地质构造的配比,探讨了变形变质与区域构造活动的关系。

四、构造

1.根据岩石组合、变形变质特征的差异,结合区域资料,将调查区由北东向南西划分为3个次级构造单元,分别为均川推覆体、冬青庙-兰家畈推覆滑脱岩片、黄羊山-三阳推覆体,并详细研究了各构造单元的变形变质特征。

2.调查区主体构造格架定型于印支—燕山期。襄广断裂带由多条断裂组成,具有多期活动的特点,断层面倾向变化明显。

3.大洪山构造带内晋宁期的面理发育不明显,推测晋宁期的面理可能在未出露的弧前增生楔非常发育。

4.查明前陆褶冲带构造样式,以浅层次的脆性变形为特点,主要构造形迹为一系列北西向的脆性冲断裂,剖面上呈叠瓦状,具由北向南逆冲的特点,同时伴随一系列北西向紧闭线性褶皱(冲褶)的形成。后期(喜马拉雅期)叠加由南向北浅表层次的脆性冲断层,形成一系列的断块背斜构造。

5.通过对调查区沉积事件、岩浆事件、变形变质事件的综合分析,结合区域资料,建立了调查区地质演化序列。

五、资源

1.通过对调查区典型矿床的研究,建立了区内优势矿种钒、钼、磷、金、铜等的找矿标志,总结了成矿规律,为进一步找矿提供了依据。

2.初步调查整理了调查区内独具特色的自然地理景观、人文风貌等自然资源,为开发当地旅游资源积累了原始素材(图1-26、图1-27)

图 1-26 大洪山全景

图 1-27 美人谷

湖北 1∶5 万大悟县、丰店、小河镇、四姑墩幅区域地质矿产调查成果报告

提交单位：湖北省地质调查院
项目负责人：吴波
档案号：档 0559-09
工作周期：2014—2016 年
主要成果：

一、地层

1. 在查明岩石组合、原岩性质、变形变质作用的基础上，将原“大别群”解体为变质侵入岩及大别山岩群，并在火山岩层获得 2 件同位素（LA-ICP-MS 锆石 U-Pb）定年样品，年龄分别为（2431±31）Ma、（2492±12）Ma，形成时代为古元古代。

2. 将原“红安群”解体为变质花岗岩、变质基性岩、红安岩群、吕王蛇绿混杂岩，并将红安岩群划分为青白口纪天台山岩组、南华纪七角山岩组和震旦纪黄麦岭岩组 3 个岩组、7 个岩段，从地质学、岩石学、岩石地球化学、同位素年代学方面详细研究了各单元岩性组合特征、形成时代及构造背景。

3. 对红安岩群进行了系统的年代学研究，获得了红安岩群火山岩中许多高精度同位素年龄（LA-ICP-MS 锆石 U-Pb），其中天台山岩组年龄为 822～817Ma；七角山岩组年龄为 751～714Ma；黄麦岭岩组中最年轻碎屑锆石年龄为 654Ma。综合以上测年数据将红安岩群形成时代归属为新元古代青白口纪—震旦纪。

4. 基本证实了吕王-宣化基性—超基性岩带为一古老的蛇绿混杂岩带；查明了吕王蛇绿混杂岩的物质组成及其空间分布特征，厘定了 8 个构造-岩石单位。在蛇绿岩相基性岩浆岩中获得 1107Ma、1132Ma 的锆石 U-Pb 年龄；泥质碎屑岩基质中最年轻碎屑锆石年龄为 1365Ma。据此将吕王蛇绿混杂岩形成时代归属为中元古代末期。

二、岩石

1. 在原“大别群”“桐柏群”“红安群”中解体出古元古代、青白口纪、南华纪 3 期变质变形侵入岩，获得花岗闪长岩 2006Ma、碱长花岗岩 804～796Ma、黑云母二长花岗岩 779Ma、二长花岗岩 751～734Ma 的锆石 U-Pb 年龄；在夏店岩体二长花岗岩中获得 130Ma 的锆石 U-Pb 年龄。对调查区脉岩进行了系统研究,获得花岗斑岩脉成岩年龄为133Ma,煌斑岩脉成岩年龄为127Ma。

2.查明了调查区内各类岩浆岩的岩石类型、产出特征、分布规律及地球化学特征。系统地开展了同位素测年工作,判别了它们的构造环境,建立了调查区岩浆岩时空序列。

3.查明了调查区区域变质岩基本岩石类型与特征,进行了原岩恢复,总结了区内动力变质岩类型与岩石学特征,讨论了变质作用类型与期次,建立了调查区变质作用序列,丰富和深化了调查区变质岩岩石学研究。

三、构造

1.确认了京桥-芳畈断裂在调查区的构造及运动学特征,识别出了不同构造期次的伸展性断裂活动:早期为韧性逆冲剪切;中期为脆韧性滑脱剪切;晚期为高角度正断层。

2.在正确区分不同性质面理、线理及不同层次、不同尺度、不同变形机制的基础上,建立了调查区构造变形序列;通过对调查区沉积事件、岩浆事件、变形变质事件的综合分析,探讨了调查区的构造演化发展史。

四、矿产

在前人工作基础上,总结了调查区内主要矿种的成矿规律,结合项目最新成果,对其成矿模式进行了探讨;对调查区重点异常区进行了检查,新发现晶质石墨矿点2处。

湖北1∶5万板凳岗幅区域地质调查成果报告

提交单位:湖北省地质调查院

项目负责人:吴波

档案号:档0559-10

工作周期:2018年

主要成果:

一、地层

1.查明了调查区各时代地层分布与产出特征、岩石组合类型及区域变化特征,建立了调查区地层系统,并进行了多重地层划分对比,共划分出27个组级岩石地层单位,4个非正式填图单位。其中,4个非正式岩石单位分别为龙马溪组硅质岩层、泥盆纪黄家蹬组赤铁矿层、二叠纪梁山组高岭土层、二叠纪茅口组硅质岩层。

2.对区内震旦纪—志留纪稳定地台型沉积地层进行了较为系统的研究。重点加强了沉积环境、层序地层学方面的研究,建立了调查区震旦纪—志留纪多重地层划分方案。通过区域地层对比研究,发现区内寒武纪刘家坡组为一套深灰色含陆源碎屑岩和碳酸盐岩建造,说明大洪山构造带对周缘古地理格局的影响一直持续到早寒武世。

3.重点加强了对调查区晚古生代地层的调查研究,查明了区内二叠系呈平行不整合覆于泥盆系黄家磴组之上,与南部邻区相比,缺失了石炭系,说明自晚泥盆世晚期始,调查区一直处于暴露环境,直至中二叠世早期,发生大规模海侵才再次接受沉积。这一发现为研究大洪山地区晚古生代盆地演化规律及古地理格局提供了资料支持。

二、构造

1. 查明了调查区主要褶皱和断裂构造的变形样式、活动期次、力学性质等，厘定了调查区构造变形序列。按形成时代、变形特征划分了6个变形期次：①加里东—海西期，调查区总体以垂直升降作用为主；②印支—燕山早期，受到南北向挤压应力场的作用，区内形成大规模的北西-南东向复式褶断变形，并伴生区域性的北西向逆掩断层；③燕山中期，发育一组北北西向逆-走滑断层，滨太平洋构造受南东-北西向挤压形成以北北东向为主的断裂；④燕山晚期，发育张性正断层，形成山前断陷盆地；⑤喜马拉雅早期，白垩纪盆地关闭，早期断裂活化；⑥喜马拉雅晚期，以差异升降、剥蚀夷平为主。

2. 通过对调查区沉积建造、岩浆活动及构造变形变质事件的综合分析，将调查区划分为4期构造旋回，6个构造变形事件，建立了调查区地质演化序列及地质构造演化模式，总结了调查区地质发展史。

广西1∶5万五塘、六景、刘圩、峦城镇幅区域地质调查成果报告

提交单位：中国地质调查局武汉地质调查中心
项目负责人：李堃
档案号：档0560-01
工作周期：2016—2018年
主要成果：

一、地层及古生物

1. 以最新的国际地层表为指南，重新厘定了调查区地层序列，共划分了26个组级正式填图单位和13个非正式填图单位，建立完善了调查区多重地层划分与对比序列。

2. 对大明山寒武系黄洞口组碎屑锆石的研究表明，95个谐和年龄数据显示出了4个年龄区间：510～600Ma、900～1100Ma、1620～1980Ma和2380～2580Ma，其中900～1100Ma是最突出的峰值，其年龄谱特征与华夏陆块碎屑锆石年龄谱相似，表现出亲华夏陆块属性。此外，黄洞口组中最年轻的碎屑锆石U-Pb年龄为(510±5)Ma，表明黄洞口组沉积年龄小于510Ma，时代上应为苗岭统或芙蓉统($\in_{3\text{-}4}h$)。

3. 建立了六景地区泥盆系岩石-化学及同位素地层框架，Ca、Mg、Mn、Sr元素组成以及$\delta^{13}C$、$\delta^{18}O$同位素组成与岩石地层、生物地层具有良好的一致性。同时，对六景地区中—上泥盆统碳酸盐岩Sr同位素研究表明，$^{87}Sr/^{86}Sr$在法门阶、弗拉阶、吉维特阶处都发生了明显的偏移，与全球海平面变化规律具有良好的对应性。

4. 确定了调查区早泥盆世晚期以来的相变特征。调查区沉积相在早泥盆世郁江组二段沉积之前无差异，均为滨海至浅海陆棚相，而自郁江组二段上部开始发生相变。相变地点位于长塘一带，相变界线走向为北东-南西向，以东发育碳酸盐岩相，以西发育台间凹槽相。

5. 在弗拉阶-法门阶界线(F/F界线)附近识别出3个牙形石带，分别为*Palmatolepis rhenana*带、*Pa. linguiformis*带和*Pa. triangularis*带。其中，法门阶的底界以*Pa. triangularis*带的出现为标志，位于融县组底界之上3.32m处。

6. 通过对南宁盆地中典型腹足类和双壳类化石的调查对比研究，如李氏黑螺(*Sinomelania leei*)、奇异巨螺蛳(*Macromargarya aliena*)、丽蚌(*Lamprotula* sp.)等，确定五塘盆地沉积的这一套粉砂岩、泥岩应为古近系，而五塘盆地以外的古近系红色碎屑岩表现出同期异相的特点。

二、沉积

1. 结合调查区内寒武纪地层特征，并与邻区进行对比，调查区寒武系沉积模式为海底浊积扇，水道自北东向南西灌入，至调查区沉积环境变为外扇。

2. 初步查明了调查区五塘盆地古近纪沉积相的演化规律，即山麓相→滨湖相→半深湖相→滨湖相→深湖相，并建立了五塘盆地古新世—渐新世沉积演化模式。

三、构造

1. 通过对褶皱、劈理、断层及节理等构造分析，解析出昆仑关复式背斜中的广西运动行迹，并论证了广西运动时期，调查区的构造应力场表现为南北向挤压，挤压应力可能来自北方，至调查区已明显减弱。

2. 昆仑关断裂和韦村断裂在中新生代均具有较强的活动性，共同影响了调查区的新构造格局。昆仑关断裂使得晚白垩世昆仑关岩体发生韧性变形，错断古近系，使得邕宁群在横向上与前中生代地层直接接触。韦村断裂控制了南宁盆地沉积，并错断了古近纪煤田和第四纪阶地。

四、国土资源

1. 在伶俐-六景地区的下泥盆统莲花山组—那高岭组地层中，发现铜矿化点3处，在五合村寒武系黄洞口组中发现重晶石矿点1处。

2. 调查区寒武系、古近系、白垩系衍生单源土壤肥力较好，是水稻、水果、甘蔗等作物最重要的耕植层。而调查区泥盆系和石炭系衍生单源土壤肥力中等，第四系残坡积层较差，如对其土壤进行一定的改良，也可以作为某些作物良好的耕植层。

3. 调查区内旅游资源较丰富，其中六景剖面、伶俐-六景石林和霞义岭3个景区位置相邻，既有风景优美的自然景观，也有可供科普、教学的地质景观，三者具有规划成为一个综合景区的潜力。

广西1∶5万果化镇、龙马、进结、平果县幅区域地质调查成果报告

提交单位：中国地质调查局武汉地质调查中心

项目负责人：程顺波

档案号：档0560-02

工作周期：2016—2018年

主要成果：

1. 系统研究了调查区各时代地层岩石组合特征及时空展布情况，全面开展了多重地层划分与对比，基本查明了调查区地层的岩石、古生物、年代、沉积相、层序特征及组合规律。对地层进行了清理，共划分出29个组级正式岩石地层单位和4个特殊岩性层，完善了调查区地层系统，建立了岩石地层格架，提

高了地层的研究程度。

2.初步查明调查区复杂的沉积相变关系，查明了龙味、天等、平果、坡造孤立台地内部相泥盆-石炭系、中-上二叠统、二叠-三叠系界线类型，发现各台地的界线性质具有明显差异。其中，龙味和天等台地泥盆-石炭系、二叠-三叠系界线为平行不整合关系，平果和坡造台地泥盆-石炭系、二叠-三叠系界线为整合关系，所有台地中-上二叠统为平行不整合关系。

3.发现调查区环台地边缘存在二叠纪海绵藻礁滩建造，产 *Cancellina* sp.、*Neoschwagerina* sp.、*Nankinella* sp.等蜓化石，构成二叠纪第一个大的造礁旋回。海绵藻礁灰岩与下伏都安组到马平组之间普遍存在毗连不整合接触关系，揭示调查区在二叠纪紫菘期普遍存在同沉积断层活动。往台地内部，礁灰岩与栖霞组、茅口组呈相变关系或者整合接触关系。

4.证实果化组并非是北泗组在背斜另一翼(倒转翼)的重复，而是背斜之上的一个正常沉积单元。调查显示果化组厚度为75.2～833m，在平果台地东南缘厚度最大，往西北缘厚度逐渐减小，并与同时期板纳组、百逢组呈消长关系。从下至上具有中薄层微晶灰岩、厚层到块状白云岩、中厚层藻灰岩以及中厚层砾屑灰岩4个岩性段。组内新发现中三叠世安尼期牙形石化石 *Neogondolella regale* 和 *Nicoraella germanicus*。

5.识别出右江盆地从被动大陆边缘向前陆盆地转换的火山沉积响应。火山沉积发育在台地相北泗组上部和盆地相百逢组一段底部，横向上连续性好，含1～3层凝灰质岩层，一般厚1.4～20m。岩性有岩屑晶屑沉凝灰岩、晶屑沉凝灰岩和晶屑玻屑沉凝灰岩，含少量晶屑岩屑沉凝灰岩、凝灰质白云岩和凝灰质泥岩等。获得LA-ICP-MS锆石U-Pb年龄为245Ma。

6.系统总结了调查区区域构造演化历史，共识别出2个褶皱发展阶段和3种断裂系统。在中泥盆世—中三叠世时期，台地或盆地经历垂向加积和侧向进积形成褶皱雏形，在晚三叠世时期受印支运动影响，背斜两翼倾角进一步变陡，部分轴线发生偏转，向斜形成一系列次级褶皱。3种断裂系统分别是晚泥盆世—中三叠世大陆裂解—被动大陆边缘伸展断裂系统、晚三叠世与印支板块拼接相关的右行挤压断裂系统和古近纪—第四纪与青藏高原隆升相关的左行剪切断裂系统。晚泥盆世—中三叠世断裂系统对调查区碳酸盐岩孤立台地的生长、演化有良好的促进作用。

7.初步查明了调查区沉积型铝土矿的矿床特征、基本层序和矿物组成。沉积型铝土矿广泛分布在孤立台地内部合山组底部，与茅口组呈平行不整合接触关系，由下往上具有铁铝质(泥)岩、铝质(泥)岩和碳质泥岩的基本层序。铝土矿的源岩为中性—中酸性火山物质，可见长石晶屑残影和石英晶屑。获得铝土岩系顶底界碎屑锆石年龄为260～258Ma，$\varepsilon_{Hf}(t)$平均值为-7.7～-6.1，T_{2DM}^{Hf}平均值为1.76～1.66Ga。初步总结了沉积型铝土矿的成矿规律，建立了"陆生水成"四阶段成矿模式。

广西1∶5万甲篆幅、凤凰幅、巴马幅、民安幅区域地质调查成果报告

提交单位：广西壮族自治区地质调查院

项目负责人：李玉坤

档案号：档0560-06

工作周期：2016—2018年

主要成果：

一、地层

1.查明了调查区各组段的岩石组合特征、沉积相类型、生物地层、年代地层、事件地层等，据此将调

查区地层划分为孤立(远岸)浅水台地沉积和较深水斜坡-盆地沉积两种不同序列,共划分出 23 个组级填图单位、11 个段级填图单位和若干个特殊岩性层,明确了各单位的特征及划分对比依据、标志,提高了调查区地层的划分与对比精度。

2. 根据调查区各组段岩相及沉积相特征,划分出局限—半局限台地相、开阔台地相、高能颗粒滩相、浸没水下高地相、台地边缘生物礁相、台地前缘上斜坡相、台地前缘下斜坡相、盆地相 8 种不同沉积相带,在此基础上建立了巴马孤立台地晚古生代—三叠纪沉积相模式,探讨了不同时期岩相古地理格局及演化过程,为整个右江盆地的发展及演化研究提供了重要资料。

3. 新采获一批古生物化石,在前人研究资料的基础上,共厘定出 44 个生物化石带,其中新建了晚泥盆世法门最晚期牙形石 *Polygnathus communis dentacatus*—*Bispathodus aculeatus aculeatus* 等 5 个生物化石带。

4. 以生物化石带、岩相组合特征差异为依据,对调查区中-上泥盆统界线、弗拉阶-法门阶界线(F/F)、泥盆-石炭系界线、岩关阶-大塘阶界线、上-下石炭统界线、石炭-二叠系界线、下-中二叠统(船山统与阳新统)界线、中-上二叠统(阳新统与乐平统)界线、二叠-三叠系界线、下-中三叠统界线、安尼阶-拉丁阶界线的位置进行了探讨,基本查明了上述界线在各岩组中的分布层位。其中,根据尧云岭组底部牙形石组合所指示的时代意义,泥盆-石炭系界线在台地内部应该位于尧云岭组底部古风化壳面之上 10～20m 之内,为下一步开展泥盆-石炭系界线研究提供方向。

5. 在融县组二段首次发现法门期大量藻叠层石、藻丘等隐藻类微生物骨架岩-黏结岩-障积岩建造,是生物大灭绝后两种不同生态系转变时期的特殊事件沉积,表明生物大灭绝后大量海洋宏体动物的急剧减少导致海洋后生动物对微生物群落的扰动和啃食作用降低,为低等菌藻类生态系统的骤然繁盛提供了条件,是一种错时相沉积。在勤兰村一带尧云岭组底部也见有类似小型斑块状微生物岩建造,但规模较小,指示了泥盆-石炭系生物绝灭事件之后不同生态系转变时期的特殊事件沉积、错时相沉积。

6. 发现了大塘阶中期(晚维宪期)古特提斯洋上升流事件在调查区的沉积学表现,即在龙田孤立碳酸盐岩台地弄温屯一带都安组中上部生物屑藻砂屑灰岩中发育一套厚 5～6m 的中—细粒石英杂砂岩、泥质粉砂岩,是海底上升洋流携裹泥砂质碎屑沿台地前缘斜坡向上运动时带至台地内沉积成岩而成。与该层位相当的其他地区都安组中广泛发育有微生物藻类成因的核形石-藻凝块灰岩、腕足介壳灰岩、鲕粒灰岩组合,表明当时冰期-间冰期转换期间表层海水由于上升流频繁而富营养化,促使微生物藻类、滤食性腕足类和微生物间接成因的鲕粒大量发育。

7. 查明了 P_1-P_2 事件(黔桂运动)、P_2-P_3 事件(东吴运动)、P-T 事件(苏皖运动)在调查区的沉积学、生物组合面貌等方面的表现,为研究右江盆地演化提供了直观详细的材料。

8. 发现调查区石炮组存在相变现象,相变线位于玉凤乡巴庙村一带,相变线以南为相对浅水的斜坡相沉积,泥质灰岩、砾屑灰岩等碳酸盐岩发育,可分为两段;相变线以北为较深水的盆地相沉积,碳酸盐岩不发育,主要为薄层泥质-凝灰质-粉砂质碎屑岩沉积。

9. 在调查区羌圩乡坡马村一带发现中三叠统百逢组一段底部发育一套厚 30 余米的中—粗粒凝灰岩、凝灰质砂岩夹薄层凝灰质泥岩、凝灰岩组合,为早-中三叠世之交华南多旋回火山事件的沉积表现。对比邻区南丹—东兰一带区域地质资料,该套火山岩在羌圩一带最厚,且对下伏石炮组具有热蚀变作用,具有海底喷发沉积特征。

二、岩浆岩

1. 将调查区基性岩体解体为辉绿岩、辉长辉绿岩和正长辉长岩。前人鉴定的辉绿岩体,其主体岩性为辉绿岩,往中心过渡为辉长辉绿岩,而前期资料显示的辉长辉绿岩脉根据本次工作鉴定修正为正长辉长岩脉。

2. 地球化学研究显示，调查区基性侵入岩主量元素具有低 SiO_2、高 MgO 和 TiO_2 的特征，具有现代板内岩浆作用形成的 OIB 特征；微量元素表现出大离子亲石元素（LILE）（Th、Ba）富集，高场强元素（HFSE）（如 Nb、Ta、Zr、Hf、Ti）亏损，其中 Nb、Ta 表现出较强的负异常，显示出与大洋板块俯冲有关的火山岩特征；轻稀土富集，重稀土亏损，轻重稀土分异，具右倾稀土配分型式的特点，总体配分模式具有 OIB 特征，揭示了其板内岩浆富集地幔源区的特征。

3. 获得调查区基性岩锆石 U-Pb 年龄，辉绿岩为（260.5±3.6）～（259.4±2.2）Ma，辉长辉绿岩为（260.1±1.3）～（257.8±5.8）Ma，正长辉长岩为（260.7±1.3）～（258.8±2.2）Ma，属于同一时期同一构造环境下的产物，结合野外露头，认为调查区基性岩为晚二叠世岩浆活动的产物。

4. 对调查区基性岩开展系统的岩石学、地球化学及年代学研究，进而探讨其形成构造背景，认为调查区基性岩源区具有板内岩浆作用的特征，同时又受到不同程度的岛弧岩浆作用的影响，其形成主要与板内构造环境有关，推测与峨眉山地幔柱岩浆活动有关。

5. 原定为石英斑岩脉的酸性岩脉，经本次工作确定其主体为花岗斑岩脉，仅在花岗斑岩与围岩接触带附近形成过渡相石英斑岩。

6. 花岗斑岩主量元素具有富硅，贫碱，低 CaO、MgO 和 TFe_2O_3，高 Al_2O_3 的特征；微量元素表现出 Rb、Th、U、Ta、Hf 的富集，Sr、Ba、La、Nb、Zr、Ti 的亏损，具有非造山花岗岩的特征；稀土元素表现出轻稀土富集，重稀土平坦，轻重稀土分异，Eu 具有明显的负异常，具右倾“V”形曲线稀土配分型式的特点，具陆壳重熔型花岗岩特征。

7. 获得调查区 3 个花岗斑岩体 U-Pb 年龄分别为（97.87±0.88）Ma、（134.5±2.3）Ma、（137.4±3.2）Ma，认为调查区存在两期花岗斑岩质岩浆活动。第一期为早白垩世（137.4±3.2）～（134.5±2.3）Ma花岗斑岩沿北北西向、北北东向断裂侵入；第二期为晚白垩世（97.87±0.88）Ma 花岗斑岩沿近南北向断裂侵入，与桂西地壳伸展拉张时间相对应。

8. 对调查区花岗斑岩开展系统的岩石学、地球化学及年代学研究，进而探讨其形成构造背景。调查区花岗斑岩属于华南陆内伸展减薄最为强烈时期的产物，为碰撞造山的后碰撞阶段，在地壳伸展阶段减压熔融形成。

三、构造

1. 对调查区进行全面区域地质构造调查，基本查明了调查区褶皱、断裂及韧性剪切带的分布、形状、产状及多期次构造活动与构造叠加特征，建立了构造格架。根据沉积建造、变形作用特征等，对构造的控岩、控相、控矿特征以及区域变质变形、地质演化历史进行了初步探讨。多期次构造活动及构造叠加的特征表明调查区的构造形迹是泥盆纪以来多次应力继承性叠加的最终产物，而非三叠纪中晚期发生的印支运动一次性强烈褶皱回返的结果。

2. 基本查明调查区褶皱属海西—印支期盖层褶皱，属于侏罗山式薄皮构造，碳酸盐岩台地以发育宽缓（类）箱状背斜为特色，盆地区主要发育（类）屉状向斜，初步认为具地堑式向斜盆地、地垒式台地背斜同生褶皱的特点及组合样式，在印支中晚期造山挤压作用下经加强、固化而成。

3. 查明总体呈北西走向的巴马断裂是一条多期活动的控相断裂，具走滑与正断层、逆断层联合变形作用的特征。海西—印支早期为同生断层，产生右旋走滑、拉分活动，断裂北侧近南北向台地呈左阶左列展布，南侧发育右行雁列式北西向盆地；印支中晚期反转为左旋走滑—逆冲断层，南侧盆区碎屑岩往台地逃逸、逆掩；燕山期以来，以右旋走滑、拉分活动为主，燕山期浅成花岗岩旁侧伴生断裂侵入。

4. 基本查明巴马断裂、龙田断裂属台地边缘控矿基底断裂，金矿（化）点主要分布于与旁侧的次级断裂交会处或次级断裂带中。

5. 初步查明台地边缘水下沉积岩脉的分布层位、空间产状、类型，初步认为早石炭世初、二叠纪、早三叠世是调查区水下沉积岩脉的主要形成时期，系火山、构造、地震等综合因素主要作用于软沉积物-半固结岩层的结果。

四、矿产

1. 全面收集了调查区各类异常和主要矿床(点)的分布情况、产出地质背景、矿床(矿化)特征、找矿标志等，对已知矿点进行概略检查，初步查明调查区成矿地质条件、矿产分布特征，初步总结区域成矿规律、控矿因素。

2. 新发现1处透闪石玉矿点(图1-28)、2处方解石矿点(图1-29、图1-30)、1处铝土矿矿化点，为调查区找矿提供了资料。

图1-28　班交透闪石玉"水草花"

图1-29　方解石脉呈晶洞状与灰岩的接触关系(哥用)

图1-30　方解石脉与二叠系茅口组灰岩的接触关系(宁哄)

五、其他

1. 开展旅游地质调查，初步查明调查区旅游地质分布特征、开发利用现状，发现了龙田石林等一批旅游地质资源，为当地旅游业的发展提供资料。

2. 开展生态地质调查，从地质环境角度提出长寿人主要分布于Se元素富集的泥盆纪—石炭纪碳酸盐岩地层区。

3. 在成果应用转化方面，联合遥感地质、农业地质、旅游地质、地质灾害、水工环地质等向巴马县政府移交《巴马县综合地质调查成果图集》，为巴马县自然资源综合开发和管理、国土空间规划、生态保护和修复、特色农业、特色旅游业规划等提供资料依据。

广西 1∶5 万隆林县幅、沙梨幅、克长幅、隆或幅区域地质调查成果报告

提交单位：广西壮族自治区地质调查院
项目负责人：李昌明
档案号：档 0560-07
工作周期：2017—2018 年
主要成果：

一、地层

1. 通过野外调查和剖面测量，采用多重地层划分，重新厘定调查区岩石地层单位，划分出 28 个组级岩石地层单位、17 个非正式段级岩石地层单位、6 个非正式填图单位，建立了调查区岩石地层和年代地层格架；基本查明了地层单位的分布、划分依据及标志特征、沉积类型和岩相古地理格局，提高了调查区地层的研究程度。

2. 根据蛇场地区寒武系中上部碎屑岩采获的三叶虫化石：*Chittidilla* sp.，*Probowmania* sp.，*Kunmingaspis* sp.，*Oryctocephalops*? sp.，*Kaotaia globosa* Chang et Zhouin Lu et al.，1974，*K. magna*（Lu，1945），*Kailiellaangusta* Lu et Chienin Lu et al.，1974，*K.* sp.，*Danzhaina* sp.，*Xingrenaspis xingrenensis* Yuan et Zhou in Zhang et al.，1980，*X.* sp.，*Danzhaiaspis* cf. *quadratus* Yuan et Zhou in Zhang et al.，1980，*D.* sp.，*Douposiella* sp. 等，认为调查区寒武系主体时代为第二世—苗岭世，寒武系第二统与苗岭统界线从凯里组底部之上 489.61m 处通过，为调查区寒武纪年代地层格架的建立提供了古生物化石依据。

3. 在隆或下寨融县组顶部分别采获 *Protognathodus kockli*（Bischoff，1957）、*Gnathodus* sp. 牙形石微古化石，前者为上泥盆统法门阶 *Praesulcata* 带化石，后者首现于下石炭统杜内阶 *Gnathodus typicaus* 带下部，表明融县组属于穿时的地层单位，时代为晚泥盆世至早石炭世。

4. 隆或下寨融县组与都安组之间存在一层厚约 40cm 的灰绿色薄层泥岩、含凝灰质泥岩，泥岩之上见一已坍塌的古深洞，融县组顶部界面凹凸不平；隆或金矿下石炭统底部为一套灰绿色凝灰质泥岩、凝灰质硅质岩，其底部为灰色角砾岩夹深灰色泥岩、黑色硅质岩薄层或条带，与融县组呈侵蚀（掏蚀）接触关系。这些证据表明泥盆纪-石炭纪之交地壳发生了多次的抬升，并伴有火山活动，为区域上发生 C/D 事件提供了证据。

5. 通过系统采集、研究调查区古生物化石，建立了早古生代 2 个三叶虫化石带：*Chittidilla-Kunmingaspis* 带、*Kaotaia-Xingrenaspis* 带。晚古生代 9 个珊瑚化石带：*Tryplasma-Dendrostella* 组合带、*Stringophyllum* 带、*Macgeea-Acanthophyllum* 组合带、*Temnophyllum* 带、*Cyathaxonia-Dibunophyllum* 组合带、*Heterophyllia-Hexaphyllia* 组合带、*Yuanophyllum-Parapalaeosmilia* 组合带、*Caninia trinkleri* 带及 *Pseudocarniaphyllum* 带；7 个䗴化石带：*Pseudostaffella-Profusulinella* 组合带、*Fusu-*

linella 带、*Triticites* 带、*Pesudoschwagerina* 带、*Misellina claudiae* 带、*Cancellina-Neoschwagerina* 组合带及 *Yabeina* 带；6 个牙形石化石带：*Polygnathus dehiscens* 带、*Polygnathus perbonus* 带、*Polygnathus serotinus* 带、*Palmatolepis rhomboidea* 带、*Palmatolepis marginifera* 带及 *Palmatolepis trachytera* 带。中生代 3 个菊石化石带：*Hollandites-Cuccoceras* 组合带、*Platycuccoceras* 带、*Protrachyceras* 带；6 个双壳化石带：*Claraia* 带、*Daonella diannan-Halobia rogosoides* 带、*Daonella ignobilis* 带、*Daonella lommeli-D. indica* 组合带、*Halobia* 带。提高了调查区古生物、生物地层和年代地层的研究程度。

6. 初步查明了调查区礁灰岩分布及其发育特征，重点调查了常么地区二叠纪生物礁，初步划分出了礁核、礁坪、礁顶及礁前斜坡 4 个礁亚相及 7 个礁旋回，提高了调查区二叠纪礁灰岩的研究程度。

7. 查明了蛇场地区上泥盆统融县组角度不整合覆盖于寒武系之上，为调查区西南部接受沉积提供了地质时代下限(晚泥盆世)，证实了调查区西北高、东南低的古地理地貌特征。

8. 查明调查区多个超覆关系或同构造沉积不整合接触关系，在隆林县城至马雄一带，隆林背斜南北两翼自东而西相继见下泥盆统郁江组超覆于寒武系之上，泥盆系平恩组至五指山组呈超覆或同构造沉积不整合于较老的地层之上，石炭纪—二叠纪地层又相继超覆或同构造沉积不整合于较老的地层之上，表明隆林裂谷至少于早泥盆世晚期开始发育，至中二叠世发育成熟；同时，沿角度不整合面、超覆假整合面或同构造沉积不整合接触面，伸展重力滑覆构造发育，揭示了隆林裂谷在海西期受以北西西向隆林断裂为代表的基底同生断裂活动作用形成。

二、岩浆岩

1. 采用“岩性＋时代”填图方法，基本查明调查区岩浆岩的分布、接触关系，结合高精度同位素测年依据，重新划分 2 个火山岩填图单位、1 个侵入岩填图单位、2 个构造岩浆旋回，总结研究不同地质时期的侵入岩、火山岩岩石学、矿物学、元素与地球化学特征，基本理顺了调查区岩浆岩时空分布规律及形成的大地构造背景，探讨了岩浆岩成矿专属性。

2. 采获海西期基性侵入岩、火山岩高精度锆石 U-Pb 年龄为 262～257Ma，与峨眉山玄武岩的主喷发期相一致。元素地球化学特征表明，侵入岩具富钠、贫钾、高钛特征，Hf 二阶模式年龄(T_{DM2})集中于 600～400Ma 之间，对应的 $\varepsilon_{Hf}(t)$ 值集中于 9～13 之间；火山岩为中富钾、高钛，Hf 二阶模式年龄(T_{DM2})为 2.2～0.8Ga，对应的 $\varepsilon_{Hf}(t)$ 值集中于－14～8 之间，均属拉斑玄武岩系列，原始岩浆经历了较明显的结晶分异作用，具洋岛型玄武岩，兼有陆缘裂谷的特征，与峨眉山地幔柱冲撞有关，极有可能形成于大陆板内环境。

3. 在隆林县城南隆林断裂旁新发现燕山期石英斑岩脉，获得锆石 U-Pb 年龄为(164±5.4)Ma。元素地球化学特征表明，其 Hf 二阶段模式年龄(T_{DM2})变化范围为 2.07～0.35Ga，对应的 $\varepsilon_{Hf}(t)$ 值介于－10.75～13.38 之间。

4. 对本区典型金锑矿床开展的同位素测试及岩石地球化学研究表明，基性岩(辉绿岩)具较高的 Au 丰度值(平均 6×10^{-9})，与辉绿岩有关的金矿床成矿物质可能与围岩、基性岩浆岩同源，成矿物质来源于深部，但在运移过程中受到地壳(地层)物质不同程度的混染，所以显示出与地壳物质相关的现象。基性岩(辉绿岩)与金成矿作用关系密切。

三、构造

1. 梳理总结了调查区的构造背景属性，基本查明不同地质时期的构造变形特征及组合样式，划分出 2 个构造层、5 个构造旋回、9 个构造变形地质事件，构建了调查区构造格架，探讨了大地构造演化历史。

对区域性隆林大断裂、伸展重力滑覆构造开展了系统地岩石学、运动学、动力学等方面的调查研究。

2. 基本查明了调查区北西西向隆林断裂分布、运动学、变形及构造组合样式特征，初步认为该断裂为一条多期活动的区域性大断裂，控岩、控相、控矿明显，具伸-缩-剪联合机制作用下的变形特点。加里东旋回的晚期，表现为逆断层。海西期—印支早期受古特斯洋东扩的影响，主要表现为同生断层性质，自东而西晚古生代地层渐次超覆不整合于寒武系之上，晚古生代内部新地层往往超覆于相对较老的地层之上；同时，沿断裂带及附近有大量二叠纪基性火山喷发和辉绿岩浆侵入。印支中晚期为断裂活动的剧烈期，在南西向北东的挤压作用下，反转逆断层，兼具剪切扭动特征，局部有基性岩浆活动。在燕山期区域拉张作用下，再度反转为正断层，兼具左旋走滑剪切特征，沿断裂带有浅成石英斑岩侵入。沿断裂分布有以金、锑为主的多金属矿点或矿化点。

3. 基本查明调查区内的伸展重力滑覆构造分布层位、变形及组合样式等特征。发育于马雄背斜的北翼，在隆林县者洪、播立、马雄、坡湾一带有出露，以基底寒武系与上覆盖层泥盆系郁江组、盖层中郁江组和平恩组为主滑脱面，滑脱面产状与两者之间岩性界面产状一致，以泥盆系至二叠系之间多条伸展滑覆构造面为辅，构成了一个多层次的伸展滑覆系统。自滑覆往上(外)相继发育糜棱岩化带或强劈理带、角砾岩带、以顺层掩卧褶皱和平卧褶皱为代表的滑脱褶皱带，地层缺失、减薄明显。具由南、南南西往北、北北东的滑覆极性。初步推断该伸展重力滑覆构造可能为加里东运动以来盆-岭构造的产物。

4. 通过对调查区(孤立)碳酸盐岩台地边缘的重点调查，初步查明了台缘“环台同沉积断裂”的空间产状特征。宏观上，常围绕孤立台地周边分布，覆盖在马平组碳酸盐岩之上，但无明显的界面，界面产状陡倾，呈陡崖式接触关系。微观上，该面是一条不平整的岩性分界面(异岩沉积接触面)。上、下盘岩石之间为一缝合线，无任何构造形迹，仅是上下岩性不同，古生物面貌迥异，其中下盘地层中常见溶蚀洞穴及水下沉积岩脉。

5. 初步查明调查区台地边缘水下沉积岩脉的类型、分布层位、空间产状等特征，并通过对脉内的化石采集及鉴定，为 *Verbeekina* sp.(费伯克蜓)、*Yabeina hayasakai*(早坂氏矢部蜓)、*Pseudofusulina ellipsoidalis*(椭圆形假纺锤蜓)、*Metadoliolina* sp.(后桶蜓)，其时代属于中二叠世，为研究右江盆地演化、孤立碳酸盐岩台地裂解轨迹的动力学机制特征提供了重要的基础资料。

四、矿产

1. 初步查明调查区成矿地质条件、矿产分布特征，梳理了调查区内各类典型矿床的特征。清理了调查区内各金矿赋矿层位。

2. 新发现了一条长约10km的金矿化异常带，圈定3条含金矿化体。新发现了1处方解石矿点及1处铝土矿点(图1-31～图1-33)。

图1-31　Ⅰ号金矿体辉绿岩接触带角砾岩、碎裂岩

图1-32　彭家村方解石矿

图 1-33 原生沉积铝土矿

广东 1∶5 万江洪镇、河头镇、曲港圩、唐家镇、企水镇幅区域地质调查成果报告

提交单位：中国地质调查局武汉地质调查中心

项目负责人：李响

档案号：档 0563-01

工作周期：2016—2018 年

主要成果：

一、地层

1. 以最新国际地层表为指南，整合利用已有的地质资料，通过本次工作的 26 个揭穿第四系钻孔的地层划分对比，厘定了调查区渐新世以来的地层序列，划分了 12 个组级岩石地层单位、2 个非正式段岩石地层单位和 7 个第四纪沉积物成因单元，进行了岩石地层、生物地层和年代地层多重地层划分对比。

2. 根据调查区地貌特征，将其划分为流水地貌、火山地貌、海积地貌和人为地貌等成因类型，并进一步划分为 8 种形态成因类型和 16 种次级形态成因类型。结合浅表地层成因类型，运用现代地质调查手段，采用槽型钻和陡坎调查相配合的工作方法，完成全区数字填图，为新生代地质研究提供了翔实的基础资料。

3. 厘定了调查区第四系底界。以灰绿色或青灰色的黏土-亚黏土层之顶作为望楼岗组的顶界，即调查区第四系的底界。

4. 限定早更新世与中更新世(B/M)的界限年龄。本次工作在更新世地层剖面 B/M 界线处采集多个 ESR 测年样品，获得调查区早、中更新世(B/M)的界限年龄为 943～746ka；获得 B/M 界线附近雷公墨的 Ar-Ar 年龄为 801.6～785.7ka，为 B/M 界线附近天体事件研究提供资料。

5. 本次对广东省雷州市河头镇晚渐新世—中更新世实测钻孔中获取的孢粉化石数据进行了系统研究，通过孢粉数据分析，划分孢粉组合，恢复古植被面貌，反演古气候变化特征。根据孢粉百分比图谱显示，该钻孔自下而上可划分出 8 个孢粉组合。孢粉组合反映出在晚渐新世时，该地区植被的垂直分带明显，周围高山有针叶林分布，平原上生长着落叶阔叶与常绿阔叶混交林，气候温凉湿润。早中中新世时，该地区的植被类型由落叶阔叶与常绿阔叶混交林演变为常绿阔叶林和热带雨林，气候由温暖湿润变为炎热潮湿。晚中新世时，该地区的植被类型又演变为山地针叶林和平原上的落叶阔叶与常绿阔叶混交林，气候重新变得温凉湿润。上新世—早更新世时，该地区的植被类型为落叶阔叶与常绿阔叶混交林，温度持续小幅度下降，湿度变化明显，经历了湿→干→湿的变化过程。孢粉组合所反映的晚渐新世—早更新世气候变化特征与全球气候变化趋势具有较好的可对比性。

6.地层基本单位结合沉积相的表达使地质图图面更为精准；对26个钻孔岩芯进行了精细的沉积相划分，并辅以粒度测试分析，通过钻孔对比讨论沉积环境变化；以钻孔联合剖面为基础，编制了雷州半岛中西部早更新世岩相古地理图。

二、火山岩

1.通过Ar-Ar定年，将调查区原划中更新世石峁岭组火山岩时代厘定为早更新世，并进一步划分为5个喷发期，喷发年龄从老到新依次为2.31Ma、2.02Ma、1.83～1.75Ma、1.50Ma和0.86Ma。在上新世望楼港组火山岩夹层获得2.81Ma的Ar-Ar年龄。对调查区火山岩进行了岩性-岩相-火山机构三重填图。

2.重点对第四纪火山岩进行了研究，系统总结了各期火山岩的地质特征以及岩石学、地球化学特征。调查区内玄武岩均为拉斑玄武岩，进一步划分为石英拉斑玄武岩和橄榄拉斑玄武岩，所有样品均呈现出轻稀土富集、重稀土亏损的特征，具有与OIB类似的稀土配分模式，微量元素呈现出Rb、Ba、Nd、Ta、Sr的正异常以及Th、U的负异常。另外，弱的Pb正异常可能与地壳混染有关。

3.在地表地质调查的基础上，结合钻孔揭露，将调查区火山岩岩相划分为溢流相、爆发相、潜火山岩相，爆发相进一步划分为地面涌流相、基底涌流相、火山碎屑流相、爆发崩塌相、空落相等。将调查区的火山机构划分为盾火山、层火山和线状火山。

4.结合琼北火山岩的数据对雷琼地区火山岩的岩浆源区及岩石成因及岩浆活动与构造的关系进行了探讨，提出雷琼地区玄武岩形成于陆缘裂谷环境的认识。Pb同位素特征显示DMM和EM2端元的二元混合，源区存在再循环地壳物质，可能为俯冲的下洋壳。火山活动与板块运动引起的拉张导致上地幔岩浆底辟上涌，喷发作用主要受北东向和北西向基底断裂控制。

三、构造

1.根据区域地球物理场特征，结合遥感解译、火山活动及钻探等资料，确立调查区的构造格架是由北东向、北西向断裂，以及东西向、南北向断裂组成的网状构造格架，均为隐伏状基底断裂，并简单阐述了区内构造与沉积作用和火山作用的关系。

2.在遥感解译的基础上，采用音频大地电磁测深和高密度电法等物探手段对四会-吴川断裂往南西延伸的北支断裂即坡头-海康港断裂在调查区内的展布特征进行了探查。通过电阻率反演，结合地质资料，推测坡头-海康港断裂沿北东(约40°)方向展布，断层面倾向北西，可能为一高角度正断层。早更新世火山岩沿该断裂的分布以及2018年11月6日凌晨在雷州市发生的3.1级地震(北纬20.79°，东经110.07°)，表明该断裂还在继续活动。

3.简单阐述了调查区新构造运动特征、海平面变化与岸线变迁，初步评价了区域地壳稳定性。

四、其他

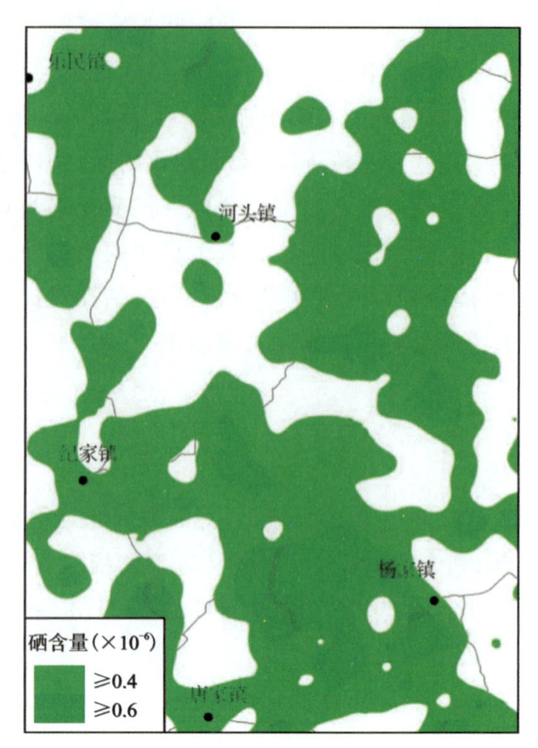

图 1-34 富硒土地资源分布图

1. 开展了河头镇幅和唐家镇幅约 960km² 土壤环境质量专项调查，获得了不同成土母质土壤、不同地貌类型及不同土壤类型地球化学背景值，在此基础上划分了土壤地球化学分区，并进行了区域生态地球化学评价，圈定富硒土壤 510km²，土地质量综合等级良好级以上 655km²，占 68.29%（图 1-34）。

2. 开展调查区地质灾害调查，收集和实测地裂缝 21 处，实测崩塌点 17 处，发现区内潜在崩塌地质灾害隐患（不稳定斜坡）16 处，编制雷州半岛中西部地质灾害分布与易发区图，提出地质灾害防治措施，为当地城镇规划和防灾减灾提供基础地质资料。

3. 开展海岸线变迁、地质遗迹和旅游资源调查，服务湛江市海岸资源开发和合理利用，促进当地地质旅游发展。

4. 在调查过程中，采用槽型钻揭露和陡坎调查相结合的工作方法开展地表调查，利用音频大地电磁测深方法探查隐伏的火山机构，均达到很好的应用效果，在此基础上总结了适用于雷州半岛浅覆盖区的填图方法。

海南 1∶5 万东方县、感城、板桥、莺歌海幅区域地质调查成果报告

提交单位：海南省地质调查院

项目负责人：魏昌欣

档案号：档 0563-04

工作周期：2014—2015 年

主要成果：

一、地层

1. 将调查区地层划分为 10 个正式岩石地层单位和 2 个非正式岩石地层单位，其中重新厘定 2 个岩石地层单位，新圈定 4 个岩石地层单位，建立和完善了调查区多重地层系统。

2. 在调查区北部东方市八所镇高坡岭水库泄闸口发现一套中深变质岩，岩性为灰色、深灰色细粒黑云母片麻岩，被海西期—印支期侵入岩包围，并见中三叠世瘦岭细粒二云母正长花岗岩呈脉状顺片麻理侵入。该套地层与戈枕村组层型剖面中的岩石组合特征可对比，变质程度一致，均以中高级变质的片麻岩为主，将其归于戈枕村组。

3. 在调查区中部感城镇双龙农场一带，前人划归峨文岭组的地层中解体出一套绢云母千枚岩夹条

带状大理岩岩石组合。该套岩石为低级区域变质形成的一套绿片岩相碎屑岩，局部受后期构造岩浆事件影响，变质程度较高。根据岩石组合特征和碎屑锆石年龄，将其归属于青天峡组，形成时代为晚石炭世。

4. 在调查区中部东方市感城镇不磨村东侧的不磨大岭，前人划归为中元古代峨文岭组的地层中发现一套灰白色—灰黑色条带状泥微晶灰岩，该套灰岩与下伏中元古代峨文岭组片岩为断层接触，顶部直接出露地表，厚度约28.17m。不磨村灰岩呈条带状构造，具明显水平层理，可见钙质结核，局部受构造影响变形强烈，层理面呈波状弯曲，可见滑脱、阶步现象，有较多方解石细脉不规则穿插，顶部灰岩中的花岗质脉受构造应力作用已被拉开，状似“砾石”。通过对灰岩中花岗质砾石的锆石U-Pb法(LA-ICP-MS)测年，结果为(231.8±4.7)Ma，因此，该套灰岩形成时代应在晚三叠世之前。因其岩性单一，难于进行区域对比，暂建立一个非正式岩石地层单位。

5. 在调查区东方市玉章村和鱼鳞洲一带，原早白垩世鹿母湾组地层的长石石英杂砂岩中获得碎屑锆石U-Pb测年数据最新年龄为92Ma，同时该套地层岩石组合特征可与晚白垩世报万组上部对比，均为紫红色砂砾岩、含砾砂岩和紫红色泥岩，沉积环境为冲积扇。根据岩性组合特征和锆石年龄数据，将该套地层重新厘定为报万组，时代为晚白垩世。

6. 通过路线地质调查、剖面测制及钻探、槽探等工程施工，结合沉积物粒度、成分、分选性、磨圆度、碎屑锆石年龄峰值、重矿物、地球化学和沉积环境等特征分析结果，认为调查区内八所组为陆相冲积扇环境下沉积形成，时代为中更新世—晚更新世。区内前人划归为北海组的松散堆积物和八所组属同一套地层，将区内北海组归属于八所组。八所组沉积环境的重新厘定为海南岛西部建筑用砂提供了新的找矿方向。

7. 对调查区海滩岩进行系统研究，于调查区北部罗带乡高排村一带海岸线向陆约800m的烟墩组砂堤下发现埋藏型海滩岩。通过对区内海滩岩的岩石学、岩石地球化学、同位素地球化学特征研究，发现了海滩岩胶结物的稀土元素、同位素分析对古气候研究的有效性，说明了海滩岩胶结物可作为古气候记录的载体，同时对调查区海岸带的古气候环境及海岸带变迁进行了探讨。综合对比莺歌海潮间带海滩岩和高排村埋藏型海滩岩，推断1800a以来，调查区南部莺歌海一带为稳定型海岸，调查区北部高排村一带为淤进型海岸。

8. 通过钻探、浅井施工及地表调查，对调查区内第四系沉积物成分、结构、厚度和基岩分布情况有了详细了解，从而为调查区第四纪沉积作用及演化、海岸带的演化与变迁的进一步深入研究提供了重要的基础资料。

二、岩石

1. 调查区侵入岩岩石类型以正长花岗岩为主，次为二长花岗岩，少量花岗闪长岩等。根据岩体的地质特征及不同侵入体间的接触关系，结合花岗岩中LA-ICP-MS锆石U-Pb测年结果[(1432±17)～(1384±9.1)Ma、(253.3±2.3)Ma、(251.7±1.8)Ma、(251.4±3.5)Ma、(245.1±2.8)Ma、(244.9±3.1)Ma、(103.3±1.4)Ma]，按“岩性+典型命名地+时代”的方法，共划分为7个侵入岩填图单位，归属于抱板期、海西期—印支期和燕山期3个构造岩浆旋回，并对其岩浆-构造演化背景进行了初步探讨。其中，新建立3个侵入岩填图单位，重新厘定1个侵入岩填图单位。

2. 根据野外地质调查，发现前人划归晚二叠世的细中粒少斑(角闪)黑云二长花岗岩呈脉状侵入中三叠世瘦岭中细粒二云母正长花岗岩，且岩体中见有大小20cm×30cm的棱角状中三叠世尖峰岭粗中粒斑状黑云母正长花岗岩捕虏体。本次工作在乐东县尖峰镇红湖村北侧的采石场采集到新鲜的年龄样品，运用高精度锆石 U-Pb 测年法(LA-ICP-MS)，获得年龄(103.3±1.4)Ma。因此，将调查区内细中粒少斑(角闪)黑云二长花岗岩的侵位时代厘定为早白垩世。

3.在调查区北部高坡岭水库一带新发现一套中生代的酸性火山岩，岩性为球粒流纹岩，出露面积约为 0.02km^2。该火山岩局部为中更新世—晚更新世八所组红褐色含砾含黏土粗中砂所覆盖，并与下伏的早三叠世高坡岭细中粒斑状黑云母二长花岗岩呈喷发不整合接触，其产状与花岗岩风化面平行(图 1-35、图 1-36)。本次工作在调查区北部高坡岭水库采集到了球粒流纹岩年龄样品，运用高精度锆石 U-Pb 测年法(LA-ICP-MS)，获得年龄(98±2)Ma。该套酸性火山岩可与岭壳村组中酸性、酸性火山岩系下部岩性对比，因此将该套火山岩归属于岭壳村组，其喷发时代为早白垩世晚期。该酸性火山岩在海南岛西部首次被发现，为研究海南岛白垩纪火山作用提供了新的资料。

图 1-35　瘦岭正长花岗岩脉状侵入高坡岭花岗岩
(浅色为瘦岭花岗岩，灰色为高坡岭花岗岩，
中部暗色为闪长岩脉)

图 1-36　岭壳村组流纹岩喷发不整合于高坡岭
花岗岩之上

三、构造

1.对调查区主要构造形迹开展了系统的调查研究，初步建立起调查区的断裂构造格架，初步查明了调查区新构造运动的表现、性质和特征。

2.查明了调查区内韧性变形带的展布、变形特征。韧性变形带分布于不磨村—双龙农场一带，一般倾向南东—东，倾角 46°～62°；南端不磨经济场一带倾向逐渐转变为北东—北，倾角也逐渐变缓，为 10°～15°。带内岩石侧向分带性明显，从边部往中心依次出现糜棱岩化带、初糜棱岩带、糜棱岩带和超糜棱岩带，各带之间为渐变过渡关系。

3.通过对调查区内海积阶地和河流阶地的调查研究，发现调查区全新世以来地壳经历了多次抬升。

四、矿产

新发现矿产地 3 处，包括东方市八所镇-乐东县莺歌海镇建筑用砂矿、东方市感城镇不磨村水泥用灰岩矿和东方市八所镇-感城镇砖瓦黏土矿(包括文通村矿体和下名山村矿体)。

五、环境地质与旅游地质

1. 在野外调查的基础上，结合已有资料，初步查明了调查区主要环境地质问题类型及其分布。类型有崩塌、海岸侵蚀、河岸侵蚀、红树林退化、矿山环境地质等。

2. 对调查区旅游资源进行初步的调查，结合前人资料对已开发或具开发价值的景观进行详细描述。

广东1∶5万三饶、钱东圩幅区域地质矿产调查成果报告

提交单位：广东省佛山地质局

项目负责人：吴小辉

档案号：档0563-05

工作周期：2014—2015年

主要成果：

1. 建立了调查区的地层序列。共划分出2个群级地层单位、8个组级地层单位及2个成因地层单位，查明了各岩石地层单位的沉积环境。

（1）在调查区西北部饶平县新塘镇皇石顶一带新填绘出早白垩世官草湖组（K_1g）。

（2）将调查区火山活动划分为3个旋回：第一旋回由热水洞组和水底山组组成；第二旋回由南山村组组成；第三旋回由官草湖组组成。

（3）在调查区内识别出2个火山喷发盆地：三饶火山喷发盆地和马山湖火山喷发盆地。其中三饶火山喷发盆地包括皇石顶穹状火山和胶驴栋锥状火山，马山湖火山喷发盆地包括马山湖破火山和大岭山锥状火山。

（4）通过LA-ICP-MS锆石测年，在调查区内火山岩中获取了一批精确的锆石U-Pb同位素年龄。热水洞组加权平均年龄为（160.4±1.4）～（146.37±0.94）Ma，时代属于晚侏罗世；南山村组获得加权平均年龄为（142.9±0.52）Ma，时代属于早白垩世；官草湖组获得加权平均年龄为（101.3±1.7）～（100.3±0.4）Ma，时代属于早白垩世。

2. 建立了调查区的岩浆演化序列。根据野外地质特征及12个锆石U-Pb测年数据，将调查区侵入岩进一步划分为12个“岩性+时代”填图单位。

（1）通过岩性鉴定、地球化学分析和同位素测年综合分析对比，新填制出早白垩世细粒闪长岩（$K_1^{6c}\delta$）。

（2）获取了一批精确的锆石U-Pb同位素年龄。在坪溪水库粗中粒黑云母花岗岩中获得加权平均年龄为（143.47±0.44）Ma，在新塘镇南侧青山水电站和东山镇双罗村北侧粗中粒斑状黑云母二长花岗岩中获得加权平均年龄分别为（141.7±0.53）Ma和（137.8±2.8）Ma，在汤溪镇南侧及东山镇河东中粒黑云母二长花岗岩中获得加权平均年龄分别为（133.9±6.1）Ma和（133.3±1.4）Ma，在新圩镇文祠及新圩镇南东侧细粒花岗闪长岩中获得加权平均年龄为（102.5±2.5）Ma和（104.4±3.1）Ma，在新塘镇九坑细粒石英闪长岩中获得加权平均年龄为（103.4±2.4）Ma，在三饶镇塔山的细粒闪长岩中获得加权平均年龄为（100.1±2.2）Ma等，在联饶镇东侧的细粒斑状黑云母二长花岗岩中获得加权平均年龄为（97.2±4.5）Ma，在铁铺镇杨梅坑的中粒晶洞花岗岩中获得加权平均年龄为（94.8±2.9）Ma，在樟溪镇

青岚山寮细粒斑状晶洞花岗岩中获得加权平均年龄为(94.7±3.6)Ma。

(3)通过岩性鉴定、地球化学分析和锆石 U-Pb 同位素测年综合分析，将调查区侵入岩划为 3 个侵入阶段：早白垩世第一阶段侵入岩，以黑云母花岗岩、二长花岗岩为主体；早白垩世第二阶段侵入岩，以石英闪长岩、花岗闪长岩、闪长岩岩石为主体；晚白垩世第三阶段侵入岩，以晶洞花岗岩、二长花岗岩为主体。花岗岩整体上具有酸性→中性→酸性的演化趋势。

(4)结合野外地质特征、岩石学、岩石地球化学等资料，分析了侵入岩的就位机制、岩浆演化趋势及形成的大地构造环境。

3.将区内变质岩划分为接触变质岩、动力变质岩、气-液变质岩三大类。查明区内接触变质相为钠长-绿帘角岩相至角闪角岩相；将动力变质岩划分为碎裂岩类和糜棱岩类，并进行了具体的分类分析；将区内气-液变质岩划分为低绿片岩相至低角闪岩相。

4.脆性断裂是调查区主要地质构造类型，其次为褶皱构造和韧性剪切带。基本查明了调查区的构造形迹及分布特征，厘定出 3 个褶皱、38 条脆性断裂和 1 条韧性剪切带。调查区基本构造格架以北东向和北西向为主，近南北向次之。

(1)褶皱构造发育于中生代碎屑岩地层中，为军埔向斜、汉塘背斜和埔尾背斜，表现为宽缓箕状向斜和宽缓背斜。

(2)重点查明了区域性北东向潮州-普宁断裂带在调查区的出露、展布等基本特征和表现形式，主要表现为硅化岩、碎裂岩、硅化构造角砾岩，为张性正断层，初步分析了其控岩、控矿特征；同时，查明了区域性北西向饶平-大埔断裂带在调查区的出露、展布等基本特征和表现形式，表现为硅化岩、碎裂硅化岩和硅化构造角砾岩，为张性正断层，初步分析了其控岩、控矿特征。

(3)初步查明了土地尖韧性剪切带的岩性组成、运动方向和形成时代等构造特征。该韧性剪切带由几组近平行韧性剪切带组成，表现为硅化花岗岩、糜棱岩化花岗岩、花岗质糜棱岩和糜棱岩，具左行剪切运动，形成时代应为晚白垩世，发育于晚白垩世细粒斑状黑云母二长花岗岩($K_2^{1a}\eta\gamma$)中。

5.查明三饶幅、钱东圩幅 1∶5 万水系沉积物地球化学特征，编制了 Au、Ag、Cu、Pb、Zn、As、Sb、Bi、Hg、Cd、Sn、W、Mo、Cr、Ni、Co、F、La、Ba 共 19 种元素地球化学图和单元素异常图，通过综合分析编制了 Cr-Co-Ni 元素组异常图、Pb-Zn-Cu-Ag-Sn 元素组异常图、W-Mo-Bi-Au 元素组异常图；并且编制了综合异常图，共圈定出 37 处综合异常。

6.结合大比例尺地质测量和土壤剖面测量、山地工程等手段，在调查区内选取 7 处综合异常区进行了异常查证。新发现 4 处铅锌矿(化)点和 1 处铜矿化点，圈定 4 处找矿远景区和 2 处找矿靶区。

广东 1∶5 万棠下、派潭、增城县、石龙镇幅区域地质调查成果报告

提交单位：广东省地质调查院

项目负责人：许冠军

档案号：档 0563-08

工作周期：2016—2018 年

主要成果：

1.采用多重地层划分方法，重新厘定了调查区内前第四纪地层填图单位，将区内地层划分为 1 个构

造地层单位、8个组级地层单位和3个按岩性划分的非正式填图单位以及2个段级填图单位。地层划分依据较充分，基本查明了各地层单位的岩性组合、生物及沉积相特征。

2.本次调查施工钻孔83个(其中研究孔2个)，进尺2 641.5m；收集利用了钻孔56个。在研究钻孔岩石(沉积)地层划分及收集钻孔资料的基础上，结合沉积物^{14}C年龄、C/N同位素、指相元素、磁化率和微体生物等特征，建立了调查区第四系填图单位，划分了4个组、3个段和1个层级地层单位以及1个非正式地层单位。

3.在东江三角洲第四系(ZK33孔，博罗县九潭镇附近)内发现大量NaCl晶体。该孔岩芯样品在自发热处理过程中，析出了大量的NaCl晶体等盐类矿物晶体，表明该孔该段(12.10～12.15m)应属于滨海地带萨布哈(Sabkha)盐湖—潟湖沉积。

4.对区内侵入岩进行调查研究，得到一批高精度U-Pb年龄数据，厘定了侵入岩演化序列，建立了侵入岩时序划分表，共划分为12个填图单位，并于腊圃复式岩体中解体出大面积的印支期侵入岩。

5.通过野外实测和对前人资料的收集，基本查明了调查区褶皱、脆性断裂、韧性变形构造及构造盆地等主要地质构造特征，建立了调查区地质构造格架。基本查明了8条主要脆性断裂和2条韧性剪切带的展布位置、产状、规模、变形期次等特征。

6.对调查区内罗浮山断裂及南岗韧性剪切带进行了重点调查研究，并结合断层展布、控盆等特征，认为罗浮山断裂为一区域性的，发育在加里东期基底之上，喜马拉雅期盖层之下，控制一系列以断陷盆地为特色的正断层。

7.在派潭幅麻㽘—麻榨一带发现一较大规模的韧性剪切带，将其命名为正果韧性剪切带，发育于云开岩群片岩类($Pt_{2\text{-}3}Y.^{sch}$)、云开岩群片麻岩类($Pt_{2\text{-}3}Y.^{gn}$)和早志留世花岗闪长岩、二长花岗岩($S_1\gamma\delta$、$S_1\eta\gamma$)及泥盆系内，最宽可达6.7km，受后期岩浆侵入切割影响，出露已不完整。剪切带呈近东西—北东走向，发育σ碎斑系，指示构造应力为右旋剪切兼逆冲挤压。

8.结合野外调查及钻探资料对东莞盆地进行分析研究，认为东莞盆地为一个制约于罗浮山断裂的半地堑式断陷盆地，主要经历了两期断陷活动：早期白垩世时期，断陷活动范围较大；晚期古近纪时期，盆地范围收窄，但活动强度加大，盆地边缘断层活动以正断为主。

9.对区内云开岩群(PtY.)进行了重新厘定，将其按岩性划分为片岩类($Pt_{2\text{-}3}Y.^{sch}$)、片麻岩类($Pt_{2\text{-}3}Y.^{gn}$)、石英岩类($Pt_{2\text{-}3}Y.^{qz}$)，并通过LA-ICP-MS锆石U-Pb定年，认为区内云开岩群的形成时代为新元古代晚期。结合华夏陆块其他地区约1.0Ga年龄锆石的分布和形态学特征，认为华夏陆块的南缘很可能受到冈瓦纳(Gondwana)大陆聚合事件的影响，曾经存在或者非常靠近一个格林威尔(Grenville)期的造山带。

10.通过地面调查、物探、钻孔岩芯资料分析，总结了调查区内主要的地质环境问题，基本查明了区内软土层的分布、埋深、厚度等特征规律。调查了区内主要的崩塌、滑坡等边坡地质灾害点，并进一步总结了它们的形成演化规律。

11.通过研究本项目获得的钻孔数据和收集邻区的资料，对东江三角洲的形成演化及沉积古地理进行综合研究，将东江三角洲的形成发育过程划分为5个阶段：①晚更新世中期前段(40 000～32 000a)为冲积阶段；②晚更新世中期后段(32 000～22 000a)为古三角洲堆积阶段；③晚更新世晚期—全新世早期(22 000～7500a)为风化及冲积阶段；④全新世中期(7500～2500a)为新三角洲堆积阶段；⑤全新世晚期(2500a以后)为现代三角洲堆积及扩展阶段。

广西1∶5万自良圩、三堡圩、松山、容县幅区域地质调查成果报告

提交单位:广西壮族自治区地质调查院

项目负责人:农军年

档案号:档0563-11

工作周期:2016—2018年

主要成果:

一、地层

1.通过野外数字填图和室内多重地层划分对比研究,重新厘定调查区岩石地层单位,划分出11个组级岩石地层单位、21非正式段级岩石地层单位、5个构造岩石地层单位、4个非正式填图单位,并对各单位岩性、岩相、层序、沉积环境及构造背景等方面进行综合研究,建立了调查区岩石地层和年代地层格架。

2.运用构造-地层(岩石)方法调查研究,将原"三堡混合岩"解体为天堂山岩群和云开岩群变质表壳岩、加里东期片麻状花岗岩及印支期花岗闪长岩,将天堂山岩群进一步解体为片麻岩岩组、变粒岩岩组、片岩岩组,查明各岩组之间主要为逆冲型韧性剪切带接触。通过对天堂山岩群片麻岩和变粒岩、云开群片岩的锆石U-Pb测年研究,获得天堂山岩群和云开岩群的沉积下限分别为(810±8)Ma和(672±7)Ma。

3.通过对前泥盆纪地层岩石地球化学、碎屑锆石年代学综合研究,查明调查区位于新元古代—早古生代碰撞拼合带内,新元古代存在1100~900Ma、约2.6Ga亲华夏陆块和860~780Ma、约2.0Ga亲扬子陆块的碎屑锆石,属陆内裂谷环境;早古生代以970~920Ma为最高峰,物源主要来自华夏陆块,沉积于华夏陆块或云开古陆北西边缘海盆。其中大量约970Ma和约800Ma碎屑锆石年龄,是全球格林威尔(Grenville)造山事件和Rodinia超大陆裂解事件的响应;大量泛非期(约530Ma)年龄表明华夏陆块可能与冈瓦纳大陆关系密切。

4.在三堡都目水库上奥陶统兰瓮组三段上部,采获晚奥陶世腕足类*Paucicrura* sp.,*Leptaena* sp.,*Christiania* sp.,*Leptellina* sp.,*Orthis* sp.,*Strophomena* sp.,*Nicolella* sp.,*Sowerbyella* sp.,*Rafinesquina* sp.,*Ancistrorhycha* sp.,*Christania* sp.等,三叶虫*Lichas* sp.,*Malticostella* sp.等,双壳类*Cypricardella* sp.,为调查区奥陶纪的地层格架、岩相古地理环境研究,提供了充实的古生物化石依据。

5.在波塘岩母顶及北东地区下泥盆统莲花组砂砾岩与下伏中奥陶统东冲组呈角度不整合接触,缺失上奥陶统、志留系。这一区域不整合事件的发现,基本确定了加里东构造旋回海陆转换阶段的第二幕北流运动发生于中奥陶世末;将早古生代钦防残留海盆的北东边界自原梧州一带往南西迁移至岩母顶南部容县县城一带;海盆北西边界——灵山-藤县断裂初步推断为扬子陆块与华夏陆块的边界。

6.在志留系合浦组砂岩中采获部分岩浆锆石,测得最小锆石U-Pb年龄438Ma,初步查明了合浦组沉积于早志留世之后温克洛统,部分物源来自早志留世岩浆岩。

7.在原认为的下白垩统大坡组底部的火山岩夹层中获得(97.09±0.58)Ma的年龄,将该套火山岩修正为上白垩统西垌组,上覆砾岩-砂岩-泥岩组合修正为上白垩统罗文组。

8. 查明自良盆地西侧原被认为邕宁群的一套砾岩与下部砂岩实为整合接触而非角度不整合，将该套砾岩修正为上白垩统罗文组。

二、岩浆岩

1. 采用"岩性＋时代"填图方法，基本查明调查区岩浆岩的分布、接触关系，结合高精度同位素测年依据，重新划分 14 个填图单位、47 个侵入体、3 个构造岩浆旋回(加里东期、印支期、燕山期)，总结研究不同地质时期的侵入-火山岩岩石学、矿物学、元素与地球化学特征，基本理顺了调查区岩浆岩时空分布规律及形成的大地构造背景，探讨了岩浆岩成矿专属性。

2. 新发现下罗杏早三叠世[(249.9±1.6)Ma]中酸性火山岩筒，沿北西向断裂侵入大容山复式花岗岩体之中，从早到晚有流纹岩、粗面安山玢岩和(粗面)霏细斑岩、流纹岩共三期浅成侵入-溢流活动；具低钛、高钾—钾质火山岩的元素与地球化学特征，形成于大陆边缘弧构造环境。

3. 在沙村一带晚侏罗世钾长花岗岩之中，新发现中基性(次)火山岩墙[(164.5±0.7)Ma]，主要为弱蚀变安山晶屑角砾熔岩→中基性熔岩→蚀变含杏仁体石英安山斑岩→蚀变含杏仁体石英粗面斑岩组合序列。元素与地球化学特征显示：Nb/Ta 值为 16.9～18.6，Zr/Hf 值为 34.3～38.7，来源于幔源岩浆。这一发现为探讨华南地区由印支—燕山早期挤压收缩向燕山晚期伸展裂陷转换时间、盆岭构造形成的动力学机制提供了可靠的地质依据。

4. 在自良镇河柳村一带，新发现下白垩统大坡组一段下部 3 套英安质(角砾)凝灰熔岩夹层，获得锆石 U-Pb 年龄(97.1±0.6)Ma，属晚白垩世早期，表明自良盆地属断陷-火山盆地，为伸展体制作用下华南盆-岭构造背景的产物。

5. 对解体于原"三堡混合岩"中的月田片麻状花岗岩体综合研究表明，该岩体形成于早志留世[(433.6±4.8)Ma]，二阶段 Hf 模式年龄 T_{2DM} 为 2.06～1.62Ga，$\varepsilon_{Hf}(t)$ 为－10.01～－3.22，具有过铝质高钾钙碱性系列、兼 I 型和 S 型、低 Ba-Sr 花岗岩等特征，形成于陆内造山期后，此时软流圈地幔上涌，高温低压环境诱发古元古代—新元古代地壳部分熔融，成岩过程中有幔源组分参与。

6. 系统调查研究调查区晚二叠世—中三叠世大容山复式岩体，采获了 15 个高精度锆石 U-Pb 年龄[(255.1±1.8)～(239.3±1.3)Ma]，成功解体出 7 个填图单位，42 个侵入体。元素与地球化学、锆石 Hf 同位素特征表明，岩体属准铝质—过铝质高钾钙碱性系列，兼具 S 型、I 型、A 型复合型花岗岩，二阶段 Hf 模式年龄 T_{2DM} 为 2.46～1.57Ga，$\varepsilon_{Hf}(t)$ 为－18.75～－4.49，系古太平洋板块的俯冲消减机制的响应，为古—中元古代地壳物质部分熔融、幔源组分参与，沿地壳薄弱带扩张上涌的产物。

7. 采获十里岩体、石榴顶岩体 LA-ICP-MS 锆石 U-Pb 年龄分别为(252.8±2.5)Ma、(242.2±1.9)Ma，将原形成时代早泥盆世、晚志留世分别修正为早三叠世和中三叠世。

8. 采获蒙奇岩体 LA-ICP-MS 锆石 U-Pb 年龄为(158.5±0.9)Ma 和(157.0±1.4)Ma，重新划分为 3 个填图单位。根据岩石学、地球化学、锆石 Hf 同位素特征，该岩体属准铝质钾玄岩—高钾钙碱性系列，兼具 A 型和 I 型壳幔混合的花岗岩特性，呈富碱、高钾，富集大离子亲石元素(LILE)和轻稀土元素(LREE)，无 Nb、Ta 负异常等特征；二阶段 Hf 模式年龄 T_{2DM} 为 1.49～1.12Ga，$\varepsilon_{Hf}(t)$ 为－4.4～1.4。该岩体形成于与古太平洋板块沿北西向深俯冲于欧亚大陆之下、引起板片的折断和反转产生晚侏罗世伸展拉张构造背景有关的环境中。

三、变质岩

1. 基本查明调查区变质岩岩石类型及其分布、岩石特征和主要变质岩的岩石化学、地球化学、原岩建造特征，将区域变质岩划分为 5 个构造变质旋回和 7 次变质事件，初步研究了变质变形作用形成的构造环境和演化过程，探讨了变质作用与成矿作用的关系。

2.通过对波塘-三堡地区中高级变质岩的重点调查，取得主要进展如下。

(1)查明原“三堡混合岩”由天堂山岩群和云开岩群变质表壳岩、加里东期片麻状花岗岩及侵入的印支期花岗闪长岩组成。其中变质壳岩具双层结构特点，下为天堂山岩群，为一套低/高角闪岩相低压或中压相变质岩系，可划分为(红柱石-堇青石-)黑云母带、夕线石-钾长石带、十字石-蓝晶石带；上为云开岩群，变质级别较低，普遍为低绿片岩相(白云母带)，局部达低角闪岩相低压相系(黑云母带)。

(2)通过锆石 U-Pb 同位素精确年代学研究，获得变质表壳岩(620±10)～(601±7)Ma、(548±12)Ma、(442±7)～(427±2)Ma、(371±3)Ma 的构造变质事件年龄，证实调查区自四堡运动以来，相继经历了雪峰期 2 次陆内裂解、加里东期陆内汇聚、海西期陆内裂解引起的区域热动力变质作用，其中受加里东期区域变质作用叠加改造，天堂山岩群局部发生混合岩化作用。

3.通过地球化学研究，天堂山岩群原岩为一套砂泥岩建造，形成于被动大陆边缘环境。

四、构造

1.查明各时期构造变形特征及组合样式，合理划分构造单元，探讨构造成生演化发展史。重点调查研究博白-岑溪断裂、三堡韧性剪切带及推覆构造的基本特征，活动时代及控岩、控相、控矿作用。加强大容山构造岩浆带的岩石组成、结构、大地构造属性、造山作用过程及其动力学的综合调查研究，为解决扬子陆块与华夏陆块边界位置、边界性质、碰撞机制和时空演化提供新资料。

2.梳理总结了调查区的构造背景属性，基本查明不同地质时期的构造变形特征及组合样式，划分出 2 个三级构造单元、3 个四级构造单元、4 个构造层、5 个构造旋回、7 次构造变形地质事件，探讨了大地构造演化历史。对区域性断裂、韧性剪切带开展了系统的岩石学、运动学、动力学等方面的调查研究。

3.新发现 5 条韧性剪切带，厘定了较具规模的 3 条不同成因的褶皱构造、12 条脆性断裂、2 个构造盆地，建立了调查区以北东向三堡断裂、独洲断裂、县底-岭景断裂及东西向十里断裂为主体的构造格局，较系统地描述了各构造形迹的空间展布、变形特征、活动期次、形成时间、力学性质、复合关系等。

4.基本查明三堡断裂性质，其为一条多期活动的断裂，属博白-岑溪大断裂的北东延伸部分，与独洲断裂分别构成新元古代天堂山群的北西、南东边界，早期均表现为右旋走滑-逆冲型韧性剪切带。采获三堡剪切带中白云母$^{40}Ar/^{39}Ar$坪年龄(233.33±0.91)Ma，表明两断裂主变形期为中三叠世晚期；空间上，与旁侧次级断层构成网结透镜状、叠瓦状组合样式，逆冲极性为自南东向北西。同时，将三堡断裂作为三级构造分区界线。

5.江口一带新发现一条近东西向十里韧性剪切带，通过几何学、运动学、动力学等综合研究，查明该剪切带早、中期具韧性变形特征，分别为右行走滑、逆冲型剪切带；晚期向脆性变形转换，表现为一系列小型滑褶皱带组合。采获主变形期白云母$^{40}Ar/^{39}Ar$坪年龄(231.56±2.25)Ma、变形温度(400～500)℃、古差应力(6.27～78.35)MPa、付林指数 0.06-0.77 等特征参数值，揭示该剪切带在中三叠世晚期印支造山运动引起的地壳挤压与岩浆底侵联合作用下，经历了中高温、高压、高绿片岩相变质变形作用改造。

6.对博白-岑溪断裂带在区内的地质特征进行了总结，总体呈走向北东—南西、倾向南东的高角度冲断带，自加里东期至燕山期分为 5 个构造变形期。该冲断带的发育对调查区构造演化有着深远影响。

7.自良、容县构造盆地主要受北东向县底-岭景断裂控制，沿断裂呈串珠状分布，为断陷盆地。自良盆地内充填物主要为红色碎屑岩，有新隆组、大坡组、双鱼咀组，受县底-岭景断裂控制，形成半地堑式箕状盆地，沉降中心常向北西一侧迁移，具明显的不对称性。

五、矿产

1. 全面收集了调查区各类异常和主要矿床(点)的分布情况、产出地质背景、矿床(矿化)特征、找矿标志等,对已知矿点进行概略检查,初步总结了区内矿床(点)的空间展布特征、控矿地质条件、成矿规律、找矿标志等。

2. 在县底重晶石矿区外围新发现2个矿体。重晶石呈厚板状晶体,呈灰白色、白色,与少量铅锌矿物伴生,属热液型脉状重晶石矿床。预期提交(334类)资源量 247.95×10^4 t(图1-37)。

3. 新发现矿(化)点9处,其中稀土矿(化)点5处,重晶石(化)点2处,铅锌矿(化)点1处,金矿矿(化)点1处。

图1-37 县底①号矿体

六、遥感

完成了调查区1∶5万遥感解译1880km²、1∶5万遥感异常扫面1880km²。解译出11个地层影像岩石单元、6个花岗岩影像岩石单元、79条线性构造、20个环形构造,对调查区的遥感异常进行划分(甲类异常区2个,乙类异常区6个,丙类异常区10个,丁类异常区12个),并编制了广西1∶5万自良圩、三堡圩、松山、容县幅区域地质调查遥感解译地质图、遥感解译构造图和遥感异常图。

七、旅游及灾害地质

1. 收集了自然资源、人文景观等各方面的资料和信息,以期发掘更多具有潜力的优质旅游资源。运用科学的、可持续发展的理念为调查区内资源开发、保护献计献策。

2. 通过资料收集和实地调查,系统总结了调查区地质灾害类型、空间分布特征及形成条件,研究了其与地形地貌、地层岩性、地质构造、降雨、人类工程活动等因素的关系。

湖南1∶5万郭镇市、白羊田镇、北港镇幅区域地质调查成果报告

提交单位:中国地质调查局武汉地质调查中心

项目负责人:田洋

档案号:档0584-01

工作周期:2017—2018年

主要成果:

一、地层

1. 以最新的国际地层表为指南,重新厘定了调查区地层序列,将区内的前第四纪地层划分为10个组级岩石地层单位、4个段级岩石地层单位、2个非正式填图单位(特殊岩性段),将原富禄组修正为张家湾组与富禄组,并建立完善了调查区多重地层划分与对比系统。

2.从岩石学、地球化学角度,对青白口纪黄浒洞组进行了详细研究,并结合前人研究资料,明确了其为华南洋向扬子陆块俯冲背景下的弧后盆地沉积。对2件(沉)凝灰岩夹层样品进行年龄测试,结果表明本组形成时代在824Ma左右。

3.于岳阳刘家庄一带,在前人所认为的富禄组中上部首次发现一平行不整合面,之下为一套纹层状、条带状变质粉砂岩、板岩夹长石石英砂岩,水平层理、透镜状层理十分发育,可与板溪群相对比,产疑源类 *Trachyhystrichosphaera-Cymatiosphaeroides-Goniosphaeridium* 组合。最年轻碎屑锆石年龄为763Ma,指示了不整合面之下应为板溪期沉积,修正为张家湾组;不整合面之上为富禄组沉积,其底部砂岩最年轻碎屑锆石年龄为690Ma。因此该界面为雪峰运动的沉积响应。

4.岳阳新开镇燕屋张家一带富禄组显示间冰期沉积特征,为一套风化后呈土黄色厚层—块状浅变质粗中粒长石石英砂岩。但出露于岳阳刘家庄、张辉山、小源冲等地的富禄组按岩性可分为3部分:下部为灰白色厚层状浅变质中粗粒长石石英砂岩;中部为一套浅灰色块状浅变质含砾(冰碛砾)砂岩、含砾(冰碛砾)砂质板岩,局部层理隐约可见;上部为灰白色-浅紫红色厚层状浅变质细粒、中粒长石石英砂岩,发育板状交错层理。以上区域富禄组顶底均分别与张家湾、大塘坡组接触,相距不足10km,但岩性组合差异显著,这为研究南华纪古地理格局及冰期沉积提供了新材料。

二、岩浆岩

1.充分运用最新的花岗岩理论方法开展野外填图工作,进一步总结了调查区武陵期和燕山期花岗岩成因及演化规律。按照岩性、结构、交切关系及同位素年龄等特征建立了8个填图单元及年龄格架,包括武陵期1个、燕山期7个,为多期次侵入叠加形成的复式岩体。

2.在野外地质调查的基础上,对区内燕山期不同岩浆岩进行了系统的锆石U-Pb定年、岩石地球化学和同位素分析。测试结果和综合研究表明,辉长闪长岩($J_3^1\nu\delta$)的年龄为154Ma,为富含角闪石的钙碱性辉长闪长岩类,其弧型地球化学特征和富集的同位素组成指示其源区是一个被俯冲组分交代过的大陆岩石圈地幔。$J_3^2\gamma\delta$、$J_3^3\gamma\delta$ 和 $J_3^4\eta\gamma$ 接近的岩浆结晶年龄(153～151Ma),相似的地球化学特征和Sr-Nd-Pb同位素组成指示它们具有相似的岩浆源区,其埃达克质的地球化学特征可能是由加厚下地壳部分熔融形成的。$K_1^1\eta\gamma$ 锆石U-Pb年龄为144Ma,为富含白云母的强过铝质花岗岩类,是由元古宙的古老沉积物在低温条件下发生脱水熔融形成的S型花岗岩类。$K_1^2\eta\gamma$ 和 $K_1^3\eta\gamma$ 的年龄分别为134Ma和130Ma,是中上地壳的角闪岩以及少量沉积岩部分熔融形成的高钾花岗岩类。以上年代学、地球化学特征为调查区的区域构造-岩浆演化研究提供了重要依据。

三、变质岩

1.通过详细的野外地质调查,系统厘定调查区区域变质、接触变质、动力变质和混合岩化4类变质作用及其产物,新建变质岩填图单元青白口纪冷家溪群片岩组(QbL^{sch})、白垩纪混合岩(K_1mi)和硅化碎裂岩(str)。

2.冷家溪群片岩组中(深)变质岩系的原岩是一套以含基性物质的泥质岩-粉砂岩-细砂岩组合为主,夹有基性(沉)火山岩的沉积建造。其中,黑云母斜长片麻岩和黑云母斜长变粒岩的碎屑U-Pb锆石定年获得两组年龄,对应年龄区间分别为2514～790Ma(谱峰年龄约846Ma)和2453～778Ma(谱峰年龄约829Ma),最年轻的一组谐和年龄分别为(843.7±4.8)Ma和(821.1±5.7)Ma。斜长角闪岩主量元素特征显示其为亚碱性玄武岩中的拉斑系列,稀土、微量元素显示典型N-MORB型特征,Nd同位素为正值,指示斜长角闪岩原岩可能起源于受俯冲流体一定程度交代的亏损地幔,形成于弧后构造环境。结合区域资料分析,这套物质应是华夏陆块与扬子陆块俯冲-增生(碰撞)造山作用的产物。

3. 首次在冷家溪群片岩组斜长角闪岩中获得两个变质锆石 U-Pb 年龄，分别为(132.6±1.8)Ma 和(135.8±1.6)Ma，是区域早白垩世构造-热事件的产物。

四、构造

1. 对调查区构造运动及不同时代或不同性质的褶皱和断裂发育特征进行了系统总结和较详细阐述，对构造格架和变形特征进行了剖析和探讨，划分出 7 个变形期次和 5 个构造旋回。

2. 查明了盆缘断裂——白羊田断裂和断山洞断裂特征。白羊田断裂中发育有初糜棱岩、糜棱岩、碎裂花岗岩、构造角砾岩等构造岩，至少经历了早、晚两期变形，早期韧性变形形成了初糜棱岩和糜棱岩，晚期脆性变形使早期糜棱岩发生脆性破裂，局部强变形形成碎裂硅化岩。早期韧性、晚期脆性的变形特征，反映幕阜山岩体的抬升与剥蚀冷却过程。断山洞断裂根据构造岩特征可以划分为硅化碎粉岩带、断层角砾岩带、构造透镜体带、构造片岩带和硅化破碎带 5 个带，带与带之间分带较明显，界线较清晰，每个带由一种或多种构造岩组成。根据断裂带的分带特征，识别出 4 期构造过程。

五、矿产地质

1. 根据综合整理前人普查勘探资料和本项目组的工作，总结了调查区矿产种类及分布规律。矿产主要有铅、锌、锰、稀土矿、萤石、钾长石矿和石煤等，有大型矿床 1 处、中型矿床 2 处、矿(化)点 9 处，其中新发现矿化点 1 处。内生成矿作用主要受构造、岩浆岩和地层岩性控制，外生成矿作用主要受地貌条件控制。

2. 对幕阜山地区花岗伟晶岩的分类及稀有金属成矿规律进行研究，将幕阜山地区伟晶岩分为电气石、电气石-绿柱石、绿柱石、绿柱石-铌钽铁矿与铌钽铁矿-锂电气石-锂云母伟晶岩 5 类，分别对应稀有金属富集的 5 个阶段：无矿化→含 Be→富 Be→富 Be、Nb、Ta→富 Be、Nb、Ta、Li。幕阜山北缘断峰山地区的部分伟晶岩演化到第四阶段，常见铌钽矿化；南缘仁里地区部分伟晶岩演化至第五阶段，因此形成了超大型铌钽矿。

3. 断峰山地区演化至第二阶段的电气石-绿柱石伟晶岩中发育色带电气石，由核部至边部 Li 含量逐渐升高，边缘含量达到 8124×10^{-6}，接近仁里矿区内锂电气石中 Li 含量($12\ 318\times10^{-6}$)。因此，断峰山地区演化至第四阶段的伟晶岩在稀有金属找矿方面具有较大潜力。

湖南 1∶5 万浯口镇、沙市街、灰山港、煤炭坝幅区域地质调查成果报告

提交单位：湖南省地质调查院

项目负责人：柏道远

档案号：档 0584-04

工作周期：2016—2018 年

主要成果：

一、地层

1. 重新厘定了灰山港-煤炭坝地区岩石地层序列，建立了 36 个组级正式岩石地层单位、2 个层级非

正式填图单位。进一步查明了各岩石地层单位的厚度、岩性特征、沉积层序和沉积环境,并取得以下新的进展:①新发现南华系长安组;②将原二叠系乐平统吴家坪组修正为大隆组;③于石炭纪樟树湾组中新发现3个煤层;④于棋梓桥组中新发现珊瑚礁灰岩,并初步查明了礁体及其沉积环境的横向变化。

重新厘定了浯口镇-沙市街地区岩石地层序列,共划分出14个组级岩石地层单位及3个非正式填图单位。进一步查明了各岩石地层单位的厚度、岩性特征、沉积层序和沉积环境,并取得以下新的进展:①对湘东北浯口-沙市街地区冷家溪群地层进行了重新划分,将原雷神庙组一、二、三段分别厘定为易家桥组、潘家冲组和雷神组;②对沙市街地区白垩纪早期沉积序列和沉积相特征进行了详细研究,在此基础上建立了长平盆地(沙市街地区)白垩纪早期活动的强烈拉张—弱拉张—强烈拉张的三阶段演化模式。

2.查明了煤炭坝地区第四系覆盖层的空间分布和厚度变化,以及覆盖层下伏白垩系和石炭系—二叠系各地层单位的空间展布,厘定了覆盖区基底构造特征。

3.基于金井地区冷家溪群砂岩的地球化学特征,探讨了湘东北-湘东地区冷家溪群沉积盆地性质及区域构造格局,结果表明:冷家溪群形成于扬子东南缘的弧后盆地;金井地区冷家溪群的早期沉积(易家桥组和潘家冲组)主要来源于北邻的扬子陆缘,晚期沉积(雷神庙组—黄浒洞组)主要来源于南邻的大陆岛弧;晚期沉积伴随着南邻大陆岛弧向北的运移和盆地收缩。

二、岩浆岩

1.在地质、岩矿、岩石化学和同位素年代学特征基础上,重新厘定了金井地区花岗岩时代及侵入期次(岩石单元),将区内花岗岩分为新元古代(武陵期)和早燕山期(晚侏罗世)2个阶段,分别划分为1个和6个岩石单元。

2.在侵位于冷家溪群中的西江花岗岩体中获得(843±8.6)Ma和(764±9.8)Ma的LA-ICP-MS锆石U-Pb年龄(来自同一样品);样品所在露头上见基性岩细脉。(843±8.6)Ma为花岗岩体形成年龄,将岩体时代由原来的早古生代修正为新元古代青白口纪;确定岩体具岛弧花岗岩特征,从而为冷家溪群弧后盆地的沉积环境提供了重要约束。(764±9.8)Ma应为岩体内基性岩细脉的年龄,反映出板溪群沉积期间760Ma左右的强伸展事件。已有研究表明,湘西古丈、中方、通道等地发育大量760Ma左右的基性—超基性岩,本次发现首次揭示雪峰构造带北段—湘东北—赣西北一带也存在760Ma左右强拉张裂谷环境的岩浆活动。

于金井地区新获得一批花岗岩和酸性斑岩的SHRIMP锆石U-Pb年龄(5件样品,7个年龄),从而将原定为三叠纪的多个小岩体修正为晚侏罗世。结合前人已有年龄资料,首次揭示出湘东北地区晚侏罗世花岗质岩浆活动可分为早、晚两期,时限分别为165～160Ma和155～150Ma。结合岩石地球化学特征和区域构造背景,推断早期岩浆活动与中侏罗世后期早燕山运动之后的后碰撞减压松弛有关,晚期与太平洋板块向华南大陆俯冲后崩塌以及后造山环境下的岩石圈拆沉和软流圈上隆有关。

三、构造

1.查明了雪峰造山带北段灰山港-煤炭坝地区构造格架和变形特征;系统厘定了加里东期以来的8期变形,探讨了各期变形的构造体制和背景,为区域上颇具争议的加里东运动和印支运动以及知之甚少的新生代构造运动研究补充了重要的基础地质资料。

(1)灰山港-煤炭坝地区自西向东分为松木塘、灰山港、大成桥3个构造变形区,分别对应加里东构造层、海西—印支构造层和晚燕山构造层。松木塘构造变形区由加里东期东西向褶皱及同走向逆断裂组成基本构造格架，逆断裂和褶皱轴面大多倾向南。灰山港构造变形区由北东东向的灰山港复向斜及其他褶皱和同走向逆断裂构成基本格架。大成桥构造变形区由红层盆地内北东向近直立宽缓褶皱以及北东向和北西向正断裂构成基本格架。

(2)发育褶皱、断裂、劈理、节理等构造变形，其中断裂走向和运动学特征多样(图 1-38)。

图 1-38 加里东期劈理特征

a.毛田寒武纪牛蹄塘组($\in_1 n$)中板劈理；b.茶亭子震旦纪留茶坡组($Z_2 l$)中轴面劈理

(3)厘定出 8 期构造变形事件，分别为志留纪后期加里东运动(广西运动)区域南北向挤压、中三叠世后期印支运动(主幕)中北北西向挤压、晚三叠世区域南北向挤压(印支运动晚幕)、中侏罗世晚期早燕山运动中北西西向挤压、白垩纪区域伸展、古新世—始新世北东向挤压、渐新世—中新世北西向挤压、新近纪以来的重力伸展，形成了区内不同方向和不同性质的褶皱、断裂、节理、劈理、盆地等多种类型构造。

2.查明了浯口-沙市街地区的构造格架、变形特征；根据构造的叠加、性质、切割、限制等关系，结合区域构造演化背景，厘定了该区武陵期以来的 8 期构造变形。

(1)浯口-沙市街地区分为浯口-雷神庙断隆带(占大部)和沙市断陷盆地(仅东南角)2 个构造变形带。浯口-雷神庙断隆带出露冷家溪群，由武陵期北西—北西西向紧闭-中常褶皱群和脆韧性断裂以及印支期北东—北东东向逆断裂和褶皱组成基本构造格架；发育不同走向和性质的各类褶皱、断裂、劈理等构造。沙市断陷盆地出露白垩系—古近系，为一向南东缓倾的单斜构造。

(2)8 期构造变形包括：①武陵运动形成的北西—北西西向褶皱、断裂和轴面劈理；②志留纪晚期加里东运动中南北向挤压下形成的东西向褶皱；③中三叠世后期印支运动中北西—北北西向挤压下形成的北东—北北东向的断裂、褶皱和劈理；④晚三叠世—早侏罗世南北向挤压下形成的北东向左行走滑断裂(继承性活动)；⑤中侏罗世晚期早燕山运动中北西西向挤压下形成的北北东向褶皱及断裂、北西向左行走滑断裂(继承性活动)；⑥晚侏罗世伸展断裂；⑦白垩纪—古新世盆-岭构造及北东—北北东向正断裂；⑧古近纪后期东西向挤压下形成的南北向小断裂和北北东向小型剪切带。

3.对白垩纪—古近纪洞庭盆地湘阴凹陷南段构造特征进行了研究，初步明确了主控盆断裂，厘定了盆地复杂构造格局特征，探讨了盆地形成的动力机制。湘阴凹陷南段可划分为朱良桥深洼陷、岳家桥-雷公桥浅洼陷、横市浅洼陷和赵家府洼陷 4 个构造单元，其中岳家桥-雷公桥浅洼陷可进一步分为回龙铺次级洼陷、谢家湾次级隆起、南田坪次级洼陷、雷公桥次级洼陷 4 个次级构造单元。盆地受北东向(主)、北西向(次)和北西西向(个别)正断裂控制，南东侧北东向主控盆断裂导致盆地基底总体向南东倾斜。于北东向主控盆断裂末端叠覆的交错区带，以及北东向和北西西向控盆断裂的末端部位发育多条不同规模(级别)的北西向(个别北北东向)横向构造调节带，调节带控制了盆地不同构造单元的延伸范围以及盆地沉积主体物源方向。盆地的形成受深部构造背景即地幔上隆、太平洋板块斜向俯冲的弧后扩张、印支期和早燕山期断裂的继承性活动以及常德-安仁断裂的伸展活动等控制。

4.通过冷家溪群—上古生界地层序列、地层的发育与缺失情况及其反映的不整合特征，对湘东北前中生代抬升剥蚀过程及其构造意义进行了较深入研究，取得以下重要成果认识：湘东北地区自北往南可划分为临湘、岳阳、金井、长沙、醴陵等5个前中生代抬升-剥蚀区；造成抬升剥蚀的构造事件包括武陵运动、雪峰运动和加里东运动，分别造成全区0～8000m、0～1800m和300～9300m的剥蚀量，但各区抬升剥蚀特征差异较大。上述抬升剥蚀特征印证了冷家溪群沉积环境为弧后盆地且武陵运动与弧-陆碰撞有关、雪峰运动为裂谷-伸展环境下的块体差异升降和旋转活动、区域上加里东运动具板内造山运动性质并自南东向北西扩展等地质事实。

5.对湖南北西向常德-安仁断裂的地质特征、活动历史、构造性质及变形机制进行了深入研究并取得系统性新认识：指出该断裂为在地表上表现为北西向岩浆隆起带的基底隐伏大断裂；揭示了断裂在冷家溪期走滑、武陵运动中右行走滑、板溪期早期和南华纪早期伸展、加里东运动中右行走滑、印支运动主幕中左行走滑兼逆冲、晚三叠世—早侏罗世右行走滑、早燕山运动中左行走滑、白垩纪—古近纪伸展的活动历史及相应的构造背景；提出该断裂在冷家溪期为横切扬子陆块东南缘弧后盆地、岛弧和华南洋的转换断层，印支运动中断裂带因深部逆冲活动而构造隆升，冷家溪期—南华纪同沉积活动、震旦系底部滑脱层发育、北东—北北东向大断裂的截切以及断裂沿线花岗岩体和断陷盆地的发育等使得该断裂表现为隐伏特征。

6.系统总结了灰山港-煤炭坝地区岩溶和岩溶塌陷发育特征，深入探讨了岩溶和岩溶塌陷的控制因素，重塑了岩溶作用和岩溶地貌的发展过程，为区域岩溶作用研究和岩溶地质灾害防治补充了重要的基础资料。取得如下主要认识。

(1)灰山港-煤炭坝地区可溶岩主要产于上古生界，白垩系—古近系底部有少量发育。

(2)平面上可划分为裸露型、覆盖型和埋藏型3种类型岩溶区，其中覆盖型岩溶区可进一步划分为强、中、弱3类。覆盖型和埋藏型岩溶区垂向上可分为浅部岩溶发育带、中部溶洞裂隙发育带和深部岩溶弱发育带。

(3)二叠纪东吴抬升，中三叠世以来多次挤压和白垩纪—古近纪区域伸展等构造事件形成的褶皱、不同方向断裂裂隙系统、盆地基底构造，以及古近纪以来的差异升降运动等控制了岩溶的发育特征。

四、矿产

1.于灰山港地区新发现矿(化)点6处，其中煤矿点1处、石墨矿点1处、铁矿点1处、锰矿点2处及辉锑矿矿点1处。

2.对整个江南金矿带的成矿期次以及各期成矿的矿床分布、构造背景和动力机制等进行了全面研究，从而厘定了湘东北地区武陵期、加里东期、印支期和早燕山期4期金成矿事件，明确了各期成矿的构造背景；并基于区域构造变形和赋矿断裂等资料，结合主要构造运动中区域构造体制和构造线方向以及成矿事件时代背景，初步总结了湘东北金矿控矿构造体系特征。

(1)湘东北地区存在武陵末期、加里东末期、印支期(晚三叠世)和早燕山期(晚侏罗世)4期金成矿事件。其中武陵末期和加里东末期成矿分别发生于板溪期末的武陵运动中和志留纪加里东陆内造山运动中，成因类型为断裂剪切导致构造活化而成矿的造山型金矿，前者在北带(黄金洞—大万地区)和南带(雁林寺地区)均有发生，后者目前仅见于北带。印支期和早燕山期成矿分别发生于晚三叠世和晚侏罗世，与后碰撞环境和伸展环境下的花岗质岩浆活动有关，前者仅发生于南带，后者在北带和南带均有发生。

(2)湘东北金矿带北带控矿构造包括武陵运动中形成的北西西向顺层脆韧性剪切带和同斜倒转褶皱，前者在武陵期和早燕山期成矿中为容矿构造，后者在武陵期成矿中为配矿构造；加里东运动中形成的东西向切层逆断裂，在加里东期和早燕山期成矿中为容矿构造；印支运动中形成的东西向脆性逆断裂，在早燕山期成矿中为导矿和容矿(局部)构造。湘东北金矿带南带控矿构造包括武陵运动中形成的北东向顺层脆韧性剪切带和同斜倒转褶皱，前者在武陵期和早燕山期成矿中为容矿构造，后者在武陵期成矿中为配矿构造；印支运动中形成的北东向脆性逆断裂，在早燕山期成矿中可能为导矿构造；早燕山运动中形成的北西向韧性剪切带，在早燕山期成矿中为容矿构造。

珠三角阳江-珠海地区海岸带1∶5万填图方法研究成果报告

提交单位：中国地质调查局武汉地质调查中心

项目负责人：吴俊

档案号：档0592

工作周期：2016—2018年

主要成果：

1. 利用遥感数据有效识别了海岸地貌类型和土地利用类型，分析了近40年来海岸线变迁历史，并分析了其影响因素和未来的变化趋势(图1-39)。

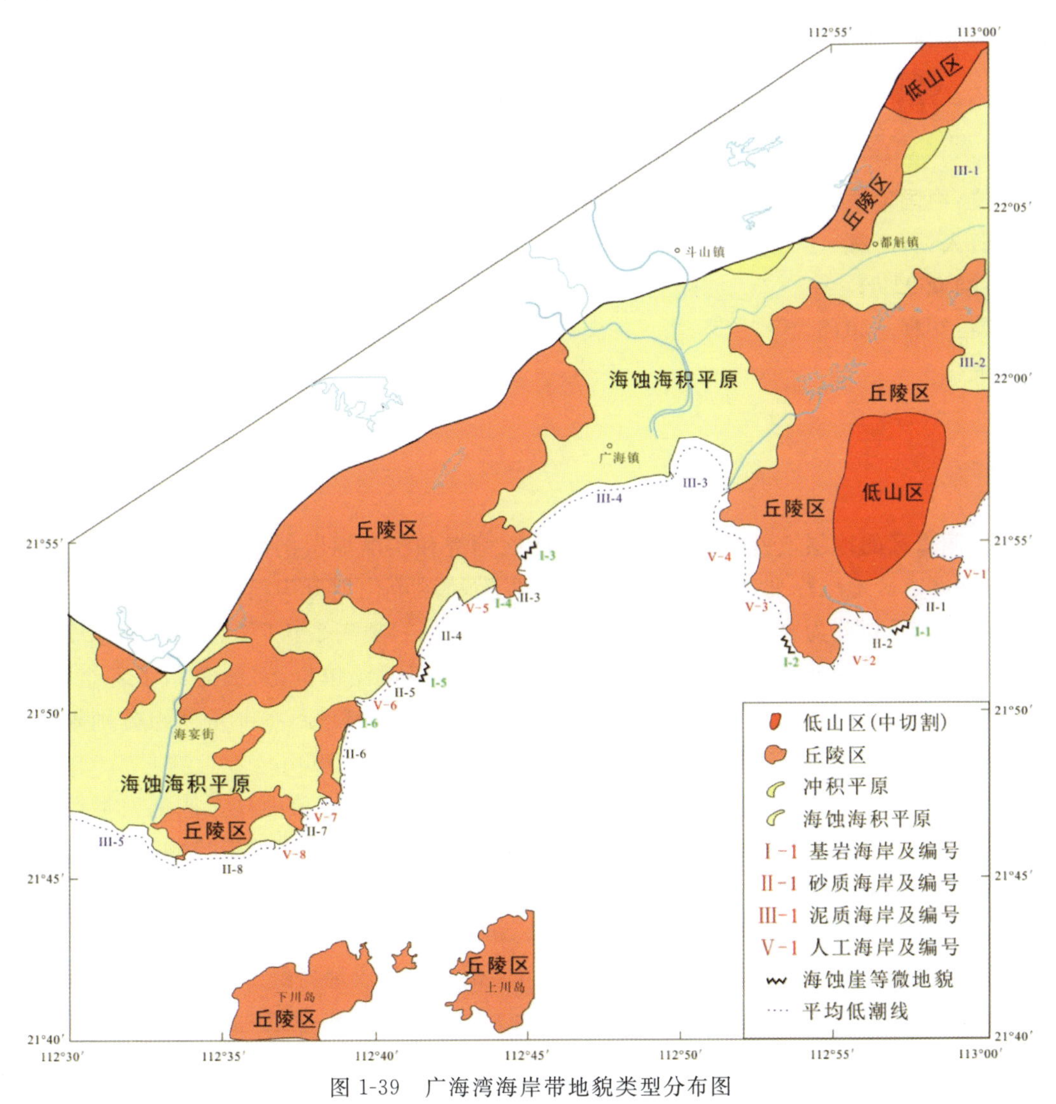

图1-39　广海湾海岸带地貌类型分布图

2.通过第四系钻孔、物探剖面及槽型钻地表调查，查明了海岸带地区第四纪地层分布和沉积结构，建立了以岩石地层单位为主，以年代地层、生物地层、气候地层以及磁性地层为辅的多重地层划分对比序列。

3.研究表明，台山地区第四系沉积可能开始于50ka以前(MIS3)，在晚更新世和全新世发生了两次海侵海退，全新世的海侵开始于约11.5ka以前，一直持续到8.5ka，海平面快速上升；8.5～2.7ka为高海平面时期，至2.5ka以后海平面下降，海水逐渐退出本地区。

4.通过试点填图，提出海岸带基础地质主要调查内容为地貌单元划分、覆盖层结构及其基底构造格架、地质资源、海平面升降等。

5.通过海岸带调查多方法试验，认为高密度、瞬变电磁能有效识别隐伏断裂，浅层地震较适用于区内第四纪沉积结构的划分、基岩面埋深和隐伏断裂的识别，单道地震较适合20m以浅水深的水下地形、沉积物结构的识别。

6.探索了海岸带填图方法体系，初步编制了《海岸带1∶5万填图方法研究》，可为类似地区开展区域地质调查提供技术参考。

广东省1∶5万冲蒌圩、沙栏、广海镇、海宴街幅区域地质调查成果报告

提交单位：中国地质调查局武汉地质调查中心

项目负责人：贾小辉

档案号：档0592-01

工作周期：2016—2018年

主要成果：

一、地层

1.划分出调查区的地层填图单位。通过路线地质调查和实测地层剖面，重新厘定划分调查区内的相关地层，建立调查区地层序列，将调查区内的沉积岩类填图单位划分为前第四纪地层和第四纪地层，其中将前第四纪地层划分为寒武系高滩组($\epsilon_3 g$)、水石组($\epsilon_4 s$)，奥陶系新厂组($O_1 x$)、虎山组($O_{1-2} h$)，泥盆系杨溪组($D_1 y$)、老虎头组($D_{1-2} l$)、春湾组($D_3 c$)等7个组级填图单位，系统总结了各组标志岩性层。据岩性特征和标志层，将调查区前人归属于埃迪卡拉系老虎塘组和寒武系牛角河组分别划分于奥陶系虎山组和寒武系高滩组。第四纪地层划分为大湾组(Qdw)和桂洲组(Qhg)。

2.确定了调查区内寒武系与奥陶系的接触关系，证实区域郁南运动不存在或郁南运动在区内表现形式与其他地区不同。系统的路线、剖面调查，室内分析及区域资料对比结果显示，调查区寒武系和奥陶系的界线分别存在于浅海相(接近斜坡)和半深海大陆斜坡相中，之间不存在沉积间断和构造隆升，郁南运动在调查区可能表现为拉张的构造属性。

3.以杨溪组上部一套细碎屑岩的消失、老虎头组底部砾岩的出现为野外识别标志，将泥盆系桂头群重新厘定划分为杨溪组、老虎头组。其中杨溪组岩性为中厚—巨厚层紫红色杂砾岩、砂砾岩、含砾粗砂岩、含砾细砂岩、中粒砂岩、细粒砂岩夹紫红色薄层状泥岩、泥质粉砂岩，底部为复成分砾岩。根据该组岩性、岩石组合及其沉积构造特征，确定其沉积环境属河流相沉积。这套特征的底砾岩可与湘桂粤交界地区的莲花山组底砾岩对比。

4.分别于寒武系水石组和泥盆系杨溪组的不整合界线处获得碎屑岩锆石 U-Pb 同位素年龄数据资料。寒武系碎屑锆石中最年轻变质成因锆石年龄值为(477±4)Ma,最老锆石年龄值为(3173±28)Ma,其主要年龄峰值为 1000Ma(n=18),次峰值年龄为 540Ma、1100Ma、1550Ma、1750Ma 和 2500Ma,峰值为 1000Ma、1100Ma 的碎屑锆石的 U-Pb 同位素年代学结构特征与华夏陆块组成特征一致,代表了典型的华夏陆块格林威尔期(1.4～1.0Ga)的岩浆事件;泥盆系碎屑锆石中最年轻岩浆锆石的年龄值为(417±3)Ma,最老锆石年龄值为(2822±35)Ma,其峰值年龄为 445Ma(n=39),表明区内存在一期晚奥陶世的岩浆活动,可能是区域早古生代造山运动的响应。

二、构造

1.厘清了调查区内断裂变形特征及变形期次。由于受到区域内恩平-新丰深大断裂和莲花山深大断裂影响,调查区内近南北向及北东向断裂普遍发育且最具规模,并切割早期的北西向以及东西向断裂。根据断裂切割地层以及相互交切关系,调查区内断裂变形主要分为 3 期:D1,加里东期北西向逆冲-平移断层;D2,海西—印支期东西向逆断层;D3-4,燕山期南北向及北东向的逆冲与正滑-平移断层。其中,加里东期和海西—印支期断层主要形成于挤压环境,而燕山期断层主要形成于伸展环境。

2.查明了调查区内褶皱变形特征及相互叠加关系。根据调查区内地层的褶皱变形轴迹形态以及与断裂构造行迹的交切关系,褶皱作用可以分为 3 期:D1,寒武纪—奥陶纪地层卷入变形的加里东期南北—北北东向紧闭褶皱;D2,卷入了泥盆纪地层的海西—印支期东西向开阔褶皱;D3,燕山期北东向褶皱。其中区内最具规模的为最终定型于燕山期的北东—北北东向褶皱,分别斜跨叠加于早期的南北向和东西向褶皱,使早期褶皱的轴迹起伏扭曲、地层陡立或穹隆化。

3.建立了调查区地质构造演化序列。依据调查区出露的地层和岩浆岩,结合区内发育的构造性质,影响区域性地质构造演化由老到新依次为:①加里东期东西向挤压构造,主要表现为调查区内前泥盆纪地层中南北向褶皱;②海西—印支期南北向挤压构造,主要表现为调查区内泥盆系东西向褶皱以及东西向逆断层,形成于南北向挤压应力场;③燕山期北西-南东向挤压和伸展构造,主要表现为对之前加里东期南北向褶皱及海西—印支期东西向褶皱和断裂的改造和叠加,同时形成区域内最具规模的北东向平移-逆断层与北东向平移-正断层,区域内大规模的燕山期岩浆侵入事件表明燕山期构造-岩浆活动对该区域的影响最为强烈。

4.确立了调查区构造变形与区域构造及华南大陆显生宙构造演化的关联。调查区主要受到区域内北东向莲花山断裂带和北北东向恩平-新丰断裂带两条区域性深大断裂带的影响,奠定了调查区的构造变形格局。区内最具规模的北东向及南北向正滑-平移断层代表了中生代晚期强烈的区域性走滑、伸展断裂作用,也是华南沿海地区从东西向特提斯构造域向北东—北北东向太平洋构造域转换的地质记录。

三、岩浆岩

1.厘定了一套晚奥陶世钾质岩(约 445Ma),为区域早古生代造山运动由造山挤压向后造山伸展的转换提供了岩石学佐证。LA-ICP-MS 锆石 U-Pb 定年结果显示,调查区发育晚奥陶世石英闪长岩,形成时代约为 445Ma。该石英闪长岩具有二长岩的岩石学特征:斜长石含量约 30%,钾长石含量约 15%,普通角闪石含量约 30%。岩石化学特征则具有富碱更富钾、低钛,富集大离子亲石元素、轻稀土元素,亏损高场强元素,以及显著的 Ti-Nb-Ta 负异常的特点,总体上具有钾质岩的特征。结合区域同期次钾质岩的研究成果,这套岩石可能是早古生代造山运动由造山挤压向后造山伸展转换的岩石学响应。

2.厘定了一套晚奥陶世混合岩-混合花岗岩组合(约 452Ma),为区域早古生代造山及其深熔作用提供了证据,可能代表了区域早古生代造山变质作用的峰期。调查区下川岛发育一套混合岩-混合花岗岩组合,围岩为寒武系高滩组浅变质杂砂岩,其中混合岩以条带状和眼球状构造为主,混合花岗岩以富含混合岩团块呈现“脏花岗岩”为特征。全岩 Nd 同位素、锆石 U-Pb 定年结果及野外接触关系显示,混合花岗岩、混合岩及寒武系浅变质岩应为具有内在成因联系的一套岩石组合,即围岩寒武系浅变质岩作为原岩,经深熔作用形成混合岩和混合花岗岩,后者是不同熔融程度的产物,其熔融程度由高到低依次为混合花岗岩、条带状混合岩和眼球状混合岩。

3. 通过对调查区早古生代地层碎屑锆石年代学、混合岩及基性岩的系统研究,初步提出加里东运动在区域上的起始时限及造山峰期、造山垮塌和板内伸展等构造序列演化。加里东运动在区域上的演化过程可分为以下 4 个阶段:①区域加里东造山作用开始时间晚于 518Ma,可能始于 477Ma;②区域变质作用峰期为 452Ma,伴随深熔作用发生;③约 445Ma,造山挤压向后造山伸展的构造转换,造山垮塌;④约419Ma,进入板内伸展,加里东造山旋回结束。

4. 将调查区晚侏罗世第一阶段花岗岩和早白垩世花岗岩分别厘定为高分异 I 型花岗岩和 A 型花岗岩。LA-ICP-MS 锆石 U-Pb 测年结果显示,晚侏罗世第一阶段花岗岩和早白垩世花岗岩的形成年龄分别为 163Ma 和 144Ma。前者具有高分异 I 型花岗岩的特征:富硅(SiO_2含量 72.01%~75.67%),分异指数高(DI=87~91),富碱(K_2O+Na_2O 含量 7.59~8.87),高 Rb/Sr 值,高场强元素及 Ba、Sr 等元素亏损等,表现出与“南岭系列”分异花岗岩相似,反映岩体经历了高程度的分异演化作用;后者具有 A 型花岗岩的特征:高的全铁(TFeO)含量(4.81~6.85%)及 Fe^* 值(TFeO/(TFeO+MgO)为 0.82~0.86),高的 $10^4\times$Ga/A1 值(2.40~3.18)、Zr+Nb+Ce+Y 含量(381×10^{-6}~968×10^{-6})及高的锆石饱和温度(793~904℃),且无继承锆石等。这些特征的岩石类型对区域构造背景的探讨具有重要的指示意义。

5. 梳理了调查区晚中生代构造-岩浆岩演化序列,分别识别出晚三叠世强过铝质 S 型花岗岩、早—晚侏罗世高钾钙碱性 I 型花岗岩、双峰式侵入岩组合和早白垩世 A 型花岗岩。区域晚中生代处于长期伸展或多期次伸展环境,其动力机制分别对应印支造山运动晚期的后造山阶段(T_3)、特提斯构造域向太平洋构造域的转换(J_1)、太平洋板块俯冲的弧后伸展($J_{2\text{-}3}$)和太平洋板块俯冲后撤引发的岩石圈伸展($K_{1\text{-}2}$)。

6. 厘定了一套晚白垩世隐爆角砾岩,为区内斑岩型成矿作用提供了线索。隐爆角砾岩的围岩为中细粒(斑状)黑云母花岗岩,岩相变化明显,可见中心相含角砾岩屑凝灰岩、隐爆角砾岩和边缘相震碎角砾岩、震碎花岗岩等。镜下鉴定结果显示,石英斑晶的港湾状熔蚀边,有的发育不平衡反应边;胶结物富含电气石、绢云母和绿帘石等富含挥发分的矿物。这种富含挥发分的岩浆组分通常携带大量的成矿元素,是多种矿床,尤其是斑岩型金、铜、钼矿等的重要载体。

四、自然资源

1. 新发现铜、钼等矿化点 3 处,表明调查区中生代花岗岩具有较大的成矿潜力。烽火角咀铜矿化点产出于晚侏罗世中粒黑云母二长花岗岩内,其上断裂发育,近东西向断层为控岩控矿的主构造,而近南北向断层形成时代稍晚,但更可能是容矿构造。孔雀石化和铜蓝矿化与闪长岩脉内部裂隙密切相关,表明其成矿元素主要源自幔源物质。

满堂前辉钼矿和上湾辉钼矿矿化点分别产于晚侏罗世中粒黑云母二长花岗岩和早白垩世中粒角闪石黑云母花岗岩内,前者控于北西向硅化破碎带,赋存于切割硅化破碎带的裂隙和石英脉中,辉钼矿与石英脉共生或呈片状分布于节理面上,呈铅灰色,强金属光泽,具完全的底面解理(图 1-40);后者受控于近南北向断层,断层内花岗岩碎裂呈薄的似层状,断面处擦痕及断层泥发育。辉钼矿化在裂隙内呈浸染状、斑点状,推测为近南北向断裂的伴生裂隙控制的热液型辉钼矿。

图 1-40　满堂前矿化点辉钼矿化

2. 对调查区强风化层离子吸附型稀土矿进行了远景评价。一方面，区内晚中生代花岗岩普遍具有高的稀土元素含量，对广海镇夹水村强风化黑云母二长花岗岩($J_3\eta\gamma$)拣块样进行稀土元素分析，稀土总量达 2 168.2×10^{-6}，其中钇含量 1000×10^{-6}，矿化明显；另一方面，野外稀土快速分析实验(硫酸铵溶液浸泡-草酸溶液滴定)结果显示，大多数强风化花岗岩样品经草酸滴定后，或多或少地产生白色絮状沉淀，验证了区域风化花岗岩中稀土矿为离子吸附型，结合花岗岩风化强烈、分布广泛的特点，表明区域离子吸附型稀土矿具有良好的找矿前景。

3. 对晚侏罗世中粒黑云母二长花岗岩($J_3\eta\gamma$)成矿进行了专属性研究。调查区内主要的钼矿化点、钨矿化、铜铅锌矿化及离子吸附型稀土矿均产出于晚侏罗世中粒黑云母二长花岗岩中，表明该期次花岗岩具有极大的成矿潜力，这种成矿的优选性可能与该期次花岗岩的高分异特征有关。岩石化学特征表明，晚侏罗世花岗岩具有高的硅、碱含量和 Rb/Sr 值，高场强元素及 Ba、Sr 等元素亏损，分异指数(DI=87～91)高等特征，反映花岗质岩浆经历了高程度的分离结晶作用，具有高分异 I 型花岗岩的特点。花岗岩代表了岩浆分异作用的结果，是岩浆演化过程中晚阶段的产物，内部包含了大量的挥发分和成矿元素，在断裂控制下上升侵位，形成矿体或矿化点。

4. 将调查区划分为低山丘陵(含岛屿)、滨海平原、滩涂(海岸带)和海底地貌 4 种类型，分别描述了不同地貌类型特征，重点描述了滨海平原、滩涂(海岸带)地貌，将之细分为基岩砾石滩、沙滩、泥滩、红树林海岸和人工海岸等 5 个地貌单元，详细记录了各地貌单元特征，并将之对应于不同类型的海岸带资源，从基岩海岸、沙质海岸、淤泥质海岸、生物海岸等资源角度进行了归纳和评述，重点描述了海蚀遗迹、沙滩资源、滩涂资源及红树林和原始次生林等海岸带资源。

泛珠三角地区活动构造与地壳稳定性调查成果报告

提交单位：中国地质科学院地质力学研究所

项目负责人：胡道功

档案号：调 1313

工作周期：2016—2018 年

主要成果：

1. 系统梳理泛珠三角地区主要活动断裂发育特征。泛珠三角地区发育 4 条北西向和 1 条北东向区域活动构造带,包含 74 条第四纪活动断裂(图 1-41),其中滨海断裂带为强活动断裂,直接威胁城市和重要工程设施安全,并对中强地震、地面沉降等地质灾害和地壳稳定性具有控制作用。

2.采用地质-地球物理-钻探验证综合方法,查明江东新区及邻区活动断裂特征。琼东北马袅-铺前断裂和铺前-清澜断裂对江东新区规划建设具有重要影响,儒关村-云龙断裂晚更新世以来活动微弱,基本不会对江东新区规划造成影响,铺前-清澜断裂对东寨港沉降具有重要控制作用。

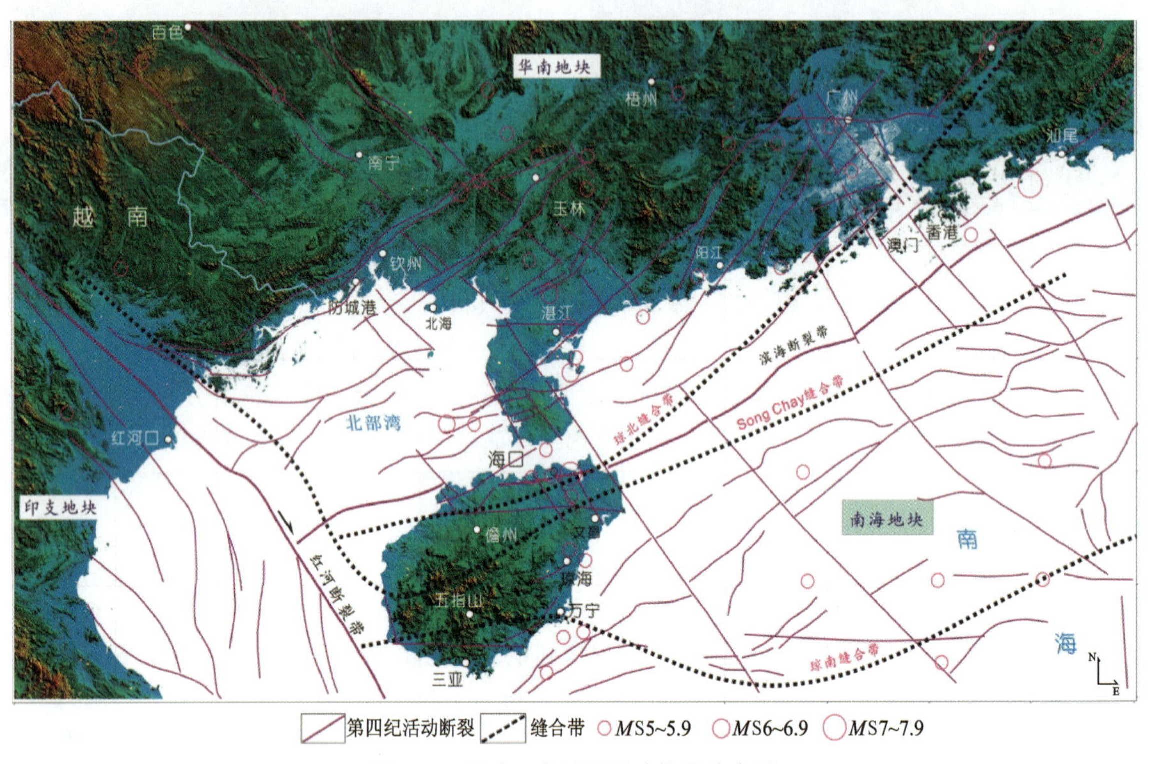

图 1-41 泛珠三角地区活动构造分布图

3.完善琼北地区关键构造部位深孔地应力测量与实时监测台网建设。铺前关键构造部位深孔地应力最大主应力方向为北北西向,为铺前-清澜断裂活动方式及东寨港大面积陆陷成海成因机制的分析提供了重要的地应力证据。现今地应力测量结果分析表明,马袅-铺前断裂和清澜-铺前断裂目前基本上处于稳定状态,均不存在滑动失稳风险。

4.开展泛珠三角地区地壳稳定性评价分区,其中稳定区面积占 35.5%,次稳定区面积占 45.7%,次不稳定区面积占 12.2%,不稳定区面积占 2.0%(图 1-42),总体稳定性较好,利于规划建设。东南沿海及滨海断裂带为泛珠三角地区重点设防地段,海南岛总体稳定性较好,适宜工程建设。

5.探索形成第四纪火山岩区和海岸带活动断裂调查与地壳稳定性评价方法技术体系。通过雷琼凹陷沉降区与火山活动区主要隐伏活动断裂调查评价实践,证实该技术方法体系有效、可行;通过构造-沉积-地貌综合分析,揭示了马袅-铺前断裂和铺前-清澜断裂对东寨港沉降的控制作用。

泛珠三角地区主要活动断裂调查与地壳稳定性评价结果,有效地支撑服务了重大工程规划建设与安全运营;江东新区关键构造部位深孔地应力测量与实时监测为活动断裂运动与东寨港沉降机制分析提供构造应力场背景,为江东新区规划建设及防灾减灾提供地质依据。

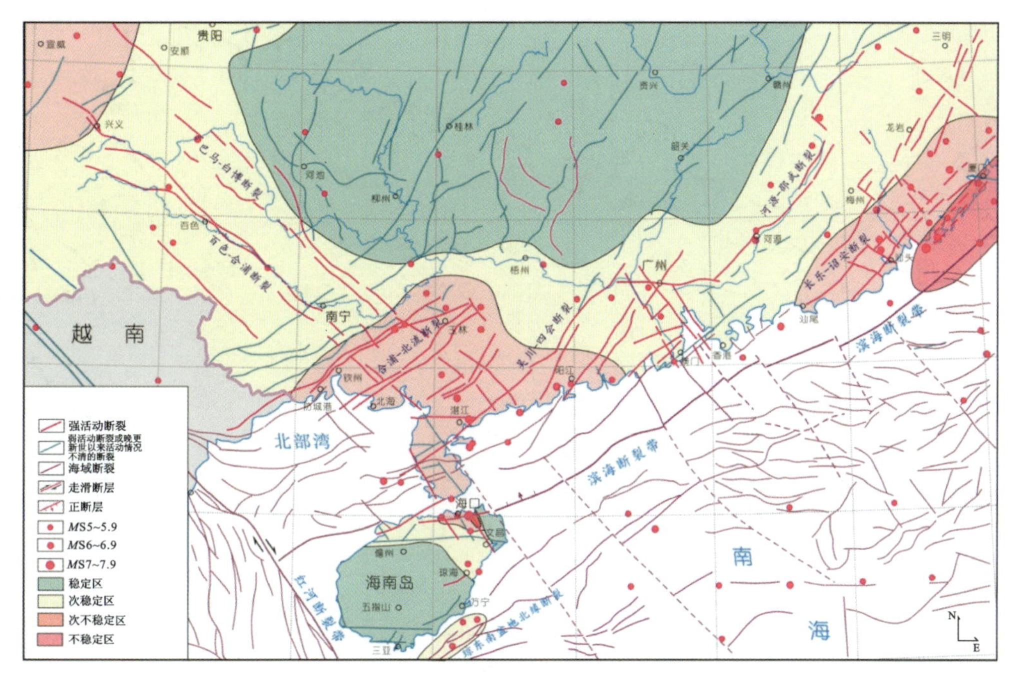

图 1-42 泛珠三角地区地壳稳定性评价图

广西天等龙原-德保那温地区锰矿整装勘查区专项填图与技术应用示范报告

提交单位：中国冶金地质总局广西地质勘查院

项目负责人：夏柳静

档案号：调 1332

工作周期：2014—2015 年

主要成果：

1.基本厘定了整装勘查区内成矿地质体、成矿构造和成矿结构面、成矿作用特征标志。①成矿地质体为早三叠世北泗期被两组断裂控制的台间盆地，台间盆地内的孤立台地（丘台）周边是最重要的赋矿沉积地质体；②成矿构造和成矿结构面总体表现为构造层和滑脱层等接触或相关界面，锰矿沉积在扁豆状灰岩向硅质、泥质、钙质岩沉积变换的界面上；③成矿作用特征标志为台间盆地相台丘边缘下斜坡亚相、含锰泥岩-泥灰岩微相。

2.编制了《广西天等龙原-德保那温地区锰矿整装勘查区早三叠世北泗期岩相古地理图》。首次完成了我国重要锰成矿区带桂西南地区早三叠世成锰期岩相古地理的研究。研究认为，锰矿形成最有利的岩相古地理为浅海盆地，最有利的亚相为台丘下斜坡，最有利的微相为泥灰岩-泥岩组合。在此基础上，完成了重要成矿区带的基础地质研究（图 1-43）。

3.首次总结出我国重要锰成矿区带桂西南地区早三叠世锰矿床成矿具“内源外生”的规律。成矿物质主体不是来源于越北古陆、云开古陆和江南古陆长期剥蚀提供的锰质，而是深部热液携带的锰质，完全颠覆了以往“外源外生”的成因观点。这一研究成果为重要成矿区带的基础地质研究提出了新的观点和方向。

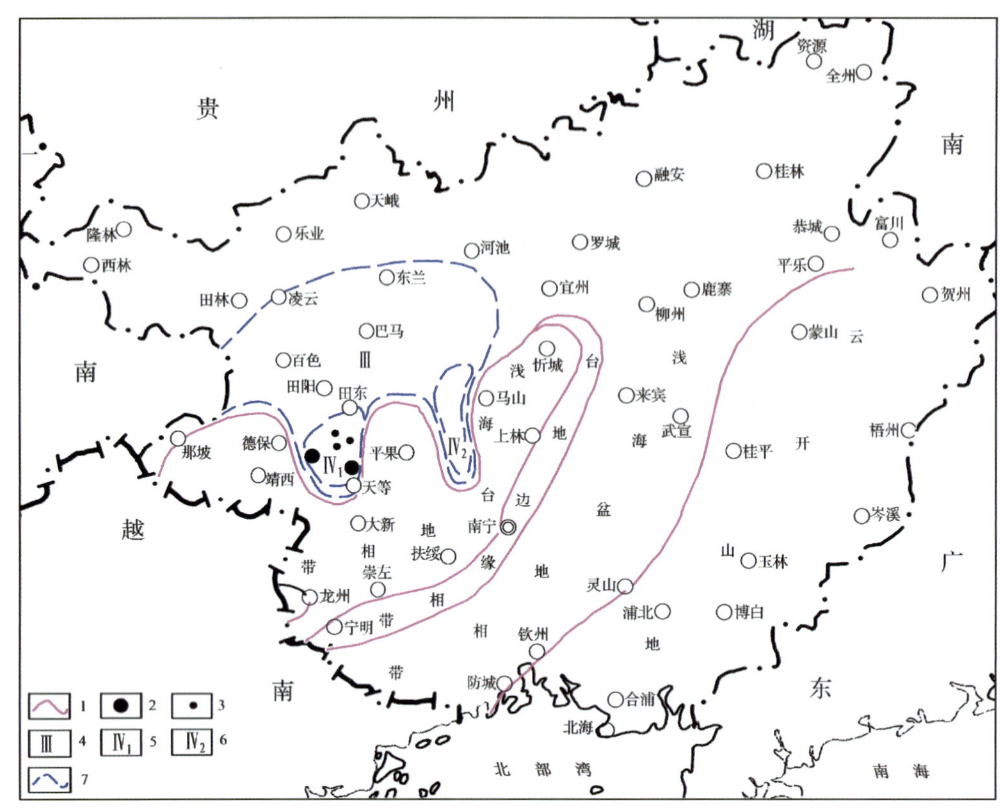

1. 沉积相带界线; 2. 大中型锰矿床; 3. 锰矿(化)点; 4. 三级锰成矿带
5. 德保-天等四级锰成矿带; 6. 平果-马山四级锰成矿带; 7. 成矿带界线。

图 1-43 广西早三叠世成锰期(北泗期)锰矿床及矿(化)点分布图

4. 首次解释了我国重要锰成矿区带桂西南地区早三叠世成锰期锰质沉积不均匀展布的现象:离下雷-灵马同生走滑断裂(或是热液活动中心)越远,沉积的内源锰质越少,所形成的锰矿床锰矿石的品位(或是含锰岩系含锰)就会偏低。这一研究成果为重要成矿区带基础地质研究、找矿预测提供了模式。

(1)豆(鲕)粒状构造是整装勘查区内东平锰矿区独有的,北部的六乙锰矿区、邻近的龙怀锰矿区、西部的扶晚锰矿区等均未见此构造。现代学者研究认为,热气-液喷出口及其附近具有丰富的物质来源与较高温度的热水流动地带是锰矿豆(鲕)粒最有利的生成环境,低温滞水、正常沉积锰质的水动力环境不易形成豆(鲕)粒锰矿。

(2)将锰矿层微量、常量元素分析结果投到 Fe-Mn-Al 三角图上,落于热水区的样点中东平锰矿区占 80%左右(图 1-44)。

(3)现代研究资料表明,走滑断裂带是最活跃的构造带,也是火山活动最活跃、最容易发生的地带。

因此,可以判定东平锰矿区在早三叠世北泗期为一个热源出口,或是火山喷溢口,所带出的深源锰质就近沉积,形成较富、规模巨大的碳酸锰矿床。

5. 圈定应用示范区,并提出验证方案。根据典型矿床研究成果,岩相古地理相、亚相、微相分布特征,平尧矿段项目验证成果,在摩天岭复向斜核部圈出 2 处有利的找锰远景区,建议施工 1~2 个深孔进行查证,如图 1-45 所示。预期工作量(钻探进尺)为 4000~5000m。

6. 初步建立了广西天等东平-德保那温锰矿整装勘查区锰矿找矿预测地质模型,填补了我国重要锰成矿区带桂西南地区的空白。

7. 在 A 级远景区(东平-那社和扶晚远景区)典型矿床研究的基础上,总结出"东平式"和"扶晚式"锰矿床的成矿要素。据此成果,圈出 2 处 B 级找矿靶区(平尧-加乐找矿靶区和那板-坡塘找矿靶区)和 2 处 C 级找矿靶区(大旺找矿靶区和进远-进结找矿靶区)。

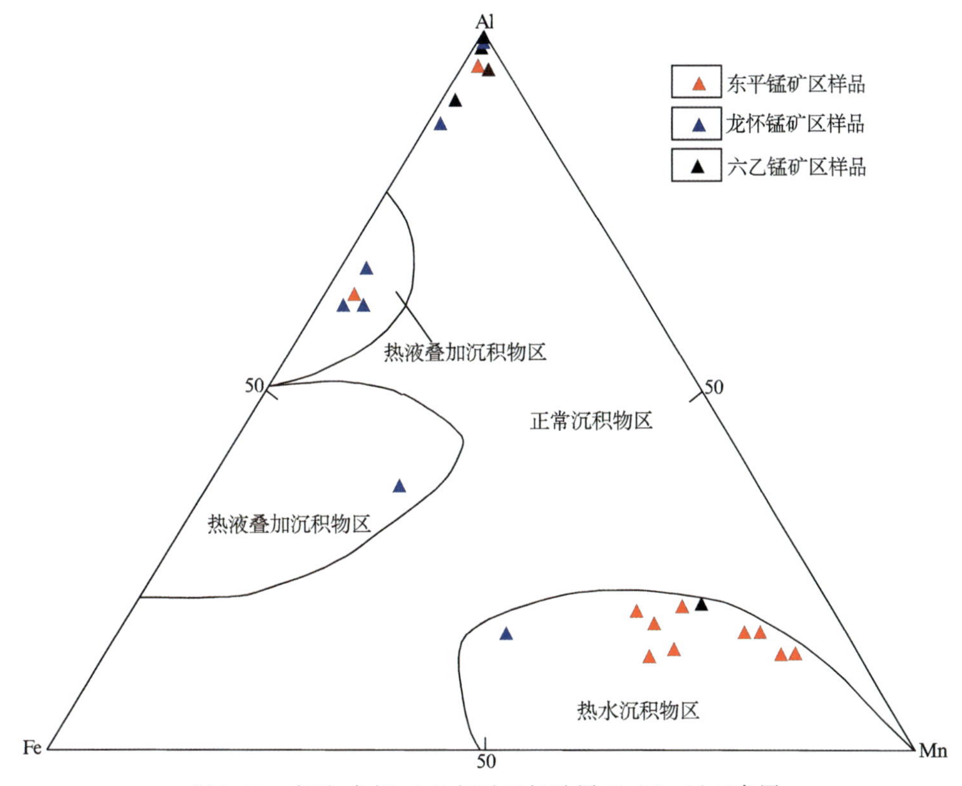

图 1-44　东平、龙怀、六乙锰矿区锰矿层 Fe-Mn-Al 三角图

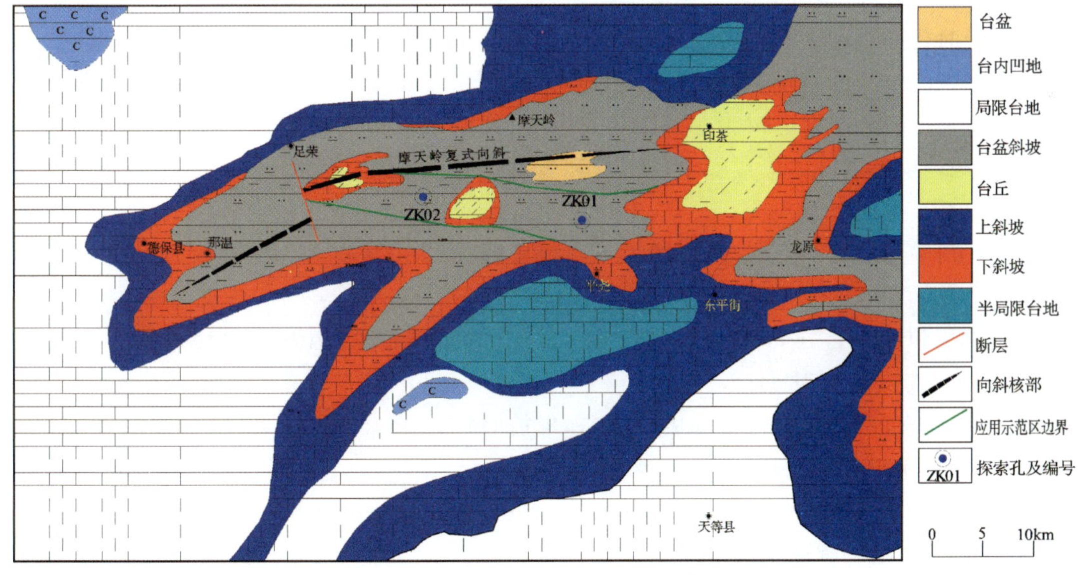

图 1-45　摩天岭复向斜核部含矿性探索孔位置图

8. 依据全国锰矿资源潜力评价成果及资源潜力预测方式、方法，预测整装勘查区内锰矿石资源量为 6.49 亿 t。

9. 引领地方财政、商业资金投入整装勘查区开展锰矿勘查工作，如广西田东县六乙锰矿勘探项目、广西天等县平尧锰矿区深部碳酸锰矿普查项目、广西天等县那造锰矿区深部碳酸锰矿普查项目、广西天等县驮琶锰矿区深部碳酸锰矿普查项目等，共探获 2 个大型锰矿床和 2 个中型锰矿床。

海南昌江-广东云浮地区区域地质调查项目成果报告

提交单位:中国地质调查局武汉地质调查中心

项目负责人:王磊

档案号:调 1348

工作周期:2019—2020 年

主要成果:

一、新发现大量化石,解决华南部分疑难地层对比问题

新发现的动植物化石及凝灰岩的年代学研究对区内部分地层的时代进行了精确约束,厘定调查区各时代岩石地层单位,完善地层序列表。

1. 在琼海翰林镇礼文村岭文组上段灰色泥岩中发现埋藏植物群,初步鉴定含有 *Albertia elliptica schimper*,*Neuropteridium* sp.,*Neocalamites* sp.,*Weltrichia* sp.,*Voltzia* sp.,*Brachyphyllum* sp. 等属种,与周志炎和厉宝贤(1979)报道的琼海九曲江地区的植物群基本一致,可与西欧的斑砂岩植物群对比,时代属于早三叠世奥伦尼克期。

2. 海南澄迈-琼海地区鹿母湾组中发现植物化石、凝灰岩夹层及花岗岩岩脉(116~110Ma),为限制鹿母湾组的沉积时代提供精确的年龄约束。

3. 在澄迈县平坡岭一带发现新近系长坡组地层、含煤系及碳化木层,并在其中挖掘出树脂化石,初步判定为松属植物。新近纪柯巴树脂在海南首次发现,树脂中保存的古生物揭示了当时的生物种类及生存方式,可为现代生态系统的形成提供遗传学和生态学的依据。

二、完善调查区岩浆岩时空格架,取得海西—印支期岩浆岩研究进展

划分了岩浆岩填图单位,结合岩石组合特征、时代、空间分布、成因及形成构造背景等最新研究成果,建立了调查区岩浆岩时空格架。

1. 对琼西"抱板岩群"杂岩进行了解体,新发现形成时代为 1.45~1.44Ga 的片麻状花岗岩,形成年龄为 1.54~1.51Ga 的花岗质片麻岩。

2. 从琼东黄竹岭杂岩中厘定出晚泥盆世(376~366Ma)具弧岩浆岩特征的正长花岗岩和二长花岗岩(受韧性剪切作用变质为强弱不同的糜棱岩),以及具 MORB 特征的玄武岩(366~362Ma)。

3. 琼北甲子-居丁地区首次发现晚泥盆世花岗质片麻岩和含石榴子石二长花岗岩(365~360Ma),岩石富集大离子亲石元素、亏损 Nb-Ta-Ti,为海南岛前寒武纪基底重熔而成的 A2 型花岗岩,形成于大陆弧构造背景。

4. 海南琼海南牛岭地区新识别出一套三叠纪陆相火山岩。将琼海南牛岭地区原白垩纪花岗斑岩重新厘定为三叠纪陆相火山岩(约 235Ma),基本确定了其喷发序列,初步划分了火山岩相;查明了琼北调查区晚二叠世—早三叠世侵入岩岩石类型和时代(255~241Ma)。

5. 对琼北地区印支期岩浆岩进行了调查研究,包括辉长岩、辉长闪长岩、中酸性花岗岩等,时代主要为二叠世到中三叠世(252~234Ma),形成于与古特提斯洋俯冲有关的背景。

三、基本查明海南岛-云开地区前寒武纪基底的物质组成及构造属性

1.将海南岛黄竹岭地区原“抱板岩群”重新厘定为晚泥盆世花岗岩以及晚古生代碎屑岩系等。基本查明琼西“抱板杂岩”主要为中元古代(约1.4Ga)石英云母片岩等变质表壳岩，中元古代(1.5～1.4Ga)花岗岩和变基性岩，经历了显生宙4期叠加改造，是格林威尔造山前活动大陆边缘产物。

2.将云开地块原基底岩石修订为新元古代晚期(约566Ma)的片麻岩、混合岩、片岩、变粒岩和石英岩等变质表壳岩，形成于被动大陆边缘；新元古代早期(约1.0Ga)的斜长角闪岩、变玄武岩、变辉长辉绿岩等变基性岩，形成于弧后盆地。

四、第四纪地质及生态环境地质调查进展

1.钦防地区北海组主体应为近海岸的洪冲积-滨海相沉积，局部地区见有较多高岭土质中—细粒海砂层、高岭土质砂砾石层和岩楔等，应为河流入海口的海陆交互相沉积。

2.琼北地区第四系大面积分布，包括火山岩与松散沉积物，从老至新为秀英组、北海组、多文组、道堂组、晚更新世坡积物、石山组及全新世近现代沉积物。本次基本查明了琼北地区第四系物质组成、时代及沉积环境。同时，进一步限定了多文组的时代，多文组火山岩的下限年龄可能为2 887.5～1 955.50ka，而下伏沉积物属于中新世—早更新世，时间早于北海组。

3.在海南南渡江(澄迈-定安段)划分出3级河流阶地，建立了全新世河流沉积体系；综合地质、钻探、地球物理等资料，揭示了琼北福山-白莲盆地的第四纪地质格架和沉积构造演化。

4.从澄迈县黄竹—大拉一带的多文组玄武岩风化壳中解体出一套顶底为暗红色含中细砂、含砾黏土或黏土质砂，夹暗红色黏土质砂砾层的地质体。该地质体在琼北新生代玄武岩区尚属首次发现，或为海南岛岩石地层添加新的地质单元。

5.查明了南渡江流域(澄迈-定安段)土壤中营养元素、有益与有害元素等的分布特征及其与地质背景的关系，土壤质量地球化学综合评级以二等和三等为主。

桂东-粤西成矿带云开-抱板地区地质矿产调查成果报告

提交单位：中国地质调查局武汉地质调查中心

项目负责人：徐德明

档案号：档0563

工作周期：2016—2018年

主要成果：

一、基础地质调查进展

1.重新厘定了区内各时代岩石地层单位，完善了地层分区系统，建立了各时代地层划分对比框架。在多个重要地层层位新发现大量古生物化石，不仅丰富了古生物化石宝库，也进一步确认了相关地层的沉积时代；在海南岛首次发现中—晚三叠世和侏罗纪地层，填补了海南岛侏罗纪地层缺失的空白。

郁南县干坑村奥陶纪东冲组中的双壳类化石不仅数量相当丰富,而且分异度相当高(图1-46)。经初步鉴定有16属22种,分属于8科,此外还有若干未命名的新属。属种数量及新属数量之多为国内前所未有,在世界其他地区的中奥陶世双壳动物群中也不多见。这些化石不仅丰富了我国及世界中奥陶世双壳类动物群,也为研究双壳类的早期演化、中国南方及全球奥陶纪双壳类辐射演化提供了新线索,为华夏陆块中—上奥陶统的划分对比、古地理研究提供了更多古生物方面的证据。

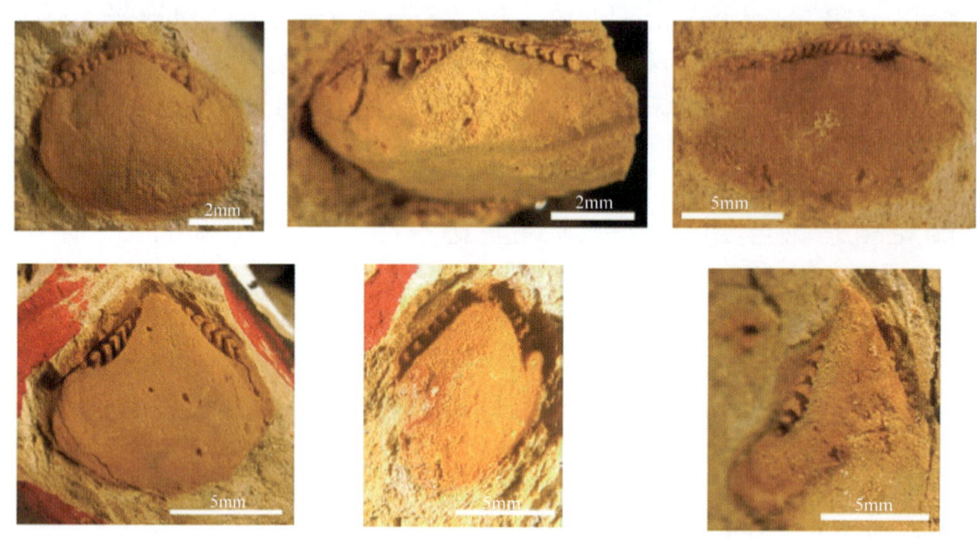

图1-46　郁南县干坑村双壳类化石

在岑溪市三堡镇都目水库附近的兰瓮组三段粉砂岩中采集到大量化石,包括三叶虫、腕足类(图1-47)及海百合茎、双壳类等介壳类化石群,其中 *Strophomena* sp.,*Nicolella* sp.,*Christania* sp.,*Paucicrura* sp.,*Leptaena* sp.等腕足类产于奥陶纪中晚期,晚奥陶世早中期的可能性更大,故将兰瓮组时代厘定为晚奥陶世。

图1-47　广西岑溪市三堡镇奥陶纪三叶虫(a、b)和腕足类(c、d)化石

在三亚市海棠区协桂村东北部原早白垩世鹿母湾组中发现凝灰岩夹层，并获得其锆石 U-Pb 年龄为 237.5Ma(图 1-48)，由此新建非正式岩石地层单位 T_{2-3}，代表了海南岛中—晚三叠世火山-沉积作用的记录。

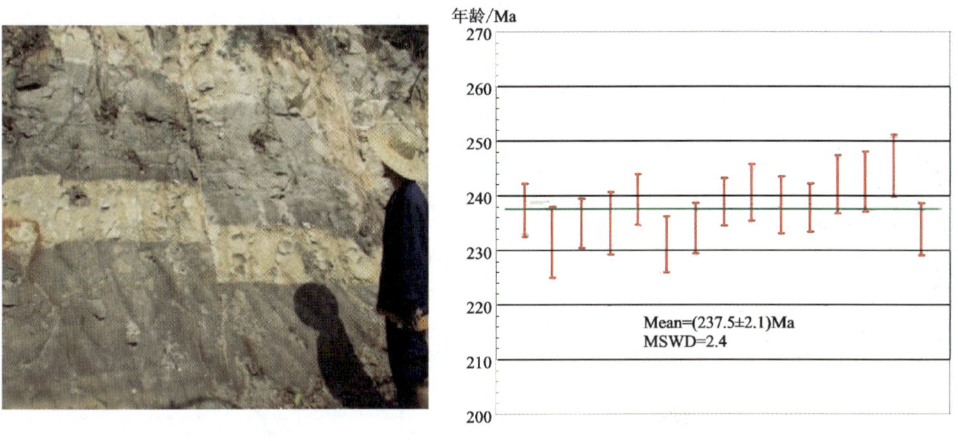

图 1-48　三亚市海棠区协桂村凝灰岩露头(左)及锆石 $^{206}U/^{208}Pb$ 加权平均年龄图(右)

在海南崖县原奥陶纪尖岭组层型剖面中识别出一套侏罗纪地层(图 1-49)，获得其碎屑锆石 U-Pb 最小年龄为 172Ma，应属中侏罗世之后沉积。通过区域地层及其碎屑锆石年龄谱对比，认为其时代为中—晚侏罗世，并新建非正式岩石地层单位 J_{2-3}，填补了海南岛侏罗纪地层缺失的空白。

图 1-49　海南崖县尖岭组剖面中侏罗纪地层(左)与奥陶纪地层(右)岩性对比

2. 建立了区域岩浆岩时空格架和构造-岩浆事件序列；在云开地块西缘新发现印支期中—酸性火山岩、中—晚侏罗世中—基性火山岩，云开地块东缘新发现碱长花岗岩，为揭示华南印支—燕山期构造-岩浆活动的大地构造背景提供了新证据。

在云开地块西缘容县下罗杏村发现早三叠世火山岩岩筒，由一套中—酸性火山岩组成，岩性主要为流纹岩、含角砾流纹岩、安山(玢)岩、英安(斑)岩，并获得含角砾流纹岩锆石 U-Pb 年龄为 249.9Ma(图 1-50)。岩石属高钾钙碱性系列，具有壳幔混源成因特征，可能形成于大陆边缘弧环境。

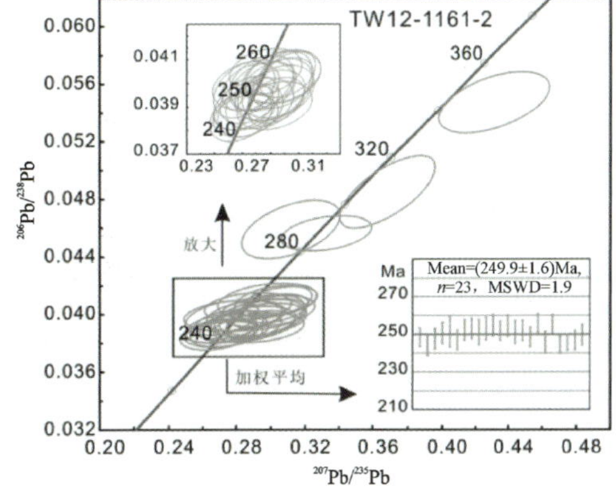

图 1-50　广西容县下罗杏村火山岩露头(左)及锆石 U-Pb 年龄图(右)

在云开地块西缘岑溪市三堡镇沙村发现中—晚侏罗世中—基性火山岩岩墙，岩性主要为蚀变—弱蚀变安山质晶屑角砾熔岩、中—基性熔岩、石英安山斑岩、石英粗面斑岩，获得基性熔岩锆石 U-Pb 年龄为 164.5Ma(图 1-51)。岩石属碱性岩系列，具幔源成因特征，是伸展构造环境下的产物。

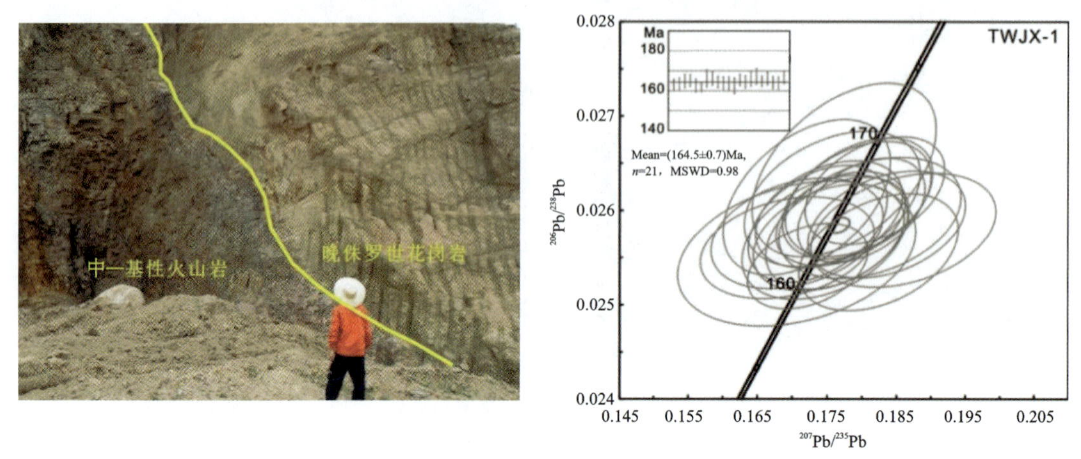

图 1-51　广西岑溪市三堡镇沙村火山岩露头(左)及锆石 U-Pb 年龄图(右)

在云开地块东缘新兴县梧洞、鹅石和恩平市新坪等地新发现晚侏罗世碱长花岗岩，岩性以独特的中粗粒碱长花岗岩、中细粒(含斑)碱长花岗岩为主，同位素年龄为 162～160Ma(图 1-52)。这些花岗岩以高硅和钾、富碱为特征，可能与燕山早期后造山环境下的减压松弛、软流圈上涌、基性岩浆底侵有关。

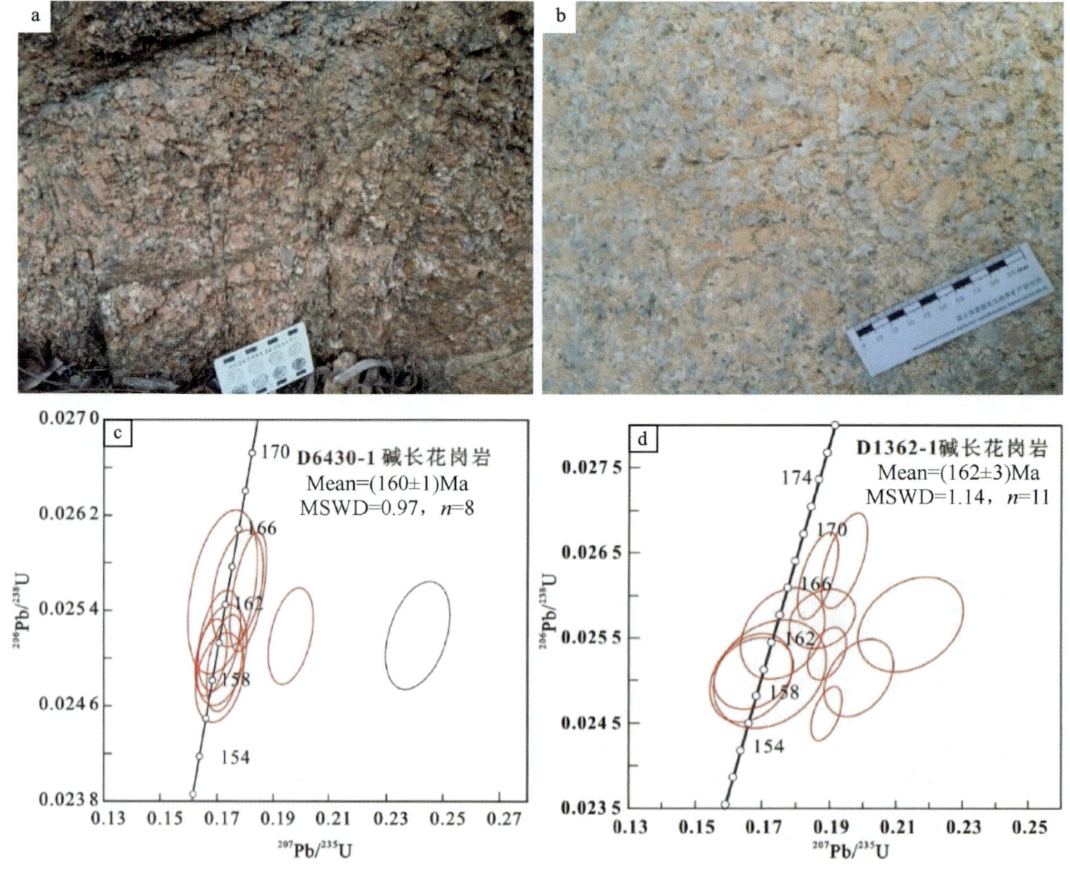

图 1-52　粤西侏罗纪碱长花岗岩露头(a、b)及锆石 U-Pb 定年谐和图(c、d)

3. 按加里东期、印支期和燕山—喜马拉雅期 3 个构造演化阶段划分了大地构造单元；基本查明了调查区构造变形特征，获得云开西缘印支期和燕山期韧性变形事件精确年龄。

基本查明了调查区不同地质时期构造变形特征及组合样式，新发现广东增城正果韧性剪切带、广西容县十里韧性剪切带等重要构造形迹；采用云母$^{40}Ar/^{39}Ar$定年查明了部分断裂和韧性剪切带的活动时代，获得广西容县三堡杂岩边界断层（芩溪-博白断裂）中绢云母形成年龄为(231.91±2.23)Ma（图 1-53），十里韧性剪切带早期白云母形成年龄为(231.56±2.25)Ma、晚期白云母形成年龄为(155.33±0.91)Ma（图 1-54），罗定-广宁断裂带白云母形成年龄为(232.6±1.3)Ma。

图 1-53　三堡断层 S-C 组构（左）及绢云母$^{40}Ar/^{39}Ar$年龄谱（右）

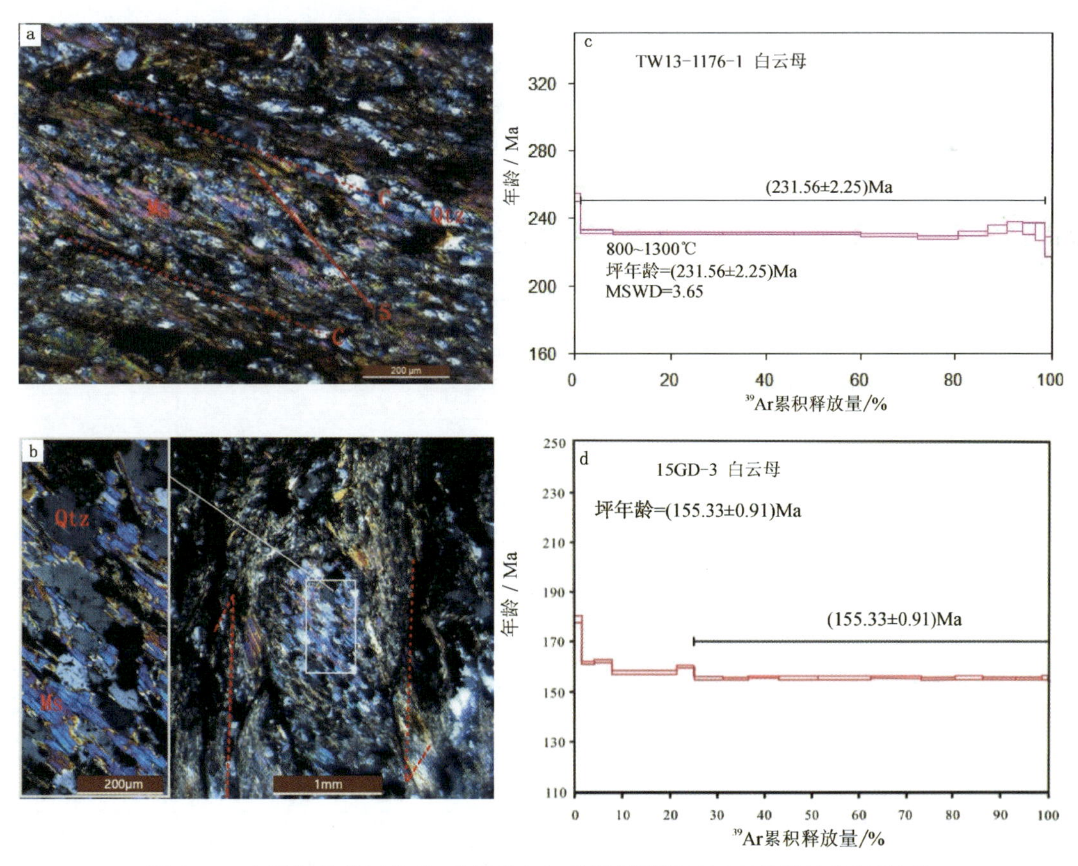

图 1-54　十里韧性剪切带 S-C 组构(a)、保留早期糜棱面理的旋转碎斑(b)及早期(c)和晚期(d)白云母$^{40}Ar/^{39}Ar$年龄谱

4.查明了广东增城-东莞石龙、雷州半岛、琼北等重要经济区第四纪沉积物类型、结构和新构造活动特征,反演了沉积演化过程,恢复了古环境和古气候。

根据第四纪沉积物的岩性、空间关系等地质特征及形成的地质环境,划分了第四系成因类型。如将雷州半岛第四系划分为河流冲积物(*pl*)、海积物(*m*)、冲积-海积物(*mc*)、河口堆积物(*mal*)、河漫滩堆积物(*af*)、洪积物(*al*)、湖积物(*l*)共7种成因类型(表1-2)。

表1-2　雷州半岛第四系成因类型列表

成因组合	成因类型	填图代号	主要岩性特征
陆相沉积组合	湖积物	*l*	淤质黏土、薄层黏土为主
	洪积物	*al*	砂、砾等河流沉积物
	河流冲积物	*pl*	粉砂、粉砂质黏土等,多具暴露氧化特征
	河漫滩堆积物	*af*	砂、黏土等河流沉积物,具爬升沙纹层理和泥裂等沉积构造
	河口堆积物	*mal*	淤泥质黏土、粉砂质黏土、细—粉砂
海陆交互组合	冲积-海积物	*mc*	青灰色粉砂,含海相生物
海洋沉积组合	海积物	*m*	具极薄层砂-泥韵律特征,潮汐作用明显

本次重点对雷琼地区第四纪以来的古环境和古气候进行了研究。如根据孢粉分析结果,将琼北第四纪的古植被演化和古环境变化自下而上划分为8个演化阶段(表1-3)。总体来说,区内早更新世秀英组的沉积早期为湿热气候,晚期为炎热干燥气候;中更新世北海组主要为炎热潮湿气候;全新世琼山组总体为湿热、间有干热的气候环境。

表1-3　琼北长流地区第四纪部分地层及古气候

年代地层		岩石地层	序号	综合孢粉带	古气候
第四纪	全新世	琼山组	8	*Casuarina quisetifolia*-*Castanopsis*-*Pinus*-*Artemisia* 孢粉组合带	气候偏暖干
			7	Proteaceae-*Elaeocarpus*-*Castanopsis*-*Castsnes*-Piper 孢粉组合带	炎热潮湿
			6	*Castanopsis*-*Dacrydium*-Proteaceae-*Cyathea* 孢粉组合带	炎热潮湿
	中更新世	北海组	5	*Cyathea*-Polypodiaceae-*Quercus* 孢粉组合带	炎热潮湿
	早更新世	秀英组	4	水龙骨科(Polypodiaceae)-栲(*Castanopsis*)-藜科(Chenopodiaceae)孢粉组合	炎热干燥 ↑ 炎热潮湿
			3	水龙骨科(Polypodiaceae)-栎(*Quercus*)-禾本科(Graminae)孢粉组合	炎热潮湿
			2	*Cyathea*(桫椤)-*Pteris*(凤尾蕨)-*Quercus*(栎)孢粉组合	炎热潮湿
			1	*Cyathea*(桫椤)-*Microlepia*(鳞盖蕨)-*Pinus*(松)孢粉组合	炎热潮湿

第四系结构以增城-石龙地区为例。该区第四系厚度一般为十几米，最厚约 34m，靠近东江水道相对较厚，北部增城、福田镇及南部茶山镇、横沥镇一带第四系厚度明显变薄，沉积中心位于东莞盆地中部东江干流处。区内软土主要见于全新统桂州组横栏段中，呈单层—多层结构，以灰黑色淤泥、淤泥质土为主，夹薄层黏土或粉细砂、淤泥质砂，主要沿东江及其支流分布，整体呈东西向展布（图 1-55）。

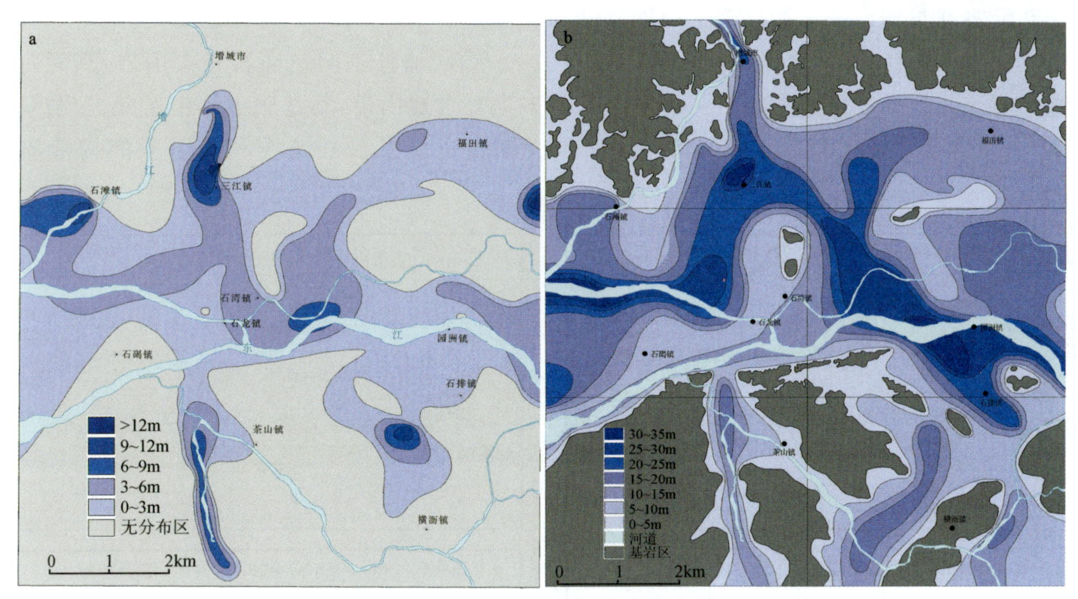

图 1-55 东莞盆地第四系厚度等值线图(a)及软土累计厚度等值线图(b)

二、资源环境调查进展

1. 圈定了一批物化探异常和找矿靶区，新发现大量矿（化）点，为后续矿产勘查提供了丰富的找矿信息；在广东双华-平安镇、三饶-钱东圩地区实现了锡铜多金属找矿新突破。

在广东双华-平安镇、三饶-钱东圩及天露山地区圈定化探综合异常 68 处；在湖南新宁（越城岭东北部）、千里山-瑶岗仙地区圈定剩余重力局部异常 68 处。新发现矿（化）点 35 处；提交找矿靶区 12 处。

广东双华-平安镇、三饶-钱东圩地区位于莲花山断裂带，本次新发现丰顺县大寨铅锌多金属矿、陆河县矿隆坝锡多金属矿和五华县高山寨钨钼矿 3 处矿产地及一批矿（化）点，实现了锡铜多金属找矿新突破。结合近年来金坑锡铜多金属矿（其中锡、铜、铅锌、银均已达中型规模）、新寮岽铜多金属矿、陶锡湖锡多金属矿等矿床的发现和初步评价以及成矿预测成果（锡 57.07×10^4t、铜 301.64×10^4t、铅 180.79×10^4t、锌 305.23×10^4t、三氧化钨 19.48×10^4t、钼 4.13×10^4t），表明莲花山地区资源潜力巨大，有望成为华南新的有色资源基地。

2. 在琼北云龙凸起西缘新近纪地层中发现含油层，有望为琼北乃至整个北部湾油气勘探开辟新的空间。

在海口市长流镇南部钻孔 SK04 孔深 699～804m 处发现多层油页岩，在钻孔 SK05 孔深 593.6～597m 处识别出一层含油砂岩。两个钻孔含油层位之下均见有下洋组特征岩性蓝灰色黏土，故将该套含油地层归为新近纪中新世下洋组—角尾组，与目前福山油田主要含油层位（古近纪流沙港组—涠洲组）不同。

3. 建立了桂东-粤西成矿带地层-岩石-构造-成矿时空格架；编制了 1∶100 万桂东-粤西成矿带铜金多金属矿成矿规律图和重要矿产成矿预测图，划分了 7 个找矿远景区，圈定了 63 个综合预测区，开展了资源环境综合评价。

三、理论方法和技术进步

1. 对云开地区原前寒武纪基底进行了解体，基本厘清了基底的物质组成、时代和构造属性，构建了云开地块新元古代早期以来多期复合造山的构造演化模式。

将原基底岩石解体为3部分：中—新元古代变质表壳岩、加里东期花岗岩和火山岩、新元古代和早古生代基性岩类。云开地块是新元古代早期以来的多期复合造山带，其基底主体由新元古代沉积-火山物质组成，可能含有中元古代或更古老的基底岩块，据此建立了云开地块6个阶段的构造演化模式(图1-56)。

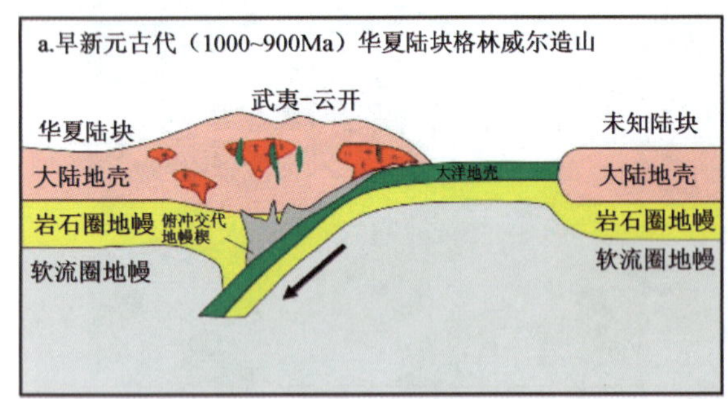

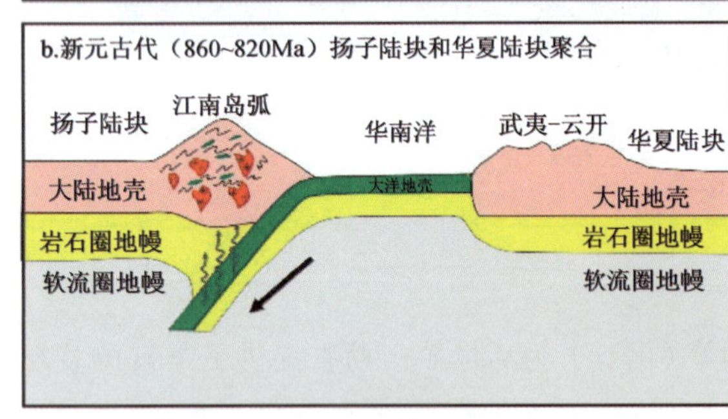

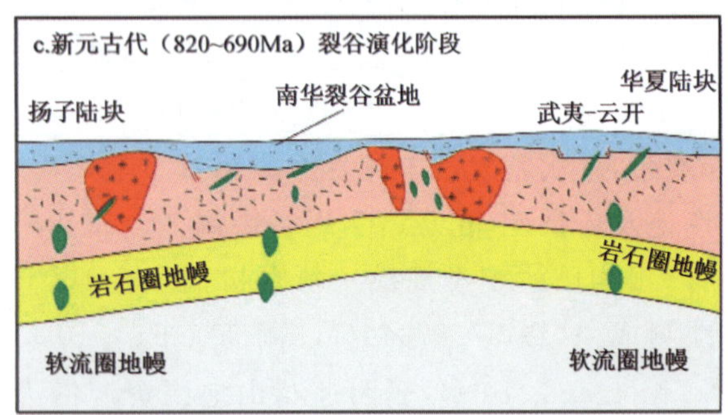

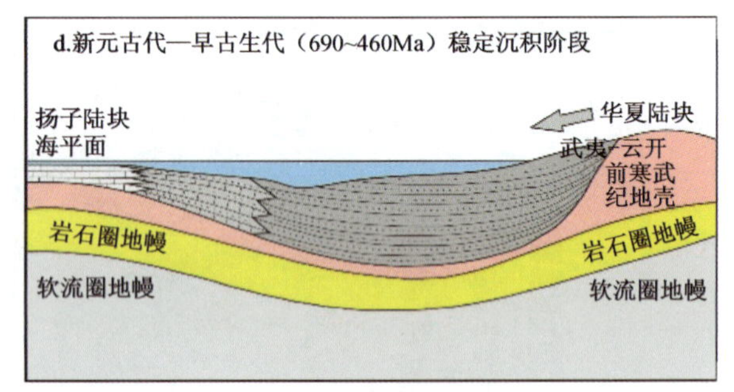

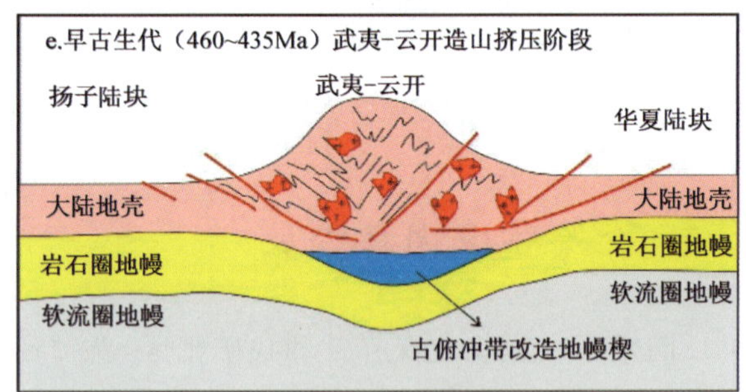

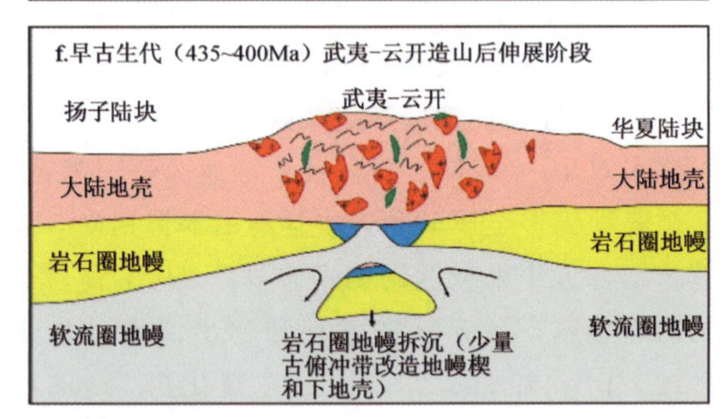

图1-56　云开及邻区新元古代—早古生代构造演化模式图

2. 基本查明琼西地区金矿富集规律和成矿机制，提出琼西地区金矿是受韧性剪切带控制的多源热液型矿床，其形成可能与印支板块和华南板块碰撞造山后的伸展剪切有关。

琼西地区戈枕剪切带是一条经过多期活动的剪切断裂带，其在控制金矿床类型上表现为北东段主要形成蚀变碎裂岩型和石英脉型金矿(如土外山)，中段以蚀变糜棱岩型金矿为主(如二甲)，南段则主要为石英脉型金矿(如不磨)；金矿成矿时代有由南往北逐渐年轻的趋势；金的成矿物质可能主要来自地层而非深部岩浆，成矿流体主要来自变质水和大气降水，并混有部分岩浆水；成矿流体属于典型 H_2O-CO_2-NaCl 流体体系，主成矿阶段发生的成矿流体沸腾与相分离为金沉淀的主要机制(图1-57)。

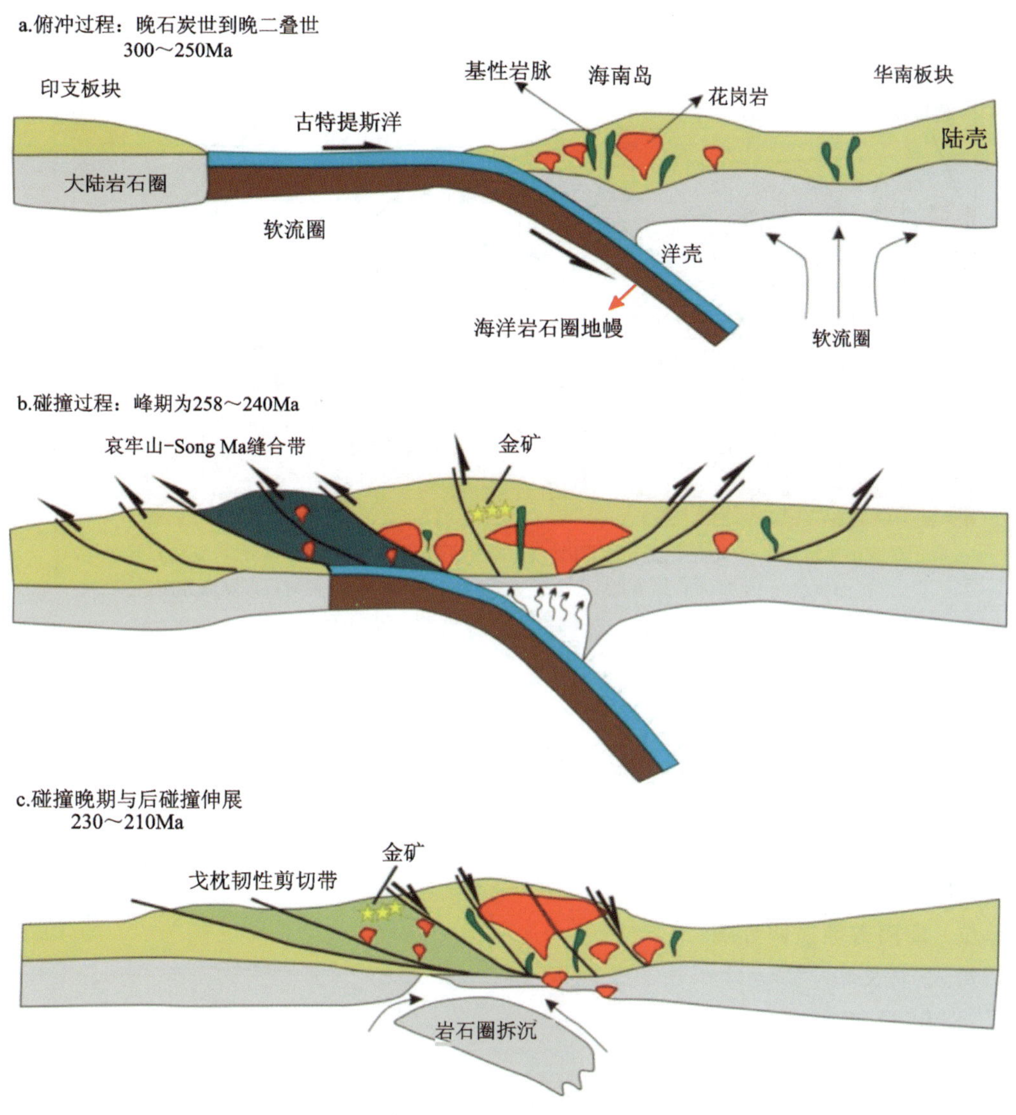

图 1-57　琼西地区金矿成矿构造背景模式图

3. 建立了莲花山地区典型锡铜多金属矿床成矿模式及“三位一体”找矿模型，并在指导找矿中取得实效。

调查研究表明，广东莲花山地区锡多金属矿成矿地质体为燕山期细粒花岗岩或花岗斑岩，成矿构造为脆—韧性剪切作用形成的层间破碎带；获得金坑矿区细粒花岗岩的形成年龄为 141Ma，与锡石和毒砂共生的辉钼矿 Re-Os 等时线年龄为 141Ma；建立了金坑锡铜多金属矿等典型矿床的成矿模式(图 1-58)及莲花山地区锡铜多金属矿“三位一体”找矿模型，在此基础上在区内新发现和初步评价了大寨铅锌多金属矿、矿隆坝锡多金属矿和高山寨钨矿 3 处矿产地以及 10 余处矿(化)点。

4. 采用槽型钻与陡坎调查相结合的工作方法，详细查明了浅覆盖区浅表层松散沉积物特征。

在雷州半岛第四系路线地质调查中，充分利用天然和人工陡坎剖面的基础上，采用了槽型钻进行取芯观察和记录，并采集相关样品，对表层沉积物成分、结构构造、沉积相以及土质类型、土壤质量等进行分析研究，为第四系研究及土地规划提供依据。

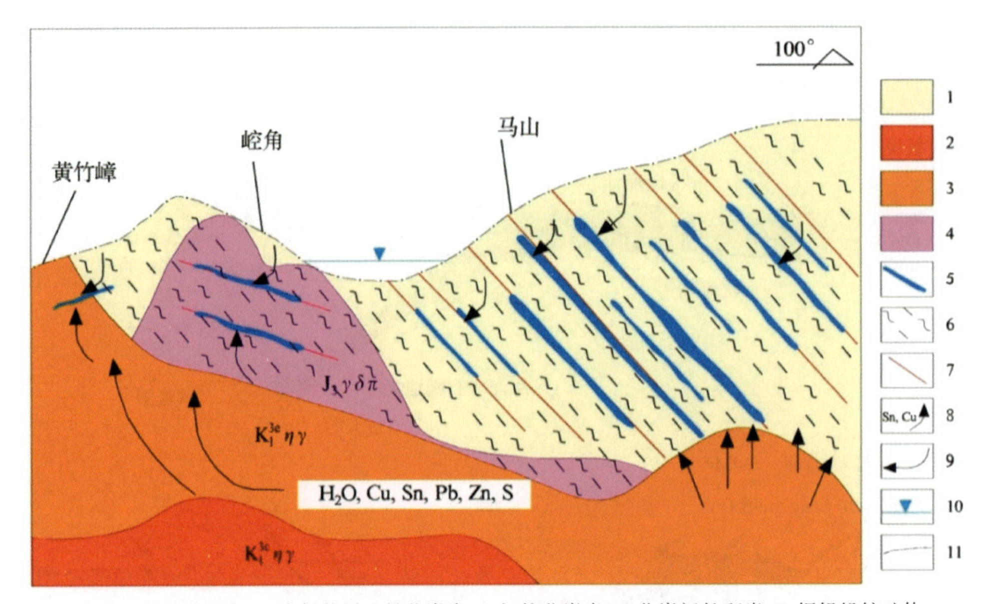

1.上侏罗统热水洞组;2.中粗粒黑云母花岗岩;3.细粒花岗岩;4.花岗闪长斑岩;5.铜锡铅锌矿体;
6.糜棱岩化-片理化带;7.断层;8.岩浆热液;9.大气水;10.金坑河;11.剥蚀界面。

图 1-58　金坑铜锡多金属成矿模式图

海南 1∶5 万保亭县、藤桥、新村港、黎安幅区域地质调查成果报告

提交单位：海南省地质调查院
项目负责人：林义华
档案号：档 0563-09
工作周期：2016—2018 年
主要成果：

一、地层

1.在综合前人工作成果的基础上，通过岩石地层、年代地层和生物地层等方面的综合研究，将调查区地层划分为 17 个正式岩石地层单位和 3 个非正式岩石地层单位，其中新建 1 个岩石地层单位、2 个非正式岩石地层单位，建立和完善了调查区多重地层系统。

2.本次修测尖岭组层型剖面时，发现该层型剖面顶部紫红色中细粒石英砂岩-粉砂岩(相当于层型剖面原第 6 层和第 7 层)与下部上奥陶统灰色泥岩呈断层接触，二者在岩石颜色和地层产状上存在明显不协调性，认为其不属于奥陶系。通过 U-Pb 碎屑锆石测年，获得最小的年龄数据为 172Ma，属于中侏罗世之后沉积形成的地层。经过区域碎屑锆石年龄谱对比，结合岩石组合特征，初步认为其时代为中—晚侏罗世，填补了海南岛侏罗系缺失的空白。

3.在三亚市海棠区协桂村东北部一带原鹿母湾组中新发现凝灰岩夹层分布，在凝灰岩中采集锆石 U-Pb 测年，获得锆石 $^{206}U/^{208}Pb$ 加权平均年龄(235.5±2.3)Ma，由此新建非正式岩石地层单位 T_{2-3}，代表了海南岛中—晚三叠世火山-沉积作用的记录，为海南岛中—晚三叠世构造环境提供了新的依据。

4.本次工作在陵水黎安地区,通过对第四纪钻孔基本层序、粒度、重矿物、^{14}C测年等特征分析,建立晚更新世黎安组。岩性主要为灰黄色和灰白色(含砾)(含黏土)粗-中-细砂夹灰—蓝灰色砂质黏土,偶夹砾石层,为滨海—浅海沉积形成。

5.本次新获得了一批古生代地层碎屑锆石U-Pb年龄和Hf同位素数据,通过对这些数据的分析,充分了解了调查区内古生代沉积作用、区域岩浆活动及构造演化史。

二、岩石

1.按"岩性+典型命名地+时代"的方法,将区内侵入岩划分为22个岩石填图单位,新获得16件高精度锆石LA-ICP-MS年龄和大量高精度微量元素、稀土元素、硅酸盐及Sr-Nd同位素分析数据。基本查明了调查区侵入岩岩石单位的时空分布和演化序列,阐明了不同侵入岩单位的地质特征、时代、岩石学及地球化学特征、成因和形成构造环境。

2.通过对区内火山岩的岩石组合、岩石化学、地球化学、同位素年龄等方面的分析对比,认为本区中生代火山岩都是大陆边缘内侧大陆弧构造环境的产物。

3.查明了调查区变质岩的类型及其时空分布。系统地概括了各变质岩的岩石类型、结构构造及矿物组成特征。

三、构造

1.以遥感解译为先导,结合野外实地观测,对调查区主要构造形迹开展了系统的调查研究,初步建立起调查区的断裂构造格架,初步查明了调查区新构造运动的表现、性质和特征。

2.对九所-陵水断裂带南、北两侧不同时代(P_2-K_1)侵入岩Nd-Hf同位素进行研究,进而探讨九所-陵水断裂带南、北两侧基底性质及构造属性,认为九所-陵水断裂带南、北地块基底性质不同,属于不同地块,为以东西向九所-陵水断裂带为界进行构造单元划分的研究提供了新的资料。

3.以调查区已知的地质记录为基础,总结各时期不同的地质事件形成的一系列不同类型的沉积建造、岩浆建造、变质建造及构造相等,建立调查区的地质事件序列,进而系统总结了调查区地质构造演化史。总体上,将调查区划分为早古生代沉积演化及加里东期构造事件、晚古生代沉积演化及海西—印支期构造事件和中新生代滨太平洋大陆边缘带演化3个重要阶段,并进行详细论述。

4.对调查区内二叠纪—白垩纪10个岩体(共19件样品)进行锆石和磷灰石裂变径迹年龄和长度分析,并结合前人磷灰石(U-Th)/He年代学资料,总结了调查区新生代岩石冷却剥露史,分析了岩石剥露的动力学机制,全面了解了调查区新生代构造地貌演化。

四、矿产

1.新发现1处银矿点,矿点成因为热液充填型,矿体呈脉状充填于岩石裂隙中;在南茂农场茅丛队一带新发现一套夕卡岩,针对新发现钙质夕卡岩分布特征及其含矿性进行了重点调查,新发现2处矿化点,分别为南茂茅丛队磁铁矿矿化点和南茂红峰队钨锌矿矿化点。

2.本次工作检查了2处矿点、3处化探异常点,并对矿点及化探异常点找矿潜力进行了初步评价。

五、环境地质与旅游地质

1.在野外调查的基础上,结合已有资料,初步查明了调查区主要环境地质问题类型及其分布。类型有崩塌、滑坡、海岸侵蚀、矿山环境问题等。

2.对调查区旅游资源进行初步的调查,结合前人资料对已开发或具开发价值的景观进行了详细描述和介绍。

海南1:5万长流、海口市、临高县、福山市、白莲市、灵山市幅区域地质调查成果报告

提交单位:海南省地质调查院

项目负责人:周进波

档案号:档0563-10

工作周期:2016—2018年

主要成果:

1.根据各岩石地层单位上下接触关系、岩石(沉积物)组合特征、同位素年龄资料与古生物化石等,按多重地层划分原则,对调查区内地层进行了划分与区域对比,建立了调查区地层格架,包括16个组级正式地层单位和2个非正式地层单位,建立和完善了调查区多重地层系统。

2.依据火山岩地层层序、时代,以及同位素年龄、风化壳的发育程度、火山机构,划分了新生代火山活动期次、喷发韵律及喷发旋回。

3.调查区第四纪玄武质中典型的地球化学特征(如较低的La/Yb值、较高的Fe/Mn值、较低的CaO含量等)显示其不能由橄榄岩部分熔融而成,而洋壳部分熔融产生的熔体与地幔橄榄岩反应会形成辉石岩源区,调查区玄武岩则是辉石岩不同程度部分熔融的产物。

4.通过路线地质调查、剖面测制及钻探、槽探等手段,查明了调查区第四纪火山岩分布特征,总结了第四纪火山活动规律。根据岩石风化程度、古风化壳、空间分布关系等特征,重新厘定了中更新世多文组、晚更新世道堂组及全新世石山组的层序与岩石组合,将多文组重新厘定为下段凝灰岩和上段玄武岩;将道堂组厘定为沉凝灰岩;将石山组厘定为下段凝灰岩、中段玄武岩和上段熔渣状、浮岩状玄武岩。

5.碎屑锆石U-Pb同位素测试(LA-ICP-MS)结果表明,云龙凸起基底岩石最年轻的碎屑锆石年龄值为377~372Ma,其形成时代不早于晚泥盆世;变质锆石加权平均年龄值为(213.8±3.0)Ma、(215.6±1.5)Ma,并被晚三叠世花岗闪长岩[加权平均年龄值为(230.4±6.1)Ma]侵入,混合岩化时代应在晚三叠世。结合锆石Hf同位素测试结果,初步认为云龙凸起基底变质岩不同于海南岛结晶基底抱板群。

6.查明了调查区主要断裂活动特征,并对新构造运动特征进行了调查总结,建立了调查区构造格架。

7.在长流-仙沟断裂以东的长流南部地区新近纪中新世下洋组—角尾组中发现含油层,为油气勘探提供了新的区位;在海口市江东地区全新世琼山组中发现可燃气体。

8.在野外调查的基础上,结合已有资料,初步查明了调查区主要环境地质问题类型及其分布。类型有崩塌、海岸侵蚀、港湾淤积、土地沙化、红树林退化、海水养殖对环境的影响、矿山环境问题等。

9.对调查区内旅游资源进行了初步的调查,结合前人资料对已开发或具开发价值的景观进行了详细描述和介绍。

第二章

矿产地质

KUANGCHAN DIZHI

南岭成矿带中西段地质矿产调查

提交单位：中国地质调查局武汉地质调查中心

项目负责人：付建明

档案号：档 0549

工作周期：2016—2018 年

主要成果：

一、基础地质调查进展

1. 根据最新调查成果资料，进一步厘定完善了南岭成矿带地层序列(图 2-1～图 2-4)。

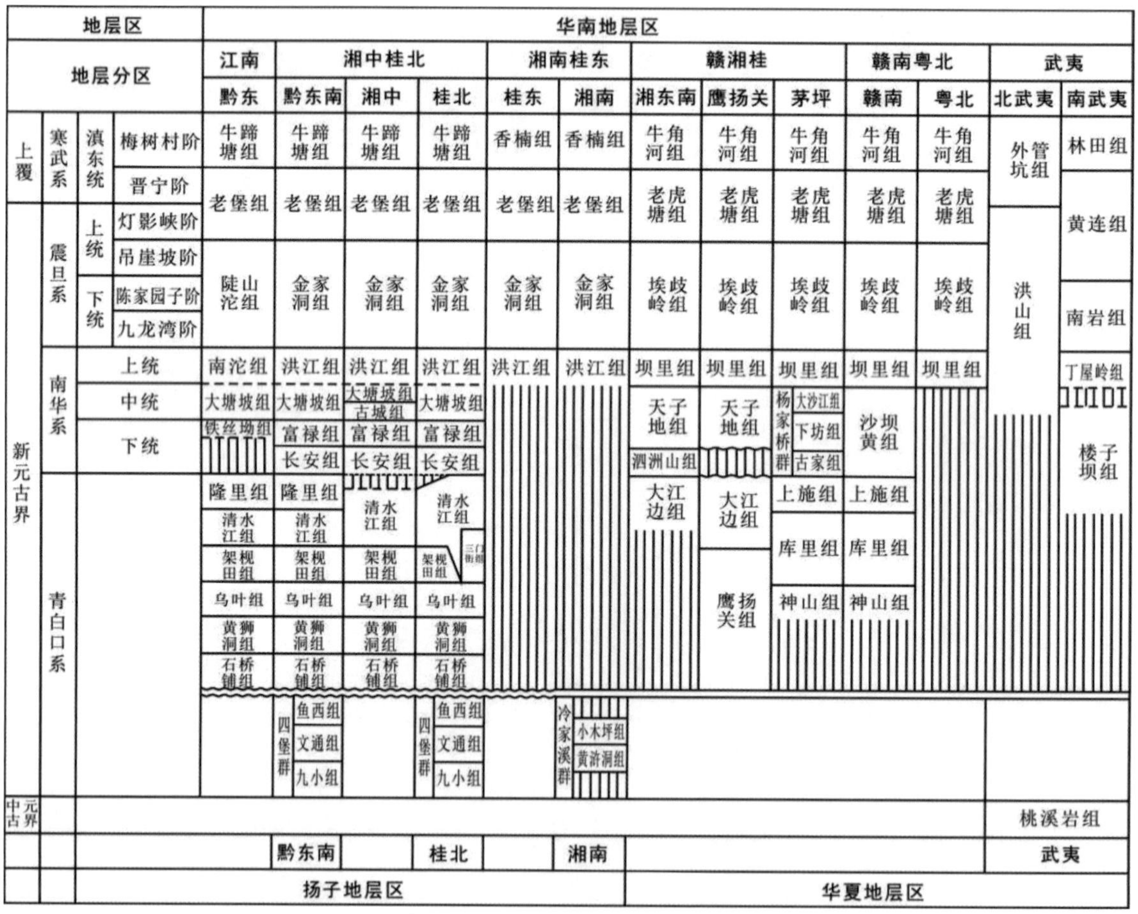

地层区				华南地层区												
地层分区				江南	湘中桂北			湘南桂东		赣湘桂			赣南粤北		武夷	
				黔东	黔东南	湘中	桂北	桂东	湘南	湘东南	鹰扬关	茅坪	赣南	粤北	北武夷	南武夷
上覆	寒武系	滇东统	梅树村阶	牛蹄塘组	牛蹄塘组	牛蹄塘组	牛蹄塘组	香楠组	香楠组	牛角河组	牛角河组	牛角河组	牛角河组	牛角河组	外管坑组	林田组
			晋宁阶	老堡组	老堡组	老堡组	老堡组	老堡组	老堡组	老虎塘组	老虎塘组	老虎塘组	老虎塘组	老虎塘组		黄连组
新元古界	震旦系	上统	灯影峡阶												洪山组	
			吊崖坡阶	陡山沱组	金家洞组	金家洞组	金家洞组	金家洞组	金家洞组	埃岐岭组	埃岐岭组	埃岐岭组	埃岐岭组	埃岐岭组		
		下统	陈家园子阶													南岩组
			九龙湾阶													
	南华系	上统		南沱组	洪江组	洪江组	洪江组	洪江组	洪江组	坝里组	坝里组	坝里组	坝里组	坝里组		丁屋岭组
		中统		大塘坡组	大塘坡组	大塘坡组 古城组	大塘坡组			天子地组	天子地组	杨家桥群 大沙江组	沙坝黄组			楼子坝组
		下统		铁丝坳组	富禄组 长安组	富禄组 长安组	富禄组 长安组			泗洲山组		杨家桥群 下坊组 古家组				
	青白口系			隆里组	隆里组	清水江组	清水江组			大江边组	大江边组	上施组	上施组			
				清水江组	清水江组		三门街组					库里组	库里组			
				架枧田组	架枧田组	架枧田组	架枧田组				鹰扬关组	神山组	神山组			
				乌叶组	乌叶组	乌叶组	乌叶组									
				黄狮洞组	黄狮洞组	黄狮洞组	黄狮洞组									
				石桥铺组	石桥铺组	石桥铺组	石桥铺组									
					四堡群 鱼西组 文通组 九小组		四堡群 鱼西组 文通组 九小组		冷家溪群 小木坪组 黄浒洞组							
中元古界															桃溪岩组	
					黔东南		桂北		湘南						武夷	
				扬子地层区						华夏地层区						

图 2-1　南岭成矿带前寒武系岩石地层序列对比(据王晓地等，2016，有修改)

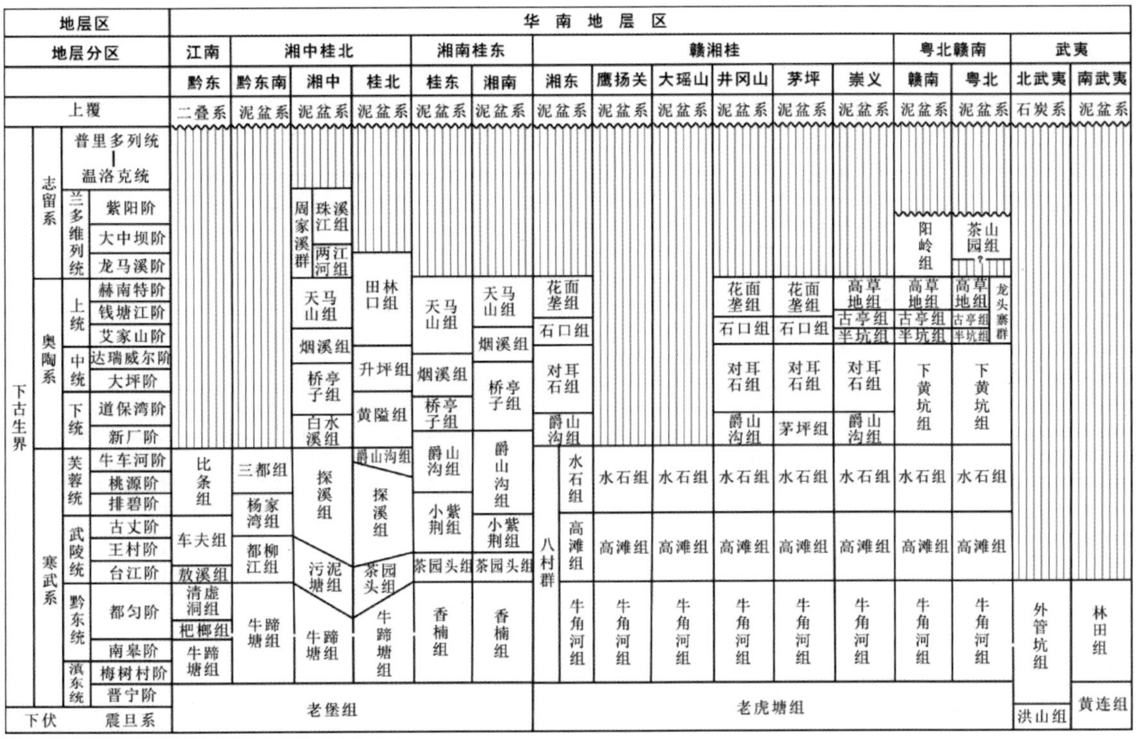

地层区	地层分区	地层小区	上覆	岩石地层(自上而下)	下伏
华南地层区	江南	黔东	二叠系	比条组、车夫组、敖溪组、清虚洞组、杷榔组、牛蹄塘组	老堡组
	湘中桂北	黔东南	泥盆系	三都组、杨家湾组、都柳江组、牛蹄塘组	老堡组
		湘中	泥盆系	周家溪群(珠溪江组、两江河组)、天马山组、烟溪组、桥亭子组、白水溪组、探溪组、污泥塘组、牛蹄塘组	老堡组
		桂北	泥盆系	田林口组、升坪组、黄隘组、爵山沟组、探溪组、茶园头组、牛蹄塘组	老堡组
	湘南桂东	桂东	泥盆系	天马山组、烟溪组、桥亭子组、爵山沟组、小紫荆组、茶园头组、香楠组	老堡组
		湘南	泥盆系	天马山组、烟溪组、桥亭子组、爵山沟组、小紫荆组、茶园头组、香楠组	老堡组
	赣湘桂	湘东	泥盆系	花面垄组、石口组、对耳石组、爵山沟组、八村群(水石组、高滩组、牛角河组)	老虎塘组
		鹰扬关	泥盆系	水石组、高滩组、牛角河组	老虎塘组
		大瑶山	泥盆系	水石组、高滩组、牛角河组	老虎塘组
		井冈山	泥盆系	花面垄组、石口组、对耳石组、爵山沟组、水石组、高滩组、牛角河组	老虎塘组
		茅坪	泥盆系	花面垄组、石口组、对耳石组、茅坪组、水石组、高滩组、牛角河组	老虎塘组
		崇义	泥盆系	高草地组、古亭组、半坑组、对耳石组、爵山沟组、水石组、高滩组、牛角河组	老虎塘组
	粤北赣南	赣南	泥盆系	阳岭组、高草地组、古亭组、半坑组、下黄坑组、水石组、高滩组、牛角河组	老虎塘组
		粤北	泥盆系	茶山园组?、高草地组、古亭组、半坑组、龙头寨群、下黄坑组、水石组、高滩组、牛角河组	老虎塘组
	武夷	北武夷	石炭系	外管坑组	洪山组
		南武夷	泥盆系	林田组	黄连组

界	系	统	阶
下古生界	志留系	普里多列统—温洛克统	
		兰多维列统	紫阳阶、大中坝阶、龙马溪阶
	奥陶系	上统	赫南特阶、钱塘江阶、艾家山阶
		中统	达瑞威尔阶、大坪阶
		下统	道保湾阶、新厂阶
	寒武系	芙蓉统	牛车河阶、桃源阶、排碧阶
		武陵统	古丈阶、王村阶、台江阶
		黔东统	都匀阶、南皋阶
		滇东统	梅树村阶、晋宁阶
下伏	震旦系		

图 2-2 南岭成矿带早古生代岩石地层序列对比(据王晓地等,2016,有修改)

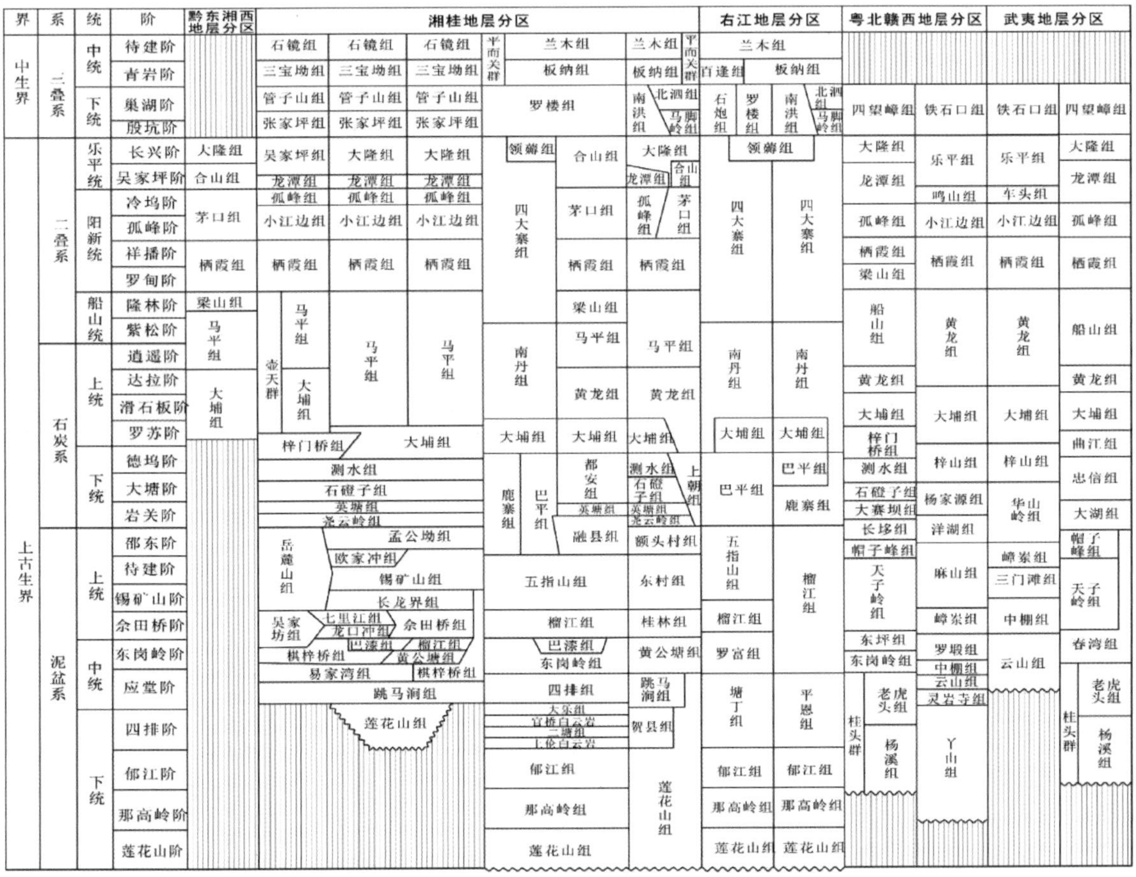

界	系	统	阶
中生界	三叠系	中统	待建阶、青岩阶
		下统	巢湖阶、殷坑阶
上古生界	二叠系	乐平统	长兴阶、吴家坪阶
		阳新统	冷坞阶、孤峰阶、祥播阶、罗甸阶
		船山统	隆林阶、紫松阶
	石炭系	上统	逍遥阶、达拉阶、滑石板阶、罗苏阶
		下统	德坞阶、大塘阶、岩关阶
	泥盆系	上统	邵东阶、待建阶、锡矿山阶、佘田桥阶
		中统	东岗岭阶、应堂阶
		下统	四排阶、郁江阶、那高岭阶、莲花山阶

地层分区	岩石地层(自上而下)
黔东湘西地层分区	大隆组、合山组、茅口组、栖霞组、梁山组、马平组、大埔组
湘桂地层分区(一)	石镜组、三宝坳组、管子山组、张家坪组、吴家坪组、龙潭组、孤峰组、小江边组、栖霞组、壶天群(马平组、大埔组)、梓门桥组、测水组、石磴子组、荚塘组、岳麓山组、吴家坊组、棋梓桥组、易家湾组、跳马涧组、莲花山组
湘桂地层分区(二)	石镜组、三宝坳组、管子山组、张家坪组、大隆组、龙潭组、孤峰组、小江边组、栖霞组、马平组、大埔组、测水组、石磴子组、荚塘组、孟公坳组、欧家冲组、锡矿山组、长龙界组、七里江组、龙口冲组、巴漆组、佘田桥组、榴江组、黄公塘组、棋梓桥组、易家湾组、跳马涧组、莲花山组
湘桂地层分区(三)	石镜组、三宝坳组、管子山组、张家坪组、大隆组、龙潭组、孤峰组、小江边组、栖霞组、马平组、大埔组、测水组、石磴子组、荚塘组、孟公坳组、锡矿山组、佘田桥组、棋梓桥组、跳马涧组、莲花山组
湘桂地层分区(四)	平而关群、兰木组、板纳组、罗楼组、领薅组、四大寨组、合山组、茅口组、栖霞组、梁山组、马平组、南丹组、黄龙组、大埔组、鹿寨组、巴平组、都安组、英塘组、融县组、五指山组、榴江组、巴漆组、东岗岭组、四排组、大乐组、官桥白云岩、二塘组、上伦白云岩、郁江组、那高岭组、莲花山组
湘桂地层分区(五)	兰木组、平而关群、板纳组、南洪组、北泗组、马脚岭组、大隆组、龙潭组、合山组、孤峰组、茅口组、栖霞组、马平组、黄龙组、大埔组、测水组、石磴子组、英塘组、圣云岭组、上朝组、额头村组、东村组、桂林组、黄公塘组、跳马涧组、贺县组、莲花山组
右江地层分区	兰木组、百逢组、板纳组、石炮组、罗楼组、南洪组、北泗组、马脚岭组、领薅组、四大寨组、南丹组、大埔组、巴平组、鹿寨组、五指山组、榴江组、罗富组、塘丁组、平恩组、郁江组、那高岭组、莲花山组
粤北赣西地层分区(一)	四望嶂组、大隆组、龙潭组、孤峰组、栖霞组、梁山组、船山组、黄龙组、大埔组、梓门桥组、测水组、石磴子组、大赛坝组、长垑组、帽子峰组、天子岭组、东坪组、东岗岭组、桂头群(老虎头组、杨溪组)
粤北赣西地层分区(二)	铁石口组、乐平组、鸣山组、小江边组、栖霞组、黄龙组、大埔组、梓山组、杨家源组、洋湖组、麻山组、嶂岽组、罗段组、中棚组、云山组、灵岩寺组、丫山组
武夷地层分区(一)	铁石口组、乐平组、车头组、小江边组、栖霞组、黄龙组、大埔组、梓山组、华山岭组、嶂岽组、三门滩组、中棚组、云山组
武夷地层分区(二)	四望嶂组、大隆组、龙潭组、孤峰组、栖霞组、船山组、黄龙组、大埔组、曲江组、忠信组、大湖组、帽子峰组、天子岭组、春湾组、桂头群(老虎头组、杨溪组)

图 2-3 南岭成矿带泥盆纪—中三叠世地层分区及岩石地层序列对比(据王晓地等,2016,修改)

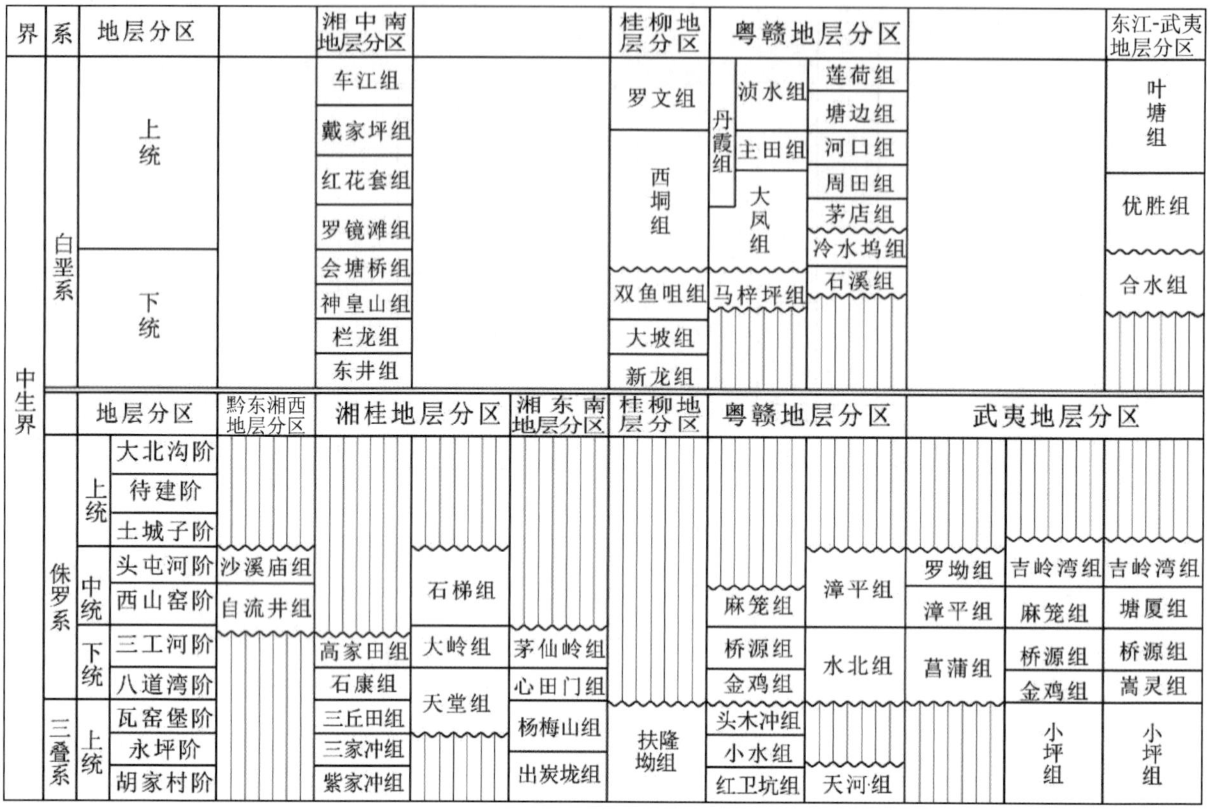

界	系	地层分区		湘中南地层分区		桂柳地层分区	粤赣地层分区			东江-武夷地层分区
中生界	白垩系	上统 下统		车江组 戴家坪组 红花套组 罗镜滩组 会塘桥组 神皇山组 栏龙组 东井组		罗文组 西垌组 双鱼咀组 大坡组 新龙组	丹霞组（浈水组、主田组） 浈水组 主田组 大凤组 马梓坪组	莲荷组 塘边组 河口组 周田组 茅店组 冷水坞组 石溪组		叶塘组 优胜组 合水组

界	系	统	地层分区	黔东湘西地层分区	湘桂地层分区		湘东南地层分区	桂柳地层分区	粤赣地层分区		武夷地层分区		
中生界	侏罗系	上统	大北沟阶										
			待建阶										
			土城子阶										
		中统	头屯河阶	沙溪庙组		石梯组				漳平组	罗坳组	吉岭湾组	吉岭湾组
			西山窑阶	自流井组					麻笼组		漳平组	麻笼组	塘厦组
		下统	三工河阶		高家田组	大岭组	茅仙岭组		桥源组	水北组	菖蒲组	桥源组	桥源组
			八道湾阶		石康组	天堂组	心田门组		金鸡组			金鸡组	嵩灵组
	三叠系	上统	瓦窑堡阶		三丘田组		杨梅山组	扶隆坳组	头木冲组			小坪组	小坪组
			永坪阶		三家冲组				小水组				
			胡家村阶		紫家冲组		出炭垅组		红卫坑组	天河组			

图 2-4　南岭成矿带晚三叠世—白垩纪地层分区及岩石地层序列对比表（据王晓地等，2016，有修改）

2. 获得了一批高精度成岩成矿年龄数据，特别是直接测得桂北一洞锡矿电英岩型锡铜矿石中LA-ICP-MS锡石U-Pb年龄为(829±13)Ma；广东大顶铁锡矿区发现早侏罗世花岗岩的成岩成矿事件，是华南成岩成矿"平静期"的产物；确认湖南川口大型钨矿及相关花岗岩形成于印支期，而不是燕山期；首次确认桂北元宝山地区存在加里东期锡多金属的成矿事件。另外，对部分花岗岩岩体形成时代进行了修正。在此基础上，结合构造背景，初步构建了南岭成矿带构造-岩浆-成矿事件序列（表2-1）。

表 2-1　南岭地区构造-岩浆-成矿事件序列

代	纪	地质年龄/Ma	构造环境	岩浆岩组合	同位素年龄/Ma	主要矿产
新生代			大陆裂谷			
中生代	白垩纪	66	陆内伸展	A型花岗岩＋碱性岩＋少量基性岩	145～90	锡、钨、铍、铜、铅、锌、锑、金
	侏罗纪	145		A型花岗岩、C型花岗岩、H型花岗岩	175～145	锡、钨、铍、铜、铅、锌、钼、锑、金、银铷、锂、铋、铌、钽、稀土
		201	构造域转换后碰撞—伸展	A型花岗岩、双峰式侵入岩、双峰式火山岩	200～175	铁、锡

续表 2-1

代	纪	地质年龄/Ma	构造环境	岩浆岩组合	同位素年龄/Ma	主要矿产
中生代	三叠纪	251	后碰撞—伸展	C 型花岗岩+A 型花岗岩+基性岩组合	220～206	锡、钨、铌、钽、稀土
				C型花岗岩、H型花岗岩	240～220	锡、钨、铀
				基性—超基性岩组合	257～241	
晚古生代	二叠纪	298		少量酸性火山岩		铁
	石炭纪	358				
	泥盆纪	419	后碰撞—伸展	C 型花岗岩+基性岩组合	440～380	钨、金、铜、铅、锌、稀土、钪、铁
早古生代	志留纪	443				
	奥陶纪	485				
	寒武纪	541	俯冲碰撞	TTG 组合	460～440	铁、铜、铅、锌
新元古代	震旦纪	635				
	南华纪	780	后碰撞—伸展	基性—超基性岩组合、少量酸性火山岩	761	金、铅、锌
	青白口纪	1000	俯冲碰撞（基底岩浆演化）	TTG 组合+基性—超基性岩组合	大于 820	锡、铜、镍、钴、金

注：花岗岩分类按付建明等，2012。

3. 确定了湘桂交界地区泥盆纪弗拉斯阶-法门阶(F-F)界线。泥盆纪是地史上环境演变和生物种类变化的重要时期，在此期间发生了一系列的环境变化事件：空气湿度发生变化，海平面变化频繁，大气 CO_2 分压发生巨大变化，生物礁从发展到其大萧条灭绝，鱼类生物出现了大面积辐射，脊椎动物登陆等。在这之中最值得关注的是晚泥盆世弗拉期-法门期之交的 F-F 事件。F-F 界线存在的主要依据有以下 3 个。

(1)发现的牙形石 *Palmatolepis triangularis* 分子(图 2-5)是限定泥盆纪法门阶底界的标准化石。

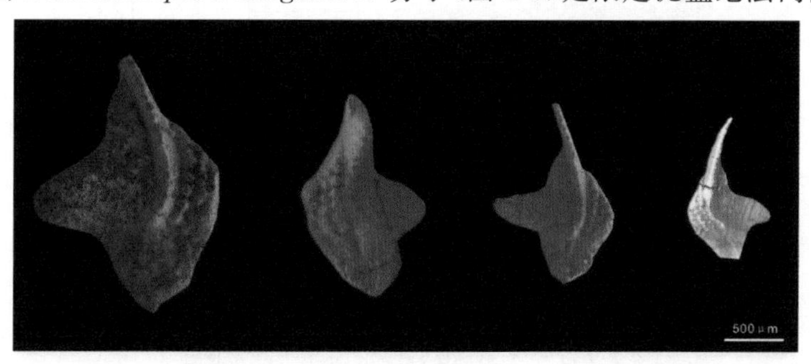

图 2-5 牙形石 *Palmatolepis triangularis* 分子典型照片

(2)F-F 界线附近典型层段岩性岩相特征显示砂屑灰岩和瘤状灰岩交替出现，瘤状灰岩的上下层段所出现的砂屑亮晶灰岩指示一种强水动力沉积，是一种典型的潮汐流往复作用，是位于平均高潮面与平均低潮面之间的浅水潮坪潮间带沉积产物。瘤状灰岩岩性岩相特征显示在瘤状灰岩层段(第 50～62 层)沉积期间，调查区处于水动力较弱的深水浅海沉积环境，且海水深度应大于 300m。

(3)沉积学对 F-F 事件的响应。在晚泥盆世 F-F 之交，海平面发生了显著变化(图 2-6)。

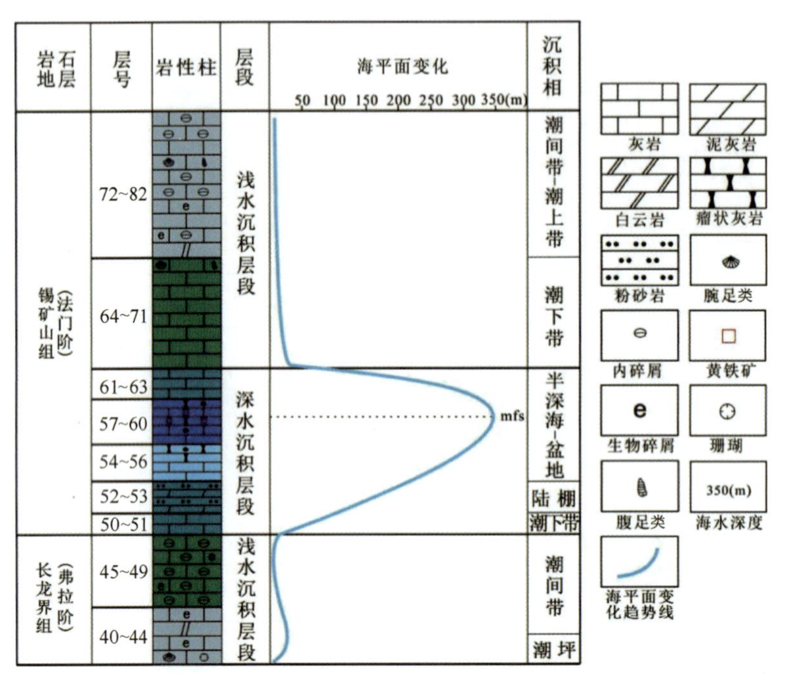

图 2-6　东山剖面关键层位柱状图及海平面变化

4. 根据沉积厚度的差异，以及黏土层产出特征、形成年龄，古生物特征，区域地层对比结果等，在广东揭阳地区新建中更新统炮台组，并进一步划分为钟厝洋段(图 2-7)和水路尾层，获得该组光释光年龄为 157ka。

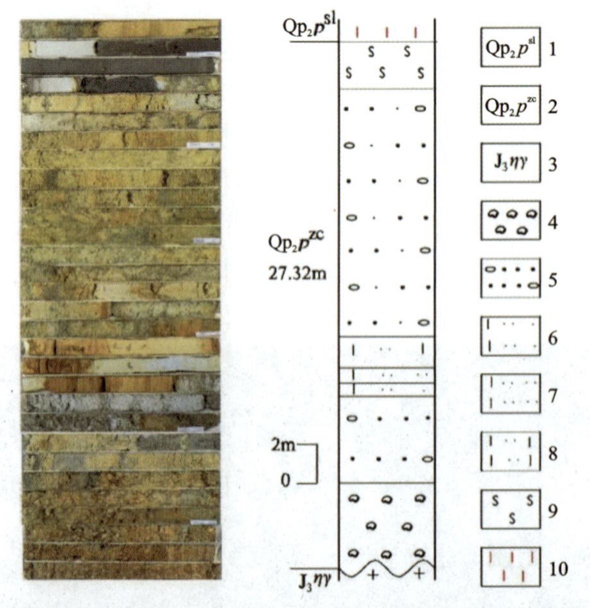

1. 水路尾层；2. 钟厝洋段；3. 花岗岩；4. 卵石；5. 含砾粗砂；6. 黏土质粉细砂；7. 黏土质粉砂；8. 粉砂质黏土；9. 淤泥；10. 花斑黏土。

图 2-7　ZK001 孔钟厝洋段岩芯照片及柱状图

5.进一步证实九嶷山含铁橄榄石和铁辉石的西山杂岩为典型的铝质A型花岗质火山-侵入杂岩，形成于板内构造环境。西山杂岩位于九嶷山复式岩体东部，呈岩盆状产出，具有以下特点。

(1)岩性非常复杂，类型多，主要有中—细粒斑状黑云母二(正)长花岗岩、微细粒花岗质碎斑熔岩、流纹(斑)岩、英安(斑)岩、花岗斑岩、火山碎屑岩等。

(2)出现特殊矿物铁橄榄石和铁辉石(图2-8)，呈单晶或集合体形式产出；暗色矿物单斜辉石、角闪石常见，也见过铝质矿物石榴子石。

(3)结构构造复杂多样，如流纹构造、气孔状构造、火山角砾构造、杏仁状构造，包橄结构(图2-8)、凝灰结构(图2-9)、珠边结构、碎斑结构等。

图2-8 铁橄榄石(Ol)、铁辉石(Opx)及包橄结构

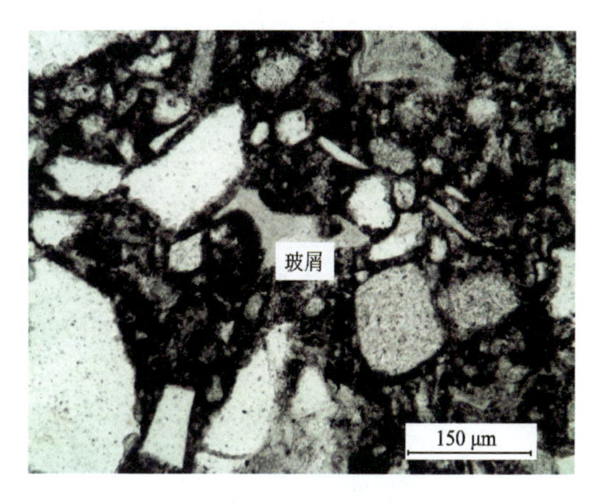

图2-9 凝灰结构

(4)矿物集合体类型多，个体很小，一般仅几厘米，不规则状至球状，由单种矿物或多种矿物集合而成，主要有角闪石黑云母石英集合体、磁铁矿黑云母集合体、黑云母集合体、黑云母角闪石辉石集合体、黑云母铁橄榄石集合体、铁橄榄石铁辉石黑云母集合体、铁橄榄石集合体、黑云母斜长石集合体、黑云母石英集合体、萤石石英黑云母集合体等。

(5)不同类型岩石的LA-ICP-MS锆石U-Pb年龄非常集中，近年来分析的28个测年数据集中在160～150Ma之间。

(6)该杂岩中主要岩石单元的主量元素、稀土元素和微量元素在含量上变化不大，稀土元素配分曲线和微量元素蛛网图非常相似。Sr、Nd同位素组成接近，I_{Sr}、$\varepsilon_{Nd}(t)$、T_{DM}、T_{2DM}相差不大(付建明等，2004)，具有同时间、同空间、同物质来源的典型火山-侵入杂岩特点。

(7)西山火山-侵入杂岩富硅(69.50%～73.50%)、碱(7.90%～8.70%)，贫镁、钙，Ca/Al值(平均3.06)高，属准铝—过铝质，富含稀土元素和高场强元素(Y、Zr、Nb)，具有较高的FeO^*/MgO值(12.05)。Ca/Al值和(Zr+Nb+Ce+Y)组合值(平均516.96×10^{-6})明显高于A型花岗岩的下限值2.6×10^{-4}和350×10^{-6}，在10 000×Ga/Al-Zr、Nb、Ce、Y以及Zr+Nb+Ce+Y对FeO^*/MgO和$(Na_2O+K_2O)/CaO$图解上，落入A型花岗岩区。不同类型岩石锆石晶形好，环带发育，没有发现继承锆石核，锆石饱和温度高(平均814℃)，含铁橄榄石和铁辉石，在一系列地球化学图上都投在A型花岗岩区，具有典型A型花岗质岩石特点，形成于板内构造环境(图2-10)。

二、找矿突破或新发现

1.圈定1∶5万水系沉积物综合异常428处(其中甲类98处，乙类146处)，R放射性综合异常32处，1∶5万高磁异常群10个(63个局部异常)，1∶5万遥感解译圈出了78处遥感异常区，解译断裂构造140条、线性构造281条、环形构造60个。新发现矿(化)点105处，以金银、铜钼、钨锡、铅锌等矿

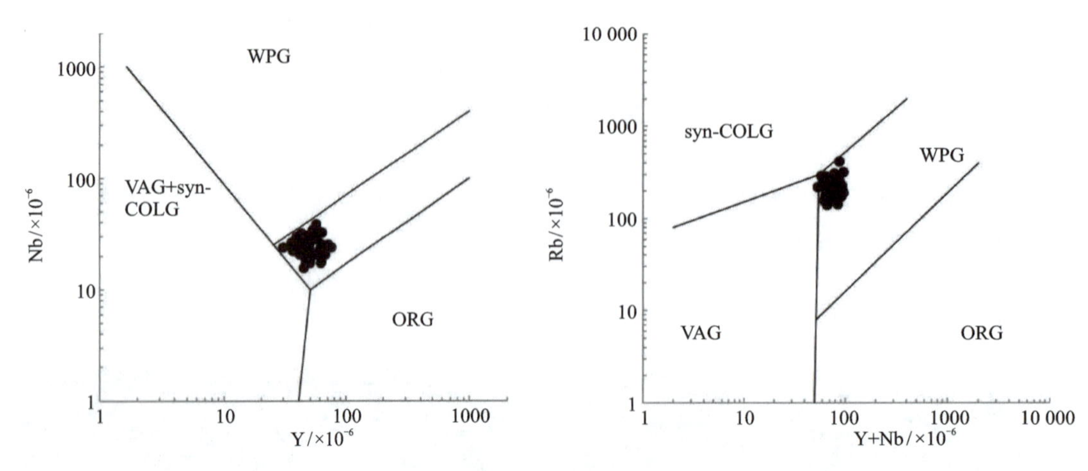

图 2-10　西山火山-侵入杂岩的 Nb-Y 和 Rb-Y+Nb 图解

(化)点为主(图 2-11);提交找矿靶区 48 处,以钨锡、金银为主;提交新发现矿产地 6 处(稀土矿 2 处、硅石矿 1 处、X 矿 1 处、高岭土矿 1 处、钨锡多金属矿 1 处),其中 2 处稀土矿具大型规模远景,分别获得($333+334_1$类)重稀土资源量约 11×10^4 t、轻稀土资源量约 10×10^4 t。

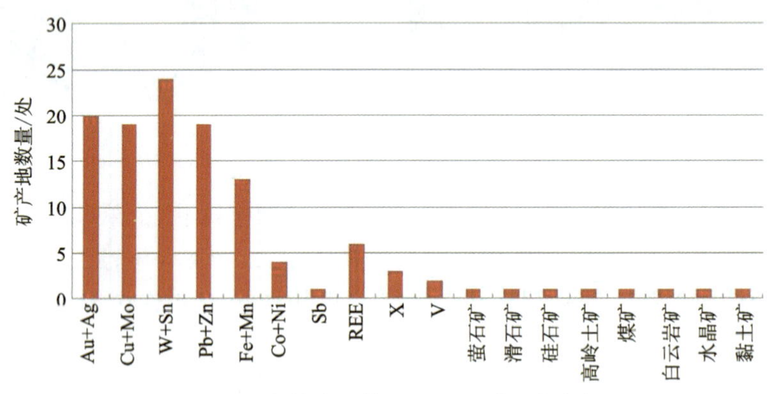

图 2-11　南岭成矿带新发现矿(化)点直方图

2. 总结了南岭成矿带钨、锡等重要矿种区域成矿规律,认为 160～150Ma 是南岭地区成岩成矿高峰期(图 2-12),成岩与成矿是一个连续过程;建立了南岭成矿带成锡、成钨花岗岩和成铜铅锌花岗岩综合判别标志(表 2-2)。

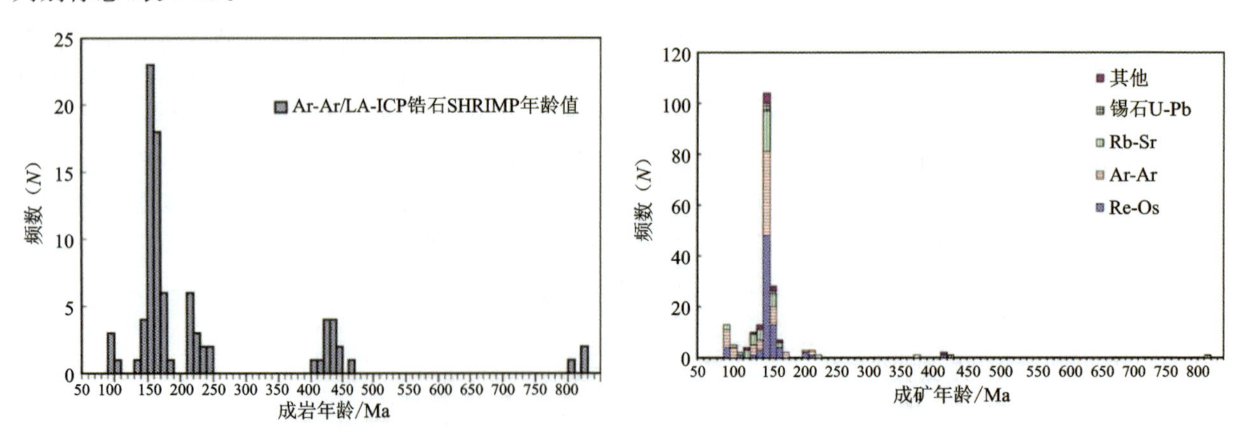

图 2-12　南岭成矿带成岩年龄(左)和成矿年龄(右)直方图

表 2-2　南岭地区成锡、成钨、成铜铅锌花岗岩综合特征对比

比较项目	成锡花岗岩		成钨花岗岩	成铜铅锌花岗岩
成因类型	铝质 A 型	H 型	C 型	H 型
岩体规模	岩基、小岩体	以岩基为主	岩基、小岩株	以小岩体为主
岩石共生组合	正长花岗岩和碱长花岗岩，其次为二长花岗岩，少量花岗闪长岩	花岗闪长岩和二长花岗岩为主，其次为正长花岗岩和二云母花岗岩	二长花岗岩、正长花岗岩、二云母花岗岩和(含电气石)石榴子石白云母花岗岩	二长花岗岩、花岗闪长(斑)岩
结构、构造	(微)细—中粒结构为主，块状构造	中粒、细粒结构均有，斑状结构，块状构造	细粒、中粒结构为主，早期斑状结构，块状构造	中细粒结构，斑状结构，块状构造
暗色矿物	黑云母含量低（2%～4%），个别有铁橄榄石和铁辉石	黑云母含量高(4%～6%或更高)，基性端元常见角闪石	黑云母含量低（2%～4%）	常见角闪石（约 3%）、黑云母含量较高（约 10%）
浅色造岩矿物	石英斑晶广泛分布	石英斑晶较多，晚期端元白云母含量小于 1%	晚期端元含石英斑晶，白云母含量较高（1%～2%）	石英斑晶较少
挥发分矿物	少量黄玉，局部较多	少量黄玉	电气石较为普遍	无
副矿物	榍石-褐帘石-磷灰石-磁铁矿-锆石组合	榍石-褐帘石-磷灰石-磁铁矿-锆石组合，基性端元含量高，酸性端元含量低	钛铁矿-锆石-独居石或石榴子石-磷灰石组合，含量较低	磷灰石-褐帘石-锆石-榍石-金红石
继承锆石	未见	较少	较多	较少
包体	暗色微粒包体少见	暗色微粒包体较多、大小不一，几厘米至几米	围岩捕虏体及黑云母析离体常见	暗色微粒包体常见，个体较小
主量元素	SiO_2＜74%为主，ACNK 变化大，多为弱过铝质；P_2O_5＜0.20%为主，富 Ca、Mg、Fe	SiO_2＜73%为主，准铝质—强过铝质；基性端元 P_2O_5＞0.20%为主，富 Ca、Mg、Fe	SiO_2＞73%为主，弱过铝—强过铝质；基性端元 P_2O_5＜0.10%为主，贫 Ca、Mg、Fe	SiO_2 以 58%～68%为主，准铝质—弱过铝质
微量元素	Sr、Ba、P 和 Ti 负异常弱—强，Cr、Ni、Co 略高，Zr＋Nb＋Y＋Ce 值高，Ga/Al 值高，Nb/Ta 和 Zr/Hf 值中等—高，Sm/Nd 值低	Sr、Ba、P 和 Ti 负异常明显，Cr、Ni、Co 略高，Zr＋Nb＋Y＋Ce 值低—较高，Ga/Al 值较高，Nb/Ta 和 Zr/Hf 值低—中等，Sm/Nd 值低	Sr、Ba、P 和 Ti 负异常强烈，Cr、Ni、Co 略低，Zr＋Nb＋Y＋Ce 值低—中等，Ga/Al 值中等，Nb/Ta 和 Zr/Hf 值极低—中等，Sm/Nd 值高	Sr、Ba、P 和 Ti 负异常相对较小，Cr、Ni、Co 略高，Zr＋Nb＋Y＋Ce 值中等，Ga/Al 值中—低，Nb/Ta 和 Zr/Hf 值高，Sm/Nd 值低
稀土元素	∑REE 高，Eu 负异常明显，δEu 值以 0.03～0.2 为主	∑REE 中—高，Eu 负异常较明显，δEu 值以 0.1～0.3为主	∑REE 中等—低，Eu 负异常明显，δEu 值以小于 0.3 为主	∑REE 中等，Eu 负异常相对较弱，δEu 值为 0.21～0.38

续表 2-2

比较项目	成锡花岗岩		成钨花岗岩	成铜铅锌花岗岩
同位素	$\varepsilon_{Nd}(t)$相对较高(−8～−6)，T_{2DM}(Nd)<1.6Ga	$\varepsilon_{Nd}(t)$高(−8～−6)，T_{2DM}平均值1.5Ga；$\varepsilon_{Hf}(t)$相对较高(−8～−4)，T_{2DM}(Hf)平均值1.46Ga	$\varepsilon_{Nd}(t)$较低(多为−12～−8)，T_{2DM}(Nd)平均值1.68Ga；$\varepsilon_{Hf}(t)$相对低(−12～−8)，T_{2DM}(Hf)平均值1.97Ga	$\varepsilon_{Nd}(t)$高(−7.5～−5)，T_{2DM}(Nd)平均值1.38Ga；$\varepsilon_{Hf}(t)$相对较低(−12～−8)，T_{2DM}(Hf)平均值1.75Ga
锆饱和温度	一般高于800℃，平均836℃	较高(711～819℃)，平均781℃	较低(636～821℃)，平均731℃	较高(711～784℃)，平均753℃
幔源物质	多		少或无	较多
源区性质	下地壳为主+地幔不同程度贡献		上地壳变泥质岩为主	下地壳角闪岩为主
时代	晋宁期，印支期，燕山早、晚期为主		加里东期、印支期、燕山早期为主	燕山早期为主
分异程度	较高、LREE/HREE较低(2～15)，平均5.3；Zr/Hf较低(16～32)，平均25；Nb/Ta较低(3～12)，平均7；Rb/Sr高，主要集中于2～130之间，平均34		高、LREE/HREE低(0.4～15)，平均4.2；Zr/Hf低(0.24～32)，平均16；Nb/Ta低(0.9～12)，平均4；Rb/Sr高，主要集中于1～137之间，平均36	低、LREE/HREE较低(6～11)，平均9；Zr/Hf较低(2.3～25)，平均22；Nb/Ta较低(0.3～11)，平均6；Rb/Sr极低，主要集中于0.2～3之间，平均0.8
氧逸度	低、Ce^{4+}/Ce^{3+}低—高(7～116)，平均40；ΔNNO低(0.2～2.4)，平均1.0		低—高、Ce^{4+}/Ce^{3+}低—高(1～97)，平均32；ΔNNO低—高(0.6～4.8)，平均3.3	高、Ce^{4+}/Ce^{3+}高(23～285)，平均136；ΔNNO高(2.4～3.8)，平均3.1
黑云母	铁质黑云母-铁叶云母；Al_2O_3含量低—高(12.1%～18.0%)，平均14.4%		铁质黑云母-铁叶云母；Al_2O_3含量较高(17.5%～20.4%)，平均19.1%	镁质黑云母-铁质黑云母；Al_2O_3含量较低(13.7%～14.4%)，平均14.3%
构造位置	靠近郴州-临武断裂带或分布于西侧		靠近郴州-临武断裂带或分布于东侧	靠近郴州-临武断裂带
代表性岩体	金鸡岭	骑田岭、花山-姑婆山	西华山	水口山、铜山岭、宝山
矿床实例	大坳	芙蓉、新路	西华山	水口山、铜山岭、宝山

3.在分析研究区域成矿地质背景和成矿规律的基础上，将南岭成矿带划分为19个四级和56个五级成矿(区)带，圈定19个找矿远景区(图2-13)和96个找矿靶区，并分析了它们的资源潜力和找矿方向。对南岭成矿带资源开发利用、环境影响进行了初步综合评价，认为钨、锡、铅、锌等主要矿产的开发对环境的影响是可控的。

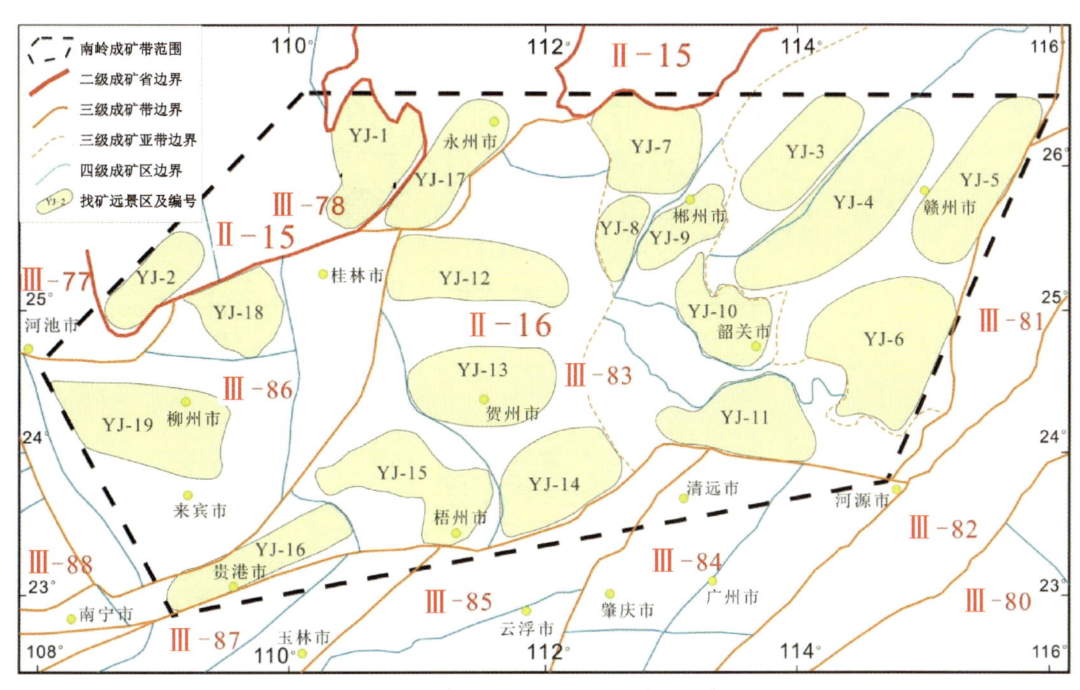

图 2-13 南岭成矿带找矿远景区分布图

三、科技创新与理论进步

1. 进一步完善了燕山期锡成矿找矿模式(图 2-14),为指导区域找矿勘查提供了理论依据。研究认为,地幔上隆、岩石圈减薄引起的玄武岩浆底侵作用是南岭成矿带燕山期花岗岩形成和爆发性成矿的诱因。在伸展环境下,岩石圈减薄、软流圈上涌,引起软流圈或软流圈与岩石圈交界部位的部分熔融,形成玄武质岩浆。玄武质岩浆的底侵,提供大量的热量,又引起岩石圈不同层圈,特别是地壳的熔融形成大量不同类型的花岗质岩浆。同时,含矿幔源流体上升,与壳源含矿流体混合形成壳幔混合流体,随花岗岩浆上升、分异、演化,最后在不同的有利部位形成不同类型矿床。

2. 提出了在南岭应加强寻找加里东期和印支期钨锡多金属矿的建议。调查研究认为,晚三叠世是华南又一重要成矿期,花岗质岩石与相关矿产呈面状分布,是继华南“燕山期成矿、小岩体成矿、接触带控矿”传统观点之后对内生金属成矿作用的新认识。在这一认识的指导下,近年来在越城岭-苗儿山、崇阳坪-瓦屋塘、塔山-阳明山、锡田、川口、诸广山、五团、五峰仙、都庞岭等地区部署了一系列 1∶5 万区域地质调查和矿产地质调查项目,圈定了大批物化探综合异常,发现了一批钨锡多金属矿(化)点,圈定了找矿靶区。部分矿点通过拉动后续商业性勘查资金投入,矿床勘查规模达到中—大型,如湖南宗溪钨矿、广西云头界钨钼矿等。初步建立了印支期钨锡多金属矿成矿模式(图 2-15)。

3. 系统总结了 1∶5 万强风化区填图方法 。强风化区内的露头以人工露头为主,无人工活动的地区风化层覆盖严重,采用传统地质填图方法填图精度不能得到满足。通过 1∶5 万强风化区区域地质调查试点研究,提出强风化区填图方法。将风化层作为特定填图对象,研究其结构、组成、厚度、矿物元素迁移、次生成矿(稀土、陶土和铝土矿)、分布(规律)、控制因素、形成机理等。通过地质、物探、化探、钻探综合剖面的研究,将风化层自上而下划分残积土、全风化层、强风化层、中风化层和微风化层,并提出了划分标志。1∶5 万强风化区区域地质调查方法作为新规范正在推广应用。

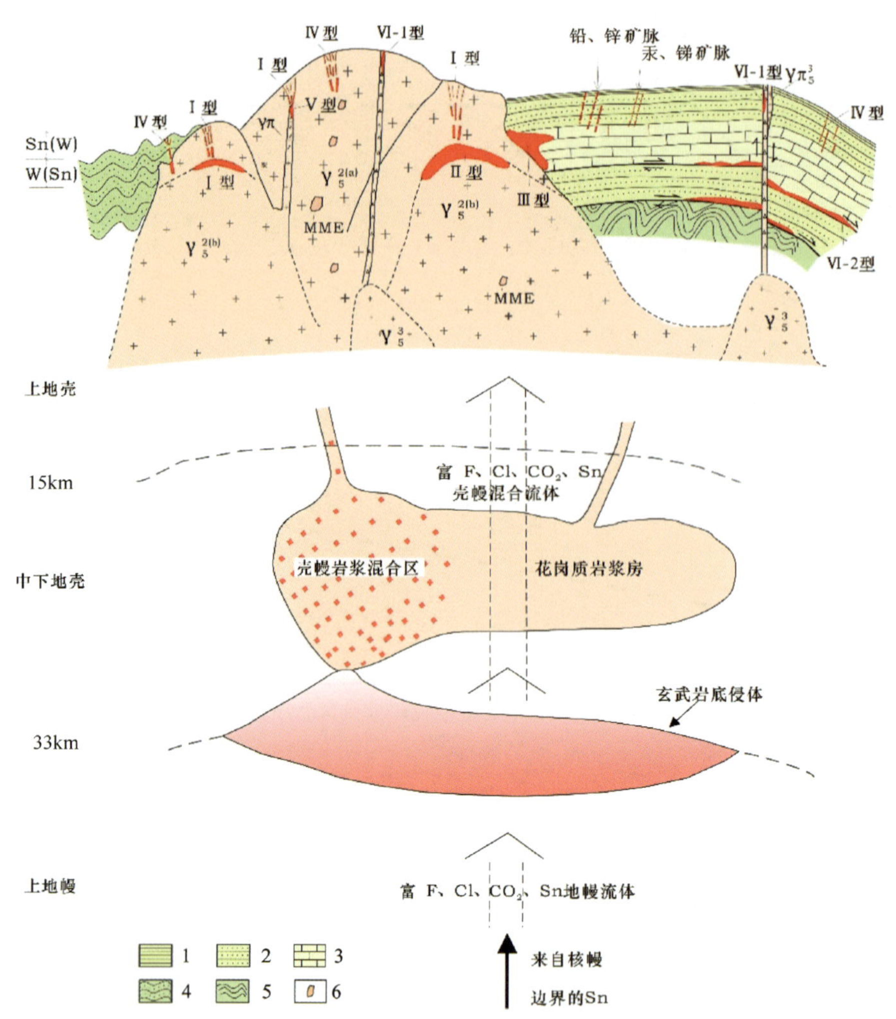

1.板岩;2.砂岩;3.碳酸盐岩;4.浅变质碎屑岩;5.前震旦系基底;6.铁镁质微粒包体;Ⅰ.云英岩型;Ⅱ.变花岗岩型;Ⅲ.夕卡岩型;Ⅳ.石英脉型;Ⅴ.斑岩型;Ⅵ-1.断裂破碎带蚀变岩亚型;Ⅵ-2.层间破碎带蚀变岩亚型。

图 2-14　南岭中段燕山期锡矿成矿模式示意图(据付建明等,2011,有修改)

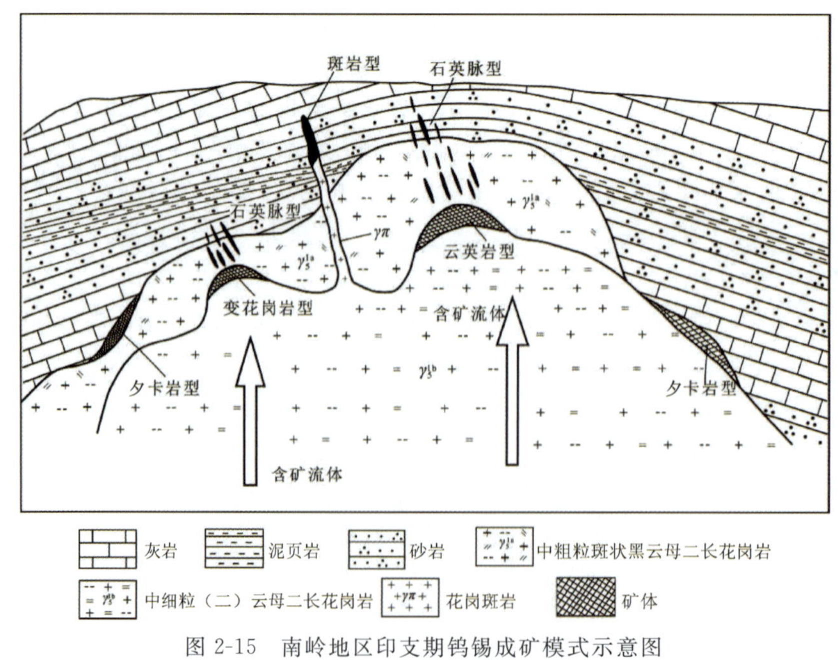

图 2-15　南岭地区印支期钨锡成矿模式示意图

4. 完善了金属成矿元素分析方法。多金属矿的成分复杂、多元素伴生，一般实验室采用传统的重量法、容量法、光度法等进行元素分析，分析过程中需经过繁冗的分离、掩蔽等前处理过程，繁琐费时，工作量大，效率低下。新建立的铅锌及钨多金属矿 X 荧光光谱仪分析方法和电感耦合等离子体光谱分析方法人工成本和试剂消耗大幅降低，分析效率得到了极大提高。根据推广应用中的反馈信息，该方法分析效果良好。

湖南新宁-广西江头村地区矿产地质调查成果报告

提交单位：中国地质调查局武汉地质调查中心

项目负责人：崔森

档案号：档 0549-01

工作周期：2014—2015 年

主要成果：

1. 建立了区内地层层序，解决了各省地勘单位对同一地层层序的划分对比与命名各不相同、不同图幅地层划分不统一的问题。

2. 对越城岭岩体进行了解体，将其划分为奥陶纪、志留纪、三叠纪、侏罗纪与白垩纪 5 个侵入时代，共 13 个侵入期次，为建立岩浆岩的演化序列及研究其与成矿的关系奠定了基础。

3. 圈定化探综合异常 29 处，其中甲类异常 5 处，乙类异常 9 处，丙类异常 15 处；圈定了 3 个遥感找矿预测区，为优选找矿靶区提供了依据。

4. 新发现钨、锡、钼矿点 5 处，分别是金子岭铅矿、崖背石钨铜矿点、崖背石钼矿点、伍家金矿点（图 2-16）以及椅子岭金矿化点。

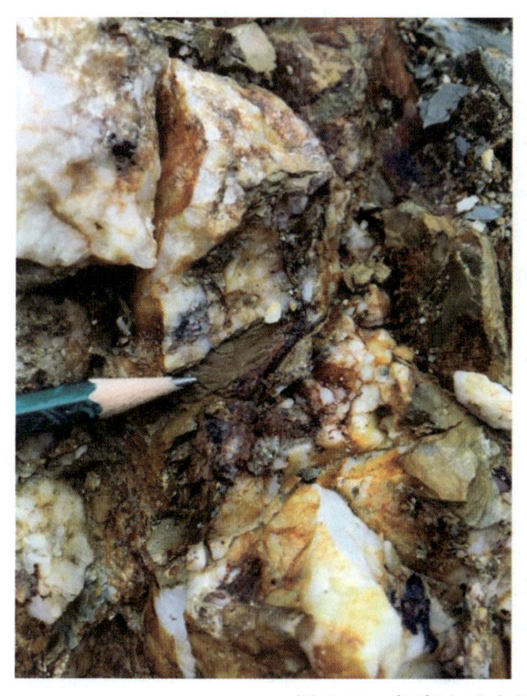

图 2-16　伍家金矿点褐铁矿化含金矿石英脉

5. 圈定 6 处找矿远景区：Ⅰ赵家岭钨锡锑找矿远景区，Ⅱ王家湾-地村锰矿找矿远景区，Ⅲ舜皇山-井沅尖钨铋铜矿找矿远景区，Ⅳ界牌钨铜矿找矿远景区，Ⅴ剑子石-金子岭钨金铅多金属矿找矿远景区，Ⅵ伍家-椅子岭金锑矿找矿远景区。

6. 圈定了 3 处找矿靶区：①井沅尖钨铜找矿靶区，②毛坪里钨找矿靶区，③伍家-椅子岭金找矿靶区。

湖南通道-广西泗水地区 1∶5 万地质矿产综合调查成果报告

提交单位：中国地质调查局武汉地质调查中心

项目负责人：陈希清

档案号：档 0549-02

工作周期：2015—2018 年

主要成果：

1. 通过地质剖面实测及与邻区岩石地层单位研究对比，对区内填图单位在原 1∶20 万调查工作的基础上进行了重新厘定，建立了 19 个组级、2 个段级岩石地层(组、段)填图单位和 5 个岩浆岩填图单元，确定了各地层组和岩浆岩单元的岩性对比标志。

2. 在收集和利用已有 1∶5 万区域地质调查资料的基础上，以野外实测为主，完成矿产地质填图面积 1850km^2，编制了调查区(通道县、五团、瓢里和泗水幅)1∶5 万地质矿产图和建造构造图。新发现金、钴、钨、锰、滑石等矿(化)点共 8 处，其中金矿点 3 处，钴矿点 1 处，钨矿化点 1 处，锰矿点 2 处，小型滑石矿 1 处，提高了调查区基础地质研究程度。

3. 1∶5 万水系沉积物测量，基本查明了调查区内元素在全区和不同地层(岩浆岩区)单元中的分布，编制了 Au 等 20 个元素地球化学图；基本查明了 Au、Cu、Pb、Zn、Cr、Ni、Co、W、Mn 等主要成矿元素的分布特征及富集规律；圈定各类综合异常 39 处，其中，甲 1 类 2 处、甲 2 类 8 处，乙 1 类 1 处、乙 2 类 16 处、乙 3 类 7 处，丙 1 类 3 处、丙 2 类 2 处，异常检查中新现天云山、冷界头、木光坪等金矿点，保合寨钴矿点和猪婆田钨矿化点；划分 8 个地球化学找矿远景区，为矿产检查和今后找矿工作提供了依据。

4. 1∶5 万遥感地质解译，利用美国陆地资源卫星 Landsat8 数据，解译出线性构造 104 条(主要包括北北东向和北西西向两组)；提取了羟基蚀变信息和铁染蚀变信息，绘制了调查区羟基、铁染信息等值线图并进行了初步判读分析。

5. 全面系统地总结了调查区金、锰等矿产的成矿规律，建立了区域成矿模式，提出了金、锰等矿种的找矿模型。根据调查区金、锰、钴、钨等成矿地质条件和控矿因素，成矿有利程度及各类找矿标志等，划分出 A 类找矿远景区 3 处、B 类找矿远景区 1 处、C 类找矿远景区 3 处，为调查区今后找矿工作指明了方向。

6. 优选、圈定找矿靶区 4 处，其中金 B 类找矿靶区 2 处、钴 B 类找矿靶区 1 处、锰 C 类找矿靶区 1 处，为调查区今后的找矿及矿产勘查工作提供了依据和部署建议。

湖南省临武县香花岭地区矿产地质调查成果报告

提交单位：湖南省有色地质勘查局

项目负责人：周念峰

档案号：档 0549-03

工作周期：2014—2016 年

主要成果：

1. 通过工作确定了岩石地层填图单位 26 个(表 2-3)，厘定出 9 个岩浆岩填图单位，确定了各填图单位的岩性标志及主要赋矿层位，确定了区内基本构造格架，初步查明了区内的构造、岩浆岩、矿化蚀变的分布特征，提高了调查区基础地质研究程度。

表 2-3　香花岭地区地层特征一览表

界	系	群(组)	代号	厚度/m	岩性	主要矿产
新生界	第四系	橘子洲组	Q*j*	0～10	现代农田、残坡积物	
		湘江群	Q*x*	0～100	黏土、亚黏土层，砾石层	
中生界	白垩系	南强组	K_2n^2	＞1031.3	紫红色薄—中厚层长石石英砂岩、泥质粉砂岩和粉砂质泥岩	
			K_2n^1	839	紫红色薄—中层石英粉砂岩、粉砂质泥岩，含砾粉砂岩	
		文明司组	K_1w^3	227.36	紫—紫红色薄—中层状泥质粉砂岩夹粉砂质泥岩、长石石英杂砂岩	
			K_1w^2	729	灰白—紫红色中厚层泥质粉砂岩、石英砂岩，含砾石英砂岩	
			K_1w^1	＞161.12	紫红色薄层粉砂质泥岩、泥质粉砂岩、石英粉砂岩、含砾石英砂岩	
	三叠系	大冶组	T_1d	＞99.1	浅灰—深灰色薄—中层状灰岩、泥灰岩	
上古生界	二叠系	大隆组	P_3d	＞163.3	深灰色厚层状硅质岩、页岩，灰白—灰色灰岩、泥晶灰岩	
		龙潭组	P_3l	366.9	石英砂岩、石英粉砂岩夹粉砂岩、碳质页岩，含煤层	煤
		当冲组	P_2d	27～56	灰黑色硅质岩、硅质页岩、泥灰岩，局部含碳质	
		栖霞组	P_2q	34～89	深灰—黑色厚层泥晶灰岩，含燧石结核或条带	
	石炭系	壶天群	C*PH*	107	灰白色、浅灰色中—厚层状灰岩夹云灰岩和白云岩，浅灰色、灰白色厚—块状白云岩	

续表 2-3

界	系	群(组)	代号	厚度/m	岩性	主要矿产
上古生界	石炭系	梓门桥组	C_1z	518	灰白—深灰色中厚层状云灰岩、白云岩夹灰岩	
		测水组	C_1c	74～115	中厚状砂岩、粉砂岩夹粉砂质页岩，黑色碳质页岩、煤层	
		石磴子组	C_1sh	300～532	以中厚层状灰岩为主，夹泥灰岩、页岩	铅锌、铜
		天鹅坪组	C_1t	12～37	泥灰岩、泥质灰岩、粉砂质页岩夹灰岩	
		孟公坳组	C_1m	143～356	厚—巨厚层状灰岩、含白云质灰岩	铅锌银、锡
	泥盆系	岳麓山组	D_3y	82～89	砂页岩夹灰岩、泥灰岩	
		锡矿山组	D_3x	152～204	白云质灰岩、灰岩，含条带状白云质或泥质条带	铅锌、锡
		佘田桥组	D_3s	162～338	泥晶灰岩、泥质灰岩、泥灰岩，上部偶夹石英粉砂岩	钨锡铋、铅锌银
		棋梓桥组	D_2q	613～1182	灰岩、白云质灰岩、白云岩	钨、锡铅锌
		跳马涧组	D_2t	254～600	灰白—紫红色中厚层状石英砂岩夹砂质页岩，底为砾岩	钨、锡、铅锌
下古生界	寒武系	小紫荆组	$\in_{3\text{-}4}xz$	＞1920	灰—深灰色中厚层状浅变质长石石英杂砂岩夹粉砂质板岩，少量碳泥质板岩	钨、锡
		茶园头组	$\in_{2\text{-}3}cy$	407.4	上部岩性为灰绿色中厚层状浅变质中细粒石英杂砂岩与灰黑色砂质板岩、硅质板岩互层；下部为青灰—深灰色厚至巨厚层状浅变质中细粒石英砂岩、板岩	铅锌、钨
		香楠组	$\in_{1\text{-}2}x$	＞1010	灰绿色、灰黑色中厚层状浅变质砂岩及灰黑色碳质泥板岩、砂质板岩	钨、锡

2.提交临武幅、香花岭幅1∶5万水系沉积物测量工作报告，获得了调查区18种元素的定量分析数据，编制了整套的单元素异常图、地球化学图及综合研究解释系列成果图件，获得了调查区内各地质单元区内各元素地球化学参数资料，基本查明元素含量变化与地层和岩体之间的关系，提高了调查区基础地质地球化学工作程度。

3.圈定19处综合异常，有找矿意义的异常共17处，其中甲1类4处、甲2类2处，乙1类2处、乙2类2处、乙3类7处，丙3类2处。已编号的综合异常面积达266.06km²，约占全区面积的29.2%。提出6个地球化学找矿远景区，其中Ⅰ级远景区2个、Ⅱ级远景区4个。

4.查明全区矿(化)点共计84处，其中达大型规模以上的为铌钽及高岭土，金属类矿产共计69处。本次新发现锑矿(化)点1处，钨矿化点1处，铅锌矿点2处，锡铅锌矿点2处，褐铁矿点1处。

5.在总结本区各类矿产成矿规律、控矿规律的基础上，通过综合分析对比，圈定Ⅰ类找矿远景区2个，Ⅱ类找矿远景区1个。

6.建立了蚀变底砾岩型锡矿、热液充填交代型锡铅锌矿、夕卡岩型锡铅锌矿、层控型铅锌矿、石英脉型钨锡铅锌矿5个找矿模型，通过类比，提交找矿靶区4个。

7.土地寺、香花铺等地区具备良好的成矿条件和潜力，中深部有望找到中型以上规模的锡铅锌等中高温热液矿床，进一步明确了区内的找矿目标。

广西五将地区矿产地质调查成果报告

提交单位：广西壮族自治区地质调查院

项目负责人：孙兴庭

档案号：档0549-04

工作周期：2014—2016年

主要成果：

1.通过遥感解译，圈定环形构造50个，其中隐伏岩体成因的5个；提取断层53条，其中实测断层41条，推测断层12条，为矿产评价提供了重要辅助标志。

2.通过1∶5万矿产地质测量和1∶2000地质剖面测量，了解了调查区地层分布、岩性组合、岩相变化特征，在区内划分10个地层填图单位和1个岩浆岩填图单位；初步了解了区内构造演化特征和主要褶皱及断裂的控岩控矿特征，对地层、构造、岩浆岩及变质作用与矿产的关系进行了总结。

3.通过水系沉积物测量，查明了区内20种元素和各主要地质单元的地球化学场特征；圈定综合异常28处(其中甲类6处、乙类15处、丙类7处)，并对异常进行了排序。根据异常元素组合、矿化特征、地球化学背景等，将异常划分到6个异常区(带)。同时，对各异常区(带)及各综合异常进行了剖析和评价，为异常查证或矿产检查工作提供了依据。

4.通过高精度磁法测量，系统收集了区内地层、岩(矿)石的磁性参数，划分磁异常群7处，圈定局部异常44处，分离出深部磁异常6处，推断了富裕、元山和中洲3处隐伏磁性体，并划分断裂34条，为认识调查区矿床成因、确定找矿方向、进行找矿预测和靶区圈定提供了依据。

5.开展矿产概略检查8处，从中择优重点检查6处，其中3处重点检查区(元山金多金属、横冲顶金、中洲钨多金属)实现找矿靶区目标。通过矿产检查工作发现矿体5个，矿化体11个，以破碎带蚀变岩型和石英脉型金、钨矿为主，部分为铅锌钼矿化。矿(化)体集中分布于元山、横冲顶和中洲3处检查区(图2-17、图2-18)。

6.对区域成矿规律进行了总结，对区内猫儿顶一带隐伏岩体的存在进行了标志判别，认为调查区以石英脉型钨锡多金属矿，斑岩型、破碎蚀变岩型金(铜)矿和破碎蚀变岩型铅锌矿为主攻矿床类型，兼顾夕卡岩型-斑岩型钨锡钼、稀有金属矿产；提出了区内隐伏岩体成因的地质-物化探综合找矿模型。

7.根据地质、物化探、遥感、矿产检查及综合研究成果，圈定找矿远景区5个，其中A类找矿远景区2个(元山-石柱顶钨金多金属矿找矿远景区和富裕-黄官-公贵脑金矿找矿远景区)，B类找矿远景区2个，C类找矿远景区1个，并在找矿远景区的基础上提出了重点找矿方向，为下一步勘查提供依据。

图 2-17　元山地区各类含钨矿化石英脉

a. D5082；b. D5072；c. D5118；d. D6055

图 2-18　中洲检查区 ZZ -①黑钨矿体露头(ZZML2)

湖南苗儿山地区矿产地质调查成果报告

提交单位：湖南省地质调查院

项目负责人：杜云

档案号：档 0549-05

工作周期：2014—2016 年

主要成果：

1. 参照《湖南省岩石地层》(1997)，通过剖面测量和野外地质调查，对调查区内地层层序、地层分布及地层岩性有了新的发现和认识。划分了 37 个岩石地层单位，各填图单位之间界线清晰，标志明显，岩性稳定，从而使区内的多重地层单位划分与研究提高到新的水平。

2. 调查区内的构造形迹，以北北东—北东向为主，是区内主要的控岩控矿构造，为进行构造演化和控岩控矿作用研究奠定了基础。

3. 基本上查明了调查区岩浆岩的分布和岩石学、岩石地球化学和同位素地球化学特征，初步对岩浆岩体进行了解体，将其划分为青白口纪、志留纪、三叠纪和侏罗纪 4 个侵入时代，共 17 个侵入次，建立了岩浆岩填图单位，为建立岩浆岩的演化序列及研究其与成矿的关系奠定了基础。

4. 对调查区花岗岩的形成时代、侵入期次、岩性组成和矿物学特征、地球化学特征、物质来源、成因类型及形成构造背景等进行了系统研究，取得了集成性成果和若干新的地质认识，提高了区域花岗岩研究水平，为华南构造-岩浆演化研究补充了具有重要参考价值的地质资料。

(1)利用锆石 LA-ICP-MS 法新获得志留纪第一侵入次岩体年龄为(428.1±3.6)Ma，第二侵入次岩体年龄为(421.3±3.4)～(420.3±2.4)Ma，第六侵入次岩体年龄为(408.3±3.5)Ma；三叠纪第二侵入次年龄为(210.6±1.6)Ma。上述测年数据为建立区域岩浆事件年代学框架及区域构造环境演化研究提供了关键性基础资料。

(2)在新获年龄和前人年龄资料的基础上，结合本次新获得的地质学、岩石学、矿物学、地球化学等方面的资料，在调查区厘定出青白口纪、志留纪、三叠纪和侏罗纪 4 个阶段花岗岩，并对各阶段花岗岩进行了侵入期次划分，共划分出 21 个侵入期次；厘定苗儿山岩体是由岩浆多次侵入形成的复式岩体，由志留纪花岗岩构成主体、三叠纪和侏罗纪花岗岩构成补体。

(3)本次新获年龄和前人年龄资料表明，区内岩浆活动具有多期性特征，延续时间较长，从青白口纪、志留纪、晚三叠世直至中侏罗世，岩浆活动时限断续近 50Ma。其中以志留纪酸性岩浆活动规模最大，分布最广，与矿产关系最为密切。

(4)提出了区内青白口纪花岗岩形成于岛弧环境，而志留纪、三叠纪和侏罗纪花岗岩均形成于后造山拉张环境的新认识，并认为青白口纪花岗岩物质来源以壳源为主，但混入了少量幔源物质，而志留纪、三叠纪和侏罗纪花岗岩的物质来源均为地壳。

(5)首次在苗儿山岩体北段获得了加里东期成岩成矿年龄。落家冲钨锡铜钼多金属矿赋矿花岗岩锆石 U-Pb 年龄为(423.7±2.7)Ma，白钨矿 Sm-Nd 成矿年龄为(401.5±9.4)Ma。沙坪钨矿含矿细粒花岗岩的锆石 U-Pb 年龄为(408.3±3.5)Ma。平滩钨矿辉钼矿 Re-Os 成矿年龄为(426.9±5.4)Ma。上述成岩成矿年龄表明加里东期是苗儿山岩体北段的重要成岩成矿时代。

(6)区内已知钨、锡、铜、铅、锌、砷等矿床(点)与志留纪花岗岩密切有关，主要分布在苗儿山岩体北西部接触带附近，志留纪花岗岩是其主要赋矿围岩，并且发育了由志留纪花岗岩发生全岩矿化形成的花岗岩型钨矿。结合区内尚未发现与三叠纪、侏罗纪花岗岩有关的有色金属矿产，而区外苗儿山岩体南段三叠纪花岗岩中已发现了许多钨多金属矿床的事实(伍静等，2012；程顺波等，2013；杨振等，2013；陈文迪等,2016),提出整个苗儿山复式岩体具有“北志留、南三叠”的成矿格局的新认识。

5.完成了调查区1∶5万遥感地质解译工作。确定了区内地层、岩浆岩、构造等地质体的综合影像特征;通过地质解译,提取铁染蚀变与羟基蚀变信息,圈定遥感异常8个,其中以调查区中南部的7号异常范围最大,强度最大,找矿潜力最大,为综合找矿提供了依据。

6.完成了调查区1∶5万水系沉积物采样测量,编制了W、Sn、Mo、Bi、Cu、Pb、Zn、Ag、Au、Sb、As、Hg、Cd、Cr、Ni、Co、F、La共18个元素的点位数据图、地球化学图及地球化学异常图,共圈出综合异常31处,划分了9个地球化学找矿远景区,其中Ⅰ级找矿远景区4个,Ⅱ级找矿远景区3个,Ⅲ级找矿远景区2个。获得了系统的区域地球化学背景资料,对各地层、岩浆岩体中的元素丰值有较确切的了解,系统总结了元素地球化学特征和元素共生组合规律,为下一步找矿工作提供了依据。

7.通过异常查证和矿产检查,新发现矿(化)点16处,其中钨锡铜钼多金属矿产地1处、钨铜矿(化)点2处、钨矿点2处、铜铅锌矿点1处、铅锌矿点1处、铜矿点1处、煤矿点1处、金矿(化)点2处、天然饮用泉水矿点5处。

8.对新发现的矿(化)点,采用全面踏勘—概略检查—重点检查工作顺序择优开展各类异常、矿产的检查工作。概略检查了界福山钨铜矿点、老鼠岩钨铜矿化点、沙坪钨矿点、桃里水铜铅锌矿化点、五丘田铅锌矿点、双江口Au-As综合异常区、双桥W-Bi-As-Sn综合异常区、观子田Sn-W-Bi-Cu综合异常区、火烧庙W-Pb-Zn综合异常区,重点检查了落家冲钨锡铜钼多金属矿区、杨荷岭金矿点、界福山钨铜矿点、沙坪钨矿点、威溪Au-As-Pb综合异常区。其中3处达到找矿靶区成果要求,1处达到新发现矿产地要求。初步估算了新发现矿产地落家冲钨锡铜钼多金属矿区WO_3金属量7 161.97t,Sn金属量881.07t,Cu金属量167.02t,Mo金属量9.50t。

9.新发现了两种找矿潜力较大的新类型钨(多金属)矿,即产于志留纪花岗岩中的(电气石)石英细脉带型钨(多金属)矿和由志留纪晚期细粒花岗岩全岩矿化形成的花岗岩型钨矿,分别以落家冲钨锡铜钼多金属矿和沙坪钨矿为代表。前者具备“五层楼”或“五层楼+地下室”成矿特征,具有成为大型钨(多金属)矿床的潜力;而后者的矿化特征与广东韶关红岭花岗岩型钨矿(王小飞等,2010)十分相似,具有品位低、规模大的特点,具有成为大中型钨矿床的潜力。

10.分析、研究了调查区控矿地质条件、综合信息找矿标志,结合湖南省矿产资源潜力评价项目的成果,建立了区内主要矿床预测类型及其成矿模式与预测模型,编制了区域地质矿产图、矿产预测图,总结了区内矿产成矿规律,圈定找矿远景区6个。

广西宝坛地区1∶5万地质矿产综合调查成果报告

提交单位:广西壮族自治区地质调查院

项目负责人:石伟民

档案号:档0549-06

工作周期:2015—2018年

主要成果:

1.通过1∶5万矿产地质测量,1∶5000实测地质剖面,了解区内地层分布、岩性组合,侵入岩-喷出岩分布、活动期次、侵入就位机制、喷出特征等;按侵入喷出期次,划分出四堡期、雪峰期、海西—印支期3期,确定调查区填图单元,在调查区划分24个填图单位,并且结合前人1∶20万、1∶5万区域地质调查成果,重新勾绘调查区4个1∶5万图幅的地质矿产图。

2.通过在宝坛地区开展1∶5万水系沉积物测量，本次工作共圈定20种单元素衬值异常5723处，共圈定综合异常52处。

3.通过在宝坛地区开展1∶5万遥感解译，本次工作共解译出断裂构造140条，线性构造53条，环形构造35个，共圈定13个预测工作区，其中A类4个、B类5个、C类4个。

4.本次工作开展异常查证23处，异常查证后转化为重点检查区的有5处，概略检查区的有3处。新发现锡矿体12条，锡矿化体17条，铜矿体2条，铜矿化体3条，钴矿体1条，镍钴、钴矿化体13条，铅锌、铜、锡等矿点(矿化点)共计14处。通过资源量预测和优选，优选出3个找矿靶区：社堡锡多金属找矿靶区、盘龙钴镍找矿靶区和界排镍钴找矿靶区。

5.在社堡锡多金属找矿靶区新发现辉橄岩上部铜矿体1条，云英岩-绢英岩锡矿体2条，中基性岩内锡石-硫化物型锡矿体8条，铜矿体1条，锡矿化体14条，铜矿化体3条(图2-19)。

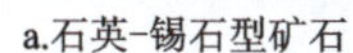
a.石英-锡石型矿石

b.锡石-硫化物型矿石

图2-19　社堡锡石英-硫化物型锡矿石

在盘龙钴镍找矿靶区新发现钴矿体1条、镍钴矿化体12条。钴矿体厚7.92m，Co品位0.027%；钴矿化体10条，合计厚14.75m，Co品位0.014%；镍钴矿化体2条，合计厚12.19m，Co品位0.011%，Ni品位0.1%。

6.对收集的资料进行综合整理，对调查区一洞典型锡矿床成矿规律进行了初步总结，初步建立了调查区内一洞典型锡矿床地质-地球化学-地球物理模型。对比一洞典型锡矿床成矿规律，总结调查区雪峰期花岗岩体周缘成矿规律和找矿模型，划分3个找矿远景区，圈定3个找矿靶区，并开展成矿预测。

湖南浣溪地区1∶5万地质矿产综合调查成果报告

提交单位：湖南省地质调查院

项目负责人：陈必河

档案号：档0549-07

工作周期：2015—2018年

主要成果：

1.初步建立调查区地层格架和侵入岩序列，厘定岩石地层填图单位23个，侵入岩填图单位7个；建立了全区构造格架，基本查明了地层、岩浆岩、构造与成矿的关系。

2.通过遥感地质解译,确定了调查区地层、岩浆岩、构造等地质体的综合影像特征,圈定了11个遥感异常区。

3.编制了调查区19个元素的地球化学图和单元素异常图。根据主要相关元素组合特征,编制了5套组合异常图。编制了调查区综合异常图,圈定出34处综合异常,其中甲类异常8处、乙类异常12处、丙类异常14处。结合地质及矿产特征,共划分地球化学找矿远景区9个,其中Ⅰ级3个、Ⅱ级3个、Ⅲ级3个。

4.在综合分析调查区地质、化探、遥感成果的基础上,概略检查了葛田金矿点、洞里铜矿点、梨树洲钨矿点、石井下萤石矿点,重点检查了策源硅石矿点、东岭高岭土矿点、塘窝稀土矿矿点、青广坪稀土矿点、双爪垄金铅矿点、龙王坑金矿点、肖家里金异常区。对其地质特征及矿化特征进行了初步总结,对成矿地质条件进行了初步分析,并给出了下一步工作建议。在此基础上,新发现2处矿产地(策源硅石矿、东岭高岭土矿),新圈定4个找矿靶区(塘窝稀土矿矿点、青广坪稀土矿点、双爪垄金铅矿点、梨树洲钨矿点)。

5.总结了区域矿产特征及成矿规律;选取了典型矿床进行研究;开展了矿产预测工作。总结出调查区的矿产预测类型主要有"铲子坪式"破碎蚀变岩型金矿,"双江口式"岩浆热液型萤石矿,"瑶岗仙式"石英脉型钨矿,"姑婆山式"离子吸附型稀土矿4种矿产预测类型;圈定了6个找矿远景区。

6.成果转化。①石井下萤石矿,已转湖南省地勘局416队预查(省两权价款项目);②策源硅石矿点,已向湖南省国土资源厅申请勘查(省两权价款项目);③东岭高岭土矿点,已通过县级国土部门审核,向湖南省国土资源厅申请预查(省两权价款项目)。

广东1∶5万丰阳公社、大路边公社、东陂、连县幅区域地质矿产调查成果报告

提交单位:广东省地质调查院

项目负责人:张伟

档案号:档0549-08

工作周期:2014—2016年

主要成果:

1.重新厘定了调查区地层层序。采用多重地层划分方法,在详细调查的基础上,重新厘定了调查区内填图单位,理顺调查区地层层序,将区内地层厘定了27个组级岩石地层单位和9个非正式填图单位。9个非正式填图单位分别为牛角河组顶部灰岩、老虎头组底砾岩、信都组含火山角砾石英砂岩、信都组灰岩、棋梓桥组含燧石灰岩、融县组条带状灰岩、融县组泥质灰岩、连县组泥岩、测水组灰岩。这一成果明显提高了调查区岩石地层的研究程度。

2.重新厘定了调查区泥盆系底部地层序列。结合岩石组合特征、空间展布规律及与广东省岩石地层对比,新划分出老虎头组,即对原信都组进行解体,将其下部分布的一套粗碎屑岩划分为老虎头组,为粤西北地区的地层对比奠定了基础。

3.重新厘定了调查区晚石炭世地层序列,新划分出大埔组、黄龙组、船山组,结合剖面测制及区域对比,黄龙组与船山组接触界线明显,解决了以往对黄龙组、船山组难以区分的问题。

4.重新厘定了调查区晚二叠世地层序列，查明了上二叠统在调查区内岩石组合及空间分布特征，结合岩性特征、化石及区域对比，新划分出水竹塘组、九陂组，即对以往所划分的龙潭组进行了解体，为粤西北晚二叠世地层对比奠定了基础。

5.通过岩性特征、岩石组合、沉积构造等的详细调查，结合相应的古生物特征，基本查明了泥盆纪各相区岩石地层叠置关系，分别以东岗岭组与棋梓桥组、榴江组与融县组代表两种不同类型的沉积，并确定其为同期异相，为区内阳山地层小区和连县地层小区的划分提供了佐证。

6.重新建立了调查区花岗岩侵入序列。根据野外详细地质调查，对区内侵入岩进行了解体，基本查明了侵入体之间及其与地层围岩的接触关系，开展了侵入岩的岩石学、岩石化学、地球化学等研究。按“岩性＋时代”的方案，将区内侵入岩分为10个填图单位，每个填图单位都获得了精确同位素年龄，建立了岩浆作用精细时代格架和演化序列。同时，基本查清了区内脉岩的分布、岩性、产状及地球化学特征。

7.对区内侵入岩构造环境及成因类型进行了探讨。中侏罗世至晚侏罗世侵入岩形成于板内构造环境到活动大陆边缘俯冲火山弧环境下的改造型花岗岩；早白垩世侵入岩形成于火山岛弧构造环境下的改造型花岗岩。

8.查明了区内变质岩的岩石类型及其分布规律，总结了各类变质岩的岩石组合和变质矿物学特征，划分出区域变质、接触变质、动力变质、气-液交代变质4种变质作用类型，厘定了变质相。

9.对区内褶皱、断裂等构造进行了调查，共梳理出30处褶皱构造，划分为加里东期、印支期、燕山期早期、燕山晚期4个褶皱构造期次，并对不同类型的褶皱样式进行对比、研究；厘定了30条主干断裂构造，分析、总结各主干断裂的性状和展布规律，从而建立起调查区的基本构造格架。

10.区域构造调查研究获得较大进展，识别出调查区连州推覆构造。推覆构造北东起长径、千义坑一带，南西至保安、湾村一线，南北宽约15km，东西长约26km，推覆体总体呈北西-南东向的长条形。连州推覆构造由外来系统（寒武纪—石炭纪地层）、原地系统（二叠纪—早三叠世地层）组成，外来系统中常见斜歪、倒转褶皱，发育多期片理，在强硬层中见碎裂岩。逆冲推覆构造由一系列在剖面上表现为中—低角度的逆断层组成，主体形成于印支期，总体由北西向南东推覆，推覆距离约8km。

11.全面完成了调查区1∶5万水系沉积物测量工作，编制完成了地球化学图、单元素异常图、组合异常图、综合异常图，圈定出432处单元素异常，划分了32处综合异常，其中甲1类异常14处、乙2类异常2处、乙3类16处。结合地质特征，区内具备锡钨多金属矿、金多金属矿、锑多金属矿、稀土矿的找矿潜力，为公益性地质矿产调查项目成果服务社会打下了坚实基础。

12.基本查明了区内已知和新发现矿床、矿点和矿化点共计45处，分别按照能源矿产、金属矿产、非金属矿产进行分类介绍，并对其分布特征、成矿地质条件、矿化特征和找矿潜力进行了分析。

13.新发现稀土矿点1处、金多金属矿化点1处、钨锡多金属矿化点3处。其中，通过异常查证认为新发现的大东山离子吸附型重稀土矿具大型远景规模。

14.经综合研究，区内金、钨锡、稀土矿等具较好的找矿前景。初步阐述了区内主要矿产的分布特征、成矿地质条件及主要矿种的找矿模型，划分出4个A级找矿远景区和7个找矿靶区，并对其地质、物探、化探、遥感特征进行了概括，对其找矿潜力进行了分析（图2-20）。

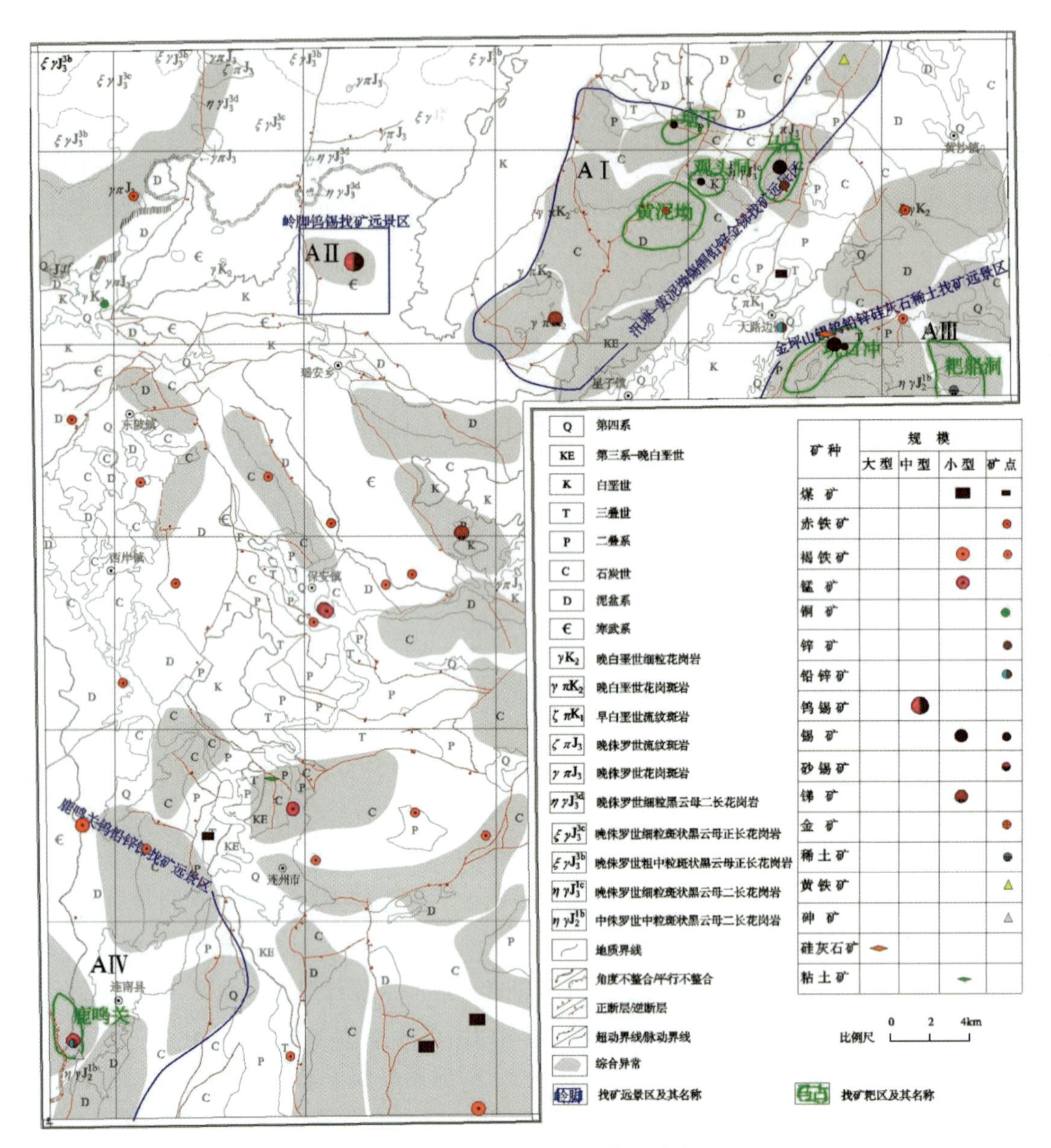

图 2-20　找矿远景区及找矿靶区分布图

广东 1∶5 万大布公社、罗坑圩、八宝山、横石塘幅区域地质矿产调查成果报告

提交单位:广东省地质调查院

项目负责人:严成文

档案号:档 0549-10

工作周期:2014—2016 年

主要成果:

1. 进一步厘定了调查区地层序列。采用多重地层划分方法,在详细调查的基础上,进一步理顺了调查区地层层序,将区内地层划分为 16 个组级地层单位。

2. 注重非正式地层单位的填绘及图面表达。对区内各地层单元中特征岩性层或标志性岩性夹层进行了针对性调查和清理，共厘定出晚泥盆世融县组核形石灰岩、早石炭世测水组碳质泥岩等11个非正式地层单位。

3. 新填绘地层单位——下石炭统长垑组(C_1cl)。本次工作在乳源县大布镇坪控、长山等地下石炭统底部调查发现一套泥质粉砂岩、粉砂质泥岩、页岩偶夹钙质泥页岩、泥质灰岩、生屑灰岩的岩石组合，根据区域地层对比，将其划为长垑组。

4. 调查发现角度不整合接触界面。本次工作在英德市横石塘镇背福山等地发现中泥盆统杨溪组(D_2y)与下震旦统坝里组(Z_1b)的角度不整合接触界面，表现为层理产状较平缓的杨溪组中厚层状含砾砂岩、砂砾岩覆盖于高角度的坝里组厚层—块状变质砂岩层之上。

5. 建立调查区花岗岩侵入序列。根据野外详细地质调查，结合系统精准的同位素测试，将区内花岗岩划分为3期11次岩浆侵入体，基本查明了各期次花岗岩的空间分布、接触关系、年代学、岩石学、地球化学等特征。

6. 厘定调查区大东山岩体成岩时代。针对区内广泛出露的大东山岩体，其成岩时代一直存在争议。对此，本次工作对区内大东山岩体进行了系统的同位素年代学研究，获取了其较为精准的同位素成岩年龄，集中在162～155Ma之间，时代为晚侏罗世(J_3)。这与张敏等(2003)及马铁球等(2006)对大东山岩体成岩时代的研究认识是基本一致的。

7. 首次在大东山地区发现加里东期岩浆活动证据。本次工作在乳源县洛阳镇天堂岭和韶关市武江区樟市镇中洞、芦溪等地调查发现加里东期花岗岩，其岩性为中粗粒斑状黑云母二长花岗岩、弱片理化中粒斑状黑云母二长花岗岩。调查发现其被中泥盆统杨溪组沉积覆盖，结合同位素年代学研究，获得其LA-ICP-MS锆石U-Pb同位素年龄为(450.8±6.0)Ma，将其时代划属晚奥陶世。

8. 首次在大东山岩体中发现超基性岩。本次工作在韶关市龙归镇猴子坝等地大东山岩体中发现超基性岩(苦橄岩)，呈近东西向脉状产出。超基性岩的发现，表明相关区域在晚侏罗世后(晚于160Ma)存在过一次深切岩石圈的拉张作用或地幔柱入侵事件，这对揭示南岭地区岩石圈动力学及壳幔相互作用、岩浆演化等具有重要地质意义。

9. 对脉岩开展同位素年代学研究。针对区内广泛发育的基性岩脉、中基性岩脉及中酸性岩脉等，本次工作尝试性地选择石英闪长岩脉进行同位素年代学分析测试，获得其LA-ICP-MS锆石U-Pb同位素年龄为(160.2±2.5)Ma，其成岩时代与围岩花岗岩基本相当。

10. 尝试对调查区进行构造分区，重建调查区构造格局。大致以南北向围子断裂为界，东西部在沉积地层及变形机制方面存在较大差异。沉积地层方面，在中晚泥盆世出现沉积分异，东部沉积了以碳酸盐岩为主夹碎屑岩的地层组合，西部则沉积了以碎屑岩为主夹碳酸盐岩的地层组合；变形机制方面，东部表现以横弯褶皱变形作用为主，西部表现为以纵弯褶皱变形作用为主。

11. 首次在调查区发现加里东期韧性变形形迹。本次工作在韶关市曲江区樟市镇中洞、芦溪等地调查发现一糜棱岩、糜棱岩化花岗岩带，带宽大于200m，总体呈北东向走向(后期叠加褶皱变形及脆性域断层作用)。该韧性变形带发育于晚奥陶世花岗岩体中，但未穿越泥盆纪地层，表明该断裂带形成于加里东期。前人就区域上北东向吴川-四会断裂北向延伸至调查区南缘西牛镇等地后是否继续北向延伸的问题一直存在争议，已有研究资料表明，吴川-四会断裂发育于云开地块边界，最早形成于加里东期，早期表现为大型右旋走滑韧性剪切带。本次北东向韧性剪切带的发现，为吴川-四会断裂带穿越本调查区继续北延提供了新的有力佐证。

12. 初步探讨广东乳源大峡谷地貌成因机制。根据野外调查，乳源大峡谷发育于中泥盆世碎屑岩地层中，地层产状平缓，普遍发育北东向及北西向两组近直立节理。结合本次调查及前人研究成果，区域上北西向及北东走向两组节理的普遍发育、区域性地壳的阶段性抬升、常年流水侵蚀三大因素的共同作用是乳源大峡谷地貌形成的重要成因机理。此成因模式也可类比湖南张家界地貌,如果将张家界地貌界定为峡谷地貌发展的老年期,那么乳源大峡谷或正处于峡谷地貌发展的青少年期。

13.在韶关市武江区江湾镇河背村等地调查发现一处热泉,为花岗岩区自然涌出型,涌水量每天约几十立方米,水温在40℃左右,属中低温型。构造上位于北东向江湾断裂上盘,与区域性断裂活动性有关,结合区内发育的多级夷平面、峡谷地貌等综合特征,调查区新构造活动强烈,或正处于强烈抬升期。

14.共圈定水系沉积物测量综合异常43处,其中具有找矿意义的甲类异常14处、乙类异常29处,标出了主要找矿元素及重要找矿地段。

15.矿产调查取得重要进展。调查并归纳总结区内矿产地31处,划分岩浆热液型、夕卡岩型、浅成中—低温热液型、风化壳离子吸附型、风化壳型5种矿床类型。矿点检查有白竹、竹山、钨莲、黄泥地、续源洞、淘金洞、杨屋、香炉径、转同湾、西坑坝、石门台11处,其中重点检查了矿(化)点9处,分别为:英德市西坑坝金银矿点、英德市黄泥地铅锌银多金属矿点、乳源县竹山银矿点、英德市转同湾铅锌矿点、乳源县钨莲钨铋矿点、英德市陶金洞铅锌矿点、乳源县大坳坑萤石矿化点、韶关市续源洞稀土矿化点、乳源县白竹稀土矿化点。建立了金矿、钨锡铋矿、铜铅锌银矿3类矿产的找矿模型。划分了古母水-波罗钨锡铋铜铅锌银矿、石牯塘-横石塘钨锡铋铅锌金银矿2个A级找矿远景区,圈定了茶山钨铋矿(A级)、黄泥地铜铅锌银矿(A级)、转同湾铅锌矿(A级)、西坑坝金银矿(A级)、竹山银矿(B级)、陶金洞铅锌矿(B级)6个找矿靶区。本次工作新发现矿(化)点5处,分别为英德市西坑坝金银矿点、英德市黄泥地铅锌银多金属矿点、乳源县竹山银矿点、英德市转同湾铅锌矿点、乳源县钨莲钨铋矿点。

广东黄坑-百顺地区矿产地质调查成果报告

提交单位:广东省核工业地质局

项目负责人:张辉仁

档案号:档0549-12

工作周期:2013—2015年

主要成果:

1.通过1∶5万遥感地质解译和1∶5万矿产地质调查,于诸广山岩体南部新发现一些隐伏断裂,特别是南北向断裂的发现,为区内重要的成矿构造,拓宽了找矿方向。

2.圈定各类物化探综合异常129处,其中水系沉积物测量圈定综合异常97处(甲类综合异常12处,乙类综合异常19处,丙类综合异常66处),地面伽马能谱测量圈定综合异常32处(Ⅰ类综合异常11处,Ⅱ类综合异常14处,Ⅲ类综合异常7处)。

3.预测成矿远景区10个,多金属成矿远景区8个(A级2个,B级3个,C级3个),稀土成矿远景区2个(B级1个,C级1个)。

5.根据诸广南部区域地质背景,成矿地质条件和元素的地球化学行为,花岗岩型成矿的成因为内(表)生变价活化、天水富集成矿的复成因热液型矿床,据此建立了诸广南部区域成矿模式。

6.应用水系沉积物测量、音频大地电磁测深(AMT)等方法,结合传统的地面方法探索了物化探方法及方法组合在诸广山岩体南部的应用效果。

7.项目成果转化较好,利用矿产调查项目成果积极申请各类勘查项目,取得了较好的找矿效果,大力推进了广东诸广整装勘查区的实施和找矿突破工作。

湘西-鄂西成矿带神农架-花垣地区地质矿产调查成果报告

提交单位：中国地质调查局武汉地质调查中心
项目负责人：段其发
档案号：档 0556
工作周期：2016—2018 年
主要成果：

调查区位于华南板块中部，北部以襄（樊）-广（济）断裂带为界与秦岭造山带相接，东南部以安化-溆浦-三江断裂带为界，与华南造山带相邻，西部大致以齐岳山断裂带为界与四川盆地分隔，东邻江汉-洞庭坳陷，包括扬子陆块和雪峰造山带两个二级构造单元，龙门山-大巴山前陆褶冲带、神农架-黄陵穹隆、八面山陆内变形带和江汉-洞庭坳陷 4 个次级构造单元（图 2-21）。

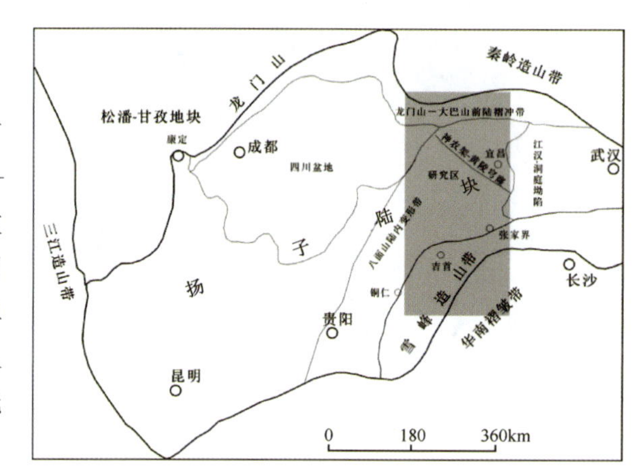

图 2-21　湘西-鄂西地区大地构造分区简图

一、基础地质调查进展

本次工作在陆核区崆岭群的物质组成、形成时代及构造热事件等方面取得新进展。

1. 新发现古太古代 TTG 片麻岩。在崆岭杂岩北部林老爷河一带发现一套由英云闪长质片麻岩、奥长花岗质片麻岩、花岗闪长质片麻岩和二长花岗质片麻岩组成的地层（图 2-22），该套岩石逆冲推覆于中太古代东冲河 TTG 片麻岩之上，后期构造改造片理化强烈，并受到钾化等蚀变作用影响。锆石分析显示，奥长花岗质片麻岩、二长花岗质片麻岩中的锆石具有明显的振荡环带，显示岩浆岩的特点，部分锆石 CL 图像存在花斑，可能与后期构造-热事件有关。应用 LA-ICP-MS 锆石 U-Pb 定年方法，获得奥长花岗质片麻岩年龄为（3299±29）～（3285±20）Ma（图 2-23），地质时代属古太古代，为陆核区发现的最早的地质实体，本次将其命名为林老爷河片麻岩。

图 2-22　古太古代 TTG 岩石外貌

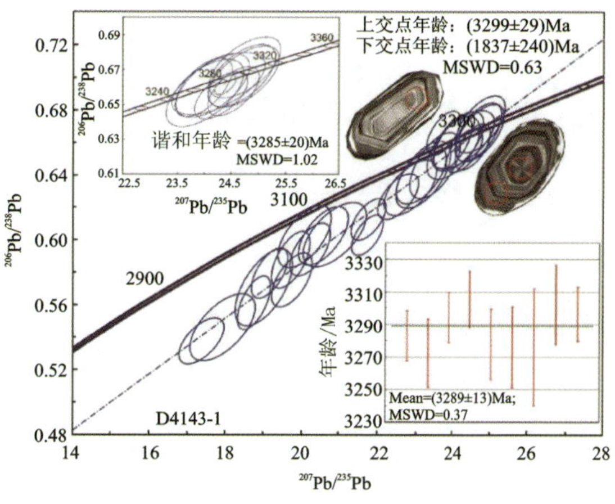

图 2-23　奥长花岗质片麻岩锆石 U-Pb 谐和图

2. 厘定了中太古代斜长角闪岩，获得 3.45Ga 和 3.91Ga 等古老锆石年龄信息。在野马洞岩组下部斜长角闪岩(变质基性火山岩)(图 2-24)中获得约 3.0Ga 的形成年龄(图 2-25)，属中太古代，并在其中发现 3.45Ga 具酸性岩浆成因结构特征的继承锆石和一颗古太古代继承锆石(3.91Ga)，这是迄今扬子陆核区已知最老的锆石年龄数据，揭示扬子克拉通初始地壳可能在始太古代早期已经开始形成，在古太古代中期已初具规模，为限定地球早期陆壳形成和演化提供了重要资料。

图 2-24　中太古代变基性火山岩

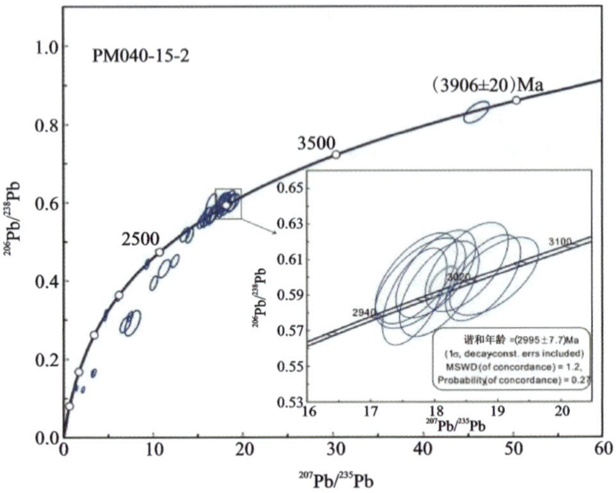

图 2-25　太古宙变基性火山岩锆石 U-Pb 谐和图

3. 新发现中太古代磁铁石英岩，同时获得 2.92Ga 的岩浆侵入事件和 2.88Ga 的变质事件年龄。

据野外产状，条带状磁铁石英岩位于前述的中太古代斜长角闪岩之上，呈层状、透镜状产出(图 2-26)，可见 3～5 层，一般厚度为 5～15cm，最厚达 70cm，延长达百余米，磁铁矿含量 25%～50%。采用 LA-ICP-MS 锆石 U-Pb 法获得与磁铁石英岩共生的浅粒岩(变酸性火山岩)锆石年龄为 2.94Ga(图 2-27)，代表火山岩的形成时代；侵入该套岩石中的变质变形花岗岩脉年龄为 2.92Ga，同时获得变质锆石的年龄为 2.88Ga。

图 2-26　中太古代磁铁石英岩

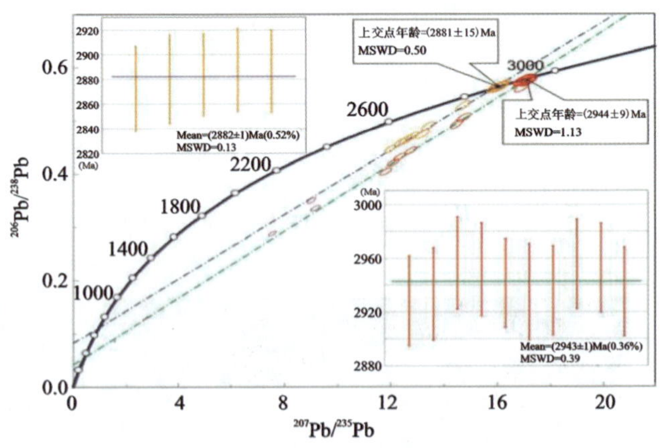

图 2-27　磁铁石英岩锆石 U-Pb 谐和图

4. 确认野马洞岩组属太古宙早期绿岩带的残留体，获得 3.0Ga 及 2.93Ga 变质年龄。在孔子河一带原中元古代孔子河岩组中识别出野马洞岩组，岩性为滑石透闪石片岩、透闪石片岩、变质细粒石英杂砂岩、变质含砂泥质粉砂岩、绿泥方解石钙质片岩等。滑石透闪石片岩和透闪石片岩多以包体形式产出(图 2-28)，原岩为玄武质科马提岩和科马提岩，MgO 含量 18%～28%，ΣREE 变化于 9.20×10^{-6}～33.12×10^{-6}之间，稀土配分模式与 E-MORB 特征相似，具绿岩带物质的地球化学特征。

图 2-28　野马洞组滑石透闪石片岩包体

图 2-29　透闪石片岩中锆石 U-Pb 谐和图

透闪石片岩的锆石普遍具有核-边结构，U-Pb 年龄为 3.0Ga 及 2.93Ga 两组(图 2-29)，其中 3.0Ga 为具有核部的锆石年龄，阴极发光图像中颜色浅，为花斑状、云雾状(图 2-30)，Th/U 值高，具重结晶锆石的结构特征，为早期变质事件的年龄记录。2.93Ga 年龄包括了核部锆石和增生边锆石，但核部锆石在阴极发光下颜色暗并具有振荡环带，结构上显示出有流体参与条件下的变质重结晶，使一些锆石具有很低的 Th/U 值(小于 0.1)；增生边锆石在阴极发光下结构均匀，具低的 Th/U 值(小于 0.1)，代表了另一次构造热事件年龄记录。据此认为，该样品记录了 3.0Ga 和 2.93Ga 两期构造热事件，表明寄主岩石形成时代早于 3.0Ga，同时也暗示当时地壳已具有相当大的厚度。

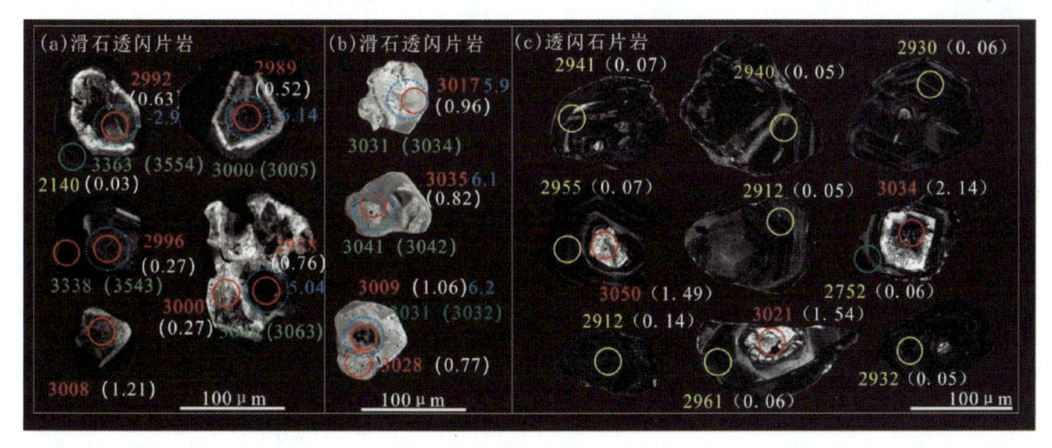

注：图中小圈为 U-Pb 年龄分析位置，大圈为 Hf 同位素分析位置，年龄为 $^{207}Pb/^{206}Pb$ 年龄(Ma)，括号内白色数值为 Th/U 值；绿色数值代表 T_{DM1}(Hf)，括号内绿色数值代表 T_{DM2}(Hf)；蓝色数值代表 $\varepsilon_{Hf}(t)$，除绿色小圈为不谐和锆石外，其余均为谐和锆石。

图 2-30　野马洞岩组中代表性锆石 CL 图像及激光分析测试数据

5. 在东冲河 TTG 片麻岩中获得 2.94Ga 的形成年龄和 2.88Ga 的混合岩化作用年龄。在东冲河 TTG 片麻岩中，呈条带产出的混合岩化钾长花岗岩的锆石 CL 图像呈面状分布，具有典型变质锆石特征，LA-CP-MS 锆石 U-Pb 年龄约 2.88Ga，在误差范围内一致，可代表其混合岩化作用的年龄(图 2-31)。另一组上交点年龄 2.94Ga 代表东冲河片麻岩的成岩年龄。

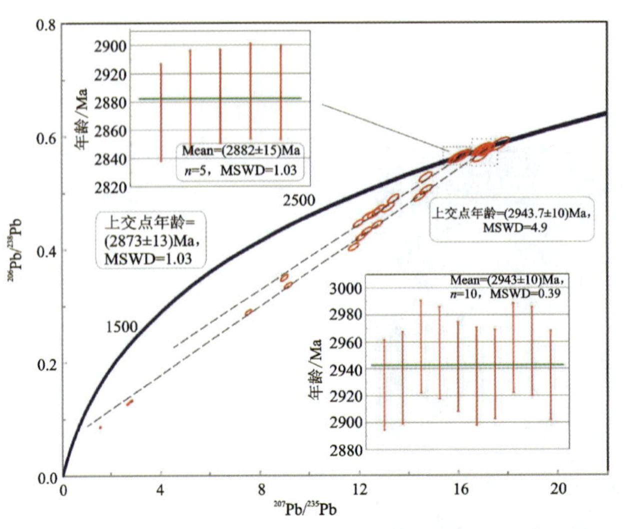

图 2-31　钾长花岗质条带状片麻岩中锆石 U-Pb 谐和图

6. 解体了原黄凉河岩组，确定白竹坪火山岩形成于古元古代。将黄凉河岩组顶部的变粒岩、浅粒岩(变质火山岩岩组)独立划分出来，与力耳坪岩组一并归为构造混杂带的物质。

在黄陵背斜北缘白竹坪火山-次火山岩建造中，获得含石榴变质流纹斑岩(次流纹斑岩)和黑云二长变粒岩(变酸性晶屑凝灰岩)的 LA-ICP-MS 锆石 U-Pb 年龄分别为(1852±16)Ma 和(1856±24)Ma，同时获得(1959±11)Ma 的围岩锆石年龄(图 2-32)，确定该建造形成时代为古元古代，与华山观岩体、圈椅埫岩体、殷家坪基性岩脉等哥伦比亚超大陆裂解事件记录基本同期。

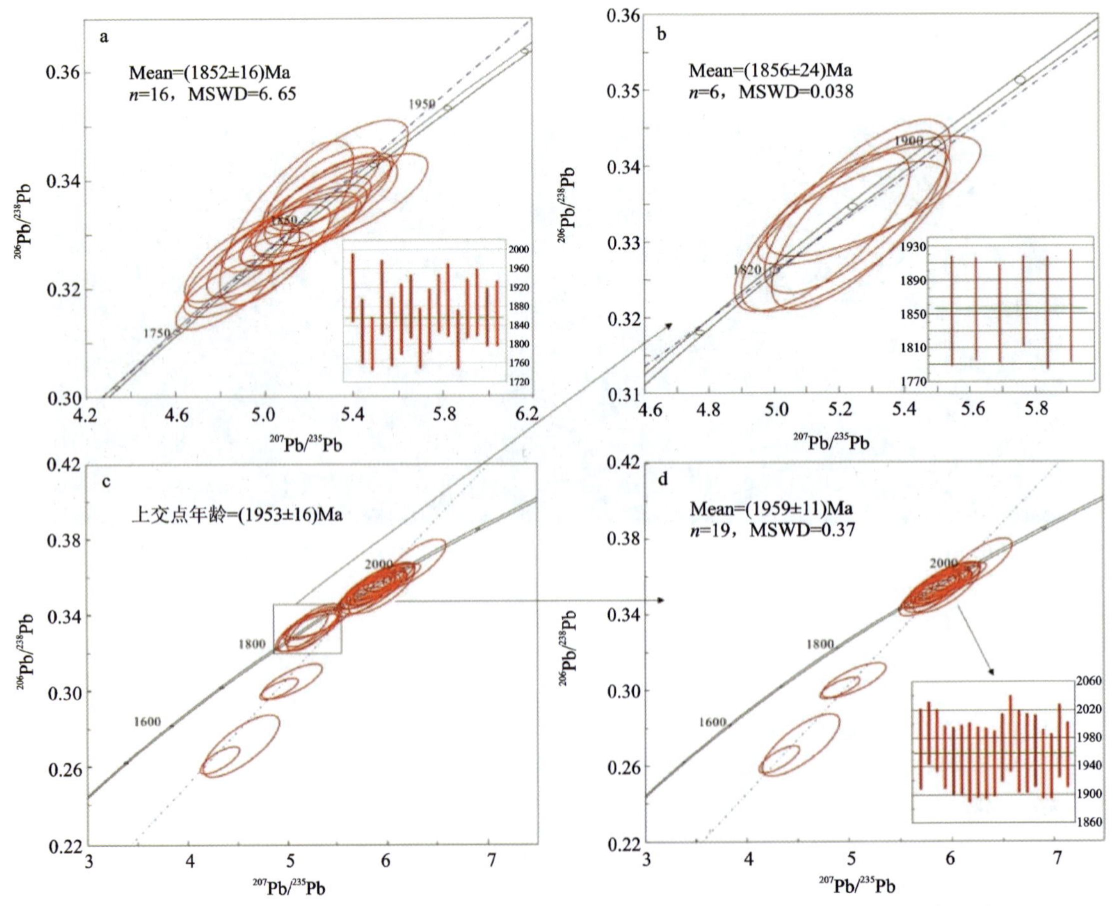

图 2-32　白竹坪流纹斑岩(a)与黑云二长变粒岩(b)及其围岩(c、d)锆石 U-Pb 谐和图

上述定年结果表明，在黄陵地区存在一套中太古代基性—超基性岩及其相关的沉积岩(碎屑岩、石英岩)组合和约 2.94Ga 的 TTG 组合，共同组成花岗-绿岩带，初步确定其代表了与洋壳形成、板块俯冲拼贴有关的一套较完整的沉积-岩浆演化序列(图 2-33)。

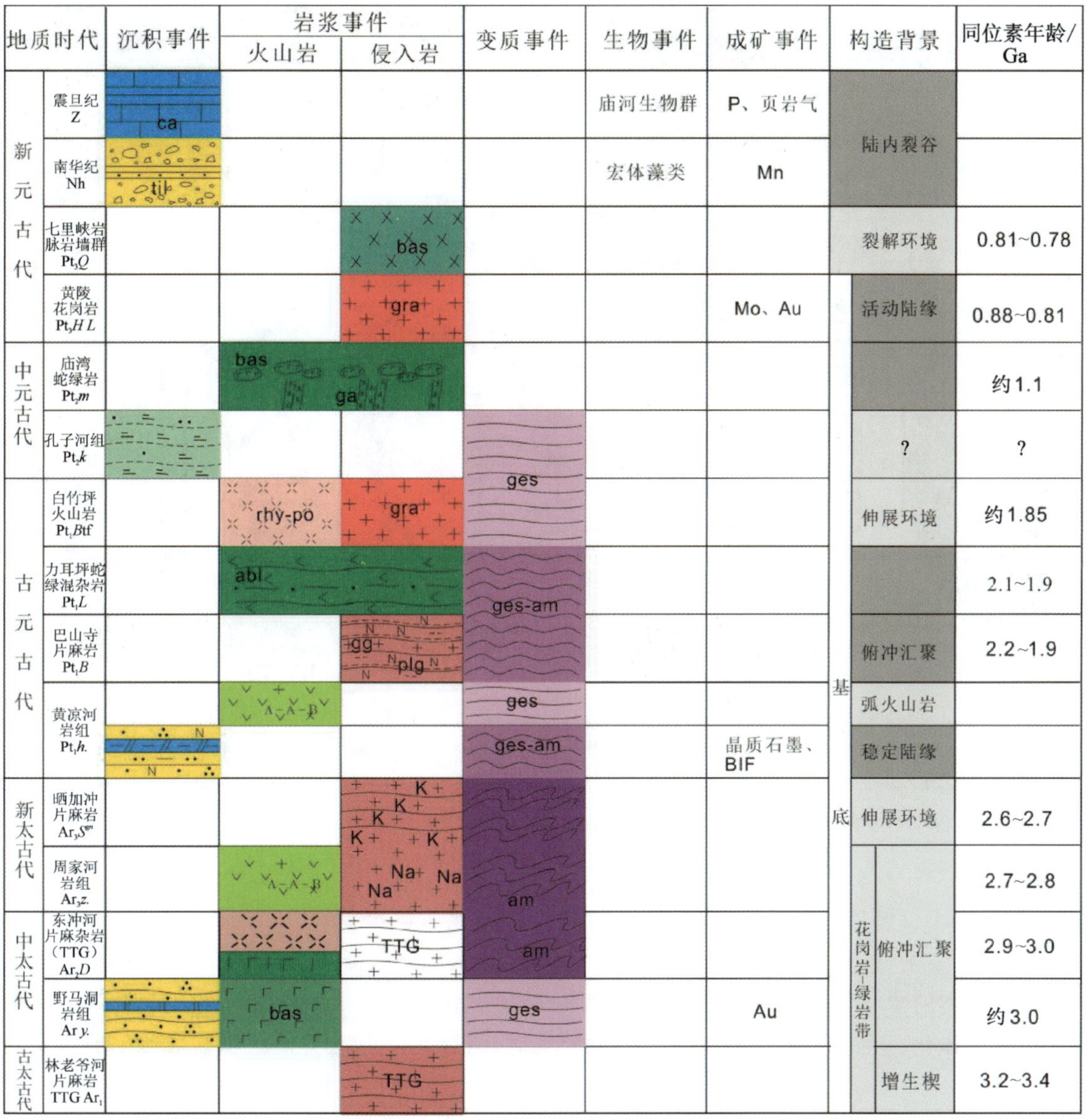

地质时代		沉积事件	岩浆事件		变质事件	生物事件	成矿事件	构造背景	同位素年龄/Ga
			火山岩	侵入岩					
新元古代	震旦纪 Z	ca				庙河生物群	P、页岩气	陆内裂谷	
	南华纪 Nh	til				宏体藻类	Mn		
	七里峡岩脉岩墙群 Pt_3Q			bas				裂解环境	0.81~0.78
	黄陵花岗岩 Pt_3HL			gra			Mo、Au	基底 活动陆缘	0.88~0.81
中元古代	庙湾蛇绿岩 Pt_2m		bas ga						约1.1
	孔子河组 Pt_2k				ges			?	?
古元古代	白竹坪火山岩 Pt_1Btf		rhy-po	gra				伸展环境	约1.85
	力耳坪蛇绿混杂岩 Pt_1L		abl		ges-am				2.1~1.9
	巴山寺片麻岩 Pt_1B			gg plg				俯冲汇聚	2.2~1.9
	黄凉河岩组 Pt_1h		A-A-B		ges			弧火山岩	
		N			ges-am		晶质石墨、BIF	稳定陆缘	
新太古代	晒加冲片麻岩 Ar_3S^m			K	am			伸展环境	2.6~2.7
	周家河岩组 Ar_3z		A-A-B	Na				花岗岩-绿岩带 俯冲汇聚	2.7~2.8
中太古代	东冲河片麻杂岩(TTG) Ar_2D			TTG	am				2.9~3.0
	野马洞岩组 Ar_2y		bas		ges		Au		约3.0
古太古代	林老爷河片麻岩 TTG Ar_1			TTG				增生楔	3.2~3.4

ges. 绿片岩相变质；am. 角闪岩相；gra. 花岗岩；gg. 花岗质片麻岩；plg. 斜长花岗岩；rhy-po. 流纹质斑岩；bas. 基性岩；abl. 斜长角闪岩。

图 2-33　扬子陆核区构造-岩浆-沉积演化序列

二、古生物化石新发现与研究进展

1. 南沱组宏体藻类碳质压膜化石新发现。化石产于神农架宋洛剖面南沱组下部的黑色碳质页岩中，已发现 2 个化石层位，其中下部厚 3～5m 的黑色页岩中化石较为丰富，成层出现，化石类型也相对较多；上部黑色页岩透镜体中化石数量少且类型单一，主要以圆盘状化石为主。通过研究，宋洛剖面南沱组宏体碳质压膜化石组合至少包括 5 种不同形态类群，分属于 8 个不同属种(图 2-34)。

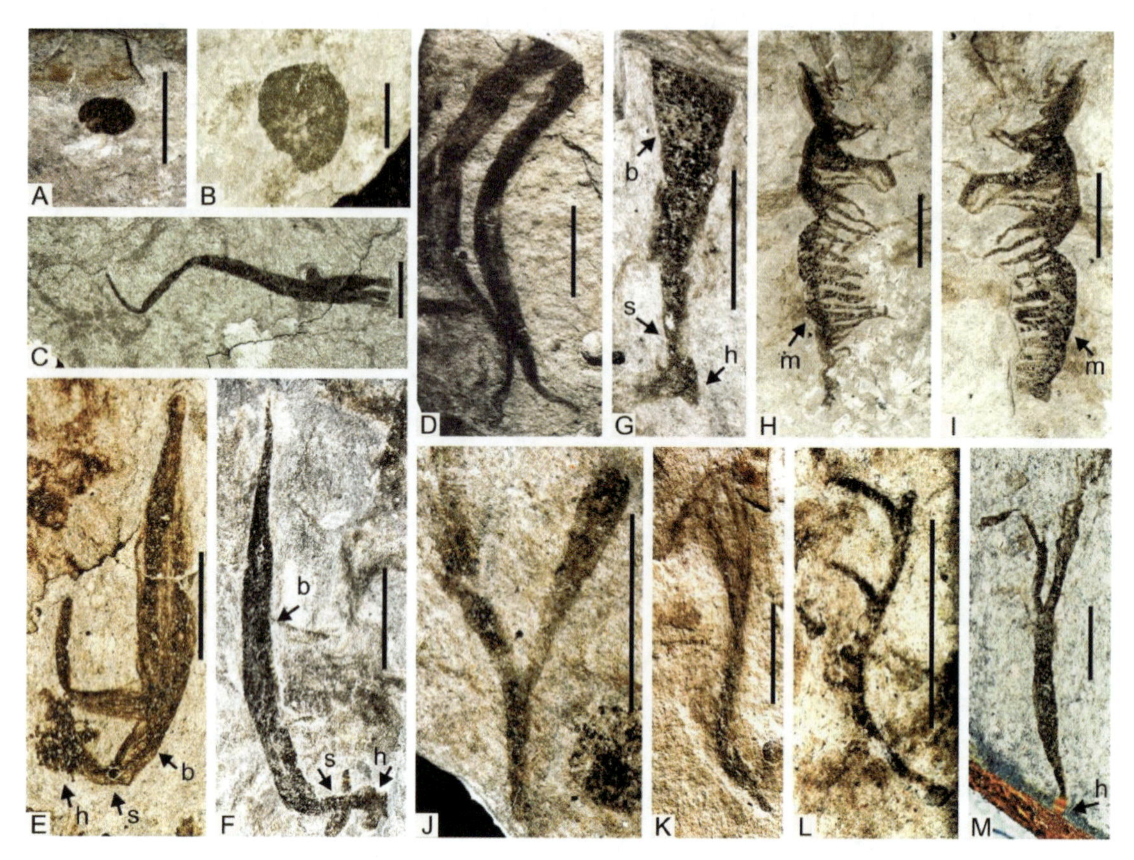

A-B. *Chuaria* sp. ;C-D. 带状化石 *Vendotaenia*;E-F. 具有可能的固着器-叶柄-叶片分化特征的带状化石;G. *Baculiphyca*,具有须根状固着器,圆柱状叶柄和棒状叶片的分化特征;H-I. 似 *Parallelphyton* 的化石;J. *Konglingiphyton erecta*;K. *Enteromorphites siniansis*;L. 似 *Wenhuiphyton* 的一类单轴分枝状化石;M. *Enteromorphites* sp. ,固着器被氧化呈红褐色;h. 固着器;s. 叶柄;b. 叶片;m. 主轴。图中线段比例尺代表 3mm。

图 2-34　宋洛剖面南沱组宏体碳质压膜化石组合典型代表

化石组合中不仅包括一些形态简单、延续时间较长的化石类型(如 *Chuaria* 和 *Vendotaenia*),而且也包括一些形态复杂、被解释为底栖固着生活的宏体藻类化石。尽管圆盘状、带状化石在成冰纪之前就有报道,但底栖类的棒状化石、二歧分枝和假单轴分枝类型化石却是最先在成冰纪发现并报道。也就是说,尽管底栖宏体化石在埃迪卡拉纪(震旦纪)发生辐射,但有一些形态类型已经在成冰纪或者更早就开始孕育了。

2. 庙河生物群化石重要进展。庙河生物群为研究早期多细胞生命起源和演化提供了重要素材,自发现以来的 30 多年里,除在黄陵西缘的庙河村发现外,从未在黄陵地区距离不远的其他相当地层中找到过,不禁让人思考是否这些化石的环境、生态、埋藏条件限制了它们的分布。

近年来,本项目先后在神农架-黄陵周缘地区埃迪卡拉纪(震旦纪)地层新发现多个宏体碳质压膜化石组合,包括芝麻坪、乡儿湾、廖家沟、麻溪、三里荒、莲花观等地,目前已经发现 16 属 21 种(包括 1 个新属 3 个新种)(图 2-35)。

从化石组合特征来看,麻溪、三里荒和芝麻坪化石组合与庙河村化石组合可以进行对比,表明上述具宏体化石的庙河段是等时的,它们在区域上可以进行对比。

3. 南漳-远安动物群新发现。南漳-远安动物群是指分布在湖北省南漳县和远安县两县交界地区下三叠统嘉陵江组二段顶部,以早期海生爬行动物为特色的动物群落,是继华南早三叠世巢湖龙动物群、中三叠世安尼期盘县-罗平动物群、中三叠世拉丁期兴义动物群和晚三叠世卡尼期关岭生物群之后,又一海生爬行动物群落。这些海生爬行动物群落构成了全球最为连续的三叠纪海生爬行动物群落,对研

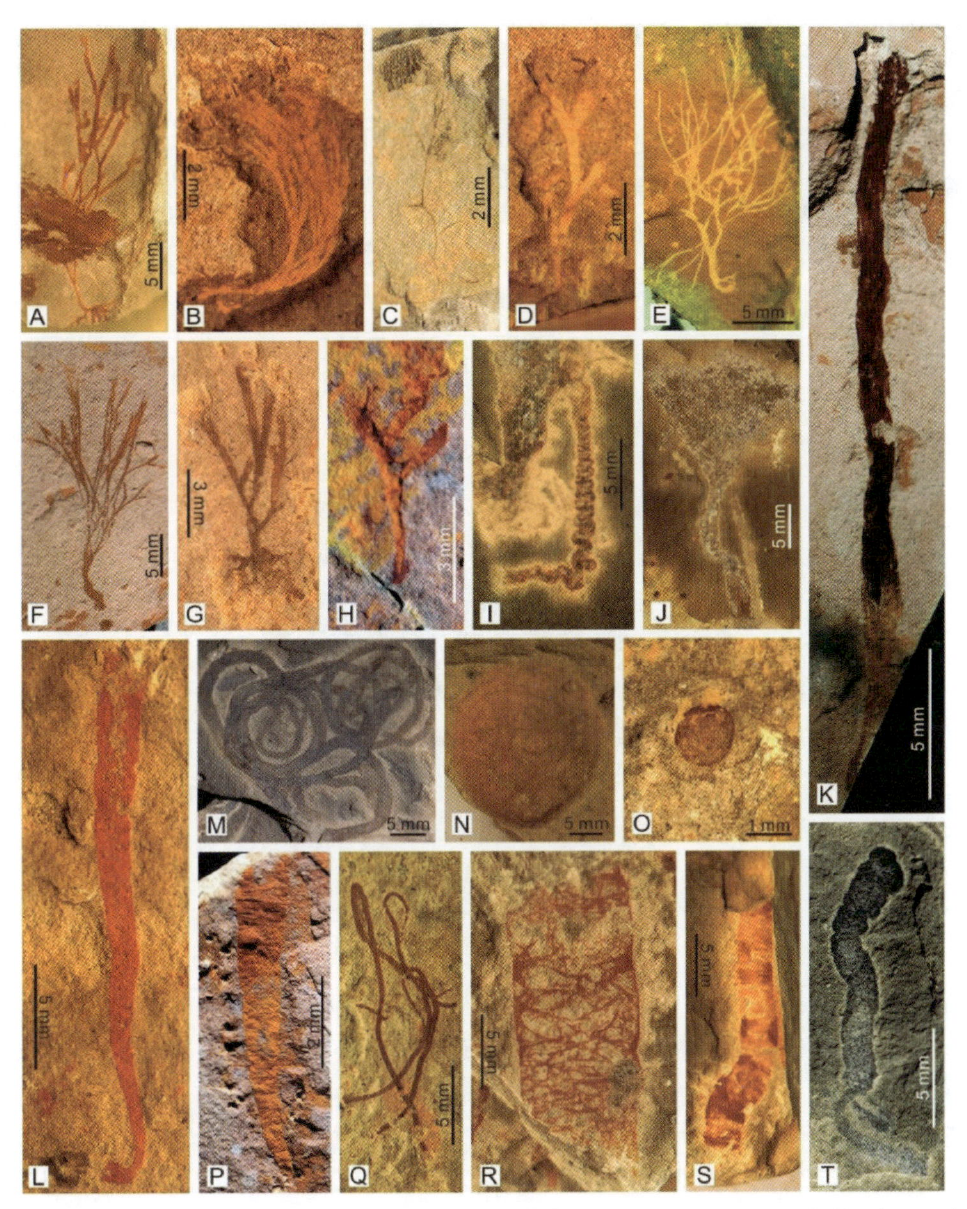

A. *Doushantuophyton lineare*；B. *Doushantuophyton cometa*；C. *Doushantuophyton quyuani*；D. *Doushantuophyton? laticladus*；E. *Enteromorphites siniansis*；F. *Maxiphyton stipitatum*；G. *Konglingiphyton erect*；H. *Konglingiphyton? laterale*；I. *Megaspirellus houi*；J. *Longifuniculum dissolutum*；K. *Liulingjitaenia alloplecta*；L. *Baculiphyca taeniata*；M. *Grypania spiralis*；N. *Beltanelliformis brunsae*；O. *Chuaria circularis*；P. *Protoconites minor*；Q. *Sinocylindra yunnanensis*；R. *Sinospongia chenjunyuani*；S. *Sinospongia typical*；T. *Jiuqunaoella simplicis*。

图 2-35　麻溪庙河生物群化石

究中生代海生爬行动物的起源与演化具有举足轻重的科学意义。

南漳-远安动物群中的生物门类极为单一，除了丰富的湖北鳄类以及少量的始鳍龙类、龙龟类和鱼龙类化石外，目前只发现了少量的藻类和极少量的牙形石化石。

(1)新发现原始的鳍龙类、最早的龙龟类。将新发现的鳍龙类命名为襄楚龙(*Chusaurus xiangensis* gen. et. sp. nov.)(图 2-36)，属于小型的始鳍龙类新属种，与欧美地区的肿肋龙较为相似。它的特点是背椎的神经棘极低，手掌和脚掌收拢，指(趾)节宽短。该新属种的发现不仅丰富了早三叠世鳍龙类分类，而且能够为鳍龙类系统演化提供重要线索。

图 2-36　襄楚龙正型标本

将新发现的龙龟类命名为卞氏瘤棘龙(*Tuberospina biani* gen. et. sp. nov.)(图 2-37),对其骨骼特征研究后认为,它是一类新的海生爬行动物类型,时代为早三叠世奥伦尼克期,为最早的龙龟类。龙龟类是一类极为神秘的海生爬行动物,目前发现甚少,且均产于中三叠世。

图 2-37　卞氏瘤棘龙正型标本

瘤棘龙具有与龙龟类相似的特征,不仅是因为其时代远早于目前发现的龙龟类,而且还因为瘤棘龙具有背部不发育硬骨化骨板,背椎横突短及背肋没有增宽等原始特征,所以瘤棘龙可能代表着更为原始的龙龟类,为龙龟类在海生爬行动物中的系统发育关系提供更多信息。

此外,还发现了迄今为止最大的湖北鳄类化石(图 2-38),该标本为研究湖北鳄的个体发育及系统分类提供了重要证据,为研究南漳湖北鳄提供了新材料。

图 2-38　最大的湖北鳄类化石

(2)具有与鸭嘴兽相似捕食方式的卡洛董氏扇桨龙。卡洛董氏扇桨龙是神秘的湖北鳄目中继孙氏南漳龙、南漳湖北鳄、细长似湖北鳄和短颈始湖北鳄之后又一个新属种。它的身体呈长桶状,头骨两侧缘近平行(图 2-39)。它的头骨小,约为湖北鳄的一半,吻部短而宽,侧缘发育纵向凹槽,一直延伸至眼眶前缘,在中线位置发育一巨大的椭圆形间隙,两前上颌骨前端未接触,与现生的鸭嘴兽吻部类似。眼眶由泪骨、前额骨、额骨、后额骨、眶后骨和轭骨围成,与其他湖北鳄类类似,但据眼眶相对身体的比例而

图 2-39　卡洛董氏扇桨龙化石标本

言，其眼眶是湖北鳄类中最小的，代表了最早的具有极小眼睛的羊膜卵动物。

根据卡洛董氏扇桨龙头骨与现生鸭嘴兽具有大量相似的结构，推测其可能具有在弱光条件下捕食的能力，并具有与鸭嘴兽一样的盲感应捕食能力，显示了一类全新的靠触觉而非视觉探测食物的方式。

三、江汉-洞庭盆地西缘第四纪地质调查与进展

1. 厘定了江汉-洞庭盆地西缘第四系岩石地层格架。从白垩纪以来江汉盆地和洞庭盆地是在统一的区域构造背景下形成的，二者的沉积体组成和演化过程也大致相似。本次工作认为广泛分布的网纹红土可能为洪水沉积的产物，其与下伏砾石层（宜昌砾石层、白沙井砾石层、常德砾石层、阳逻砾石层等）呈不整合接触，据此重新厘定了江汉-洞庭盆地西缘第四系岩石地层格架。

2. 开展了第四系高分辨率层序地层研究。在识别出研究层段短期、中期、长期旋回的基础上，以中期旋回作为层序对比的基础，建立了下更新统高分辨率层序地层对比格架，并对格架内沉积体展布规律进行了分析（图 2-40）。

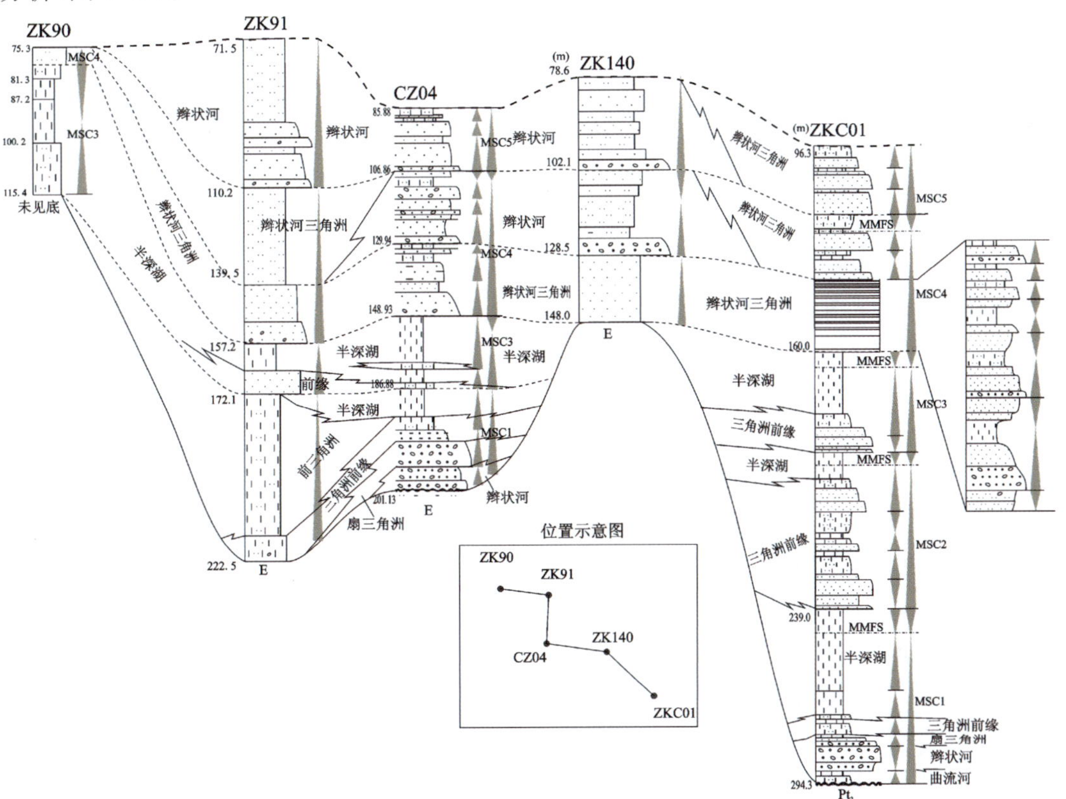

图 2-40　安乡凹陷北西-南东向第四系层序地层对比格架

3.获得完整的第四纪磁性地层剖面。根据磁倾角变化曲线,钻孔 CZ04 记录的地磁极性事件与标准极性柱具有很好的可比性,孔深 0～85.88m 段对应布容正极性带,并可识别出 Black、Laschamp 和 Gothenburg 等短期磁性事件,B/M界线位于 85.88m 处;孔深 85.88～201.13m 段对应松山负极性带,其中可识别出贾拉米洛、奥杜威和留尼汪正极性亚时。

4.探讨了中更新世—上更新世的植被类型和气候演化。在安乡凹陷钻孔 CZ04 剖面第四系获得丰富的孢粉化石,从下往上木本植物花粉属种比较丰富,草本植物花粉及蕨类植物孢子属种则较少。木本植物花粉有 39 个属种,草本植物花粉有 34 科属,蕨类植物孢子有 9 科属。据孢粉组合特征,自下而上可划分为 16 个孢粉组合带。

四、地质构造调查进展

1.在鄂西地区划分了 7 次构造变形期次,对侏罗纪以来的地壳隆升进行了研究。鄂西地区总体以发育北东向和北北东向褶皱与同方向的断裂构造为特征,通过构造变形特征和构造应力场分析,认为该区至少经历 7 次构造变形。磷灰石裂变径迹模拟结果显示,早侏罗世(187.4～180.1Ma)、白垩纪晚期(115.6～78.8Ma)地层缓慢隆升并遭受剥蚀,前者导致九里岗组与桐竹园组之间的平行不整合;侏罗纪中晚期至早白垩世(180.1～115.6Ma)、白垩纪末至古近纪初(78.8～63.6Ma)发生区域沉降,并接受陆相碎屑沉积;63.6Ma 之后,总体处于大幅度构造隆升状态,但 2.6Ma 后的第四纪开始有小幅沉降。晚侏罗世末,地壳缩短量为 22.15km,缩短速率为 1.11mm/a;早白垩世缩短量为3.1km,缩短速率为 0.14mm/a;晚白垩世伸展量为 1.1km,伸展速率为 0.07mm/a。

2.初步查明了湘西地区逆冲推覆构造的空间分布和变形特征。选择具有代表性的永顺-泽家逆冲推覆构造开展了系统调查,该逆冲推覆构造北起永顺县大明乡,往南西方向经飞涯角、凉水井,延伸至保靖县斗篷山一带,总体走向为北东-南西向,全长约 48km。在逆冲推覆构造的前锋断层沿线,寒武系及奥陶系向北西逆冲推覆于奥陶系及志留系之上,形成规模不等的串珠状排列的飞来峰与构造窗。由北东往南西估计运移量分别为 4km、1.6km、3.2km、3.2km、1.6km、<100m,总体上推覆距离存在递减趋势。根据卷入逆冲推覆构造的地层变新方向和伴生、派生构造判断,该逆冲推覆构造的上盘是由南东向北西方向仰冲的,主压应力方向为南东-北西向,是慈利-张家界-保靖断裂带中生代以来继生性活动的产物。

五、资源环境调查进展

1.圈定 1∶5 万水系沉积物综合异常 266 处,新发现矿(化)点 87 处,提交找矿靶区 18 处、矿产地 4 处,为后续矿产勘查提供了丰富的找矿信息。

2.对扬子型铅锌矿和大塘坡式锰矿的时空分布、同位素地球化学、成矿流体特征,以及成矿条件、富集规律等进行了系统总结,取得了一系列新成果。

3.对区内重要页岩气赋存层位的空间分布、物性特征和总有机炭含量进行调查研究,初步总结了其时空分布规律。

4.划分了 4 处Ⅲ级远景区、13 处Ⅳ级远景区、11 处Ⅴ级远景区(矿集区),圈定了 70 处综合预测区,在重要矿集区开展了资源环境综合评价。编制了 1∶50 万湘西-鄂西成矿带铅锌多金属矿成矿规律图和重要矿产成矿预测图。

5.开展了地质灾害调查,对区内地质灾害分布规律进行了初步总结,为防灾减灾提供了基础支撑。

六、理论方法和技术进步

1. 提出上扬子陆块东南缘铅锌矿(扬子型)形成于伸展构造背景、矿床受台地边缘生物礁(或浅滩)相控制的新认识,建立了扬子陆块东南缘铅锌矿两阶段成矿模式。

2. 在新元古代冰期地层中新发现宏体多细胞藻类化石,新发现多处庙河生物群化石点,为地史早期生命起源与演化、"雪球地球"的研究提供了新材料。在南漳-远安动物群中新发现最早的具有盲感应捕食能力动物化石,显示早三叠世海生爬行动物中的一种生态类型。该成果已在《自然》杂志的子刊《科学报告》上发表,美国生命科学网随后进行了跟踪报道,中央电视台等国内主流媒体也均进行了报道。

3. 利用单个流体包裹体及矿物微区分析方法研究了铅锌矿床成矿过程;开展了闪锌矿 Rb-Sr 定年方法研究,编写了《闪锌矿铷-锶体系同位素年龄热电离质谱法》,进一步优化了方解石 Sm-Nd 分析流程。

湘西-鄂西成矿带成果集成与选区研究成果报告

提交单位:中国地质调查局武汉地质调查中心

项目负责人:曹亮

档案号:档 0556-02

工作周期:2016—2018 年

主要成果:

1. 岩石地层进展方面,建立了湘西-鄂西地区岩石地层划分对比表。本次在鄂西恩施地区做了大量的生物地层工作,新发现了一些古生物化石点,在寒武纪地层划分了 18 个三叶虫化石带,在奥陶纪地层划分了 5 个头足类化石带组合,在奥陶纪—志留纪地层划分了 10 个笔石化石带组合。

2. 在黄陵地区古老基底研究方面,厘定了黄陵穹隆南部新元古代岩浆岩的岩浆演化序列,初步查明了扬子陆核区早期的物质组成,划分出一套中太古代基性—超基性岩及其相关的沉积岩(碎屑岩、石英岩)组合。

3. 在古生物研究方面,一是在神农架宋洛剖面和凤头坪剖面发现了不止一套碳质粉砂质页岩。层面上保存有大量带状藻化石及其碎片,说明在南沱冰期,至少在中纬度的华南滨岸环境存在开放水域和适合宏体底栖藻类生存的底质,为生物生存提供避难所,支持了"Slushball"模型。二是在神农架地区对应的层位发现庙河生物群的典型分子,庙河生物群化石的出现及其更高的层位证明庙河段比陡山沱组第四段年轻。三是南漳-远安动物群发现 5 新属 7 新种,初步建立了湖北鳄目演化谱系及其食性特征,建立了动物群古地理模式,为研究早三叠世早期海生爬行动物个体生态特征及早三叠世海洋生物复苏提供重要新线索。

4. 在经济区第四纪地质调查研究方面,一是在江汉盆地西缘建立了抬升区和凹陷区第四系地层序列,同时开展了凹陷区第四系高分辨率层序地层研究;二是建立了洞庭湖常德-长寿地区第四系古地磁年代学格架,划分了 5 个磁化率和粒度变化阶段。

5. 提交找矿靶区 27 个,其中 A 类靶区 10 个,B 类靶区 13 个,C 类靶区 4 个。提交新发现矿产地 5 处。获得了调查区近 20 种元素的定量分析数据,编制了调查区各元素的单元素地球化学图 194 张,组合异常图30张,综合异常图7张,地球化学找矿远景预测图7张,提交了1∶5万地球化学普查报告3份,提供了高质量的基础地球化学资料,为地学、农业、环保、医学等学科研究提供了基础地球化学数据平台。

6.新技术新方法方面,一是利用SR-XRF(同步辐射X射线荧光微探针)在铅锌矿床单个流体包裹体微量元素研究方面,证实了湘西-鄂西地区铅锌矿床共生的脉石矿物白云石、方解石和萤石中流体包裹体富含铅锌成矿元素;二是对闪锌矿分相后Rb/Sr值增大和定年成功率提高的原因以及对Rb^+进入闪锌矿的机理进行了研究及验证,编写《闪锌矿铷-锶体系同位素年龄热电离质谱法指南》送审稿;三是进一步优化了方解石Sm-Nd同位素分析流程。

7.对扬子陆块北缘东河铂钯矿超基性岩脉进行了LA-ICP-MS锆石U-Pb定年、主微量元素和Sr-Nd-Hf同位素地球化学研究。分析表明,东河地区在早志留世应处于被动大陆边缘,呈拉张伸展的状态,研究区出露的两期超基性岩床(脉)为岩石圈处于拉张状态下大陆裂谷早期阶段的产物。

8.获得成矿带内两个典型铅锌矿床的成矿年龄。上扬子东段大型—超大型铅锌矿床时空分布规律、形成机理与成矿环境研究等方面取得重要新认识,建立了扬子陆块东南缘碳酸盐型铅锌矿成矿模式。

9.对鄂西地区黄陵背斜金矿地质特征及成矿规律进行了研究,总结了金矿的时空分布规律及成矿条件。

10.对鄂西地区以及黔东南地区典型锰矿床开展了地球化学特征、沉积环境、沉积盆地演化与锰矿成矿作用关系的研究,探讨了沉积-成岩过程与成矿作用机制,建立了成矿模式。

湖南花垣团结-永顺润雅地区矿产地质调查成果报告

提交单位:湖南省地质调查院

项目负责人:樊昂君

档案号:档0556-04

工作周期:2014—2016年

主要成果:

1.在全面观察分析相关地层资料的基础上,初步确定了花垣-永顺地区地层层序、岩性、沉积类型,认为铅锌矿的赋矿地层岩性主要有寒武系清虚洞组台地边缘礁灰岩,次为寒武系敖溪组白云岩、奥陶系南津关-红花园组生物屑灰岩、震旦系陡山沱组白云岩。对花垣-永顺地区构造格架进行了梳理,认为控盆的铜仁-保靖断裂带(花垣-张家界断裂是其中主要断裂之一)控制了早古生代台地边缘,特别是控制了寒武系清虚洞组台地边缘礁灰岩带,已知具规模的铅锌矿均产于这个礁灰岩带中。并根据此思路在永顺自生桥、碧龙湾发现了清虚洞组礁灰岩的线索,下一步可初步在礁灰岩中寻找花垣式层控铅锌矿。简述了花垣-永顺地区的矿产分布,并对成矿规律、找矿标志进行了分析总结。

2.通过开展里耶幅、保靖县幅、复兴场幅1∶5万水系沉积物测量,获得了调查区内21种成矿元素和相关元素含量的定量分析数据,编制了地球化学图21张、单元素异常图21张、组合异常图5张、综合异常及远景推断图1张,获得了调查区不同时代地层区系列地球化学参数,反映了本区基本的地球化学特征。这些图件和参数可供基础地质研究、矿产普查、矿产资源潜力评估、成矿远景预测、环境地质评估等有关方面利用。圈出综合异常共计68处。其中,有较大找矿意义的甲1类异常5处,乙2类异常9

处；有矿产研究意义的甲 2 类异常 5 处；有一般远景意义的乙 3 类异常 35 处，丙类异常 14 处。圈定出地球化学找矿远景区 7 处，其中Ⅰ级地球化学找矿远景区 3 处，为进一步普查找矿缩小了找矿目标区、指明了找矿主攻方向。

3. 通过开展 1∶5 万矿产地质专项测量，大致查明了区内与成矿有关的建造、构造、围岩蚀变带等分布和特征，为成矿规律研究、找矿靶区圈定和潜力评价提供基础地质资料。本次新发现自生桥调查区内清虚洞组藻礁灰岩。

4. 通过矿产综合检查，大致掌握了调查区内主要矿产的种类、矿化分布位置、矿化基本特征及相关成矿要素特征。其中收集资料的矿(化)点 30 处，投入实物工作量的检查点 13 处。

永顺调查区投入实物工作量检查异常 3 处，分别为麻岔地段、碧龙湾地段和曹家寨矿点。其中重点检查了麻岔地段，首次于自生桥发现了寒武纪清虚洞期藻礁体，为该地段寻找"花垣式"铅锌矿提供了成矿基本要素实体资料；通过可控源音频大地电磁测深测量，推断了清虚洞期隐伏藻礁体，引领了"湖南省永顺县曹家寨地区铅锌矿预查"项目的深部验证工作；通过收集并研究省勘项目钻探资料推断了清虚洞期碳酸盐岩台地藻礁相带的大致边界，极大地缩小了找矿目标区范围；通过收集并研究该地区 1∶5 万(化探分院完成水系沉积物测量)化探成果，结合前述地质、物探成果，为省勘项目圈定了下一个验证钻孔的布置范围(靶点范围)。

化探区投入实物工作量查证异常 10 处，其中重点检查 3 处，并提交了找矿靶区。木耳、阳朝 2 个找矿靶区还具有进一步工作的价值；吉首-古丈断裂附近的排香钒镍钼靶区中镍钼含量达到工业要求，突破了三十多年来镍钼矿仅在张家界天门山一带发现的局限，拓展了区域内找镍钼矿的空间。

5. 建立了调查区铅锌矿及相关多金属矿找矿模型，划分了水银-柏杨找矿远景区、葫芦镍钼钒矿找矿远景区、野竹坪萤石矿找矿远景区、永顺润雅铅锌矿找矿远景区。优选了木耳、阳朝汞银锌矿和排香钒镍钼矿共 3 个找矿靶区。2 个汞银锌矿找矿靶区共估算 334_1类锌金属资源量 6860t，伴生银 1.35t，预测远景金属资源量锌 23.7 万 t、银 31t，其中木耳汞银锌矿中锌达中型规模；排香钒镍钼矿共估算了 334_1类钼金属资源量 90t、钒金属量 4500t、镍金属量 62t，预测钼 1.2 万 t，远景达中型规模，其周边还有 2 处以上钼高值异常，可扩大远景。

6. 提高了永顺县麻岔、碧龙湾、曹家寨地段成矿地质条件的研究程度，特别是连洞推覆构造的基本查清、自生桥寒武纪清虚洞期藻礁体的发现及清虚洞期斜坡相带大致边界的厘定、异地体中推断出Ⅲ号藻礁体等，大大提高了永顺调查区成矿地质背景清晰度，使该区域找矿范围缩小至不到原来的 1/3，可大大缩短找矿周期和降低找矿成本，使该地区找矿由相对盲目的推断阶段转入有的放矢阶段。

里耶幅、保靖县幅、复兴场幅化探成果补缺了花垣地区 1∶5 万化探面积，阳朝靶区、木耳靶区和排香靶区的圈定开启了化探-地质找矿新模式。对复兴场推覆构造展开的地球化学参数研究，初步建立了相关矿产成矿序列，开启了深部矿产地球化学预测新模式，有望获得突破。排香靶区和野竹-拔茅寨萤石化探远景区的圈定有望开启调查区新矿产类型勘查序幕。

7. 本项目圈定的麻岔工作区和碧龙湾工作区已转化为"湖南省永顺县曹家寨铅锌矿预查"项目找矿地段，引入资金达到 1012 万元，目前该项目尚在进行中，如获得突破，其社会、经济效益将十分可观。化探成果目前尚未正式提交，有望由 3 个找矿靶区或萤石找矿远景区获得较为丰厚的社会资金或国家财政资金投入，且有望获得找矿突破，获得良好的社会、经济效益。

8. 此前所有资料都将麻岔地段自生桥灰岩露头划分为奥陶纪灰岩，整个麻岔地段 1000 余平方千米范围无一处寒武纪早—中期地层露头，本项目首次确定该露头为清虚洞期藻礁体；此前对麻岔地段深部隐伏清虚洞期藻礁灰岩仅仅依据与花垣地区几大矿区的比较来推断，本项目实施后不仅证实了清虚洞期藻礁体的存在，且基本厘定了该期碳酸盐岩台地相的大致边界；此前从未开展过物探深部测量工作，本项目实施后首次建立了麻岔、碧龙湾地段深部岩石体电性剖面，并推断了麻岔Ⅲ号藻礁体和碧龙湾藻礁体,因而成果具有明显的先进性。

花垣-保靖调查区化探圈定的3个找矿靶区和萤石矿找矿远景区有望获得找矿突破,从而引领地区找矿方法由地质-矿产模式向物化探-地质-矿产模式的转变,矿产地质研究由先有矿产再进行研究的模式真正向先有成矿预测再有矿产验证发现矿床的模式转变。

湖南省怀化龙潭地区矿产地质调查成果报告

提交单位:湖南省地质调查院

项目负责人:李宏

档案号:档0556-05

工作周期:2014—2016年

主要成果:

1.通过剖面测量和野外地质调查,重新厘定了调查区内地层层序,建立了调查区内岩石地层填图单位27个;基本上查明了调查区岩浆岩的分布和侵入体岩石的物质组成、结构、构造、岩石地球化学、稀土元素和同位素地球化学特征,初步对岩浆岩体进行了解体,建立了岩浆岩填图单位12个,为建立岩浆岩的演化序列及研究其与成矿的关系奠定了基础;基本上查明了调查区内的构造形迹及其含矿性,为进行构造演化特征和控岩控矿作用研究奠定了基础。

2.通过1∶5万水系沉积物测量,获得了系统的区域地球化学背景资料,对各地层、岩浆岩体、岩性中的元素丰值有较确切的了解。系统总结了元素地球化学特征和元素共生组合规律,圈出了22处综合异常,其中甲1类2处、甲2类4处、乙2类8处、乙3类6处、丙类2处。对12处Au异常、6处W异常和2处Nb异常进行了异常多参数评序,其中有Ⅰ级地球化学找矿远景区4处、Ⅱ级地球化学找矿远景区2处。

3.通过1∶5万遥感地质解译,了解了区内地层、岩浆岩、构造等地质体的综合影像特征。确定了区内各地段影像可解程度,为区内地质填图合理布置路线提供了依据。通过提取断裂或裂隙信息增强各方向线性构造信息,从而达到指导圈定线性构造,特别是追索含矿断裂,对找矿具有一定的指导作用。

4.通过矿产地质调查新发现了矿(矿化)点8处,其中金矿点3处、钴镍铌钽矿点1处、钨锡矿化点2处、铅锌钨矿点1处、钨锡铌钽矿化点1处,矿产类型有金、钨锡、钴镍、铌钽等。金矿床成因主要为中低温热液型矿床,工业类型为破碎蚀变岩型、石英脉型、剪切破碎带型金矿床。钨矿床成因类型主要为与岩浆岩有关的高温热液裂隙充填型矿床,工业类型为石英脉带型钨矿床。钴镍矿床成因类型为基性岩型钴镍矿床。铌钽矿床成因类型为花岗岩风化壳型铌钽矿床及岩脉型铌钽矿床。

5.在综合分析调查区地质、物探、化探、遥感成果的基础上,择优概略检查了洪江市芙蓉溪金矿点、中方县杨富田(镍钴)铌钽矿点、溆浦县金塘金矿点、景江桥钨锡矿点、合田钨锡矿点、隆回县枫溪江金矿点、杉木坪钨锡铌钽矿点、古佛山铅锌钨多金属矿点等8处矿点。同时,对AS4、AS12、AS14综合异常开展检查。经概略检查确定有找矿前景的矿点,进一步开展重点检查工作,重点检查了洪江市芙蓉溪金矿点、中方县杨富田(镍钴)铌钽矿点、溆浦县金塘金矿点、隆回县枫溪江金矿点4处矿点,其中洪江市芙蓉溪金矿区被列为2015年湖南省两权价款地质勘查项目,洪江市杨富田(镍钴)铌钽矿点(老洒溪钴镍矿预查和隘口金矿预查)被列为2016年、2017年湖南省两权价款地质勘查项目。通过检查初步查明矿(化)体的矿化类型、特征、规模、形态、产状、矿石品位及控矿因素,对其远景作出了初步评价,结合控矿地质条件进行成矿预测,提供了进一步开展矿产普查工作的依据,并提出了进一步工作的建议。通过对芙蓉溪金矿点等4处矿点进行重点检查后,累计获得Au资源量214kg。

6. 通过区内矿产特征与地层、岩浆岩、构造关系的调查研究，总结了区内矿产成矿规律。该区金矿主要产自金背景值较高的青白口系及南华系中，主要受北东—北北东向断裂构造控制，并与侵入岩位置有一定的关系，构成了区内地层提供成矿物质来源、断裂提供运移通道和容矿空间、岩浆岩提供热液来源的“三位一体”金矿成矿模式。本区金矿类型主要有3种，即破碎蚀变岩型、石英脉型、剪切破碎带型。钨、锡等金属矿产的成矿活动归于岩浆岩成矿系列，其成矿作用主要与印支—燕山期花岗岩有关，各种矿床、矿点以及矿化异常主要分布于该时代花岗岩体接触带及其附近的断层破碎带中。矿种有钨、锡、铋、铜、铅等，以钨、锡为主，构成与花岗岩有关的钨锡多金属成矿系列。

7. 在总结调查区内成矿区带的基础上，圈定远景区6个，提交找矿靶区4个，分别为洪江市芙蓉溪见矿找矿靶区、中方县杨富田钴镍铌钽矿找矿靶区、溆浦县金矿金矿找矿靶区、隆回县枫溪江金矿找矿靶区，实现本项目3～4个找矿靶区预期目标，明确了调查区今后开展普查找矿的地域和方向。

湖北大悟宣化店地区1∶5万矿产地质调查成果报告

提交单位：中国地质调查局武汉地质调查中心

项目负责人：朱江

档案号：档0559-04

工作周期：2016—2018年

主要成果：

1. 通过1∶5万矿产地质测量（1∶5万丰店幅、宣化店幅）了解了各岩层、岩浆岩分布特征及其与成矿的关系，以及构造对岩体、矿体的控制作用，基本查明了调查区成矿地质背景。基于野外地质观察和获得的锆石U-Pb同位素数据，新厘定了定远组双峰式火山建造形成时代，为新元古代（约740Ma）（图2-41），新解体出大量新元古代变质花岗岩，确定了白垩纪灵山岩基（130～125Ma）、花岗斑岩脉（133Ma、121Ma）的侵位时限，划分了调查区白垩纪中酸性岩浆岩的演化序列。

2. 通过1∶5万水系沉积物测量（测量面积880km^2），获得调查区Au、Ag、Cu、Pb、Zn、As、Sb、Bi、Hg、Cd、W、Sn、Mo、Cr、Ni、Co、Ba、La、Nb、Be共20种元素的地球化学数据，编制了相关元素地球化学图，圈定综合异常36处，其中甲类4处、乙类24处、丙类8处。分析了调查区元素地球化学分布异常特征、富集规律，圈定了地球化学找矿预测区4处。

3. 通过遥感地质解译（分析了线性、环形特征）圈定铁染异常15处、羟基异常15处。

4. 新发现了11处找矿线索，其中铅锌钨钼多金属矿6处（西冲、滴水岩、南竹园、大乘寺、五岳山、黄土河）、萤石矿2处（白石冲、梅花庄）、晶质石墨矿3处（红马冲、胡冲、徐家嘴）。

5. 圈定了6个成矿远景区：金城-平天畈钼金多金属萤石矿成矿远景区（A1类）、滴水岩-五岳山银铅锌钼成矿远景区（B1类）；杨岭坡-小寺冲钼钨多金属成矿远景区（B1类）、彭店-红马冲石墨成矿远景区（B2类）；板马沟萤石矿成矿远景区（C1类）、陆家冲金矿成矿远景区（C2类）。

6. 开展了异常查证和矿产检查工作，圈定找矿靶区4个：楼子冲金多金属矿找矿靶区（A类）、梅花庄萤石矿找矿靶区（B类）、红马冲石墨矿找矿靶区（B类）和滴水岩铅多金属矿找矿靶区（C类）。

7. 总结了调查区金、钼、萤石等主要矿种的成矿要素和控矿因素，提出了找矿方向，探讨了晚中生代构造-岩浆演化与金多金属成矿关系。

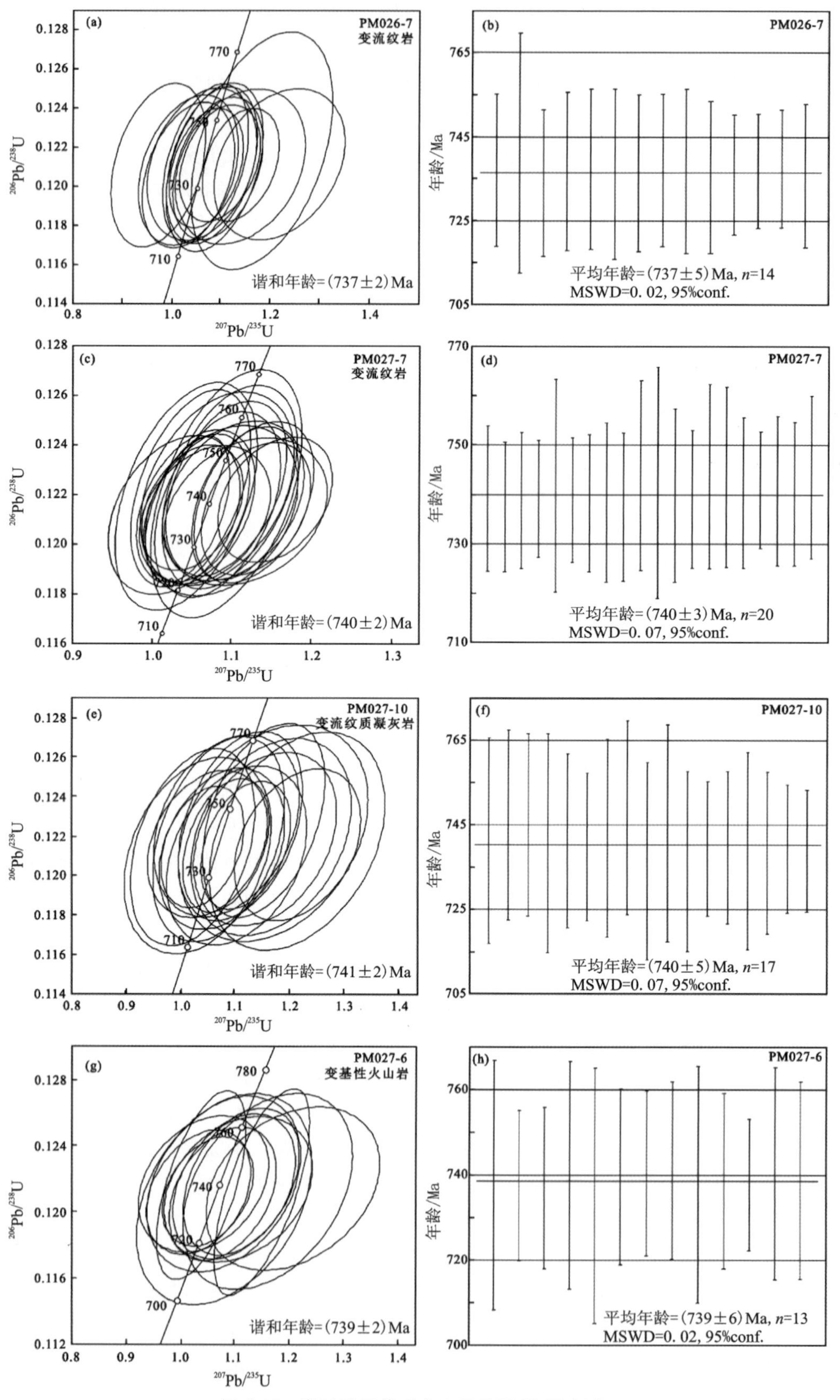

图 2-41　定远组双峰式火山岩锆石 U-Pb 年龄

湖南大福坪地区矿产地质调查成果报告

提交单位：湖南省地质调查院

项目负责人：肖冬贵

档案号：档 0556-06

工作周期：2014—2016 年

主要成果：

1. 1∶5 万矿产地质测量查明了调查区地层层序、岩性、厚度与分布，较详细地划分了区内岩体的侵入期次，划分了 41 个岩石地层填图单位和 9 个岩浆岩填图单位；建立了全区地层构造格架，基本查明了地层、岩浆岩、构造与成矿的关系。

2. 1∶5 万水系沉积物测量圈定了综合异常 21 处，其中甲类 8 处、乙类 9 处、丙类 4 处，划分了 13 个地球化学找矿远景区。

3. 通过遥感地质解译，确定了区内地层、岩浆岩、构造等地质体的综合影像特征，划分了 13 个遥感异常区。

4. 通过异常查证和矿产检查，新发现了宁乡县矿山冲赤铁矿点、安化县芙蓉林场锰矿点、宁乡县桦香仑钨矿点（图 2-42）、安化县凉伞岩银矿点、安化县泉塘金矿化点、安化县泉塘银矿化点 6 处矿（化）点。提交了凉伞岩金锑钨银异常区、芙蓉林场锰矿点、桦香仑钨矿点 3 个找矿靶区。

图 2-42　宁乡县桦香仑钨矿点

5. 在分析总结区域成矿地质背景的基础上总结了区域矿产特征及成矿规律，选取了典型矿床进行研究，开展了矿产预测工作。区内的矿产预测类型主要有“湘潭式”锰矿、“桃江式”锰矿、石英脉型白钨矿、“廖家坪式”金锑钨矿、“天井山式”沉积型钒钼矿、“宁乡式”铁矿共 6 种；圈定了 3 个找矿远景区。

湖北长阳地区锰矿调查评价成果报告

提交单位：湖北省地质调查院

项目负责人：孙腾

档案号：档 0556-07

工作周期：2015—2017 年

主要成果：

1. 开展 1∶5 万矿产地质测量，大致查明了调查区成矿地质背景，以及区内地层、构造特征及其与成矿的关系，总结了成矿控制因素。

2. 开展 1∶5 万遥感地质解译，建立了调查区地层、构造、岩石的解译标志，提取了 7 处锰异常、9 处羟基异常、11 处铁染异常。

3. 总结了区内成锰盆地分布规律，预测了 1 处成锰盆地，即向家岭成锰盆地。

4.新发现4处矿(化)点,其中锰矿点2处、锌多金属矿点1处、磷矿化点1处。

5.开展典型矿床研究,总结了成矿要素和预测要素,划分了3处锰铅锌找矿远景区,评价了区内锰铅锌资源潜力。

6.在对各类找矿信息综合分析的基础上,优选7处检查区开展矿产检查工作,提交向家岭锰矿找矿靶区、三友坪锰矿找矿靶区(图2-43)、老林湾锌多金属矿找矿靶区3个找矿靶区。

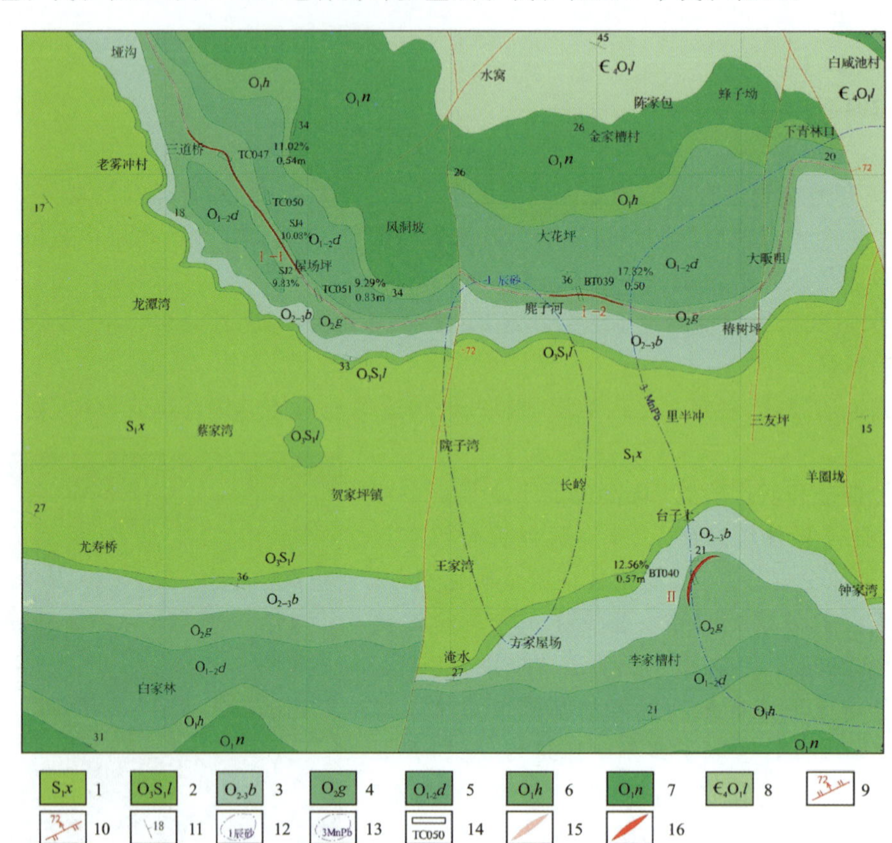

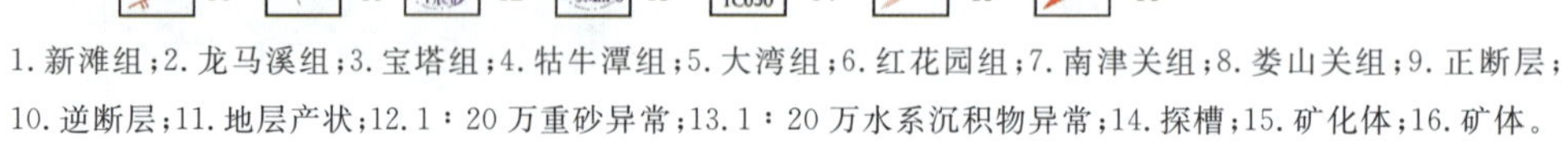

1.新滩组;2.龙马溪组;3.宝塔组;4.牯牛潭组;5.大湾组;6.红花园组;7.南津关组;8.娄山关组;9.正断层;10.逆断层;11.地层产状;12.1∶20万重砂异常;13.1∶20万水系沉积物异常;14.探槽;15.矿化体;16.矿体。

图2-43　三友坪锰矿找矿靶区地质简图

湖南1∶5万尹家溪幅、溪口幅、三岔村幅区域地质矿产调查成果报告

提交单位:湖南省地质调查院

项目负责人:梁恩云

档案号:档0556-11

工作周期:2014—2016年

主要成果:

一、基础地质

1.以崔家峪-溪口断裂、西溪坪-溪口断裂为界划分了3个地层分区,正确厘定各分区地层系统(共

计 37 个组级正式岩石地层单位,13 个层级非正式填图单位,其中包括 3 个段级岩石地层),查明不同分区岩石地层单位的岩性、岩相及其厚度变化规律,根据古生物组合特征在青白口系板溪群—志留系共划分出了 31 个化石带、组合带、组合,重点研究了寒武纪—志留纪的生物地层特征,提高了调查区地层的研究程度。

2.对震旦系、寒武系、奥陶系、志留系进行了层序界面识别和基本层序划分,实现了湘西北地区不同相区震旦系、寒武系、奥陶系层序地层的划分与对比,共划分出 6 个二级层序(震旦系和寒武系各 2 个、奥陶系 1 个、志留系 1 个),24 个三级层序,建立并完善了不同相区震旦系、寒武系、奥陶系的岩石地层格架。

3.分析了南华系、寒武系、奥陶系、志留系的沉积演化和岩相古地理特征,划分了 3 个沉积相分区,编制了各个时期的岩相古地理图件,系统地阐述了地史变迁、沉积作用机理以及判明依据,提高了区内基础地质研究程度。

4.分析了青白口系、南华系、震旦系、寒武系、奥陶系、志留系沉积岩地球化学特征,结合区域构造特征探讨了青白口系、南华系、志留系的沉积构造背景,认为调查区青白口纪时期处于构造活动较为活跃的被动大陆边缘、南华纪时期处于活跃的大陆岛弧或大陆裂谷盆地、志留纪时期处于被动大陆边缘或前陆盆地。

5.查明了调查区先后经历了雪峰运动、加里东运动、海西运动、印支运动、燕山运动及喜马拉雅运动共 6 次大的构造运动,划分 6 个构造演化阶段,并厘定出雪峰构造层(Qb^2)、加里东构造层(Nh-S)、海西—印支构造层(D)、晚燕山构造层(K)共 4 个构造层。首次根据本区构造变形强弱划分了 3 个构造变形区,正确厘定了区内各时期构造运动的不同构造形迹、构造变形序列和相互叠加改造样式,建立了 7 个变形序列。

6.对区域性保靖-慈利(西溪坪-溪口)断裂进行了详细的调查研究,提供了重要的第一手野外基础地质资料。在此基础之上,对断裂的形成和演化进行了系统总结、综合研究,进而查明了大断裂的控岩、控相与控矿作用。古丈-大庸大断裂和保靖-慈利大断裂在调查区交会,由多组近平行的多期活动叠加的断层、断层破碎带、断层夹块组成。断裂具多期多次活动特征,先期为由南东向北西逆冲,后期为由北西向南东逆冲,晚期具左行走滑特征。断裂控制了扬子陆块东南缘南华纪线状裂陷盆地的形成和发展,继而制约湘西北地区震旦系—奥陶系岩性岩相变化。

7.查明了主要构造运动在区内的不整合面、构造变形等响应证据。雪峰运动:经差异升降,裂谷盆地向被动大陆边缘转化,南华系南沱组与青白口系板溪群平行不整合接触,保靖-慈利(西溪坪-溪口)断裂形成。加里东运动:保靖-慈利断裂强烈逆冲推覆,南东褶皱造山,北西泥盆系云台观组与志留系小溪峪组之间平行不整合接触。海西运动:上泥盆统-石炭系-二叠系普遍缺失。印支运动:褶皱造山,形成侏罗山式褶皱系及北北东—北东向断褶系,构造格架基本定型。燕山运动:陆内造山,构造活化,伴随沅麻断陷盆地形成,石提断裂右行走滑,白垩系石门组与前白垩系角度不整合接触。喜马拉雅运动:间歇性抬升运动,形成第四系河流阶地。

8.首次发现雪峰运动差异升降在青白口系五强溪组形成的层间紧闭小褶皱,其枢纽、轴面近平行于岩层面,呈平卧褶皱、斜歪褶皱等样式。

9.深入总结了调查区构造控盆控相及进一步控矿特征,系统阐述了外生沉积矿产、内生金属矿产与地质构造的相互关系。综合研究构造演化与成矿的相互关系,表明区内矿产成生演化时间序列为扬子—加里东成矿期→海西—印支成矿改造期→燕山成矿作用叠加期。

二、水系沉积物测量

1. 完成 1∶5 万水系沉积物样品采集 1345km^2，共采集样品 6010 个(含 148 个质检重复样)，采样密度为 4.4 个/km^2，重复采样率为 2.5%，采样小格空格率为 1.1%，没有连续 3 个空白小格，没有空大格现象。样品分析了 Au、Ag、Cu、Pb、Zn、As、Sb、Bi、Hg、Cd、W、Sn、Mo、Cr、Ni、Co、F、Ba、V 共 19 种元素。圈定综合异常 28 处(其中甲 1 类异常 2 处、甲 2 类异常 2 处、乙 2 类异常 8 处、乙 3 类异常 16 处)；划分找矿远景区 5 个，包括Ⅰ级找矿远景区 1 个、Ⅱ级找矿远景区 2 个、Ⅲ级找矿远景区 2 个。

2. 水系沉积物测量反映出地层子区中不同元素组合的分布特征有着显著的不同。Mo、Ni、Cr、Hg、V 等元素异常与碳质岩类有关，表现为受寒武系牛蹄塘组碳质页岩吸附导致异常；Pb、Zn、Cu 等元素异常则与震旦系、寒武系、奥陶系的碳酸盐岩地层密切相关，表现为一套热液矿床的前缘晕元素组合。另外，在志留系及泥盆系区可见 Cu、Pb、W、Sn、Bi 等元素异常零星分散现象。白竹岗-汉坑断裂、俞家溪-瓦窑岗断裂组成的断裂带附近，控制了各元素组合异常的分布。

3. 在综合分析的基础上，对铜铅锌成矿有利部位的水系沉积物测量异常区，开展 1∶10000 土壤地球化学测量，辅以轻型山地工程揭露等手段进行异常查证，进一步缩小找矿靶区，新发现矿点。

三、矿产

1. 基本查明区内矿产资源分布特征，在总结调查区矿产资源分布规律、成因类型的基础上，探讨了成矿规律，划分出了 5 个找矿远景区，自北向南分别是甘溪河铅锌砷找矿远景区、肖家垭-大岩塔铅锌汞找矿远景区、孟家湾-老虎岩铅锌找矿远景区、晓坪-罗家坪镍钼磷找矿远景区、何家湾-汉坑铜汞多金属找矿远景区。根据地质构造特征、控矿地质条件、主要矿种或矿床的成因类型等诸因素的相似性和差异性，结合物化探和遥感异常特征，综合分析研究，对各找矿远景区矿产资源潜力进行了初步评价。

2. 成矿流体包裹体以纯液包裹体为主，均一温度范围为 135～282℃，峰值范围为 150～210℃，盐度值分布比较分散，主要为 3%～9%NaCleqv。包裹体气相成分主要为 H_2O、CO_2、H_2、CH_4，液相成分阳离子主要为 Na^+、K^+、Mg^{2+}、Ca^{2+}，液相阴离子主要为 F^-、Cl^-、NO_3^-、SO_4^{2-}。成矿压力变化范围为 33.37～76.75MPa，平均 49.74MPa；估算成矿深度为 3.34～7.13km，平均 5.50km，认为成矿与志留纪时期的扬子上升事件关系密切。氢氧同位素指示流体来源于地层水；硫同位素特征显示矿物中的硫来源于地层(古海洋硫酸盐)，混入了深源硫。

3. 建立了调查区的铜矿成矿模式。加里东运动(志留纪时期的扬子上升事件)为区内铜矿成矿提供了动力，受这一构造活动的影响，产生了区域性大断裂——俞家溪-瓦窑岗断裂，而且引发了区域上大规模的流体活动。构造运动使深部含矿流体沿断裂向上运移与下渗过程中与从地层中萃取了大量 Cu、Pb、Zn、Fe 等元素的高盐度含矿热卤水发生混合，形成高矿化度、高盐度、多来源的混合热卤水，该混合热卤水沿区域深大断裂继续运移，最终在断裂中随着物理、化学条件的改变而沉淀形成金属硫化物。

图 2-44　叶家峪铜找矿靶区中孔雀石与蓝铜矿

4. 新发现铜矿(化)点 2 处(图 2-44)，重晶石矿点 1 处。

湖北鹤峰走马坪地区1∶5万矿产地质调查成果报告

提交单位：湖北省地质调查院

项目负责人：李江力

档案号：档0556-19

工作周期：2018年

主要成果：

1. 通过1∶5万矿产地质测量，对调查区内填图单元进行统一认识，厘定了本次调查区的地层划分方案，共划分37个正式填图单元(31个组级、6个段级)和2个非正式填图单位(钒钼矿化体、锰矿化体)。大致查明了调查区内地层、构造展布特征，成矿地质背景及成矿地质条件，总结控矿因素和找矿标志，初步总结调查区内地层、构造与成矿的关系。

2. 通过1∶5万遥感地质解译，建立了调查区的地层、构造、岩石的解译标志，为调查区提高矿产地质调查程度提供基础资料。在调查区内通过遥感异常信息提取羟基异常8处、铁染异常8处、金矿异常8处、锰矿异常7处、铅锌矿异常6处。

3. 通过1∶5万水系沉积物测量，基本查明了全区Au、Ag、Cu、Pb、Zn、As、Sb、Bi、Hg、Cd、W、Sn、Mo、Cr、Ni、Co、F、Ba、V、Mn共20种元素的地球化学背景，圈定15处综合异常区，其中甲类异常区3处、乙类异常区12处，有效地捕获了调查区地球化学找矿信息。

4. 经过对地质、物探、化探、遥感等多种找矿信息的综合分析，圈定3个找矿预测区，即走马坪锰金多金属矿预测区(A类)、曾家山铅锌矿预测区(B类)、蔡家埡铅锌矿预测区(B类)；在此基础上开展系统矿产检查工作，新发现矿化点4处，即红罗沟铅铜矿化点、栗山坡金矿化点、官顶锰矿化点、田坪锰矿化点；圈定找矿靶区1处，即曾家山铅锌矿找矿靶区。

5. 本次通过对贵州松桃锰矿、长阳古城锰矿成矿地质背景和成矿地质特征的研究，以长阳古城锰矿类比走马坪锰矿，在走马坪地区开展成锰盆地预测研究，盆地内部凹陷与隆起形成小型成锰盆地，圈定李家桥成锰盆地。

湖北麻城福田河-白果镇地区矿产地质调查成果报告

提交单位：湖北省地质调查院

项目负责人：曾小华

档案号：档0559-05

工作周期：2014—2016年

主要成果：

1. 通过1∶5万矿产地质测量(实测面积1443km^2)，了解了各地层、岩浆岩分布特征及其与成矿的关系，构造对岩体、矿体的控制作用；查明了调查区成矿地质背景；总结了成矿控制因素。新发现了6处找矿线索，其中热液型钨矿点1处(两路口)、蚀变岩性金矿点4处(双庙关、大松树岗、成家山、香椿树湾)、夕卡岩型钨矿点1处(土楼)。

2.通过1∶5万水系沉积物测量(测量面积1411km^2),圈定各类单元素异常共计380处,其中W异常26处、Mo异常23处、Au异常40处、Ag异常28处、Cu异常17处、Pb异常3处、Zn异常4处及其他,并圈定以Au、Au-Ag、Mo-Au、W-Mo-Au为主的各类综合异常38处,编制了一系列基础性化探异常图;按区内异常所处地质环境、找矿意义和工作程度进行异常价值分类,并结合异常评序结果及全区地层岩性、构造、岩浆岩特征和区域成矿规律,在调查区划分出两路口钨-钼成矿远景区A1、双庙关金成矿预测区A2、大松树岗金成矿预测区B1、石门畈金成矿预测区B2、牛占鼻钨-钼成矿预测区B3、白鸭山钼-钨成矿预测区B4共6个不同级别的重要成矿远景区。

3.通过遥感地质解译,建立了调查区的地层、构造、岩石的解译标志,在区内大体划分了第四系松散沉积物、碎屑岩、片麻岩、花岗岩等几大类。利用8个波段的遥感影像进行band1、band2、band3、band4、band5、band7共6个波段的融合,通过噪声去除、大气校正、辐射校正,以及去除云、霾、水体、植被等干扰的影像预处理后,采用ETM1、ETM4、ETM5、ETM7波段提取以羟基为主的基团异常,ETM1、ETM3、ETM4、ETM5波段提取以铁染为主的变价元素异常处理,圈定了铁染异常14处、羟基异常7处、W矿异常6处、Mo矿异常8处、Au矿异常9处。

4.优选了17处具有较大找矿潜力的异常或成矿远景区开展以异常查证为主的矿产检查工作,矿产检查遵循先概略检查,再重点检查。先后开展矿产检查的有两路口、双庙关、大松树岗、蔡家寨、栗子岗、成家山、桥头湾、伍家岗、白鸭山、土楼、香椿树湾、程家寨等,发现了两路口中型钨矿点、双庙关金矿点等一批有进一步勘查价值的矿点。通过本次工作,预计提交两路口钨矿矿产地1处;提交两路口检查区、双庙关检查区、土楼检查区、白鸭山检查区等可供进一步工作的找矿靶区4个。两路口钨矿为本次工作发现,已圈定了2条钨矿体、4条钨矿化体,1条钼矿化体,主矿体$Ⅰ_{w1}$资源量WO_3(333+334类)达11 197.02t,$Ⅱ_{w2}$资源量WO_3(334类)达2 959.48t,达到中型钨矿床规模。

5.通过综合研究,结合区内已有典型矿床及本次工作新发现矿点,确定本区矿产预测类型为蚀变岩型金(银)矿,热液型钨、钼、铜矿,接触热液变质型钨矿。在此基础上,结合区内地质、物探、化探、遥感资料,在区内划分出8个Ⅴ级成矿远景区,其中A级成矿远景区3个(Ⅴ-1两路口-双庙关钨钼金成矿远景区A1、Ⅴ-2张店西金铜成矿远景区A2、Ⅴ-3白鸭山钨钼成矿远景区A3),B级成矿远景区3个(Ⅴ-4石门畈北铅锌银多金属成矿远景区B1、Ⅴ-5八磊公社钨铜镍铬铁矿成矿远景区B2、Ⅴ-6龟峰山南金铜镍铬铁矿成矿远景区B3)、C级成矿远景区2个(Ⅴ-7伍家湾铜镍铬铁矿成矿远景区C1、Ⅴ-8舒家畈西金银磁铁矿成矿远景区C2)。

湖北竹山文峪-擂鼓地区1∶5万矿产地质调查成果报告

提交单位:湖北省地质调查院
项目负责人:黄景孟
档案号:档0559-07
工作周期:2016—2018年
主要成果:

一、成矿条件、成矿规律、资源潜力及找矿远景

1.通过1∶5万矿产地质测量,大致查明了调查区地层、岩浆岩分布特征及其与成矿的关系,以及构造对矿体的控制作用,初步查明调查区成矿地质背景,总结了成矿控制因素。划分了12个组级(构造)岩石地层单位、6个段级非正式岩石地层单位、3个非正式火山岩填图单位。

2.通过1∶5万遥感解译工作，建立了调查区的地层、构造、岩石的解译标志，为地质连图及构造格架的建立提供了新的信息。在调查区内圈定4处羟基和8处铁染异常。本次解译的遥感异常主要是由北西断裂构造、南华系耀岭组地层及寒武系黑色岩系引起的矿化蚀变。

3.通过赤岩沟口幅、文峪幅1∶5万水系沉积物测量工作，结合已有擂鼓公社幅1∶5万水系沉积物资料，基本查明了全区Cu、Pb、Zn、Au、Ag、Nb、V、Mo、Ba、U、Ni、Ce、La、P、As、Bi、Cd、Co、Cr、Hg、Mn、Sb、Sn、W共24种元素的地球化学背景，在全区共圈定了单元素异常358处，综合异常30处，为地质找矿提供了新的信息。

4.通过本次矿产地质调查工作，新发现矿床、矿(化)点共18处。其中铌钽矿产地1处、铌钽矿点2处、铌矿点1处、重晶石矿点1处、铜金矿化点2处、铜矿(化)点5处、钒钼矿点1处、钒钼多金属矿点1处、铁锌矿化点2处、褐铁矿点1处、铜硫矿化点1处。

5.通过本次矿产检查工作，提交土地岭铌钽矿、南沟寨铌钽矿重晶石矿、文家湾铌钽矿等新发现矿产地3处。其中，土地岭铌钽矿初步估算334_1类资源量Nb_2O_5 68 856.34t，Ta_2O_5 4 616.65t，具大—超大型矿床资源潜力。

6.开展了区内典型矿床的研究，确定本区主要矿产预测类型为岩浆岩型铌钽稀土矿及沉积-改造型银金矿床，总结了成矿要素、预测要素和区域成矿规律，在此基础上开展了矿产预测，共圈定预测区7个，其中A类2个、B类3个和C类2个，为进一步开展矿产勘查工作提供了依据。

7.对区内与粗面岩、粗面质熔岩、粗面质火山碎屑岩相关的铌钽矿床的成矿地质背景、铌钽元素赋存状态和成矿过程进行了研究，对比庙垭、杀熊洞、天宝等铌(稀土)矿床，系统总结了两竹山地区铌钽稀土矿成矿规律，建立了两竹地区铌钽稀土矿区域成矿模式，为两竹地区铌钽矿找矿工作提供了新思路。

二、矿产资源开发利用的技术经济、环境影响概略评价

1.调查区水文地质条件属简单类型，矿床工程地质类型属稳定—较复杂矿床类型，调查所发现的铌钽稀土矿规模大，且处于浅表，已在开采，但工业加工工艺还有待进一步完善；调查区自然经济以农业为主，工业欠发达，总体通信、交通状况较好，区内优势矿种铌钽、稀土矿属于稀缺矿种，具良好的市场前景。

2.适度勘查开发不会对调查区内的地质条件稳定性、自然环境及当地经济生活造成较严重影响，但矿产资源的勘查开发过程中应注重水源地污染、水土流失以及森林植被破坏的防治等工作，做到经济协调、可持续发展。

湖北1∶5万天河口幅、历山镇幅矿产地质调查成果报告

提交单位：湖北省地质调查院
项目负责人：周豹
档案号：档0559-08
工作周期：2016—2018年
主要成果：

一、基础地质调查成果

1.通过全区1∶5万矿产地质测量，大致查明了调查区内地层、构造、岩浆岩的分布特征，初步查明调查区成矿地质背景，总结了成矿控制因素，并初步总结区内地层、构造、岩浆岩与成矿作用的联系。

2. 通过全区 1∶5 万水系沉积物测量,基本查明了调查区 Ag、As、Au、Ba、Bi、Cd、Co、Cr、Cu、F、Hg、Mo、Ni、Pb、Sb、Sn、Ti、W、Zn 共 19 种元素的地球化学背景,圈定各类单元素异常 175 处,综合异常 20 处,其中甲类异常 7 个、乙类异常 13 个,为进一步开展地质矿产勘查提供了重要地球化学找矿信息。

3. 通过全区 1∶5 万遥感地质解译,建立了调查区的地层、构造、岩石的解译标志,为地质连图及构造格架的建立提供了新的信息,从而提高了矿产地质填图质量。全区共圈定遥感羟基异常 7 处,铁染异常 8 处。本次解译的遥感异常主要是由北西向、北东向断裂和新元古代变质地层及燕山期酸性侵入岩引起的矿化蚀变。

二、找矿成果

1. 经过对地质、物探、化探、遥感等多种找矿信息综合分析,共划分出 9 个预测远景区,在此基础上开展系统矿产检查工作,新发现王家台钨矿产地,新圈定大陈家湾金找矿靶区和黄家湾金找矿靶区,共计新发现矿产地 1 处,圈定找矿靶区 2 个,圆满地完成了项目总体目标任务。

2. 随北地区前人发现的金银矿化主要受北西向构造控矿,本次新发现的王家台金银钨多金属矿显示沿北东—北东东向构造也具有较大找矿潜力,矿化种类之新,矿化强度之高,也是本次在地质找矿过程中的新发现、新认识、新成果,也进一步拓宽了随北地区蚀变岩型、石英脉型金银钨多金属矿的找矿方向。目前王家台矿区的找矿成果已成功引入湖北省地勘基金的投资,目前王家台已转入预查工作,大调查项目的引领作用再次加强。

三、综合研究成果

1. 利用区域找矿预测模型,对调查区成矿地质背景及成矿地质条件进行类比研究,圈定出预测远景区 9 个,其中 A 类预测远景区 2 个、B 类预测远景区 5 个、C 类预测远景区 2 个,分别为黑龙潭金银多金属预测远景区(A 类)、王家台金银钨多金属预测远景区(A 类)、大坡金预测远景区(B 类)、戴家湾萤石钼预测远景区(B 类)、群岳金钨钼预测远景区(B 类)、高城金铜钼预测远景区(B 类)、龚家湾铜钴镍预测远景区(B 类)、封江金预测远景区(C 类)、三清观铜预测远景区(C 类);共圈定找矿靶区 3 个,其中 A 类找矿靶区 1 个(王家台)、B 类找矿靶区 2 个(大陈家湾、大黄家湾)。

2. 初步查明了金银矿化在空间上的展布规律及矿化地质特征。通过对典型蚀变岩型金银矿床成矿地质背景、成矿要素及成矿规律等方面的综合研究,归纳总结出了调查区内金银矿的找矿标志和找矿模型等,为在区内进一步找矿提供了翔实的地质资料。调查区内金银钨多金属矿化的发现和突破,充分说明该区有着很好的成矿条件,具有寻找中—大型规模金多金属矿的潜力。

右江成矿区桂西地区地质矿产调查成果报告

提交单位:中国地质调查局武汉地质调查中心
项目负责人:黄圭成
档案号:档 0560
工作周期:2016—2018 年
主要成果:

一、金矿找矿取得新进展

在乐业-凌云-巴马金矿成矿远景区完成 9 个图幅的 1∶5 万水系沉积物测量,圈定 69 处 Au-As-

Hg-Sb 元素综合异常。通过异常查证和矿产检查，新发现 16 处金矿（化）点，圈定了 12 个金矿找矿靶区。其中林老坪和响拉找矿靶区的成矿条件及矿化特征与金牙和明山大型金矿床相似，具有找到中大型金矿床的潜力。凤山县林老坪金矿找矿靶区位于金牙金矿东约 5km，面积约 9km²，靶区内发现一条近南北走向的含矿蚀变带，延伸长约 5.2km，宽 10～88m。根据 9 条探槽和剥土工程，初步圈定 14 条金矿（化）体。凤山县响拉金矿找矿靶区位于明山金矿南约 9km，面积约 16km²，区内发现一条北西向的含矿蚀变带，长约 310m，宽 20～150m。根据施工的 5 条探槽，初步圈定 11 处金矿化体和 3 处金矿体。

二、研究提出沉积型铝土矿的“陆生水成”四阶段成矿模式

桂西地区的铝土矿分布于靖西—德保—平果一带和龙州—扶绥一带，包括堆积型和沉积型两种类型，前者已勘查和开采利用，后者勘查和研究程度低。本项目对平果地区的沉积型铝土矿开展了深入调查与研究。沉积型铝土矿产于孤立碳酸盐岩台地的上二叠统合山组底部，受 P_2/P_3不整合面控制，在区域上稳定分布。调查发现，发育完整的铝土岩系及其盖层由 8 个小层组成（图 2-45）。其中铝土岩系有 3 层，从古风化面（不整合面）往上分别为铁铝质岩（A）、铝质岩（B）和碳质泥岩（C），代表着陆地表面氧化环境向海侵初期还原环境的转变。A 层和 B 层为矿体。碳质泥岩（C）层为沼泽环境，代表铝土矿风化过程的全面终止。部分地段碳质泥岩内部发育煤线（D）。碳质泥岩（C）层之上为铝土岩系的盖层，含生物碎屑泥灰岩（E）、含生物碎屑燧石条带灰岩（F）与沉凝灰岩（G）和硅质岩（H）交替出现。

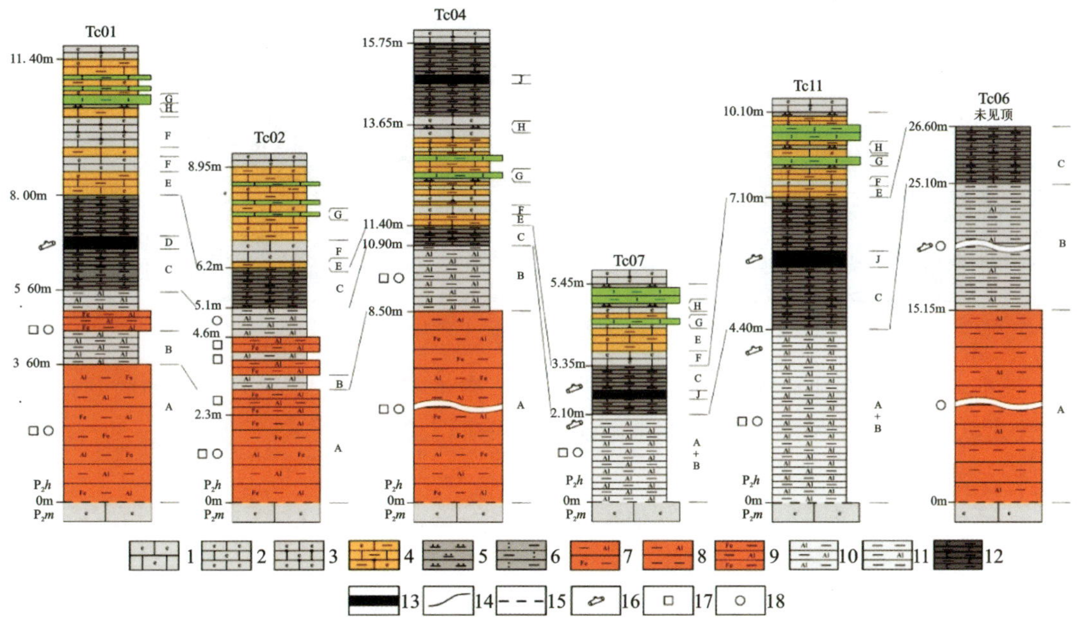

1. 厚层生物碎屑灰岩；2. 中薄层生物碎屑灰岩（F）；3. 中薄层含燧石生物碎屑灰岩（F）；4. 中薄层泥灰岩（F）；5. 薄层硅质岩（H）；6. 中薄层沉凝灰岩（G）；7. 块状铁铝质岩（A）；8. 块状铝质泥岩（A）；9. 层状铁铝质岩（A）；10. 层状铝质岩（B）；11. 层状铝质泥岩（B）；12. 薄层碳质泥岩（C）；13. 煤线（D）；14. 整合地质界线；15. 平行不整合界线；16. 植物根茎化石；17. 黄铁矿；18. 豆（鲕）粒。

图 2-45　桂西地区沉积型铝土矿床基本层序

在铁铝质岩、铝质岩中发现长石晶屑，多被后期生成矿物所交代但是晶型轮廓保存完好；同时发现晶型完好的石英晶屑以及棱角分明石英碎斑。在无陆源碎屑补给的远岸孤立碳酸盐岩台地沉积环境，铝土岩系中存在长石、石英晶屑组合，说明它的源岩可能是中性—中酸性火山岩。晶屑晶型完好，碎斑棱角分明，未见磨蚀痕迹，指示这些火山岩未经过长距离搬运。铝土岩系及其盖层中的（碎屑）锆石均具有岩浆成因特征的环带结构，它们的锆石 $^{206}Pb/^{238}U$ 年龄集中分布于（260～259）Ma 之间，与盖层沉凝

灰岩中的锆石年龄一致，反映铝土岩系的源岩为吴家坪期的中酸性火山喷发岩。由此认为，沉积型铝土矿的物源为中酸性火山喷发岩，并建立了桂西地区沉积型铝土矿的“陆生水成”四阶段成矿模式(图 2-46)，前两阶段为“陆生”，后两阶段为“水成”。

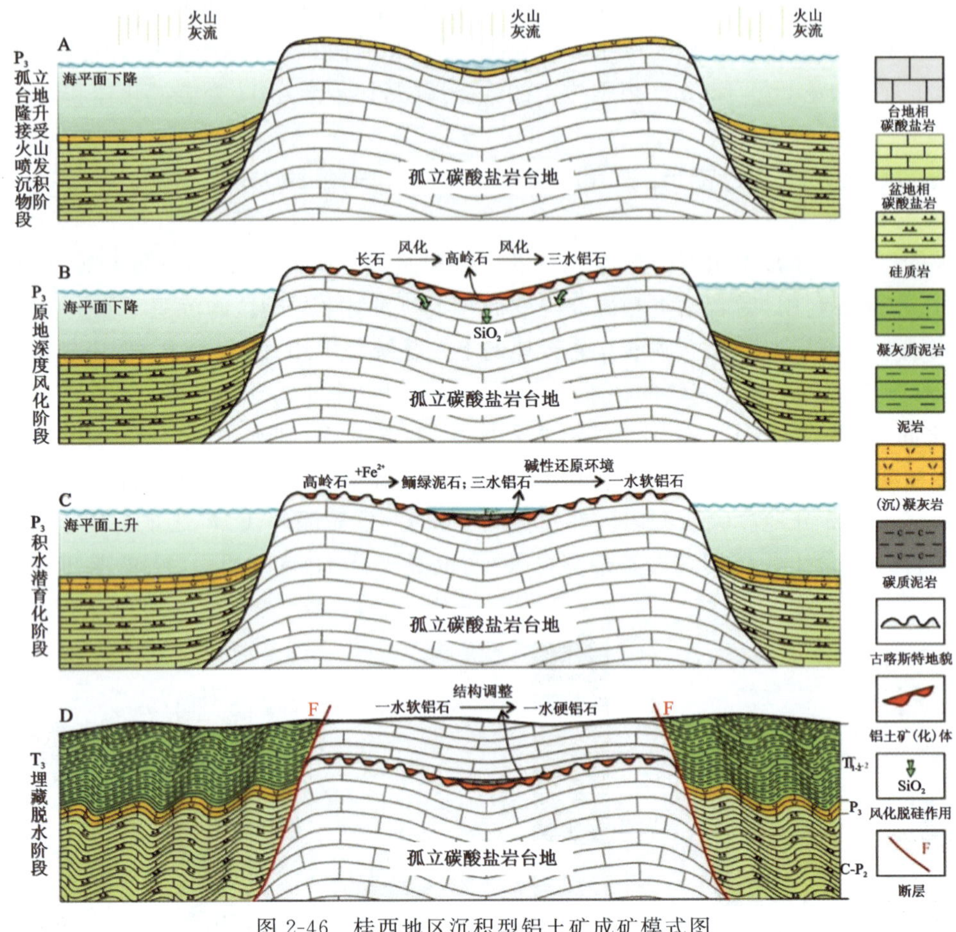

图 2-46　桂西地区沉积型铝土矿成矿模式图

此外，根据成矿特征和成矿规律，分别提出桂西地区微细浸染型(卡林型)金矿的的盆地流体-大气降水成矿模式以及泥盆纪沉积型锰矿的热液喷流沉积成矿模式。

三、采获一批古生物化石，为确定桂西地区的地层时代提供新的依据

根据采获的古生物化石，共厘定出三叶虫、牙形石、珊瑚、腕足类、有孔虫、蜓类、双壳、菊石等 69 个生物化石(组合)带，其中新建 7 个生物化石(组合)带。根据新采获的三叶虫化石 *Chittidilla-Kunmingaspis* 带和 *Kaotaia-Xingrenaspis* 带(图 2-47)，重新厘定隆林地区寒武纪地层的主体形成时代为第二统—苗岭统。这些古生物化石为确定桂西地区的地层时代提供新的依据，提高了该区古生物、生物地层和年代地层的研究程度。

四、获得一批基性岩浆岩的高精度年龄数据

桂西地区的岩浆岩以基性岩为主，分布较广泛，但是出露面积小。LA-ICP-MS 锆石 U-Pb 同位素测年结果显示，基性岩浆活动以二叠纪最为强烈。其中，基性侵入岩的年龄为 290～95Ma，主要集中在 290～255Ma 之间；基性火山岩的年龄主要在 260～245Ma 之间，与基性侵入岩近于同期。

1－2. *Xingrenaspis xingrenensis* Yuan et Zhou in Zhang et al.，1980；3. *Kaotaia globosa* Chang et Zhou in Lu et al.，1974（照片左上角见一腕足碎片）；4. *Danzhaiaspis* cf. *quadratus* Yuan et Zhou in Zhang et al.，1980；5. *Douposiella* sp.；6. *Kaotaia magna*（Lu，1945）；7. *Kunmingaspis* sp.；8. *Kailiellaangusta* Lu et Chien in Lu et al.，1974；；9. *Oryctocephalops* sp.；10. *Chittidilla* sp.；11. *Kaotaia globosa* Chang et Zhou in Lu et al.，1974；12. *Probowmania* sp.。

图 2-47　隆林地区寒武系凯里组主要三叶虫化石

根据岩石地球化学和 Sr-Nd-Hf 同位素地球化学特征，大致可将基性岩分为高 Ti 和低 Ti 两个系列。高 Ti 基性岩可能主要是由处于较深位置的石榴子石二辉橄榄岩经过低程度的部分熔融作用所形成，而低 Ti 基性岩则主要是由处于较浅位置的尖晶石二辉橄榄岩低程度部分熔融作用所形成，在岩浆上升过程中可能有少量富集岩石圈地幔物质的加入。

基于地球化学特征和年代学数据，推断桂西地区的基性岩可能是由地幔柱岩浆持续活动所形成。形成较早（早中二叠世）的基性岩可能是区域上早期地幔柱活动的产物，而形成较晚（晚二叠世）的基性岩则可能是峨眉山地区较晚期地幔柱活动的远程产物。

五、推断扬子与华夏陆块西南段的界线可能在桂中大明山以北地区

扬子和华夏陆块的北东段边界，普遍认为在绍兴—江山—萍乡一带。但是对于西南段的界线，尤其是在广西境内的界线一直存在较大争议。寒武系黄洞口组分布于桂西东南的大明山、大瑶山至鹰阳关一带，主要由一套砂质碎屑岩组成。本次对大明山霞义岭黄洞口组的碎屑锆石 U-Pb 年龄谱进行研究。锆石颗粒大小悬殊，内部发育包裹体、裂隙，颗粒磨圆度相差很大，从棱柱状到球状均有出现，反映了物源搬运距离或沉积期次有很大差别。锆石的阴极发光图像亮度强弱不等，具有振荡环带、不规则分带、核边结构等特征，说明以岩浆成因锆石为主，并普遍经历后期构造热事件扰动改造。在测得的 95 个锆石年龄数据中（LA-ICP-MS，谐和度≥90％），显示出 4 个年龄区间：600～510Ma、1100～900Ma、1980～1620Ma 和 2580～2380Ma，其中 1100～900Ma 是最突出的峰值。对比发现，大明山霞义岭地区的黄洞口组碎屑锆石 U-Pb 年龄谱系与扬子陆块的年龄组成特征有明显的区别，而与华夏陆块的年龄组成特征非常相似。因此，大明山地区寒武纪沉积岩的物源主要来自华夏陆块，推断扬子与华夏陆块西南段的界线应该在桂中大明山以北的地区。

广西靖西-大新地区矿产地质调查成果报告

提交单位:广西壮族自治区地质调查院

项目负责人:韦访

档案号:档 0560-03

工作周期:2014—2016 年

主要成果:

1. 调查区大地构造位置位于富宁-那坡被动边缘盆地(Pz)的阳圩台地斜坡-台盆亚相东南部的下雷-湖润台盆。沉积环境为盆地台沟相与边缘相。含锰岩系为泥盆系榴江组(D_3l)、五指山组(D_3w)和石炭系鹿寨组(C_1lz)。其中,五指山组出露最为广泛,出露长度约 58km;其次为鹿寨组,出露长度约 34km;榴江组出露长度约 18km。含锰岩系出露总长度超过 110km,成矿条件较好。

2. 调查区内锰矿床以下雷式沉积-锰帽型锰矿床为主,该矿床是浅海盆地的沉积锰矿床,岩相古地理为海相台盆沉积相。含锰岩系为榴江组和五指山组,含矿建造为含锰硅质岩、含锰硅质灰岩、含锰泥灰岩、含锰层、含锰质泥岩,岩性为灰黑色贫碳酸锰矿层,其间夹层为含锰泥质硅质灰岩、含锰钙质硅质岩,典型矿床为土湖锰矿床和下雷锰矿床(图 2-48、图 2-49)。

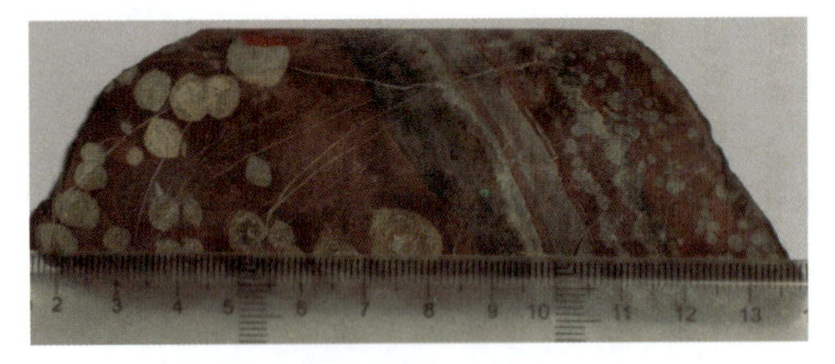

图 2-48　下雷锰矿区豆鲕状原生锰矿石

图 2-49　下雷锰矿区条带状原生锰矿石

3. 调查区预测下雷式上泥盆统沉积-锰帽型锰矿床资源量 32 143.785 万 t。其中,下雷-湖润找矿远景区 27 582.70 万 t,0～500m 以浅 18 117.961 万 t,500～1000m 以浅 9 464.736 万 t,氧化矿 3 077.946 万 t,碳酸锰矿 24 504.754 万 t;龙邦-龙昌找矿远景区 2 188.19 万 t,0～500m 以浅 2 188.19 万 t,氧化矿 390.862 万 t,碳酸锰矿 1 797.328 万 t;土湖-那利找矿远景区 2 372.90 万 t,0～500m 以浅 2 372.899 万 t,氧化矿 835.997 万 t,碳酸锰矿 1 536.902 万 t。

4. 圈定找矿远景区 5 个,其中甲类 4 个、乙类 1 个,碳酸锰找矿远景区 4 个,铜、锡多金属找矿远景区 1 个。其中,湖润-下雷找矿远景区含锰岩系,出露长度大于 50km,出露面积约 30km²,已发现下雷超大型矿床和湖润大型锰矿床,近年外围及深部新增贫锰矿石资源量已达中型规模。龙邦-龙昌找矿远景区含锰岩系出露长度大于 35km,出露面积约 38km²,已发现龙邦、龙昌 2 处中型锰矿床,两矿床矿层地表及浅部为氧化锰矿石,深部见碳酸锰矿石。土湖-那利找矿远景区含锰岩系为上泥盆统榴江组、五指山组和下石炭统鹿寨组,其中榴江组出露长度大于 35km,出露面积约 21km²;五指山组出露长度大于 50km,出露面积约 13km²;鹿寨组露长度大于 85km,出露面积约 28km²。区内榴江组含锰岩系已发现土湖锰矿床,五指山组含锰岩系已发现达爱、志刚、上映 3 处锰矿床(点),圈定美屯-焕屯 C 级碳酸锰找矿靶区 1 个。鹿寨组含锰岩系圈定那荷-那利 B 级碳酸锰找矿靶区 1 个。通怀找矿远景区含锰岩系鹿寨组出露长度约 9km,出露面积约 4.5km²,圈定 B 级碳酸锰找矿靶区 1 个。多隆铜、锡多金属找矿远景区磁异常区沿钦甲花岗岩外接触带寒武系地层延续呈北北东方向展布,为正磁异常带,整个异常带分界比较明显，指示调查区范围内有巨大磁性矿化体的存在。区内寒武纪岩石和火成岩浆岩中 Cu、Sn 丰度，普遍高于同类岩石的 Cu、Sn 正常含量；区内 Cu、Sn 化探异常的分布较普遍，并与矿体相吻合。已发现夕卡岩磁铁矿、铜锡矿化体出露，在矿体附近的（外接触带）寒武系第一统还发现了 1 处磁铁矿化点（马英）和 1 处毒砂矿化点（那史），成矿地质条件与钦甲铜锡矿床相似。

5. 圈定碳酸锰找矿靶区 3 个，其中 B 级碳酸锰矿找矿靶区 2 个、C 级找矿靶区 1 个。天等县那荷-那利碳酸锰矿找矿靶区含锰岩系为下石炭统鹿寨组和上泥盆统五指山组，出露长度约 5km，圈定氧化锰矿（化）体 5 处，其中赋存于五指山组 3 处、鹿寨组 2 处。德保县通怀碳酸锰矿找矿靶区锰矿层赋存于鹿寨组二段下部与中部之间硅质岩、泥岩氧化带内，锰矿层由薄层氧化锰矿和硅质岩、泥岩互层组成，矿层呈似层状、层状产出，矿层产状与围岩产状一致，靶区共圈定氧化锰矿体 2 处。天等县美屯-焕屯碳酸锰矿找矿靶区含锰岩系为上泥盆统五指山组，出露长度约 5km，靶区一般发育 1 层矿，局部有 2 层矿或多层矿，在五指山组中圈定矿化体 2 处。

广西 1∶5 万金牙幅、平乐幅、沙里幅、月里幅地质矿产综合调查成果报告

提交单位：广西壮族自治区地质调查院
项目负责人：宫研
档案号：档 0560-04
工作周期：2015—2017 年
主要成果：

一、成矿条件

调查区位于滇黔桂“金三角”，属于南盘江-右江成矿带，南盘江-右江成矿带是我国微细粒浸染型金矿的重要成矿区带；调查区出露有大量的下三叠统逻楼组、中三叠统百逢组和兰木组，这些地层是微细粒浸染型金矿的主要赋矿层位，主要的岩性组合为砂岩、粉砂岩、泥质粉砂岩，是微细粒浸染型金矿的主要含矿岩性；调查区内褶皱及断裂较发育，断裂与褶皱的交会部位是成矿的有利部位；调查区内已经圈定了 1∶5 万水系沉积物综合异常 34 处，综合异常大多与区内断裂褶皱吻合，具有很大的找矿潜力。综上所述，调查区的成矿条件较好，很值得进一步开展地质找矿工作。

二、成矿规律

图 2-50 微细粒浸染型金矿石

调查区Ⅰ级成矿区带属滨太平洋成矿域（Ⅰ-4），Ⅱ级成矿区带属南华成矿亚省（Ⅱ-16），Ⅲ级成矿区带属桂西-黔西南-滇东南北部（右江地槽）Au-Sb-Hg-Ag-Mn-Al-Sn-Cu-Ti-Te-稀土-煤-石油-水晶成矿带（Ⅲ-88），Ⅳ级成矿区带属 Au-Sb-Mn-S-煤-Al-石油成矿带（Ⅲ-88-1），Ⅴ级成矿区带属金牙 Au-Pb-Zn-Cu-煤-Al-硫铁矿成矿区（Ⅲ-88-1-f），位于金矿主要成矿区带；矿床类型为微细粒浸染型金矿（图 2-50）；调查区矿床（点）

主要沿孤立碳酸盐岩台地边缘呈环带状分布或在盆地内褶皱核部或两翼呈线状分布;调查区内成矿地质条件主要与地层和构造有关,主要赋矿层位为下三叠统逻楼组、中三叠统百逢组和兰木组,矿体主要受断裂和褶皱控制,矿体主要产出在断裂与褶皱交会部位或者区域性大断裂的次级断裂中;调查区成矿系列为与沉积间断面和断裂构造有关的微细粒浸染型金矿成矿系列,金矿床成矿期是晚印支期—燕山早期。

三、资源潜力

在调查区内圈定了金牙、明山等12个金牙式微细粒型金矿预测工作区,深度500m以内预测金资源量88t,深度1000m以内预测金资源量113t。

四、找矿远景

调查区内已经探明大、中、小型金矿床6处,且金牙金矿床通过老矿山深部找矿项目在深部新查明金金属量21.57t,而通过矿产调查工作发现的新矿体只揭露地表氧化矿,未对深部原生矿进行揭露控制,由此认为区内找矿潜力巨大。下一步工作主要针对已有金矿山的深部及新发现的金矿(化)体地表和深部,通过进一步矿产勘查项目可能找到新的大型以上的金矿床。

广西乐业雅庭地区金矿调查评价成果报告

提交单位:广西壮族自治区地质调查院

项目负责人:曾长育

档案号:档0560-05

工作周期:2015—2017年

主要成果:

广西乐业雅庭地区具有优越的金矿成矿地质条件。首先,广西乐业雅庭地区在大地构造上属于南盘江-右江盆地,该地区是我国重要的多金属矿床富集地,成矿条件优越,金矿资源丰富,找矿潜力巨大。其次,调查区内赋矿地层广泛发育,百逢组、兰木组皆是一套含钙的复理石沉积,是十分有利的赋矿地层。第三,含矿构造如台缘断裂带、盆地背斜褶皱及其断裂组合发育,浪全断裂、乐业断裂和大寨断裂属于含矿的台缘断裂,老鹰嘴背斜及其断裂组合、他花背斜及其断裂组合、利荣背斜及其断裂组合是重要的盆地含矿构造。最后,调查区具有显著的Au-As-Sb-Hg元素组合异常,异常组合稳定,具有一定规模,且与成矿有利地段相吻合,指示良好的找矿前景。

地层和构造共同制约矿床的形成。地层岩性组合决定了Au的赋存状态,而构造才是卡林型金矿形成的最根本原因,控矿构造的分布从根本上决定了矿床的空间分布规律。

广西乐业雅庭地区主要的金属矿产类型为微细粒浸染型金矿,产出8个金锑矿床,其中林旺、岩旦为大中型矿床,大部分矿床工作程度较低。林旺和八洞深部找矿突破证明,部分已发现矿体在平面外延和垂向延伸上有进一步扩大储量的潜力(图2-51、图2-52)。

通过本次1∶5万水系沉积物的地球化学普查,圈定化探综合异常24处。在调查区内的所有已知矿床(点)上均获得清晰的异常显示,并且不同地质背景、台地与盆地之间,呈现出相应的地球化学场,出现相应的元素组合特征。从水系沉积物异常的分布及特征角度看,调查区主要异常显著,主成矿元素Au-As-Sb-Hg异常套合好,三级分带清晰,浓集中心明显,与成矿有利地段相吻合,为寻找更多矿化信

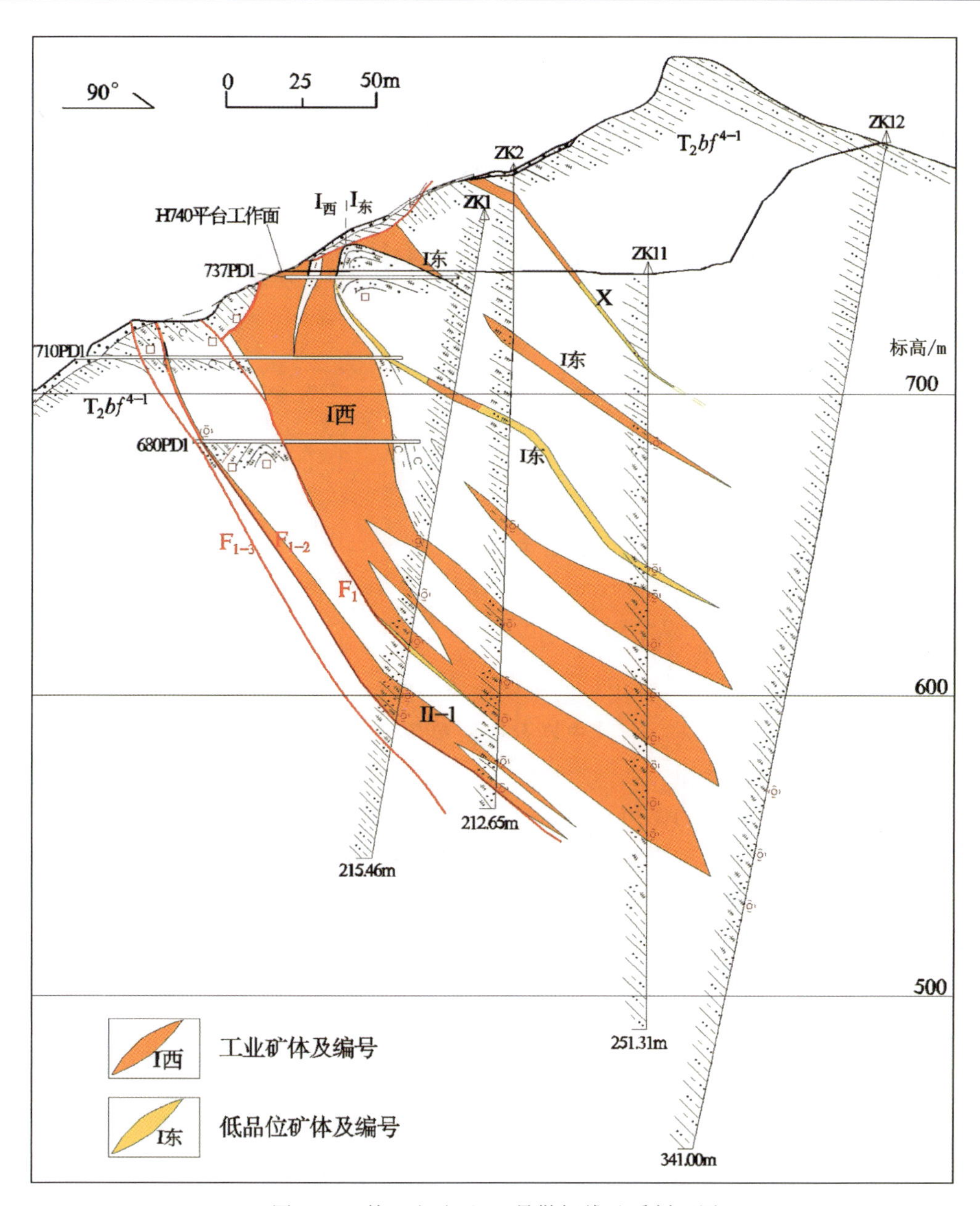

图 2-51　林旺金矿区 25 号勘探线地质剖面图

图 2-52　八洞金矿①号矿体的矿石特征

息提供了有效的指导。

典型矿床研究及1∶5万矿产地质测量显示,赋矿地层百逢组、兰木组在调查区内广泛分布,含矿构造如台缘断裂带、盆地背斜褶皱及次级断裂发育。矿产综合检查结果指示,圈定的找矿靶区内矿化蚀变信息丰富,仍有较大成矿潜力。因此,广西乐业雅庭地区仍具有较大的成矿潜力,找矿前景乐观。

广西1∶5万龙川幅矿产地质调查成果报告

提交单位:广西壮族自治区地质调查院
项目负责人:宫研
档案号:档0560-08
工作周期:2018年
主要成果:

一、成矿条件

调查区位于南盘江-右江盆地,具有优越的成矿地质条件。

1.地层:区内划分了填图单位13个,其中岩石地层单位8个。金矿的主要赋矿层位为百逢组和石炮组,锰矿的主要赋矿层位为鹿寨组。

2.构造:区内主要的成矿构造为龙川背斜、福屯背斜及其断裂体系。断裂为含矿热液的运移提供了良好的通道和容矿场所,褶皱造成的虚脱部位、层间破碎带是容矿的理想场所。

3.岩浆岩:龙川—方屯一带发育的辉绿岩和辉长辉绿岩与金矿成矿关系密切,矿体多产于岩体与围岩的接触带及其附近。

4.地球化学:根据1∶5万水系沉积物测量化探分析结果,圈定综合异常11处(其中甲1类异常1处、乙类异常6处、丙类异常4处)。

5.矿产:区内已发现龙川、世加小型金矿床和六午金矿点。本次工作新发现锰矿点1处、金矿化点1处。

二、成矿规律

调查区内的主要矿产为微细粒浸染型金矿,有小型金矿床2处(龙川金矿、世加金矿),金矿点1处(六午金矿);次要矿产为沉积型锰矿。

金矿多产于辉绿岩与围岩蚀变接触带和百逢组中的断裂破碎带内部或层间挤压破碎带,呈线状分布。成矿时间主要集中在晚印支—早燕山期。

三、资源潜力

通过在调查区开展1∶5万水系沉积物测量工作,划分了5个异常区(带),编制了银铅锌锰钒组合异常图、金砷锑汞组合异常图、铬镉钴镍铜组合异常图和钼钨锡铋组合异常图;同时,对各异常区(带)及各综合异常进行了剖析和评价,进行了地球化学找矿预测,共圈出5个地球化学找矿预测区,其中Ⅰ级找矿预测区1个、Ⅱ级找矿预测区2个、Ⅲ级找矿预测区2个,为异常检查或矿产检查工作提供了依据。

在踏勘检查的基础上选择了3处综合异常或矿(化)点进行了检查,重点检查区1处(百民异常区),

概略检查区 2 处(福乡异常区、世加异常区)。通过异常查证工作,在调查区内发现金矿化点 1 处(百民)、锰矿点 1 处(世加),初步控制金矿化体 5 个、锰矿体 1 个。

百民金矿化点:发现金矿化体 5 个,其中 1 号矿化体走向北西,控制长度约 370m,倾向 34°～66°,倾角 53°～62°,厚度 2.09～10.76m,平均厚度 6.43m,Au 平均品位 0.13×10^{-6},单样品最高品位 0.25×10^{-6}。

世加锰矿点:发现锰矿体 1 个,锰矿体走向近东西,倾向 356°,倾角 32°,锰矿体厚度 0.66m,Mn 品位 10.85%。

根据成矿远景区圈定原则,在调查区内划分了 4 个找矿远景区,其中 A 类找矿远景区 1 个、B 类找矿远景区 2 个、C 类找矿远景区 1 个。A 类找矿远景区为世加-百民金矿、锰矿找矿远景区(A1);B 类找矿远景区为龙川金矿找矿远景区(B1)、局桑-福乡金矿找矿远景区(B2);C 类找矿远景区为六蛇金矿找矿远景区(C1)。以《广西壮族自治区金矿矿产资源潜力评价成果报告》中的预测资源量为基础,获得调查区内 4 个找矿远景区深度 500m 以内预测金资源量 29 838.26kg。

根据矿产检查结果,结合找矿靶区圈定原则,在调查区内圈定 2 个 B 类找矿靶区,即世加锰矿找矿靶区、百民金矿找矿靶区(世加-百民找矿远景区)。

广东天露山地区 1∶5 万区域地质矿产综合调查成果报告

提交单位:中国地质调查局武汉地质调查中心

项目负责人:杨文强

档案号:档 0563-02

工作周期:2016—2018 年

主要成果:

一、地层

1. 在调查区划分了 19 个岩石地层单位,重新厘定了地层序列。

2. 将云开群定性为云开岩群,并解体为片岩段、变质砂岩段、变粒岩段和变玄武岩段 4 个岩性段。

3. 通过沉积学、同位素年代学等方法将调查区内原划分为"奥陶纪罗洪组"的地层重新划分为泥盆纪杨溪组和老虎头组。

4. 碎屑锆石研究表明,调查区寒武系样品 560～520Ma 的年龄峰值,与西澳和南极大陆碎屑锆石记录非常吻合,推断寒武纪时期华夏地区的碎屑沉积物主要源自东冈瓦纳北缘。560～520Ma 的年龄组在水石组样品中表现更为显著,而在高滩组中并不明显,这可能体现了泛非期源区地壳并不稳定,岩石逐渐剥露的过程。而泥盆纪沉积物主要来自云开地体早古生代形成的花岗岩和碎屑岩的再循环,早古生代岩石的剥露反映了云开地体在广西运动期间的上隆。

二、岩浆岩

1. 重新厘定了调查区岩浆岩序列,将调查区内侵入岩划分为 8 个"岩性＋时代"填图单位。调查发现印支期(三叠纪)侵入岩呈巨大的岩基产出,构成调查区内侵入岩的主体,燕山期多发育规模不大的小岩株。

2.将新兴岩体、湾边岩体的主体侵位时代厘定为晚三叠世(240～224Ma),表明华南板块南缘海西—印支期岩浆活动自晚二叠世(大容山岩体)一直延续到晚三叠世(新兴岩体)。古特提斯洋的分支洋盆在250Ma左右大致沿哀牢山—SongMa—SongChay—(邦溪-晨星)一线的关闭,导致了印支板块与华南板块的碰撞拼合,其后华南板块南缘在后碰撞伸展体制控制下,地壳物质熔融形成中酸性岩浆侵位,导致了新兴-湾边岩体、海南岛中—晚三叠世侵入岩的形成。

3.新发现的侏罗纪碱长花岗岩,形成时代为162～160Ma,具有海鸥型稀土配分型式,为高演化的S型花岗岩。

4.新发现的晚泥盆世中基性火山岩夹层,岩性以玄武安山岩为主,是华南板块加里东期岩浆作用最晚期火山活动的记录,为同期罕见的中基性火山熔岩。

5.云开岩群中新发现的变玄武岩夹层,具有板内玄武岩地球化学特征(图2-53)。

图2-53 云开岩群中变玄武岩野外产出特征

三、构造

详细阐述了调查区不同时代和不同性质的褶皱和断裂特征,统计分析了大量构造要素,系统剖析了调查区构造变形特征,进而在调查区划分了6个Ⅲ级构造单元,6个构造层及6期变形事件,建立了调查区地质构造格架和构造变形序列,总结了调查区的地质构造发展史。

在详细解析调查区构造形迹的基础上,结合区域构造演化特征,反演了各构造运动期应力场性质:晋宁期为南北向挤压;加里东期、海西—印支期、早燕山期为北西—南东向挤压;晚燕山期为北西向伸展;喜马拉雅期为南北向挤压和差异性升降,印支运动和燕山运动对前期构造进行了强烈叠加改造,对调查区内复杂的构造形态的形成起了重要作用。值得一提的是,本次调查工作在晋宁期构造层中识别出了北西轴向无根褶皱、北东轴向小型纵弯褶皱和轴向多变的“Z”形或者“S”形不规则剪切褶皱3种构造形迹,分别为晋宁运动、加里东运动和印支运动在该构造层的活动响应;海西—印支构造层中形成的北西和南北轴向纵弯褶皱则是晚燕山运动和喜马拉雅运动形成的北西向和南北向断层对印支运动形迹改造的体现。

在调查区内识别出5条韧性—脆韧性断层,通过详细的野外地质调查,查明了构造岩组成和类型、南西—北东向右旋剪切运动学标志和后期叠加脆性断裂特征,解体了区域性吴川-四会断裂带在调查区的分支部分(东段)。

四、矿产

发现了4处具有进一步找矿价值的矿化(线索)点。

广东双华-平安镇地区矿产地质调查成果报告

提交单位：广东省有色金属地质局

项目负责人：钱龙兵

档案号：档 0563-06

工作周期：2014—2015 年

主要成果：

1. 1∶5 万遥感构造地质解译及蚀变信息提取解译出断裂 109 条、环形构造 3 个，圈定了矿化蚀变遥感异常集中区 11 处。

2. 1∶5 万水系沉积物测量获得了系统的区域地球化学背景资料，对各地层、岩浆岩体、岩性中的元素丰值有较确切的了解。系统总结了元素地球化学特征和元素共生组合规律。圈定 16 处综合异常，价值分类结果为甲类 3 处、乙 1 类 2 处、乙 2 类 3 处、乙 3 类 5 处、丙类 3 处、同时对 16 处综合异常进行了异常多参数评序。在调查区范围内划分了 5 处地球化学找矿远景区，其中Ⅰ级找矿远景区 3 处、Ⅱ级找矿远景区 1 处、Ⅲ级找矿远景区 1 处。通过对 AS1、AS4、AS7、AS10 异常进行二级查证，均获得了与水系沉积物异常对应的土壤异常，它们与矿床矿点相吻合，证明为矿致异常或具较大的找矿潜力，为下一步找矿工作部署提供了丰富的化探资料。

3. 1∶5 万矿产地质调查工作，划分了调查区岩石地层填图单位 11 个，侵入岩“岩性＋时代”填图单位 7 个，对区内北东向的片理化带进行了调查和控制，大致厘定了全区的构造框架。

4. 新发现矿(化)点 15 处，其中钨矿点 2 处、钼矿点 1 处、钨钼矿点 1 处、锡矿化点 1 处、铜矿化点 1 处、铅锌矿点 4 处、锡铜铅锌矿点 4 处、高岭土矿床 1 处。

5. 通过典型矿床研究和综合前人成果报告、文献等资料，对典型矿床的成矿作用与矿床成因、成矿要素、成矿模式和找矿标志等进行归纳总结，总结矿床成矿规律，并运用“三位一体”找矿理论初步构建找矿要素和建立预测模型。分析认为金坑矿床成矿物质主要为幔源，而细粒花岗岩和热水洞组地层都可能提供了部分成矿物质，成矿时代为 140Ma 左右，矿床成因类型为岩浆热液充填交代型铜锡铅锌多金属矿床。

6. 建立了“金坑式”热液型锡铜铅锌多金属矿、“高山寨式”石英脉型钨钼矿成矿要素和预测要素模型，并参照广东省资源潜力评价资料，在调查区内对这两种类型矿产进行预测，建立最小预测区：“金坑式”A 级 6 个、B 级 3 个、C 级 4 个，“高山寨式”A 级 5 个、B 级 1 个。

7. 通过综合研究和分析，结合本区地质、地球物理和地球化学背景、成矿系列、控矿条件、矿床(点)组合及时空分布规律，在调查区内划分了找矿远景区 3 个。结合调查区最小预测区的划分，提交新发现 A 类找矿靶区 4 个，其中高山寨钨矿和大寨铅锌矿 2 个靶区作为新发现矿产地提交。项目成果转化拉动和引领作用明显，大寨铅锌矿靶区已引入广东省地勘基金投入。

鄂东-湘东北地区地质矿产调查成果报告

提交单位:中国地质调查局武汉地质调查中心
项目负责人:牛志军
档案号:档 0584
工作周期:2016—2018 年
主要成果:

一、基础地质调查进展

1. 通过新发现的古生物化石和获得的同位素年龄数据,根据国际地层表(2017 年)和中国区域地层表(2017)重新厘定丰富了鄂东-湘东北区域性的地层格架,按不同构造演化阶段划分了调查区地层,划分出 10 种含矿沉积建造。在岳阳地区新确认张家湾组和富禄组含冰层位,构建了扬子陆块南华纪台地(或滨岸)-斜坡-盆地相岩石地层序列与对比关系,以及扬子型物源特点,早古生代沉积环境在此基础上具继承性,从而为扬子陆块东南缘构造演化历程与时限提供地层学和沉积学证据。

2. 建立了研究区侵入岩年代格架和构造-岩浆事件序列。对中生代岩浆岩的形成时代、成因、构造背景、地球动力学机制进行了总结,探讨了其与成矿作用的关系。鄂东-湘东北地区侵入岩绝大多数为花岗岩类,另有少量中基性侵入岩和碱性侵入岩。花岗岩类的岩石类型包括钾长花岗岩、二长花岗岩、花岗闪长(斑)岩和花岗质碎斑熔岩,其中钾长花岗岩和二长花岗岩占主导。鄂东-湘东北地区晋宁期和加里东期岩浆岩出露较少,主要发育印支期(三叠纪)和燕山期(侏罗纪—白垩纪)岩浆活动,同位素年龄最主要的峰值位于 180～140Ma 之间,显示晚侏罗世—早白垩世岩浆活动最为活跃,岩浆活动为成矿带来了大量的热源与物源。

3. 依据鄂东-湘东北地区构造演化史,将其划分为武陵期(＞820Ma,冷家溪阶段)、加里东期(820～415Ma,板溪期—志留纪阶段)、海西—印支期(415～210Ma,泥盆纪—中三叠世阶段)及燕山期(＜210Ma,晚三叠世—古近纪阶段)、喜马拉雅期(新近纪)5 个阶段,地质演化由古弧盆系向(武陵运动)被动陆缘-前陆盆地、(加里东运动)陆表海、(印支-燕山运动)叠加造山-陆内断陷(喜马拉雅运动)演化,探讨了构造运动与成矿的关系。结合中南地区及湘鄂二省大地构造分区方案,对鄂东-湘东北大地构造进行分区,以三级构造单元为单位,总结了扬子陆块东南缘各构造单元内岩石构造组合、沉积事件、火山事件、侵入事件、变质事件、成矿事件及其对应的构造环境,完成了鄂东-湘东北地区地质构造演化时空结构表的编制。

4. 扬子陆块东南缘新元古代构造格局及演化研究取得新认识。该区域大体经历了 825Ma 之前(大约起自 860Ma)的俯冲挤压碰撞阶段和其后的后碰撞(拉张)阶段(825～810Ma)(图 2-54),以及 805～800Ma 之后的后造山阶段。江南造山带中西段的不同区段的碰撞时间可能有差异,造山带中段可能在 805Ma 之后便进入后造山阶段,而西段可能晚至 800Ma 之后才进入后造山阶段。扬子和华夏陆块在晋宁期(820Ma 左右)发生碰撞拼贴构成统一大陆,华南新元古代造山事件之后 800～760Ma 的岩浆作用属于造山后伸展背景的产物。

二、找矿突破或新发现

1. 圈定化探综合异常 45 处、物探异常 11 处;新发现矿(化)点 27 处,提交矿产地 1 处,提交找矿靶

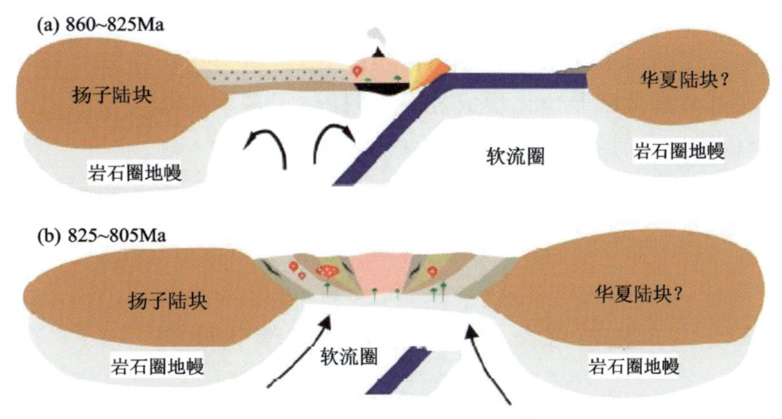

图 2-54 江南造山带构造演化模式图

区 9 处。

2.总结了湘东北地区金矿(湖南“金腰带”或江南造山带“金腰带”)成矿特征和成矿规律,建立了湘东北地区金矿成矿模式。重点对湘东北地区金矿的成矿构造背景和控矿构造进行了调查研究,并取得了一些新的发现和认识。“金腰带”是在多期成矿作用下形成的一条复合型金矿带,具有独特的成矿特征:①区内多期次成矿作用(加里东期、印支期和燕山期)并存;②以(构造)热液成矿作用为主(如淘金冲金矿、万古金矿、黄金洞金矿),岩浆成矿作用为辅(如半月山金矿),多种成矿作用并存;③矿床类型有剪切带型、石英脉型和蚀变岩型,以及微细浸染型,矿床类型复杂多变。金矿成矿年龄为 460~70Ma,经历加里东期、(海西—)印支期、燕山早期及燕山晚期,具多期成矿特点。据此将湘东北地区金富集及成矿作用划分为 4 个阶段:新元古代矿源层沉积期(860~820Ma)、加里东期变质改造及热液期(460~415Ma)、(海西—)印支期变质改造-热液期(415~210Ma)、燕山期热液成矿期(180~70Ma),其中燕山期热液成矿期为主成矿期。

3.厘定湘东北地区燕山期成岩成矿时限,进一步总结了中酸性岩浆作用及其与铜多金属成矿的关系,建立了湘东北地区铜多金属矿区域成矿模式。以桃林铅锌矿、栗山铅锌矿、井冲钴铜矿、七宝山铜矿 4 个典型有色金属矿床为主要研究对象,通过分析矿床地质特征,开展矿床成岩成矿时代、成矿物质来源、成矿流体地质特征综合对比,探讨了湘东北地区燕山期有色金属区域成矿作用特征。确定与铜-铅-锌-钴多金属成矿系统成矿作用有关的岩浆岩主要在 153~148Ma 和 138~132Ma 两个时期形成,成矿系统存在晚侏罗世(约 153Ma)铜多金属成矿、早白垩世(135~128Ma)铜-钴-铅-锌多金属成矿、晚白垩世(约 88Ma)铅-锌-铜多金属成矿 3 次与构造-岩浆活动耦合的铜-铅-锌-钴多金属成矿事件。

4.湘东北地区铜-铅-锌-钴多金属成矿是与燕山期岩浆侵入活动相关的岩浆热液成矿系统,可进一步划分为斑岩-夕卡岩-热液脉型铜-钴-铅-锌多金属、岩浆-热液充填型铅-锌-铜多金属 2 个成矿子系统。矿床成因可划分为斑岩型-夕卡岩型-热液脉型铜多金属矿、热液脉型铜-钴-铅-锌多金属矿、热液脉型铅-锌-铜多金属矿 3 个成因类型。并总结提出了湘东北地区燕山期铜-铅-锌-钴多金属区域成矿模式。成矿系统的物质来源主要为深部岩浆岩,但不同矿床成矿岩浆岩源区不同程度地加入了上地壳物质,七宝山铜多金属矿成矿物质来源为岩浆源,井冲铜-钴-铅-锌多金属矿有少量地壳物质加入,桃林铅-锌-铜多金属矿、栗山铅-锌-铜多金属矿加入的地壳物质相对更多;成矿流体主要为岩浆热液体系,但不同程度地混入了大气降水,井冲铜-钴-铅-锌多金属矿混入少量大气降水,栗山铅-锌-铜多金属矿混入的大气降水最多。

5.首次厘定出湘东北地区印支期成矿事件。木瓜园钨矿含矿斑岩的成岩时代为(224.2±2.0)Ma(MSWD=0.65,n=17;LA-ICP-MS 锆石 U-Pb 法),成矿时代为(222.96±0.96)Ma(MSWD=1.08,n=5;辉钼矿 Re-Os 等时线),表明成岩与成矿具有对应关系,均为晚三叠世,属于印支期。木瓜园钨矿与区域上燕山期北东向钨矿带的成岩成矿作用属不同成矿期次与构造热事件的产物。

6.建立了幕阜山地区伟晶岩演化与稀有金属富集模式,幕阜山花岗伟晶岩演化与稀有分散元素成矿研究取得新进展。通过矿物微区原位化学成分示踪,探讨了幕阜山花岗伟晶岩成因及其与稀有金属矿化的关系,提出断峰山地区具有寻找锂铍矿潜力的新认识。

三、科技创新与理论进步

(一)湘东北地区文家市构造混杂岩的识别及构造演化研究

混杂岩是汇聚板块边缘增生杂岩内的标志性岩石构造单元之一,记录了板块汇聚边缘增生的大地构造演化史,标志着由增生向碰撞造山带转化时形成的板块缝合带。本次工作系统厘定了文家市新元古代构造混杂岩。在文家市南侵入冷家溪群的基性岩中获得LA-ICP-MS锆石U-Pb年龄为(846±19)Ma(MSWD=5.0),代表了变基性岩的形成年龄,基性侵入岩形成时代指示部分沉积岩原岩的形成时代早于845Ma。因此,冷家溪群沉积年龄介于860～825Ma之间;苍溪岩群沉积年龄介于860～830Ma之间。

该地区基底岩石原岩为新元古代不同时期、不同环境形成的碎屑岩系夹火山岩系(以沉积岩系为主,夹少量火山岩),变质程度为低角闪岩相—绿片岩相,其变形强烈,且叠加了后期多期构造变形。新元古代峰期变质变形事件的时代介于840～820Ma之间。

构造混杂岩的组成单元可进一步划分为岛弧(苍溪岩群的部分火成岩)、弧前(苍溪岩群的沉积岩及部分火成岩)、弧后(冷家溪的沉积岩及火山岩)(图2-55)。

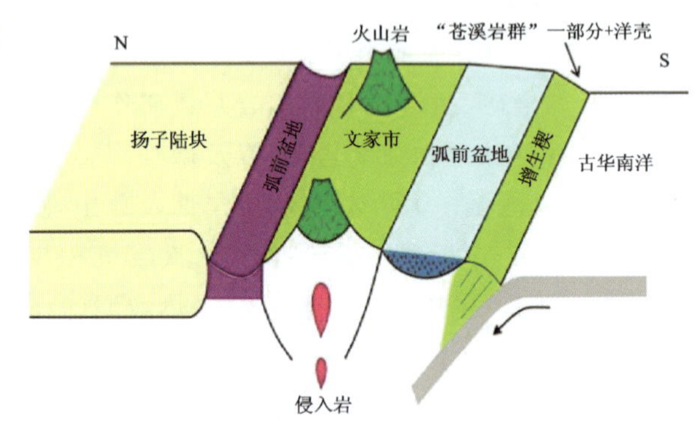

图2-55 浏阳文家市地区新元古代混杂岩形成示意图

综合已有成果,江南造山带中段形成过程年龄制约:①洋壳向北西方向的扬子陆块俯冲阶段(860～830Ma),形成基底沉积地层,岛弧岩浆作用(具岛弧地球化学特征的中基性火山岩等);②弧后前陆盆地中沉积作用阶段(860～825Ma),形成造山带中的部分基底沉积岩(冷家溪群);③后碰撞阶段(830～805Ma),形成片麻状、块状花岗岩,火山岩类(包括沧水铺地区相应的火山岩);④后造山伸展阶段(805Ma以后),形成非造山火成岩类,并发育华南裂谷盆地。

(二)江南造山带成矿特征与成矿规律研究

本次工作重点对黄金洞金矿、万古金矿等矿区内的典型金矿床进行了一定的解剖研究,主要得出以下认识。

含金围岩是一套新元古代形成的沉积岩系(主要包括冷家溪群、板溪群),局部夹有火山岩;地层变质程度只达低绿片岩相,个别层位富含Au、Sb、W、S;硫同位素在湘东北地区较贫,在湘西北地区则较富;在成矿作用过程中,部分元素被淋滤、萃取、搬运、富集,参与成矿。

在成矿过程中,不仅有深部流体参与,而且大气降水也积极参与了成矿作用。越到成矿晚期,大气降水所占比例越大,在个别矿床中,岩石中的古海水对成矿也有一定的贡献。

湘东北地区处于扬子陆块东南缘,区内构造-岩浆-成矿活动更可能是板块边界的地质作用和深部岩石圈活动的共同结果。晋宁期、加里东期的构造运动分别形成了相应的褶皱带和区域变质作用,印支期的陆内造山运动导致了湘东北地区地壳的加厚,主体盖层发生褶皱和韧—脆性剪切作用,形成了广布的逆冲推覆构造。区内金成矿流体主要来自变质热液和地下水的混合,成矿受韧—脆性剪切带构造控制。这些地质事实也表明了加里东期和印支期可能是区内金成矿的主要时期。燕山期湘东北地区发生了以伸展为主的构造-岩浆事件以及大规模的金属成矿作用。由此可见,以黄金洞金矿和万古金矿为代表的湘东北地区的金矿应为多期成矿。

湖北黄石阳新岩体周缘铜金矿调查评价成果报告

提交单位:湖北省地质调查院

项目负责人:张小波

档案号:档 0584-02

工作周期:2014—2016 年

主要成果:

1.通过 1∶5 万矿产地质测量,查明了区内含矿建造构造和成矿地质背景,对区内地层、构造、岩浆岩序列等进行了重新划分与厘定,并总结了地层、构造、岩浆岩与成矿的关系。

2.通过 1∶5 万激电中梯(短导线)测量,共圈定视幅频率综合激电异常 7 处(视幅频率等效于视极化率)、视电阻率激电异常 4 处共 11 处激电异常,为矿产检查、圈定找矿靶区及成矿预测等提供了重要依据。

3.通过综合研究,圈定了新的成矿有利地段,在此基础上优选了 6 处有较大找矿潜力的异常区开展矿产检查工作,先后开展矿产检查的有潘桥、高椅山-李家山、陶港、马坳山、石玉-沈家岭、十八折共 6 个检查区,其中潘桥检查区新发现金矿化点 1 处、十八折检查区新发现金矿(化)点 1 处。通过本次工作,提交潘桥、陶港和十八折 3 个可供进一步工作的找矿靶区。

4.开展了区内典型矿床的研究,结合以往各类成果资料,建立了区内夕卡岩型、斑岩型、夕卡岩-斑岩复合型、沉积改造型 4 种不同类型矿床的成矿模式及综合找矿模型;进一步总结了区内的成矿规律,并对区内深部找矿潜力进行了分析,认为岩体接触带深部、(隐伏)小岩体及岩体内部均有较大资源潜力。在此基础上开展了矿产预测,共圈定预测区 20 个,其中 A 类 3 个、B 类 10 个、C 类 7 个,为区内下一步找矿工作部署提供了依据。

5.引领和拉动了地方性矿产勘查。本次提交的潘桥、陶港和十八折 3 个找矿靶区已转入湖北省阳新县潘桥地区铜矿普查等省基金勘查项目,共获湖北省地勘基金投入 620 万元。

湘东北桃江地区 1∶5 万地质矿产综合调查成果报告

提交单位:湖南省地质调查院

项目负责人:宁钧陶

档案号:档 0584-03

工作周期:2015—2017 年

主要成果:

一、基础地质工作

完成了 1∶5 万羊角塘幅、三堂街幅、益阳幅的矿产地质填图工作及桃江县幅的区域地质填图工作。

1.采用岩石地层划分方法,大致查明了调查区地层层序、岩性、厚度、接触关系,厘定了地层填图单位17个。建立了全区的地层层序,查明了各岩石地层单位的时空分布。

2.根据1∶25万益阳幅区域地质调查报告(湖南省地质调查院,2002年),重新厘定了桃江县幅的地层。

二、化探及遥感解译工作

1.通过1∶5万水系沉积物测量工作,共圈定水系沉积物综合异常区45处。根据异常与矿产的空间对应关系,结合异常特征及其所处地质条件对异常进行分类与评级,共划分甲类异常14处、乙类异常22处、丙类异常9处。综合分析区内水系沉积物综合异常、地质特征、矿产特征,划分了地球化学找矿远景区6个,其中Ⅰ级远景区3个、Ⅱ级远景区1个、Ⅲ级远景区2个,均为金(锑)、钨矿找矿远景区。

2.通过1∶5万遥感地质解译成果,在全区内共解译出14个岩石地层影像单元,145条断裂(线性构造),21个褶皱构造,3个环形构造,蚀变异常11处。

三、矿产地质工作

1.通过本次1∶5万矿产地质测量,新发现了老屋坪、荆竹界、乌旗山、王家、明灯山等金、钨矿(化)点11处;通过异常查证、概略检查、重点检查等工作提交新发现矿产地1处(包狮村金矿区,共探获333+334类金资源储量3353kg);圈定找矿靶区2个,即犀牛山-西冲金锑矿点(估算334类金资源量764kg,锑资源量1833t)及修山钨金矿点。

2.初步总结了调查区内地层、构造、岩浆岩与成矿作用的关系,认为调查区内新元古代地层是金矿的主要赋矿层位;岩浆活动对区内金多金属矿具重要的控制作用;北(北)东向及东西向断裂构造控制了区内重要矿产的产出。

3.根据调查区成矿地质条件、控矿因素、矿床(点)的分布规律及其与物化探异常之间的联系,综合近年来在本区找矿的成果,初步圈出找矿远景区5个,其中Ⅰ级找矿远景区1个(包狮村-木瓜园金钨找矿远景区),Ⅱ级找矿远景区2个(老屋坪-沧浪坪金找矿远景区,金鸡坳-对坪金锑找矿远景区),Ⅲ级找矿远景区2个(王家金找矿远景区、羊头村金找矿远景区)。

4.通过区域典型矿产研究,结合本区成矿地质条件、控矿因素等,建立了调查区"木瓜园式"斑岩型钨矿及"陈家村式"变质碎屑岩中热液型金矿的成矿模型及预测模型(图2-56、图2-57)。

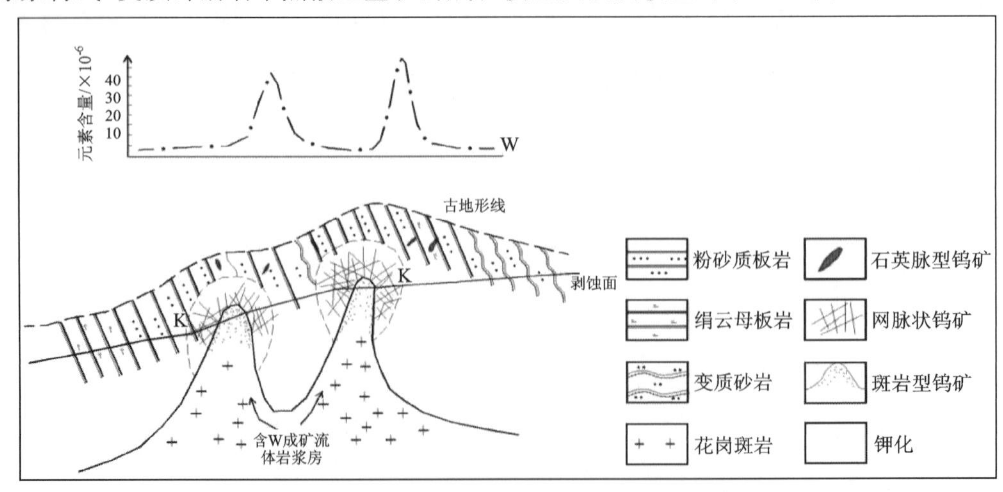

图2-56　桃江地区"木瓜园式"斑岩型钨矿区域预测模型图

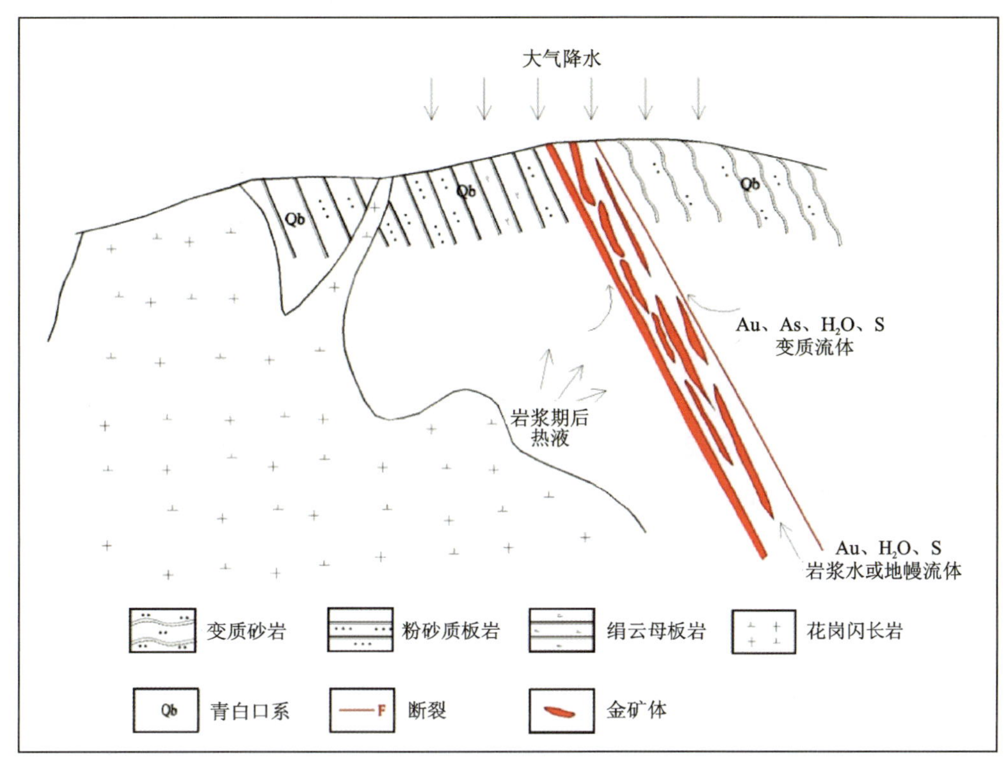

图 2-57 桃江地区“陈家村式”变质碎屑岩中热液型金矿区域成矿模式图

5. 通过本项目的实施，成功申请了2个省级两权价款矿产勘查项目及1个社会风险投资矿产勘查项目。

湖北 1∶5 万杨芳林、宝石河、沙洲店幅区域地质矿产综合调查成果报告

提交单位：湖北省地质调查院
项目负责人：龚志愚
档案号：档 0584-05
工作周期：2016—2018 年
主要成果：

一、地层

运用现代沉积学、地层学、岩石学等理论与方法，通过剖面测制与填图，查明了调查区各时代地层分布与产出特征、岩石组合类型及区域变化特征，厘定了调查区岩石填图单位，共划分了30个组级正式岩石地层单位，17个段级岩石地层单位，10个层级岩石单位。加强层序地层学方面的研究，对调查区岩石地层进行层序地层划分，共识别划分出21个三级层序。

对冷家溪群地层填图单元重新进行了厘定，将冷家溪群自下而上划分为黄浒洞组、小木坪组、大药姑组。同时，在区内冷家溪群小木坪组和大药姑组分别获得 LA-ICP-MS 碎屑锆石 U-Pb 同位素年龄(859.5±1.4)Ma、(828.8±4.3)Ma，参考邻区年龄数据，将冷家溪群时代归属为青白口纪。

在冷家溪群小木坪组和大药姑组中，新发现3层玄武岩，获得锆石 U-Pb 年龄 824Ma。玄武岩具明

显气孔、杏仁构造和枕状构造,为海底喷发形成。研究认为,该玄武岩形成于青白口纪时期弧后盆地的深海—半深海伸展环境。

调查区西部冷家溪群大药姑组中新发现花岗闪长岩砾石。砾石呈长椭圆状、次圆状,砾径 30~60cm。区内无花岗闪长岩出露,推测砾石来源于西部幕阜山一带。自西往东,大药姑组砾石砾径变小,磨圆度及分选性变好,说明物源方向为自西向东。

震旦纪陡山沱组、老堡组岩性组合在调查区东西部具有明显差别。西部上程一带,陡山沱组以灰色薄—中层状白云岩为主,老堡组为深灰色薄—中层状含碳灰岩夹薄层碳硅质岩;东部大洞至邻区张坪一带,陡山沱组以灰黄色泥岩为主,夹少量灰色泥质白云岩,底部见一层紫红色中—厚层状含锰黏土岩,老堡组岩性则是单一的中—薄层状硅质岩。总体来看,陡山沱组属陆棚边缘盆地相—浅海陆棚相沉积,老堡组为台地边缘—滞流盆地环境沉积产物。西部水体较浅,显示为西高东低的古地貌态势。

调查区早奥陶世时期为陆棚边缘盆地—浅海陆棚相沉积,东西部古地理面貌略有差异,西部水体较浅。早奥陶世留咀桥组在东部留咀桥一带,下部岩性以黄绿色页岩为主,夹少量灰岩透镜体,上部为中—薄层状灰岩;中部王家一带,留咀桥组下部页岩中夹中层状灰岩及灰岩扁豆体,上部为中—厚层状灰岩;西部梅树坳一带,留咀桥组下部以灰岩为主,页岩中常见灰岩扁豆体,上部为厚层状灰岩。从东往西,灰岩增多、单层变厚,水体变浅。

二、岩浆岩

据本次调查获得的同位素年龄分析结果,新发现九宫山地区太阳山岩体为新元古代青白口纪花岗岩。燕山期小九宫岩体与太阳山岩体间为超动侵入接触。本次调查在太阳山岩体中粒黑云二长花岗岩、中粗粒含斑黑云二长花岗岩分别获取高精度 U-Pb 同位素年龄值(LA-ICP-MS)为(858±11)Ma、(849.3±8.1)Ma,太阳山岩体可能由新元古代早期扬子与华夏陆块碰撞产生的岩浆活动形成。

调查区小九宫岩体、沙洲店岩体同为燕山期花岗岩,其中小九宫岩体稍早。本次调查获得 U-Pb 同位素年龄值(LA-ICP-MS)为(134.4±1.4)~(123.8±1.4)Ma,岩浆侵入时代为早白垩世。

岩石地球化学研究表明,太阳山、小九宫、沙洲店花岗岩具 S 型花岗岩特征,总体应为上地壳物质重熔而成,混入部分下地壳或地幔物质。青白口纪太阳山花岗岩显示碱性弱过铝质,属于后碰撞花岗岩,俯冲板片在碰撞高峰后的裂离、软流圈岩浆的底侵作用是产生该期花岗岩体的主要因素。早白垩世小九宫和沙洲店花岗岩显示钙碱性—碱性弱过铝质—准铝质,形成于陆内造山向板内裂谷的过渡环境—后造山环境。从区域构造背景和岩石地球化学等多方面分析,早白垩世花岗岩是紧随早侏罗世挤压造山运动之后的构造松弛和拉张减薄条件下形成。

地质调查工作认为,太阳山岩体和沙洲店岩体具强力就位特点,应属主动侵位形成,小九宫岩体为被动侵位形成。

三、构造

通过构造剖面测制,进一步证实了冷家溪群近南北向褶皱的存在。南北向被近东西向构造系统强烈改造,组成干扰叠置的构造样式。

查明了调查区滑脱构造的存在。主滑动面发育在震旦纪地层与下伏冷家溪群地层之间。滑脱构造具多层次性、分段性特征。

通过对调查区沉积建造、岩浆活动及构造变形变质事件的综合分析,将调查区划分 8 个构造变形事件,建立了调查区地质演化序列,总结了调查区的地质发展史。

四、矿产

新发现钨(钼)矿(化)点 3 处;圈定找矿靶区 3 个,即通山县石峰山钨矿找矿靶区、武宁县小九宫钨钼矿找矿靶区、通山县高塘钒钼铅铜找矿靶区。

石峰山和小九宫 2 个钨矿化区矿床类型均属于与岩浆热液有关的石英脉型黑钨矿,含钨石英脉受区域断裂和岩体内张性裂隙控制。参考赣西北地区石英脉型黑钨矿"五层楼"成矿模式,小九宫区钨矿化区矿化部位属于上部,工业价值可能较大。

区内成矿作用过程分为 3 个期次:新元古代矿源层沉积期、加里东期—印支期变质改造期、燕山期岩浆热液成矿期,其中燕山期热液成矿期为主成矿期。燕山期构造活动形成的北东向断裂,不仅为含矿流体向上运移提供了通道,而且有利于岩体的侵入。含矿流体通过进一步萃取、淋滤地层中的有用成矿元素,形成了富 W、Mo、Cu 等多金属的成矿热液,这些含矿热液沿有利的构造部位发生沉淀从而富集成矿。流体包裹体测温显示,石峰山地区钨矿流体成矿均一温度为 209.3～343.2℃,小九宫地区钨钼矿流体成矿均一温度为 137.8～290℃。

五、其他

在地质矿产调查过程中,对区内灾害地质进行了简要的调查。总结了地质灾害与岩性、水文、构造及人类活动间的关系,并提出相应地质灾害防治措施。

在九宫山南坡横路上一带发现多处冰砾扇以及冰窖和冰川槽谷,可能为第四纪冰川遗迹。

武陵山成矿带酉阳-天柱地区地质矿产调查成果报告

提交单位:中国地质调查局武汉地质调查中心

项目负责人:龚银杰

档案号:档 0595

工作周期:2015—2018 年

主要成果:

一、基础矿产地质成果

1. 本次工作重新厘定了调查区的地层单元,共划分出 27 个组级岩石地层单位、13 个段级岩石地层单位和 2 个非正式填图单元。基本查明了区内地层、构造等方面的特征,大致了解了含矿层、矿化带、蚀变带、矿体的分布范围,形态,产状特征,总结了区内地层与成矿的关系。

2. 在青山岩及董家附近分别对梁山组地层进行了剖面实测。董家附近梁山组底部未见到有底砾岩发育,但在青山岩附近所测梁山组剖面中,在该组底部见有底砾岩发育(图 2-58)。经过仔细观察及研究,两剖面都证实了该区域梁山组与秀山组之间未见到不整合接触界面,因此本区在梁山组与秀山组之间缺失九架炉组。在调查区梁山组底部的底砾岩及其下部的古风化壳主要分布于铜溪向斜西翼南端与北端,且不同位置出露厚度变化较大。整体上底砾岩与下伏界面不平整,局部尖灭,代表了梁山组与秀山组平行不整合界面特征。

图 2-58 梁山组与秀山组平行不整合界面及岩石特征照片

(蓝色虚线为平行不整合界面,红色实线为底砾岩与上部碳质页岩分界线)

A.梁山组与秀山组不整合界面,该界面略显微角度状,不平整,梁山组底部见豆鲕状砾石层逐渐尖灭;B.豆鲕状铝土岩,豆状砾石表面呈黄褐色,具褐铁矿化;C.底砾岩,砾石成分为硅泥质团块

3.通过调查区水系沉积物测量工作,取得了调查区 1∶5 万尺度的 20 种元素的基础地球化学特征;分析了区内各元素在区域上和各地质单元中地球化学分布特征及富集规律;编制了 Cu、Mo、Au、Ag、Pb、Zn、W、Sn、V、Co、As、Sb、Ni、Cr、Bi、Hg、Cd、Ba、F、Ge 共 20 种元素的地球化学图、单元素地球化学异常图、组合异常图、综合异常及找矿预测图等图件。共圈定综合异常 53 处,指明了调查区地球化学找矿方向。

二、找矿新发现

本次矿产地质调查工作,对调查区内具有找矿前景的化探异常和已知矿化信息(包括新发现的以及群众报矿点)等进行矿产检查及异常查证,新发现铅锌矿(化)点 10 处,重晶石(萤石)矿点 4 处,汞矿点 4

处，赤铁矿点1处。

根据成矿地质背景、成矿信息和已知矿点分布特征，在调查区内圈定成矿远景区5个。再根据赋矿地层的出露规模、控矿构造的发育程度、已知矿产地和矿点的数量及地质、物探、化探、遥感与成矿作用的关系，进一步圈定调查区找矿靶区3个，并对找矿靶区的类别进行了排序，其中A类1个、B类2个。找矿靶区的划分为下一步投入地质找矿工作缩小了范围，对可能发现矿种提供了依据，找矿靶区的排序为循序渐进的开展矿产资源调查指明了方向。

三、科技创新

（一）湄潭组碎屑锆石研究

项目组在调查区1∶5万矿产地质调查过程中发现，沿河县及周边地区的下—中奥陶统湄潭组（$O_{1-2}m$）在部分剖面夹含砂岩或钙质砂岩，因而选取沿河地区的湄潭组有针对性地开展了碎屑锆石U-Pb同位素测年研究。

样品中碎屑锆石颗粒大多呈次圆状、粒状，少量长柱状，大小40～100μm。部分锆石阴极发光图像（CL）如图2-59所示，多数锆石具有振荡环带，且Th/U值大于0.4，显示为岩浆成因，但也有相当一部分锆石CL图像颜色较深，环带不明显或受到后期破坏，表现出变质锆石的特征。

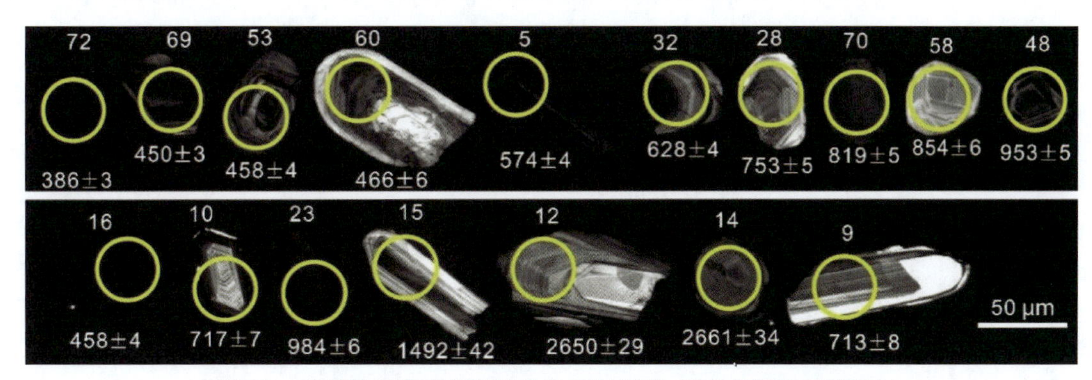

图2-59 碎屑锆石代表性阴极发光（CL）图像、测点位置及年龄（Ma）

对样品进行了80颗锆石分析，获得谐和度大于90%的数据共66个，对于年龄大于1000Ma的测点采用$^{207}Pb/^{206}Pb$年龄，而对于小于1000Ma的测点则采用$^{206}Pb/^{238}U$年龄。

结果表明，这66个数据中的大部分测点年龄分布在984～450Ma之间（占88%），只有一颗锆石出现了（386±5）Ma的谐和年龄（图2-60）。造成该点年龄偏离的原因尚不清楚，可能不具备明确的地质含义（暂视为小概率事件，离群年龄），除此之外最年轻的一组锆石加权平均年龄为（457.8±8.1）Ma（MSDW＝2.9，n＝5），与生物地层研究得出的湄潭组沉积上限年龄（458～468Ma）十分接近，反映湄潭组沉积速率较高，或者可能是湄潭组在接受其碎屑沉积的同时物源区也在遭受变质作用和隆升剥蚀。

根据年龄的分布和特征峰值（图2-61），可将年龄数据分为5组：约461Ma（Ⅰ）、约580Ma和约606Ma（Ⅱ）、约722Ma（Ⅲ）、约865Ma（$Ⅳ_1$）和约936Ma（$Ⅳ_2$），进一步根据锆石同位素比值、稀土元素等的分析，物源主要分为3部分，即第Ⅰ组、第Ⅱ组和第$Ⅳ_2$组、第Ⅲ和$Ⅳ_1$组，分别主要来自3个不同的物源区。结合前人研究，这3个物源区分别是黔中隆起、武陵-雪峰隆起2个新形成的物源区以及扬子东南缘-华夏地区。此外，第Ⅰ组年龄511～450Ma范围内发育了大量热液锆石（占73%），与区域低温热液成矿时间对应，认为其形成是物源区流体的活跃导致的，可能与奥陶纪区域构造体制从伸展到挤压的转换有关，暗示此时加里东运动已经开始波及中扬子沿河地区，但主要表现为热液活动，并没有发生大规模岩浆作用。

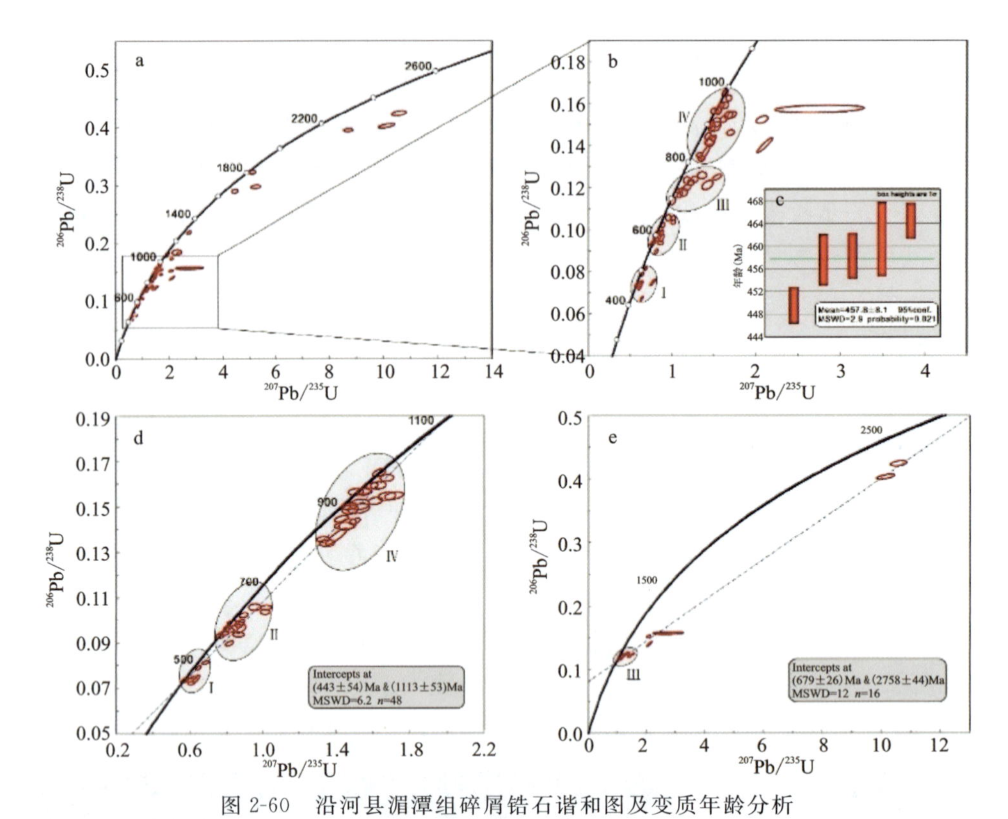

图 2-60　沿河县湄潭组碎屑锆石谐和图及变质年龄分析

a、b. 4 组年龄在谐和图中的分布；c. 最年轻一组锆石的加权平均年龄；d、e. 锆石的不一致线年龄

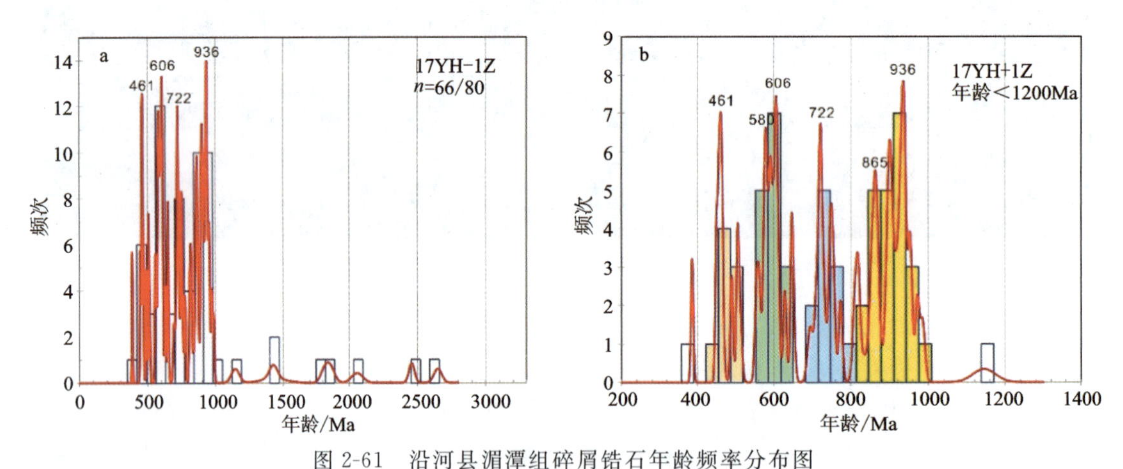

图 2-61　沿河县湄潭组碎屑锆石年龄频率分布图

（二）洞岩铅锌矿研究

通过对洞岩铅锌矿床开展的流体包裹体研究，获得洞岩铅锌矿床成矿温度为中—低温，盐度范围为 1.39～22.31%NaCleqv，变化范围大，主要分布在 7.6～12.18%NaCleqv 之间，均值为 9.9%NaCleqv，属于中—低盐度。其中，以方解石中包裹体的盐度最高，萤石中包裹体的盐度及密度变化范围最大，各包裹体的密度多小于 $1g/cm^3$。

通过对洞岩铅锌矿床开展的闪锌矿 Rb-Sr 同位素定年，洞岩铅锌矿 8 个样品点在 $^{87}Rb/^{86}Sr-^{87}Sr/^{86}Sr$ 图上具有良好的线性关系，计算得到的等时线年龄为(157.7±3.3)Ma(MSWD=1.4)，$(^{87}Sr/^{86}Sr)_i$ 值为 0.713 47±0.000 26。年龄值误差小，计算结果可作为矿床形成年龄，地质时代为晚侏罗世。

以上研究填补了调查区铅锌矿成矿流体及成矿年龄研究的空白，为认识该区铅锌成矿作用提供了较好的理论和数据支撑。另外，根据洞岩铅锌矿床的初步研究成果，建立了该矿床的成矿模式。

（三）大竹园萤石矿床研究

沿河大竹园萤石矿赋存于下奥陶统桐梓组及红花园组碳酸盐岩内，受北西向断裂构造控制，该类萤石矿床在黔东北及渝东南一带广泛分布。本次对该萤石矿床的萤石单矿物及围岩进行了微量元素及稀土元素地球化学分析，结果显示萤石的微量元素含量很低（ΣREE＝2.35×10^{-6}～4.80×10^{-6}），仅Pb、Zn、Co、Ni等元素含量相对较高，Rb、Sr、Ta、Zr、Nb、V、Cr、U、Th、Hf等元素含量仅为地壳值的0.01～0.05倍。LREE/HREE值范围为3.12～6.33，平均为3.93；δEu值为0.59～1.59；δCe值为0.80～0.96。萤石与赋矿围岩具有相近的微量元素配分型式，均明显亏损Nb、Zr、Hf等元素，富集Ba、U、Sr等元素。萤石与赋矿碳酸盐岩都具有轻稀土相对富集、重稀土相对亏损，明显右倾的配分型式。该萤石矿的成矿物质Ca主要来源于碳酸盐岩围岩，根据碳酸盐岩围岩的F元素含量很低，结合萤石的微量元素及δEu、δCe值特征，暗示形成萤石的成矿流体经过了深部演化，成矿物质F可能主要来自深部富F地层。

另外，本次以矿床为研究对象，利用萤石单矿物Sm-Nd等时线方法对大竹园萤石矿开展了成矿年龄测定。获得萤石Sm-Nd等时线年龄为(436±15)Ma(MSWD＝0.85)，萤石与共生方解石Sm-Nd等时线年龄为(430±13)Ma(MSWD＝1.02)，两者在误差范围内一致，表明矿床形成于加里东期，该年龄与湘西-黔东MVT铅锌矿床成矿时代(477～410Ma)一致。萤石-重晶石矿床与区内产出的主要铅锌(汞)矿床关系密切，推测它们有相近的物质来源，是在同一构造运动时期形成的一个有亲缘关系的成矿系列。加里东期是区内重要的萤石-重晶石-铅锌(汞)中低温热液成矿期。

四、成果转化和应用

沿河县官舟镇大垭口铅锌矿点为本次新发现，对该矿点进行了概略检查。该矿点位于沿河县城南西方向直线距离约7.5km处黎家一带，地理坐标为东经108°24′50″—108°25′55″，北纬28°31′48″—28°33′01″。根据项目组提供的矿点和地质方面的信息，已有企业在该区申请了探矿权，并开展了矿产普查工作，累计投入勘探资金220万元，共布置6个钻孔，其中4个钻孔见到铅锌矿体。目前根据钻孔和地表探槽等工程圈定矿体的333类储量已达小型铅锌矿床规模。

广东省阳春市石菉-锡山矿山密集区深部铜锡钨(铅锌)矿战略性勘查成果报告

提交单位：广东省有色地质勘查院

项目负责人：欧阳志侠

档案号：调1260

工作周期：2012—2013年

主要成果：

在锡山工作区通过综合物探剖面测量确定了隐伏岩体(锡山-南山岩体)西部界线，推测隐伏断裂3条，异常6处。施工的验证钻孔ZK36-1和ZK48-1在物探推测岩体深度揭露到隐伏岩体及其接触带，但接触带上含矿性较差。综合前人钻孔资料认为本区矿化除与岩体有关外，还与断裂密切相关，据重、磁、电异常特征推测沿F_{w1}断裂带具有寻找构造控矿型或岩体＋构造控矿型多金属矿床的可能。

在庙山工作区通过综合物探剖面测量证明地质推测的 F_1、F_2 断裂客观存在并推断了其深部展布，圈定异常3处。根据CSAMT剖面M60线布设验证深部低阻异常的钻孔ZK602，共揭露矿体9段，视厚度共14.50m；其中最好一段视厚度5.42m，平均品位Cu 7.51%、Zn 0.69、Ag 133.11×10^{-6}。通过对主矿体V5和V6的估算，共获 334_1 类矿石量135.488 6万t，金属量Cu 77 869.3t，Ag 135.74t，Zn 6 913.53t，平均品位Cu 5.75%、Ag 100.19×10^{-6}、Zn 0.51%。该区位于石菉老矿山的外围，岩矿石特征与石菉相似，可能说明庙山与石菉具有相似的成因或与石菉岩体关系密切，推测目前ZK602揭露的矿体为仅接触带外带矿体，推测靠近岩体尚有寻找接触带型乃至斑岩型铜多金属的较好前景。

在旗鼓岭工作区地表圈定含铜夕卡岩带3处、角岩带3处，矿带2个。V1矿带地表控制长约600m，宽4～71.54m，圈定矿体3条，矿体水平厚度2.95～7.3m，矿体平均品位Cu 0.2%～2.17%、WO_3 0.064%～0.12%。V2矿带地表控制走向长约800m，最厚约11.25m，圈定矿体2条，矿体水平厚度5～6.19m，矿体平均品位Cu 0.23%～0.408%、WO_3 0.128%～0.13%。通过CSAMT剖面测量圈定了深部隐伏岩体的界面，推断断裂4条，并在隐伏岩体界面上发现普遍存在一个似层状、条带状的低阻异常，圈定异常22处。物探验证钻孔ZK002在低阻异常中揭露矿(化)体30段，其中工业矿段总厚63.38m，低品位(边界品位以上、工业品位以下)，矿化段总厚84.75m，查证误差极小，证实物探推断的F断裂客观存在并解析了老钻孔见矿原因，实现了旗鼓岭地区的初步找矿突破。通过对主矿体的估算，共获 334_1 类矿石量1 178.932 3万t，金属量Cu 54 218.94t、WO_3 14 371.9t，钨含量达到中型规模；平均品位Cu 0.46%，WO_3 0.122%。该区重、磁环状异常发育，化探异常浓集，蚀变强烈，构造发育，具有寻找接触交代型铜多金属矿的较好前景。

在文光岭工作区圈定高磁磁异常2处、激电异常2处、土壤综合异常6处。控制矿(化)体6条，另发现白土垌金矿点、下汶铁矿点和雷埇金矿点3处矿点。该区地处北东向和北西向重力梯度带的拐弯处，盆地内上覆地层泥盆系、石炭系碳酸盐岩建造拐弯处，北西向信宜-潭水构造岩浆岩带和北东向吴川-四会断裂交会处，1∶5万水系沉积物测量圈定的AS17异常和23号、27号、28号地磁异常叠加位置，且岗美岩体在该处形成多个内弯区。区内出露有石英斑岩，斑岩中裂隙发育，呈多组纵横交错成网脉产出，环绕岩体分别发育有硅化带、绢云母硅化带、黄铁矿绢云母化带、绿泥石绿闪石化，与斑岩型矿床的蚀变分带具有相似性，而该区土壤异常中的W、Sn、Mo高温元素异常与石英斑岩体出露范围十分吻合，而Pb、Zn、Ag等低温元素异常则几乎围绕石英斑岩外部展布，显示出较好的寻找斑岩型锡矿和破碎带型铅锌银矿的前景。

通过典型矿床研究和综合前人成果报告、文献等资料，对石菉-锡山矿集区成矿地质背景、成矿条件、成矿规律进行了较系统总结。

综合各类成果，优选了马水龙田、庙山、旗鼓岭、文光岭、鹦鹉岭以及石菉-鹦鹉岭-锡山三角地带6处成矿有利的找矿地段，并圈定了找矿靶区11个。参照“全国矿产资源潜力评价”理论与方法技术，利用建立的“三位一体”找矿预测模型开展了找矿靶区的资源潜力预测。对6处找矿靶区提出了勘查部署建议，并提出了工程验证方案(钻孔)8处，明确了矿集区今后开展普查找矿的地域和方向。

对区内物探工作方法进行了总结。通过重力测量寻找隐伏岩体，辅以高精度磁法测量和可控源音频大地电磁测深圈定隐伏岩体界面及其旁侧低阻异常体，推断出断层、接触带，其边缘两侧的低阻异常体可能为矿(化)体，或利用其有较强探测深度能力及较高分辨能力的特点，从高阻层中找出相对低电阻异常体，结合地层岩相，分析其是否为矿(化)体，从而圈定靶区，并配合钻探进行深部验证。该方法的应用已经在区内一直难以突破的庙山、旗鼓岭两个老矿区取得初步突破，查证误差小，证明该方法是本区寻找隐伏矿体有效的物探方法组合，值得在区内推广。

广西河池-象州矿集区找矿预测项目报告

提交单位：中国地质科学院地质力学研究所，广西二一五地质队有限公司

项目负责人：韦昌山

档案号：调 1264

工作周期：2015 年

主要成果：

1. 完成拉么矿区及外围 1∶1 万构造-蚀变-矿化填图（图 2-62）。根据野外填图初步圈定了 2 处矿化蚀变中心，即拉甲坡西侧公路拉甲工棚区和茶山矿部东侧公路旁。2 处矿化蚀变中心与地表民窿的分布基本吻合。

图 2-62　拉么矿区全景

初步查清了地表蚀变类型主要有夕卡岩化、硅化、大理岩化、电气石化、褐铁矿化、角岩化。其中以褐铁矿化、夕卡岩化、硅化范围较大，大理岩化较少，电气石化在井下较发育，多在石英脉中产出，部分在岩体表面产出，蚀变范围北至笼箱盖，南至茶山，呈北西向展布。较强的蚀变集中在拉么矿和茶山矿附近。从矿区到外围，蚀变强度变弱，夕卡岩化和硅化往往重叠。矿区至外围有较大范围的褐铁矿化。

2. 初步查明了大厂矿田构造格架，查清了构造控矿样式。通过对大厂矿田地表调研及 1∶500 近东西向剖面测量，初步查清了矿田构造格架。大厂矿田构造以北西向褶皱、断裂为主，叠加有北东向和南北构造。矿区构造主要有北西向大厂背斜、大厂断裂和北东向铜坑断裂等，总体呈北西向展布且具有“S”形拐弯的大厂背斜和大厂断裂在矿区范围内轴（走）向变为北西西向。大厂背斜枢纽在长坡段分别向东和西双向倾伏，形成了局部隆起构造。通过构造-岩相-矿化实测剖面，重新厘定了大厂成矿带东段构造样式，即叠瓦逆冲褶皱带。该区叠瓦逆冲带内的斜卧褶皱核部及转折端是寻找脉状矿体的潜力部位。

按构造作用应力方式和变形特征，可将区内构造归纳为 3 套完全不同的变形样式和变形组合，即 3 套构造系统：印支期挤压变形构造系统、燕山晚期拉张剪切变形构造系统和岩体侵入接触带构造系统。

3. 查明了大厂矿田成岩和成矿构造及成矿结构面类型。大厂矿田主要发育在岩性界面、构造结构面和物理化学界面 3 类成矿结构面。

4. 系统厘定了丹池成矿带岩浆岩演化序列和侵入方向，并对大厂矿区岩浆岩开展精细研究；同时通过重力剖面测量识别出了3条重力梯度带及5个岩凸。

丹池成矿带内岩浆岩侵入方向均为由南西向北东侵入。笼箱盖-鱼泉洞矿区岩浆岩侵位顺序初步定为黑云母花岗岩→含斑黑云母花岗岩→斑状花岗岩。LA-ICP-MS锆石U-Pb精确年代学研究显示,大厂矿区成岩时代为(91.63±0.28)Ma(MSWD=0.14)。

通过重力剖面识别了3条重力梯度带:家坪-铜坑-宠相盖重力低中心区、关山坪-左家洞-宠相盖重力梯度带和白竹洞-更庄-大厂镇重力梯度带,圈定了关山坪、左家垌、铜板哨、龙垌及亢马5个岩凸。

5.系统开展了拉么矿区"三位一体"综合研究,查明了成矿地质体、成矿构造和成矿结构面及成矿作用标志特征,构建了拉么矿区找矿地质模型。初步查明拉么矿区成矿地质体与大厂矿田成矿地质体在深部相连为一个成矿地质体,即黑云母花岗岩或含斑黑云母花岗岩-斑状花岗岩。查清岩体与矿体的空间位置形影相随。确定了3类成矿结构面类型,查明了构造控矿样式及成矿构造演化。在拉么矿区划分了3期成矿阶段,并总结了各类成矿作用标志特征。

6.初步构建了拉么典型矿床的成矿模式。重点开展了笼箱盖-鱼泉洞矿区典型矿床解剖工作,刻画了脉状和似层状矿体特征,初步建立了拉么矿区成矿模型,即深部贡献、断裂垂向运移、侧向蚀变与成矿。

7.初步建立了大厂矿田地质找矿预测模型。结合物探和化探资料,通过对大厂矿田成矿模式的研究,依据矿田内褶皱和近南北向构造控矿特征、碳酸盐岩和含钙质碎屑岩围岩蚀变特征以及岩石直接矿化(铅锌矿化、黄铜矿矿化、黄铁矿矿化、褐铁矿矿化等)组合,综合得出大厂矿田地质找矿预测模型。

广东省阳春市潭水镇地区矿产地质调查成果报告

提交单位:广东省有色地质勘查院

项目负责人:田云

档案号:调1266

工作周期:2013—2015年

主要成果:

一、尧垌调查区主要成果

1.基本了解了矿点内地层、构造、岩浆岩、围岩蚀变的分布及与成矿的关系,基本查明了矿点及周边范围的土壤地球化学异常的元素组合、分布范围和异常强度。

2.经土壤测量二级查证,异常区内圈定了7处土壤异常,以Cu、W、Bi等中高温成矿元素为主,次为Pb、Au、Ag等中低温成矿元素;AP2、AP3异常与已知铋铜钨矿体吻合,有进一步找铋铜钨矿价值;AP6、AP7异常区内未发现矿点,但Au、Pb、As异常强度高,推测有找铅、金矿价值,尤其是找金矿潜力大。

3.通过工程控制,在尧垌调查区AP2和AP3化探异常浓集区分别圈定V1、V2铜金属矿(化)带。V1矿带沿走向长约600m,宽0.92~17.39m,矿石品位Cu 0.2%~2.71%、WO_3 0.064%~0.12%、Mo 0.021%~1.98%(KD4);V2矿体沿走向长约800m,宽6.07~12.15m,矿石品位Cu 0.23%~0.41%、WO_3 0.128%~0.13%。另外,在V1矿带深部见2层铜矿体,累计厚度为11.38m,矿石平均品位Cu 1.98%;在V2矿带深部见7层矿体,累计厚度为14.63m,矿石平均品位WO_3 0.13%、S 13.99%,钨矿体厚度10.24m,钨硫矿体厚度1.07m,硫矿体厚度3.32m。对V1矿带的V101-3及部分深部矿体进行了资源量(334_1类)估算,金属量 WO_3 9 774.56t、Cu 54 910.61t,矿体平均品位为 Cu 0.65%、WO_3 0.12%。

4.基本了解了铜钨矿的物质组成、结构、构造、化学成分及主要有用组分的赋存状态,总结了矿床成因、找矿标志等。

5.完成尧垌铜多金属矿点找矿远景评价。区内广泛出露的泥盆纪地层是阳春盆地乃至整个粤西地区的主要赋矿层位之一,且区内该地层岩石普遍发生角岩化、夕卡岩化,说明本区的热源丰富,且化探异常规模大,浓集中心明显、强度高,元素组合具分带性,多种异常相互叠加,与石菉大型铜钼矿具有相似的水系沉积物异常特征。通过物探异常(重磁环状异常)推测本区存在隐伏岩体。无论在容矿岩石、岩浆岩、断裂构造以及物化探异常等成矿条件均与石菉大型铜钼矿类似,在区内寻找"石菉式"夕卡岩型铜多金属矿床有充分的地质依据。目前发现矿带 2 条,矿体规模较大,具有较好的找矿前景。圈定了深部隐伏岩体的界面,并在隐伏岩体界面上发现普遍存在一个似层状、条带状的低阻异常(施测的 6 条 CSAMT 剖面均有显示),且 28 线上的低阻异常已有 ZK001 和 ZK002 验证,低阻带普遍矿化,并已揭露多段矿(化)体。通过进一步工作,区内矿脉(体)的规模(延伸和延深)还可进一步扩大。区内因工作量所限有多个土壤异常尚未查证,在区内及外围有发现新矿脉的可能。因此,该区有望找到一个铜多金属矿床。

二、思贺调查区主要成果

1.1∶5 万水系沉积物测量获得了系统的区域地球化学背景资料,对各地层、岩浆岩体、岩性中的元素丰值有较确切的了解,系统总结了元素地球化学特征和元素共生组合规律。区内共圈定 6 处综合异常,价值分类结果为甲 1 类 2 处、乙 1 类 1 处、乙 2 类 2 处、乙 3 类 1 处。在调查区范围内划分了 3 个地球化学找矿远景区,其中 B 级找矿远景区 2 个、C 级找矿远景区 1 个。通过对 4 处异常进行二级查证,均获得了与原异常对应元素的土壤异常,它们与矿床矿点相吻合,证明为矿致异常或具较大的找矿潜力,为下一步找矿工作部署提供了丰富的化探资料。综合分析认为,AS2、AS4 异常区内有较大的铜、钼多金属矿找矿远景,AS6 异常区具有找锡矿的找矿远景,AS5 异常区有较大找金矿的找矿远景。

2.在前人工作的基础上,经重新认识并发现了羊笪钼矿、横岗锡矿、长坑铜多金属矿共 3 处矿点,其中羊笪钼矿、长坑铜多金属矿主要为斑岩型矿床,横岗锡矿为热液充填型矿床。

3.羊笪钼矿点:在区内圈定了矿体 2 条,矿脉主要赋存于花岗斑岩和断裂中,分别受花岗斑岩脉、近东西向断裂构造控制。其中,V1 矿体花岗斑岩顶部发育隐爆角砾岩,矿脉中网脉状裂隙较发育,主要见绿泥石化、硅化、褐铁矿化、绢云母化等蚀变,指示本区具有寻找斑岩型钼矿床的可能;区内有多期次的岩浆岩侵入,表明岩浆活动强烈,岩浆热液作用带来的成矿元素为成矿的有利条件,易在区内岩体的接触带或构造有利位置富集成矿;调查区有 Cu、Mo、W 土壤异常,异常高值范围较大,具有清晰的浓度分带与浓集中心,各元素异常套合较好。综合以上条件,区内具有较好的找矿前景。

4.横岗锡矿点:在区内圈定矿(化)体 1 条,矿(化)体长约 1100m,矿体平均真厚度 0.48m,矿体平均质量分数 0.28%;矿体赋存于北东向断裂中,北东走向的吴川-四会大断裂及其次级断裂构造是区内与成矿有关的导矿、容矿和导岩构造;横岗 Sn、W 异常带呈北东向带状分布,南部未封闭,长约 12.0km,宽 2~3km,伴有 W、Cr 异常,区内开展的 1∶1 万土壤剖面测量圈出 Sn 元素异常,异常强度高,浓度梯度清晰,中心与含锡细脉带吻合,显示了较好的找矿前景;区内含锡矿脉呈多条大致平行断续细脉带产出,脉带局部密集,形成北东向的锡矿(化)体细脉密集矿化带,分布范围从检查区北东部至南西部,矿化细脉带分布长 1100m。沿矿体倾向尚没有工程控制,因此向深部有存在石英脉型锡矿或隐伏矿体的可能性。

5.长坑铜多金属矿点:在区内圈定了铜多金属矿(化)体 1 条,产于云母石英片岩中,受北北东向、北北西向断裂构造的控制,属蚀变构造岩型矿床,周边岩枝、岩脉发育,深部有形成斑岩型矿床的可能;区内土壤异常元素主要有Cu、Au、Pb、Zn,Cu异常最高值1 184.3×10^{-6}。已知矿体落在异常中心边部,主要的矿体尚未揭露,说明区内具有较好的铜多金属矿找矿前景。

6.系统总结了区内成矿规律,初步建立了区内成矿模式和找矿预测模型,并对区内优势矿种开展了矿产预测,合理评价了区内资源潜力,并提出了今后工作建议。

广东阳春铜多金属矿整装勘查区专项填图与技术应用示范成果报告

提交单位:广东省有色金属地质局

项目负责人:林玮鹏

档案号:调1271

工作周期:2015年

主要成果:

1.编制了整装勘查区系列图件45张,全面反映了整装勘查区区域成矿地质特征及矿产勘查部署动态,为部署整装勘查区找矿工作提供了基础素材。

2.从成矿地质体、成矿构造与成矿结构面、成矿作用特征标志等方面对区内较典型的石菉夕卡岩型铜钼矿和锡山石英脉-云英岩型钨锡矿进行了系统的研究,建立了"三位一体"的成矿模式与找矿预测地质模型。

3.对区内具有良好矿化显示的旗鼓岭(铜钼钨矿化)、新屋(金矿化)、合水(金矿化)、文光岭(铅锌矿化)等重点找矿预测区的成矿特征进行了系统研究,提高了对找矿预测区成矿规律的认识程度。

4.较系统地研究和梳理了阳春盆地内部及其周边地区岩体的岩石学-地球化学特征及成岩-成矿年代学特征,厘清了两类岩体成因系列及其对应的两类成矿系列,建立了三期成岩-成矿时代的总体格架,将研究区的多金属矿床厘定为1个成矿系列和3个成矿亚系列,即与燕山期侵入岩有关的铁-铜-铅-锌-钨-锡等多金属矿床成矿系列,包括与中侏罗世侵入岩有关的铁、铜、多金属矿床成矿亚系列(Ⅰ)、与早白垩世中酸性侵入岩有关的铜、钼、铅、锌多金属矿床成矿亚系列(Ⅱ)和与晚白垩世花岗岩有关的钨、锡多金属矿床成矿亚系列(Ⅲ)。Ⅰ亚系列成矿时代主要集中在170～160Ma之间,Ⅱ亚系列主要集中在110～98Ma之间,而Ⅲ亚系列成矿年龄为85～76Ma,Ⅰ亚系列对应的成矿动力学背景为太平洋板块的俯冲环境,而Ⅱ和Ⅲ亚系列则处于燕山晚期的拉张伸展环境并伴随强烈的壳幔相互作用,其可能与135Ma之后太平洋板块的运动方向发生转向有关。

5.总结了成矿规律和找矿方向。区内北东—北北东向与东西向构造的复合部位(阳春盆地边缘坳陷带)和北西向的信宜-潭水隐伏控岩控矿构造带分别控制了与铁-铜-钼-铅-锌等矿化有关的同熔型I型石英闪长岩、花岗闪长岩,与钨-锡-钼-铋等矿化有关的高分异A型花岗岩两类岩体的展布,以及与之相关的多金属成矿作用的展布,近东西向、北西西向构造与矿床定位有关。全区的地层不同程度富集了W、Sn、Pb、Zn、Au、Ag等成矿元素,一定程度上提供了矿质来源,泥盆系—石炭系的碳酸盐岩建造是区内最重要的赋矿层位。上述地段叠加有物化探异常的部位是区内找矿的最有利部位。

6.大比例尺物化探工作应用示范。通过重力测量寻找隐伏岩体,辅以高精度磁法测量和可控源音频大地电磁测深圈定隐伏岩体界面及其旁侧低阻异常体,推断出断层、接触带,其边缘两侧的低阻异常体可能为矿(化)体,或利用其有较强探测深度能力及较高分辨能力的特点,从高阻层中找出相对低电阻异常体,结合地层岩相,分析其是否为矿(化)体,从而圈定靶区,并配合钻探进行深部验证。该方法的应用已经在区内一直难以突破的庙山、旗鼓岭两个老矿区取得初步突破,查证误差小,证明该方法是本区寻找隐伏矿体有效的物探方法组合，值得在区内推广。

7. 参照全国矿产资源潜力评价项目的理论与方法技术，利用建立的“三位一体”找矿预测模型开展了区内具有较好矿化显示地段的资源潜力预测。

8. 在前人工作的基础上，综合本次找矿预测研究成果优选了石菉、锡山及外围、庙山、旗鼓岭、新屋、合水、文光岭 7 个找矿靶区，并提出了勘查部署建议，结合大比例尺物化探成果，提出工程验证方案(钻孔)12 处，明确了本区今后开展普查找矿的地域和方向。

利川福宝山盆地三叠纪成钾条件及找矿潜力调查成果报告

提交单位：中化地质矿山总局化工地质调查总院

项目负责人：曹烨

档案号：调 1275

工作周期：2014—2016 年

主要成果：

一、划分含盐层系

通过专项地质测量和地质剖面测量，结合区域地质特征，在福宝山地区查明了 4 个主要含盐层系，分别为嘉陵江组二段(T_1j^2)、四段(T_1j^4)、五段(T_1j^5)和巴东组一段(T_2b^1)。

1. 嘉陵江组二段：蒸发岩遍布全区，建南盆地钻孔中有硬石膏、石膏岩及薄盐层，蒸发岩的次生岩类为角砾岩、盐渍土、交代角砾岩及去膏化次生灰岩。

2. 嘉陵江组四段：为区内主要含盐层系，盆地及盆地外围的沉积旋回与厚度呈规律性变化。含盐层系岩石类型较为复杂，主要有碳酸盐和蒸发岩。福宝山-建南盆地钻孔中见有巨厚层石膏岩、硬石膏岩，建南部分钻孔见薄盐层。福宝山盆地普遍见盐渍土，地表盐溶塌陷十分发育。

3. 嘉陵江组五段：含盐层系岩石及岩相类型与 T_1j^4 相似，主要有碳酸盐岩和蒸发岩。建南-福宝山盆地蒸发岩类有石膏岩、硬石膏岩，建南盆地见薄层石膏岩。盆地及其外围普遍可见 1～2 层角砾岩、交代角砾岩及盐渍土。

4. 巴东组一段：含盐层系岩石类型属于碳酸盐岩一蒸发岩，底部为一层玻屑凝灰岩(绿豆岩)。于建南盆地钻孔中钻遇石膏、硬石膏岩。区内一般可见 3 层角砾岩，该含盐层系蒸发岩层数多而薄，灰岩夹层频繁出现，且岩石中多含有粉砂质、泥质等陆源碎屑。

二、识别角砾岩带

由于受到地表水的溶蚀和淋滤，岩溶塌陷普遍发育，构成成层分布的角砾岩带。该区角砾岩可分为 3 种类型，即碳酸盐质角砾岩、泥质角砾岩和杂砾角砾岩。角砾岩的成因指示了成盐环境，为寻找地下盐类矿床指明方向。

对利川福宝山地区含盐层系中发育的角砾岩研究表明，角砾岩的一般特征可概括 4 点。

1. 区内角砾岩绝大多数呈层状分布，只有极少数沿断裂破碎带分布。其产出层位比较固定，主要产于 T_1j^2、T_1j^4、T_1j^5 中，呈带状展布。角砾岩的厚度及层数基本上与蒸发岩层的相关指标成正比。

2.角砾岩是蒸发岩的次级产物,是整个沉积旋回中盐化程度最高的部位。蒸发岩层顶、底板常发育含石膏或膏质白云岩及石膏假晶灰岩。受蒸发岩沉积环境的影响,角砾岩的顶、底常有浅水暴露标志,如鸟眼构造、泥裂构造和浅水波痕构造等。

3.盐溶角砾成分组成较为简单,角砾成分主要为泥晶灰岩、含泥质灰岩及少量生物碎屑灰岩、鲕粒灰岩等。角砾形态多呈棱角状、次棱角状,且大小不一、形态各异、杂乱堆积、毫无规律,反映其形成的多期次性。角砾岩中胶结物以含铁质的黏土矿物及重结晶的碳酸盐为主,常含有方解石细脉。

4.角砾岩中存在多种经溶蚀、淋滤后的蒸发岩残余物。残余物多为灰褐色及紫红色,大小不一、形状各异,常呈不规则团块或块状断续分布。主要成分为黏土矿物(伊利石及各种云母)及碳酸盐矿物(主要是菱镁矿),还含有少量石英粉晶、有机质碎屑,并伴有铁质浸染。

根据上述特征,区内岩溶角砾岩可划分为3种类型:①碳酸盐质角砾岩。角砾成分以灰岩、生物灰岩、含膏质白云岩为主,发育碳酸盐胶结,胶结物中见少量黏土矿物和石英粉晶。角砾多呈次棱角状,有少数呈棱角状及浑圆状。与其他类型角砾相比,碳酸盐质角砾岩明显具有角砾偏大、大小不一、形态各异、质地坚硬等特征。在角砾岩中次生方解石呈条带状或细脉状发育,以网状形式分布于角砾的四周或裂隙间。根据溶解、交代程度又可将碳酸盐质角砾岩划分为溶解-崩塌角砾岩和碎裂交代角砾岩。②泥质角砾岩。泥质角砾岩角砾成分多为土黄色或青灰色的泥岩或黏土岩,少量为泥质粉砂岩和泥质白云岩。其角砾粒度较碳酸盐质角砾岩小,一般在几厘米到十几厘米之间,磨圆较差。③杂砾角砾岩。杂砾角砾岩在区内主要产于 T_1j^4 至 T_1j^5 顶部,以及 T_2b^1 的底部。角砾成分复杂,不仅包含碳酸盐质角砾和泥质角砾,还含有少量火山凝灰岩角砾。角砾之间的胶结物为碳酸盐及次生的网状石英细脉,亦见黏土矿物、泥质碎屑和少量石英微晶。

角砾岩的形成是构造运动、物理和化学综合作用的结果,它是蒸发岩地层在近地表水的作用下形成的次生产物。角砾岩的形成必须具备2个条件:首先是该地层必须有沉积过蒸发岩的层位,蒸发岩包括钠、钾的碳酸盐、硫酸盐、氯化物以及硼酸盐等;其次要有合适的构造因素、气候因素以及生物因素。角砾岩的形成过程可以概括为:由构造应力作用将含盐层系抬升至近地表,在近地表水和地下水的溶蚀、淋滤作用下,盐类物质加速溶解和流失,盐类大量溶解的卤水有利于细菌的繁殖和生长,细菌的活动可以加速岩石的破碎及次生交代作用,同时会使含盐层系的顶、底以及夹层岩石失去支撑力,坍塌成大小不一的角砾,形成角砾岩。

蒸发岩地层经过流水的溶蚀和次生交代形成角砾岩之后,后期还要经过构造作用和岩溶作用甚至变质作用的改造,角砾岩的面貌发生了改变,最后形成了岩溶坍塌地貌,并成为寻找盐类矿床非常重要的标志。

在含盐含钾的蒸发岩系下,常赋存有油气层。福宝山盆地中下三叠统膏盐层总厚度达500～600m,构成良好的盖层,膏盐层之下和其间发育了渗透条件较好的碳酸盐岩,目前已通过“油钾兼探”的手段发现了川东三叠纪盐盆地聚钾中心。

三、重力异常

通过本次重力测量工作,经过室内资料整理和数据处理,共圈定9处重力异常(G1～G9),其中G2、G5和G7为重力高异常,G1、G3、G4、G6、G8和G9为重力低异常,并推测了5条构造断裂带(F_1～F_5)。

综合区内物性资料、地质资料和重力异常特征,推测G2、G5和G7重力高异常为下三叠统嘉陵江组灰岩的反映,G1、G3、G4、G6、G8和G9重力低异常为沉积凹陷的反映。结合区内钾盐成矿地质条件,G3、G4、G6、G8和G9重力低对应的沉积凹陷,均为成矿有利区域,相比之下,G3和G4的规模或厚度会更大一些。

在区域构造方面,调查区以 F_1、F_3 为主要断裂构造,中部重力高反映了基底的隆起,由于 F_1 和 F_3

断裂的作用在中部隆起的北侧和南侧分别形成断陷盆地，在南侧的断陷盆地中又有局部隆起形成；由于 F_4 和 F_5 断裂的作用在西南部又形成了次一级的断陷盆地，以此形成了调查区的区域构造架构。

四、划分预测区

在前人研究的基础上，经过矿产地质专项测量后，结合重力异常的特征，在调查区划分 2 个预测区，即福宝山北部预测区（浅部预测区）和福宝山南部预测区（深部预测区）。

广东省翁源县红岭钨矿接替资源勘查成果报告

提交单位：广东省有色金属地质局九三二队

项目负责人：吴剑

档案号：调 1277

工作周期：2014—2015 年

主要成果：

1.完成 1∶1 万地质填图 3.5km^2、1∶1 万土壤地球化学扫面 3.5km^2、槽探 6000m^3、钻探 7500m。

2.本次工作认为，矿区燕山三期第三阶段、第四阶段花岗岩为同一期分异结果，证实了成矿期岩浆岩存在液态分异现象；发现矿区 614 线以南由于断裂的抬升作用，矿体出露地表并遭受了部分剥蚀与破坏；分析了石英脉型钨矿赋存的裂隙系统力学特征，认为成矿过程具有多阶段脉动性质。

3.通过 1∶1 万土壤地球化学测量，在矿区范围圈定了 5 处化探异常。通过对化探数据的解译，得出矿区北部找矿潜力大、含矿地质体向北北西方向侧伏的结论，后通过钻探工程进行了验证。

4.通过钻孔取样工程的加密控制与采样测试分析，提高了矿体的控制程度，合理地圈定了云英岩型白钨矿体的边界和数量，大致查明了矿体的规模、形态和产状，以及矿石的质量和性能，进行了开采技术条件调查与分析。

5.在矿区范围内圈定云英岩型白钨矿体 4 个，分析研究了两种不同类型钨矿的控制因素及时空关系，初步总结两类矿化的控制因素，探讨了云英岩型白钨矿的矿化特征和规律，矿化富集部位与蚀变的空间叠加关系等。矿体明显受不同阶段岩浆的控制，矿化强度与似伟晶岩脉有关，受成矿过程中岩浆分异程度影响。

6.进行了勘查类型类比及抽稀试验，论证了工程控制网度的合理性，进行了矿床开采的初步预可研经济评价与论证。

7.探获了钨等资源储量和伴生元素金属量。充分利用原钻孔测试分析结果，结合本次施工钻探取样工程控制，根据钨矿现行的工业指标和伴生元素指标等，采用水平投影块段法，估算了钨矿资源储量（含原补充详查未获批准的资源储量），累计探获工业矿体资源储量 4 818.4 万 t，三氧化钨（WO_3）70 907.4t，平均质量分数 0.147%；伴生金属量 Mo 7 940.9t，Bi 11 622.6t，Cu 38 289t。探获低质量分数矿体资源储量 4 009.4 万 t，三氧化钨（WO_3）32 065.7t，平均质量分数 0.080%；伴生金属量 Mo 4498t，Bi 7 262.2t，Cu 14 043.5t。探获三氧化钨（WO_3）达大型矿床规模。

8.初步建立了红岭钨矿"三位一体"的勘查模式。以化探数据分析与成矿地质体三维特征研究明确找矿方向，以成矿结构面研究明确矿体赋存部位，以成矿作用过程中的特征蚀变组合确定钻探工程终孔标志。此勘查模式可以推广到相邻地区或相似矿床。

湖北省荆当盆地煤炭资源调查评价成果报告

提交单位:湖北煤炭地质勘查院,湖北煤炭地质一二五队

项目负责人:李卫军

档案号:调 1280

工作周期:2013—2015 年

主要成果:

1.本次调查提交 4 个远景含煤区,预测了资源量。

2.本次调查发现荆当盆地含低硫无烟煤-贫煤,湖北其他产煤地区多产中高硫烟煤和无烟煤-贫煤。开发荆当盆地煤炭资源,有利于湖北环境保护。

3.在当阳市庙前远景区含煤区施工了 ZK1 钻孔。钻孔测井资料显示,在王龙滩组周家山砂岩亚段 235.80～243.60m 井段的 API 值为 156～184,具明显异常。考虑到区内为陆源碎屑岩,且西部紧邻黄陵背斜岩浆岩体,结合北方砂岩型铀矿成矿理论分析,荆当盆地可能存在砂岩型铀矿。

4.对荆当盆地沉积环境、成煤规律进行研究,总结煤层分布规律,在国家相关刊物发表论文 2 篇。

湖北大冶-阳新地区铜金矿整装勘查区专项填图与技术应用示范成果报告

提交单位:湖北省地质局第一地质大队

项目负责人:魏克涛

档案号:调 1282

工作周期:2014—2015 年

主要成果:

1.通过对铜绿山铜铁矿和鸡冠咀金铜矿的成矿地质体(石英二长闪长玢岩)、成矿构造与成矿结构面、成矿作用特征标志的研究,开展了铜绿山-鸡冠咀铜铁金矿田“三位一体”找矿预测研究,建立了矿床“三位一体”找矿预测模型,圈定预测找矿地段 A 类 4 处,并对铜绿山矿床深部钻探工程提出了布置建议。经验证,见较好的铜铁矿体。

(1)以岩芯专题编录和专题样品测试为手段,对铜绿山铜铁矿和鸡冠咀金铜矿的矿床成因、成矿作用开展了研究,厘定了成矿地质体、成矿构造和成矿结构面,总结了成矿作用特征标志。

(2)通过造岩矿物角闪石和斜长石的研究,推测了铜绿山小岩体岩浆形成的深度;通过侵入岩锆石 U - Pb 定年,主微量元素分析,Sr、Nd、Pb、Hf 同位素的测试,分析了岩石成因,认为铜绿山岩体形成起源于扬子加厚下地壳的部分熔融,并且经历了壳幔相互作用。岩浆后期经历了角闪石结晶分异及少量的斜长石结晶分异。

(3)对成矿构造进行了研究,认为北北东向和北西向断裂构造系统控制了矿田和矿床的分布。矿体定位构造主要有北北东向背斜的核部,北北东—北东向断裂、北北东向断裂的羽状裂隙,北西西向断裂接触带和滑覆构造平卧背斜核部。

(4)对区内硫化物的主、微量元素和硫同位素进行了研究,认为区内硫主要来源于岩浆热液。

(5)开展了石榴子石的主、微量元素研究,认为铜绿山石榴子石从早到晚具有从钙铝榴石向钙铁榴

石演化的趋势，反映出成矿溶液由酸性向碱性、较为还原向较为氧化的演化过程。较为氧化的环境为后期磁铁矿和硫化物的大量沉积提供了外在条件，晚期石榴子石与矿体的关系较为密切。

(6)对铜绿山-鸡冠咀铜铁金矿田成矿规律进行了总结，探讨了矿床成因和成矿模式，构建了铜绿山铜铁矿床、鸡冠咀金铜矿床"三位一体"找矿预测地质模型。

(7)开展了铜绿山-鸡冠咀铜铁金矿田矿产预测及找矿潜力分析，圈定预测找矿地段A类4处，预测资源量铜金属量40.06万t，金金属量29.93t，提出了铜绿山矿床深部找矿工程验证建议。经验证，见较好的铜铁矿体。

2. 在湖北省大冶市何锡铺地区，通过专项地质填图和样品测试，对成矿地质体和成矿作用特征标志进行了研究，并与铜山口矿床进行对比，认为该区成矿作用强度明显不如铜山口，成矿潜力不大。

3. 通过对鸡笼山金铜矿的成矿地质体(花岗闪长斑岩)、成矿构造与成矿结构面、成矿作用特征标志的研究，开展了鸡笼山金铜矿床"三位一体"找矿预测研究，建立了矿床"三位一体"找矿预测模型(图2-63)。结合大比例尺物探工作对矿床深部及外围找矿靶区进行了预测，圈定预测找矿地段3处(A类2处、B类1处)。

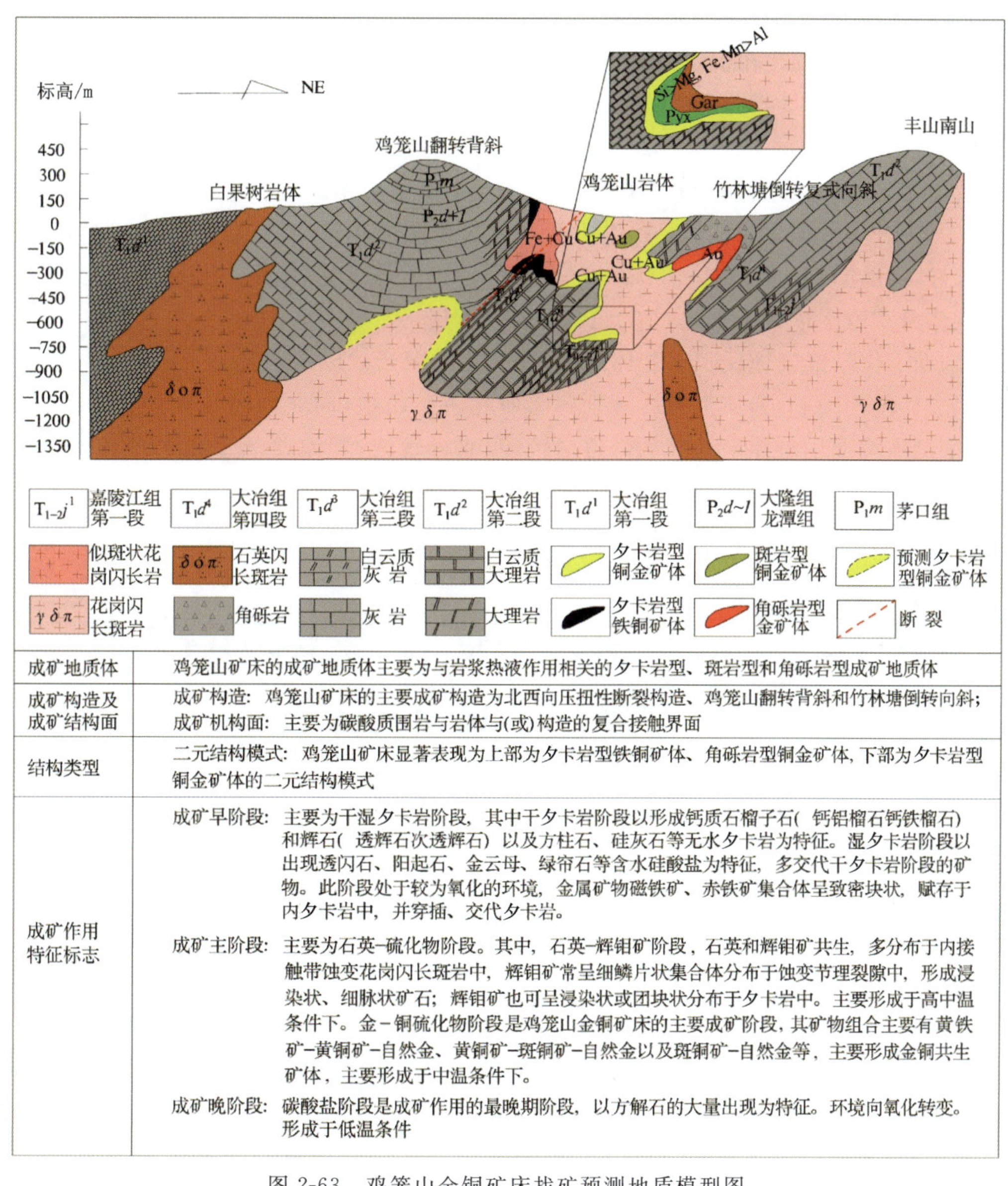

成矿地质体	鸡笼山矿床的成矿地质体主要为与岩浆热液作用相关的夕卡岩型、斑岩型和角砾岩型成矿地质体
成矿构造及成矿结构面	成矿构造：鸡笼山矿床的主要成矿构造为北西向压扭性断裂构造、鸡笼山翻转背斜和竹林塘倒转向斜； 成矿机构面：主要为碳酸质围岩与岩体与(或)构造的复合接触界面
结构类型	二元结构模式：鸡笼山矿床显著表现为上部为夕卡岩型铁铜矿体、角砾岩型铜金矿体，下部为夕卡岩型铜金矿体的二元结构模式
成矿作用特征标志	成矿早阶段：主要为干湿夕卡岩阶段，其中干夕卡岩阶段以形成钙质石榴子石（钙铝榴石钙铁榴石）和辉石（透辉石次透辉石）以及方柱石、硅灰石等无水夕卡岩为特征。湿夕卡岩阶段以出现透闪石、阳起石、金云母、绿帘石等含水硅酸盐为特征，多交代干夕卡岩阶段的矿物。此阶段处于较为氧化的环境，金属矿物磁铁矿、赤铁矿集合体呈致密块状，赋存于内夕卡岩中，并穿插、交代夕卡岩。 成矿主阶段：主要为石英-硫化物阶段。其中，石英-辉钼矿阶段，石英和辉钼矿共生，多分布于内接触带蚀变花岗闪长斑岩中，辉钼矿常呈细鳞片状集合体分布于蚀变节理裂隙中，形成浸染状、细脉状矿石；辉钼矿也可呈浸染状或团块状分布于夕卡岩中。主要形成于高中温条件下。金-铜硫化物阶段是鸡笼山金铜矿床的主要成矿阶段，其矿物组合主要有黄铁矿-黄铜矿-自然金、黄铜矿-斑铜矿-自然金以及斑铜矿-自然金等，主要形成金铜共生矿体，主要形成于中温条件下。 成矿晚阶段：碳酸盐阶段是成矿作用的最晚期阶段，以方解石的大量出现为特征。环境向氧化转变。形成于低温条件

图2-63　鸡笼山金铜矿床找矿预测地质模型图

(1)以专项填图和专题样品测试为重点对鸡笼山金铜矿矿床成因、成矿作用开展了研究,厘定了成矿地质体、成矿构造和成矿结构面,总结了成矿作用特征标志。

(2)通过对磁铁矿的显微结构和成分的研究,初步建立热液磁铁矿和岩浆磁铁矿的判别标志,探讨了磁铁矿的成因和成矿指示作用。

(3)通过对黄铁矿的研究,探讨了黄铁矿-白铁矿共生结构对成矿作用的指示,根据黄铁矿 Co/Ni 值推测矿床为热液成因。

(4)对鸡笼山金铜矿床不同成矿阶段(干夕卡岩阶段、湿夕卡岩阶段、石英-硫化物阶段、碳酸盐阶段)的蚀变矿物石榴子石、辉石、绿帘石、石英、方解石等开展了原生流体包裹体研究,探讨了不同成矿阶段的物理化学条件,了解了流体演化与成矿机制。

(5)对鸡笼山-丰山重点工作区成矿规律进行了总结,探讨了矿床的成因和成矿模式,构建了鸡笼山金铜矿床"三位一体"找矿预测地质模型。

(6)开展了鸡笼山-丰山重点工作区矿产预测及找矿潜力分析,在鸡笼山金铜矿床深部及外围靶区圈定预测找矿地段 3 处(A 类 2 处、B 类 1 处),预测资源量铜金属量 10.67 万 t,金金属量 11.35t。

4.通过对阳新汪武屋矿区 ZK001、阳新鸡笼山矿区 76ZK1、大冶方贤垅矿区 ZK2401 三个钻孔进行地-井瞬变电磁测量,结合以往在铜绿山矿区开展的地-井瞬变电磁测量成果,开展了该方法在本整装勘查区的应用研究,认为其对寻找井旁、井底低阻矿体有很好的指示,并对汪武屋矿区下一步钻探工作布置提出了工作建议。

5.通过大比例尺物探工作,为下一步勘查工作布置提供了依据。

(1)通过 1∶1 万高精度重力测量,圈定 16 处剩余布格重力异常,异常总体上与区内的地层、岩浆岩及构造吻合较好,推断 G1(一)、G2(一)、G3(一)、G4(一)由岩体引起,G2(+)由夕卡岩引起。结合以往磁法资料对岩体分布范围进行了圈定,推断了矿区断裂构造。

(2)综合剖面工作较准确地反映了岩体产出形态、接触带产状以及构造特征,认为 G3(一)低重异常中心为鸡笼山岩体侵入中心,岩体上侵后分别向北西和南东超覆,向北西超覆面积大,向南东超覆面积较小,视电阻率剖面均显示岩体南缘接触带普遍较陡,北缘较缓;岩体西部 1 线中部岩体与围岩接触带电性梯度变化明显,岩体中部 2 线岩体在深部向南延伸趋势明显,岩体东部 5 线、6 线在深部相对低阻异常显示岩体有可能沿构造侵入围岩,显示较好的找矿信息,建议进行验证。

华南重点矿集区稀有稀散和稀土矿产调查成果报告

提交单位:中国地质科学院矿产资源研究所

项目负责人:王成辉

档案号:调 1284

工作周期:2016—2018 年

主要成果:

一、实现稀有稀土金属找矿突破,提供战略性新兴产业矿产资源保障能力

通过开展 1∶5 万矿产地质测量、槽探、钻探、取样钻及典型矿床研究等工作,取得了一批新的发现和进展。

1. 在湖南连云山地区实现铍铷锂铌钽的找矿突破。连云山位处幕阜山稀有金属矿集区以南，通过3年的调查评价和钻孔验证，估算连云山白沙窝地区 BeO 资源量为 1.616 万 t，达到大型规模；Rb_2O 资源量为 2.91 万 t，达到大型规模；Li_2O 资源量为 1.13 万 t，达到中型规模；$(Ta,Nb)_2O_5$ 资源量为 0.35 万 t，达到中型规模，实现了找矿突破。

2. 广西灵山花岗岩风化壳离子吸附型重稀土矿取得找矿突破，该稀土矿赋存于中三叠世黑云母二长花岗岩风化壳中，全风化层厚度可达 20m 以上，重稀土矿体品位较高（0.070%～0.141%），其中重稀土的比重占 40%～70%。初步估算重稀土氧化物可达 90 000 余吨，接近大型规模。

3. 赣南安远县高云山乡碛肚山岩体内发现重稀土矿产地 1 处，矿体分布于下石版—上石版一带，赋存于碛肚山岩体黑云母花岗岩风化壳中，矿体平均厚度 7.80m，初步估算重稀土氧化物 17 929t，平均品位 0.062%。

4. 江西九岭地区岩体型锂矿资源调查取得突破。项目组通过野外调查结合室内综合研究尤其是镜下鉴定、电子探针和化学分析，新发现了磷锂铝石、锂云母、绿柱石、富钽锡石、铌钽铁矿-钽铌铁矿系列稀有金属矿物，初步证明了可利用工业矿物的存在。初步估算九岭地区的狮子岭（图 2-64）、尖山岭-云峰坛、黄岗上-圳口里、余家里等地岩体的 Li_2O 远景资源量可达 38 万 t。

图 2-64　江西九岭狮子岭地区黄玉-锂云母碱长花岗岩中的磷锂铝石

二、科技创新取得重要进展

1. 离子吸附型稀土矿产科学研究和调查评价的新进展。查明了赣南离子吸附型稀土矿床成矿母岩中重稀土元素的赋存状态，了解了花岗岩风化过程中重稀土元素迁移及富集的规律，为赣南重稀土工作部署提供了有利依据。

2. 提出了离子吸附型稀土矿“8 多 2 高 1 深”的新认识，即多类型、多岩性、多时代、多层位、多模式、多标志、多因继承、多相复合，高纬度、高海拔，深勘探，为该类型稀土矿找矿指明了方向。

3. 区域成矿规律研究助力找矿突破。在幕阜山稀有金属矿集区总结了复式花岗岩体分布规律与岩浆演化动力学背景特征、稀有金属典型矿床成矿模式、稀有金属区域成矿规律，划分了幕阜山地区伟晶岩区域分带特征，圈定的远景区得到了相关地勘单位的找矿验证。

4. 初步总结一套适应华南地区离子吸附型稀土矿资源的找矿技术方法。以赣东北为重点研究区，基于遥感解译工作，结合化探异常分析，综合成矿母岩、地质构造、地形地貌及化探信息，利用信息量的方法，进行了成矿预测工作，所圈定的成矿远景区得到野外验证，证实该方法的可行性。

5. 离子吸附型稀土矿储量动态估算方法（RiRee）及其拓展运用。基于离子吸附型稀土矿床的特点，借鉴土壤化探样品处理的克里格法，建立了离子吸附型稀土矿资源储量估算的三维模型及其相应评价方法，简称“RiRee”，该项技术已取得相关专利。

6. 用物理方法选矿（物）技术开展对含赣西北磷锂铝石岩体型锂矿资源的综合选矿，取得初步成效。对赣西北地区含有磷锂铝石等高锂矿物的蚀变花岗岩进行了综合选矿，基于该类型锂矿主要矿物组分存在物性差别的特点，本次工作采用重选-强磁选-射频电选的选矿方法进行实验研究，实验结果表明该种方法可有效富集磷锂铝石、锂云母等矿物，并综合回收铌钽矿、云母、长石、石英、独居石等有用矿物。

湖南省花垣-凤凰铅锌矿整装勘查区专项填图与技术应用示范成果报告

提交单位:湖南省地质矿产勘查开发局四〇五队

项目负责人:曾建康

档案号:调 1285

工作周期:2017 年

主要成果:

1. 通过选取大脑坡、杨家寨 2 个已知矿区岩相古地理专项地质填图,对填图区之外的芭茅寨、土地坪、长登坡、老虎冲、李梅等矿区及周边地域进行了野外补充调查和以往资料的二次开发。对矿区内容矿层(礁)与同沉积断层关系、容矿层礁灰岩在矿田与区域展布特征、容矿层礁灰岩对其后沉积的影响、矿田主要矿石类型特征、容矿层(礁)与矿化、矿化与矿体、铅与锌关系、矿田构造特征与沉积演化进行了研究,建立了石牌组—娄山关组地层模型,为找矿预测提供了地质方法基础。

2. 发现了矿区内的同沉积断层,是矿区尺度内除区域断裂(花垣-张家界断裂)外断距最大的断层,丰富了矿床成因基础资料。

3. 通过典型矿床研究,查明了区域地质事件对成矿环境的影响;厘定了成矿地质体、成矿构造和成矿结构面,总结了成矿作用特征标志,突破以往热卤水背斜控矿模式,构建了新的成矿模式和预测模型。

研究认为,花垣铅锌矿为海相沉积成矿构造系统。①成矿地质体为清虚洞组下段第三、第四亚段。②成矿构造为排吉牛等同生断层。③成矿结构面:A 沉积期为排吉牛等同生断层,清虚洞组下段第三、第四亚段礁岩性层;B 热液期为清虚洞组下段第三、第四亚段礁岩性层,清虚洞组下段第三、第四亚段礁灰岩体顶底界面。④成矿作用:A 沉积期为同生热水沉积(成礁、含矿质);B 热液期为后生热液沉积。根据上述分析,建立了花垣式铅锌矿的成矿模式。

4. CSAMT 测量试验探测容矿层礁灰岩的大致规模与埋深基本与钻孔所揭露的藻礁灰岩的规模与埋深吻合,并建立了物探配合地质调查的综合方法探寻容矿层礁灰岩,再在礁中找矿的间接找矿方法模型,为寻找花垣式铅锌矿的隐伏矿床提供了方法依据。

5. 动态跟踪了花垣-凤凰铅锌矿整装勘查区工作进展,编制了工作报告;编制了整装勘查区地质矿产、物探、化探等系列图件和重点工作区大比例尺专题图件,开展了选区研究,完成了数据库建设。

6. 根据花垣式铅锌矿的“三位一体”找矿模型研究,并结合地质条件,进行了成矿预测。提交边深部有利部位 5 处(杨家寨北东、杨家寨南两、大脑坡北、清水塘北西、清水塘北东),334_2 类资源量 Pb+Zn 456.2 万 t;提交花垣矿田新靶区 1 个(川心城),预测 334_3 类资源量 Pb+Zn 189.2 万 t。

7. 根据找矿预测成果,结合工作条件,对今后的勘查工作提出了部署建议。

湖南湘潭-九潭冲地区矿产地质调查成果报告

提交单位:中国冶金地质总局湖南地质勘查院

项目负责人:黄飞

档案号:调 1286

工作周期:2013—2015 年

主要成果:

1. 大致查明了锰矿层的成矿地质条件、控矿因素:锰矿属于浅海相沉积型碳酸锰矿床,严格受地层岩性的控制；古构造控制着锰质的上升运移，岩相古地理环境控制了锰矿的最终富集特征，即中心相锰矿厚度大、品位富，向外侧锰矿层薄、品位逐渐贫化，而边缘相仅出现锰矿化点或锰方解石、锰白云石等矿化现象；古气候、古生物调节锰矿沉积环境，进一步加快了锰质的富集。

2.初步总结了锰矿成矿规律和找矿标志：锰矿层赋存于碳质页岩中下部，且与含锰岩系呈正相关关系，与硅、铁含量呈负相关关系；古地理条件决定着锰矿床的规模，后期断裂构造破坏了锰矿层的连续性，后期褶皱构造定位了锰矿层的保存部位。调查区内矿产已基本查清，主要矿产为锰矿，其他矿产除煤、磷以外基本以建造材料为主，其中煤矿具有一定规模，磷矿也仅在银珠坳向斜有一个已知矿山。

3.调查区锰矿勘查工作程度较高，基本查明了锰矿层的地质特征和分布范围，主要集中分布于浅部，深部找矿潜力区工作程度很低，基本没有工程控制。区内共有已知矿（床）点 13 处，根据含锰岩系及锰矿点的分布划分了 3 个成矿远景区。

（1）鹤岭-炭家仑锰矿找矿远景区。该区有已知锰矿床 5 处，主要分布于仙女山背斜两翼及次级褶皱乌田向斜两翼。其中，背斜北翼分布 4 处，南翼分布 1 处；乌田向斜两翼南翼分布 3 处、北翼分布 1 处。乌田向斜南翼湘潭锰矿大型锰矿床 1 处，已开展详查工作，控制锰矿层走向延伸约 8km，倾向延深约 1.2km，累计探获 332＋333＋334 类资源储量 2582 万 t；乌田锰矿、桑树坳锰矿、水井锰矿和白衣庵锰矿等小型锰矿床 4 处，均只开展了普查工作，其中乌田锰矿、桑树坳锰矿为湘潭锰矿的西延部分，控制锰矿层走向延伸分别约 700m 和 800m，控制锰矿层倾向延深分别约 300m 和 200m，探获锰矿资源储量分别为 16 万 t 和 18 万 t，该翼控制锰矿层长约 9.5km，斜深约 1.2km，控制程度较高。乌田向斜北翼水井锰矿控制走向延伸约 400m，倾向延深约 500m。仙女山背斜南翼有白衣庵锰矿，控制走向延伸约 500m，倾向延深约 200m。整个远景区锰矿层控制程度较高，已累计探获了2616 万 t 锰矿资源储量，但具有很大找矿潜力的乌田向斜深部仅本次工作开展了验证工程，根据钻孔情况分析，含锰岩系厚度大（上段厚度超过 180m），推测深部岩相古地理为地堑，含锰岩系锰矿层也可能增厚。

（2）九潭冲-旗山锰矿找矿远景区。该区主要分布于歇马岩体东侧，紫云山背斜东翼，有已知锰矿床 3 处，其中北侧有九潭冲中型锰矿床 1 处，中部有隐山和楠木冲小型锰矿床 2 处，矿（化）点 10 余处。这些矿床、矿（化）点均只开展过普查工作，控制锰矿层走向断续延伸约 5km。北段九潭冲锰矿控制斜深约 700m，累计已探获 332＋333 类资源储量 383 万 t；中部隐山锰矿控制斜深约 1.2km，探获锰矿资源量 7 万 t；中部楠木冲锰矿控制斜深约 120m，探获锰矿资源储量 20 万 t。整个远景区累计探获 410 万 t 锰矿资源储量，但仅浅部锰矿层控制较好；深部仅施工了 1 个钻孔，且见到了锰矿层，控制程度低，具有很大找矿潜力。

（3）金石-磨子潭锰矿找矿远景区。该区主要分布于沩山岩体东侧，青山塘-花明楼向斜西段两翼，其中西南翼有金石中型锰矿 1 处，七星、烟田小型锰矿床 2 处，锰矿化点 3 处。金石锰矿床已开展了详查工作，七星锰矿床和烟田锰矿床均只开展了普查工作，七星锰矿床为金石锰矿床的北西延伸部分，烟田锰矿床为金石锰矿床的深部延深部分。该翼控制锰矿层走向延伸约 2km，倾向延深约 850m，累计已探获锰矿资源储量 267.47 万 t。向斜北西翼有磨子潭小型锰矿 1 处，控制锰矿层走向延伸约 1.5km，倾向延深约 200m，累计已探获锰矿资源储量 21.1 万 t。整个远景区累计探获 288.57 万 t 锰矿资源储量，仅浅部锰矿层控制较好，向斜深部还有很大面积空白区。勘查成果显示锰矿层在深部并未尖灭，本次工作开展了可控源音频大地电磁测深剖面 1 条，工作程度很低，具有很大找矿潜力。

广东重点矿集区稀有金属调查评价成果报告

提交单位:广东省地质调查院

项目负责人:黄华谷

档案号:调 1287

工作周期:2016—2017 年

主要成果:

1.在永汉地区开展风化壳铌钽矿共伴生其他稀有金属矿产和铌钽原生矿的调查,在魔谷田南缘发现了稀有金属找矿线索。

2.开展河源紫金县古云地区(As22)和仪容地区(As33)化探异常区域稀有金属矿产调查,基本查明区内岩浆岩的分布、岩脉发育程度、风化壳厚度、围岩蚀变等,圈定离子吸附型稀土找矿靶区 2 个。

3.在谭岭及周围地区开展风化壳铌钽矿离子吸附型稀土矿的调查,主要开展钻探采样工作,圈定稀土找矿靶区 1 个。

4.开展大金山矿区稀有异常查证,初步查明其稀有金属含矿性。

5.在揭阳地区开展稀有稀土调查,人工重砂鉴定 6 件,发现铌钽矿点 2 处。

6.研究和总结了广东省稀有稀土的成矿规律和铌钽矿床类型,圈定了稀有稀土找矿靶区。

湖南省梅城-寒婆坳重点预测区煤炭资源调查评价成果报告

提交单位:湖南省煤炭地质勘查院

项目负责人:张良平

档案号:调 1288

工作周期:2013—2015 年

主要成果:

一、资源环境、基础地质方面新发现新认识

1.确立了地层层序,重点建立了区内含煤地层测水组岩性柱状图。初步确定调查评价区的地层层序由老至新依次为上泥盆统锡矿山组,下石炭统孟公坳组、石磴子组、测水组、梓门桥组,上石炭统壶天群,下二叠统栖霞组、茅口组/当冲组,上二叠统龙潭组、长兴组,下三叠统大冶组,上白垩统。区段含煤岩系有龙潭组和测水组,其中测水组是区内的主要含煤地层,为一套海陆交互相沉积,分为上、下 2 段,包含 8 个岩性段。

2.开展了推、滑覆构造专题研究,确定本区构造以逆冲推覆构造为基本构造格架,具有明显的分区分带特征。通过分析、研究邻近矿区的成功找煤经验,首次建立了本区的构造控煤样式,为今后找煤提供了理论依据,提高了区域综合研究程度。

采用野外地质填图、高密度电法、采样测试、断层-褶皱观察、节理和擦痕等小构造测量统计等方法,结合区域地质调查、煤炭勘查、矿井资料的综合分析,对湘中梅城-寒婆坳地区煤田构造特征和构造控煤

作用进行了系统深入的研究。调查区构造以逆冲推覆构造为基本构造格架，具有明显的分区分带特征，可划分为北、中、南3段，各段又分为东、中、西带。在构造几何特征和构造形成演化研究的基础上，开展构造样式及构造控煤作用研究，总结归纳出压缩构造样式、伸展构造样式、反转构造样式三大类构造样式。分析研究邻近矿区的成功找煤经验，建立了叠瓦式构造、顺层滑褶、切层滑褶等控煤模式，为今后本区乃至湘中地区找煤提供了理论依据，指明了相应的找煤方向。

3.了解了测水组、龙潭组的发育范围和煤层发育情况，研究了区内的聚煤特征，重点分析、总结了测水组的聚煤特征，提出本区测水组聚煤有“厚系富煤”“薄系富煤”等几种类型的新观点。

测水组一般发育可采煤层1层、煤厚0～12.5m，平均1.2m，煤质良好。龙潭组南型仅分布于马鞍山向斜、青峰向斜南部，煤层局部发育2煤层、4煤层可采煤层，2煤层厚0～0.8m，平均0.5m；4煤层厚0.23～7.21m，平均1.48m，煤质较好。龙潭组北型位于盆地边缘，煤层发育差，不含可采煤层。根据邻区及本次调查评价工作综合分析，首次提出了本区测水组聚煤有“厚系富煤”“薄系富煤”等几种类型。

4.依据区内控煤构造样式、聚煤特征，确定了9个找煤远景区，共估算了煤炭(334_1+334_2类)资源量4.053亿t，其中埋深0～600m之间的有1.264 9亿t，提交了3个煤炭勘查靶区。在聚煤规律及建立的控煤构造样式基础上，综合分析、研究，确定了9个找煤远景区，对其进行了详细的描述，并采用地质块段法对其资源量进行了估算；对资源赋存条件，地区开发条件，内、外部建设条件等方面的影响因素进行了初步评价，提出了寒婆坳、接龙桥-大冲、清塘3个找煤(石墨)靶区，可供进一步勘查。

5.首次发现了寒婆坳石墨矿区。在原有石船石墨矿点的基础上，发现了寒婆坳石墨矿产地，并估算了334_1类资源量2935万t，规模有望达到大型，是湖南省今后寻找石墨的勘查靶区。

二、成果应用与转化

本项目的实施，带动了新化县小洋煤炭普查项目(省两权价款项目)、狮子岩煤炭详查(商业探矿权)、新化县科头区段煤炭普查、新化县大冲区段煤炭预查4个项目的勘查资金的投入。

此外，根据寒婆坳区取得的成果，开展了“湖南省石墨成矿规律及勘查靶区优选”研究工作(2017年度省两权价款项目)。

湘西-滇东地区矿产地质调查成果报告

提交单位：中国冶金地质总局

项目负责人：李朗田

档案号：调1295

工作周期：2016—2018年

主要成果：

1.新发现矿产地12处，其中大中型矿产地8处(锰矿4处、钒磷锰矿1处、稀土多金属矿3处)。在云南宣威—贵州水城一带，发现钪铌稀土多金属矿床；在桂中地区发现了国内石炭系最大的锰矿；在湘西古丈地区圈出了多个钒矿、磷矿富集区。

(1)发现云南宣威冒水井及和乐-中营钪铌稀土多金属矿床，发现大中型稀土多金属矿产地3处，探获333+334类资源量稀土氧化物64.23万t，氧化钪5.47万t，氧化铌5.05万t，铁矿石18 806万t(图2-65～图2-67)。

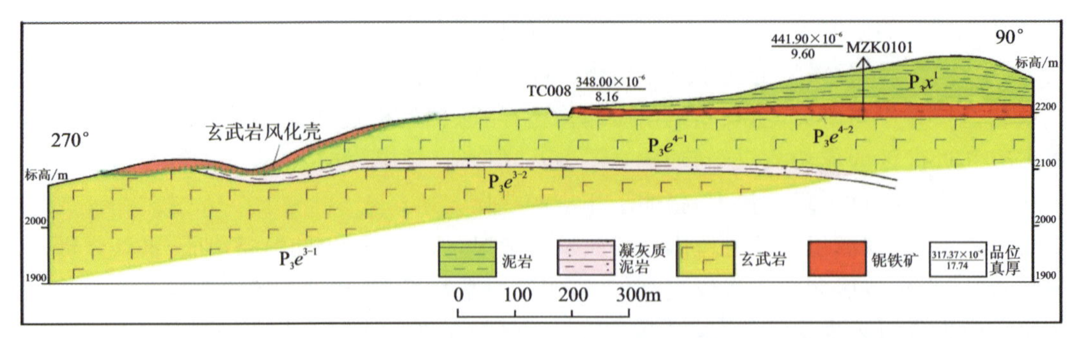

图 2-65　宣威地区离子型稀土矿及沉积型铌铁多金属矿含矿层位示意图

图 2-66　宣威地区冒水井Ⅰ号铌铁多金属矿层

图 2-67　宣威地区中营矿段Ⅰ、Ⅱ号矿体露头

(2)在湘中、桂中发现 4 处大中型锰矿,探获 333+334 类锰矿石资源量 5620 万 t。特别是在圈定忻城弄竹、塘岭找矿靶区基础上,广西进一步投入地勘资金在忻城洛富-塘岭探获锰矿资源量达 7915 万 t,使其一跃成为我国石炭系最大锰矿。

(3)湘西古丈背斜两翼圈出 5 个钒、磷、锰矿段,累计探获 333+334 类资源量:五氧化二钒 110.53 万 t,磷矿 9249 万 t,锰矿 278 万 t。

2.以上一轮锰矿资源潜力评价成果为基础,开展了湘西-滇东地区锰矿成矿条件及资源潜力评价,对区内中南华世大塘坡沉积早期、中奥陶世磨刀溪沉积期、晚泥盆世五指山沉积期、早石炭世巴平沉积期、中二叠世茅口(孤峰)沉积期、早三叠世北泗沉积期、中三叠世拉丁沉积期等主要成锰期,成锰沉积盆地结构、同沉积断层、堑垒构造特征、台盆分布格局、构造-火山岩浆活动与成矿的关系进行了深入研究,查明了扬子陆块东南缘锰矿大规模成矿的特殊地质背景;对区内锰矿的控矿条件、成矿作用、找矿标志以及时空分布规律进行了研究,总结了同沉积断裂构造复合控矿规律、锰矿水平(相变)分带规律。在研究区域成矿要素的基础上,建立或完善了区域锰矿成矿模式及预测模型,重新圈定锰矿找矿远景区 54 个,最小预测区 99 个,预测锰矿资源量 26 亿 t,并提出了下一步锰矿勘查主攻区域(湘西一黔东、湘中、桂中、桂西南 4 个锰矿富集区)、重点层位(南华系大塘坡组、奥陶系磨刀溪组、石炭系巴平组、泥盆系五指山组)和 12 个重点工作区的锰矿勘查部署建议,明确了锰矿勘查工作重点及方向。

3.开展扬子陆块东南缘南华系锰矿成矿地质背景、成矿作用、成矿规律及成矿预测与选区研究,厘清了成锰盆地总体构造格架,阐明了同沉积断裂控盆、控相、控矿规律,丰富了锰矿"内源外生"的成矿理论,建立了南华系锰矿区域成矿模式及预测模型,总结了基底平移断裂和同沉积断裂的"行""列"交会的控盆、控相、控矿特征,提出了"凹中凹"或"盆中盆"控制锰矿沉积中心的新认识,改变湘潭成锰盆地北东向断陷槽控矿的传统认识,并在验证中初步得到证实,为未来锰矿勘查工作提供了新思路和空间。

上扬子东南缘锰矿资源基地综合地质调查成果报告

提交单位：中国地质科学院矿产资源研究所

项目负责人：丛源

档案号：调 1341

工作周期：2019—2020 年

主要成果：

一、成矿条件、成矿规律、资源潜力及找矿远景

针对上扬子东南缘地区，通过 2019—2020 年的工作，以松桃、湘潭、黔阳、湘中 4 个成锰盆地为重点，开展 1∶5 万矿产地质调查，取得了一系列成果。

1. 厘定区内组、段级 1∶5 万矿产地质专项填图的地层填图单位及建造单元，在此基础上，二级项目划分了 3 个构造-地层分区，对区内南华系、奥陶系等主要含锰岩系进行了划分和对比，总结、梳理了大塘坡组、烟溪组等沉积建造的形成条件，并对其沉积类型、建造、环境进行了深入研究。在湘西南地区新发现下震旦统金家洞组锰矿化层。

2. 进一步总结湘中地区南华系、奥陶系锰矿成矿规律与成矿模式，共划分出 5 个Ⅳ级成矿带、11 个Ⅴ级成矿区，圈定了 5 个最小预测区。

3. 新发现锰、钒、金、硫铁矿等矿（化）点 30 处，其中锰矿 14 处、钒矿 14 处、金矿 1 处、硫铁矿 1 处；新发现九潭冲-楠木冲、月山铺-祖塔 2 个中型锰矿产地，均有望提升为大型锰矿产地，极大地拓展了湘中地区的找矿空间；圈定找矿靶区 3 个（A 类 2 个，B 类 1 个），其中锰、钒矿 1 个，锰矿 1 个，钒矿 1 个，开展了“三位一体”综合评价。

4. 圈定湘中地区锰矿最小预测区 5 个，预测潜在资源量锰矿 8550 万 t，五氧化二钒（V_2O_5）115.88 万 t，完成主要远景区锰矿资源潜力动态评价工作。

5. 施工了 12 个钻孔，见矿钻孔 5 个，见矿率 42%，探获并推断锰矿资源量 654.39 万 t。

6. 通过对已知矿区开展的 1∶5 万环境地质遥感解译和自然环境地质剖面工作，建立资源环境评价模型，对新发现矿产地、找矿靶区开展了“三位一体”综合评价，提出勘查开发布局建议。

二、资源环境综合评价

调查区锰矿资源丰富，为矿山企业提供了重要的后备原材料。区内锰矿石自然类型主要为碳酸锰矿石，是电解锰和电解二氧化锰急需的原材料。矿山开发建设的基本条件已经具备，结合市场需求，可以起到良好的经济效益和社会效益。

宁乡地区矿业活动对地貌景观破坏的形式包括地面变形破坏土地资源及露天采矿场、矿山固体废弃物和矿山地面建设工程占用土地资源。地面变形破坏土地资源与矿山开采范围扩大、开采深度增加密切相关，总体呈增加的趋势；现有矿山地面建设配套工程基本完成，其占用土地资源的面积将基本保持稳定，但新建矿山地面建设配套工程将新增占用土地面积；露天开采矿山随着采矿场范围的扩大，其占用土地资源的面积有增加趋势。据调查统计，矿山固体废弃物堆放场共 120 处，共占地 29.74hm^2，废

渣年产出量 28.66 万 t,年综合利用率 50.94%。以现有废渣利用率计算,每年将堆积废渣约 14.1 万 t,平均按 5m 堆高、1.6 的体积系数计算,每年需新增占用土地约 1.76hm²。因此,预测矿山废渣占用土地面积有增加的趋势。

宁乡地区全区矿山废水年产出量 12 117.1 万 m³,年治理量 3 140.89 万 m³,年循环利用量 57.19 万 m³,年综合利用率 0.47%,废水处理率和综合利用率均较低。由于部分矿山仍不规范管理,废水肆意排放,废水对土地环境的污染有增加的趋势。全区矿山固体废弃物堆放场共 120 处,废渣累计积存面积 365.65hm²。依前所述,全区每年将新增废渣约 14.1 万 t,每年新增占用土地约 1.76hm²,故废渣对土地环境的破坏及污染有加剧的趋势。

宁乡地区有 16 座矿山,经调查发生地面地质灾害 21 处,其中崩塌 2 处,均发生于露天开采矿山,因采矿引发的滑坡 2 处,因采空引起的地面塌陷及岩溶沉陷 9 处、地面沉陷 8 处。随着矿业开采活动的加剧,采空区面积增大且叠加,并继续破坏岩体的平衡状态,引发崩塌、滑坡和地面塌陷等地质灾害可能性增大。

本次工作划分出 2 个优先开发区,即湖南省湘潭县九潭冲-楠木冲锰矿优先开发区和湖南省桃江县月山铺-祖塔锰矿优先开发区。以 2 个优先开发区为重点,兼顾重要成矿区、老矿山深边部,开展锰矿潜力区、矿山密集区深边部找矿项目,加强主要成矿区带成矿规律研究,提高区内锰矿勘查程度。力争在优势矿种的资源储量上有所突破,形成具有一定规模的可供储备、进一步勘查或开发的大型资源基地。本次工作划分出 3 个引导(鼓励)开发区,即湖南省娄底市万家坪锰矿引导(鼓励)开发区,湖南省泸溪县庙背村-龙头冲村锰、钒矿引导(鼓励)开发区和湖南省安化县高峰村-罗溪村钒矿引导(鼓励)开发区。对区内地质工作程度较低、成矿地质条件良好的潜力区,开展优势矿种的勘查工作,提升资源量级别,逐步提高资源保障能力。

武当-桐柏-大别成矿带武当-随枣地区地质矿产调查成果报告

提交单位:中国地质调查局武汉地质调查中心
项目负责人:彭练红
档案号:档 0559
工作周期:2016—2018 年
主要成果:

一、找矿进展

1. 2016—2018 年,共新发现各类矿(化)点 44 处,其中钨金银 15 处、铌钽稀土 4 处、铜 7 处、铅锌 5 处、萤石 4 处、石墨 2 处、钼 4 处、钒-铁 3 处等。

2. 共提交找矿靶区 15 个,其中铌钽-稀土 3 个、铜 1 个、钨 2 个、金 4 个、萤石 1 个、晶质石墨 1 个、钼 2 个等。

3. 新发现矿产地 5 处,分别为“三稀”矿产地 3 处、白钨矿矿产地 1 处(中型)、黑钨矿矿产地 1 处(小型)。

二、主要矿种调查进展与矿产地概况

武当-桐柏-大别成矿带"三稀"矿产资源成矿条件优越，"三稀"矿产点多面广，矿床成因类型多样，找矿潜力巨大。2016—2018 年武当-桐柏-大别成矿带新发现"三稀"矿(化)点 4 处，圈定"三稀"找矿靶区 2 个，并提交 3 处矿产地，找矿成果丰硕，引领湖北省地勘基金等资金及时跟进勘查，鄂西北国家级铌钽-稀土矿后备资源基地得以夯实。

土地岭铌钽矿主要赋存于粗面质碱性火山岩中，矿化体近东西—北西西向展布，呈似层状、脉状、透镜状产出，产状较稳定，矿化体的产出严格局限于碱性火山岩内(粗面质熔岩、粗面质火山碎屑岩)，与矿化体接触的含碳粉砂质绢云板岩、碳(硅)质板岩、含铁质黏土质微晶灰岩等围岩中无矿化显示。目前在区内共圈定铌钽矿体 2 处、铌矿体 2 处、铌钽矿化体 2 处。

估算 NbTaⅠ1 号、NbTaⅡ1 号、NbTaⅡ2 号矿体经工程验证的 334 类资源量 Nb_2O_5 35 537.59t，Ta_2O_5 2 381.80t，具大型以上铌钽矿床规模的潜力。

三、建立了武当-随枣地区新元古代地质构造过程时空结构

本项目建立的武当-随枣地区新元古代地质构造过程时空结构如图 2-68 所示。

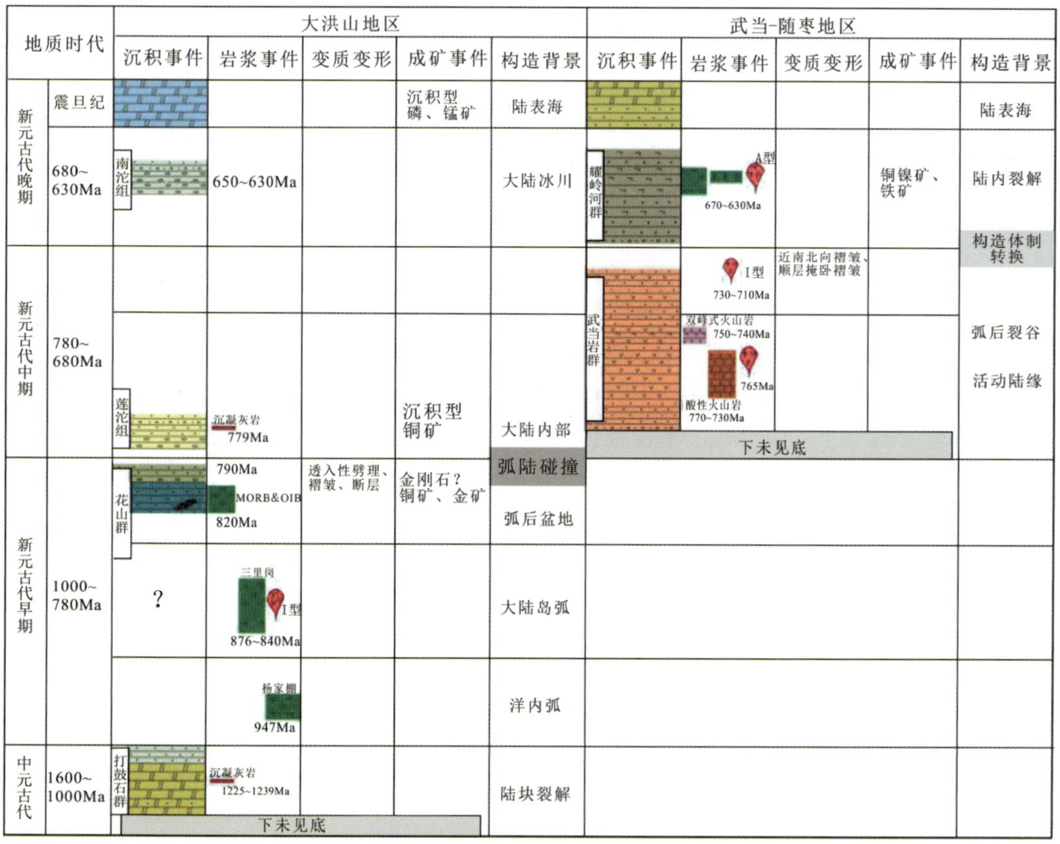

地质时代		大洪山地区					武当-随枣地区				
		沉积事件	岩浆事件	变质变形	成矿事件	构造背景	沉积事件	岩浆事件	变质变形	成矿事件	构造背景
新元古代晚期	震旦纪				沉积型磷、锰矿	陆表海					陆表海
	680~630Ma	南沱组	650~630Ma			大陆冰川	耀岭河群	A型 670~630Ma		铜镍矿、铁矿	陆内裂解
新元古代中期	780~680Ma							I型 730~710Ma	近南北向褶皱、顺层掩卧褶皱		构造体制转换
		莲沱组	沉凝灰岩 779Ma		沉积型铜矿	大陆内部	武当岩群	双峰式火山岩 750~740Ma；765Ma；酸性火山岩 770~730Ma			弧后裂谷 活动陆缘
							下未见底				
新元古代早期	1000~780Ma	花山群	790Ma MORB&OIB 820Ma	透入性劈理、褶皱、断层	金刚石？铜矿、金矿	弧陆碰撞 弧后盆地					
		?	三里岗 I型 876~840Ma			大陆岛弧					
			杨家棚 947Ma			洋内弧					
中元古代	1600~1000Ma	打鼓石群	沉凝灰岩 1225~1239Ma			陆块裂解					
		下未见底									

图 2-68 武当-随枣地区新元古代地质构造过程时空结构图

四、“三位一体”综合地质调查成果

鄂西北地区“三稀”矿产资源丰富，已探明庙垭、天宝、杀熊洞、南沟寨、土地岭、蒋家堰、黑虎寨等多个大型—超大型铌钽-稀土矿产，开展了资源潜力-技术利用-环境评价“三位一体”综合地质调查，助力了鄂西北国家级铌钽-稀土矿后备资源基地建设。

五、清理了武当-随枣地区地层系统，总结了该区地质构造演化的基本过程

通过开展 1∶5 万区域地质调查、1∶5 万矿产地质调查及专题跟踪研究，系统清理了武当-随枣地区地层系统(图 2-69)，总结了该区地质构造演化的基本过程，建立了该区时间-空间-物质(成岩、成矿)格架，编制了系列图件。同时，指出了该区存在的主要基础地质、矿产地质问题。

六、在扬子北缘大洪山地区建立了完整的弧盆体系岩石地层系统

将原“花山群”解体，并新建 4 个岩石地层单元，解决了数十年来该地区构造格局无法厘定的难题，为新元古代扬子陆块北缘构造演化提供重要支撑。

七、古生物学与地层学方面进展

1. 对调查区各岩石地层进行了重新清理，建立了地层格架，按时代划分了地层分区，进行了区域地层对比。

2. 在扬子北缘钟祥地区发现的早奥陶世对笔石化石，兼具太平洋(北美型)和大西洋生物区系(欧洲型)特征，是连接两大生物区系的纽带和桥梁。

3. 对花山群进行了解体，新建 4 个岩石地层单位，其中土门岩组为岛弧火山岩，结合新划分的三里岗弧花岗岩，建立了扬子陆块北缘大洪山地区新元古代岛弧-弧后盆地地层-岩浆岩-构造格架。

4. 重新厘定了武当岩群地层序列。武当岩群沉积期间大规模的酸性和基性火山活动，形成典型的双峰式火山岩，代表伸展裂解背景；耀岭河组为武当岩群后期延续，结合其上部沉积的江西沟组，可大致推断伸展裂解环境应略早于 630Ma，总体表现为伸展—间歇—伸展的火山沉积过程。

八、第四纪地质调查进展

划分了武汉城市圈(咸宁地区)第四纪沉降区和剥蚀区域的第四系沉积特征、主要土壤类型，初步确定了长江两岸隐伏的节理裂隙发育带特征，为武汉城市圈中南部城镇建设、土地资源规划利用等提供了科学依据。

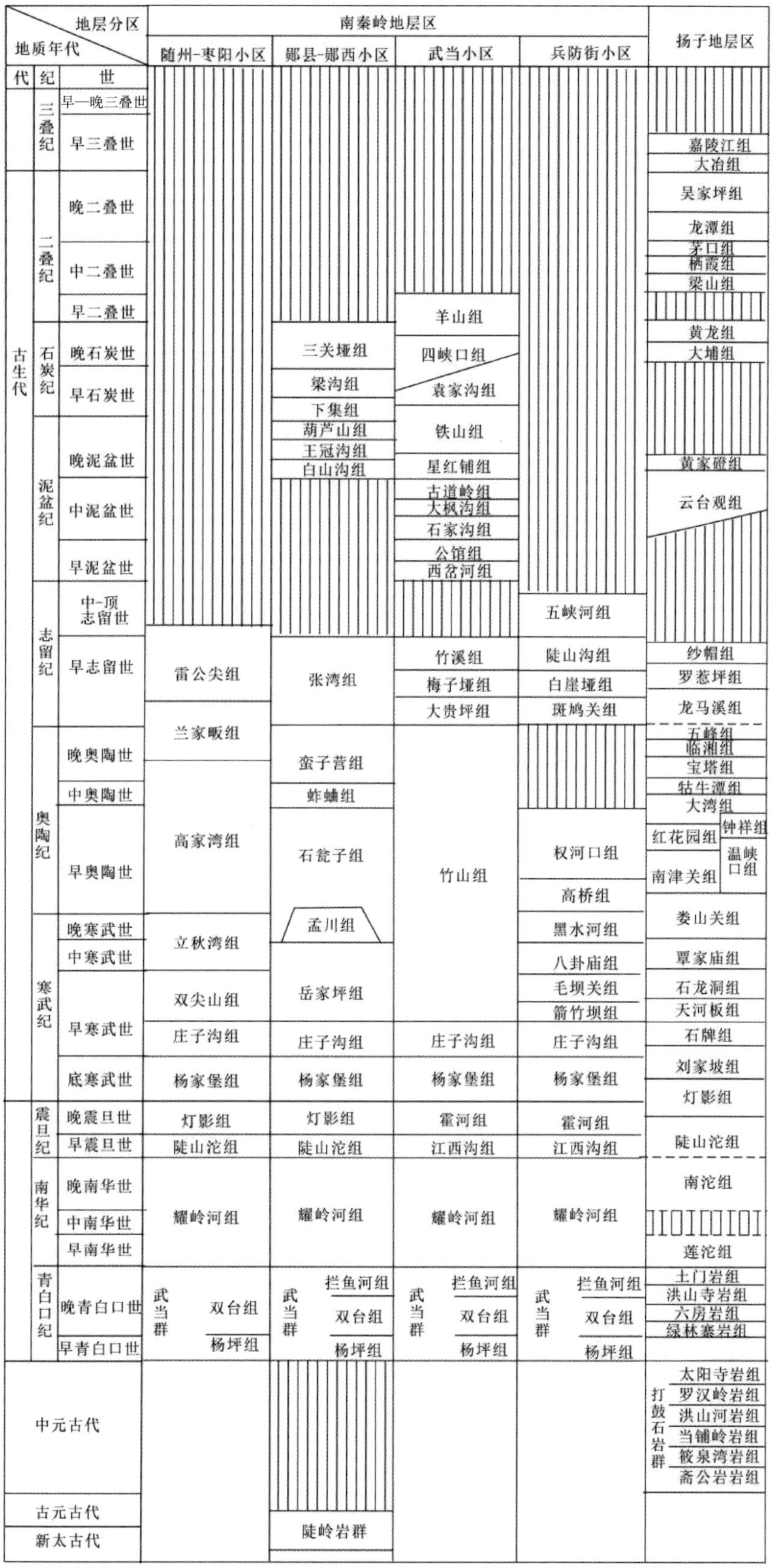

代	纪	世	南秦岭地层区：随州-枣阳小区	南秦岭地层区：郧县-郧西小区	南秦岭地层区：武当小区	南秦岭地层区：兵防街小区	扬子地层区
古生代	三叠纪	早—晚三叠世					
		早三叠世					嘉陵江组 大冶组
	二叠纪	晚二叠世					吴家坪组 龙潭组
		中二叠世					茅口组 栖霞组 梁山组
		早二叠世			羊山组		
	石炭纪	晚石炭世		三关垭组	四峡口组		黄龙组 大埔组
		早石炭世		梁沟组	袁家沟组		
	泥盆纪	晚泥盆世		下集组 葫芦山组 王冠沟组 白山沟组	铁山组 星红铺组		黄家磴组
		中泥盆世			古道岭组 大枫沟组 石家沟组		云台观组
		早泥盆世			公馆组 西岔河组		
	志留纪	中-顶志留世				五峡河组	
		早志留世	雷公尖组 兰家畈组	张湾组	竹溪组 梅子垭组 大贵坪组	陡山沟组 白崖垭组 斑鸠关组	纱帽组 罗惹坪组 龙马溪组
	奥陶纪	晚奥陶世		蛮子营组	竹山组		五峰组 临湘组 宝塔组
		中奥陶世		蚱蜢组			牯牛潭组 大湾组
		早奥陶世	高家湾组	石瓮子组		权河口组 高桥组	红花园组、钟祥组 南津关组、温峡口组
	寒武纪	晚寒武世	立秋湾组	孟川组		黑水河组	娄山关组
		中寒武世				八卦庙组	覃家庙组
		早寒武世	双尖山组 庄子沟组	岳家坪组 庄子沟组	庄子沟组	毛坝关组 箭竹坝组 庄子沟组	石龙洞组 天河板组 石牌组
		底寒武世	杨家堡组	杨家堡组	杨家堡组	杨家堡组	刘家坡组 灯影组
	震旦纪	晚震旦世	灯影组	灯影组	霍河组	霍河组	
		早震旦世	陡山沱组	陡山沱组	江西沟组	江西沟组	陡山沱组
	南华纪	晚南华世	耀岭河组	耀岭河组	耀岭河组	耀岭河组	南沱组
		中南华世					
		早南华世					莲沱组
	青白口纪	晚青白口世	武当群：双台组	武当群：拦鱼河组 双台组	武当群：拦鱼河组 双台组	武当群：拦鱼河组 双台组	土门岩组 洪山寺岩组 六房岩组 绿林寨岩组
		早青白口世	杨坪组	杨坪组	杨坪组	杨坪组	
中元古代							打鼓石岩群：太阳寺岩组 罗汉岭岩组 洪山河岩组 当铺岭岩组 筱泉湾岩组 斋公岩岩组
古元古代							
新太古代				陡岭岩群			

图 2-69　武当-桐柏-大别成矿带武当-随枣地区太古宙—三叠纪地层划分与对比表

湖南新晃-贵州松桃地区矿产地质调查成果报告

提交单位：中国地质调查局武汉地质调查中心

项目负责人：赵武强

档案号：档 0556-01

工作周期：2014—2016 年

主要成果：

1. 通过地质剖面实测及与邻区岩石地层单位研究对比，在原 1∶20 万区域地质调查工作的基础上对区内填图单位进行了重新厘定，建立 16 个岩石地层(组)填图单位，并确定了各地层组的岩性对比标志，对重要含矿层位划分到段；结合遥感影像解译和实测，新编了调查区 1∶5 万地质矿产图，并新发现铅锌、金等矿(化)点共 4 处。提高了调查区基础地质研究程度。

2. 遥感地质解译。解译出地层岩组 16 个，对区内线性(断裂)构造、地层岩性、地貌特征等进行了初步解译；圈定了 3 个遥感找矿预测区，为优选找矿靶区提供了依据。

3. 水系沉积物测量。获得了调查区 19 种元素的定量分析数据，编制出了 19 种元素(主成矿元素或相关元素)的地球化学图系列成果图件(19 张)及综合研究解释系列成果图件(6 张)，获得了调查区内各地质单元区内 19 种元素的地球化学参数资料，提高了调查区基础地质地球化学工作程度；共圈定出水系沉积物综合异常 46 处，其中甲 1 类 3 处、甲 2 类 8 处，乙 1 类 4 处、乙 2 类 4 处、乙 3 类 12 处，丙 1 类 11 处、丙 2 类 2 处、丙 3 类 2 处，为地质找矿提供了丰富的资料；圈定出地球化学找矿远景区 9 个，其中Ⅰ级找矿远景区 3 个、Ⅱ级找矿远景区 3 个、Ⅲ级找矿远景区 3 个，为后期矿产检查和今后找矿工作提供了依据。

4. 新发现铅、锌、金矿(化)点 4 处，分别是蒲朝界铅锌矿点、金厂溪金矿点、禾梨坳锌矿化点及地美铅锌矿化点。

5. 全面系统地总结了本区铅锌成矿的规律，建立了区域成矿模式，提出了铅锌矿、金矿的找矿模型。根据铅锌成矿地质条件、控矿因素、有利程度，以及地、物、化各类找矿标志等，为调查区今后找矿工作指明了方向。

6. 通过优选，共圈定出找矿靶区 4 个，其中 A 类找矿靶区 2 个、B 类找矿靶区 1 个、C 类找矿靶区 1 个，分别为蒲朝界-地美铅锌矿找矿靶区(A1)、金厂溪金矿找矿靶区(A2)、岳寨金矿找矿靶区(B1)、禾梨坳铅锌矿找矿靶区(C1)，为调查区今后的找矿及矿产勘查提供了依据和部署建议。

7. 初步评价了调查区矿产资源远景，指出调查区内具有发现 2 处小型铅锌矿床、2 处小型金矿床的潜力。

湘南柿竹园-香花岭有色稀有金属矿产集中开采区地质环境调查成果报告

提交单位：中国地质调查局武汉地质调查中心

项目负责人：胡俊良

档案号：档 0579

工作周期：2016—2018 年

主要成果：

1. 全面调查了湘南柿竹园-香花岭地区的柿竹园、瑶岗仙、香花岭 3 个有色金属矿产集中开采区矿集区和水东煤矿集中开采区。查明了矿集区存在的矿山地质环境问题，包括地形地貌景观破坏、土地资源破坏、矿山地质灾害、含水层破坏、水土污染(表 2-4)，并对其产生的原因、诱发因素和未来发展趋势进行了分析。

表 2-4　调查区矿山地质环境问题特征表

<table>
<tr><td colspan="8">矿山地质环境问题</td><td colspan="2">危害</td><td>发生的矿山个数/个</td></tr>
<tr><td colspan="2">水土污染类型</td><td colspan="2">严重/个</td><td colspan="2">较严重/个</td><td colspan="2">轻微/个</td><td>污染土地面积/km²</td><td>污染河流长度/km</td><td></td></tr>
<tr><td colspan="2">土壤污染</td><td colspan="2">35</td><td colspan="2">5</td><td colspan="2">2</td><td>560.78</td><td>—</td><td>42</td></tr>
<tr><td colspan="2">地下水污染</td><td colspan="2">29</td><td colspan="2">2</td><td colspan="2">2</td><td>506.66</td><td>—</td><td>33</td></tr>
<tr><td colspan="2">地表水污染</td><td colspan="2">28</td><td colspan="2">1</td><td colspan="2">0</td><td>—</td><td>158.27</td><td>29</td></tr>
<tr><td colspan="2">地形地貌景观破坏/hm²</td><td colspan="2">0</td><td colspan="2">56.52</td><td colspan="2">85.11</td><td colspan="2">视觉污染，其中瑶岗仙矿山靠近东江湖景区</td><td>12</td></tr>
<tr><td colspan="2" rowspan="2">占用破坏土地资源/hm²</td><td>耕地</td><td colspan="2">林地</td><td colspan="2">草地</td><td>园地</td><td>建筑</td><td>其他</td><td>合计</td></tr>
<tr><td>52.29</td><td colspan="2">806.86</td><td colspan="2">37.32</td><td>0</td><td>86.33</td><td>284.31</td><td>1 267.11</td></tr>
<tr><td rowspan="5">矿山地质灾害</td><td>类型</td><td>巨型/处</td><td colspan="2">大型/处</td><td colspan="2">中型/处</td><td>小型/处</td><td>人员伤亡/人</td><td>经济损失/万元</td><td></td></tr>
<tr><td>崩塌</td><td>0</td><td colspan="2">1</td><td colspan="2">6</td><td>39</td><td>0</td><td>800</td><td>10</td></tr>
<tr><td>滑坡</td><td>0</td><td colspan="2">1</td><td colspan="2">3</td><td>35</td><td>32</td><td>1540</td><td>14</td></tr>
<tr><td>泥石流</td><td>1</td><td colspan="2">8</td><td colspan="2">23</td><td>17</td><td>82</td><td>15 311</td><td>10</td></tr>
<tr><td>地面塌陷</td><td>0</td><td colspan="2">0</td><td colspan="2">0</td><td>19</td><td>0</td><td>3255</td><td>6</td></tr>
<tr><td colspan="2">合计</td><td>1</td><td colspan="2">10</td><td colspan="2">32</td><td>110</td><td>114</td><td>20 906</td><td>34</td></tr>
<tr><td colspan="2">含水层破坏</td><td colspan="6">柿竹园矿产集中开采区含水层破坏面积 15.68km²，瑶岗仙矿产集中开采区含水层破坏面积 8.59km²，香花岭矿产集中开采区含水层破坏总面积约26.86km²，水东煤矿产集中开采区破坏总面积约 0.52km²</td><td colspan="3">破坏区域含水层，居民和牲畜饮水困难，井泉干枯</td></tr>
</table>

调查区地形地貌景观破坏共计 21 处，主要由废石堆、尾砂库、露天采场引起。瑶岗仙钨矿和香花岭锡矿区地形地貌景观破坏有进一步恶化的趋势，其他金属矿区维持原有状况；而煤矿区内地形地貌景观将逐步好转。土地资源破坏面积共计 1 267.11hm²，其中耕地 52.29hm²、林地面积 806.86hm²、草地 37.32hm²、建筑用地 86.33hm²、其他地类面积284.31hm²，主要由露天采场、矿部及道路、废石堆、尾砂库等所致，目前开发生产技术条件落后及矿业权人环境保护意识不强是主要原因。随着绿色矿山建设推广和矿山固体废弃物综合利用率提高，土地资源破坏情况将趋于好转。

矿山地质灾害及其隐患共计 153 处，类型有崩塌、滑坡、泥石流及其隐患、地面塌陷(图 2-70)，影响因素主要有开采、环保意识、技术等人为因素和气象水文、地形地貌、地层、构造等自然因素。随着小矿山整合和规范生产管理，矿山地质灾害问题将得到缓解，但是露天开采区情况仍有加剧趋势。含水层破坏方面，4 个矿集区破坏面积共计 56.33 km²。矿山地下开采势必形成采空区，破坏岩矿体完整性，产生众多的卸荷裂隙，是开采范围内含水层结构遭到破坏的主要原因；同时矿业活动中矿坑水、尾矿渗漏水，矿渣淋滤水的垂直入渗也会导致下部含水层地下水水质恶化。

水土污染方面，根据本次调查评价的范围，地下水污染面积 506.6km²，占评价面积的 61.3%；河流污染长度 168.46km，占评价长度的 81%；土壤污染面积 560.78km²，占评价面积的 92.5%，柿竹园矿产集中开采区及周边土壤污染程度较为突出。水质污染的主要原因是矿坑水、淋滤水等的直接排放；经过

图 2-70　地质灾害及其隐患照片

处理的矿坑水排放后污染程度明显降低。土壤污染的主要成因是粗放型的矿产开采、“三废”处理不当、污染水体灌溉等人为活动;另外本地区为南岭成矿带成矿有利区域,土壤重金属背景值高也是原因之一。华南地区雨水充沛(丰水期相比枯水期样品水质有明显改善),只要加大对“三废”处理力度,防止直排,水质污染情况将趋于好转。加强绿色矿山建设、加大土壤污染修复技术攻关和资金投入,土壤污染问题也会得到缓解。

2.探索土壤污染源中矿山开采所占比重取得进展。在研究污染源方面,Pb 同位素示踪技术是一种强有力的技术手段,不同来源的铅有着不同的铅同位素组成,因此引进 Pb 同位素技术来分析土壤重金属元素的来源及其占比。通过土壤 Pb 同位素示踪试验,发现柿竹园矿集区由矿山开发导致的土壤污染贡献值为 100%,矿区下游贡献值为 87.5%～92.8%(图 2-71a)。离矿区越远,矿山开发对土壤污染的影响越弱,贡献值降低。香花岭矿集区及周边地区土壤中由矿山开发导致的土壤污染贡献值为 60.1%～88.2%(图 2-71b),表明矿集区土壤重金属污染的来源与矿产开发关系十分密切。

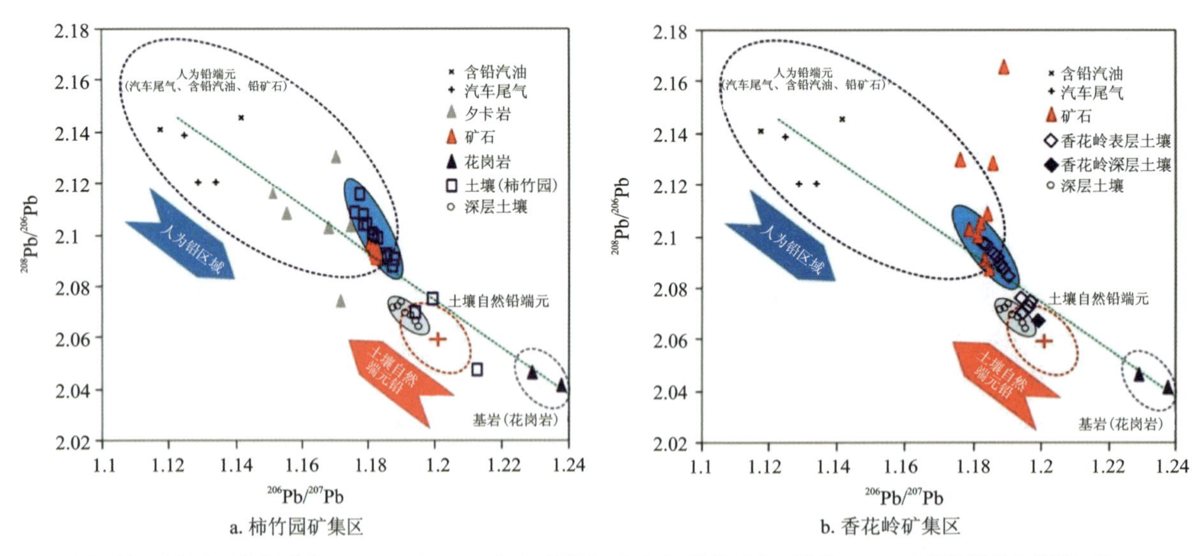

注:汽车尾气、含铅汽油数据引自 Zheng et al,2004;岩石(花岗岩、夕卡岩)数据引自王谦等,2011;矿石数据引自吴胜华等,2016。

图 2-71　柿竹园和香花岭矿集区表层土壤铅同位素组成特征

3.用野外调查与室内实验两方面结合的方法,研究矿山不同介质中重金属元素的迁移规律。研究结果表明,不同岩性及其风化产物在重金属元素的迁移上也有不同的影响,灰岩及其风化层表现出了明显的截留作用;重金属元素迁移共性的迁移驱动来自水土搬运,具有很明显的同源性,其最终分布则受到背景岩性特征、pH、氧化还原等条件的影响。酸度(可能来自酸性废水)对重金属的迁移起到了重要作用,促进了Pb、Zn、Cd等元素的迁移,尤其在水土之间的迁移方面具重要作用,As受pH影响小,分布更为广泛,更均匀;Cd具有和Pb、Zn类似的特征,但由于其在地表的活跃性(生物有效性/可迁移能力),在更多的介质中有体现。

4.调查区乃至整个湘江流域大米Cd污染成因研究取得进展。大米Cd污染除了与土壤中Cd含量高有关外,还与土壤中Cd有效态含量高有关。其中Cd有效态含量高可能才是促进稻谷对Cd元素吸收的真正原因。柿竹园矿集区稻谷Cd含量超标与矿业活动密切相关,矿业活动产生的废水排放是矿区周边水土环境污染的直接途径,矿业活动富含重金属的粉尘、废气排放是矿区周边水土环境污染的间接途径。

5.对调查区矿山地质环境现状进行了评价分区:影响严重区18个,其中柿竹园地区4个、瑶岗仙地区8个、香花岭地区6个;影响较严重区23个,其中柿竹园地区6个、瑶岗仙地区8个、香花岭地区9个。主要影响评价因素为地质灾害、土地资源破坏、水土污染,其次为含水层破坏和地形地貌景观破坏。

根据调查区矿山地质环境调查和评价,将调查区划分为25个矿山地质环境保护区、14个矿山地质环境预防区、59个矿山地质环境治理区,并针对环境治理区提出了具体治理建议。

6.结合华南植被茂密、水系发达、雨水多等特点,对矿集区及周边地区矿山地质环境保护与恢复治理提出了建议。①主要针对露天采场、工矿场地、尾矿库和废石堆等破坏景观、破坏土地和诱发次生灾害方面,建议尽快完成小矿山整合,加强绿色矿山建设,合理规划、规范建设工矿场地和道路,避免削坡过陡,以尽少占用土地、减少地质灾害发生概率;露采区可以边开采边治理,覆土复绿;建议矿山企业对占地面积大、堆置体积大的废石堆进行清理或加以综合利用(回收有用共伴生元素)、回填矿坑等,对已闭库尾砂库进行覆土和复绿工作。②水土污染方面,建议有关部门加强对“三废”排放的有效管理,建立集中污水处理厂,废石堆和尾砂库做好防渗措施,防止污水直排。土壤污染治理方面常用的修复方法包括物理修复技术(包括客土、换土、去表土、深耕翻土等)、化学修复技术(包括化学淋洗、固化/稳定化技术、电动修复等)、生物修复技术(包括植物修复和微生物修复),其中植物修复技术较传统的物理、化学修复技术具有技术和经济上的优势,植被形成后具有保护表土、减少侵蚀和水土流失的功效,建议采用。

第三章

油气地质

YOUQI DIZHI

湘中涟邵盆地页岩气有利区战略调查二级项目成果报告

提交单位：中国地质调查局武汉地质调查中心

项目负责人：刘安

档案号：档 0558

工作周期：2019 年

主要成果：

1. 湘双地 1 井钻遇的佘田桥组优质页岩厚 39m，获得了邵阳凹陷东部地区页岩气评价参数。佘田桥组发现两套连续黑色页岩，厚度分别为 33m(1142～1175m)、39m(1245～1284m)。从井深 1190m 开始，气测全烃由 0.01%上升至 0.1%以上，最高可达 0.34%，岩芯浸水见不连续气泡，以裂缝气显为主(图 3-1)。现场解吸页岩含气量一般为 0.05～0.12m^3/t，最高为 0.25m^3/t。获得了佘田桥组页岩地球化学、储层物性等相关参数。

图 3-1 湘双地 1 井佘田桥组岩芯浸水试验

2. 湘双地 1 井揭示上泥盆统孟公坳组暗色页岩发育，扩展了湘中泥盆系页岩气调查的层系。湘双地 1 井开孔层位为孟公坳组的中下段。孟公坳组以泥质灰岩、泥灰岩为主，发育数套页岩，厚度分别为 39.7m(11.5～51.2m，TOC 一般大于 1%)、34m(210～244m，TOC 一般大于 0.5%)。

3. 二维地震资料初步揭示邵阳凹陷东部地质结构的基本特征。研究区构造解释所用地震资料为 2019 年在邵阳凹陷东部所采集的地震资料，共 2 条二维测线。地震剖面揭示了邵阳凹陷东部地区均为走向逆断层，断层倾角多为高角度，分布于 31°～84°。断层的走向以北东向为主；形态以挤压构造样式为主，主要有对冲(背冲)构造、反冲构造等类型。

4. 建立了湘中地区上泥盆统碳氧同位素地球化学剖面，为地层对比及古环境研究提供了基础。湘中地区泥盆系灰岩 $\delta^{13}C$ 受后期蚀变成岩作用影响较小，$\delta^{18}O$ 受一定影响，但整体数据良好。区内泥盆系 $\delta^{13}C$ 表现出自下而上逐渐变轻，并在欧家冲组底部显示显著的负偏，之后向上有逐渐增大的发育趋势；$\delta^{18}O$ 表现出自中泥盆统向上泥盆统缓慢增大趋势。以上曲线与全球泥盆系碳氧同位素曲线相似，具有较为一致的变化趋势。区内泥盆系 $\delta^{13}C$ 曲线形态及偏移程度与四川龙门山剖面、独山其林寨剖面及欧美地台剖面可对比性强，可作为区内地层划分与对比、古海洋环境演化分析的依据。对比结果显示，区内棋梓桥组顶部-佘田桥组下部 $\delta^{13}C$ 曲线与海平面变化存在差异，指示区域性地壳构造升降与全球海平面变化综合主导了区域的古水深变化。区内泥盆系 $\delta^{13}C$ 正漂移与高 TOC 页岩具有良好对应关系，表明佘田桥组下部、孟公坳组上部富有机质页岩发育层段是大范围海侵阶段的产物，是区内泥盆系页岩气勘探的主要目的层系。

5.建立了邵阳凹陷东部地区泥盆系佘田桥组、孟公坳组页岩微量元素地球化学剖面,指示了古环境的演化。Sr/Ba比值指示佘田桥期整体水体盐度较高,为稳定海相沉积环境;U/Th、V/(V+Ni)、V/Cr指示研究区佘田桥组主要处于氧化环境而仅在底部发育局部缺氧还原环境;Ni/Al比值主要为2.204~49.111,其中高值段主要发育于佘田桥组底部,发育向上具逐渐降低的趋势,指示整体具较为稳定生产力条件,而早期海水具有相对较高生产力条件;CIA指示佘田桥组古气候主要处于温暖潮湿气候条件;地球化学指标指示佘田桥组底部有利于富有机质页岩的发育。

孟公坳组与佘田桥组地球化学指标差别较大。孟公坳组Sr/Ba值大于1,为咸水环境;CIA指数指示孟公坳组上部页岩为温暖潮湿气候,下部页岩表现为半干旱—干旱气候;Th/U、V/Sc、V/Cr、Ni/Co、V/(V+Ni)指标指示整体上孟公坳组在沉积历史时期水体氧化还原环境处于一个稳定状态,即富氧环境;孟公坳组页岩沉积时期具低等古生产力;上述指标与TOC较低具有一致性,预示孟公坳组盆地相区页岩更发育。

6.较系统地分析了湘双地1井佘田桥组页岩古流体活动,表明构造强度高、裂缝及滑脱破碎发育是页岩气保存条件差的主要原因。湘双地1井因构造变形复杂导致保存条件整体较差。佘田桥组页岩的顶底板条件整体较好,上覆和下伏岩层均为致密的泥质灰岩层。佘田桥组主要因为印支期以来构造复杂,多个破碎角砾带、滑脱构造带、页岩裂缝系统是页岩气逸散的主要通道。同位素指示了页岩段裂缝古流体活动强烈,页岩气散失-大气水和地层水下渗使页岩在地史中处于高含水饱和度状态。

7.基本查明了湘中地区佘田桥组页岩气保存条件的主控因素,对有利区做了进一步优选。从盖层、顶底板、岩体、构造等多方面分析表明构造变形强度是影响页岩气保存条件的主控因素;佘田桥组典型井分析表明构造裂缝是页岩气逸散的主要通道;深大断裂附近裂缝密集,页岩封闭性差;面向加里东期花岗岩的挤压区域构造变形程度增强,断层、褶皱发育,岩体的背面、侧面影响程度相对较低;同时受构造变形动力机制的制约,不同构造带内构造样式存在较大差异,不同构造样式下的页岩气保存条件具有明显的差异性。湘中坳陷保存条件整体特征是"涟源凹陷优于邵阳凹陷,凹陷中心优于边缘",并基于页岩气静态指标与动态指标相结合对佘田桥组、孟公坳组页岩气有利区做了进一步优选。

中扬子地区古生界页岩气基础地质调查成果报告

提交单位:中国地质调查局武汉地质调查中心

项目负责人:王传尚

档案号:档0591

工作周期:2016—2018年

主要成果:

1.多层系页岩气获得重要新发现,有力支撑了页岩气资源潜力评价。

针对震旦系部署的地质调查井共有4口,分别为在宜昌斜坡区的鄂宜地3井和鄂宜地5井,以及湘中地区的湘新地2井和湘溆地1井。其中,鄂宜地3井油气页岩气调查获重大发现,钻获震旦系灯影组古老碳酸盐岩岩性气藏新类型、震旦系陡山沱组浅滩相优质储层新层系和震旦系灯影组溶孔白云岩优质储层,从而确认了岩溶高地的存在,为宜昌地区该时期的沉积古地理面貌的重建提供了直接的证据,并为宜昌地区震旦系天然气的探索提供了科学依据。

针对寒武系富有机质页岩层系部署的地质调查井有鄂宜地4井、鄂宜地5井、鄂松地1井、湘张地1

井和湘吉地1井，均获得重要发现。其中，鄂宜地4井、鄂宜地5井和鄂松地1井进一步拓展了宜昌地区寒武系有利区范围，表明宜昌斜坡区以南仍然存在页岩气富集的有利相带。如鄂宜地4井寒武系水井沱组富有机质页岩累计厚度达80m，采用燃烧法测定解吸气含量平均值为1.54m^3/t，最大可达3.13m^3/t(不含损失气和残余气)。鄂松地1井所在区域，寒武系牛蹄塘组黑色页岩厚度达300m，为深水滞留缺氧沉积环境，页岩气生烃物质基础好。湘张地1井获雪峰山复杂构造区寒武系页岩气新区新层系重要发现。该井寒武系牛蹄塘组、清虚洞组下部和敖溪组均获得页岩气显示，其中牛蹄塘组泥页岩气测全烃值主要分布在1%～7%之间，从含气性现场解吸测试来看，中段(1 909.2～1 982.4m)含气性最好，解吸气含量0.12～1.59m^3/t，为牛蹄塘组的主含气层，该层位湘吉地1井经燃烧法现场解析气含量平均为1.78m^3/t，最高达4.92m^3/t。

针对志留系的地质调查井均部署在构造复杂地区，鄂保地1井位于大巴山前陆冲断带，在井深426～460m罗惹坪组泥岩、粉砂质泥岩夹生屑灰岩中见录井全烃异常，全烃含量最大可达28%，有水涌，经气液分离后点火成功，表明该区具备发现页岩气和碳酸盐岩地层与构造复合圈闭气藏的巨大潜力。鄂京地1井和鄂钟地1井部署于大别山前缘逆冲推覆构造带内，钻探结果显示，志留系龙马溪组黑色页岩厚度大，可见断层重复，页岩气形成和富集条件复杂，构造滑脱面之下保存条件相对较好，具有一定的勘探潜力。鄂钟地1井经燃烧法现场解析获得的最大含气量达到1.0m^3/t，提升了在大别山前缘逆冲推覆构造带龙马溪组实现页岩气突破的信心。

针对泥盆系的地质调查井有湘新地1井和湘新地3井，目的层为上泥盆统佘田桥组，富有机质泥页岩厚逾100m。两井均在富有机质页岩段出现气测录井异常，全烃值最大可达30%，现场解析含气量高，湘新地1井含气量分布于0.31～2.44m^3/t之间(不含残余气)，实现了在涟源凹陷上泥盆统佘田桥组获页岩气首次重要发现，并由湘新地3井的勘探再次验证。湘中地区的泥盆系由于受大规模基底断裂的影响，呈现开阔台地和台内凹陷(台盆)相间的沉积格局。泥盆系富有机质页岩分布在区域上具有分带、分块的特征，沉积相横向变化大，有利相带表现出局限且不连续的特征，从而导致泥盆系页岩气勘探在湘中地区一直未获突破。上泥盆统佘田桥组页岩气在湘新地1井和湘新地3井相继发现，为圈定湘中地区泥盆系佘田桥组页岩气有利区提供了依据。

2.二维地震勘探为有利区、甜点区的优选提供了依据。

项目组充分利用2015年以来在宜昌斜坡区获得的地震资料和钻探资料(共490km/18条，钻井5口)，对宜昌斜坡区各目标层段的厚度、埋深和展布规律进行精细刻画，在此基础上，参考沉积相、地震资料品质、断裂发育情况等进行综合评价，共评价Ⅰ类区492.9km^2，Ⅱ类区420.2km^2，Ⅲ类区701.4km^2。其中Ⅰ类区主要分布在志留系龙马溪组页岩发育区、寒武系牛蹄塘组页岩发育区，进一步落实了宜昌斜坡区的地质甜点区。

项目组在涟源地区获得了泥盆系佘田桥组的构造、埋深、厚度等关键参数，识别了TD3s和TC1c两套反射层，前者为泥盆系佘田桥组底界面反射，分布稳定；后者为石炭系测水组底界面反射层，能量较强，频率低，连续性较好。通过构造解释，落实断层7条，明确了该区断裂展布规律以及对构造的控制作用，提出了彭家风向斜为有利的勘探目标区，有力地支撑了该地区泥盆系页岩气战略选区评价的开展。

3.开展了页岩气有利区的优选，为宜昌页岩气勘查示范基地的建设提供了保障，为页岩气勘探向湘中地区、雪峰山地区的战略转移提供了依据。

根据钻井和剖面露头资料，系统研究了震旦系陡山沱组、寒武系牛蹄塘组(水井沱组)、志留系龙马溪组和泥盆系佘田桥组的页岩展布规律，编制了本地区震旦系陡山沱组、寒武系牛蹄塘组(水井沱组)、志留系龙马溪组、泥盆系佘田桥组富有机质页岩厚度等值线图、总有机碳含量(TOC)等值线图及镜质体反射率(R_o)等值线图，刻画了区内页岩气评价关键参数的平面分布规律。

依据有机碳、有机质成熟度、埋深、盖层条件、断层发育情况等关键参数，在宜昌斜坡区、雪峰山地区及湘中地区优选震旦系陡山沱组、寒武系牛蹄塘组和上奥陶统五峰组—下志留统龙马溪组，以及泥盆系余田桥组页岩气远景区 13 个，合计远景资源量达 61 583.43 亿 m^3。各远景区 P_{50}资源量统计见表 3-1。在上述各远景区内，根据勘探工作程度，进一步优选有利区，4 套层系共优选出 9 个有利区，合计有利区资源量达 23 390.96×10^8m^3，各有利区及其资源量统计见表 3-2。

表 3-1　中扬子地区各黑色页岩层系远景区及其资源量统计

层系	震旦系陡山沱组		寒武系牛蹄塘组（水井沱组）		上奥陶统五峰组—下志留统龙马溪组		泥盆系佘田桥组	
各评价单元资源量	评价单元	P_{50}资源量/亿 m^3	评价单元	P_{50}资源量/亿 m^3	评价单元	P_{50}资源量/亿 m^3	评价单元	P_{50}资源量/亿 m^3
	震旦系远景区	12 289.36	秭归盆地周缘远景区	5 491.61	沉湖-土地堂	2 990.12	涟源-坪上	369.32
			黄陵隆起东南缘远景区	7 761.25	巴洪冲断带	444.89	隆回司门前-武冈	10 376.8
			吉首-常德远景区	4 511.94	当阳复向斜	9 908.75	洪山殿-邵东	4958
			千工坪向斜远景区	121.32				
			辰溪凹陷北区远景区	442.58				
			辰溪凹陷南区远景区	1 917.49				
资源量统计	小计	12 289.36		20 246.19		13 343.76		15 704.12
	合计	61 583.34						

表 3-2　中扬子地区页岩气有利区及其资源量统计

层系	震旦系陡山沱组		寒武系牛蹄塘组（水井沱组）		上奥陶统五峰组—下志留统龙马溪组		泥盆系佘田桥组	
各评价单元资源量	评价单元	P_{50}资源量/亿 m^3	评价单元	P_{50}资源量/亿 m^3	评价单元	P_{50}资源量/亿 m^3	评价单元	P_{50}资源量/亿 m^3
	黄陵隆起周缘	4 374.51	黄陵隆起西缘	552.994	分乡-龙泉	926.09	涟源凹陷新化-白溪	6 581.85
	宜都-鹤峰	257.397	宜都-石门	5 012.31	南漳-远安	3 396.05		
			草堂凹陷	806.025				
			沅古坪-常德有利区	1 483.73				
资源量统计	小计	4 631.91		7 855.06		4 322.14		6 581.85
	合计	23 390.96						

上述成果为宜昌页岩气勘查示范基地的建设提供了保障，为宜昌页岩气勘查示范基地向南拓展及页岩气勘探向湘中及雪峰山地区的战略转移提供了依据。

江汉盆地周缘1∶25万页岩气基础地质调查成果报告

提交单位：中国地质调查局武汉地质调查中心

项目负责人：李旭兵

档案号：档0591-01

工作周期：2016—2018年

主要成果：

1. 在鄂宜地3井灯影组获得天然气重要成果，进一步证实该区具有良好的油气成藏地质条件，有力支撑了宜昌地区油气页岩气勘查示范基地建设。

鄂宜地3井2016年12月28日于井深1240m处钻遇灯影组石板滩段鲕粒灰岩，于井深1426m处进入灯影组蛤蟆井段，石板滩段总厚186m。

灯影组石板滩段气显明显，在钻井现场，石板滩段岩芯水浸实验均有气显，特别是下部46m(1380～1426m)岩芯水浸实验气显强烈。据现场情况对石板滩段气体进行罐装收集分析，井口样品常温游离气排放量介于1.34～2.43cm³/g；因其排放形式不同于页岩气，在岩芯上提过程中游离气释放较页岩气更快，未参照相关标准进行恢复计算，初步估算该层段游离气含量大于2cm³/g。另外，考虑到该段岩芯中气体可能受岩性自封闭性控制，参照页岩气残余气分析方法对其破碎取气分析，检测结果显示10件样品的碎样自封闭气(对应残余气)含量分布于2.36～3.48cm³/g之间，远远大于页岩气残余气含量，且自封闭气中甲烷含量有50%左右，预示着对其进行储层改造具有重要意义。

该钻井天然气的发现，是该地区继宜地1井志留系龙马溪组、宜地2井寒武系牛蹄塘组和秭归2井震旦系陡山沱组页岩气发现之后，在宜昌地区油气资源勘探的又一重要发现。

2. 鄂宜地3井陡山沱组二段较明显气显，进一步证实了古老地层中页岩气潜力和资源前景，实现了复杂构造区古老层系页岩气重大突破。

鄂西地区广泛发育下寒武统牛蹄塘组和震旦系陡山沱组富有机质海相页岩，页岩厚度大、分布广、有机质丰富，脆性矿物含量高，具有良好的页岩气形成富集条件。但是，这些古老层系页岩往往热成熟度过高，且遭受强烈构造运动，页岩气保存条件面临严峻挑战。针对古老层系页岩存在的这两个突出问题，研究并提出了“高中找低，动中找静”的页岩气战略调查思路，即在成熟度高区域背景下寻找成熟度相对较低的有利区，在构造复杂地区寻找相对稳定的地质体。通过四川盆地威远隆起及周缘下寒武系统筑竹寺组含气页岩的解剖，并与鄂西宜昌地区下寒武统牛蹄塘组和震旦系陡山沱组富有机质页岩进行对比，评价优选鄂西宜昌-长阳地区为下寒武统牛蹄塘组和震旦系陡山沱组页岩有利目标区，部署实施二维地震和鄂阳页1井、鄂宜页1井等参数井验证了这一思路的准确性，在下寒武统和震旦系钻遇两套巨厚高含气量富有机质页岩，其中鄂宜页1HF井压裂试获无阻流量12.38万m³/d，鄂阳页1井在下寒武统牛蹄塘组钻获页岩气流、鄂宜参1井在震旦系陡山沱组获页岩气流，实现了复杂构造区古老层系页岩气重大突破，有力支撑了鄂西页岩气勘查示范区建设。

鄂宜地3井在井深1462m处钻遇陡山沱组黑色页岩。陡山沱组二段(总厚160m)有较明显气显，井深1611～1662m段，岩芯水浸实验气显强烈，厚度为51m。解吸气含量为0.74～2.07cm³/g；井深1663～1669m段，岩芯水浸实验气显强烈，厚度为6m。井口样品常温游离气排放量介于0.77～2.61cm³/g之间；因其排放形式不同于页岩气，在岩芯上提过程中游离气释放较页岩气更快，未参照相关标准进行恢复计算，初步估算该层段游离气含量大于2cm³/g(图3-2，图3-3)。

另外，考虑到该段岩芯中气体可能受岩性自封闭性控制，参照页岩气残余气分析方法对其破碎取气分析，检测结果显示10件样品的碎样自封闭气(对应残余气)含量分布于1.57～2.02cm^3/g之间，远远大于页岩气残余气含量，预示着对其进行储层改造具有重要意义。实现了复杂构造区古老层系页岩气重大突破发现，有力支撑了鄂西页岩气勘查示范区建设。

图3-2　陡山沱组岩芯水浸实验

图3-3　陡山沱组岩芯页岩气点火实验

3.江汉盆地北缘地区所实施的调查井钻探及相关的调查研究工作，为中扬子古生界页岩气资源评价提供科学依据。

江汉盆地周缘广泛发育上奥陶统五峰组—下志留统龙马溪组富有机质海相页岩，具有厚度较大、分布稳定、有机碳含量高、热演化适中等特点，且二氧化硅等脆性矿物含量高，具有良好的页岩气形成富集条件。中国石油化工股份有限公司和中国石油天然气集团有限公司分别在四川盆地的涪陵、威远和长宁地区实现了页岩气勘查开发的重大突破，累计探明地质储量达7600亿m^3以上，2016年页岩气产量近80亿m^3。但是，四川盆地之外的复杂构造区，由于构造活动时间早、强度大，且岩浆活动频繁，页岩气的逸散作用与热液交代、热接触等对页岩气保存条件造成了不同程度破坏。通过对已有钻井的钻探效果分析和综合研究，提出了逆断残留向斜和宽缓背斜是页岩气富集保存的有利地质单元，以及三叠系覆盖的向斜区是深层页岩气有利分布区等新认识。部署实施的鄂宜页2井、建地1井在五峰组—龙马溪组钻遇厚层富有机质海相页岩，气测异常显示强烈，展示了较好的页岩气资源前景。

鄂钟地1井的钻探对于查明该地区龙马溪组—五峰组黑色页岩的岩石学特征、有机地球化学特征、储层特征、含气性特征提供依据，将进一步揭示该地区龙马溪组—五峰组黑色页岩含气层系的底面构造、厚度、埋深和分布情况，为本地区的页岩气的资源评价提供科学依据，为中扬子古生界页岩气基础地质调查提供有力的支撑。

根据荆门-京山地区钻井和二维地震成果，初步认为在荆门-京山地区志留系覆盖区之下1300～2000m存在滑脱面，并且在滑脱面之下存在相对稳定的地块。根据正在实施的鄂钟地1井现场解吸实验，1640～1700m层段龙马溪组黑色页岩产状较陡，发育大量角砾岩和裂缝，初步认为钻遇志留系地层滑脱面附近，现场解吸气含量最大达到1.0cm^3/g，并有向下含气量增加的趋势，伴随黑色页岩向下埋深增大，构造保存条件的改善，在滑脱面之下的稳定地块解吸气值可能会更大，这一发现极大提升了在该地区龙马溪组中获得页岩气突破的信心。

4.初步划分调查区志留系龙马溪组页岩气有利区域，为江汉盆地周缘页岩气的调查提供一定的科学依据。

通过对志留系龙马溪组页岩气地质条件的评价可知，在油田已经登记的区块外围，当阳复向斜内的当阳-远安有利区和沉湖-土地堂复向斜内的钟祥-京山有利区为志留系龙马溪组页岩有利区。创新建立了富有机质页岩分布、含气页岩分布和钻井获得页岩气流的页岩气远景区、有利区和有利目标区；提出了分别以1∶50万地质图、1∶20万或1∶25万地质图和二维地震资料构造图为依据，进行岩气远景区、有利区和有利目标区的平面评价单元划分，以富有机质页岩层段或含气页岩层段进行纵向评价单元划分；确定了富有机质页岩厚度、含气页岩厚度、页岩含气量等关键评价参数的取值方法；采用概率体积法进行页岩气资源量计算。页岩气资源评价方法和关键评价参数获取方法符合鄂西地区地质特征，具有较大的创新性。

湘中坳陷1∶25万页岩气基础地质调查子项目成果报告

提交单位：中国地质调查局武汉地质调查中心

项目负责人：白云山

档案号：档0591-02

工作周期：2016—2018年

主要成果：

1.系统查明了湘中坳陷主要页岩层系，揭示了不同页岩层系的地层序列、岩性组合、岩石学特征、有机地球化学特征及储层特征，掌握了不同页岩层系在工区内的平面展布特征。

通过地质路线调查工作，查明了湘中地区主要页岩层系包括下古生界下寒武统牛蹄塘组和中上奥陶统烟溪组，上古生界中泥盆统易家湾组、上泥盆统佘田桥组、下石炭统天鹅坪组及测水组。

湘中地区寒武纪牛蹄塘组为深水盆地相沉积，主体岩性下部为含碳质硅质页岩，上部为碳质页岩，硅质自下往上减少，碳质增高。富有机质页岩厚度平面上分布具有“西南厚、北东薄”的特征。其中湘新地2井揭示牛蹄塘组富有机质页岩厚度172m；有机碳含量较高，普遍大于2%，最大值可达17.6%，有机质成熟度大于2.8%，干酪根类型为Ⅰ型；矿物组分以石英为主，黏土矿物含量均值为21.68%；多种孔隙类型发育，但有机质致密且有机质孔不发育，具有低孔特低渗特征。

奥陶纪烟溪组为陆棚滞留盆地相沉积，主体岩性下部为泥质板岩夹硅质岩，普遍发育水平纹层，上部为硅质页岩（泥岩）夹碳质页岩。页岩厚度在涟邵盆地中平面上分布具有“南薄、北厚”的趋势。其中靖位乡剖面揭示烟溪组富有机质页岩厚度38.2m；有机碳含量普遍大于1%，有机质成熟度高，邵阳与零陵凹陷均大于3.0%，涟源凹陷小于3.0%，干酪根类型为Ⅰ、$Ⅱ_2$型；矿物组分以石英为主，黏土矿物含量均值为18.77%；多种孔隙类型发育，可见有机质生烃残留气孔，具有低孔特低渗特征。

泥盆系易家湾组为潮坪—陆棚相的钙泥质夹碎屑岩沉积，主体岩性下部为泥灰岩、含砂质泥灰岩夹泥质粉砂岩、石英砂岩；上部为泥灰岩、含炭质泥岩。主体以涟源凹陷发育为优，最大页岩厚度可达150余米。易家湾组在平面上有机碳含量分布不均，受沉积相控制明显，凹陷中心处可达2.5%；热演化程度很高，绝大部分地区均已进入过成熟阶段，有机质成熟度分布于2.0%～3.5%之间，干酪根类型为Ⅰ型；矿物组分以石英为主，黏土矿物含量均值为24.4%，脆性矿物含量高；多种孔隙类型发育，但有机质孔不发育，具有低孔特低渗特征。

泥盆系佘田桥组为典型的台盆相间沉积格局，其中台盆环境沉积暗色页岩，主体岩性上部为碳酸盐岩，下部为碎屑岩。富有机质页岩厚度、TOC平面分布与沉积相带密切相关，多呈北东向条带状分布。热演化程度适中，绝大部分地区均已进入过成熟阶段，涟源凹陷TOC分布于1.5%～2.5%之间，邵阳凹陷TOC高于涟源凹陷，分布于1.5%～4.0%之间，受印支期岩体影响；干酪根类型为Ⅰ型；矿物组分以石英为主，黏土矿物含量均值为28.3%，脆性矿物含量高；多种孔隙类型发育，有机质孔发育，具有低孔特低渗特征。

石炭纪天鹅坪组为浅海陆棚相沉积，岩性下部为泥灰岩夹泥岩，中部为粉砂岩、粉砂质泥岩，上部为钙质泥页岩夹泥灰岩。页岩厚度分布具有“南厚、北薄”的特征,且具有多个沉降中心。天鹅坪组整体有机碳含量中等,均值在0.7%左右;涟源凹陷天鹅坪组泥页岩镜质体反射率值普遍偏高,分布在2.5%~4.5%之间,整体具有“南高、北低”的展布特征;干酪根类型为Ⅱ$_1$型和Ⅱ$_2$型;矿物组分以石英为主,黏土矿物含量绝大部分样品大于30%,脆性矿物含量高。

石炭系测水组为潮坪-沼泽、潟湖相沉积,岩性下部为碳质泥岩、煤层夹石英砂岩,上部以石英砂岩、粉砂岩为主,夹泥岩。页岩厚度分布具有“南部优于北部”的特征,富有机质页岩最大厚度120余米。涟源凹陷车田江向斜南部龙安—安坪、温塘村—樟木村一线TOC含量较高,最大值为2.35%。邵阳凹陷武冈市司马冲镇—邵阳县蔡桥乡—新邵马家岭一线TOC含量最高,最大值为3.0%。测水组泥页岩镜质体反射率值普遍偏高,平均为2.5%~2.95%;干酪根类型为Ⅱ$_1$型和Ⅱ$_2$型,以Ⅱ$_1$型为主;矿物组分以石英为主,黏土矿物含量均值为26.53%,脆性矿物含量高;多种孔隙类型发育,有机质孔发育,具有低孔特低渗特征。

2.湘新地1井首次钻获湘中地区泥盆系页岩气以及湘新地3井的再获佘田桥组气显,揭示了区内佘田桥组有效泥页岩厚度、富有机质页岩厚度和含气性特征,获取了页岩气评价参数。

湘新地1井完钻井深1610m,目的层为上泥盆统佘田桥组。通过湘新地1井的钻探,揭示了佘田桥组厚945m,有效暗色泥页岩厚度为170m。该井在钻至佘田桥组中下部1247~1330m获得了明显的页岩气显示。其中,在井深1245~1330m段,录井全烃显示明显的高值,为3%~30%,多数全烃值大于5%;1285~1302m段,录井全烃值均在15%以上,并点火成功。对含气泥页岩段岩芯,共计70个解吸样品进行现场解析实验,总含气量分布于1.37~3.49m^3/t之间,平均1.97m^3/t。

湘新地3井完钻井深1651m,目的层为上泥盆统佘田桥组。通过湘新地3井的钻探,揭示了佘田桥组暗色泥页岩厚度为140m,优质页岩(TOC>2%)累计52m。现场岩芯水浸实验显示,在井深990~1273m佘田桥组中均有明显气显,对应气测录井存在明显异常,全烃含量多数在5%~8%之间,最高可达22.34%(井深1106m),以甲烷气为主,并点火成功。对含气泥页岩段岩芯,共计25个解吸样品进行现场解吸实验,现场解吸总气量(解吸气+残余气)为1.48~2.63m^3/t,平均2.01m^3/t。

3.重点剖析了湘中地区泥盆纪佘田桥组、石炭纪测水组的页岩气成藏条件,揭示出成藏要素组合控制了早期油气聚集,后期构造变动决定了现今油气状态。

从富有机质页岩基本地质条件、成藏演化过程、页岩气保存条件3个方面,综合分析了泥盆纪佘田桥组、石炭纪测水组页岩气成藏条件。泥盆纪佘田桥组自沉积以来,一直到早三叠世均处于持续埋深阶段,在晚泥盆世晚期达到低熟阶段,晚石炭世晚期达到生油高峰,早二叠世开始生湿气,早三叠世早期进入过成熟演化阶段。在中三叠世达到最大埋深,热演化程度最高,成熟度R_o达到2.4%左右。尽管后期遭受多次构造抬升,但其埋深一直处于1000m以下,保存条件相对较好。

石炭纪测水组页岩在早三叠世达到最大埋深,在深埋和较高地温梯度的双重作用下,该套页岩进入干气生成阶段;随后,在强烈的印支运动作用下,测水组页岩经历较快的抬升作用,对前期形成的常规气藏有较大的破坏,但赋存于烃源岩层中的页岩气因还处于生气阶段,得以较好保存。

4.圈定了湘中地区佘田桥组和测水组页岩气远景区和有利区,估算了页岩气资源量,认为佘田桥组和测水组具有较好的勘探潜力,可作为湘中地区主力页岩气勘探层系。

依据2015年页岩气基础地质调查工作指南中海相页岩气远景区、有利区预测参考标准,圈定出湘中地区3个泥盆纪佘田桥组页岩气远景区,1个佘田桥组页岩气有利区和1个石炭纪测水组页岩气有利区。其中涟源凹陷车田江向斜下石炭统测水组页岩气有利区总地质资源量为$3.984\ 8\times10^{10}$m^3;涟源凹陷涟源-坪上佘田桥组远景区总地质资源量为$3.693\ 2\times10^{10}$m^3;邵阳凹陷隆回司门前-武冈佘田桥组远景区总地质资源量为$1.037\ 6\times10^{12}$m^3;邵阳凹陷洪山殿-邵东佘田桥组远景区总地质资源量为4.958×10^{11}m^3;涟源凹陷新化-白溪佘田桥组有利区总地质资源量为6.581×10^{11}m^3。揭示出湘中地区佘田桥组和测水组具有较好的勘探潜力。

5. 湘新地 2 井钻获地热温泉，填补当地地热水资源空白，有力推动当地旅游事业发展，加快脱贫攻坚步伐，促进经济发展。

湘新地 2 井在完成控制寒武纪牛蹄塘组的地质任务后，向下钻进至 1218m 处，揭露到一地下热水承压含水层，钻遇地层为震旦纪留茶坡组硅质岩。经测试，该地下热水水质达到理疗热矿水标准，可以用于医疗、洗浴等，极具开发利用价值。监测结果显示，孔口稳定自流水量达 $23m^3/h$，日出水量可达 552t 以上，水温最高时达 45℃，稳定在 40℃以上。化验结果显示，水中的偏硅酸浓度达到 35.7mg/L，超过理疗热矿泉水水质标准(25mg/L)，具有医疗价值，可用于医疗及洗浴。目前已检出项目均符合水质标准，尚未发现对人体有害物质成分超标。

雪峰山地区 1∶25 万页岩气基础地质调查成果报告

提交单位：中国地质调查局武汉地质调查中心

项目负责人：彭中勤

档案号：档 0591-03

工作周期：2016—2018 年

主要成果：

1. 在牛蹄塘组中获得重要的页岩气发现，揭示出该区较好的页岩气资源潜力。其中，湘张地 1 井钻遇厚 74m 的页岩含气段(1909～1983m)，气测全烃值分布在 1%～7%之间，现场含气性测试的解吸气含量为 $0.12\sim1.59m^3/t$，气量超过 $0.5m^3/t$ 的连续泥岩段厚度达到 32m(1933～1965m)；湘吉地 1 井钻遇厚 34m 的页岩含气段(2007.5～2041.5m)，气测全烃值最高可达 16.6%，现场解吸气含量为 $0.17\sim4.92m^3/t$，平均 $1.78m^3/t$，含气量达到 $1.0m^3/t$ 的连续泥页岩段厚度为 14m。此外，在寒武纪敖溪组、清虚洞组及震旦纪灯影组等多个层位也获得一定的气体显示，拓宽了该区油气、页岩气勘探层位(图 3-4、图 3-5)。

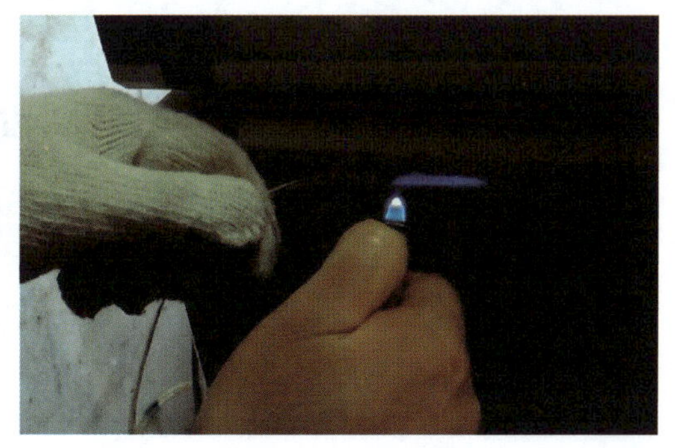

图 3-4　牛蹄塘组页岩岩芯浸水实验

图 3-5　录井随钻反排气体点火试验

2. 通过对雪峰隆起及周缘下寒武统牛蹄塘组沉积、有机地球化学与储层特征的研究与分析，该区牛蹄塘组具有有利沉积相带、良好的生烃物质基础与优越的储集性能，具备一定的页岩气资源潜力。

3. 以研究区内 4 条分别过慈利-保靖断裂、大庸-吉首断裂、草堂凹陷、沅陵凸起和辰溪凹陷等主要断裂和构造单元的二维地震测线的精细解释为基础，结合野外露头资料和地表地质资料，对雪峰地区武陵断弯褶皱带和雪峰造山带南缘冲断褶隆带的构造特征及构造样式进行刻画和研究，并结合不同构造样式下页岩的含气性特征，明确了对冲式、生长构造等构造样式对页岩气成藏有利；断弯褶皱、冲起构造样式逆断层下盘等对页岩气成藏有利，但普遍埋深较大，不利于后期的页岩气勘探开发；逆冲叠瓦扇构造、背冲式构造和逆冲双重构造等构造样式对页岩气保存极为不利，很难形成具规模的页岩气藏。

4.综合对比调查井周边地层、古地温梯度及页岩有机质成熟度等资料，对雪峰隆起及周缘不同构造带、不同构造样式区寒武纪牛蹄塘组生烃演化进行分析和对比，结果表明：武陵断弯褶皱带和雪峰造山带南缘冲断褶皱带的生烃演化过程存在明显的差异，前者生气时限更长、结束生气时间更晚，受燕山运动影响经历短暂沉降，并发育不同规模断陷红盆，更有利于页岩气保存。

5.以野外地质调查、物探、钻探、样品测试等工作手段为基础，综合区内寒武纪牛蹄塘组岩石矿物、有机地球化学、沉积环境以及储层特征等评价指标，利用多因素地质信息递进叠加法优选了吉首-常德、凤凰千工坪向斜、溆浦盆地、辰溪凹陷北区和北区 5 个牛蹄塘组页岩气勘探的远景区，面积约 4 719.03km^2。在远景区的基础上，选择富有机质页岩生烃演化过程更有利的武陵断弯褶皱带以及构造保存更适宜的对冲式构造样式，圈定了草堂凹陷和沅古坪-常德 2 个牛蹄塘组页岩气勘探有利区，面积约 2 979.86km^2。针对该区采用概率体积法，利用页岩气资源评价系统赛格(SGRE2.0)软件，根据厚度与含气量二维随机变量法(蒙特卡洛法)计算，雪峰隆起及周缘寒武纪牛蹄塘组远景区页岩气地质资源总量(P_{50})为 12 701.57 亿 m^3，有利区页岩气地质资源总量(P_{50})为 2 289.76 亿 m^3，揭示出较好的页岩气勘探潜力，有望提振雪峰隆起及周缘甚至整个湖南地区的勘探信心，推动页岩气商业勘探的开展，支撑油气体制改革，带动周边矿权区的勘查进程。

6.通过对雪峰隆起西缘含气井湘张地 1 井、湘吉地 1 井钻井资料与含气性测试数据进行精细分析与对比，探讨了牛蹄塘组页岩气纵向富集规律与控制因素。牛蹄塘组页岩气整体呈上低下高、局部富集的纵向分布规律，底部受滑脱作用改造，储集条件优，含气量高；下部裂缝与孔隙较发育，有机质与脆性矿物含量高，游离气与吸附气含量均较高，同时，孔缝分布的不均也导致气体的局部富集；上部孔缝欠发育，页岩物性差，有机质与脆性矿物含量低，整体含气性较差，可作为下部含气段直接有效的盖层。

7.雪峰隆起及周缘下寒武统牛蹄塘组下部页岩脆性矿物含量高，岩石力学脆性强，成岩作用晚，热演化程度高，天然裂缝较发育，抗压强度与主应力差低于上覆层，具备较强的可压裂性，配合其较高含气性与适宜吸附-游离气比，可作为该区后期页岩气开发与压裂改造的优选层段。

宜都地区 1∶25 万页岩气基础地质调查成果报告

提交单位：中国地质调查局武汉地质调查中心

项目负责人：周鹏

档案号：档 0591-04

工作周期：2017—2018 年

主要成果：

1.通过对露头、钻井岩芯等沉积相标志的识别，确定研究区陡山沱组二段主要发育碳酸盐岩台地-台地前缘斜坡-盆地沉积体系，其中富有机质页岩主要发育于台地前缘斜坡-盆地沉积环境；牛蹄塘组主要发育碳酸盐岩缓坡-深水陆棚-盆地沉积体系，其中富有机质页岩主要发育于深水陆棚-盆地环境。富有机质页岩段岩性主要为黑灰—灰黑色泥页岩、碳质页岩、钙质页岩、含粉砂质页岩。

2.以震旦纪陡山沱组和寒武纪牛蹄塘组富有机质页岩为目的层，完成了鄂宜地 4 井、鄂宜地 5 井和鄂松地 1 井三口地质调查井，为区域页岩气勘探提供了翔实可靠的页岩气参数依据，其中鄂宜地 4 井在宜都地区寒武纪牛蹄塘组获得页岩气发现。

3. 针对区内震旦系开展了碳稳定同位素研究，建立了黄陵隆起东南缘碳稳定同位素曲线。在陡山沱组识别出 4 次负漂移，2 次正漂移区间，灯影组下部识别出 1 次负漂移，1 次正漂移区间，为区域上陡山沱组地层划分对比提供了依据。

4. 研究区内重点页岩层段陡山沱组二段有机碳含量 TOC 分布范围在 0.13%～8.42%之间，平均值为 1.40%，高值区位于鄂西鹤峰—巴东一带；牛蹄塘组 TOC 分布范围在 0.28%～19.44%之间，集中段 1.5%～5.0%，平均值为 3.39%，高值区位于湘鄂西龙山—鹤峰一带。纵向比较来看，研究区内牛蹄塘组页岩有机碳含量最高，明显高于陡山沱组二段页岩。

5. 对研究区内重点页岩层段有机质成熟度分析结果表明，陡山沱组二段页岩有机质成熟度 R_o 值一般在 1.49%～4.48%之间，平均值为 2.84%，页岩气 R_o 有利区位于黄陵隆起周缘及宜都—石门一带；牛蹄塘组富有机质页岩有机质成熟度 R_o 分布范围为 1.43%～4.7%，平均值为 2.7%。黄陵古隆起带周缘属于 R_o 相对低值区域，分布在 2.2%～2.6%之间；向西成熟度逐渐升高，高演化成熟区位于鄂西的咸丰东南部—鹤峰一带。研究区陡山沱组二段和牛蹄塘组整体属于高—过成熟阶段。

6. 研究区内陡山沱组页岩孔隙度为 0.91%～3.86%，平均 2.48%；渗透率为 $0.36\times10^{-6}\mu m^2$～$892.29\times10^{-6}\mu m^2$。牛蹄塘组页岩孔隙度为 0.66%～3.12%，平均 1.93%；渗透率为 $0.21\times10^{-6}\mu m^2$～$150.55\times10^{-6}\mu m^2$。牛蹄塘组孔隙度较陡山沱组高，陡山沱组和牛蹄塘组都表现为低孔特低渗。研究表明，页岩储集空间主要包括微孔隙和微裂缝两种类型，陡山沱组相比牛蹄塘组孔隙度低，孔隙类型少。

7. 本次资源评价工作参考了《页岩气资源潜力评价方法与有利区优选标准》《全国页岩气资源潜力调查评价及有利区优选》和《鄂西地区页岩气资源潜力评价》有利区优选指标参数，综合含气页岩面积、厚度、TOC、R_o、埋深、总含气量、古地理及区域保存条件等因素，共优选出 2 个页岩气远景区、5 个页岩气有利区。依据概率体积法分别对 2 个远景区和 5 个有利区进行了页岩气资源评价，结果表明，研究区远景区震旦纪页岩气总地质资源量为 $1.23\times10^{12}m^3$，寒武系页岩气总地质资源量为 $2.22\times10^{12}m^3$，研究区远景区页岩气总地质资源量为 $3.45\times10^{12}m^3$；研究区有利区震旦系页岩气总地质资源量为 $0.46\times10^{12}m^3$，寒武系页岩气总地质资源量为 $1.91\times10^{12}m^3$，研究区有利区页岩气总地质资源量为 $2.37\times10^{12}m^3$。

中扬子地区二维地震勘探与选区评价子项目成果报告

提交单位：中国地质调查局武汉地质调查中心

项目负责人：王建坡

档案号：档 0591-05

工作周期：2017—2018 年

主要成果：

1. 编制研究区基础图件。项目组在收集前人资料的基础上，系统编制了中扬子地区构造单元分区图和主要断裂分布图，并通过野外实地考察、剖面测量、样品测试和吸收前人及其他子项目的最新成果，对中扬子地区埃迪卡拉系陡山沱组、寒武系牛蹄塘组、志留系龙马溪组和泥盆系佘田桥组的岩相古地理、页岩厚度等值线、TOC、R_o、埋深等一系列基础图件进行了编制，共成图 22 幅，从而为该区以后的页岩气勘探提供依据。

2. 基于中扬子地区岩相古地理重建，明确震旦系陡山沱组、寒武系牛蹄塘组、志留系龙马溪组和泥盆系佘田桥组的页岩气勘探有利相带。在分析前人资料的基础上，通过野外剖面观测和测制，确认震旦系陡山沱组页岩气勘探有利相带为潟湖相和深水陆棚相，但潟湖相更具有勘探潜力；牛蹄塘组有利相带为深水陆棚相和上斜坡相,然而浅水陆棚—深水陆棚和深水陆棚—上斜坡带的交界位置可能更有勘探潜力;龙马溪组的有利相带为深水陆棚相,区内分布面积较广,但需特别注意水下潜隆区的产气页岩缺失问题;佘田桥组黑色页岩沉积于混积台内斜坡-盆地相,然而混积台盆相的佘田桥组是勘探甜点区,而混积斜坡相的佘田桥组勘探潜力较弱。

3.通过分析研究区埃迪卡拉系陡山沱组、寒武系牛蹄塘组、志留系龙马溪组和泥盆系佘田桥组4套岩系的黑色页岩特征,确认页岩气富集的主要控制因素。

寒武系牛蹄塘组为具有较强生烃的潜力的Ⅰ型干酪根;志留系龙马溪组和泥盆系佘田桥组的有机质类型均为Ⅰ~Ⅱ,且以Ⅰ型干酪根为主;埃迪卡拉系陡山沱组页岩的有机质类型为Ⅰ~Ⅲ。

通过分析认为,湘鄂西地区为陡山沱组页岩气的适宜勘探区域,有机质含量和埋深均较为合适,页岩成熟度和厚度主要起到控制作用。另外,构造保存条件是其页岩气能否突破勘探的关键因素。中扬子地区的牛蹄塘组页岩气勘探区域分布较广,控制其富集的主要因素是页岩埋深、成熟度和构造保存条件。区内龙马溪组页岩气富集的主要条件是厚度、埋深和构造保存条件。佘田桥组受岩相古地理影响较大,黑色页岩仅发育在台盆相范围内,埋深和构造保存是控制其页岩气富集的主要因素。

4.根据页岩的厚度、埋深和有机地化特征,圈定出9处页岩气勘探远景区。以陡山沱组、牛蹄塘组、龙马溪组和佘田桥组4套黑色岩系的岩相古地理、页岩厚度大于20m、埋深1000~5000m和有机质含量大于1.0%、成熟度1.3%~3%为标准,在中扬子地区圈定出9处页岩气勘探远景区,其中陡山沱组1处、牛蹄塘组3处、龙马溪组2处、佘田桥组3处。其中黄陵隆起周缘陡山沱组远景区面积为6 453.34km^2、神农架北缘牛蹄塘组远景区面积为235.43km^2、黄陵隆起周缘牛蹄塘组远景区面积为14 675.89km^2、桑植石门复向斜牛蹄塘组远景区面积为7 356.65km^2、秭归盆底周缘龙马溪组远景区面积约为1 657.64km^2、当阳复向斜龙马溪组远景区面积为6 856.76km^2、涟源凹陷新化佘田桥组远景区面积为389.67km^2、邵阳凹陷双峰佘田桥组远景区面积为261.24km^2、邵阳凹陷洞口佘田桥组远景区面积为789.46km^2。

5.二维地震刻画宜昌斜坡区和新化地区深部构造样式,并明确天阳坪断裂的深部特征。宜昌斜坡区19条地震解释剖面,显示宜昌斜坡带的单斜特征较为显著,向南东向倾斜,在2016HY-Z7线一带,志留系底界埋深超过2700m,水井沱组底界埋深超过4000m。陡山沱组则在宜地2井所处的2016HY-Z9线附近,深度达到2500m左右。志留系底界可见14条近南北向平行排列的小断层,构造较为发育,西南侧则被天阳坪断裂切穿;寒武系底界断层发育相对较少,可见7条近南北向和北东-南西向的小断层,西南侧同样被天阳坪断裂切穿;埃迪卡拉系底界与寒武系较为相似,小断层较多,但未被天阳坪断裂切穿。总体上,宜昌斜坡带构造变形较弱,有利于页岩气的保存。另外,斜坡带的3个目的层,虽然表现为向东南倾伏的斜坡,但倾角都不大,主体部位的倾角均小于10°,较缓的坡度亦满足研究区勘探页岩气钻探水平井钻探的地质构造条件。

基于新化地区8条地震解释剖面,共落实涟源凹陷西北部新化地区泥盆系佘田桥组深部断裂15条,其中包括新发现和落实的大小断裂7条。这些断裂将工区内佘田桥组底界之上的构造样式分为挤压断块、伸展断块、逆冲褶皱3种基本类型。区内构造走向以北东向为主,呈现隆凹相间的格局,断层多为北东向断层,佘田桥组整体标高−4000~200m。

天阳坪断裂位于黄陵背斜的南端,长阳背斜的北翼,经天阳坪、高家堰至红花套,北西端被仙女山断裂截断,红花套以东被第四系覆盖,地面出露长达60余千米,呈北西西向延伸。该断裂由两条相距很近的平行大断层和一系列侧列式小断层组成断裂带,走向280°~300°,宽1~2km,沿走向呈波状延伸。本次所实施二维地震测线中有2016HY-Z3—2017HY-Z3和2017HY-Z5共两条测线穿过天阳坪断裂西段,显示其为走滑性质的断裂带,断距大于1000m,两条近平行的大断层显示清晰,切穿寒武系底界,但未切穿埃迪卡拉系。

7.二维地震对宜昌斜坡区埃迪卡拉系陡山沱组、寒武系牛蹄塘组和志留系龙马溪组3套页岩气勘探目的层进行了有利区优选。参考沉积相、地震资料品质、埋深、断裂发育等情况对宜昌斜坡带的埃迪卡拉系陡山沱组、寒武系牛蹄塘组和志留系龙马溪组黑色页岩的发育进行评价。宜昌斜坡区Ⅰ类区主要分布在龙马溪组页岩发育区和牛蹄塘组页岩发育区，面积合计 492.9km^2；Ⅱ类区分布较为均衡，3 套目标层都有分布，面积合计 420.2km^2；Ⅲ类区主要分布在陡山沱组页岩发育区和牛蹄塘组页岩发育区，面积合计 701.4km^2。

湘中坳陷上古生界页岩气战略选区调查成果报告

提交单位：中国地质调查局武汉地质调查中心

项目负责人：陈孝红

档案号：档 0603

工作周期：2016—2018 年

主要成果：

1. 鄂宜页 2 井取得了中扬子地区志留系页岩气调查重大发现，为宜昌地区志留系页岩气重大突破奠定了基础，开拓了长江中游油气勘探新领域。

2016 年在宜昌龙泉镇双泉村实施的鄂宜页 2 井钻获奥陶系五峰组—志留系龙马溪组含气页岩 38.5m，TOC 大于 2%的优质页岩 16.7m，现场解吸总含气量为 1.03～3.33m^3/t，平均 1.97m^3/t（图 3-6），水浸试验气泡剧烈，取得了中扬子地区志留系页岩气调查的重大发现。

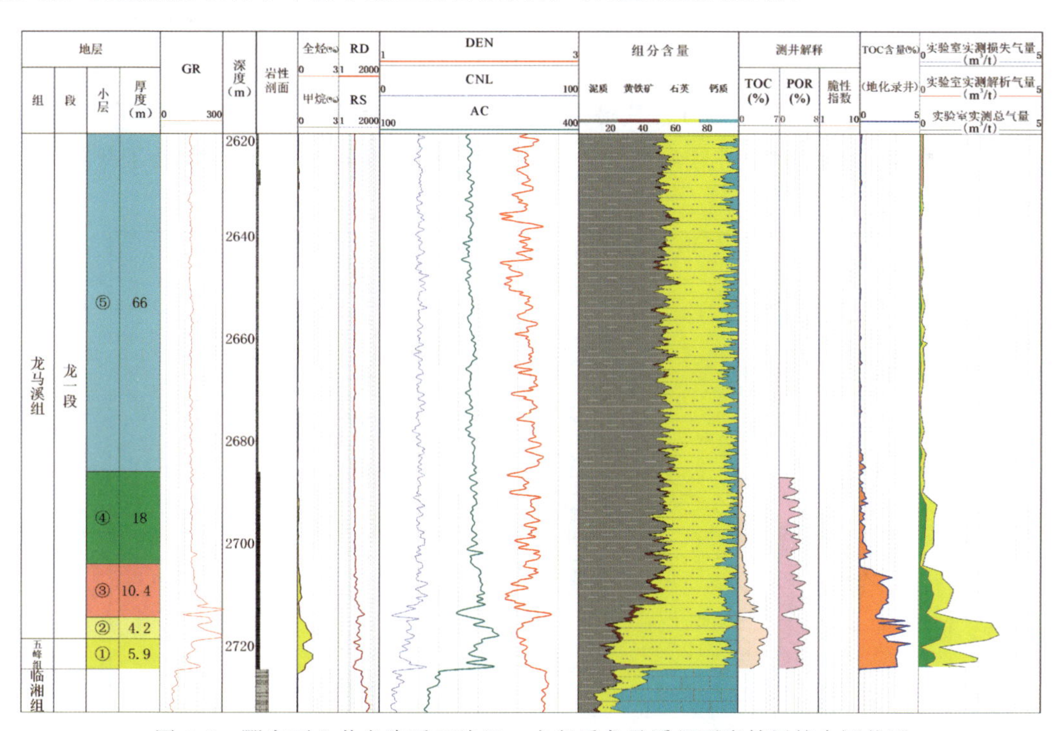

图 3-6 鄂宜页 2 井奥陶系五峰组—志留系龙马溪组页岩储层综合评价图

通过综合钻井、常规测井、目的层特殊测井和样品分析测试，开展储层综合评价，指出含气页岩底部 10m 具有“三高二低”的电性特征和高 TOC、孔隙度、含气性和硅含量的特点，是页岩气富集的最优质的储层。2017 年，对鄂宜页 2 井最优质储层开展 500m 水平段压裂试气，获气产量 3.15 万 m^3/d，无阻流量为 5.76 万 m^3/d 的工业气流，实现了中扬子地区志留系页岩气调查的重大突破，开拓了长江中游油气勘探新领域。

2.鄂宜页3井钻获志留系、寒武系页岩气层，进一步巩固了鄂西地区页岩气资源基础。

2017年部署在黄陵隆起东缘的鄂宜页3井至井深1 411.6m时见气测异常，全烃值由0.11%上升至3.208%，甲烷含量由0.066 4%上升至1.922 0%，共计钻获奥陶系五峰组—志留系龙马溪组含气页岩38m(1414～1452m)，其中底部22m(1430～1452m)为页岩气层段，总含气量主要分布于0.88～2.48m^3/t之间，最高可达3.86m^3/t，平均为1.78m^3/t，浸水试验气泡剧烈(图3-7)。

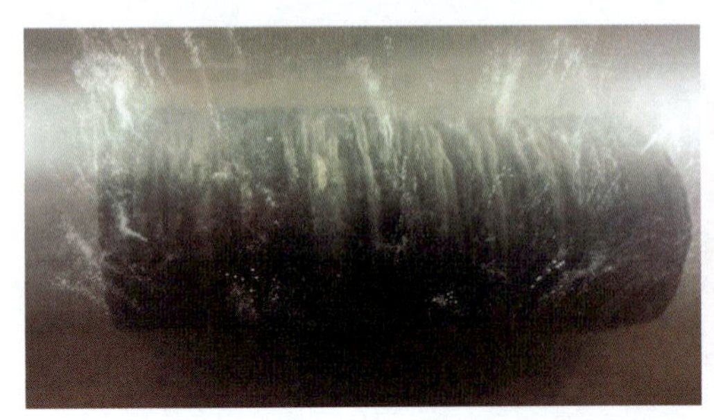

图3-7　鄂宜页3井龙马溪组岩芯水浸实验与层面照片

鄂宜页3井钻至井深2968m的寒武系水井沱组时见气测异常，全烃值从0.20%上升至1.83%，共计钻获含气层段85m/2层，页岩47m，其中底部15m为优质页岩段，岩性为黑色碳质页岩，富含黄铁矿，水浸试验气泡显示较好。

鄂宜页3井志留系龙马溪组页岩气的发现，将龙马溪组页岩气目标区向西南拓展，结合二维地震勘探成果，采用井-震结合的方法，开展了志留系页岩气储层的甜点识别。此外，该井钻遇寒武系水井沱组富有机质泥页岩47m，证实了黄陵隆起东南缘存在一个台内凹陷。二维地震资料解释表明，此台内凹陷沉积的富有机质泥页岩厚度最大可达60m，台内凹陷面积可达270km^2。鄂宜页3井钻遇寒武系水井沱组页岩气的发现证实了台内凹陷亦具有含气潜力，根据二维地震处理解释和综合评价结果，该新区页岩气Ⅰ类、Ⅱ类和Ⅲ类有利区面积分别为74.3km^2、46.2km^2和79.5km^2，进一步拓展了寒武系页岩气勘探区范围(图3-8)。

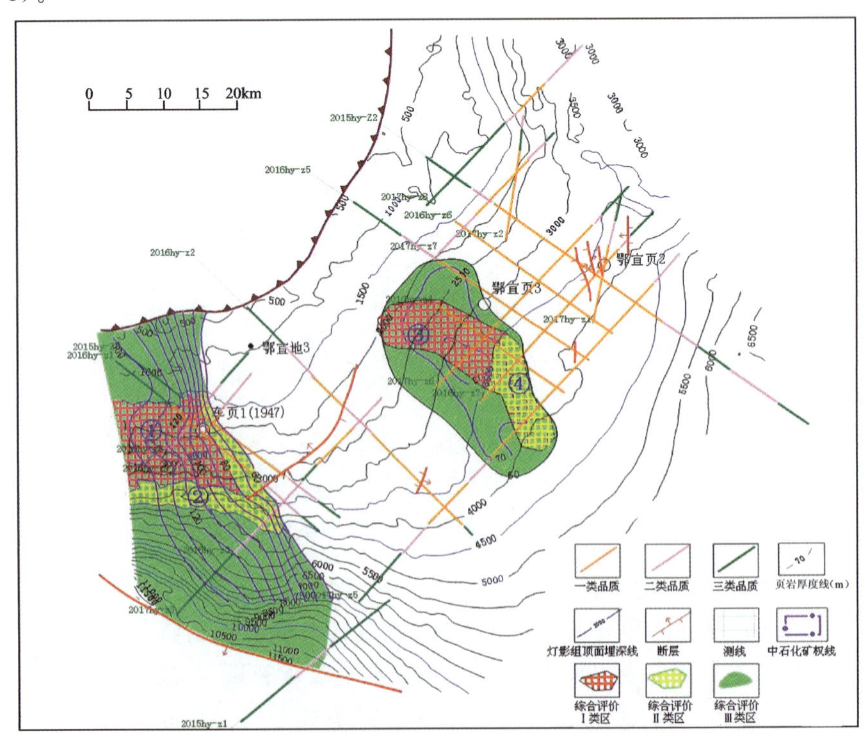

图3-8　宜昌地区寒武系水井沱组页岩气综合评价图

3. 湘涟页1井钻获石炭系海陆过渡相“三气”显示，为湘中地区下一步石炭系油气勘探奠定基础。

2018年，在湘中凹陷部署的湘涟页1井钻获测水组含气页岩段51m，其中碳质页岩21.8m，煤层7.2m，含碳质泥质粉砂岩16.9m，全烃值从0.11%上升到最大1.83%，甲烷含量则从0.1%上升至1.6%。现场解吸实验结果显示总含气量介于0.11～0.38m^3/t之间，平均为0.15m^3/t，水浸实验发现明显气泡。另外，湘涟页1井钻获石磴子组含气层共71m，气测全烃介于0.12%～1.67%之间，甲烷值介于0.06%～1.37%之间，现场含气量为0.15～0.70m^3/t，平均为0.21m^3/t（图3-9），水浸实验气泡较为剧烈。

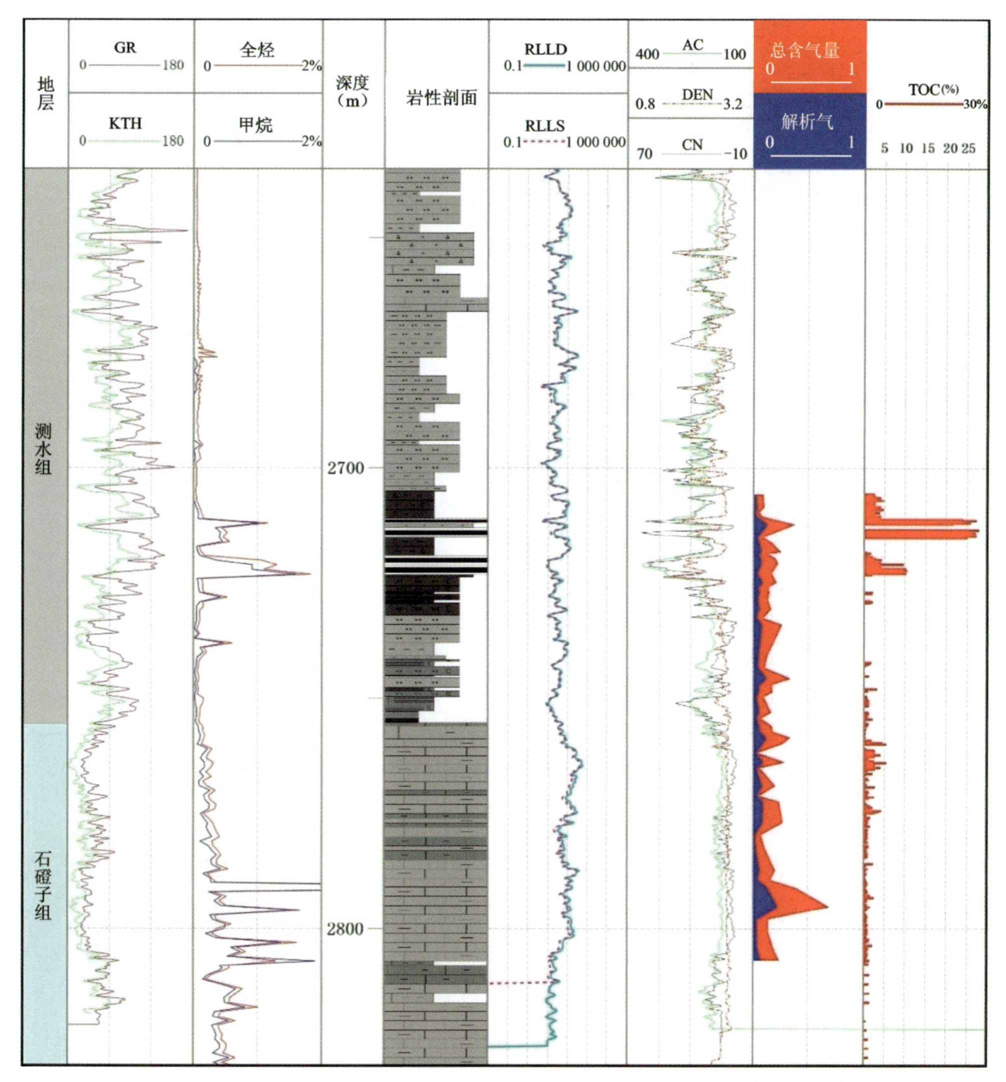

图3-9　湘涟页1井石炭系测水组、石磴子组储层评价综合柱状图

4. 建立了宜昌地区古生界和湘中地区上古生界地层序列，为该区域性地层划分对比研究提供重要的标尺。

宜昌地区南华系—二叠系发育完整，白垩系自东向西依次不整合于三叠系—寒武系之上，鄂宜页2井、鄂宜页3井以及鄂宜页1井3口井开孔层位均为白垩系五龙组，鄂宜页2井揭示了三叠系—志留系地层序列，鄂宜页1井揭示了奥陶系—震旦系地层序列，鄂宜页3井连接鄂宜页1井和鄂宜页2井，揭示了奥陶系—寒武系地层序列，3口页岩气参数井建立了埃迪卡拉系—古生界地层序列，为宜昌地区，甚至中扬子地区区域地层划分对比研究提供了重要的标尺。湘中坳陷为早古生代变质岩基底基础上发育的一个晚古生代沉积坳陷区，湘涟页1井开孔层位为三叠系大冶组，揭示了二叠系—下石炭统地层序列,湘新页1井开孔层位为下石炭统测水组,揭示了泥盆系—下石炭统地层序列,2口页岩气参数井建立了湘中坳陷上古生界地层序列(图3-10)。湘中坳陷构造复杂,地表露头差,湘涟页1井和湘新页1井建立的地层序列为湘中地区区域地层划分对比研究提供了重要的标尺。

界	系	组	厚度(m)		
			鄂宜页2井	鄂宜页3井	鄂宜页1井
中生界	白垩系		192	485	55
	三叠系	嘉陵江组	60		
		大冶组	563		
古生界	二叠系	大隆组	26		
		下窑组	27		
		龙潭组	2		
		茅口组	171		
		栖霞组	257		
		梁山组	9		
	石炭系	黄龙组	44		
		大埔组	18		
	泥盆系	黄家蹬组			
		云台观组	42		
	志留系	纱帽组	437	85	
		罗惹坪组	227.4	222.5	
		龙马溪组	633.2	644.5	
	奥陶系	五峰组	5.8	5	
		临湘组	17.6	18	
		宝塔组	10	10.5	
		庙坡组	3	2	
		牯牛潭组	17.5	19.5	
		大湾组	未钻穿	41	
		红花园		26	
		分乡组		19	
		南津关组		132	136
	寒武系	娄山关组		520	594
		覃家庙组		486	484
		石龙洞组		73.5	148
		天河板组		82.5	103
		石牌组		86	271
		水井沱组		85	137
		岩家河组		3	76
元古界	埃迪卡拉系	灯影组		未钻穿	235
		陡山沱组			206
	南华系	南沱组			未钻穿

界	系	组	厚度(m)	
			湘涟页1井	湘新页1井
中生界	三叠系	大冶组	199.3	
上古生界	二叠系	大隆组	173	
		龙潭组	30	
		茅口组	455.5	
		小江边组	76	
		栖霞组	226.5	
		梁山组	110.6	
	石炭系	船山组	235.4	
		黄龙组	570.5	
		大埔组	215.5	
		梓门桥组	336	
		测水组	119.26	50
		石磴子组	未钻穿	200
	泥盆系	天鹅坪组		60
		马栏边组		100
		孟公坳组		310
		欧家冲组		100
		锡矿山组		630
		佘田桥组		1300
		棋子桥组		200
		跳马涧组		未钻穿

图3-10 宜昌地区页岩气参数井和湘中地区页岩气参数井钻遇地层表

5.完成了宜昌地区志留系和湘中地区石炭系页岩气资源潜力评价,优选6个有利区,1个目标区。

通过井-震结合的方法,开展了页岩气储层的甜点识别,并参考沉积相、地震预测成果、埋深、地震资料品质、断裂发育情况进行综合评价,进一步圈定了页岩气有利区范围,共划分出有利区6个,目标区1个。其中在宜昌斜坡带志留系划分出分乡-龙泉有利区、南漳-远安有利区和龙泉目标区,有利区面积1 703.4km^2,估算地质资源量4 275.19亿m^3;龙泉目标区面积632.8km^2,估算地质资源量1 452.1亿m^3。在湘中涟源凹陷划分出车田江向斜、桥头河向斜、斗笠山向斜、洪山殿向斜共4个有利区,面积共计877.9km^2,资源量合计可达1 317亿m^3。

6.查明了宜昌地区志留系页岩气形成富集主控因素,并建立了页岩气成藏模式。

通过古生物、有机-无机地球化学、含气性、储集物性等综合研究,对比宜昌斜坡地区志留系页岩气井,综合分析页岩气成藏的主控因素,指出WF1-LM3笔石带(优质储层段)发育完整是宜昌地区志留系页岩气形成的基础,宜昌斜坡带稳定的构造保存是页岩气富集的关键,古地理、古气候、古环境造成LM5-LM6笔石带的缺失(图3-11),是宜昌地区志留系黑色页岩厚度和含气性差于焦石坝地区的主要原因。基于鄂宜页2井、鄂宜页3井勘探发现,早先形成的逆断层在区域水平应力的作用下发生了一定程度的旋转,对志留系页岩气构成封闭作用,结合二维地质资料分析,确定黄陵基底隆升所派生的压扭性断裂对志留系的储层有重要的封堵作用,以此为依据建立"逆冲走滑断裂控藏型"页岩气成藏模式。

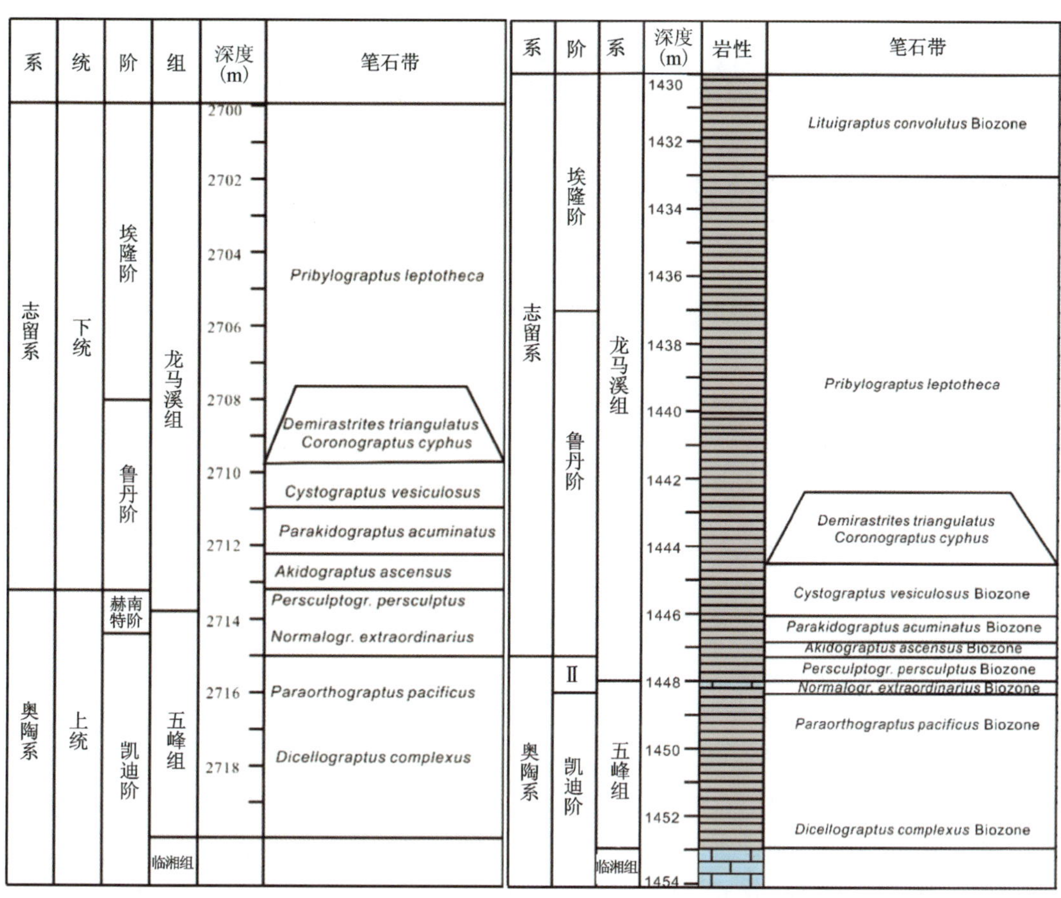

图 3-11　鄂宜页 2 井(左)和鄂宜页 3 井(右)五峰组—龙马溪组黑色页岩笔石序列

7. 探索了涟源凹陷石炭系测水组页岩气富集主控因素，初步建立了成藏模式。

基于涟参 1 井、湘涟页 1 井及 2015H-D6 井页岩气勘探发现，可以判定涟源凹陷页岩气含气量主控因素不是有机碳，而是成熟度、保存条件。潟湖沼泽相煤层和碳质页岩发育是页岩气形成的基础，但页岩演化程度过高造成有机质孔隙坍塌收缩，储集物性较差，且后期构造运动(滑脱层)破坏了部分区域保存条件进一步导致页岩含气量变差。向斜内相对稳定的构造特征，以及测水组碳质页岩之上广泛发育的煤层、梓门桥组膏岩层与印支期—燕山期形成的逆冲断层共同作用下，在向斜内形成一定范围的压力封闭，有利于原地页岩生气并就近成藏，但向斜中心受滑脱层的影响显著，气体自核部向两翼运移聚集成藏(图 3-12)。

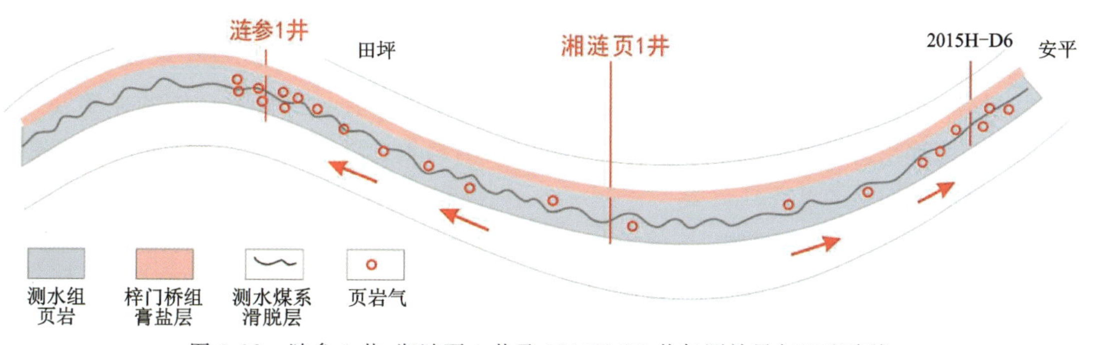

图 3-12　涟参 1 井、湘涟页 1 井及 2015H-D6 井气测效果与运聚路线

宜昌斜坡区页岩气有利区战略调查成果报告

提交单位:中国地质调查局武汉地质调查中心
项目负责人:陈孝红
档案号:档 0604
工作周期:2017—2018 年
主要成果:

一、基础地质调查进展

1.重新厘定了宜昌地区震旦系陡山沱组地层多重划分对比系统,首次发现黄陵隆起东翼的陡山沱组仅与黄陵隆起西翼的陡山沱组二段相当,是新元古代末期 Gaskiers 冰期沉积产物,为分析震旦系陡山沱组页岩的成因和页岩气形成与富集的主控因素提供了新的依据。

研究发现黄陵隆起东翼黄花上洋的宜地 5 井,晓峰河剖面、牛坪剖面以及长阳聂家河钻孔 04(ZK04)震旦系陡山沱组两次碳同位素的负异常与黄陵隆起西翼的秭归泗溪、青林口剖面陡山沱组一段和二段顶部的两次碳同位素负异常(EN1, EN2)特征相似,层位相当(图 3-13)。EN1 和 EN2 之间碳同位素异常正值(EP1)地层中页岩的化学蚀变指数(CIA)小于 65,且在宜昌晓峰宜地 5 井、宜都宜地 4 井同期地层见形成于冰点环境,指示寒冷气候的六水方解石,确认陡山沱组下部碳同位素正异常(EP1)地层是 Gaskiers 冰期的沉积产物,其下部和上部碳同位素负异常(EN1,EN2)的形成与 Marinoan 冰期和 Gaskiers 冰期的结束、气候转暖引起海底甲烷释放和生物大量繁盛有关。

2.重新厘定了宜昌地区奥陶系五峰组—志留系龙马溪组笔石和几丁虫生物地层序列,首次发现宜昌地区志留系兰多维列统鲁丹阶—埃隆阶之间存在地层缺失,并发生古地理、古环境条件的重大转折。

宜地 1 井精细笔石生物地层研究结果表明,该井鲁丹阶笔石 *C. vesiculusus* 带直接被笔石 *L. convolutus* 带所覆盖,其间缺失鲁丹期晚期—特列奇期早期笔石 *C. cyphus* 带和 *D. triangularis* 带或几丁虫 *C. electa* 带和 *S. maennilli* 带的化石记录。虽然鲁丹期的 CIA<65,且自下而上有逐步降低的趋势,显示出寒冷干燥的古气候特点,但该段自生 Ni(Nixs)和 Ni(Nief)的富集系数较高,证明当时海洋表层生物生产力较高(图 3-14),与寒冷气候不利于生物繁盛的结论相矛盾。结合该段地层的化学成分变异指数(ICV)大于 1,为构造活动时期的初始沉积产物,不排除宜昌地区志留纪早期鲁丹期地层是华夏板块向北挤压俯冲,凯迪期—赫南特早期冰期沉积产物因挤压隆升而遭受剥蚀再沉积的产物。此外,埃朗期地层中自生 Mo(Moxs)含量相对较高,证明洋流活动较强,结合该期同属冈瓦纳的撒哈拉中部地区 Tamadjertt 组发育冰川沉积(Hambrey, 1985),也不排除宜昌地区埃朗期硅泥质是冷水底流侵入,导致冷水地区硅泥质迁移而来的可能。

3.首次揭示了宜昌地区水井沱组、五峰组—龙马溪组页岩沉积的水文地质条件,重新厘定了上述富有机质页岩形成的岩相古地理特点,首次提出台地凹陷盆地是页岩气勘探的有利相带。

宜昌地区寒武系水井沱组、奥陶系五峰组—志留系龙马溪组富有机质页岩 Mo-U 共变关系指示其形成于弱局限到局限环境。在 Mo/TOC 变化趋势图上,寒武系水井沱组页岩 Mo/TOC 变化在21~24 之间,沉积环境的水动力条件介于 Saanich 海湾与 Carico 盆地之间。而五峰组—龙马溪组页岩Mo/TOC

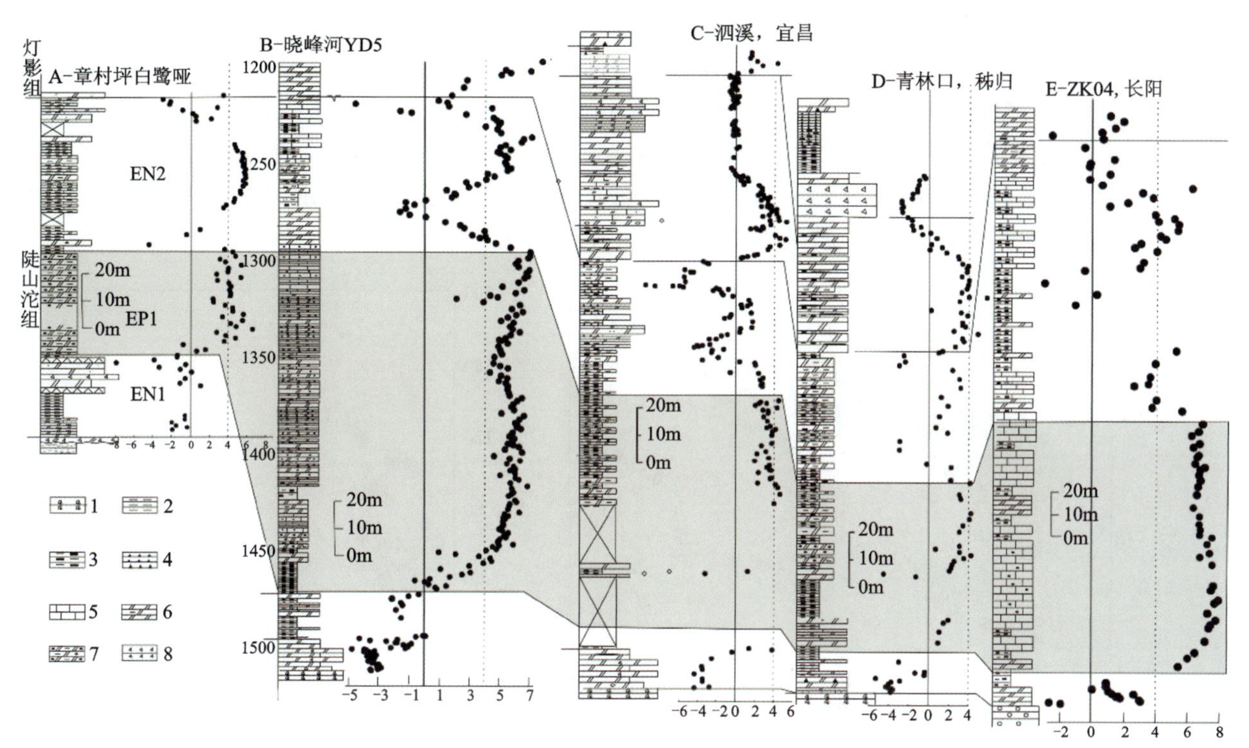

1. 冰碛岩；2. 页岩；3. 碳质页岩；4. 硅质岩；5. 灰岩；6. 泥质白云岩；7. 含磷结核白云岩；8. 角砾岩。

图 3-13　宜昌地区震旦系陡山沱组地层多重划分对比

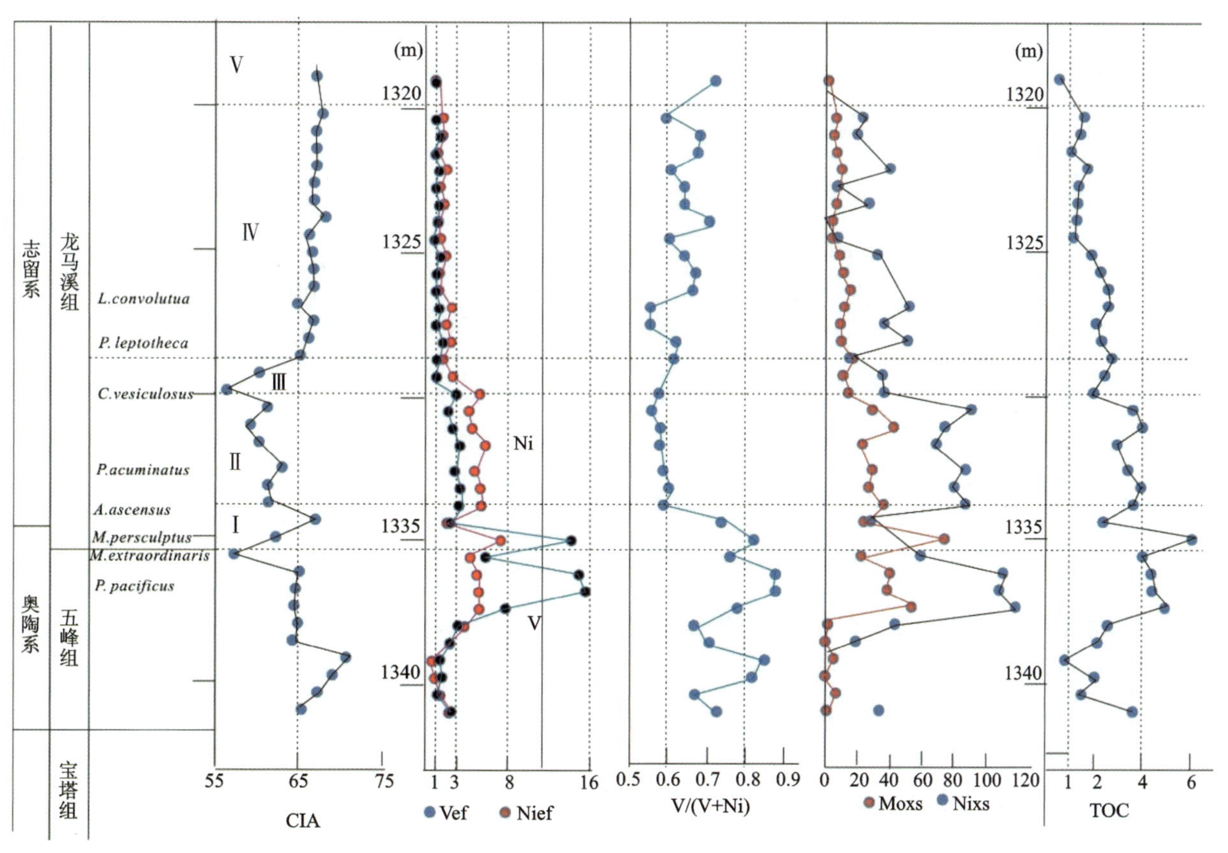

图 3-14　宜地 1 井五峰组—龙马溪组页岩 TOC、CIA、U/Th 以及 V 和 Ni 富集系数变化曲线

变化于11～19之间，介于Carico盆地和Framvaren峡湾之间，表现出较陆棚盆地更为局限的环境(图3-15)。水井沱组、五峰组—龙马溪组两者页岩的TOC与V的含量相关性较差，与U、Ni、Mo含量的相关性明显。在纵向变化上，自下而上两者的U、V和Ni均具有先快速升高，然后缓慢下降的共同特点，表现为缺氧的沉积环境特点。从水井沱组下部，五峰组上部—龙马溪组底部出现V、Ni同步富集，但以V的富集更为明显的特点上来看，区内这一时期曾一度出现过短暂的硫化事件。结合区域构造背景和地层格架特点，水井沱组富有机质页岩沉积形成于台内洼陷盆地，而五峰组—龙马溪组页岩则沉积于台内坳陷盆地中。因此，台地凹陷是页岩气勘探的有利相带。

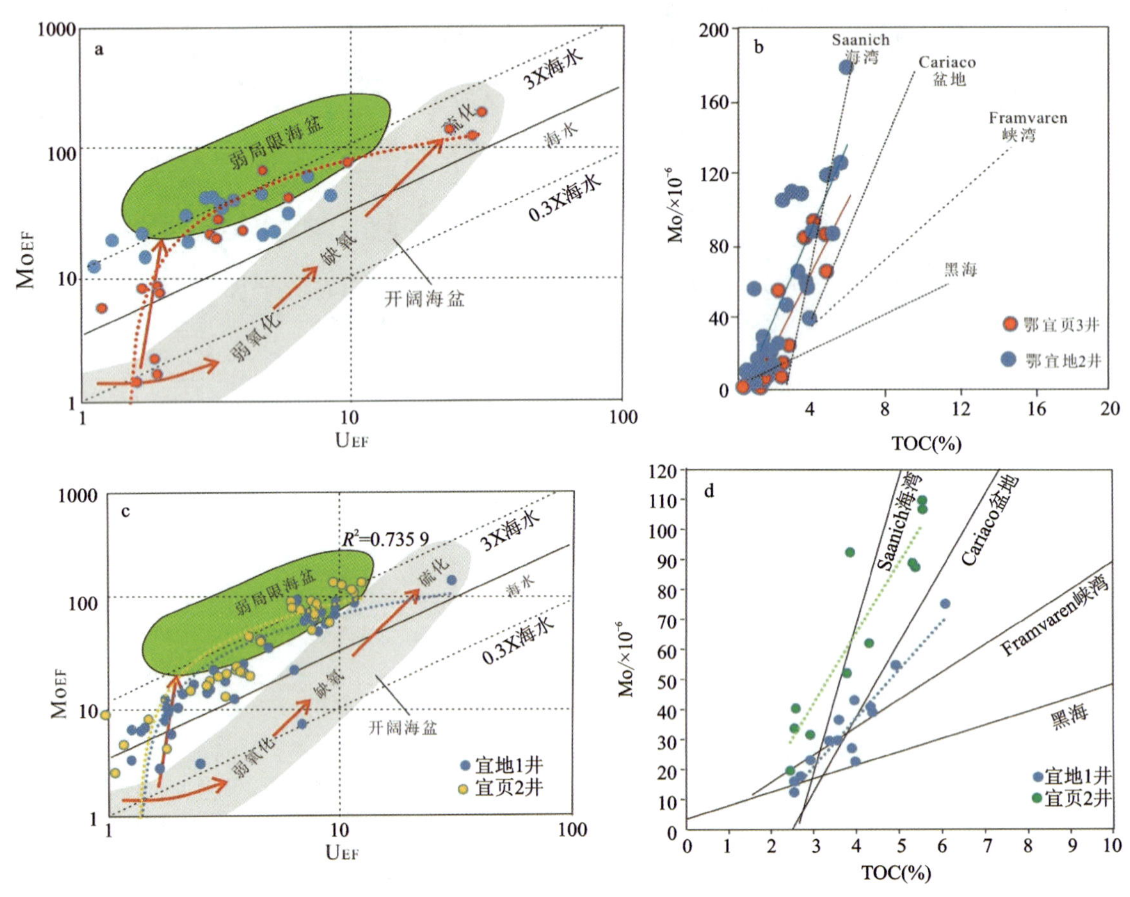

图3-15 宜昌斜坡水井沱组(a、b)和五峰组—龙马溪组(c、d)富有机质页岩环境判别图

二、油气地质调查进展

1.宜昌寒武系水井沱组页岩压裂试气获高产工业气流，首次确立了寒武系水井沱组为页岩气勘查开发又一主力层系，实现了南方页岩气勘探新区、新层系的重大突破。

部署在宜昌点军车溪的鄂宜页1HF井是长江中游第一口页岩气水平井，通过对寒武系水井沱组1800m水平井，分26段水力压裂改造，获得了日产气量6.02万m^3、无阻流量12.38万m^3/d的高产页岩气流。首次确立了寒武系水井沱组(距今约5亿年)为页岩气勘查开发又一主力层系，实现了页岩气勘探新区、新层系的重大突破。康玉柱、李阳等院士专家认为"鄂宜页1井页岩气调查的重大突破是历史性、开拓性、导向性、里程碑式的，填补了中扬子寒武系油气勘探的空白，首次确立了寒武系水井沱组为页岩气勘查开发新的主力层系，对广大南方复杂构造区块油气勘探具有示范引导作用，实现了我国页岩气勘查从长江上游向长江中游的战略拓展，对形成南方页岩气勘查开发新格局、支撑长江经济带战略和油气体制改革具有十分重大的意义。”

2. 宜昌五峰组—龙马溪组页岩压裂试气获高产工业气流，首次证实中扬子复杂构造带发育超压页岩气藏，实现了中扬子志留系页岩勘探新区的重大突破。

部署在宜昌夷陵龙泉的鄂宜页 2HF 井是长江中游第一口志留系页岩气水平井，通过对五峰组—龙马溪组 500m 水平段分 10 段压裂改造，测试获得日产气量 3.15 万 m^3、无阻流量 5.76 万 m^3/d 的工业气流，同时获得五峰组—龙马溪组页岩气储层的压力系数为 1.39，实现了南方页岩气勘探主力层系新区的勘探突破，证实了中扬子复杂构造带局部地区页岩气储层具有超压的特点，对促进南方页岩气勘探从长江上游到长江中游的战略拓展具有十分重要的意义。

3. 首次在震旦系灯影组获稳定天然气流，填补了中扬子海相天然气勘探的空白。

部署在宜昌点军联棚的鄂宜参 3 井是长江中游地区第一口大斜度定向井，通过对震旦系灯影组礁滩相储层合计厚度 240m 分 6 段进行压裂测试，获得灯影组日产气量 0.15 万 m^3，实现了中扬子地区天然气勘探新区、新层系和新类型的重大发现，对中扬子复杂构造区礁滩相油气勘探具有重要的引领作用。

4. 建立了鄂西宜昌寒武系水井沱组、奥陶系五峰组—志留系龙马溪组页岩气储层综合柱状图以及储层划分和评价标准。

基于鄂宜页 1 井水井沱组、鄂宜页 2 井五峰组—龙马溪组页岩气储层地球化学、有机地球化学、物性、含气性的岩矿分析测试、分析和测井系统解释，编制了鄂西宜昌水井沱组、五峰组—龙马溪组页岩气储层划分对比综合柱状图，结合邻井和国内成熟区块页岩气储层评价资料，建立了上述页岩气层储层划分和评价标准（表 3-3、表 3-4），为页岩气勘探甜点优选提供了依据。

表 3-3　宜昌地区寒武系水井沱组页岩气储层评价标准

储层类型	划分依据
Ⅰ类页岩气层段	TOC≥5%，Φ≥3.0%，DEN≤2.55g/cm³；含气量≥4m³/t
Ⅱ类页岩气层段	3%≤TOC<5%，2.0≤Φ<3.0%，2.55g/cm³<DEN≤2.60g/cm³；3m³/t≤含气量<4m³/t
Ⅲ类页岩气层段	2%≤TOC<3%，1.0≤Φ<2.0%，2.60g/cm³<DEN≤2.65g/cm³；2m³/t≤含气量<3m³/t
Ⅳ类页岩气层段	TOC<2%，Φ<1%，DEN>2.65g/cm³；1m³/t≤含气量<2m³/t

表 3-4　宜昌地区五峰组—龙马溪组页岩气储层评价标准

储层类型	划分依据
Ⅰ类页岩气层段	TOC≥4%，Φ≥3.5%，DEN≤2.45g/cm³；含气量≥3.5m³/t
Ⅱ类页岩气层段	2%≤TOC<4%，2.5≤Φ<3.5%，2.45g/cm³<DEN≤2.50g/cm³；2.5 m³/t≤含气量<3.5m³/t
Ⅲ类页岩气层段	1%≤TOC<2%，1.5≤Φ<2.5%，2.50g/cm³<DEN≤2.55g/cm³；1.5m³/t≤含气量<2.5m³/t
Ⅳ类页岩气层段	TOC<1%，Φ<1.5%，DEN>2.55g/cm³；含气量<1.5m³/t

5. 首次建立了页岩气勘查程度和资源/储量计算与评价相结合的页岩气选区方法和参数，优选了宜昌地区页岩气有利区和勘探目标区，建立了页岩气资源潜力计算方法，评价了宜昌地区页岩气资源潜力。

根据自然资源部《页岩气调查评价技术要求》以及《页岩气资源/储量计算与评价技术规范》(DZ/T 0254—2014),结合页岩气调查评价和勘探开发现状及最近鄂西页岩气资源潜力评价实践,首次建立了页岩气勘查程度和资源/储量计算与评价相结合的页岩气选区方法和参数(表 3-5),圈定了宜昌地区震旦系陡山沱组页岩气有利区面积 1 290.08km²。采用概率体积法计算,预测震旦系陡山沱组页岩气地质储量为 5 946.90 亿 m³,地质资源丰度为 4.61 亿 m³/km²。圈定寒武系水井沱组、奥陶系五峰组—志留系龙马溪组页岩气勘探目标区面积分别为 670km² 和 1590km²。采用静态法计算,目标区控制地质储量分别为 1 955.1 亿 m³ 和 4 880.5 亿 m³。

表 3-5 页岩气选区评价参数体系

主要参数	远景区	有利区	目标区
工作程度	地质调查	选区评价	产能评价(预探)
页岩面积	≥500km²	≥100km²	≥50km²
页岩品质	富有机质(TOC>1%),页岩连续厚度≥20m,镜质体反射率(R_o)1.0%~3.0%		
泥页岩埋深	500~6000m	1000~5000m	1000~4500m
总含气量	—	≥1.0m³/t	≥1.5m³/t 或测试获工业气流
资源评价方法	类比法或体积法	体积法	静态法
资源量/储量等级	地质资源量	预测地质储量	控制地质储量

三、理论方法和技术进步

1. 查明了宜昌斜坡页岩气富集成藏的主控因素,形成了"有利相带是基础,有机质含量是保障,基底隆升与有机质热演化相配是关键"的页岩气成藏理论新认识。

研究发现宜昌地区寒武系—志留系页岩气储层的含气量与 TOC,以及储存的 TOC 与 U/Th、Moxs、Nixs 的含量成正比,证明 TOC 是页岩气富集成藏的保障,而贫氧—缺氧的有利相带是页岩气形成富集的基础。同时发现基底隆升与有机质热演化相匹配是页岩气富集成藏的关键,即基底的隆升一方面要与有机质生排烃时间匹配,既有利于有机质运移富集,又有利于有机质的充分热解;另一方面基底隆升要与有机质孔的形成发育相匹配,既有利于有机质孔的充分发育,又不能因为有机质热演化过高而导致有机孔塌陷(图 5-16)。

2. 首次获得了宜昌地区下古生界含气页岩地层古流体活动证据,进一步明确了古隆起边缘斜坡页岩气富集机理,建立了古隆起边缘斜坡页岩气保存富集模式。

研究发现,水井沱组、五峰组—龙马溪组页岩的产甲烷作用和页岩储层下部碳酸盐岩地层甲烷的硫酸盐还原反应共同引起了页岩中有机流体的运移,导致甲烷与有机质向储层下部和古隆起斜坡上方运移、富集。二次富集的有机质裂解,进一步提升了页岩气储层下部和斜坡中上部页岩的含气量,造成页岩气的富集。由于寒武系水井沱组页岩排烃作用发生在黄陵隆起之前,页岩的品质和页岩内部流体活动主要受控于继承性基底构造格局,因此,宜昌斜坡寒武系页岩气属于基底控藏型页岩气(图 3-17)。而五峰组—龙马溪组页岩的生排烃作用发生在加里东晚期湘鄂西隆起之后,印支期黄陵基底快速隆起时期,五峰组—龙马溪组页岩的分布和有机流体活动除了受控于湘鄂西水下潜隆外,还与黄陵基底快速隆起产生的断裂封堵作用有关,因此,五峰组—龙马溪组页岩气属于"古隆起-断裂"联合控藏型页岩气。

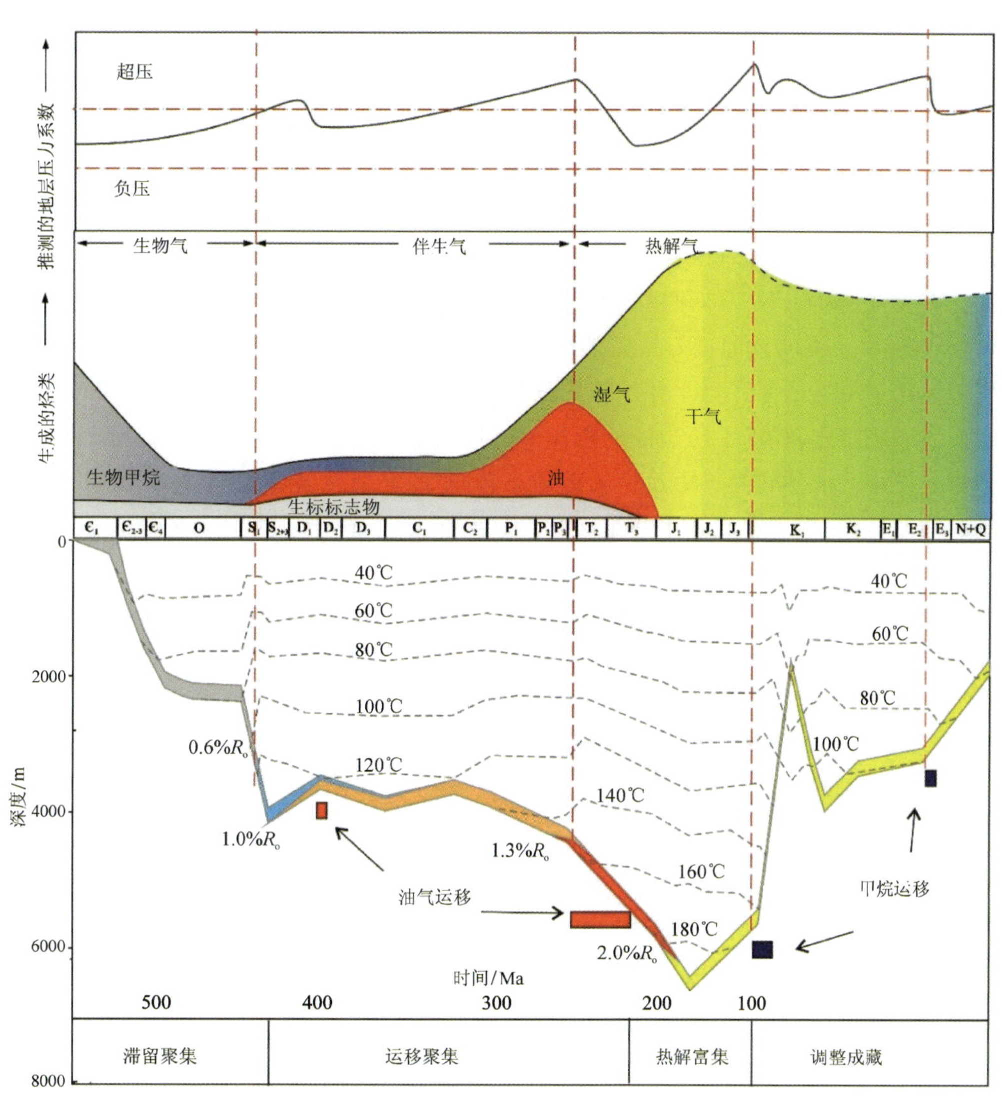

图 3-16 宜昌斜坡东南缘寒武系水井沱组页岩气成藏模式图

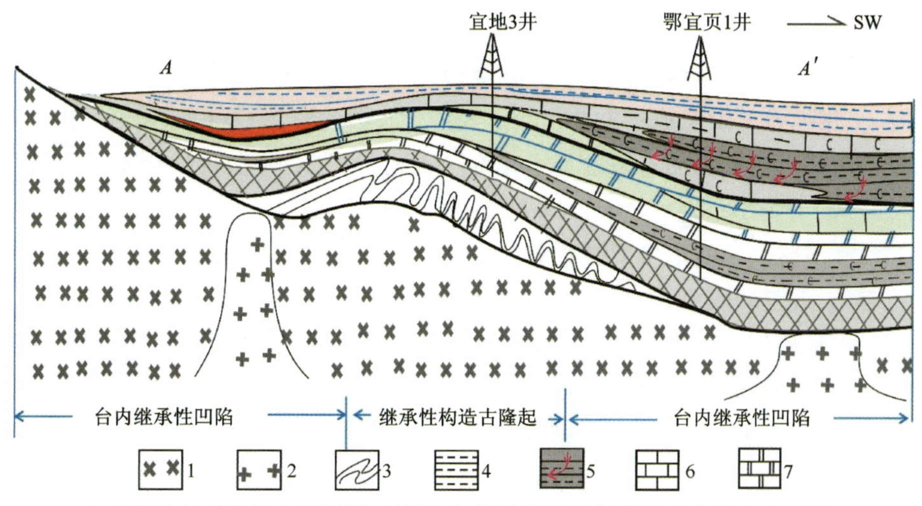

1. 花岗岩；2. 基性岩；3. 变质岩；4. 页岩；5. 页岩中流体活动特征；6. 灰岩；7. 白云岩。

图 3-17 寒武系基底控藏型页岩气保存富集模式

3.创新形成低勘探程度区地质工程一体化页岩气勘探模式,初步形成低勘探程度区常压页岩气勘探开发技术系列。

创新提出以地质手段确定工程目标和配套的适应性工程技术参数与施工方案,配合一体化的高效管理和工程施工,动态开展地质工程综合评估,调整和优化工程技术参数,形成动态环路,持续不断优化工程技术方案,实现地质目标最大化的地质工程一体化页岩气勘探模式。在最短的工作周期内,实现了储层时代最老、构造最复杂的油气勘探空白区页岩气的勘探突破。

通过鄂宜页1井地质工程一体化勘探实践,创新形成了基于二维地震勘探的长井段地质导向技术,实现优质储层穿行率超过90%的良好钻探效果,为低勘探程度和构造复杂区页岩气勘探提供了成功的范例。开发了适用于中扬子寒武系水井沱组的低伤害低温FLICK滑溜水体系和LOMO胶液体系,攻克了压裂液低温破胶难题,促进了压裂液的返排率。形成了高水平应力差储层"前置液阶段快提排量+整体阶梯升排量+中途液体转换+中途携粉砂动态转向"的复杂裂缝形成技术,成功实现寒武系水井沱组页岩气储层的改造,实现了寒武系水井沱组页岩气勘探新区、新层系的重大突破。

南方页岩气资源潜力评价成果报告

提交单位:中国地质调查局油气资源调查中心

项目负责人:郭天旭

档案号:调1308

工作周期:2016—2018年

主要成果:

1.建立"页岩气分级分类资源评价技术方法与参数体系"。针对长江经济带富有机质页岩类型多、构造活动强烈、页岩气形成富集条件差异性大、调查勘查程度不同等特点,以区域地质调查为基础,充分考虑富有机质页岩现今保存现状,分海相、陆相、海陆交互相3种页岩沉积类型,分高、中、低3个调查勘查程度级别,采用不同的评价参数和方法开展页岩气选区评价与潜力评价。

2.在长江经济带采用地质条件、技术经济和生态环境"三位一体"资源综合评价方法开展页岩气资源潜力评价。在页岩气地质资源和技术可采资源评价结果的基础上,分析了页岩气资源的埋深、地理环境、水源条件、交通条件及市政管网条件对页岩气资源经济性的影响,参照国内已开发页岩气田的地质参数和成本数据,采用勘探开发全成本方法对长江经济带页岩气资源进行了经济性分析,对资源开发与自然保护地范围等生态环境方面的影响进行了评价。实现了资源调查、科技创新与绿色生态发展的深度融合(图3-18)。

3.建立了长江经济带页岩气地质调查数据库系统,完成了已有页岩气数据和资料入库,实现了页岩气数据的一体化存储、管理和服务,为页岩气地质调查和信息服务提供了数据支撑。

4.提出了页岩气地质调查与战略选区的重点领域。长江经济带下游高邮-芜湖地区二叠系和皖北地区石炭系—二叠系,中游鄂西地区震旦系、寒武系和湘西北地区寒武系,上游川北-陕南地区寒武系和黔西紫云-威宁地区石炭系等地层有大面积页岩气远景区分布,可作为地质调查工作部署的重点领域。

5.优选的页岩气有利区可供进一步招标出让。结合地质调查突破与发现成果,在矿权区外优选了页岩气有利区,可进一步提出区块设置方案,供自然资源部招标出让,拉动企业后续勘查开发。

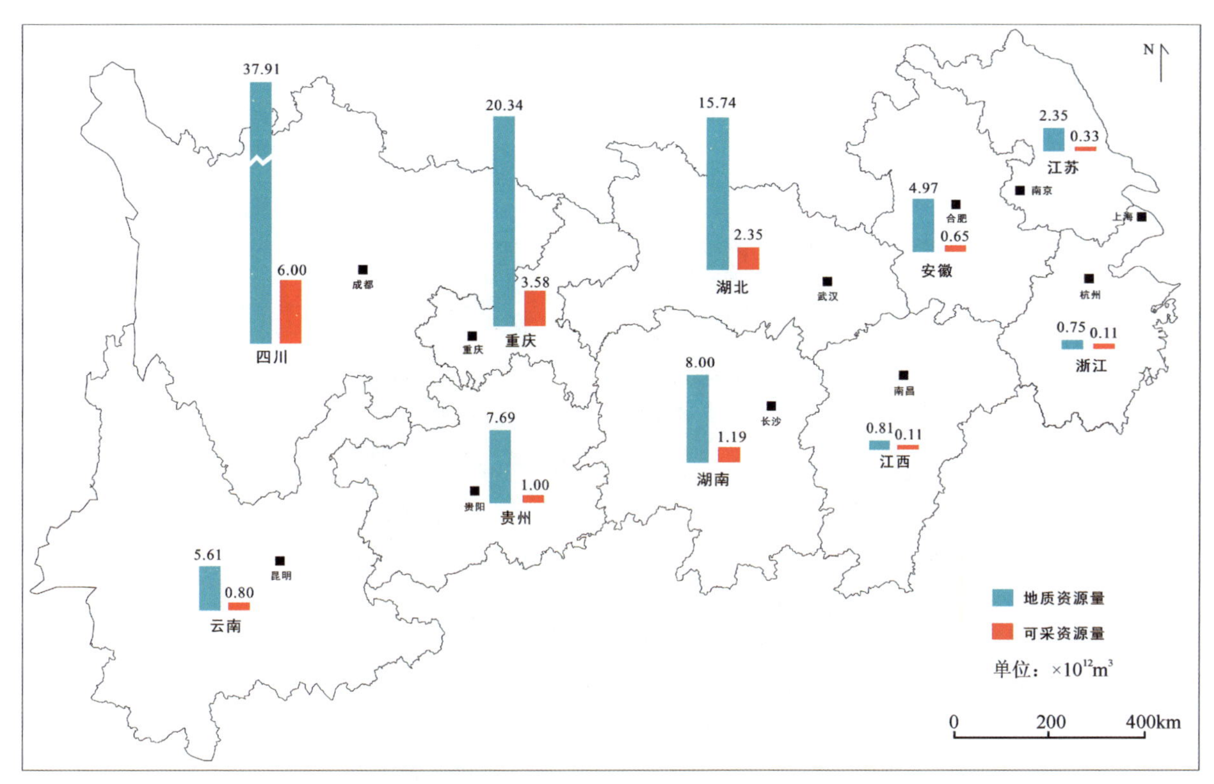

图 3-18 长江经济带页岩气资源潜力分布图

南方地区 1∶5 万页岩气基础地质调查填图试点成果报告

提交单位：中国地质调查局油气资源调查中心

项目负责人：金春爽

档案号：调 1316

工作周期：2016—2018 年

主要成果：

一、泥页岩地层分布、沉积和构造特征

1. 查明了 15 个工作区页岩(油)气目的层系的展布特征。通过野外剖面测量、路线地质调查、二维地震和重磁电剖面测量等资料，查明了各工作区页岩(油)气目的层系的分布特征，并编制了富有机质泥页岩层系的等厚图和埋深图。

以湖北秭归工作区成果为例，成果显示：五峰组—龙马溪组富有机质泥页岩在工作区分布较广，仅在香龙山背斜、庙垭背斜、长阳背斜处有部分剥蚀。岩性为灰黑色—黑色含碳硅质页岩、含碳页岩、含碳粉砂质泥岩，为一套硅泥质深水陆棚—砂泥质浅水陆棚沉积。工作区南部秀峰桥剖面显示五峰组—龙马溪组富有机质泥页岩厚 22m，东南部碑坳剖面五峰组—龙马溪组富有机质泥页岩厚 29m，往北秭地 3 井富有机质泥页岩厚 30m，工作区西北部 ZD1 井五峰组—龙马溪组富有机质泥页岩厚度达 38.8m。结合区内和邻区资料,区内残余五峰组—龙马溪组富有机质泥页岩整体由南往北逐渐增厚,厚度大部分在15～39m之间。工作区内五峰组—龙马溪组在香龙山背斜、庙垭背斜和长阳背斜周缘埋深较浅,背斜核部遭受剥蚀,翼部埋深在0～2000m之间;在云渡河向斜—云台荒向斜一带,五峰组—龙马溪组埋深主要分布在2000～3000m之间,局部超过3000m。总体上,工作区五峰组—龙马溪组大多分布在500～3000m之间,属于中浅埋深(图3-19)。

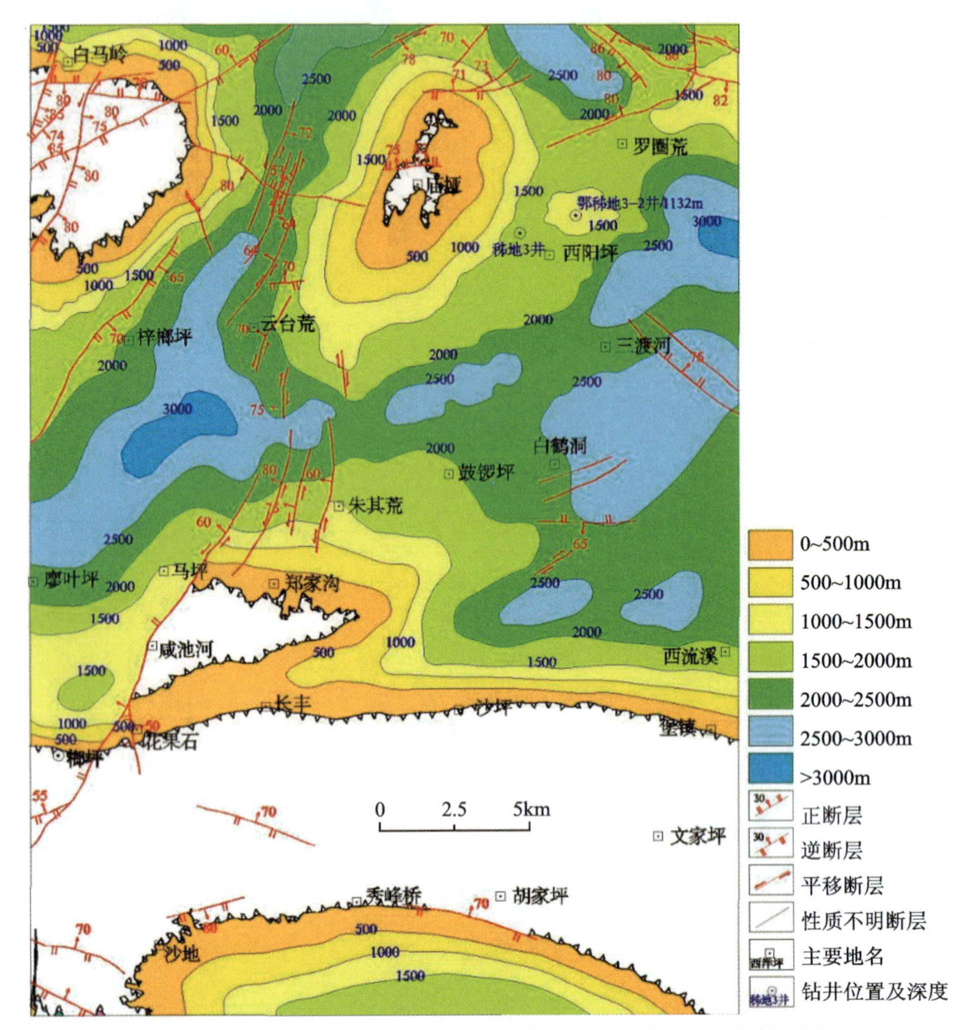

图3-19　湖北秭归2016年工作区五峰组—龙马溪组埋深等值线图

2.研究了15个工作区页岩(油)气目的层系的沉积和构造特征。通过路线地质调查、页岩地层剖面和单井分析、二维地震、重磁电成果并辅以样品测试结果,查明了富有机质泥页岩层段地层岩性组合、沉积构造、沉积厚度等特征,以目标层富有机质泥页岩层段岩性组合、沉积构造、沉积厚度为基础,进行了区域地层沉积相对比,划分了富有机质泥页岩层段沉积相,并编制了各工作区构造纲要图和页岩目的层系的沉积相图。

以贵州江口工作区为例,成果显示:工作区及周边主要发育了4个背斜、5个向斜;发育主要断层13条;构造均以北东向或北北东向展布为主,少量呈南北向、东西向和北西向。牛蹄塘组沉积时期水体自中部向东、西两侧逐渐变浅,岩性和岩相变化不大,其中海侵体系域时期工作区中部岩性主要为黑色碳质泥(页)岩夹硅质岩,东、西两侧岩性为碳质粉砂质泥岩、碳质泥岩,总体碳质含量高,水平层理发育,为深水陆棚相沉积(图3-20)。

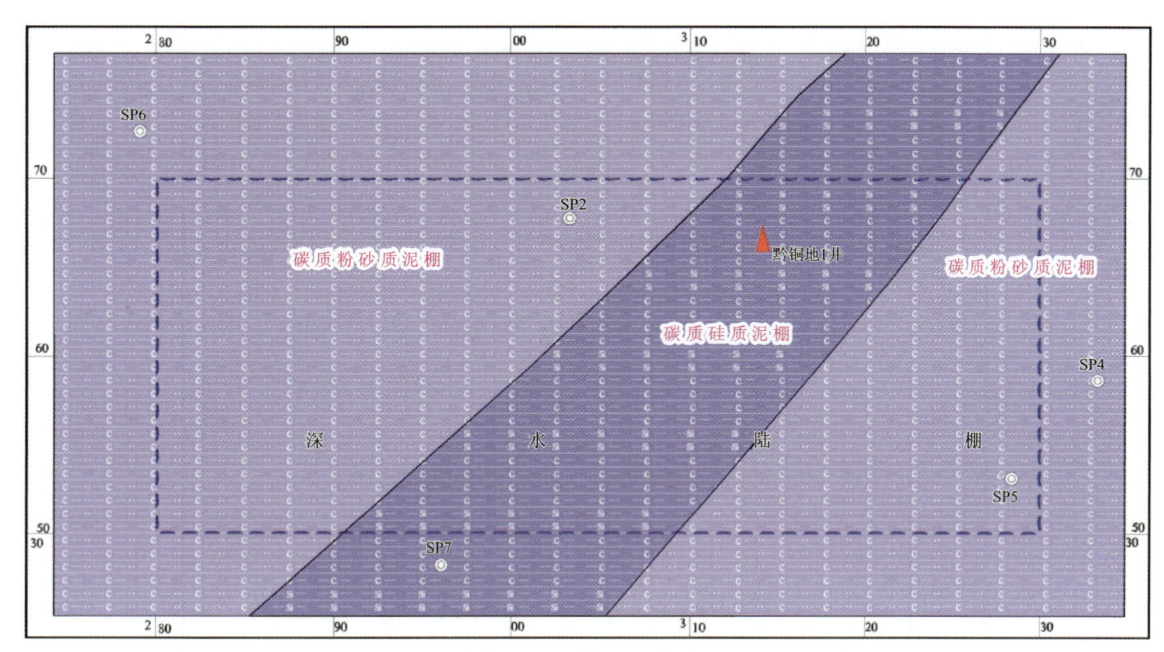

图 3-20　贵州江口工作区牛蹄塘组沉积相图

二、富有机质泥页岩有机地球化学特征

1. 查明了各工作区富有机泥页岩的有机地球化学特征。烃源岩是油气成藏的物质基础，烃源岩的厚度、丰度、类型及演化程度，决定了源岩的生排烃特征、资源的结构和潜力。项目组针对每个工作区富有机质泥页岩的有机质丰度、类型和热演化程度进行了取样和综合分析工作，同时对 7 套富有机质泥页岩在南方不同地区的有机地球化学特征进行了对比研究。

整体分析结果显示，牛蹄塘组、五峰组—龙马溪组 TOC 较高，且比较集中；陡山沱组 TOC 较高，但很分散，可能与取样位置有关；上二叠统因主要为煤系地层，TOC 较为分散，煤层 TOC 非常高，但泥页层 TOC 偏低；中泥盆统和下石炭统 TOC 值则相对低。陡山沱组、牛蹄塘组、五峰组—龙马溪组、中泥盆统、下石炭统干酪根类型均以Ⅰ型和$Ⅱ_1$型为主；中—上二叠统龙潭组、乐平组干酪根以$Ⅱ_2$型和Ⅲ型为主；孤峰组、大隆组主要为$Ⅱ_1$型和$Ⅱ_2$型有机质。五峰组—龙马溪组、牛蹄塘组和中—上二叠统有机质成熟度(R_o)相对较低，更有利于页岩气形成。泥盆系、石炭系有机质成熟度较高，很多数据大于 3.5%，达到了页岩气生气上限，贵州水城地区则较低，另外房县地区陡山沱组有机质成熟度也比较高。

2. 优选了富有机质泥页岩有利层段，研究了有机质丰度和热演化分布特征。通过对每个工作区泥页岩样品的有机地球化学采样和测试工作，优选了各工作区富有机质泥页岩有利层段，并分析了富有机质泥页岩有机质丰度和热演化在平面上的分布特征，编制了相应图件。

以贵州水城为例，石炭系打屋坝组一段页岩平均 TOC 一般在 1.09%～1.54%之间，北部 TOC 等值线走向为北西-南东，具有从南西往北东 TOC 含量逐渐增高的明显特征，往南 TOC 等值线走向逐渐变为近南北向展布，趋势也变为从南西往北东逐渐增高，其中工作区北东部老鹰山一带 TOC 含量最高(图 3-21)。打屋坝组三段页岩平均 TOC 一般在 0.62%～1.42%之间，北部等值线走向为北西-南东向，具有从北东往南西先增加后减少的特征；而往南等值线走向逐渐变为近南北向，具有从南西往北东先增加后减少的趋势。其中，工作区中盐井—米罗一带 TOC 含量较高。工作区及周边打屋坝组平均有机质成熟度(R_o)在 1.69%～2.54%之间，平面上具有从西往东逐渐增高趋势，工作区内中—东部地区还具有从北向南逐渐增加趋势。高值区位于米罗—布寨一带，推测 R_o 值大于 2.5%。工作区内打屋坝组处于高成熟—过成熟早期阶段。

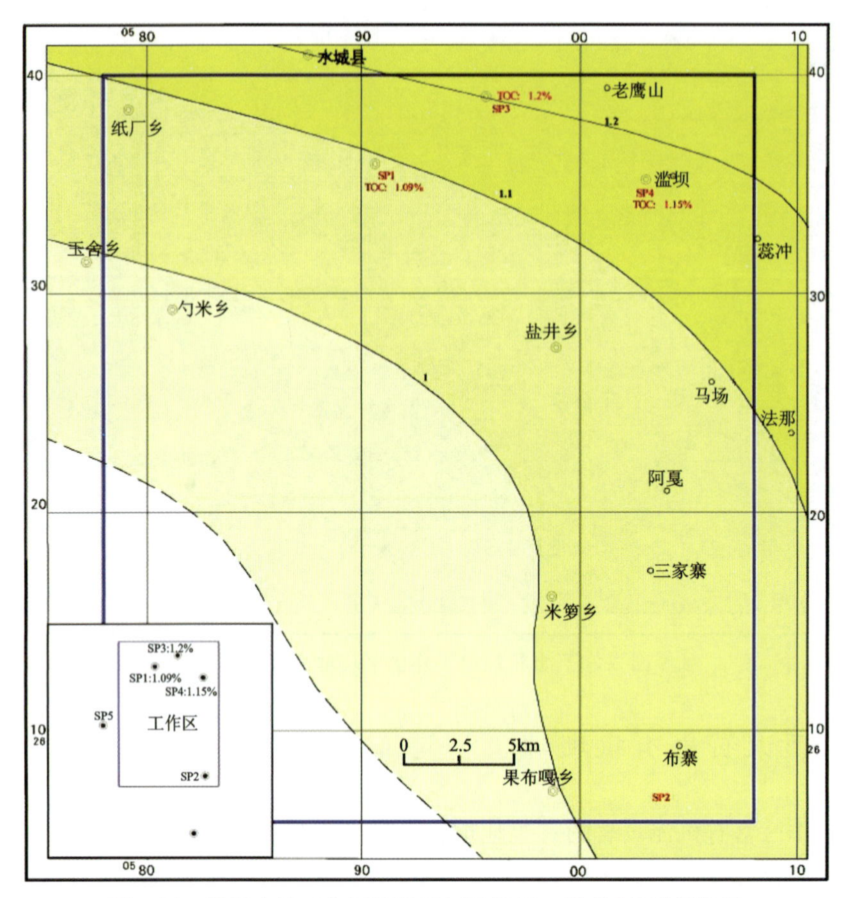

图 3-21　贵州水城工作区石炭系打屋坝组一段 TOC 等值线图

三、泥页岩储层特征

1.对比分析了各泥页岩目的层系矿物组成特征。五峰组—龙马溪组矿物组成比较集中，脆性矿物以石英、长石为主，自生矿物含量很低；陡山沱组和牛蹄塘组脆性矿物以石英、长石和自生矿物为主，且地域性差别较大，湖北工作区以自生矿物为主，贵州工作区以石英、长石为主，黏土矿物含量较低，特别是陡山沱组黏土矿物含量更低；中泥盆统和下石炭统矿物成分相对复杂，自生矿物含量变化大；上二叠统则明显黏土矿物含量高，脆性矿物含量相对较低。

2.对比研究了储层物性和有机质孔特征。泥页岩储层孔隙度主体位于低孔—超低孔范围，渗透率主体位于特低渗—超低渗范围，个别样品孔隙度达中孔—高孔级别。整体上，江西鄱阳地区二叠系乐平组孔隙度主体位于中孔—高孔范围，可能是地层内粉砂含量较高所致。孔隙度与渗透率总体呈正相关关系，但相关性不是很强。五峰组—龙马溪组、中泥盆统、上二叠统相关性强一些，其他层位可能受裂缝影响较大。

有机质孔隙作为泥页岩最重要的微观孔隙类型，是泥页岩中最重要的储集空间。泥页岩有机质孔隙的发育受有机质丰度、有机质类型和有机质热演化过程的影响。整体来看，五峰组—龙马溪组页岩有机质孔隙最为发育，牛蹄塘组、下—中二叠统和陡山沱组较为发育，而中泥盆统和下石炭统则不发育(图 3-22)。页岩孔隙的比表面积和孔隙总体积与有机质丰度明显正相关，从侧面反映了有机质孔隙通常是最主要的孔隙类型，有机质丰度越高，有机质孔隙越发育。但对于一些特殊的有机质，如一些生物碎屑、丝质组有机质并不发育有机质孔隙。

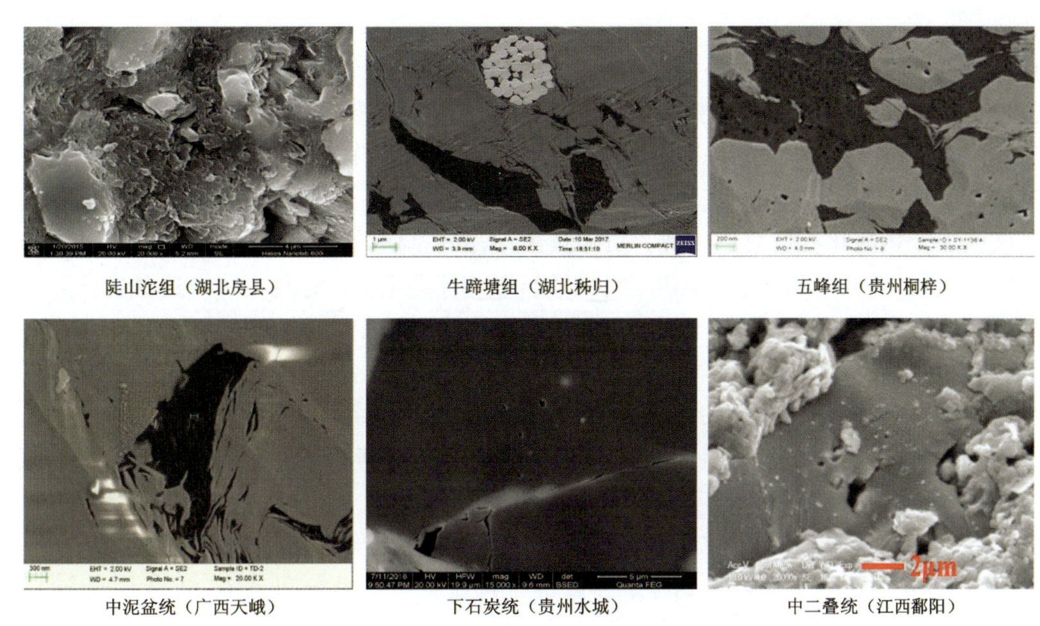

陡山沱组（湖北房县） 牛蹄塘组（湖北秭归） 五峰组（贵州桐梓）

中泥盆统（广西天峨） 下石炭统（贵州水城） 中二叠统（江西鄱阳）

图 3-22 项目工作区主要页岩目的层有机质孔隙特征

3.对比分析了几套泥页岩储层的含气性特征。中—上二叠统因主要发育煤系地层储层，泥页岩含气量最高，其次为五峰组—龙马溪组，牛蹄塘组、下石炭统和陡山沱组含气量较低，工作区内的中泥盆统和上三叠统则基本不含气。

黔金地 1 井龙潭组现场解吸气量为 0.009～6.883m^3/t，平均含气量为 1.16m^3/t，总含气量为 0.09～8.28m^3/t，平均值为 1.61 m^3/t；秭地 2 井牛蹄塘组解吸气含量最大 2.52m^3/t，平均值为 1.16m^3/t，主要集中于 0.42～1.57m^3/t 之间；班竹 1 井五峰组—龙马溪组现场解吸气量最大值位于五峰组中上部(1 117.64m)，含气量为 2.86m^3/t。

四、页岩气重要发现和有利远景区优选

自 2016 年以来，项目组在 15 个工作区共完成 13 口地质调查井钻探工作(含单列项目 6 口)，其中 5 口井获得页岩气重要发现，黔铜地 1 井在贵州江口工作区的陡山沱组、牛蹄塘组，黔绥地 1 井、鄂秭地 3 井在贵州桐梓、湖北秭归工作区的五峰组—龙马溪组，黔普地 1 井、黔金地 1 井在贵州普安、贵州大方工作区的龙潭组均获得了重要的页岩气发现，开辟的新区、新领域为页岩气战略选区和进一步地质调查工作提供了指向意义。

优选出 33 个页岩(油)气有利远景区。其中，牛蹄塘组/水井沱组远景区 4 个，面积 197km^2；五峰组—龙马溪组远景区 10 个，面积 1142km^2；下石炭统远景区 2 个，面积 318km^2；中—上二叠统远景区 17 个，面积 1240km^2。

五、理论方法和技术进步

1.沉积演化分析显示深水滞留环境是页岩气富集的最有利相带。在剖面、钻井沉积环境对比分析以及系统收集资料的基础上，提出形成于古隆起围限的滞留强还原性的低能静深水区域，因其沉降时间长或受古隆起的一定保护作用，构造相对稳定、页岩有利层段厚、地球化学指标优越、页岩保存条件好，致使深水滞留环境是页岩气富集的最有利相带。鄂西海槽陡山沱组—牛蹄塘组、黔北五峰组—龙马溪组是当前最有利的页岩沉积区；而长期处于深水沉积环境的巫山、巫溪地区的五峰组—龙马溪组是潜力

巨大的地区。

2.构造变形弱及热演化适中的古隆起周缘是页岩气富集的有利区。湖北秭归地区陡山沱组—牛蹄塘组的页岩气调查和研究表明,构造变形弱及热演化适中的古隆起周缘是页岩气富集的有利区。该区在南华纪—奥陶纪时期基本处于古地貌(构造)高地,区域上从工作区往区外呈现向南东方向缓倾斜坡地貌,不仅控制了该区陡山沱组、牛蹄塘组等富有机质泥页岩层系的分布,而且这一时期具有浅埋沉积特点,以致该区现今热演化程度总体较低。由于黄陵结晶硬基底(古隆起)的抗构造改造能力强,天阳坪断裂西北部为一较稳定的单斜构造且地层产状平缓,断裂不发育,属变形弱的构造稳定区,这已被该区后期完钻的鄂宜页1井、鄂阳页1井等所证实。此外,调查研究表明,雪峰山隆起西缘也是页岩气富集的有利地区。项目组在贵州江口地区部署黔铜地1井获页岩气重要发现,综合研究显示,该区页岩热演化程度较低,牛蹄塘组 TOC 含量高,且灯影组在本区相变为老堡组的深水硅质-页岩沉积;相对于工作区周边地区,工作区褶皱相对宽缓,断裂相对不发育,对页岩气保存勘探较为有利,是下一步进行页岩气参数井钻探的有利地区。

3.项目在广域电磁采集地下地质信息、笔石划分五峰组—龙马溪组有利层段技术方面有一定的创新性应用。利用广域电磁法调查黔北桐梓工作区富有机质页岩层系分布范围,结合其他方法研究页岩气调查区构造形态、断裂性质及展布特征,为后续页岩气调查评价工作提供地球物理成果及科学依据。

鉴于五峰组—龙马溪组笔石化石在划分优质页岩层段、研究沉积演化等方面的重要作用,项目中有3个工作区对笔石化石分带性进行了大量采样和鉴定工作。结果显示,贵州桐梓、重庆巫溪工作区笔石化石带发育全,而湖南桑植工作区则显示缺失龙1段~龙4段。从以往经验及本项目研究可见,笔石带的分布与 TOC 测试结果具有很强的一致性,二者在某种程度上可以互补,进而促进五峰组—龙马溪组的研究工作。

4.支撑部、省页岩气区块招标和发展规划,编制并规范1∶5万页岩气工作指南。项目不断丰富和细化《1∶5万页岩气基础地质调查工作指南》,特别是对成果图件的包含内容和体现形式都进行了具体的规范,使承担调查任务的项目组有所依据。项目成果为中—上扬子地区资源评价、战略选区参数井井位优选、宜昌页岩气基地建设提供了重要的支撑作用。

南方地区构造演化控制页岩气形成与分布调查成果报告

提交单位:中国地质科学院地质力学研究所

项目负责人:王宗秀

档案号:调 1317

工作周期:2016—2018 年

主要成果:

明确了川东-武陵地区古生代以来经历了5个阶段的构造演化过程。震旦纪—中志留世,研究区处于稳定的海相沉积环境,沉积了一套巨厚的碳酸盐岩和浅海相碎屑岩。到了晚志留世—中泥盆世时期,华南大陆受周缘板块的作用,开始了强烈的陆内造山。大致以张家界断裂带为界(雪峰山西侧的慈利—保靖—秀山一线),其西侧的川东-武陵地区主要表现为上泥盆统与中志留统的平行不整合,而其东侧的雪峰山及湘中地区,二者主要表现为角度不整合。位于雪峰山及湘中地区东南侧的华夏陆块,则缺失了整个志留纪地层,不整合面之下的震旦纪—奥陶纪地层被强烈挤压变形,由此可以判断早古生代晚期的构造作用从南东向北西逐渐减弱。此时的川东-武陵地区不发育褶皱-断裂构造,主要表现为区域整体的抬升(图 3-23a)。晚泥盆世之后,研究区开始大规模海退,陆地面积扩大而海域面积缩小。到了石炭纪末,峨眉山大火成岩省喷发之前,地幔柱活动造成了区域大规模的抬升。剥蚀程度在空间上自西向东依次为从内带的深度剥蚀逐渐转变为外带的短暂沉积间断。川东-武陵地区处于峨眉山大火成岩省的外带边缘地区,石炭系与下二叠统之间的平行不整合很可能是地幔柱活动的沉积响应。二叠纪—中三叠世,研究区再次进入稳定的海相沉积环境。中、晚三叠世之交,华南大陆的南、北两侧分别受印支地块和华北地块的碰撞作用,发生了强烈的陆内造山作用。以鹤峰-龙山断裂带为界,东部发育中三叠统与上三叠统的角度不整合,西部则转为平行不整合。这次构造作用使得川东-武陵地区结束了海相沉积的历史。中、上三叠统之间的平行不整合指示了研究区不发育早中生代的褶皱,区域再次表现为整体的抬升作用(图 3-23b)。晚三叠世—中、晚侏罗世,海水彻底退出中、上扬子地区,主要接受以陆相碎屑岩为主的沉积岩。晚侏罗世—早白垩世时期,川东-武陵地区受古太平洋板块向北西俯冲作用,在华南内部形成宽阔的弧背前陆变形带,前侏罗纪地层发生了强烈的褶皱-冲断变形,构造应力场呈北西-南东向的挤压,形成了大量北东-南西向的褶皱和逆冲断层。随着挤压作用的持续,张家界断裂带和齐岳山断裂带可能发生大规模的左行走滑,致使二者围限的地区在平面上呈现出一个大型的走滑断层系,在剖面上构成一个多层次滑脱(双重构造)构造(图 3-23c)。晚白垩世时期,区域构造背景转为大规模伸展,在局部地区(如恩施、来凤、黔江正阳镇等地)沉积了上白垩统红层,将早期形成的褶皱以角度不整合覆盖(图 3-23d)。进入新生代,四川盆地东缘只接受了少部分沉积,表明该阶段整体处于挤压隆升的构造环境。新生代晚期,由于印度大陆与欧亚大陆强烈的汇聚作用造成了川滇地体的南东向挤出,四川盆地发生大规模逆时针旋转,盆地周缘断裂带发生大规模右行走滑。右行走滑剪切作用将早期形成的北东-南西向褶皱改造,形成现今观察到的“S”型褶皱(图 3-23e)。

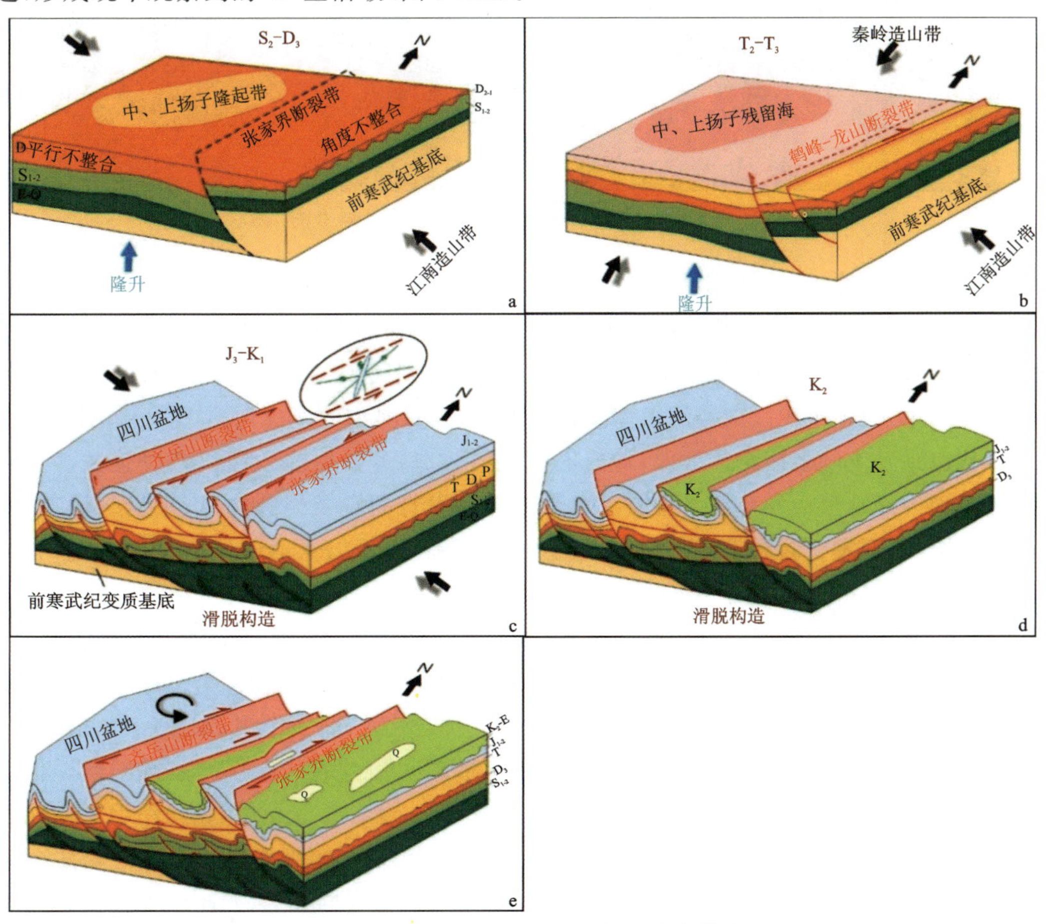

图 3-23　川东-武陵地区显生宙构造演化模式图

划分了川东-武陵地区构造单元及变形样式(图 3-24)。本次以齐岳山断裂带和张家界断裂带为界，将川东-武陵地区分为 3 个一级构造单元，即由川东隔挡式褶皱组成的单层滑脱构造变形单元、武陵地区褶皱冲断变形单元和湘西北的基底冲断变形单元。依据不同构造变形特点，将武陵褶皱冲断变形单元进一步划分为 8 个二级变形单元，自西向东依次为利川复式向斜变形带、武隆箱式褶皱带、彭水扭动构造带、桑柘坪褶皱冲断带、恩施褶皱冲断带、咸丰扭动构造带、洛塔褶皱冲断带、桑植扭动变形带。

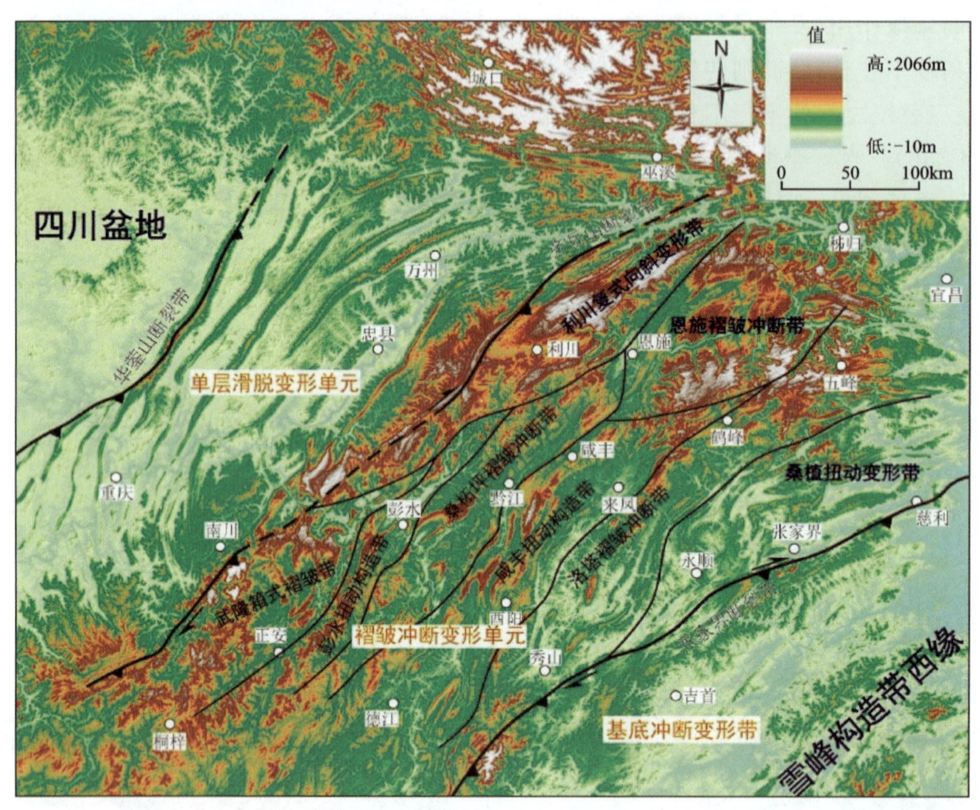

图 3-24　川东-武陵地区构造变形单元划分图

不同构造改造单元对于页岩气保存的影响不同。川东隔挡式褶皱(浅层滑脱变形单元)下部具有统一的刚性变质基底，沿着下寒武统页岩层滑脱，增加了页岩储层的有效孔隙，上部盖层较厚且发育多套泥岩，抑制了页岩气的散失，保证了页岩圈闭的超压状态，特别向斜核部是页岩气有利保存区。武陵地区(褶皱冲断变形单元)中生代以来经历了多期构造变形，发育典型的厚皮构造，其下部不存在稳定的刚性基底;新生代以来发生的多期隆升事件，造成上覆盖层较薄，且盖层的岩性组合以碳酸盐岩和碎屑岩为主，较四川盆地内部则很少发育泥岩盖层。背斜核部易发育断裂及裂隙构造，页岩气保存条件较差;两个背斜夹持的向斜不发育断裂带，且两侧多被逆冲断层围限，可以保证地层的高压状态，有利于页岩气的保存。

查明了川东-武陵地区页岩气保存特点。将页岩气保存条件分为三大类、六小类，即保存良好型、残留型(剥蚀残留型、缺失残留型)和破坏型(底板破坏型、顶板破坏型、断裂破坏型)，区域盖层、顶底板、页岩自封闭能力是页岩气保存的基础因素，构造改造强度(改造单元、断裂作用、剥蚀作用、地层产状、构造的完整性、裂缝发育、剪切改造强度、可压性等)、构造改造时间是页岩气保存的关键因素。根据研究区的构造改造特点和不同构造样式对页岩气保存和散失的影响，结合牛蹄塘组、龙马溪组优质相带、厚度、埋深、TOC、R_o、生气强度等特征，指出齐岳山断裂带西侧、利川复式向斜变形带和武隆箱式褶皱带的西部、鄂西(黄陵隆起周缘)地区(段)是寻找页岩气保存良好型的有利勘探区，武陵大部地区页岩气多为残留型。

通过项目实施，系统梳理了中上扬子川东-武陵地区构造演化过程，根据不同改造特征划分出一级、二级构造单元，明确了不同构造改造特点对页岩气保存的影响，并优选了有利区（带），为南方复杂构造区页岩气评价与勘探提供重要的基础支持。

鄂西页岩气示范基地拓展区战略调查成果报告

提交单位：中国地质调查局油气资源调查中心

项目负责人：周志

档案号：调 1321

工作周期：2016—2018 年

主要成果：

1. 根据笔石带，基于等时格架圈定奥陶纪—志留纪之交湘鄂水下高地范围，落实 WF2-LM4 笔石带富有机质页岩分布，解决志留系页岩气成藏生烃物质基础地质问题。勘探开发实践证实，WF2-LM4笔石带页岩是中—上扬子地区上奥陶统五峰组和下志留统龙马溪组（以下简称五峰组—龙马溪组）页岩气勘探开发的核心层段。五峰组—龙马溪组沉积时期，受广西运动以及冈瓦纳大陆冰川消融引发的全球海平面上升影响，湖北、湖南、重庆 3 省交界地区发育一水下高地——湘鄂水下高地。水下高地范围内普遍缺失 WF2-LM4 至少 2 个笔石带页岩，大部分地区缺失 LM1-LM3 笔石带页岩，造成页岩气勘查效果不理想。如何准确圈定奥陶纪—志留纪之交湘鄂水下高地范围，对于在湘鄂西地区开展志留系页岩气勘查开发具有关键指导作用。基于古生物地层学研究，系统调研、采集湘鄂渝地区大量穿越奥陶系和志留系界线地层剖面点、化石资料，以及 6 口钻井岩芯资料（图 3-25），通过对比五峰组和龙马溪组剖面笔石序列，较为准确地圈定了奥陶纪—志留纪之交湘鄂水下高地的展布范围（图 3-26）；指出其受控于冈瓦纳大陆冰川凝聚与消融引起的全球海平面变化和广西运动双重作用，整体呈现凯迪期至鲁丹早期不断隆升、影响范围逐渐扩大，鲁丹中晚期再逐渐回缩的演化模式。湘鄂水下高地范围内普遍缺失 WF2-LM4 部分笔石带地层，使得该区域富有机质页岩厚度薄，页岩气藏抗构造破坏能力差。

系	统	阶	笔石带	秭归新滩	巴东思阳桥	建地1井	鹤峰官屋	五峰湾潭	五峰小河村	长阳大堰	宜恩高罗	石门龙池河	湘龙地1井	慈利二坊坪	常德九溪
志留系	兰多维列统	特列奇阶	N2												
			LM9/N1												
		埃隆阶	LM8												
			LM7												
			LM6												
		鲁丹阶	LM5												
			LM4												
			LM3												
			LM2												
奥陶系	上奥陶统	赫南特阶	LM1												
			WF4/观音桥段												
		凯迪阶	WF3												
			WF2												
			WF1												

图 3-25　湘鄂西地区地质剖面与钻井五峰组和龙马溪组页岩笔石序列对比图（备注：黄色代表地层缺失）

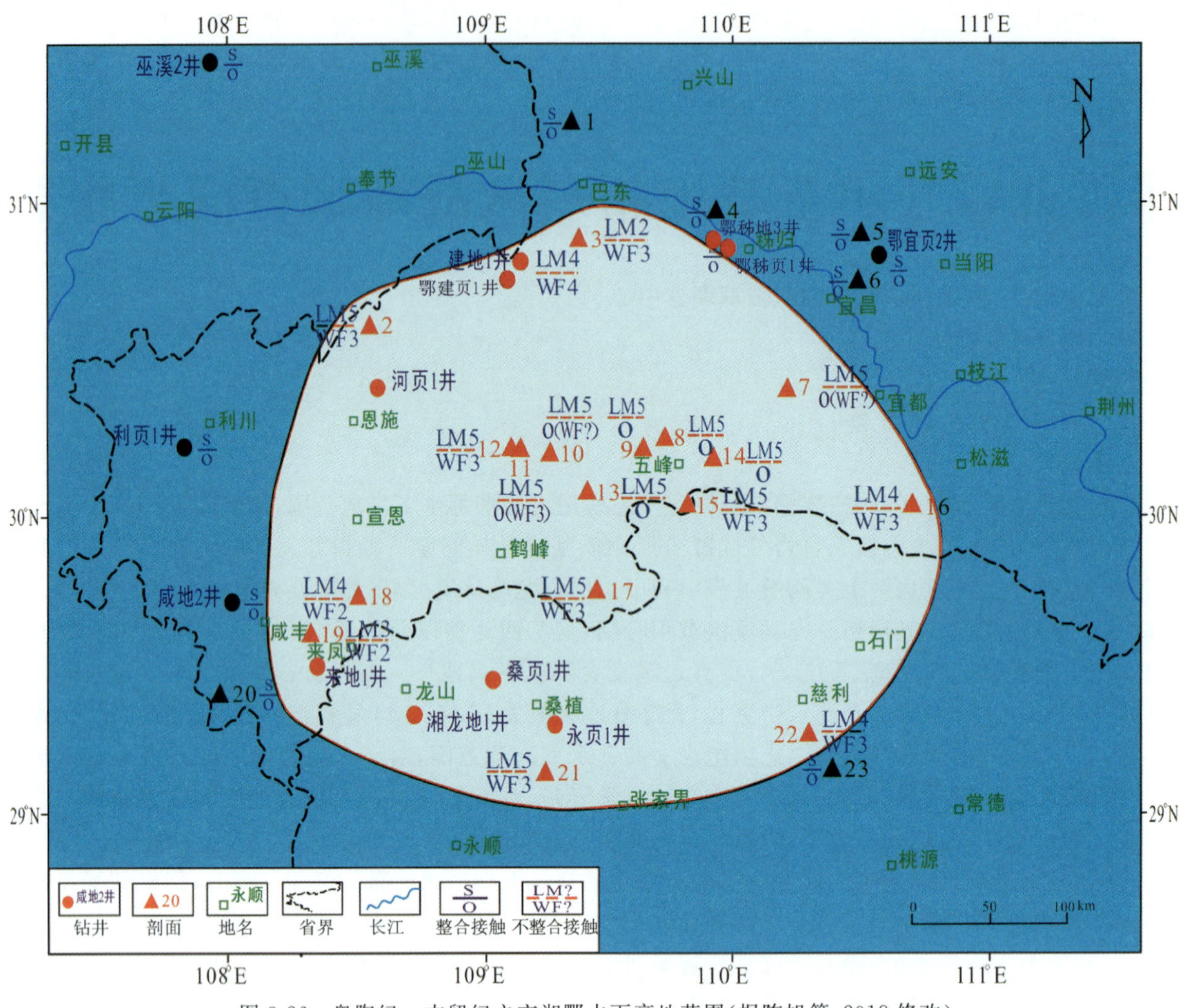

图 3-26 奥陶纪—志留纪之交湘鄂水下高地范围(据陈旭等,2018 修改)

2. 总结提出 WF2-LM4 笔石带富有机质页岩、断裂欠发育的稳定构造是湘鄂西地区志留系页岩气富集高产的关键要素。WF2-LM4 笔石带页岩形成于深水陆棚沉积环境之中,具有沉积速率低、有机质类型好、有机质丰度高等特点,具备良好的生烃物质基础;页岩的储层孔隙类型以有机质孔为主、无机孔为辅,天然气以吸附态赋存为主、游离态为辅。在相似的破坏程度下,以吸附态为主的页岩气藏比以游离态为主的页岩气藏的抗破坏能力强。保存条件是页岩气富集高产的关键要素,其中稳定的构造保存是页岩气富集高产的关键。与北美地区稳定构造相比,我国南方地区构造演化和构造叠加改造复杂,特别是湘鄂西地区自下古生界沉积以来,先后经历了加里东期、印支期、燕山期和喜马拉雅期多期构造运动改造,尤其是印支期以来的构造运动,一方面造成研究区褶皱、断裂、裂缝构造发育,另一方面使大部分地区抬升、遭受剥蚀。裂缝的发育使得页岩渗透率增大,页岩气以渗流的方式快速向断裂运移。如果断裂开启,尤其是"通天"的断裂开启,将对页岩气保存非常不利。重庆涪陵地区五峰组—龙马溪组页岩气勘查开发实践证实,气田主体构造稳定区与断裂、裂缝发育带保存条件差异明显,靠近断裂发育带压力系数明显降低,产气量降低明显。

3. 优选鄂西秭归Ⅰ类志留系页岩气勘查有利区,在仙女山断裂以西的黄陵背斜西南缘论证部署了鄂秭页 1 井。鄂西地区受印支期、燕山期和喜马拉雅期多期构造运动改造,区域构造复杂,抬升幅度大,白垩系以上地层多剥蚀殆尽,保存条件差,传统油气地质理论认为油气难以在该区域聚集成藏。基于

“WF2-LM4 笔石带富有机质页岩、断裂欠发育的稳定构造”是湘鄂西地区志留系页岩气富集高产的关键因素这一认识，评价了鄂西秭归、巴东、建始和湘西龙山等志留系页岩气远景区，按照“北上、西进、南下”拓展宜昌页岩气勘查开发示范基地的部署思路，在湘鄂水下高地范围外、矿权空白区内评价优选出 WF2-LM4 笔石带深水陆棚相富有机质页岩发育，且构造相对稳定的鄂西秭归页岩气勘查有利区。综合富有机质页岩发育特征与埋深、地震资料品质及方差属性、地层压力等因素进行了页岩气甜点区识别，兼顾地表地形条件，在仙女山断裂以西的黄陵背斜西南缘论证部署了鄂秭页 1 井(图 3-27)。钻探目的是主探五峰组—龙马溪组页岩气，兼探下志留统新滩组致密砂岩气，力争实现天然气和页岩气重要发现。

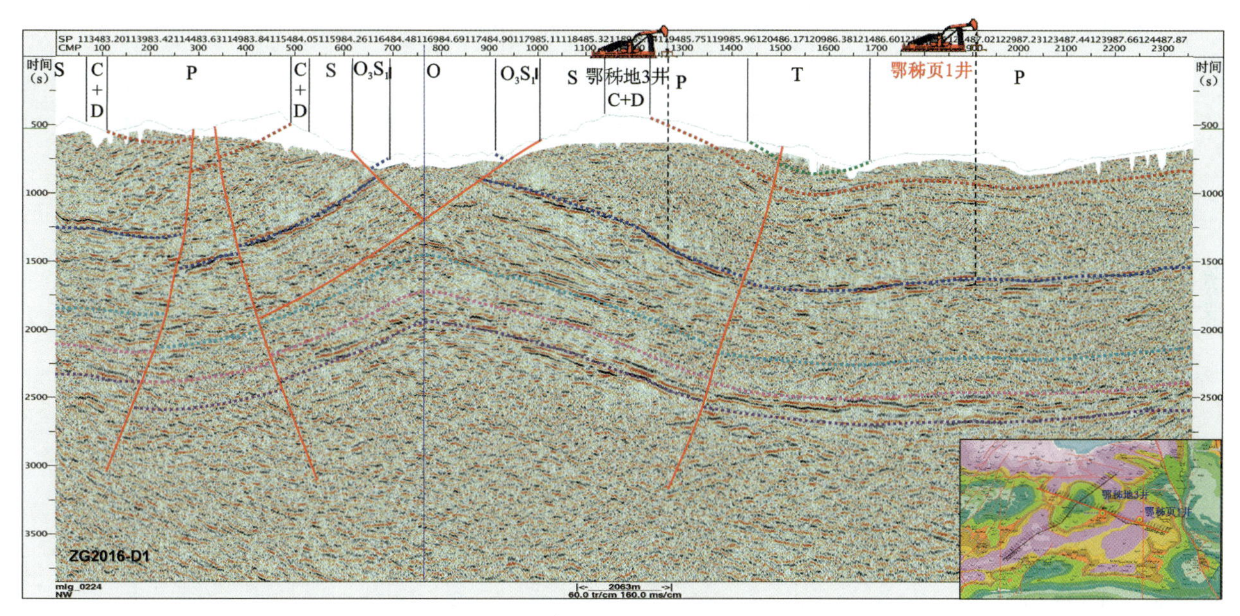

图 3-27　过鄂秭页 1 井二维地震地震剖面图

4. 鄂秭页 1 井在下志留统新滩组、龙马溪组和上奥陶统五峰组钻获天然气和页岩气重要发现。在五峰组—龙马溪组钻遇厚层富有机质页岩，气测异常 34.6m/2 层。五峰组—龙马溪组泥页岩现场测试 TOC 介于0.75%～4.60%之间，平均 2.04%(35)；TOC＞2.0%的富有机质页岩厚 19.50m，集中分布在龙马溪组底部和五峰组(图 3-28)。侧钻取芯钻进过程中气测显示活跃，全烃含量最高 12.17%(平均 4.51%)，甲烷含量 11.61%(平均 4.20%)；全烃含量大于 2.0%页岩层段 22m，后效气测明显(钻井液相对密度1.48)。岩芯浸水试验剧烈起泡且持续时间长，页岩现场解吸含气量最高 2.1m^3/t(平均 1.6m^3/t，不含损失气和残余气)(图 3-28)，解吸气点火呈淡蓝色火焰。五峰组—龙马溪组录井综合解释页岩气层 20.4m/1层，泥页岩含气层 14.2m/1 层。在下志留统新滩组钻遇气测异常 44.2m/7 层(图 3-28)，气测后效全烃含量最高 62.19%，甲烷含量 49.22%；气侵明显，钻井液相对密度 1.08～1.11g/cm^3，槽面见米粒状气泡。

鄂秭页 1 井部署实施是贯彻落实局党组“积极拓展中扬子”油气战略部署的重要举措。该井志留系页岩气重要发现证实湖北秭归地区五峰组—龙马溪组具有良好的页岩气勘探潜力，向西拓展了宜昌页岩气勘查开发示范基地范围，夯实 100 亿 m^3 天然气产能资源基础。新滩组天然气发现揭示该层位有望成为鄂西地区天然气勘查突破新层系，开辟了南方油气勘查新区新层系。

鄂秭页 1 井志留系天然气和页岩气的重要发现，证实了鄂西秭归地区为志留系页岩气有效勘查区块。根据页岩气成藏地质条件，五峰组—龙马溪组黑色页岩岩相古地理特征，计算鄂西秭归、巴东地区志留系有效页岩气有效勘查面积近 2000km²,其中 3500m 以浅的区域面积近 1000km²。未来,秭归页岩气勘查区块出让必将吸引包括民营企业在内的社会资本竞争投入,引领和带动鄂西地区页岩气勘查开发,有效支撑中央油气体制改革。

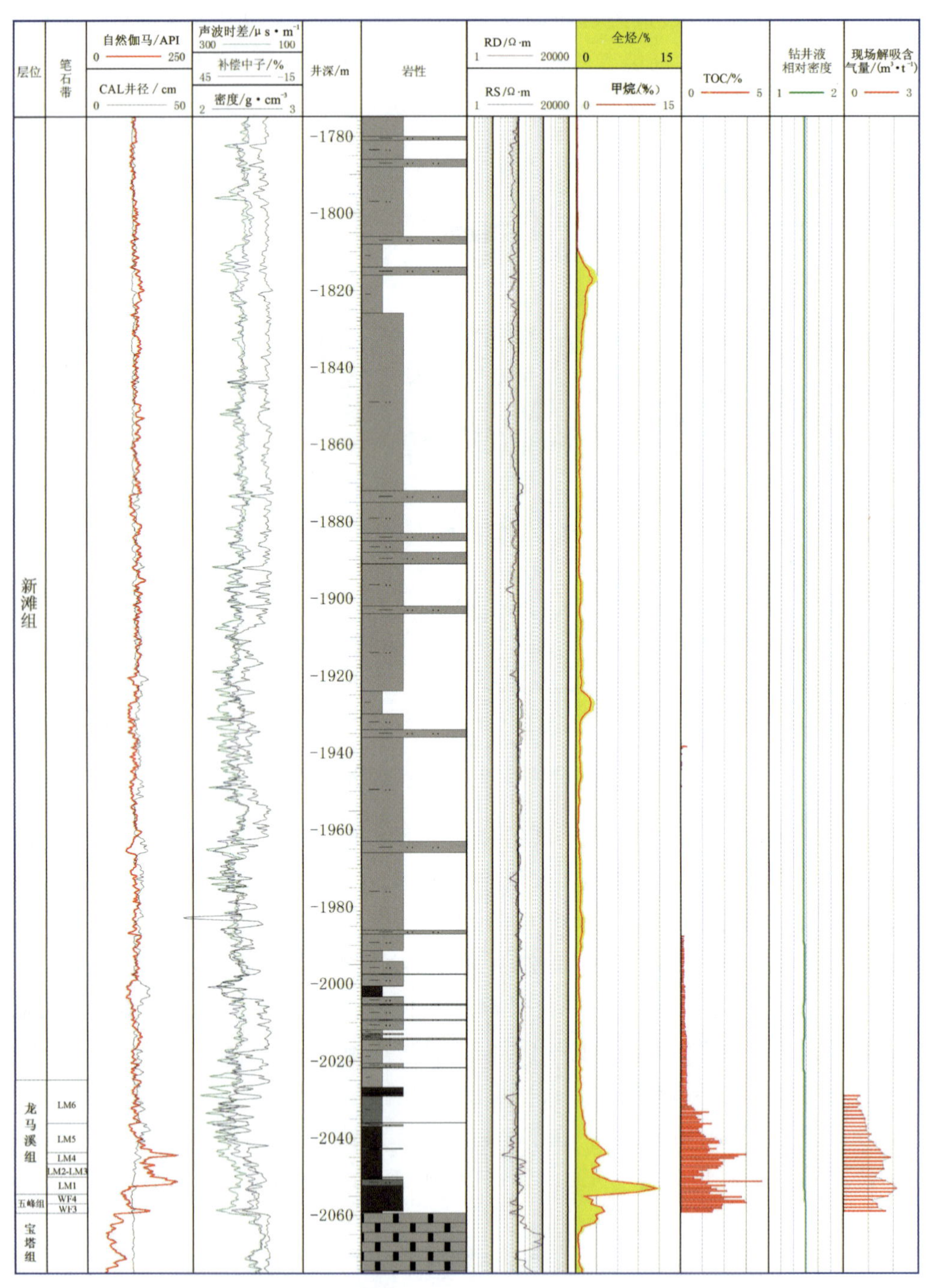

图 3-28　鄂秭页 1 井志留系综合录井剖面图

页岩气地质调查实验测试技术方法及质量监控体系建设成果报告

提交单位：国家地质实验测试中心

项目负责人：汪双清

档案号：调 1326

工作周期：2016—2018 年

主要成果：

1. 通过页岩气地质调查关键技术研究，建立、完善与规范了下古生界页岩有机质热演化程度评价方法、页岩含气量测试方法、页岩孔隙度和渗透率测试方法、页岩储层压裂液示踪剂检测方法(2 项)、页岩流体饱和度测试方法等 6 项页岩气地质分析关键技术方法。其中，厘定与校正后的沥青反射率测试方法更适合下古生界页岩有机质热演化程度评价，并得到系列实际剖面样品测试验证；对页岩含气性测试和页岩孔渗测试技术方法的重大技术内容进行了完善，首次测定了方法的精密度和准确度，明确了测试质量要求，形成了《页岩含气量测定恒温解析-气体体积法》地质行业标准报批稿和《岩石孔隙度和渗透率测定 氮气注入法》操作规程；研究建立的页岩储层压裂改造效果评价示踪技术在柴页 1 井、松页油 1 井和松页油 2 井压裂中得到了成功应用，获得了良好的、对压裂效果评价具有有效价值的、能够提供关键性信息的独家测试数据。

2. 自主研制了高热解温度岩石热解仪、岩石总有机碳测试样品处理装置、页岩流体饱和度测试甑蒸装置、页岩演化模拟装置，为页岩气评价及研究提供了重要设备保障。岩石总有机碳测试样品自动前处理装置(图 3-29a)可实现岩石总有机碳测定的自动前处理，大幅降低了岩石总有机碳分析的人工成本，在实际样品分析中起到了缓解工作量压力，提高样品分析及时率，保障分析数据质量的效果；页岩生烃热模拟装置(图 3-29b)的温度和压力模拟能力(静岩压力 300MPa，流体注入压力 120MPa，温度 800℃)为国内最高，可以对块状岩石样品进行模拟，为页岩气成藏机制研究提供了有效技术手段；页岩流体饱和度测试甑蒸装置(图 3-29c)在传统干馏仪的基础上将最高干馏温度提升至 750℃，并自动获取流体体积变化曲线，为获取页岩流体分布与有效空隙特征数据提供了有效设备手段(图 3-29d)；高热解温度岩石热解分析仪将最高热解温度提升至 800℃，其仪器性能优于国外同类同级仪器 ROCK EVAL Ⅵ型岩石热解仪，打破了国外技术垄断。所研制仪器已在实验室和野外现场测试技术研究中投入应用，取得了良好的效果。

3. 研制了 65 个系列质量监控样品(图 3-30)，包括总有机碳含量测定质量监控样品 31 件、岩石热解分析质量监控样品 22 件、干酪根元素分析与干酪根同位素分析质量监控样品 6 件、镜质体反射率测定质量监控样品 6 件。所研制质量监控系列样品从沉积时代、沉积环境、岩性范围及监控指标值域范围等多个方面进行了覆盖，对我国页岩气地质条件具有良好的针对性和实用性。地层上涵盖蓟县系、寒武系、二叠系、三叠系、侏罗系、白垩系及新近系主要烃源岩层；岩性范围包括泥岩、泥页岩、灰岩、油页岩、煤等；沉积环境包括海相沉积和陆相沉积；监控指标的值域范围方面，岩石热解的 S_2 为 1.05～120mg/g，T_{max} 为 420～443℃及 610～640℃，适用于中低成熟度及高演化程度泥页岩；岩石总有机碳值域范围为 0.37%～64.23%，覆盖了绝大多数地质调查目的层的总有机碳含量值；干酪根元素分析中碳元素含量为 54.94%～63.31%，氢元素含量为 4.07%～4.80%，氧元素含量为 5.52%～14.06%；镜质体反射率值域范围为 0.51%～2.52%，覆盖低—高演化的沉积岩样品；干酪根碳同位素值域范围为－23.14‰～

a.岩石总有机碳测试样品自动前处理装置

b.页岩生烃热模拟装置

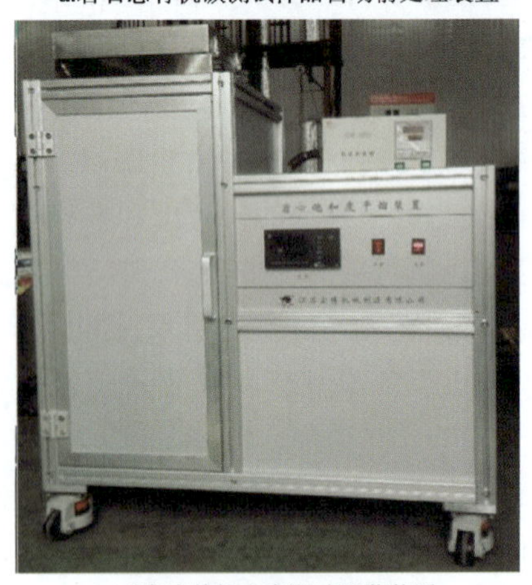

c.页岩流体饱和度测试甄蒸装置

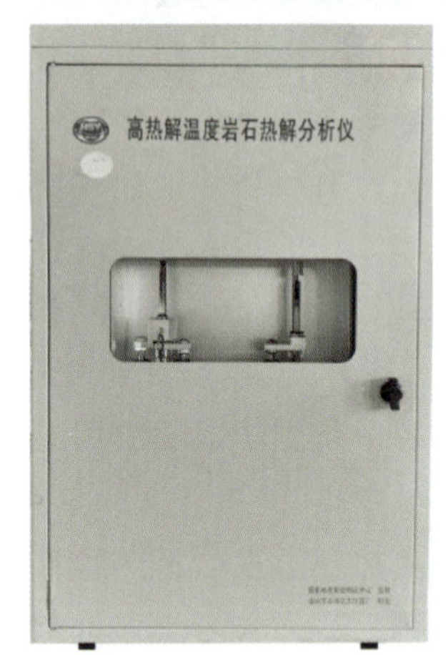

d.高热解温度岩石热解分析仪

图 3-29　自主研制的页岩气亟需的实验测试仪器

图 3-30　岩石热解质量监控样品

32.21‰。所研制的质量监控样已在页岩气地质调查样品测试质量监控与实验室能力验证中实际应用，效果良好。其中两个样品正在申报国家一级标准物质，其余样品拟陆续申报国家一级和二级标准物质。

4.通过实验测试质量监控技术方法研究，编纂了一套较完善的质量管理规范文件。针对页岩气地质调查分析测试，提出了一套综合密码样品监控、平行监控和对比实验多种质量监控手段的页岩气实验测试质量管理技术方法，形成了《页岩气地质调查样品测试质量管理办法》和《页岩气地质调查样品测试质量控制技术要求》质量管理文件建议稿，制定了页岩气地质调查样品测试质量监控的实施细则，规定了实验室资格准入条件及考评管理办法、实验室质量监控方法与技术要求。利用研制的质量监控样品和管理文件开展了2016—2018年实际地质调查样品质量监测，形成年度质量监测报告，成功组织一次行业内27家实验室的能力验证。

5.形成了一支稳定的质量管理技术团队，并开展质量监测。实施了行业内承担油气地球化学分析测试检测机构的资格准入条件符合性现场考评，确认了首批11家检测机构。选择部分实验测试项目开展了测试质量监测，对15家检测机构开展了测试质量监测，发现测试数据质量问题是现实存在的(图3-31)，质量管理缺位是主要原因。

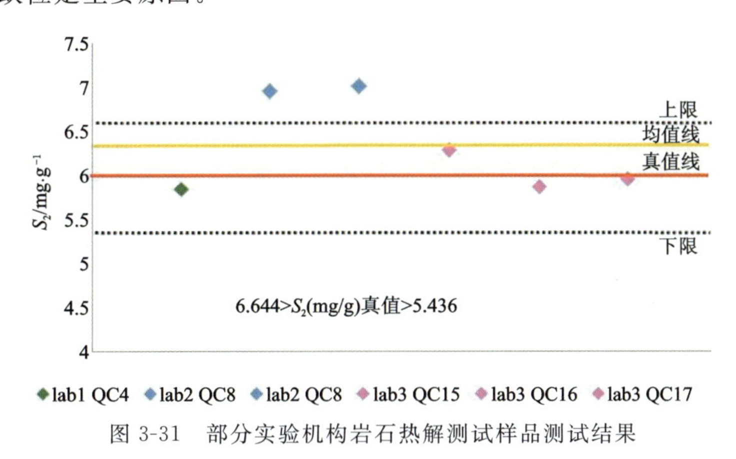

图3-31　部分实验机构岩石热解测试样品测试结果

南方重点地区1∶5万页岩气地质调查成果报告

提交单位：中国地质调查局油气资源调查中心

项目负责人：李世臻

档案号：调1340

工作周期：2019—2020年

主要成果：

1.查明安徽阜阳地区构造格局、断裂特征及地层分布，皖阜地1井钻获气测异常，证实石炭系—二叠系煤系地层具有良好的生烃潜力，明确了海陆过渡相页岩气地质条件。二维地震详细刻画了阜阳地区的构造格局、断裂特征及地层分布，认识到该凹陷目前为一个北西埋深大、南东隆起的残留向斜。皖阜地1井在石炭系—二叠系钻遇11层气测异常，太原组、山西组、下石盒子组厚度大，泥岩、碳质泥岩、煤层十分发育，进一步明确了海陆过渡相煤系地层的沉积特征。系统的地球化学测试分析结果查明，煤系地层生烃潜力良好，表明该区具有大规模的生气潜力，具备页岩气或致密气发育条件。在凹陷西部优选远景区2个，预测含气性更好，面积38km^2，并为进一步战略选区调查提出了参数井井位建议。

2.查明鄂西咸丰地区构造特征，鄂丰地1井获得五峰组-龙马溪组页岩气重大发现，优选500～4500m深度页岩气有利区2处，评价该区页岩气资源量为1968.6亿m^3。获得清晰良好的二维地震剖面，详细刻画了咸丰地区的沉积条件和构造特征，该区构造平缓，有利于页岩气保存，揭示了该区良好的页岩气资源勘探开发前景。论证实施的鄂丰地1井在五峰组-龙马溪组钻遇厚75.74m的含气页岩，获得页岩气重大发现，全烃峰值9.61%，甲烷含量7.59%，系统的含气量解吸表明平均含气量为1.67m³/t。鄂丰地1井下一步可直接侧钻水平井，开展压裂试气，获取工业产能，为评价区域资源潜力提供直接生产数据。在咸丰地区优选500～4500m深度页岩气有利区2个，面积849km²，评价该区页岩气资源量为1 968.6亿m³，进一步拓展了鄂西页岩气示范基地范围。

3.二维地震与广域电磁在岩溶发育区联合部署，查明广西荔浦地区构造特征和目标层分布，野外调查发现石炭系打屋坝组具备良好的页岩气地质条件，优选下段为优质页岩层段。同时，有效刻画了区域构造格局及断裂分布特征，明确了目的层石炭系鹿寨组空间展布特征。野外地质调查发现顶底界面清楚、地层连续、厚度十分可观的鹿寨组页岩剖面，明确了该层段沉积于深水缺氧环境。测试结果显示鹿寨组有机碳含量高、有机质类型优越、演化程度适中、脆性矿物含量高、层间缝发育，其中又以鹿寨组一段测试指标最优，为该区优质页岩层段，证实该区具备良好的页岩气勘探前景。

4.初步查明了安徽无为地区二叠系构造特征、沉积环境，富有机质页岩分布、岩石矿物、有机地化、储集性能及含气性等页岩气地质条件，优选了有利层段和远景区。二维地震采集资料揭示，南北边界断层分别控制了无为盆地的西北边界和东南边界，以印支面为界，分为上下两个特征构造层。上构造层以正断层为主；下构造层以逆断层为主，呈现出“两凹一隆”的构造形态。无为地区孤峰组和大隆组发育沉积环境有利，脆性矿物含量高，一般大于40%，孤峰组和大隆组富有机质页岩有机碳含量高，孔隙度平均值分别为2.82%和3.07%，在龙塘湾凸起构造带上优选远景区1处。

5.分析评价了南华北地区石炭系—二叠系地质条件，查明了安徽亳州地区亳州凸起演化特征，探索了安徽亳州寒武系储盖组合特征及含油气性。南华北地区石炭系—二叠系有效烃源岩包括煤和暗色泥岩，具有分布范围广、厚度大、埋藏深度适中等特点，但与取得突破地区海相页岩相比，安徽北部海陆交互相泥页岩具有Ⅲ型有机质类型为主，热演化程度整体偏低(普遍低于1.2%)的特征。亳州凸起作为南华北地区一个次级构造单元，其构造演化整体受区域构造运动控制，分析了印支期、燕山期、喜马拉雅期不同地质时期的构造演化和沉积特征。皖亳地1井在寒武系张夏组灰色鲕状白云质灰岩钻进过程中发现2处气测异常，气测全烃峰值0.2988%，表明寒武系灰岩具有一定的生烃潜力。

6.查明湖北建始地区构造特征、沉积环境，富有机质页岩分布、岩石矿物、有机地化、储集性能及含气性等页岩气地质条件，明确向斜核部具有良好的页岩气资源潜力。野外调查及广域电磁法勘探初步查明了工作区红岩寺向斜及周缘的构造形态，整体红岩寺向斜及周缘构造相对稳定，整个区域受建始-恩施断裂控制，断裂总体延展方向为北东向，多具逆冲性质。红岩寺向斜较为宽缓，走向为北北东向，向斜轴部地层相对平缓，内部断裂发育较少。晚二叠世主体为台盆相，沉积发育了二叠系大隆组、龙潭组及孤峰组富有机质页岩。埋深主要为500～2500m，TOC含量达到高碳—富碳级别，成熟度适中，具有极强的生烃能力。孤峰组和大隆组页岩厚度大，在40m以上，有机碳碳含量高，满足页岩气富集先决条件。在向斜核部地区优选有利区510km²，具有良好的勘探潜力。

7.查明鄂西宜昌、建始地区地表和近地表岩溶发育规律，明确了页岩目的层顶底板岩溶地质条件，预测了深部岩溶储层，建立了碳酸盐岩岩溶发育模式。鄂西地区区域岩溶发育受岩性(岩相)的控制，碳酸盐岩物质组分和结构不同，岩溶发育强烈程度显著不同。岩溶发育的方向和位置受构造轴线控制，控制着岩溶发育方向。岩溶区地形地貌直接影响着岩溶的发育，岩溶发育具有继承性与袭夺性。向斜岩溶发育模式是鄂西建始地区最主要的岩溶发育模式，向斜构成汇水盆地，边界是底部隔水层或背斜地下水分水岭，含水岩组为二叠系、三叠系碳酸盐岩含水岩组。

南方典型页岩气富集机理与综合评价参数体系成果报告

提交单位：中国地质大学（武汉）地质调查科研院

项目负责人：解习农

档案号：调 1209

工作周期：2016—2018 年

主要成果：

项目针对我国南方富有机质页岩时空非均质明显、热成熟度高、构造演化历史复杂、页岩气富集和保存条件多样等特点，以中国南方古生界寒武系、志留系、泥盆系—石炭系、二叠系富有机质页岩为研究对象，通过古生界海相和海陆过渡相典型页岩气精细解剖，揭示了不同类型页岩气差异富集机理，提出了页岩气资源评价参数三级分类体系，形成海相和海陆过渡相页岩气资源分级评价流程。项目有效指导了南方页岩气资源调查工作。主要取得了以下 5 项创新成果。

1. 揭示了南方海相和海陆过渡相页岩气差异富集机理，丰富了海相页岩气富集理论。

通过对我国南方古生界海相和海陆过渡相典型页岩气精细解剖，查明了中国南方扬子地区不同类型页岩优质岩相类型及发育特征，提出了海相、海陆过渡相富有机质页岩成因模式；揭示了不同层系页岩储集能力差异性及其发育机理；重建了中下扬子地区海相和海陆过渡相页岩的埋藏—抬升—热演化成熟生烃过程；查明了南方海相和海陆过渡相页岩吸附能力的差异性，建立了吸附气与游离气转换关系。海相页岩的甲烷吸附量明显大于海陆过渡相页岩，除温压因素外，有机碳含量、有机质类型和成熟度以及有机质微孔发育程度是影响页岩吸附气含量最主要的因素，海陆过渡相页岩黏土矿物含量与甲烷吸附气含量具有正相关性；构造抬升过程是页岩气保存或散失的关键阶段，页岩层构造抬升时间较晚且发育较少的高角度（或垂直）裂缝有利于页岩气的保存，在此基础上评价了南方页岩气的保存条件；提出了页岩气资源评价参数三级分类体系，分层系建立了页岩气资源评价 8 种关键参数的统计规律和分布模型。研究成果已成功应用于鄂西北以及四川盆地周缘有利区带预测、井位部署、开发井段优选，特别是为中国地质调查局实现南方页岩气勘探重大突破及试采成功提供了重要的理论指导支撑。

2. 建立中国南方古生界富有机质页岩沉积模型，提出了优选页岩气“岩相甜点段”的方法。

研究发现，富有机质页岩的多重非均质性是特定岩相的客观物质表现，从而预示了富有机质页岩岩相在页岩等时格架中的可预测性。本研究揭示了中国南方古生界页岩层序及沉积发育特征，提出了优质页岩类型及其沉积发育模式，采用泥质（黏土矿物）-灰质（碳酸盐矿物）-硅质（石英＋长石）成分三端元图分类方案，在三级层序地层格架下，对富有机质页岩进行高频层序旋回划分，选取页岩气开发有利小层，在页岩岩相分类的基础上，划分有利岩相带级别，优选页岩气“岩相甜点段”。研究结果显示，富泥硅质页岩（S-3）和富泥/硅混合质页岩（M-2）是涪陵焦石坝地区页岩气勘探与开发最有利的岩相，该岩相厚度大于 20m（平均厚度 38m），石英含量大于 35%（平均 52%），黏土矿物含量小于 40%，TOC 含量大于 2%（平均 3%），含气量绝大多数大于 $3m^3/t$（图 3-32）。因此，这一优质岩相及相关的关键参数评价标准也可推广到类似区域页岩气勘探，可有效指导中国南方页岩气调查的评价工作。

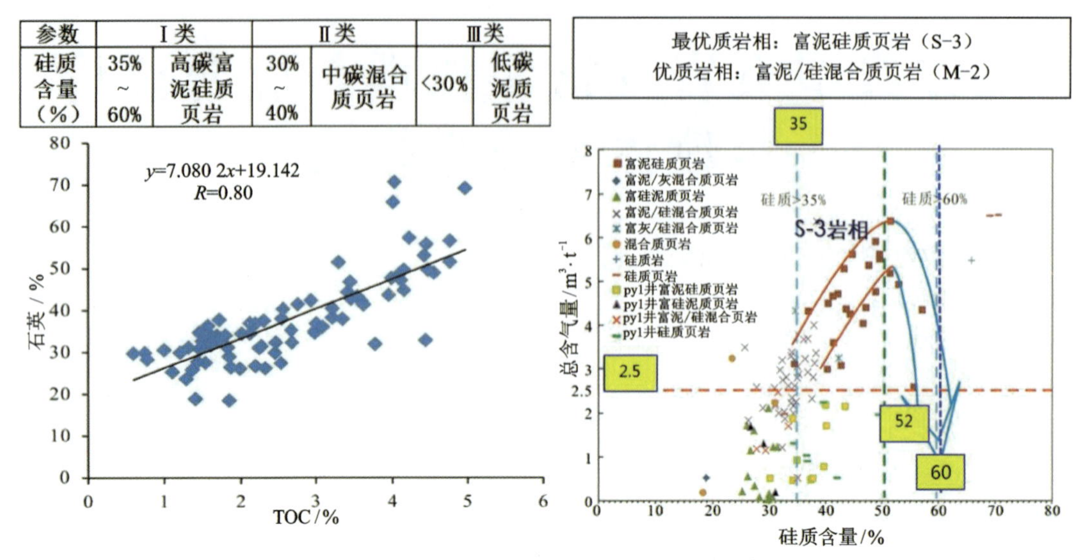

参数	Ⅰ类		Ⅱ类		Ⅲ类	
硅质含量（%）	35%～60%	高碳富泥硅质页岩	30%～40%	中碳混合质页岩	<30%	低碳泥质页岩

图 3-32　中国南方五峰组—龙马溪组页岩优质岩相的评价参数-硅质含量优选

3. 创新形成了基于流体注入的页岩孔隙全孔径表征技术。

富含有机质页岩中广泛发育微—纳米孔隙，按 IUPAC 标准，孔径大于 50nm 的孔隙为宏孔，2～50nm 的孔隙为中孔，小于 2nm 的孔隙为微孔(Boer et al，1964)。不同级别的孔隙定量表征方法不同，研究中采用流体注入法定量表征页岩微—纳米孔隙结构，即高压压汞定量表征宏孔，N_2 吸附实验定量表征中孔，CO_2 吸附试验定量表征微孔。此外，采用广视域扫描电镜孔隙成像拼接联合微区矿物分析手段，对孔隙结构进行镜下观察描述和定量识别，从而达到南方古生界海相页岩微—纳米孔隙结构及孔径分布定量表征。

在以上研究的基础上，应用双因素评价方法对储集能力进行定量评价(图 3-33)。研究表明：储集能力与孔隙数量、孔径正相关且成互补关系；平均面孔率具有龙马溪组＞牛蹄塘组、龙潭组＞鹿寨组＞罗富组的特点，近似比 8∶4∶4∶2∶1。其中，龙马溪组 R_o 适宜，有机质孔发育，孔隙数量多且孔径大，储集能力最高；罗富组 R_o 过高，有机质孔发育有限，孔隙数量少且孔径小，储集能力最低。通过孔体积表征游离气储集空间，孔比表面积表征吸附气储集空间，基于孔体积和孔比表面积等量化参数分析，借助 SPSS 软件和散点拟合等方式进行反推，最终可获取不同区块游离气和吸附气储集空间的计算模型，从而达到定量评价储集能力的目的。

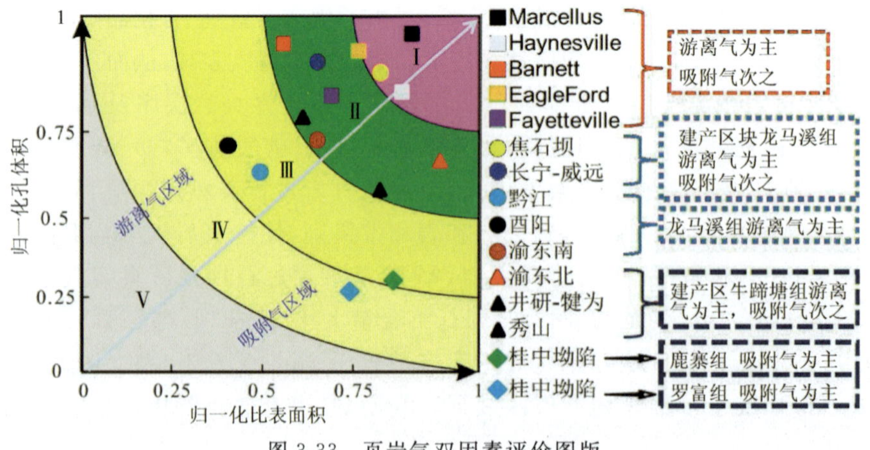

图 3-33　页岩气双因素评价图版

4. 创新提出了岩石热声发射法和沥青芳构化法确定高—过成熟海相页岩成熟度技术。

成熟度是页岩气资源评价重要参数之一。针对南方下古生界海相页岩缺乏镜质组，常用镜质体反射率法确定页岩成熟度失效的问题，提出了岩石热声发射法和沥青芳构化法，结合热史模拟综合确定高—过成熟海相页岩成熟度的技术（图 3-34）。

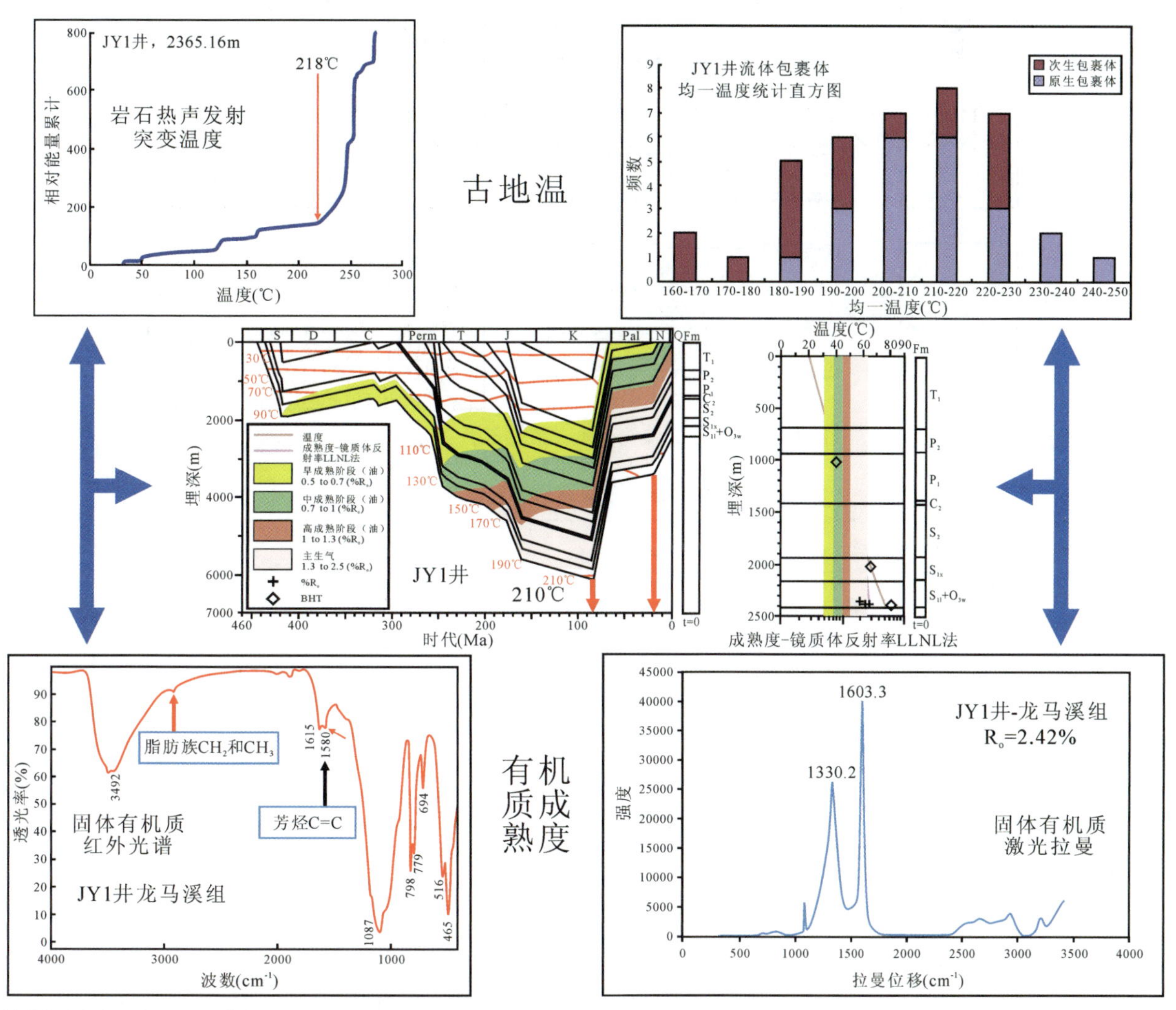

抬升前最大古埋深6200m，抬升前最大古地温210℃

燕山期—喜马拉雅期开始抬升时间85Ma，地层剥蚀厚度3800m

五峰组—龙马溪组页岩有机质热成熟度模拟R_o=2.6%

图 3-34　高—过成熟海相页岩热成熟度综合表征流程图

5. 建立了南方页岩气分级评价参数体系，提出了海相、过渡相页岩气评价参数标准。

结合南方页岩气富集地质特征及南方资料积累程度，提出了选区参数制定的原则：①能够分层次对远景区、有利区、目标区进行分级评价；②无井或少井可以评价；③评价参数在较少资料条件下能够较准确获取。远景区主要评价是否属于富有机质页岩，有利区主要评价富有机质页岩是否含有页岩气，目标区主要评价是否包含具有工业价值页岩气。依据这 3 个原则及页岩气富集地质特征，选区参数主要涵盖在 3 个主要方面：①页岩生储能力，页岩厚度、TOC、成熟度和孔隙度；②保存条件，超压、构造背景（断裂裂缝、渗透率）；③开发条件，地表条件、含气量、脆性度、埋深、区块面积（图 3-35）。据此，提出了海相、海陆过渡相页岩气选区分级评价参数标准（表 3-6）。

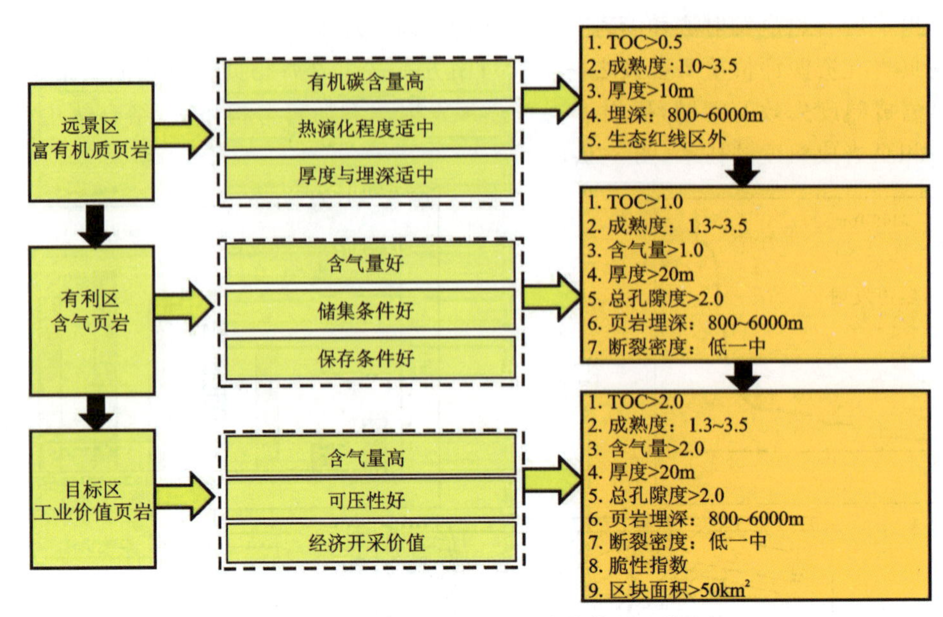

图 3-35　南方页岩气分级评价参数体系及其内涵

表 3-6　南方页岩气分级评价参数体系及其标准

评价参数		选区主要叠合参数	远景区	有利区	目标区
生储条件	页岩层厚度	是	页岩层系连续厚度≥10	页岩层系连续厚度≥10	页岩层系连续厚度≥20
	TOC	是	>1.0%	≥2.0%	≥2.0%
	R_o	是	R_o>1.3%	1.3%<R_o<3.5%	1.3%<R_o<3.5%
	总孔隙度	参考		>2%	>2%
保存条件	保存指数	参考	构造较稳定，断裂较少，高角度缝不发育		
	构造类型	参考	正向构造的构造高点区，或负向构造的低点区		
开采条件	页岩埋深	是	>800m	800m<埋深<6000m	800m<埋深<6000m
	脆性度	参考		生物成因硅含量高	生物成因硅含量高
	含气量	参考		>2.0m³/t	>3.0m³/t
	地表条件	是	生态红线区外、地形高差小且有一定的勘探开发纵深		
	区块面积	参考			能够实现盈利的最小面积

第四章

水工环地质

SHUI GONG HUAN DIZHI

长江中游城市群地质环境调查与区划综合研究报告

提交单位:中国地质调查局武汉地质调查中心

项目负责人:陈立德,邵长生

档案号:档 0510

工作周期:2009—2015 年

主要成果:

1.查明无重金属污染耕地 1.2 亿亩(1 亩≈666.67m^2),绿色富硒耕地 2056 万亩,有利于现代农业基地建设。

长江中游城市群耕地主要分布在江汉平原、洞庭湖平原、环鄱阳湖平原及其周缘地带,其中平原区耕地面积约 1.3 亿亩。肥力相对丰富且环境清洁的优质耕地分布面积为 1.0 亿亩,占平原区耕地面积的 83%,主要分布在江汉平原及鄱阳湖平原大部,洞庭湖平原的松虎平原、澧水下游、沅江下游。土壤肥力相对丰富但环境受到一定程度污染的中等质量的耕地面积为 0.2 亿亩,主要分布在长株潭、武汉、黄冈、南昌、余干等大中型城市邻域或矿集区。

调查发现,表层土壤富硒区面积为 4349 万亩,圈定可利用富硒区面积为 2056 万亩,主要分布于江汉平原和鄱阳湖平原南部地区,以及韶山、桃源、临澧和九江等地。其中江西丰城富硒土壤面积达 78.6 万亩,平均含硒量 0.54mg/kg,属有机硒形态,富硒农产品开发利用较成功,已取得较好的社会效应和较大的经济效益,被誉为"中国生态硒谷",为利用土地资源禀赋优势发展特色农业探索了道路。湖北江汉流域中可作为农产品开发基地的富硒土壤面积为 1510 万亩,具备总量大、分布广、品质优三大特点。建议推广江西丰城和湖北恩施等地富硒耕地开发经验,科学规划、合理利用绿色富硒耕地资源,进一步将江汉平原打造成为"富硒粮都"。

2.河湖湿地分布广泛,面积达 1.98 万 km^2,生态功能完善,但仍然存在湖泊萎缩、湿地退化等现象。

长江中游湿地面积为 1.98 万 km^2,其中,湖泊水域总面积为 1.90 万 km^2,集中分布在江汉-洞庭湖群、鄱阳湖,以及长江干支流及其洪泛平原。湿地保护总面积为 1.19km^2,已列为重点保护的重要湿地自然保护区 45 个,面积达 8647km^2,其中国际重要湿地 6 个,包括洪湖湿地(414km^2)、沉湖湿地(116km^2)、东洞庭湖湿地(1900km^2)、西洞庭湖湿地(357km^2)、南洞庭湖湿地(1680km^2)、鄱阳湖湿地(224km^2)。

湖泊湿地面临的主要环境问题有围湖造地、垦殖等造成的湖泊萎缩和湿地功能退化。从 20 世纪 50 年代初到 80 年代末,有"千湖之省"之称的湖北省 100 亩以上湖泊从 1332 个锐减为 843 个。80 年代以后,湖泊萎缩势头有所减缓,但总体上仍呈萎缩趋势。此外,湖区养殖、污染造成的水质超标和富营养化等,使 50%以上的湖泊出现轻度以上污染。

三峡工程等重大水利工程建设运营后,江汉-洞庭平原沿江一带地下水位下降 0.8~2m,湖泊湿地面临进一步萎缩的风险。建议加强湖泊湿地保护力度,遏制围湖造地、湿地退化趋势。加强地质环境监测工作,进一步评估三峡工程、南水北调中线工程等建设运营对江汉-洞庭湖群和鄱阳湖等湖泊湿地的影响。

3.区域地壳稳定性总体较好,水资源丰富,有利于重大工程、新型城镇化和产业带规划建设。

长江中游城市群区域地壳稳定性总体较好,主要断裂带的活动性较弱。较显著的断裂活动主要集中在襄樊-广济断裂与郯庐断裂交会的九江-瑞昌-阳新地区。虽有幕阜山系和九岭山系,但中低山区面积总体相对较小，沿江平原岗地地形平缓、起伏小、宽度大，有利于新型城镇化发展、产业布局以及港口建设。

长江中游城市群水资源丰富，多年平均年径流量达4500亿m^3，占全流域总径流量的47.2%，是我国水资源最为丰富的区域。2012年，长江中游城市群全年水资源总量达到3191亿m^3，其中地表水资源量为3135亿m^3。地表水资源量相对丰富的地区包括咸宁、长沙、株洲、岳阳、益阳、常德、衡阳、九江、宜春、上饶、抚州、吉安等地，水资源总量达100亿m^3，上饶、抚州水资源总量突破300亿m^3。武汉、长沙、南昌等中心城市的用水总量占比分别为72%、26%和26%，上饶、鹰潭、景德镇、九江、萍乡、咸宁、宜春、宜昌、株洲、益阳、新余、娄底等12个城市用水量占比不超过20%。长江中游城市群地下水资源丰富，水质较好，经综合评价，圈定主要城市地下水应急（后备）水源地，其中18处应急水源地为可供100万以上人口的应急水源地。

重大工程和过江通道建设宜考虑襄樊-广济断裂、郯庐断裂活动性，建议提高瑞昌-阳新地区抗震设防等级，控制城市规模，规避地震诱发岩溶塌陷区。建议结合水资源潜力，统筹规划区域发展战略，差异化管控不同城市新增建设用地，发展节水农业，提高工业用水效率。

4.鄂西、湘中页岩气和油气调查获得突破，地热和浅层地温能资源量大，新型能源开发利用前景广阔。

2015年国土资源部中国地质调查局组织的页岩气和油气调查取得一系列重大发现和重要进展。湖北宜昌页岩气调查钻获厚70m优质含烃岩层，显示该区页岩气资源潜力大。鄂西秭归和湘中武陵山地区页岩气和油气资源勘查获得突破。长江中游城市群新型能源储量大。

建议加强对页岩气、地热、浅层地温能等新能源的勘探开发，加快推进宜昌等地区页岩气综合开发示范区建设，加快技术创新，推动页岩气相关产业发展，优化能源供给体系，保障能源供给安全。

5.矿产资源品种多，铜、钨、磷、稀土等矿产储量大，适宜矿业和相关产业发展。

长江中游城市群是我国重要的矿产资源区，已发现各类矿产166种，主要分布在秦岭成矿带、桐柏-大别-苏鲁成矿带、长江中下游成矿带、龙门山-大巴山成矿带、上扬子中东部成矿带、江汉-洞庭成矿区、江南隆起西段成矿带、江南隆起东段成矿带、湘中成矿亚带、幕阜山-九华山成矿亚带、武功山-北武夷山成矿亚带和南岭成矿带中段北部12个成矿（区）带。区内磷矿、萤石、重晶石、长石、海泡石等储量均居全国第一位，钛矿保有资源储量排名全国第四，钒矿保有资源储量位列全国第三。

建议推进宜昌-襄阳磷矿、黄石-九瑞铁铜矿、德兴铜金矿、赣北钨矿、湘中金锑矿、湖北云应-天潜盐硝矿等矿业经济区的优势产业基地建设；扶持并引导宜昌-襄阳磷矿等大型矿山探、采、选、冶新技术开发和应用，提高资源利用率；对湖北鄂州-黄石铁铜金主要矿产潜力区加大勘探经费投入，加大深部找矿，提高勘查精度，扩大勘查范围。逐步减少赣西煤、钨、稀土3种主要矿产资源的开发量，延长稀土矿的开采寿命，提升保证年限。

6.长江中游城市群岩溶塌陷发育，应加强区域岩溶塌陷调查评价和地下水动态监测，强化岩溶塌陷易发区城市建设用地管制，防范岩溶塌陷。

长江中游城市群岩溶发育广泛。岩溶塌陷易发区面积为4900km^2，主要分布于湖北武汉、黄石-大冶、咸宁-赤壁地区，湖南娄底和宁乡煤炭坝地区，江西九江沿江地区和萍乡—丰城一带。煤矿抽排地下水是岩溶塌陷的首要诱发因素，集中降雨影响的矿山抽排地下水疏干区地面塌陷、关闭矿坑后地下水位抬升区地面塌陷是煤矿抽排地下水诱发岩溶地面塌陷的另外两种表现形式。岩溶塌陷的诱发因素还包括不规范的工程施工、农业耕作、人工堆载、抽采地下水等人类工程活动。大气降水、地震也可能触发岩溶塌陷，甚至造成较大的次生地质灾害。

16个主要城市不同程度上面临岩溶塌陷威胁，包括湖北武汉、咸宁、鄂州、黄石、荆门，湖南长沙、益阳、娄底、株洲、湘潭，江西九江、丰城、新余、萍乡、宜春、景德镇等，其中，武汉市岩溶塌陷危害最为严重。调查表明，武汉市核心区共发育8条岩溶条带，呈近东西向展布，岩溶分布区面积1089km^2，岩溶塌陷高易发区分布面积143km²,中易发区约539km²,分别占武汉市岩溶分布面积的13.1%和49.5%。岩溶塌陷高易发区位于武汉市三环线以内武昌、汉口及汉阳主城区及新城区,人类工程活动强度大,在城市地下管线渗漏、工程施工等诱发因素的作用下,容易发生岩溶塌陷。武汉市近10年发生岩溶塌陷23处,17处为桩基施工或地下水疏排诱发。

307km高铁线路位于岩溶塌陷易发区。京广高铁武汉-江夏段26km、咸宁-赤壁段53km,沪昆高铁江西樟树湾-萍乡段180km、湖南湘潭-娄底段48km,存在岩溶塌陷地质隐患。咸宁市城区官埠桥1986年至1996年,曾发生6次岩溶地面塌陷,共产生陷坑25个,陷坑最大直径10m、深15m,影响范围约1.5km²,威胁京广铁路和107国道安全。

长江岸线137km位于岩溶塌陷易发区,其中嘉鱼段34km、武汉市段43km、鄂州段7km、江西段53km。2008年2月29日,长江岸线武汉纱帽段发生岩溶塌陷,产生最大直径140m的8个塌陷坑,面积共1.8万m²,严重威胁长江堤防安全。

建议加强区域岩溶塌陷调查评价,强化岩溶塌陷易发区新增建设用地管制。新城规划建设区应尽量避让高易发区;受岩溶塌陷威胁的建成区,应加强工程建设项目施工方式和施工强度监管力度,严格监控地下水抽排和城市地下管线渗漏。加强岩溶塌陷高易发区地下水动态监测,防范岩溶塌陷。

7.长江中游岸线2031km,总体稳定,湖北荆江和江西九江段存在崩岸、管涌等重大地质隐患。建议沿江产业带规划建设应重视岸线资源综合利用,加强河势监测,强化护坡和岸堤工程。

崩岸段主要分布在湖北枝城-城陵矶即荆江段(347km)、城陵矶-簰洲湾段(长192km)和江西九江-彭泽段(152km)。其中,枝城-簰洲湾段崩岸发育长度达334.6km,主要分布在荆州、沙市、江陵、石首、监利、洪湖等县市区境内;九江-彭泽段几乎全线都发生过崩岸现象。1998年大洪水期间,湖北省嘉鱼簰洲湾、江西省九江长江大堤4-5号闸口处由于崩岸出现决口,造成了重大的人员伤亡和财产损失。

区内长江沿岸管涌共162处,主要分布在荆江大堤、洪湖监利长江干堤和九江长江大堤,共152处,占总数的93.8%,其他堤段分布数量均小于10处,涉及荆州区、沙市区、江陵县、监利县、洪湖市、松滋市、公安县、石首市、赤壁市、嘉鱼县、黄石市、阳新县、武汉市、黄冈市、浠水县、钟祥市、天门市、潜江市、仙桃市、汉川市及华容县、岳阳县、九江县共23个县(市、区)。

三峡工程运营后,清水下泄冲刷江槽,长江河道的冲淤变化、河势变迁等发生了重大调整。为进一步保障长江黄金水道通航和防洪安全,建议针对崩岸和管涌严重的荆江、九江河段,加强河势和地下水动态监测,为科学防治崩岸及控制河道演变提供依据,沿江产业带规划建设应重视岸线资源综合利用,加强河势监测,强化护坡和岸堤工程。

8.长江中游矿山环境地质问题突出,环境影响严重区面积有5000km²,污染土壤面积有516km²,采空塌陷148处。建议加大矿集区地质环境综合治理,推进绿色矿山建设

长江中游是我国重要的矿产资源开发利用区。矿山地质环境影响严重区56处,影响面积5000km²,主要分布在湖北远安-荆门等地磷矿、荆门石膏矿、黄石-九瑞铁铜矿、湘中金锑矿和大中型煤矿、江西德兴铜金矿、赣北钨矿、萍乡-上栗煤矿等矿区。矿山地质环境影响较严重区65处,影响面积5355km²,主要分布在赣西南及上饶等地的金属、非金属和一些中小型煤矿区。

矿业活动诱发的主要环境地质问题是采空塌陷和土壤污染等。近年来,共发生采空塌陷148处,其中湖北76处、湖南58处、江西14处,主要分布在湖北省黄石、大冶、武穴、阳新、鄂州,湖南宁乡、湘乡、湘潭、浏阳和江西瑞昌、德安等市县。土壤污染主要分布在大冶、益阳、湘潭、株洲、上饶等矿集区周缘,其中516km²农用地土壤环境恶化,重金属等污染严重超标,土壤修复困难。矿集区土壤污染的主要原因是矿山废水排放。

建议加大矿山地质环境调查评价和综合治理,加大矿山抽排水无害化处理或循环利用,推进绿色矿山建设。

9. 江汉-洞庭盆地第四系划分与对比。

(1)江汉-洞庭盆地第四系划分与对比应以早更新世冲积扇发育为基础、以盆地演化为主线，将宜昌砾石层、白沙井砾石层和阳逻砾石层与上覆网纹红土之间确定为不整合关系，进而建立了江汉-洞庭盆地统一的第四系地层格架。

(2)江汉-洞庭盆地周缘发育一系列下更新统冲积扇或坡麓堆积，并向盆地内倾没，这些冲积扇或坡麓堆积应成为区内地层划分和对比的依据。

(3)长沙一带白沙井砾石层和上覆网纹红土之间为不整合接触，而不是河流二元结构的两个单元。这些砾石层是古湘江或其支流的冲积扇和在冲积扇基础上形成的辫状河流堆积，下游方向则发育湖泊三角洲沉积(汨罗组)；网纹红土是在白沙井砾石层沉积并经剥蚀之后的堆积物，二者不是连续沉积的，白沙井砾石层形成于早更新世(Qp^1)，而上覆的网纹红土则形成于中更新世(Qp^2)。

(4)以阶地分析方法为基础分别建立的“洞井铺组”“新开铺组”和“白沙井组”，是将不同成因和时代的、不同高程上的砾石层和网纹红土组合划为各自独立的岩石层单位，并应用于区域对比，造成区内更新世地层系统的混乱，应予以废弃。

(5)将洞庭盆地周缘的下更新统砾石层称为“白沙井砾石层”和湖泊三角洲相的汨罗组，相当于“洞井铺组”“新开铺组”及“白沙井组”下部的砾石层段，并将黄牯山组、陈家咀组、湖仙山组视为下更新统汨罗组和“白沙井组”的同期异相沉积或同义名。洞庭盆地周缘的下更新统可与江汉平原周缘的下更新统云池组和阳逻组对比，马王堆组则与善溪窑组对比。

大别山连片贫困区1∶5万水文地质调查成果报告

提交单位：中国地质调查局武汉地质调查中心

项目负责人：王清

档案号：档0570

工作周期：2016—2018年

主要成果：

一、解决的资源问题

1. 查明了调查区地下水类型及分布范围、含水岩组透水性和富水性、含水层接触关系、地下水赋存空间、地下水补径排特点和地下水化学特点，提出了以大理岩岩溶水和岩浆岩构造裂隙水作为新的找水方向。

调查区内地下水可分为第四系松散岩类孔隙水、碎屑岩类孔隙裂隙水、变质岩类裂隙水、岩浆岩类裂隙水、碳酸盐岩类孔洞-裂隙水5种类型。松散岩类孔隙水主要赋存于澴水和府河两岸的一、二级阶地 Qh^{al} 粉细砂、砂砾石和 Qp^{al} 砂砾石孔隙中，含水层具有由山前向平原区从一元向二元结构渐变、含水层薄、透水性和富水性强等特点。碎屑岩类孔隙水主要赋存于原生孔隙及层间裂隙，含水层受构造影响较小，富水性贫乏—极贫乏，透水性弱，分布于澴水和府河两岸的二、三级阶地，与元古宙变质岩呈不整合接触，分布较广。变质岩类裂隙含水层分布面积最广，约占调查区面积的55%，裂隙微弱发育或填充泥质，具有导水性较差、富水性贫乏和透水性弱的特点。岩浆岩类裂隙含水层零星分布，其围岩主要为变质岩，风化裂隙富水性和透水性较差，但构造裂隙水水量丰富。碳酸盐岩类孔洞-裂隙含水层主要岩性为大理岩，以条带状分布于孝昌县双峰尖地区，与变质岩、花岗岩、白垩系红层呈不整合或断层接触，富水性和透水性较好。

松散岩类孔隙水含水岩组 Qh^{al}、Qp^{al} 砂砾石层含水层富水性及透水性最好，震旦系灯影组大理岩岩溶含水层、岩浆岩构造裂隙含水层次之，碎屑岩孔隙裂隙含水层、变质岩裂隙含水层最差。

第四系 Qh^{al} 孔隙水主要接受大气降水及相邻含水层侧向补给，主要排泄通道是河流及下游相邻含水层、人工开采和蒸发。白垩系—古近系孔隙裂隙水多呈无压状态赋存，含水层大部分出露地表接受大气降水补给，通过侧向径流、人工开采、蒸发等方式排泄。变质岩风化裂隙水接受大气降水补给，受地形及含水介质空间分布控制，排泄方式为径流排泄、人工开采、蒸发排泄等。岩浆岩类风化-构造裂隙水接受大气降水补给，主要排泄方式为泉点排泄、径流排泄、人工开采、蒸发排泄等。岩溶裂隙水主要接受大气降水入渗补给，主要排泄方式为泉点排泄、径流排泄、人工开采、蒸发排泄等，岩溶地下水自成系统。

2.进一步梳理大别山区构造特点与断裂导水特征，从宏观上明确了找水的方向，并在侵入岩张性断裂破碎带部位取得找水重大突破。

贫水基岩山区断裂构造对地下水起着决定性控制作用，而调查区主要是在脆性岩石(侵入岩、大理岩)发育脆性断裂(张扭性)的部位富集地下水。因此，提出了以侵入岩构造裂隙水作为新的找水方向。将发育于脆性侵入岩中的张扭性断层归类为储水断层，发育于脆性大理岩中的张扭性断层归类为富水性断层，发育于软质塑性岩层(片岩、片麻岩)中的压扭性断层归类为阻水断层。基于此理论，采用音频大地电磁测深和高密度电阻率法进行探测验证，侵入岩构造裂隙含水层共实施探采结合井 7 口，单井涌水总量达 1 747.29m^3/d，水质均达到矿泉水标准。

3.总结了大别山贫水基岩山区地下水富水模式，明确了大别山扶贫、抗旱找水方向与取水的部位，可有效服务于大别山区安全供水。

根据含水介质及其与构造的展布关系，将富水模式分为：基岩风化裂隙水型富水模式、侵入岩体断裂储水型富水模式、岩溶条带型富水模式、层状玄武岩裂隙-孔洞水型富水模式。

基岩风化裂隙水型富水模式形成于冲沟汇水范围较大、风化裂隙带厚度较大、裂隙较发育的地段(图 4-1)，其分布广泛，埋藏浅，便于开采利用。该含水块段可作为分散的山区居民生活用水和农牧业用水的水源。

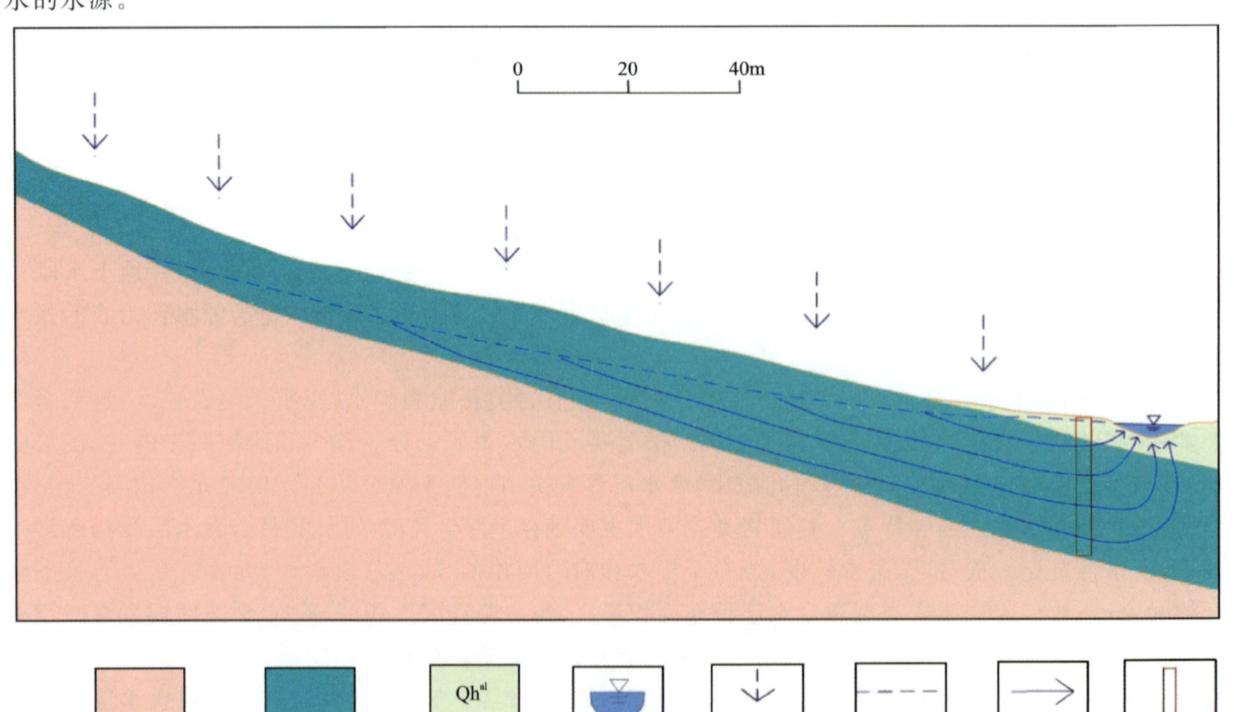

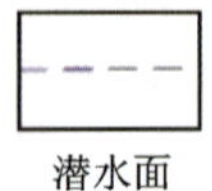

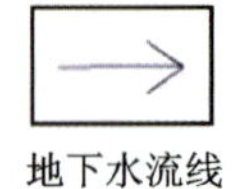

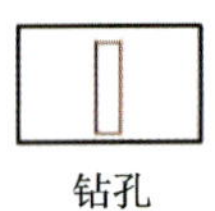

图 4-1　风化壳裂隙富水模式

侵入岩体断裂储水型富水模式呈斑块状分布在孝昌县季店乡，安陆市赵棚镇、寿山镇和洑水镇，广水市陈巷镇和大悟县芳畈镇。岩体主要受断裂构造控制呈北东向或北西向展布，岩体裂隙发育，为地下水的赋存提供了空间，当岩体规模较大时，则构成具有供水意义的基岩裂隙含水层。大构造裂隙和断裂破碎带往往是地下水的强径流带，也是岩体基岩裂隙含水层中的导水通道与集水廊道，因此在辉绿岩体基岩裂隙含水层下游断层的破碎带处，是设置钻井开采地下水的最佳部位(图 4-2)。该富水块段水量较丰富、水质优良，均达到矿泉水标准并具有一定开发价值，可作为集中供水水源地和矿泉水水源地。

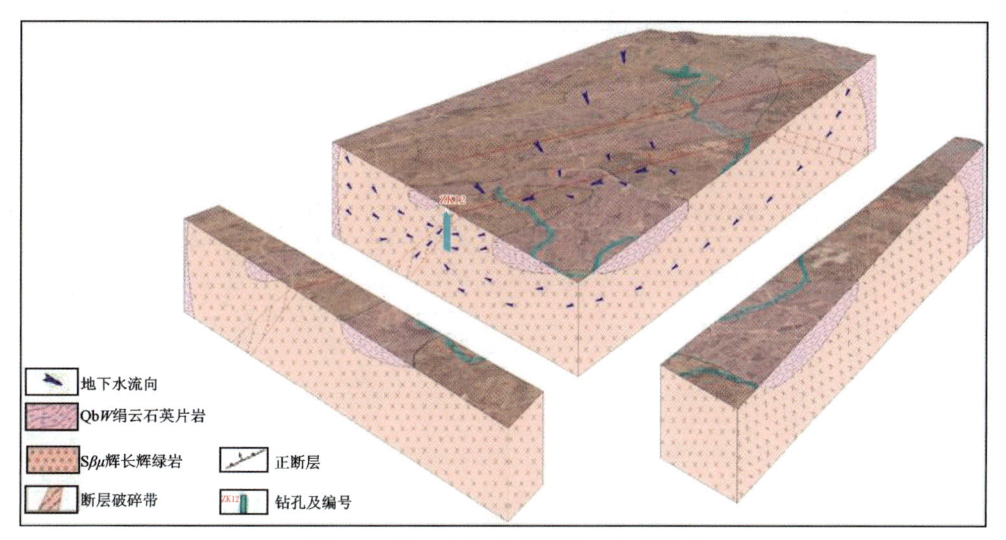

图 4-2　侵入岩体断裂储水型富水模式

岩溶条带型富水模式主要集中在震旦系灯影组大理岩条带状分布区，呈北西向展布，位于调查区东部芳畈镇至周巷镇一带。地下水主要富集于大理岩和大理岩红层断层接触带(图 4-3)。

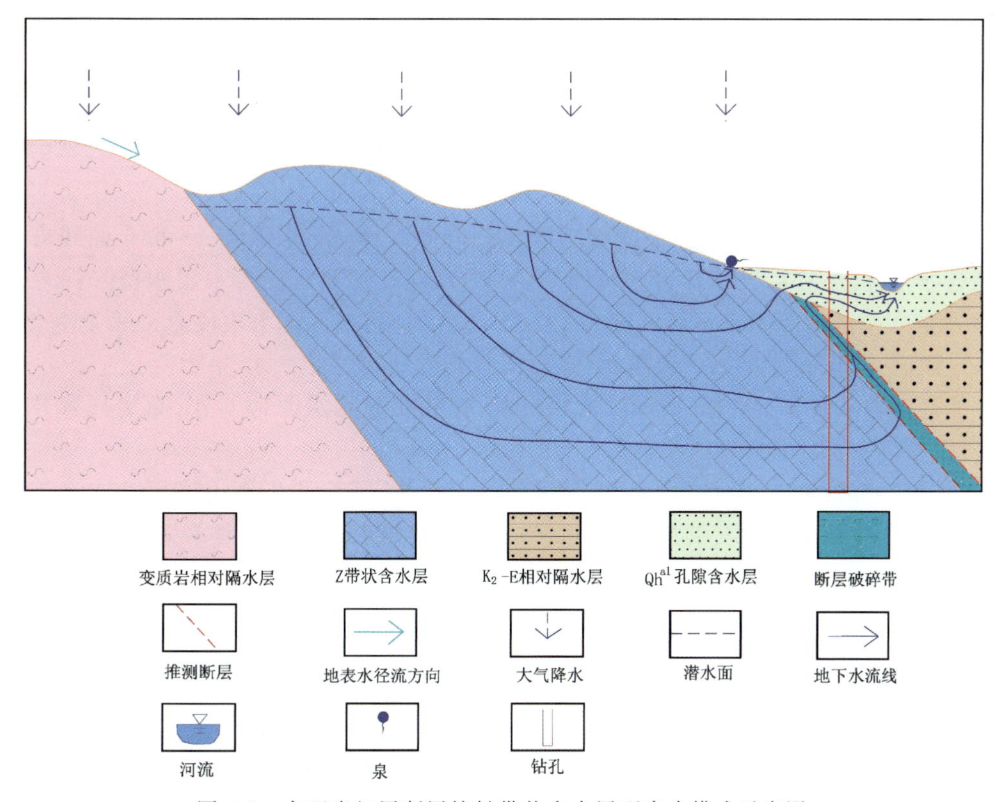

图 4-3　大理岩红层断层接触带状含水层型富水模式示意图

本次调查在上述理论的指导下，在松林岗幅孝昌县小河镇沙窝村，成井探采结合井 SLGZK02，井深 120.2m，在 54～64m 的位置揭露断层破碎带，钻进过程中漏失浆液，经抽水试验，单井涌水量为 428.06m^3/d，出水量大且水质优良。

4. 圈定 10 处富水块段，并评价其地下水资源量，保障地方供水安全。

综合调查区调查成果，划分的 10 个富水块段主要集中在工作区东部碳酸盐岩区及北部岩浆岩区(图 4-4)。此举对当地居民今后打井找水具有指导性作用。

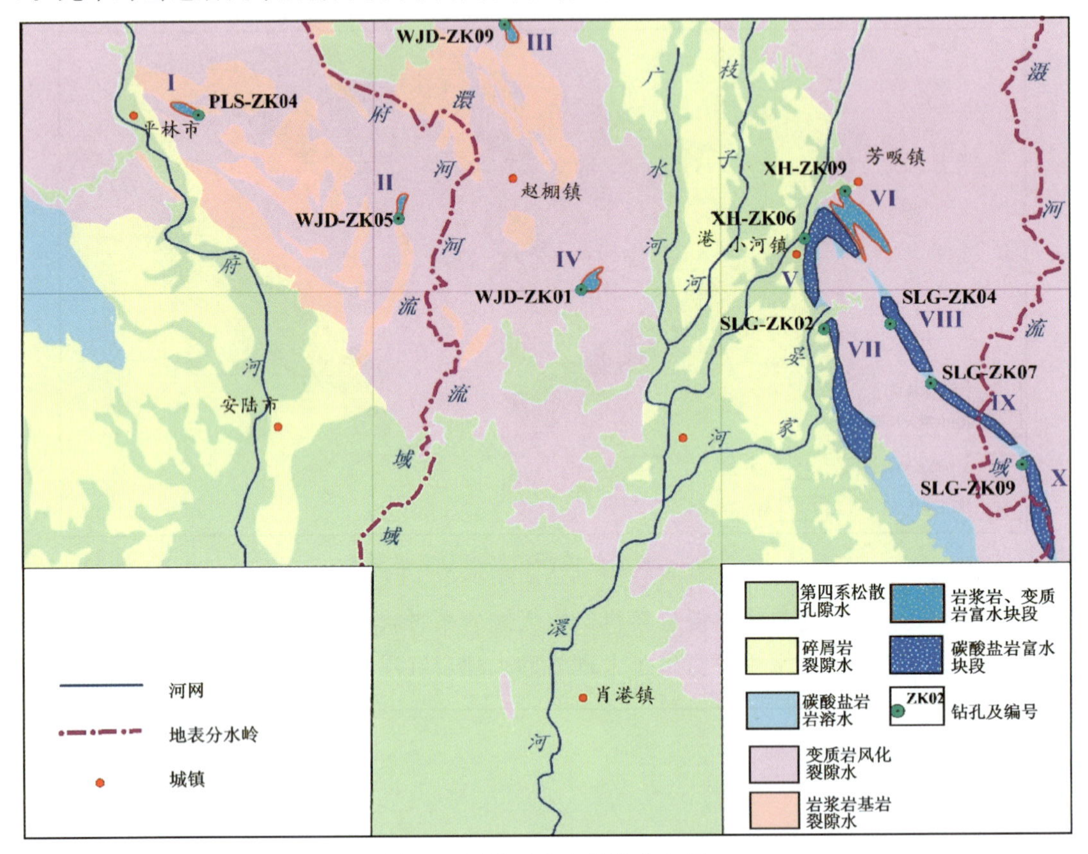

图 4-4 调查区富水块段分布图

根据各富水块段所布置钻孔的抽水试验流量(Q)-降深(s)数据，求取 $Q-s$ 拟合曲线方程。已知各钻孔揭露各含水层厚度 M 以及承压含水层承压高度 D，此处按照承压含水层水位降深等于承压高度(D)、潜水含水层水位降深等于含水层厚度的 1/2(M/2)计算调查区富水块段总开采量为 10 036m^3/d。当人均用水定额取 0.100m^3/d 时，每天可供 10 万人日常生用水。

5. 查明了富锶矿泉水分布规律，揭示其成因机制，探明矿泉水水源地 6 处，圈定具有开发潜力矿泉水水源地 3 处。

根据地层岩性分析，调查区地层 Sr 元素含量较高，辉绿岩或变质岩锶丰度可达或高于自然界平均值(图 4-5)。辉绿岩中辉石在蚀变的情况下，可生成碳酸盐矿物，充填于岩体裂隙之中。在野外调查中，辉绿岩体裂隙多见白色方解石薄膜，滴盐酸剧烈起泡。该地区地下水在经过充分的水岩相互作用之后，形成富锶地下水。

矿泉水水源地主要分布在孝昌县季店乡、周巷镇，安陆市赵棚镇、寿山和洑水镇和大悟县芳畈镇。实施探采结合井 7 口，钻孔涌水量 2 841.45 m^3/d。此成果可助力地方发展绿色产业，助力精准扶贫。

6. 查明了调查区地下水环境问题主要为原生劣质水和地下水污染，并对其分布规律及成因机制作了初步研究。

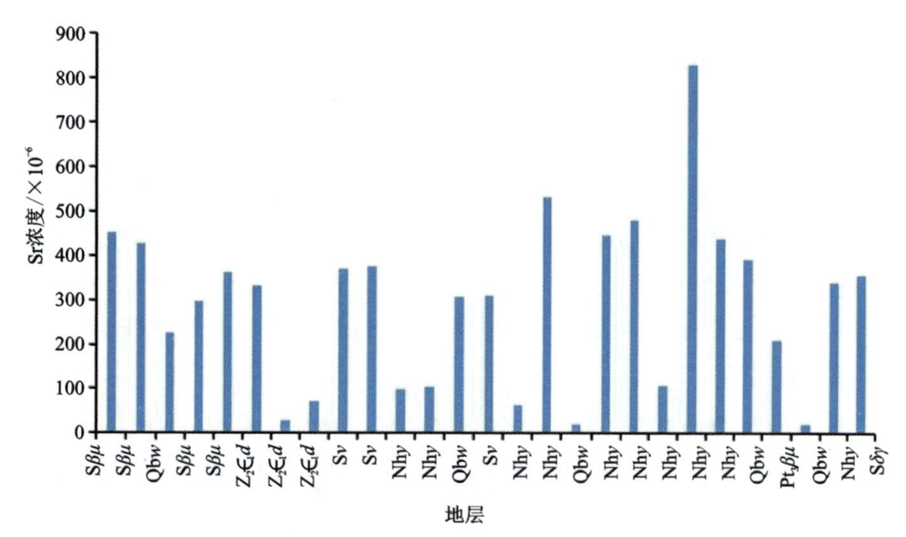

图 4-5　调查区地层 Sr 丰度直方图

原生劣质水问题是地下水中 Fe、Mn 含量较高并在某些地方形成高浓度地下水，影响用水安全。根据调查结果，第四系松散岩类孔隙含水层 Fe、Mn 超标率为 15%～20%，且分布面积最广，白垩系孔隙-裂隙含水层超标率为 10%，侵入岩裂隙含水层超标率 11.8%，变质岩裂隙含水层超标率为 19.15%，岩溶裂隙含水层中 Mn 超标率为 27%。基岩山区变质岩中具有较高的 Fe、Mn 地球化学背景。在水岩相互作用的影响下，地下水中溶蚀大量的含 Fe、Mn 化合物，在地下水侧向径流的过程中由于氧化还原环境的变化而逐步富集。

SO_4^{2-} 超标主要集中于调查区西南角木梓乡、棠棣镇、巡店镇，该段地层普遍存在石膏、膏盐层，在地下水溶滤作用下，SO_4^{2-} 在地下水中富集，检出 SO_4^{2-} 含量 217.29～1 241.41mg/L，含量超标主要与红层中膏盐段地层地下水原生环境有关。

地下水污染主要为 NO_3^- 污染和微生物学指标污染，均由生产生活污水乱排放导致。

7.通过水文地质钻探及地下水动态监测，获取了高精度的降雨入渗系数和含水层渗透系数，科学评价了调查区地下水资源量。

以流域为系统进行评价，调查区大气降水入渗补给总量为 8 419.3×10⁴m³/a；以调查区为边界，区内侧向径流总体处于一个排泄的状态，排泄量为 67.16×10⁴m³/a；河流排泄量为 5206×10⁴m³/a；河流补给量为 161×10⁴m³/a；此外还有居民生活用水与泉排泄，共计 3 317.6×10⁴m³/a，整体处于均衡状态。地下水可开采资源量为 4731×10⁴m³/a，占总补给量的 54%。

二、成果转化和应用

对国家级贫困县孝昌县“偏硅酸＋锶”矿泉水源地进行了初步勘查，完成探采结合井 4 口，涌水量可达 1 218.42m³/d，编制的《孝昌县地下水资源开发利用对策建议专报》已移交地方使用，支撑服务大别山精准扶贫、乡村振兴战略。该项成果获地方政府高度肯定，获得感谢信 8 封，应用证明 2 项，相关专报获地调局水环部批示 1 项。

3 年共完成探采结合井 30 口，出水量达 7 466.38m³/d，解决了 7.46 万人饮水困难，可为 30 万人提供饮用水源保障。

圈定 10 处富水块段，总开采量 10 036m³/d，可供 10 万人日常生活用水。

三、科技创新

建立大别山-江汉平原地下水转换关系试验场，开展江汉平原地下水补给机制研究，明确了第四系上更新统孔隙承压含水层的补给来源主要来自山前降雨和基岩山区裂隙水的侧向补给，而面上降雨入渗补给量十分有限，为区内地下水资源量评价和水资源合理开发利用提供了理论依据。

总结了大别山贫水基岩山区的赋存规律与控水构造模式，提出以大理岩岩溶水和辉绿岩裂隙水作为新的找水方向，初步建立了贫水基岩山区水文地质调查方法，取得了较好的找水成效，为大别山连片贫困区的扶贫工作提供了支撑。

湖北 1∶5 万花园镇幅、王家店幅、松林岗幅水文地质调查成果报告

提交单位：中国地质调查局武汉地质调查中心

项目负责人：王宁涛

档案号：档 0570-01，档 0570-04

工作周期：2016—2018 年

主要成果：

一、基本查明了调查区的水文地质条件

1.划分了调查区的水文地质单元，通过大量的野外工作(调查、钻探等)初步查明了调查区的含水层及富水性特征。调查区地下水类型按照含水介质可分为四大类：第四系松散岩类孔隙水、白垩系—古近系碎屑岩类孔隙裂隙水、基岩裂隙水及岩溶水。第四系松散岩类孔隙水主要赋存于调查区澴水河及其支流两侧河漫滩及一级阶地、调查区西北陈巷镇一带、调查区西南部以及局部山前冲积平原，地层主要包括 Qh^{al} 和 Qp^{al}，澴水周边河漫滩及阶地第四系孔隙水富水性可达中等，其余地方富水性为贫乏。白垩系—古近系碎屑岩类孔隙裂隙水主要分布在调查区中部，呈南北向展布，多为丘岗地貌，地层岩性主要为 K_2E_1g 砂岩、砂砾岩，岩层产状平缓，构造不发育，富水性贫乏。基岩裂隙水按照富水介质分为变质岩类裂隙水和岩浆岩类裂隙水。变质岩在调查区中广泛分布，包括的主要地层为 QbW、Nhy、Z_1d、$Z_2\in_1d^2$、$\in_1q$、$\in_2OM$ 等，岩性主要为片岩、片麻岩、变粒岩等，其风化裂隙水富水性普遍为贫乏，局部基岩构造裂隙中富水性可达中等。岩浆岩主要出露于调查区王家店幅和松林岗幅。其中，松林岗幅主要是发育于双峰山的花岗岩($K_1SF\pi\eta\gamma$)及出露于松林岗中部的中粒二长花岗岩($K_1Z\eta\gamma$)，含风化裂隙水，富水性贫乏；王家店幅岩浆岩主要为 $Pt_3\beta\mu$ 片理化变辉长辉绿岩、$S\beta\mu$ 变辉长辉绿岩及 $S\delta\mu$ 橄榄辉绿岩，含少量风化裂隙水，富水性贫乏，但遇拉张型断层可形成较好的储水空间，富水性可达中等以上。岩溶水主要赋存于松林岗幅震旦系—寒武系灯影组($Z_2\in_1d^1$、$Z_2\in_1d^3$)大理岩当中，富水性根据补给或者排泄区可分为贫乏和中等。

2.查明了调查区含水层的空间结构特征及补径排关系。以观音山—寨山、黄牯石—双峰尖连线的两处高点为补给区，地下水由此往四周径流，多通过泉水的形式排泄于地表，最终汇入不同的河流。调查区自东向西横跨府河、澴水、溳水 3 大水系。

3.通过取样测试查明了调查区地下水的水化学类型及水体水质情况。区内地下水化学类型众多，

成分变化大。主要分布的水化学类型有5种：$HCO_3 \cdot Cl-Ca$型、$HCO_3 \cdot Cl-Ca \cdot Na$型、$HCO_3-Ca$型、$HCO_3-Ca \cdot Mg$型、$HCO_3-Ca \cdot Na$型。

4.计算了调查区的水资源状况。调查区主要补给来源为大气降水，占所有补给来源的99%以上，调查区水资源开采处于均衡状态。调查区地下水资源总体相对比较贫乏，可开采量占总补给资源量的36.46%。

5.查明了调查区的水资源开发利用现状。调查区没有大型水资源开发利用的工矿企业或工程项目，多数城镇均实现了集中供水，供水的来源主要为地表水体，而乡村还存在较多的单户单井供水的现象。调查区东部山区泉水的利用率较高。调查区整体地下水资源利用率较低。

6.查明了调查区的环境地质问题。调查区没有崩塌、滑坡、泥石流、地面塌陷等地质灾害。主要地质环境问题为地表及地下水资源量相对贫乏，地下水天然水质不佳，地下水环境污染较普遍，尚有部分当地居民饮水安全问题急需改善。此外，调查区的干旱灾害抵抗能力弱，近些年来干旱频率及持续时间呈增加趋势。

二、科学研究、服务地方

1.开展了贫水基岩山区水文地质调查评价方法的研究，通过调查、物探、钻探相结合的方式探索基岩山区找水方法，并取得一定成果。

2.施工10口探采结合井，可解决22 000余人的生活用水问题。且发掘了5口矿泉水井，井水的偏硅酸和Sr浓度均达到矿泉水标准，年产量逾50万t，年利润可达千万元，有效助力于当地脱贫脱困。

大别山连片贫困区1∶5万水文地质调查（安陆幅）成果报告

提交单位：湖北省地质环境总站

项目负责人：韩德村

档案号：档0570-02

工作周期：2016—2017年

主要成果：

安陆地属亚热带热带季风气候，多年平均降水量为1 081.33mm。区内主要河流有府河、漳河、滚子河。

调查区为鄂北丘陵与江汉平原北缘的过渡带，总体属平原-垄岗区，地势整体北高南低。区内第四系松散堆积层分布广泛，白垩系—古近系碎屑岩隐伏于其下，玄武岩多期次喷发与碎屑岩形成同层沉积构造，北西侧边缘出露震旦系—寒武系碳酸盐岩，东北侧出露新元古界变质岩及变辉绿岩。区内地质构造简单，主要发育有1条断裂。新构造运动主要表现为上升与下降。

安陆幅地下水类型可归结为松散岩类孔隙水、碎屑岩类孔隙裂隙水、玄武岩孔洞裂隙水、碳酸盐岩类岩溶裂隙水和变质岩裂隙水。根据含水岩组水力性质，调查区内地下水可分为：第四系全新统冲积层砂、砂砾（卵）石孔隙承压水（Qh^{al}）（富水性贫乏—丰富），第四系上更新统冲洪积层砂、砂砾（卵）石孔隙承压水（$Qp_3^{al\text{-}pl}$）（富水性极贫乏），上白垩统—古近系古新统公安寨组粉砂岩、泥质粉砂岩孔隙裂隙水（K_2E_1g）（富水性极贫乏—贫乏），玄武岩孔洞裂隙承压水（β）（富水性极贫乏—贫乏），上震旦统—下寒武统灯影组硅质白云岩岩溶裂隙承压水（$Z_2\in_1dy$）（富水性中等），震旦系—寒武系碳酸盐岩夹板岩、页岩裂隙水（$\in+Z_1d$）和新元古界变质岩—变火山岩裂隙水（$\beta\mu+Qb$）（富水性极贫乏）。第四系中更新统

($Qp_2^{al\text{-}pl}$)黏土、黏土夹砾(卵)石裂隙中还赋存有少量潜水，水量极少且受季节性影响变化较大，不具备集中供水意义，作为非含水岩组处理。

安陆幅地下水化学类型可大致划分为19大类，区内$Qp_3^{al\text{-}pl}$地下水化学类型主要为$HCO_3 \cdot SO_4 - Ca \cdot Na$；$Qh^{al}$地下水化学类型主要为$HCO_3 \cdot SO_4 - Ca \cdot Na$和$HCO_3 \cdot SO_4 - Ca \cdot Na \cdot Mg$两大类。$K_2E_1g$及$\beta$地下水化学类型主要为$HCO_3 - Ca \cdot Na$、$HCO_3 \cdot SO_4 - Ca \cdot Na$型；$\in_1 y+z$和$Z_2\in_1 dy$地下水化学类型主要为$HCO_3 - Ca \cdot Na$型；$Pt\beta\mu$地下水化学类型主要为$HCO_3 \cdot SO_4 - Ca \cdot Na$型。

本次共取样87组，其中Ⅰ类水4组、Ⅱ类水35组、Ⅳ类水33组、Ⅴ类水15组。第四系松散岩类地下水Ⅴ类水多集中于河流周围及人类聚居区，碎屑岩地下水Ⅳ、Ⅴ类水多集中于图幅南侧含膏盐段。饮用水水质评价主要超标因子为SO_4^{2-}、NO_3^-、总硬度、COD、TDS、Fe、Mn、Hg、F^-等。玄武岩地下水偏硅酸含量普遍超过50mg/L，达到命名硅水标准。

调查区依据地下水类型、含水层展布特点可将地下水单元划分为松散岩类孔隙水单元(Ⅰ)、碎屑岩裂隙孔隙水单元(Ⅱ)、玄武岩孔洞裂隙水单元(Ⅲ)、碳酸盐岩类岩溶裂隙水单元(Ⅳ)及变质岩类裂隙水单元(Ⅴ)五大类。本次水资源评价选用水均衡法、径流模数法、比拟法、数值法评价等方法，综合求取安陆幅地下水天然补给资源量为2 371.90×$10^4 m^3/a$，地下水可开采资源量为1 119.246×$10^4 m^3/a$。

安陆幅地下水开发利用方式及程度受水文地质特征及经济发展程度共同影响。中部府河平原阶地多为居民手压井分散供水，少量泵房集中供水，主要供给农田灌溉；垅岗区白垩系—古近系红层中多为大口径浅井分散供水，变质岩区多为机井分散抽水，主要作为生活用水，农田灌溉主要通过地表渠道供水；玄武岩地下水多为分散式机井开采，开采利用程度不高，由于具理疗矿泉水功效，可作为新型产业扶贫项目，具有良好开发利用潜力。

经预测，到2045年，图幅内城镇居民和农村居民生活需水、工业需水、第三产业需水可以全部满足。由于含水层埋藏条件和富水性存在区域差异，雷公镇、棠棣镇、木梓乡和洑水镇在特殊干旱年份经济社会发展可能受缺水影响，针对各区和各乡镇提出相应地下水开发利用和保护方案。

紧密结合地方需求，积极筹划，充分论证，实施探采结合孔14口，浅井8口，成功出水率92%，得到了当地百姓和政府的高度肯定，实现了地质调查与民生的有机结合，勘查找水取得丰硕成果，社会效益显著。

湖北1∶5万肖港镇幅水文地质调查综合评价成果报告

提交单位：中国地质大学(武汉)
项目负责人：胡成
档案号：档0570-03
工作周期：2016—2017年
主要成果：

一、查明了调查区的基本水文地质条件

1.确定调查区水文地质填图单元。基于地层实测剖面、简易抽水试验、钻孔抽水、压水试验等成果，划分了含水层、隔水层/弱透水层，确定了地层富水性强弱，并确定了调查区主要含水层的水文地质参数。调查区含水层有第四系全新统(Qh^{al})孔隙潜水、上更新统(Qp_3^{al})孔隙微承压水、古近系的碎屑岩孔隙—裂隙水(Ey)及青白口系武当群变质岩风化裂隙水(QbW)，其中第四系冲积成因的砂砾层为调查区

主要含水层。

2. 查明了调查区主要含水层与相对隔水层的组合结构、空间展布及其相互关系，构建起调查区水文地质结构模型。根据含水层的结构组合特点，进行了水文地质结构分区，明确了不同区域地下水可开采利用的对象。

3. 查明了调查区不同类型地下水的补径排特征。大气降水入渗和区域侧向径流是调查区地下水的主要补给来源，第四系全新统 Qh^{al} 孔隙潜水补给条件最好；古近系碎屑岩孔隙-裂隙水与第四系孔隙水水力联系密切，互为补给；地表水系——澴水为区域地下水的主要排泄路径，而全新统 Qh^{al} 孔隙潜水含水层成为区内其他含水层径流排泄至澴水的通道。

4. 全面掌握了调查区地下水水化学组分基本特征。通过机井、民井调查取样与测试分析，查明了不同类型地下水水化学组分的主要构成、地下水化学类型和氢氧同位素特征。总体而言调查区地下水化学组分含量变化较大，地下水化学类型比较复杂，其中第四系全新统 Qh^{al} 孔隙潜水的水化学类型变化最大，综合反映地层岩性、水动力条件及人类活动是水化学特征变化的主要影响因素；地下水的氢氧同位素特征说明了地下水的补给来源主要是降雨入渗，同时反映了蒸腾蒸散作用是调查区地下水主要排泄方式之一。

5. 全面地评价了调查区地下水水质状况。通过选取相关水质指标和标准分别对调查区地下水、地表水及部分小型供水井水质进行评价。评价结果显示，调查区的地下水水质状况整体不佳，仅有44.25%达Ⅲ类标准，其中 Qh^{al} 孔隙潜水超标率高达88.06%，Ey 孔隙-裂隙地下水水质相对较好，近70%可以满足Ⅲ类标准，地下水主要超标组分是Fe、Mn和硝酸盐类；地表水中除F、Mn与Fe三项指标出现超标，其他组分均满足地表水Ⅲ类水质标准；微生物超标是小型供水井中水质超标的主要组分，总体超标率达到80%。除Fe、Mn元素天然背景值较高外，调查区水环境的污染主要受农业生产及居民生活的影响。

6. 建设了全区地下水动态监测网络，基本掌控了不同地下水类型的水位、水温动态变化。已经获取的长期监测数据可以清楚分析不同含水层之间的水力联系，也充分说明孔隙含水层是当地农业灌溉主要开采对象，以及调查区地下水总体处于相对均衡的状态。

7. 构建了调查区的三维地下水水量评价数值模型，定量评价了调查区地下水资源量。本次评价结果是：地下水的补给资源总量约为1 565.17万 m^3/a，储存资源量为70 560万 m^3，可开采资源量为630万 m^3/a。其中降雨入渗净补给资源量1 531.21万 m^3/a，占全部补给资源量的98%，侧向径流补给资源量为33.96万 m^3/a。因此调查区地下水资源总体相对比较贫乏，缺乏可以规模性开采的含水层和开采资源量。

8. 查明了调查区的水资源开发利用现状。调查区没有大型水资源开发利用的工矿企业或工程项目，区内地表河流、中小型水库均未修建供水设施，不能提供生产生活用水。农业灌溉和居民生活用水主要开采地下水，农业灌溉开采范围相对集中，而居民生活用水主要以分散性的浅层地下水开采为主。调查区唯一一个水质达到Ⅱ类标准、库容1400万 m^3 的八汊凹水库有重要的开发利用潜力。

9. 调查区没有崩滑流、地面塌陷等地质灾害，主要地质环境问题包括：地表及地下水资源量相对贫乏，地下水天然水质不佳；包气带防污性能脆弱，地下水环境污染较普遍，尚有部分当地居民饮水安全急需改善；地下水开采潜力有限，在人口密度较大、以开采地下水作为供水水源的部分乡镇开始出现小型的常年性地下水降落漏斗。此外，调查区的洪涝、干旱灾害抵抗能力弱，近些年来干旱频率及持续时间呈增加趋势，调查区人畜饮水困难、农作物大幅度减产的范围也在增加。

10. 综合本次水文地质调查成果，提出了水资源开发利用与保护的建议。严格限制耗水型的生产企业或服务型的企业进入，根据水资源空间分布特点来确定城镇化发展规模，加快集中供水和自来水的普及率，完善工程长效运行管护机制，优先保障生活用水和安全用水；重点利用区域地表水资源，适度开发地下水资源是调查区水资源规划的基本原则，应增加小型、微型水利工程，同时与地下水资源的分布条件相结合,统筹配置水资源,推进农业节水灌溉工程,实现水资源可持续利用;高度重视水环境保护,鼓励和提倡有机化肥农药,同时切实抓好农村卫生环境治理,从源头上控制污染源,逐步改善地下水环境。

二、科学研究、服务地方

1.初步开展大别山区与江汉平原地下水转化关系的科学研究,建立了江汉平原地下水补给机制研究的首个野外科学试验场。

调查区属于大别山与江汉平原的过渡地带,由于第四系上部往往覆盖有厚层黏性土,降雨入渗与地表水体能否有效补给地下水,地表蒸发及面源污染对该浅层地下水环境影响的机制等都是需要深入研究的基础性问题。因此,开展调查区的包气带水分和溶质的运移规律研究对区域地下水资源量的评价与水环境保护有着重要的现实意义和科学价值。

结合水文地质勘察工作开展了专题性研究工作,采集了若干钻孔中全系列的土样及水样并完成了室内测试,建立了我国南方冲积平原区地下水补给机制研究的首个野外科学试验场,设计并配备了系统的自动监测仪器设备,监测对象包括场区的气象要素、不同深度的土壤水分、水势、温度、盐分变化等,设计并逐步开展不同土地利用背景情况下的水分和盐分在包气带运移扩散的野外现场试验。监测试验数据可以为解决江汉平原浅层地下水的补给和地下水污染防治等重大工程问题提供重要的科学支撑。

2.配合地方安全供水及精准扶贫任务、水文地质勘察工作实行了探采结合的统筹规划和精心设计,共完成了12口探采结合井。其中满足安全供水标准、可实行安全供水的总涌水量为$881m^3/d$,按照农村安全用水每人30L/d的用水量计算,可以解决区内近3万人的用水安全问题,为助力地方脱贫提供有效支撑。

湖北省1∶5万平林市幅、小河镇幅水文地质调查综合评价成果报告

提交单位:中国地质大学(武汉)

项目负责人:胡成

档案号:档0570-05

工作周期:2017—2019年

主要成果:

1.确定调查区水文地质填图单元及地层富水性强弱。基于对区域地质调查资料的分析,调查区地下水含水层可分为第四系(Qh)松散岩类孔隙含水层、白垩系—古近系(K_2E_1g)红层(砂岩-砂砾岩)孔隙-裂隙含水层、岩浆岩($J_3F\pi\xi o$)基岩裂隙含水层、震旦系($Z_2\in_1d$)碳酸盐岩岩溶孔洞-裂隙含水层以及中元古界—下古生界变质岩(QbW、$Pt_3Z\eta\gamma$、$\in_2OM$、Z_1d)风化裂隙含水层,其中岩浆岩($J_3F\pi\xi o$)基岩裂隙含水层、震旦系($Z_2\in_1d$)碳酸盐岩岩溶孔洞-裂隙含水层等的渗透性和富水性相对较好,为调查区主要的含水层。

2.查明了调查区主要含水层与弱透水层的组合结构、空间展布及其相互关系,构建起调查区水文地质结构模型。根据地下水类型及含水层的结构组合特点,将调查区水文地质结构分3个亚区、5个小区,并在此基础上总结了其水文地质特点(图4-6)。

3.查明了调查区不同类型地下水的补径排特征及不同类型地下水之间的补径排模式。大气降水入渗是调查区地下水的主要补给来源,第四系(Qh)松散岩类孔隙潜水以及岩浆岩($J_3F\pi\xi o$)基岩裂隙水补

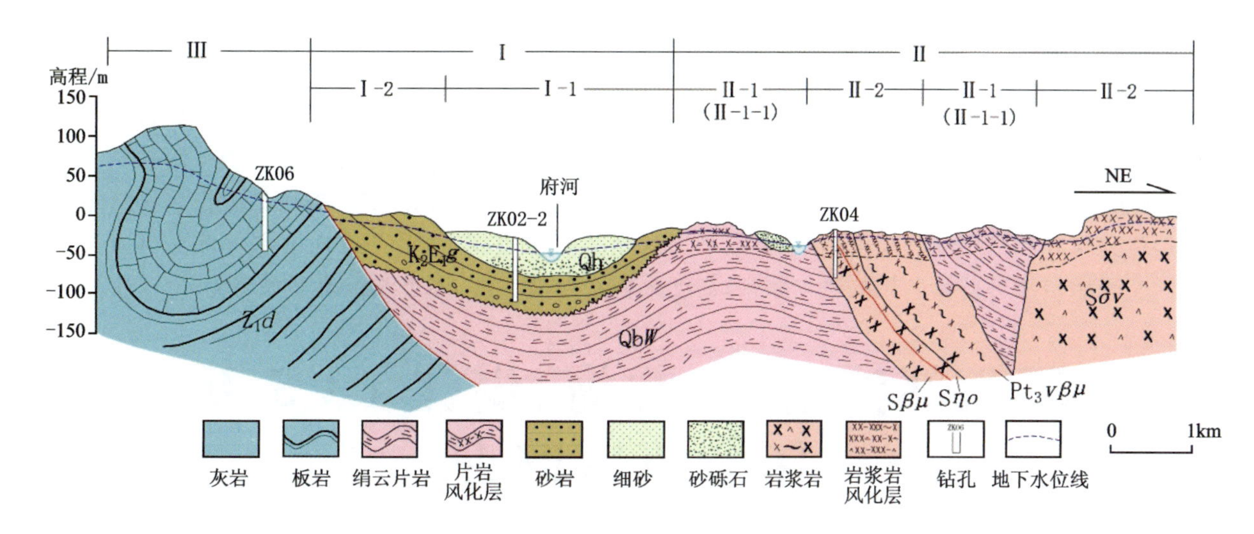

图 4-6 调查区水文地质结构剖面示意图

给条件最好；地表水系——滠河及其支流、水库为区域地下水的主要排泄路径，第四系（Qh）松散岩类孔隙潜水含水层为区内其他含水层径流排泄至滠河的通道；震旦系（$Z_2\in_1d$）碳酸盐岩岩溶孔洞-裂隙水在径流过程中受地形及白垩系—古近系（K_2E_1g）砂砾岩（相对隔水）控制，最终排泄于第四系（Qh）松散岩类孔隙潜水含水层；基岩山区中元古界—下古生界变质岩（QbW、$Pt_3Z\eta\gamma$、$\in_2OM$、Z_1d）风化裂隙水则主要是在地形切割较深的沟谷中直接排泄于地表水。

4. 掌握了地表水水化学组分基本特征及地下水化学类型和氢氧同位素特征。调查区地下水化学类型比较复杂，含水层间地下水化学组分含量变化较大，综合反映了地层岩性、水动力条件及人类活动是水化学特征变化的主要影响因素。

5. 全面地评价了调查区地表水和地下水水质状况。通过选取相关水质指标和标准分别对调查区地下水、地表水及部分小型供水井水质进行评价。调查区的地下水水质状况整体情况良好，仅有39.78%不符合Ⅲ类标准，地下水中超标组分主要是Mn、Fe和硝酸盐类；地表水整体水质较好，作为调查区内较主要的生活饮用水地表水源的芳畈水库和金盆浴鲤水库水质整体满足地表水Ⅲ类水质标准；除Fe、Mn元素含量高外，微生物是小型供水井中水质超标的主要组分，总体超标率达到70%。除Fe、Mn元素天然背景值高外，调查区水环境的污染主要来自农业生产及生活的影响。

6. 建立了全区地下水动态监测网络，基本掌握了不同类型地下水的水位、水温动态变化情况。已经获取的长期监测数据可以用来清楚分析不同含水层之间的水力联系，调查区地下水总体处于相对均衡的状态。

7. 定量评价了调查区地下水资源量，并构建了调查区主要含水层的三维地下水水量评价数值模型。本次评价结果是：调查区整体地下水的补给资源总量约为851万m^3/a，其中降雨入渗补给量约为811万m^3/a，侧向径流补给量约为40万m^3/a；模拟区即调查区西部不包含风化裂隙含水层部分地下水储存资源量为50 525万m^3，地下水补给资源总量为642.5万m^3/a，其中降雨入渗净补给资源量为623万m^3/a，占补给资源量的96%，地下水资源可开采量242万m^3/a；调查区东部变质岩风化裂隙含水层年降雨入渗补给量164万m^3/a。调查区整体地下水资源相对比较贫乏，缺乏可以规模性集中开采的含水层和开采资源量。

8. 查明了调查区的水资源开发利用现状。调查区的水资源开发利用情况受水文地质条件影响明显，整体以滠河为界，滠河以东基岩山区居民生活用水以分散式开采浅层地下水为主；滠河以西低丘平原地区及小河镇、芳畈镇人口稠密，居民生活用水主要来源为芳畈水库等地表水，部分村庄通过集中开采红层深层孔隙-裂隙水作为供水水源;农业灌溉用水主要取自地表河流——澴河、枝子港河;调查区没有大型水资源开发利用的工矿企业或工程项目。

9.调查区没有崩塌、滑坡、泥石流、地面塌陷等地质灾害,主要地质环境问题为地表水及地下水资源量相对贫乏,地下水开采潜力有限,地下水天然水质不佳,大部分当地居民饮水安全状况急需改善。

10.综合本次水文地质调查成果,提出了水资源开发利用与保护措施的建议。严格限制耗水型的生产企业或服务型企业进入,根据水资源空间分布特点来确定城镇化发展规模,加快集中供水和自来水的普及率,优先保障生活用水和安全用水;重点利用区域地表水资源,适度开发地下水资源是调查区水资源规划,实现水资源可持续利用的基本原则;高度重视水环境保护,逐步改善地下水环境。

环北部湾南宁、北海、湛江 1∶5 万环境地质调查

提交单位:中国地质调查局武汉地质调查中心

项目负责人:刘怀庆

档案号:档 0571

工作周期:2016—2018 年

主要成果:

1.完成 7 个图幅的 1∶5 环境地质调查,更新了环北部湾地区水工环地质数据,提高了区域水工环调查程度。

经过此次调查,进一步查明了工作区地下水含水岩组结构、富水性及补径排条件,并对主要水文地质参数进行补充和更新;进行了地下水系统划分,水资源量评价,为区域地下水资源开发保护提供了依据。对区内岩土体进行了工程地质分区,对南宁五塘地下空间开发适宜性进行了评价,为重大工程建设规划选址提供了基础资料。

2.北海、湛江地区地下水资源丰富,供水潜力巨大。北海重点区地下水主要赋存于南康盆地松散岩层中,地下水可开采量为 97.25 万 m^3/d,开采潜力为 73.96 万 m^3/d。从开采潜力分析结果来看,北海市区目前总开采量为 14.52 万 m^3/d,占可开采总量的 62%,还有 8.77 万 m^3/d 的开采潜力。

通过调查发现,北坡镇幅调查区内共有 17 口自流井,主要分布于北坡镇三合仔村、田头屋村及河西村等地,自流量 98.67~1 837.3 m^3/d,总流量达 7 281.62m^3/d,井水清澈,水质良好,可直接用于生产生活用水;城月镇幅调查区内共有泉(泉群)16 处,广泛分布在玄武岩台地区,泉水流量 12.096~13 595.731 2 m^3/d,泉水总流量 23 464.512m^3/d,大于 10L/s 的泉水共计 6 处。大量自流井及泉水的存在,说明调查区地下水资源丰富,补给充足。目前区内自流井及泉水主要用于农田灌溉及洗涤,利用率低,开发利用程度低,开采潜力大。根据调查并结合收集的资料,在遂溪螺岗岭圈定一处矿泉水水源地,其矿泉水偏硅酸含量高达 72.40~82.4mg/L,为低钠低矿化度重碳酸钙镁型偏硅酸矿泉水,可开采量达 812.84m^3/d,其水量大,水质优良且稳定,各项指标均符合国家饮用天然矿泉水标准(GB8537—2008),开发利用前景广阔。

3.统一了环北部湾海岸带第四系含水层,开展自然过程和人为活动对北部湾海岸带含水层地下水咸化来源及过程的综合影响研究,建立了大冠沙区域多层含水系统地下水咸化模型。

根据第四纪地层的对比研究,环北部湾地区海岸带第四系含水层从新至老依次划分为全新世中上统滨海砂含水层、下全新统冲积砂砾含水层、上更新统滨海砂含水层、上更新统玄武岩孔洞含水层、中更新统冲洪积砂砾含水层、中更新统玄武岩孔洞含水层、下更新统冲洪积砂砾和滨海砂含水层 7 套含水层

(图 4-7)。通过数值模拟得出北海大冠沙地区平面上海水入侵线随时间向内陆方向不断推进,高位养殖区下部的含水层 Cl^- 浓度范围不断扩大,此外,在含水层垂向上受高位养殖的影响潜水含水层的咸化最为严重。上部浅层含水层及第Ⅰ承压含水层主要受到高位海水养殖污染,咸水渗漏造成地下水持续咸化;大冠沙第Ⅱ承压含水层不仅受到上部咸水渗漏的影响,作为该地区地下水的主要开采层,水位持续下降,导致了不同程度的海水入侵,也对该含水层地下水构成了严重威胁;第Ⅲ承压含水层与上部含水层水力联系较弱,侧向补给强烈,抵御海水入侵能力较强,总体受海水影响较小(图 4-8)。

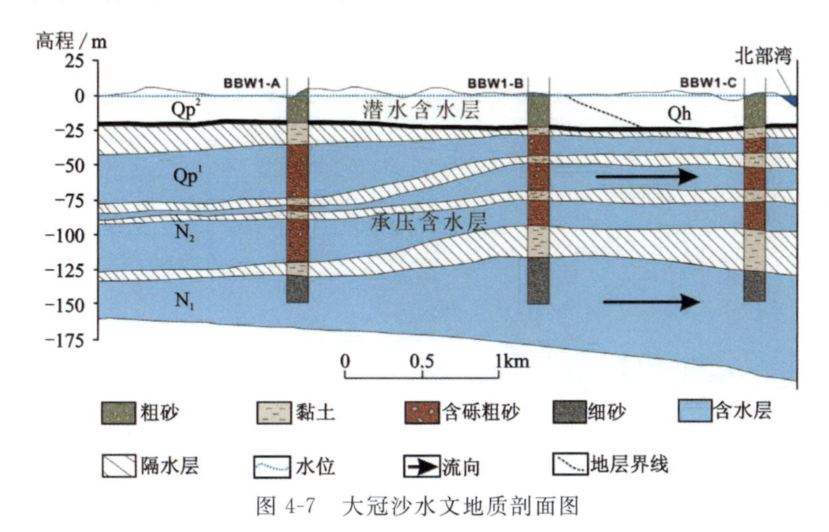

图 4-7　大冠沙水文地质剖面图

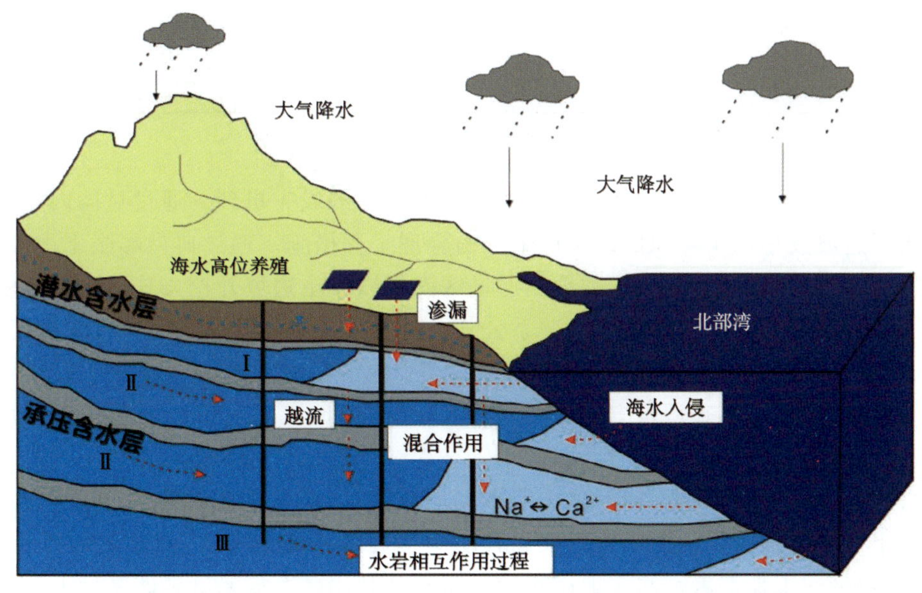

图 4-8　大冠沙地区多层含水层地下水咸化来源和过程概念模型

4. 全面分析了五塘地区膨胀岩土滑坡、地基膨缩变形、地下工程破坏的成灾机理。分析了边坡失稳的主要原因以及应采取的合理工程措施。通过典型膨胀土边坡监测,得到了边坡滑坡变形受降雨影响的关联数据。通过区内膨胀岩土边坡开挖方式、坡高、坡度和稳定性分析统计,得出了临界坡高与临界坡度之间的关系公式。

找出了研究区膨胀岩土的形成与分布规律。研究发现,研究区膨胀岩土的分布受古沉积环境影响与控制。中等—强膨胀土分布于研究区红层盆地的中央地带,强膨胀土主要分布于西部,盆地的东部及边缘地带则多为弱膨胀土或非膨胀土,里彩组泥岩为区内膨胀性相对强的膨胀岩。

查明了研究区古近系各岩土层的膨胀性、胀缩等级。古近系、白垩系的砂岩、粉砂岩不属膨胀岩，较新鲜的泥质粉砂岩大部分不属膨胀岩。较新鲜的泥岩以弱膨胀岩为主、粉砂质泥岩以微膨胀岩为主，里彩组泥岩膨胀性相对较强。第四系冲洪积土不属膨胀土。古近系古亭组、凤凰山组及白垩系罗文组的残坡积土及全风化、强风化岩大部分不属膨胀土，古亭组部分全—强风化粉砂质泥岩夹层具有弱—中等胀缩性。北湖组、里彩组、南湖组的残坡积土及全—强风化岩大部分属膨胀土，以中等胀缩性为主，其中里彩组的残坡积土及全—强风化岩主要属中等—强膨胀土(图 4-9)。

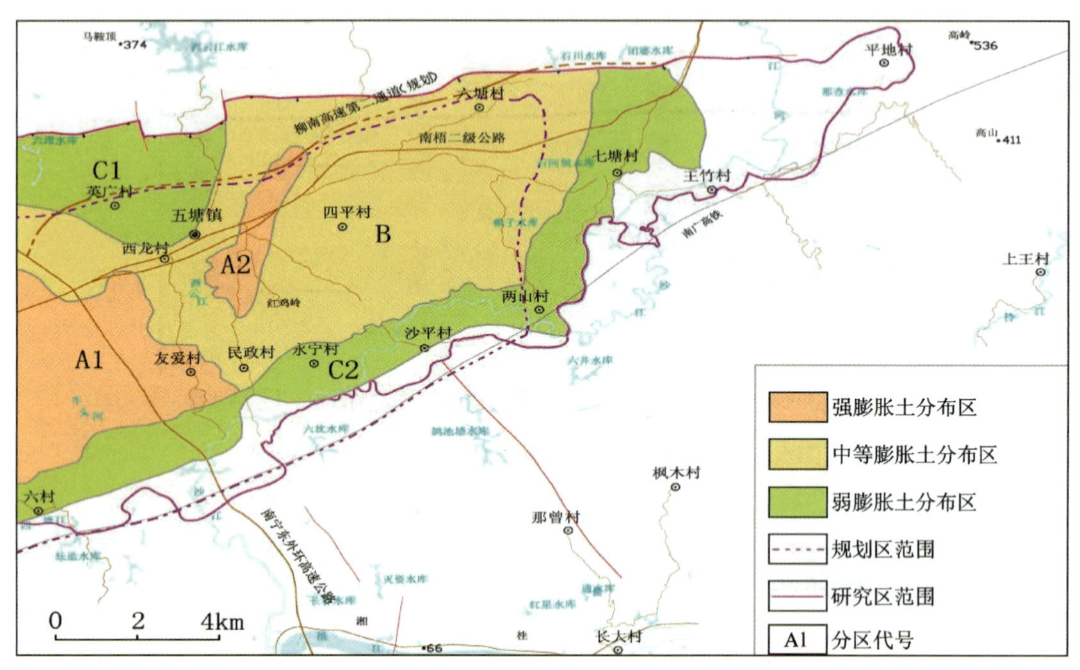

图 4-9　五塘地区膨胀岩土膨胀性分区图

全面阐述了膨胀岩土滑坡、地基膨缩变形、地下工程破坏的成灾机理。通过对区内膨胀岩土边坡的详细调查，分析了边坡失稳的主要原因以及应采取的合理工程措施。通过典型膨胀土边坡监测，得到了膨胀土边坡滑坡变形受降雨影响的关联数据。通过区内膨胀岩土边坡开挖方式、坡高、坡度和稳定性分析统计，得出了临界坡高与临界坡度之间的关系公式。提出了膨胀岩土安全坡度、坡高值，可供今后工程建设参考与利用。

5. 总结了海岸带含水层调查评价方法体系，为环北部湾等地区海岸带地下水资源和环境地质调查提供技术方法借鉴。

调查评价的主要方法有前期资料收集、面上水文地质测绘、物探、钻探、水文地质试验、水文地球化学分析测试、地下水动态监测等。前期资料收集有助于掌握区域地质背景、水文地质条件和特征等，指导水文地质调查评价的工作部署。水文地质测绘是在充分利用已有成果资料的基础上，由点及面，系统全面地开展地貌、地层、岩性、构造，代表性的泉、井水动态及水质变化特征，地下水开发利用现状及引发的环境地质问题的调查，掌握区域上的分布和特征。通过面上调查，在地下水和地质环境问题分布的重点区和关键区，开展地球物理探测和地质钻探工程，在典型区域设立地下水动态监测网络，并在此基础上通过水文地质试验、水位地球化学分析测试等获取地下含水层的结构及相应的水文地质参数和指标。

6. 构建环北部湾地区典型滨海城市资源环境承载能力评价方法体系，在系统分析资源禀赋与环境本底的基础上，以相关资源环境要素为主要限制因素，确定资源环境承载能力综合评价对象，建立综合评价指标体系和评价类型，开展单要素资源环境承载能力测算，并在此基础上进行北海市资源环境承载能力综合评价。

北海市承载能力高区占全区面积的 61%，主要集中在北海市合浦县大部分地区，但不包括合浦东北角工程地质不良地区和星岛湖乡以北临近水库的地区；承载能力较高区占全区面积的 37%，主要集中在铁山港区、海城区和银海区南部临北部湾条带状地区、曲樟乡、公馆镇东、星岛湖北、山口镇南和大田坪北；承载能力较低区占全区面积的 2%，分布在海城区的中心地区和铁山港区的临北部湾零星地区；全区不存在承载能力低区。总体而言，北海市发展前景大，规划潜力高，能较好支撑经济社会发展（图 4-10）。

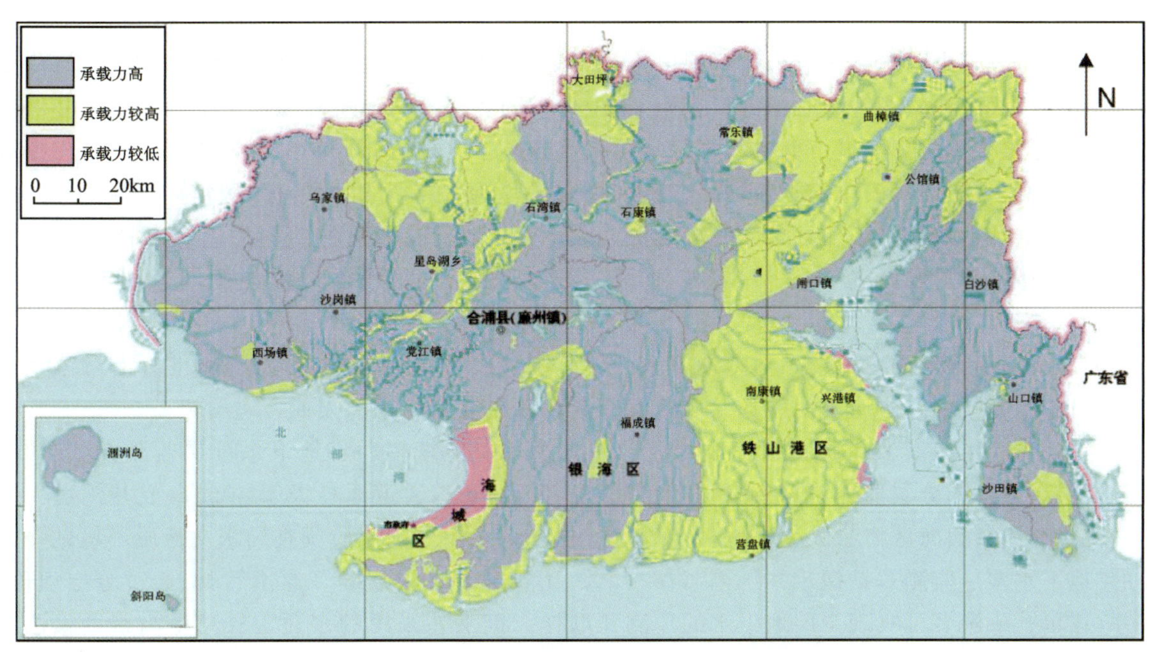

图 4-10　北海市资源环境承载能力综合评价分区图

在环北部湾地区资源开发过程中充分考虑资源环境承载能力，能更好地优化资源配置，保护生态环境，合理利用现有资源和环境，实现资源开发和环境保护协调发展，杜绝无序开发和过度开发。近年来，随着经济社会的持续快速发展，北海市面临的资源环境约束也持续加剧。经济建设过程中引发的水资源污染、海岸带地区环境工程地质问题等日益凸显，对地质环境安全保障的需求将明显上升。对北海市开展基础资源环境条件调查及重大环境地质问题的深入分析，开展资源环境承载能力评价，为区域经济社会发展及国土资源规划提供了科学依据。

7. 编制了《北部湾城市群（广西区）资源环境图集》，服务于地质环境的保护和生态文明的建设。

以南宁、北海、钦州、防城港、玉林和崇左六市所辖行政区为编图范围，以 2009 年以来的项目成果编制而成，图集主要包括 3 部分内容，共计 21 幅图件。其中，介绍北部湾城市群（广西区）概况的序图共有 5 幅，主要内容包括自然地理图、国土开发强度图、土地利用现状图、产业布局图和重大基础设施分布图。描述区内资源条件的资源类图件共有 8 幅，主要内容包括地下水资源、地下水水源地、旅游资源、富硒土壤资源、特色农产品、地热资源、重要矿产资源等。描述区内主要环境地质问题的环境类图件共有 8 幅，主要内容包括重点干旱区分布、地下水污染、土壤环境质量、岩溶塌陷、特殊土、崩滑流地质灾害及海岸带主要环境地质问题等。

作为地质工作支撑服务北部湾城市群（广西区）发展的阶段性成果之一，《北部湾城市群（广西区）资源环境图集》在编制过程中，本着充分体现国家地质工作的公益性、基础性的先行示范作用的原则，展示了中央与地方合作开展环境地质调查工作取得的成果。“十三五”期间，将进一步查明区内优势地质资源和环境地质条件，查明环境地质问题的成因及分布规律，服务于地质资源的管理、保护和优化开发，服务于防灾减灾，服务于地质环境的保护和生态文明的建设，为北部湾城市群（广西区）多中心、多层次城镇体系的构建，全方位对外开放平台的构筑，面向东盟国际大通道的建设，西南地区开放发展的战略新支点的打造，为向海经济的发展和生态环境的保护保驾护航。

8.成功筹办了“中国-东盟泛珠三角地区地质环境调查暨北部湾城市群地质调查成果报告会”，首次梳理和总结了北部湾城市群(广西区)地质资源优势、环境条件和环境地质问题，是该区域在该研究领域最全面、最系统的调查研究成果，对区域规划和城镇建设具有重要的指导作用。

2017年8月24日，在“泛珠三角地区地质环境综合调查”工程其他项目的协助下，项目组在广西南宁成功筹办了“中国-东盟泛珠三角地区地质环境调查暨北部湾城市群地质调查成果报告会”。本次会议是“2017(第八届)中国东盟矿业合作论坛暨推介展示会”的重要组成部分，由中国地质调查局、广西国土资源厅主办，武汉地质调查中心承办。会上，中国地质调查局水文地质环境地质部副主任吴爱民向广西国土资源厅移交了北部湾城市群(广西区)地质调查成果。会议的召开是中国地质调查局以支撑服务经济区(城市群)资源环境安全、新型城镇化建设、生态环境保护等为重大目标任务地质调查工作的良好示范。本次会议受到多家新闻媒体的特别关注，会议实况及成果报告的相关内容以视频、图文、音频等多种形式被中国国土资源报、中国矿业报、广西卫视、广西网络广播电视台等主流媒体多次报道。

9.完成我国南方第一口连续多通道地下水分层监测井及中国地质调查局最深、南方沿海第一口巢式监测井建井，新技术方法应用促使环北部湾海岸带含水层监测网提前完成。

2017年，项目组在广西北海施工完成了我国南方第一口连续多通道地下水分层监测井，成功实现了单孔6层地下水的分层监测，该井连续多通道管外径105mm、通道通径大于30mm，成井深度147m。监测井位于北海市银海区海景大道北侧，距海岸线约70m，采用中国地质调查局水文地质环境地质调查中心的“地下水多层监测井钻探成井工艺”，在一个钻孔内安装一根连续多通道管材，通过分层填砾、止水成井，在单孔中最多可实现7层地下水的监测和取样。该工艺采用的多通道管材是高密度聚乙烯材料连续挤出的7通道连续管，在井管与钻孔环状间隙间采用了以膨润土为原材料的新型止水黏土球，并在洗井后为监测井安装了孔口保护装置。与传统单管、丛式、巢式地下水监测井工艺相比，该工艺具有建井少、占地小、施工成本低、施工效率高等优点。2018年又在广东湛江东海岛成功实施了我国南方沿海地区第一口巢式监测井，实现了单孔4层地下水的分层监测，成井深度达到290m，是目前中国地质调查局成井深度最大的多层监测井。一系列新技术、新工艺的应用，实现了南方沿海地区大埋深含水层单孔多层监测的目标，是中国地质调查局局属单位协作攻关的成果。联合项目组之前完成的北海大冠沙和海南洋浦地区的地下水分层监测基地，标志着环北部湾地下水监测网络的初步建成，可实现环北部湾地区地下水的分层同步监测。

北部湾沿海经济带1∶5万环境地质调查成果报告

提交单位：中国地质调查局武汉地质调查中心

项目负责人：刘怀庆

档案号：档0571-01

工作周期：2016—2017年

主要成果：

1.基本查明了调查区含水岩组、地下水类型及其特征。根据地下水赋存特征与水力性质，将区内地下水划分为松散岩类孔隙水、碎屑岩类孔隙裂隙水两大类型。其中松散岩类孔隙水根据含水层结构特点划分为孔隙潜水和孔隙承压水。松散岩类多层含水层系统分Ⅰ、Ⅱ、Ⅲ孔隙承压水和孔隙潜水等次级系统。潜水厚度薄，Ⅲ孔隙承压含水层富水性差，从供水意义的角度出发，具有集中供水意义的为Ⅰ+Ⅱ承压水。

2. 多层含水层系统地下水主要接受大气降水的补给，其次接受渠道、农田灌溉水的入渗补给，由北西部丘陵区向东、西、南海域径流，排泄于海，在局部河流切割含水层地段，地下水则向河流排泄，人工开采也是其主要的排泄方式，此外还有蒸发排泄。

3. 区内主要的环境地质问题有地下水污染、海水入侵、海岸线变迁。区内地下水污染严重区范围小，地下水总体质量较好，但市区和沿海局部地区污染较严重，水质较差；海岸线变迁、海岸入侵、地质灾害范围也较小，但主要分布于沿海地区，危害严重。

4. 统一了环北部湾海岸带第四系含水层，开展自然过程和人为活动对北部湾海岸带含水层地下水咸化来源及过程的综合影响研究，通过数值模拟得出平面上海水入侵线随时间向内陆方向不断推进，高位养殖区下部的含水层 Cl^- 浓度范围不断扩大，此外，在含水层垂向上受高位养殖的影响，潜水含水层的咸化最为严重。

5. 总结了海岸带含水层调查评价方法体系，为环北部湾等地区海岸带地下水资源和环境地质调查提供技术方法。

6. 构建环北部湾地区典型滨海城市资源环境承载能力评价方法体系，在系统分析资源禀赋与环境本底的基础上，以相关资源环境要素为主要限制因素，确定资源环境承载能力综合评价对象，建立综合评价指标体系和评价类型，开展单要素资源环境承载能力测算，并在此基础上进行资源环境承载能力综合评价(图 4-11)。

7. 成功筹办了“中国-东盟泛珠三角地区地质环境调查暨北部湾城市群地质调查成果报告会”，首次梳理和总结了北部湾城市群(广西区)地质资源优势、环境条件和环境地质问题，编制《北部湾城市群(广西区)资源环境图集》，是该区域在该研究领域最全面、最系统的调查研究成果，对区域规划和城镇建设具有重要的指导作用。

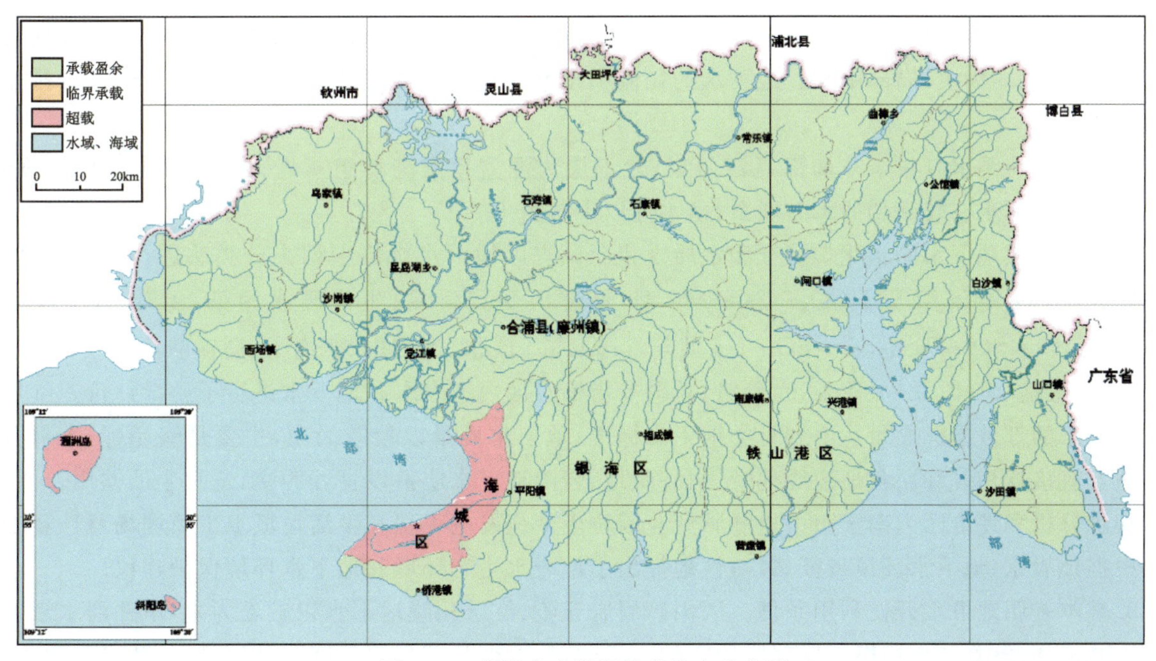

图 4-11　北海市水资源承载状态分布图

南宁城市规划区环境地质调查成果报告（五塘幅 F49E007003）

提交单位:广西壮族自治区水文地质工程地质队
项目负责人:蒙荣国
档案号:档 0571-02
工作周期:2016 年
主要成果:

一、水文地质方面成果

1.基本查明地下水的分布类型、埋藏条件、富水程度和补径排条件。调查区位于南宁市东北部大明山南端昆仑关南麓,以碎屑岩高丘陵为主,其次为红层丘陵,生态环境总体较好。区内地下水类型主要有松散岩类孔隙水、红层孔隙裂隙水、碎屑岩基岩裂隙水以及岩溶裂隙溶洞水 4 种。

松散岩类孔隙水主要分布于沙江、西云江、邕江两岸河流冲积层中,地下水位埋深一般为 1～5m,局部达 8～10m,富水性弱—中等。地下水的防污性能较差,但循环交替较好。

红层孔隙裂隙水分布于红层盆地,地下水位(或水头)埋深一般为 1～10m,局部在 15m 左右,年水位变幅在 1～5m 之间。含水层主要为古近系半成岩的砂岩、粉砂岩、泥质粉砂岩,与隔水层的泥岩呈互层、夹层或透镜体状分布,结构较为复杂。地下水具有弱承压性,富水性弱为主,局部中等。泥岩分布区地下水的防污性能较好,但循环交潜缓慢,自净能力差。地下水对混凝土结构、混凝土结构中的钢筋多具有微腐蚀性,五塘镇民政村、永宁村局部地下水对混凝土多具弱腐蚀性。

碎屑岩基岩裂隙水分布于低山丘陵区,含水层为白垩系、泥盆系、寒武系碎屑岩,地下水位随地形而变化,富水性以弱为主,局部中等。地下水的径流和排泄受地形地貌和水文网控制,在低洼地带排出地表汇成溪流。

岩溶裂隙溶洞水分布于东南部邕江两岸,含水层为泥盆系东岗岭组灰岩、白云岩,岩溶中等发育。地下水与邕江河水有较密切的水力联系,富水性以中等为主。

2.基本查明地下水的水化学特征和水质现状。调查区地下水按舒卡列夫分类法进行分类,化学类型主要为 HCO_3 - Ca 型及 HCO_3 - Ca · Mg 型,局部因受到生活、生产废水污染,出现 Cl · HCO_3 - Ca · Na型、Cl · SO_4 - Ca 型、Cl · SO_4 - Na 型等。选取了 pH 值、硫酸根、氯离子、高锰酸盐指数、氨氮、硝酸盐、亚硝酸盐、总砷、总镉、总汞、六价铬、总磷等指标对区内地表水和地下水进行了质量评价。红层盆地区地下水的部分指标质量达不到Ⅲ类地下水标准,地下水质量以较差为主,主要是锰超标,大部分井水不适宜直接饮用。红层盆地边缘地带、河谷阶地、岩溶地下水质量以良好为主,适宜生活饮用。

初步分析和评价区内南宁市平里静脉产业园垃圾焚烧发电工程和生活垃圾卫生填埋场对环境的影响。根据地表水、地下水环境特征,针对性地提出了地表水生态环境和地下水环境保护建议。

3.基本查明地下水开发利用条件。区内碎屑岩丘陵、红层丘陵地下水以贫乏为主,单井涌水量一般小于 $100m^3/d$,不具备大规模开发利用的条件。目前,地下水开发利用程度弱,以分散的井泉取水为主。区内集中供水以地表水为主,西云江水库为区内最主要的供水水源,水质基本达Ⅲ类地表水质量标准要求。远期供水可考虑南宁城区供水系统联网供水或在西南部邕江建设水厂供给。

二、工程地质方面成果

1.基本查明调查区工程地质条件。根据岩体的成因类型、物质组成、岩性组合特征及力学强度，将区内岩石划分为碳酸盐岩、碎屑岩、红层碎屑岩3种基本类型，包括坚硬-坚硬碳酸盐岩岩组，较软-坚硬砂岩夹泥岩岩组，较软-较硬泥岩、泥质粉砂岩岩组，较软粉砂岩夹泥岩、砾岩岩组，软质砂岩夹泥岩岩组，极软泥岩夹粉砂岩岩组6个工程地质岩组。系统总结了各工程地质层(组)的分布范围、物理力学等特征。

区内土体按成因主要分为残坡积和冲洪积两大类型，包括黏性土、砂土、碎石土3种主要类型。残坡积土广泛分布于碎屑岩丘陵与红层丘陵地表，以单一结构为主；河流冲洪积土分布于河流两岸及阶地，多具二元结构；零星分布有人工填土及沟塘软土。大部分岩土体具有较好的地基承载力。

2.城市规划区工程地质调查成果。综合采用地面调查、钻探、原位测试、取样分析等手段，较详细地查明了城市规划区——五塘片区红层各岩土体的物理力学特征。盆地区主要出露古近系，包括北湖组(E_3b)、里彩组(E_3l)、南湖组($E_{2-3}n$)、古亭组($E_{2-3}g$)、凤凰山组($E_{2-3}f$)，局部有白垩系罗文组(K_2l)分布。古近系的砂泥岩属微胶结、半胶结软岩、极软岩。白垩系罗文组(K_2l)主要为砾岩、含砾砂岩、泥质粉砂岩，局部夹粉砂质泥岩。岩石按风化程度可以分为4种，分别为全风化、强风化、中风化及微风化岩。第四系覆盖层以残坡积土为主，局部有冲洪积土分布。

3.进行了工程地质分区与评价。根据岩土体的工程地质特征、工程地质问题或环境地质问题、建筑地基适宜性，合理地进行了工程地质分区。工作区划分为：堆积阶地工程地质区、红层丘陵工程地质区、低山丘陵工程地质区、岩溶基座阶地工程地质区。进一步细分为：中等压缩性黏性土工程地质亚区(I_1)、松散—较松散砂砾石土工程地质亚区(I_2)、极软陆相碎屑岩亚区(II_1)、软弱陆相碎屑岩亚区(II_2)、较软陆相碎屑岩亚区(II_3)、较软—较硬海相碎屑岩工程地质亚区(III_1)、较软—坚硬海相碎屑岩工程地质亚区(III_2)以及较硬—坚硬海相碳酸盐岩工程地质区(Ⅳ)8个工程地质亚区。对各分区进行了评价，提出了主要环境工程问题防治的对策与建议。

三、环境地质方面成果

1.初步查明了调查区小煤窑、采空区的分布特点及其开采情况，并对其稳定性和工程建设不利影响进行了评价。西南部里罗煤矿为国有煤矿，采深20～100m，采厚0.65～0.95m，斜井开拓，2002年左右停采，形成了面积较大的采空区。小煤窑分布于里罗煤矿东南部外围，西龙村龙头坡，四平村东部，沙平村，两山村北部区域，友爱村坛洛坡，七塘村新兴坡南部，六塘村朝治坡、那王坡等地，分布区总面积约16.36km²。小煤窑多用竖井开采，开采深度从数米到数十米不一，最大深度在100m左右，采厚一般在1m左右，2005年之后基本停采。里罗煤矿开采较规范，采深采厚比大的地段已基本稳定。小煤窑开采极不规范，部分区域尚未完全稳定，对工程建设和城市地下空间开发利用具有潜在的危害。

2.区内主要地质灾害类型有滑坡、崩塌、膨胀土地基胀缩变形破坏及采煤活动引起的地面塌陷(沉陷)。基本查明了工作区各类地质灾害的现状及分布特征、危害程度，总结了各类地质灾害的发育特征、形成条件和影响因素。

滑坡、崩塌主要分布于红层低丘区人类工程活动较强地段、碎屑岩高丘陵区村屯驻地以及道路边坡。多发区段主要有膨胀土分布的五塘镇西南部友爱村、新扩建昆仑大道两侧、新建南宁市生活垃圾焚烧发电厂，以及东部碎屑岩山区沱江村、上王村、平地村等地。现存滑坡、崩塌大多基本稳定或得到了治理，仍威胁到少量人员和财产的安全，危害程度小。

膨胀土地基变形破坏主要分布于五塘镇西南部友爱村的罗伞坡、坛洛坡、怀岽坡等地红层垄状低丘陵。20世纪八九十年代以前修建的三层及以下民房,有较多膨胀土地基变形损坏,危害主要表现为产生房屋裂缝,影响正常使用,危害程度小。

里罗煤矿开采时在建新村附近产生了地面沉陷,其他小煤窑开采区,如新兴坡、两山村有少量民房出现墙体开裂现象。区内产生的地面塌陷(沉陷)主要分布于山坡、田地等位置,其造成的直接经济损失相对小。煤矿开采引起的地面变形一般在停采后三、四年渐趋于稳定,现状危险性小,但小煤窑尚未完全稳定,工程建设适宜性较差。修建多层、高层建筑时存在地基变形的可能,危害程度中等—大,需进行专门勘查、治理。

结合规划区建设内容和人类活动的特点,针对可能引发的膨胀岩土滑坡、地基变形破坏、采空区地面塌陷(沉陷)地质灾害进行了危险性评价,提出了各类地质灾害的防治对策和建议。

3.根据地质环境条件特点,采用适宜性指数模型,选取地形地貌、岩体工程类型、膨胀土、人类工程活动强度、地质灾害易发程度等10个指标进行了地质环境质量评价。在此基础上进行环境地质分区,划分出地质环境质量好、较好、较差、差四类环境地质区。对各分区的地质环境特征、主要环境地质问题进行了评述,针对性地提出了防治建议。对城市规划区建设地质环境协调性,工业与民用建筑、道路、地下空间各类工程建设以及近期重大工程"柳南第二高速公路"工程进行了地质环境适宜性评价,对五塘片区的规划、防灾减灾具有较高参考价值。

地质环境质量好区包括西云江阶地地质灾害不发育环境地质区(I_1)与沙江阶地地质灾害不发育环境地质区(I_2),总面积约25.32km^2,占调查区总面积的5.34%。

地质环境质量较好区包括低山丘陵地质灾害不发育环境地质区(II_1),低山丘陵滑坡、崩塌弱灾害环境地质区(II_2),英广村红层低丘膨胀土弱灾害环境地质区(II_3),六村-坛棍红层低丘膨胀土弱灾害环境地质区(II_4),五塘-七塘红层低丘膨胀土弱灾害环境地质区(II_5),基座阶地弱灾害环境地质区(II_6),总面积约293.94km^2,占调查区总面积的83.10%。

地质环境质量较差区包括红层低丘膨胀土滑坡、崩塌易发环境地质区(III_1),红层低丘膨胀土地基变形易发环境地质区(III_2),以及河谷阶地洪水影响环境地质区(III_3),总面积约39.17km^2,占调查区总面积的8.26%。

地质环境质量差区包括龙头坡小煤窑开采环境地质区(IV_1),里罗煤矿外围小煤窑开采环境地质区(IV_2),四平-两山小煤窑开采环境地质区(IV_3),总面积约15.63km^2,占调查区总面积的3.30%。

四、膨胀岩土专题研究方面成果

1.通过综合分析研究发现,调查区膨胀岩土的分布受古沉积环境影响与控制。因处于南宁大盆地的边缘地带,调查区湖相、河流相沉积交错相对频繁,古沉积环境较为特殊。盆地东南部及南部边缘冲洪积相的凤凰山组、古亭组岩石粒度较粗,一般不属膨胀岩,部分粉砂质泥岩夹层属微膨胀岩;盆地中央地带湖相或河湖相交错沉积的北湖组、里彩组、南湖组的泥岩、粉砂质泥岩大部分属微—弱膨胀岩。即使是同一地层的膨胀岩,因处于不同的位置,其膨胀性也有所差异。

总体上,中等—强膨胀土分布于调查区红层盆地的中央地带,强膨胀土主要分布于西部,盆地的东部及边缘地带则多为弱膨胀土或非膨胀土,里彩组泥岩为区内膨胀性相对强的膨胀岩。从地质科学的角度较好地解释了五塘镇西南部友爱村易受膨胀土危害的现象。分析思路可为研究同类红层盆地膨胀土的分布规律所借鉴。

2.综合运用资料收集分析、地面调查、钻探、原位测试、取样分析等手段,查明了调查区古近系各岩土层的膨胀性、胀缩等级。在古近系北湖组、里彩组、南湖组、古亭组、凤凰山组以及白垩系罗文组的不同地层共采取了不同岩性的168件岩土样,进行了自由膨胀率、自由膨胀力、标准吸湿含水率、蒙脱石含量、阳离子交换量等指标分析。利用国内一些新方法对不同地层、不同岩性详细进行了膨胀性判别，填补了以往调查工作仅注重对第四系土层进行胀缩性判别，而对古近系互层或透镜体状交错分布的粉砂岩、泥岩不加以岩性区分即笼统定为膨胀岩的不足。

研究结果表明：古近系、白垩系的砂岩和粉砂岩不属膨胀岩，较新鲜的泥质粉砂岩大部分不属膨胀岩。较新鲜的泥岩以弱膨胀岩为主、粉砂质泥岩以微膨胀岩为主，里彩组泥岩膨胀性相对较强。第四系冲洪积土不属膨胀土。古近系古亭组、凤凰山组及白垩系罗文组的残坡积土及全风化、强风化岩的大部分不属膨胀土，古亭组部分全—强风化粉砂质泥岩夹层具有弱—中等胀缩性。北湖组、里彩组、南湖组的残坡积土及全—强风化岩大部分属膨胀土，以中等胀缩性为主，其中里彩组的残坡积土及全—强风化岩主要属中等—强膨胀土。

3.全面阐述了膨胀岩土滑坡、地基膨缩变形、地下工程破坏的成灾机理。通过对区内膨胀岩土边坡的详细调查，分析了边坡失稳的主要原因以及应采取的合理工程措施。通过典型膨胀土边坡监测，得到了膨胀土边坡滑坡变形受降雨影响的关联数据。

通过对区内膨胀岩土边坡开挖方式、坡高、坡度和稳定性进行分析统计，得出了临界坡高与临界坡度之间的关系公式。提出了膨胀岩土安全坡度、坡高值，可供今后工程建设参考与利用。

4.根据综合研究成果，在调查区内划分出强膨胀土、中等膨胀土、弱膨胀土三大分布区和非膨胀土分布区。对各分区工业与民用建筑、边坡工程、地下工程建设中可能遭受的膨胀岩土危害，提出了针对性的防治对策。

友爱-坛棍-六村强膨胀土区：分布于研究区的西部，包括五塘镇友爱村、坛棍村的大部、西龙村的南部以及三塘镇六塘村、建新村、里罗煤矿的部分区域，面积约 13.65km²，占调查区总面积的 8.53%。

下庄坡-那义坡强膨胀土区：分布于五塘社区东部及民政村的北部，包括下庄坡、郭屋坡至那义坡等地，呈条块状分布，面积约 4.39km²，占调查区总面积的 2.74%。

英广-四平-七塘中等膨胀土区：分布于五塘镇英广村南部、五塘社区、永宁村北部、六塘村、七塘村等地，范围较大，面积约 64.70km²，占调查区总面积的 40.44%。

英广-凌慕弱膨胀土区：分布于五塘镇英广村至五塘社区北部凌慕一带，分布面积约 13.65km²，占研究区总面积的 8.53%。

那棍-两山-七塘弱膨胀土区：分布于五塘镇南部、东南部至东部区域，呈北东向带状分布，分布面积约 30.07km²，占调查区总面积的 18.79%。

非膨胀土区：分布于研究区东部、南部边缘地带，分布面积约 33.54km²，占调查区总面积的 20.96%，主要为碎屑岩低丘陵或河流冲积阶地。

五、地下空间开发利用专题研究方面成果

初步查明了调查区地下空间开发利用现状。重点分析了膨胀性岩土、小煤窑、采空区对地下空间开发利用的不利影响，以及地下空间开发利用对地质环境的不利影响。

采用层次分析法，选取了地形地貌、工程地质、水文地质、环境地质、地质构造等主要影响因素，对重点区进行网格单元剖分。对浅层地下空间(0～30m)、中深层地下空间(30～50m)、深层地下空间(50～100m)进行了开发利用适宜性评价。综合考虑各影响因素，将调查区浅层、中深层、深层地下空间资源开发利用适宜性划分为适宜性差区(Ⅰ)、适宜性较差区(Ⅱ)和适宜性较好区(Ⅲ)、适宜性好区(Ⅳ)4 个等级，并分别划分出了不同的亚区。

对各分区地下空间开发利用地质环境适宜性进行综合评价，分析了各分区地下空间的适宜开发类型。针对地下空间开发利用可能产生的环境工程地质问题提出了合理的防治对策和建议。

雷州半岛西北部环境地质调查成果报告（青平幅）

提交单位：广东省地质局第四地质大队

项目负责人：揭江

档案号：档 0571-03

工作周期：2016 年

主要成果：

一、查明了调查区水文地质条件

1.查明了区内地下水赋存条件。调查区位于雷州半岛自流盆地西北部丘陵台地区，地处亚热带，温暖潮湿，雨量充沛，水系发育，地下水补给充沛，水交替条件强烈；广大丘陵台地区基岩裂隙较发育，风化层厚度较大，河谷冲积平原、北海组平原和滨海平原地形平缓，均有利于大气降水的入渗补给，形成了分布广泛的基岩裂隙水和松散岩类孔隙水，此外还局部分布有碳酸盐岩类裂隙溶洞水和火山岩孔洞裂隙水。

2.查明了区内地下水类型及其富水性。通过调查并结合以往水文地质资料，区内地下水可分为松散岩类孔隙水、基岩裂隙水、碳酸盐岩类裂隙溶洞水及火山岩孔洞裂隙水四大类。其中，松散岩类孔隙水按含水层埋藏深度又可分为浅层水和中层水两个亚类，主要分布于平原区及河流阶地，富水性为中等—贫乏；基岩裂隙水广泛分于基岩剥蚀台地区，又可分为红层裂隙孔隙水、层状岩类裂隙水、块状岩类裂隙水 3 个亚类，富水性多为中等—极贫乏；碳酸盐岩类裂隙溶洞水仅分布于调查区东南角及西南角侵蚀溶蚀谷地，富水性中等—贫乏；火山岩孔洞裂隙水仅分布于调查区西南角的玄武岩台地，含水层主要为第四系湖光岩组的气孔玄武岩及其风化裂隙，富水性多为中等。

根据含水层的岩性特征、埋藏深度及隔水层的稳定程度，将调查区地下水含水层划分为Ⅰ、Ⅲ、Ⅳ、Ⅶ、Ⅷ共 5 个含水岩组。其中：第Ⅰ含水岩组为赋存火山岩类孔洞裂隙水含水岩组，仅分布于调查区西南角的玄武岩台地，含水层主要为第四系湖光岩组的气孔玄武岩及其风化裂隙，面积 2.17km²；第Ⅲ含水岩组为赋存松散岩类孔隙微承压水(浅层水)含水岩组，埋深小于 30m，且含水层顶部有弱透水层，主要分布于调查区西—西南角平原区及河流阶地，含水层主要为北海组下部砂砾层及湛江组上部砂层，次为灯笼沙组及曲界组砂层，岩性主要为粗砂、中砂及细砂，局部为砾砂，面积 101.88km²；第Ⅳ含水岩组为赋存松散岩类孔隙中层承压水含水岩组，埋深 30～200m，主要分布于调查区西南角平原区，含水层由湛江组砂砾层组成，岩性以砾砂、粗砂为主，局部为中砂、细砂，面积约 11.75km²；第Ⅶ含水岩组赋存基岩裂隙水含水岩组，广泛分于基岩剥蚀台地区，含水层岩性主要为花岗岩、砂页岩风化层，面积约 353.64km²；第Ⅷ含水岩组为赋存碳酸盐岩类裂隙溶洞水含水岩组，仅分布于调查区东南角及西南角侵蚀溶蚀谷地，含水层岩性主要为灰岩，面积约 30.13km²。

3.查明了区内地下水补径排条件。大气降水是区内地下水的主要补给来源，此外还接受水库渠道水、稻田回归水的渗漏补给以及基岩裂隙水的侧向补给。地下水的径流、排泄与含水层的岩性、结构、构造及地形地貌等因素有关。调查区为广大台地区，地形较平缓，地下径流途径稍长，地下水部分在谷地以泉的形式排泄出地表或耗于人工开采，部分侧向补给平原区松散岩类孔隙裂隙水；河谷平原及三角洲平原区，地形平坦，地下水水力坡度较小，水流缓慢，地下径流途径较长。地下水的排泄方式主要有开采排泄、蒸发排泄，海滨地带直接向海洋排泄。

4. 查明了区内地下水水化学特征。区内地下水溶解性总固体一般为 27.34～727.98mg/L，均为小于 1000mg/L 的淡水；pH 值为 3.96～7.50，以 5.0～6.0 的弱酸性水及 6.5～7.35 的中性水居多；水化学类型有 Cl－Na·Ca 型、HCO_3－Na 型、HCO_3－Ca 型、HCO_3·Cl－Na·Ca 型、HCO_3－Ca·Na 型、HCO_3·Cl－Ca·Na型、SO_4·Cl－Na·Ca·Mg 型、Cl·HCO_3－Ca·Na 型、HCO_3－Na·Ca 型及 SO_4－Na·Ca·Mg 型等。调查区部分地区铁、锰背景较高，pH 值背景值偏低，导致这些地区浅层地下水多数呈弱酸性，部分地下水铁、锰离子含量超标。

5. 查明了区内地下水动态变化特征。大气降水对区内地下水的影响随含水层埋深的增加而减弱。浅层潜水、基岩裂隙水地下水水位的升降与降水关系最为密切，其水位、水量、水温等具有明显的季节性；承压水水位动态受气候和开采等因素的影响，降水主要引起承压水水位的年变化，变化强度随含水层埋深的增加而减弱。浅层潜水、基岩裂隙水的水质动态主要受控于降水和人类活动，承压水的水质动态相对较稳定，水化学类型变化不大。

三、查明了地下水资源量

在以往水文地质工作的基础上，根据本次调查成果，计算评价了调查区地下水补给量和可开采量（允许开采量）。全区地下水总的补给量为 16 969.54 万 m^3/a。其中，大气降雨入渗补给量为 14 551.37 万 m^3/a，水利工程渗漏入渗补给量为 375.21 万 m^3/a，稻田灌溉回归水入渗补给量为 2 043.96 万 m^3/a；地下水可开采资源量为 4 332.6 万 m^3/a，其中，松散岩类孔隙水可开采量为 1 113.5 万 m^3/a，碳酸盐岩类裂隙溶洞水可开采量为 967.1 万 m^3/a，基岩裂隙水可开采量为 2252 万 m^3/a。地下水补给量是地下水允许开采量的 3 倍多，补给有充分保证。

四、查明了地下水质量

以本次水文地质调查测试资料为基础，按照地下水水质标准，采用单要素评价和多要素综合评价的方法，对调查区地下水质量进行了全面评价。经评价，区内地下水以Ⅰ、Ⅱ及Ⅲ类水为主，占 92.3%；少数为Ⅳ类及Ⅴ类水，仅占 7.7%。调查区地下水水质总体较好，完全可以满足区内生产及生活用水的需要。

五、在调查区首次发现了隐伏岩溶含水层

通过调查、钻探及物探，首次在调查区西部发现了风地-西村隐伏岩溶含水层，10m 降深的涌水量为 10.91～685.99m^3/d，多数大于 100m^3/d，水量以中等为主，且水质良好，可作为区内居民生产及生活用水的新水源。

六、基本查明了调查区地下水开发利用现状及开采潜力

本次通过资料收集和实地调查相结合的方法了解了区内的用水情况，基本查明了调查区地下水开发利用现状。调查区溪流众多，地表水资源较丰富，是区内农林牧渔业用水的主要水源；而其他地下水资源多为中等—贫乏，是区内人民生活饮用水的主要水源，取水工程主要为人工开挖的浅井。据调查统

计,区内2016年各类地下水实际开采量约为1 281.57万m^3,仅为地下水允许开采量(4 332.6万m^3/a)的29.58%,地下水开采程度为0.30,开采潜力3 051.03万m^3/a,开采潜力指数为3.38,单位面积可增允许开采量为6.58万m^3/(km^2·a),说明地下水开采程度低,开采潜力较大。

七、提出了地下水开发利用建议

根据地下水开采潜力、地下水开采程度提出了调查区地下水开发利用建议。总体上调查区地下水均有一定的开采潜力,具有可扩大开采的优势。其中,浅层水、中层水分布区开采潜力相对较小,属于可少量扩大开采区;岩溶水分布区开采潜力较大,属于可扩大开采区。区内各镇地下水以少量扩大开采区为主,其次为可适度扩大开采区,再次为采补平衡区。属于少量扩大开采区的有青平镇、车板镇、营仔镇;属于可适度扩大开采区的有高桥镇和山口镇;属于采补平衡区的为安铺镇。

八、基本查明了调查区主要环境地质问题

通过对调查区环境地质问题的专项调查,基本查明了区内主要环境地质问题类型及其发育、分布规律。区内主要环境地质问题包括地下水污染、膨胀土引起的房屋开裂(房裂)、矿山环境地质问题、崩塌及局部氟超标引发的地氟病等。其中,地下水污染源主要为生活污染及农业污染,多以片状分布在乡村人口密集区、生活垃圾堆放区,点状零星分布在各乡、村中人口相对稀少区,随着工农业生产的快速发展,“三废”排放量大增,地下水污染有进一步扩大的可能;区内房裂灾害主要是由膨胀土反复收缩膨胀引起,发生于调查区高桥镇南部平垌村及下大岭一带,房裂灾害规模小、分布范围小,发育程度较弱,但多发生在村民居住区,对人畜造成一定威胁,潜在危险性小—中等;矿山环境地质问题主要分布在高岭土矿露天开采区,多为采矿堆土引发的水土流失,其规模小、分布范围窄,发育程度弱,危害小,潜在危险性小;区内崩塌仅发生在局部地区,是由人工挖土引发边坡失稳造成的,为小型崩塌,其主要危害是造成水土流失、阻塞道路、淤积耕地等,危害程度较轻,危害小,潜在危险性小;地氟病仅局部发生在调查区西北角的广西大坝镇田模村,该村浅层水的氟离子含量高达2.92mg/L,受饮用水水质(氟水)影响,村中50岁以上的老人很多得了地氟病,诸如牙齿发黑、骨头疼痛等,目前该村已有深井供水,改善了村民饮用水水质,地氟病得到了有效的控制。

九、进行了环境地质问题易发性分区及评价

对目前环境地质问题的发育情况、危害性及潜在的危险性进行分区评价,将调查区分为环境地质问题中等易发区和低易发区两个区段。其中,中等易发区主要分布在调查区西南角的福海村—新屋村、东南角的苏茅岭—博教村及西北角的水管垌村—山湖塘村一带,面积58.83km^2,占调查区总面积的12.68%,该区主要为溶蚀侵蚀谷地、湛江组台地、海积平源及基岩台地。基岩台地区地形相对平缓,地质环境条件简单—中等,现状地质灾害及环境地质问题发育程度弱,潜在地质灾害及环境地质问题发育程度弱—中等,危害性小—中等,其潜在的危险性小—中等。低易发区在调查区内广泛分布,面积405.17km^2,占调查区面积的87.32%,该区主要为基岩台地区,地形相对平缓,地质条件良好,现状地质灾害及环境地质问题发育程度弱,潜在地质灾害及环境地质问题发育程度弱,危害性小,其潜在的危险性小。

十、修编了调查区地质界线，进一步完善调查区地质图

调查区没有开展过 1∶5 万的区域地质调查工作，野外工作手图是以 1∶20 万的区域地质调查成果为基础，部分地质界线与实际情况相差较大。本次在开展水文地质环境地质调查工作的同时，对区内的地质、地貌情况进行了详细调查，对区内不符合实际情况的地质界线进行了实地修编，进一步完善了调查区地质图。

十一、应用遥感解译新技术提高了工作精度

本次水文地质调查应用遥感解译新技术，首次在调查区采用最新的高分一号卫星数据(全色分辨率为 2m，多光谱分辨率为 8m)，结合 Lansat-8 卫星遥感数据(全色波段空间分辨率为 15m，全幅行列数为 13 933×11 929)，建立符合客观实际的遥感解译标志。通过遥感解译，大致了解区内地形地貌、地层岩性、地质构造的分布特征及水文地质环境概况，为野外调查提供了指引，提高了野外调查的准确度，为综合研究确定地下水补径排条件，划分地下水富水性，准确计算地下水资源量提供了宝贵的资料。

十二、为地方政府提供地质技术支撑

1. 在调查区饮水困难的村庄共布设探采结合井 15 口，总进尺 1 303.62m，总出水量约 1650m^3/d(即 60.23 万 m^3/a)，可解决饮水困难或饮水不安全的人口约 11 000 多人，深受群众的好评。

2. 在充分收集分析以往地质、水工环地质资料的基础上，结合本次调查成果，对区内重大工程建设项目“国核廉江核电项目”规划区进行了地质环境适宜性初步分析。结果表明，廉江核电项目建设区地形地貌简单，地层岩性单一，地质构造简单，处于地震基本烈度Ⅵ度区，区域地壳稳定性较好，地下水对场地稳定性和工程施工影响程度较弱，水文地质条件简单，岩土体工程地质性质良好、工程地质条件简单，人类工程活动对地质环境影响弱，现状地质灾害及环境地质问题发育程度弱，工程建设遭受地质灾害危害的可能性小，核电站选址区地质环境条件简单，规划场地对核电工程项目建设适宜性较好。该成果为廉江市国家级核电项目建设提供了地质依据。

3. 在调查区共布设地下水水位动态监测点 16 个，水质动态监测点 116 个，监测面积达 464km^2，监测系统覆盖了区内主要的地下水类型及地下水主要开采区，为地方政府合理开发利用地下水资源，有效保护生态环境提供了地质科学依据。

十三、首次划定应急地下水水源地，并进行了初步评价

根据调查区水文地质条件、地下水开采现状及工程建设项目规划，将位于调查区西侧的廉江市车板镇田螺岭附近地区划为应急地下水水源地，面积 30.56km^2。应急水源地地下水为浅层水及隐伏岩溶水，富水性多为中等，其地下水补给量为 1 910.6 万 m^3/a，可开采量为 1 441.3 万 m^3/a。目前地下水实际开采量 516.9 万 m^3/a，尚余可开采资源量 924.4 万 m^3/a，开采潜力较大。该成果为廉江核电项目提供了应急水资源保障。

环北部湾南宁、北海、湛江1∶5万环境地质调查(北坡镇幅)

提交单位:广东省地质局第四地质大队

项目负责人:揭江

档案号:档0571-05

工作周期:2017—2018年

主要成果:

本项目为环北部湾南宁、北海、湛江1∶5万环境地质调查二级项目的子项目,工作内容包括地面调查、遥感解译、物探钻探、试验测试、动态监测及综合研究等,各项工作完成率均达100%以上,取得了丰富的水文地质、环境地质基础资料。

1.通过开展北坡镇幅1∶5万综合地质、水文地质、环境地质及地下水开采现状调查,开展水文地质钻探、物探、试验测试及动态监测等工作,基本查明了调查区地形地貌、地层岩性、地质构造特征;查明区内地下水类型、赋存特征、动态变化规律及补径排条件;查明区内地下水资源开发利用条件、开采现状及其主要的环境地质问题。

2.区内地下水类型较为简单,只有松散岩类孔隙水;按含水层埋藏深度及水力特征,又可分为浅层潜水—微承压水、中层承压水和深层承压水3个亚类。其中,浅层潜水—微承压水富水性多为丰富—中等,中层承压水富水性多为极丰富—丰富,深层承压水富水性多为丰富。

3.区内主要环境地质问题有地下水污染、滑坡、崩塌、不稳定斜坡、海岸侵蚀及矿山环境地质问题等,这些环境地质问题总体上较为轻微,仅局部地区较为严重。根据目前环境地质问题的发育情况、危害性及潜在的危险性,将调查区分为环境地质问题中等易发区和低易发区2个区段。其中,环境地质问题中等易发区的面积96.30km^2,占评价区总面积的21.35%,该区地质灾害及环境地质问题发育程度弱,危害性小,潜在地质灾害及环境地质问题发育程度弱—中等,危害性小—中等,潜在的危险性小—中等;环境地质问题低易发区分布广泛,面积354.82km^2,占评价区总面积的78.65%,该区地质环境条件良好,地质灾害及环境地质问题发育程度弱,潜在地质灾害及环境地质问题发育程度弱,危害性小,其潜在的危险性小。

4.在以往水文地质研究的基础上,根据本次调查、收集的成果资料,计算评价了调查区地下水总补给量为31 579万m^3/a。其中,采用降雨入渗法计算的大气降雨补给量为22 640万m^3/a,水利工程(包括山塘水库、渠道等)的渗漏补给量为3987万m^3/a,农田灌溉水回归的入渗补给量为2155万m^3/a,区外侧向补给量为2797万m^3/a。

5.在前人研究的基础上,根据本次水文地质调查、水文地质钻探与试验资料,结合区内不同地下水类型及水文地质条件,采用不同方法计算了区内地下水总允许开采量为20 787万m^3/a。其中,用单位潜流排泄量法计算的砂堤砂地孔隙潜水的允许开采量为21万m^3/a,用开采模数法计算松散岩类孔隙潜水—微承压水的允许开采量为9837万m^3/a,中层承压水的允许开采量为8221万m^3/a,深层承压水的允许开采量为2708万m^3/a。

6.以本次水文地质调查测试资料为基础,按照地下水水质标准,采用单要素评价和多要素综合评价的方法,对调查区地下水质量进行了全面评价。区内地下水以Ⅱ类及Ⅲ类水为主,占71.43%;少数为Ⅳ类及Ⅴ类水,占28.57%。调查区地下水水质总体较好,完全可以满足区内生产及生活用水的需要。

7.在查明调查区水文地质条件和开采现状、评价地下水资源及地质环境的基础上,对区内地下水的开发利用前景进行了潜力评价，并提出了地下水开发利用建议。其中，浅层潜水—微承压水开采程度低，开采潜力中等，可适度扩大开采，是农村生活饮用的主要供水水源；中层承压水的开采程度低，开采潜力中等，可适度扩大开采，其水量丰富，是区内大规模集中供水的首选水源；深层承压水埋深相对较大，不易受污染，水量丰富且开采程度低，是今后区内大规模集中供水的理想备用水源。

8. 通过调查钻探，结合区内水文地质条件及长远规划，首次在调查区圈定了4个具有集中供水意义的地下水水源地，即草潭地下水水源地、杨柑地下水水源地、北坡地下水水源地及港门地下水水源地。各水源地可开采量为3121～7146万 m^3/a，开采潜力1710～6072万 m^3/a。这些地下水水源地含水层厚度较大，补给充足，水质良好，单孔涌水量一般为1788～13 307m^3/d不等，开采方便，是区内居民生产生活用水的主要供水水源。

9. 在调查区共布设地下水水位动态监测点15个，水质动态监测点77个，监测面积达448km^2，监测了区内主要的地下水类型及地下水主要开采区，初步建立了调查区地下水动态监测网，为地方政府合理开发利用地下水资源提供地质科学依据。

珠江-西江经济带梧州-肇庆先行试验区 1∶5万环境地质调查成果报告

提交单位：中国地质调查局武汉地质调查中心

项目负责人：刘广宁

档案号：档0574

工作周期：2016—2018年

主要成果：

1. 落实地质灾害防治要求，提升区内防灾、减灾、救灾能力。

经过此次调查，查明区内地质灾害发育特征，以滑坡、崩塌、不稳定斜坡、泥石流等地质灾害为主，点多、面广、规模小为其主要特征，同时具有隐蔽性强、突发性强、致灾性强的典型特点。在此基础上进行碎屑岩区和花岗岩区地质灾害变形破坏机理、形成机制(图4-12～图4-14)、宏观判据、物理模型试验研究(图4-15)，提出了强—全风化岩区自然(开挖)耦合降雨诱发型滑坡模型试验方法，初步建立了降雨诱发型非饱和斜坡失稳机理研究方法。

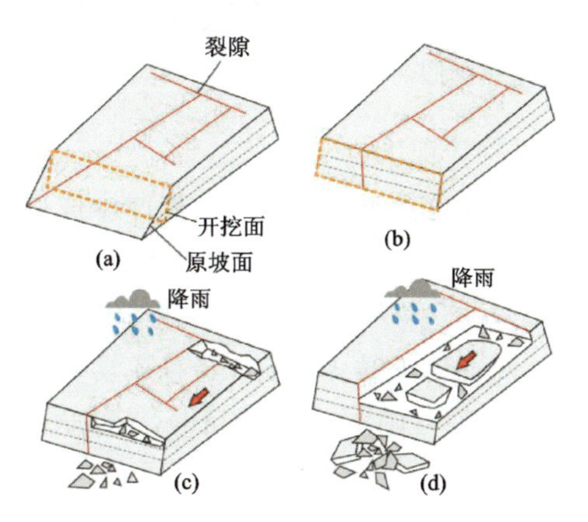

图4-12　碎屑岩区典型变形破坏机理模式

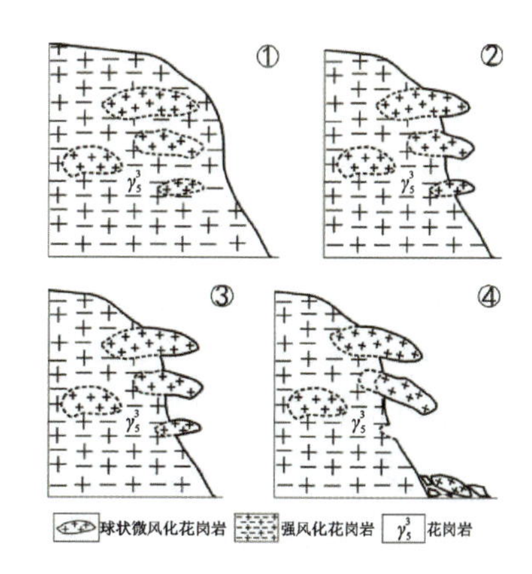

图4-13　花岗岩区典型变形破坏机理模式

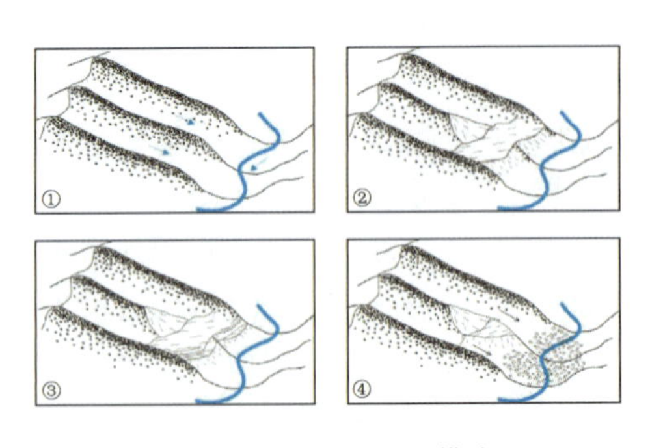

图 4-14　泥石流形成机理模式

图 4-15　降雨诱发地质灾害物理模型试验

2. 提出土壤中铁铜组分诱导甲基汞(MeHg)降解机制，支撑服务区域水土污染防治。

建立珠江口地区八大重金属元素高精度检测 Tessier 五步提取法，并测定土样中汞的生态有效性。通过土壤在淹水状态下自由基对甲基汞的去甲基化过程研究，二价铁对甲基汞迁移转化属非生物去甲基化过程(图 4-16)，对汞污染的迁移转化意义重大。广州特有的高温气候、高水位线、水位波动频繁、土壤含铁量高对汞污染的迁移转化及防治具有重大意义。

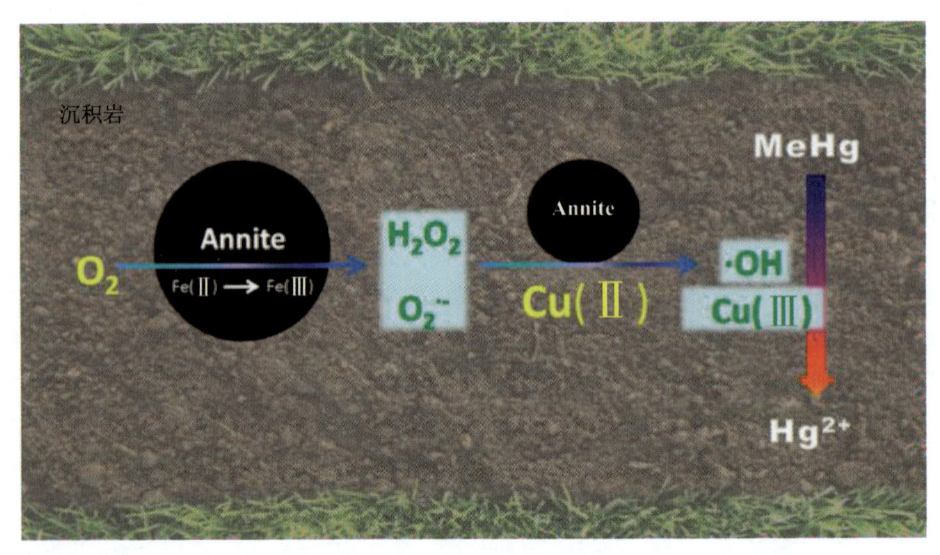

图 4-16　甲基汞降解机理图

3. 提出压性构造带找水优势区域新思路，丰富水文地质学理论。

在构造地质调查、岩石力学试验、水文地质调查、地球物理调查的基础上，掌握压性构造应力场特征，进行岩体裂隙空间分析，掌握蓄水空间-岩石破碎和体积膨胀过程，进而进行地下水流场分析、构造应力场模拟。基于岩石力学原理及实地验证，运用该理论方法，初步建立构造应力场与地下水流场的关系，建立了压性构造带找水模式，提出了压性构造带找水调查研究技术思路，并且成功在三亚地区圈定5处水源地，其中3处为基岩裂隙水，可开采资源量 58 300m^3/d(图 4-17、图 4-18)，为基岩山区找水提出了新思路，为地下水保护与开发提供了科学依据和技术支持。

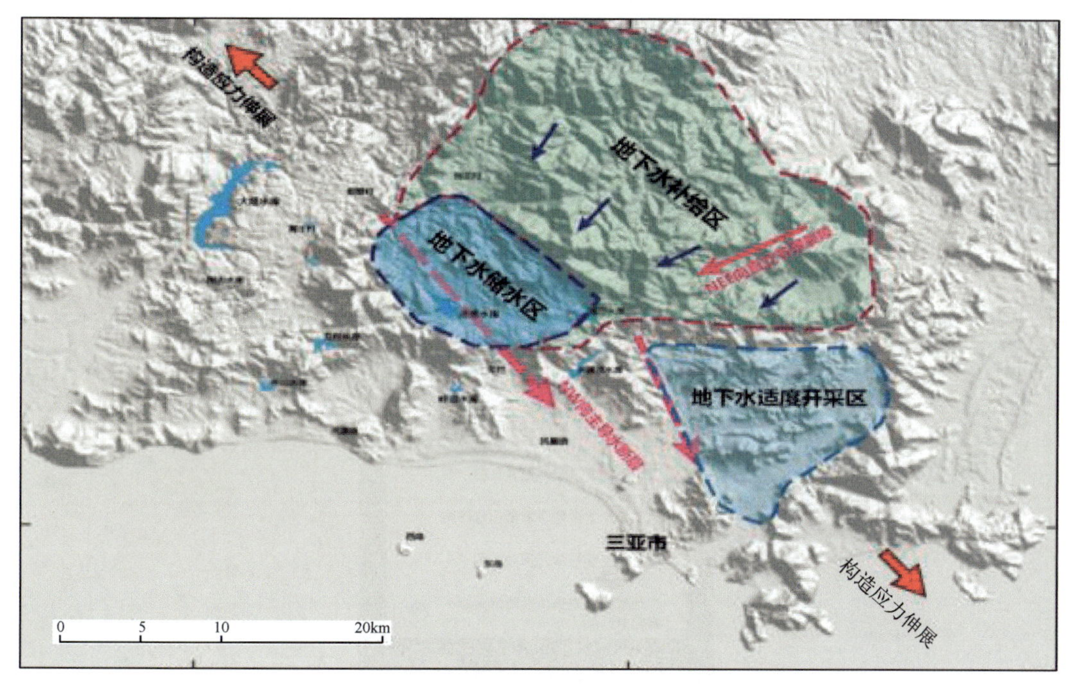

图 4-17　三亚市地下水分布与水源地规划

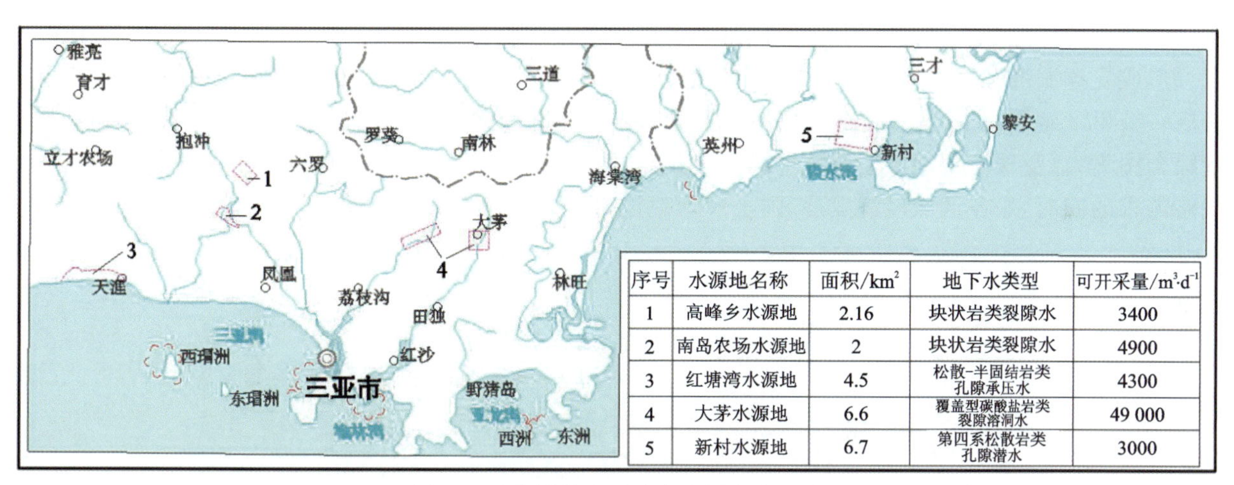

序号	水源地名称	面积/km²	地下水类型	可开采量/m³·d⁻¹
1	高峰乡水源地	2.16	块状岩类裂隙水	3400
2	南岛农场水源地	2	块状岩类裂隙水	4900
3	红塘湾水源地	4.5	松散-半固结岩类孔隙承压水	4300
4	大茅水源地	6.6	覆盖型碳酸盐岩类裂隙溶洞水	49 000
5	新村水源地	6.7	第四系松散岩类孔隙潜水	3000

图 4-18　依据找水思路方法圈定水源地

4. 数据共建共享、跨界融合，建立工作新机制。

依托网络云平台，成功开发“广州地质随身行”手机 App，实现海量数据共建共享、跨界融合(图 4-19)。该 App 的开发，促进跨行业联合，形成了共建共享工作新机制，集成管理海量数据，有力地推进地质调查数据的高效、便捷使用。跨界融合，实现了海量数据的集成化管理和查询，依托云平台，融合网络资源，实现数据自动化、智能化处理和查询。依托信息技术，创新地质调查成果智能便捷服务新模式，实现地质数据手机网上检索查询服务、调查数据实时上报等功能。“地质随身行”手机 App 进入试运行阶段，提供网上服务，提交上架审查，同时支撑了“地质云 2.0”建设，实现了广州市地质大数据集成，为国土管理、三防应急、地质勘查提供便捷、高效服务。它以智能便捷的使用方式得到了国土空间规划、地质调查等专业用户，地质灾害、土地资源管理等政务用户和富硒种植业、房地产开发等公众用户的一致好评。

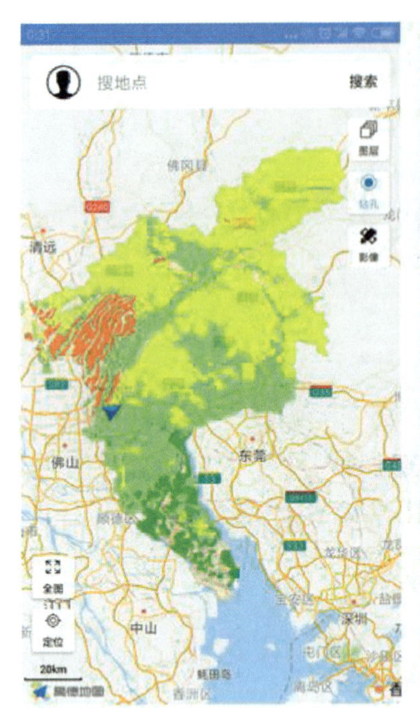

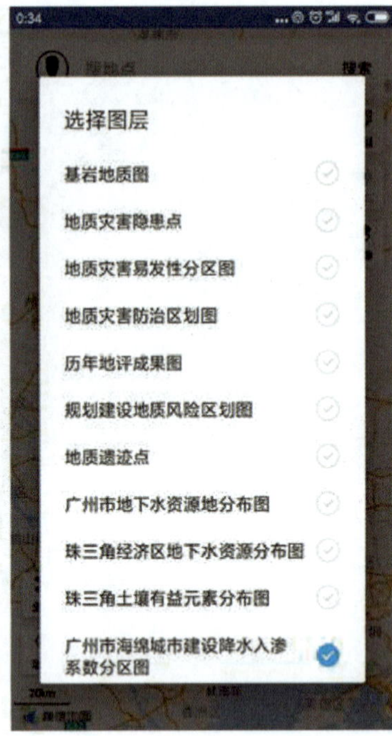

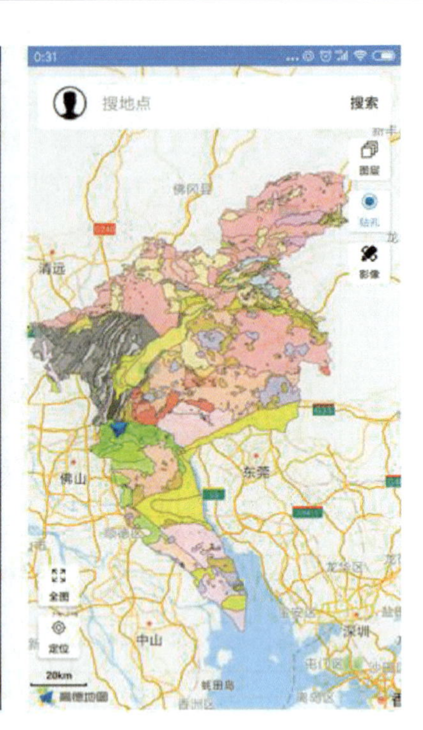

图 4-19　地质信息快速查询

5.建立支撑服务区域发展编图模式,打通成果服务最后一公里。

形成支撑服务区域发展编图模式,实现地质调查成果对国土空间规划的引领和对接,打通成果服务最后一公里。编制完成《支撑服务广州市规划建设与绿色发展资源环境图集》(图 4-20)、《广州市地质环境综合图集》、《泛珠三角地区地质环境综合图集》,并提交当地政府及相关部门使用,支撑服务国家发展战略需求的同时,服务区域经济发展、国土规划建设,促进区内生态文明建设。

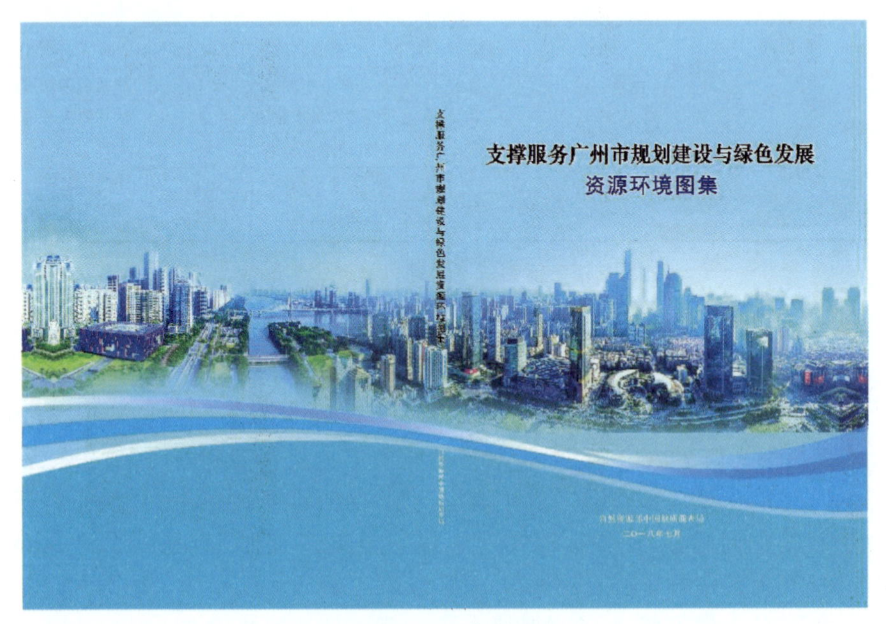

图 4-20　图集封面

6.探采结合,服务民生,支撑扶贫攻坚战略,确保用水安全,缓解用水困难。

2016—2018 年项目建设并向当地村镇提交探采结合井 15 口,可开采量 2100 m³/d,可为缺水区 20 000余人提供生活饮用水源,有效缓解当地农村生活用水和季节性缺水的问题。圈定梧州市动物园、粤桂合作特别试验区应急(后备)水源地，可开采量 11 000 m^3/d，可解决应急状态下 60 000 人每天生活用水，为调查区内应急供水提供保障。提交矿泉水可开发潜力点 1 处，支撑乡村振兴战略，受到当地政府认可和好评(图 4-21)。

图 4-21 获得村镇政府认可和好评

7. 求实效、重宣传，提升区内地质灾害应急处置救灾能力。

以党的十九大“加强地质灾害防治”精神为指导，根据区内地质灾害发育特点，结合历史突发地质灾害警示案例，项目组积极制作地质灾害科普宣传展板、防治及应急处置宣传册，在调查区地质灾害高发区内重点村镇、学校进行“防灾减灾”科普宣传活动(图 4-22)，提高公众对地质灾害认知水平和应急处置能力。

图 4-22 地质灾害科普宣传

对现场展板、图册、科普资料的观看和阅读，使“地质灾害”入眼、入脑、入心，提高公众对“地质灾害”的感观认识。专家现场对“地质灾害防范”相关知识的细致讲解、答疑，使公众对“地质灾害”从“不了解”到“想了解”“全了解”，对“地质灾害防范”从“我不防”到“要我防”“我要防”。科普宣传活动的开展增强了公众防灾减灾观念,全面提升了区内居民应对各类地质灾害事件的防范意识和应急处置能力,取得了较好的社会效应。

2016 年汛期,项目组多次参与梧州市消防支队河东中队地质灾害应急抢险工作,为了充实该中队地质灾害及防治知识,提升应急处置预判能力,提高其处置能力和救援效率,应中队邀请,项目组成员为该中队进行“防灾减灾及地质灾害应急处置”科学普及宣传,包括室内理论和野外现场培训(图 4-23)。

图 4-23 应急处置科普宣传

针对地质灾害基础理论、早期识别等方面的知识,项目组结合在梧州地区开展野外地质调查工作期间遇到的典型地质灾害案例,开展科普宣传讲座和实践培训。分析阐述了该中队辖区范围内易发地质灾害的类型及发育分布现状,侧重介绍了突发地质灾害应急处置过程中灾害牵引区及次生灾害预判的重要性,并针对应急处置过程中可能存在的问题和危险与中队全体官兵进行了交流研讨。在野外不同类型的地质灾害点现场,对地质灾害体的典型特征和基本要素等进行了认真讲解,重点强调各类地质灾害应急处置过程中应注意的事项和安全措施。通过科普及培训进一步夯实了武汉地质调查中心与该中队地质灾害应急处置协调联动机制,为提高地质灾害应急处置能力、服务地方防灾减灾、将公益性地质工作落到实处起到了示范作用。

8. 服务规划、引导规划,促进环境保护,助推区域生态文明建设。

通过泛珠三角城市群国内外对比研究,揭示了资源环境空间配置格局对泛珠三角城市群经济社会发展激励与约束的作用机理和经济社会的响应机制,初步提出了泛珠三角城市群资源环境与经济社会协调发展的中国特色路径。

2018 年度制作完成“泛珠三角地区海岸带地质环境宣传片多媒体视频”(图 4-24)。视频在泛珠三角宏观概况的基础上,系统阐述了以“大资源观、大数据观、大地质观”探索建立的水土质量快速评价系统;建立新机制,推动成果运用;立足华南沿海,依托北部湾向东南亚等地区延伸,开展地质环境的时空对比研究。始终抓住珠三角经济区、北部湾经济区、珠江-西江经济带和海南国际旅游岛四大经济区的重点环境地质问题,通过技术创新和理论创新,探索解决水土质量变化、水资源短缺、土地资源紧缺、岩溶塌陷、海岸带生态环境退化等重点问题,全方位地服务和引导泛珠三角地区经济社会发展规划、建设、运行和管理。使社会公众从了解环境保护到认识环境保护、到倡导环境保护、到参与环境保护发生质的提升,助推泛珠三角地区生态文明建设。

图 4-24 泛珠三角地区海岸带地质环境宣传片

珠江-西江经济带梧州-肇庆先行试验区 1∶5万环境地质调查(梧州市幅、封川幅、苍梧县幅)成果报告

提交单位:中国地质调查局武汉地质调查中心
项目负责人:刘广宁
档案号:档 0574-01
工作周期:2016—2018 年
主要成果:

一、水文地质

1.根据地下水在岩石中的赋存特征与水力性质,将调查区内地下水划分为孔隙水和裂隙水两种类型。其中孔隙水主要赋存于第四系松散岩类含水岩组中,又分为潜水和承压水两个亚类;裂隙水主要赋存于非碳酸盐岩类地层中,包括层状碎屑岩类风化裂隙水及块状岩类风化裂隙水。通过实际调查及对数据的合理分析,认为调查区内地下水资源量偏少,属地下水资源匮乏区。

2.调查区内地下水化学类型以 HCO_3-Ca 型为主,其次为 HCO_3-Na·Ca 型,矿化度为 12～399mg/L,以低矿化度淡水为主;大部分 pH 值为 6.5～7,为中性水,个别 pH 值为 4.57,为酸性水,极个别 pH 值为 8.27,为弱碱性水;总硬度在 0.745 6～276.91mg/L 之间,绝大多数采样点总硬度小于 150mg/L,以极软水为主,个别为软水。区内地下水动态变化与大气降水、洪汛期有密切关系,钻孔地下水位与西江水位以及大气降雨之间存在良好响应,其中西江水位的升降对地下水位影响较为显著。

3.调查区内的主要环境水文地质问题为地下水污染。常规指标超标,如硝酸盐、亚硝酸盐、pH、氨氮;少量金属元素超标,如总铁、锌、镍、镉。区内污染主要分布于人口密集区、农业种植以及工矿企业周边,污染物主要来自化肥、农药、动物粪便、工业废水及生活污水等。

4.地下水资源数量及其质量总体较好。调查区天然补给资源量为 10 152.1 万 m^3/a,可开采资源量为3 564.76 万 m^3/a。区内地下水水质总体较好,局部地下水水质较差,主要表现为常规指标超标,如硝酸盐大于 30mg/L、亚硝酸盐大于 0.1mg/L、pH 值小于 5.5、氨氮大于 0.5mg/L;少量金属元素超标,如总铁含量大于 1.5mg/L、锌含量大于 5.0mg/L、镍含量大于 0.1mg/L、镉含量大于 0.01mg/L。

二、工程地质

1.区内岩体工程地质类型划分为两大类,为碎屑沉积岩类工程地质岩组和侵入岩岩类工程地质岩组两个基本类型。其中,碎屑沉积岩类工程地质岩组出露面积 846.45km^2,占工作片区总面积的59.82%,出露地层主要为新生界第三系(古近系+新近系)六吅组,中生界下白垩统大坡组、新隆组,古生界中上寒武统黄洞口组、下寒武统小内冲组,元古宇上震旦统培地组。图幅内侵入岩较发育,以中酸性、酸性岩为主。侵入岩工程地质岩组出露面积 444.19km^2,占工作区片区总面积的 31.392%。土体主要为松散土体工程地质岩类。出露地层包括桂平组上段、桂平组下段、望高组、白沙组,其中桂平组上段分布面积 5.84km^2,桂平组下段分布面积 104.41km^2,望高组分布面积 13.85km^2,白沙组分布面积

0.25km²。主要为河流相第四纪松散冲积层，成分为砂类土、黏性土、粉质黏土、含淤泥质黏土等，呈不均匀透镜状零星分布。

2.工程地质分区特征为：低山坚硬侵入岩工程地质区(Ⅰ)分布面积 20.57km²，高丘陵工程地质区(Ⅱ)分布面积 201.10km²，低丘陵工程地质区(Ⅲ)分布面积 188.78km²，残丘-台地工程地质区(Ⅳ)分布面积 601.03km²，平原工程地质区(Ⅴ)分布面积 374.41km²，河谷阶地工程地质区(Ⅵ)分布面积 136.36km²，

3.工程建设场地适宜性评价结果显示：适宜性建设区面积 666.78km²，占总面积的 47.13%，主要分布在苍梧县幅的南西角、梧州市周边区域及南部以及封开县城周边区域，该区地形较为平坦，地形坡度小，海拔高度低，地质灾害不发育，交通便利，岩土体结构好，区位条件优越，适宜于开展工程建设；限制建设区分布面积 435.52km²，占总面积的 30.79%，主要分布在苍梧县幅的西江北岸、梧州市幅东南部以封川幅中东部区域，该区地形较为平坦，地形坡度中等，海拔高度中等，地质灾害较为发育，距离交通枢纽 5～10km，岩土体结构为较坚硬岩，区位条件相对差，如果开发利用，需要较高经济成本和损失一定的生态环境效益，为限制建设区；禁止建设区分布面积 312.12km²，占总面积的 22.08%，主要分布在苍梧县幅的北部、梧州市幅中南部以封川幅的北北东部和右下角区域，该区地形陡峻，地形坡度大，海拔高度高，地质灾害易发，距离交通枢纽大于 10km，且该区多为森林、水域、公园等生态保护用地区，为禁止建设区。

三、环境地质

1.区内主要环境地质问题为崩塌、滑坡、泥石流、地面沉降、农业污染、养殖业污染、垃圾污染、废气废水污染、水土流失、工程建设以及矿山环境问题，本次调查掌握了其发育、分布规律。

2.调查区崩塌、滑坡和潜在不稳定斜坡地质灾害高易发区，总面积为 104.99km²，约占调查区总面积的 7.4%；中易发区总面积 45.38km²，约占调查区总出露基岩面积的 3.2%；低易发区总面积 62.23km²，约占调查区出露基岩面积的 4.4%。

3.采用定性和定量相结合的地质灾害危险性区划方法，充分依靠现场变形调查评价法、工程地质类比法、赤平投影法和极限平衡分析法等综合分析方法，对试验区进行危险性区划。评价结果表明：不稳定斜坡灾害点共 36 个，其中低危险区 6 个，占总灾害点的 17%；中危险区 12 个，占总灾害点的 33%；较高危险区 10 个，占总灾害点的 28%；高危险区 8 个，占灾害点的 22%。

4.洪水淹没分区评价结果显示：洪水位为 21.6m 时，淹没面积为 1.12km²；洪水位为 25.91m 时，淹没面积为 2.29km²。淹没区主要分布于西江右岸Ⅰ级阶地及旺步冲、桃花冲、珍品冲、龙朱冲等冲沟位置。这是由于西江右岸Ⅰ级阶地海拔高度较低，地势较为平坦，一旦水位上升到警戒值，水位高度大于地面高程值，这些区域将被淹没。旺步冲、桃花冲、珍品冲、龙朱冲等冲沟切割有一定深度，地势较为低洼，降雨汇流不易排泄。尤其是西江洪流高峰期，西江河水补给冲沟，形成倒灌现象，形成大面积积水，淹没当地老百姓的农田、房屋，给该区的人民生命财产造成一定威胁。

四、专题研究

通过 5 项专题研究，取得以下成果：①查明区内地质灾害发育分布规律，总结其变形破坏及失稳模式、成因机制和花岗岩斜坡失稳宏观判据，结合物理试验，掌握了降雨-地质灾害耦合关系，初步提出区内地质灾害降雨阈值及预警标准。②圈定工作区可溶岩范围，并新发现隐伏岩溶，总结岩溶地面塌陷致灾机理和成灾模式，岩溶地面塌陷监测基地建设，并开展岩溶塌陷地质灾害评价和防治区划，提出防治对策及建议。③建立高精度的 Tessier 五步提取法，提出土壤中铁铜组分诱导甲基汞降解机制，支撑服

务区域水土污染防治。④试验区土地资源承载力总体较好，整体地质环境较为脆弱，水环境承载能力高，土壤环境容量高，承载能力强，总体资源环境承载力属于承载盈余地区，较小的区域属于轻度超载，主要由建设用地的规划承载力人口造成。⑤总结分析了泛珠三角城市群GDP（第一、第二、第三产业）、社会发展、城市化率、城市群时空演变特征，并开展相关评价研究，从资源环境承载力理论、新古典经济增长理论出发，比较分析并揭示了泛珠三角城市群资源环境承载力演变的影响因素和内在驱动力，并预判了泛珠三角城市群经济社会与资源环境协调的演变趋势。

五、应用服务

以问题、需求为导向，以服务、应用为理念，积极支撑服务地方相关地质工作，社会反响良好；编制系列报告、图集，支撑区域国土规划建设，促进地方经济发展；探采结合，服务民生，支撑扶贫攻坚政策，确保用水安全，解决农村用水及季节性缺水问题；通过科普宣传，提升区内防灾减灾及应急处置救灾能力与环境保护意识。同时促进环境保护，助推区域生态文明建设。

珠江-西江经济带梧州-肇庆先行试验区1∶5万环境地质调查成果报告（鳌头圩幅）

提交单位：广东省地质调查院
项目负责人：王良奎
档案号：档0574-02
工作周期：2016年
主要成果：

一、水文地质方面的成果

1.基本查明了调查区各含水岩类地下水的分布、埋藏条件、富水程度、水化学特征及补径排条件。区内地下水可划分为松散岩类孔隙水、碳酸盐岩裂隙溶洞水和基岩裂隙水三大类，基岩裂隙水又可分为碎屑岩类、火成岩类裂隙水。

2.松散岩类孔隙水广泛分布于全区第四系，含水层以砾砂为主，局部为中粗砂、中细砂，地下淡水富水性贫乏—中等均有分布，地下水化学类型主要为$HCO_3 \cdot Cl-Ca \cdot Na$型、$HCO_3 \cdot Cl-Ca \cdot Na$型。

3.碎屑岩类裂隙水仅零星分布于广州市从化区鳌头镇棋杆街道、太平镇梅子岭、观音山一带，零星出露于从化区龙潭镇龙聚村一带；出露面积19.17km^2，含水层岩性为砂岩、粉砂岩、石英砂岩、泥岩等，水量贫乏。

4.碳酸盐岩裂隙溶洞水按出露和埋藏条件的不同可分为3类：裸露型岩溶水、覆盖型岩溶水和埋藏型岩溶水。裸露型岩溶水主要分布于广州市从化区鳌头镇尾岭等地，出露面积约0.29km^2，水量中等；覆盖型岩溶水主要分布于广州市从化区鳌头镇棋杆街道高和村、鳌头镇中心村、白水塘等地，出露面积11.71km^2，水量贫乏—中等；埋藏型岩溶水主要分布于广州市从化区鳌头镇象新村车仔社一带，出露面积1.74km^2，水量贫乏。

5.火成岩类裂隙水分布广泛，出露面积370.22km^2。含水层岩性主要为粗中粒斑状黑云母二长花岗岩、细粒黑（二）云母花岗岩等。岩石风化强烈，局部裂隙较发育。地下水赋存在风化裂隙带中，除局部断裂构造外，新鲜岩石一般不含水，富水性可分为丰富、中等、贫乏三级。水量丰富区主要分布在广州市花都区花山镇鸦鹰山、花山镇鸡山，从化区龙潭镇大林场、鳌头镇雷公洞，面积 173.07km^2；水量中等区广泛分布于广州市从化区太平镇银林水库、鳌头镇民乐村、南蛇形水库等地，面积 122.92km^2；水量贫乏区集中在广州市花都区花东镇新开田、从化区鳌头镇帽山等地，面积 74.23km^2。

6.调查区内地下水质量受背景值影响较大，主要影响指标为 pH 值。水质 pH 值主要为弱酸—酸性，地下水质量整体较好。地下水主要污染物为铅，局部乡村居民区地下水受硝酸盐或亚硝酸盐污染，主要污染源疑似为含铅废水的排放、化粪池及生活污染的渗漏。

二、工程地质方面的成果

1.基本查明了调查区工程地质条件，根据岩体的地质时代，岩石强度和岩体结构类型，将区内岩体划分为侵入岩岩性组、碎屑岩岩性组、碳酸盐岩岩性组及含煤碎屑岩岩性组 4 个岩性组，岩体工程地质层划分主要结合风化程度分为全风化、强风化、中风化、微风化 4 层。土体划分为土体类型与特殊土类型，土体类型划分为卵砾类土、砂类土、粉土、黏性土 4 类土；特殊土类型划分为残坡积土、人工填土、淤泥类土 3 类土；按土体工程地质单元自上而下划分为 12 个工程地质层。较系统地总结了各工程地质层分布、埋深、厚度、物理力学性质和空间变化规律等工程地质特征。

2.区内土层结构有多种类型，有单层结构、双层结构和多层结构。单层结构主要分布于丘陵台地与平原区的过渡地带，双层结构和多层结构主要分布于平原区，总体以单层结构为主。

3.根据岩土体工程地质特征、外动力地质现象、工程地质问题或环境地质问题及建筑物的适宜性，将调查区岩土体工程地质分区划分为 2 个区，4 个亚区，9 个地段。进行了工程地质分区评价，并提出对策与建议。

三、环境地质方面的成果

1.基本查明了调查区内环境地质问题的主要类型、分布、发育特征及形成条件。斜坡类地质灾害以崩塌、滑坡为主，灾害规模较小，但分布广泛，发生频繁，泥石流灾害数量少，但危害性大。针对斜坡类地质灾害提出相应的防治措施。

2.综合考虑环境地质问题易发程度和致损强度，对调查区开展环境地质问题危害程度评价分级。斜坡类地质灾害危害程度大的区域，主要集中在山心村—洲洞村—石咀村—五丰村一带，爱群村附近，桥头—迳口一带，梯面镇—联民村一带，河西—丁坑村—禾杆塘—石吉一带以及岩溶地区的中心村—荣桂庄一带。

3.进行地下水污染环境质量评价，在此基础上提出了相应的地下水污染防治方法及措施。

四、岩溶地面塌陷防控研究方面的成果

1.基本查明岩溶地面塌陷发育地质环境。调查区可溶岩为石炭纪石磴子组($C_1\hat{s}$)碳酸盐岩，可溶岩分布面积 16.36km^2，以覆盖型为主，面积 11.98km^2。调查区内岩溶形态有：溶洞、土洞、溶蚀裂隙、溶孔等；岩溶发育，垂向上局部溶洞最多发育达 12 个，呈串珠状，洞高普遍 0.05～2.38m，一般发育深度为 10～30m，第一个溶洞距基岩面的顶板厚度一般在 0.30～2.74m 之间，钻孔见洞率 46.67%，平均线岩溶率 9.00%。岩溶发育情况主要与岩性、断裂构造和可溶岩与非可溶岩接触带有关。区内岩溶发育程度强区(Ⅰ)面积约 3.28km^2，占可溶岩面积的 20.05%；岩溶发育程度中等区(Ⅱ)面积约 8.54km^2，占可

溶岩面积的 52.20%。

2. 查明岩溶地面塌陷发育特征，分析岩溶地面塌陷成因、地质模式。区内岩溶地面塌陷成因类型可以分为两类：一是以大氹村岩溶地面塌陷为代表的，抽取地下水导致的塌陷；二是以中塘村中心石灰石场岩溶地面塌陷为代表的，矿山抽排地下水导致的塌陷。对应其形成的地质模式可以从"水-土-岩"角度出发，分为人工开采＋多层＋岩溶洞穴型和人工开采＋单层＋岩溶洞穴型。

3. 开展岩溶塌陷地质灾害评价。开展了调查区岩溶地面塌陷易发性评价，将区内可溶岩区划分为三类区：高易发区面积 0.98km²；中等易发区面积 3.94km²；低易发区面积 11.44km²。调查区内重大交通工程沿线 1km 岩溶地面塌陷易发程度分别为：高易发区面积仅 0.03km²；中等易发区面积 0.26km²。城鳌大道(S355)沿线高易发区面积 0.85km²；中等易发区面积 3.32km²。开展了调查区岩溶地面塌陷危险性评价，危险性大的地区面积较小，仅 0.05km²；危险性中的地区面积 1.26km²。

4. 开展岩溶地面塌陷防治区划，提出防治对策。将调查区岩溶地面塌陷防治区分为三类区：重点防治区 1.39km²，分布于鳌头镇旗杆片区的万宝工业园—大氹村滋汾、大龙里一带；次重点防治区 5.68km²，分布于旗杆片区的大氹村—高禾村一带和人和片区的中塘村月光社—冯新塘—滋浪、龙角村蝉岗里地区；一般防治区 9.29km²，分布于旗杆片区的大氹村—铺锦村和人和片区的中心村—象新村—龙角村一带(图 4-25)。

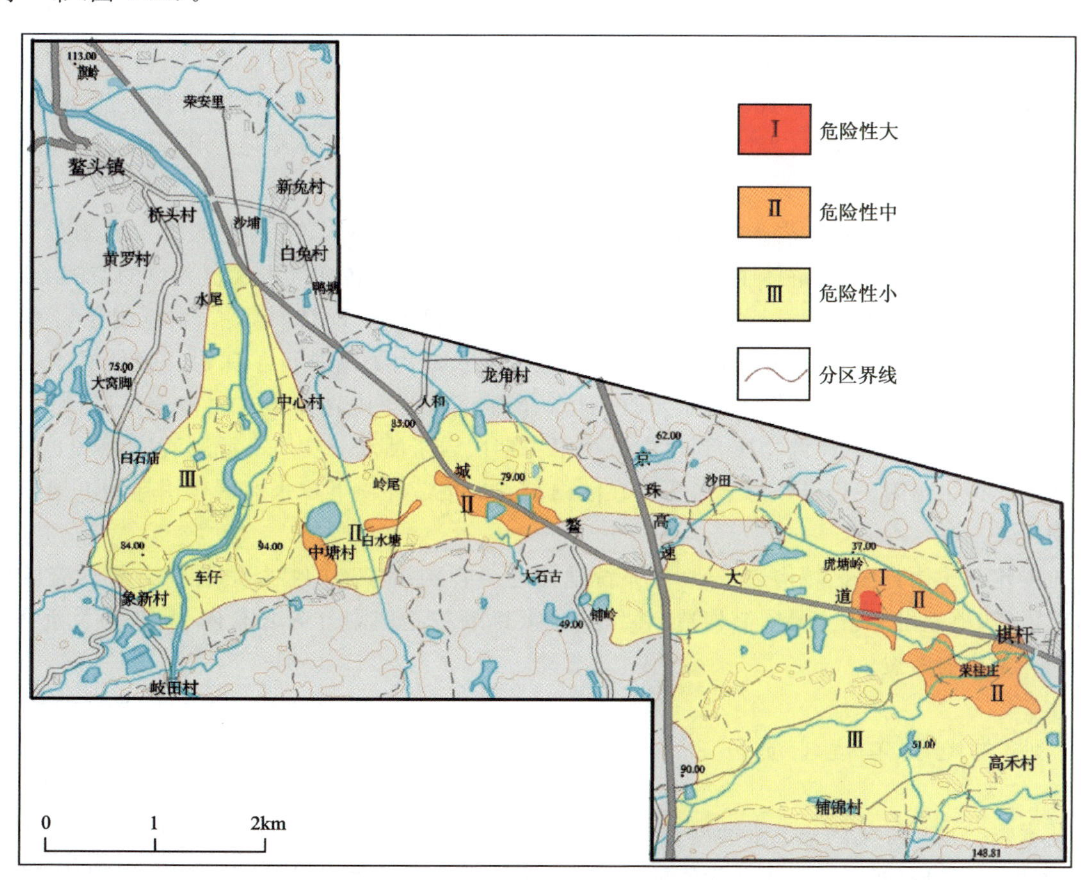

图 4-25　岩溶塌陷危险性评价分区图

在岩溶地面塌陷防治区划的基础上，从上层决策和工程技术角度提出岩溶地面塌陷防治对策。从上层决策层面，合理调整城镇规划、加强地质环境保护、加强宣传，群策群防、充分发挥各职能部门监督管理作用；从工程技术层面，加强地面塌陷监测工作、建设应急反应系统建设和信息网络、加强建设工程的地质勘察工作、构建抽排地下水监控体系、加强岩溶地面塌陷治理工作等。

珠江-西江经济带梧州-肇庆先行试验区1:5万环境地质调查报告(良口圩幅、吕田圩幅)

提交单位:广东省地质调查院
项目负责人:王忠忠
档案号:档0574-04
工作周期:2017—2018年
主要成果:

一、区域地质

1.基本查明了区内地层、岩石基本特征及其空间分布规律,将区内岩石地层划分为11个组级岩石地层单位,建立了调查区的地层序列。

2.查明了火山岩分布范围,基本查明了岩石学、岩石地球化学特征,获得流纹质含火山角砾凝灰岩LA-ICP-MS锆石U-Pb年龄为(136.76±0.99)Ma(MSDW=0.44)。结合区域岩性特征,将区内火山岩由热水洞组修订为南山村组,为黄鹿嶂火山盆地的首份测年数据,对区域上火山岩形成时代的归属有重要参考意义。

3.重新厘定了调查区侵入岩形成时代,建立了侵入岩的岩石序列,将调查区侵入岩划分为3期8次,按照“岩性+时代”的原则解体了区内的佛冈岩体。基本查明了各期次岩浆侵入体的空间分布、地质特征、岩石学特征、岩石地球化学特征、接触关系及一批高精度锆石U-Pb年龄。根据岩浆岩Lu-Hf同位素、O同位素、U-Pb同位素特征对区内侵入岩构造环境及成因类型进行了探讨。晚侏罗世岩浆岩主要为形成于同碰撞-板内构造环境下的陆壳改造型花岗岩,而到了晚侏罗世—早白垩世,岩浆岩具高度分异,且物源混杂了少量的幔源物质,到早白垩世第二期次岩浆活动时物质来源则转变为以上地幔物质为主。其中亚髻山角闪正长岩体为早白垩世在陆内裂谷的构造环境下拉张伸展作用导致上地幔物质上侵的产物。

4.初步建立了调查区区域构造格架,较系统地描述了各构造形迹的特征和性质。将调查区褶皱划为燕山期褶皱,梳理出2条主要褶皱构造;将区内主要断裂按走向划分为北东向、北西向及近东西向3组,厘出13条主要断裂。

二、水文地质工程地质

1.基本查明良口圩幅内地下水类型、分布、发育特征及形成条件。基本查明了良口圩幅含水岩类特征、富水程度以及补径排条件和水化学特征。其中,松散岩类孔隙水水量中等区分布面积约7.83km^2,水量贫乏区分布面积约30.11km^2;碳酸盐岩裂隙溶洞水,出露面积约9.50km^2;火山岩及火山碎屑岩裂隙水富水性中等,分布面积约2.22km^2;一般碎屑岩裂隙水富水性贫乏,分布面积约12.44km^2;火成岩裂隙水富水性中等,在丘陵低山区广泛分布,出露面积434.45km^2。

2.经初步评价,良口圩幅地下水天然资源量为53.40×10^{4}m^3/d,其中孔隙水天然资源为3.89×10^{4}m^3/d;裂隙水天然资源量为49.51×10^{4}m^3/d,允许开采松散孔隙水资源量为2.22×10^{4}m^3/d,占天然水资源量4.23%。无论是孔隙水还是裂隙水,其开采资源是有保障的。

3.基本查明了调查区工程地质条件，将区内岩体划分为侵入岩岩性组、喷出岩岩性组、碎屑岩岩性组、碳酸盐岩岩性组及含煤碎屑岩岩性组5个岩性组，岩体工程地质层划分主要结合风化程度分为全风化、强风化、中风化、微风化4层。土体划分为土体类型与特殊土类型，土体类型划分为卵砾类土、砂类土、黏性土3类土；特殊土类型划分为残坡积土、人工填土、淤泥类土3类土；按土体工程地质单元自上而下划分为9个工程地质层。较系统地总结了各工程地质层分布、埋深、厚度、物理力学性质和空间变化规律等工程地质特征。

4.区内土层结构有3种类型，即单层结构、双层结构和多层结构。单层结构主要分布于狭长的丘陵区、斜坡沟谷地区及斜坡向平原过渡地带，双层结构主要分布于稍开阔平缓的沟间谷地地带及流溪河、潖江沿岸，多层结构主要分布于流溪河及其支流周边的局部地区。调查区总体以单层结构为主。根据岩土体工程地质特征、外动力地质现象、工程地质问题或环境地质问题及建筑物的适宜性，将调查区岩土体工程地质分区划分为2个区，4个亚区，10个地段，进行了工程地质分区评价，并提出对策与建议。

三、环境地质

1.基本查明了调查区斜坡类地质灾害现状及分布特征。以不稳定斜坡、崩塌为主，不稳定斜坡148处、崩塌92处，多分布在地形切割较深地区（良口镇北西部达溪—团丰—和丰一带和东部溪头地区，G105国道、G45高速公路沿线）；在分析地质灾害类型、发育特征、形成条件和控制因素的基础上，归纳总结了崩塌、滑坡的主要致灾机理并概化了其地质模型。

2.对斜坡类地质灾害的易发性进行评价。斜坡类地质灾害高易发区主要集中在G105国道、G45高速公路沿线及良口镇团丰—溪头一带低山丘陵区；开展环境地质问题危害程度评价分级，结果表明：调查区内危害程度大的区域位于G105国道、G45高速公路沿线以及良口镇团丰—溪头村一带。将调查区地质灾害防治区划为2个重点防治区、2个次重点防治区和1个一般防治区，并分别对地质灾害重点防治区、次重点防治区及一般防治区提出防治措施建议。

3.基本查明调查区可溶岩类型为石磴子组($C_1\hat{s}$)、长垑组(D_3C_1cl)和天子岭组(D_3t)碳酸盐岩，面积30.34km^2，且以覆盖型为主，主要分布于良口石床—石岭及良口镇—热水，吕田镇狮象村—吕新村—联峰村及安山村—草埔村和龙门县龙潭镇铁岗地区。岩溶发育形态以溶洞、溶蚀裂隙、溶孔为主，钻孔见洞率56.25%，平均线岩溶率33.66%，浅层岩溶主要发育在深度15～40m区间内。调查区总体岩溶发育，岩溶发育程度强的地区面积为23.99km^2，占可溶岩面积的79.07%，分布于良口镇少沙—石岭地区和良口镇流溪河沿岸，吕田镇狮象村—联丰村、安山村—草埔村一带，以及龙门县龙潭镇铁岗地区。岩溶发育情况主要与岩性、断裂构造、可溶岩与非可溶岩接触带和地下水活动情况有关。

4.利用GMS软件在良口镇石岭地区建立三维地质结构模型。该地质结构模型清晰准确地反映该地区地层结构、土层厚度、基岩面起伏情况，实现地质结构可视化，可在任意方向切割形成地质剖面。

5.基本查明岩溶地面塌陷现状。调查区发生岩溶地面塌陷21处，1998—2008年和2014年到至今是两个塌陷高峰期，主要分布于良口镇石岭地区和吕田镇安山、水埔-联峰地区，在时空分布上具有持续性、周期性、集中性、重复性。基本查明区内岩溶塌陷规模、类型、危害和诱发因素。区内岩溶地面塌陷形成机理主要有潜蚀效应、垂直渗压效应、失托增荷效应、负压吸蚀效应和振动效应等。重点剖析了4个典型岩溶地面塌陷成因机理：安山村旱田岩溶地面塌陷（自然因素诱发）、石岭村高龙围岩溶地面塌陷（矿山地下平巷突水诱发）、水埔村鲤鱼塘岩溶地面塌陷（矿山抽排地下水诱发）和石岭村中元岗岩溶地面塌陷（振动诱发）。

6.开展岩溶地面塌陷易发性评价和危险性评价。岩溶地面塌陷高易发区面积5.63km^2，主要分布于良口镇石岭村南部及东部，吕田镇狮象岩周边、联丰村石脚下—耕村、安山村塘田和东门、草埔村龙屋—孙屋,龙门县龙潭镇铁岗地区樟坑—横岗;岩溶地面塌陷高危险地区面积 4.59km²,分布于良口镇石岭村、塘料村—良新村流溪河沿岸、吕田镇塘田村、草埔村和水埔村、联丰村、龙潭镇铁岗等地。开展岩溶地面塌陷防治区划,重点防治区面积 7.14km²,分布于良口镇石岭村东侧、塘料村—良明村流溪河沿岸,吕田镇塘田村、安山村—草埔村南部山前以及狮象村—水埔村中部地区,龙潭镇铁岗村樟坑—横岗地区(图 4-26)。从上层决策和工程技术层面按不同防治分区分别提出了监测、工程措施等相应的岩溶塌陷防治对策建议。岩溶地面塌陷重点防治区监测工作以专业监测为主,专业监测和群测群防相结合。

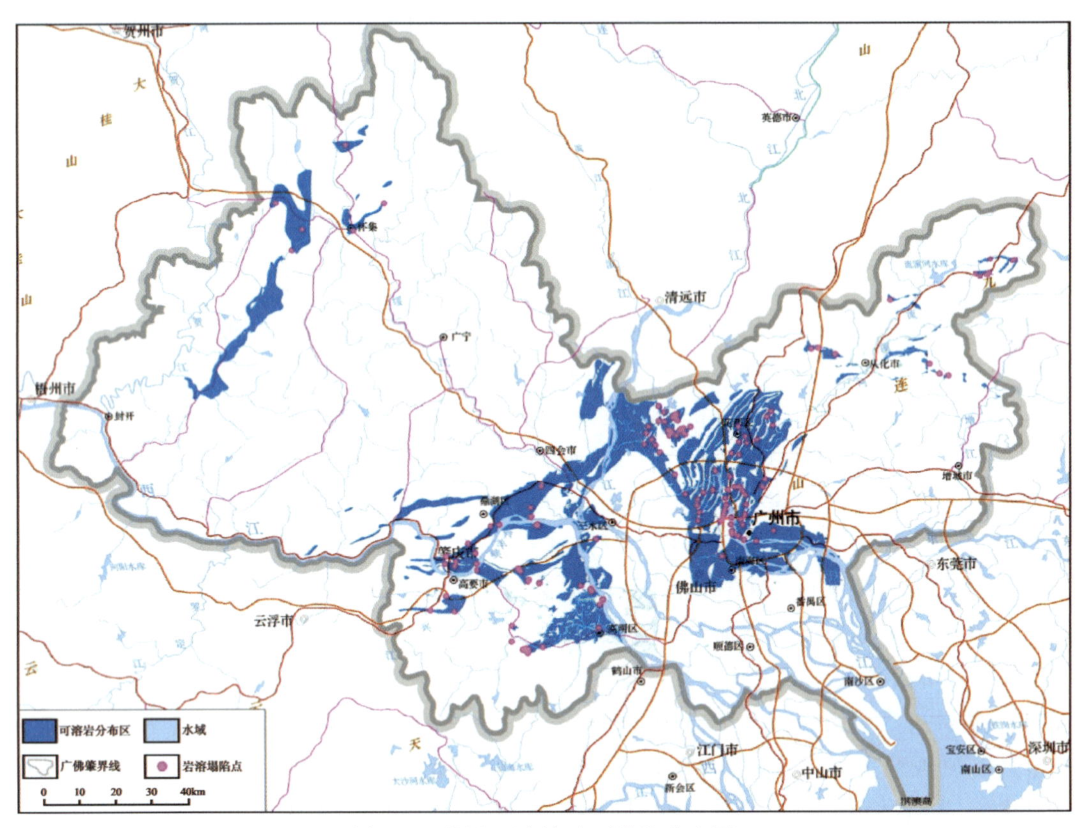

图 4-26 调查区岩溶地面塌陷分布图

四、广佛肇重大工程建设区岩溶塌陷防控专题

1.分析了广佛肇地区可溶岩地层、可溶岩层组类型及分布特征,广佛肇岩溶发育程度及分布特征,岩溶地面塌陷分布现状;分析岩溶塌陷对人类工程活动的影响及发展趋势,并对抽水触发岩溶塌陷耦合机理进行了探讨。

2.开展了广佛肇地区岩溶地面塌陷易发性评价,将区内可溶岩区划分为三类区:岩溶地面塌陷高易发区、岩溶地面塌陷中易发区、岩溶地面塌陷低易发区。另外,对国家铁路及城际轨道沿线 1.6km 范围、重要高(快)速路沿线 1km 范围、城市轨道沿线 1km 范围及油气输送管道沿线 1km 范围进行岩溶塌陷易发性分析。

3.把调查区划分为岩溶塌陷重点防治区、次重点防治区、一般防治区 3 个大区;根据防治区域特点,将防治区细分为 17 个亚区。对 4 个类别重点建设区(城市中心区、重点产业区、优质生活休闲区和农村建设示范区)、部分重点塌陷防治区及重大交通工程沿线提出防治对策建议,分别从监测预警措施、工程措施、禁止措施及避让措施 4 个方面提出防治对策建议。

粤港澳湾区1∶5万环境地质调查成果报告

提交单位:中国地质调查局武汉地质调查中心

项目负责人:赵信文

档案号:档0575

工作周期:2016—2018年

主要成果:

1. 系统梳理总结了粤港澳大湾区最新调查资料和以往成果,编制了《粤港澳大湾区城市群水工环地质调查工作取得一批主要成果》专报及《粤港澳大湾区国土空间优化开发对策建议》,参与编制了《粤港澳大湾区自然资源与环境图集》。《粤港澳大湾区自然资源与环境图集》成果及时送交国家有关部委及国务院港澳事务办公室,获得高度评价(图4-27)。

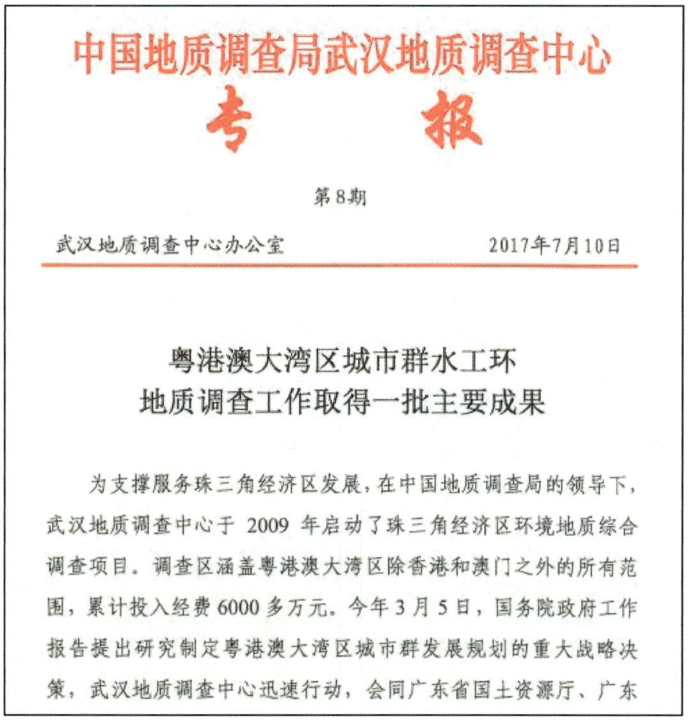

中国地质调查局武汉地质调查中心

专　　报

第8期

武汉地质调查中心办公室　　2017年7月10日

粤港澳大湾区城市群水工环
地质调查工作取得一批主要成果

为支撑服务珠三角经济区发展,在中国地质调查局的领导下,武汉地质调查中心于2009年启动了珠三角经济区环境地质综合调查项目。调查区涵盖粤港澳大湾区除香港和澳门之外的所有范围,累计投入经费6000多万元。今年3月5日,国务院政府工作报告提出研究制定粤港澳大湾区城市群发展规划的重大战略决策,武汉地质调查中心迅速行动,会同广东省国土资源厅、广东

图4-27　专报首页

系统梳理总结了广州市多年地质调查成果和最新资料,编制了《支撑服务广州市规划建设与绿色发展资源环境图集》(图4-28)。该图集分6部分,共55幅图。其中,介绍广州市概况的序图图件9幅,国土空间开发利用的地质适宜性评价类图件9幅,城市规划建设应关注的重大地质安全问题类图件7幅,产业发展可以充分利用的优势资源类图件16幅,生态环境保护需要重视的资源环境状况类图件5幅,基础地质条件类图件9幅。该图集可为广州市土地利用规划、国土空间开发、生态文明建设和重大工程建设、地质灾害防治提供科学依据。

2. 与广州城市规划勘测设计研究院、广州市地质调查院合作开发了“地质随身行”手机App,该手机App集成了基础地质、水文、工程、环境、灾害等地质调查成果,可用于各类终端,具有野外实时定位,地质资料实地搜索、查询、显示等功能,使用方便快捷。“地质随身行”手机App形成了跨行业数据共建共

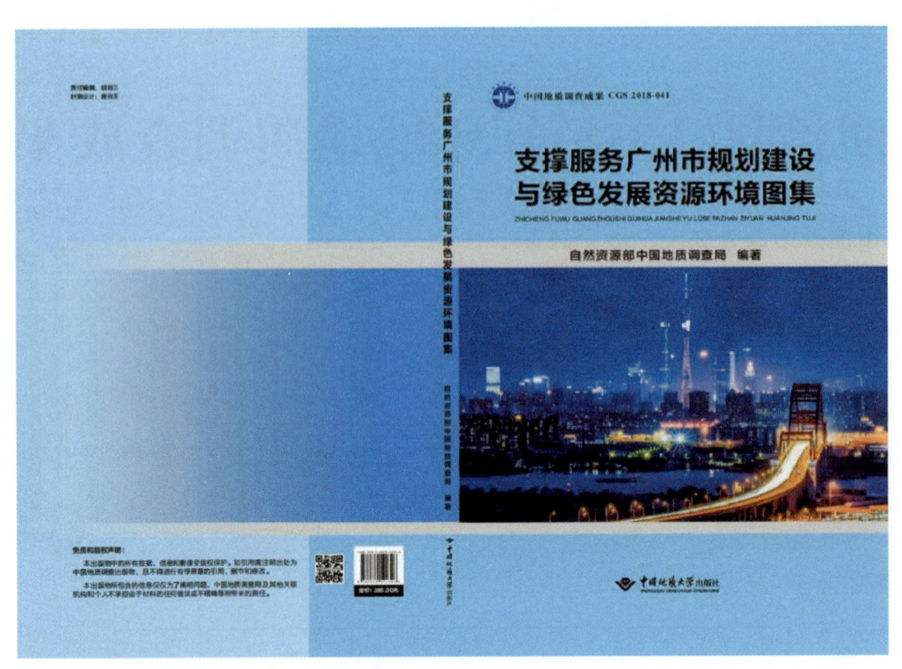

图 4-28 《支撑服务广州市规划建设与绿色发展资源环境图集》封面

享工作机制,通过数据共建共享,有力地推进了跨部门行业对地质调查数据的高效利用,充分发挥地质调查数据的最大效益,减少了数据收集边际成本;同时它实现了海量数据的集成化管理和查询,通过建立元数据的模型和自动化数据处理,实现了海量的数据管理和查询,有助于下一步数据整理形成智能化业务;创新了地质调查成果智能便捷服务新模式,有效实现了地质成果的信息化及其实用、便捷、高效的服务,赢得社会公众及专业人士的高度认可,创新了成果应用服务的新模式。使用过程中得到了国土空间规划、地质调查等专业用户,地质灾害、土地资源管理等政务用户和公众用户的一致好评(图 4-29)。

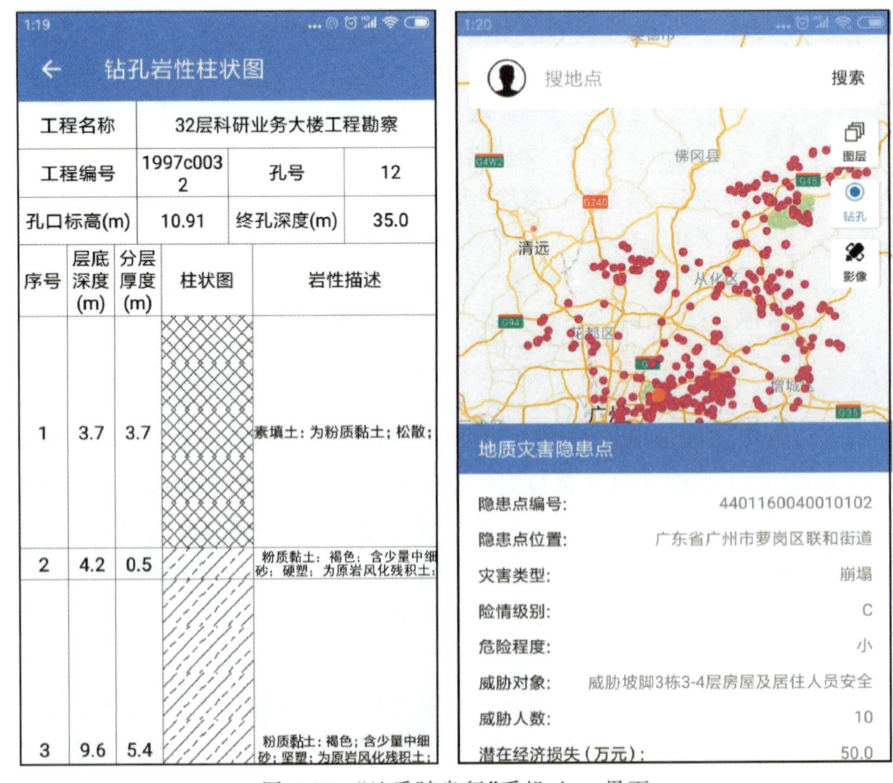

图 4-29 “地质随身行”手机 App 界面

3.在已有地质资料基础上，根据本次野外调查、取样、测试等工作，基本查明了斗门县幅、三灶圩幅、飞沙幅、斗门镇幅、荷包岛幅、平沙农场幅、三江幅、平岚幅范围的地下水类型、分布、埋藏条件、富水程度、水化学特征、补径排条件等水文地质条件，并对地下淡水资源进行计算，编制了水文地质图及说明书，绘制了珠江口西岸典型水文地质剖面(图4-30)，提高了该地区水工环地质研究程度，为调查区地下水资源开发利用和科学管理提供了地质依据。圈定了具有开发前景的东坑地下水应急水源地，应急水源地面积共计2.70km^2。经计算，地下水应急水源地的开采资源为677.30m^3/d。按应急状态下供水定额10L/(人·d)计算，可满足67 730人应急供水，占珠海市香洲区总人口的7.26%。

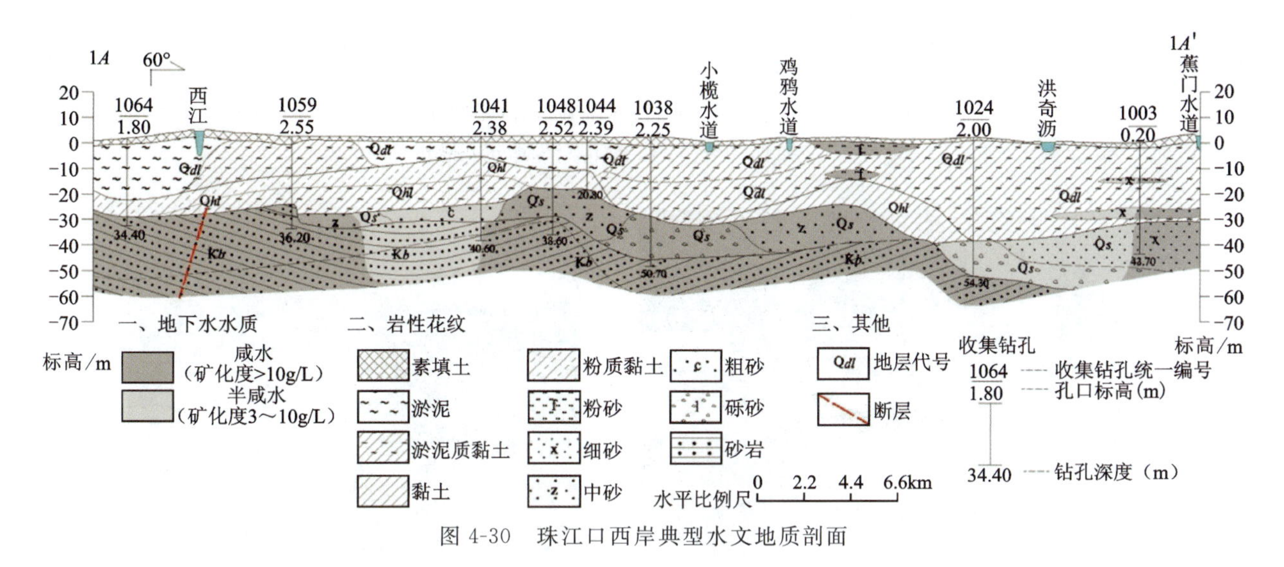

图4-30 珠江口西岸典型水文地质剖面

4.在已有地质资料基础上，根据本次野外调查、取样、测试等工作，基本查明了中山县幅、唐家幅、澳门幅、斗门县幅、三灶圩幅、飞沙幅、斗门镇幅、荷包岛幅、平沙农场幅、三江幅、平岚幅1∶5万工程地质条件，编制了工程地质图及说明书，提高了该地区水工环地质研究程度，为调查区土地资源开发利用、基础设施建设、地质灾害防治等提供了地质依据(图4-31)。

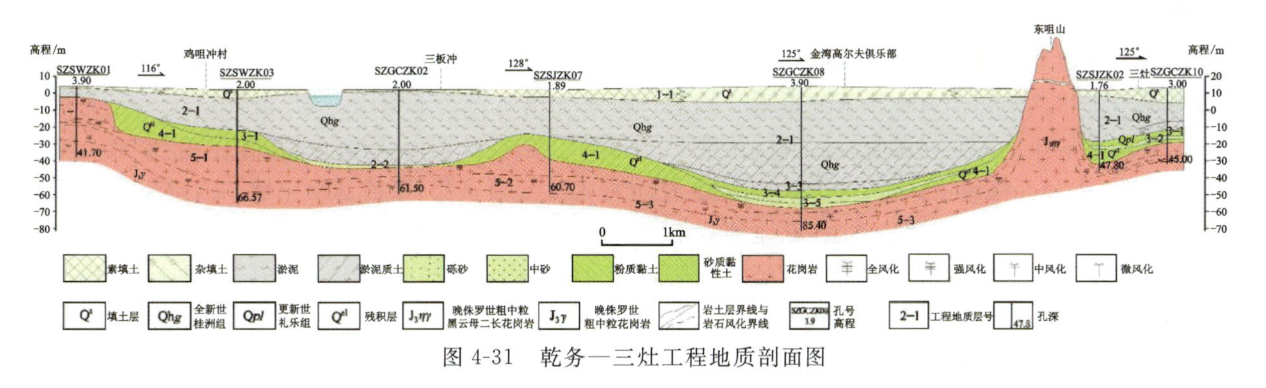

图4-31 乾务—三灶工程地质剖面图

5.开展了珠三角重点区软土地面沉降调查评价，在充分收集以往资料基础上，针对磨刀门、万顷沙软土地面沉降发育的重点地区，进行了补充调查，查明了软土空间分布特征、力学参数、沉降现状，研究了软土沉降机理、影响因素，并预测了下一步发展趋势。调查研究表明，软土在区内分布广泛，除去基岩出露区外，平原区均有分布，且厚度受地形地貌和基底构造的控制。总体上西北部、南部、东部丘陵区薄，中间三角洲平原区厚度大，厚度一般在2.0～43.8m之间，最厚47.2m，垂向上软土大致可分为3层。其中，第一层软土分布范围最广，遍布区内的所有平原、谷地等第四系沉积区，厚度一般在2.0～36.0m之间，第二层、第三层软土仅分布于部分地段，软土是造成该区域地面沉降的主要压缩层。地面沉降以软土自重固结及人类活动诱发综合作用为主，软土层厚度是影响地面沉降速率的关键因子。软土地面沉降对区内公路、输油管道、天然气管道、供排水管、地下电缆等浅基础设施工程安全构成威胁(图 4-32)。

6.充分收集整理已有资料,编制了粤港澳大湾区地热资源分布图。新发现地热田 1 处(东六围地热田),勘查评价地热田 2 处(虎池围地热田、东六围地热田),探明了 2 处地热田地质特征、地温场特征、流体化学特征。虎池围地热田热储层主要由燕山期花岗岩风化裂隙带及断裂破碎带组成,属带状热储,顶板埋深 12.60~29.58m。据钻孔揭露,地热田水量丰富,均为自流,自流量达 480~1200 m^3/d,水位+2.68~+8.20m,水温 98~99℃,有时高达 102℃,均为盐水,pH 为 6.94~7.53,水质类型为Cl-Na · Ca 型,可命名为偏硅酸、锂、锶、氟、镭热矿水。东六围地热田热储以断裂破碎带为主要特征,破碎带岩性以强风化花岗岩为主,主要矿物为石英,盖层厚度 50~60m,主要为第四系松散堆积物。据钻探揭露,地热田水量丰富,水温 72℃,均为咸水,pH 为 6.38~7.34,溶解性总固体含量为 9578~10 161.97mg/L,地下水水化学类型为 Cl-Na 型水,可命名为偏硅酸、锂、锶、氟热矿水(图 4-33)。

图 4-32　软土地面沉降危害房屋安全

图 4-33　虎池围地热田

7.开展了粤港澳湾区典型地区水土环境质量专题研究,查明了南沙核心区镉元素富集特征。研究区表层土壤中镉的含量较高,深层土壤中镉的含量降低,镉分布格局最主要的影响因素是地形地貌、地质条件与河流搬运作用,其次土壤粒度组分、pH、有机质含量、阳离子交换量等土壤地球化学的差异及人类工程活动也影响着镉在土壤中的迁移富集。土壤总镉与土壤有效态镉有中等显著的正相关关系,土壤总镉与土壤活动态镉有极显著的正相关关系。探究了花岗岩区水稻田土壤-植物系统中硒元素分布特征及迁移规律。研究区温暖湿润气候条件下,花岗岩体遭受长期而又强烈的风化作用,形成土壤母质,在长期水岩相互作用下,盐基离子大量淋失,造成稳定性元素富集,形成富硒土壤。沿地下水径流方向,土壤硒元素主要是向下游迁移,在低洼处富集;沿土壤剖面垂向,土壤硒元素主要是向下部迁移,在中下部淋溶淀积层富集。水稻不同部位硒的含量为:根>茎叶>大米>稻壳,土壤硒较易向水稻根部迁移,较难从根部向水稻地上部分迁移(图 4-34)。

8.开展了珠三角河口地区岸线变迁研究。调查研究表明,研究区内海岸线类型分为人工海岸、基岩质海岸、淤泥质海岸、砂砾质海岸、红树林海岸及河口 6 种类型,岸线总长 508.87km,其中以人工海岸为主(长度约 330.87km,占岸线总长的 65.02%)。珠三角河口地区沿海岛屿的基岩质海岸多发生侵蚀现象,比较典型的是珠海淇澳岛东澳湾的海岸侵蚀。20 世纪 60 年代末以来,筑堤围垦、围海造地等人类经济-工程活动,促使珠江三角洲经济区特别是珠三角河口地区海岸线大规模向海推进。随着海岸线向海域推进,诸如港口建设或扩建等一些重大工程上马,生活污水或工业废水向海域排放的问题随之而来,造成海域水体污染,并影响水生生态环境。如高栏岛的填海造地,使得污水排放量增大,不可避免地会造成黄茅海海域污染,进而影响该海域水生生态环境(图 4-35)。

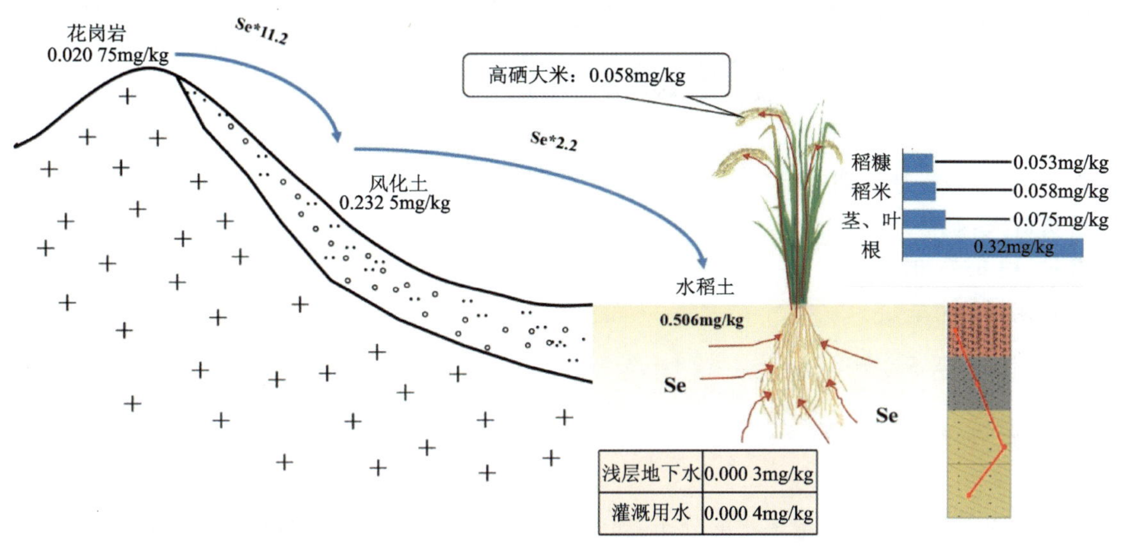

图 4-34　岩-水-土-植物系统中硒元素分布特征及迁移模式图

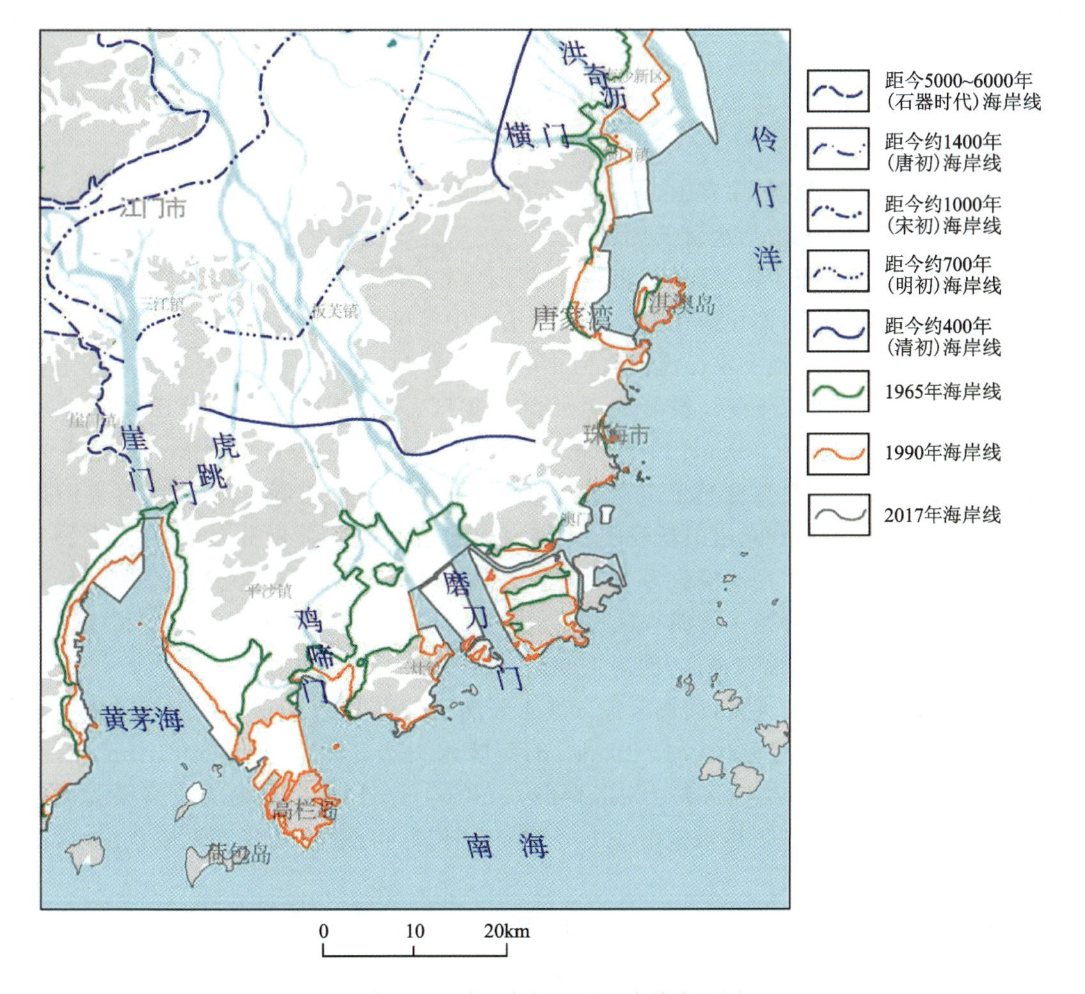

图 4-35　珠三角河口地区岸线变迁图

粤港澳湾区三灶圩幅、飞沙幅1∶5万环境地质调查成果报告

提交单位：广东省地质调查院

项目负责人：姚普

档案号：档0575-02

工作周期：2016年

主要成果：

一、水文地质

1.基本查明了各含水岩类地下水的分布、埋藏条件、富水程度、水化学特征及补径排条件。

(1)松散岩类孔隙水水量中等区三灶岛中部和横琴岛南部的丘间谷地，含水层以砾砂及中粗砂为主，富水性较好，分布面积约2.7km^2；水量贫乏区主要分布于三灶岛、横琴岛、高栏岛和大霖山等丘间谷地及山前地带，分布面积约14.9km^2，含水层岩性以黏土质砾砂、黏土质中粗砂和砂质黏性土等为主；水量极贫乏区主要零星分布于三灶岛西部和北部、横琴岛北部、高栏岛南部和大霖山东部等丘间谷地，分布面积约2.1km^2。

(2)碎屑岩裂隙水分布于鹤州、小霖山、大霖山、黄竹山和尖峰顶东侧等地段，零散分布于草鞋排、三牙石等小岛屿处，面积仅约7.9km^2，水量极贫乏。

(3)火成岩裂隙水广泛分布于横琴岛、三灶岛、高栏岛、白藤山等丘陵台地区，零散分布于横洲、青洲和蚊洲等岛屿处，出露面积较广，面积约达77.9km^2。水量中等区集中分布于三灶岛眼浪山和茅田山一带西侧丘陵区，面积约7.3km^2，地下水径流模数为10.89～11.64L/(s·km^2)；水量贫乏区主要分布于高栏岛南部的走兵塘和三浪山丘陵区、横琴岛望天台丘陵区、三灶岛眼浪山和茅田山一带东侧的拦浪山、观音山等丘陵区，面积约36.5km^2，地下水径流模数为3.80～7.84L/(s·km^2)，枯季泉流量为0.11～0.48L/s；水量极贫乏区主要分布于高栏岛北部的五指山和西沙山等丘陵区、横琴岛滩尾角山和二井山等丘陵区、三灶岛大岭山和东咀山丘陵区、大霖山南部丘陵区等，零散分布于横洲、青洲和蚊洲等岛屿处，面积约34.1km^2，地下水径流模数为0.17～2.75L/(s·km^2)，枯季泉流量为0.01～0.06L/s。

(4)根据C·A·舒卡列夫分类法将调查区地下水类型合并为：HCO_3、HCO_3·Cl、HCO_3·Cl·SO_4、Cl四大类型。其中Cl型水分布面积最广，次为HCO_3·Cl型水。

2.区内淡水资源较贫乏。经评价，调查区地下淡水天然资源为11.15×10^{4}m^3/d。其中孔隙水天然资源为4.59×10^{4}m^3/d，开采资源为0.573×10^{4}m^3/d；裂隙水天然资源量为6.56×10^{4}m^3/d，开采资源为0.197×10^{4}m^3/d，开采资源占裂隙水天然资源量的3.00%。经计算，三灶岛允许开采火成岩裂隙水资源量为1360m^3/d，按应急状态下供水定额10L/(人·d)计算，可满足13.6万人应急供水，可满足三灶机场和三灶镇居民的应急供水。

3.对区内地下淡水水质进行了评价，选取铁、锰、铜、锌等28项指标。结果表明，松散岩类孔隙水地下水质量普遍较差，超标物多为pH值、铁、锰、铝、氨氮5项一般化学指标及硝酸盐和铅2项毒理学指标；基岩裂隙水质量总体相对较好，仅个别点超标项目较多。

4.地下咸水广泛分布于平原区，可适量开采用于水产养殖。按矿化度的大小进一步划分为微咸水(1～3g/L)、咸水(3～10g/L)、盐水(10～50g/L)3个区。其中，微咸水区分布面积约23.3km^2；咸水区

广泛分布于平原区，分布面积约 183.0km²；盐水区零星分布面积约为 9.2km²。经计算，地下咸水储存量达 $44.31\times10^6m^3$，允许开采资源量为 $138.06\times10^4m^3/d$。

二、工程地质

1.基本查明了调查区工程地质条件。根据岩体的地质时代，岩石强度和岩体结构类型，将区内岩体划分为侵入岩岩性组、碎屑岩岩性组，岩体工程地质层划分主要结合风化程度分为全风化、强风化、中风化、微风化 4 层。土体划分为土体类型与特殊土类型，土体类型划分为卵砾类土、砂类土、黏性土 3 类土；特殊土类型划分为残坡积土、人工填土、淤泥类土 3 类土；按土体工程地质单元自上而下划分为 13 个工程地质层。系统总结了各工程地质层分布、埋深、厚度、物理力学性质和空间变化规律等工程地质特征。

区内土层结构有单层结构、双层结构和多层结构 3 种类型。单层结构主要分布于台地区，以人工填土为主，土层厚度不均；双层结构主要分布于丘陵台地与平原区的过渡地带，岩土以粉质黏土、黏土、砾砂为主。多层结构广泛分布于本区的滨海平原区、填海造地区，地势较低，受海陆交互影响，沉积物变化异常，以淤泥、淤泥质土为主，局部以可塑黏性土和砂层为主。

2.结合地面调查、钻探等工作手段，揭露软土广泛分布于磨刀门、鸡啼门、坭湾门两侧的滨海平原区和填海区。全区软土总面积 224.89km²，在平面上表现出越靠近海岸厚度越大的规律，软土的沉积中心位于金湾高尔夫俱乐部和沿磨刀门水道一带。其中软土厚 0～10m 的区域面积约 52.34km²，占平原区总面积的 23.27%，普遍分布于滨海平原的近山区域；软土厚 10～20m 的区域面积约 44.39km²，占平原区总面积的 19.73%；软土厚 20～30m 的区域面积约 59.00km²，占平原区总面积的 26.23%；软土厚 30～40m的区域面积约 48.23km²，占平原区总面积的 21.45%，；软土厚 40～50m 的区域面积约 18.23km²，占平原区总面积的 8.11%；软土厚度大于 50m 的区域面积约 2.70km²，占平原区总面积的 1.21%，位于珠海金湾高尔夫俱乐部周边。

3.区内液化砂土主要分布于金湾区三灶镇房间石、香洲区香工路等地的滨海平原区，零星分布于高栏岛的大飞沙湾等地。液化土主要为全新世及晚更新世砾砂，少量粉砂、中粗砂，灰色、土黄色，饱和，松散一稍密。液化砂土主要分布于软土地段，多分布于水道周边地域。液化等级以轻微为主，在高栏岛大飞沙湾南侧零星分布中等液化砂土，在香洲区香工路马骝洲水道北岸零星分布严重液化砂土。

4.根据岩土体工程地质特征、外动力地质现象、工程地质问题或环境地质问题及建筑物的适宜性，将调查区划分为丘陵沟谷区侵入岩地段、碎屑岩地段，平原松散堆积区一般沉积土地段、软土地段、易液化砂土地段。进行了工程地质分区评价，并提出对策与建议。

三、斜坡类地质灾害

1.基本查明了本次调查区斜坡类地质灾害现状及分布特征，总结了各灾害类型的发育特征、形成条件和影响因素。

2.采用"综合指数法"对斜坡类地质灾害的易发性进行评价，采用层次分析法确定各评价因子的权重。

(1)斜坡类地质灾害高易发区主要集中在金湾红旗镇、金湾三灶镇、横琴新区和高栏港经济区 4 个区域。金湾红旗镇人口密度较大，人类工程活动频繁，岩石节理裂隙发育，风化强烈，易形成斜坡类地质灾害；金湾三灶镇区内断裂构造较多，岩石较为破碎，人类工程活动强度大，边坡开挖现状普遍，区内地形坡度较大，降水充沛，有利于斜坡类地质灾害的形成；横琴新区及高栏港经济区均处于开发阶段，人类活动频繁，岩石风化强烈，节理裂隙发育，导致斜坡类地质灾害易发。

(2)斜坡类地质灾害中易发区主要分布在斗门区、金湾区、横琴新区和高栏港经济区 4 个区域。斗门区人类工程活动较频繁,表现为修建公路和修筑房屋,在人为和自然破坏下,岩石整体较为破碎,节理裂隙发育,较容易形成地质灾害;金湾区、横琴新区及高栏港经济区断层构造较多,裂隙发育,岩石较破碎,加上修建道路等人类工程活动对山体边坡稳定性的破坏,在强降雨的情况下,可能形成地质灾害。

(3)斜坡类地质灾害低易发区主要位于金湾区、横琴新区和高栏港经济区 3 个区域,该区主要位于海拔较高、人类活动弱的低山区域。区内地质灾害不发育或仅有少量小型地质灾害。

3.开展环境地质问题危害程度评价分级。斜坡类地质灾害危害程度大的区域,主要集中在金湾区的红旗镇、小林镇、三灶镇部分山麓位置以及香洲区南屏镇裕安围等地。该区域出露岩性多为燕山期花岗岩,岩石风化程度高,裂隙发育,较为破碎;周边人口较集中,人类活动强烈(修建房屋,修造交通干道);在降雨等因素的诱导下,斜坡类地质灾害随时可能形成,且预测可能造成的经济损失较大,威胁人口较多。

四、水土污染调查评价

1.基本查明了调查区水土污染重要污染源的分布特征,区内污染源主要包括有工业、生活、农业污染源和污染河涌。

2.采用层级阶梯评价方法对地下水和少数地表水的质量和污染进行了评价。

(1)地下水质量评价结果表明,平原区地下水质量均劣于Ⅲ类,铁、锰、氯化物和钠等普遍超标。低丘台地区地下水质量较平原区好,受 pH 值影响,优于Ⅲ类的地下水较少。地下水铁、锰和铵超标点主要出现在金湾区、斗门区的平原区,在低丘台地区内的地下水铁、锰含量较低。硝酸盐含量较高点出现在居民聚集的丘陵台地及其边缘地段,平原区地下水、丘陵台地区基岩裂隙水和地表水中的硝酸盐含量低。

(2)地下水污染评价结果表明,低丘台地区基岩裂隙水均未污染,松散岩类孔隙水仅少数点受居民生活污水排污影响出现硝酸盐和铅污染。平原区地下水污染现象较普遍,污染物主要有镍、钡、亚硝酸盐、钴及微量有机物等,污染等级主要为轻度污染,中度污染较少,重度污染水仅有 1 组松散岩类孔隙水样品。

(3)地表水质量与污染评价结果表明,2 组水库水质量较好,未出现超标现象,适用于集中式生活饮用水水源及工农业用水;三灶镇琴石工业区内的南排河由于受周边工业排污影响,已受到氟化物、镍和微量有机物的污染,污染等级为中度污染;磨刀门水道采样结果表明,溶解性总固体和氯化物 2 项常规化学指标超标,其水属微咸水,质量等级属Ⅴ类。

3.对 35 组土壤分别进行了养分地球化学评价、环境地球化学评价和质量地球化学综合评价。

(1)土壤养分地球化学综合评价结果表明,优于三等(中等以上)者占 37.1%;四等(较缺乏)占比最高,达 45.7%;五等(缺乏)占 17.2%。

(2)土壤环境地球化学综合等级评价结果表明,等级为一等(清洁)者占比达 62.9%;二等(轻微污染)者占 25.7%,主要影响指标有镉、砷、锌和镍;三等(轻度污染)者占 5.7%,主要影响指标为镉和砷;四等(重度污染)者 1 组,影响指标为砷;五等(重度污染)者 1 组,为金湾区三灶镇琴石工业区内的南排河河涌底泥,影响指标有镉、铜、锌和镍。

(3)土壤质量地球化学综合评价结果表明,土壤质量总体较差,综合等级为一等的有 1 组,二等的占 11.4%,三等的占 57.1%,四等的占 22.9%,五等的占 5.7%。

4.在总结污染源调查成果的基础上,结合地下水和土壤质量与污染现状分析,提出了水土污染防治措施及对策建议,包括预防措施和治理措施。

五、软土地面沉降调查评价

1.基本查明了调查区软土物理力学特征、空间分布特征、软土沉积环境演化、地面沉降状况及影响;

研究了一定时序下遥感影像地面沉降解译，并与实测地面沉降调查点进行对比。

2. 研究了地面沉降形成机制，并分析了影响因素；采用分层总和法，根据《建筑地基基础设计规范》相关理论公式计算在 40kPa、100kPa、200kPa 附加应力下的地面沉降量；针对地面沉降的危害，提出了地面沉降灾害防治对策和措施。

六、海岸变迁调查

1. 通过多个时相的地形图资料及遥感地质解译数据，依次提取 1965 年、1990 年、2001 年、2003 年和 2016 年海岸线，编制 1965—2016 年海岸线变迁图。其中，1965—1990 年造陆面积 108.78km^2，平均每年 4.35km^2；1990—2000 年造陆面积 60.64km^2，平均每年 6.06km^2；2000—2003 年造陆面积 2.51km^2，平均每年 0.84km^2；2003—2016 年造陆面积 8.58km^2，平均每年 0.72km^2。区内填海造地活动主要集中在 1990—2000 年间。填海造地区集中在三灶岛至横琴岛滨海区域，1965—2016 年造陆面积约 172.75km^2，占全区总面积的 95.7%。

2. 利用 1990 年、2000 年、2003 年和 2016 年 4 个时相的遥感影像，建立了基岩岸线、砂质岸线、淤泥质岸线、红树林岸线和人工岸线的遥感解译标志，提取了调查区 4 个时相的海岸线，分析了不同时期的海岸线状况，结果表明：1990 年调查区岸段海岸线总长较之前有所增加，其中人工岸线占一半，基岩岸线和砂质岸线分别占 40.4% 和 9.6%，没有淤泥质岸线和红树林岸线，基岩岸线长度增长是因为 1990 年时珠海市将三灶岛划入如今的金湾区；到 2000 年，本岸段海岸线中人工岸线占比增至 77.0%，基岩岸线和砂质岸线占比分别缩短为 9.5% 和 5.0%，仍无红树林岸线，但在珠海市金湾区三灶镇东南沿岸有监测到一段淤泥质岸线；2013 年时，本岸段海岸线总长几乎没变化，最长的是人工岸线，占总长度的 73.3%，基岩岸线及砂质岸线略有增长。

3. 填海造地、围垦养殖、基础设施建设等人类工程经济活动使得海岸线向近岸海域延伸，河口及近岸海域水动力条件、潮流环境、水生生态环境等发生了改变，对海岸环境造成巨大冲击，环境地质问题随之发生。初步调查研究了海岸环境地质问题，包括海岸淤积、湿地生态破坏、加强洪涝灾害、加剧软土地基沉降灾害等。

七、重点地区填海造地区地质环境适宜性评价

1. 建立填海造地区工程建设地质环境适宜性评价指标体系，并针对性建立了模糊数学模型。从重点填海区地质环境格局与人类工程经济活动协调发展的角度出发，选取适宜性评价主因子层及 11 个评价指标。

2. 采用模糊数学综合评判法开展填海造地区工程建设地质环境适宜性评价，将调查区工程建设地质环境适宜性分为Ⅰ级（优等区）、Ⅱ级（良好区）、Ⅲ级（中等区）、Ⅳ级（较差区）。

（1）地质环境适宜性Ⅰ级区零星分布在三灶岛山前及山间丘地一带，地形起伏不大，地基土以残坡积土为主，软土厚度普遍小于 5m，断裂构造不发育，属构造稳定区。

（2）地质环境适宜性Ⅱ级区主要分布在三灶岛、横琴岛、高栏岛和大霖山山前位置及海岸带位置，其中山前位置地基土以残坡积土为主，但厚度一般小于 10m，软土厚度不大，地下水埋深较大，工程地质条件较好。该区域主要为农业种植区、建设用地，地形平坦，地势较低，较为开阔，区域稳定较好。

（3）地质环境适宜性Ⅲ级区呈条带状分布在Ⅱ级区外侧靠海一侧，不利于填海造地工程建设的主要因素是软土成土时间短，厚度不均匀，为高压缩土，易在填海后的工程建设中发生地面沉降灾害；工程地质条件较差；局部地段见水土污染。

（4）地质环境适宜性Ⅳ级区主要分布于南水—三灶岛、红旗—三灶岛、鹤州南垦区、洪湾垦区等地，

零星分布在高栏岛,地貌类型为滨海平原,地形平坦,软土发育厚度大,且软土成土时间短,工程地质条件较差;区域为咸水区,局部地段地下水对钢筋腐蚀性强。

粤港澳湾区1∶5万环境地质调查成果报告(平沙农场幅、荷包岛幅、平岚幅)

提交单位:广东省地质调查院

项目负责人:涂世亮

档案号:档0575-04

工作周期:2017—2018年

主要成果:

一、水文地质方面的成果

1.基本查明了各含水岩类地下水的分布、埋藏条件、富水程度、水化学特征及补径排条件。

松散岩类孔隙水水量丰富区仅位于平沙大虎村丘前地带,富水性较强含水层以粗砂为主,富水性好,分布面积约0.27km²;水量贫乏区分布于荔山村、南新村、北山村、高栏岛和徐屋、甘屋等丘间谷地及山前地带,含水层岩性以黏土质砾砂、黏土质中粗砂和砂质黏性土等为主,富水性差,分布面积约6.93km²;水量极贫乏区广泛分布于孖髻山、大岭、古兜、高栏岛、曹冲村、五桂山、大涌等地丘间谷地,含水层岩性主要为砂质黏性土、黏土质中粗砂等,富水性极差,分布面积约108.52km²。

一般碎屑岩裂隙水水量丰富区主要位于南水大塘山顶—坳顶—南山村、黄茅田、金钟山等地,分布面积16.94km²,地下水径流模数为15.16~27.33L/(s·km²);水量中等区分布于赤溪镇黄竹湾、荷包岛西侧、禾叉坑顶等地,分布面积22.21km²,地下水径流模数为9.62~10.2L/(s·km²);水量贫乏区主要位于孖髻山、大襟岛、大杧岛、双孖顶、尖角顶等地,分布面积18.03km²,地下水径流模数为3.70~6.50L/(s·km²);水量极贫乏区主要位于牛鼻孔山、出头山、崖山、竹洲山、龙井—小琅环公园、神湾外沙新村等地,分布面积12.32km²,地下水径流模数小于1.10L/(s·km²)。

红层碎屑岩裂隙孔隙主要分布于粉箕笃顶南部、三角山岛、大杧岛、大襟岛及莲洲镇上栏村一带,含水岩性为紫红色巨砾岩-紫红色粉砂岩及泥质粉砂岩、不等粒砂岩、含砾砂岩及复成分砾岩,富水性多为贫乏,分布面积3.16km²。

火成岩裂隙水广泛分布于区内丘陵区,分布地段有孖髻山、大岭、东方红水库周边、高栏岛、五桂山、南台山、石人山等丘陵台地区,出露面积较广,面积约达299.88km²。水量丰富区分布于飞夹石—牛牯碌侧、烟管髻西侧及古兜洪婆山、荷包岛、高栏村-沙白石村、长江水库周边、板芙新围村东北部及芬花水一带丘陵区,地下水径流模数一般为12.83~54.32L/(s·km²),分布面积55.42km²;水量中等区分布于台山赤溪南阳村西侧丘陵区、荷包岛东侧、五桂山逸仙水库周边、神湾东华-八亩-南坑以及大涌卓旗山,分布面积19.65km²,地下水径流模数一般为8.52~10.32L/(s·km²);水量贫乏区主要分布于孖髻山及乾务荔山村周边丘陵区、登高山、赤溪曹冲村西部及金钟水库周边—大尖山—环城林场—长坑水库、雍陌—石人山一带,分布面积153.9km²;水量极贫乏区主要位于虎山、大岭、登高山、南台山东北、湖洲山、加林山—旗仔顶及大涌水溪一带,分布面积70.91km²,泉流量在0.000 6~0.048L/s之间,地下水径流模数一般小于2.21L/(s·km²)。

根据C·A·舒卡列夫分类法将调查区地下水类型合并为HCO_3、HCO_3·Cl、HCO_3·SO_4、

HCO_3·Cl·SO_4、SO_4、Cl 六大类型。其中 Cl 型水分布面积最广，次为 HCO_3·Cl 型水，SO_4 型水分布面积最小。

2. 区内淡水资源较贫乏，局部较丰富。调查区地下淡水天然资源为 64.38×10^4 m^3/d。其中孔隙水天然资源为9.072×10^4 m^3/d，可开采资源为 0.392×10^4 m^3/d，可开采资源占孔隙水天然资源量4.32%；裂隙水天然资源量为 55.50×10^4 m^3/d，可开采资源为 2.55×10^4 m^3/d，可开采资源占裂隙水天然资源量 4.59%。

圈定平沙大虎村地下水应急水源地 1 处，允许开采资源量约为 2180m^3/d，按应急状态下供水定额 10L/(人·d)计算，可满足平沙镇及其周边约 21.8 万人应急供水。

初步查明了荷包岛地下淡水资源及水质。其中荷包岛南部及北部 9 条可利用溪沟枯季测流流量合计可开发利用溪沟 7 条，枯季测流流量合计 26.10L/s(2 255.04m^3/d)，溪沟水属Ⅲ类(符合供水水质要求)。可满足荷包岛北部荷包村居民用水及荷包岛南部滨海旅游区当前及今后用水。

对区内地下淡水水质进行了评价，选取铁、锰、铜、锌等 28 项指标进行分析。结果表明，松散岩类孔隙水地下水质量普遍较差，超标物多为 pH 值、耗氧量、铝 3 项一般化学指标及亚硝酸盐和铅 2 项毒理学指标；基岩裂隙水地下水质量总体相对较好，仅个别点超标项目较多，超标项目多为可预处理的 pH、铁、铝和耗氧量等一般化学指标，pH 值影响最大。

地下咸水广泛分布于平原区，可适量开采用于水产养殖。按矿化度的大小进一步划分为微咸水(1～3g/L)、咸水(3～10g/L)、盐水(10～50g/L)3 个区，其中微咸水区分布面积约 44.85km^2；咸水区广泛分布于平原区，分布面积约 315.33km^2；盐水区零星分布，面积约为 75.21km^2。经计算，地下咸水储存量达 190.27×10^6 m^3，允许开采资源量为 2.27×10^4 m^3/d。

经评价，区内中山三乡温泉、珠海平沙温泉、新会古兜温泉 3 处主要地热田 B 级可开采储量 2452m^3/d；B+C 级可开采储量为 4732m^3/d(C 级 2280m^3/d)。另外，本次调查新发现 1 处地热点。

二、工程地质方面的成果

1. 基本查明了调查区工程地质条件，根据岩体的地质时代，岩石强度和岩体结构类型，将区内岩体划分为侵入岩岩性组、碎屑岩岩性组，岩体工程地质层划分主要结合风化程度分为全风化、强风化、中风化、微风化 4 层。土体划分为土体类型与特殊土类型，土体类型划分为砂类土、黏性土 2 类土；特殊土类型划分为残坡积土、人工填土、淤泥类土 3 类土；按土体工程地质单元自上而下划分为 11 个工程地质层。系统总结了各工程地质层分布、埋深、厚度、物理力学性质和空间变化规律等工程地质特征。

区内土层结构有单层结构、双层结构和多层结构 3 种类型。单层结构主要分布于台地区，以人工填土为主，土层厚度不均；双层结构主要分布于丘陵台地与平原区的过渡地带，岩土以粉质黏土、黏土、砾砂为主。多层结构广泛分布于本区的滨海平原区、填海造地区，地势较低，受海陆交互影响，沉积物变化异常，以淤泥、淤泥质土为主，局部以可塑黏性土和砂层为主。

2. 结合地面调查、钻探等工作手段，区内软土主要分布在黄茅海两侧的滨海平原区以及高栏岛北部的填海区。岩性多为灰—深灰色的淤泥、淤泥质黏土，局部为粉砂质淤泥，流—软塑。软土厚度与古地理有关，厚度较大的软土多分布在河口、海岸及凹陷。由北向南、由内陆向滨海渐厚，这里软土厚度指单孔钻探揭露的所有软土层厚度的总和。软土厚 0～10m 的区域面积约 130.41km^2，占平原区总面积的 26.89%，普遍分布于滨海平原的近山区域；软土厚 10～20m 的区域面积约 118.05km^2，占平原区总面积的 24.34%；软土厚 20～30m 的区域面积约 119.89km^2，占平原区总面积的 24.72%；软土厚 30～40m 的区域面积约 45.75km^2，占平原区总面积的 9.43%；软土厚度大于 40m 的区域面积约 70.9km^2，占平原区总面积的 14.62%。

3. 调查区液化砂土主要分布于乾务镇西成围村至东澳村、海泉湾、古斗村以南、高栏岛西部的滨海平原区，以及中山市沙溪镇、板芙镇的石岐河流域、中山市三乡镇岗泉村。易液化砂土主要为全新世及晚更新世松散、稍密状态的饱和砾砂，少量粉砂、细砂。液化等级以轻微为主，在平沙新城海泉湾零星分布中等液化砂土，中山市三乡镇岗泉村零星分布严重液化砂土。液化砂土主要分布于软土地段，多分布于水道周边地域。

4.根据岩土体工程地质特征、外动力地质现象、工程地质问题或环境地质问题及建筑物的适宜性，将调查区划分为丘陵沟谷区侵入岩地段($Ⅰ_1^1$)、红层碎屑岩地段($Ⅰ_1^3$)，平原松散堆积区一般沉积土地段($Ⅱ_2^1$)、软土地段($Ⅱ_2^2$)、易液化砂土地段($Ⅱ_2^3$)。进行了工程地质分区评价，并提出对策与建议。

三、斜坡类地质灾害的成果

1.基本查明了调查区斜坡类地质灾害现状及分布特征，总结了各灾害类型的发育特征、形成条件和影响因素。

2.采用综合指数法对斜坡类地质灾害的易发性进行评价，采用层次分析法确定各评价因子的权重。

斜坡类地质灾害高易发区主要集中在珠海市高栏港经济区平沙镇、南水镇，中山市板芙镇、三乡镇4个区域。平沙镇人口密度较大，人类工程活动频繁，岩石节理裂隙发育，风化强烈，易形成斜坡类地质灾害；南水镇区内断裂构造较多，岩石较为破碎，人类工程活动强度大，边坡开挖现状普遍，区内地形坡度较大，降水充沛，有利于斜坡类地质灾害的形成；板芙镇、三乡镇，人类工程活动强度大，边坡开挖现状普遍，岩石风化强烈，节理裂隙发育，导致斜坡类地质灾害易发。

斜坡类地质灾害中易发区主要分布在珠海市斗门区乾务镇、高栏港经济区平沙镇、南水镇，中山市板芙镇、三乡镇、五桂山街道办等区域。乾务镇、平沙镇和南水镇断层构造较多，裂隙发育，岩石较破碎，加上修建道路等人类工程活动对山体边坡稳定性的破坏，在强降雨的情况下，可能形成地质灾害；板芙镇、三乡镇和五桂山街道办人类工程活动较频繁，表现为修建公路和修筑房屋，在人为和自然破坏下，岩石整体较为破碎，节理裂隙发育，较容易形成地质灾害。

斜坡类地质灾害低易发区主要位于珠海市高栏港经济区、斗门区、新会区和中山市五桂山街道、板芙镇、大涌镇等区域，该区主要位于海拔较高、人类活动弱的低山区域。区内地质灾害不发育或仅有少量小型地质灾害。

3.根据中国地质调查局公布的环境地质调查规范(1∶5万)，在综合考虑环境地质问题易发程度和致损强度后，开展环境地质问题危害程度评价分级。结果表明，斜坡类地质灾害危害程度大的区域，主要集中在平沙镇孖髻山南麓、南水镇粉箕笃顶、板芙镇、三乡镇等地。该区域出露岩性多为燕山期花岗岩，岩石风化程度高，裂隙发育，较为破碎；周边人口较集中，人类活动强烈(修建房屋、交通干道)；在降雨等因素的诱导下，斜坡类地质灾害随时可能形成，且预测可能造成的经济损失较大，威胁人口较多。

四、水土污染调查

1.基本查明了调查区水土污染重要污染源的分布特征，区内污染源主要包括有工业、生活、农业污染源和污染河涌。

2.采用层级阶梯评价方法对地下水和少数地表水质量和污染进行了评价。

地下水质量评价结果表明，平原区松散岩类孔隙水及基岩裂隙水地下水质量绝大部分劣于Ⅲ类，铁、锰、氯化物和钠等普遍超标，超标点主要出现珠海市高栏港经济区平沙镇、斗门区乾务镇，中山市板芙镇等地。在低丘台地区地下水质量较平原区好，受pH值背景值影响，优于Ⅲ类的地下水较少，地下水铁、锰含量相对较低。

地下水污染评价结果表明，低丘台地区松散岩类孔隙水及基岩裂隙水绝大部分未受到污染，仅有一组水样评价结果为轻度污染。平原区地下水污染现象较普遍，污染物主要有氟化物、镍、铅及微量有机物等，污染等级主要为轻度污染和中度污染，其中两组水样评价结果为极重度污染，污染物为微量有机物。

地表水质量与污染评价结果表明，山间溪沟水质量较好，未出现超标现象，适用于集中式生活饮用水水源及工农业用水。珠海市平沙镇采集的河涌水样无机指标锰、氯、氨氮、钠等指标超标，并检出微量有机物，水质较差。中山市三乡镇人类活动强烈区采集的地表水无机毒理指标硝酸盐、亚硝酸盐、铅、砷、镍含量较高，无机指标铁、氨氮、氯化物、钠离子等指标严重超标，水质差。

3.对35组土壤分别进行了养分地球化学综合评价、环境地球化学综合评价和质量地球化学综合评价。

土壤养分地球化学综合评价结果表明，优于三等(中等以上)者占42.9%；四等(较缺乏)占比最高，达34.9%；五等(缺乏)占22.2%。

土壤环境地球化学综合等级评价结果表明，等级为一等(清洁)者占比达45.2%；二等(轻微污染)者占45.2%，主要影响指标有微量有机物、镉、砷、铜、锌和镍；三等(轻度污染)者占3.2%，主要影响指标为铜和镍；四等(重度污染)2组，影响指标为汞和砷，分别位于珠海市斗门区乾务镇虎山村及中山市板芙镇金钟村

土壤质量地球化学综合评价结果表明，土壤质量总体较差，综合等级为一等的占12.9%，二等的占9.7%，三等的占54.8%，四等的占16.1%，五等的占6.5%。

4.在总结污染源调查成果的基础上，结合地下水和土壤质量与污染现状分析，提出了水土污染防治措施及对策和建议，包括预防措施和治理措施。

五、软土地面沉降调查

基本查明了调查区软土物理力学特征、空间分布特征、软土沉积环境演化、地面沉降状况及影响；研究了地面沉降形成机制，并分析了影响因素；采用分层总和法，根据《建筑地基基础设计规范》相关理论公式计算在40kPa、100kPa、200kPa附加应力下的地面沉降量；针对地面沉降的危害，提出了地面沉降灾害防治对策和措施。

六、海岸变迁调查研究的成果

通过多个时相的地形图资料及遥感地质解译数据，依次提取1965年、1990年、2000年、2003年和2017年海岸线，编制1965—2017年海岸线变迁图。1965—2017年区内造陆面积约511.06km^2，平均发展速率为每年9.83km^2。其中，1965—1990年造陆面积257.03km^2，平均每年7.34km^2；1990—2000年造陆面积153.49km^2，平均每年15.35km^2；2000—2003年造陆面积33.86km^2，平均每年11.29km^2；2003—2017年造陆面积66.68km^2，平均每年4.76km^2。区内填海造地活动主要集中在1990—2017年间，填海造地区集中在平沙镇、南水镇和崖南镇等区域。

利用1990年、2000年、2003年和2017年4个时相的遥感影像，建立了基岩岸线、砂质岸线、淤泥质岸线、红树林岸线和人工岸线的遥感解译标志。

填海造地、围垦养殖、基础设施建设等人类工程经济活动使得海岸线向近岸海域延伸，河口及近岸海域水动力条件、潮流环境、水生生态环境等发生了改变，对海岸环境造成巨大冲击，环境地质问题随之发生。初步调查研究的海岸环境地质问题包括海岸淤积、湿地生态破坏、加剧软基沉降灾害等。

七、专题研究

1.系统总结了珠江口西岸海岸变迁研究进展,涉及海岸变迁状况、海岸变迁影响因素、海岸变迁生态地质环境效应等有关内容。通过8个时相遥感地质解译,基本查明了工作区1990—2017年海岸变迁特征。1990—2017年间,珠江三角洲岸带岸线变化主要发生在中山市横栏镇、珠海金湾区唐家湾社区、高栏港经济区高栏岛、台山市都斛镇、赤溪镇一带,主要表现为因填海造地、围垦养殖、基础设施建设等导致的岸线向海延伸。

2.总结了珠江口西岸地区软土分布特征、软土物理力学参数及软土地面沉降特征。软土分布总面积2605.21km²;厚度超过40.0m的软土分布面积34.58km²;厚度在30.0～40.0m之间的软土分布面积204.12km²;厚度在20.0～30.0m之间的软土分布面积426.49km²;厚度在10.0～20.0m之间的软土分布面积828.08km²;厚度在5.0～10.0m之间的软土分布面积588.94km²;厚度小于5.0m的软土分布面积523.00km²。从三角洲腹地到沿海,从丘陵、台地到平原,软土厚度总体呈增大趋势。与全新世淤泥、淤泥质土相比,晚更新世淤泥、淤泥质土相应的天然含水率、孔隙比明显减少,湿密度增大,凝聚力、内摩擦角略有增大,压缩系数变小,压缩模量增大,因而沉积时代越新的软土更易发生固结沉降。

通过野外调查,在全区范围内共发现302个沉降点(地段),收集地面沉降点(地段)148个,共计450个,具体包括商住楼、办公、学校、医院、酒店等用途的楼房,古碉楼,平房,围墙,广场,厂房,仓库,桥梁,收费站,加油站,港口、码头、水闸及公路路面。通过InSAR,对研究区平岚幅、平沙农场幅、荷包岛幅3个图幅进行了沉降反演,并进行了野外验证,成果与野外调查结果基本一致,并在某些无法开展地面调查工作的区域发现了较为严重的沉降灾害。

结合软土的成因、物理力学性质及野外地面调查成果分析了软土沉降的成因。软土的结构与工程地质性质、软土沉积时代、厚度与埋藏情况是地面沉降形成的内因,上覆填土或构筑物的荷载作用或工程排水固结处理等是地面沉降形成的外因。沉降成因分为自然固结沉降、人为加速固结沉降、复合型固结沉降3类。

3.水土污染调查。采用层级阶梯评价方法对地下水和少数地表水质量和污染进行了评价。根据常规无机指标确定质量等级,通过无机毒理指标确定污染等级,结合质量等级及污染等级,最终对地下水的质量等级进行修正。

根据本次采集地下水样品质量与污染的评价结果,结合《珠三角地下水质量现状图》《珠三角地下水污染现状图》对调查区地下水质量等级与污染情况进行分区。调查区地下水质量优等区面积为2 053.8km²,占陆地面积的42.7%;中等区面积为1 772.3km²,占陆地总面积的37.2%;劣等区面积为965.1km²,占陆地总面积的20.1%。地下水中度污染区主要位于珠海市斗门区乾务镇、金湾区红旗镇,中山市小榄镇、板芙镇、南朗镇、坦洲镇,江门市三江镇等地;重度污染区主要位于珠海市斗门区斗岸镇、珠海市斗门区斗门镇小濠冲村一带。地下水质量和污染与人类活动密切相关,从土地利用类型上看,地下水污染区主要位于人口密度大的工业园区,该区域通常有未经处理的工业废水及生活污水排放现象,导致地下水也受到一定程度的污染。

根据《土壤环境质量 农用地土壤污染风险管控标准(试行)》(GB 15618—2018)中二级标准值,对土壤重金属元素(砷、镉、铬、铅、汞、镍、铜、锌)进行环境质量评价。根据综合评价结果,区内土壤重金属环境质量以二级为主,面积约2 756.26km²,占陆地面积的58.88%;其次为一级土壤,面积约490.09km²,占陆地面积的11.20%;三级及四级土壤总面积为1 308.93km²,占陆地面积的29.92%。重度污染(三级以上)重金属元素主要为镉、砷,污染区主要分布在江门市江海区外海街道沙津率社区,珠海市高栏港经济区南水镇、金湾区三灶镇等地,工业生产过程中废水、废渣的排放及水产养殖中含砷饲料无节制的使用是造成这两种土壤重金属污染的主要原因。

武陵山湘西北地区城镇地质灾害调查成果报告

提交单位：中国地质调查局武汉地质调查中心
项目负责人：徐勇
档案号：档 0576
工作周期：2016—2018 年
主要成果：

一、调查成果

1.编制完成湘西北地区 1∶50 万基础地质图系，进行了工程地质分区和地质灾害易发性分区评价，提出了区域地质灾害防治建议。通过收集已有地质资料，结合本次调查成果，编制了湘西北地区工程地质图、工程地质分区图、地质灾害分布图、地质灾害易发性分区图、地质灾害防治建议图等系列基础地质图件和服务性图件，为指导湘西北地区城镇建设、重大工程建设和防灾减灾工作提供基础地质资料与技术支撑。

2.编制 1∶5 万灾害地质图标准图幅样图。在充分利用已有资料和最新调查资料，深入分析和综合研究的基础上，总结了灾害地质图、地质灾害分布图等基础图件及风险评价图系的编图技术方法，将调查区内 1∶5 万灾害地质调查评价编制成示范图件。

3.分析总结了调查区内地质灾害分布规律、发育特征、形成条件、影响因素以及典型灾害体的演化过程及成灾模式。

查明了慈利县幅、桑植县幅、大庸幅、永顺县幅、古丈县幅、沅陵县幅、凤凰县幅、麻阳县幅和泸溪县幅 9 个图幅的工程地质条件及地质灾害分布情况，查明了重点调查区工程地质条件、地质灾害及隐患分布规律、发育特征、形成条件和影响因素；对典型斜坡进行了勘查，充分掌握了重点调查区内地质环境条件、地质灾害及隐患点特征，为开展区内地质灾害风险评估提供了坚实的地质基础。

通过工程地质测绘及野外调查工程类比分析，划分了调查区工程地质岩组，确定了易滑地层以及致灾主控因素，其中城镇范围内的主要易滑地层包括三叠系巴东组泥岩、泥灰岩，白垩系砂岩泥岩，志留系粉砂岩页岩，奥陶系泥灰岩，寒武系灰岩、板岩，侏罗系砂岩页岩，二叠系页岩等；致灾主控因素主要为：①区内滑坡以土质滑坡为主，规模以中小型为主，滑坡一般多在一个暴雨过程中完成蠕动—滑动—恢复稳定过程；②人为因素常与自然因素结合引发滑坡、崩塌，往往是先由人工破坏了边坡原有的稳定环境，后在暴雨的叠加作用下引发滑坡崩塌，公路、铁路两侧最为突出；③暴雨诱发滑坡、崩塌具有普遍性，大部分滑坡、崩塌发生在每年的雨季暴雨中；④具有砂泥岩软弱夹层的地层是易滑地层，少数岩质滑坡多为顺层发育；⑤由碎屑岩组成的逆向坡或横向坡，在风化、卸荷作用下易产生小规模坍滑、崩塌。

通过不同岩性建造及构造部位，将湘西北地区划分为北部志留纪碎屑岩建造区、中部浅变质岩建造区和南部沅麻盆地白垩纪红层砂砾岩建造区，在总结各区地质灾害发育规律、形成条件的基础上，分析总结典型灾害体的演化过程及成灾模式。

据本次调查统计，滑坡在人类工程活动较发育沿线地区呈线状或点状分布，因人类活动单因素导致的滑坡占滑坡总数的 28.83%，人类活动与降雨因素引发的滑坡占滑坡总数的 53.53%，自然因素引发的滑坡只占滑坡总数的 17.64%。

4.针对调查区灾害规模小，且以基覆界面浅层滑坡为主的特点，总结出了适用于调查区的斜坡隐患早期识别标志。

通过地形地貌标志、坡体结构标志、水文地质标志、岩性组合标志 4 个方面的主要判据(表 4-1),结合武陵山区地质环境条件、野外工作实际和对斜坡岩土体物性参数的基本要求,将各标志细化,并赋以(定性)分值,根据最后总得分,作为判别斜坡的稳定性和是否确定为斜坡隐患点(区)的依据。

表 4-1　调查区斜坡隐患早期识别标志

标志	内容	标志	内容
地形地貌标志	①斜坡体后缘发育有顺坡向裂缝; ②斜坡体坡度在 15°~30°之间; ③斜坡体坡形为平直型和凹型; ④斜坡体前缘临空	坡体结构标志	①覆盖层厚度在 1~5m 之间的斜坡体; ②斜坡体中广泛发育长大结构面; ③斜坡体后缘出露基岩“光面”; ④岩层倾向与斜坡坡向一致的斜坡体
水文地质标志	①斜坡体后缘有汇水及入渗坡体的条件; ②斜坡前缘或斜坡某临空面有多处泉水出露	岩性组合标志	①软硬相间的岩体结构斜坡体; ②含各类型软弱夹层的斜坡体; ③斜坡体前缘具有分层结构; ④斜坡体具有隔水岩层

二、应用服务成果

1. 提供城区地质灾害防治规划建议专门图件。根据城镇规划(控规阶段)和地质灾害类型、规模,综合考虑城区工程地质条件及灾害稳定性、危害性等级等,采用分区、分期、分级的形式提出了城区地质灾害防治规划建议,并提出了地质灾害防治措施建议(防治措施及经费估算)。形成专门的地质灾害防治规划建议图,提供给地方主管部门使用,获得好评。

2. 提供无人机航测成果及典型灾害点和斜坡隐患点防灾预案。在 9 个城镇规划建设区均开展无人机航测获取地形高程模型(DEM)和高清正射影像图、典型灾害点多角度影像资料(图 4-36),并形成工程地质测绘图件及 9 份城区隐患斜坡的防灾预案。对航测及现场调查中发现的隐患点,根据险情大小,制订防灾预案,提出综合防治对策建议,更好地服务地方防灾减灾。

a.综合飞行路线

b.三维模型展示

图 4-36　无人机航摄古丈泥石流承灾区

3. 滑坡变形专业监测示范点建设及成果应用。项目组在桑植县满家坡滑坡、慈利县陈溪峪滑坡建立专业监测示范点,开展了现场监测系统建设及实时监测工作,主要包括裂缝位移、地下水位、降雨量、水势、宏观变形监测等(图 4-37、图 4-38)。截止到 2019 年 7 月,上述两个示范点相关监测设备均在正常工作,室内数据仍在正常接收和分析中,项目组不定期将监测数据上报当地自然资源局地质环境科,以便让他们及时了解滑坡动态。从监测数据来看,陈溪峪滑坡处于基本稳定状态,变形速率接近于 0,而满家坡滑坡处于缓慢变形阶段,对其变形动态仍需关注,因此,对该滑坡的监测工作仍将持续开展下去。

图 4-37 满家坡滑坡全貌

图 4-38 陈溪峪滑坡全貌

三、科技创新或技术进步成果

1. 项目采用 DAN 3D 数值模拟软件模拟了滑坡运动过程和堆积特征，并在承灾对象及其易损性评价中考虑了滑坡作用强度的空间差异性，对滑坡影响范围内承灾体逐个实施风险评估，由此划分待评价斜坡体潜在风险的空间分区并计算对应人口与经济风险量值，并以湖南省宁乡县沩山乡祖塔村王家湾滑坡为例进行了研究（图 4-39）。

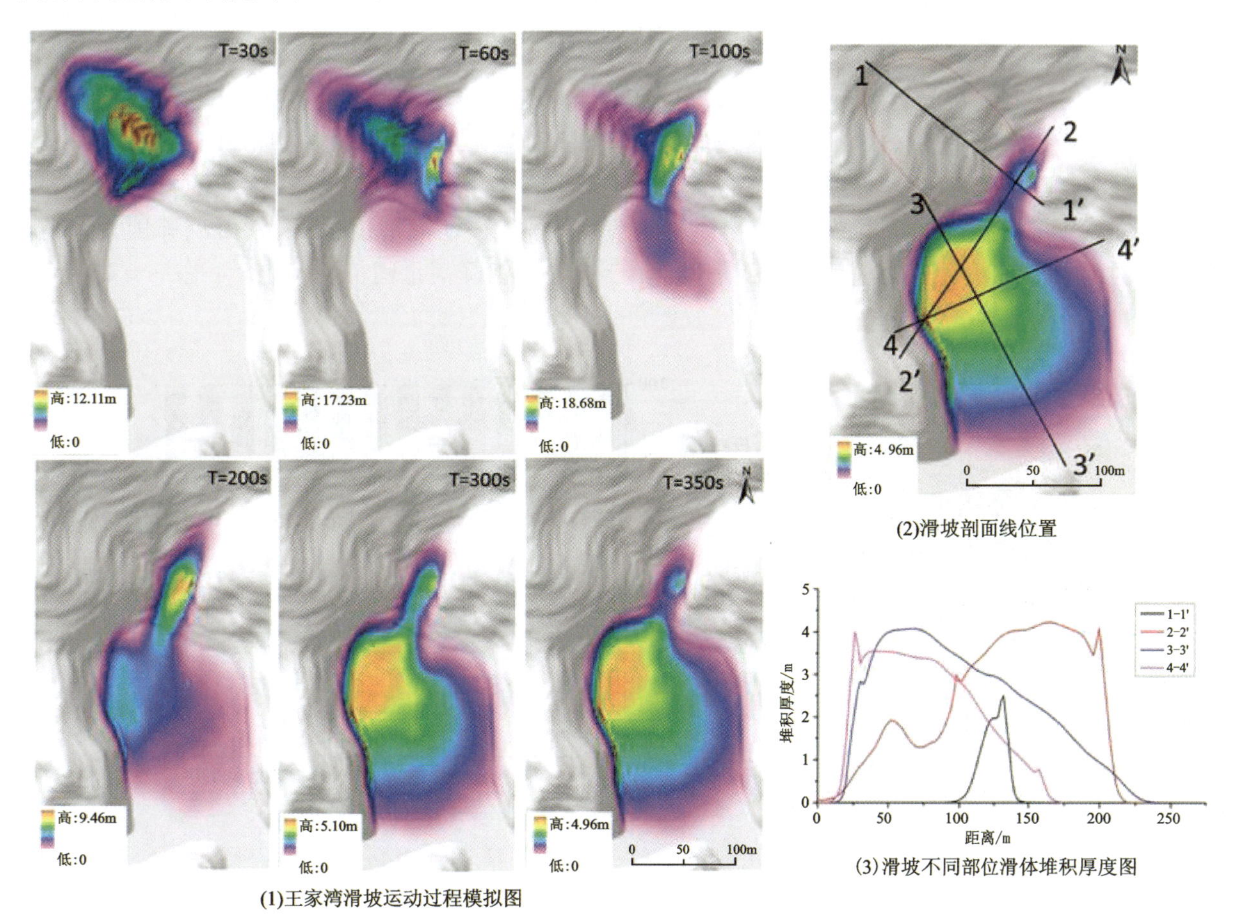

图 4-39 王家湾滑坡运动和堆积特征图

2.斜坡单元是评价城镇尺度地质灾害风险的基本单元。为解决传统斜坡单元划分方法耗时耗力的困境,项目组采用理论和技术结合创新方式,基于 ArcEngine 平台开发了斜坡单元自动划分软件(图 4-40a)。该软件一键集成了集水流域、曲率分水岭和盆域山体阴影 3 种斜坡单元划分方法,在操作难度、划分精度、划分效率等方面有极大程度的提高。斜坡单元划分工作耗时降低至传统方法的 15%,操作步骤由传统的 15 步凝练为 1 步完成,划分效果更优,为大比例尺滑坡灾害评价的单元划分提供了更多样化的选择与更高效的解决途径(图 4-40b)。

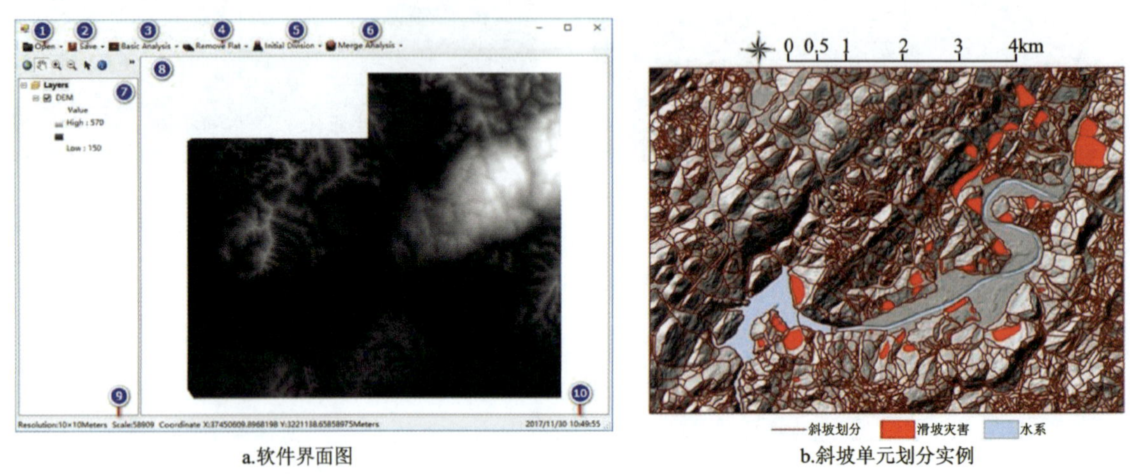

a.软件界面图　　　　b.斜坡单元划分实例

说明:斜坡单元能充分考虑到地形地貌、地层岩性、地质构造和实验区灾害发育规律,更利于滑坡易发性评价。在此基础之上对斜坡单元进行划分。如宣恩县主城区共划分为斜坡单元 2870 个,其中 60 个为滑坡发生斜坡单元。

图 4-40　斜坡单元划分实例

3.基于 SINMAP 确定性模型阈值分析。以慈利县零阳镇为例,选取慈利县 1∶5 万地质灾害详查数据作为资料背景,利用 SINMAP 模型详细研究分析了慈利县零阳镇及周边滑坡危险性在不同降雨条件下的空间分布规律(图 4-41),特别是随降雨条件的变化、滑坡变形失稳区域的扩展趋势以及失稳位置、失稳面积等空间变化特征,给出了滑坡发生与降雨、地形坡度、集水区面积等因素间定量关系,并推算出滑坡失稳降雨量阈值(图 4-42),在已有的宏观降雨量阈值基础上,可进一步提高预测预报精度。

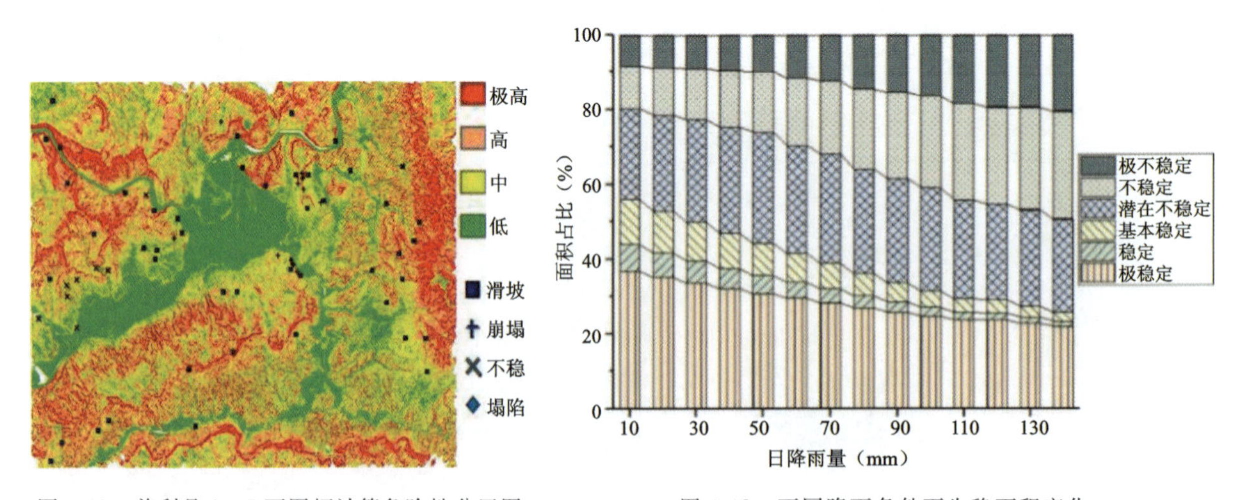

图 4-41　慈利县 1∶5 万图幅计算危险性分区图　　　　图 4-42　不同降雨条件下失稳面积变化

通过将模型应用于慈利县零阳镇及其周边地质灾害详查区域,分析了该区域的滑坡危险性,有效地确定了该区域滑坡危险性与降雨、地形坡度、集水区面积等影响因素的定量关系;分析和预测了滑坡随降雨等环境条件的变化，滑坡变形失稳区域的扩展趋势将逐渐变大，空间上的分布也存在相应的响应关系；慈利县零阳镇及其周边城镇范围内，预警的临界雨量为 35mm，当雨量为 90mm 时已达到极高危险预警值。

4.基于统计模型的区域降雨预警阈值研究采用经验阈值分析方法，按滑坡体积规模统计降雨监测数据与历史滑坡信息，作出了有效降雨强度(I)和持续时间(D)的散点图，得到了不同概率下诱发滑坡发生的有效降雨强度阈值，进行滑坡灾害危险性等级划分。分别得出滑坡发生概率为 90%、50%、10%时所对应的有效降雨阈值线回归直线方程($I=k\cdot D+c$)(图 4-43、图 4-44)。

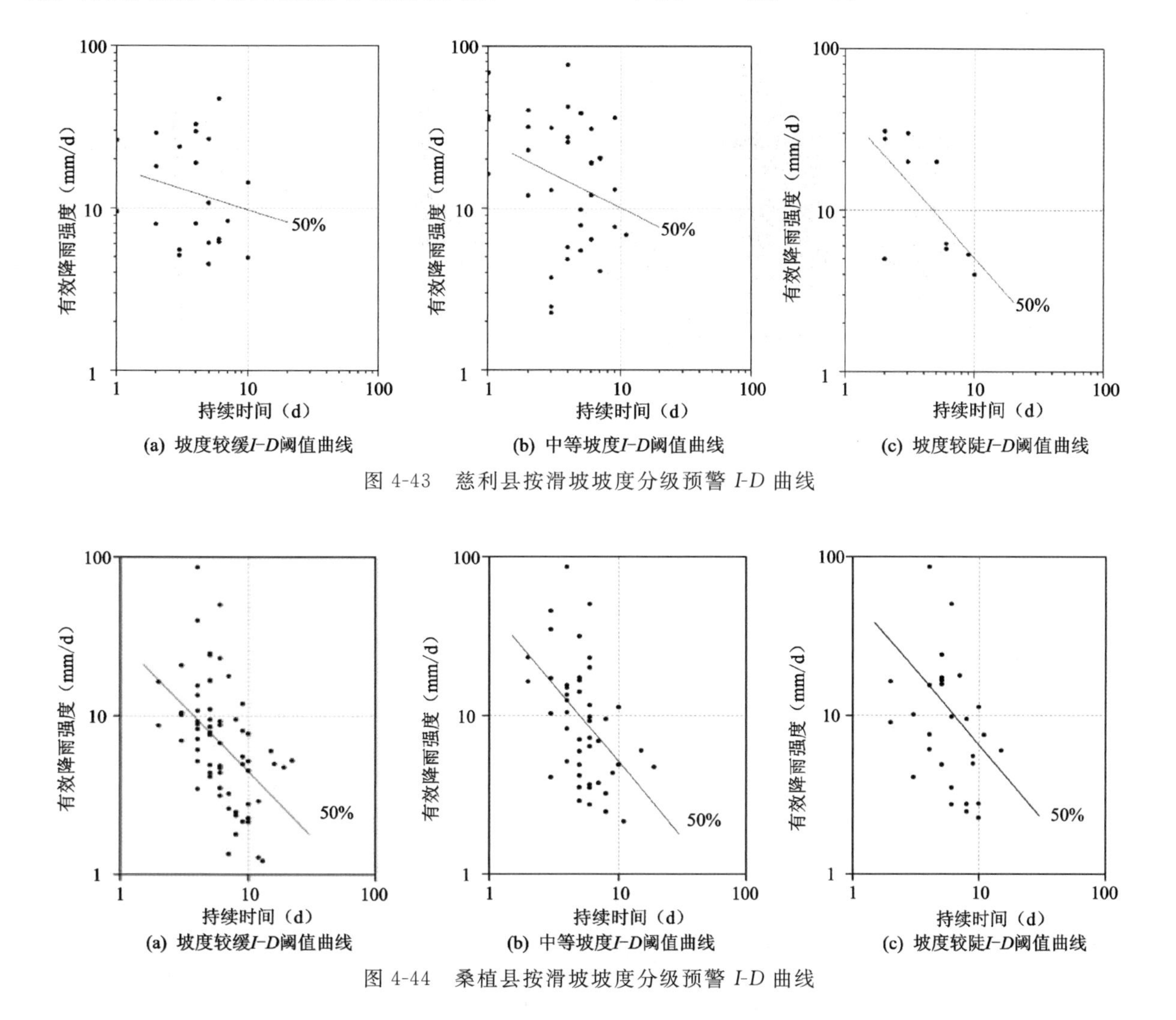

图 4-43 慈利县按滑坡坡度分级预警 I-D 曲线

图 4-44 桑植县按滑坡坡度分级预警 I-D 曲线

5.研究确定了武陵山区城镇尺度(1∶1 万)地质灾害风险评估技术流程以及武陵山区降雨型土质滑坡和顺层岩质滑坡单体风险评估技术流程。根据 Varnes(1984)对地质灾害风险的解释和 Van Westen(2006)提出的区域崩滑灾害风险分析技术流程，结合武陵山区地质灾害的地质条件和成灾特点，认为武陵山区城镇尺度地质灾害风险分析的技术流程可分为 4 个层次表达：第一层次为地质灾害所在区域的地质环境、诱发因素以及历史滑坡灾害编录数据分析等；第二层次为灾害易发性和灾害发生时间概率分析；第三层次为灾害危险性分析、易损性分析及损失分析；第四层次为灾害风险分析。武陵山区单体尺度地质灾害风险分析的技术流程与区域尺度表达层次类同，但在定量评价细节上要求更高，且增加了灾害风险防控方案建议措施的详细比选工作，并完成了 9 个重点城镇的地质灾害风险评估工作。

武陵山区湘西北慈利县零阳镇地质灾害调查成果报告

提交单位：中国地质调查局武汉地质调查中心
项目负责人：连志鹏
档案号：档 0576-01
工作周期：2016 年
主要成果：

一、查明了慈利县零阳镇城区地质环境背景条件

零阳镇城区属季风湿润型山地气候，降雨充沛，近年来(2000—2016 年)年平均降雨量为 1 413.19mm，年最大降雨量为 1 895.7mm。城区地势总体上是南北高、中间低，澧水河由南西向北东穿过零阳镇，溇水与澧水在城区交汇，中部大面积为澧水及溇水河的漫滩阶地，地势较平坦。地形最高点位于西北角王家湾，海拔 593.5m；最低点在东端澧水河床中心，海拔 83.4m。地层以中上奥陶统灰岩、志留系泥质粉砂岩为主。区域岩体工程地质类型可划分为 3 个岩类 7 个岩组。地下水有松散岩类孔隙水、基岩裂隙水、碳酸盐岩裂隙岩溶水三大类型。20 世纪 80 年代后，人类工程经济活动日益加剧，表现尤为突出的是城镇建设、公路建设、削坡建房等。

二、查明了慈利县零阳镇城区内地质灾害(隐患)点的类型、数量、规模、稳定性和危害

慈利县零阳镇城区内现有各类地质灾害 26 处，地质灾害类型主要有滑坡(17 处)、崩塌(9 处)，以滑坡灾害为主。按规模大小分为中型 5 处(滑坡 5 处)，小型 21 处(滑坡 12 处、崩塌 9 处)。

城区滑坡处于基本稳定状态的有 6 处，不稳定状态的有 11 处，分别占滑坡总数的 35.3%和64.7%；崩塌灾害处于基本稳定的 2 处，不稳定的 7 处，分别占崩塌总数的 22.22%和 77.78%。

本次调查城区地质灾害(含隐患点)潜在威胁居民 369 人，财产 1700 万元。区内地质灾害危害程度以中小型为主，按照地质灾害危害程度分级，较大级 9 个、一般级 17 个。其中地质灾害危害较大级的的分别是：云盘村 8 组崩塌(BT01)、双岗 6 组炭厂崩塌(BT05)、云盘村 14 组滑坡(HP01)、笔架山 5 组滑坡(HP02)、龙峰村 1 组滑坡(HP03)、甄山村 1 组滑坡(HP11)、枫杨村 8 组滑坡(HP13)、枫垭村滑坡(HP14)、枫垭村滑坡(HP62)。

慈利县零阳镇城区外围(慈利县幅)发育地质灾害 49 处，占调查总数的 77.8%，多分布于澧水及其支流溇水、零阳河沿岸，灾害规模以小型为主。地质灾害较为发育，但离城区距离较远，无直接影响。综合评价，慈利县零阳镇城区遭受高速远程灾害点及其灾害链危害的风险性小，危险性小。

三、查明了慈利县零阳镇城区内地质灾害发育分布特征及形成条件

1. 调查区地质灾害主要分布于高程 200m 以内，共发育地质灾害 19 处，占地质灾害总数的 73%，这主要与该高程区间内人口密度较大、人类工程活动建房切坡较为频繁有关。区内灾害主要集中于侵蚀-

剥蚀丘陵地貌，一共发育灾害20处，占地质灾害总数的73.1%。调查区的坡度主要集中在平坡(0°～5°)内，占调查区面积的40.31%；在斜坡坡度15°～25°地带地质灾害发生的比例较大，占地质灾害总数的77.02%。

2.地质灾害与工程地质岩组的关系较紧密。通过分析，坚硬—较坚硬厚层状粉砂岩、块状砾岩岩组Ⅱ-2(代表地层K_1q)为调查区的易滑、易崩岩组地层，此类岩组岩石质地较坚硬，砾岩胶结度好，抗风化能力强，力学强度中等，易形成高陡坡，强降雨、卸荷作用下易形成崩塌。此岩组在调查区出露面积约9.1km²，占调查区面积的18.2%，共发育滑坡6处，占滑坡总数的35%；崩塌4处，占崩塌总数的44%。较坚硬至软质薄层至中厚层状页岩砂岩泥岩岩组Ⅱ-3(代表地层S_1lz、S_1r、S_1l)为调查区的易滑岩组地层，此岩组在调查区出露面积约5.4km²，占调查区面积的10.8%，共发育滑坡5处，占滑坡总数的30%。此类岩组岩石软弱、脆，泥质成分高、黏结性差，易风化、泥化，在地表水及地下水综合影响作用下，岩体力学性质差，容易在地表形成较厚的风化残坡积层。

3.区内地质灾害的发育受控于斜坡结构类型，一般来说，顺向斜坡稳定性最差，横向斜坡次之，而逆向斜坡稳定性相对较好。根据调查分析，区内斜坡结构以横向坡及逆向坡为主，顺向坡次之。地质灾害主要发生于顺向斜坡中，共发生地质灾害14处，占灾害总数的53.85%。

4.降雨是调查区内地质灾害的主要诱发因素之一。地质灾害在发生时间上，多集中于每年的5—7月，在此期间，因降雨量较大并且降雨时间持续较长，地质灾害也处于高发时期。根据调查的26处地质灾害，有确切时间记载的有19处，发生在5—7月的滑坡共18处，4月发生1处。每年的5—7月是区内地质灾害的重点防范期。

5.随着零阳镇经济建设的迅速发展，人类经济工程活动日渐增强，城镇建设切坡建房、交通工程建设削坡修路等破坏了斜坡平衡状态，而诱发了大量的地质灾害，本次调查26处地质灾害点中人类工程活动引起的有8处，占灾害总数的31%。同时受降雨诱发的滑坡中也存在坡脚开挖等人类工程活动的影响，可以说人类工程活动是调查区地质灾害的形成最重要的诱发因素。

四、归纳总结区内地质灾害的主要成灾模式

归纳总结了区域滑坡、崩塌的基本特征和分布规律，根据主控因素归纳分析，区内滑坡有3种主要成灾模式：基覆界面滑动、碎屑岩顺层滑动、崩塌堆积体滑动；崩塌的成灾模式主要有2种模式：倾倒-滚落式、滑移-塌落式。

(一)滑坡成灾模式

基覆界面滑动：该类滑坡的坡角因为切坡有基岩出露，但斜坡主体仍为残坡积土层，因为基岩顶面相对于土体来说相对隔水，容易造成地下水在基覆界面汇集，从而浸泡和软化接触带附近土体，易产生上覆残坡积土层沿下伏基岩顶面的滑动变形。

碎屑岩顺层滑动：岩层倾向与边坡倾向一致，岩性多为泥质粉细砂岩夹页岩，岩体上部多呈强风化状，岩体破碎，强度低，遇水易软化，相对隔水，在开挖、降雨条件下，上覆碎块石土体多沿岩土接触面(软弱带)滑移。

崩塌堆积体滑动：此类滑坡发生在相对高差大且上陡下缓的斜坡地带，地层岩性变化大，地质灾害具有明显的垂直分带性。斜坡上部往往为崩塌(危岩)体，崩落的块石堆积在下部斜坡，崩塌堆积体结构松散，在降雨、人工切坡等因素影响下再次发生滑动，具有典型的"上崩下滑"的特征。

(二)崩塌成灾模式

倾倒-滚落式崩塌：斜坡体上部陡崖多因构造和卸荷裂隙发育形成陡而深的拉张裂隙，下伏软基座

在风化、剥蚀等作用下,局部会形成空腔,上部卸荷裂隙扩张,降水入渗的水头压力,使其进一步展开贯通,在重力作用下或有较大水平力作用时,岩体因重心外移倾倒产生突然崩落,崩落块石在陡崖下部斜坡上翻滚,最后堆积在斜坡体中下部。

滑移-塌落式崩塌:临近斜坡的岩体内存在软弱结构面时,若其倾向与坡向相同,则软弱结构面上覆的不稳定岩体在重力作用下具有向临空面滑移的趋势。一旦不稳定岩体的重心滑出陡坡,就会产生突然的崩塌。除重力外,降水渗入岩体裂隙中产生的静、动水压力以及地下水对软弱面的湿润作用都是岩体发生滑移崩塌的主要诱因。在某些条件下,地震也可引起滑移崩塌。

五、划分出慈利零阳镇城区斜坡带,并对其稳定性进行了现状及预测评价

将零阳镇城区主要斜坡划分为 29 段,现状条件下处于稳定状态的有 10 处,基本稳定状态的有 9 处,潜在不稳定的有 4 处,不稳定的有 6 处;稳定性预测评价稳定的 4 处,基本稳定的 12 处,潜在不稳定的 7 处,不稳定的 6 处。

六、对零阳镇城区进行了区域地质灾害风险评价,提出了风险管控建议

本项目依据风险分析与评估理论,对慈利县零阳镇城区地质灾害易发性、危险性、承灾体易损性、风险进行了定量计算与区划,提出了防控措施建议,形成了风险系列图共 4 张。结合区内地质灾害特点,采用无限斜坡模型(TRIGRS 模型)进行了基于斜坡单元的易发性评价与制图 1 张,与野外踏勘斜坡比较,吻合程度较高;采用泊松分布理论、超越概率理论等,分别实施了区内重现期为 10 年、20 年、50 年和 100 年发生超越 1 万 m^3 滑坡灾害的概率计算;通过 TsunamiSquares 模型对该地区高及极高危险性地区的斜坡进行运动强度模拟和运动范围评估;结合危险性概率和运动强度,制作了相应的危险性分布图 1 张;同时,在 TsunamiSquares 模型计算的运动范围和强度的基础之上,确定了受威胁的建筑物和人口对象,并制作了不同工况下受灾对象分布图,在此基础上采用灾害强度与抗灾能力的对比关系经验模型,分析并制作了区内不同工况下建筑物和人口易损性分布图;项目最后运用灾害风险量化评估模型,定量分析了区内未来 10 年、20 年、50 年和 100 年重现期下发生体积超过 1 万 m^3 滑坡灾害的经济风险和人口风险,并制作图件 2 张;提出了区域灾害风险防控措施布置原则,并制作形成了慈利县零阳镇城区地质灾害风险防控措施建议图。

七、对重要地质灾害点进行了勘查和风险评价,提出了风险管控建议

首先,选取了龙峰村 1 组滑坡、枫杨村 8 组滑坡 2 处重要灾害点进行了工程地质勘查,查明了典型滑坡形成的地质环境条件,滑坡的规模、形态等基本特征及其危害性和危险性。然后,分析不同重现期 T(10 年、20 年、50 年)的极值降雨强度,采用 Geostudio 软件的 Seep 模块进行滑坡渗流场模拟分析,分析滑坡在不同降雨工况下的地下分布情况,采用 Slope 模块对不同工况下滑坡的稳定系数和破坏概率进行计算;基于 DAN 3D 平台,建立滑坡运动模拟系统,用以确定滑坡滑动过程中的滑动速度、堆积厚度和运动范围。考虑承灾体分布特征以及建筑物对灾害体的阻碍作用,采用考虑滑坡强度和承灾体本身脆弱性的易损性评价公式分析不同区域承灾体的易损性;采用定量风险评价公式对财产和人口风险进行了分析,形成了单点风险评价图。最后,对常用的风险控制方案(滑坡整体治理、部分治理、监测预警和搬迁避让)进行了比选分析,并给出推荐方案。

八、对慈利县零阳镇城区提出了地质灾害防治规划建议

根据慈利县零阳镇城区内的地质环境条件、人口密度及工程设施分布、城镇规划布局等，结合城区易发性、危险性分区结果综合考虑，并突出满足地方政府易于理解、便于操作的原则，进行了零阳镇城区的地质灾害防治分区。重点防治区分为4处斜坡带，分别为老树沟—双岗6组一带、溇水右岸后坪—甄山1组一带、零阳河右岸龙峰村一带、笔架村—云盘村一带，面积3.15km²，占城区总面积的6.3%；次重点防治区分为4处斜坡带，分别为零阳镇老城区后山斜坡、枫杨村—枫垭村一带，长见村左家塌、云盘村狮子岩一带，面积3.63km²，占城区总面积的7.3%；一般防治区位于其他地质灾害发育程度低、人口分散及危险相对较小地区。对城区26处地质灾害隐患点进行了分析，阐明了地质灾害形成的地质环境条件、规模、形态等基本特征及其危害性和危险性，评价了其稳定性和发展趋势，提出了防治措施建议。

武陵山区湘西北桑植县澧源镇地质灾害调查成果报告

提交单位：中国地质调查局武汉地质调查中心
项目负责人：吴吉民
档案号：档0576-02
工作周期：2016年
主要成果：

一、查明了桑植县澧源镇城区地质背景条件

桑植县澧源镇属亚热带湿润季风气候区，雨量充沛，是湖南省四大暴雨中心之一，多年平均降雨量为1417mm，年最大降雨量为2 228.9mm，日最大降雨量发生时间是1983年6月26日，为373.8mm。区内总体地势南东、北西两侧高，中部低，最低侵蚀基准面为区内西部澧水及中部澧水支流酉水。区内主要有4种地貌单元：构造剥蚀低山丘陵区、构造溶蚀低山溶丘洼地区、构造溶蚀中低山垄脊洼地区及构造溶蚀中山垄脊洼地区。城区主要出露下三叠统—中二叠统及第四系，基岩岩性为碳酸盐岩及碎屑岩，第四系以河流阶地及残坡积为主。城区位于桑植-官地坪向斜南东翼、人潮汐背斜北东翼，整体呈单斜构造，区内断裂不发育。区内岩土体可划分为3大岩类5个工程地质岩组，地下水类型有松散岩类孔隙水、碎屑岩裂隙水及碳酸盐岩岩溶水。区内人类工程活动主要表现为城镇建设、交通建设、水利建设及扩基建房等。

二、查清了桑植县澧源镇城区地质灾害发育现状，分析了地质灾害发育特征及分布规律，总结了地质灾害形成条件及主要成灾模式

1.城区调查范围西起干流澧水西侧王家湾村，东止支流酉水东侧老官潭村，北至樟木西村，南接仙鹅村，面积为50km²。城区发育各类地质灾害47处，其中滑坡46处(7处为新增)、崩塌1处(新增)。46处滑坡中型规模的有9处、小型规模的有37处，其中土质滑坡39处、岩质滑坡7处；1处崩塌为小型岩质崩塌。

2. 城区滑坡目前处于稳定状态的 3 处,处于基本稳定和不稳定的 43 处,现状不稳定崩塌 1 处;受人类工程活动及降雨影响,区内 3 处滑坡发展趋势为基本稳定,其余 43 处滑坡及 1 处崩塌发展趋势均为不稳定。区内地质灾害危害程度重大级 4 处、较大级 16 处、一般级 27 处。其中重大级 4 处为蔡家峪村满家坡滑坡(SZ1119)、高家坪村党校滑坡(SZ1145)、电力厂房不稳定斜坡(XZ105)及烟草仓库不稳定斜坡(XZ106)。

3. 区内地形地貌、岩土体工程地质特征、斜坡结构特征及地质构造 4 个地质环境条件是地质灾害发生的主要形成条件;降雨及人类工程活动等是地质灾害发生的主要诱发因素。

区内 47 处地质灾害全部发育于构造剥蚀低山丘陵区,其他地貌区则未见地质灾害发育;滑坡多发育于坡度 15°～35°的斜坡地段,在小于 15°或大于 35°°的斜坡地段,滑坡发育较少;崩塌则发育于坡度在 50°以上的斜坡地段。

区内构造剥蚀丘陵地貌中发育地质灾害 7 处,河流侵蚀堆积平原地貌中发育地质灾害 4 处;滑坡多发育于坡度为 15°～35°的斜坡地段,在小于 15°或大于 35°°的斜坡地段,滑坡发育较少;崩塌则发育于坡度大于 50°的斜坡地段。

区内工程地质岩组中,黏土砂砾石层双层土体岩组内未见地质灾害发育;黏性土体岩组内发育滑坡 26 处;软弱薄层—厚层状粉砂岩及粉砂质泥岩岩组发育滑坡 20 处、发育崩塌 1 处;坚硬至较坚硬薄层—厚层状碳酸盐岩岩组及坚硬至软弱薄层—块状碳酸盐岩夹碎屑岩组内未见地质灾害发育。

区内地质灾害形成与斜坡体结构关系密切,顺向坡和横向坡地质灾害发育最多,地质灾害发育数量所占比重分别为 27.7%、27.7%,主要由区内降雨及人工切坡诱发的土质滑坡较多。

城区位于桑植-官地坪向斜南东翼、人潮汐背斜北东翼,整体呈单斜构造,区内断裂不发育,区内地质灾害发育与构造相关性不明显。

降雨诱发型滑坡是区内的典型地质灾害类型,因降雨诱发的地质灾害共 42 处,占灾害总数的 89.4%。区内地质灾害的形成受人类工程活动影响明显,因人类工程活动引起的有 22 处,占灾害总数的 46.8%。

4. 对满家坡滑坡、小田冲崩塌坡 2 处典型灾害点进行了深度解剖;区内易滑地层主要为三叠系巴东组薄层—中厚层砂泥岩互层。灾害体典型成灾模式主要有两种:散裂-溜滑、蠕滑-拉裂。

三、开展了桑植县澧源镇城区自然斜坡单元划分及稳定性评价,同时对城区进行了 1∶10 000 城镇风险评估及重要地质灾害点风险评价工作

1. 区内斜坡共划分为 27 个自然单元,其中:岩质斜坡 24 处、土质斜坡 2 处、岩土混合型 1 处;岩质斜坡中顺向坡 9 处、横向坡 4 处、斜逆坡 2 处、逆向坡 9 处。目前处于稳定状态的斜坡有 8 处,处于基本稳定状态的斜坡有 16 处,处于不稳定状态的斜坡有 3 处。

2. 区域风险评价与管理:对桑植县澧源镇城区地质灾害易发性、危险性、承灾体易损性、风险进行了定量计算与区划,提出了防控措施建议,绘制了风险系列图件。

3. 重要地质灾害点风险评价与管理。选取满家坡滑坡及老电厂滑坡 2 处重要地质灾害点,在进行灾害体特征分析的基础上,对灾害体危险性、承灾体易损性进行了分析,并进行了单体风险评价,提出了风险管理对策建议。

四、开展了桑植县澧源镇城区地质灾害防治规划,并有针对性地提出了地质灾害防治措施建议

澧源镇城区地质灾害防治分近期(2016—2020 年)、中期(2021—2025 年)、远期(2026—2035 年)三

步规划，灾害点防治个数分别为10处、4处、33处。

澧源镇城区地质灾害防治划分为重点防治区、次重点防治区和一般防治区3个大区。重点防治区位于澧水及支流西水河谷区，面积为18.0km²，占城区总面积的19.1%；次重点防治区位于西水北侧捌斗溪与肖家峪溪之间的小田冲一带，面积为6.7km²，占城区总面积的13.3%；一般防治区位于其他地质灾害发育程度低、人口分散及危险相对较小地区，面积为24.3km²，占城区总面积的48.5%。

防治分级中重点防治点3处、次重点防治点12处、一般防治点32处。地质灾害防治措施主要包括监测工程、搬迁避让、工程治理等。1处地质灾害进行专业监测、23处地质灾害进行群测群防；4处地质灾害进行搬迁避让；工程治理的地质灾害及隐患点19处。

武陵山区湘西北张家界市永定城区地质灾害调查成果报告

提交单位：湖南省地质矿产勘查开发局四〇二队

项目负责人：孙锡良

档案号：档 0576-03

工作周期：2016—2017 年

主要成果：

一、查明了张家界市永定城区地质环境背景条件

张家界市永定城区属季风湿润型山地气候，降雨充沛，近年来（2000—2014年）年平均降雨量在954.6～2 043.0mm之间。年最大降雨量为2 049.0mm。城区地处湘西北褶皱山地，地貌类型以溶蚀构造低山丘陵、构造剥蚀砂页岩丘陵为主，高程145～636m，山体走势受区内构造控制，总体呈北东东—南西西向展布。澧水河自西向东蜿蜒径流贯穿城区全境。地层以白垩系洞下场组（K*dx*）、志留系龙马溪组（S*l*）、奥陶系温塘组（O*w*）为主，构造上主要受子午台背斜、谭头湾向斜、童家峪向斜，学栏湾-玉皇洞平移正断层的控制。岩土体工程地质类型可分为土体和岩体两大类，地下水有松散岩类孔隙水、基岩裂隙水、碳酸盐岩裂隙岩溶水三大类型；20世纪80年代后，人类工程经济活动日益加剧，表现尤为突出的是城镇建设、公路建设、水利水电建设、房屋兴建、深基坑开挖、石料矿山开采。

二、查清了张家界市永定城区内地质灾害（隐患）点的类型、数量、规模、稳定性和危害

张家界市永定城区内地质灾害类型主要有滑坡（20处）、崩塌（2处）、不稳定斜坡（1处）等，以滑坡和不稳定斜坡灾害为主，现有各类地质灾害23处，占调查总数的21.9%。按规模大小分为大型1处（滑坡1处），小型22处（滑坡19处、崩塌2处、不稳定斜坡1处）。

根据灾害点灾情分为中型2处（滑坡2处），小型16处（滑坡15处、崩塌1处），还有5处灾害点尚未造成损失。根据灾害点险情分为特大级1处（滑坡1处）、重大级2处（滑坡2处）、较大级7处（滑坡5处、崩塌1处、不稳定斜坡1处）、一般级10处（滑坡9处、崩塌1处）。其中重大级为市一中逸夫楼滑坡（D2073）、朱家峪采石场滑坡（D1344），特大级为熊家坡滑坡（D1339）。

根据灾害点主要的威胁对象划分为威胁公路3处、集镇居民点15处、学校2处、矿山3处。

根据灾害点稳定性分为稳定 1 处(滑坡 1 处)、基本稳定 7 处(滑坡 5 处、崩塌 1 处、不稳定斜坡 1 处)、不稳定 15 处(滑坡 14 处、崩塌 1 处)。

按险情等级划分标准,目前共有地质灾害隐患点 20 处,其中险情特大级 1 处、重大级 2 处、较大级 7 处、一般级 10 处。潜在受威胁人口 781 人,潜在经济损失 3309 万元。

张家界市永定城区外围地质灾害 82 处,占调查总数的 78.1%,多分布于澧水干流花岩水电站大坝上游沿岸,龙爪关-王家寨平移断层沿线的山地丘陵区与冲洪积平原的交界处,受岩门头正断层影响形成的仙人溪峡谷两岸,天门山国家森林公园的盘山公路切坡处等地。地质灾害较为发育,但离城区较远,无直接影响。

三、查明了张家界市永定城区内地质灾害发育分布特征及成生条件

1. 永定城区内地质灾害在发生时间上,多集中于每年的 4—7 月,多与降暴雨有关。因降雨诱发的地质灾害达 18 处,占总数的 78.3%,因此降雨是诱发地质灾害最直接的因素。降雨对地质灾害的影响巨大,不仅加速了边坡的风化变形,而且改变了坡体自重,调整了斜坡内部应力状态,同时降低软弱夹层摩擦系数,致使坡体局部出现各种变形,如裂缝、下挫、坍滑等。

2. 空间分布上,滑坡分布面积广,城区范围内皆有分布,土质、碎块石滑坡(含不稳定斜坡)多分布于 S228 省道沿线,子午路与张花高速的延长线沿线区域,五组坡—荷花丘陵河谷平原的交界处,黄沙泉水库周边,回龙山后山思善桥—市一中一带;崩塌主要集中于子午台背斜的北西(大庸桥熊家坡—朱家峪)、南东(永定燕窝塔社区、黄沙泉水库北岸)两翼。

3. 根据调查的资料统计分析,永定城区 23 处地质灾害中有 22 处集中发育在 200～250m 高程段,占地质灾害总数的 83.3%,这与该高程段所处剥夷面地貌特点和人类居住及工程活动密不可分;灾害体多产生于坡度在 25°～60°之间的陡坡上,在坡度小于 25°的斜坡地段,灾害点分布较少。崩塌主要形成于坡度大于 60°的陡崖。值得注意的是,滑坡地质灾害在陡崖段发育 5 处,是因为这些滑坡均为人工切坡所形成,切坡坡度过大且陡,引发了滑坡地质灾害。

4. 地质灾害与工程地质岩组的关系较紧密。地质灾害按面积发育密度最高的为厚层状砾岩、含砾砂岩、砂岩、粉砂岩坚硬岩组(Ⅱ-2),代表性地层为白垩系洞下场组,灾害密度为 9.3 处/$10km^2$;其次为中厚层状瘤状泥质灰岩、灰岩,泥质条带状灰岩夹薄层泥灰岩半坚硬—坚硬岩组(Ⅰ-3),代表性地层为奥陶系温塘组,灾害密度为 6.4 处/$10km^2$;再次为薄层至中层状粉砂质页岩、石英粉砂岩、黑色页岩半坚硬岩组(Ⅱ-4),代表性地层为志留系龙马溪组,灾害密度为 4.9 处/$10km^2$。以上 3 套岩组为本区的易崩易滑岩组。

5. 地质灾害与褶皱、断裂构造关系极为紧密。许多滑坡、崩塌沿断裂带呈线状发育分布,褶皱两翼是滑坡、崩塌的多发地段。永定城区内构造体系以一首尾相接的向背斜为主,向斜为谭家湾向斜、背斜为子午台背斜,形态较为复杂,产状多变。经统计,受褶皱控制的灾害点共 20 处,占调查总数的86.9%。区内规模大、面积广、致灾作用强的构造为子午台背斜,横亘永定城区北东部,轴向北东(45°～55°),长宽比值大于 2.8∶1,为直立水平褶皱,其北西、南东两翼由奥陶系宜冲桥组、温塘组含泥质页岩层的生物屑灰岩、泥质灰岩等易崩易滑岩层组成,岩层与山体坡构成顺向坡或顺向斜向坡,特定的地质构造与地貌配置导致地质灾害易发。子午台背斜褶皱两翼共发育地质灾害处 10,占调查总数的 43.5%。

6. 地质灾害的发育也受控于斜坡结构类型,最发育的斜坡结构类型为顺向坡,共 12 处,占到本区斜坡类地质灾害总数的 52.2%。

7. 永定城区内地质灾害的形成受人类工程活动的影响明显。随着张家界市经济建设的迅速发展,人类经济工程活动日渐增强,城镇建设切坡建房、交通工程建设削坡修路等活动形式破坏了斜坡平衡状态,诱发了大量的地质灾害。由人类工程活动引发的地质灾害共有 17 处,占到总数的 73.9%。

四、分析了张家界市永定城区致灾背景对灾害的影响控制作用，总结出区内地质灾害的主要成灾模式

运用归纳和类比等方法，对张家界市永定城区内所有地质灾害、不良工程地质现象的要素数据进行统计分析，从构造作用、岩性组合、河流地貌演化、人类工程活动、降雨等方面，总结出区内滑坡具有降雨型、新构造抬升型、宽缓背斜褶皱型3类主要成灾模式，其中降雨型滑坡又可以分出覆内弧形滑动、基覆界面滑动、破碎岩屑坍塌3种变形破坏形式，以及崩塌（危岩）具有的高切坡卸荷型成灾模式。

（一）滑坡成灾模式

覆内弧形滑动型：该类滑坡的滑体物质由岩体风化而成的保留或部分继承了原岩的结构面等其他岩体特征且未经二次堆积的土体物质构成。多为软岩全—强风化边坡，风化的厚度及深度较大，而剪出口多在坡脚所处的地平面之上，沿最大剪力面在覆盖层内部作弧形滑动。

基覆界面滑动型：该类滑坡的坡角因为切坡有基岩出露，但斜坡主体仍为残坡积土层，因为基岩顶面相对于土体来说相对隔水，容易造成地下水在基覆界面汇集，从而浸泡和软化接触带附近土体，易于产生上覆残坡积土层沿下伏基岩顶面的滑动变形。

破碎岩块坍塌型：该类滑坡多分布于软岩、软硬相间岩石的强风化边坡上，岩体结构完整性差，呈碎裂状，构造及风化裂隙密集，结构面及组合错综复杂，形成许多大型、形状不一的分离岩块，在人工切坡与降水入渗透的条件下发生变形，因该种滑坡无固定滑面，故定义为破碎岩块坍塌。

宽缓背斜褶皱型：该类滑坡一般发生在顺向（斜顺）结构岩体中，主要岩性组合为软硬相间、硬夹软结构。岩层在构造应力的挤压下发生了（复式）褶曲，核部附近褶曲剧烈部分多形成断裂或裂隙密集带，褶曲侧翼则易出现层间剪切或滑移，在河流切穿、人工开挖的条件下多形成岩质滑坡。

新构造抬升型：本区内新构造运动以间歇性抬升为主，此类边坡因受新构造运动抬升作用，物质结构较为松散。冲洪积层（Q^{apl}）多位于斜坡体上部，构成了特有的地层与岩性组合，滑体物质以冲洪积层的砂性黏土、砾石为主。在河流切穿，或人类修路切坡、降雨诱发等条件下形成滑坡。

（二）崩塌成灾模式

高切坡卸荷型：该类崩塌所处的斜坡体多因构造和卸荷裂隙发育形成陡而深的拉张裂隙，在特征结构面叠加作用下被切割成块体。人工高切坡的开挖和暴露，使得斜坡中的应力发生重分布，产生大量卸荷裂隙，当发展到一定程度时，产生高切坡卸荷型崩塌地质灾害。

五、划分出张家界市永定城区地质灾害风险较大的斜坡隐患带，并对其稳定性进行了现状及预测评价

张家界市永定城区主要存在地质灾害风险较大的斜坡隐患带29段，现状条件下处于稳定状态的有2处，基本稳定状态的有8处，潜在不稳定的有8处，不稳定的有2处；稳定性预测评价稳定的1处，基本稳定的3处，潜在不稳定的9处，不稳定的16处。

六、对张家界市永定城区进行了区域地质灾害风险评价，提出了风险管控建议

本项目依据风险分析与评估理论，对张家界市永定城区地质灾害易发性、危险性、承灾体易损性、风险进行了定量计算与区划，提出了防控措施建议，形成了风险系列图共10张。结合区内地质灾害特点，

本项目采用证据权法进行了基于斜坡单元的易发性评价与制图(1 张),预测精度达到 78.9%;采用泊松分布理论、超越概率理论等,分别实施了区内重现期为 10 年、20 年、50 年和 100 年发生超越 1 万 m^3 和 5 万 m^3 滑坡灾害的概率计算,并制作了相应的危险概率分布图(2 张);同时,项目采用 Scheidegger 提出的运动距离经验公式,对各工况下的高危险性斜坡单元进行了滑动范围评估,由此确定了受威胁的建筑物和人口对象,并制作了不同工况下受灾对象分布图共 2 张,在此基础上采用灾害强度与抗灾能力的对比关系经验模型,分析并制作了区内不同工况下建筑物和人口易损性分布图共 2 张;项目最后运用灾害风险量化评估模型,定量分析了区内未来 10 年、20 年、50 年和 100 年重现期下发生体积超过 1 万 m^3 和 5 万 m^3 滑坡灾害的经济风险和人口风险,并制作图件 4 张;提出了区域灾害风险防控措施布置原则,并制作形成了张家界市永定城区地质灾害风险防控措施建议图(1 张)。

七、对重要地质灾害点进行了勘查和风险评价,提出了风险管控建议

降雨型土质斜坡的基覆界面滑动是张家界市永定城区地质灾害的主要成灾模式。本项目选取了大庸桥街道高桥村熊家坡滑坡进行了工程地质测绘、钻探、槽探等勘查工程,查明了典型滑坡形成的地质环境条件,滑坡的规模、形态等基本特征及其危害性和危险性。然后分析不同重现期 T(10 年、20 年、50 年)的极值降雨强度,采用 Geostudio 软件的 Seep 模块进行滑坡渗流场模拟分析,分析滑坡在不同降雨工况下的地下分布情况,采用 Slope 模块对不同工况下滑坡的稳定系数和破坏概率进行计算;基于 DAN 3D 平台,选取 Voellmy 模型建立滑坡运动模拟系统,用以确定滑坡滑动过程中的滑动速度、堆积厚度和运动范围,并制作滑坡滑动过程模拟图件 8 张。考虑承灾体分布特征以及建筑物对灾害体的阻碍作用,采用考虑滑坡强度和承灾体本身脆弱性的易损性评价公式分析不同区域承灾体的易损性;采用定量风险评价公式对财产和人口风险进行了分析,形成了风险系列图共 6 张。最后,对常用的风险控制方案(滑坡整体治理、部分治理、监测预警和搬迁避让)进行了比选分析。

八、对重要场地展开了地质灾害风险评价与管理

选取张家界市行政中心——南庄坪为重要场地,在场地形态特征、场地地质灾害特征基础上,对南庄坪重要场地进行风险分区研究;采用 FMEA 法对不同斜坡单元的生命风险和经济风险进行评价,并依据评价结果提出风险控制措施。对于滑坡风险研究区,该场地 13 号和 37 号斜坡单元破坏概率相对其他斜坡较大,依次达到了 48.80%和 44.00%,23 号和 22 号斜坡单元次之,依次为 39.20%和 34.30%,有 18 个斜坡单元破坏概率小于 10.00%。对于崩塌风险研究区,承灾体大多分布在研究区东部,风险值较高的承灾体往往分布在坡脚、坡面一带,大多数风险值小于 5 万元。建议在融山东路、大庸西路公路沿线和土家风情园沿线道路两侧设置风险警示牌,提示过往车辆,对危险性大的崩塌点进行治理,治理措施可根据方量大小和崩塌破坏模式采用清除或支挡措施;在官黎坪中学附近可采用抗滑桩+排水沟+挡墙等措施,减少场地风险。

九、对张家界市永定城区提出了地质灾害防治规划建议

根据张家界市永定城区内的地质环境条件、人口密度及工程设施分布、城镇规划布局等,结合城区易发性、危险性分区结果综合考虑,并突出满足地方政府易于理解、便于操作的原则,进行了永定城区的地质灾害防治分区。重点防治区 5 个,位于大庸桥楠木溪—立功桥区域、夏庄坪白果树—张家大屋区域、大庸桥朱家峪—熊家坡—名流园一带、崇文黄沙泉水库—回龙山——中一带、南庄坪荷花—五组坡沿线,面积 9.32km^2,占城区总面积的 13.8%;次重点防治区位于大庸坪—天门壹号—桑木峪—朱家溶

区域、沙堤伍家罗—姚家罗一带，面积为6.20km²，占城区总面积的9.2%；一般防治区位于其他地质灾害发育程度低、人口分散及危险相对较小地区。对城区23处地质灾害隐患点进行了分析，阐明了地质灾害形成的地质环境条件、规模、形态等基本特征，及其危害性和危险性，评价了地质灾害隐患点的稳定性和发展趋势，提出了防治措施建议。

武陵山区湘西北古丈县古阳镇地质灾害调查成果报告

提交单位：中国地质调查局武汉地质调查中心

项目负责人：连志鹏

档案号：档0576-04

工作周期：2017年

主要成果：

一、查明了古丈县古阳镇城区地质环境背景条件

古阳镇城区属季风湿润型山地气候，降雨充沛，近年来（2001—2016年）年平均降雨量为1 368.1mm，年最大降雨量为1 866.5mm。城区以古阳河为中轴，总体地势中间低、两侧高，两侧斜坡坡顶高程450～550m，中部最低侵蚀基准面为古阳河，海拔250m左右，相对高差200～300m，沟谷多呈不对称"V"字形，斜坡多为复式坡。古阳镇城区出露地层古阳河右岸主要为青白口系浅变质砂质板岩地层，广泛出露的为马底驿组（Qb_2m）、通塔湾组（Qb_2t）、五强溪组（Qb_2w）；古阳河右岸出露的地层主要为南华系南沱组（Nh_3n），震旦系金家洞组（Z_1j）；河流两岸缓坡及沟谷两岸缓坡地带出露第四系（Q）。区域岩体工程地质类型可划分为3个岩类7个岩组，地下水有松散岩类孔隙水、基岩裂隙水、碳酸盐岩裂隙岩溶水三大类型；人类工程经济活动日益加剧，依据2014年古丈县城总体规划，古丈县城规划区范围主要涉及古阳镇、罗依溪镇和双溪乡。根据古丈地形地貌特征，规划区东西边界以古阳河谷两侧山脊为主要控制线，西侧范围考虑将垃圾填埋场纳入双溪乡的蔡家村。北侧以酉水为界，南侧到古阳河水库，总面积约58km²，大规模的人类工程活动势必改变原来的地质环境条件。

二、查清了古丈县古阳镇城区内地质灾害（隐患）点的类型、数量、规模、稳定性和危害

古丈县古阳镇城区内现有各类地质灾害20处，地质灾害类型主要有滑坡（18处）、崩塌（2处），以滑坡灾害为主。按规模大小分为中型3处（滑坡3处），小型17处（滑坡15处、崩塌2处）。现状下城区滑坡处于基本稳定状态的有11处，不稳定状态的有9处，分别占地质灾害总数的30.8%和69.2%。

本次调查区地质灾害（含隐患点）潜在受威胁人口1633人，财产15 835万元。区内地质灾害危害程度以中小型为主，按照地质灾害危害程度分级，重大级10处，较大级6处，一般级4处。其中地质灾害危害重大级的分别为二龙庵滑坡（HP02）、崩岩山滑坡（HP03）、凉水井滑坡（HP04）、大岩板安置小区滑坡（HP11）、牯牛岩滑坡（HP13）、移民局滑坡（HP14）、老塘坊1号滑坡（HP15）、老塘坊2号滑坡（HP16）、小河口滑坡（HP17）、广电局住宅楼崩塌（BT02）。

古阳县图幅范围内共发育地质灾害75处，其中古阳镇城区外围地质灾害55处，占调查总数的

73.3%。外围地质灾害主要沿北东向的古丈断裂带及其次生断裂附近发育,虽地质灾害较为发育,但规模以小型为主,无高速远程滑坡,对古阳镇城区无直接影响。综合评价,古阳镇城区遭受高速远程灾害点及其灾害链危害的风险性小,危险性小。

三、查明了古丈县古阳镇城区内地质灾害发育分布特征及形成条件

1.地形地貌是地质灾害形成的主要控制条件之一。据调查统计,区内灾害主要集中于侵蚀-剥蚀低山地貌内,一共发育灾害14处,占灾害总数的70%。这主要与该地貌区间内人口密度较大,人类工程活动建房切坡较为频繁有关。整个调查区的坡度主要集中在陡坡(25°~35°)内,占整个面积的25.62%;在斜坡坡度15°~35°的地带地质灾害发生的比例较大,占整个地质灾害的54.37%。

2.地质灾害与地层岩性的关系较紧密。南华系南沱组为调查区的易滑地层,此地层在调查区出露面积约10.46km²,占调查区面积的20.9%,共发育滑坡11处,占滑坡总数的61%。该层岩石表层风化强烈,风化层厚度较大,岩体裂隙发育,在坡度较陡的斜坡带易产生滑坡、人工边坡易产生崩塌脱落,为区内易滑地层。青白口系马底驿组为调查区的易滑、易崩岩组地层,该层岩石风化裂隙发育,人工边坡易产生崩塌脱落。马底驿组岩性为砂质板岩夹钙质板岩,遇水易软化,具有一定膨胀性。此地层在调查区出露面积约10.48km²,占调查区面积的20.9%,共发育滑坡7处,占滑坡总数的39%;崩塌2处,占崩塌总数的100%。

3.区内地质灾害的发育受控于斜坡结构类型,地质灾害所在斜坡结构类型主要有反向斜坡、横向斜坡、顺向斜坡、斜向斜坡4类。其中顺向滑坡分布10处,斜向滑坡分布3处,反向滑坡分布6处,横向滑坡分布1处,分别占灾害总数的50%、15%、30%、5%。

4.根据调查的20处地质灾害点,发生在5—7月的滑坡共16处,3月发生3处、4月发生1处。区内降雨主要集中在5—7月,此时段雨强较高、日降雨量大、降雨集中,多夜雨、暴雨,是地质灾害的主要发生期。因此,降雨是调查区内地质灾害的主要诱发因素之一,每年的5—7月是区内地质灾害的重点防范期。

5.随着古阳镇经济建设的迅速发展,人类经济工程活动日渐增强,城镇建设切坡建房、交通工程建设削坡修路等活动形式破坏了斜坡平衡状态,从而诱发了大量的地质灾害。本次调查的20处地质灾害点中由人类工程活动引起的有9处,占灾害总数的45%。同时受降雨诱发的滑坡中也或多或少受到一部分人类工程活动的影响,主要表现为城镇沿河流Ⅰ级阶地两侧建设,势必会对两侧原始斜坡进行切坡改造,可以说人类工程活动是调查区地质灾害的形成最重要的诱发因素。

四、归纳总结出区内地质灾害的主要成灾模式

归纳总结了区域滑坡、崩塌的基本特征和分布规律,根据主控因素归纳分析了区内滑坡具有4种主要成灾模式:浅表层突滑模式、基覆界面滑动模式、顺层滑动模式、陡倾斜坡坡面流模式;崩塌的成灾模式主要有1种模式,即高切坡卸荷型。

(一)滑坡成灾模式

浅表层突滑模式:残坡积层、浅表层全—强风化层在自身重力的作用下,斜坡表层岩土体长期处于蠕滑或潜移状态,当遇到降雨或振动工况,克服了坡面摩阻,在水力输移的参与下,沿坡面滑动。该类滑坡主要为降雨型滑坡,具有突发性。

基覆界面滑动模式：该类滑坡的坡角因为切坡有基岩出露，但斜坡主体仍为残坡积土层，因为基岩顶面相对于土体来说相对隔水，容易造成地下水在基覆界面汇集，从而浸泡和软化接触带附近土体，易于产生上覆残坡积土层沿下伏基岩顶面的滑动变形。

顺层滑动模式：岩层倾向与边坡倾向一致，岩性多为砂质板岩，岩体上部多呈强风化状，岩体破碎，强度低，遇水易软化，相对隔水，在开挖、降雨条件下，上覆碎块石土体多沿岩土接触面（软弱带）滑移。

陡倾斜坡坡面流模式：原始基岩斜坡表层在长时间风化作用下，岩体裂隙发育，表层岩土体松散破碎，在暴雨或持续降雨工况下，陡坡岩土体吸水，当达到滑动临界值时，出现滑动失稳。一旦脱离滑床，由于物质松散，凝聚力或胶结差，易解体，瞬间呈溜滑状下移，而后在水流输移下，转化为坡面流滑坡。

（二）崩塌成灾模式

高切坡卸荷型：该类崩塌所处的斜坡体多因构造和卸荷裂隙发育形成陡而深的拉张裂隙，在特征结构面叠加作用下被切割成块体。人工高切坡的开挖和暴露，使得斜坡中的应力发生重分布，产生大量卸荷裂隙，当发展到一定程度时，产生高切坡卸荷型崩塌地质灾害。

五、划分出古丈县古阳镇城区斜坡带，并对其稳定性进行现状及预测评价

经过调查，将古阳镇城区主要斜坡划分为21处，处于稳定状态的斜坡有10处，处于基本稳定状态的斜坡有10处，处于不稳定状态的斜坡有1处。预测这些斜坡段发展趋势处于稳定的斜坡有1处，处于基本稳定状态的斜坡有14处，处于不稳定状态的斜坡有1处，处于潜在不稳定的斜坡有5处。

六、对古丈县古阳镇城区进行了区域地质灾害风险评价，提出了风险管控建议

对古阳镇城区地质灾害易发性、危险性、承灾体易损性、风险进行了定量计算与区划，提出了防控措施建议，形成了风险系列图共4张。结合区内地质灾害特点，采用层次分析法进行了基于斜坡单元的易发性评价与制图1张，与野外踏勘斜坡比较，吻合程度较高；采用泊松分布理论、超越概率理论等，分别实施了区内重现期为10年、20年、50年和100年发生超过1万m^3滑坡灾害的概率计算；同时，采用Scheidegger提出的运动距离经验公式，对各工况下的高危险性斜坡单元进行了滑动范围评估，确定了受威胁的建筑物和人口对象，并制作了不同工况下受灾对象分布图，在此基础上采用灾害强度与抗灾能力的对比关系经验模型，分析并制作了区内不同工况下建筑物和人口易损性分布图；运用灾害风险量化评估模型，定量分析了区内未来10年、20年、50年和100年重现期下发生体积超过1万m^3滑坡灾害的经济风险和人口风险，并制作图件2张；提出了区域灾害风险防控措施布置原则，并制作形成了古丈县古阳镇城区地质灾害风险防控措施建议图。

七、对重要地质灾害点及场地进行了单体风险评价，提出了风险管控建议

本项目选取调查区内重点滑坡——崩岩山滑坡进行了单体风险评价。分析不同重现期T（10年、20年、50年）的极值降雨强度，分析滑坡在不同降雨工况下的地下水位，采用蒙特卡罗法和极限平衡方法进行滑坡破坏概率分析；基于滑坡距离预测经验公式确定滑坡滑动范围，考虑承灾体分布特征以及建筑物对灾害体的阻碍作用将滑坡影响范围进行分区，采用考虑滑坡强度和承灾体本身脆弱性的易损性评价公式分析不同区域承灾体的易损性；采用定量风险评价公式对财产和人口风险进行了分析。

选取古阳镇大面地斜坡为重要调查场地，在场地形态特征、场地地质灾害特征基础上，进行风险分

区研究;采用 FMEA 法将场地斜坡划分为 20 个斜坡单元,对不同斜坡单元的生命风险和经济风险进行评价,并依据评价结果提出风险控制措施。结果显示斜坡单元 16 范围内建筑物风险非常高,5 区、9 区、11 区、20 区建筑物风险高。

八、提出了古丈县古阳镇城区地质灾害防治规划建议

根据古丈县古阳镇城区内的地质环境条件、人口密度及工程设施分布、城镇规划布局等,结合城区易发性、危险性分区结果综合考虑,并突出满足地方政府易于理解、便于操作的原则,进行了古阳镇城区的地质灾害防治分区。重点防治区分为 3 处斜坡带,分别位于老塘坊—崩岩山—凉水井—二龙庵一带、牯牛岩—太阳城—大岩板一带,白蜡池—鬼溪坪一带,面积 0.96km^2,占城区总面积的 2%;次重点防治区分为 4 处斜坡带,分别为古阳河水库左岸半坡斜坡、红沙溪—红星村—南山村—岩坨一带、树栖柯一带、红岩排—大金山一带,面积 2.22km^2,占城区总面积的 4.4%;一般防治区位于其他地质灾害发育程度低,人口分散及危险相对较小地区。对城区 20 处地质灾害隐患点提出了防治措施建议。

武陵山区湘西北永顺县灵溪镇地质灾害调查成果报告

提交单位:中国地质调查局武汉地质调查中心
项目负责人:吴吉民
档案号:档 0576-05
工作周期:2017 年
主要成果:

一、查明了永顺县灵溪镇城区地质背景条件

永顺县灵溪镇城区属亚热带季风性湿润气候区,雨量充沛,年平均降雨量为 1 365.9mm,年最大降雨量为 1 992.7mm,最大日降雨量为 243.7mm。区内总体地势南、北两侧高,中部低,最低侵蚀基准面为区内中部的酉水支流猛洞河。区内地貌类型有四大类:构造溶蚀低山溶丘洼地区、构造剥蚀中低山区、构造剥蚀低山丘陵区及构造侵蚀堆积河谷区。城区主要出露下志留统—上寒武统及第四系,基岩岩性为碎屑岩及碳酸盐岩,第四系以河流阶地及残坡积为主。城区位于保靖背斜及苗儿洞-卡塔坝张性断裂带北东侧,整体呈单斜构造,区内断裂不发育,仅在区内南东角发育两条相交的小型断裂。区内岩土体可划分为 2 大岩类 4 个工程地质岩组,地下水类型有松散岩类孔隙水、碎屑岩裂隙水和碳酸盐岩岩溶水。区内人类工程活动主要表现为城镇建设、交通建设、水利建设和扩基建房等。

二、查清了永顺县灵溪镇城区地质灾害发育现状,分析了地质灾害发育特征及分布规律,总结了地质灾害形成条件及主要成灾模式

1. 城区调查范围西起富坪村,东止于杨家田村,北至梯子岩村,南接猛洞河干流不二门森林公园,面积 50km^2。城区发育各类地质灾害 27 处,其中滑坡 21 处(18 处为新增)、崩塌 1 处(5 处为新增)。21 处

滑坡中中型规模 6 处、小型规模 15 处，其中土质滑坡 7 处、岩质滑坡 7 处、岩土混合质滑坡 1 处；6 处岩质崩塌，其中中型规模 4 处、小型规模 2 处。

2. 城区滑坡目前处于稳定状态的 1 处，处于基本稳定和不稳定的滑坡数量为 20 处；6 处崩塌现状均处于基本稳定状态。受人类工程活动及降雨影响，滑坡发展趋势基本稳定的 1 处，不稳定的 20 处；区内崩塌 6 处，发展趋势均为不稳定。

区内地质灾害危害程度特大级 2 处、较大级 13 处、一般级 12 处。危害程度特大级的 2 处灾害点为城东梁峰加油站滑坡、黄家坡滑坡。

3. 区内地形地貌、岩土体工程地质特征、斜坡结构特征及地质构造 4 个地质环境条件是地质灾害发生的主要形成条件；降雨及人类工程活动等是地质灾害发生的主要诱发因素。

区内构造溶蚀低山溶丘洼地区发育地质灾害 3 处，构造剥蚀中低山区发育地质灾害 13 处，构造剥蚀低山丘陵区发育地质灾害 8 处，构造侵蚀堆积河谷区发育地质灾害 3 处；滑坡多发育于坡度在 15°～55°之间的斜坡地段，在小于 15°或大于 55°的斜坡地段，滑坡发育较少；崩塌多发育于坡度在 40°以上的斜坡地段。

区内工程地质岩组中，砂砾性土体岩组内未见地质灾害发育；黏性土体岩组内发育滑坡 11 处；软弱至较坚硬薄层—中厚层状泥(页)岩夹砂岩岩组为区内易滑岩组，发育滑坡 8 处，发育崩塌 6 处；坚硬至软弱薄层—块状碳酸盐岩夹碎屑岩岩组发育滑坡 2 处。

区内地质灾害形成于斜坡体结构关系密切，区内平缓层状坡、顺向坡和横向坡中地质灾害发育数量所占比重较大，分别为 37.0％、22.2％、14.8％。区内平缓层状坡和顺向坡地质灾害发育最多，主要原因为区内地层产状平缓，人工切坡诱发的土质滑坡或岩质崩塌较多。

城区位于保靖背斜及苗儿洞-卡塔坝张性断裂带北东侧，整体呈单斜构造。区内断裂不发育，仅在区内南东角发育两条相交的小型断裂。区内地质灾害发育与构造的相关性不明显。

降雨诱发型滑坡是区内典型地质灾害类型，因降雨诱发的地质灾害共 23 处，占灾害总数的85.2％。区内地质灾害的形成受人类工程活动影响明显，因人类工程活动引起的有 12 处，占灾害总数的 44.4％。

4. 对蔡家湾滑坡、梁峰加油站滑坡及环城北路崩塌 3 处典型灾害点进行了深度解剖。区内易滑地层主要为下白垩统神皇山组薄层至中厚层粉砂岩、粉砂质泥岩夹石英砂岩。灾害体典型成灾模式主要有两种：蠕滑-拉裂和微构造切割-劣化-崩滑。区内易滑地层主要为下中志留统罗惹坪组、龙马溪组及上奥陶统五峰组。区内崩塌多发育于龙马溪组中厚层石英细砂岩中。区内灾害体成灾模式主要有两种：散裂-溜滑和风化-碎裂-崩滑。

三、开展了永顺县灵溪镇城区 1∶10 000 城镇风险评估及重要地质灾害点风险评价工作

1. 区域风险评价与管理：对永顺县灵溪镇城区地质灾害易发性、危险性、承灾体易损性、风险进行了定量计算与区划，提出了防控措施建议，形成了风险系列图件。

2. 重要地质灾害点风险评价与管理：选取杀梁峰加油站滑坡和连洞村全家坡滑坡两处重要地质灾害点，在进行灾害体特征分析的基础上，对灾害体危险性、承灾体易损性进行了分析，进行了单体风险评价，并提出了风险管理对策建议。

四、开展了永顺县灵溪镇城区地质灾害防治规划，并有针对性地提出了地质灾害防治措施建议

灵溪镇城区地质灾害防治分近期(2016—2020 年)、中期(2021—2025 年)、远期(2026—2035 年)三步规划，各期灾害点防治个数分别为 13 处、14 处、0 处。

灵溪镇城区地质灾害防治划分为重点防治区、次重点防治区和一般防治区 3 个大区。重点防治区位于老城区猛洞河两岸、杀梁峰加油站片区、新城区及环城路公路沿线，面积约为 17.9km²，占城区总面积的 35.9%；次重点防治区位于猛洞河北侧支流北门河、摆里河及连洞河两岸，面积约为 16.8km²，占城区总面积的 33.6%；一般防治区位于其他地质灾害发育程度低、人口分散及危险相对较小地区，面积约为 15.3km²，占城区总面积的 30.5%。

防治分级中重点防治点 6 处、次重点防治点 9 处、一般防治点 12 处。

地质灾害防治措施主要包括监测工程、搬迁避让、工程治理等。2 处地质灾害进行专业监测、12 处地质灾害进行群测群防措施；对所有地质灾害均不进行搬迁避让；工程治理的地质灾害及隐患点 13 处。

武陵山区湘西北沅陵县沅陵镇地质灾害调查成果报告

提交单位：湖南省地质矿产勘查开发局四〇二队
项目负责人：孙锡良
档案号：档 0576-06
工作周期：2017—2018 年
主要成果：

一、查明了沅陵县沅陵镇地质环境背景条件

沅陵县沅陵镇属季风湿润型山地气候，降雨充沛，近年来(2000—2014 年)年平均降雨量在 1 128.2～1 769.2mm之间，年最大降雨量为 1 976.2mm。城区大部分地处湘西北红层丘陵区，地貌类型以剥蚀构造丘陵地貌为主，零星分布有溶蚀构造丘陵地貌、侵蚀堆积地貌，海拔 77～315m，山体走势受区内构造控制，总体呈北东—南西向展布。沅水河自南向北蜿蜒径流贯穿城区全境。地层以白垩系为主。构造上主要受沅陵斜列褶皱、文家界向斜、松溪口断层、泸溪冲断层等的控制。岩土体工程地质类型可分为土体和岩体两大类。地下水有松散岩类孔隙水、红层碎屑岩孔隙裂隙水、基岩裂隙水、碳酸盐岩裂隙岩溶水四大类型。20 世纪 80 年代后，人类工程经济活动日益加剧，表现尤为突出的是城镇建设、公路建设、水利水电建设、房屋兴建、深基坑开挖、石料矿山开采。

二、查清了沅陵县沅陵镇内地质灾害(隐患)点的类型、数量、规模、稳定性和危害

沅陵县沅陵镇内地质灾害类型主要有滑坡(25 处)、崩塌(3 处)、滑坡隐患(6 处)等，以滑坡地质灾

害为主，现有各类地质灾害共34处，占调查总数的42.5%。

按规模大小分为中型3处（滑坡3处），小型31处（滑坡22处、崩塌3处、滑坡隐患6处）。根据灾害点灾情分为小型22处（滑坡15处、崩塌3处、滑坡隐患4处），还有12处灾害点尚未造成损失。根据灾害点的主要威胁对象划分，威胁公路7处、威胁集镇居民点26处、威胁车站1处。根据灾害点稳定性分为基本稳定7处（滑坡6处、崩塌1处），不稳定27处（滑坡19处、崩塌2处、滑坡隐患6处）。地质灾害已毁坏房屋13户23间，毁坏农田1.9亩，毁坏公路370m，灾害共造成直接经济损失125.6万元。

按险情等级划分标准，目前共有地质灾害隐患点34处，其中险情重大级1处、较大级20处、一般级13处。其中重大级的灾害点为老鸭溪居委会洲头滑坡。潜在威胁人口748人，潜在经济损失2 376.5万元。

沅陵县沅陵镇外围地质灾害46处，占57.5%，灾害体规模以中小型为主，分布比较分散，多数分布于412乡道康仁垭—桃花界一带，杭瑞高速东侧溶蚀低山区与堆积丘陵的过渡带，228省道石家桥等地。城区南西侧沅江上游沿岸属侵蚀堆积丘陵河谷地貌，相对高差20～180m，河谷两岸地质灾害不发育；城区北西侧酉水沿岸为较坚硬—较软弱泥质粉砂岩、泥岩、页岩、砂岩岩组，岩层倾角8～15°，发育的灾害多为切坡修路引发的小型崩塌。综合评价，重点调查区遭受高速远程灾害点及其灾害链危害的风险性小，危险性小。

三、查明了沅陵县沅陵镇内地质灾害发育分布特征及成生条件

1.沅陵县沅陵镇区内地质灾害的发生时间多集中于每年的5—7月，多与降暴雨有关。因降雨诱发的地质灾害达24处，占总数的70.5%，因此降雨是诱发地质灾害最直接的因素。其中发生于5月的有11处，占32.3%；其次为6月，共有10处，占29.4%；再次为7月，共计8处，占23.5%。降雨对地质灾害的影响巨大，不仅加速了边坡的风化变形，而且改变了坡体自重，调整了斜坡内部应力状态，同时降低软弱夹层摩擦系数，致使坡体局部出现各种变形，如裂缝、下挫、坍滑等。

2.空间分布上，滑坡分布面积广，城区范围内皆有分布，岩质、碎块石滑坡（含不稳定斜坡）多分布于城北老城区后方鸳鸯山、龙泉山一带，城南新城区凤凰山、凤鸣塔等社区的丘陵山坡上，兰溪河沿岸的北侧顺向斜坡，沅水干流河水浸润坡脚处等地。崩塌主要集中于沅陵斜列向斜鸳鸯山、凤凰山一带，居民点、工程建设后方的高陡切坡处。

3.根据调查的资料统计分析，沅陵县沅陵镇23处地质灾害有22处集中发育在110～150m高程段，占地质灾害总数的79.4%，这与该高程段所处剥夷面地貌特点和人类居住及工程活动密不可分；灾害体多产生于坡度在25°～60°之间的陡坡上；在坡度小于25°斜坡地段，灾害点分布较少，原因是坡度小，地形平缓，岩土体不易滑动。崩塌主要形成于坡度大于60°的陡崖。

4.地质灾害与工程地质岩组的关系较紧密。地质灾害按面积发育密度最高的为以砂岩为主的砂泥岩间互层亚组（I_1b），代表性地层为上白垩统中组（K_2^2），灾害密度为5.3处/10km^2；等厚砂泥岩互层亚组（I_1d），代表性地层为上白垩统下组（K_2^1），灾害密度为5.1处/10km^2；再次为中厚—巨厚层砂岩夹薄层泥岩间层亚组（I_1a），代表性地层为下白垩统（K_1）、下中侏罗统（J_1、J_2），灾害密度为4.5处/10km^2。以上3套岩组为沅陵县沅陵镇的易崩易滑岩组。

5.地质灾害与褶皱、断裂构造关系较为紧密。许多滑坡、崩塌沿断裂带呈线状发育分布，褶皱两翼是滑坡、崩塌的多发地段。沅陵县沅陵镇内的主要构造体系为沅陵斜列褶皱，是以一列首尾相接的向背斜组成，形态较为复杂，产状多变。经统计，受褶皱控制的灾害点共25处，占到73.5%。该褶皱区内规模大、面积广、致灾作用强。沅陵斜列褶皱轴向北东东（55°～65°），在断层带中成群出现，作雁行排列，由附近断裂（松溪口断裂、泸溪冲断裂、舒溪口断裂、沅陵断裂等）扭动生成。核部及两翼地层均为上白

垩统中组(K_2^2)紫红色粉砂岩、泥质粉砂岩。北西翼岩层倾角13°～22°,南东翼岩层倾角17～25°。在各向背斜两翼,岩层产状与地形坡向一致时,多构成顺向坡或顺向斜向坡,特定的地质构造与地貌配置导致地质灾害易发。

6.地质灾害的发育也受控于斜坡结构类型。最发育的斜坡结构类型为顺向坡,共14处,占到本区斜坡类地质灾害总数的45.2%。

7.沅陵县沅陵镇区内地质灾害的形成受人类工程活动的影响明显。随着沅陵县经济建设的迅速发展,人类经济工程活动日渐增强,城镇建设切坡建房、交通工程建设削坡修路等活动形式破坏了斜坡平衡状态,而诱发了大量的地质灾害,由人类工程活动引发的地质灾害共有22处,占到总数的64.7%。

四、分析了沅陵县沅陵镇致灾背景对灾害的影响控制作用,总结出区内地质灾害的主要成灾模式

运用归纳和类比等方法,对沅陵县沅陵镇内所有地质灾害、不良工程地质现象的要素数据进行统计分析,从构造作用、岩性组合、河流地貌演化、人类工程活动、降雨等方面,总结出区内滑坡具有3种主要成灾模式:蠕滑-拉裂式、浅表层残坡积式、断裂控制式。崩塌的成灾模式主要分为滑移-拉裂式、卸荷-错断式2种模式。

(一)滑坡成灾模式

蠕滑-拉裂式缓倾顺层滑坡:平面上呈舌形,滑动方向的纵向长度大于横向长度,横剖面上呈薄板或矩形状。主要发生在缓倾岩层的厚层砂岩和薄层泥岩、粉砂质泥岩互层中。坡体内存在两组倾向和走向相近的长大陡倾结构面。在强降雨条件下,降雨通过竖向裂隙进入坡体内部,再加上临空面滑床暴露,雨水在陡坎交角处蓄积并沿滑面渗流,地下水的大量汇聚使得滑带土的抗剪强度降低,从而对上部岩体的阻滑力降低,一旦下滑力超过了后部岩体的抗拉强度,后缘岩体则会拉裂、贯通,滑坡发生了失稳破坏。

浅表层残坡积层滑坡:形态上呈长条形或扇形,滑坡厚度较大,通常厚3～10m,宽度和长度方向上均不同。土体的结构有明显的分层,滑体物质多为表层残坡积黏土、亚黏土与下层碎裂散体状全－强风化红层碎块石的混合物。滑坡破坏方式主要沿土岩界面、贯通剪切面滑动,由于受降雨作用的影响,力学作用多为牵引式。坡度越小滑坡规模越大,坡度越大滑坡规模有减小趋势。

断裂控制碎石土滑坡:断层引起的岩体破碎是此类型滑坡主要形成因素。断层在形成的过程中,其影响范围内的岩体通常呈碎裂状,岩体破碎,坡体的力学性质下降,自稳性降低。断层倾向坡外且倾角较陡,对断层上盘具有临空的碎裂块体提供了滑移的可能,在上盘滑动后,为下盘的岩体变形创造了条件。斜坡岩体受断层影响节理裂隙发育,形成了密集的裂缝,岩体破碎,形成了大量的结构性空隙,提高滑坡岩土体的渗透能力。强降雨条件下降雨快速入渗,坡体含水量不断增加,岩土体的抗剪强度参数迅速减小,前缘又具备良好临空面,下滑力逐渐超过抗滑力,滑坡形成。

(二)崩塌成灾模式

滑移-拉裂式崩塌:滑移-拉裂式崩塌体所处斜坡前缘由于人工切坡形成了高陡的临空面。崩塌体由砂泥岩互层组成,上部为厚—巨厚层块体状砂岩,下部为薄层砂泥岩互层。受风化卸荷作用的影响,砂岩节理裂隙发育,岩体破碎,裂隙已贯通至下伏泥岩层面。泥化夹层、泥质软岩层上覆的不稳定块状岩体,因岩层倾角过大,在重力作用下向临空面崩滑的可能性大。在持续降雨条件下,雨水会沿着砂泥岩分界面流向前缘深处,产生压力。由于泥岩雨水强度较低,在雨水浸泡作用下逐渐软化、抗剪强度较

低，进而破坏整个斜坡体的稳定，在后缘静水压力、砂泥岩分界面的压力以及重力的共同作用下，岩体被向前推动，发生突然位移，前缘岩体下部既有临空面，岩体重心一经滑移出陡坡，崩落就会发生，表现出来的就是滑移-拉裂式崩塌。

卸荷-错断式崩塌：卸荷-错断式崩塌中的凹岩腔深度和后缘主控结构面的贯通程度是影响该类崩塌体稳定性的主要因素。由于在风化过程中，边坡表面风化剥落速度不一致，下层泥岩风化速度较快，形成凹岩腔，致使上部砂岩岩体临空。上覆岩体在自重作用下沿着卸荷裂隙的弯曲拉剪应力不断增大。随着张应力叠加，受控于卸荷裂隙以及两组节理面的不断发育，在长期重力作用下，当后缘主控结构面拉应力超过连接处岩体的抗拉强度，裂隙逐渐发生卸荷扩展破坏。危岩体下部岩腔发育，上部砂岩前倾变形，导致砂岩后部卸荷裂隙发育形成拉张裂缝，裂隙中充填黏土矿物以及碎屑物质，在降雨的作用下地表水流入裂缝中加剧裂缝的发育。上部植物的根劈作用也在一定程度上使得岩体结构破碎，拉张裂缝发育。最后在自重的作用下，发生卸荷-错断式破坏。

五、划分出沅陵县沅陵镇地质灾害风险较大的斜坡隐患带，并对其稳定性进行了现状及预测评价

经过调查，沅陵县沅陵镇主要存在地质灾害风险较大的斜坡隐患带48处，现状条件下处于稳定状态的有8处，基本稳定状态的有25处，潜在不稳定的7处、不稳定的8处；稳定性预测评价稳定的9处，基本稳定的11处，潜在不稳定的16处，不稳定的12处。

六、对沅陵县沅陵镇进行了区域地质灾害风险评价，提出了风险管控建议

依据风险分析与评估理论，对沅陵县沅陵镇地质灾害易发性、危险性、承灾体易损性、风险性进行了定量计算与区划，提出了防控措施建议，形成了风险系列图共10张。结合区内地质灾害特点，项目采用证据权法进行了基于斜坡单元的易发性评价与制图(2张)，预测精度达到71.95%；采用泊松分布理论、超越概率理论等，分别实施了区内重现期为10年、20年、50年和100年发生滑坡灾害的概率计算，并制作了相应的危险概率分布图1张；同时，项目采用Scheidegger提出的运动距离经验公式，对高危险性斜坡单元进行了滑动范围评估，由此确定了受威胁的建筑物和人口对象，并制作了受灾对象分布图2张，在此基础上采用灾害强度与抗灾能力的对比关系经验模型，分析并制作了区内建筑物和人口易损性分布图共2张；项目最后运用灾害风险量化评估模型，定量分析了区内未来10年、20年、50年和100年重现期下发生滑坡灾害的经济风险和人口风险，并制作图件2张；提出了区域灾害风险防控措施布置原则，并制作形成了沅陵县沅陵镇地质灾害风险防控措施建议图1张。

七、对重要场地展开了地质灾害风险评价与管理

在沅陵县沅陵镇选取了沅陵镇汽车站重要场地作为研究区。沅陵汽车站重要场地面积$11.93\times 10^4 m^2$，场地的北侧为曹家冲滑坡，该滑坡为顺层岩质滑坡，威胁滑坡前缘居民；场地的东侧主要为崩塌威胁区，威胁沅陵汽车站进出站车辆。本次评价采用FMEA法，从危险概率和损失后果两个维度评价生命后果损失以及经济损失和破坏社区后果，最后得出人员伤亡风险和经济损失风险。经评价，沅陵汽车站重要场地高风险区主要集中在北部曹家冲滑坡地带和汽车站停车场以及出站公路一带，其余区域风险较低。由此，在后期风险防控时，应特别注意曹家冲滑坡和汽车站东侧、东南侧人工切坡的治理。

八、对重要地质灾害点进行了勘查和风险评价，提出了风险管控建议

降雨诱发的顺层岩质滑坡是沅陵县沅陵镇地质灾害的主要成灾模式。本项目选取了老鸭溪洲头滑坡进行了工程地质测绘、钻探、槽探等勘查工程，查明了典型滑坡形成的地质环境条件，滑坡的规模、形态等基本特征及其危害性和危险性。在后期评价时首先分析不同重现期 T(10 年、20 年、50 年)的极值降雨强度，分析滑坡在不同降雨工况下的地下水位，采用蒙特卡罗法和极限平衡法进行滑坡破坏概率分析；基于滑坡距离预测经验公式确定滑坡滑动范围，考虑承灾体分布特征以及建筑物对灾害体的阻碍作用将滑坡影响范围进行分区，采用考虑滑坡强度和承灾体本身脆弱性的易损性评价公式分析不同区域承灾体的易损性。

基于潘家铮经验公式计算不同工况洲头村滑坡涌浪的最大涌浪高度和传播范围，将滑坡涌浪传播范围作为承灾体调查依据；采用定量风险评价公式对滑坡体本身和后扩区域进行财产和人口风险分析，对滑坡涌浪传播影响区内的承灾体进行定性风险分析。

九、对沅陵县沅陵镇提出了地质灾害防治规划建议

根据沅陵县沅陵镇内的地质环境条件、人口密度及工程设施分布、城镇规划布局等，结合城区易发性、危险性分区结果综合考虑，并突出满足地方政府易于理解、便于操作的原则，进行了沅陵县沅陵镇的地质灾害防治分区。重点防治区 3 个，位于城北黄草尾—龙泉山区域、城南凤凰山—凤鸣塔区域、凉水井砂子坳—松山边一带，面积为 8.78km^2，占城区总面积的 10.2%；次重点防治区位于老鸭溪田龙庵—田家冲一带、国道 G319 浪子口—鳝鱼口沿线、兰溪河背阴坨—袁家岭流段，面积为 7.25km^2，占城区总面积的 8.4%；一般防治区位于其他地质灾害发育程度低、人口分散及危险相对较小地区。对城区 34 处地质灾害隐患点提出了防治措施建议。

武陵山区湘西北凤凰县沱江镇地质灾害调查成果报告

提交单位：中国地质调查局武汉地质调查中心

项目负责人：连志鹏

档案号：档 0576-07

工作周期：2018 年

主要成果：

一、查明了凤凰县沱江镇城区地质环境背景条件

沱江镇位于武陵山区中部，属中亚热带季风湿润性气候，降雨充沛，近年来(1998—2017 年)年平均降雨量为 1 356.02mm，年最大降雨量为 1 866.5mm/a(2002 年)。地形地貌属湘西中—低山丘陵区，总体地势西高东低，分布高程多在 300～450m 之间，调查区最高海拔 645m，最低侵蚀基准面为沱江，海拔在 290m 左右，沱江由西北向东南呈“Z”字形流经本区。地层以白垩系的砂岩、泥质粉砂岩、粉砂质泥岩和寒武系的灰岩、泥灰岩为主。区域岩体工程地质类型可划分为 4 个岩类 6 个岩组，地下水有松散岩类

孔隙水、基岩裂隙水、碳酸盐岩裂隙岩溶水三大类型。20 世纪 80 年代后，人类工程经济活动日益加剧，表现尤为突出的是城镇建设、公路建设、削坡建房等。

二、查清了凤凰县沱江镇城区内地质灾害(隐患)点的类型、数量、规模、稳定性和危害

凤凰县沱江镇城区内现有各类地质灾害 23 处，地质灾害类型主要有滑坡(19 处)、崩塌(4 处)，以滑坡灾害为主。按规模大小分为中型 1 处(滑坡 1 处)，小型 22 处(滑坡 18 处、崩塌 4 处)。

现状下城区滑坡处于基本稳定状态的有 13 处，不稳定状态的有 10 处，分别占滑坡总数的 56.5%和 43.5%；4 处崩塌灾害均处于不稳定状态。

本次调查城区地质灾害(含隐患点)潜在威胁居民 1200 人，财产 6538 万元。区内地质灾害危害程度以中小型为主，按照地质灾害危害程度分级，特大级 1 个、重大级 2 个、较大级 10 个。其中地质灾害危害特大级的是民族体育馆滑坡；重大级的是栗湾滑坡和喜鹊坡滑坡；较大级的分别是大马坨滑坡、教师进修学院滑坡、白希暾滑坡、清明湾滑坡、长宜哨滑坡、李子园滑坡)、亥冲口滑坡、坪高滑坡、鸿景名苑后山滑坡、帝泊郡滑坡。

凤凰县沱江镇城区外围(凤凰县幅)发育地质灾害 42 处，占调查总数的 64.6%，多分布于沱江、黄土溪水库沿岸，灾害规模以小型为主。地质灾害较为发育，但离城区距离较远，直接影响波及不到。综合评价，凤凰县沱江镇城区遭受高速远程灾害点及其灾害链危害的风险性小，危险性小。

三、查明了凤凰县沱江镇城区内地质灾害发育分布特征及形成条件

1. 地形地貌是地质灾害形成的主要控制条件之一。调查统计，区内灾害主要集中于侵蚀-剥蚀低山地貌内，一共发育灾害 18 处，占灾害总数的 78.3%。这主要与该地貌区间内人口密度较大，人类工程活动建房切坡较为频繁有关。整个调查区的坡度主要集中在陡坡(15°～25°)内，占整个面积的 26.80%；在斜坡坡度 25°～35°地带地质灾害发生的比例较大，占整个地质灾害的 53.66%。

2. 地质灾害与地层岩性的关系较紧密。白垩系东井组为调查区的易滑、易崩岩组地层，此地层在调查区出露面积约 22.6km²，占调查区面积的 45.2%，共发育滑坡 13 处，占滑坡总数的 68.4%；崩塌 3 处，占崩塌总数的 75%。该层岩石表层风化强烈，风化层厚度较大，岩体裂隙发育，遇水易软化，具有一定膨胀性，在坡度较陡的斜坡带易产生滑坡，人工边坡易产生崩塌脱落。

3. 区内地质灾害的发育受控于斜坡结构类型。一般来说，顺向斜坡稳定性最差，横向斜坡次之，而逆向斜坡稳定性相对较好。根据调查分析，区内斜坡结构以横向为主，占整区的 33.42%；地质灾害主要发生于横向坡内(有 6 处)，占灾害总数的 31.58%。

4. 降雨是调查区内地质灾害的主要诱发因素之一。地质灾害发生时间上，多集中于每年的 5—7 月，在此期间，因降雨量较大并且降雨时间持续较长，地质灾害也处于高发时期。根据调查的 23 处地质灾害，有确切时间记载的有 21 处，发生在 5—7 月的共 14 处，4 月发生有 4 处。每年的 5—7 月是区内地质灾害的重点防范期。

5. 随着沱江镇经济建设的迅速发展，人类经济工程活动日渐增强，城镇建设切坡建房、交通工程建设削坡修路等活动破坏了斜坡平衡状态，从而诱发了大量的地质灾害。本次调查 23 处地质灾害点中由人类工程活动引起的有 22 处，占灾害总数的 95%。同时受降雨诱发的滑坡中也存在坡脚开挖等人类工程活动的影响，可以看出人类工程活动是调查区地质灾害形成的最重要诱发因素。

四、归纳总结出区内地质灾害的主要成灾模式

归纳总结了区域滑坡、崩塌的基本特征和分布规律,根据主控因素归纳分析了区内滑坡具有 3 种主要成灾模式:基覆界面滑动、碎屑岩顺层滑动、崩塌堆积体滑动;崩塌的成灾模式主要有 2 种模式:倾倒-滚落式、滑移-塌落式。

五、划分出凤凰县沱江镇城区斜坡带,并对其稳定性进行了现状及预测评价

经过调查,将沱江镇城区主要斜坡划分为 24 处,其中处于稳定状态的斜坡 11 处,处于基本稳定状态的斜坡 10 处、处于潜在不稳定状态的斜坡 2 处、处于不稳定状态的斜坡 1 处。预测这些斜坡段发展趋势处于稳定状态的斜坡 2 处、处于基本稳定状态的斜坡 12 处、处于潜在不稳定状态的斜坡 7 处、处于不稳定状态的斜坡 3 处。

六、对凤凰县沱江镇城区进行了区域地质灾害风险评价,提出了风险管控建议

项目依据风险分析与评估理论,对沱江镇城区地质灾害易发性、危险性、承灾体易损性、风险性进行了定量计算与区划,提出了防控措施建议,形成了风险系列图 4 张。结合区内地质灾害特点,项目采用证据权法进行了基于斜坡单元的易发性评价并制图 1 张,与野外踏勘斜坡比较,吻合程度较高;利用 Gumbel 模型预测不同重现期降雨强度,进行 5 年、10 年、20 年和 50 年不同重现期下滑坡空间概率计算;同时进行滑坡地质灾害强度分析,确定了受威胁的建筑物和人口对象,并制作了不同工况下受灾对象分布图,在此基础上采用灾害强度与抗灾能力的对比关系经验模型,分析并制作了区内不同工况下建筑物和人口易损性分布图;项目最后运用灾害风险量化评估模型,定量分析了区内未来 5 年、10 年、20 年和 50 年重现期下发生滑坡灾害的经济风险和人口风险,并制作图件 2 张;提出了区域灾害风险防控措施布置原则,并制作形成了凤凰县沱江镇城区地质灾害风险防控措施建议图。

七、对重要地质灾害点进行了勘查和风险评价,提出了风险管控建议

本项目选取调查区内民族体育馆滑坡进行了单体风险评价。分析不同重现期 T(10 年、20 年、50 年)的极值降雨强度,分析滑坡在不同降雨工况下的地下水位,采用蒙特卡罗法和极限平衡法进行滑坡破坏概率分析;基于滑坡距离预测经验公式确定滑坡滑动范围,考虑承灾体分布特征以及建筑物对灾害体的阻碍作用对滑坡影响范围进行分区,采用考虑滑坡强度和承灾体本身脆弱性的易损性评价公式分析不同区域承灾体的易损性;采用定量风险评价公式对财产和人口风险进行了分析。

选取沱江镇和尚湾斜坡为重要场地,在场地形态特征、场地地质灾害特征基础上,对重要场地进行风险分区研究;采用 FMEA 法将场地斜坡划分为 12 个斜坡单元,对不同斜坡单元的生命风险和经济风险进行评价,并依据评价结果提出风险控制措施。结果显示斜坡单元 1 区、6 区、8 区、9 区建筑物风险高。

八、对凤凰县沱江镇城区提出了地质灾害防治规划建议

根据凤凰县沱江镇城区内的地质环境条件、人口密度及工程设施分布、城镇规划布局等,结合城区

易发性、危险性分区结果综合考虑，并突出满足地方政府易于理解、便于操作的需求，进行了沱江镇城区的地质灾害防治分区。重点防治区位于凤凰县民族体育馆后山斜坡带、凤凰古城栗湾-喜鹊坡-八角楼斜坡带、帝泊郡小区-信合大厦斜坡带、凤凰县游客中心后山斜坡、堤溪社区及土桥社区斜坡，面积为1.54km²，占城区总面积的2.85%；次重点防治区位于城西新建公路两侧边坡、大众村沿公路两侧斜坡、土桥村、金坪村、杜田村、南华社区等，面积为4.01km²，占城区总面积的7.42%；一般防治区位于其他地质灾害发育程度低、人口分散及危险相对较小地区。对城区23处地质灾害隐患点提出了防治措施建议。

武陵山区湘西北麻阳县高村镇地质灾害调查成果报告

提交单位：中国地质调查局武汉地质调查中心

项目负责人：吴吉民

档案号：档0576-08

工作周期：2018年

主要成果：

一、查明了麻阳县高村镇城区地质背景条件，编制了专门工程地质图

麻阳县高村镇城区属亚热带季风气候，雨量颇丰，多年平均降雨量达1 281.9mm，年最大降雨量为2 116.1mm，日最大降雨量为238.6mm。区内总体地势北西、南东两侧高，中部低，最低侵蚀基准面为中南部锦江河，从区内南西角经麻阳县城自西向东流经本区。区内主要地貌类型有两种：构造剥蚀丘陵地貌及河流侵蚀堆积平原地貌。城区主要出露下白垩统神皇山组及第四系，基岩岩性主要为由砂泥岩组成的碎屑岩，第四系主要以河流阶地及残坡积为主。区内主体构造为北东向褶皱及断层，发育的褶皱主要为麻阳向斜，断裂主要为谷达坡压性断层及麻阳压扭性断层。区内岩土体可划分为2大岩类4个工程地质岩组，地下水类型有松散岩类孔隙水、碎屑岩裂隙水。区内人类工程活动主要表现为城镇建设、交通建设、水利建设及扩基建房等。

二、查清了麻阳县高村镇城区地质灾害发育现状，分析了地质灾害发育特征及分布规律，总结了地质灾害形成条件及主要成灾模式，编制了地质灾害及隐患点分布图

1.城区调查范围西起支流尧里河坪里村，东止干流锦江河羊古脑村，北至茶溪坪村，南接上鱼子溪村，面积50km²。城区发育各类地质灾害11处，其中滑坡10处(1处为新增)、崩塌1处。10处滑坡全为小型规模，其中土质滑坡6处、岩质滑坡3处、岩土混合质滑坡1处；1处崩塌为小型岩质崩塌。

2.城区滑坡目前处于稳定状态的1处，处于基本稳定和不稳定的滑坡数量为9处，1处崩塌现状不稳定，受人类工程活动及降雨影响。区内滑坡重大级1处、较大级3处、一般级7处。危害程度重大级1处，为307看守所滑坡；危害程度较大级的3处，为茶山坡滑坡、307中队营房滑坡和茶溪坪滑坡。

3.区内地形地貌、岩土体工程地质特征、斜坡结构特征及地质构造4个地质环境条件是地质灾害发

生的主要形成条件;降雨及人类工程活动等是地质灾害发生的主要诱发因素。

区内构造剥蚀丘陵地貌中发育地质灾害 7 处,河流侵蚀堆积平原地貌中发育地质灾害 4 处;滑坡多发育于坡度在 15°～35°之间的斜坡地段,在坡度小于 15°或大于 35°的斜坡地段,滑坡发育较少;崩塌则发育于坡度在 40°以上的斜坡地段。

区内工程地质岩组中,黏土砂砾石层双层土体岩组内未见地质灾害发育;粉质黏土夹碎石单层土体岩组内发育滑坡 2 处;软弱至较软弱薄层状泥(页)岩夹钙质泥岩岩组,为区内易滑岩组,发育滑坡 3 处;软弱至较坚硬薄层—厚层状泥(页)岩夹砂岩岩组发育滑坡 5 处、崩塌 1 处。

区内地质灾害形成与斜坡体结构关系密切。区内顺向坡、斜顺坡和横向坡中占比重较大,分别为 18.2%、27.3%和 45.5%。区内斜顺坡多发育顺层风化层岩质滑坡或土质滑坡,横向坡多发育崩塌或土质滑坡。

城区主要发育北东向麻阳压扭性断层以及麻阳向斜,二者走向大体与支流尧里河走向一致,区内地质灾害基本发育于构造带两侧,相关性较为明显。

降雨诱发型滑坡是区内的典型地质灾害类型,因降雨诱发的地质灾害共 11 处,占灾害总数的 100%。区内地质灾害的形成受人类工程活动影响明显,因人类工程活动引起的有 4 处,占灾害总数的 36.4%。

4. 对杀马冲滑坡、兰里桥公路滑坡两处典型灾害点进行了深度解剖。区内易滑地层主要为下白垩统神皇山组薄层—中厚层粉砂岩、粉砂质泥岩夹石英砂岩,灾害体典型成灾模式主要有两种:蠕滑-拉裂和微构造切割-劣化-崩滑。

三、开展了麻阳县高村镇城区 1∶10 000 城镇风险评估及重要地质灾害点风险评价工作

1. 区域风险评价与管理:对麻阳县高村镇城区地质灾害易发性、危险性、承灾体易损性、风险性进行了定量计算与区划,提出了防控措施建议,形成了风险系列图件。

2. 重要地质灾害点风险评价与管理:选取杀马冲滑坡及廻龙寺不稳定斜坡 2 处重要地质灾害点,在进行灾害体特征分析的基础上,对灾害体危险性、承灾体易损性进行了分析,进行了单体风险评价,并提出了风险管理对策与建议。

四、开展了麻阳县高村镇城区地质灾害防治规划,并有针对性地提出了地质灾害防治措施建议

高村镇城区地质灾害防治分近期(2016—2020 年)、中期(2021—2025 年)、远期(2026—2035 年)三步规划,各期灾害点防治个数分别为 4 处、3 处、4 处。

高村镇城区地质灾害防治划分为重点防治区、次重点防治区和一般防治区 3 个大区。重点防治区位于锦江河及其支流尧里河两岸,面积为 15.5km^2,占城区总面积的 31.1%;次重点防治区位于锦江河北岸支流黄莲冲溪及通溪河两岸,面积为 4.8km^2,占城区总面积的 9.6%;一般防治区位于其他地质灾害发育程度低、人口分散及危险相对较小地区,面积为 29.7km^2,占城区总面积的 59.4%。

防治分级中重点防治点 3 处,次重点防治点 5 处,一般防治点 3 处。

地质灾害防治措施主要包括监测工程、搬迁避让、工程治理等。1 处地质灾害进行专业监测、1 处地质灾害进行群测群防措施;5 处地质灾害进行搬迁避让;工程治理的地质灾害及隐患点 4 处。

武陵山区湘西北泸溪县白沙镇地质灾害调查成果报告

提交单位：湖南省地质矿产勘查开发局四〇二队
项目负责人：孙锡良
档案号：档 0576-09
工作周期：2018—2019 年
主要成果：

一、查明了泸溪县白沙镇地质环境背景条件

泸溪县白沙镇属亚热带南部季风气候，降雨充沛，近年来(1998—2018 年)年降雨量在 1 080.2～1 982.0mm 之间，年最大降雨量为 1 982.0mm。沅水河自南向北蜿蜒径流贯穿城区全域。城区地处雪峰山脉北西部与沅麻盆地的过渡带，地貌类型以侵蚀剥蚀构造丘陵、侵蚀剥蚀构造山地为主，高程在 107～767m 之间，山体走势受区内构造控制，总体呈北东-南西向展布。地层以白垩系神皇山组、白垩系石门组＋东井组为主，岩性主要为陆源碎屑类粉砂岩、泥质岩，海相沉积的灰岩，构造上主要受浦市-铁山断裂、张家头-沙金滩断裂、李家田断裂、覃家庄-丑溪口断裂、洗溪-枫香坪断裂的控制。岩土体工程地质类型可分为土体和岩体两大类，地下水有松散堆积层孔隙水、红层孔隙裂隙水、基岩裂隙水和碳酸盐岩裂隙岩溶水四大类；20 世纪 80 年代后，在白沙破土动工兴建新县城，人类工程经济活动日益加剧，表现尤为突出的是城镇建设、公路建设、水利水电建设、房屋兴建、深基坑开挖、石料矿山开采。

二、查清了泸溪县白沙镇内地质灾害(隐患)点的类型、数量、规模、稳定性和危害

泸溪县白沙镇内地质灾害类型主要有滑坡及滑坡隐患(26 处)、崩塌(6 处)、地面塌陷(4 处)等，以滑坡及滑坡隐患为主，现有地质灾害 26 处，占调查总数的 35.1%。按规模大小分为中型 1 处(滑坡 1 处)，小型 31 处(滑坡 21 处、崩塌 6 处、地面塌陷 4 处)。

城区已造成灾害损失的 36 处灾害点均为小型。根据灾害点险情分为较大级 7 处(滑坡 7 处)、一般级 27 处(滑坡 17 处、崩塌 6 处、地面塌陷 4 处)，2 处经治理已无危害。其中地质灾害危害较大级的是 G319 上堡村 3 号滑坡、泸溪职中西北边坡滑坡隐患、泸溪石化中学东南边坡滑坡、桥东社区当门岭滑坡、大涌滑坡、县硫酸厂宿舍东部边坡滑坡隐患点、五里洲村 6 组秤砣山滑坡隐患点。

根据灾害点主要的威胁对象划分为威胁公路 20 处、威胁集镇居民点 11 处、威胁学校 5 处。

根据灾害点稳定性分为稳定 4 处(滑坡 4 处)、基本稳定 11 处(滑坡 11 处)、不稳定 21 处(滑坡 11 处、崩塌 6 处、地面塌陷 4 处)。

按险情等级划分标准，目前共有地质灾害隐患点 34 处，其中险情较大级 7 处、一般级 27 处。潜在威胁人口 226 人，潜在经济损失 1755 万元。

泸溪县白沙镇外围地质灾害 38 处，占调查总数的 51.35%，多分布于沅水支流武水南岸 G319 武溪至洗溪段，沅水东岸铁山堆覆体一带。地质灾害较为发育，但滑坡规模较小，一般 0.5～6 万 m^3，历经多次极端降雨条件下未发生群发性大规模滑坡事件。综合评价，泸溪县白沙镇遭受高速远程灾害点及其

灾害链危害的风险性小,危险性小。

三、查明了泸溪县白沙镇内地质灾害发育分布特征及成生条件

1.白沙镇内地质灾害在发生时间上,多集中于每年的4—7月,多与降暴雨有关。因降雨诱发的地质灾害达29处,占总数的80.55%,因此降雨是诱发地质灾害最直接的因素。其中,发生于6月的有10处,占34.48%;其次为5月和7月,各有8处,占27.58%;再次为4月,共计3处,占10.34%。降雨对地质灾害的影响巨大,不仅加速了边坡的风化变形,而且改变了坡体自重,调整了斜坡内部应力状态,同时降低软弱夹层摩擦系数,致使坡体局部出现各种变形,如裂缝、下挫、坍滑等。

2.空间分布上,滑坡分布面积广,城区范围内皆有分布,岩质、碎块石滑坡(含不稳定斜坡)多分布于国道G319线上堡村段、桥东社区王爷庙段,武溪镇城南社区—大木溪一带,白浦公路白岩洞—百目洞一带;崩塌主要集中于沅水东岸白沙大桥—铁山一带。

3.根据调查的资料统计分析,白沙镇36处地质灾害有35处集中发育在110～180m高程段,占地质灾害总数的97.22%,这与该高程段所处剥夷面地貌特点和人类居住及工程活动密不可分。灾害体多产生于坡度在25°～60°之间的陡坡上;在坡度小于25°的斜坡地段,灾害点分布较少。值得注意的是,在白沙新城建成区平台山发育4处地面塌陷,均为岩溶塌陷,与新县城兴建破坏原有较稳定水文场平衡有关。

4.地质灾害与工程地质岩组的关系较紧密。地质灾害按面积发育密度最高的为软弱—坚硬薄层—厚层状红层碎屑岩岩组,代表性地层为白垩系神皇山组、下白垩统石门组+东井组,灾害密度为0.53处/km^2。这些地层岩性为本区的易崩易滑岩组。

5.区内断裂带对滑坡成生的直接影响并不明显,主要通过控制本区的网格状水系发育,间接地控制沟谷岸坡滑坡的聚集、滑动方向和空间优势展布方向。区内共有18处滑坡的滑动方向与构造线走向垂直,呈北西向或南东向,占地质灾害总数的56.25%。

6.地质灾害的发育也受控于斜坡结构类型,最发育的斜坡结构类型为顺向坡,共16处,占到本区斜坡类地质灾害总数的50.0%。

7.白沙镇内地质灾害的形成受人类工程活动的影响明显。随着泸溪县经济建设的迅速发展,人类经济工程活动日渐增强,城镇建设切坡建房、交通工程建设削坡修路等活动形式破坏了斜坡平衡状态,从而诱发了大量的地质灾害。由人类工程活动引发的地质灾害共有26处,占到总数的72.2%。

四、分析了泸溪县白沙镇致灾背景对灾害的影响控制作用,总结出区内地质灾害的主要成灾模式

运用归纳和类比等方法,对泸溪县白沙镇内所有地质灾害、不良工程地质现象的要素数据进行统计分析,从岩性组合、地貌形态、人类工程活动、破坏演化过程等方面,总结出区内滑坡具有两面临空蠕滑拉裂式、两面临空旋转式、中倾顺层推移式、浅表层残坡积层非均质土质滑坡4类主要成灾模式;崩塌(危岩)具有的卸荷错断式成灾模式。

(一)滑坡成灾模式

两面临空蠕滑拉裂式滑坡:此类滑坡的形成主要受控于两面临空的有利条件,斜坡前缘临空为滑坡提供了前进空间,斜坡的侧边临空减弱了对滑坡的约束。形成原因主要是降雨沿着斜坡裂缝进入坡体,对滑带土长期软化,从而造成斜坡底面的阻滑力降低。滑坡后缘可见大面积的滑面出露,滑坡的滑体较破碎,往往形成在以砂质硬岩为主夹泥质软岩的地层中。

两面临空旋转式滑坡：主要受控于两面临空条件，斜坡前缘临空为滑坡提供了前进空间，斜坡的侧边临空出露的基岩面或堆积层面为雨水的汇聚提供了有利条件。滑坡形态上呈扇形或三角形，滑动方向呈旋转式滑动，一侧会形成一个长大拉陷槽。滑体厚度较大可达几十米，后缘厚度通常大于前缘厚度。

中倾顺层推移式滑坡：受控于坡体岩层面的形态特征及坡体物质的物理性质，倾角 25°～45°的岩层面加大坡体倾外方向的重力分量，在松散滑体迅速吸水增加滑体自重后，坡体的下滑力大于抗滑力，致使发生变形破坏。滑体物质结构较松散，黏土矿物含量高，易积水迅速加大滑体自重；滑坡的厚度较小，一般 3～10m；岩层倾向坡体内侧；通常情况下滑坡的长度要大于滑坡的宽度。

浅表层残坡积层非均质土质滑坡：主要以沿土岩界面的蠕滑为主，通常不会发生大规模的整体滑移破坏，具有“逢雨必发”的特点。滑坡形态上呈长条形或扇形，滑坡厚度较薄，通常 1～3m，宽度和长度方向上均不同，土体的结构有明显的分层，滑体物质多为表层残坡积黏土、亚黏土与下层碎裂散体状全—强风化红层碎块石的混合物。

（二）崩塌成灾模式

卸荷错断式崩塌：多发育于软硬相间的砂泥岩互层岩层中，存在倾向临空面的节理裂隙或卸荷裂隙，滑移面主要受剪切力，所处斜坡坡度通常大于 45°。前缘一般具有较好的临空条件，在降雨作用下，后缘裂隙充水扩展，上部岩体在重力作用下，沿层理面发生滑塌破坏。

五、划分出泸溪县白沙镇地质灾害风险较大的斜坡隐患带，并对其稳定性进行了现状及预测评价

泸溪县白沙镇主要存在地质灾害风险较大的斜坡隐患带 43 处，现状条件下处于稳定状态的有 2 处，基本稳定状态的有 26 处，潜在不稳定的有 12 处，不稳定的有 3 处；稳定性预测评价稳定的 7 处，基本稳定的 2 处，潜在不稳定的 20 处，不稳定的 14 处。

六、对泸溪县白沙镇进行了区域地质灾害风险评价，提出了风险管控建议

项目依据风险分析与评估理论，对泸溪县白沙镇地质灾害易发性、危险性、承灾体易损性、风险性进行了定量计算与区划，提出了防控措施建议，形成了风险系列图 12 张。结合区内地质灾害特点，采用证据权法进行了基于斜坡单元的易发性评价与制图 1 张，预测精度达到 80.85%；结合区内地质灾害特点，采用层次分析法，分别实施了区内重现期为 10 年、20 年、50 年和 100 年发生超过 1 万 m^3 和 5 万 m^3 滑坡灾害的概率计算，并制作了相应的危险概率分布图 2 张；同时，采用 Scheidegger 提出的运动距离经验公式，对各工况下的高危险性斜坡单元进行了滑动范围评估，由此确定了受威胁的建筑物和人口对象，在此基础上采用灾害强度与抗灾能力的对比关系经验模型，分析并制作了区内滑坡不同工况下可能导致的建筑物和人口易损性分布图 4 张；最后运用灾害风险量化评估模型，定量分析了区内未来 10 年、20 年、50 年和 100 年重现期下发生体积超过 5 万 m^3 滑坡灾害的经济风险和人口风险，并制作图件 4 张；考虑多灾种风险的叠加以及灾害的危险性，提出了区域灾害风险防控措施布置原则，并制作形成了泸溪县白沙镇地质灾害风险防控措施建议图 1 张。

七、对重要场地展开了地质灾害风险评价与管理

选取泸溪县白沙镇五里洲为重要场地，在场地形态特征、场地斜坡结构特征和变形破坏特征的基础上，对五里洲重要场地进行斜坡单元划分，分析场地内 32 个不同斜坡单元的特征；采用 FMEA 法对不

同斜坡单元的生命风险和经济风险进行评价,并依据评价结果提出风险控制措施。该研究区风险最高的承灾体分布在大涌滑坡坡脚。滑坡的稳定性很低,滑体已发生滑动。对于崩塌研究区,综合考虑崩塌的自身参数与外界诱发因素的不确定性,分析其稳定性。崩塌点大多在场地西侧和南侧,沿 G319 公路内侧开挖区分布。承灾体主要为居民区和该区域停经车辆。五里洲重要场地高风险区主要集中在崩塌隐患处和滑坡坡脚,其余区域风险较低。建议在 G319 沿线两侧设置风险警示牌,提示过往车辆,对危险性大的崩塌点进行治理,治理措施可根据方量大小和崩塌破坏模式采用清除和支挡措施;大涌滑坡可采用抗滑桩+排水沟+挡墙等措施,减少场地风险。

八、对泸溪县白沙镇提出了地质灾害防治规划建议

根据泸溪县白沙镇内的地质环境条件、人口密度及工程设施分布、城镇规划布局等,结合城区易发性、危险性分区结果综合考虑,并突出满足地方政府易于理解、便于操作的原则,进行了白沙镇的地质灾害防治分区。重点防治区 6 个,位于武溪城北砂子坡斜坡带、G319 上堡村段沿线、武溪城南五里洲斜坡带、沅水西岸五里洲—大木溪一带、沅水东岸白沙大桥—铁山一带、白沙杨柳溪斜坡带等地,面积为 10.44km²,占城区总面积的 15.6%;次重点防治区位于武溪镇科技产业园百布溪—麒仙洞寺一带、沅水东岸秤砣山渡口—玉皇殿一带、刘家滩村五岳庙—岩角水库一带、沅水西岸白岩洞—百目洞隧道一带、桥东社区王爷庙—左溪水库一带,面积为 9.05km²,占城区总面积的 13.5%;一般防治区位于其他地质灾害发育程度低、人口分散及危险相对较小地区。对城区 36 处地质灾害隐患点提出了防治措施建议。

湘南柿竹园矿产集中开采区地质环境调查

提交单位:中国地质调查局武汉地质调查中心

项目负责人:刘劲松

档案号:档 0579-01

工作周期:2016—2018 年

主要成果:

1.本次工作在收集以往资料的基础上,全面调查了矿产集中开采区(矿集区)49 个矿山,查明了矿集区存在的矿山地质环境问题。

(1)地形地貌景观破坏:调查区共计景观破坏 21 处,其中较严重有的 10 处。

(2)土地资源破坏:破坏土地资源面积共计 984.41hm²,以林地为主,其次为其他用地,分别占 60.9%、27%;按矿业活动破坏土地的方式来看,以固体废弃物(占 47.6%)为主,其次为矿部及工业广场(占 34.6%)、露天采场(占 14.2%)。

(3)矿山地质灾害:调查区内先后发生各种地质灾害及隐患 132 处,其中崩塌及隐患点 39 处,滑坡及隐患点 33 处,泥石流及隐患点 48 处,地面塌陷点 12 处。

(4)含水层破坏:柿竹园矿产集中开采区含水层破坏面积为 15.68km²,瑶岗仙矿产集中开采区含水层破坏面积为 8.59km²,香花岭矿产集中开采区含水层破坏总面积约为 11.90km²,水东煤矿集中开采区破坏总面积约为 5.20km²。

(5)水土污染:根据本次调查评价的范围,地下水污染面积为 506.6km²,占评价面积的 61.3%;河流污染长度为 168.46km,占评价长度的 76.6%;土壤中污染面积为 473.2km²,占评价面积的 93.1%。

(6)农作物污染:柿竹园矿区周边农作物主要是铅、镉超标,稻米中主要是镉、砷超标;瑶岗仙矿区周边蔬菜中镉超标最为突出,稻米中砷超标最为突出,其次为镉;香花岭矿区周边农作物样品中,主要为

铅、镉超标，稻米中镉超标最为突出。矿产集中开采区周边农作物中重金属超标最为突出的品种是茄子和空心菜。

2.对柿竹园-瑶岗仙地区矿区周边大米中镉污染成因开展了研究，认为矿区及周边地区稻米镉超标与其有效态含量高有关。

3.开展了矿区及周边土壤污染中矿山开发的贡献研究。通过土壤Pb同位素分析计算柿竹园矿产集中开采区土壤污染中由矿山开发导致的土壤污染的贡献几乎为100%，矿区下游贡献为87.5%～92.8%。香花岭矿区及周边地区土壤中由矿山开发导致的土壤污染的贡献值为60.1%～88.2%。

4.开展了矿山不同介质中重金属元素的迁移规律实验研究，认为共性的迁移驱动来自水土搬运，其最终分布则受到背景岩性特征、pH、氧化还原等条件的影响。酸度(可能来自酸性废水)对重金属的迁移起到了重要作用，促进了Pb、Zn、Cd等元素的迁移，尤其对水土之间的迁移有重要作用，但酸度对于As影响不大。

5.对调查区矿山地质环境现状进行了评价，将其分为影响严重区19个，影响较严重区21个。

6.将调查区划分为20个矿山地质环境保护区、10个矿山地质环境预防区、58个矿山地质环境治理区。提出了矿产集中开采区及周边地区矿山地质环境保护与恢复治理建议。

湘南香花岭矿产集中开采区地质环境调查成果报告

提交单位：中国地质大学(武汉)
项目负责人：李云安
档案号：档0579-02
工作周期：2016年
主要成果：

1.调查区属于南岭多金属成矿带，香花岭矿床是我国最富的锡矿床之一，W、Sn、Pb、Zn、Sb、Ag、Mo、Bi、Cu、Nb、Ta等元素异常规模大，强度高，浓集中心明显；香花岭等大中型矿床围绕通天庙穹隆呈环带状分布，类型多，矿种复杂。开发历史悠久，以往的开发方式对矿山地质环境影响巨大。目前以井采为主要开采方式。

2.调查区属于南方岩溶山区，以中上泥盆统碳酸盐岩岩溶水为主，水量较为丰富；基岩裂隙水不甚发育。工程地质条件以半坚硬岩组和坚硬岩夹软弱夹层岩组为主要岩组，面积分别为94.95km^2(占调查区面积的59.34%)和37.34km^2(占23.24%)。

3.调查区主要的矿山地质环境问题有矿山地质灾害、土地占用及破坏、地下水系统破坏、矿山环境污染等，其中矿山环境污染、矿山地质灾害和土地占用是主要的问题。

4.全区发育的地质灾害类型为滑坡、崩塌、泥石流、地面塌陷和不稳定斜坡5类，共发育地质灾害(隐患)点共计35处。调查区的地质灾害规模以小型为主，有33处，占矿山地质灾害总数的94.3%，次为中型1处、大型1处。其中，由矿山开采引起的地质灾害有18处，占地质灾害总数的51.4%，包括由矿山开采引起的崩塌4处，泥石流2处，采矿塌陷5处，不稳定斜坡7处。地质灾害主要分布在龙公带—天河冲、塘官铺—三十六湾—香花镇以及泡金山—黄沙坪一带。

5.调查区表层土壤As、Pb、Zn等重金属元素超标严重，超标面积分别为109.42km^2、25.67km^2、15.7km^2，各占调查区总面积的67.10%、15.74%、9.63%。高浓度区基本位于在通天庙采矿遗址、现存矿产集中开采区及其下游河段附近，与矿山关系密切。Cr、Hg、Ni元素分布特征有所不同，无明显地域特征。两种以上的复合超标以As、Pb、Zn复合超标为主，As-Pb面积最大，为24.94km^2，占整个调查区面积的15.29%；As-Zn和Pb-Zn面积分别为15.28km^2和13.15km^2；As-Pb-Zn 3种重金属复合超标面积12.96km^2，占调查区总面积的7.95%。超标区主要位于在通天庙采矿遗址、现存矿产集中开采区及其下游附近。

6.通过对矿区内典型污染源、水平剖面研究，认为Cr、Ni主要与区域自然地质背景有关，一定程度上受到了农业施肥等人类活动的影响；Cd、Pb、Zn主要受到区域矿业开采、矿石运输的影响；高pH值减弱了Cd、Pb、Zn、Cu、As等重金属的迁移能力，表土重金属含量增大；高有机质含量也促进了重金属元素在表层土壤中的累积。不同土地利用类型、成土母质、矿种种类、地形坡度、人类活动等多种因素影响土壤中重金属含量。影响土壤中重金属迁移特征的因素很多，其中矿产开采活动、污染源分布、污染物搬运方式为主要因素。

7.调查区地下水中的重金属大部分都没有超过地下水Ⅲ级质量标准，只有Zn存在部分地区浓度超标的现象，主要位于三十六湾、癞子岭一带矿区。地表水甘溪河重金属含量较高，As、Cd、Fe、Mn、Pb、Zn等重金属均超出地表水环境Ⅲ类标准限值。其他水库和水体水质良好。

8.有排水的矿坑(硐)19个，占总数的28%，矿坑最大排水量为183.6L/s，为新风矿区。其余矿坑排水较小，为0.1～16.7L/s，总排水量288.9L/s，合计24 960.96t/d。

9.占用及破坏土地资源比较严重，调查区矿业活动占用和破坏的土地面积259.1hm^2。其中滑坡占地和破坏面积为1.68hm^2，崩塌面积为10.44hm^2，泥石流面积为0.42hm^2，地面塌陷面积为1.48hm^2，不稳定斜坡面积为25.9hm^2，废石堆面积为119.28hm^2，尾砂库面积为99.9hm^2。矿山固体废料场、尾砂库占用或破坏土地类型以林地为主，面积为144.69hm^2，耕地面积46.8hm^2，草地面积7.89hm^2，其他地类面积48.42hm^2。

10.对矿山环境进行评价的结果表明，调查区影响严重与较严重区均位于矿产集中开采区域，开采历史长，且经过多年的乱采乱挖和多次整治，无主废窑、废石堆、尾砂遍地，而轻微影响区或位于高处，或离矿区较远。影响严重与较严重区面积分别为13.12km^2和9.35km^2，分别占调查区总面积的8.2%和5.8%。轻微影响区面积为137.52km^2，占调查区总面积的86.0%。

11.根据《全国矿产资源集中开采区矿山地质环境调查技术要求》中的相关要求，区内矿山地质环境保护与恢复治理分区的3个等级分区为：地质环境保护区(B)4个，总面积为27.16km^2；矿山地质环境预防区(F)2个，总面积为10.04km^2；矿山地质环境治理区(Z)4个，总面积为22.47km^2。并针对性提出了治理与保护对策。

长江中游城市群咸宁—岳阳和南昌—怀化段高铁沿线1∶5万环境地质调查成果报告

提交单位：中国地质调查局武汉地质调查中心
项目负责人：陈立德
档案号：档0580
工作周期：2016—2018年
主要成果：

一、基本查明了江西赣州赣县、于都、兴国、宁都四县(区)重点区水文地质条件

区内地下水分为松散岩类孔隙水、碳酸盐岩类裂隙溶洞水、红层裂隙孔隙裂隙水、基岩裂隙水四大

类；其中松散岩类孔隙水、碳酸盐岩类岩溶水、红层裂隙孔隙水（红层孔隙裂隙溶洞水）资源丰富，可作为应急地下水源。

基岩裂隙水主要分布于低山丘陵区，碳酸盐岩岩溶裂隙溶洞水主要分布于小型古生代石炭系、二叠系灰岩发育的断陷盆地，红层裂隙孔隙水分布于赣兴盆地、于都-宁都盆地等中生代红层盆地。

岩浆岩、变质岩、一般碎屑岩类基岩裂隙含水岩组及红层裂隙孔隙含水岩组分布区地下水普遍贫乏，部分基岩裂隙水分布区受构造影响或大型断裂带控制，往往成为集水廊道；第四纪全新统冲积层分布区含水量丰富；晚古生代灰岩分布区往往为向斜储水盆地，如马安盆地、银坑盆地等，地下水丰富。

二、基本查明了江西丰城、萍乡和湖北咸宁—赤壁段岩溶地面塌陷分布状况，总结了京广、沪昆高铁沿线城镇及湘中地区岩溶地面塌陷发育规律

1.按岩溶地面塌陷空间分布及其主要诱发因素，将长江中游地区划分为沪昆高铁沿线城镇岩溶塌陷发育区和长江中游沿江岩溶塌陷发育区。

沪昆高铁沿线城镇岩溶塌陷发育区包括湖南娄底-益阳、株洲-湘潭地区和江西萍乡—新余—丰（城）樟（树）高（安）及景德镇—乐平一线。沪昆高铁东西横贯湘中-萍乐岩溶条带，京广高铁南北穿越该岩溶条带株洲—湘潭段（图 4-45）。区内的岩溶塌陷主要与煤矿开采等矿业活动有关。

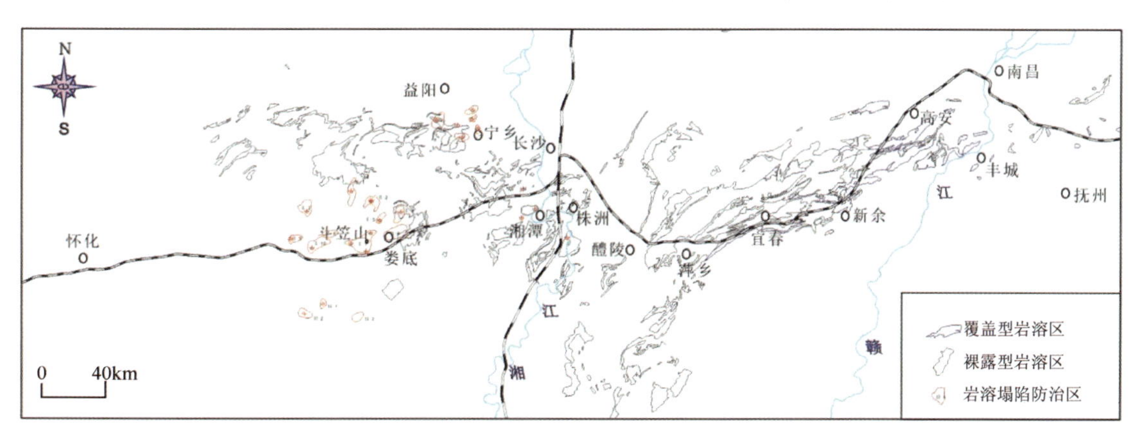

图 4-45 沪昆高铁、京广高铁沿线邵阳—萍乐—丰城段岩溶条带分布略图

长江中游沿江岩溶塌陷发育区包括湖北武汉、咸宁—赤壁段和江西瑞昌—九江—彭泽一线。塌陷主要发育在长江或支流Ⅰ级阶地，易发区地质结构与区内晚更新世—全新世以来的水系演化有密切关系，部分塌陷对长江堤防安全构成威胁。人类工程活动是岩溶塌陷最重要的诱发因素。

2.沪昆高铁沿线城镇江西丰城煤矿采空塌陷和岩溶塌陷同时存在，加剧了地表塌陷的危害性。

江西丰城市诱发地面塌陷严重的煤矿采空区主要有洛市-绣市采空区、袁渡-白土采空区、董家采空区、尚庄采空区和曲江采空区。岩溶塌陷主要分布于丰城尚庄、曲江、云庄一带。

江西萍乡地面塌陷区主要有三田地面塌陷区、青山地面塌陷区、白源地面塌陷区、丹江地面塌陷区、麻山地面塌陷区和安高地面塌陷区。

煤矿抽排地下水是沪昆高铁沿线江西丰城—萍乡及湘中地区岩溶地面塌陷的首要诱发因素，集中降雨影响的矿山抽排地下水疏干区地面塌陷、关闭矿坑后地下水位抬升区地面塌陷，是煤矿抽排地下水诱发岩溶地面塌陷的另外两种表现形式。

长江中游武汉—黄石—九江—彭泽沿江地区岩溶塌陷主要发育在长江及其支流Ⅰ级阶地。

岩溶塌陷大多分布在长江或部分支流的Ⅰ级阶地粉质黏土、沙土发育区。岩溶塌陷与工程建设密切相关，地震、强降雨、降水位变动等因素也可能诱发岩溶塌陷。

三、建立了长江中游江汉-洞庭地区及黄广-九江地区第四系地层格架，破解了区内第四系研究的重大基础地质问题

基于年代学和地层叠覆关系的研究，识别出网纹红土与下伏早更新世砾石层之间的不整合接触关系，系统开展了长江中游江汉-洞庭盆地及江西九江地区第四系划分与对比研究，建立了区内第四纪地层格架(表4-2)，破解了第四系研究的重大基础地质问题。

表4-2　长江中游地区第四系划分与对比表

<table>
<tr><td>年代</td><td colspan="3">黄广-九江地区</td><td colspan="4">江汉-洞庭地区</td><td>年龄（万年）</td></tr>
<tr><td>全新世</td><td colspan="3">全新统</td><td colspan="4">全新统</td><td>1.8</td></tr>
<tr><td rowspan="2">晚更新世</td><td colspan="3">柘矶砂层</td><td colspan="4">青山砂层</td><td rowspan="2"><12</td></tr>
<tr><td colspan="3">新港黏土</td><td colspan="4">云梦组</td></tr>
<tr><td>中更新世</td><td>进贤组</td><td>叶家垄红土</td><td>赛阳红土</td><td colspan="2">马王堆组</td><td>善溪窑组</td><td>王家店组</td><td>>12</td></tr>
<tr><td rowspan="2">早更新世</td><td>九江砾石层</td><td colspan="2">大姑组泥砾层</td><td rowspan="2">汨罗组</td><td>白沙井砾石层</td><td>云池组</td><td>阳逻组</td><td>200～75</td></tr>
<tr><td colspan="3">黄梅砂砾石层</td><td colspan="3">//////////</td><td></td></tr>
</table>

四、提出了“川峡二江”续接贯通的时限为早/中更新世之交的新认识，为长江水系建立这一重大科学问题的研究提供了新思路

“川峡二江”续接贯通的时限是早/中更新世之交，并促成了江汉-洞庭“中更新世古湖”的形成和广泛发育的网纹红土层沉积。长江中游地区中更新世网纹红土层在江汉-洞庭盆地分布范围之广，非河流阶地上部单元可以比拟，代表了广泛的湖相沉积，与下伏云池组代表的强劲的河流相沉积和后期砾石层普遍遭受侵蚀过程相比，江汉-洞庭盆地沉积环境发生了重大的调整，指示了“川峡二江”的续接贯通，并攫取上游水源和携带的细粒沉积物，造就了江汉-洞庭“中更新世古湖”的迅速形成，发育了目前江汉-洞庭平原广布的红色砂泥质沉积，而这些沉积物在后期风化作用下呈现出目前的网纹红土，而其底部的泥砾层是“中更新世古湖”形成过程中的底积物。网纹红土的测年数据表明，其时限为中更新世。江汉-洞庭盆地“中更新世古湖”大体形成于早/中更新世之交，并促成了江汉-洞庭“中更新世古湖”的形成和广泛发育的网纹红土层沉积。

五、提出“再造云梦泽、扩张洞庭湖”“采沙扩湖、清淤改田”，为长江中游防洪减灾、生态保护和国土空间规划等提供地学解决方案

基于全新世以来长江中游江湖关系演变、人水争地等因素诱发的洪涝灾害等重大问题，提出了长江中游荆江及江汉-洞庭地区防洪策略，即“再造云梦泽、扩张洞庭湖”“采沙扩湖、清淤改田”，为长江中游

防洪减灾、生态保护修复和国土空间规划等关系国计民生的重大问题，提出了系统性的地学解决方案(图 4-46)。

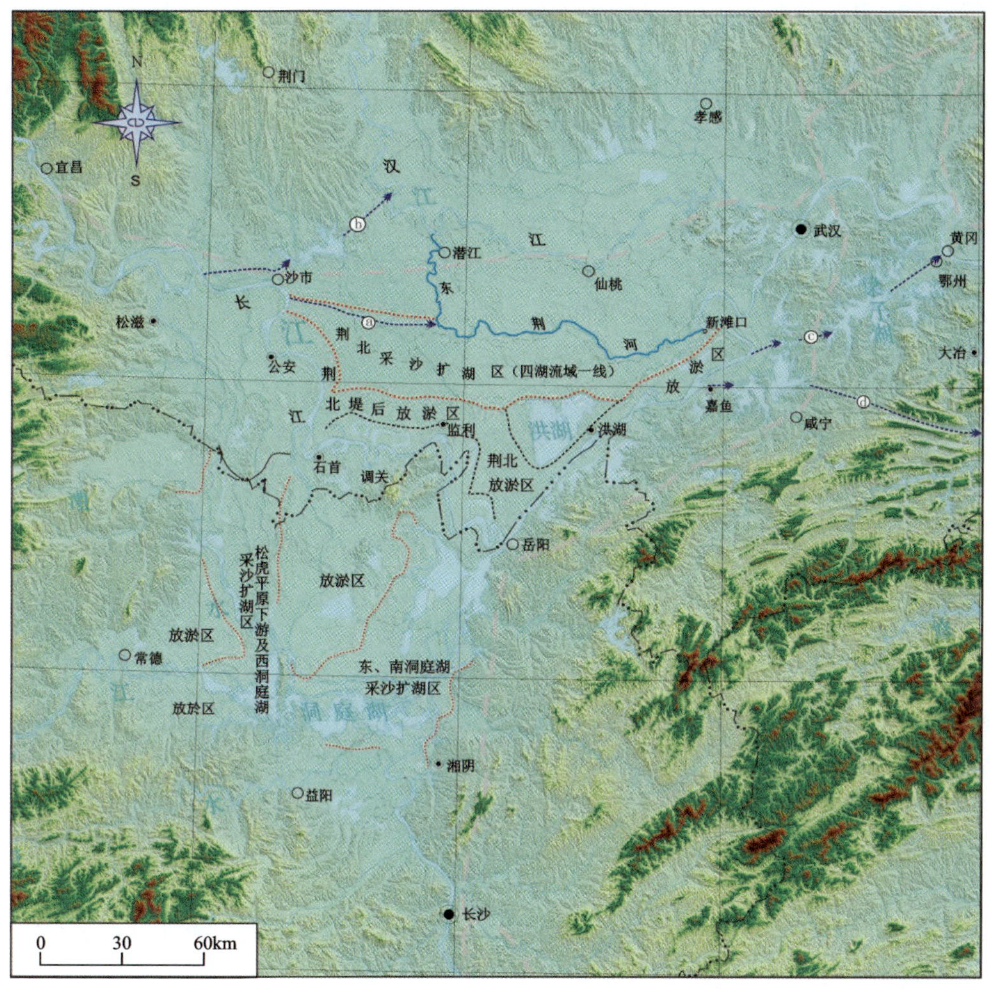

图 4-46　江汉-洞庭平原暨武汉防洪对策建议图

江汉湖群(云梦泽)和洞庭湖，是长江中游泥沙淤落、洪水调蓄的天然场所。“再造云梦泽、扩张洞庭湖”是尊重长江中游河湖协同演化的自然规律，因势利导，实施主动防洪的最佳选择，也是在现有工程技术条件下的可行方案。

湖北省 1∶5 万汀泗桥幅、蒲圻县幅环境地质调查水文地质钻探施工成果报告

提交单位：中国地质调查局武汉地质调查中心

项目负责人：邵长生

档案号：档 0580-01

工作周期：2016 年

主要成果：

蒲圻县幅 10 个水文钻孔终孔后均进行了单孔抽水试验。调查区内主要含水层为二叠系栖霞组、茅

口组灰岩，三叠系大冶组和嘉陵江组灰岩、白云质灰岩、白云岩以及花岗斑岩，其中9个钻孔分布于碳酸盐岩地层，1个钻孔分布于花岗斑岩地层。区内地下水类型可分为松散岩类孔隙水、碎屑岩类裂隙水、碳酸盐岩类岩溶水、基岩裂隙水4个大类10亚类。

区内第四系孔隙水区富水性极弱—弱，第四系地下水埋藏浅，埋深0.2～5.2m。第四系地下水主要向区内河流排泄，部分地区向就近的沟谷排泄。钻孔揭示区内第四系厚度2.4～35.0m，主要分布于中伙铺镇、中心城区、车埠镇的主要城镇区、京广高铁沿线、G107国道沿线一带以及陆水河阶地。其中最厚处位于九房张SZK01钻孔，位于低岗地底部，覆盖层厚度为35.0m，覆盖层岩性上部0～11.2m为黏土，中部11.2～26.22m为卵石，底部26.22～35.0m为中粗砂，构成了覆盖型岩溶区的多层结构。综合地形地貌、地质条件，该处覆盖层厚度较大，岩性为第四系残破积溶蚀地形堆积物。其余钻孔揭示覆盖层结构均为单层结构，岩性为第四系全新统浅灰—灰褐色黏土，中更新统褐色—褐黄色黏土，厚度最小处分布于花岗斑岩SZK06钻孔，位于岗地顶部，仅2.4m。另外，分布于陆水河阶地附近的福家墩SZK08钻孔设计目的是用于揭示陆水河阶地第四系“上黏下砂”的双层或多层结构，但由于施工条件限制，实际孔位稍偏离河流阶地，揭示覆盖层全为第四系中更新统残坡积黏土。

长江中游城市群京广高铁沿线岳阳幅环境地质调查报告

提交单位：湖南省地质矿产勘查开发局四〇二队

项目负责人：刘长明

档案号：档0580-02

工作周期：2016年

主要成果：

1.调查区岩土体类型主要有沉积类碎屑岩类、变质岩类和土体3种类型，土体结构可划分为单层、双层、多层3种结构。

调查区岩体主要分布于岳阳楼区、云溪区大部分地区及君山公园等丘陵、岗地，可分为沉积岩、变质岩，根据岩石性质、结构及力学强度特征，将调查区岩体划分为2个建造类型，3个工程地质岩组。

调查区第四系松散堆积层分布广、厚度大、韵律多，岩性复杂。湖积、冲积平原区地表均为土体覆盖，主要有砂类土、黏性土、特殊类土三大类，其土体类型可分为粉细砂及含砾中粗砂、粉土、粉质黏土、黏土、老黏土、淤泥、淤泥质黏土、淤泥粉砂、风化残积土。

土体结构有单层结构、双层结构及多层结构。根据成因可分为以冲积中粗砂为主的多层土体、以湖积淤泥为主的多层土体、以黏性土为主的双层土体和风化残积土单层土体。

2.对全区进行了工程地质分区，划分为2个工程地质区、3个工程地质亚区和11个工程地质地段。

根据工程地质岩组特征及分布，将区内工程地质岩组划分为低山丘陵工程地质区和平原工程地质区2个工程地质区，5个工程地质亚区，并进一步划分了11个工程地质段。

低山丘陵工程地质区分为坚硬岩石亚区、软弱岩石亚区和一般土类亚区。坚硬岩石亚区又分为岳阳市市委党校一带坚硬石英砂岩地段，岳阳市渔具厂一带较坚硬、坚硬变质砂岩地段；软弱岩石亚区为东部岳阳楼区和君山区软弱板岩、砂质板岩地段；一般土类亚区又分为南东部的桃李村、金凤桥村及三旗村残坡积黏土地段和芭蕉湖北部冰湖村、南部洪山矶冲洪积砾类土2个地段。

平原工程地质区分为一般土类亚区和特殊土亚区。一般土类亚区又分为洞庭湖北西侧沿岸湖积砂层地段，君山区柳林洲镇濠河村、同心村一带河流冲积单砂层地段，城陵矶至松阳湖渔场一带淤泥、砂层双层土地段，君山区柳林洲镇濠河村、大湾芦苇场及瓦湾村以砂层、黏质砂土为主多层土体地段和君山风积粗砂层地段；特殊土亚类区为岳阳市木材厂、洞庭氮肥厂及岳阳市造纸厂湖积淤泥土地段。

3.调查区内的主要环境地质问题是崩岸、管涌、地质灾害、地下水和土壤污染。

(1)区内的崩岸主要分布在市直七弓岭河段和云溪区城螺河段，上起瓦湾，下至儒溪，1952—2010年共崩失面积2.67万亩，崩岸线长31.3km。

(2)分布在1∶5万岳阳幅图幅内的管涌点仅有3处，分别位于君山区西城办事处二洲子村、黄泥套村和洞庭村洞庭组，均为大堤管涌。

(3)区内地质灾害点为滑坡、崩塌和地面沉降，规模均为小型，以滑坡为主，共11处；其次为崩塌，共4处；地面沉降最少，仅2处。

(4)区内地下水污染物主要是"三氮"及铁锰离子，一些重金属离子均未超标。地下水有机污染测试指标均未超标，但有1处地表水有机分析项目中的1,2-二氯乙烷超标，位于云溪区永济乡长江排灌站，含量达2.40μg/L。

(5)由于本次并未设计土壤污染样品的采集和分析工作，仅通过收集已有资料进行相关分析评价。据相关资料表明，调查区内土壤污染主要以As、Cr、Hg、Zn、Pb、Cd、F等元素污染为主。

4.调查区内堤防工程基础稳定性评价结果以较差区为主。采用综合评判法计算了堤防工程基础稳定强度，并进行了评价分区。将区内堤防工程划分为西南部滨湖易发管涌、岸崩堤防基础稳定性较差区、北部长江沿岸易发管涌岸崩堤防基础稳定性较差区和东部盆地周边上覆黏土、下伏基岩为主的堤防基础稳定性较好区3个区。

5.调查区内地下水质量总体较差，铁、锰离子含量超标现象普遍，深层地下水总体质量好于浅层地下水。

按《地下水质量标准》(GB/T 14848－1993)中相关要求对调查区内地下水质量进行了综合评价，调查区浅层地下水质量较差区(Ⅳ)分布面积为256.11km^2，占整个图幅的57.1%；极差区(Ⅴ)分布面积为192.55km^2，占整个图幅的42.9%。浅层地下水超标指标中，除铁、锰以外主要以氨氮、亚硝酸盐、总硬度、pH为主。极差级别(Ⅴ类)的浅层地下水主要分布在调查区西部的君山区以及中部的南湖—芭蕉湖一带。

调查区深层地下水质量一般区(Ⅲ)分布面积为178.26km^2，占整个图幅的39.7%；较差区(Ⅳ)分布面积为236.18km^2，占整个图幅的52.6%；极差区(Ⅴ)分布面积为34.23km^2，占整个图幅的7.7%。深层地下水超标指标中，主要以铁、锰为主。极差级别(Ⅴ类)的深层地下水主要分布在调查区西北部的君山区柳林洲镇一带。

6.调查区内生态系统土壤环境质量总体良好。收集已有资料显示，按《土壤环境质量标准》对调查区采用金属单项"污染程度"评价，调查区内生态系统土壤环境质量总体良好，全区土壤中污染物含量绝大多数未超过背景值，最大超标率为4.2%，并尚未形成面，且污染指数均小于2，都属于轻度污染，因而土壤污染尚不严重。

7.调查区内地质灾害大部分都是多因素作用的结果。致灾地质作用都是在一定的动力诱发下发生的，而诱发动力有些是天然的，有些则是人为的，按其动力成因，分为自然因素、人为因素及由两者因素叠加而成的综合因素三大类。调查区内的滑坡、崩塌、地面沉降地质灾害一般都不是单因素作用的结果，而是多因素作用的综合效应。

8.调查区内的主要工程地质问题为特殊土地基和砂土液化。区内特殊土地基主要有软土和填土两种类型，对城市建设而言，特殊土地基处理难度大，成本高，建筑地基适宜性差。

调查区内软土主要为淤泥、淤泥质土，主要分布在图幅西南部湖漫滩、湖泊、湖汊及东北部长江边岸，大部分淹没于水下，集中分布。

人工填土可分为素填土及杂填土，多为城市建筑垃圾，一般形成时间较短、质地松散，在城市发展开发建设范围内均有分布,具有点多、面广、规模小的特点。素填土多呈高压缩性,较高孔隙比;杂填土因有机质生活垃圾等含量较高,其物理力学性质差,呈高压缩性,高孔隙比。

全新世饱和砂土主要分布在长江以北地区、岳阳市君山区以及长江南岸沿江的城陵矶—洪家洲—黄泥沟一带,地震烈度为Ⅶ度时均有液化趋势。

9.对调查区重点地段君山地区地下水类型、富水性及水化学条件进行了分析,并对地下水资源进行了计算。君山地区地下水为松散岩类孔隙水和基岩裂隙水,松散岩类孔隙水又分为孔隙潜水和孔隙承压水两个亚类。

(1)孔隙潜水广泛分布于长江沿岸冲积平原,含水岩组为第四系全新统,岩性分上、下两部分,上部一般为耕植土、黏土、淤泥及淤泥质黏土,下部为细砂层,普遍可见云母碎屑,底部含贝壳类壳体,水量贫乏。地下水化学类型属于 HCO_3-Ca·Mg 型,pH 值在 6.39～8.04 之间,矿化度在 76～279mg/L 之间,属于极软、中性至弱碱性低矿化水。

(2)水量丰富的孔隙承压水分布于柳林洲镇同心村至双元村一带,含水岩组为下更新统湘阴组砂层、含黏土砂砾、砂砾层,均隐伏于中更新统洞庭组之下,含丰富的承压孔隙水。地下水化学类型为 HCO_3-Ca·Mg 型,pH 值在 7.06～7.61 之间,矿化度在 76～156mg/L 之间,属于极软—软、中性低矿化的淡水。

(3)水量中等的孔隙承压水分布于北部的君山区柳林洲镇瓦湾村、二洲村,监利县荆河脑一带,含水岩组为中更新统洞庭组砂砾石、砾石层,隐伏于全新统之下。地下水化学类型为 HCO_3-Mg·Ca 型,pH 值在 6.32～8.07 之间,矿化度在 62～277mg/L 之间,属于极软—微硬、弱酸—中性的低矿化淡水。

(4)重点地区地下水多年平均天然地下水总补给量为 4 277.63 万 m^3/a,其中降水入渗补给量为 2 171.41 万 m^3/a,占总补给量的 50.76%;稻田灌溉补给量为 700.77 万 m^3/a,占总补给量的16.38%;湖泊渗漏补给量为 528.00 万 m^3/a,占总补给量的 12.34%;河流侧向补给量为 614.00 万 m^3/a,占总补给量的 14.35%,地下水外围径流侧向补给量为 66.07 万 m^3/a,占总补给量的1.54%,增补开采量为 197.38 万 m^3/a,占总补给量的 4.61%。

(5)采用平均布井法计算,君山地区地下水可开采量为 3 255.85 万 m^3/a。

(6)采用容积法计算,调查区容积存储量为 9 230.67 万 m^3,弹性存储量为 685.52 万 m^3。

(7)区内地下水生活饮用水水质评价点共 38 个。其中,适宜饮用的 33 个,占 86.8%;基本适宜饮用的 3 个,占 7.89%;不宜饮用的 2 个,占 5.26%。调查区地下水灌溉系数 K_a 值均在 6.0 以上,钠吸附比值均小于 15,适宜于灌溉。

10.调查区内存在的环境、工程地质问题对城市规划和建设均有一定影响。

崩岸、管涌对城市规划的影响主要体现在港口码头的规划布局以及堤防工程的建设方面。(图 4-47、图 4-48)

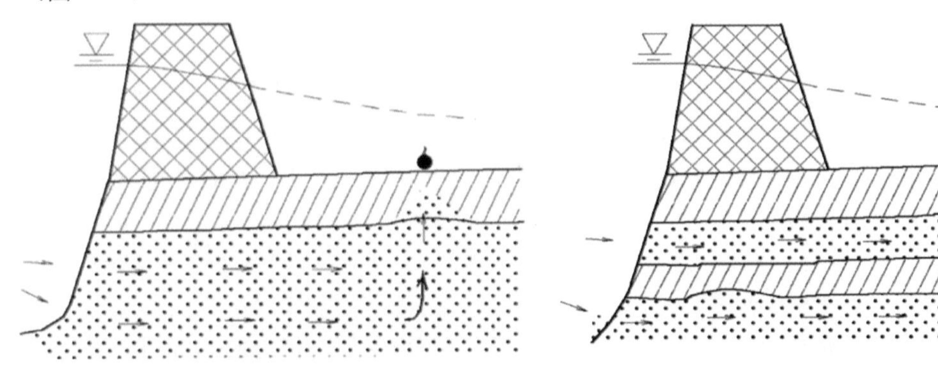

图 4-47　厚层砂基础管涌成因示意图　　图 4-48　砂黏土互层堤基础管涌成因示意图

地质灾害高易发区威胁当地人民生命财产安全，限制土地利用功能，影响城市发展建设。

地下水污染将导致供水成本增加，使地下水的开发利用受到影响，在一定程度上制约了城市的供水规划，影响城市的可持续发展。

土壤污染影响了城市居民生产生活，对农业生产造成了危害，也制约着城市农业用地功能区划。

特殊土地基导致建设成本高昂，影响城市建设发展，尤其是城市交通规划、地下空间开拓和防洪大堤安全。

液化砂土可导致建筑物的地基失效，同时对拟建、新建构筑物的基础选择有更高要求，增加了建设成本。

11. 提出了调查区内环境、工程地质问题的防治对策建议。根据"查明问题，因地制宜，趋利避害，合理规划""预防为主，治理为辅，防治结合，综合治理""以人为本，突出重点，全面规划，分步实施""系统监测，科学治理，加强科研，提升管理""统一领导，组织协调，明确分工，各司其责"5条基本原则，针对不同类型的环境、工程地质问题提出了防治对策和建议。

鄱阳湖生态经济区丰城市幅1∶5万环境地质调查成果报告

提交单位：湖南省地质矿产勘查开发局四〇二队

项目负责人：何建军

档案号：档0580-03

工作周期：2016—2017年

主要成果：

1. 依据岩体的成岩方式、物质组成等因素，将区内岩体工程地质类型划分为一般碎屑岩、碳酸盐岩、红色碎屑岩3个基本类型，又依据岩性组合、结构构造及工程地质特征，将区内工程地质岩体细分为6个工程地质岩组，以一般碎屑岩出露面积较大，碳酸盐岩次之，红色碎屑岩零星出露，多被第四系所覆盖；依据区域土体的颗粒级配、堆积成因、形成时代、工程地质特征等，划分为一般黏性土、老黏性土、砾土类3个基本类型，又依据土体的物质组成、主要力学性质特征，将区内工程地质土体细分为4个工程地质单元体。全区共划分5个工程地质区，12个工程地质亚区和22个工程地质段。

2. 根据地下水在岩石中赋存特征与水力性质，将调查区地下水划分为松散岩类孔隙水、红色碎屑岩类裂隙孔隙水、碳酸盐岩类岩溶水、基岩裂隙水四大类型。其中，松散岩类孔隙水又分冲洪积含水层和残坡积含水层2个亚类；碳酸盐岩类岩溶水分为碳酸盐岩类裂隙溶洞水和碳酸盐岩夹碎屑岩类裂隙岩溶水。地下水枯水期可采资源总量为787.32万m^3，天然补给资源总量为1 479.52万m^3。其中，松散岩类孔隙水枯水期可采资源量为658.05万m^3，天然补给资源总量为1 361.61万m^3；红色碎屑岩类裂隙孔隙水枯水期可采资源量为0.984万m^3，天然补给资源总量为1.662万m^3；碳酸盐岩类岩溶水枯水期可采资源量为71.34万m^3，天然补给资源量为90.405万m^3；基岩裂隙水枯水期可采资源量为56.949万m^3，天然补给资源总量为78.732 3万m^3。松散岩类孔隙水和碳酸盐岩溶洞裂隙水是区内主要的地下水，开发利用潜力大。

3. 根据《地下水质量标准》(GB/T 14848—2017)评价结果显示，区内优良类水样24个，占30.00%；良好类水样21个，占26.25%；较好类水样0个；较差类水样35个，占43.75%；极差类水样0个。根据《区域地下水污染调查评价规范》(DZ/T 0288－2015)评价结果显示，区内Ⅰ类水样36个，占45.00%；Ⅱ类水样21个，占26.25%；Ⅲ类水样5个，占6.25%；Ⅳ类水样15个，占18.75%；Ⅴ类水样3个，占3.75%。

4.根据《地下水质量标准》(GB/T 14848—1993)评价结果显示,区内未污染水样45个,占56.25%;微污染水样4个,占5.00%;轻污染水样11个,占13.75%;中污染水样17个,占21.25%;重污染水样3个,占3.75%。根据《区域地下水污染调查评价规范》(DZ/T 0288—2015)评价结果显示,区内1级水样51个,占63.75%;2级水样9个,占11.25%;3级水样4个,占5.00%;4级水样14个,占17.50%;5级水样2个,占2.50%。污染指标主要为NO_3^-,推测污染源来自区域化肥农药的过度使用。

5.根据地下水资源区域分布特征,结合未来供水的需要,将整个调查区地下水资源划分为松散岩类孔隙水供水区、碳酸盐岩类岩溶水供水区、基岩裂隙水与红色碎屑岩类裂隙孔隙水供水区。

6.本次调查对丰城市城市规划区场地进行了建设适宜性量化评价,结果表明,科教板块及曲江板块为适宜性差区,河西新城板块、老城板块、高铁新城板块、河东新城板块位于适宜区范围内。

7.调查区曲江—上塘是我国江南地区重要的煤炭基地,煤炭年产量约500万t。主要分布有曲江煤矿、坪湖煤矿、建新煤矿、鸿达煤矿、寺前煤矿、党根煤矿、足塘煤矿、棋盘山煤矿。因矿区地层赋存有1层厚100~200m的巨厚长兴灰岩层,该岩层下部夹燧石结构,底部硅质增高,岩性硬而脆,富含碳酸钙,可溶性很高。地层经长期溶蚀作用,溶洞发育,且长兴组灰岩下部为二叠系乐平组煤系地层,造成可溶岩之下大面积的采空区。因此,采空塌陷与岩溶塌陷是调查区存在的主要环境地质问题。除此之外,江岸崩塌、地下水枯竭也是存在的主要环境地质问题之一。

8.以往由于煤矿区、采石场以及工业园区超量开采地下水资源,地下水位下降,形成降落漏斗,引起了岩溶地面塌陷。2013年,通过控制取水量和关闭一些采矿厂,地下水位逐步恢复,降落漏斗范围逐渐缩小,地下水超采情况得以缓解,但仍需限制地下水开采量。赣江地表水虽然丰富,但季节不均,易受污染。随着经济社会的发展和城市化进程的加快,合理配置地表水和地下水资源,加强水资源的综合利用,保护地下水显得尤为迫切。

9.通过开展系统工作,基本查明了专题研究区岩溶分布、地下水强径流途径、盖层结构与空间分布及岩溶塌陷类型;基本查明了区内煤矿分布情况与采空区范围及因采矿引起的环境地质问题。进行了采空区地表变形计算、地面塌陷易发程度定量分区评价;分析了采空塌陷及岩溶塌陷的致灾机理,提出了防治对策及建议。结果表明,区内环境地质问题的产生主要受煤矿开采的控制及影响。

长江中游城市群沪昆高铁沿线萍乡幅环境地质调查成果报告

提交单位:江西省地质环境监测总站

项目负责人:黄永泉

档案号:档0580-04

工作周期:2016—2017年

主要成果:

1.根据含水介质岩性特征、地下水的赋存状态,将调查区分为4种地下水类型,即松散岩类孔隙水、红层溶蚀孔隙裂隙水、碳酸盐岩岩溶水及基岩裂隙水。

(1)松散岩类孔隙水:主要分布于萍水及其支流河谷。含水层具二元结构特征,上部为粉质黏土,厚度2.0~5.0m,下部为砂砾石层,厚度1.0~5.0m。地下水主要赋存于下部,地下水位埋深0.5~4.48m,多具微承压性。

(2)红层溶蚀孔隙裂隙水:红层孔隙裂隙水分布于萍乡市以东地区,赋存于白垩系周田组上段粉砂岩、粉砂质钙质泥岩。由于泥质成分含量较高，节理裂隙不发育，地下水主要赋存于孔隙及浅部风化裂隙内，富水性贫乏。红层裂隙溶洞水分布于萍乡市东部白源煤矿—高坑一带，由白垩系周田组和茅店组组成，上部主要为粉砂岩或粉砂岩与砾岩互层，下部以砾岩、砂砾岩为主。砾石成分以灰岩为主，砾径0.2～8cm，最大达40cm，含量60%～70%，局部达90%，由泥砂质、钙质胶结，溶蚀比较强烈，溶孔（洞）很发育，富水性中等。

（3）碳酸盐岩岩溶水：碳酸盐岩裂隙溶洞含水岩组由上石炭统（C_2）、二叠系茅口组（P_1m）、长兴组（P_2c）、南港组（P_1n）等组成。岩性为中厚层状灰岩、白云岩及白云质灰岩。该含水岩组岩石裸露，岩溶发育，溶洞以半充填或无充填为主。在白源煤矿一带，因受采煤影响，该含水岩组已被疏干，含水层转化为透水层。碳酸盐岩夹碎屑岩含水岩组由下二叠统栖霞组（P_1q）、中泥盆统棋子桥组（D_2q）组成，岩性为含沥青灰岩、碳质页岩及燧石条带。碎屑岩夹碳酸盐岩含水岩组由下三叠统铁石口组（T_1t）、下石炭统杨家源组（C_1y）组成，岩性以砂岩为主，夹泥灰岩及薄层灰岩。该含水岩组以碎屑岩为主，溶蚀裂隙不发育。

（4）基岩裂隙水：该含水岩组与碳酸盐岩岩溶水相间分布于全区。含水地层为下震旦统杨家群（Z_1）、中—上泥盆统（D_2－D_3）、下石炭统（C_1）、上二叠统乐平组（P_3l）和上三叠统安源群（T_3a）等，主要岩性为砂岩、页岩、石英砂岩、长石石英砂岩、千枚岩等。该含水岩组构造裂隙、层间裂隙、风化裂隙比较发育，成为地下水的补给、运移通道和赋存场所。

2.区内水化学类型一般以HCO_3－Ca·Mg（21个点，占总数25.9%）、HCO_3－Ca（20个点，占总数24.7%）及HCO_3－Na·Ca（12个点，占总数14.8%）为主。区内地下水循环条件较好，矿化度0.08～0.64g/L，为淡水，总硬度23.42～322.24mg/L。松散岩类孔隙水以软水为主，基岩裂隙水、岩溶水多为软水—微硬水。pH值5.88～9.39，多为中性、偏碱性水。

3.通过经验指标预测法及典型岩溶工程地质类比结果，确定有岩溶塌陷灾史的碳酸盐岩区为岩溶塌陷易发区，无岩溶塌陷灾史的、岩溶强发育的、覆盖土层厚度大于30m的碳酸盐岩区，以及岩溶弱发育的、覆盖土层厚度小于30m的碳酸盐岩区，为岩溶塌陷中易发区，埋藏型可溶岩区为低易发区。具体划出3个高易发块段：萍乡铝厂—大城村块段、联星村—丹江村块段、茶园村—焕山村块段；5个中易发块段：麻山村—汶泉村块段、山田村—圭田村块段、萍乡市区—白源块段、长潭村—五陂村块段、桐田村块段；1个低易发块段：调查区其余地区。

4.依据矿山地质环境评价方法、调查区矿山开发对地质环境的影响进行综合分区，共圈定影响强烈区3个（青山矿区、白源矿区、安源-高坑矿区）、较强区1个（三田矿区）、较弱区2个（上埠镇-南坑镇高岭土、石英矿区）、轻微区1个（调查区未圈定区）。

5.依据崩塌、滑坡、泥石流地质灾害危险性评价方法，在调查区内共圈定高易发区2个（麻山镇地区、南部丘陵地区），面积167.62km^2；中易发区2个（安源-高坑丘陵区、青山矿区），面积60.26km^2；低易发区1个（调查区其余地区），面积228.88km^2。

6.调查区内地下水污染级别主要以未污染为主，轻—中污染次之，没有发现重污染水样。其中，未污染占47.5%（19个点），微污染占5%（2个点），轻污染占27.5%（11个点），中污染占20%（8个点）。地下水污染主要发生在人为活动频繁地区，南部丘陵山区地下水基本未受污染。

7.调查区地下水质量为优良—极差，优良样占总采样数的32.5%（13个点）、良好样占42.5%（17个点）、较差样占22.5%（9个点）、极差样占2.5%（1个点，SW-05）。调查区超标元素Fe有1个点，占总采样数的1.23%；硝酸盐有14个点，占总采样数的17.28%；亚硝酸有1个点，占总采样数的1.23%；pH值有5个点，占6.17%；氟超标有4个点，占4.94%。

8.根据环境地质问题形成的地质环境条件、环境地质问题发育现状及人为工程活动情况，区内环境地质问题易发程度分区可划分为11个。即安源-高坑、青山、三田、白源、丹江水源地、泉田乡五里村以及上埠镇茶园村7个环境地质问题高易发区，南部丘陵、上埠镇-南坑镇及麻山镇周边3个环境地质问题中易发区;五陂下至萍乡市环境地质问题低易发区。

9.依据环境地质问题易发程度和致损强度,展开调查区环境地质问题危害程度评价。将每种环境地质问题危害程度评价结果,按照"就高不就低"的原则进行空间覆盖,区内环境地质问题危害程度经综合评价后划分为11个区,即安源-高坑、青山、三田、白源、丹江水源地、泉田乡五里村以及上埠镇茶园村7个环境地质问题危害程度大区域,南部丘陵、上埠镇-南坑镇及麻山镇周边3个环境地质问题危害程度中等区域;五陂下至萍乡市环境地质问题危害程度小区域。

江西省赣县、于都县、清溪村幅1∶5万水文地质调查成果报告

提交单位:中国地质调查局武汉地质调查中心

项目负责人:路韬

档案号:档0580-06,10

工作周期:2017—2018年

主要成果:

一、基本查明了调查区水文地质条件

相比前人所做的1∶20万区域水文地质普查,本次调查工作精度大幅提高。调查区地下水类型为松散岩类孔隙水、红层裂隙孔隙水、碳酸盐岩类裂隙岩溶水、碎屑岩类裂隙水及岩浆岩变质岩类裂隙水五大类。

1.松散岩类孔隙水主要分布于贡水及其支流两岸,主要受大气降水的垂向补给,基本垂直河流径流,并最终排泄于河流中;其次,人工抽取地下水,也是该类地下水排泄的一种方式。地下水水化学类型一般以HCO_3-Ca型为主,其次为HCO_3-Na·Ca型水,矿化度64.1~355mg/L,pH值6.23~7.66,总硬度17.3~209mg/L,为弱酸至中性淡水。

2.红层裂隙孔隙水主要分布于茅店盆地和于都红层盆地,含水层为白垩系砂砾岩,富水性贫乏。主要接受大气降水渗入补给,同时也接受地表水体的垂直补给。一般顺层缓慢径流,并多呈渗流状排泄于沟谷低洼处。水化学类型以HCO_3-Ca型为主,其次为HCO_3-Ca·Na型,矿化度40~284mg/L,pH值6.51~8.16,总硬度20.3~246mg/L。

3.碳酸盐岩类裂隙岩溶水分布于禾丰、罗坳、利村等地。灰岩岩溶水的补给,受灰岩出露条件的限制。在灰岩裸露区,各种岩溶现象发育,大气降水通过各种岩溶地貌直接渗入地下补给地下水;在覆盖型灰岩区,上覆松散堆积层孔隙发育,大气降水及地表水多经孔隙及灰岩天窗深入补给下伏的灰岩岩溶水;埋藏型岩溶水则通过其露头区接受大气降水的垂直补给。在适宜条件下形成上升泉或以暗河的形式排出地表。调查区大部分地层为覆盖型,其上有第四系冲积层和残坡积层覆盖。水化学类型主要为HCO_3-Ca型,矿化度194~338mg/L,为弱碱性至中性水。

4.碎屑岩类孔隙裂隙水主要分布于罗坳、禾丰和梓山等地。裂隙发育,富水性较好,主要接受大气降水补给,在有水库和渠道的地区,也接受水库和渠道水的渗入补给。在中低山区,由于坡降大,地下水径流途径短、排泄快,多至山坡坡脚或其他低洼处以下降泉的形式排泄于地表。水化学类型较单一,主要为HCO_3-Ca型水。

5.岩浆岩变质岩类裂隙水在区内广泛分布,主要接受大气降水补给,在有水库和渠道的地区,也接

受水库和渠道水的渗入补给。一般水质良好，水化学类型简单，阴离子以 HCO_3^- 为主，阳离子以 Ca^{2+} 或 Na^+ 为主，矿化度一般为 35～273mg/L，pH 值为 6.34～7.63，总硬度为 12.2～169mg/L，为中性至弱碱性淡水。

进一步根据含水岩组岩性及富水性的差异，划分为全新统赣江组、联圩组砂砾石层含水亚组，更新统莲塘组、进贤组、望城岗组砂砾石层含水亚组，更新统赣县组透水不含水亚组，白垩系塘边组、河口组砂（砾）岩、细砂岩含水亚组，白垩系周田组粉砂质泥岩、含砾砂岩含水亚组，白垩系茅店组厚层状砾岩、砂砾夹砂岩含水亚组，二叠系栖霞组、小江边组泥晶灰岩夹泥岩含水亚组，二叠系马平组含燧石泥晶灰岩含水亚组，石炭系黄龙组灰岩含水亚组，侏罗系罗坳组、水北组砂（砾）岩夹泥岩孔隙裂隙含水亚组，二叠系车头组、乐平组砂岩夹页（泥）岩裂隙含水亚组，石炭系梓山组砂（砾）岩裂隙含水亚组，泥盆系嶂崇组、三门滩组、中棚组、云山组砂（砾）岩裂隙含水亚组，燕山期侏罗纪黑云二长花岗岩风化网状裂隙含水亚组，燕山期三叠纪黑云二长花岗岩风化网状裂隙含水亚组，加里东期甘霖超单元黑云母花岗闪长岩裂隙含水亚组，寒武系高滩组、牛角河组变质砂岩夹千枚岩含水亚组，震旦系老虎塘组、坝里组和沙坝黄组变质石英杂砂岩夹千枚岩裂隙含水亚组，南华系沙坝黄组、上施组变质砂岩夹千枚岩裂隙含水亚组，青白口系库里组变质细屑沉凝灰岩裂隙含水亚组，共计 20 个亚组。

二、划分了调查区地下水系统

将全区划分为 8 个四级地下水系统，细划为 26 个五级地下水系统，分别为白鹭水、湖江河、流江背河、长村河、大都溪、田村河、石芸河、吉埠河、王母渡、牛子坪河、长洛河、牛栏坑河、小坪河、杨雅河、韩坊河、西坑河、贡水赣县段、峡山、小溪河、固院村河、小密、万田河、宽田河、禾丰河、猪栏门河、金坵河，并对地下水系统进行了评价。

三、评价了地下水资源量及其潜力

调查区内总天然补给量为 26 262.6 万 m^3/a。其中，松散岩类孔隙水天然补给量为 3 515.35 万 m^3/a，红层裂隙孔隙水补给量为 2 324.55 万 m^3/a，碳酸盐岩类裂隙溶洞水天然补给量为 301.6 万 m^3/a，碎屑岩类裂隙水补给量为 1 231.84 万 m^3/a，岩浆岩变质岩类裂隙水补给量为 18 888.27 万 m^3/a。

调查区可采资源量为 20 192.57 万 m^3/a。其中，松散岩类孔隙水可采资源量为 2 366.64 万 m^3/a，红层裂隙孔隙水可采资源量为 1 565.38 万 m^3/a，碳酸盐岩类裂隙溶洞水可采资源量为 225.92 万 m^3/a，碎屑岩类裂隙水可采资源量为 843.54 万 m^3/a，岩浆岩变质岩类裂隙水可采资源量为 15 191.09 万 m^3/a。

调查区各类型补采比皆大于 1，其开采潜力良好。

四、地下水水质

根据《地下水水质标准》(DZ/T 0290－2015)，共测试水质样品 298 件。评价结果显示，区内优良类水样 127 个，占 42.62%；良好类水样 90 个，占 30.20%；较好类水样 2 个，占 0.67%；较差类水样 75 个，占 25.17%；极差类水样 4 个，占 1.34%。区内地下水水质较好，无大面积成片分布的劣质水区。

五、矿泉水资源

区内共发现矿泉水异常点 36 处，主要为偏硅酸矿泉水，大部分出露于燕山期花岗岩中。经钻探施工，成功实施了矿泉水勘察孔3个，其中DB06单井涌水量777t/d，偏硅酸含量38.8mg/L；XBZK09单井涌水量107t/d，偏硅酸含量43.6mg/L；YD03单井涌水量150t/d，偏硅酸含量29.5mg/L。经送检，达到《饮用天然矿泉水标准》(GB8537—2008)中规定的偏硅酸矿泉水标准。

对区内矿泉水成因进行了初步分析，圈定矿泉水靶区面积约23.89km²，有进行后续专项调查工作的现实意义。

六、地下热水资源

经资料收集与调查，调查区共发现地热异常区3处。区内出露温泉泉群，温泉水温23～40℃，为低温热水。地热异常区全部分布于北东—北北东向压性、压扭性控热断裂带上，分别位于赣县区韩坊镇遇龙村、韩坊镇韩坊小学、于都县黄麟乡公馆村。

七、示范井施工成果

谢坑1井和谢坑2井钻探进尺110m，抽水试验降深7.5m，流量均达到1000t/d以上，可以为银坑镇自来水管网补充水源。工程完成后除了银坑镇谢坑村，还可有效解决冷水村、坪埚村和香塘村共4个村2022户13 000余名群众的安全饮水困难(图4-49)。

2017年11月底，墩上饮水示范井成功出水，该井进尺10²m，单井涌水量120t/d，水质完全符合安全饮水标准。2018年，赣州市赣县区江口镇人民政府积极配套扶贫资金，为该村6～8组3个村民小组建设蓄水池和入户管网工程，墩上示范井于2018年8月8日成功实现试供水，可解决约360位村民的安全饮水需求(图4-50)。

图4-49　银坑镇谢坑村饮水示范井

图4-50　成功供水后，项目人员到群众家试水

湖北省1∶5万汀泗桥幅、蒲圻县幅环境地质调查成果报告

提交单位：中国地质调查局武汉地质调查中心

项目负责人：邵长生

档案号：档0580-01，档0580-07

工作周期：2017—2018年

主要成果：

1.基本查明了汀泗桥幅和蒲圻县幅含水岩组、地下水类型及其特征。根据地下水在岩石中的赋存

特征与水力性质，将区内地下水划分为松散岩类孔隙水、碳酸盐岩类岩溶水、碎屑岩裂隙水和岩浆岩裂隙水四大类型。其中，根据含水岩组的富水性，进一步将松散岩类孔隙水划分富水性中等、富水性弱两类，将碳酸盐岩岩溶水划分富水性中—强、富水性弱两类，将碎屑岩裂隙水和岩浆岩类裂隙水划分为富水性弱，总共6个亚类。再根据含水层结构特征，细分富水性弱的碎屑岩类裂隙水为上部富水中等的孔隙水加下部富水弱的裂隙水和上部富水弱加下部富水弱的裂隙水两种组合，细分碳酸盐岩类岩溶水为上部富水中的孔隙水加下部富水中—强的岩溶裂隙水和上部富水性弱加下部富水中—强的岩溶裂隙水两种组合。

2.基本查明了区内地下水水化学特征和补径排动态特征。水化学类型以Ca-HCO_3型为主，矿化度一般为0.036～0.48mg/L，基本为淡水。pH值主要在6.97～8.20之间，以弱碱性水为主。总硬度主要分布在200～300mg/L之间，属于微硬水。

区内地下水主要补给来源为大气降水，潜水接受大气降水补给，承压水接受上部潜水越流补给及周缘基岩含水层侧向补给，在低洼处向河流排泄，蒸发、径流是地下水的主要排泄途径。降水对地下水补给具有周期性变化，降水时地下水水位会明显上升(或稍有滞后)，降水后地下水水位会逐渐下降，因此地下水水位动态呈明显的季节性规律。

3.计算了地下水资源量，显示区内地下水资源丰富。调查区天然补给总量为1.785亿m^3/a，可采资源量为0.604 2亿m^3/a。其中，地下水天然补给量第四系覆盖区约为0.691亿m^3/a，碎屑基岩区为0.206亿m^3/a，碳酸盐岩区为0.886亿m^3/a。地下水可开采资源量第四系覆盖区为0.12亿m^3/a，碎屑基岩区为0.041 2亿m^3/a，碳酸盐岩区为0.443亿m^3/a。

4.基本查明了区内主要含水层第四系孔隙水和碳酸盐岩岩溶水的质量，地下水综合质量一般。

区内第四系孔隙水和碳酸盐岩岩溶水中，Ⅲ类水质地下水占59.0%，Ⅳ类、Ⅴ类水质地下水占41.0%，无Ⅰ、Ⅱ类水质的地下水，地下水整体质量一般。基岩岩溶水质量略好于第四系孔隙水质量，但总体情况不容乐观。同时，地下水水质超标有由浅表层孔隙水向深层基岩水蔓延的趋势。

浅层第四系孔隙水质量较差，总体超标率达51.6%；浅层水中影响地下水质量的主要指标为硝酸盐、氨氮等。中—深层岩溶水质量中等，总体超标率达34.6%；影响深层地下水质量的主要是硝酸盐、氯离子、氨氮、锰、铝、氟化物等。有机污染物仅有少量检出，但均未超标。

5.岩溶地面塌陷是调查区内主要的环境地质问题。基本查明了岩溶地面塌陷分布、发育规律，建立了2种地质概念模型，总结了3种形成机理，并基于层次分析法开展了易发性分区评价。

根据野外调查，调查区内岩溶地面塌陷共计有17处，主要分布在汀泗桥幅内，其中塌陷坑多为单点分布，局部呈散点状、连续群体分布。选取调查区岩溶地面塌陷易发性评价指标，即下伏基岩岩溶发育程度、上覆土层特征、地下水动力条件、已有塌陷及人类工程活动等因素，对岩溶地面塌陷易发程度进行了评价。调查区岩溶地面塌陷高易发区总面积为20.08km^2，占总工作区面积的2.23%，主要位于高铁沿线中伙铺镇琅桥—吴家湾以及107国道沿线汀泗桥镇，汀泗桥镇中南部裸露型岩溶区向覆盖型岩溶区过渡区域泉洪岭—禅合山，北部新田桥镇毛湖坪一带。

6.在咸宁汀泗桥白羊畈—赤壁中伙铺一线发现富锶型饮用天然矿泉水，在赤壁中伙铺琅桥一带发现富锶锌复合型饮用天然矿泉水，适宜作为优质饮用天然矿泉水进行开发，初步估算矿泉水可开采资源量大于118万t/a，天然矿泉水资源开发潜力巨大。

鄂东南矿集区矿山地质环境调查(大冶县幅)成果报告

提交单位:中国地质调查局武汉地质调查中心

项目负责人:陈立德

档案号:档 0580-08

工作周期:2017 年

主要成果:

1. 调查区矿山数量众多,矿产资源开发强度大。通过本次调查及收集相关资料,基本查明调查区目前还在开采的矿山有 89 个,其中金属类矿山 36 个、建材类矿山 53 个。从矿山种类来看,石灰岩白云岩矿数量最多,现存 37 个,其次为铁矿、铜铁矿、金矿等。从矿山规模来看,有 3 个大型矿山、10 个中型矿山,大部分为小型矿山。

2. 调查区因采矿引起的矿山环境地质问题类型较多,成因复杂。通过本次调查及相关资料收集,基本查明区内矿山地质环境问题主要包括滑坡、崩塌、泥石流、采空区塌陷、岩溶塌陷与地面变形(沉降)、地下水地面沉降、土地破坏与占用、地表水地下水污染与水土流失,其中滑坡 22 处、崩塌 31 处、采空区塌陷 8 处、岩溶塌陷 8 处和地面沉降 1 处;地下水地面沉降 21 处、土地破坏与占用 77 处、水质污染 4 处、水土流失 75 处。

3. 通过开展环境地球化学调查,基本查明调查区矿山及周边地区土壤重金属地球化学特征、污染范围及污染程度。

调查区各个元素含量在最大值与最小值之间均存在较大差异,相差倍数从几十倍到上千倍不等,多种重金属元素呈现强分异—极强分异,表明调查区内各区域元素分布极不均匀;富集自强至弱分别为 Cu、Cd、Hg、Mo、As 等,表明调查区中这些元素含量较高,同时这些元素较高的变异系数值表明表层土壤中大多数元素的分布极不均匀,可能受到外来源(污染源)的叠加影响。

以调查区各元素的背景值与湖北省表层土壤 A 层平均值进行对比,其中最大的为 Cd,达到 3.22 倍,强烈富集;此外 Cu、Pb 的富集系数也超过 2 倍,显著富集;Zn、Mo、As 的富集系数均大于 1.25 倍,属于较富集;Co 属于稍富集;Mn、Hg 接近湖北省表层土壤 A 层背景;Cr、Ni 属于较贫化。

从相关分析和聚类分析结果可以看出,较高的相关系数出现在 Cr、Ni、Co、Cu、Pb、Zn 的元素组合之间,这些元素为亲铁元素、亲铜元素;由因子分析可知,元素组合 Pb、Zn、Cd、As 代表了调查区成矿元素最主要的影响特征。

调查区土壤 pH 值分布区间为 4.14～10.11,平均值为 6.94,变异系数为 0.11,变异性较小,表明整个调查区土壤 pH 值较为稳定,中性土壤面积在调查区占比最高,分布于调查区大部分区域。经测算,中性土壤占比最大,其中样点个数占比 51.10%,面积占比 78.91%。

土壤横向剖面上,高含量处与矿集区对应良好,在矿集区两侧富集,相关元素 Hg、Cd、Zn、Pb、Cu 均表现出从低含量→高含量→低含量→背景含量的特征,矿山相关活动在横向上对环境的影响范围在 4km 左右;垂向剖面上,Cu、Pb、Zn、Cd、Co、Mo、Mn 等元素呈现先富集后衰减的特征,其原因是受到外来污染源的叠加,外来源的主要影响深度为 0～60cm。

对调查区土壤环境进行评价,其中 Cu、Cd 两种元素总体污染较严重;对调查区土壤进行综合污染评价,全区受到污染的土地(警戒线以上)约占全区面积的 75%,其中调查区中东部大部分区域及西南部少部分区域呈重污染，调查区西北部少部分区域未受污染。

对采集的固体废弃物样品进行分类，将各测试指标平均值与表层土壤中各指标平均值进行对比分析，结果显示，铜绿山矿石中 Cu、Pb、Zn、Mn、S 含量远超过表土平均值，铜山口矿石 Cu、Zn、Co、Mo、Mn、S 含量均高于表土平均值，金山店矿石 Co、Ni、S 含量均高于表土平均值；铜绿山尾砂 Cu、Zn、Co、Mo、Mn、Hg、S 含量均高于表土平均值，铜山口尾砂 Cu、Mo、Mn、S 含量均高于表土平均值，金山店尾砂 Zn、Cd、Co、Ni、Mn、As、S 含量均高于表土平均值，成为主要潜在污染源。

4. 对调查区地表水及地下水进行了采样分析，评价了调查区内地表水、地下水水质现状。全区 45 件地表水样品中，达到Ⅰ类水标准有 1 件、Ⅱ类水标准有 8 件、Ⅲ类水标准有 8 件、Ⅳ类水标准有 21 件、Ⅴ类水标准有 7 件。区内地表水水质综合污染指数(Pz)普遍较低，小于 1.0 的样品有 21 件，大于 1.0 的样品数占总数 53%，普遍超标的指标为 Fe、SO_4^{2-}，说明区内地表水污染极为轻微。

5. 评价了采矿活动对区内地质环境影响程度，提出了矿山地质环境保护与矿山恢复治理对策建议。

调查区共评估圈定 7 个不同影响程度级次区，其中：矿山地质环境严重影响区 3 个，面积 91.63km^2，占矿山影响总面积的 52.08%；矿山地质环境较严重影响区 2 个，面积 49.79km^2，占矿山影响总面积的 28.30%；矿山地质环境轻微影响区 2 个，面积 34.53km^2，占矿山影响总面积的 19.62%。

根据矿山地质环境保护与治理分区原则，综合考虑调查区内用地功能规划和矿山开发造成的矿山地质环境问题影响程度，将调查区划分为矿山地质环境重点保护区和重点治理区两类大区，区内共划分出重点保护区和重点治理区两类矿山地质环境保护与治理区 13 处，其中：矿山环境重点保护区 6 处，重点治理区 7 处，并提出了技术、经济干预及行政管理三大类矿山地质环境保护与治理对策建议。

江西省九堡幅 1∶5 万水文地质调查成果报告

提交单位：江西省地质调查研究院

项目负责人：刘前进

档案号：档 0580-11

工作周期：2018 年

主要成果：

1. 根据地下水在岩石中赋存特征与水力性质，将调查区地下水划分为松散岩类孔隙水、红层裂隙孔隙水、碳酸盐岩裂隙岩溶水、碎屑岩类孔隙裂隙水和岩浆岩变质岩裂隙孔隙水五大类型。

依据岩层组合关系及地下水储存空间、运动特征，松散岩类孔隙水细分为全新统现代河谷冲积含水亚组、更新统山间岗地冲洪积含水亚组；红层裂隙孔隙水细分为白垩系茅店组复成分砾岩、钙质粉砂岩含水亚组，白垩系鸡龙嶂组石英质砾岩与晶屑凝灰岩含水亚组；碳酸盐岩裂隙岩溶水细分为二叠系栖霞组、小江边组泥晶灰岩夹泥岩含水亚组，二叠系马平组含燧石泥晶灰岩含水亚组，石炭系黄龙组泥晶灰岩、白云岩含水亚组；碎屑岩类孔隙裂隙水细分为二叠系车头组、乐平组砂岩夹页(泥)岩裂隙含水亚组，石炭系梓山组石英砂岩、粉砂岩裂隙含水亚组，泥盆系三门滩组、嶂岽组粉砂岩夹石英砂岩裂隙含水亚组，泥盆系中棚组、云山组石英砂岩裂隙含水亚组；岩浆岩变质岩裂隙水细分为加里东期斑状黑云母二长花岗岩裂隙含水岩组，寒武系高滩组、牛角河组变质砂岩夹千枚岩含水亚组，震旦系老虎塘组、坝里组变质石英杂砂岩夹千枚岩裂隙含水亚组，南华系沙坝黄组、上施组变质砂岩、千枚岩裂隙含水亚组，共计 15 个含水亚组。

2. 根据调查区地形地貌和水文地质特征，结合水系发育情况，对调查区进行河网分级，根据地表分水岭以及河网分布情况，将全区划分为3个四级地下水系统，5个五级地下水系统，可开采总量约为 $10.057\times10^4m^3/d$。其中，万田地下水系统可采资源量约为 $1.552\times10^4m^3/d$，天然补给资源量约为 $1.757\times10^4m^3/d$；九堡地下水系统可采资源量约为 $1.607\times10^4m^3/d$，天然补给资源量约为 $3.058\times10^4m^3/d$；云石山地下水系统可采资源量约为 $4.341\times10^4m^3/d$，天然补给资源量约为 $4.727\times10^4m^3/d$；黄柏地下水系统可采资源量约为 $0.257\times10^4m^3/d$，天然补给资源量约为 $0.442\times10^4m^3/d$；沙洲坝地下水子系统开采资源量约为 $2.300\times10^4m^3/d$，天然补给资源量约为 $2.329\times10^4m^3/d$。岩浆岩变质岩裂隙水是区内主要的地下水，开发利用潜力较大。

3. 成功实施探采结合井4口，有效缓解了群众饮水困难问题。

4. 对区内地下水富集规律取得一定认识。围岩接触带利于地下水富集，断裂交会处有利于富水，张性或张扭性节理有利于含水，强弱风化带接触部位有利于含水，"X"节理交叉部位有利于含水，地形地貌控水，东西向断层有利于地下水的富集，南北向推滑覆体有利于控水。

5. 根据《地下水水质标准》(DZ/T 0290—2017)评价，优良类水样30个，占60.0%；良好类水样17个，占34.0%；较差类水样3个，占6.0%；未有较好类和极差类水样。

6. 根据《区域地下水污染调查评价规范》(DZ/T 0288—2015)评价，未污染水样47个，占93.0%；轻度污染水样3个，占6.0%；未有中度污染水、重度污染水和极重度污染水。污染物主要为 NO_3^-，推测污染源来自区域化肥农药的过度使用。

7. 提出瑞金市地下水资源规划及开发利用对策建议。根据地下水资源区域分布特征、地貌特征及开采条件等因素，结合未来供水的需要，将调查区划分为以提引地表水和开采地下水并重的孔隙承压水区，以拦蓄地表散流、引进地表水为主的孔隙潜水区，以扩泉引流开采利用地下水为主的岩溶丘陵地区，以孔采结合引泉扩泉的覆盖浅埋藏型裂隙溶洞水区，以蓄引地表水为主的丘陵基岩裂隙水区。

8. 通过调查，发现区内紧邻市区的沙洲坝岩溶盆地，存在着丰富的岩溶水，其中大埠桥一带，为岩溶水的排泄区。据不完全统计，3个大泉枯季涌水量共计 $266.709\times10^4t/a$，是区内地下水具有重大开发远景地段，不但可解决区内的缺水问题，同时还可作为瑞金市供水后备水源地。

9. 在调查区西侧万田岩体内，选择8处井泉进行采样送检测试，结果表明偏硅酸含量在24.5～85.6mg/L之间。该段成矿背景良好，具有较大的开发利用空间。

10. 通过对谢坊-武阳段控热构造条件研究，该断裂带(会昌断裂带)不仅控热而且控水，是寻找地热水的首选靶区。区内地热水的出露特征与主构造线展布一致，白垩系红层为盖层，印支期花岗岩为热储，断裂破碎带为地下热水富集、运移、排泄的通道，为对流型地热系统。地下热水温度取决于盖层的厚度及围岩的放射性含量，盖层越厚，围岩放射性元素含量越高，则水温越高；相反，水温则越低(图4-51)。

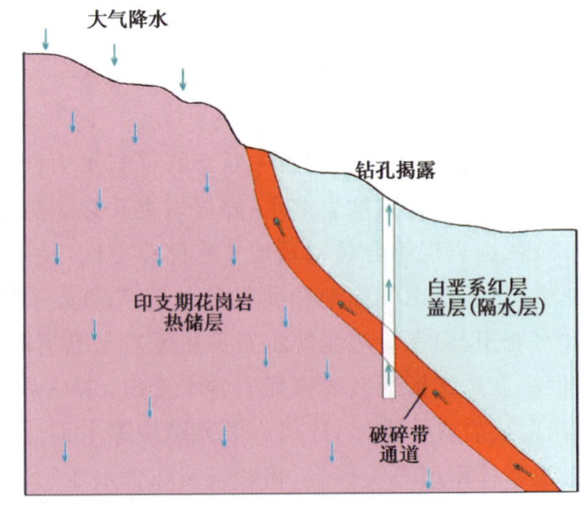

图4-51　谢坊-武阳段地热水成因模式图

11. 通过本次调查及资料收集，系统梳理了区内存在的环境地质问题，并初步分析了成因机理。区内环境地质问题主要包括岩溶塌陷、采空塌陷及地裂缝。

长江中游宜昌—荆州和武汉—黄石沿岸段 1∶5万环境地质调查成果报告

提交单位：中国地质调查局武汉地质调查中心

项目负责人：彭珂

档案号：档0583

工作周期：2016—2018年

主要成果：

1.系统梳理总结了长江中游沿岸、武汉市城区多年地质调查成果和最新地质资料，编制了《长江中游岸线地质资源与环境地质图集》和《支撑服务武汉市规划建设与绿色发展地质环境图集》(图4-52)。前者由基础地质环境图、岸线资源与规划图和岸线评价与建议图3部分构成，共19幅图；后者由序图、国土空间开发适宜性评价图、城市建设应关注的重大地质安全图、产业发展可充分利用的优势地质资源图、生态环境保护需要重视的资源环境状况图和基础地质条件图6部分构成，共46幅图。《长江中游岸线地质资源与环境地质图集》有效促进长江中游沿岸岸线资源合理开发利用与环境保护，支撑服务长江经济带(湖北段)沿江国土空间规划和绿色发展；《支撑服务武汉市规划建设与绿色发展地质环境图集》已于2018年12月移交至武汉市国土资源局，为武汉市国土空间资源开发、重大工程建设规划及地质灾害防治提供科学依据。

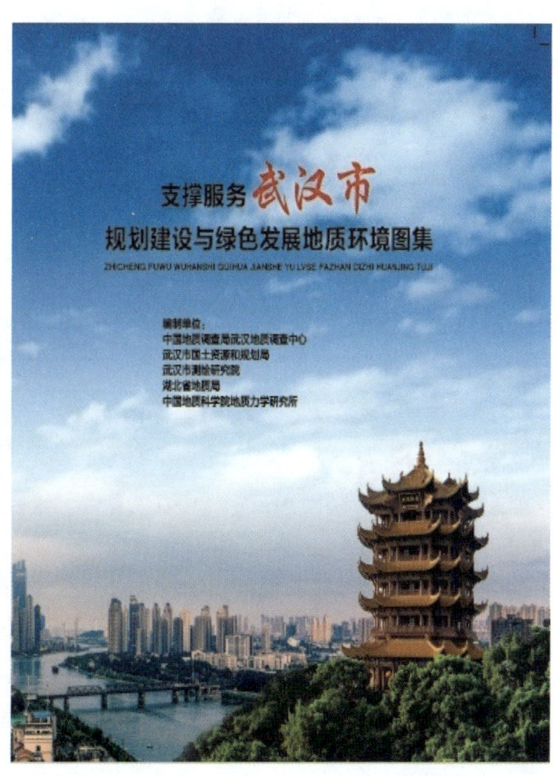

图4-52 图集封面

2.在岸线稳定性评价的基础上，结合拟建工程类型，从地质学角度构建港口码头、过江隧道与过江大桥等重大工程建设适宜性评价模型，采用层次分析法，分别对沿江港口码头、过江大桥、过江隧道等重大工程建设场地的适宜性进行了评价。由评价结果可知，适宜港口码头建设有37段共355km，适宜过江隧道建设有 11 段共 241km,适宜过江大桥建设有 18 段共 390km,分别圈定了各工程类型建设场地适宜、较适宜、基本适宜和不适宜区段(图 4-53~图 4-55),并针对不同适宜类型提出相应对策建议,保证地质安全,为重大工程规划提供地学理论依据,促进长江中游岸线资源科学合理开发利用与有效保护。

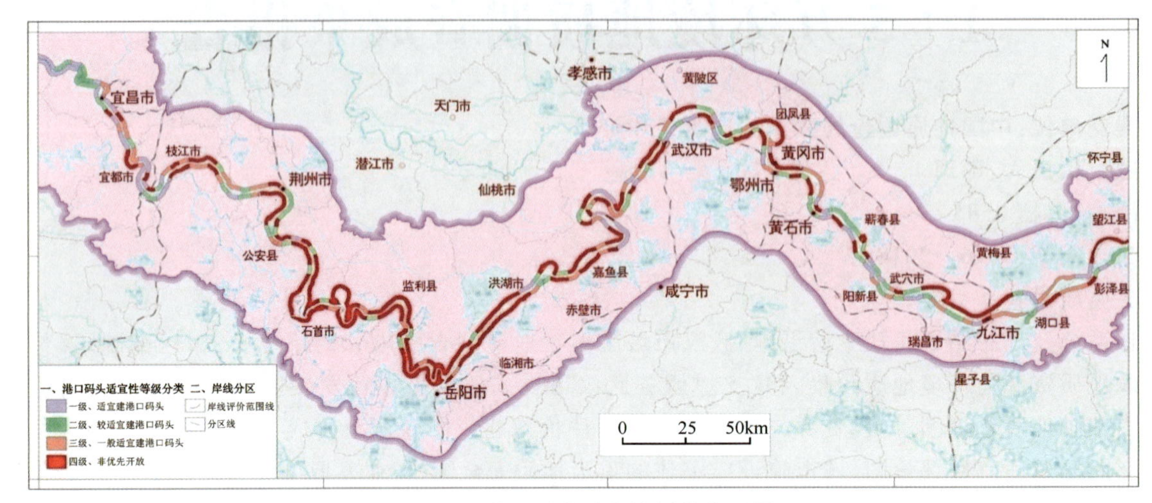

图 4-53　港口码头适宜性评价分区图

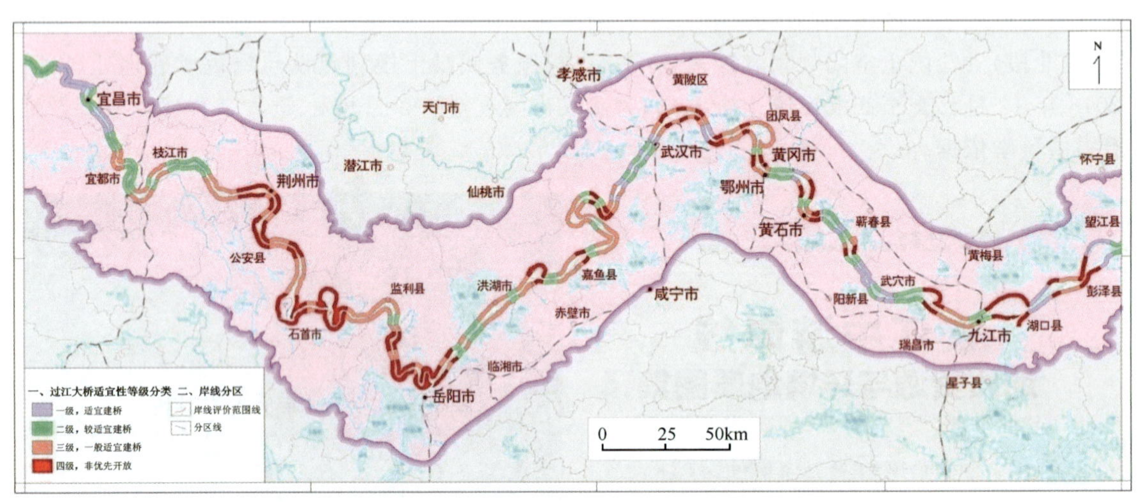

图 4-54　过江大桥适宜性评价分区图

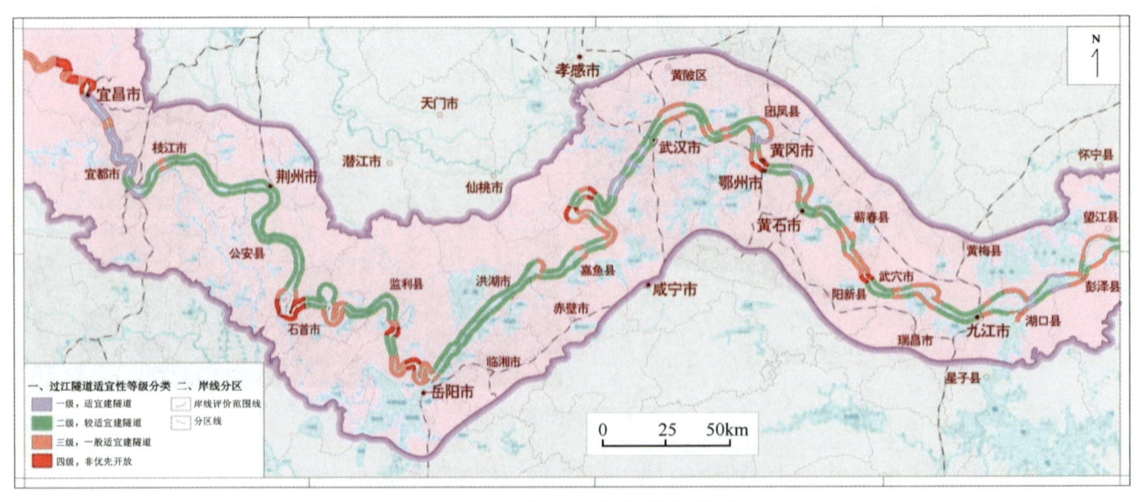

图 4-55　过江隧道适宜性评价分区图

3. 按照平面上分区、垂向上分层方式，对武汉市主城区地下空间资源分0～10m、10～30m、30～50m 3个层次进行了评价。其中，武汉市主城区0～10m适宜和较适宜地下空间开发面积为476km²，可用于地下综合体和各类管道等市政设施建设；10～30m适宜和较适宜地下空间开发面积为450km²，可用于地下综合廊道和地下轨道交通建设；30～50m适宜和较适宜开发的面积为510km²，可用于地下综合廊道、地下轨道交通和特殊地下工程等建设。同时，结合评价结果编制了适宜性评价分区图，支撑服务武汉市城市地下空间资源的开发利用。

4. 通过水文地质测绘、地球物理勘探、水文地质钻探、抽水试验等工作，查明了董市、宜都、江口、蕲州等图幅的地下水类型与分布，含水岩组的埋藏条件及富水性、水化学特征及补径排等水文地质条件，并对地下水资源进行计算，编制了水文地质图及说明书，提高了上述图幅的水文地质研究程度，为该区域地下水资源开发利用和科学管理提供了地质依据。

长江中游武汉—黄石沿岸段1∶5万蕲州幅环境地质调查成果报告

提交单位：湖北省地质环境总站

项目负责人：邹安权

档案号：档0583-02

工作周期：2016年

主要成果：

区内水文地质条件较复杂，地下水可归为松散岩类孔隙水、基岩裂隙水和碳酸盐岩类裂隙岩溶水3种类型。其中孔隙承压水地下水类型为HCO_3-Ca型或$HCO_3\cdot SO_4-Ca$型水，呈中性—弱碱性，属中硬—硬淡水，水质较差—良好；碎屑岩裂隙水类型以HCO_2-Ca型或$HCO_3-Ca\cdot Mg$型水为主，呈中性—弱碱性，属软—硬淡水，水质良好占50%；岩浆岩风化裂隙水类型为$HCO_3-Ca\cdot Na$型水，呈中性—弱碱性，属软—中硬淡水，水质良好占75%；变质岩风化裂隙水化学类型为HCO_3-Ca型或$HCO_3-Ca\cdot Mg$型，呈中性—弱碱性，属软—硬淡水，水质优良占70%；碎屑岩夹碳酸盐岩裂隙水类型为$HCO_3-Ca\cdot Mg$型，弱碱性，属软—中硬淡水，水质较差。

松散堆积层孔隙水是调查区内具有远景供水意义的地下水，下部孔隙承压水补给源充足、水量丰富。碳酸盐岩裂隙岩溶水由于其岩性组合、断裂和岩溶发育程度的差异，含水层的富水性极不均一，给开发利用带来了一定的困难，相对富水的几个地段可以作为调查区内有供水意义的地下水开发利用地段。基岩裂隙水富水性较差，水量贫乏，无集中供水意义，适宜作为分散居民的生活用水水源。

碳酸盐岩岩溶水类型分为裸露型碳酸盐岩岩溶水和覆盖-埋藏型碳酸盐岩岩溶水，地下水化学类型以HCO_3-Ca型或$HCO_3-Ca\cdot Mg$型为主。裸露型碳酸盐岩岩溶水富水性不均，多数泉流量分富水性微弱（100～500m³/d）及弱（10～100m³/d）两级，局部凤凰山矿区泉水流量超过2000m³/d，水量中等，水质优良，呈弱碱性，属中硬—硬淡水；覆盖-埋藏型岩溶水富水性弱，钻孔单井涌水量小于100m³/d，呈中性—弱碱性，属软—高硬淡水，水质优良约占50%。

调查区碳酸盐岩分为裸露型、覆盖型和埋藏型3种类型。其中裸露型碳酸盐岩共有6个条带，总体呈近东西向条带状分布，分布面积15.42km²，占调查区总面积的7.71%；覆盖型碳酸盐岩分布面积21.63km²，占调查区总面积的10.82%；埋藏型碳酸盐岩分布面积3.2km²，占调查区总面积的1.50%。

调查区下三叠统大冶组、嘉陵江组灰岩，下震旦统灯影组白云质灰岩，岩溶发育强烈，线溶率一般大于10%;下奥陶统红花园组、南津关组,石炭系黄龙组白云岩、白云质灰岩,岩溶发育中等;下寒武统灰岩、泥质条带灰岩,中二叠统栖霞组、茅口组灰岩,岩溶发育弱。

调查区裸露型岩溶区,依据地面调查结果,分为岩溶发育强烈区、岩溶发育中等区、岩溶发育弱区3个大区及8个亚区。覆盖型岩溶发育区,土层结构以单层结构为主,次为双层结构。

调查区岩溶塌陷动力模式归为以下4类:潜蚀-重力(自重)致塌模式、岩层顶板破坏-垂直渗压致塌模式、岩层顶板破坏-渗流液化致塌模式、水击-渗流液化致塌模式。

从工程地质的角度对调查区内岸坡结构类型进行划分,土质岸坡所占比例最大,其中左岸土质岸坡岸线长170km,占左岸岸线总长的51.52%;右岸土质岸坡岸线长120km,占右岸岸线总长的42.11%。砂土复合岸坡左岸岸线长90km,占左岸岸线总长的27.27%;右岸砂土复合岸坡岸线长65km,占右岸岸线总长的22.81%。

从岸线稳定性评价结果来看,调查区内左岸稳定岸线长105km,右岸为170km,分别占本岸岸线资源总量的31.82%和59.65%。

采用层次决策分析方法(AHP)系统地评价了长江中游沿岸簰洲湾—武穴沿岸段地质环境质量。按照安全性和经济性相结合的原则划分出了Ⅰ级适宜区段港口码头15个,过江隧道10个,长江大桥11个。

基于优势持力层埋深和河势特征等因子评定的长江大桥工程适宜性Ⅰ级区段主要分布在汉南区—阳逻、团林岸—武穴河段。

通过收集整理多方面资料,确定了棋盘洲大桥桥址区各评价因子的分值,然后进行计算汇总,得到其适宜性评分为66.58分,评价结论为较适宜建桥。

通过收集整理资料,确定了武汉轨道交通10号线过江隧道隧址区各评价因子的分值,计算汇总后得分为61.17分,按评价等级划分为适宜建隧等级。

长江中游武汉—黄石沿岸段1∶5万富池口幅环境地质调查成果报告

提交单位:湖北省地质环境总站

项目负责人:邹安权

档案号:档0583-05

工作周期:2018年

主要成果:

根据调查区地下水的赋存情况,将调查区内地下水分为松散岩类孔隙水、碎屑岩类裂隙水、岩浆岩类裂隙水、变质岩类裂隙水、碳酸盐岩类岩溶裂隙水,其中松散岩类孔隙水由全新统孔隙潜水含水岩组和全新统孔隙承压水含水岩组构成,赋存于第四系松散地层的孔隙中,碎屑岩类裂隙水赋存于上白垩统—新近系、侏罗系、三叠系地层裂隙中,岩浆岩类裂隙水赋存于燕山期侵入岩裂隙中,变质岩类裂隙水赋存于震旦系、青白口系变质岩风化裂隙中,碳酸盐岩类岩溶裂隙水赋存于三叠系、二叠系、石炭系、奥陶系、寒武系、震旦系的碳酸盐岩岩溶裂隙、溶洞中。

第四系孔隙潜水接受大气降水补给,自高处向较低处渗流,通过蒸发、蒸腾排泄;第四系孔隙承压水与地表水有紧密的水力联系,主要补给来源是长江水的侧向补给,其次是基岩裂隙水、碳酸盐岩类岩溶裂隙水、大气降水,径流受控于长江水位变化,丰、枯水期径流发生转变,枯水期向长江排泄;碎屑岩类裂隙水主要接受大气降水入渗补给，沿含水岩组裂隙运移，受到隔水岩层阻隔后向低处泄出；岩浆岩风化裂隙水主要接受大气降水的补给，以岩体为中心向四周运动，局部地段由分水岭线向沟底方向运动，一部分通过泉水排泄于地表，一部分通过接触带侧向补给其他含水岩组；变质岩风化裂隙水源于大气降水，地下水仅作短程径流，呈近源分散状渗流或在坡脚以泉的形式泄出；碳酸盐岩岩溶裂隙水主要接受大气降水入渗补给，覆盖-埋藏型碳酸盐岩岩溶水含水层与长江有水力联系，地下水径流沿岩石层面、裂隙或导水构造由上至下进行径流，排泄以向调查区外岩溶含水层进行排泄为主，部分以泉的形式在调查区内进行排泄。

调查区内碳酸盐岩地层分布范围较大，主要岩性为灰岩、泥质灰岩、球粒灰岩、生物碎屑灰岩、瘤状灰岩、角砾状灰岩、含燧石结灰岩、白云岩、白云质灰岩等；根据不同的时代地层、岩性组合、结构特征及岩溶发育程度，可划分为8个碳酸盐岩条带；根据成因及形成条件可分为裸露型岩溶区、覆盖型岩溶区和埋藏型岩溶区。岩溶强发育区面积约为143.17km^2，位于低山区，基岩裸露良好；岩溶中等发育区分布面积约为9.18km^2，位于富池镇和竹林山；岩溶弱发育区面积为1.30km^2，分布于武穴市大法寺镇—月塘一带。

调查区内存在的环境地质问题主要有特殊土类问题、地质灾害问题、矿山环境地质问题、长江岸坡稳定性问题等。特殊土类问题为软土导致的地基不均匀沉降；地质灾害主要有滑坡、崩塌及地面塌陷等，规模以小型为主，无大型地质灾害，危害程度相对较大；由于阳新、武穴矿山开发程度剧烈，矿山环境地质问题比较突出，主要有矿山开采对地形地貌景观破坏及土地占用、矿山开采造成的地下含水层破坏、矿区水土环境污染等。调查区内长江岸坡历史上有管涌发生，目前堤岸经过加固治理，岸坡稳定。

根据岩石类型、岩性组合、结构特征及力学性质，将调查区内岩土体划分为碳酸盐岩工程地质岩类、碎屑岩工程地质岩类、岩浆岩工程地质岩类、变质岩工程地质岩类、松散土体工程地质岩类5个工程地质岩类，10个工程地质亚类和20个工程地质岩组，其中碳酸盐岩工程地质岩类分布面积约150.23km^2，占调查区总面积的33.38%。

根据调查区地质条件的特点，将调查区划分为长江冲积平原工程地质区、垄岗岩土体平原工程地质区、低山—丘陵岩体工程地质区3个工程地质区及7个工程地质亚区，其中Ⅰ级阶地冲积土体工程地质亚区($Ⅰ_1$)、低垄岗上更新统土体工程地质亚区($Ⅱ_1$)、丘陵岩浆岩工程地质亚区($Ⅲ_1$)工程地质条件相对较好，可满足一般规模工程建设(图4-56)。

调查区内地灾防治分为4个重点防治区和一般防治区，对于重点防治区通过监测、工程治理及一些保护性措施进行地质灾害防治；划分1个矿山地质环境重点保护区、7个矿山地质环境预防区、1个矿山地质环境治理区，针对不同的防治目标，分别采取矿山生态环境保护、矿山地质环境监测、矿山地质环境保护等措施进行防治；调查区内软土的防治可采取碾压及夯实、换填垫层、排水固结、振密挤密、置换及拌入、加筋、灌浆等技术进行处理；长江岸堤处可通过坝前拦堵、坝后疏导、围堰等方法对管涌进行处置。

建立长江岸线稳定性评价模型，采用层次决策模型，确定层次结构，确定适应性指标及权重，划分出富池闸—郝礼堂较稳定岸段、马机—田家镇不稳定岸段，其中后者为地质灾害高发区。

调查区内可考虑在余家湾、沙村街两处作为兴建港口的场地候选；鲤鱼山水道淤积较为严重，需要疏浚河道，提高通航水平和运营安全保障；长江左岸属蕲春县蕲州镇新塘村，长江右岸属阳新县黄颡口镇，侧船地适宜修建跨江大桥，大桥类型宜选用单跨悬索桥。

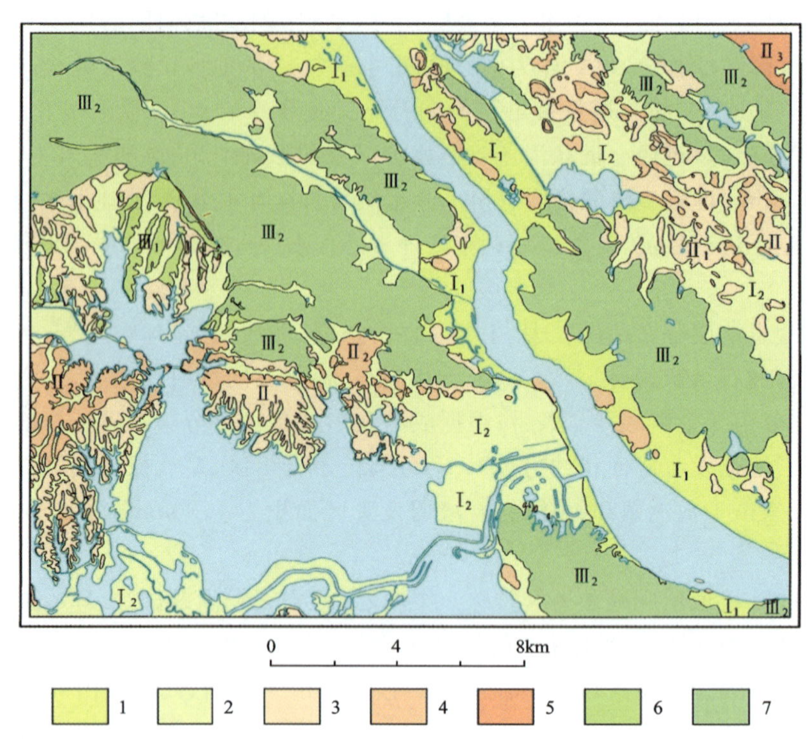

1. Ⅰ级阶地冲积土体工程地质亚区(Ⅰ$_1$);2. Ⅰ级阶地湖积平原土体工程地质亚区(Ⅰ$_2$);3. 低垄岗上更新统土体工程地质亚区(Ⅱ$_1$);4. 垄岗沉积岩工程地质亚区(Ⅱ$_2$);5. 垄岗变质岩工程地质亚区(Ⅱ$_3$);6. 丘陵岩浆岩工程地质亚区(Ⅲ$_1$);7. 低山-丘陵沉积岩工程地质亚区(Ⅲ$_2$)。

图 4-56　调查区工程地质分区图

武汉多要素城市地质调查 2018 年度成果报告

提交单位:中国地质调查局武汉地质调查中心

项目负责人:裴来政

档案号:档 0583-06

工作周期:2018 年

主要成果:

1. 完成了 1∶5 万黄陂县幅工程地质调查,编制了 1∶5 万黄陂县幅工程地质图和说明书,建立了图幅数据库,开展了黄陂县幅区域范围内工程建设适宜性分区评价。

2. 完成了长江新城起步区综合工程地质勘查,进行了长江新城起步区工程建设适宜性分区评价和长江新城起步区地下空间开发适宜性分区评价,并编写了长江新城起步区国土空间规划地学建议报告。

3. 完成了长江新城起步区 1∶1 万土地质量化学调查评价,从土壤质量地球化学综合评价结果来看,长江新城起步区中等及中等以上土壤面积占比为 96.24%,土壤质量总体上优良,建议对长江新城起步区的优质耕地加大保护力度。

4. 开展了岩溶塌陷机理及快速探测技术开发、水土污染机理及重金属元素在水-土作物中聚散过程、长江新城资源环境承载能力评价、长江新城武湖、东湖和梁子湖地微生物调查与气候环境变化以及城市地质文化资源调查与应用开发等专题研究,形成一批阶段性专题研究成果,为全面开展武汉多要素城市地质调查工作打下了较好的基础。

5. 编制了一套科普挂图,开展了科普宣传工作,取得了较好的科普宣传效果。

琼东南经济规划建设区1:5万环境地质调查成果报告

提交单位：中国地质调查局武汉地质调查中心

项目负责人：余绍文

档案号：档0586

工作周期：2016—2018年

主要成果：

1.查明了调查区不同含水岩组特征及其富水性特征。

定安-琼海地区松散岩类孔隙水含水岩组主要分布于琼海市万泉河及其支流沿岸一带，含水层厚度一般2.5～10.1m，地下水位埋深一般0～7.3m，民井单位涌水量一般24～28.8m^3/(d·m)，水量中等；玄武岩类孔洞裂隙水含水岩组在龙门镇九温塘—岭口镇—翰林镇一带，水量丰富，钻孔涌水量119.23～933.03m^3/d，泉流量4.459～37.4 L/s；黄竹以东的东排村—保山水库一带，水量中等，钻孔涌水量332.99m^3/d，泉流量1.325～13.148L/s；而在龙门镇以东—黄竹镇—大路镇、黄竹镇—甲子镇一带，水量贫乏，钻孔涌水量4.32～22.29m^3/d，泉流量0.08～0.794 L/s；一般碎屑岩裂隙孔隙水含水岩组广泛分布于区内定安雷鸣、长昌、琼海嘉积、官塘一带，水量贫乏为主，局部中等，钻孔涌水量7.86～126.23m^3/d；红层裂隙孔隙水含水岩组广泛分布于定安雷鸣、琼海嘉积、官塘、石壁一带，水量以贫乏为主，局部中等，钻孔涌水量6.05～126.23m^3/d；花岗岩类裂隙水含水岩组广泛分布于东红农场—万泉镇—中瑞农场一带，新市乡—嘉积镇—万泉镇一带水量中等，钻孔涌水量44.32～240.11m^3/d，泉流量1.961L/s；其他地段水量贫乏，钻孔涌水量3.97～227.49m^3/d。变质岩类裂隙水含水岩组零星分布于东升农场、中瑞农场等地区，水量贫乏，钻孔涌水量12.44～29.72m^3/d。

三亚-陵水地区松散岩类孔隙潜水钻孔涌水量0.76～2 212.16m^3/d；松散—半固结岩类孔隙承压水含水岩组富水性丰富—贫乏，钻孔涌水量16.84～3 473.66m^3/d；基岩裂隙水含水岩组富水性中等—贫乏，钻孔涌水量0.50～784.08m^3/d；覆盖型碳酸盐岩类裂隙溶洞水含水岩组富水性丰富—贫乏，钻孔涌水量8.99～5 044.42m^3/d。

2.圈定6处后备水源地，可开采量为42.84×10^4m^3/d。

在龙门镇圈定1处后备水源地，允许开采量为35.48×10^4m^3/d；在三亚-陵水地区圈定5处后备水源地，允许开采量为7.36×10^4m^3/d，应急期90d，基本可以满足99万人应急供水需求(图4-57)。其中，高峰、南岛农场、大茅应急地下水源地在地理位置、地质环境条件、开发条件具备集中开发的优势，建议作为地下水源地示范点，积极推进各项工作。

3.调查区地下水天然补给资源量为12.57×10^8m^3/a，可开采资源量为4.44×10^8m^3/a，地下水开发潜力大；水质总体优良，局部地区存在Fe、Mn、F离子超标现象。

定安-琼海地区天然补给资源量为6.72×10^8m^3/a，可采资源量为1.14×10^8m^3/a。三亚-陵水地区天然补给资源量为5.85×10^8m^3/d，可采资源量为3.3×10^8m^3/a。

由于地表水资源丰富及该地区富水性普遍较差的水文地质条件，导致该地区地下水利用率较低。但在季节性缺水严重的情况下，地下水可作为该地区安全供水的必要补充。

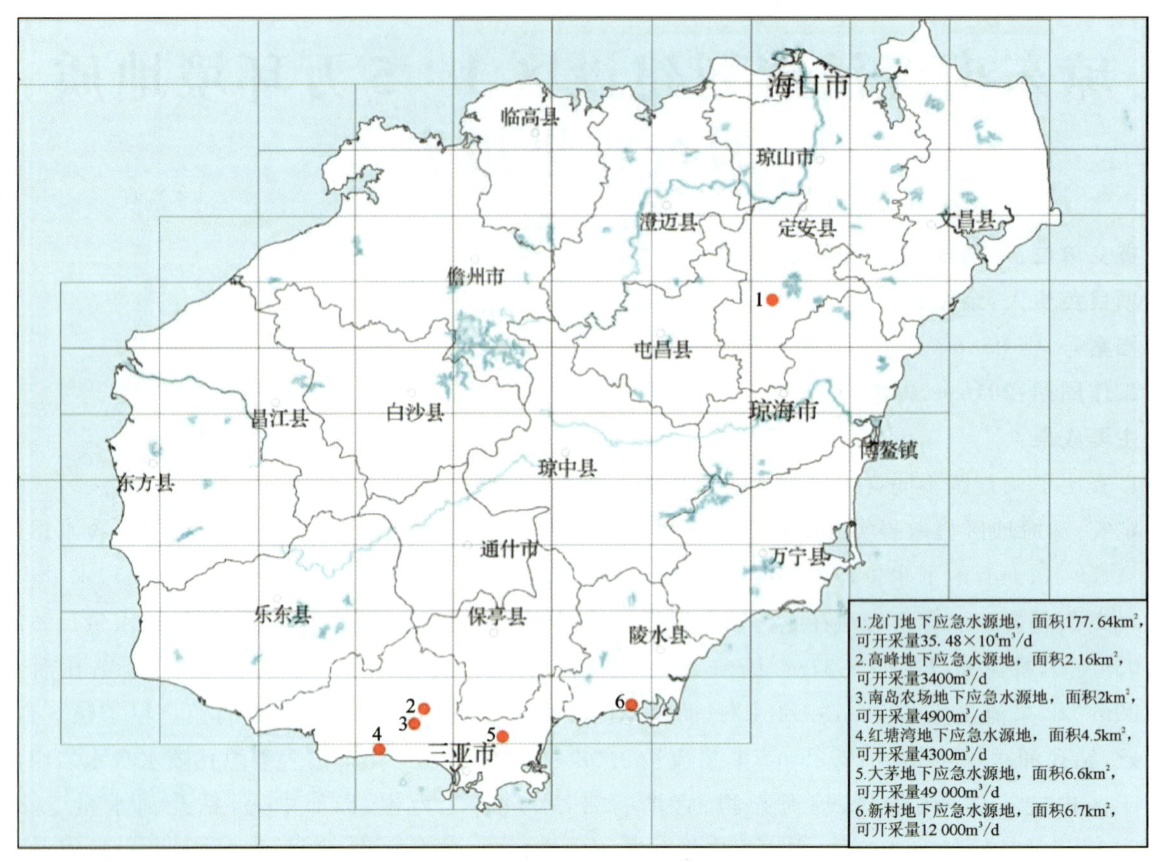

图 4-57　调查区地下应急水源地分布图

调查区地下水质量普遍较好。评价结果表明，定安-琼海地区地下水质量较好，大部分区域地下水水质达到了Ⅲ类或以上标准，主要分布在雷鸣幅大部分地区，琼海县幅西南部地区。超标水质主要分布在龙门幅以及琼海市周边地区。

4.区内地热田众多，可开采量为 $870.605\times10^4 m^3/a$，可开采热量为 $1.585\times10^{12} kJ/a$，水温在 32～78℃之间，多属氟、硅型医疗热矿水，地热资源开发潜力大。

因地处北东向的文昌-琼海-三亚断陷带地热集中区，调查区主要分布有官塘温泉、蓝山温泉、石壁温泉，以及凤凰山庄、海坡、半岭、林旺、南田、高峰和红鞋等地热田(图 4-58)。多个地热田的偏硅酸、氟含量达到《理疗热矿水水质标准》命名矿水浓度，具有很高的理疗价值。

5.琼海地区分布富含偏硅酸地下水。

富含偏硅酸的地下水主要分布在琼海万泉河沿岸河流阶地以及图幅中部的东升农场地区，地下水类型以碎屑岩类裂隙孔隙水和花岗岩类裂隙水为主(图 4-59)。69.1%的水样数据表明 H_2SiO_3 浓度超过 25mg/L，水温均高于 25℃，达到天然矿泉水标准。其成因主要是具有富硅的侵入岩、玄武岩为地下水提供偏硅酸物源，以及偏酸性的地下水环境(图 4-60)和以 $Ca-HCO_3$ 型、$Na\cdot Ca-HCO_3$ 型为主的水化学类型有利于偏硅酸的富集。

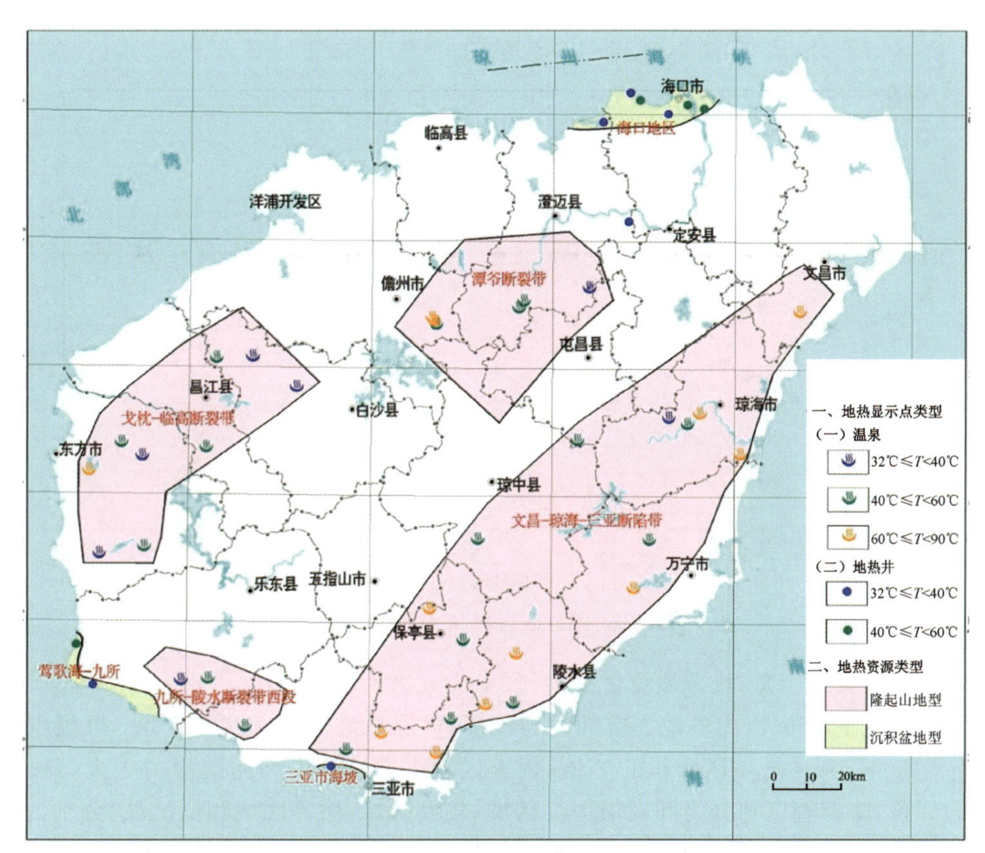

图 4-58　区域地热资源分布与分区图

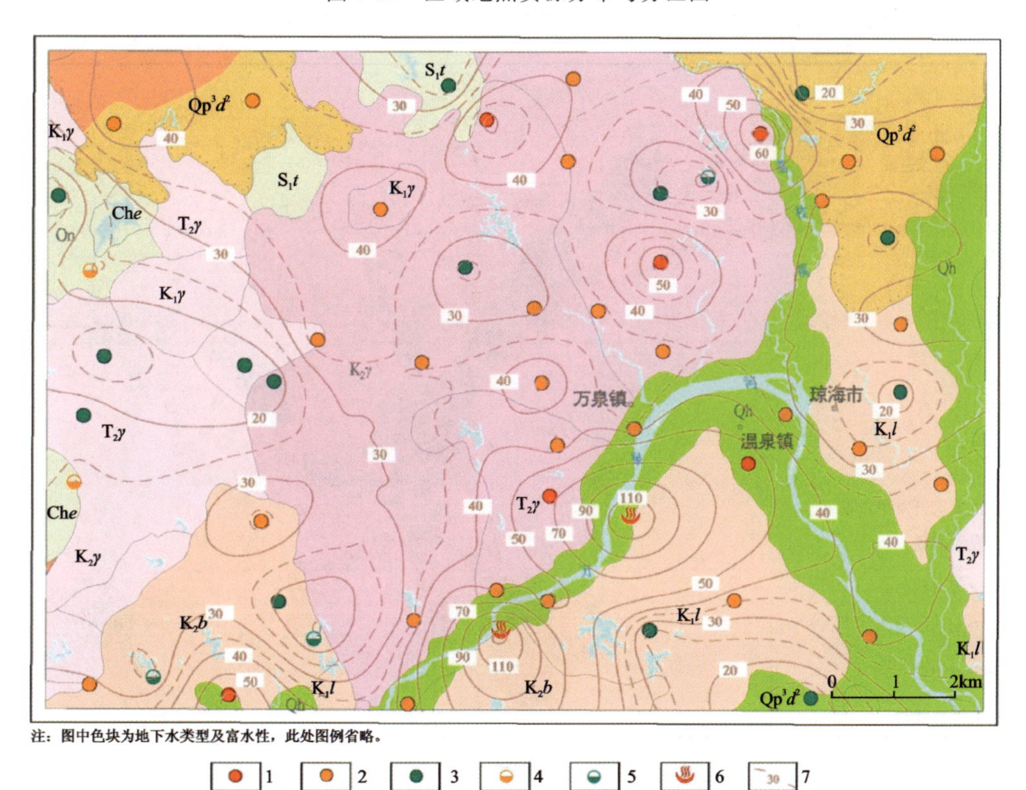

注：图中色块为地下水类型及富水性，此处图例省略。

1. 理疗矿泉水点（H_2SiO_3≥50mg/L）；2. 饮用矿泉水点（H_2SiO_3≥25mg/L）；3. 非矿泉水点；4. 地表水点（H_2SiO_3≥25mg/L）；5. 一般地表水点；6. 温泉点（H_2SiO_3≥50mg/L）；7. H_2SiO_3浓度等值线。

图 4-59　琼海县幅天然矿泉水点分布与偏硅酸等值线图

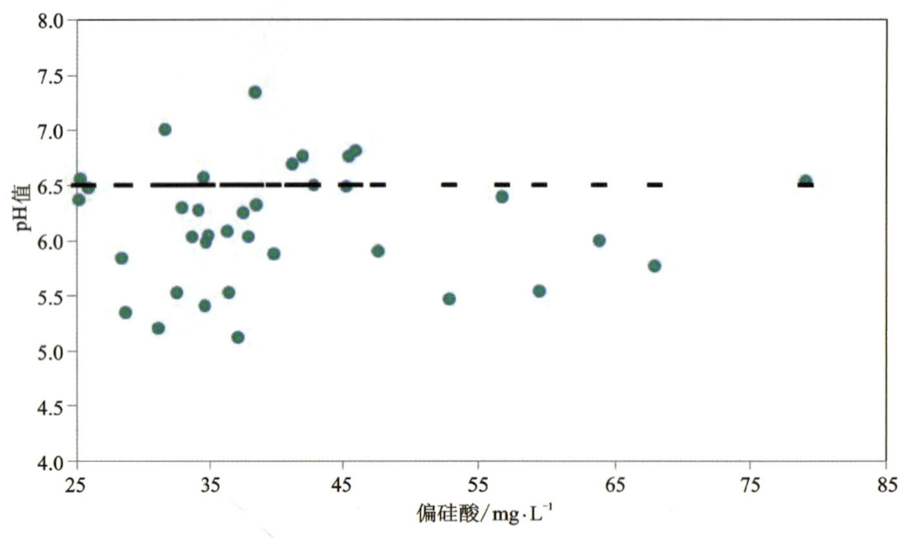

图 4-60　偏硅酸含量与 pH 的关系图

6.三亚地下空间资源丰富,资源质量优良,开发潜力较大。

调查区仅开发地下 15m 以内的地下空间时,其空间资源总量达 $11.28\times10^8 m^3$,可提供的建筑面积 $376km^2$,相当于整个三亚中心城区面积的 2 倍,调查区地下空间开发利用的潜力很大。根据地下空间资源开发潜力评价,将调查区划分为开发潜力高区域、较高区域、中等区域和低区域,分别占调查区面积的 18.00%、64.80%、15.70%和 1.50%(图 4-61)。开发潜力低的区域主要是因为分布软—流塑状的淤泥和淤泥质土,地基承载力低,工程性质较差,不适宜进行地下空间开发和利用。

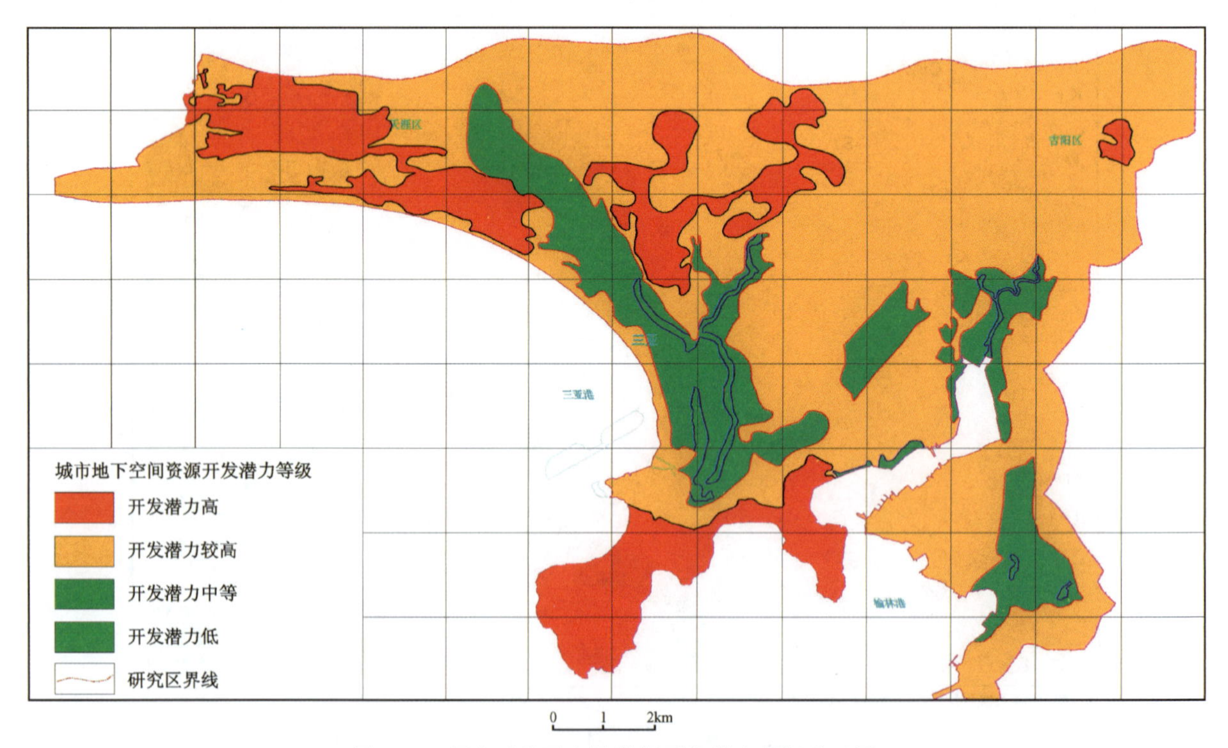

图 4-61　调查区地下空间资源开发潜力等级分区图

7.强化成果应用,提高了项目成果的社会效益。

调查区主要分布花岗岩和红层砂岩,地下水较为匮乏,季节性缺水严重。项目钻探施工中均采用"探采结合"施工方法,为当地提供了62口水井,能有效缓解当地生活用水困难。

在洋浦地区建立2孔地下水监测井,已并入海南省地下水监测网(图4-62)。

图4-62　监测井现场

琼东南经济规划建设区1∶5万环境地质调查（雷鸣县幅、龙门市幅、琼海县幅）成果报告

提交单位:中国地质调查局武汉地质调查中心

项目负责人:余绍文

档案号:档0586-01,档0586-03,档0586-05

工作周期:2016—2018年

主要成果:

一、水文地质

(一)细致划分了不同含水岩组的富水性特征

松散岩类孔隙水含水岩组主要分布于琼海市万泉河及其支流沿岸一带,含水层主要为一套河流冲积、冲洪积松散沉积物,岩性以中粗砂、细砂为主,含水层厚度一般2.5～10.1m,地下水位埋深一般0～7.3m,民井单位涌水量一般24～28.8m^3/d,水量中等。

玄武岩类孔洞裂隙水含水岩组在龙门镇九温塘—岭口镇—翰林镇一带,水量丰富,钻孔涌水量119.23～933.03m^3/d,泉流量4.459～37.4L/s;黄竹以东的东排村—保山水库一带,水量中等,钻孔涌水量332.99m^3/d,泉流量1.325～13.148L/s;而在龙门镇以东—黄竹镇—大路镇、黄竹镇—甲子镇一带,水量贫乏,钻孔涌水量4.32～22.29m^3/d,泉流量0.08～0.794L/s。

一般碎屑岩裂隙孔隙水含水岩组广泛分布于区内定安雷鸣、长昌,琼海嘉积、官塘一带,主要为白垩系和古近系砂岩、砂砾岩、含砾砂岩、砾岩等,其间常夹有泥岩构成的相对阻水层。局部地方受构造影响裂隙较发育,构造裂隙成为地下水的含水及流动通道,使得该类地下水存储分布不均,水量贫乏为主,局部中等,钻孔涌水量7.86～126.23m^3/d。

红层裂隙孔隙水含水岩组广泛分布于定安雷鸣、琼海嘉积、官塘、石壁一带,含水层岩性主要为白垩系砂砾岩、含砾砂岩、砾岩等,其间常夹有泥岩构成的相对阻水层,节理裂隙一般弱发育,水位埋深一般小于6m。局部地方受构造影响裂隙较发育,构造裂隙成为地下水的含水及流动通道,使得该类地下水存储分布不均，水量以贫乏为主，局部中等，钻孔涌水量 6.05～126.23m^3/d。

花岗岩类裂隙水含水岩组广泛分布于东红农场—万泉镇—中瑞农场一带，含水层岩性主要为花岗岩、花岗闪长岩、花岗斑岩以及浅部风化残积土等。裂隙以北东向、北西向组最为发育，多为张裂隙，但宽度不超过 0.5cm，地下水与此两组裂隙有密切关系。地下水埋深不超过 8m，一般埋深在 2m 以内。新市乡—嘉积镇—万泉镇一带水量中等，钻孔涌水量 44.32～240.11m^3/d，泉流量 1.961L/s；其他地段水量贫乏，钻孔涌水量 3.97～227.49m^3/d。

变质岩类裂隙水含水岩组零星分布于东升农场、中瑞农场等地区，含水层主要为志留系陀烈组、奥陶系南碧沟组、中元古界峨文岭组云母石英片岩、千枚岩、变质粉砂岩等，覆盖层厚度在 3.80～21.50m 之间，地下水位埋深 2.33～7.16m，水量贫乏，钻孔涌水量 12.44～29.72m^3/d。

（二）基本查明了水文地质条件、水化学特征

1.以含水介质的类型、结构构造特征为主要依据，将区内地下水共划分为松散岩类孔隙水、玄武岩类孔洞裂隙水、碎屑岩类裂隙孔隙水、花岗岩类裂隙水、变质岩类裂隙水 5 个类型，其中碎屑岩类裂隙孔隙水进一步划分为一般碎屑岩裂隙孔隙水、红层裂隙孔隙水 2 个亚类。

2.区内地下水主要接受大气降雨的补给入渗，径流和排泄主要受地形条件和气候因素控制，松散岩类孔隙水接受地表水和基岩裂隙水的补给，向阶地前缘径流，排泄入河；玄武岩类裂隙孔洞水由火山口向四周放射状径流，在台地边缘或陡坎多以泉的形式排泄出露；基岩裂隙水以层间径流为主，受地形切割时，就地排泄。

3.调查区内浅层地下水总体以低矿化度为主要特征，水化学类型复杂多样，无明显的季节性变化。以阴离子划分地下水类型，主要包括 HCO_3型，HCO_3 · SO_4型，HCO_3 · Cl 型，SO_4 · Cl 型及 Cl 型水，其中以 HCO_3型、Cl 型水为主，约占所有样品数量的 77%。以阳离子划分地下水类型，包括 Ca 型、Na · Ca型及 Na 型水，其中以 Na · Ca 型和 Na 型水为主，占所有样品数量的 90%。所有调查的地下水的水化学类型以 Na · Ca - HCO_3 型、Na · Ca - HCO_3 · Cl 型、及 Na - Cl 型或 Na · Ca - Cl 型水为主。

地下水的水化学类型在区域上呈现出山地丘陵区以 HCO_3 - Ca 型水为主，靠近剥蚀波状平原区以 HCO_3 · Cl 型和 Cl 型水为主，具有明显的由山区向平原区演化的规律。

4.本次所调查机(民)井地下水 pH 值的空间分布表现出较强的时空特征。在丰水期，强酸性浅层地下水(pH$<$5.5)零星分布于雷鸣幅、龙门幅西部地区以及琼海县幅中部，主要集中在人口稀少的地区。在枯水期，强酸性浅层地下水(pH$<$5.5)主要分布在龙门幅和琼海县幅大部分区域，在不同季节表现出明显差异。中性浅层地下水(6.5$<$pH$<$8)丰水期仅在琼海西部及南扶水库附近等区域零星分布，枯水期在雷鸣幅大部分区域均为中性地下水。调查区其他区域浅层地下水主要以弱酸性为主(5.5$<$pH$<$6.5)。

5.地下水中氯离子浓度空间分布最突出的特点是滨海平原区和剥蚀平原区氯离子浓度较高，而在琼海幅西南丘陵山地区浓度较低。丰水期和枯水期地下水中氯离子含量分布并未发现明显变化，在龙门—雷鸣一带以及琼海市南部地区地下水中氯离子含量总体较高，浓度总体分布在 50～150mg/L 之间，是区内人口分布最为集中的区域；岭口南部—黄竹镇一带地下水中氯离子浓度总体低于 25mg/L。

（三）系统评价了地下水资源量与质量

1.调查区天然补给资源量为 6.72×10^8 m^3/a，可采资源量为 1.14×10^8 m^3/a。由于地表水资源丰富

及该地区富水性普遍较差的水文地质条件，该地区地下水利用率较低。但在该地区季节性缺水严重的情况下，地下水可作为该地区安全供水的必要补充。

2.调查区地下水质量普遍较好。评价结果表明，定安-琼海地区地下水质量较好，大部分区域地下水水质达到了Ⅲ类或以上标准，主要分布在雷鸣幅大部分地区，琼海幅西南部地区。超标水质主要分布在龙门幅以及琼海市周边地区。

在考虑地下水低 pH 值条件下，雷鸣幅大部分区域及琼海县南部所采样点水质为Ⅲ类及以上，其主要控制指标是 pH。龙门市幅整体地下水质量为Ⅳ类，受到 pH 值影响和局部硝酸盐污染影响，超标指标则是 pH、Fe、NO_3^-、F。

在不考虑地下水 pH 值影响条件下，该地区地下水质量整体为Ⅲ类及以上，仅局部存在硝酸盐污染影响和原生高氟水，水质为Ⅳ～Ⅴ类地下水。

（四）区内地热资源开发潜力大

因地处北东向的文昌-琼海-三亚断陷带地热集中区，调查区主要分布有官塘温泉、蓝山温泉、石壁温泉 3 处温泉点，均出露于琼海万泉河附近。其中官塘温泉已开发利用，地热水允许开采热量 4.29×10^{11} kJ/a，热量开采系数 8.21%，属极具开采潜力区。

（五）琼海地区分布富含偏硅酸地下水

富含偏硅酸的地下水主要分布在琼海万泉河沿岸河流阶地以及图幅中部的东升农场地区，地下水类型以碎屑岩类裂隙孔隙水和花岗岩类裂隙水为主。69.1%的水样数据表明 H_2SiO_3 浓度超过 25mg/L，达到天然矿泉水标准。其成因主要是具有富硅的侵入岩、玄武岩为地下水提供偏硅酸物源，以及偏酸性的地下水环境和以 Ca－HCO_3 型、Na·Ca－HCO_3 型为主的水化学类型有利于偏硅酸的富集。

二、工程地质

1.根据岩土体的形成方式、岩性特征及物理状态，把岩体划分为岩性组、岩性综合体、岩性类型三级；土质类型的划分以粒度为基础，结合塑性指数进行，在划分类型的基础上，通过归并或细分，划分为岩性组和岩性综合体两级。根据综合体在垂向上的分布情况，进行结构类型的划分。以 50m 深度为限，按综合体的数量划分为单层、双层和多层 3 种结构类型，再按上部 3 个综合体的不同组合关系，划分出多种结构类型。

2.以地貌条件、新构造运动和岩土体工程地质特征为主要依据，结合物理地质现象、环境工程地质问题和水文地质条件等因素，并考虑地域上的连续性，对调查区进行工程地质分区，共划分为 3 个工程地质区和 5 个亚区。各分区工程性质良好，可作为各类建筑基础持力层或桩端持力层。

三、环境地质

调查区内主要环境地质问题为地下水酸化和硝酸盐污染。

1.除琼海万泉河沿岸河流阶地、黄岭火山口周边、雷鸣镇以北的剥蚀堆积平原区弱酸性地下水呈点状、串珠状分布外，其余地区均广泛分布弱酸性地下水。pH 值小于 5.5 的弱酸性地下水，主要分布于黄竹—大路一带的火山岩台地、火山台地与剥蚀堆积区交接地带及周边，地下水类型以玄武岩类孔洞裂隙水、花岗岩类裂隙水为主。调查区内地下水总体呈现弱酸性，与当地大气降水的酸化以及水岩相互作用密切相关。

2.区内硝酸盐污染较为严重的地区主要分布在雷鸣—龙门镇一带以及琼海市周边区域。大气降水淋滤土壤携带大量含氮物质及硝酸盐进入地下水中,是该地区地下水硝酸盐含量升高的主要因素;从污染来源来看,同时受到畜禽养殖和生活污水的共同影响,其中畜禽养殖是该地区地下水硝酸盐含量升高的最直接来源。

四、专题

1.在龙门镇地区圈定1处后备水源地,允许开采量为9 998.45×10^4 m^3/a。圈定龙门岭-黄岭后备水源地,其含水岩组为道堂组玄武岩,孔洞发育。经计算,可采资源量为9 998.45×10^4 m^3/a,远小于降雨入渗补给量16 223.63×10^4 m^3/a。开采量能得到保障,且能在下一个水文年接受降雨的补给下恢复。

2.总结了海南海岸带含水层调查评价方法。对海南岛海岸带含水层调查评价技术方法进行了系统梳理和总结。海岸带含水层调查评价是通过地面测绘、物探、钻探、水文地球化学分析及动态监测等技术方法,查清海岸带含水层结构和分布特征,获取单一含水层的资源和环境质量信息及动态变化和发展趋势。

3.土壤重金属有效态分析研究。

(1)建立三亚南岸马岭-南山岭土壤中重金属总量分析方法体系,针对不同重金属测试指标,确定了最优溶样条件。

(2)建立起一套海南岛土壤中重金属污染元素及其形态分布的分析方法。

(3)探讨出重金属元素Cu、As、Cr、Ni、Zn、Pb有效态与重金属全量存在一定的负相关性,Cd和Hg与其他6种元素大体类似,全量与有效态提取率呈现负相关,但趋势不明显。

(4)在一定地质背景下,随着采样深度的加深,pH值升高,重金属含量降低,重金属提取率反而升高。

4.海南岛资源环境承载力评价。在对土地资源、水资源、地质遗迹资源、地质环境、水环境、土壤环境6个单要素评价的基础上,进行了海南岛资源环境承载力综合评价以及国土资源功能区划,并系统总结了不同尺度下资源环境承载力评价指标体系与评价方法。

五、强化成果应用,提高了项目成果的社会效益

1.调查区主要分布花岗岩和红层砂岩,地下水较为匮乏,季节性缺水严重。项目钻探施工中均采用"探采结合"施工方法,为当地提供了33口水井,能有效缓解当地生活用水困难。

2.在洋浦地区建立2孔地下水监测井,已并入海南省地下水监测网。在洋浦工业区临海区域施工2口地下水监测井,井深分别达到140m和300m,用于监测洋浦地区第Ⅱ层和第Ⅲ+Ⅳ层地下水动态和环境变化,为海岸带跨区含水层评价与管理研究提供基础支撑。监测点建设严格按照国家地下水监测工程要求进行施工和评价工作。该井施工质量可靠、监测设备稳定先进,数据精准,建设质量得到海南省国家地下水监测工程管理部门的认可,并纳入海南省地下水监测网进行管理和运行,补充了洋浦地区地下水监测网的空白。

3.结合地方政府的扶贫工作,为雷鸣镇竹根田村和美南村施工了2口水井。水井水质优良,有效解决了当地的用水难题,得到地方政府和定安县扶贫办认可。

琼东南经济规划建设区高峰幅、马岭市幅 1∶5万环境地质调查成果报告

提交单位：海南省地质调查院、海南省地质综合勘察院

项目负责人：王斌

档案号：档0586-02

工作周期：2016—2017年

主要成果：

1.区内地质背景复杂，地下水类型众多，含水介质以及补径排条件的差异导致水化学、地下水动态以及富水程度差别较大。

调查区地貌类型较为简单，包括低山丘陵、剥蚀堆积平原、冲洪积和滨海堆积平原及海岛。调查区内地层较为齐全，地质构造发育，断陷作用形成的沉积盆地广泛分布，复杂沉积环境导致区内地下水类型众多。

调查区总体划分为孔隙水、裂隙水和岩溶水3类，其中孔隙水主要分布于调查区南部沿海，浅部赋存松散岩类孔隙潜水，中深部赋存松散—半固结岩类孔隙承压水；裂隙水分布于调查区中部、北部，主要赋存块状风化裂隙水、层状风化裂隙和构造裂隙水，小范围赋存碳酸盐岩裂隙溶洞水。松散岩类孔隙潜水、松散—半固结岩类孔隙承压水、碳酸盐岩裂隙溶洞水含水岩组富水性丰富—贫乏；基岩裂隙水富水性总体贫乏，而且分布不均。

调查区地下水化学类型主要包括HCO_3型、HCO_3-Cl型、$Cl-HCO_3$型、Cl型4类。松散岩类孔隙潜水主要包括HCO_3型、HCO_3-Cl型、$Cl-HCO_3$型；松散—半固结岩类孔隙承压水以Cl型为主，次为HCO_3型、$Cl-HCO_3$型；块状风化裂隙水主要包括HCO_3型、HCO_3-Cl型、Cl型；构造裂隙水主要为HCO_3型；碳酸盐岩裂隙溶洞水主要为Cl型。

地下水动态变化主要受降雨影响，地下水位变幅为1.54～4.30m，其中块状岩类风化裂隙水变幅较为接近，一般为1.54～1.97m，最大为4.30m；松散岩类孔隙潜水变幅一般为1.65～4.09m。最高水位一般出现在4—10月，最低水位一般出现在3—5月。

2.区内岩土体类型众多、成因及组合关系复杂，工程地质环境总体基本稳定。

调查区土体包括卵砾石、碎石土、中粗砂、粉细砂、黏土质砂、粉质黏土(沉积型、残坡积型)、花岗岩残坡积砂砾质黏性土、全风化花岗岩(土状)、淤泥类土等类型；岩体包括花岗岩与闪长岩、安山岩、砂砾岩、变质砂岩、灰岩等类型。

根据各岩土体的成因及组合关系，将调查区总体划分为2个工程地质区和17个亚区，其中低山丘陵区1个，亚区9个；平原区1个，亚区8个。

通过区域地壳稳定性、地面稳定性、地基稳定性3个方面的评价，调查区大部分地区工程地质环境基本稳定，中部地质构造、地质灾害发育地区工程地质环境较不稳定，这些地区的工程建设应采取相应的防护措施。

3.地下水酸化、地下水咸化、软土、高氟水问题较发育，应加强保护与监测。

(1)弱酸性水在调查区大部分地区较为发育，分析认为，地下水酸化主要受弱酸性降雨、含水介质上部覆盖层本身呈弱酸性以及碳酸水解的影响。家庭饮用弱酸性水可采用简单的碱中合处理，目前市面上也有相应的酸过滤器。区域弱酸水的处理，可以采用向土壤加入石灰等碱性物质或采用混凝土回填。

(2)咸水主要分布于三亚盆地东南侧的客家村—回新村一带，为新近系松散—半固结岩类孔隙承压

水，分布面积约为19.82km²，氯离子含量达611.81～3 065.87mg/L，矿化度为1.271～5.368g/L，属古封存型咸水。

(3)软土主要分布于三亚河一带，面积约为10.17km²，单层厚度一般为3.2～4.0m。该类土力学强度低，为不良工程性质地基土，对城市工程建设、道路、桥梁、基础设施等具有严重的危害性。这些软土分布地区的工程建设应完全或部分消除不良工程地质岩土的影响。

(4)高氟水主要分布于三亚湾桶井—羊栏一带，地下水类型主要为松散—半固结孔隙岩类承压水，面积达28.53km²，含氟量1.0～12.0mg/L，超过了生活卫生饮用水标准，居民长期饮用超标氟水会引起氟斑牙、氟骨病等地方病。

4.地下水资源丰富，水质总体较好，开发利用潜力较大。

经计算，调查区内松散岩类孔隙潜水可采资源量为$2.18\times10^4m^3/d$，开采量为$0.58\times10^4m^3/d$，地下水潜力系数为3.76，开采盈余$1.6\times10^4m^3/d$，地下水开采潜力大；松散—半固结岩类孔隙承压水可采资源量为$3.29\times10^4m^3/d$，开采量为$1.21\times10^4m^3/d$，地下水潜力系数为2.72，开采盈余$2.08\times10^4m^3/d$，地下水开采潜力大；块状风化裂隙水可采资源量为$14.58\times10^4m^3/d$，开采量为$3.85\times10^4m^3/d$，地下水潜力系数为3.79，开采盈余$10.73\times10^4m^3/d$，地下水开采潜力大。

调查区松散岩类孔隙潜水以Ⅲ类水为主；松散—半固结岩类孔隙承压水以Ⅴ类水为主，超标组分为总Fe、微生物，处理难度不大；块状风化裂隙水以Ⅱ～Ⅲ类水为主，Ⅳ、Ⅴ类水以点状分布，超标组分为Fe、F、Mn。

5.圈定的3处地下水应急水源地基本能满足三亚新机场、三亚北部山区应急供水需要，建议作为地下水源地示范点积极推进各项工作。

本次初步圈定地下水应急水源地3处，主要服务对象为三亚新机场、三亚北部山区供水。圈定的应急水源地包括红塘湾应急水源地、高峰应急水源地、南岛农场应急水源地，面积分别为4.5km²、2.16km²、2.0km²。红塘湾应急水源地的应急开采量4300m³/d，应急期90d，基本可以满足三亚新机场应急供水需要；高峰应急水源地应急开采量3441m³/d，南岛农场应急水源地应急开采量4974m³/d，应急期90d，2处水源地联合调度，基本可以满足三亚北部山区应急供水需要。

6.三亚地下空间资源丰富，资源质量优良，开发潜力较大。

经估算，调查区地下空间天然资源量为$12.57\times10^8m^3$，潜在可开发的地下空间资源量为$8.34\times10^8m^3$，具很大开发潜力。根据资源质量评估，将调查区划分为资源质量优良区、中等区和一般区，分别占调查区面积的21.83%、54.67%和23.5%。

琼东南经济规划建设区藤桥幅、黎安幅、新村港幅1∶5万环境地质调查成果报告

提交单位：海南省地质调查院

项目负责人：阮明

档案号：档0586-04

工作周期：2017—2018年

主要成果：

1.区内地质背景复杂，地下水类型众多，含水介质以及补径排条件的差异导致水化学、地下水动态以及富水程度差别较大。

调查区地貌类型较为简单，包括低山丘陵、冲洪积平原和滨海堆积平原。调查区内地层较为齐全，

地质构造发育，南部沿海地区分布沉积盆地，复杂沉积环境导致区内地下水类型众多。

调查区总体划分为孔隙水、裂隙水和岩溶水3类，其中孔隙水主要分布于调查区南部及东南部沿海地区，浅部赋存松散岩类孔隙潜水，在红塘湾、三亚湾、田独镇、亚龙湾及海棠湾中深部赋存松散—半固结岩类孔隙承压水；裂隙水分布于调查区北部低山丘陵区，主要赋存块状岩类风化裂隙水和层状岩类风化裂隙水，分布范围较广；荔枝沟、大茅—田独—榆林、鹿回头等小范围分布岩溶水。松散岩类孔隙潜水、松散—半固结岩类孔隙承压水含水岩组富水性丰富—贫乏；基岩裂隙水含水岩组富水性中等—贫乏；覆盖型碳酸盐岩类裂隙溶洞水含水岩组富水性丰富—贫乏。

调查区地下水化学类型主要包括 HCO_3 型、$HCO_3 \cdot Cl$ 型、Cl 型、$Cl \cdot HCO_3$ 型4类。松散岩类孔隙潜水主要包括 HCO_3 型、$HCO_3 \cdot Cl$ 型和 Cl 型；松散—半固结岩类孔隙承压水以 $HCO_3 \cdot Cl$ 型和 Cl 型为主；基岩裂隙水主要包括 HCO_3 型、$HCO_3 \cdot Cl$ 型、Cl 型；覆盖型碳酸盐岩类裂隙溶洞水主要为 HCO_3 型和 $HCO_3 \cdot Cl$ 型。

地下水动态变化主要受降雨影响，地下水位变幅为0.41～4.30m。其中，松散岩类孔隙潜水变幅一般为1.24～4.12m；孔隙承压水水位变幅为0.56m；块状岩类风化裂隙水变幅较为接近，一般为1.30～1.97m，最大4.30m；覆盖型岩溶水水位变幅为1.97m。最高水位一般出现在4—10月，最低水位一般出现在3—5月。

2.区内岩土体类型众多、成因及组合关系复杂，工程地质环境总体基本稳定。

调查区土体包括碎石土、卵砾石、中粗砂、粉细砂、黏土质砂、砂质黏土、粉质黏土、砂岩残坡积砂质黏土、灰岩残坡积粉质黏土、花岗岩残坡积砂砾质黏性土、淤泥等类型；岩体包括花岗岩、闪长岩、正长岩、安山岩、英安岩、砂砾岩、变质砂岩、灰岩等类型。

根据各岩土体的成因及组合关系，将调查区总体划分为2个工程地质区和22个亚区，其中低山丘陵区1个，亚区8个；平原区1个，亚区14个。

通过区域地壳稳定性、地面稳定性、地基稳定性3个方面的评价，调查区西北部地质构造、地质灾害发育地区工程地质环境较不稳定，这些地区的工程建设应采取相应的防护措施；中部、东部地区区域构造断裂发育一般，地质灾害属中等易发区，工程地质环境基本稳定；调查区东南部及东部沿海地区，地形平坦，构造断裂不发育，地质灾害不易发，工程地质环境稳定。

3.地下水酸化、地下水咸化、高氟水等问题较发育，应加强保护与监测。

(1)弱酸性水在调查区西部地区较为发育，分析认为，地下水酸化主要受弱酸性降雨、含水介质上部覆盖层本身呈弱酸性以及碳酸水解的影响。家庭饮用弱酸性水可采用简单的碱中合处理，目前市面上也有相应的酸过滤器。区域弱酸水的处理，可以采用向土壤加入石灰等碱性物质或采用混凝土回填。

(2)三亚湾一带孔隙承压咸水为古封咸水；榆林—田独一带裂隙溶洞承压水、铁炉港孔隙承压水含水岩组埋藏于海水以下，无较好隔水层，与海水发生水力联系，海水入侵咸化；大东海、榆林港、六道湾及陵水湾沿海一带，开采地下水，水位大幅度下降时，海水入侵含水层使地下水咸化。

(3)高氟水主要分布于三亚湾桶井—羊栏一带，小范围分布于陵水高峰、红鞋温泉一带，地下水中氟来源可能与岩浆岩中的含氟矿物，如黑云母、萤石等的水解和风化淋滤作用有关。长期饮用超标氟水会引起氟斑牙、氟骨病等地方病。

4.地下水资源丰富，水质总体较好，开发利用潜力较大。

经计算，调查区天然资源量为 $160.31 \times 10^4 m^3/d$。其中，低山丘陵区为 $114.46 \times 10^4 m^3/d$，冲洪积平原区为 $19.61 \times 10^4 m^3/d$，滨海堆积平原区为 $26.24 \times 10^4 m^3/d$。孔隙潜水可采资源量为 $8.30 \times 10^4 m^3/d$，孔隙承压水可采资源量为 $6.29 \times 10^4 m^3/d$，基岩裂隙水可采资源量为 $68.95 \times 10^4 m^3/d$，岩溶水可采资源量为 $6.82 \times 10^4 m^3/d$，合计 $90.36 \times 10^4 m^3/d$。

调查区地下水水质总体以Ⅰ～Ⅱ类水和Ⅲ类水为主，Ⅳ类和Ⅴ类水以点状分布。松散—半固结岩类孔隙承压水和岩溶水以Ⅴ类水为主，超标组分主要为总Fe、Mn、F等。

5.地热资源丰富,具有很好的开发利用价值。

调查区内地热资源丰富,分布有凤凰山庄、海坡、半岭、林旺、南田、高峰和红鞋地热田,区内地热资源总量达 17.89×10^{14} kJ,热矿水可开采量达 850.53×10^{4} m^3/a,可开采热量达 158.50×10^{10} kJ/a。其中,多个地热田的偏硅酸、氟含量达到《理疗热矿水水质标准》命名矿水浓度,具有很高的理疗价值。

6.圈定的地下水应急水源地基本能满足三亚中部供水厂和三亚城区及陵水清水湾应急供水需要,建议将部分应急水源地作为示范点。

本次圈定的5处地下水应急水源地,主要服务对象为三亚中部水厂、三亚城区及陵水清水湾、新村应急供水需求。水源地面积约22km^2,应急开采量为73 600m^3/d,应急期90d,基本可以满足99万人应急供水需求。

分析认为,高峰、南岛农场、大茅应急地下水源地在地理位置、地质环境条件、开发条件方面具备集中开发的优势,建议作为地下水源地示范点,积极推进各项工作。

7.三亚地下空间资源丰富,资源质量优良,开发潜力较大。

经估算,调查区仅开发地下15m以内的地下空间时,其空间资源总量就达 11.28×10^{8} m^3,可提供的建筑面积376km^2,相当于整个三亚中心城区面积的2倍,调查区地下空间开发利用的潜力很大。根据地下空间资源开发潜力评价,将调查区划分为开发潜力高区域、较高区域、中等区域和低区域,分别占调查区面积的18.00%、64.80%、15.70%和1.50%。

三峡地区万州-宜昌段交通走廊1∶5万环境地质调查成果报告

提交单位:中国地质调查局武汉地质调查中心

项目负责人:谭建民

档案号:档0590

工作周期:2016—2018年

主要成果:

1.构建了浅水区滑坡涌浪数值模型,实现了涌浪源的快速准确计算。利用FORTRAN语言,编译浅水区滑坡涌浪源模型,由波高函数和波长函数可形成初始的波浪液面势能场,波速用来建立初始涌浪波的运动场。通过大量浅水区滑坡涌浪物理模型试验,推导形成了浅水区滑坡初始涌浪源的主要控制方程,建立了FAST涌浪源计算模型,同时利用Boussinesq方程进行涌浪传播和爬高计算。通过案例来验证,浅水区滑坡涌浪模型的计算涌浪峰值与野外调查相差约为±2m,非常接近,再现了涌浪灾害,传播距离与实际目击者反映吻合(图4-63)。此项发明获得国家专利。

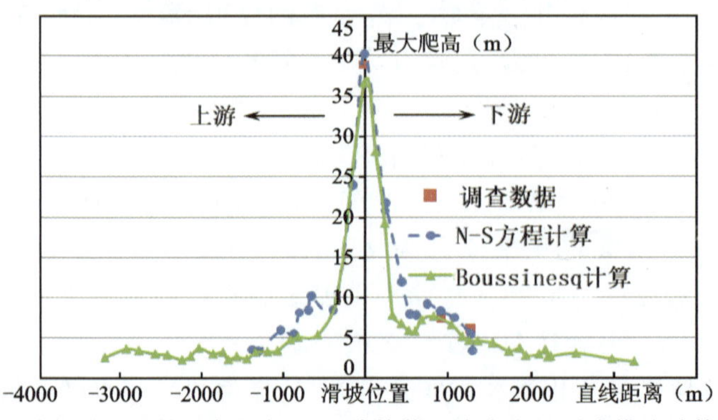

图4-63 千将坪滑坡野外观察爬高、N-S计算值和浅水滑坡涌浪模块计算值对比图

2. 编制完成基于水波动力学的滑坡涌浪计算软件。利用 ArcGIS、Visual Studio、. Net 等编程工具，深入研究并修改了国外开源软件 FUNWAVE 的部分 FORTRAN 代码，形成水库区地质灾害涌浪快速评估软件，率先实现全河道、全程可视化演示功能，并具有可直接生成所需的地形网格离散数据、三维图像自检环节、地形孔洞自动插值修补、涌浪波及范围的自动切取、一键报告等便利使用功能。获得软件著作权 5 项(图 4-64)。

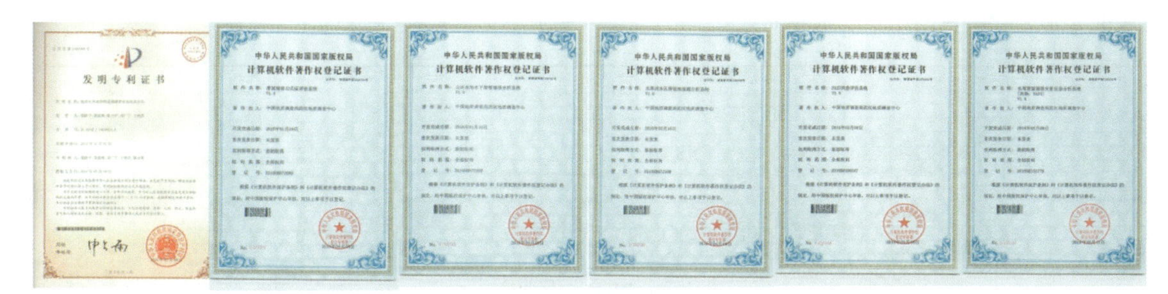

图 4-64　获得的专利与著作权证书

当前，软件包含有五大模块，分别是前处理、水波动力计算、后处理、涌浪演示和风险估计。前处理的主要功能是处理地形图、测深图和遥感影像图，并将这些数据融合成用于水波动力涌浪计算的文件。主要功能包括数据格式转换、数据图形切割、图像校准和计算文件的形成。水波动力学计算主要是水波动力学滑坡涌浪的三大计算模型，包括深水区滑坡涌浪计算模型、浅水区滑坡涌浪计算模型和水下滑坡涌浪计算模型。如果多个滑坡涌浪或多类型混合滑坡涌浪，则可采用混合模型。后处理模块的主要功能是对计算结果进行二维等值线、单点历史过程线等进行处理，包括切割和渲染等简单的平面处理功能。涌浪演示模块主要进行计算区域和涌浪过程的三维演示，包括渲染、切割和录像等基本的三维处理功能。风险评估模块主要进行涌浪爬高区域的提取和利用公式法进行简单估算，包括部分对外联系功能。

3. 建立了滑坡涌浪风险评价技术体系。借鉴滑坡风险评估方法和海啸风险评估方法，使用以下步骤来实现水库区滑坡涌浪风险评估：风险评估范围界定、涌浪危险性分析、脆弱性分析、涌浪风险评估、涌浪风险划分，最后将风险评估情况进行对比分级或排序。如果存在高风险，提出对应措施来降低风险。利用案例验证过的 FAST/FUNWAVE 程序开展了巫峡板壁岩潜在涌浪风险评估试点。根据不同水位下滑坡风险值和对应的风险区域，可以综合区划滑坡涌浪风险区域，河道内最大波幅超过 3m 的河段为红色预警区，最大波幅在 2～3m 之间的河段为橙色预警区，最大波幅大于 1m 的河段为黄色预警区；结合承载体的易损性将河段划分为高风险区、中风险区、低风险区(图 4-65)。

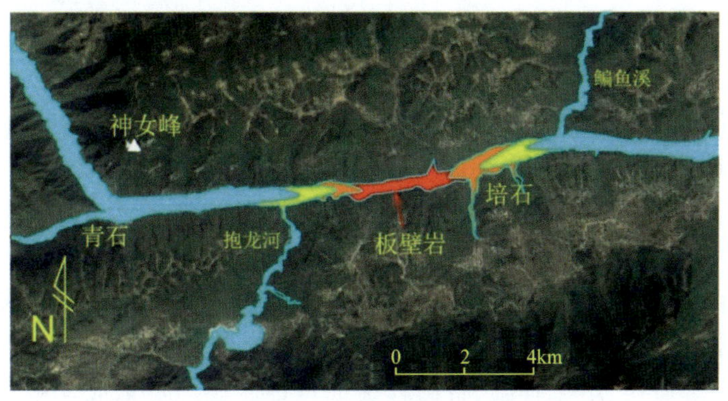

图 4-65　板壁岩滑坡涌浪风险区划简图

4. 研究成果及时用于地质灾害应急处置与调查，支撑服务防灾减灾，确保长江航道安全。利用滑坡涌浪快速评估系统对 2015 年 6 月 24 日重庆市巫山县发生的红岩子滑坡进行了快速模拟，认为残留滑体涌浪危害较小,致使三峡提前解除封航,挽回巨大经济损失;对已变形的巫峡干井子滑坡与秭归棺木岭危岩体两处险情进行了滑坡涌浪风险预测,根据航道内水质点的最大波高和爬高进行了航道危害区域初步划分,并提交当地政府部门,指导了防灾避险;对长江万州—宜昌段干流航道内已发生的8次滑坡涌浪或险情的灾害进行了分析,说明万州—宜昌段航道存在较大的涌浪风险,通过对典型地段的计算机涌浪模拟评价结合岸坡稳定性及滑坡发育情况,对全段航道进行了涌浪灾害风险评估(图4-66),为长江三峡航道安全运行提供了技术支撑。

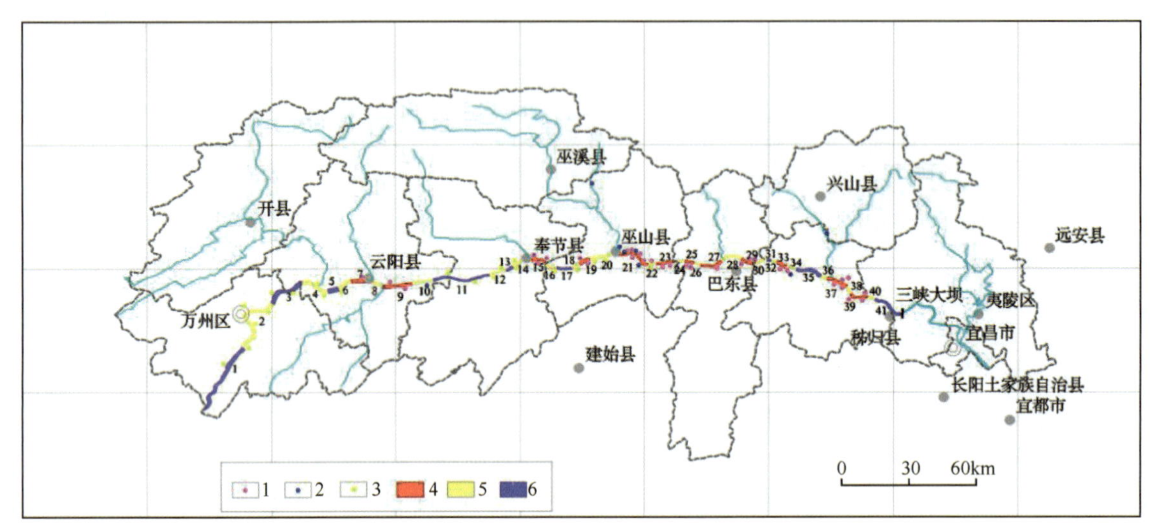

1.潜在涌浪源;2.已形成涌浪的地质灾害点;3.重大地灾点;4.涌浪灾害高风险区;5.涌浪灾害中风险区;6.涌浪灾害低风险区。

图4-66 三峡地区干流涌浪灾害风险评估图

三峡地区新滩幅、过河口幅1:5万环境地质调查成果报告

提交单位:中国地质调查局武汉地质调查中心

项目负责人:闫举生

档案号:档0590-01

工作周期:2016年

主要成果:

1.建立了新滩幅(H49E007012)、过河口幅(H49E008012)图幅数据库。区内共发育灾害点231处,其中滑坡184处、崩塌(危岩)42处、地面塌陷5处,灾害点密度0.52处/km^2。与2001年秭归县区划、2010年三峡库区屏障区普查资料相比新增16处。目前受威胁的资产达92 110.6万元,16 621人的生命安全受到威胁。

2.查明了调查区内地质灾害的分布及发育特征,编制了地质灾害分布图。区内地质灾害空间上多沿水系呈带状分布,主要沿公路边坡、人类居住区沟谷两岸等人类工程活动频繁的地带分布,地质灾害具有规模小、浅层滑移、滑速快、突发性强、危险性大的特征。区内灾害成灾模式主要有崩塌加载型滑坡、蠕滑-拉裂式堆积层滑坡、降雨-库水位涨落耦合诱发滑坡,洞掘型崩塌、软弱基座型崩塌及卸荷、溶蚀型崩塌灾害,浅覆盖型隐伏岩溶区溶洞型地面塌陷。

3.查明了区内控制地质灾害发育的背景条件,编制了工程地质图。地质灾害发育主要受地质环境

条件及诱发因素综合控制，环境地质条件为地形地貌、地质构造、岩土体结构类型等，诱发因素包括降雨、库水、河流侵蚀、人类工程活动等因素。经本次调查分析，区内地质灾害发育主要受控于地形地貌、构造、岩土体类型、强降雨、人类工程活动，而这些因素对不同的灾害类型的控制作用不同，如滑坡主要受控于地貌、构造、岩土体、强降雨、库水、人类工程活动等因素综合控制，而崩塌则主要受控于岩土体结构类型、破碎程度、完整性及人类工程活动。

4.对关伏园滑坡、上孝仁滑坡、柏树湾滑坡分别开展了斜坡勘察工作。查明了典型滑坡（斜坡）形成的地质环境条件、滑坡（斜坡）规模、形态等基本特征及危害性和危险性，分析了其形成机制，并采用定性与定量相结合的方法对滑坡（斜坡）稳定性进行了评价，并提出了防治措施建议。

5.利用基于GIS的信息量法对图幅及重点调查区进行了地质灾害易发性分区评价，对重点区斜坡进行了稳定性评价，编制了地质灾害易发分区图和重点调查区灾害地质图。对工作图幅划分了高、中、低3个易发程度等级。其中，新滩幅，高易发区13个亚区，总面积47.45km^2，占图幅面积10.75%；中易发区6个亚区，总面积85.86km^2，占评价区总面积的19.44%。过河口幅，高易发区8个亚区，总面积25.03km^2，占图幅面积5.66%；中易发区15个亚区，总面积107.62km^2，占评价区总面积的24.33%。重点调查区易发性评价为高易发区的主要为：长江左岸似大岭—高家岭地带、龙马溪右岸屈原镇双龙寺—下滩沱地带、长江右岸杨家沱—郑家湾地带、九畹溪左岸聚集坊地带、长江左岸牛肝马肺峡—庙河地带、长江左岸柳林碛地带、九畹溪—竹园凹—阳光坪—朝门地带、九畹溪左岸回龙观—楠树槽地带、九畹溪—林家河右岸杨林桥集镇地带、板桥河左岸吊家坡—陈家沟地带、板桥河右岸火链坡—响水洞地带、干溪沟—马家埫段、棋盘沟—木鱼包地带，总面积21.4km^2。

6.基于自然斜坡单元，采用半定量化的方法对屈原—茅坪段重点区（长江沿岸秭归县郭家坝—屈原镇—茅坪镇长江两岸（新滩幅重点调查区）、杨林桥镇—税家坡—白咀垭—秦家湾一带区域（过河口幅重点调查区）斜坡稳定性进行逐一评价。其中前者不稳定斜坡占斜坡总面积的18.98%，基本稳定斜坡占斜坡总面积的25.64%；后者不稳定斜坡占斜坡总面积的7.71%，基本稳定斜坡占斜坡总面积的33.05%。

7.根据本次调查结果及重点区稳定性评价结果，结合区内的地质环境条件、人口密度及工程设施分布、地质灾害发育现状以及危险性、地质灾害易发程度分区结果等，指出调查区内重点防治区域、防治重点灾害点，并提出对策建议。建议对秭归县城茅坪集镇周边斜坡地带、长江航道西陵峡高陡岩质岸坡段、区内主要公路沿线（S334省道、S255省道、X208县道）等区域进行重点防范，提出42处重点防治点（24处滑坡与18处崩塌）及防治方案建议。

1∶5万秭归县幅环境地质调查成果报告

提交单位：中国地质调查局武汉地质调查中心

项目负责人：王世昌

档案号：档0590-02

工作周期：2016年

主要成果：

1.建立了秭归县幅（H49E007011）图幅数据库。从2001年秭归县区划、2010年三峡库区屏障区普查资料得知，原有地质灾害共200处，其中滑坡196处、崩塌3处、泥石流1处。本次调查新增滑坡5处。

2.查明了调查区内地质灾害的分布及发育特征，编制了地质灾害分布图。区内地质灾害空间上多沿水系呈带状分布，主要沿公路边坡、人类居住区沟谷两岸等人类工程活动频繁的地带分布；多分布于中下侏罗统砂岩、黏土岩、页岩区及巴东组紫红色泥岩地层区；沿宽缓向斜近核部翼部地质灾害集群发育；地质灾害具有规模小、浅层滑移、滑速快、突发性强、危险性大的特征。

3.查明了区内控制地质灾害发育的背景条件,编制了工程地质图。地质灾害发育主要受本身地质环境条件及诱发因素综合控制,本身环境地质条件为地形地貌、地质构造、岩土体结构类型等,诱发因素包括降雨、库水、河流侵蚀、人类工程活动等因素。经本次调查分析,区内地质灾害发育主要受控于地形地貌、构造、岩土体类型、强降雨、人类工程活动,而这些因素对不同的灾害类型的控制作用不同,如滑坡主要受控于地貌、构造、岩土体、强降雨、库水、人类工程活动等因素综合控制,而崩塌则主要受控于岩土体结构类型、破碎程度、完整性及人类工程活动。

4.总结了区内灾害成灾模式。

区内岩质滑坡的主要成灾模式有:①前缘临空含软弱夹层的顺向岩质滑坡失稳模式;②软弱岩层软化、泥化变形失稳模式;③基岩沿软弱夹层蠕滑变形失稳模式;④软硬互层逆向斜坡失稳模式;⑤降雨影响下风化碎裂岩失稳模式。

区内土质滑坡的主要成灾模式有:①前缘切坡堆积体失稳模式;②降雨影响下坡肩处堆积体失稳模式;③降雨影响下堆积体失稳模式;④库水波动下堆积体失稳模式;⑤坡后加载堆积体失稳模式;⑥前缘牵引堆积体失稳模式。

区内崩塌的主要成灾模式有:①软岩基座中斜坡岩体滚坠落型崩塌模式;②岩屋型地貌斜坡崩塌模式;③软岩基座中倾倒式、坐滑式崩塌模式。

5.对区内地质灾害成因进行了初步分析。区内地质灾害受秭归向斜(顺层斜坡)控制明显,受强降雨、库水与切坡诱发特点突出,调查区内灾害几乎全部与降雨有关,近一半与库水位有关。

6.对大岭斜坡、杨家湾滑坡、马家坝滑坡进行了工程地质测绘、勘查,查明了典型滑坡(斜坡)形成的地质环境条件、滑坡(斜坡)规模、形态等基本特征及危害性和危险性,分析了其形成机制,并采用定性与定量相结合的方法对滑坡(斜坡)稳定性进行了评价,并提出了防治措施建议。

7.利用基于GIS的信息量法对图幅及重点调查区进行了地质灾害易发性分区评价,对重点区斜坡进行了稳定性评价,编制了地质灾害易发性分区图和重点调查区灾害地质图。将秭归县图幅划分成高、中、低3个易发程度等级20个亚区。其中,高易发区5个亚区,总面积102.30km²,占图幅总面积的23.25%,地质灾害点159个,占灾害点总数的77.56%;中易发区7个亚区,总面积150.72km²,占评价区总面积的34.25%,地质灾害点42个,占灾害点总数的20.49%;低易发区8个亚区,面积共170.43km²,占评价区总面积的38.73%,地质灾害点4个,占灾害点总数的1.95%。

重点调查区易发性评价高易发区主要为:青干河左岸周家坡—千将坪—石槽溪斜坡地带、青干河右岸柏树嘴—卧沙溪—沙镇溪斜坡地带、锣鼓洞河左岸沙镇溪—马家坝—牌楼斜坡地段、青干河右岸锣鼓洞河大桥—观战坪斜坡地带、两河口集镇斜坡地段、郭家坝—张家湾斜坡地带、长江右岸东门头斜坡地带、长江左岸归州镇X210县道沿线斜坡地带,总面积21.449km²;中易发区主要为:千将坪村大坪—周家坡斜坡地带、沙镇溪马鬃岭—高谷荒—徐家店—两河口—两面山斜坡地带、土珠庙—邓家屋场斜坡地带、郭家坝镇韩家湾斜坡地带、郭家坝镇郭家屋场—洗马池斜坡地带、归州镇袁家坡—赵家山斜坡地带、归州镇庙岭上斜坡地段,总面积44.73km²。

8.基于自然斜坡单元,采用半定量化的方法对重点区(沙镇溪—两河口、归州—郭家坝)斜坡稳定性进行逐一评价。斜坡不稳定地段主要包括:谭石爬斜坡段、沙镇溪千将坪斜坡区、三门洞—卧沙溪斜坡区、大岭斜坡区、大水田斜坡区、桑树坪斜坡区、杨家湾斜坡区、屯里荒斜坡区、狮子包斜坡区、两河口集镇南侧、郭家坝张家湾斜坡地带、归州火炉子沟斜坡地带等。

9.根据调查区地质灾害易发性研究和重点区稳定性评价以及县市地质灾害防治规划,提出调查区内重点防治区域、防治重点灾害点及对策建议。建议对长江右岸树坪、老蛇窝斜坡地带、青干河沿岸刘家坡—千将坪—卧沙溪—沙镇溪、锣鼓洞河左岸沙镇溪—马家坝、牌楼—两河口集镇、S481省道天池垭—王家坪、文化村、童庄河沿岸郭家坝镇—烟灯堡村—桐树湾村、擂鼓台村—楚王井村刘家岭、归州镇X210县道沿线等10处区域进行重点防范,提出58处重点防治点及防治方案建议。

1∶5万南阳镇幅、平阳坝幅环境地质调查成果报告

提交单位：中国地质调查局武汉地质调查中心

项目负责人：李明

档案号：档0590-03

工作周期：2016年

主要成果：

1.针对重点调查区和可能存在地质灾害隐患的所有第四系进行了重点修测。调查区内的地层，除缺失上志留统、下泥盆统、上石炭统、古近系和新近系外，从前震旦系至第四系均有出露。第四系包括残坡积、冲洪积、崩坡积、滑坡堆积、洞穴堆积等多种（混杂）成因。区域构造属于扬子陆块北缘的上扬子陆块区，涉及神农架隆起、神农架-黄陵台坪褶皱带和秭归前陆盆地3个构造单元。褶皱和断层构造较复杂且具有多期性，对地质灾害控制作用明显的褶皱有平阳坝幅的东于口向斜、谭家湾背斜、蔡家埡向斜、石板坪背斜、大堰坪-石板坪向斜，控制作用显著的断裂有高桥断裂带和新华断裂带。

2.调查区内的新构造运动表现为强烈的区域性间歇隆升，河流切蚀强烈，在暖湿气候交替作用下层间构造剪切带弱化泥化；高桥断裂带属于活动断裂带，近几十年出现过弱小地震；两个图幅均有部分地段属于三峡库区回水范围，受水库水位周期性升降影响。上述新构造运动都是造成区内地质灾害较发育的重要因素。

3.调查区内的工程地质岩类根据物理力学性质划分为6个大类14个亚类。存在的不良工程地质岩类包括碳质页岩和含煤地层（J_1z、T_3xj）、风化碎裂岩（含三叠系巴东组紫红色泥岩）、中下侏罗统页岩泥化夹层（J_2x、$J_{1-2}z$）、断裂破碎岩四大类，它们可能导致岩土体易崩易滑、地面塌陷、工程基础失稳、坑洞突水等环境地质问题。

4.调查区内可能诱发环境地质问题的工程措施包括三峡水库蓄水、集镇扩建高切坡、水利工程兴建、沪蓉高速、兴神隧道渣堆、在建郑万高铁高切坡弃渣场等，它们存在诱发或遭受规模不等的崩塌、滑坡、泥石流、塌岸、突水等地质灾害风险。

5.调查区内的地质灾害点共计241处，其中滑坡为主要类型，共计200处，其次为崩塌（危岩）36处，泥石流5处。滑坡、崩塌的规模以中小型为主，占到灾害总数的90%。滑坡主要发育于河谷两岸及国道G209沿线，多为浅层土质滑坡，厚度3～10m，大型以上滑坡多为斜向结构岩质滑坡，多发于三叠系巴东组、志留系罗惹坪组和龙马溪组、侏罗系蓬莱镇组等具软弱夹层的地层中，滑床基本为砂岩、石英砂岩、碳酸盐岩等硬岩。崩塌（危岩）主要发育于神农溪及支流两岸，危岩的陡崖陡坎坡度一般大于60°，一般长20～100m，宽10～50m，易形成拉裂式或倾倒式崩塌，崩塌一般对交通走廊威胁较大，且可衍生形成滑坡。泥石流仅分布于神农溪支流冲沟及古夫河冲沟，基本为山洪型，大部分处于停歇期，物源为风化、断裂破碎、溶蚀、崩塌、滑坡等多种成因堆积体，形成规模为中小型。

6.根据统计分析，调查区内地质灾害时间分布与降雨事件高度相关，尤其表现在年内月份分布上，持续集中降雨是地质灾害的主要诱发的自然动力因素；地层和构造及其与河谷的组合关系等是控制地质灾害发育的基础条件；不合理的人类工程活动是诱发崩塌和滑坡等地质灾害的人为动力因素。

7.调查区内地质灾害影响因子的强弱顺序为：岩性组合或工程地质岩组＞构造＞水系＞公路＞斜坡结构＞地貌。水系、公路及人类工程活动相关性较大，往往叠加出现。此外，由于未收集到月份降雨量和调查区各乡镇降雨等数据，降雨作为主要诱发因素仅具统计意义。调查区内滑坡的主要成灾模式

包括降雨型土质(或混合型)滑坡、斜向结构切层岩质(或混合型)滑坡、局部塌岸(复活)水库型土质滑坡,实例包括白沙河昭君村滑坡、南阳河唐家坡滑坡、香溪河二里半滑坡、神农溪吴家院子滑坡。崩塌的主要成灾模式为剥蚀卸荷拉裂式和倾倒式,实例为孟岩崩塌。泥石流的主要成灾模式为山洪沟道型,实例为神农溪堆子场泥石流。预防措施可采用雨量监测、专业监测和群测群防相结合,基本可实现提前预警预报。

8.对调查区进行了基于 ArcGIS 的自然斜坡划分,并在野外调查中进行了稳定性分析评价。根据统计,不稳定的自然斜坡面积为 157.52km²,占调查区总面积的 17.90%;基本稳定的斜坡面积为 473.46km²,占调查区总面积的 53.79%;稳定斜坡面积为 249.20km²,占调查区总面积的 28.31%。其中,平阳坝幅重点调查区共评价斜坡 112 个,不稳定斜坡 32 个,占总数的 28.57%;基本稳定 51 个,占总数的 45.54%;稳定 29 个,占总数的 25.89%;不稳定斜坡面积为 28.45km²,占重点区面积的 30.07%,基本稳定 48.61km²,占重点区面积的 51.36%,稳定面积为 17.58km²,占重点区面积的 18.58%。南阳镇幅重点调查区共评价斜坡 218 个,不稳定斜坡 65 个,占斜坡总数的 29.82%;基本稳定斜坡 109 个,占总数的 50.00%;稳定 44 个,占总数的 20.18%;不稳定斜坡面积为 50.30km²,占重点区面积的 35.75%;基本稳定面积为 66.24km²,占重点区面积的 47.08%;稳定斜坡面积为 24.15km²,占重点区面积的 17.17%。

9.分别在两个标准图幅和重点调查区采用基于 ArcGIS 平台的综合信息量法模型,选取了 7 类影响因子,对地质灾害(崩塌、滑坡)的易发程度和危险程度做了定量评价和区划。两个图幅高易发区面积 233.11km²,占调查区面积的 26.48%,共划分 6 个亚区;中易发区 341.05km²,占调查区面积的 38.75%,分为 7 个亚区;低易发区 285.33km²,占调查区面积的 32.42%,分为 8 个亚区。重点调查区面积共 235.06km²,其中地质灾害高易发区面积 101.16km²,占重点区面积的 43.04%;中易发区面积 49.94km²,占重点区面积的 21.25%;低易发区 62.90km²,占重点区面积的 26.76%,极低易发区面积 21.06km²,占重点区面积的 8.96%,并针对高易发区和中易发区做了相应的分区评价说明。

10.针对调查区内郑万高铁拟建巴东北站和兴山站,从斜坡稳定性、地质灾害发育、不良工程地质问题、水文情况、岩溶情况等几方面进行了专门调查,并对工程场地建设进行了适宜性评价与区划。同时,针对可能存在的岩溶突水工程地质问题,详细调查了郑万高铁向家湾隧道线路裸露或浅覆盖岩溶区的岩溶发育情况,指出了隧道施工中需要重点防范的突水地段。

11.在前人卓有成效的防治资料和经验的基础上,归纳总结了调查区内地质灾害防治和地质环境保护的原则、问题和建议,并对调查区内 241 处灾害(隐患)点提出了防治措施和建议。

长江三峡典型滑坡涌浪风险评价专题研究报告

提交单位:中国地质调查局武汉地质调查中心

项目负责人:黄波林

档案号:档 0590-04

工作周期:2016—2018 年

主要成果:

1.在三峡库区平面滑动、碎石土滑动、逆向碎裂岩体滑坡、崩塌等类型的崩滑体失稳时经常发生快速运动,这些类型是三峡库区易产生涌浪的地质灾害类型。三峡库区可能产生涌浪的滑坡危岩体共 12 段,包括云阳故陵—奉节藕塘顺层滑坡段、巫峡龚家方—独龙段等滑坡涌浪高危险河段。

2.基于三峡库区浅水区滑坡涌浪案例,构建了浅水区滑坡涌浪概化模型,开展了大量浅水滑坡涌浪试验,试验的 Froude 数在 0.6~2.0 之间。由于流固能量转换时间短,滑块停止时,水面上仅形成了 1

列波峰。采用非线性回归分析方法，推导形成了无量纲的浅水初始涌浪波的波幅、波长、水舌等函数表达式。对比这些公式计算结果和物理试验结果，相关性系数在 0.72～0.97 之间。

3.开展了大量滑坡涌浪冲击荷载物理试验，试验数据分析表明，涌浪波造成的荷载可分为 2 类：水舌的冲击造成了冲击式荷载，而涌浪波造成了脉动式荷载。入射波相同条件下，随着对岸坡角增加，最大爬高值呈下降趋势，对岸所受的水舌造成的冲击压力变大，脉冲压力值略微下降。冲击式荷载一般大于脉冲式荷载。最大脉冲式荷载的位置出现在原静止水面附近位置，整个空间上最大脉冲压力的分布为倾斜的“Ω”形。

4.新构建了浅水区滑坡涌浪源模型。该模型利用来源于物理试验的波幅公式、波长公式和波速公式来形成浅水区滑坡初始涌浪源场。利用新构建的浅水区滑坡涌浪源模型，计算分析了三峡库区千将坪滑坡涌浪事件。多方多源数据对比分析表明，浅水区滑坡涌浪源模型具有较好的准确性。

5.棺木岭危岩体现今的破坏现象以基座压裂和纵向裂缝延伸为主，其变形破坏模式可能为倾倒或基座压裂座滑，岩体劣化加速了危岩体演化。在 175m 和 145m 水位整体失稳工况下，危岩体入江运动速度预测为 15.3～25.2m/s。

6.利用浅水区滑坡涌浪源模型对棺木岭危岩体潜在滑坡涌浪进行了预测分析。145m 条件下最大涌浪高度为 24.2m，最大爬高为 19.9m，1m 以上涌浪高度的河道长约 5.4km；175m 条件下最大涌浪高度为 23.3m，最大爬高为 14.5m，1m 以上涌浪高度的河道长约 6.6km。

7.利用计算公式对干井子滑坡强变形区潜在滑坡涌浪进行了计算，得到 145m 和 175m 水位工况下最大涌浪高度在 19.9～27.5m 之间。采用深水区滑坡涌浪源模型对干井子滑坡涌浪进行了预测分析。175m 时产生的最大涌浪高度为 22.0m，对岸最大爬高为 10.0m；145m 时产生的最大涌浪高度为 17.2m，对岸最大爬高为 6.6m。

8.借鉴海啸预警划分方法开展了干井子滑坡涌浪灾害风险分析。干井子滑坡上游 650m、下游 380m 为红色预警区，上游 715m、下游 200m 为橙色预警区，上游 700m、下游 600m 为黄色预警区，干井子滑坡上游 5.5km、下游 4.5km 的两岸爬高均大于 1m，这些区域均为具有一定灾害风险的区域。

9.借鉴滑坡和海啸风险评价技术，形成了水库滑坡涌浪风险评价技术框架和流程，包括风险评估范围界定、涌浪灾害分析、脆弱性分析、涌浪风险估计、涌浪风险划分五大步骤。

10.以板壁岩和巫峡为例，开展了单体和区域的滑坡涌浪风险评价。水库及沿岸的承灾体在不同工况，不同滑坡涌浪作用下暴露度不一样，滑坡涌浪风险差异大。单体滑坡涌浪风险评价有利于涌浪预警，区域滑坡涌浪分析评价有利于滑坡涌浪风险排序和区域防灾减灾。

1∶5 万乾溪口幅、白鹤坝幅环境地质调查成果报告

提交单位：中国地质调查局武汉地质调查中心

项目负责人：李明

档案号：档 0590-05

工作周期：2017 年

主要成果：

1.调查区位于长江三峡地区，部分地段属于三峡库区回水淹没区，行政区划上隶属重庆市奉节县、云阳县，涉及 1∶5 万标准图幅两幅，分别为乾溪口幅(H49E006006)、白鹤坝幅(H49E006005)。处于我国地貌上第二和第三两大台阶的过渡区域，形成了以中低山和峡谷为主的侵蚀地貌景观，长江河谷呈东

西向镶嵌其中。地势总的来说中段高,两侧降低;南北两侧高,中部长江一线最低。最高点为巫山山脉;最低点在长江河谷。区域上位于大巴山台缘褶皱带(南大巴山帚状构造或北西西向构造)与四川台坳(弧形构造)交接复合部位。调查区北部南大巴山帚状构造由一系列弧形挤压面组成,向北西方向撒开,逐渐向南东方收敛。随着弧形的收敛,构造线也由北西转为南东东—近东西向。该构造由一系列弧形冲断和线形褶曲组成,构造线和山脉形态轴一致,背斜往往伴随密集巨大冲断群,向斜则相对保存较完整。调查区主要发育沉积岩,主要为中生代地层,从侏罗系蓬莱镇组至三叠系嘉陵江组连续沉积,沿江沿沟还零星分布第四系。三叠系嘉陵江组往往构成背斜核部,出露不全。侏罗系蓬莱镇组作为向斜的核部地层也出露不全。

2.岩体工程地质类型共划分为2个建造类型,5个工程地质岩组类型。主要不良工程地质岩类包括软弱夹层、三叠系巴东组紫红色泥岩、人工填土等。

3.根据区内含水介质特征、地下水赋存条件和水动力特征,将区内地下水分为三大类型,并根据泉流量大小把富水性分为3级。

4.区内主要工程地质问题表现为三峡水库蓄水、城镇建设、道路建设等。

5.区内各类地质灾害(隐患)点共计528处。其中,乾溪口幅调查灾害点326处,灾害点密度74处/100km^2;白鹤坝幅调查灾害点202处,灾害点密度46处/100km^2。本次调查灾害点数量比收集资料统计数据(482处)多出46处。

滑坡是调查区最主要的地质灾害,全区共有滑坡465处,占灾害点总数的88.1%。主要发育于干流、支流两岸斜坡及平缓层状碎屑岩山顶、缓坡平台地段。平均发育密度0.53处/km^2,发育总面积2 380.74万m^2,总体积29 332.26万m^3。

调查区共发育崩塌(含危岩体)56处,占灾害点总数的10.6%。主要发育于支流梅溪河,碎屑岩分布的平缓层状、横向、反向斜坡结构巨厚砂岩下伏软基座地带。调查区内发育1处土质崩塌,其余均为岩质崩塌。按规模等级分类,发育大型崩塌4处,中型崩塌11处。

调查区泥石流沟谷分布较少,共调查泥石流7处,占灾害点总数的1.33%。其中6处为小型泥石流、1处为中型泥石流。基本为山区冲沟山洪型,物源多为侏罗系的风化碎裂岩及残、崩坡积碎块石土。

6.区内地质灾害的时间分布规律受降雨周期及降雨量影响明显,地质灾害在月降雨的分布上具有更加明显的正相关性,这一特点更进一步说明了地质灾害发生中降雨的主控诱发性。另外地质灾害的发育与某一时段极端降雨关系密切,尤其是强降雨。例如2014年8月31日,区内遭受罕见的特大暴雨袭击,累计雨量达403mm,1h最大降雨量达118.4mm,在调查区内诱发了130处滑坡崩塌灾害。

7.调查区地质灾害主要受地层岩性、构造和斜坡结构、岩性组合的影响,各因子的影响强弱顺序为:地层岩性>斜坡结构>水系>公路>地貌。降雨为主要诱发因素,人类工程活动的主要影响小型灾害。

8.针对崩塌、滑坡、泥石流等不同的地质灾害类型,分别提出了4类典型滑坡(碎屑岩岩质顺层滑移-拉裂型滑坡、近水平层状碎屑岩顺层滑坡、土质崩塌加载型滑坡、土质顺向滑移型滑坡)、1类典型崩塌(拉裂-错断或拉裂坠落型岩质崩塌)和1类典型泥石流(山洪沟道型泥石流)等成灾模式,论述了不同模式的演化机制和变形破坏特征、成灾规模、防范重点分别,并进行了典型灾害案例的分析。

9.采用综合信息量法模型,选取了11大类13小类的影响因子对调查区地质灾害的易发程度做了定量评价,划定地质灾害高易发区4个、中易发区3个、低易发区4个和非易发区1个。

10.按岸坡划分原则、方法,对调查区内梅溪河河谷岸坡进行划分,共划分为32段,总长95 022m。定性对岸坡进行了稳定性评价,稳定性分为好、较好、较差和差4级。

11.针对调查区内在建的郑万高铁,进行了沿线路的工程地质调查和评价,共计划分工程地质分段8段,针对各段内的工程地质背景、主要工程地质问题做了详细的叙述,提出了需要注意的问题。

针对调查区内正在进行的康乐集镇扩建及郑万高铁奉节高铁站建设,对其场地进行了专门的工程地质调查,并对其主要工程地质问题进行了详细的叙述,对建设用地适宜性进行了半定量的评价。

12. 对调查区已有的地质灾害防治和地质环境保护措施进行了简单的论述，提出了存在的问题和地质灾害防治的新原则，给出了防治规划建议，对调查区已存在的528处灾害点和隐患点逐点给出了防治措施建议。

三峡地区莲沱幅1∶5万环境地质调查成果报告

提交单位：湖北省地质局水文地质工程地质大队

项目负责人：李智民

档案号：档0590-06

工作周期：2017年

主要成果：

1. 以1∶5万区域地质调查工作为基础，仅在重点调查区局部和对地质灾害有较大影响的第四系分布上进行了修图，第四系按照成因类型进行了圈定。莲沱幅地层岩性分为两大区域，以莲沱—唐家坝—邓岭坪为界，西区为侵入岩、变质岩区，大面积出露中元古代、新元古代侵入岩，少量出露中元古代崆岭群庙河湾组变质岩。侵入岩岩性以花岗闪长岩、黑云角闪英云（石英）闪长岩、黑云母花岗岩、闪长岩为主，少量角闪辉长岩、辉石岩、橄榄岩等；东区为沉积岩分布区，主要出露南华系长石石英砂岩、冰碛砾岩和震旦系、寒武系的白云岩、灰岩，由西向东，由老变新。第四系成因复杂，大体可以分为5类：①现代冲洪积漂石及砂砾卵石分布在河床底部；②冲积粉质黏土及粉土层分布右河床两侧的阶地部位；③残坡积碎石土层和风化砂砾土层多分布在基岩斜坡；④崩塌块石分布在陡坡下斜坡地带；⑤滑坡堆积体多分布在沟谷坡体中下部地带。

莲沱幅位于黄陵背斜核部及南东翼，黄陵背斜构造线近南北向，背斜轴短，核部地层为前震旦系崆岭群变质杂岩，刚性大、根基深，成为阻挡区域应力的基面。黄陵结晶基底区褶皱构造较为发育，其他地区褶皱构造不发育。调查区内断裂构造发育，主要为脆性断裂构造，各方向断裂均以中角度为主，已查出具一定规模的断层共30条，大多分布在图区北部。据其空间展布方向等，将区内断层归为北西—北北西向、北东—北北东向两类。除北北西向板仓河断裂规模较大，其他断裂延伸规模多小于10km。

2. 根据岩土体不同的物理力学性质将调查区内工程地质岩类划分为5个建造类型、12个工程地质岩组类型。调查分析表明，不良工程地质岩类主要有断层破碎带、风化碎裂岩和厚层碳酸盐岩易崩地层。

3. 调查区主要人类工程活动是水利水电工程、城镇建设、公路建设和开采砂石。

4. 调查区内地质灾害点共计99处，包括滑坡43处、崩塌及危岩体43处，泥石流13处。从规模上看，区内地质灾害主要以中小型为主，其中滑坡灾害中小型占90.7%，崩塌灾害中小型占100%，泥石流灾害中小型占92.3%。大型以上地质灾害点有5处，包括4处土质滑坡和1处泥石流。

5. 地质灾害时间分布与降雨事件高度相关，尤其表现在年内月份分布之上。降雨是地质灾害诱发的自然动力因素；地层与河谷水系的组合关系是控制地质灾害发育的基础条件；不合理的人类工程活动是诱发崩塌和滑坡等地质灾害的人为动力因素。

6. 地质灾害主要受地层岩性、斜坡结构、岩性组合的影响，各因子的影响强弱顺序为：地层岩性或工程地质岩组＞水系＞公路＞斜坡结构＞地貌＞构造。水系、公路及人类工程活动相关性较大，往往是叠加诱发出现，此外由于未收集到月或天降雨量，降雨作为主要诱发因素只具有统计意义。针对崩塌、滑坡、泥石流等不同的地质灾害类型，分别提出了3类典型滑坡（降雨型土质滑坡、沿风化界面滑移型岩质滑坡、沿节理裂隙滑移型岩质滑坡）、3类典型崩塌（拉裂坠落型、侵蚀切蚀倾倒型、错断滑移型）和1类典型泥石流（山洪沟道型泥石流）等成灾模式，对不同模式的演化机制和变形破坏特征、成灾规模、防范重点分别做了论述，并进行了典型灾害案例的分析。

7.进行了基于ArcGIS的自然斜坡划分，并在野外实际调查中进行了初步的定性稳定评价，并归并斜坡单元。不稳定的自然斜坡面积28.63km^2，占调查区总面积的6.5%；基本稳定的斜坡面积97.2km^2，占调查区总面积的22.1%；稳定斜坡面积314.17km^2，占调查区总面积的71.4%。重点调查区共评价斜坡204个。其中，不稳定斜坡个数17个，占斜坡单元总数的8.33%，面积5.435km^2，占斜坡总面积的7%；基本稳定斜坡91个，占斜坡单元总数的44.61%，面积35.83km^2，占斜坡总面积的46.12%；稳定斜坡96个，占斜坡单元总数的47.06%，面积36.42km^2，占斜坡总面积的46.88%。

8.分别在标准图幅和重点调查区采用基于ArcGIS平台的综合信息量法模型，选取了7类影响因子对图幅内地质灾害的易发程度做了定量评价。标准图幅地质灾害高易发区总面积33.89km^2，占图幅总面积的7.8%，发育地质灾害点59处，占灾害点总数的59.6%；中易发区总面积66.78km^2，占图幅总面积的15.38%，发育地质灾害点25处，占灾害点总数的25.25%；低易发区总面积144.14km^2，占图幅总面积的33.2%，发育地质灾害点12处，占灾害点总数的12.12%；非易发区总面积189.34km^2，占图幅总面积的43.61%，发育地质灾害点3个，灾害点密度为0.015个/km^2。重点调查区面积80km^2，其中高易发区面积25.93km^2，中易发区面积20.28km^2，低易发区面积21.32km^2，非易发区面积10.31km^2。

9.在地质灾害易发性评价的基础上，根据地质灾害点的稳定状态、危险程度和灾害点的威胁范围，定性与定量相结合，开展了地质灾害危险性分区评价。地质灾害高危险区5个，总面积3.4km^2；中危险区7个，总面积6.52km^2；低危险区3个，总面积67.6km^2。

10.对重点调查区开展了工程建设用地适宜性分区评价，不适宜建设用地范围达7.02km^2，占评价区面积的9.06%；适宜性较差级建设用地面积为58.70km^2，占评价区面积的75.72%；较适宜建设用地和适宜建设用地面积共11.80km^2，占评价区面积的15.22%。并分别对乐天溪集镇扩建规划区、三斗坪集镇扩建规划区和三峡通航扩能工程规划区的工程适宜性进行了说明。

11.针对莲沱幅地质环境条件、地质灾害发育现状和地质灾害防治工作中存在的问题，提出了地质灾害防治的原则、防治分区和总体防治对策建议，对3个重点防治点和7个次重点防治点提出了具体对策建议。

三峡地区云安厂幅1∶5万环境地质调查成果报告

提交单位：中国地质调查局武汉地质调查中心

项目负责人：李明

档案号：档0590-07

工作周期：2018年

主要成果：

1.调查区地貌差异明显，根据切割深度可划分为台地、低山、中低山、中山4类。地貌类型的差异直接反映了地质环境条件的区别，并决定了人类的分布和工程活动强度及类型。地壳整体稳定，历史上无5级以上地震发生，地震动峰值加速度为0.05g，地震动反应特征周期为0.35s，基本地震烈度Ⅵ度。

调查区地层为中三叠统巴东组一段至上侏罗统蓬莱镇组沉积岩，其中中三叠统巴东组二段岩性主要为泥岩，含有石膏，挠曲发育；三段则主要为灰岩；上三叠统香溪组岩性为砂岩夹页岩、煤层；侏罗系岩性以泥岩为主夹砂岩、页岩、灰岩。残坡积、现代河流冲洪积、崩滑堆积、人工堆积形成的第四系土体分布零星。

调查区大地构造属扬子陆块区上扬子陆块川中前陆盆地，属于万州弧形凹褶束。区内构造由一系列轴向东西向的弧形开阔-直立褶皱构成，其变形强度北部较弱，由北至南到云安厂一带，变形强度略有增强。区内自北向南为梁平向斜、铁峰上背斜、新建向斜、硐村背斜。在背斜轴部发育少量走向与褶皱轴迹平行的逆断层。

2. 根据岩土体工程地质特征，将区内岩体划分为6个岩性综合体，岩体物理力学性质不均匀且差异很大，一般灰岩、砂岩为坚硬—较坚硬岩，泥岩、页岩为软—极软岩；土体根据成因主要有3类，崩坡积和冲洪积土体均以粉质黏土为主，夹碎块石或卵砾石，前者厚3～30m，为区内滑坡的主要物质基础；后者厚2～15m，是良好的持力层。人工填土一般经过夯实作建筑地基，呈中密—密实状，土体厚度5～50m；也有分散分布的抛填弃渣，呈松散状，边坡稳定性一般较差。

3. 调查区内不良工程地质岩类为软弱夹层，主要包括含煤岩系中的软弱夹层及碎屑岩中的泥化夹层。煤系地层中的软弱夹层除煤层属软弱层外，伴生有碳质页岩、页岩或泥岩、铝土质黏土岩等，往往组成多个复杂的软弱夹层系列。其抗剪强度很低，易软化、水化，工程地质性质差；泥化夹层在区内侏罗系珍珠冲组中多见，其矿物组成中亲水矿物的含量高，因而，在水的作用下该类软弱夹层极易泥化、软化，同时黏土矿物含量高的泥化夹层还具膨缩性，工程地质性质极差；泥化夹层厚度较小，一般为1～10cm。

4. 调查区内地下水类型有松散岩类孔隙水、碎屑岩类层间孔隙裂隙水、碳酸盐岩裂隙溶洞水3类。松散岩类孔隙水具有特殊的工程地质意义，应特别重视；碎屑岩类层间孔隙裂隙水分布在向斜轴部和背斜两翼的广大地区，水量贫乏；碳酸盐岩裂隙溶洞水分布在背斜轴部，浅层露头少，深部储量丰富，是造成隧道涌突水的主要水源。

5. 调查区内目前已探明和发现有煤、卤水、石灰岩(水泥原料)、泥页岩4个矿种，其中大多数矿山已关闭，现仅有2处小型泥页岩矿继续开采。

6. 调查区内地质灾害点共计103处，其中滑坡99处、崩塌3处、泥石流1处。地质灾害规模以中、大型为主，占灾害点总数的89.3%，特大型分布少。集中分布在汤溪河干流南溪镇至云安镇段，降雨是区内地质灾害发育的重要诱因，内在因素主要为地形地貌、地质构造、岩性组合、斜坡结构。

7. 调查区内水土流失现象较为严重，其中极强度流失区面积135.83km²，强度流失区面积151.05km²，中度流失区面积154.37km²。水土流失的发育主要受人类活动和地质环境条件两方面影响。

8. 调查区内有记录开采的矿山共10处，问题为边坡稳定性差；形成采空区面积约1.18km²，出现小范围地面塌陷、地裂缝，塌陷面积约0.014km²；破坏原生地形地貌景观59 100m²；占用土地资源，影响土地资源的合理有效利用，目前区内矿山开采占用土地资源面积43 100m²。

9. 道路工程环境地质问题表现为路基边坡放坡后裂隙临空或差异性风化侵蚀引起的上部岩体失稳或风化崩落；路基软化下挫、不均匀沉降等。

10. 水污染方面，区内大型工矿企业较少，污染来源主要为生活污水和农业生产污水。

11. 根据地质灾害发育现状，结合地质灾害形成的地质环境条件，采用定性和定量相结合的评价方法对一般调查区和重点调查区地质灾害易发程度进行了划分。一般调查区中，汤溪河干流南溪镇—云安镇河谷段为强易发区，面积74.06km²，占调查区总面积的16.78%；中易发区4个，面积180.86km²，占调查区总面积的40.99%，主要分布在南溪镇桂溪村—盐渠村中易发区、南溪镇天河村—富家村—双土镇、水口镇—云安镇毛坝村、云阳镇三坪村一带；弱易发区面积186.35km²，占调查区总面积的42.23%。南溪镇重点调查区中，强易发区分布在下荒家坝—盐渠—南溪镇一带，面积11.76km²，占总面积的30.53%；中易发区面积17.14km²，占总面积的44.5%，划分为4个亚区；弱易发区面积9.62km²，占总面积的24.97%，划分3个亚区。云安镇重点调查区中强易发区面积6.56km²，占总面积的16.39%，划分为2个亚区，分布在肖李溪—老云安厂、大梁子一带；中易发区分布在朱家寨—松林湾—白羊坪一带，面积23.03km²，占总面积的57.53%；弱易发区面积10.44km²，占总面积的26.08%，分布在地势较高的土地坳、下田湾—牛头山一带。

12. 采用定性、半定量方法进行环境地质分区评价。汤溪河干流南溪镇—云安镇河谷段为环境地质问题高易发区，面积62.36km²，地质灾害高易发，发育密集，影响大、危害广。随着对库区地质灾害治理工作的逐步推进,本区地质灾害的不利影响得到有效缓解。随着治理工作的深入,环境地质条件逐步改善,但地质灾害仍然是将来主要环境地质问题,本区地质环境脆弱,大型工程建设诱发地质灾害、水土流失等次生问题,故本区不适宜重大工程的规划建设,必需时要建立科学合理的方案;栖霞镇桃树坪—王爷庙矿山环境地质问题高易发区,面积 5.57km²,出现地面塌陷、地裂缝等现象。本区矿山已全部关停,因采空区埋深较大,冒落带未发展至地表,矿山环境地质问题逐渐减弱;桂溪村至盐渠村为地质灾害中易发区,面积 40.05km²,本区人口稀少,人类工程活动强度低,需加强对地质灾害的监测、及时避让;坪东村水土流失中易发区,面积 47.48km²,为极强度水土流失区,通过退耕还林还草、天然林资源保护、水土保持、生态移民等多措施并举,区内水土流失呈渐缓趋势;水口镇、栖霞镇一带为地质灾害中易发区,人口密度相对较大,人类工程活动较强烈,地质灾害受自然因素和人为因素共同影响;云阳镇三坪村一带为地质灾害和水土流失中易发区,面积 14.36km²,农业活动是本区主要的人类活动方式,垦植率高,植被覆盖率低,水土流失问题较严重,由于农业综合开发、坡耕地治理、水土保持监测网络等多措施并举,区内水土流失呈明显渐缓趋势。

三峡地区磐石镇幅 1∶5 万环境地质调查成果报告

提交单位:重庆市地质矿产勘查开发局 208 水文地质工程地质队

(重庆市地质灾害防治工程勘查设计院)

项目负责人:温金梅

档案号:档 0590-08

工作周期:2018 年

主要成果:

1. 磐石镇幅基础地质内容以重庆市地质矿产勘查开发局川东南地质大队区域地质调查为基础,针对地质灾害孕灾地质背景条件中的易滑易崩地层、第四系松散堆积物、典型构造、区域软夹层进行了详细调查,重点调查区按自然斜坡进行单元划分,按斜坡部署详细的调查工作。

磐石镇幅内主要出露上侏罗统蓬莱镇组、遂宁组以及中侏罗统沙溪庙组,总面积 414.88km²,占图幅总面积的 93.95%,其次出露中侏罗统新田沟组、下侏罗统自流井组、上三叠统香溪组、中三叠统巴东组,位于图幅西北角,总面积 26.73km²,占图幅总面积的 6.05%。调查区大地构造位置属扬子陆块区上扬子陆块川中前陆盆地万州弧形凹褶束,万州弧形凹褶束位于川中前陆盆地的北部,主要由一系列北东-南西向逐渐转为近东西向平行排列的弧形褶皱组成,区内主要褶皱构造为花落坪背斜、大坪垭向斜、铁峰山背斜、黄柏溪向斜、新厂背斜,但本图幅内对地质灾害分布控制较明显的褶皱以北北东向的黄柏溪向斜、新厂背斜为主。

调查区新构造运动主要表现为多阶段的水平抬升,形成了不同的多级剥蚀夷平面及阶地,本图幅内可见残留的二级夷平面。但由于三峡库区蓄水已至+175m,原有的大量阶地已被淹没而无法观察,调查区现在已无明显的阶地存在。区内水系以长江为汇集,南、北两岸分布 12 条以彭溪河为主的主干支流呈树枝状、羽毛状分布,河流下切作用造就了现代地理地貌景观。地壳抬升切割强烈、地形坡度大,是造成本区滑坡、崩塌等地质灾害频繁发生的主要诱发因素。

2. 根据岩体的岩性组合特征、岩石的原生结构特征、岩石的工程地质性质以及土体的物质组成,将调查区岩土体划分为 9 个工程地质岩组:坚硬中厚至薄层砂岩夹软弱黏土岩岩组,软硬相间层状砂岩、黏土岩互层岩组,较软薄—中厚层状黏土岩夹砂岩岩组,坚硬厚层状砂岩夹页岩岩组,弱岩溶化软硬相间层状碳酸盐岩、碎屑岩互层岩组，多层残坡积碎块石土，多层崩坡积碎块石土，多层冲洪积卵石土，人工填土。主要的不良工程地质岩类有风化碎裂岩、含煤地层和泥化软夹层，风化碎裂岩系指基岩裸露于地表，在风化作用下，母岩发生破裂、分解所形成的一种松散岩石类型，调查区内一般把这类特殊岩类归入松散堆积土类，是图幅内广泛出现的主要致灾类型。含煤地层主要分布在图幅北西角香溪组中，分布面积较小，且无地质灾害分布，泥化软夹层主要发育于新田沟组、自流井组和沙溪庙组二段中，为调查区典型易滑地层或易致灾地层。

3.针对在建郑万铁路云阳县高铁站站点进行专项工程地质调查，指出了可能诱发、遭受的地质灾害风险。图幅范围内地质灾害点共计 161 处，其中滑坡为主要类型，共计 146 处，其次为崩塌及危岩体 15 处。崩塌、滑坡灾害规模以中型为主，占到灾害点总数的 65.22%，大型以上地质灾害占比 28.77%，小型地质灾害占比 4.11%，区内滑坡均为土质滑坡，崩塌、危岩均为岩质崩塌。

地质灾害时间分布与降雨事件高度相关，尤其表现在年内月份分布之上，降雨是调查区地质灾害的主要诱发自然动力因素；地层和构造及其与河谷的组合关系是控制地质灾害发育的基础条件；不合理的人类工程活动是诱发崩塌和滑坡等地质灾害的人为动力因素。

滑坡是区内最主要的地质灾害，主要发育于长江干流以及其南、北两岸分布 12 条以彭溪河为主的主干支流两岸斜坡。调查区内滑坡多为浅层土质滑坡，滑体厚度多在 3～10m 之间；规模以中型为主，发生原因多为自然地质作用，主要诱发因素为降雨或者暴雨，由于人类活动的加剧，多为新生滑坡。滑体物质主要为残坡积、崩坡积层块、碎石土，少量为含砾黏性土等，结构较松散。侏罗系蓬莱镇组、遂宁组及沙溪庙组中发育厚层状或巨厚层状的砂岩体，这些砂岩体在地表出露部位常形成陡崖，在风化、卸荷裂隙切割作用下，诱发崩塌、危岩的形成，在崩塌危岩发育地段，斜坡下常发育碎块石堆积滑坡，滑坡滑床基本为泥岩、粉砂质泥岩等碎屑岩类。

调查区共发育崩塌(危岩)15 处，占灾害点总数的 9.32%，主要发育于侏罗系蓬莱镇组、遂宁组和沙溪庙组二段的砂岩体中。按形成机理划分为拉裂式、鼓胀式、倾倒式、滑移式、错断式 5 种类型。调查区内崩塌以多种方式复合形成，但主崩方式为倾倒式。崩塌(危岩)发育高程较分散，原始地形均为陡崖，一般坡度大于 40°，危岩带斜长一般为 55～690m，厚度 2～32m。危岩体大多处于基本稳定或欠稳定状态，在外力或地质环境条件改变条件下，发生崩塌的可能性较大。已发生的崩塌发生时间一般在 7—9 月。降雨、高陡临空、节理及卸荷裂隙发育是崩塌发生的主要原因，崩塌对交通和房屋损害性较大。

地质灾害主要受地层岩性、构造和斜坡结构、岩性组合的影响，本图幅内各因子的影响强弱顺序为：地层岩性或工程地质岩组＞地貌＞水系＞公路＞斜坡结构＞构造。水系、公路及人类工程活动相关性较大，往往是叠加诱发出现，降雨为主要诱发因素。

4.对整个磐石镇幅进行了基于 ArcGIS 的自然大斜坡划分并在野外实际调查中确定其稳定性，对斜坡进行初步的定性稳定分析、评价。不稳定的自然斜坡面积 49.72km^2，占调查区总面积的 11.26%；基本稳定的斜坡面积 235.81km^2，占调查区总面积的 53.40%；稳定斜坡面积 115.88km^2，占调查区总面积的 26.24%。磐石镇幅重点调查区共评价斜坡 124 个，总面积 82.68km^2。其中，不稳定斜坡 27 个，占斜坡总数的 21.77%；基本稳定斜坡 86 个，占斜坡总数 69.35%；稳定斜坡 11 个，占斜坡总数的 8.88%。不稳定斜坡面积 16.55km^2，占重点调查区面积的 24.25%；基本稳定斜坡面积 46.06km^2，占重点调查区面积的 67.50%；稳定斜坡面积 5.63km^2，占重点调查区面积的 8.25%。

对图幅和重点调查区，选取了 8 类影响因子进行地质灾害易发性分区评价。高易发区总面积 51.55km^2，占图幅总面积的 11.67%，主要分布于长江干流及南、北两岸分布 12 条以彭溪河为主的主干支流的一级岸坡或近岸坡地段，区内发育地质灾害 75 处，占灾害点总数的 46.58%，其中滑坡 71 处，占滑坡总数的 48.63%，崩塌及危岩体 4 处，占崩塌总数的 26.67%。中易发区总面积 161.88 km^2，占图幅总面积的 36.66%。共发育地质灾害点 52 处，占灾害点总数的 32.30%，面积密度为 32.12 处/100km^2，其中滑坡 46 处，崩塌 6 处。低易发区总面积 163.75km^2，占图幅总面积的 37.08%，地质灾害点 33 处，占灾害点总数的 20.50%,点密度为 20.15 处/100km²,其中滑坡 28 处,崩塌 5 处。不易发区总面积29.36km²,占图幅总面积的 6.65%,发育地质灾害点 1 处,占灾害点总数的 0.62%,点密度为 3.4 处/100km²。

5.对图幅重点调查区进行了地质灾害危险性评价,划分高危险区 3 个、中危险区 2 个、低危险区 2 个。地质灾害高危险区总面积为 27.11km²,占重点调查区总面积的 32.79%,发育灾点 30 处,其中滑坡 24 处、崩塌 6 处,平均灾害点密度 110.67 处/100km²,包括 3 个地质灾害高危险亚区,即人和街道长河村-立新村滑坡高危险亚区(A1)、黄石镇黄石村-中湾村滑坡高危险亚区(A2)、双江街道石云村-大雁路滑坡崩塌高危险亚区(A3)。地质灾害中危险区总面积为 35.07km²,占重点调查区面积的 42.42%。发育灾点 13 处,其中滑坡 12 处,崩塌 1 处,平均灾害点密度 37.07 处/100km²,包括 2 个地质灾害灾中危险亚区,即人和街道长河村-民治村-桃园社区滑坡中危险亚区(B1)、双江街道石云村-爱国村-青龙街道龙溪村中危险亚区(B2)。地质灾害低危险区主要分布在云阳县北部新区及人和工业园区,属地质灾害低易发或极低易发区,面积为 6.19km²,占重点区面积的 7.49%,无地质灾害点分布。

6.针对图幅内云阳高铁站站点进行了一级斜坡到顶的调查方法,详细调查了站点及周边斜坡结构、斜坡稳定性、地质灾害发育情况、不良工程地质问题、水文情况等,对场地建设适宜性进行了分区。

进行地质灾害防治规划分区,划分出重点防治区、次重点防治区和一般防治区 3 个大区共 8 个亚区。重点防治区主要分布于长江及支流沿岸人类活动集中区,总面积 117.61km²,占总面积的26.63%,多属地质灾害高易发区。次重点防治区分布较为零散,一般分布于碎屑岩以及软硬岩层相间的地带、人类工程活动较强烈地带,总面积 155.07 km²,占图幅面积的 35.11%,以地质灾害中易发区为主。一般防治区主要分布于长江左岸剥蚀中山地貌区以及长江右岸侵蚀剥蚀低山地貌区的山顶区,该区主要特征为人口稀少,无重大交通设施以及工程建设,以地质灾害低易发或不易发区为主,灾害造成的危害程度相对较低,该区总面积 138.53 km²,占图幅面积的 41.56%。在防治分区的同时进行分期分级防治,分别根据地质灾害易发性危险性等实际情况给予群测群防、搬迁避让、工程治理等防治措施建议。

丹江口库区盛湾幅、石鼓幅、凉水河幅环境地质调查成果报告

提交单位:中国地质调查局武汉地质调查中心

项目负责人:黎义勇

档案号:档 0593-01,档 0593-04,档 0593-05

工作周期:2016—2018 年

主要成果:

1.调查区地处武当山隆起与大横山余脉之间,根据各地貌单元的海拔高度、应力作用方式大致可将调查区分为构造侵蚀剥蚀低山区、构造盆地区及侵蚀、剥蚀丘陵区 3 种地形地貌单元区。区内地层出露较齐全,自中—新元古界武当山岩群,震旦系耀岭河组、陡山沱组、灯影组,古生界寒武系杨家堡组、庄子沟组、岳家坪组,奥陶系石瓮子组和白龙庙组,中生界白垩系寺沟组,新生界古近系、新近系和第四系均有出露。区内构造位置处于南秦岭造山带内武当山双向造山带之北侧逆冲变形带内,经历了 6 次重要的构造变形事件,造就了区内由元古宇和寒武系组成的北西向倒转向斜与其南十堰-丹江走滑剪切带相配置的主体构造,叠覆着白垩纪—新近纪红层盆地。

2.按照地下水的赋存介质和介质的空隙发育性质,将调查区内划分为 3 个地下水含水系统、4 个水文地质分区、4 种地下水类型。3 个地下水含水系统即丹江流域地下水系统、蒿坪-石鼓盆地地下水系统

和汉江流域地下水系统；4个水文地质分区分别为低山区碳酸盐岩类岩溶裂隙水分区（Ⅰ），丘陵区碎屑岩孔隙裂隙水分区（Ⅱ），中部丘陵区碳酸盐岩裂隙岩溶水分区（Ⅲ），南部变质岩风化裂隙水分区（Ⅳ）；4种地下水类型为松散岩类孔隙水、碎屑岩类孔隙裂隙水、碳酸盐岩类裂隙岩溶水、变质岩风化裂隙水。其中两个皱褶的中低山区碳酸盐岩类岩溶裂隙水区富水性较好。工程地质类型以软质砂岩、泥质砂岩、砂砾岩岩组及较坚硬的碳酸盐岩岩组为主。现状条件下人类活动主要以建筑业、种植业为主，另有部分旅游业、养殖业。

3.本次调查出的主要环境地质问题有以下几类。

水污染：区内存在一定程度的潜在水质污染源，主要为农业面源污染、生活垃圾污染、养殖业污染以及工矿遗留废渣、场地等。

水土流失：主要受人类活动影响，丘陵低山区则主要为修路切坡等活动造成基岩裸露，形成局部水土流失问题。

石漠化：区内局部分布有石漠化岩溶石山，石漠化程度为轻度—中度，分析认为其成因与岩石成分、结构特征、地形地貌等因素有关，同时也与陡坡开垦、过度樵采等人类活动有重要关系。

地质灾害：区内存在一定数量的地质灾害，主要类型包括崩塌、滑坡和不稳定斜坡等，主要分布汉江两岸、S337省道两侧及盛湾镇胡营—陈庄村一带，规模一般较小。

矿山地质环境问题：区内主要矿山地质环境问题为废弃钒矿的固体废弃物和露天采面经过雨水淋滤造成的水土污染问题；其他正在开采矿山主要以开采石料矿为主，矿山处主要出露岩性为震旦系灯影组的白云岩，矿山规模以小型为主，主要分布于乡道或者村道公路沿线。

4.调查区南部汉江沿岸的岸坡分为岩类、土类、岩土混合类，对岸坡进行了稳定性评价。区内岸坡稳定性主要为稳定、基本稳定、不稳定，其中为稳定的库岸有11段，占53.12%；基本稳定的库岸有16段，占32.17%；不稳定的库岸有7段，占14.71%。

5.根据调查区内地质灾害发生的地质环境条件、地质灾害发育特点，结合地质灾害点的发育密度，对地质灾害易发性进行了分区评价，划分出盛湾镇胡营村-陈庄村及环库路周边高易发区、石鼓后沟村-温坪中易发区、汉江南岸变质岩岸坡中易发区。

6.根据区内存在的主要环境地质问题，将调查区划分为地下水污染、矿山环境地质、地质灾害以及石漠化4个一级环境地质问题分区和11个亚区，并对其进行了详细评价。

丹水库区淅川段（淅川县幅）1∶5万环境地质调查成果报告

提交单位：河南省地质环境监测院、河南省水文地质工程地质勘察院有限公司

项目负责人：田东升

档案号：档0593-02

工作周期：2016—2017年

主要成果：

1.调查区位于秦岭东段延伸部分的伏牛山南侧，地貌类型主要分为侵蚀剥蚀低山、侵蚀剥蚀丘陵及冲洪积带状河谷平原。出露地层以沉积地层为主，由老至新为震旦系、寒武系、奥陶系、泥盆系、石炭系、白垩系及第四系，仅东北角局部出露新元古界变质岩。调查区位于秦岭褶皱系中南秦岭海西褶皱带，以荆紫关-师岗复向斜为主控构造，在向斜两翼分别发育众多伴生褶皱，总体构造方向为北西-南东。断裂多为北西向张性正断性质，主要断裂带有大石桥断裂带、朱家沟断裂带。

2.调查区地下水类型分为松散岩类孔隙水、碎屑岩类孔隙裂隙水、碳酸盐岩类裂隙岩溶水、基岩裂隙水4种，其中松散岩类孔隙水、碳酸盐岩类裂隙岩溶水分布区富水性较好。工程地质类型以丹江、灌河河谷平原的粉质黏土、粉土、砂、砂砾石多层土体及丘陵地山区的坚硬—半坚硬的变质岩、沉积岩组为主。现状条件下人类活动主要以建筑业、种植业为主，另有部分工矿业、旅游业、养殖业。

3.本次调查出的主要环境地质问题有以下几类。

水污染：区内存在一定程度的潜在水质污染源，主要为农业面源污染、生活垃圾污染、养殖业污染以及工矿遗留废渣、场地等。

水土流失：主要受人类活动影响，在河谷平原区，采砂活动造成河漫滩包气带破坏，丘陵低山区则主要为由采石活动造成基岩裸露，形成局部水土流失问题。

石漠化：区内局部分布有石漠化岩溶石山，石漠化程度为轻度—中度，分析认为其成因与岩石成分、结构特征、地形地貌等因素有关，同时也与陡坡开垦、过度樵采等人类活动有重要关系。

地质灾害：区内存在一定数量的地质灾害，主要类型包括崩塌、滑坡和不稳定斜坡等，主要分布大石桥至老城镇一线以北的丘陵低山区域，规模一般较小。

4.对调查区地下水质量进行了综合评价。Ⅰ～Ⅲ类地下水的分布区面积约为353.2km²，占调查区总面积的81.9%；Ⅳ～Ⅴ类地下水分布区面积约为56.6km²，占调查区总面积的13.1%。对调查区地下水污染情况进行了评价，调查区以未污染区为主，分布面积384.56km²，占调查区总面积的89.15%；另有一定面积的轻度污染区，分布面积17.44km²，占调查区总面积的4.04%。

5.对调查区地下水水质的脆弱性进行了评价。区内高脆弱区主要为丹江、灌河沿岸的松散岩类孔隙水分布区，面积约85km²，占调查区总面积的20%左右；中脆弱区主要为淅川县城一带的碳酸盐岩类裂隙岩溶水分布区，为淅川县城的主要饮用水源，面积约17km²，占调查区总面积的4%左右，其余区为低脆弱区，面积约328km²，占调查区总面积的76%左右。

6.将调查区丹江、灌河沿岸的岸坡分为岩类、土类岸坡，并进行了稳定性评价。区内岸坡稳定性主要为较好至好级别，岸坡稳定性较差有1个岸段，长8.6km，占总长度的12.6%，为大石桥—东岳庙一线。

7.根据调查区内地质灾害发生的地质环境条件、地质灾害发育特点，结合地质灾害点的发育密度，对地质灾害易发性进行了分区评价，划分为大石桥乡-金河镇-老城镇中易发区，淅川县城-上集镇低易发区，丹江河谷、灌河河谷平原不易发区3个分区。

8.根据调查区内存在的主要环境地质问题，将调查区划分为地下水污染、水土流失、地质灾害以及石漠化4个一级环境地质问题分区，并根据各环境地质问题的发育程度细分为10个亚区，并对其进行了详细评价。

汉水库区1∶5万习家店幅环境地质调查成果报告

提交单位：湖北省地质环境总站

项目负责人：熊志涛

档案号：档0593-06

工作周期：2017—2018年

主要成果：

1.调查区地处武当山隆起与大横山余脉之间，根据各地貌单元的海拔高度、应力作用方式大致可将调查区分为构造侵蚀剥蚀低山区、构造盆地区及侵蚀剥蚀丘陵区 3 种地形地貌单元区。区内地层出露较齐全，自中—新元古界武当山岩群，震旦系耀岭河组、陡山沱组、灯影组，古生界寒武系杨家堡组、庄子沟组、冯家凹组、习家店组，中生界白垩系寺沟组，新生界第三系掇刀石组，第四系均有出露。区内构造位置处于南秦岭造山带内武当山双向造山带之北侧逆冲变形带内，经历了 6 次重要的构造变形事件，造就了区内由元古宇—寒武系组成的北西向倒转向斜与其南十堰-丹江走滑剪切带相配置的主体构造，叠覆着白垩纪—新近纪红色盆地。

2.按照地下水的赋存介质和介质的空隙发育性质，将调查区划分为 2 个水文地质单元、5 个水文地质分区、4 种地下水类型。2 个水文地质单元，即汉江以北水文地质单元和汉江以南水文地质单元；5 个水文地质分区分别为北部低山区碳酸盐岩类岩溶裂隙水分区（Ⅰ），中部丘陵区碎屑岩孔隙裂隙水分区（Ⅱ），中部丘陵区碳酸盐岩裂隙岩溶水分区（Ⅲ），南部江北变质岩风化裂隙水分区（Ⅳ）和江南变质岩夹碎屑岩风化裂隙水分区（Ⅴ）；4 种地下水类型为松散岩类孔隙水、碎屑岩类孔隙裂隙水、碳酸盐岩类裂隙岩溶水、变质岩风化裂隙水。其中北部低山区碳酸盐岩类岩溶裂隙水区及中部丘陵区碳酸盐岩裂隙岩溶水区富水性较好。工程地质类型以软质砂岩、泥质砂岩、砂砾岩岩组及较坚硬的碳酸盐岩岩组为主。现状条件下人类活动主要以建筑业、种植业为主，另有部分旅游业、养殖业。

3.本次调查出的主要环境地质问题有以下几类。

水污染：区内存在一定程度的潜在水质污染源，主要为农业面源污染、生活垃圾污染、养殖业污染以及工矿遗留废渣、场地等。

水土流失：主要受人类活动影响，丘陵低山区则主要为由修路切坡等活动造成基岩裸露，形成局部水土流失问题。

石漠化：区内局部分布有石漠化岩溶石山，石漠化程度为轻度—中度，分析认为其成因与岩石成分、结构特征、地形地貌等因素有关，同时也与陡坡开垦、过度樵采等人类活动有重要关系。

地质灾害：区内存在一定数量的地质灾害，主要类型包括崩塌、滑坡和不稳定斜坡等，主要分布于汉江两岸习家店镇封沟村—龙口村一带及均县镇新集镇洪家沟村一带，规模一般较小。

矿山地质环境问题：区内共有矿山环境地质点 29 处，矿山主要以开采石料矿为主，矿山处主要出露岩性为震旦系灯影组的白云岩，矿山规模以小型为主，矿山主要分布于乡道或者村道公路沿线，尤其以习均公路一线最为严重。

4.对调查区地下水质量进行了综合评价。Ⅰ～Ⅲ类地下水的分布区面积约为 350.26km²，占调查区总面积的 81.46%；Ⅳ～Ⅴ类分布区面积约为 18.74km²，占调查区总面积的 4.36%。对调查区地下水污染情况进行了评价，调查区以未污染区为主，分布面积 347.13km²，占调查区总面积的 80.73%；另有一定面积的轻度污染区，分布面积 24.92km²，占调查区总面积的 5.79%。

5.对调查区地下水水质的脆弱性进行了评价。区内高脆弱区主要为调查区西北部安阳盆地、习家店北部冲洪积沟谷沿岸的松散岩类孔隙水分布区及老均县镇区域，面积约 47.62km²，占调查区总面积的11.07%左右；中脆弱区主要为习家店集镇北部、东西两侧及均县镇洪家沟村西侧一带的白垩系裂隙水分布区，面积约 164.69km²，占调查区总面积的 38.3%左右；其余区为低脆弱区，面积约 169.98km²，占调查区总面积的 39.53%左右。

6.调查区南部汉江沿岸的岸坡分为岩类、土类、岩土混合类，对岸坡进行了稳定性评价。区内岸坡稳定性主要为基本稳定和不稳定，其中基本稳定的库岸有 18 段，占 25.6%；不稳定的库岸有 45 段，占 74.4%。

7.根据调查区内地质灾害发生的地质环境条件、地质灾害发育特点，结合地质灾害点的发育密度，对地质灾害易发性进行了分区评价。在调查区划分出习家店封沟村-龙口村及均县新集镇高易发区、习家店大柏村-杏花村及均县镇九里岗村-迎风寺村中易发区、汉江北部安阳真安阳口村-习家店集镇杨家院村一线及汉江南部均县镇双庙沟村低易发区 3 个分区。

8.根据区内存在的主要环境地质问题,将调查区划分为地下水污染、矿山环境地质、地质灾害以及石漠化4个一级环境地质问题分区和11个亚区,并对其进行了详细评价。

汉水库区1:5万武当山幅环境地质调查成果报告

提交单位:湖北省地质环境总站

项目负责人:熊志涛

档案号:档0593-07

工作周期:2017年

主要成果:

1.调查区大地构造处于秦岭褶皱系南秦岭大巴山支脉的武当隆起中部,具有复式背斜构造特点,断裂多为北西向张性正断层,主要断裂带有公路断裂、高庙断裂、白庙山断裂、两陨断裂,属大巴山脉东延支脉。主要由构造侵蚀、剥蚀低中山区,侵蚀、剥蚀丘陵区,构造盆地区3个地貌单元组成,以丘陵区为主,盆地次之,低山、河谷、平原相间,河谷开阔,侵蚀堆积作用明显。区内出露地层有中—新元古界武当山岩群,白垩系寺沟组和第四系松散沉积物。公路断裂以南主要出露岩性为变质火山碎屑沉积岩、变质基性火山岩;以北出露岩性为变质火山碎屑沉积、陆源碎屑沉积,盆地之间主要岩性为冲洪积砂砾沉积的"红层"、堆积黏土类;调查区境内出露岩浆岩主要为元古宙白马山变质基性侵入岩,受变质变形作用改造形成了一套以绿泥透闪阳起钠长片岩为主的低绿片岩相变质岩系,按矿物成分及含量可分为变辉绿岩和变辉长辉绿岩。岩体规模不一,呈岩墙、岩脉或岩枝状侵位于武当山岩群之中。

2.调查区地下水类型分为松散岩类孔隙水、碎屑岩类孔隙裂隙水、变质岩类裂隙水、基岩裂隙水4种,地下水富水性以贫乏为主。区内岩土体划分为松散岩类、较软碎屑岩类、较软—较坚硬片状变质岩类、坚硬块状岩浆岩类四大工程地质岩类。

3.现状条件下人类活动主要有交通路网建设,丹江口水库建设,武当山旅游经济开发,集镇、居民点、学校、村镇建设等人类工程活动,对地质环境存在不同程度的影响,环境地质问题较为突出。

4.本次调查出的主要环境地质问题有以下几类。

(1)水体污染:调查区内污染源类型主要有水产、畜牧业养殖、移民新区的生活用水排污、垃圾处理场、生活洗涤用水污染、沿河固废污染等,这些污染源多呈露天零星小规模散布,局部乡镇居民聚集区生活污水未经处理直接排放。

统计区内调查采集的92个地表水水样检测结果显示,Ⅰ类水点6个,Ⅱ类水点23个,Ⅲ类水点22个,Ⅳ类水点8个,Ⅴ类水点33个。

Ⅳ、Ⅴ类水点共41个,占地表水样品总数的44.57%。41个Ⅳ、Ⅴ类水样品中除2个为Zn超标,其余39个样品均为氨氮超标。调查区Ⅳ、Ⅴ类水点主要集中在武当山经济特区的涧河、官山河、黄峰河、寨河沿岸及其支流沿岸。

根据采集的31处地下水样品统计结果,对调查区地下水质量进行了综合评价并进行了分区,Ⅱ~Ⅲ类水点17个、Ⅳ类水11个、Ⅴ类水3个。Ⅳ~Ⅴ超标样品总数14个,占总数的45.16%。Ⅰ~Ⅲ类地下水的分布区面积约为335.32km^2,占调查区总面积的77.29%;Ⅳ~Ⅴ类分布区面积约为21.07km^2,占调查区总面积的4.86%。

(2)水土流失:调查区内水土流失分布与人口的分布规律基本一致,主要分布在丹江口库周,芝河、涧河沿岸区等人类密集活动区域。流失特点主要有：量大面广；面蚀为主，部分地区存在沟蚀；突发性强，在遭遇强暴雨，造成突发性的山洪和泥石流灾害，特别是连续强降雨，容易造成水土流失，水体浑浊。

(3)地质灾害：区内地质灾害主要类型包括滑坡和不稳定斜坡，多以中、小型为主，无大型存在。区内已发生地质灾害点179处，其中各类地质灾害按其规模划分：中型地质灾害点33处，占地质灾害总数的18.44%；小型地质灾害点146处，占地质灾害总数的81.56%。按稳定性划分：稳定性差132处、稳定性较差46处、稳定性好1处。

根据调查区内地质灾害发生的地质环境条件、地质灾害发育特点，结合地质灾害点的发育密度，对地质灾害易发性进行了分区评价，划分了高易发区、中易发区、低易发区3个分区。

5.环境地质综合评价。根据区内存在的主要环境地质问题，将调查区划分为环境地质问题高易发区、环境地质问题中等易发区、环境地质问题低易发区，并根据各环境地质问题类型、发育程度细分为8个亚区，对其进行了详细评价。环境地质问题高易发区主要分布在均县镇、六里坪镇、武当山旅游经济特区4个区域，分布面积合计35.39km^2；环境地质问题中等易发区主要分布在均县镇狮子沟村、武当山旅游经济特区梅子沟村、龙山镇七里沟村3个区域，分布面积合计87.46km^2。

丹江口库区十堰市幅、黄龙滩幅1∶5万环境地质调查成果报告

提交单位：中国地质调查局武汉地质调查中心

项目负责人：王磊

档案号：档0593-09，10

工作周期：2018年

主要成果：

1.调查区位于秦巴山区东段，地貌类型主要分为构造剥蚀丘陵低山地貌、侵蚀堆积丘陵地貌及冲洪积带状河谷平原。出露地层以变质岩地层为主，由新至老为第四系、白垩系、震旦系和中元古界武当山岩群变质岩。调查区位于秦岭褶皱系的东端，中元古界武当山岩群和震旦系均经历了多次构造作用和变质作用，形成了一系列复杂的构造形迹。总体以北西向紧密线状褶皱为主体，伴有北西向韧—脆性剪切带和不同方向、不同规模、不同性质的脆性断裂，以及近东西向和北东向褶皱叠加其上，使之呈现似网格状构造格局。

2.调查区地下水类型分为松散岩类孔隙水、碎屑岩类孔隙裂隙水、基岩风化裂隙水3种。区内以基岩风化裂隙水为主，整体富水性贫乏。工程地质类型根据工程地质特征共分5个亚区：松散第四系冲洪积粉土亚区，半坚硬碎屑岩组亚区，层状半坚硬变质岩岩组亚区，层状软弱变质岩岩组亚区和块状坚硬侵入岩体亚区。

3.本次调查出的主要环境地质问题有以下几类。

水污染：区内存在一定程度的潜在水质污染源，可分为农业面源污染、生活垃圾污染、养殖业污染以及流域污染4类。

矿山地质环境问题：区内开采矿山主要为采石厂，且均为露天开采，其开采形成的高陡边坡、基岩裸露和废渣随意堆弃，易引发地质灾害。

地质灾害：区内共分布了366处地质灾害，灾害类型以不稳定斜坡和滑坡为主，规模以中、小型为主，以基本稳定和不稳定为主。库区整体岸坡稳定性较好，局部存在库岸坍岸现象，应加强库区地质灾

害防治工作。

4.对调查区水质量进行了单项评价和综合水质标识指数评价。单项评价Ⅳ类及以上占39%。地表水Ⅳ～Ⅴ类水17个,占8.5%,影响指标主要为N、Fe、NH_4^+;地下水Ⅳ～Ⅴ类水61个,占30.5%,影响指标主要为总硬度、Fe、Mn、F^-、NH_4^+、NO_3^-、Hg。

5.根据调查区内地质灾害发生的地质环境条件、地质灾害发育特点,结合地质灾害点的发育密度,对地质灾害的分布规律进行分析总结。总结了区域地质灾害的发育特征和影响因素,并剖析了典型地质灾害点。

6.根据区内存在的主要环境地质问题,将调查区划分为地下水污染、地质灾害以及土地质量问题3个一级环境地质问题分区,并根据各环境地质问题的发育程度细分为多个亚区,并对其进行了详细评价。

汉水库区1∶5万郧县幅环境地质调查成果报告

提交单位:湖北省地质局第八地质大队

项目负责人:魏鹏飞

档案号:档0593-11

工作周期:2018—2019年

主要成果:

1.调查区位于秦巴山区东段,地貌类型主要分为构造剥蚀丘陵低山地貌、侵蚀堆积丘陵地貌及冲洪积带状河谷平原。出露地层以变质岩地层为主,由新至老为第四系、白垩系、震旦系和中元古界武当山岩群变质岩。调查区位于秦岭褶皱系的东端,中元古界武当山岩群和震旦系均经历了多次构造作用和变质作用,形成了一系列复杂的构造形迹。总体以北西向紧密线状褶皱为主体,伴有北西向韧—脆性剪切带和不同方向、不同规模、不同性质的脆性断裂,近东西向和北东向褶皱叠加其上,使之呈现似网格状构造格局。

2.调查区地下水类型分为松散岩类孔隙水、碎屑岩类孔隙裂隙水、碳酸盐岩类岩溶裂隙水、基岩裂隙水4种。区内以基岩裂隙水为主,整体富水性贫乏。工程地质类型根据工程地质特征共分7个亚区:松散第四系冲洪积粉土、砂砾石岩组亚区,具膨胀性的黏土、亚黏土岩组亚区,半坚硬碎屑岩组亚区,坚硬碳酸盐岩岩组亚区,层状半坚硬变质岩岩组亚区,层状软弱变质岩岩组亚区和块状坚硬侵入岩体亚区。

3.本次调查出的主要环境地质问题有以下几类。

水污染:区内存在一定程度的潜在水质污染源,可分为农业面源污染、生活垃圾污染、养殖业污染以及神定河流域污染4类。

矿山地质环境问题:区内开采矿山主要为非金属矿产,且均为露天开采,其开采形成的高陡边坡、基岩裸露和废渣随意堆弃,易引发地质灾害及破坏了图幅范围内的地貌景观。

石漠化:区内局部分布有石漠化岩溶石山,石漠化程度为轻度—中度,分析认为其成因与岩石成分、结构特征、地形地貌等因素有关,同时也与陡坡开垦、过度樵采等人类活动有重要关系。

岸坡稳定性:丹江口库区现状条件下处于稳定的库岸有24段,长度为152.50km,占总长的46.2%;处于基本稳定的库岸有34段,长度为164.91km,占总长的49.97%;处于不稳定的库岸有4段,长度为12.60km,占总长的3.82%。

地质灾害：区内共分布了99处地质灾害，灾害类型以滑坡为主，规模以小型为主，以基本稳定和不稳定为主。

4. 对调查区地下水质量进行了综合评价。Ⅰ～Ⅲ类地下水的分布区面积约为348.02km²，占调查区面积的80.93%；Ⅳ～Ⅴ类地下水分布区面积约为41.46km²，占调查区面积的9.64%。对调查区地下水污染情况进行了评价，调查区以未污染区为主，分布面积371.63km²，占调查区总面积的86.43%。

5. 对调查区地下水水质的脆弱性进行了评价。高脆弱区主要为汉江、神定河和泗河两岸的松散岩类孔隙水分布区，面积约37.79km²，占调查区总面积的8.78%左右；中脆弱区主要为郧阳开发区汉江两岸一带的碎屑岩类孔隙裂隙水及碳酸盐岩类岩溶裂隙水分布区，面积约84.74km²，占调查区总面积的19.7%左右；其余区为低脆弱区，面积约307.87km²，占调查区总面积的71.52%左右。

6. 将调查区汉江及其支流神定河、泗河的岸坡分为岩质、土质和岩土混合岸坡，并进行了稳定性评价。丹江口库区现状条件下处于稳定的库岸有24段，长度为152.50km，占总长的46.2%；处于基本稳定的库岸有34段，长度为164.91km，占总长的49.97%；处于不稳定的库岸有4段，长度为12.60km，占总长的3.82%。

7. 根据调查区内地质灾害发生的地质环境条件、地质灾害发育特点，结合地质灾害点的发育密度，对地质灾害易发性进行了分区评价，最终将区内地质灾害易发程度划分为丹江口水库汉水库区滑坡高易发分区（Ⅰ1）、茶店镇神定河至九里岗一带滑坡中易发亚区（Ⅱ1）、泗河河口中易发亚区（Ⅱ2）、汉江以北安阳地区低易发亚区（Ⅲ1）和汉江以南安阳地区低易发亚区（Ⅲ2）5个亚区。

8. 根据区内存在的主要环境地质问题，将调查区划分为地下水污染、地质灾害以及石漠化3个一级环境地质问题分区，并根据各环境地质问题的发育程度细分为9个亚区，并对其进行了详细评价。

汉水库区1∶5万西峡幅环境地质调查成果报告

提交单位：河南省地质矿产勘查开发局第五地质勘查院

项目负责人：刘华平

档案号：档0593-12

工作周期：2018年

主要成果：

1. 本次调查出的主要环境地质问题有以下几类。

（1）区内存在一定程度的潜在水质污染源，主要分布于沿灌河及其支流两岸附近以及毛堂乡的低山丘陵区。以农业面源污染、生活垃圾污染、养殖业污染以及工矿遗留废渣、场地等为主。

（2）区内水土流失问题主要发生在西峡县回车镇刘家庄，丁河镇蒲塘村、秋树沟村，重阳镇燕子村及淅川县毛堂乡阳沟、张庄等低山丘陵地带。水土流失面积约4.66km²，主要为采石、采矿活动造成基岩裸露，形成局部水土流失。

（3）本次调查石漠化点10处，累计面积约3.6km²。在石漠化一带主要出露地层为奥陶系白龙庙组，主要岩性为细晶白云岩；牛尾巴山组主要岩性为灰色微晶灰岩。区内局部分布在淅川南部碳酸盐岩溶地区，石漠化程度为轻度—中度，分析认为其成因与岩石成分、结构特征、地形地貌等因素有关，同时也与陡坡开垦、过度樵采等人类活动有重要关系。

（4）完成地质灾害调查点39个，包括崩塌点14个、滑坡点6个、不稳定斜坡点19个。加上先期收集崩塌点 17 个,滑坡点 21 个,地面塌陷点 1 个,图幅内地质灾害点共计 78 个。主要类型包括崩塌、滑坡和不稳定斜坡,主要分布在毛堂基岩山区一带、丁河—蒲塘公路两侧。

2. 本次调查采取地下水样品 75 组。综合评价结果显示,其中Ⅱ类水样点 48 组,占样品总量的 64%;Ⅲ类水样点 20 组,占样品总量的 26.67%;Ⅳ类水样点 7 组,占样品总量的 9.33%。其中Ⅰ~Ⅲ类水共 68 组,占样品总量的 90.67%。全区地下水均以Ⅱ~Ⅲ类水为主,局部由于开矿影响地下水质量较差。

3. 区内地下水高脆弱区主要为西峡市区及松散岩类孔隙水分布区,面积约 45.50km²,占调查区总面积的 10.56%;较高脆弱区分布于西部襄沟,中部铁江沟、老君台及东部西峡县城区外围一带,分布面积 56.00km²,占调查区总面积的 13.00%;中等脆弱区主要分布于西部大沟脑、西沟及老灌河两岸漫滩地带,分布面积 49.00km²,占调查区总面积的 11.38%左右;较低脆弱区分布于调查区中部及西北部地区,分布面积 179.15km²,占调查区总面积的 41.60%;低脆弱区分布于调查区中部,分布面积 101.02km²,占调查区总面积的 23.46%。

4. 本次采用单因素分析、多因素评价圈定的方法,对调查区单个矿山的矿山地质环境给予现状质量评价及集中开采区矿山地质环境进行综合评价分区。将调查区分为淅川县毛堂乡狐狸扒—白果树铁矿、淅川县玉棉矿土地资源破坏地质环境严重区;淅川县毛堂乡金矿、毛堂乡大华山铅锌矿矿山土地资源以土地破坏地质环境严重影响区;淅川县西簧乡寨沟—毛堂乡石槽沟村钒矿区以地貌景观破坏为主的地质环境严重影响区;西峡县老坟沟—蝙蝠洞一带大理岩矿地质环境较严重区。

5. 根据调查区内地质灾害发生的地质环境条件、地质灾害发育特点,结合地质灾害点的发育密度,对地质灾害易发性进行了分区评价,划分为老鹳河、丁蒲公路、淅川县毛堂乡地质灾害高易发区(Ⅰ),马家沟—大林沟以及狼洞沟—四扒沟地质灾害中易发区(Ⅱ),西峡板山寨—骡子沟—碾子沟低易发区(Ⅲ)3 个分区。

6. 对调查区生态环境进行评价,西峡幅西峡县域生态环境状况指数(EI)为 55.869,植被覆盖度较高,生物多样性较丰富,适合人类生活。西峡幅淅川县域生态环境状况指数(EI)为 52.506,生态环境状况等级为一般。植被覆盖度中等,生物多样性水平一般,较适合人类生活,但有不适合人类生活的制约因子出现。

7. 本次采用综合找水方法,即物探方法(高密度电阻率法、核磁共振法)与地质分析相结合的方法对严重缺水山区人畜饮用水调查成井 2 眼,选定 2 个村庄解决了 2000 人、200 头牲畜的饮水问题。

8. 根据区内存在的主要环境地质问题,将调查区划分为环境地质问题高易发区、环境地质问题中易发区、环境地质问题低易发区 3 个一级环境地质问题分区和 13 个亚区,并对其进行了详细评价。

桂中地区岩溶塌陷调查临桂幅、桂林幅成果报告

提交单位:广西壮族自治区地质环境监测总站

项目负责人:刘庆超

档案号:调 1259,档 0547

工作周期:2014—2015 年

主要成果:

1. 查明了区内岩溶塌陷类型、时空分布规律、发育特征、主要控制因素、形成演化机理。

据收集以往塌陷资料及本次野外调查，调查区内共有塌陷403处，其中单个塌陷185处、塌陷群48处、土洞170处。这些塌陷以小型为主，多发生在夏季，秋冬季节塌陷发生概率相对较低；发生在2000年以前的塌陷多以自然塌陷和生产生活抽取地下水引发，发生在2000年之后的塌陷多以建筑施工抽取地下水或爆破振动引发。

岩溶塌陷的形成与分布，受下伏碳酸盐岩岩溶发育程度、土层性质与厚度及人类工程活动的制约。本区岩溶塌陷主要集中在覆盖层薄（<5m）、地下水位浅，由强—较强岩溶化岩层组成的峰林平原和峰丛谷地区，漓江河谷阶地、尧山西侧洪积裙区，覆盖层厚度大（10～25m），地下水位深，仅零星分布有少量塌陷。

调查区岩溶塌陷多以地下水潜蚀为主，多数塌陷经历了土洞形成、发展阶段→塌陷阶段→调整阶段→休止阶段。塌陷的形成取决于地下水位变幅、频度，土体的崩解速率，土层厚度以及地下岩溶的规模、连通性等。地下水位变幅愈大、频度愈高，土体的崩解速率愈大，连通性愈好，塌陷形成的时间愈短。

2.查明了城市建设地基基础影响范围内的地层结构、地质构造和岩土工程特性。城市建设区主要集中在桂林市中心城区和临桂老县城及临桂新区，上覆土体以单层土体为主，漓江两岸以双层土体为主，下伏基岩以融县组（D_3r）和东村组（D_3d）厚层灰岩为主。断层褶皱呈南北向展布，上覆黏土、粉质黏土、砂卵石层承载力小于300kPa，一般不作为建筑持力层，下伏基岩坚硬完整，多作为建筑持力层。

3.查明了含水系统空间结构与边界条件，地下水补径排条件与水化学特征，查明了调查区内地下水开发利用现状及相关环境地质问题。调查区地下水类型分为松散岩类孔隙水和碎屑岩类裂隙水、碳酸盐岩裂隙溶洞水，岩溶区主要以碳酸盐岩裂隙溶洞水为主，在漓江两岸上覆有第四系松散岩类孔隙水。根据水文地质特征，调查区分为4个水文地质单元，地下水接受两侧裸露岩溶峰丛山地地下水补给，排入漓江。地下水化学类型以HCO_3-Ca型水为主，部分碎屑岩区为HCO_3-Ca·Na型水。地下水开发利用及强抽排水是引起岩溶塌陷的主要原因，调查区的岩溶塌陷大多因抽排地下水引发。

4.查明了人类工程活动对地质环境的作用和影响，评价了地质环境问题对城市工程建设的影响，对主要岩溶地质环境问题及其发展趋势做出了评价和预测。人类活动对地质环境的作用和影响，主要表现在抽取地下水引发岩溶塌陷以及爆破施工引发岩溶塌陷。抽取地下水以工业企业、生产生活、农业生产活动用水之用，其次是基坑抽水疏干，引发的岩溶塌陷多处于人类活动密集区。爆破施工以道路桥梁基础施工之由，引发的岩溶塌陷多沿新建道路沿线。岩溶塌陷对城市工程建设的影响表现在：造成房屋倒塌、人员伤亡、危害城乡建设和人民生命安全，影响水资源开发利用，对工农业生产造成危害。

5.开展了岩溶塌陷易发性区划和风险评价，提出了调查区岩溶塌陷地质灾害防治对策建议。利用AHP（层次分析法）评价调查区岩溶塌陷易发性，划分了高—中—低易发区，高易发区主要分布在桂林市主城区、临桂新区、柘木镇、宝路村—栗家村一带，人类活动强烈，岩溶发育程度强，塌陷坑平均发育密度18.6个/$10km^2$。

对调查区进行了岩溶塌陷地质灾害防治分区，划分为重点防治区、次重点防治区、一般防治区和不设防区。重点防治区主要覆盖在桂林市中心城区和临桂新区及柘木镇局部地段，建议做好勘查工作，避免基坑施工大降深抽排地下水，对重要建筑应查明土洞、溶洞、软土等发育情况，对软土进行固化处理，对土洞、溶洞进行充填。次重点防治区分布在庙岭镇、雁山镇、柘木镇、大河乡、二塘乡等地，建议措施与重点防治区基本一致。一般防治区主要为西部庙岭镇、大律村、刘村、定江镇、周家村一带，建议加强监测，通过钻探查明场地内岩溶发育情况，建筑物基础采用完整基岩作为持力层。

岩溶塌陷是桂林覆盖型岩溶区的重要环境工程地质问题，对国民经济危害极大，是不可忽视的环境工程地质问题，建议加强监测和研究，为防治和处理提供科学依据。

湖南重点岩溶流域水文地质及环境地质调查成果报告(界岭幅、双峰幅)

提交单位:湖南省地质调查院

项目负责人:阮岳军

档案号:调 1263

工作周期:2011—2015 年

主要成果:

一、基本查明调查区区域水文地质条件

界岭幅实际调查面积 456.66km^2,其中基岩碎屑岩面积 115.96km^2、碳酸盐岩分布面积 336.74km^2、第四系松散堆积岩面积 8.55km^2。双峰幅实际调查面积 456.58km^2,其中基岩碎屑岩面积 126.97km^2、碳酸盐岩分布面积 296.65km^2、第四系松散堆积岩面积 24.10km^2。

调查区地貌类型分为侵蚀构造地貌、剥蚀构造地貌、溶蚀构造地貌、侵蚀堆积地貌四大类和低山峰脊峡谷、丘陵谷地、低山峰脊峡谷、峰丛洼地谷地、高丘洼地谷地、低丘宽谷、岗地准平原、河谷阶地地貌 8 个亚类。

根据区域地层岩性及水文地质特征,调查区地下水类型分为松散岩类孔隙水、基岩裂隙水和碳酸盐岩岩溶水三大类和松散堆积层孔隙水、碎屑岩裂隙孔隙水、碎屑岩裂隙水、浅变质岩裂隙水、碳酸盐岩裂隙溶洞水、碳酸盐岩夹碎屑岩裂隙溶洞水、碎屑岩夹碳酸盐岩裂隙岩溶水 7 个亚类。其中以碳酸盐岩岩溶水为主,分布面积 633.39km^2,占调查区总面积 69.35%。

对地下水补给、径流、排泄条件进行了分析总结。总结了两类地下水补给模式,划分了 2 种地下水径流方式和 4 种地下水排泄方式。

对区内地下水化学特征和质量进行分析评价,区内地下水化学类型以 HCO_3 - Ca 和 HCO_3 - Ca · Mg 为主,地下水质量总体良好。仅在局部区域存在污染,表现为硝酸盐、亚硝酸盐、锰超标。

二、基本查明调查区岩溶水文地质条件

根据调查区碳酸盐岩结构、组合和水文地质特征,将调查区碳酸盐岩分为碳酸盐岩、碳酸盐岩夹碎屑岩和碎屑岩夹碳酸盐岩三大类。

界岭幅碳酸盐岩分布面积 127.5km^2,占碳酸盐岩总面积的 37.86%;碳酸盐岩夹碎屑岩分布面积 153.39km^2,占碳酸盐岩总面积的 45.56%;碎屑岩夹碳酸盐岩分布面积 55.84km^2,占碳酸盐岩总面积的 16.58%。

双峰幅碳酸盐岩分布面积 9.09km^2,占碳酸盐岩总面积的 3.06%;碳酸盐岩夹碎屑岩分布面积 191.44km^2,占碳酸盐岩总面积的 64.54%;碎屑岩夹碳酸盐岩分布面积 96.11km^2,占碳酸盐岩总面积的 32.40%。

调查地下河 7 条,总排泄量 569.06L/s;岩溶泉 562 个,总排泄量 416.158L/s;

调查区共划分出杨梅溪、黄泥溪、罗江和孙水 4 个五级岩溶地下水系统以及组成测水流域的测水北源、测水南源、涓水、测水左岸、测水右岸 5 个六级岩溶地下水系统,同时还划分出六级岩溶地下水系统

所包括的7个地下河岩溶水系统。

根据岩溶水富集规律，总结分析出石马坳-西洲坪、岩门口、猪婆山背斜两翼3个富水块段。

三、基本查明调查区岩溶地质特征和岩溶发育规律

1.调查分析了调查区岩溶地质特征与发育规律：调查区岩溶发育在平面、垂直方向上变化明显。根据岩溶个体形态密度、地下河发育强度、面岩溶率等指标，岩溶在平面上可划分为强、中、弱发育带。垂向上，地表以下100m内岩溶强烈发育，尤以50～70m发育强烈。60～80m岩溶中等发育，100m以下则岩溶发育微弱。

2.岩溶发育主要受岩性、构造、地貌控制。

(1)岩溶发育强度受岩性控制。调查表明，从岩性分析，调查区地下河、岩溶泉点主要发育和分布于泥盆系棋梓桥(D_2q)、佘田桥组(D_3s)，上石炭统大浦组(C_2d)白云质灰岩夹灰岩、下石炭统马栏边组(C_1m)灰岩夹泥质灰岩、石蹬子组(C_1s)灰岩夹泥质灰岩、梓门桥组(C_1z)灰岩夹泥质灰岩，泥盆系锡矿山组(D_3x)中，而以薄层构造和粉砂质结构、泥质结构为主的石炭系天鹅坪组(C_1t)，泥盆系易家湾组(D_2y)、孟公坳组(D_3m)岩溶发育极弱。上述特征体现岩溶发育强度及富水性从灰岩→白云岩→白云质灰岩→灰质白云岩→泥质灰岩→泥灰岩依次减弱。碳酸盐中纯灰岩比纯白云岩岩溶发育。

从调查区碳酸盐岩的组合特征分析，碳酸盐岩比碳酸盐岩夹碎屑岩岩溶发育，而碎屑岩夹碳酸盐岩岩溶发育较弱。

(2)构造是控制着调查区岩溶发育的主导因素。调查区位于区域构造体系扬子陆块桂湘早古生代陆缘沉降带邵阳坳陷带祁阳弧形地质构造内弧西北邵东廉桥、流光岭尾端部，主体构造形迹为北东向、北北东向。这一区域构造构造格局，控制双峰幅、界岭幅主要褶皱猪婆山背斜、吴家湾背斜、段家湾向斜及主要断裂水塘湾-瓦子坪断裂、大坪里-水家山断裂、南冲-礼二堂断裂、茶亭子-相思桥断裂发育方向为北东向及北北东向。作为分布在这一区域的碳酸盐岩地层及其走向，自然受到区域构造宏观控制，同样控制了调查区内各种岩溶形态发育的空间位置和发育方向(以北东向、北北东向为主)。

界岭幅分布2个背斜和1个向斜，面积109.23km²；双峰幅分布背斜2个，向斜3个，面积195.21km²。共发育有7条地下河，总流量569.06L/s，占地下河总流量的100%。发育岩溶泉161个，总流量214.89L/s，占岩溶泉总流量的51.64%。

调查区受断层控制的地下河有2条，占28.57%，流量230.34L/s。沿断层及其附近密集出露的上升泉有21个，总流量91.02L/s，占上升泉总流量的100%。下降泉10个，总流量21.91L/s，占下降泉总流量的7.02%。

(3)岩溶发育受地貌控制。流域区内地表岩溶形态发育高程特征总体是：岩溶发育最高海拔为581.3m(邵东县廉桥镇罗家村)，最低为海拔135.3m(湖南省双峰县望日村)，高差达446m。调查区根据岩溶发育特征分为2个溶蚀带：标高200～550m的溶蚀带，以洼地、溶洞、落水洞、溶潭、地下河、岩溶大泉发育的强烈溶蚀带和标高200m以下的溶蚀带以洼地、溶洞、地下河少量发育的弱溶蚀带。

四、对调查区岩溶水资源进行了评价

(一)天然补给资源量

1.界岭幅天然补给资源量。

界岭幅多年平均天然补给量为8 958.09万m³/a，其中松散岩类孔隙水、基岩裂隙水、岩溶水入渗补给量分别为67.12万m³/a、468.48万m³/a、8 422.50万m³/a。

降雨保证率为50%的入渗补给总量为8 904.43万m^3/a,其中松散岩类孔隙水、基岩裂隙水、岩溶水入渗补给量分别为66.90万m^3/a、464.94万m^3/a、8 372.59万m^3/a。

降雨保证率为75%的入渗补给总量为8 091.90万m^3/a,其中松散岩类孔隙水、基岩裂隙水、岩溶水入渗补给量分别为60.53万m^3/a、423.07万m^3/a、7 608.29万m^3/a。

降雨保证率为95%的入渗补给总量为6 656.90万m^3/a,其中松散岩类孔隙水、基岩裂隙水、岩溶水入渗补给量分别为50.39万m^3/a、347.65万m^3/a、6 258.87万m^3/a。

天然径流量为8 620.14万m^3/a,其中松散岩类孔隙水、基岩裂隙水、岩溶水入渗补给量分别为67.37万m^3/a、470.58万m^3/a、8 082.19万m^3/a。

2.双峰幅天然补给资源量。

双峰幅多年平均天然补给量为5 052.72万m^3/a,其中松散岩类孔隙水、基岩裂隙水、碎屑岩(红层)孔隙水、岩溶水入渗补给量分别为191.91万m^3/a、15.42万m^3/a、542.00万m^3/a、4 318.81万m^3/a。

降雨保证率为50%的入渗补给总量为5 045.57万m^3/a,其中松散岩类孔隙水、基岩裂隙水、碎屑岩(红层)孔隙水、岩溶水入渗补给量分别为191.78万m^3/a、15.42万m^3/a、541.40万m^3/a、4 312.39万m^3/a。

降雨保证率为75%的入渗补给总量为4 546.06万m^3/a,其中松散岩类孔隙水、基岩裂隙水、碎屑岩(红层)孔隙水、岩溶水入渗补给量分别为172.59万m^3/a、13.83万m^3/a、487.59万m^3/a、3 885.89万m^3/a。

降雨保证率为95%的入渗补给总量为3 826.48万m^3/a,其中松散岩类孔隙水、基岩裂隙水、碎屑岩(红层)孔隙水、岩溶水入渗补给量分别为145.56万m^3/a、11.78万m^3/a、409.79万m^3/a、3 271.13万m^3/a。

天然径流量为4 511.49万m^3/a,其中松散岩类孔隙水、碎屑岩(红层)孔隙水、基岩裂隙水、岩溶水入渗补给量分别为190.02万m^3/a、15.33万m^3/a、538.97万m^3/a、3 782.50万m^3/a。

(二)可开采资源量

采用泉、地下河流量汇总法,枯季径流模数法,地下水动力学法共同对区内地下水可开采资源量进行评价,全区地下水可开采资源总量为4 308.71万m^3/a,其中岩溶水可开采资源量为3 664.56万m^3/a,占比为85.05%。

(三)丰富了1∶20万水文地质普查成果

在1∶20万水文地质普查成果的基础上,新增岩溶泉448个,新增流量598.488L/s。

在1∶20万水文地质普查成果的基础上,通过示踪试验和野外调查,厘清了鸡子岩地下河系统和猪婆山背斜翼部地下河系统的边界,并对前人调查地下河的资料进行了修正。

五、进行了地下水潜力评价与开发利用区划

1.潜力评价。经计算,全区可开采资源量为4 308.71万m^3/a,已开采资源量为1 933.48万m^3/a,可开采潜力资源量为2 375.24万m^3/a,全区地下水开采程度级别为中等。

2.地下水开发利用区划。在调查、评价基础上,根据社会经济发展的需求、水资源的利用状况和考虑生态环境的影响,将岩溶地下水资源开发利用区划分为采补平衡区、可增强开采区、控制开采区、调减开采区、禁采区及难利用区6个区。

六、通过水文地质钻探探采结合服务地方，取得了较显著的经济社会效益

采用水文地质钻孔探采结合，结合地方需求建井4眼，提交可开采资源量为577.24t/d，解决了近万人的生活饮水困难。

七、基本查明了区内与岩溶相关的主要生态环境地质问题

通过环境水文地质调查和200组水样测试分析，调查区内地下水污染源主要为生活污水垃圾、农业及农药地表水入渗和矿山排水对地表水体的污染。地下水污染分布面积不大，污染以点状出现为主。

通过调查和遥感分析，查明区内的石漠化程度较低，以轻度—潜在石漠化为主，分布面积仅占调查区总面积的5.25%，石漠化得到了有效治理。轻度石漠化主要分布在界岭幅斫曹乡一带，面积约37.15km²，占调查区总面积的4.07%；潜在石漠化区主要分布在界岭幅南部南充水库一带，面积10.09km²，占调查区总面积的1.18%。

通过环境地质调查，基本摸清了干旱区主要分布在溶蚀高丘洼地谷和峰丛洼地地区。其中，界岭幅分布有3个干旱片区，缺水面积35.69km²，涉及村庄26个，缺水22 300多人；双峰幅分布有5个干旱片区：缺水面积64.71km²，涉及村庄55个，缺水16 200多人。

根据干旱区的干旱范围，受干旱人口等因素，调查区划分出万宜塘干旱区、蔡大坪干旱区2个重度干旱区，西坪干旱区、崇新-朝阳干旱区等2个中度干旱区及高楼-界坪干旱区、双田-大联干旱区、民兴-联合干旱区、大星-箭楼干旱区4个轻度干旱区。

赣南地区矿山开发环境问题调查与恢复治理对策研究成果报告

提交单位：中国地质调查局武汉地质调查中心
项目负责人：余凤鸣
档案号：调1267
工作周期：2015年
主要成果：

1.通过项目的野外调查和室内分析，基本摸清了“三南”地区矿山环境的主要问题。

“三南”地区主要开采稀土矿、钨矿和煤矿，石灰岩开采也很多，基本以露天开采方式为主，对土地的破坏、水土流失、废渣废水不达标排放造成水土污染、露天开采造成的崩滑流等情况十分严重。矿山土壤化学分析表明，矿区土壤一般呈酸性，pH值一般在5～6.5之间；所有样品中全磷指标远小于标准土壤(0.1%)，难以被植物利用，尤其废弃稀土矿区复垦复绿难度较大。

矿山开采对地质环境影响严重区主要分布在大中型钨矿及群采稀土矿。“三南”地区矿区内地质环境影响严重区总面积为1 219.87km²，在矿种上以钨、煤和稀土矿居多；在规模上主要以钨矿、稀土矿较大；在地域上主要以定南、龙南钨矿和稀土矿为主，造成的矿山环境问题发育程度高、危害程度大且治理程度低。以定南县迳脑-龙头稀土矿区，龙南县东江足洞稀土矿区，土地破坏面积较大，累计废渣存量较多，采矿对地形地貌景观影响大，整体影响程度严重。

“三南”地区矿山环境遥感调查表明，4个成矿带遥感解译数据综合统计，总体上从1999年到2013

年,矿山开发活动均有明显增加,对土地的破坏日趋严重;定南矿集区因稀土矿最为集中,且开采工艺多为过时的堆浸法和池浸法,故产生的地质灾害最为严重;水污染主要为原地浸矿开采中,山体母液的酸性残留物渗入溪水、河流中对水体造成污染;钨锡金属矿山的露天开采和废石堆积是植被破坏的主要原因,稀土矿山对植被的直接破坏主要体现在堆浸法、池浸法的原始开采方式对山体的土壤剥蚀,因为选矿后的母液长期残留导致土质呈强酸性,稀土矿山复垦难度较大。

2.在项目成果转化上,项目组在矿山调查走访过程中提供了多种矿山环境恢复治理的措施和建议。

随着矿业整顿、治理措施的实施,矿产开采逐渐规范,矿产开发综合利用逐渐科学,环保意识逐渐提高,矿山地质环境逐渐得到恢复和保护,对矿山地质环境的影响破坏逐渐缓和。矿山环境恢复治理,土地复垦、复绿,总结了一套"山顶栽树,坡面种草,台地种桑,沟谷植竹"的方法,获得了较好的效果;矿山废弃物的综合利用,呈现出"资源—产品—再生资源"的循环技术特征,打造了完整的产业链条,提高了对稀土的资源利用率;次生地质灾害的治理取得了较好的成效,原地浸矿工艺为改进的选冶工艺,具有产量大、速度快、水土流失少等优点,不仅保护了山体原貌,避免了水土流失,还使稀土矿取得了显著的经济效益和社会效益,实现了"绿色"开采的目的,同时也带来许多新的问题,建选厂所占用土地比池浸要多很多,用于建公路、各种选矿池,并大量破坏树木、植被;水冶车间一系列池子在矿山废弃后的复垦、复绿中难以治理,等等。

复垦复绿存在的突出问题概括起来有 4 个:一是没有按规定进行复垦复绿;二是做了复垦复绿工作,但没有进行维护管理,或者选择了与土质不适合的植物,不能保证存活率;三是老矿山,旧的池浸、堆浸选矿方式,遗留的池子和晾晒坪难以生长植被;四是新开发或复矿,开挖大片的山地,造成新的大面积的土地和植被破坏。

3.利用新的统计学评价模型探索出了一套比较科学、合理的工作流程,为矿山环境评价体系的研究做出了一定贡献。

"三南"地区矿山土地占用利用多元统计分析方法预测结果表明,至 2021 年,矿山建设用地、晾晒坪、露天开采面等矿山占地将均小幅下降(分别下降 0.91%,0.82%,0.87%),说明随着稀土矿的管理加强,矿山活动也将慢慢减少,而植被面积呈现恢复的趋势,由 28 974.03 万 m^2 恢复到 29 369.87 万 m^2,增加了 1.363%,这归功于稀土矿的有序管理和废弃矿山的有效复垦措施。

矿山环境总体上受地质环境条件、矿业开发方式、矿山环保意识与投入、矿山地质环境管理制度等因素影响。改进采矿工艺、加大环境投入、加强管理可以减轻采矿对生态地质环境的破坏,但这些人为因素还受社会政治经济发展现状和科学技术水平的限制。

武汉城市圈地质环境调查与区划成果报告

提交单位:湖北省地质环境总站

项目负责人:肖尚德

档案号:调 1268

工作周期:2009—2015 年

主要成果:

1.开展了新洲县幅、周山铺幅、鄂城县幅、阳逻镇幅和团风镇幅 1∶5 万水文地质调查工作,基本查明调查区水文地质条件及环境水文地质问题,编制完成上述 5 个图幅的 1∶5 万综合水文地质图及说明书。

2.开展了新洲县幅、周山铺幅、鄂城县幅、阳逻镇幅和团风镇幅 1∶5 万工程地质调查,基本查明调查区工程地质条件和工程地质问题等的发育、分布规律,进行工程地质分区评价,编制完成上述 5 个图幅的 1∶5 万工程地质图及说明书。

3. 在调查区重要区段开展了地下水应急水源地勘察与资源评价工作，在调查区内共选定 3 处地下水应急水源地：①团风县西部紧邻长江的清泥湖村、马驿湖村一带作为地下水应急水源地，总面积约 15.62km^2。计算地下水开采量为 230.332 万 m^3/a，按每人每天 0.3m^3 的应急用水量计算，该水源地水资源量每天可供约 2.1 万人使用。②黄冈市东南部紧邻长江的东西港—黄冈职业技术学院一带作为地下水应急水源地，总面积约 6.93km^2。计算地下水开采量为 294.167 万 m^3/a，应急情况下可供2.69 万人使用。③新洲区高家咀—梨树园村一带作为地下水应急水源地，总面积约 59.216km^2。计算地下水开采量为 743.57 万 m^3/a，应急情况下可供约 6.8 万人使用。

4. 对调查区内岩溶发育情况进行了调查，通过地面调查、物探、钻探等手段，圈定了碳酸盐岩分布范围，对岩溶发育规律取得了较全面的认识。鄂城县幅内的碳酸盐岩以隐伏型为主，在区内呈条带状分布，主要分布于两处，一处自泽林镇城区北的自来水加压站向南延伸至图幅的南边界以外的泽程路；另一处为鄂州城区东侧的得胜村胡家墩—鸭畈村一线。阳逻镇幅碳酸盐岩主要埋藏于第四系以下，在区内呈带状分布，裸露型岩溶零星出露。第四系覆盖层厚度一般为 10～20m，为残坡积粉质黏土单层结构。碳酸盐岩主要为大冶组和栖霞组，在向斜两翼为龙船组。隐伏碳酸盐岩呈东西向带状分布，为阳逻幅主要的碳酸盐岩条带，起于大桥村，经过许店村、潜力村至大罗村。碳酸盐岩的发育受大桥倒转向斜构造控制，向斜核部为大冶组，两翼为志留纪—二叠纪的地层。

5. 梳理了调查区内存在的主要环境地质问题。收集整理各类地质灾害点(含隐患点)71 处，主要分布于鄂州市鄂城区、团风县回龙镇、新洲县旧街、徐古等地，其中不稳定斜坡点 18 处、滑坡点 17 处、地面塌陷 17 处、崩塌点 7 处、地面沉降 10 处、泥石流 2 处。鄂州市泽林镇由矿山开采疏干引发地下水位降落漏斗问题。对调查区存在的软土、膨胀土等特殊土类的分布、成因、物理力学指标及工程性质进行了论述。

珠三角地区岩溶塌陷地质灾害调查成果报告（肇庆市幅、新桥镇幅）

提交单位：广东省地质调查院
项目负责人：王忠忠
档案号：调 1289
工作周期：2014—2015 年
主要成果：

一、查明了岩溶塌陷发育地质环境背景

1. 根据松散沉积物岩性组合及相关测年数据，对比新桥地区周围乃至珠三角其他地区第四纪地层的岩性组合特征及其年龄数据，将新桥地区的第四纪地层初步划分为内陆盆地相的小市组(Qp*xŝ*)、大湾镇组(Qh*dw*)、睦岗组(Qh*m*)、北岭组(Qh*bl*)，其中以睦岗组为主，分布面积 124.67km^2，广泛分布于莲塘镇、新桥镇、白诸镇和腰古镇等地。

2. 第四系分布地区孔隙水含水层一般发育 1～2 个承压含水层，厚度普遍 1～10m，山前地带稍厚，呈透镜状，连续性差，富水中等为主。碳酸盐岩裂隙溶洞水主要为覆盖型裂隙溶洞水，分布于白诸镇—新桥镇—莲塘镇一带、端州区睦岗—黄岗一带、小湘水泥厂等地，富水程度为中等—丰富，富水块段为端

州区大路田、高要区新桥镇樟江村—牛渡头邓村一带。裸露型岩溶水零星分布于七星岩、神符山、西坑等地，富水程度贫乏。

在山前区，地下水年变幅可达1.5～3.0m；在平原区，地下水年变幅较小，大部分不足0.6m；在西江沿岸地区地下水年变幅大于8m。区内岩溶水一般都在基岩面以上动态变化。北岭山—七星湖和新桥镇—莲塘镇一带地质构造发育，具有良好的地下水径流通道和储水构造条件，是地下水强径流地区。

3.调查区内第四系土层厚度普遍为4.35～50.78m。隐伏岩溶区土层厚度普遍为30～50m，具有分带性特征：端州地区土层厚度普遍为10～30m，最厚39.0m；在高要地区，土层厚度普遍为20～40m，最厚达100m。岩溶区基岩面起伏较大，土层厚度差异较大。土层结构以单层为主。其中，单层结构土层面积175.97km^2，广泛分布；双层结构土层面积34.14km^2，分布在端州区城南街道和城东街道、睦岗街道棠下村以及高要区南岸街道、莲塘镇察步村、大湾镇小塘村、新桥镇北等地区；多层结构土层面积29.16km^2，主要分布在端州区城西街道、睦岗街道，高要区南岸街道坦场村、新安圩、坭塘村，大湾镇筋根村、孝友村，小湘镇田螺村和中围村，新桥镇沙田张村，白诸镇大坡地村一带。

4.调查区内可溶岩地层包括上泥盆统天子岭组微晶灰岩、白云质灰岩等，上石炭统大埔组灰岩、白云质灰岩，黄龙组白云质灰岩夹角砾状白云质灰岩，船山组灰质白云岩、角砾状灰岩，石炭系壶天群微粒灰岩、白云岩化灰岩、角砾状灰岩，下石炭统石磴子组微晶灰岩、白云质灰岩、角砾状灰岩、碳质灰岩等，分布面积95.79km^2，占调查区总面积的10.09%。其中肇庆市幅可溶岩面积为62.03km^2，占肇庆市幅面积的14.93%；新桥镇幅可溶岩面积为33.76km^2，占新桥镇幅面积的7.41%。肇庆市幅内岩溶区主要分布在肇庆市端州区、高要区大湾镇、小湘镇及禄步镇局部，在端州区可溶岩基本覆盖整个市区，仅零星区域为非可溶岩，而在大湾镇及小湘镇可溶岩呈东西向条带状展布。新桥镇幅内可溶岩主要分布在高要区莲塘镇、新桥镇及白诸镇局部，在莲塘镇大面积分布，新桥及白诸镇则呈东西向条带状展布，其边界大致受构造控制。

5.调查区的岩溶发育主要受岩性、地质构造、地下水活动和可溶岩与非可溶岩接触带控制。钻探结果表明，区内岩溶发育形态主要为溶洞、溶沟、溶蚀裂隙、溶槽、小溶孔以及地下水潜蚀作用下形成的土洞等。揭露溶洞钻孔共40个，其中肇庆市幅23个，钻孔见洞率28.05%；新桥镇幅见洞钻孔17个，钻孔见洞率33.33%。

6.将调查区岩溶发育程度划分为强、中、弱3级。岩溶强发育区分布面积25.47km^2，占调查区可溶岩总面积的26.59%，其中肇庆市幅分布面积23.00km^2，占图幅可溶岩面积的37.08%；新桥镇幅分布面积2.47km^2，占图幅可溶岩面积的7.32%。岩溶中发育区分布面积29.46km^2，占可溶岩总面积的30.75%，其中肇庆市幅分布面积24.74km^2，占图幅可溶岩面积的39.88%；新桥镇幅分布面积4.72km^2，占图幅可溶岩面积的13.98%。岩溶弱发育区分布面积40.86km^2，占可溶岩总面积的42.66%，其中肇庆市幅分布面积14.29km^2，占图幅可溶岩面积的22.04%；新桥镇幅分布面积26.57km^2，占图幅可溶岩面积的78.70%。

二、查明岩溶塌陷发育现状、时空分布规律、类型、规模、危害及诱发因素，分析了岩溶塌陷主要控制因素

1.肇庆地区已发生岩溶地面塌陷6处，分别为大路田塌陷、七星岩塌陷、下瑶石瑶街塌陷、牌坊公园塌陷、新桥沙田张村塌陷和莲塘镇政府塌陷。塌陷在空间分布上具有集中性的特点；在时间分布上具有持续性、地域性和重复性的特点。该地区均为小型现代土层塌陷，多发生在中心城区或乡镇，人口密度大，造成危害的潜力大，以人为因素诱发塌陷为主。

2.调查区岩溶塌陷主要控制因素有浅层岩溶发育程度、第四系覆盖层的结构和厚度、地下水动力条件。肇庆地区岩溶塌陷形成条件：浅层岩溶(土洞)发育；第四系厚度薄，多层结构或者第四系底部土层

为砂土或碎石土(单层或双层);地下水水力联系密切,水位变幅相对较大。

三、查明典型岩溶塌陷形成演化、地质模式,概化出岩溶塌陷发育动力模式,开展了稳定性评价

1.调查区内具有代表性的典型岩溶塌陷分别为大路田岩溶塌陷、沙田张村岩溶塌陷、牌坊公园岩溶塌陷和莲塘镇政府岩溶塌陷,分析了典型岩溶塌陷的形成演化过程,从水-土-岩角度归纳出4种岩溶塌陷地质模式,即水文+单层+岩溶洞穴型地质模式、人工开采+多层+岩溶洞穴型、人工开采+单层+岩溶洞穴型和水文+双层+岩溶洞穴型地质模式。

2.岩溶塌陷形成动力模式为:地下水水动力变化过程中形成的水力梯度值大于可溶岩地区基岩面上覆土层的临界水力梯度值,土体开始发生渗透变形逐步形成土洞,在外部环境作用下破坏土体力学平衡后发生岩溶塌陷地质灾害。

3.对塌陷体稳定性评价后认为,新桥沙田张村塌陷可能复活,大路田塌陷基本稳定。溶洞(土洞)稳定性评价认为,大路田西侧的废品堆放场(CT03孔、CT07孔)溶洞可能发生破坏,发生失稳;沙田张村土洞基本稳定,CT05孔溶洞可能发生失稳。牌坊公园塌陷和莲塘镇政府塌陷的塌陷体基本稳定,但莲塘镇政府塌陷的环境条件改变时可能复活。

四、分析人类工程活动特征及与岩溶地质环境相互作用和影响,并对岩溶地质环境问题发展趋势做出评价和预测

1.调查区中的人类工程活动类型有交通工程、工业与民用建设工程、地下水开发和采矿工程;区内人类工程活动强度可划分为强活动区、较强活动区和一般活动区。

2.区内的交通工程、工业与民用建设工程、地下水开发、采矿工程等人类工程活动可能导致岩溶地面塌陷的发生;同时,岩溶塌陷地质灾害给社会带来重大经济损失、增加施工难度、改变建设发展布局和导致负面社会效应等。

3.调查区岩溶地质环境问题的发展趋势为:岩溶塌陷地质灾害呈现增多的趋势,但是采取相应的预防和治理措施,一定程度上能防止岩溶塌陷灾害的发生。今后分析工程建设对岩溶地质环境的影响时,需结合背景地质条件,具体问题具体分析;对于岩溶塌陷灾害多发、易发区域,查明岩溶发育规律,科学规划、合理施工,防治结合,可有效降低岩溶塌陷灾害的风险性。

五、岩溶塌陷易发性区划

1.在调查区内将岩溶塌陷易发程度划分为4级:高易发区、中易发区、低易发区和非岩溶区。岩溶塌陷高易发区主要分布于肇庆中心城区星湖周围以及南部产业带的集镇地区,面积11.22km^2;岩溶塌陷中易发区主要分布于肇庆中心城区中部和西江沿岸地区,以及南部产业带的新桥镇和莲塘镇,面积31.99km^2;岩溶塌陷低易发区主要分布于高要农村地区,面积52.58km^2;其余均为非岩溶区。

2.南广铁路、广佛肇城轨、广佛肇高速、三茂铁路和广梧高速等重大交通工程沿线有部分路段经过岩溶塌陷高易发区线路长度9.16km;经过中易发区线路长度17.66km。西江沿岸地区位于中易发区1km影响范围内的面积有6.39km^2。

六、岩溶塌陷风险评价

1.调查区岩溶塌陷风险可划分为高风险、中等风险、低风险和无风险。岩溶塌陷地质灾害高风险区总面积5.02km²,占可溶岩面积的5.250%,主要位于肇庆市端州区七星湖南侧的城西街道与城东街道部分区域(包括七星湖以南、端州路以北、康乐路以东的区域及宋城路、建设路附近区域)、星湖大道沿线附近的部分区域及三茂铁路、广佛肇城际轻轨、南广高铁沿线附近区域(包括肇庆火车站、肇庆学院、轻轨站等及其附近区域),高要区新桥镇的三茂铁路沿线及沙田张村附近,预估经济损失超过2500万元;中等风险区面积33.89km²,占可溶岩面积的35.38%,位于肇庆市端州区大部分(基本涵盖城东街道、城西街道、黄岗街道及睦岗街道大部分)、高要区大湾镇、小湘镇、莲塘镇、新桥镇的集镇区域、白诸镇部分区域及广梧高速公路及南广高速铁路沿线附近区域,预估经济损失1800万元;低风险区面积56.98km²,占可溶岩面积的59.48%,主要位于肇庆市端州区北岭山前局部林地区域及西江沿岸部分区域,高要区大湾镇、小湘镇、禄步镇、莲塘镇、新桥镇、白诸镇的大部分区域,预估经济损失小于300万元;其余为无风险区。

2.沙田张村典型区岩溶塌陷地质灾害风险等级划分为高风险、中等风险及低风险3个等级:高风险区为沙田张村村民居住地、G324国道沿线及其两侧厂房,面积0.07km²,占典型区总面积的35.00%;中等风险区主要为G324国道与两侧厂房间的空地、沙田张村中部分林地及受抽水井影响的部分农田,面积0.10km²,占典型区总面积的50.00%;低风险区为沙田张村中部分水域及典型区南侧的农田,面积0.03km²,占典型区总面积的15.00%。大路田典型调查区岩溶塌陷风险划分为高风险、中等风险和低风险3个等级:高风险区为大路田村南东侧的三茂铁路沿线,面积0.02km²,占典型区总面积的7.69%;中等风险区主要为大路田村村民居住地、西江机械厂、肇庆学院等以及三茂铁路沿线两侧100m影响范围,面积0.13km²,占典型区总面积的50.00%;低风险区为典型区西南侧及东南侧的拟开发建设用地、耕地、林地及水域,面积0.11km²,占典型区总面积的42.31%。

七、划分岩溶塌陷地质灾害防治区,提出防治对策和建议

1.将肇庆地区岩溶塌陷防治分为3个区:重点防治区面积40.54km²,主要分布于肇庆市中心城区的城东和城西街道、睦岗和黄岗街道的大部分,以及南部产业带的新桥、莲塘等地;次重点防治区面积25.82km²,主要分布于高要区白诸镇—新桥镇一带,以及端州中心城区的睦岗街道睦岗村、白沙村和黄岗街道河旁村等地区;一般防治区面积29.43km²,主要分布于高要区农村地区,其中以莲塘镇、大湾镇周围农村为主。

2.在不同级别的岩溶塌陷防治区划的基础上,对中心城区、南部产业带、重大工程沿线及西江沿岸、农村地区综合考虑监测预警措施、避让措施、工程措施和禁止措施进行岩溶塌陷防治。

3.从岩溶塌陷地质灾害防治方面考虑:在中心城区城市规划过程中,建议新的城市建设区应尽量避开岩溶塌陷中、高易发程度的老城区(城东、城西街道),重点发展睦岗街道向东—白沙地区和黄岗街道塘尾—岗头一带;在南部产业带规划中,建议重要工农产业规划在新桥镇蓝田—莲塘镇大田头一带以及莲塘镇公信围—莲塘围一带,以避开岩溶塌陷高易发区和已发塌陷区;建议未来的广佛肇城际轨道延长段线路应尽量选址在非可溶岩区,避开岩溶发育区或岩溶塌陷易发区,在岩溶塌陷易发区进行施工中应充分做好地质勘查工作,制订详细的施工方案和应急预案,防止岩溶塌陷的发生,将岩溶塌陷地质灾害的危害降到最低。

汉江下游旧口-沔阳段地球关键带1∶5万环境地质调查成果报告

提交单位：中国地质大学(武汉)
项目负责人：马腾
档案号：调1291
工作周期：2016—2018年
主要成果：

通过实施该项目，在建立JHP地球关键带技术方法体系的基础上，以地球关键带中物质的“来源-迁移-归趋-预测”为主线，开展了一系列的研究工作，为我国地球关键带调查方法体系的建立提供探索性经验，依托项目所建立的“JHP地球关键带监测网络”也成功入选国际CZEN监测网络，有效推动了中国CZO研究与国际化的接轨。

一、建立地球关键带技术方法体系

(1) 建立六维环境变量矩阵。环境梯度是关键带水文-物质循环的主要驱动力和导致关键带过程分异的主要变量。以关键问题为导向，圈层相互作用(水圈∪岩石圈∪大气圈∪生物圈∪人类活动∪时间)为基础，通过构建流域尺度六维环境变量矩阵，从而筛选出关键的环境变量，为“长江流域地球关键带调查、监测”分区提供判断依据。结合已建立的“流域尺度六维环境变量矩阵”，筛选出影响“JHP地球关键带”的关键环境变量，并对图幅尺度关键环境变量进行属性赋值，建立“地球关键带调查、监测筛选体系”，面向不同区域特点和具体问题，以不同工作定额和方法开展地球关键带调查(图4-67)。

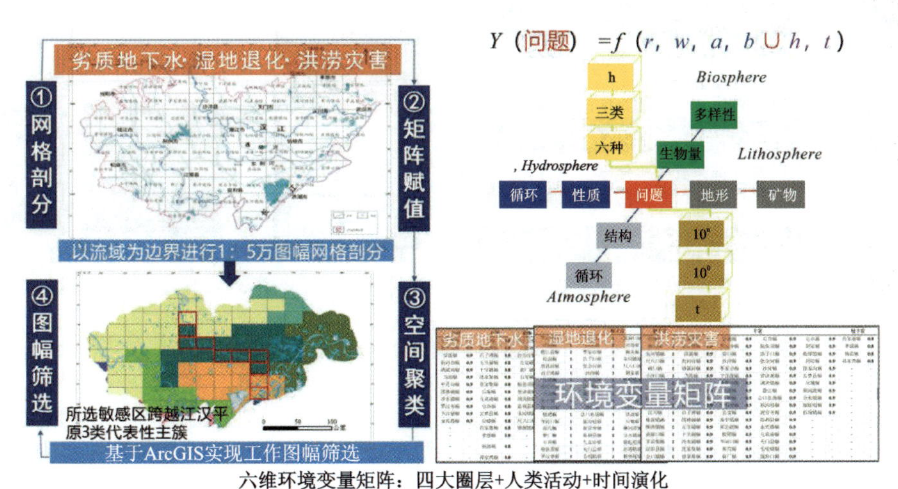

图4-67 六维环境变量矩阵图

(2)地球关键带界面结构定量表征。为开展特征指标地球关键带填图，针对具体环境地质问题，将地球关键带划分为不同时空尺度上多界面耦合结构。由“大气-植被界面、植被-土壤界面、包气带-饱水带界面、弱透水层-含水层界面、含水层-基岩界面”5个界面与界面间的4个立体结构(“五面四体”)共同组成，通过遥感解译、水文地质、第四纪地质、包气带结构、地下水污染、土壤地球化学、水/土微生物地质调查等工作，获得关键指标数据，完成相应填图，定量表征地球关键带结构(图 4-68)。

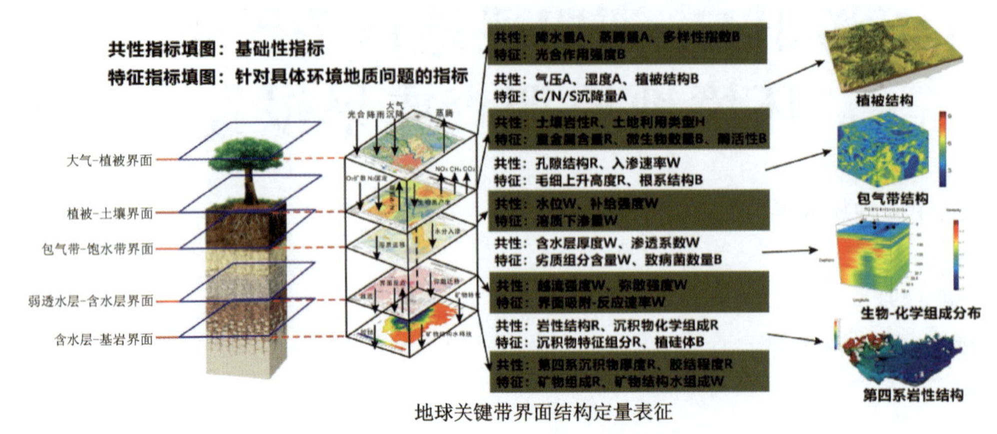

图 4-68　地球关键带“五面四体”结构图

(3)地球关键带界面过程监测。地球关键带监测是关键带研究的主要研究手段，江汉平原是典型的平原区关键带，人类活动扰动极为显著。结合江汉平原特点及其独特的生态环境问题，以关键带水循环及其所驱动的物质、能量循环为主要研究对象，在填图的基础上选择地球关键带“五面四体”部署观测点进行长时间序列、高密度的界面过程监测，建立了平原区地球关键带界面通量监测体系(图 4-69)。

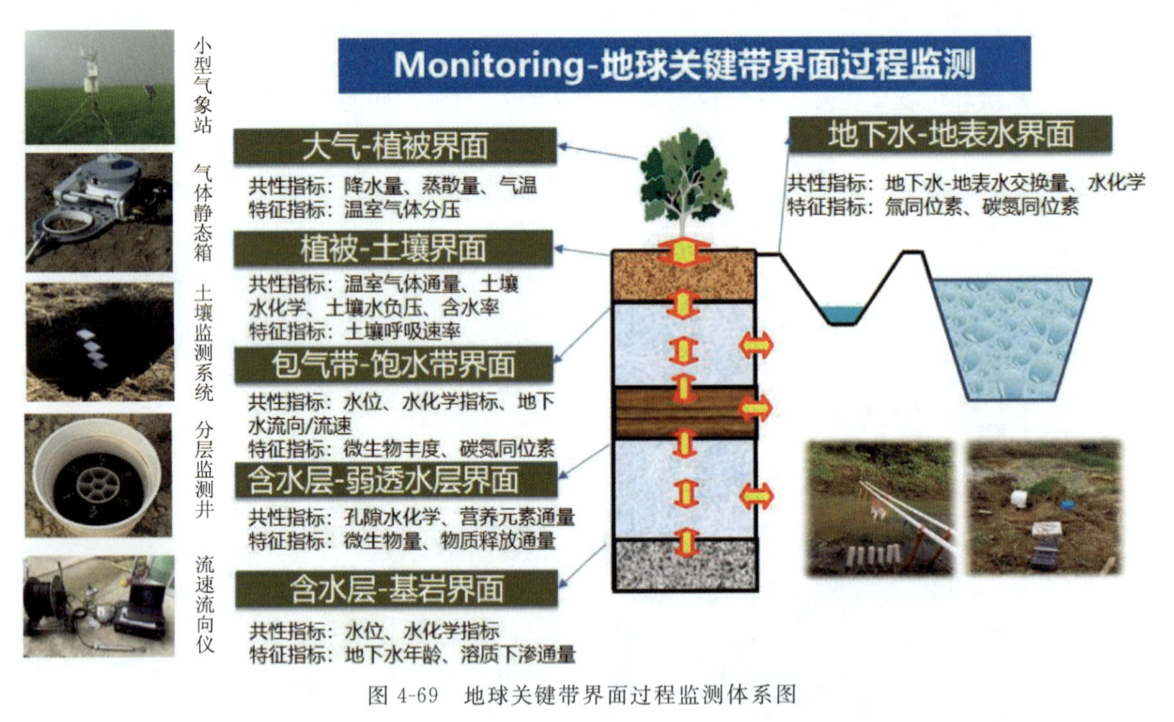

图 4-69　地球关键带界面过程监测体系图

二、江汉平原地球关键带监测网络

江汉平原水利工程密集分布，调水、拦水、排水、引水等人类活动，显著影响了区域内原有的水资源分配过程，使江汉平原关键带的水文循环发生巨大改变，进而影响地球关键带的物质循环过程和服务功能。因此，以流域为单位，根据不同水利工程对江汉平原的影响程度，在江汉平原建立 3 个不同级别的监测网络(盆地尺度、汉江下游流域尺度和小流域尺度)，开展相应地球关键带要素监测(图 4-70)。

(1)盆地尺度。盆地尺度监测网主要由 3 个跨长江和汉江的大断面(图 4-75 紫色线 1-1′,2-2′,3-3′)构成,包括 17 个综合监测孔。它的主要功能是监测大型水利工程(三峡工程、南水北调工程)的运行对江汉平原地球关键带水文-生态地球化学过程的影响。

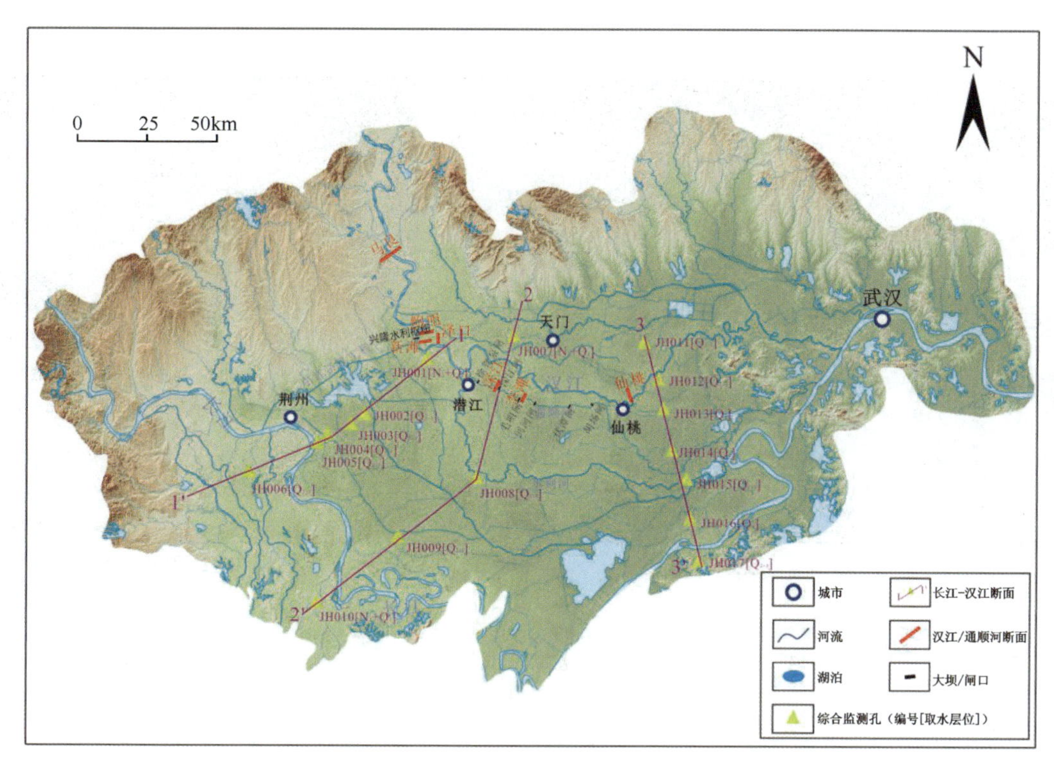

图 4-70　江汉平原地球关键带监测网部署图

(2)汉江下游流域尺度。汉江下游流域尺度监测网主要考虑兴隆水利枢纽和引江济汉工程的影响。监测断面主要分成边界断面(马良和仙桃)和功能断面(鲍咀、泽口和新滩)2 种类型。马良监测断面和仙桃监测断面分别位于监测区域的上游和下游边界,作为反映区域背景为目的的监测断面,几乎未受到兴隆水利枢纽的影响(图 4-71)。

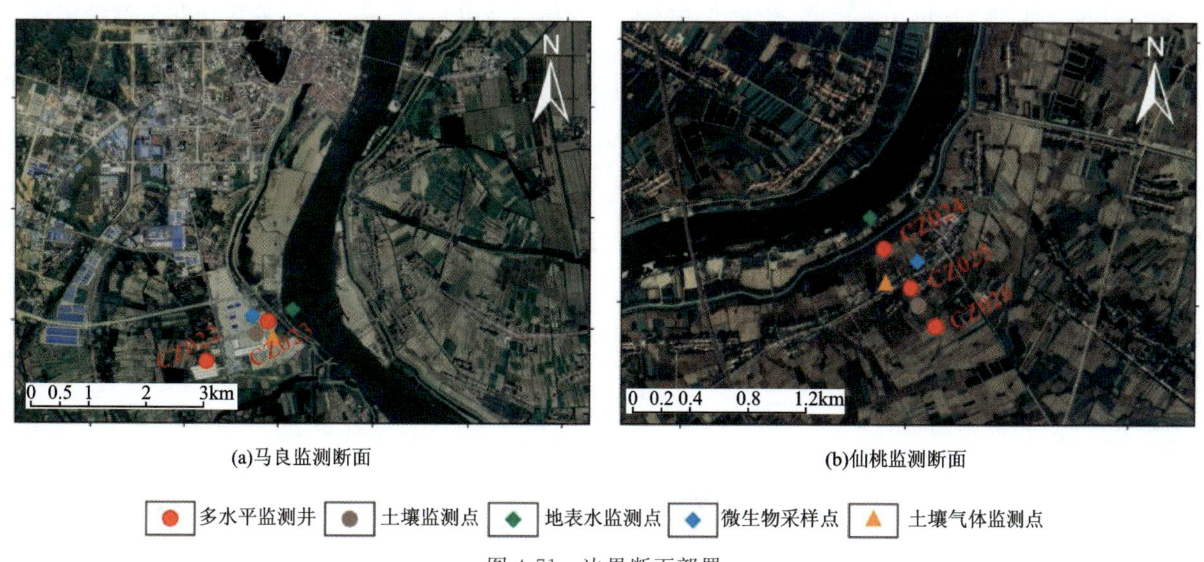

图 4-71　边界断面部署

鲍咀、新滩和泽口监测断面位于兴隆水利枢纽附近，分别位于兴隆水利枢纽上游 1km、下游 1km 和下游 10km 处，是大中型水利工程生态环境影响最敏感的河段。这 3 个断面共有 14 个监测点，每个监测断面上各个监测点离汉江的距离按 20m、50m、500m、1km、2km 布置，可精细监测大型水利工程修建后地球关键带结构、水循环与物质循环的演化(图 4-72)。

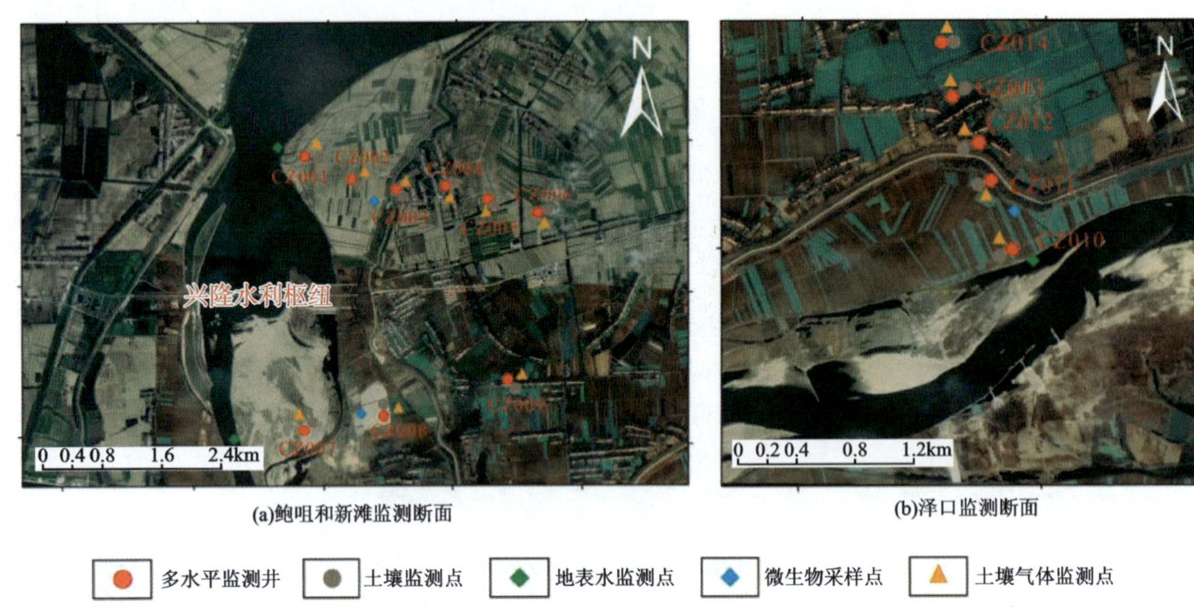

图 4-72　汉江干流监测断面部署

(3)小流域尺度。江汉平原作为一个典型的农业区，区内有上千个为农业灌溉服务的小规模闸口、泵站。通顺河是汉江的重要支流之一，具有阶梯状结构的低渗透性河岸带。因此，在毛咀监测场设有 2 个监测断面，在李滩监测断面(图 4-73b)和深江监测断面(图 4-73c)分别在不同位置(岸边 1m 和 3m、河岸低地 8m、河岸高地 15m)各建设 4 个监测点，每个点设立 4 口不同深度地下水监测井，在小区域范围内，探究小型水利工程对该区域的水文-物质循环影响。

以地球系统四大圈层间及其与人类活动相互作用在时空尺度上的演变为主线，建立以生态环境问题为导向的六维环境变量梯度矩阵，针对平原区典型的环境地质问题，建立了平原区地球关键带调查监测技术方法体系，初步编制了平原区地球关键带调查监测技术方法指南；在不同尺度(盆地、流域、小流域站点)上，建立了江汉平原地球关键带监测网络，初步揭示了重大水利工程建设对汉江下游关键带水循环模式与生态环境的影响，并成功并入全球 CZEN 网络，成为全球已注册 48 个地球关键带站点之一。此外，在地球关键带理论方法的指导下，项目组在汉江下游溃口扇的分布及长江中游江心洲的淤积规律、江汉盆地第四纪的沉积演化和河湖变迁、江汉平原地下水流系统模式和地下水循环特征、江汉平原土壤和地下水中致病菌分布规律及影响因素、水利工程建设对地表水-地下水相互作用及生态环境的影响、末次盛冰期以来的海平面变化及其对江汉平原浅层含水层砷富集的控制机制等方面取得了一系列的进展。

(a)李滩监测断面和深江监测断面位置

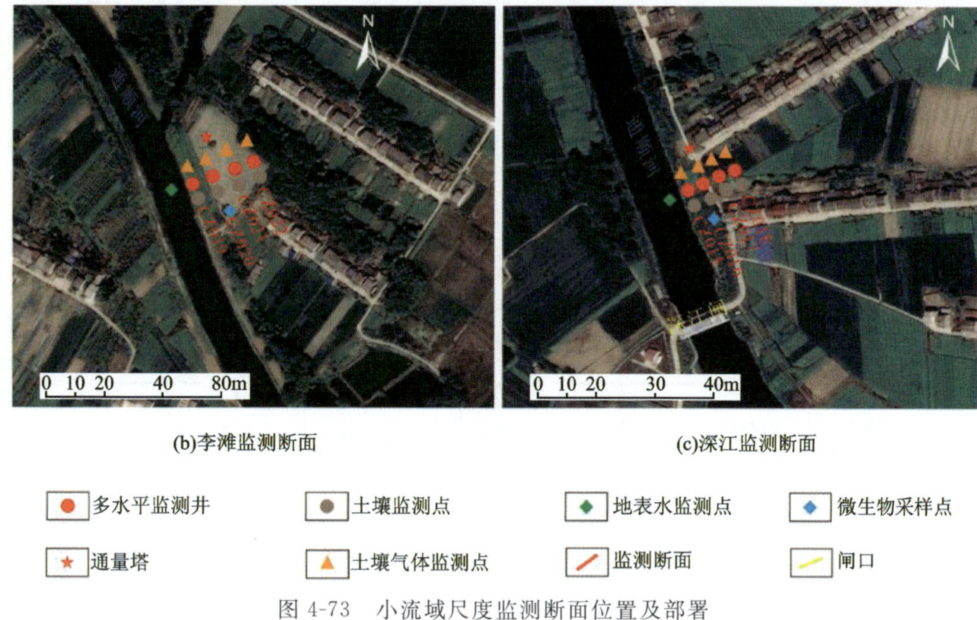

(b)李滩监测断面

(c)深江监测断面

图 4-73 小流域尺度监测断面位置及部署

珠江三角洲松散沉积含水层水质综合调查二级项目成果报告

提交单位：中国地质科学院水文地质环境地质研究所

项目负责人：刘景涛

档案号：调 1293

工作周期：2016—2018 年

主要成果：

1.构建地下水水质污染调查评价技术理论框架，在区域地下水水质污染调查研究领域达到国内领先水平。

在首轮地下水污染调查评价的基础上，完善了分阶段、变精度、选指标的调查方法；提出含水层水质异常区编录与评级技术方法；研究了针对典型调查区的浅层地下水代表性样品布设技术和监测井优化布置技术；探索积累了探地雷达在水土污染晕调查的参数选择和解译方法。逐渐完善了一套以遥感信息和物探解译为先导，融合原位取样及现场水、土、气联测为一体的精细化调查监测技术，开发了“重点地带含水层水质动态预警分析系统”，编制《含水层水质综合调查技术导则》《水土污染应急调查规程》《水土污染场地探地雷达探测技术指南》。建立了“基础调查—污染编录评级—动态变化分析—污染防治区划”为一体的地下水水质污染调查评价技术方法体系。在区域地下水水质污染调查、取样、质控、评价、编图等方面均达到国内领先水平(图 4-74)。

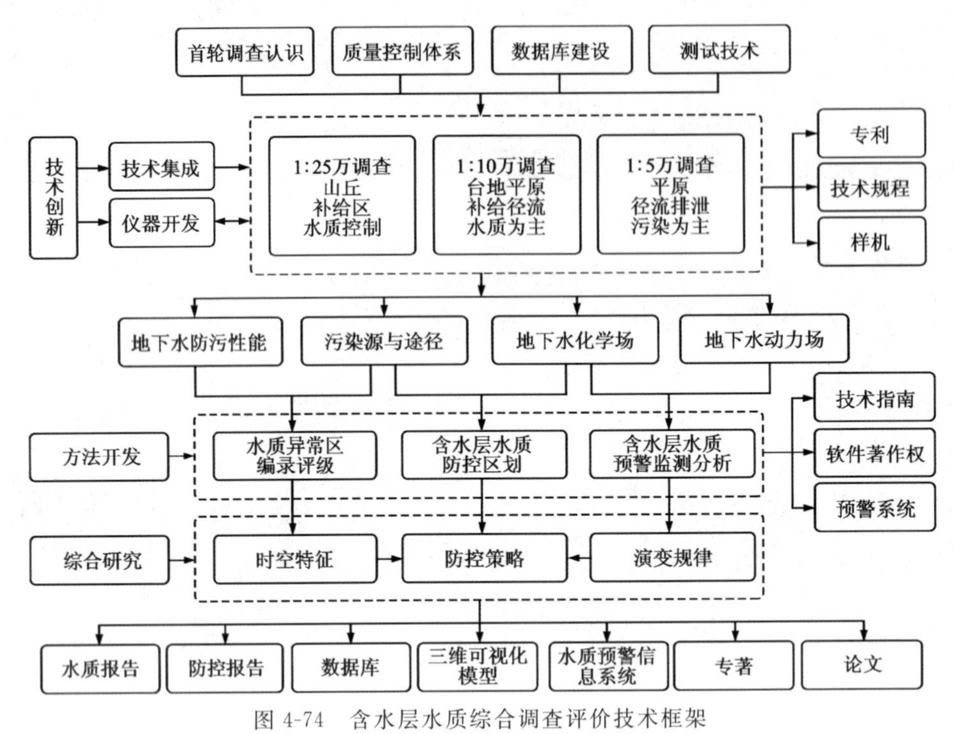

图 4-74 含水层水质综合调查评价技术框架

2. 多项自主研发技术取得关键突破，构建完善了我国首个地下水-地表水-土壤污染应急调查平台，显著提高成果转化周期。

研发车载和单人版绿色光伏供电系统，解决移动实验室野外绿色供电问题，实现便携式单人仪器设备野外供电；扩充仪器装备，探索了基于便携式气相色谱仪的水中有机污染现场调查、测试方法，从无到有建立了有机污染物野外现场测试技术体系；开发了多功能现场有机水样数控存储箱，研发了定时定质地表水、地下水样品自动采集系统，实现预定时间、预定深度和预定物化参数，自动采集有机、无机样品，样品即取即冷藏，全程无潜在污染物泄露干扰，保障了样品质量，大大提升了样品采集自动化水平；开发了“水土污染快速调查信息系统”软件，整合调查经验，快速给出报告；根据野外一线现场测试需求，研制了便携式电分析化学测试探头、即抛式测试电极和便携式电分析化学工作站，将实验室测试技术成功移植到野外。通过以上研发工作，构建并逐步健全了我国首个地表水-地下水-土污染应急调查平台，可以现场快速查明不同类型场地污染特征，现场溯源、判断污染程度和范围，将成果转化周期由数月甚至一年以上缩短至几天，部分调查内容实现即时研判(图 4-75)。

3. 查明珠江三角洲地区主要含水层水质污染空间演化特征，解析主要地下水环境问题及其成因。

珠三角地区水质状况总体较差，主要受原生环境控制，多为天然因素影响，其中Ⅴ类水主要分布在广州、佛山、东莞，以及深圳西北部近海地区等三角洲平原地区，尤其是平原区深层孔隙水受海水入侵和天然背景影响，水质最差。地下水中主要超标指标为 pH、锰、耗氧量、氨氮、铝、碘化物、亚硝酸盐等共

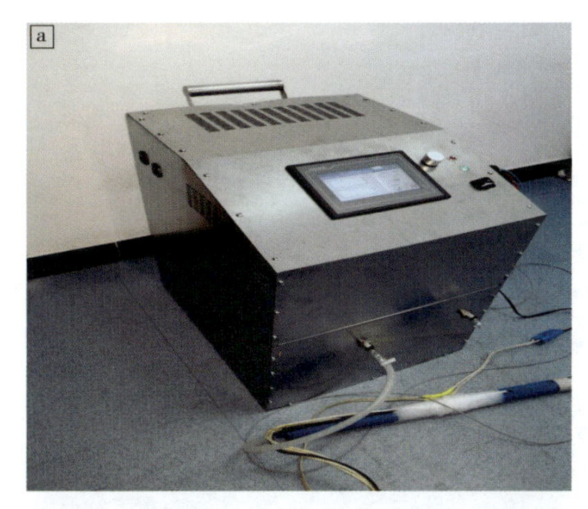

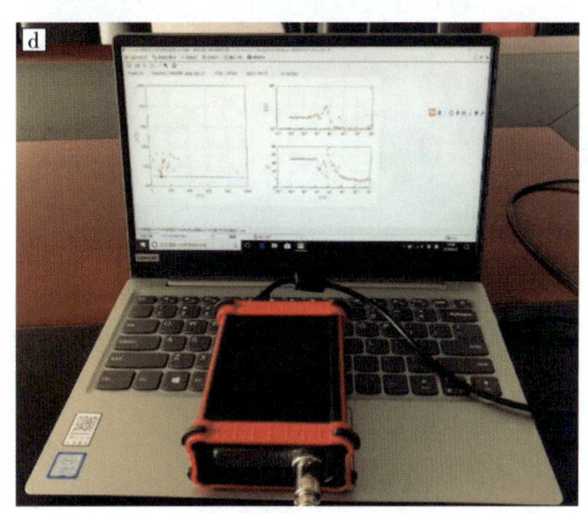

图 4-75 自主研发的定质采样系统(a)、绿色供电系统(b)、样品存储系统(c)以及便携式电化学工作站(d)

36 项指标,其中 pH 和锰多为原生成因,是该区影响地下水水质的最主要指标。

区域地下水酸化严重,仍为最大的区域地下水环境问题,对该区地下水水质产生了广泛而深远的影响;“三氮”污染明显,成因复杂,既有生活排污、工农业活动影响,又有高铵地下水分布,局部已呈面状分布特征;以铅、砷为主的重金属污染在工业区和污灌区集中分布;有机污染较轻,呈点状分布特征,与污染源分布相对应,以氯代烃类为主,超标极少出现,抗生素类新型污染物检出率高,在各类型地下水、地表水样品中多有检出,应引起关注。

在分析主要指标空间分布规律的基础上,建立水质空间演化剖面,研究了水化学演化过程,界定了珠江三角洲地下水水质影响指标的原生和人为污染成因。原生成因指标主要包括 pH、铁、锰、砷、铝、铍和氨氮,人为污染指标主要为“三氮”、砷、铅和有机污染物。地下水系统天然防污性能与排污强度共同控制了污染的分布(图 4-76)。

4. 分析不同时间尺度上地下水水质污染演化规律,研究主要控制因素,为区域地下水环境恢复治理提供新思路。

从十年、三年和年际 3 个尺度,解析了珠江三角洲水质污染时间上的演化规律,水质污染指标变化不大,总体具有水环境变好的趋势,以污染最严重的河网发育平原区水质优化最为明显,丘陵区优化程度相对较小。从变化强度来看,以防污性能较差、补径排途径较短的丘陵区变化最为剧烈。降雨量增加,酸雨频率和程度降低,对区域地下水环境产生了广泛影响,地下水酸化程度降低,对金属离子活化和沉淀产生了重要影响,地表水环境好转,工业趋向于集中分布,环境监管力度加大,工业污染排放强度降低,对不同部位水环境向好产生了一定影响,生活污染源分布变化和局部强度增加,是“三氮”污染变化的一个重要原因(图 4-77)。

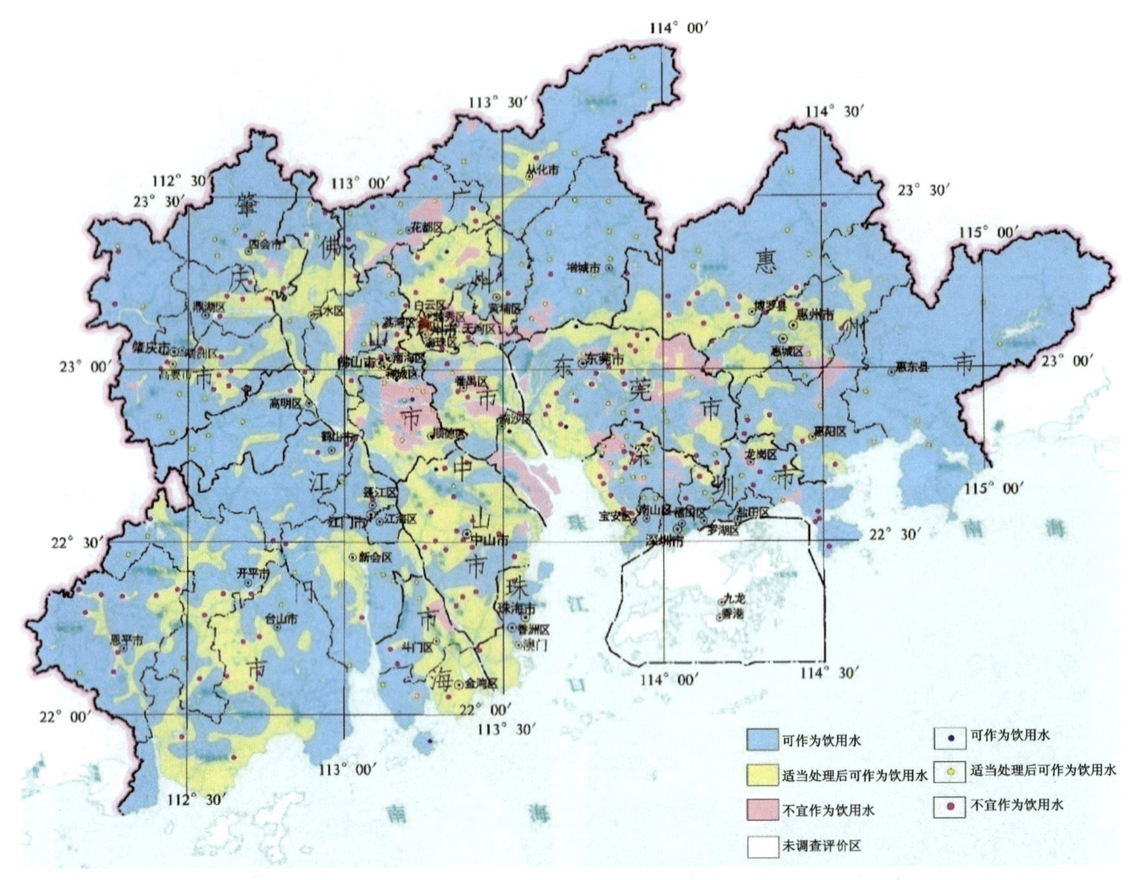

图 4-76　珠江三角洲地下水水质状况示意图

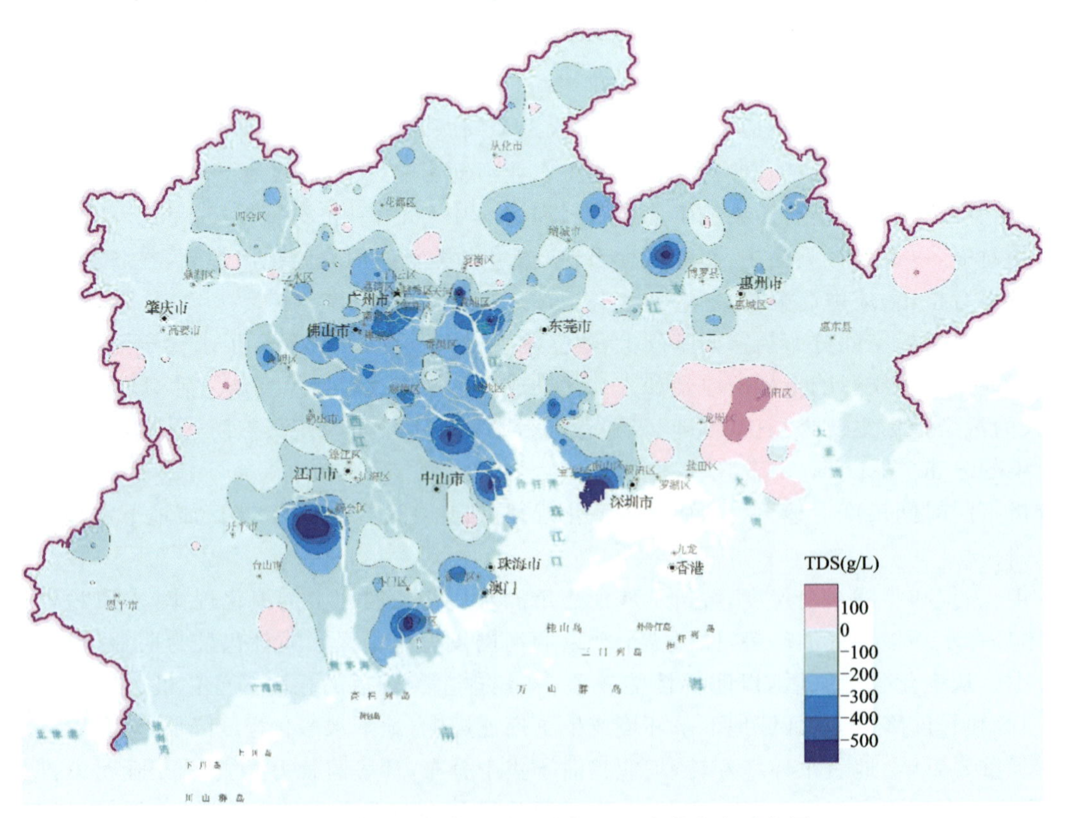

图 4-77　珠江三角洲地区地下水 TDS 变化分布示意图

5.解析该区地下水系统主要污染途径，概化地下水污染模式，编录主要污染场地，划定污染区和风险区，提出地下水环境恢复治理措施。

珠江三角洲平原区防污性能较好，表层粉质黏土及淤泥质黏土的分布隔绝了许多的污染物，但污染强度非常大，导致平原区污染最重；丘陵区边缘及山间河谷地区防污性能较差，污染物很容易通过包气带下渗或者河水侧向影响进入含水层，伴随该区污染强度持续增加，导致丘陵区地下水污染程度仅次于平原区。

编录污染场地77处，其中无机毒理污染场地3处，重(类)金属污染场地4处，有机污染场地13处，复合型污染场地18处，风险场地39处。其中，轻微恶化区14处，中等恶化区14处，严重恶化区10处，恶化风险区39处。

根据珠江三角洲地区水文地质结构、污染源及地下水污染分布特征，通过海量数据分析和典型案例解剖，概化了珠江三角洲地区地下水3种主要污染模式，分别为丘陵与平原过渡地带的垂直入渗型污染、平原区的开挖接触式扩散污染、河流深切区的侧向补给污染(图4-78)。

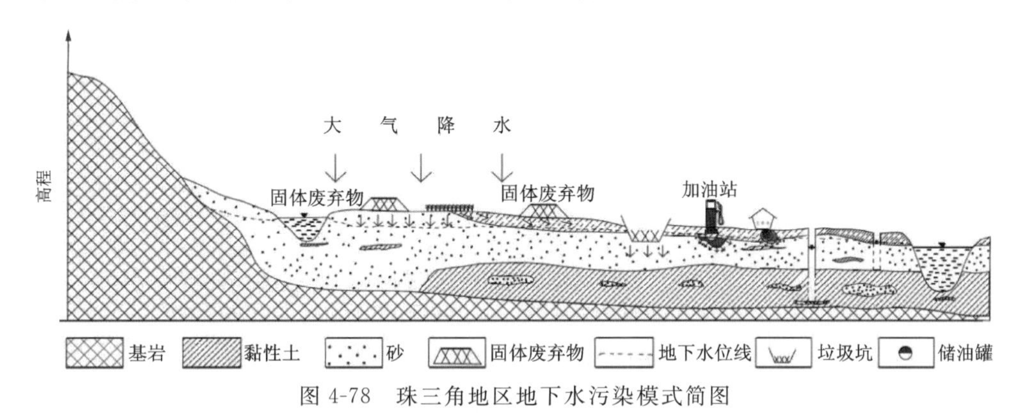

图4-78　珠三角地区地下水污染模式简图

结合调查认识，提出珠江三角洲地区地下水环境恢复治理建议如下。

(1) 依据污染场地编录和污染防治区划，部署区域性地下水水质动态监测网络，建立长期运行的水质动态监测预警运行机制。针对本次调查发现的重污染场地和污染高风险地带，编制地下水污染监测预警方案，设置污染动态监测井，选择特征指标进行污染预警监测，为区域水环境恢复和水污染治理提供支撑。

(2) 根据防污性能评价结果和珠江三角洲地区地下水污染模式概化，建议：①逐步规划重污染企业迁离丘陵区以及台地、平原过渡地带；②对河网发育平原区强化地下构筑物和填埋体整改，规范并强制推行化粪池、地下储油设施和开挖垃圾填埋场防渗措施；③取缔、关闭作坊式企业，进行工业集中化和污染物集中处置，加强村镇及污水和生活废弃物处理设施建设，实现地表水环境逐步好转；④建立市场竞争修复机制，划定污染修复试点区，发展经济适用的针对性修复恢复技术。

(3) 贯彻尊重自然、顺应自然的区域水环境修复理念，对山前地带重要地下水水源补给区和地下构筑物阻滞区进行用地整改和规划，适当修复关键带补径排途径，恢复、强化水循环过程，借助区域强降水、短补径排途径优势，人为管控协助，依托自然力量，加快地下水环境恢复过程。

(4)系统整合和深入挖掘社会科学、气象水文、污染排放与水文地质条件演化数据，进行全指标调查分析，在进一步掌握新型污染问题的基础上，开展水环境恢复战略研究，进行区域防控和重点地带解剖研究，梳理环境演化主要控制因素和内在联系，提出区域水环境治理实施方案。

6.作为改革开放的前沿和“一带一路”倡议的枢纽，珠江三角洲已成为我国经济规模最大、城市化和工业化水平最高的地区之一，快速的城市化、工业化进程也引起生态环境发生了剧烈的变化。本项目紧密结合地方需求，为广东省基础环境状况评估工作提供支撑，针对重点污染源地区建立的地下水监测井直接与广东省地质环境监测总站的地下水监测网进行对接，实现了监测井位和数据的共享；对含水层水质污染现状、演化规律、成因模式等方面的研究成果和基础数据，将为粤港澳大湾区环境保护规划提供参考；项目开发集成的现场快速调查技术方法体系以及相关的规范、指南处于行业领先地位，对提升行业技术水平具有重要的示范作用。

作为主要含水层水质综合调查工程核心和示范项目，参与组织总结我国首轮地下水污染调查评价成果，编制了中国地下水水质污染调查评价报告、图集和系列专题研究报告，首次系统掌握了我国地下水水质污染状况，为我国重要决策制定实施提供了科学依据，为中央办公厅、中央政策研究室、自然资源部、生态环境部，以及不同省市相关调查、评估和规划工作提供支撑。

长江中游磷、硫铁矿基地矿山地质环境调查成果报告

提交单位：中化地质矿山总局

项目负责人：刘军省

档案号：调 1294

工作周期：2016—2018 年

主要成果：

1. 查明了长江中游化工矿产资源开发利用现状及矿山地质环境现状。总结了磷矿、硫铁矿矿山地质环境问题特征，预测了矿山开采引发的地质灾害的发展趋势。

(1)调查及收集资料显示，长江经济带磷矿查明资源储量占到了全国的 86%，主要分布在湖北、湖南、四川、贵州和云南(图 4-79)等省份，磷矿数量合计为 321 座，按生产状态划分，生产矿山 167 个、闭坑矿山 117 个、在建矿山 37 个；按生产规模划分，大型矿山 43 个、中型矿山 109 个、小型矿山 169 个。硫铁矿数量 138 个，主要分布在四川、贵州、安徽等省份。按生产状态划分，生产矿山 13 个、闭坑矿山 107 个、在建矿山 18 个；按生产规模划分，大型矿山 6 个、中型矿山 10 个、小型矿山 122 个。

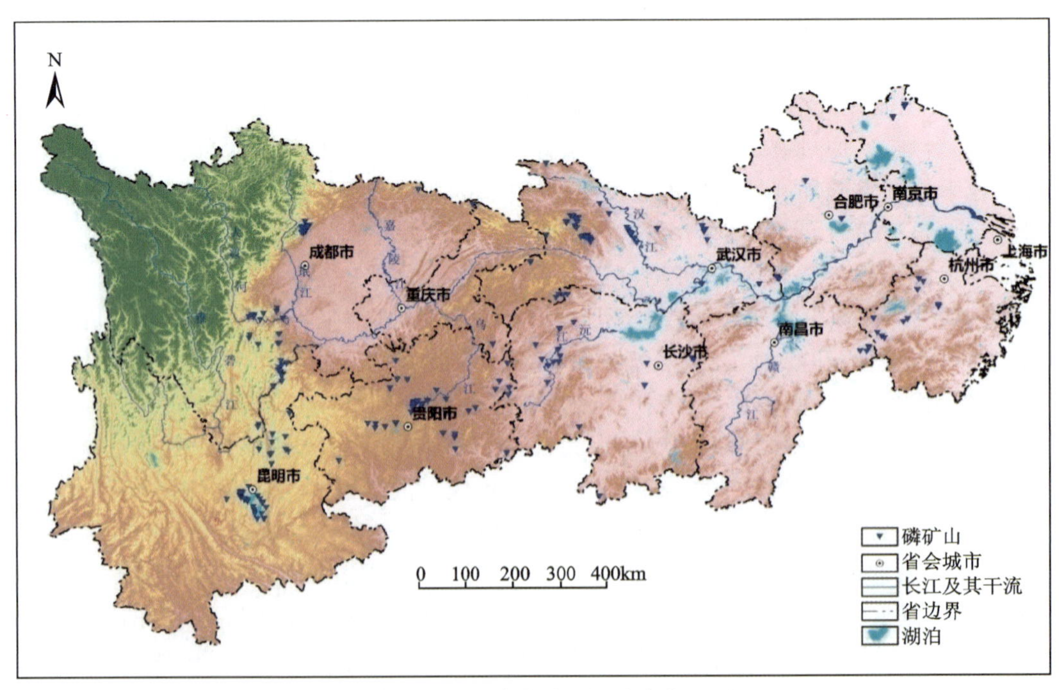

图 4-79　长江经济带磷矿山分布位置图

(2)矿山地质环境问题及特征:荆襄磷矿调查区矿山地质环境问题主要为含水层破坏、土地资源破坏及地形地貌景观破坏,其次是地质灾害(崩塌、地面塌陷)、水土环境污染等问题;而铜陵硫铁矿调查区地质环境问题主要为地面塌陷、含水层破坏、水土环境污染,其次是土地资源破坏、地形地貌景观破坏、地质灾害(崩塌、滑坡)等问题。

磷矿、硫铁矿开采过程中主要引起的是地质灾害、含水层破坏、土地资源破坏、地形地貌景观破坏,磷矿、硫铁矿矿石选冶和产品加工过程中主要引起的是水土环境污染。两个化工矿种矿山地质环境问题具有共同的特征,但是各自又具有不同的特点:磷矿区别于其他矿山的典型特点是"矿肥结合",磷肥及复合肥厂一般建在矿山周边。矿区水土污染主要来源于未严格处理的矿坑排水、选矿废液或不合理堆放的磷石膏堆受淋滤等作用与附近水土存在联系,产生水土环境污染。硫铁矿区因矿石成分中所含硫及硫化物极易被氧化成硫酸而产生酸性水,从开采、矿石选冶到加工利用,整个开发利用过程中均可能造成"酸性水"污染的地质环境问题。

(3)查明了工作区地质灾害现状,分析了地质灾害发生与矿山开采活动的关系,预测了地质灾害的发展趋势。

工作区内共调查地质灾害 101 处,规模以小型为主,地质灾害发生绝大多数与矿山开采活动有关。岩溶塌陷主要分布在大中型生产矿山,随着矿山进一步开采,预测岩溶塌陷将加剧。采空塌陷主要分布在小型闭坑矿山,由于部分矿山的采空区未充填且随着周边矿山开采深度的加大,预计未来采空塌陷仍将发生。随着矿产资源开发的整合与优化调整,以及矿山环境保护与治理力度的加强,区域矿区地质环境好转,滑坡、崩塌地质灾害也将减少。

2.查明了调查区磷矿资源开发利用过程中所产生的地质环境问题及特征,指出了磷石膏堆不合理堆放是磷矿区产生地质环境问题首要原因,提出了磷石膏综合应用建议,服务了长江经济带生态保护(长江"三磷"专项排查整治工作)。

调查及收集资料显示,长江经济带磷石膏年产量总计 7000 多万吨,主要分布在湖北、云南、贵州、四川 4 个省份(图 4-80)。

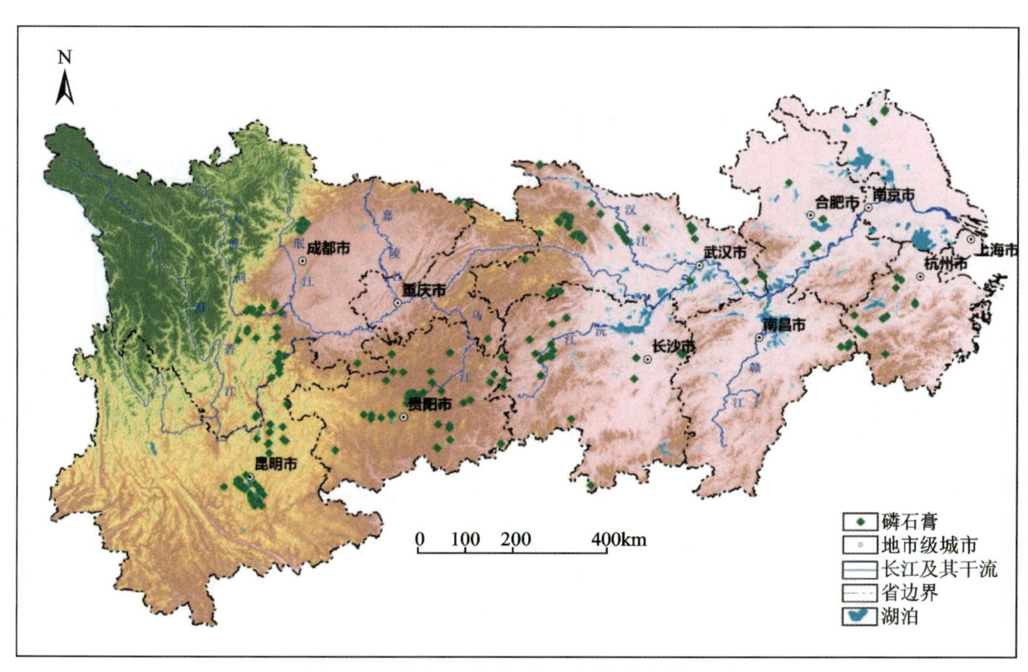

图 4-80　长江经济带磷石膏堆分布位置图

目前我国磷石膏较好的处置措施是作为建材产品和井下充填材料。磷石膏综合利用建议:①磷石膏制硫酸联产水泥工艺;②磷石膏制作新型建材(如开磷集团);③利用磷石膏改良盐碱地;④及时调整资源综合利用的优惠和扶持政策,在磷石膏制品的推广和应用方面给予大力支持。尽快修订磷石膏相关标准,规范约束排放磷石膏的品质,使其更利于下游产业的应用。

3.建立了磷矿和硫铁矿集中开采区的矿山地质环境评价体系,示范引领了全国化工矿山地质环境调查评价工作。

基于两个调查区矿种不同,地质环境背景不同,矿山地质环境问题特征也不尽相同的特征,为了能够准确反映出两个地区矿业开发活动对地质环境的影响程度,选择了适用于各地区特点的评价因子指标和分级赋值方法进行评价,评价分区结果显示影响评价效果较好,磷矿和硫铁矿集中开采区的矿山地质环境评价体系初步建立。

4.完成了调查区的影响评价分区、保护与治理分区,成果资料有效服务了化工矿山地质环境保护与恢复治理。

调查区共划分了矿山地质环境影响严重区13个,总面积182.26km^2,占工作区范围的6.89%;影响较严重区22个,总面积466km^2,占工作区范围的17.61%;影响轻微区14个,总面积1 997.03km^2,占工作区范围的75.50%。总体上看,鄂西荆襄磷矿调查区矿山地质环境质量一般,安徽铜陵硫铁矿调查区矿山地质环境质量较差。

调查区划分了矿山地质环境保护区25个,总面积198.95 km^2,占工作区范围的8.29%;矿山地质环境预防区27个,总面积57.87 km^2,占工作区范围的2.41%;矿山地质环境治理区22个,总面积531.81 km^2,占工作区范围的22.16%。

5.总结了磷矿山和硫铁矿山污染、迁移规律,建立了磷矿和硫铁矿矿山污染防控机制,提出了磷矿和硫铁矿矿山保护治理对策建议,为《化工矿山生态修复技术规范》的编制提供了基础数据支持与服务。

6.在开展铜陵地区硫铁矿基地集中开采区矿业活动对长江中下游水体影响研究的基础上,总结了硫铁矿矿山矿业活动对水资源影响破坏的方式,提出了硫铁矿山水资源恢复治理方式,建立了硫铁矿矿山(铜陵式)"源头防控-过程监管-后效治理"的水资源恢复治理模式(图4-81)。

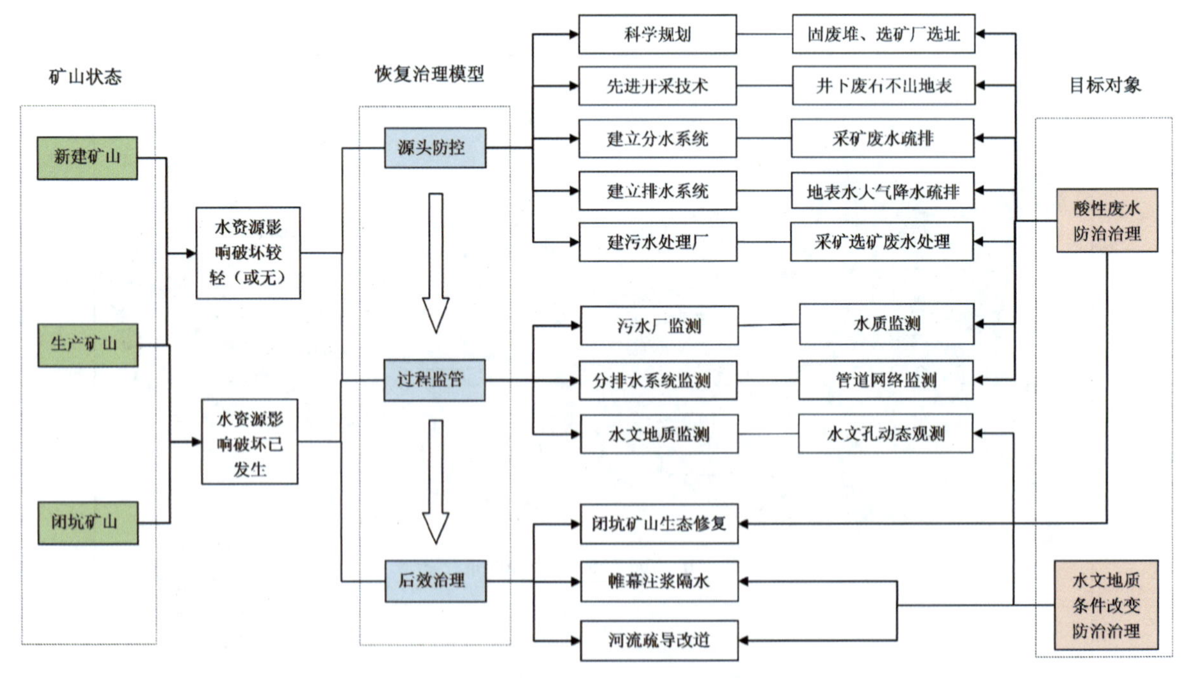

图4-81 硫铁矿山水资源恢复治理模式

磷矿、硫铁矿集中开采区矿山地质环境调查工作,示范引领了化工矿山集中开采区1∶5万矿山地质环境调查工作。本项目系统总结研究了典型磷矿和硫铁矿基地矿山地质环境问题类型、分布、特征及危害，为矿山地质环境保护与恢复治理提供了支撑与服务，为长江生态环境保护与修复提供了基础数据。

西江中下游流域1∶5万水文地质环境地质调查成果报告

提交单位：中国地质科学院岩溶地质研究所

项目负责人：覃小群

档案号：调1297

工作周期：2016—2018年

主要成果：

"桂林市可持续发展议程科技创新示范区"于2018年2月被国务院批准。2014年以桂林山水为代表的"中国南方喀斯特"地貌被联合国教科文组织列入《世界自然遗产名录》。但是桂林市干旱缺水、水土污染等问题严重，一方面漓江在非汛期河流干涸，季节性缺水严重，枯水问题一直困扰和制约着桂林市的旅游和社会经济发展；另一方面，岩溶峰林区溶洞、地下管道发育成为了天然的污染通道，矿山开采、城市发展、农业活动导致了水土的严重污染。开展漓江流域水循环研究，探讨岩溶峰林区地下水资源评价方法，为我国西南岩溶地区地表水—地下水频繁转化区地下水资源评价提供重要手段。开展岩溶区污染地下水修复研究，服务于把桂林建设成为"宜游宜养的生态之城"、"宜居宜业的幸福之城"之理念。

1.编制了桂林市系列水文地质图件，包括水资源分布图、水资源利用状况图、水文地质图、岩溶水点分布图。总结了桂林市水资源调查的成果，评价了桂林市水资源数量、质量、开发利用现状以及可持续发展潜力。

2.建立了漓江上游流域基于SWAT的水循环模型，探索了综合评价地下水、地表水资源的技术方法。

西江中下游岩溶峰林区，沿岸的地下河几乎全部淹没于河水下，无法测流，加之岩溶地下水系统的管道流与裂隙流并存高度非均质特征，使地下水资源评价困难，这种情况在岩溶峰林区很普遍。如何定量描述地下水与河水之间的相互转化关系，计算地下水资源量是要解决的一个关键问题。针对工作区需求以及地表水与地下水频繁转换等特点，在陆地水文、水文地质条件分析的基础上，运用SWAT模型，定量分析研究区地下水与地表水的相互转换关系，利用流域内水文站、水库蓄放水的实测数据对模型进行识别、建模。对研究区进行水量平衡分析及评价，计算地下水、地表水资源量。

模型的特点：①通过对研究区地下河产流过程的分析，强调表层岩溶带对地下水的调蓄作用，并利用衰减方程描述降雨通过表层岩溶带的入渗过程。修改SWAT模型源代码，添加表层岩溶带功能模块，更加准确地刻画了其物理机制。②建立水库放水和控制断面需水的定量响应关系，模拟水库放水对漓江河水量的影响，对漓江的防洪和实时补水优化调度，为改善漓江生态环境、通航条件、旅游景观保育等政府决策提供信息服务。

3.通过水生植被吸附重金属，修复污染水体室内模拟试验，重现水生生物吸附污染物过程，取得了研究污染水体修复机理和修复潜力的关键数据，推进了水生生物修复污染水体的研究。

调查发现在污染水体中有两种藻类——黑藻和水绵生长状态良好，生物量丰富。在黑藻和水绵体内，积累Pb、Cd、Zn和Mn等金属元素，说明黑藻和水绵对重金属具有良好的吸附或吸收效果。依据野外调查结果，开展室内植被吸附重金属，修复污染水体实验。修复污染水体实验结果表明：①不同水生植物对水中重金属的去除率平均达到了 86%(图 4-82);②水生植物有较强的富集重金属的能力;③水生生物在吸附重金属的过程中发生了阳离子交换;④傅里叶变换红外光谱分析羟基 O-H、羰基 C-O、甲基C-H、硫酸基官能团在水葫芦分别去除 Pb、Cd、Zn 和 Mn 的过程中起到了重要的作用。

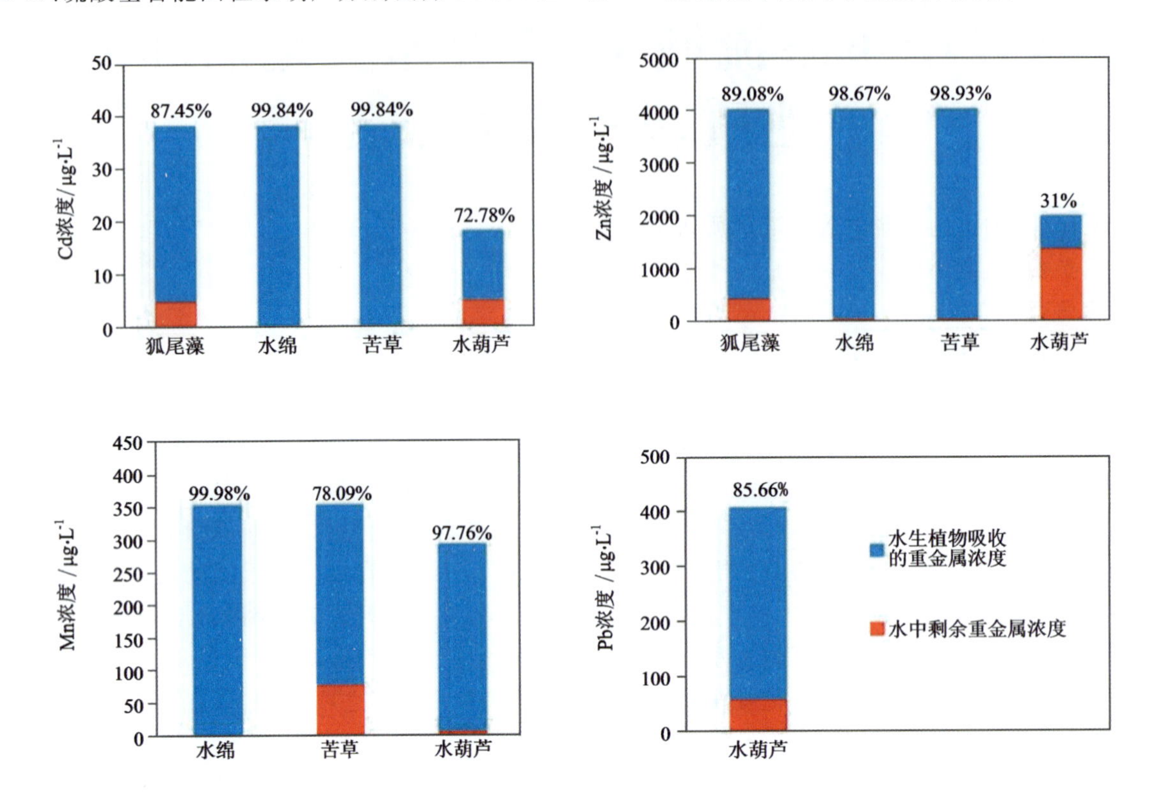

图 4-82　不同水生植物对水中重金属的去除率

4. 通过有机污染吸附室内试验,提出地下水有机污染应急处置技术方法。

以某污染地下河为研究对象,在该地下河水中美国环保局确认的 16 种 PAHs 优先控制污染物全部被检出。国际癌症研究机构(IARC)提出的 6 种潜在致癌、致畸和致突变的物质 BaA、BbF、BkF、BaP、InP 和 DbA 的浓度之和在枯水期达 260.59ng/L,处于重污染风险。调查分析表明,石油等化工燃料是该地下河流域主要有机污染源。在调查的基础上,选择吸油毡、活性炭纤维、颗粒活性炭、粉状活性炭、海绵材料对 93 号汽油进行吸附试验,试验结果表明活性炭纤维处理地下水有机污染效果显著,4min 后活性炭纤维把高浓度(137mg/L)的 93 号汽油可溶性有机污染物石油类迅速降低至 6.08mg/L,去除率达 95.5%(图 4-83)。根据试验提供的参数和处理过程,提出地下河水有机污染应急处置工艺流程和方法。

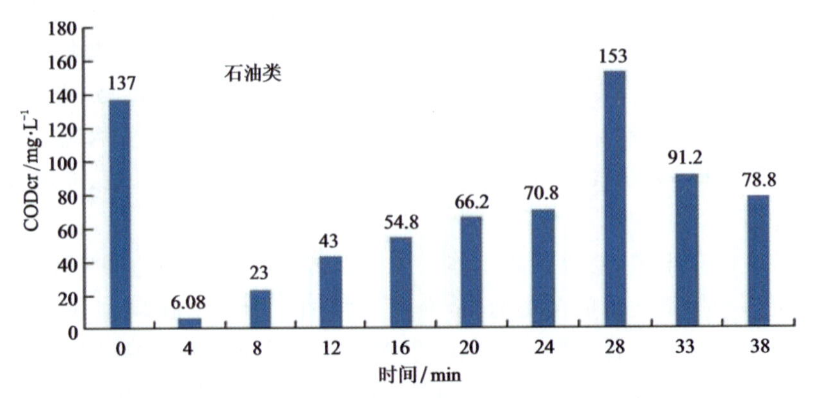

图 4-83　活性炭纤维对有机污染水石油类处理效果

宜昌长江南岸岩溶流域1∶5万水文地质环境地质调查成果报告

提交单位：中国地质大学（武汉）地质调查研究院

项目负责人：周宏

档案号：调1299

工作周期：2016—2018年

主要成果：

1.查明了宜昌长江南岸岩溶流域水文地质条件，提高了水文地质工作精度。圈定了3个一级含水系统、7个二级含水系统，6个三级岩溶含水系统；划分了12个地下河系统、7个岩溶大泉系统、18个分散流系统及若干表层岩溶泉系统；确定了各地下水系统的边界性质、边界类型；总结了单斜单层裂隙分散排泄型等6种地下水流系统的模式；总结了宜昌三峡长江南岸地区岩溶地貌及其发育特征。

2.查明了主要环境地质问题及成因，为环境地质问题防治提供保障。区内地质条件复杂，环境地质问题以局部出现的矿坑污染、农业污染、旱涝灾害、台原干旱、岩溶石漠等为主，整体环境地质质量较好。大型水利工程及交通线路工程对区内地下水循环具有一定影响，三峡库区水位涨落导致渗流场频繁变动加速了库区涨落带的岩溶发育。区内岩溶隧道较多，大多数隧道涌水量较小，对交通工程影响不大。

3.新增了2个供水层位和3个大型后备水源地，服务了脱贫攻坚、促进了地区发展。确定了陡山沱组三段、水井沱组二段2个供水层位，地下水径流模数分别为158m^3/(d·km^2)和224m^3/(d·km^2)，富水性好；查明该层位内3个岩溶大泉，共计可为4000余人解决生活用水问题，服务了脱贫工作。圈定了鱼泉洞、白龙潭、风洞3个大型水源地，为秭归县城、郭家坝镇、土城乡共计约4万人提供后备水源，支撑宜昌“物流港”建设，服务了地区发展。

4.探索了岩溶地区多级地下水流动系统模式，推动地下水系统理论在岩溶区的应用。通过多种技术方法手段对表层岩溶泉、岩溶大泉或地下暗河、钻孔揭露的深部水流等进行试验或监测，对各系统中岩溶裂隙空间分布、地下水动力场、地下水化学场、地下水温度场、地下水生物场的刻画，得到了局部-中间-区域多级地下水流系统的结构概念模型。

5.构建了三峡地区岩溶关键带剖面，纳入了国际IGCP岩溶关键带观测网络，促进了岩溶水文地质学科发展。通过面上调查、裂隙测量、地球物理勘探、地下水示踪试验、水文动态监测、水化学与同位素分析等技术方法，对泗溪流域“庙坪-鱼泉洞”关键带剖面进行调查，查明了该关键带剖面的地质结构特征，构建了三峡地区岩溶关键带水分及物质成分运移监测系统，纳入了国际IGCP岩溶关键带观测网络节点站（图4-84）。

6.完善了我国岩溶流域1∶5万水文地质环境地质调查的技术方法体系，建立了三峡地区水文地质调查高级人才培养基地。通过对宜昌长江南岸岩溶流域地下水系统圈划与分析、宜昌长江南岸岩溶流域地表水-地下水耦合模型研究、三峡库区库水位变化与岩溶地下水的响应、九畹溪和茅坪河生态旅游圈水资源承载力评价、鄂西岩溶山区交通线路工程建设岩溶问题处置建议、三峡秭归水文地质环境地质野外教学基地建设6个专题的研究，完善了我国岩溶流域1∶5万水文地质环境地质调查的技术方法体系。在中国地质大学（武汉）秭归产学研基地的基础上，新增了泗溪和车溪2个水文地质环境地质综合野外教学区；补充建设了长坪洼地、九畹溪花桥场2个独立填图区，建立了三峡地区水文地质调查高级人才培养基地（图4-85）。

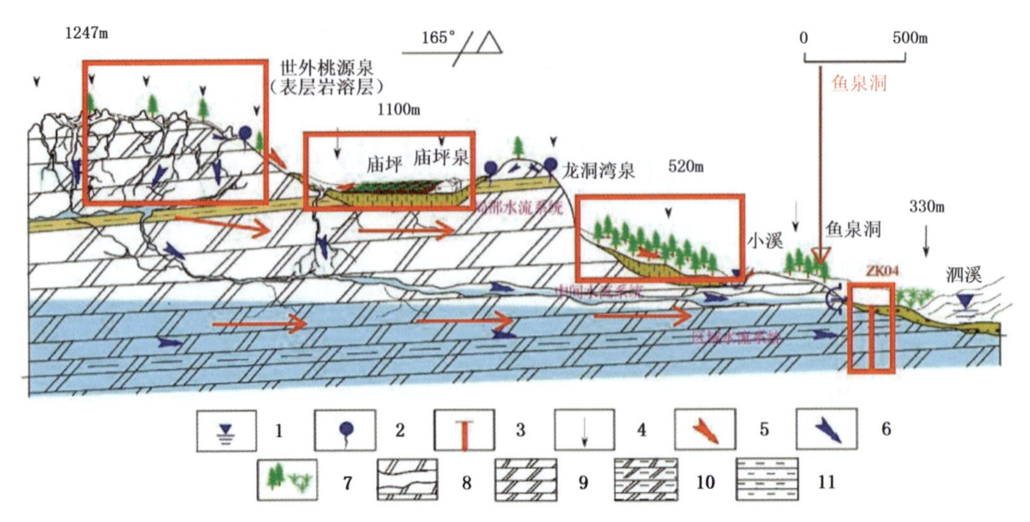

1.水位;2.泉;3.钻孔;4.降雨;5.地表水流;6.地下水流向;7.植被;8.表层破碎带;9.白云岩;10.泥质白云岩;11.泥岩

图 4-84　三峡地区“庙坪-鱼泉洞”岩溶关键带剖面

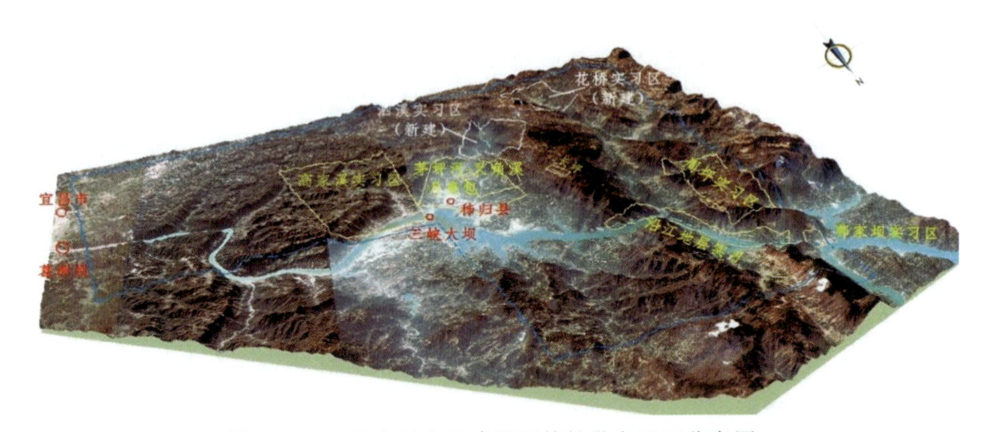

图 4-85　三峡实习基地建设野外教学实习区分布图

成果对于提高三峡库区岩溶流域水文地质调查精度、服务宜昌地区发展和武陵山区脱贫攻坚、促进岩溶水文地质学科发展有一定意义。同时,完善了我国岩溶流域 1∶5 万水文地质环境地质调查的技术方法体系,为服务地质人才培养提供了坚实的野外实训平台。

北部湾等重点海岸带综合地质调查成果报告

提交单位:中国地质调查局广州海洋地质调查局

项目负责人:夏真

档案号:调 1302

工作周期:2016—2018 年

主要成果:

一、梳理集成了区内海岸带资料,完成自然资源图集编制

系统梳理了华南海岸带基础资料,编制《粤港澳大湾区自然资源与环境图集》(图 4-86)、《广东海岸带资源环境图集》和《广西海岸带资源环境图集》,参加编制了《广州市国土空间开发利用综合建议图集》。

图集围绕海岸带的资源禀赋、环境地质优势及存在的地质环境问题，分别编制了系列图件，在城镇化建设和重大工程规划建设、环境保护、能源矿产勘探开发、地质遗迹保护与开发、地质灾害防治、资源环境承载力等方面提出了针对性的科学发展建议。

图 4-86　《粤港澳大湾区自然资源与环境图集》封面

二、基本查明海岸带区域基础地质与重大资源环境问题

海岸类型主要有泥质海岸、淤泥质海岸、基岩海岸、生物海岸、人工海岸（图 4-87）。海底地形整体受海岸制约明显，海水等深线基本沿岸分布。海水水质总体良好，在开阔水域海水质量为好，在港湾等水

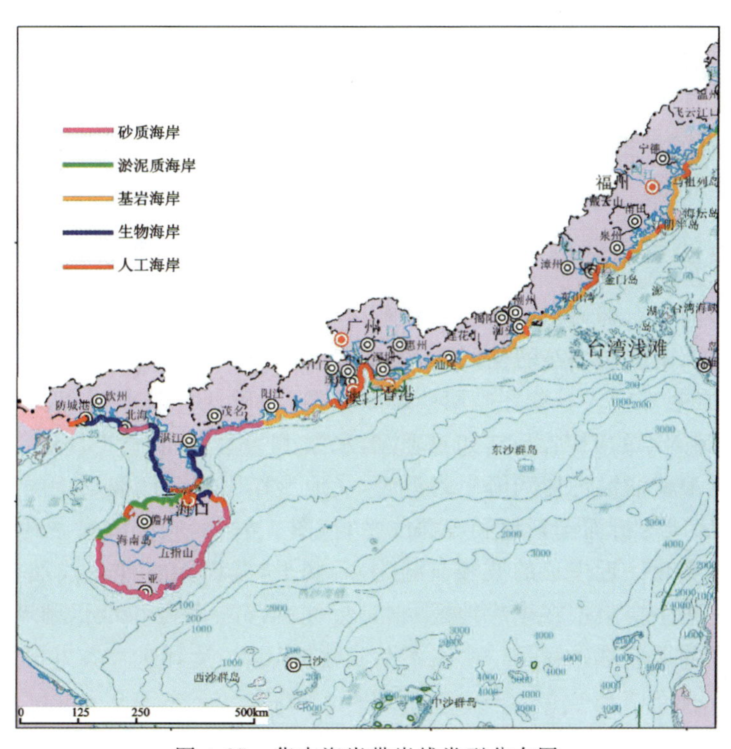

图 4-87　华南海岸带岸线类型分布图

动力条件较弱的区域,海水水质为中等,珠江口伶仃洋地区水质总体低于福建、海南等外海水质交换较强的区域。工程地质条件总体较好,但各地工程地质问题表现不一。大湾区内需加强对活动断裂的勘查和设防,充分利用地基条件良好的区域,科学布局重大工程,实现内地与港澳交通设施等有效衔接。结合地质灾害情况、底质沉积物类型及水深、潮位、水流和风力情况等,根据各要素合理叠加的方式结合海上风电建设要求,福建调查区适合海上风电建设。

生态环境质量总体良好,基本都为低潜在生态危害程度。大湾区后期需要加强湿地资源保护,及时开展矿山环境恢复治理,尽快开展水土污染调查与评估,助力优质生活圈打造和美丽湾区建设。广西海岸带区域面临地下水退化、土壤重金属含量超出二类标准等问题;北海、防城港等近岸海域环境质量下降明显,钦州湾等区域生态环境压力增大。海南环境地质问题主要有土壤侵蚀、土地沙化、海岸环境变迁、红树林退化、浅层地下水污染等。

近海灾害地质因素主要有浅部的断层、地震、不规则浅埋基岩、沙波、埋藏古河道、槽沟。需要开展城镇及重大工程区岩溶塌陷等地质灾害监测预警,有效开展台风暴雨期崩滑流灾害群测群防工作,保障重大基础设施和生命财产安全。

三、查明重要城市及重大工程区地质资源环境问题

(一)粤港澳大湾区重要城市及重大工程区地质环境问题

在澳门海域、深圳西海岸科学用海区、广州临港工业区开展重点海岸带调查。海底地形等高线基本与海岸平行分布,随离岸距离的增加坡度逐渐变缓。主要地貌类型有水道、航道、冲刷痕、抛泥区、锚地、凸地、洼地。海水水质总体为一般,大部分水质为中污染—重污染。沉积物环境总体污染程度较低,潜在生态危害为中等—低风险,生态风险高的区域分布在澳门机场跑道东北部、龙穴岛蕉门水道方向与珠江口方向水域、龙穴岛新龙特大桥与新垦镇附近水域以及万顷沙南部水域。工程地质条件总体较好,但局部需要注意具体的工程地质问题。龙穴岛陆域地面以下 20m 内砂土层易发生液化现象。龙穴岛西北部及南部区域软弱层相对较厚,在该区所建设的构筑物易发生沉降现象。澳门海域绝大部分海底表层土在 50 年一遇波浪条件作用下,有可能发生局部滑移或层间蠕滑现象。深圳西海岸区域建设海上构筑物和铺设海底输油气管线,建议尽量选在工程地质条件稳定区域,且避开槽沟。大湾区内活动性地质灾害类型的有浅层气、活动沙波、活动断裂和地震等,限制性地质条件的有埋藏古河道、槽沟水道、凹凸地等。

(二)基本查明西沙宣德环礁和领海基点保护区地形地貌特征及其稳定性

宣德群岛位于西沙海台东部,包括宣德环礁、东岛环礁、浪花礁 3 座环礁和 1 座暗礁(嵩焘滩)。其中,宣德环礁呈北北西-南南东向展布的椭圆形,长约 28km,宽约 16km,礁盘基底为古老片麻岩构成的准平原化隆起部分,有岩浆岩侵入。该环礁属残缺型环礁,环礁西面没有礁盘发育,南面也未能形成礁盘,只在水下形成一些椭圆形的珊瑚浅滩,如银砾滩,水深 14~20m,故宣德环礁形态不完整,只有半环。

近岸浪是外海的风浪或涌浪传播到海岸附近时,受地形作用而改变波动。随着海水变浅,海浪的波速和波长减小,致使波峰线弯折而渐渐地和等深线平行(图 4-88)。同时海浪遇到障碍会引起折射、绕射和反射从而使波高发生变化。近岸浪的波峰前侧陡,后侧平,波面随水深变浅而变得不对称,直至倒卷破碎。近岸浪的形成过程主要集中在礁缘地区,它是侵蚀、破碎、搬运和堆积珊瑚碎块的动力来源。所以领海基点保护区所在的珊瑚礁礁缘是一个在不断变化的区域,受到来自各方面力量的改造,维持着一个动态的平衡。

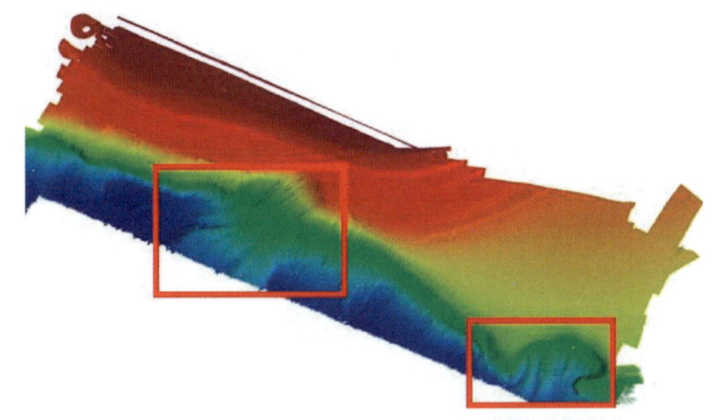

图 4-88　三沙某岛礁海底滑坡地形图

四、开展陆海统筹示范调查，建立海水入侵监测示范区

通过采用无人机、无人艇和遥感水深解译等多种手段和方法，探索了一套适用于近岸浅水区海岸带地形地貌、浅部地层的调查手段，编制了多种陆海一体化地质图件，初步建立了陆海统筹调查技术方法体系。DEM—无人机—遥感—无人艇调查，再现海岸带陆海一体三维地形地貌(图 4-89)。利用遥感水深反演，得到调查区近岸水深数据，开展无人艇多波束地形测量，获取西瑁洲岛近岸高分辨率水深地形数据。无人机摄影获取近岸高程数据，利用计算机实现海陆三维一体化地形地貌。

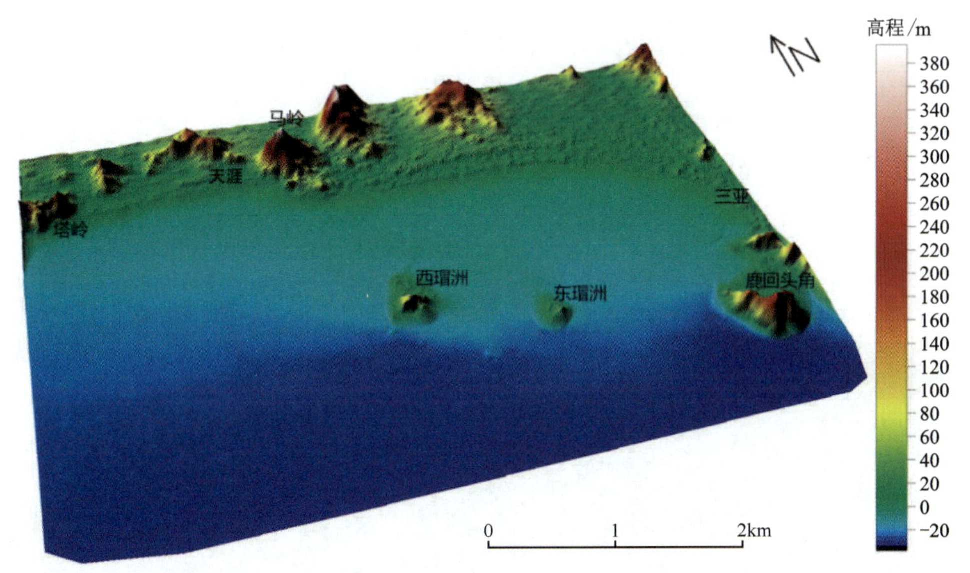

图 4-89　三亚湾海岸带三维地形图

开展了海水入侵监测，建立了监测示范区。项目组在开展广西北海禾塘水源地海水入侵监测和调查过程中，建立了一套具有南方特色的海水入侵监测的工作和技术方法，从研究区的选择，野外监测剖面、监测设备及方法的选取，研究结果的整合分析以及综合信息平台的构建上，形成了一个较为完整的系统研究体系与框架，建立了南方沿海海水入侵示范区或基地，此研究体系可以为华南沿海其他地区的海水入侵调查监测提供范例，从而丰富我国南北方海岸带地区海水入侵的研究，并为提出不同区域地下水咸化的防治管控对策提供有力的科学依据。

五、初步建立了近岸浅水区地形地貌的无人艇、无人机遥感遥测地质调查方法体系

利用无人机及镶嵌技术、无人艇及水下摄影新技术,结合遥感技术以及传统调查技术,开展海陆联测及监测,实现陆海调查无缝对接,初步形成了一套滩涂区地形、浅地层结构和工程地质条件等有效技术方法。

通过大、小型无人艇(图 4-90)配合,基本实现了 1.5m 以浅水深岛礁复杂海域地形调查的全覆盖。在以往调查的空白区,包括极浅水和复杂地形区,获取了高精度、高密度水深测量,以及声呐、浅剖、影像等调查数据。

图 4-90　调查中使用的无人艇

利用无人机摄影测量技术,共进行了 35 架次的无人机飞行,拍摄了 10 050 张影像图片。通过计算机处理,采用镶嵌技术,实现了 10 050 张影像的无缝拼接。

通过分析近岸海域的水质特征,结合光在水体中的辐射传输过程,建立二次散射模型反演水中的泥沙悬浮颗粒、叶绿素和污染物的含量(图 4-91)。基于水体组分的固有光学性质,将水体组分浓度作为自

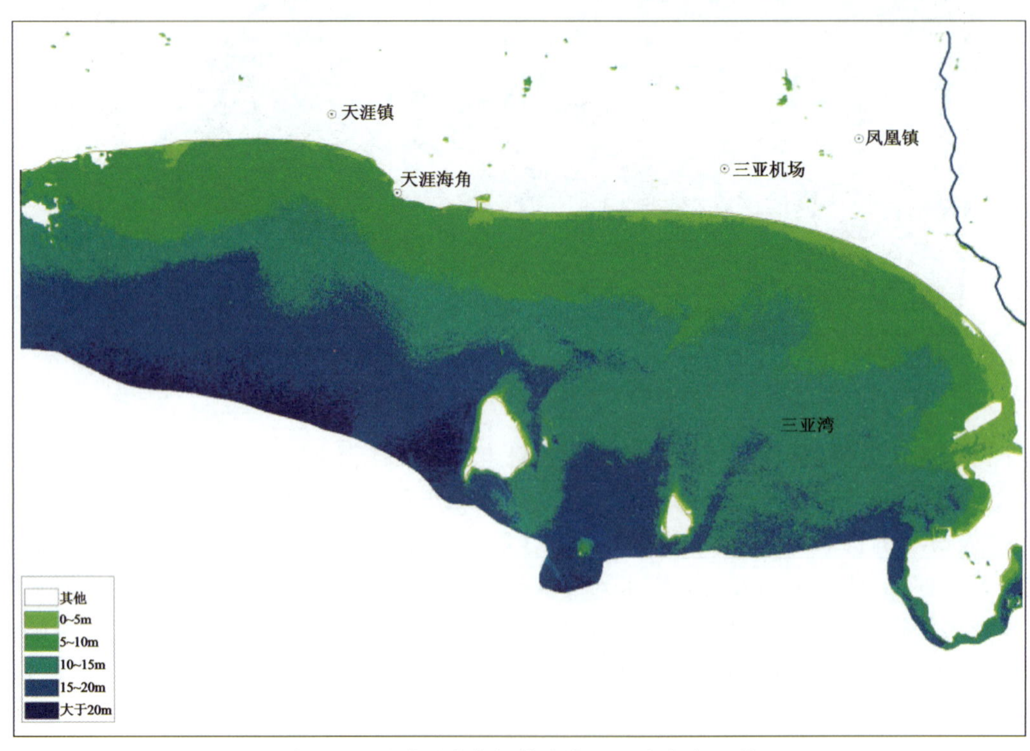

图 4-91　遥感反演分析获取的三亚湾浅水地形

变量，遥感反射率作为因变量，构建二者之间的函数关系，将光在水体中的二次散射过程考虑到模型中，提高模型精度。二次散射模型摆脱了传统水色遥感的经验模型与半经验模型对水体组分浓度实测数据的限制，为今后的近岸海域水质参数遥感反演提供了技术参考。

六、发现了硅藻新种，建立了琼西南古三角洲沉积演化模式及沉积物源汇模型

在调查研究中，科研人员发现了硅藻新种，并以广州海洋地质调查局郑志昌教授的姓氏命名为“郑氏舟形藻”（图 4-92）。

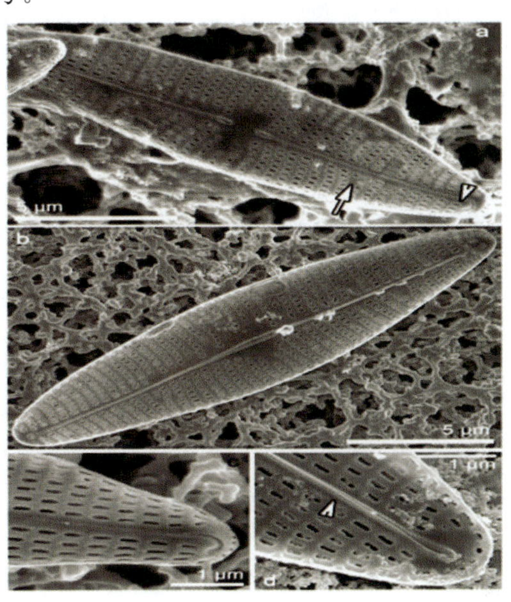

图 4-92　郑氏舟形藻

根据相对海平面变化数据和地震资料提出了三角洲的沉积演化模型（图 4-93）。在三角洲发育时期，沉积物沿着莺东斜坡向邻近低洼区域供给沉积物（图 4-93a）。另外，地震剖面显示三角洲沉积物可以向北供给沉积物，并且加上洋流的作用，最终形成围绕莺东斜坡的弧形分布。

在 56ka 时，由于河流的改道，大量沉积物的供给位置改变，进而使研究区从莺东斜坡向三角洲发育区域的沉积物供给急剧减少，最终导致琼西南海域的三角洲规模明显减小（图 4-93b 和图 4-93c）。

在三角洲停止发育之后海平面高水位时期，大量来自红河流域的沉积物主要供给莺歌海盆地的北部区域，并在北部形成高角度斜坡沉积。而当海平面低水位时期，莺歌海盆地河流回春，三角洲主要形成于波折带。特别的是，琼西南晚更新世三角洲的北部区域由于地势较高，经历了大规模的侵蚀（图 4-93c）。

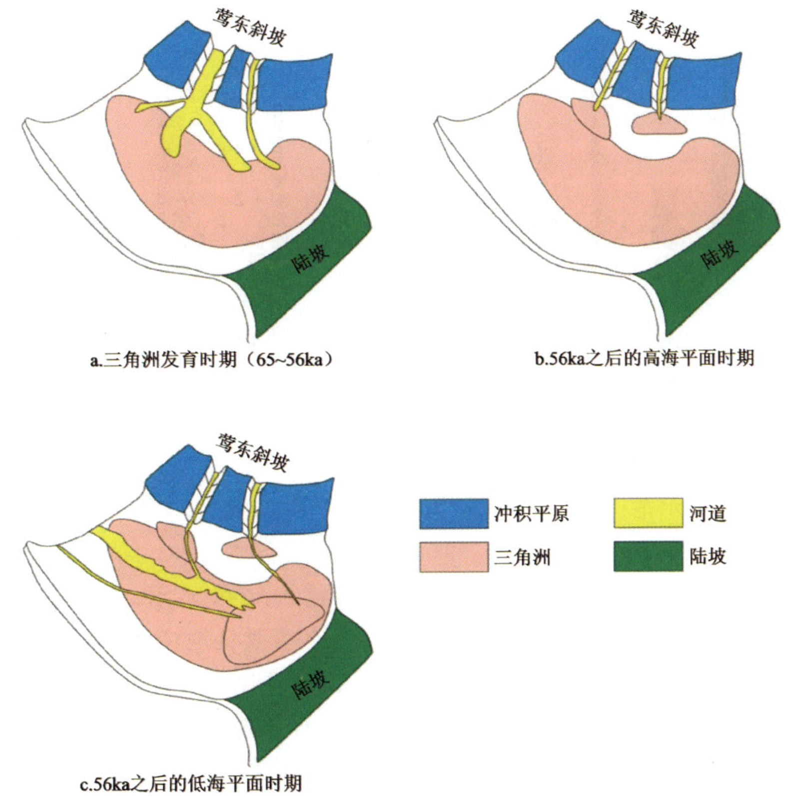

图 4-93　琼西南晚更新世三角洲的沉积演化模式图

长江、珠江、黄河岩溶流域碳循环综合环境地质调查成果报告

提交单位:中国地质科学院岩溶地质研究所

项目负责人:曹建华

档案号:调 1305

工作周期:2016—2018 年

主要成果:

1.查明了流域尺度岩溶碳循环的基本过程,查清了流域尺度岩溶碳循环机制。

查明了调查区岩溶碳循环特征及地质、水文、生态等影响因素,碳形态在迁移过程中的转化特征,计算了各调查区及长江、珠江、黄河流域干流断面碳汇通量和碳汇强度;对长江、珠江、黄河流域岩溶碳循环特征进行了对比研究,分析了岩溶碳循环在全球碳循环中的地位。

长江流域碳汇通量为 2 981.91 万 t/a,碳汇强度为 17.54t/(km² · a),碳酸溶蚀碳酸盐岩通量为 1520t/a。珠江流域碳汇通量为 753.46 万 t/a,碳汇强度为 17.03t/(km² · a),其中岩溶区碳汇通量为 515.35 万 t/a,碳汇强度为 30.77t/(km² · a)。黄河流域碳汇通量为 632 万 t/a,碳汇强度为 8.43t/(km² · a),碳酸溶蚀碳酸盐岩通量为 2.95t/a。

对比分析水循环作用下的岩溶碳汇,发现水动力条件、岩溶分布(比例、面积、方式)等是岩溶碳汇强度或者碳汇通量的重要控制因子(图 4-94、图 4-95)。

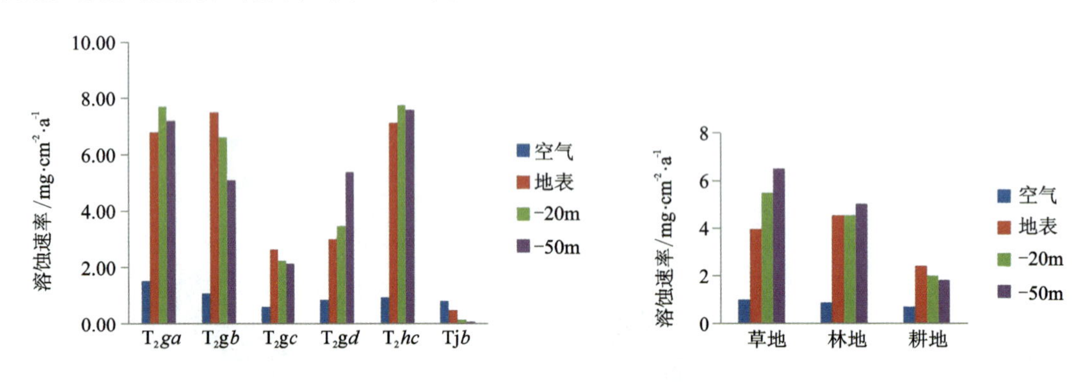

图 4-94　不同地层下溶蚀速率图　　图 4-95　不同植被类型条件下溶蚀速率图

不同土地利用方式下碳酸盐岩溶蚀量基本上呈现出随着植被恢复,碳汇强度增加趋势,气候、不同岩性造成的土壤条件差异也是碳酸盐岩溶蚀速率变化的主要因素。

2.建立了固碳增汇试验示范区,评价了植被恢复、土壤改良、外源水和水生植物等固碳增汇技术和效应。

广西果化石漠化综合治理固碳增汇试验示范区的监测结果显示:牧草地增加碳汇达到最大 11.58t/(km² · a),其次是人工造林地为 7.74t/(km² · a),土壤改良地增加碳汇量为 7.23t/(km² · a),坡改梯增加碳汇最大达到 3.68t/(km² · a)。贵州长顺县石漠化综合治理固碳增汇试验示范区的监测结果显示:人工造林的固碳增汇量为 5.026t/km²;人工种草的固碳增汇量为 3.570t/km²,坡改梯的固碳增汇量为 3.796t/km²。因此,可以推断出人工造林措施的固碳增量最大,能提高石漠化治理效率。

施用有机氮肥能够调控土壤 C/N 值，增加微生物活性，乃至增加土层厚度，提高土下岩溶作用过程、增加碳汇通量。为了最大限度地获得碳汇通量，减少碳源，$22g/m^2$为最适施肥浓度。

流量和碳酸盐岩覆盖条件影响了碳酸盐岩面积比例与水体 DIC 的相关性。碳酸盐岩分布面积和 DIC 浓度相关性的季节变化还与水生态系统参与的碳形态转化有关。外源水参与的岩石风化提高漓江年总碳汇通量为理论年碳汇通量的 1.87 倍，较理论碳汇通量增加了 $112.093 \times 10^3 t/(km^2 \cdot a)$。外源水促进了岩溶作用的进行，流入岩溶区后，其 DIC 含量升高，碳汇通量也逐渐增加，济南玉符河流域西营外源水到达九曲出口处 CO_2 消耗量由 $3.54t/(km^2 \cdot a)$ 提高到 $10.94t/(km^2 \cdot a)$，碳汇量增长近 3.1 倍；大门牙外源水到达卧虎山水库上游出口处 CO_2 消耗量由 $7.19t/(km^2 \cdot a)$ 提高到 $19.38t/(km^2 \cdot a)$，碳汇量增长近 2.7 倍。

3. 开展了北方岩溶洞穴石笋全新世时段高分辨率记录气候变化研究，重建了华北平原多年尺度上夏季局部降水变化和干湿变化。

在河北石家庄市天桂山珍珠洞开展相关的全新世石笋研究，利用 AMS ^{14}C 定年技术，并结合^{210}Pb定年，以及对比多种年代拟合模式（StalAge、Bacon、多项式拟合和分段线性等方法），最终确定在排除死碳影响较大的年龄点之后结合多项式拟合模式，可以准确建立石笋年代模式，确定其生长于 1150～2012a，AD，平均分辨率 9～10 年，局部高分辨率达 1～2 年（图 4-96）。

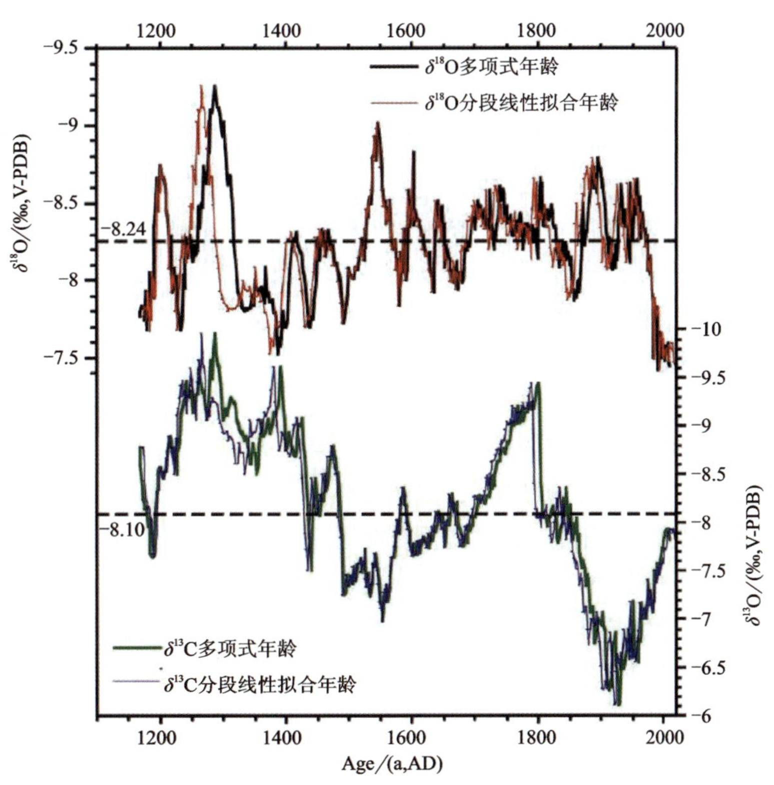

图 4-96　多项式拟合以及分段拟合的 ZZ12 石笋 $\delta^{18}O$与 $\delta^{13}O$记录

ZZ12 的 $\delta^{18}O$记录主要反映了华北平原季风降水的变化，发现研究区湿润期在公元 1200 年左右、公元 1270—1300 年、公元 1550 年、公元 1600 年、公元 1650 年、公元 1700—1820 年、公元 1875—1905 年和公元 1920—1955 年。在小冰期早期（14—15 世纪）及 20 世纪 70 年代，东亚季风减弱，气候干燥。

4. 编写《人为干预增加地质碳汇建议报告》，提交了《岩溶碳汇调查研究为固碳增汇开辟新途径》地质调查专报。

调查成果成为国际岩溶研究中心国际培训班教案，依托项目获批国家自然科学基金 8 项，是“全球岩溶动力系统资源环境效益”国际大科学计划的重要组成部分，服务国家生态文明建设和桂林市可持续发展创新城市建设。

5.调查成果首次给出了长江、珠江、黄河流域，不同地质、气候、水文、生态等背景下岩溶碳汇强度及影响因素，为流域尺度碳循环和碳汇效应地质调查技术及规范提供实例与参考，计算出三大流域碳汇通量和人为干预固碳增汇潜力，为地质碳汇应对全球气候变化国土空间规划提供基础支撑。为“全球岩溶动力系统资源环境效益”国际大科学计划在推进全球岩溶关键带监测网站建设和对比研究方面提供技术方法支撑，为国际标准化组织岩溶技术委员会组织制定岩溶领域的通用基础标准，调查、评价技术标准等方面提供基础数据。

湘西鄂东皖北地区岩溶塌陷1∶5万环境地质调查成果报告

提交单位：中国地质科学院岩溶地质研究所

项目负责人：雷明堂

档案号：调1307

工作周期：2016—2018年

主要成果：

1.完成湘西鄂东皖北地区11个图幅1∶5万岩溶塌陷环境地质调查系列图件及说明书的编制，建立了湘西鄂东皖北地区岩溶塌陷调查数据库，提升服务生态文明建设、服务新型城镇化建设的能力。通过湖南西部怀化-新化地区、湖北东部江夏地区、安徽北部淮南地区4875km^{2}11个图幅岩溶塌陷1∶5万环境地质调查，初步查明了工作区岩溶塌陷的类型、数量、规模、形态、时空分布以及灾害损失情况；查明了岩溶发育特征、岩溶水文地质条件、第四系覆盖层工程地质条件以及人类工程活动特点等岩溶塌陷主要影响因素。以岩溶塌陷典型调查为基础，系统分析了岩溶塌陷的形成演化机理、主要控制因素和诱发(触发)因素，查明人类工程活动对岩溶地质环境的作用和影响以及岩溶地质环境问题对城市工程建设的影响，研究岩溶塌陷动力因素的变化规律。建立多种条件下岩溶塌陷形成演化的地质结构模式。除按图幅编制了1∶5万水文地质图、1∶5万岩溶塌陷分布图等相关图件外，还编制了行政区岩溶塌陷专题图，生命线工程(高速公路、高速铁路)岩溶塌陷评价图，提升了服务生态文明建设、服务新型城镇化建设和重大工程建设的能力。

2.编制《服务中长期高速铁路规划建设与运行岩溶调查报告(2018)》，精心服务国家重大工程规划建设。依据国家发展和改革委员会印发的《中长期铁路网规划》(2016—2030)，评价了规划建设的高速铁路沿线岩溶和岩溶塌陷存在的风险。形成3点结论和建议：一是在我国已建成的3×10^4km高速铁路中有2000km位于岩溶塌陷高易发区，穿越地下河22条，高铁沿线2km范围内有岩溶塌陷点290多处，这些路段主要分布在沪昆、南昆、柳南、京广、宜万、贵广和渝贵线。岩溶和岩溶塌陷主要影响路基稳定，导致桥墩基础下沉，隧道长期排水引发地表大面积的井泉干涸、塌陷等。二是国家规划建设的3.5×10^4km高速铁路，位于岩溶塌陷高易发区的路段约1800km，穿越地下河25条，沿线2km范围分布180处岩溶塌陷点。建设阶段风险主要有地质勘探或建设过程中诱发岩溶塌陷，岩溶塌陷导致成桩困难，桥基、路基下沉；隧道穿越地下河，发生突水、突泥灾害，造成重大安全事故等。三是为有效降低或减缓岩溶塌陷对铁路规划建设和安全运营的影响，建议采取以下措施：①对已运营高铁沿线实施严格的地下水禁采，加强岩溶塌陷影响严重路段的桥基、路基岩溶塌陷隐患的探测和监测。②建议采取适当工程措施，逐步降低已运营铁路隧道的排水量，减少对地质环境的影响和破坏。③在建和拟建铁路，应加强岩溶塌陷高易发区的线路优化，岩溶山区隧道应避让层状强岩溶发育带，加强岩溶塌陷防治勘查设计，特别是桥梁桩基、隧道岩溶勘查设计。④施工中，应尽可能地减少桩基冲孔桩的应用，加强隧道超前探测，采取适当工程止水措施，防范突水、突泥灾害，减少对岩溶生态环境破坏。

3. 编制《岩溶塌陷对城镇和重大工程规划建设的影响分析报告(2016)》，为破解城市与大型工程建设面临的岩溶塌陷地质环境问题提供支撑。针对重大工程、城市群规划建设、新型城镇化面临的岩溶塌陷问题，完成《岩溶塌陷对城镇和重大工程规划建设的影响分析报告》的编写工作，全面分析我国岩溶塌陷发育状况及其对城市和重大工程规划建设的影响。对我国岩溶塌陷发育状况形成初步认识和基本判断：一是我国岩溶塌陷高易发区面积 $34.3\times10^4km^2$，有记录的岩溶塌陷灾害 3315 处，造成建筑设施变形破坏，损毁土地资源，加剧地下工程和矿坑突水突泥灾害等。二是岩溶塌陷对长江中游城市群等 9 个重要经济区(城市群)，广州、武汉等 41 个地级以上城市和 143 个县(市)城镇影响严重，应加强岩溶塌陷危险性评估，做好城镇规划建设中的岩溶塌陷防治勘察设计。三是沪昆等已建高速公路位于岩溶塌陷高易发区的线路长度约 3750km，建议加强高易发区路基岩溶塌陷隐患排查，实施公路两侧 200m 范围内地下水禁采。四是规划建设的油气管道工程位于岩溶塌陷高易发区线路长度约 1080km，建议加强炼厂、站场和阀室等地基基础的岩溶防治勘察设计。

4. 建设和完善岩溶塌陷监测示范站，提升岩溶塌陷地质灾害监测能力和水平。针对岩溶塌陷的隐蔽性、突发性特点，提出岩溶塌陷动力因素监测、隐伏岩土体变形分布式光电传感(BOTDR、TDR)监测和隐患点地质雷达排查相结合的岩溶塌陷综合监测方法。完成了远程遥控岩溶塌陷动力监测系统的开发研制工作，实现了对岩溶塌陷形成演化过程中隐伏岩溶系统水气压力变化的实时监测。完成湘中、桂中、皖江、珠三角和渝中地区等 8 个岩溶塌陷监测示范站建设维护，为多灾种和灾害链综合监测、风险早期识别和预报预警能力建设提供支持。

从岩溶塌陷形成演化的特点出发，根据岩溶塌陷发育过程中动力条件、土体内部变形、地面变形以及宏观变化等，提出相应的监测指标和行之有效的监测方法，支撑服务岩溶塌陷监测工作与实施(图 4-97)。

图 4-97　监测站分布图

5. 推广应用到“贵阳—南宁高速铁路荔波—都安段隧道岩溶水文地质工程地质调查评价”中，为重大工程建设服务。以地质调查成果为基础，完成“贵阳—南宁高速铁路荔波—都安段隧道岩溶水文地质工程地质调查评价”工作,贵阳—南宁高速铁路是国家《综合交通网中长期发展规划》“五纵五横”中“包头至广州运输大通道”的重要组成部分,设计时速 350km。线路走向从贵州贵阳开始,途经都匀、荔波,广西金城江、都安、马山,到终点南宁,全长 583km。线路穿过陡倾高原斜坡及广西的岩溶强烈发育地段线路长 120km,铁路工程所遇到的岩溶工程地质、水文地质问题突出。受中铁二院成都地勘岩土工程有限责任公司委托,项目组承担了贵南高铁荔波—都安段各隧道岩溶水文地质工程地质调查评价工作,对总长 107km 的 8 条岩溶长大隧道地下水涌水量、诱发岩溶塌陷危险性、诱发其他地质环境问题的风险进行系统评估。以此为基础,初步形成高速铁路岩溶塌陷评价技术与方法。

6.为重大工程建设提供地质安全保障。新建道真至务川高速公路青坪特长隧道全长 8065m,隧道穿越的青坪向斜台地岩溶强烈发育,岩溶工程地质、水文地质问题突出。受湖南省交通规划勘察设计院有限公司的委托,项目组以地质调查成果为基础,通过补充调查,完成了《道真至务川高速公路青坪特长隧道岩溶水文、工程地质专题研究》的编写工作,查明了线路方案通过地区的岩溶工程地质及水文地质特征、隧址区内岩溶水系统的水动力条件、岩溶(水)对隧道工程的影响,评价了隧道工程建设对沿线岩溶地质环境造成的影响,对拟建隧道的地质适宜性作出评价意见,并提出路线方案的优化建议。在专题研究报告中指出隧道可能的涌水问题,将会对环境造成严重的影响:破坏岩溶含水层结构、疏干向斜中部东西翼的大岩门饮用水及发电站用水,可能影响青坪水库的蓄水及造成严重的地面塌陷问题。工程业主单位对评价结果高度重视,鉴于隧道岩溶环境风险控制难度大,决定放弃原定线位方案。

7.服务地方政府的地质灾害防治和抗旱找水工作,支撑服务脱贫攻坚。项目组通过地面调查和地球物理勘探,查明了新化县三房湾村周边水文地质条件,在三房湾村实施了一口探采结合孔,钻孔深度 100m,涌水量 138t/d,水质良好,可解决当地 1000 多人的饮水问题(图 4-98)。

图 4-98　探采结合井服务贫困区百姓

为了满足地方政府地质灾害防治工作的需要,应安徽淮南市国土资源局的要求,以 1∶5 万岩溶塌陷调查评价结果为基础,编制了《淮南市八公山区土坝孜岩溶塌陷地质灾害勘查方案》,国土资源局计划配套经费,启动防治勘查工作。

2017 年 7 月 11 日的怀化市鹤城区紫东路发生岩溶塌陷,项目组以调查资料为基础,开展隐患应急排查工作,获得原怀化市国土资源局的肯定。

8.初步形成较为完整的“复杂岩溶区高铁综合勘察成套技术体系”，形成《高速铁路复杂岩溶勘察技术研究及应用》成果，为岩溶区高铁建设提供了技术支撑。与中铁二院、成都理工大学等单位合作，系统梳理在岩溶塌陷调查评价，以及武广、贵广、云桂等10余条高速铁路岩溶调查评价和处置研究成果，从高铁岩溶地质理论、减灾选线理论方法、综合勘察技术、灾害风险评估、防灾减灾5个方面进行了总结，创建了完整的“复杂岩溶区高铁综合勘察成套技术体系”，为岩溶区高铁建设提供了理论技术支撑。《高速铁路复杂岩溶勘察技术研究及应用》获2018年四川省科技进步一等奖、中国岩石力学与工程学会科技进步一等奖和中国铁路工程总公司科技进步特等奖(图4-99)。

中国铁路工程总公司
科　学　技　术　奖
证　书
为表彰中国铁路工程总公司科学技术奖获得单位，特颁发此证书。
项目名称：高速铁路复杂岩溶勘察成套技术及应用
奖励等级：特等奖
获奖单位：中国地质科学院岩溶地质研究所
证书号：2018—特—7—D03
2018年12月29日

四川省科学技术进步奖
证　书
为表彰四川省科学技术进步奖获得者，特颁发此证书。
奖励类别：科技进步类
项目名称：高速铁路复杂岩溶勘察技术研究及应用
奖励等级：一　等
获 奖 者：中国地质科学院岩溶地质研究所
证书号：2018-J-1-08-D03

图4-99　获奖证书

9.研发多技术结合的岩溶塌陷监测技术，形成岩溶塌陷监测技术方法体系，破解岩溶塌陷监测难题。通过对我国岩溶塌陷发育规律的分析，从岩溶塌陷形成机理入手，围绕诱发(触发)岩溶塌陷的岩溶管道裂隙系统的水(气)压力突变过程的捕捉、地下岩土体变形监测和隐伏土洞形成演化过程的监测定位等关键科学问题，通过岩溶塌陷动力监测系统研发，以及岩溶土洞光电传感监测技术和地质雷达探测识别技术的应用，创新建立岩溶塌陷综合监测技术方法体系，有效破解岩溶塌陷地质灾害的监测难题，该成果获中国地质调查局2016年度地质科技十大进展(图4-100)。

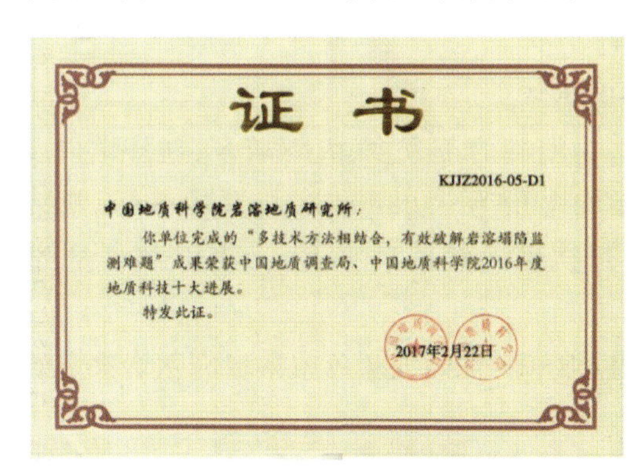
证　书
KJJZ2016-05-D1
中国地质科学院岩溶地质研究所：
你单位完成的“多技术方法相结合，有效破解岩溶塌陷监测难题”成果荣获中国地质调查局、中国地质科学院2016年度地质科技十大进展。
特发此证。
2017年2月22日

中国地质调查成果快讯　2017年3月(总第048期)

多技术方法相结合
有效破解岩溶塌陷监测难题

摘要：以中国湘中、桂中、广州不同成因类型岩溶塌陷的详细调查为基础，深入分析岩溶塌陷形成机理，建立岩溶塌陷与主要影响因素的关系，提出岩溶塌陷动力监测和判据指标，研发判据测定方法，形成基于岩溶塌陷动力条件实时监测、分布式光电传感监测和地质雷达监测的岩溶塌陷监测技术方法体系，为岩溶区大型工程与城市规划建设和减灾防灾提供有力保障。

1.项目概况
岩溶塌陷易导致地面各类建筑基础
初步形成了岩溶塌陷预测预报技术方法体系。

图4-100　成果入选中国地质调查局2016年度地质科技十大进展

10.编制岩溶塌陷防治相关规范的编制工作。完成《1∶50 000岩溶塌陷调查规范》(送审稿)、《岩溶塌陷地球物理探测技术指南》(送审稿)、《岩溶塌陷防治工程勘查规范》(报批稿)和《岩溶塌陷监测规范》(报批稿)4个规范的编写工作，为岩溶塌陷地质灾害调查评价、隐患排查、防治勘查和监测提供重要的技术支撑(图4-101)。

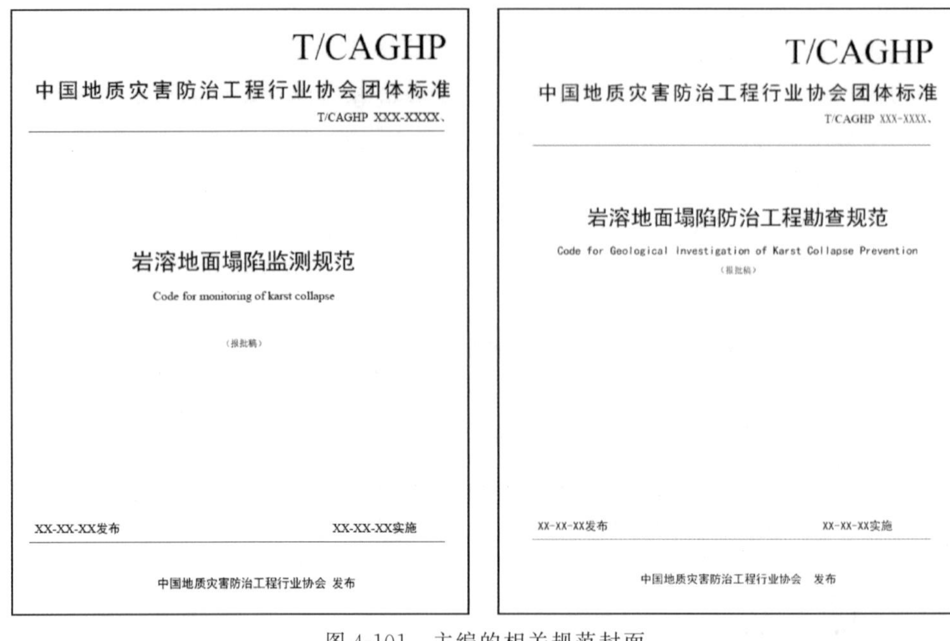

图 4-101　主编的相关规范封面

湘江上游岩溶流域 1∶5 万水文地质环境地质调查成果报告

提交单位:中国地质调查局岩溶地质研究所

项目负责人:苏春田

档案号:调 1312

工作周期:2016—2018 年

主要成果:

1. 查明了新田县富锶矿泉水的分布区域以及富集环境。

新田县富锶矿泉水集中分布于北东部的莲花乡、中南部的茂家乡、大坪塘乡、新圩镇以及东南部的新隆镇,面积约 176.7km^2,其中下降泉中 Sr 元素平均含量为 0.38mg/L,机井中 Sr 元素平均含量为 2.76mg/L,下降泉、机井中 Sr 元素平均含量分别是饮用天然矿泉水 Sr 元素限制含量的 1.90 倍、13.80 倍。

富锶矿泉水分布于泥盆系佘田桥(D_3s)含水岩组,地层岩性为浅灰色中薄层泥灰岩夹灰岩、页岩、泥岩(图 4-102)。

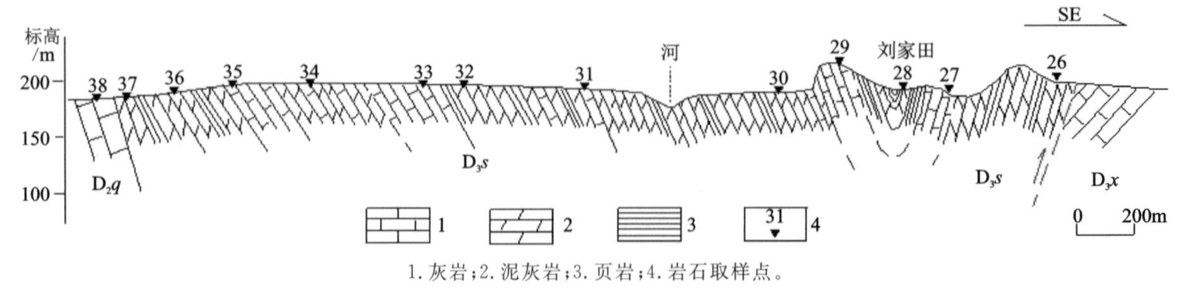

1. 灰岩;2. 泥灰岩;3. 页岩;4. 岩石取样点。

图 4-102　研究区泥盆系佘田桥组地质剖面

2.分析了新田县富锶矿泉水的地球化学特征。

新田县富锶矿泉水中，下降泉中 pH 平均值为 7.07，呈弱碱性；TDS 平均值为 291.57mg/L，属于淡水，硬度平均值为 262.61mg/L，属于微硬水—硬水，水化学类型全部为 HCO_3-Ca 型。

机井中 pH 平均值为 7.20，呈弱碱性；TDS 平均值为 425.66mg/L，属于淡水；硬度平均值为 318.84mg/L，属于硬水—极硬水。水化学类型以 HCO_3-Ca 型、HCO_3-Ca·Mg 型为主。

3.掌握了新田县富锶矿泉水资源量。

大气降水为新田县富锶地下水的唯一补给来源，大气降水通过泥盆系佘田桥组(D_3s)岩石的裂隙、缝隙等通道入渗补给地下水。根据地下水均衡原理，采用大气降水入渗系数法，在不同保证率下，计算了丰水期、平水期、枯水期地下水天然补给量，分别为 $Q_{25\%}=4.83\times10^7\ m^3/a$、$Q_{50\%}=4.25\times10^7\ m^3/a$、$Q_{75\%}=3.72\times10^7\ m^3/a$，地下水天然补给资源量是地下水系统中参与现代水循环和水交替，可恢复、更新的重力地下水。富锶矿泉水水资源储藏量估算为 $8.07\times10^8\ m^3$，不消耗原有资源量的前提下，以锶含量为 1.0m/L 的标准开采，年允许开采量为 725.5 m^3/d，水质以良好为主。

4.编制了新田县富锶矿泉水开发利用区划。

富锶矿泉水开发利用区划依据富锶矿泉和机井(勘探井)的分布特点、水资源量或可开采资源量、开发利用程度等特征而划分，划分为 2 个时期，第一期划分为 3 个开发利用块段，涉及龙泉镇大历县村、白云山村与曾家岭村一带、火里塘、三占塘一带与道塘一带，包括 5 个下降泉、4 个勘探机井、3 个居民机井；第二期也划分为 3 个开发利用块段，涉及大窝岭一带、新隆镇野乐村、樟树下村、候桥村一带与黄土园村、下村、枇杷窝村、晒鱼坪村一带，包括 6 个下降泉、1 个勘探机井、9 个居民机井。两期合计开发量超过 5000m^3/d(图 4-103)。

图 4-103　富锶机井抽水

雪峰山区北部地质灾害调查成果报告

提交单位：中国地质调查局水文地质环境地质调查中心

项目负责人：王洪磊

档案号：调 1322

工作周期：2016—2018 年

主要成果：

1.在完成辰溪幅、潭湾镇幅、黄溪口镇幅 3 个图幅地质灾害调查的基础上，总结了区域内地质灾害类型、分布规律及发育特征，完成了工程地质岩组划分、斜坡结构分类等工作，编制了 1∶5 万灾害地质图,提出了区域内地质灾害成灾模式。完成了黄溪口镇等重点城镇 1∶1 万地质灾害调查及风险评价,并结合当地建设开发规划,提出了土地利用建议(图 4-104)。

2.结合区内地质灾害发育特点及危害特征,在与辰溪县地质灾害防治部门充分沟通的基础上,开展了 34 处典型地质灾害点群专结合示范区建设,共安装雨量监测仪、位移监测仪等设备 50 余套,并开发了地质灾害防治信息化管理系统,初步形成辰溪县群专结合、点面结合、人防加技防的综合防治体系。

3.体系运行以来预警小田坪、岩溪口等多起地质灾害险情,为江东村滑坡地质灾害防治提供了技术支撑;通过对示范区建设及监测数据分析,总结了辰溪县地质灾害重点防治的日降雨强度区段,提出区域内地质灾害监测方法的适宜性,并编制了《雪峰山区地质灾害监测预警技术指南》。同时,开展了数显裂缝报警器等五类群专结合监测设备研发与升级,并进行了室内与野外测试应用,丰富了监测方法,降低了设备成本,提升了产品工程化水平。

4.项目实施期间在辰溪县国土资源局配合下开展形式多样的地质灾害科普宣传,并编制了临灾避险图。重点培训讲解如何认识地质灾害、合理切坡建房及如何应急处置,并发放了宣传挂图,累计培训受地质灾害威胁的群众 1500 余人。

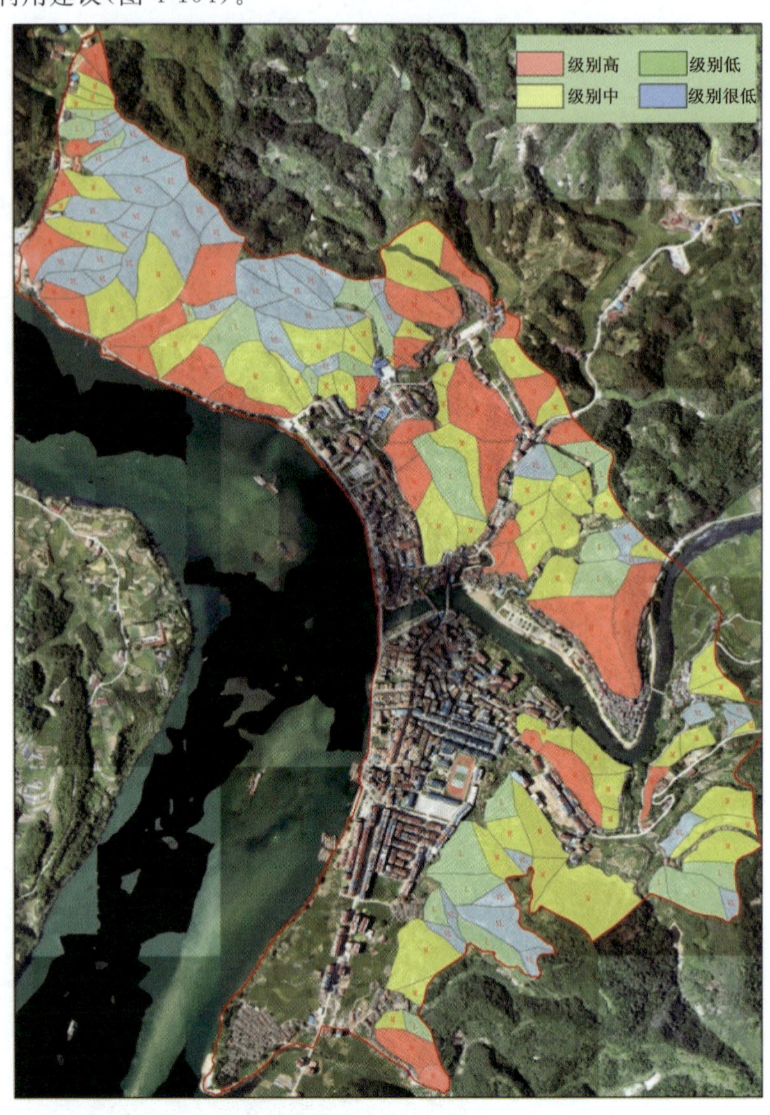

图 4-104 黄溪口镇区滑坡风险性评价图

资源环境重大问题综合区划与开发保护策略研究成果报告

提交单位:中国地质调查局发展研究中心

项目负责人:王尧

档案号:调 1327

工作周期:2019—2020 年

主要成果:

1.识别厘定了我国气候变化、大气污染、山区、水文、森林、耕地与土地、湖泊、草地、海洋、自然灾害、生物多样性、城镇化、人口、产业和经济十四大类重大问题，综合评估了问题严重程度，揭示了其演化规律。

①气候变化问题：气候变暖趋势明显，温度带界线普遍北移；降水“南涝北旱”加剧，干湿分界线东移南扩；极端天气气候事件趋多趋强。②大气污染问题：64.2％的城市环境空气质量超标，进入新型复合大气污染阶段；PM2.5 污染呈现“东高西低”、快速扩张趋势；东部主要大城市群臭氧浓度迅速增加。③山区问题：山区资源无序开发现象严重；全球变暖引发山岳冰川退缩和永冻层融化；山区社会经济比较脆弱。④水文问题：冰川退缩加剧干旱区水资源供需矛盾；地下水水质持续恶化，全国废污水排放总量居高不下；水资源短缺危机逐步加大；地下水长期处于超采状态；湿地面积持续萎缩；堤坝导致河道功能受损严重。⑤森林问题：森林面积整体呈持续增长趋势，但人均占有量低；木材安全形势严峻。⑥耕地与土地问题：耕地面积“南减北增”，人均耕地面积持续下降；耕地质量总体偏低；耕地撂荒现象明显；土地退化呈好转态势；土壤污染形势严峻；呈现“北粮南运”和“南猪北养”新格局。⑦湖泊问题：湖泊面积“西扩东缩”；气候变化和人类活动是中国湖泊变化的主要驱动因素。⑧草地问题：草地覆盖度总体呈现上升趋势；草地退化有所缓解；人工草地发展落后。⑨海洋问题：近海海域污染面积居高不下；中国沿海海平面变化总体呈波动上升趋势；海洋生态环境问题日益凸显。⑩自然灾害问题：灾害导致的直接经济损失逐年上升；洪涝灾害呈现“北增南减”态势；地质灾害频繁发生。⑪生物多样性问题：10.9％高等植物、21.4％脊椎动物、1％大型真菌受到威胁。⑫城镇化问题：以胡焕庸线为界，呈现“低密高疏”和“东密西疏”；城镇化重速度轻质量问题严重；迈入中后期转型提升阶段。⑬人口问题：人口密度“东高西低”且普遍增加；中东部地区呈现出“城乡二元效应”；形成两大明显的人口流出连绵区。⑭产业和经济问题：产业结构逐步优化，对外贸易依存度不断提高，区域差距进一步增大。

建议：一是加强水、土（岩）、气、生、人等控制地表格局变化的关键地质作用过程调查研究；二是加强西部、中部和东部三大地质环境问题区带地质灾害、突出环境地质问题调查与综合治理；三是加强关键地质作用过程和问题监测与集成研究；四是加快开展大数据驱动下我国资源环境重大问题综合分析评价工作。

2.分析了黄河流域近 40 年气候、山区、水文、农田、植被、草地、荒漠、自然灾害、城镇建设用地、人口和经济十一大类资源环境时空格局变化特征，揭示其区域分异规律。

黄河流经 9 省（区）71 市，流经市域总面积 198.46 万 km^2。黄河流域地质环境总体脆弱，中度至极度脆弱区面积占总面积的 37％，大致以贺兰山—六盘山一线为界，上游脆弱性程度较高，呈镶嵌式分布。黄河流域是我国重要的生态屏障，拥有多个国家重点生态功能区，流域生态系统服务功能较为完善。

①气候格局变化：整体暖干化趋势明显，局部出现暖湿现象。②山区格局变化：生态系统脆弱、逐步恢复，局部人类活动影响剧烈。③水文格局变化：水体与湿地面积总体减少，近年呈增加趋势；径流量呈减少趋势；部分干支流污染严重，水生生物多样性减少。④农田格局变化：农田面积呈下降趋势；下游地区农田生产潜力增加明显；促使“北粮南运”格局形成。⑤植被格局变化：植被覆盖呈现整体缓慢升高、局部退化趋势。⑥草地格局变化：草地面积持续减少，草地生态系统退化明显。⑦荒漠格局变化：荒漠化扩展态势得到遏制，总体形势依然严峻。⑧自然灾害格局变化：灾害频发，水害严重；地质灾害聚集分布，形成陇中黄土高原和陇南山地两个高发区。⑨城镇建设用地格局变化：面积持续上升，由下游地区向中上游扩散；中上游呈现出由轴线连接的多个核心的组团分布特征。⑩人口格局变化：人口分布重心进一步向东偏离，沿中心城市、干流、交通干线增加。⑪经济格局变化：GDP 整体呈现上涨趋势，呈现由东向西递减、由干流或主支流沿岸向两边递减、由中心城市向周围递减特点。

黄河流域生态保护与高质量发展工作建议：加强空间管控，明确生产、生活、生态空间开发管制界限；以地球系统科学研究方法为框架，进行跨学科协作，整合区域性地质调查工作；加快推进黄河保护立法，建立黄河流域自然环境与经济发展之间的新平衡。

3.系统分析总结了国际水力压裂与地震关系研究进展和采取的有效风险应对措施，提出了我国页岩油气和干热岩等资源开发建议。

水力压裂活动能否引发地震一直是各界关注的问题。国际研究表明:①水力压裂使岩石产生裂缝,将不可避免地导致微震。②监测数据表明水力压裂对3级以上地震的影响有限。③水力压裂诱发地震活动机理研究取得进展,为风险防控提供基础。一是注入流体引起孔隙压力增加或者应力变化是断层活化的主要原因;二是水力压裂诱发有感地震的4个必要条件,即产生有感地震的大断层、累积足够的应力、存在从注入点到断层的流体路径,以及流体压力变化足够大;三是流体注入点距离断层895m以上,岩石发生破裂的可能性仅为1%,人为诱发地震的风险将大大降低。四是如果流体直接注入到近临界应力断层中,较小体积的注入会诱发比理论预测更大的地震。④水力压裂对地震的影响尚未量化。

国际上已实施了相应的工程、法律制度、管理和技术方面的有效防控措施。针对我国页岩油气和干热岩等资源开发建议:①加强断裂构造调查评价,将水力压裂控制在距离断层一定距离以上。②加强微震监测,开展水力压裂地震危害评估。③加强对关键科学问题的研究。④加大公众科普宣传力度。

4.完成了陕西省绥德县资源环境承载力评价,划定绥德县发展"三区三线";完成了综合区划,编制综合区划图集;研发了智慧管理监测平台,提出了绥德县高质量可持续发展对策建议。

(1)完成绥德县资源环境承载力评价,提出发展对策建议。基于短板理论,筛选出限制绥德县经济社会发展的两个主要制约因素,即水资源短缺和滑坡地质灾害。绥德县环境承载力评价结果表明:禁止开发区和现状不可接受超载区面积5.30km^2,包含已发生滑坡点201个,威胁房屋数量889栋;限制开发区和现状容许超载区面积10.40km^2,包含已发生滑坡点161个,威胁房屋数量1521栋;优化开发区和现状安全承载区面积共12.81km^2,共包含已发生滑坡点29个。2020年绥德县中心城区规划容许超载和安全承载区,即限制开发区和优化开发区面积7.56km^2。绥德县水承载力评价结果表明:绥德县水资源处于容许超载状态。需要合理规划区内地表水、地下水资源,以保证区内无定河一定的径流量来维持渗流井的正常持续工作。在极端干旱季节,当渗流井或大口井取水不能满足需水要求时,可考虑在义合河河沟修建水库蓄水进行补水调节,但在开发利用前应进一步开展工作,以确定该水库的实际可供水量。提高工业用水的循环利用率,发展节水高效农业。建立和健全地下水、地表水动态监测网,进行水情预测、预报。

(2)完成绥德县资源环境问题综合区划。结合绥德县气候重大问题、地质重大问题与综合经济水平各类指标,绥德县资源环境重大问题综合区划将整个县域划分为5个区域。

(3)完成绥德县资源环境重大问题智慧管理监测平台初步研发。平台使用Google Earth Engine上的在线数据资源,包括MOD11A1地球地表温度全球数据、CHIRPS卫星全球降水数据、NOAA全球灯光数据、Landsat全球NDVI数据等,采用B/S架构,混合编程与WebGIS等多技术融合的方式实施平台开发,解决了数据存储、有效管理与可视化表达的问题。平台由本地应用服务器和Google Earth Engine平台服务器构成服务器端,普通用户通过浏览器访问服务器。服务器接收到用户的请求,通过Google Earth Engine API接口调取Google Earth Engine平台数据库中基础栅格数据集,并可通过Google Earth Engine平台对数据进行用户申请、查询、统计分析等功能,之后返回结果在用户客户端,通过图表、图层加载等方式展示给用户。系统利用Python、JavaScript做前、后台数据的处理与表达,采用Ajax实现数据共享与参数传递,最终实现绥德县历年来土地利用数据、气象数据、社会经济数据和遥感数据的资料收集与利用的信息化、集成化和可视化的工作,为绥德县资源环境重大问题智慧监测、减灾防灾提供科技支撑。

5.揭示了地质灾害与经济社会发展耦合作用关系,提出风险管理、智能防灾减灾体系建设等思路与建议。

基于全局莫兰指数、局部莫兰指数、空间回归模型等,分析了1999—2018年间中国各省(自治区、直辖市)地质灾害(以崩塌、滑坡、泥石流为例)的局部、全局时空分布特征以及影响因素。从空间聚集模式和热点区域来看,不同地质灾害有不同空间聚集热点,在不同的尺度下有不同的聚集特征。崩塌、滑坡、泥石流都具有明显的空间热点，它们存在着一定的空间差异，但也有重合区域。随着空间尺度的增大，崩塌和滑坡的空间分布趋向聚集，泥石流的空间分布趋向均匀。

借鉴国外地质灾害风险管理经验并结合我国国情，对我国推进地质灾害防治管理提出5条建议：①围绕新型城镇化建设和乡村振兴战略，开展山区大比例尺地质灾害调查与风险评价，夯实地质灾害防治基础；②充分发挥自然资源部职责，借鉴国际地质灾害风险管理理念，推进地质灾害防治管理法制建设，从源头管控地质灾害风险；③加强科技创新驱动，全面提升地质灾害早期识别、预警预报和综合防治水平；④推行地质灾害风险管理，引入地质灾害保险制度，建立地质灾害防治责任分担的长效机制；⑤发挥地质灾害堆积体的资源优势，加强地质灾害堆积体生态修复与土地开发利用。

提出基于人工智能的地质灾害智能防灾减灾体系建设构想。建设的原则是统筹谋划，同步布设，并行推进，逐步实现。建设的总体思路是围绕当前地质灾害风险防控的迫切需求和关键科技问题，以已经成熟的基于规则、机器学习、表达学习技术为主，开展地质灾害风险防控等技术研发，实现智能防灾减灾。采用早期识别、风险评估和风险管控3个环节，其中最重要的环节是早期识别。重点研发精准探测和早期识别的智能机器人，建立超算中心，快速获取并智能处理多源异构的大数据。建设的主要内容是开展数据自动化获取与智能处理技术和地质灾害隐患快速智能识别、风险快速智能评价、风险智能防控等技术研发。

6.总结分析了欧盟、莱茵河流域资源环境重大问题管控经验，提出了对我国资源环境开发保护的借鉴与启示。

梳理了欧盟关于环境资源保护的相关政策，总结分析了欧盟在环境保护方面采取的方法、措施及经验。在此基础上，提出了中国环境保护的借鉴和启示：在环境资源政策管理方面，应以国家政策为主导，依靠各地方政府具体操作；建立健全环境保护制度，严格执行责任追究制度，为生态文明建设提供可靠保障；搭建环境保护监管监测大数据平台，实现环境与人、经济乃至社会的和谐发展；进一步调整能源结构，推进新能源的开发与利用。

梳理莱茵河流域管理机制与行动计划，总结莱茵河流域管理措施，探讨对我国主要河流的管理和措施启示：①成立有效的流域综合管理组织；②不断完善流域洪水管理相关立法；③流域各国（省）责权明确、各司其职；④水生态环境治理与洪水风险管理并重；⑤工程措施与预警系统并重。

三峡库区万州至巫山段城镇灾害地质调查项目成果报告

提交单位：中国地质调查局水文地质环境地质调查中心
项目负责人：杨秀元
档案号：调1329
工作周期：2019年
主要成果：

一、解决资源环境和基础地质问题

1.查明了三峡库区万州区段3个沿江图幅地质灾害发育分布规律。

（1）查明三峡库区万州区段万州区（H49E008002）、大垭口（H49E007002）、盘石镇（H49E007003）3个沿江图幅地质灾害442处，以松散堆积层滑坡和岩质崩塌为主，其中滑坡371处，崩塌71处，规模多为中、大型。

(2)地质灾害主要发育于万州向斜区域长江及其主要支流侵蚀切割的河谷岸坡，多在500m高程以下，滑坡主要集中发育在坡度为15°～30°的堆积体斜坡，崩塌则发育于软(泥岩)硬(砂岩)岩互层的陡崖陡坎地形。侏罗系沙溪庙组泥岩是图幅区内的易滑地层，侏罗系沙溪庙组、遂宁组和蓬莱组砂岩是主要易崩地层。

(3)地质灾害空间分布不均，河谷和人类活动密集区地质灾害多发，涉水滑坡受库水波动影响显著，特别在长江及其主要支流沿岸人类活动强烈的斜坡区域地质灾害高发频发。

(4)降雨是三峡库区万州区段地质灾害发育发生的主要诱因，绝大多数地质灾害活动和失稳事件集中在汛期(7—10月)，丰水年份更为突出。

2.评价了三峡库区万州区段3个沿江图幅地质灾害易发性和重点城镇区地质灾害风险。

(1)通过对影响滑坡崩塌灾害发育的5类7种具体地质要素40个要素区间信息量值进行计算，确定了各要素区间对地质灾害发育的影响程度，基于地质背景条件评价了地质灾害的易发性。

(2)图幅区地质灾害高易发区面积89.47km²，占评价面积的7%，主要分布在万州向斜长江沿岸，特别是江北岸钟鼓楼、大周、小周一线；中易发区面积394.63km²，占评价面积的30%，主要分布在万州向斜核部地区，铁峰山背斜北翼零散分布；低易发区面积682.14km²，占评价面积的51%，主要分布在铁峰山背斜两翼、齐岳山背斜北翼；极低易发区面积159.98km²，占评价面积的12%，主要分布在铁峰山背斜核部地区。

(3)采用层次分析法评价了万州区钟鼓楼街道、大周镇、小周镇的地质灾害风险，确定了陡崖下部来自危岩带的崩塌风险最高，滑坡的风险主要是对构筑物造成的经济损失风险。

3.总结了三峡库区万州区段地质灾害发育背景条件。

(1)铁峰山背斜、万县向斜、方斗山背斜之间呈现的窄岭宽谷地貌，与长江及支流侵蚀切割形成的斜坡、陡崖微地貌控制着斜坡结构类型、第四系沉积分布，影响着滑坡、崩塌发育与分布。

(2)大面积分布的陆相沉积层状碎屑岩在万州区段出露，主要以侏罗系砂、泥岩地层为主，物理力学性质较软，受构造、河流侵蚀和风化作用，岩体完整性较差，是发生地质灾害的潜在因素。

(3)构造运动等内动力和风化、侵蚀、剥蚀等外部营力共同作用形成了区内以不同类型的斜坡结构，为地质灾害的发生提供了运移空间并控制着崩塌、滑坡的孕育和发展。

(4)三峡水库水位波动和人类工程活动不同程度地影响着地质灾害的发育和发生，降雨则是最主要的诱发因素。

4.总结了三峡库区万州区段斜坡结构与地质灾害成灾模式。

(1)结合斜坡坡向与地层产状等的空间关系及组合形式将土质斜坡和岩质斜坡分成8个亚类斜坡结构，并分析了不同类型斜坡的变形特征以及滑坡和崩塌的产出条件。

(2)分析总结了工作图幅区主要滑坡和崩塌的形成及演化过程，并分析了变形失稳特征。

(3)根据斜坡结构特点，地质体发生重力失稳后的运动和承灾体遭遇的不同，把图幅区主要成灾模式总结为4类滑坡成灾模式和4类崩塌成灾模式。

5.分析了侏罗系砂、泥岩裂化机制，评价了重点滑(斜)坡的稳定性。

(1)通过侏罗系砂、泥岩岩样干湿循环崩解试验、CT扫描、扫描电镜SEM试验、能谱测试EDS试验、单轴抗压和变形特征试验，分析了岩样矿物成分、物质组成，观测了岩样从微观到宏观的结构变化，分析了岩样水岩作用下物理和化学性质的变化与宏观变形的耦合关系。

(2)侏罗系砂、泥岩岩样干湿循环作用引发的宏观性状改变是累进发生的，随着干湿循环作用次数增加，矿物颗粒之间的孔隙、裂隙逐渐发育，次生孔隙逐渐增加，试样的微观结构逐渐由致密变得疏松，也正是这些微观结构变化的累积、发展导致了软岩宏观物理、力学特性的劣化。

(3)完成万州区大周镇周边等8个滑(斜)坡工程地质钻探和槽探，查明了斜坡结构和工程地质特性，获取了滑坡区岩土样并测试了主要的物理力学参数，计算评价了斜坡的稳定性，并提出了防治建议措施。

二、成果转化应用和有效服务

1.调查成果与服务性成果及时有效服务地方地质灾害防治。

(1)以行政区划为单元评价了万州区地质灾害发育度和易发程度，《地质灾害发育度图》指示了地质灾害空间上的发育现状，《地质灾害易发程度区划》则是依据地质灾害发育背景条件进行的易发性区划评价，对地方地质灾害防治规划起到支撑指导作用。

(2)调查成果及时共享，为地方地质灾害综合防治体系建设和地方地质队伍的地质灾害相关工作提供了基础资料。

(3)标准的地质灾害调查评价数据与全国地质灾害数据库平台对接，支撑全国地质灾害数据库的完善和更新，服务全国地质灾害防治规划。

2.城镇风险调查与评价为万州区大周镇的城镇发展规划提供支撑服务。

(1)对万州区临江城镇大周开展地质灾害精细化调查，并向政府提交了地质灾害现状和防治建议报告和图件，对地方库岸整治和灾害防治立项提供了基础。

(2)开展了大周镇城镇尺度地质灾害风险评价，编制的国土空间规划建议对大周镇发展规划起到指导作用。

(3)进一步补充完善大周镇城镇区地质灾害监测网点，制作全镇域全景地图，支撑城镇地质灾害防治与科教亲子旅游小镇的发展。

3.地质灾害科普取得实效。

(1)根据三峡库区地质灾害特点编制地质灾害认知、防灾避险知识等科普资料，形成宣传折页、展板和挂历等形式多样的产品，项目实施期间赠送和发放资料1000余份。

(2)开展不同层级的科普宣传与培训500人次，满足不同群体对地质灾害防灾避险知识的需求，有效提升灾害点一线民众防灾减灾意识。

(3)结合工作实际编写科普文章，浅显易懂阐述地质灾害问题，利用地质调查科普网和地调科普微信公众号平台进行广发宣传。

三、科学理论创新和技术方法进步

1.构建了临江型城镇区域大比例尺地质灾害风险评价框架指标。

(1)采用层次分析法构建了目标层、准则层、指标层3个层次共40个指标的城镇地质灾害风险评价框架体系。

(2)将基于斜坡单元的区域危险性评价和基于危险源分析的承灾体易损性评价划分为斜坡单元划分与剖面信息提取、分阶段降雨极值分析、斜坡稳定性建模、承灾体智能提取与评价4个关键环节。

(3)建立了面向对象承灾体自动提取方法，根据光谱因子、形状因子实现对建筑物、道路、果林、水体4类承灾体的自动提取，提升了风险评价的效率。

2.通过方法组合有效提升万州区段滑坡地质灾害InSAR的可解译程度和解译准确度。

(1)通过干涉点目标分析(IPTA)+小基线集雷达干涉(SBAS-InSAR)方法组合克服万州区段高植被、小气候多变等不利于因素来提升对地表形变的可解译程度。

(2)在100km^2解译区域解译出滑坡隐患27处，验证20处为存宏观变形的隐患，解译准确率达到74%。

(3)InSAR 对地表存在缓慢变形滑坡隐患早期识别是有效的，但解译精度不高。究其原因除区域不利条件影响外，与滑坡点未有地表变形迹象也有关系。

3.阵列式地声监测方法有效提升监测灵敏度。

(1)采用阵列式声波监测方法，通过同方向上 3 只检波器串联布设，检波灵敏度较单只检波器提高了 3 倍，显著提升了地声监测的灵敏度。

(2)多部地声监测台站与数据自动处理平台组成的地声监测系统，在灾害实时预警的基础上实现了滑坡和泥石流运动速度、方量的计算。

三亚重点地区自然资源综合地质调查项目成果报告

提交单位：中国地质调查局武汉地质调查中心

项目负责人：涂兵

档案号：调 1342

工作周期：2020 年

主要成果：

1.系统总结了三亚市自然资源禀赋特征。

陆域自然资源禀赋特征差异明显，需因地制宜发挥资源环境优势，合理布局全市“三生空间”。全市林、园、草地资源丰富，其中 G98 高速以北北部山区整体园、林覆盖率优异。全市 95%以上区域土壤环境质量优质，但整体养分质量较低，中东部海棠区与吉阳区整体土壤养分偏低而西部崖州区土壤养分相对较高。全市水资源总量充足，降雨量整体充沛，农业与建设用地表水与地下水资源丰富，但地下水总体开采利用程度不高，且南部沿海局部地区地下水存在高氟、咸化等水质问题，集中分布在崖州区与吉阳区南部河流入海口区域。分布有金矿、铅锌矿、铜矿及锰矿等重大紧缺矿产资源。耕地总量和人均耕地数量均偏低，主要分布于三亚市南部与西部沿海河口平原等地。地质遗迹资源丰富，但总体开发利用程度较低。地质灾害类型主要为局部山体崩塌，集中分布于崖州区、天涯区和育才生态区北部山区地带。

海岸带资源环境优势明显，应贯彻陆海统筹保护发展，优化海岸带国土空间布局。滨海湿地资源丰富，面积约 127km^2，占全市湿地资源总量的 36%；岸线和滩涂资源丰富，自然岸线长度约 182.85km，占全市岸线总长度的 38.4%。近岸水质优良，水深适宜，工程地质条件良好，空间资源优势明显。海岸带具备发展滨海旅游业、城镇建设、港口建设、新机场建设和渔业养殖业的优良条件，但也面临着滨海红树林和珊瑚礁生态系统退化，部分岸线中度侵蚀淤积等生态环境问题。

2.查清了三亚总部经济及中央商务启动区和崖州湾科技城深海片区工程地质、水文地质等地下空间结构特点及软土分布等问题，并对地下空间资源环境协同开发利用潜力进行了评价。

三亚总部经济及中央商务启动区(以下简称中央商务启动区)和崖州湾科技城深海片区地下空间开发利用地质条件良好。地貌以冲洪积平原和滨海堆积平原占主体，地形总体较平坦；100m 以浅岩土体以第四系松散岩类和上新统松散—半固结岩类为主，下伏基岩以侏罗纪花岗岩和白垩纪碎屑岩为主，工程性质良好。地下水类型包括松散岩类孔隙潜水、松散—半固结岩类孔隙承压水、层状岩类裂隙水和碳酸盐岩类裂隙溶洞水，潜水水位埋深 0.6～23m，承压水顶板埋深 18～35m，水量中等到丰富，整体利于地下空间开发利用。地下空间开发利用需关注断裂、软土、地下水咸化和岩溶塌陷等不良地质作用。

结合三亚地下空间结构特征，建议地下空间开发宜按浅层 0～10m、次浅层 10～30m、次深层 30～

50m 和深层 50～100m 进行规划布局。基于层次分析法和综合模糊评定法对中央商务启动区和崖州湾科技城深海片区不同深度地下空间资源环境协同开发利用潜力进行了评价。

3.查清了新机场建设和南山港扩建区陆海一体的断裂分布、地形地貌、地质结构、岩土体特征等工程地质条件，识别出埋藏古河道、不规则浅埋基岩、浅层气等环境地质问题，圈定红塘湾应急地下水源地1处，查清了调查区海洋生态环境本底，初步建立海岸带生态环境监测体系。

红塘湾新机场建设区海底地形较平缓，整体坡降约3‰，平均水深22m，整体利于新机场围填海工程；崖州湾南山港扩建区海底地形简单，水深条件适宜，具备建设大型港口条件。工程区地质结构稳定，50m 以浅可划分9个工程地质层，各工程地质层工程地质条件良好。晚更新世以来断裂活动微弱，整体不具备发生6.0级地震的条件，地壳稳定性较好，具备重大工程建设的基本地质安全条件。但新机场建设区北侧约2.5km 发育红塘湾断裂，走向北西西-南东东，长约8km，上断点埋深较浅，约20m，断距较大，约10 m。该断裂穿过新机场连岛大桥跨海段，建议在连岛大桥跨海段与红塘湾断裂交会地带开展详细的工程地质勘察，以合理地避让。同时工程建设区存在埋藏古河道、不规则浅埋基岩和浅层气等环境地质问题。埋藏古河道发育于新机场建设区西部，影响面积约 $2.3km^2$，易产生地基不均匀沉降、沙土液化等地质环境问题，工程建设应充分评估，加强防范；浅埋基岩多沿岸分布，由于与围岩的不均一性，易造成地基承载力差异，不利于持力层的选择，护岸工程和跨海大桥建设注意避让；浅层气广泛分布于崖州湾东部及东南部海域，在红塘湾近岸零星分布，埋藏较浅，气顶埋深小于10m，所在区域为不良地基土。新机场建设区内未见明显浅层气异常，南山港扩建区仅发育1处，且规模较小，对后期工程建设的影响有限。

在红塘湾新机场建设区北侧，天涯海角和南山景区之间的陆域圈定地下水应急水源地1处，面积 $4.7km^2$，主要开采对象为新近系松散—半固结岩类孔隙承压水，含水层顶板埋深约20.0～25.0m，含水层厚度8.87～49.3m，水量丰富，天然补给资源量为 $2739m^3/d$，应急开采量为 $4300m^3/d$，应急开采时限为3个月，可采资源量有保证，能满足新机场工程建设和后期运行应急用水，不会引起地面沉降等环境地质问题。

对红塘湾和崖州湾海域海水水质、沉积物环境、海床和岸线侵蚀淤积等进行了调查监测。现有结果表明，三亚新机场和南山港前期工程建设对海洋水动力和岸线侵蚀淤积等影响较小，海岸带生态环境整体优良。后续将持续完善海岸带生态环境监测体系，逐步形成沿海重大工程区生态环境评估长效机制。

4.查清了三亚北部山区地形地貌、地层、土地利用类型、工程地质条件和断裂分布等基本地质安全条件，开展了三亚市和崖州区北部山区国土空间开发适宜性评价，提出了三亚市北部山区国土空间开发建议。

三亚地势北高南低，市区被延伸的山脉阻隔，形成山围城的空间布局。三亚北部山区发育中生代花岗岩和火山岩，以及少量古生代至新生代地层，地貌类型为低山丘陵、山前堆积平原地貌以及河流两岸的河积地貌。北部山区自然资源禀赋优良，拥有丰富的地表水、地热、地质遗迹以及良好的生态和空间资源，具有承接中心城区产业转移、支撑产业拓展的先天优势。项目针对北部山区开展了遥感地质解译、1∶2.5万工程地质调查、钻探和综合物探以及国土空间开发适宜性评价。结果表明北部山区国土空间开发适宜性良好，具备与中心城区深度融合发展的地质安全保障。

遥感解译和野外详细调查显示，北部山区的主干断裂，未发现有晚更新世以来活动的迹象。晚更新世以来的地震活动不明显，属于正常的天然地震，北部山区不具备发生6.0级及以上大地震的环境；发育崩塌、滑坡、不稳定斜坡等小型地质灾害，通过采用避让等措施，可以将危害降到最低。

北部山区农业开发适宜性和城镇建设适宜性分区评价结果表明，三亚北部山区资源环境禀赋理想，空间开发适宜度高。北部山区的农业生产适宜区面积为 $208.76km^2$，城镇建设适宜区面积为 $290.16km^2$，分别占三亚北部山区的面积比例为13.66%和18.98%。在此基础上，结合三亚城市发展目标和产业体系，建议以G98绕城高速以北5～7km范围作为北扩开发适宜区边界，将特色种养与加工业主要配置在崖州区和育才生态区，后期导入农业科研试验、智慧农业、种业成果中试、特色农产品种植等产业；将热带特色高效农业主要配置在天涯区和海棠区，立足热带特色高效农业，培育新型产业生态，构建“3＋1”特色热带绿色新经济产品体系。

重点针对崖州区北部山区，从生态保护重要性、农业生产适宜性和城镇建设适宜性3个方面开展了国土空间开发适宜性评价。生态保护重要性高和较高区占31.4％，主要位于崖州区东、西两侧的山区，海拔大于200m，坡度大于15°，以园林覆盖为主；农业生产适宜区或较适宜区占21.87％，主要位于崖州区中部与西南部，与永久基本农田吻合度高；城镇建设适宜区或较适宜区占5.32％，以中部崖州湾科技城为主。建议崖州区北部山区应以生态保护为前提，形成东、西两侧腹地生态保护带；以南繁育种为特色，大力发展特色农业；重点打造宁远河生态发展长廊，上游以生态保护与修复为主，中游发展南繁农业，合力乡村特色旅游，下游结合崖州湾科技城发展规划着重发展城镇建设。

5.探索开展“双评价”。结合三亚市“双评价”工作开展时须因地制宜参照的地方性特色，同时兼顾已有基础数据种类与数量，本次选取地形地貌、水文条件、土壤条件、气候条件、区位条件等对三亚市国土空间开发影响较大的因素，构建三亚市“双评价”指标体系，在此基础上对三亚开展“双评价”工作。并基于“双评价”结果提出了三亚市城市规划与产业布局建议。

6.编制系列支撑服务报告。在开展沿海重大工程区陆海统筹综合调查的基础上，系统总结成果，编制了《支撑服务红塘湾新机场建设和南山港码头扩建地质调查报告》，报告从地质安全保障、环境地质问题、淡水资源保障和生态环境影响4个方面全方位支撑服务红塘湾新机场建设和南山港码头扩建。已提交三亚市政府参考使用，获三亚市副市长何世刚批示，并以专报形式上报中国地质调查局。

利用遥感、钻探和物探等工作手段，开展了南海地质科技创新基地拟建场地工程地质条件、场地稳定性和地基稳定性评价，构建了南海地质科技创新基地三维工程地质模型。在以上成果的基础上编制了《支撑服务中国地质调查局南海地质科技创新基地建设地质调查报告》，已提交广州海洋地质调查局参考使用，并以专报形式上报中国地质调查局，得到局长钟自然批示。

系统收集资料，结合2020年开展的综合地质调查工作，编制《支撑服务三亚市城市规划与产业布局地质调查报告》，经专家评审后将报告提交给三亚市政府参考使用。

北海海岸带陆海统筹综合地质调查成果报告

提交单位：中国地质调查局武汉地质调查中心

项目负责人：刘怀庆

档案号：调1344

工作周期：2018—2020年

主要成果：

1.搭建北海市城市地质信息共享服务与决策支持平台，建立地质调查服务城市管理的协作推进工作机制。

(1)构建“中央引领、地方主导”的海岸带地质调查央地协作机制。项目在实施过程中充分发挥了政府的主导作用，由北海市政府提需求，北海项目提供支撑。在项目立项、启动、实施过程中得到了北海市政府的高度关注和大力支持，印发实施了《北海海岸带陆海统筹综合地质调查协作推进工作方案》《北海市地质资料管理办法》等文件；明确了北海市政府、市局相关单位、涠洲岛管委会等部门落实北海海岸带陆海统筹综合地质调查工作中的主要工作职责和相关要求，加强北海市地质资料的管理，充分发挥地质资料的作用。

(2)引领地方陆海统筹地质调查，推进地勘队伍转型升级。工作中联合广西壮族自治区自然资源厅及地质矿产勘查开发局各单位开展相关工作，培养了一批陆海统筹地质调查科技人员。工作过程中项目与地方单位高度融合，在工作理念及成果服务等方面发挥引领作用，促进了地方地勘队伍转型升级。

2. 形成一批应用性成果，获得地方政府认可。

编制《支撑服务北海市生态文明建设自然资源图集》，共计 39 张：序图 7 张，自然资源开发利用与保护规划建议图 9 张，北海市优势自然资源图 11 张，生态文明建设需要重视的环境地质问题图 7 张，基础地质支撑条件图 5 张。图集包含海岸带自然资源管理、国土空间用途管制和地质环境保护与生态环境修复等多方面内容。可为现阶段城市规划、建设、运营、管理提供地质信息服务。

编制《支撑服务铁山港国土空间开发利用规划地质报告》。区内具有地下淡水、石英砂矿、富硒土地等优势资源，适宜建设临海工业园。海岸带规划中应注意海岸侵蚀、港湾淤积、近海海域不规则浅埋基岩、潮流沙脊、海底陡坎等海岸带环境地质问题。

编制《铁山港第二跨海通道比选方案建议报告》。跨海通道工程是北海市"十四五"期间重点项目，工程横跨铁山港湾。基于地形地貌、地质结构、地质构造、场地稳定性等，在施工条件、成本及龙港新区产业布局规划和互联互通的效率上，优选赤江陶瓷厂至充美方案，为北海市建设跨海通道提供决策参考。

编制《冯家江流域水土污染现状及防治建议》。以"减少外源、控制内源、强化管理"为主要思路，从源头控制、生态修复、综合管理 3 个方面提出冯家江流域水污染防控建议，为流域水污染治理提出了治理思路。

编制《北海市地下水资源利用现状与开发利用对策建议》。应充分发挥地下水的优势，但是如果开采不合理，就会造成海水入侵、破坏地下水资源，所以必须合理开采地下水、科学管理地下水。基于对地下水咸化成因的认识，提出了高位养殖环境保护对策：加强陆地海水养殖管理，在海岸带地下水防污性能评价的基础上，重新规划海岸带高位海水养殖产业区；已有养殖区及新养殖区应经过水文地质论证，开展恢复生态环境的措施；加强对水源地、地下水补给区、城镇、村庄等重要地段地下水的保护，防止人为引海水入陆地咸化地下水。

完成了涠洲岛陆域生态资产价值评估、土地资源环境承载能力评价、水资源环境承载能力评价。提出了绿色发展（在保护中开发，在开发中保护）、高质量发展（严控游客数量、创新旅游产品、提升服务质量）和向海发展（陆海统筹，大力发展蓝色海洋经济）三大发展战略的建议。

3. 基本查明近岸 30km 浅海区海底地形地貌及地质结构，初步集成了重大工程区陆海统筹综合地质调查成果，助力西南出海大通道建设。

(1)地形、地貌。铁山港、廉州湾海域海底地形等高线总体平行海岸线排列，海底地形总体平缓、坡度较小，局部航道部位起伏较大。在冠头岭西北侧，海底地形变化较大，等高线分布密集，呈现北东-南西向的槽状形态。铁山港海域铁山港水道呈北北东走向分叉状，于中间沙附近一分为二向南延伸，长度超过 30km，宽度 2km 左右，深度一般可达 18m。安浦港水道位于安浦港湾口附近，水深大于 10m，宽度 2km 左右，近东西走向。廉州湾海域水道分布在冠头岭-地角沿岸，呈北东东走向弧状。北海市-涠洲岛海域海底高程线基本平行岸线，往涠洲岛方向海底地形下降，海底高程由 −3m 下降到 −23m，平均坡度为 0.036°，在距涠洲岛约 2.5km 海底地形上升，平均坡度 0.458°。铁山港海域有潮间浅滩、水下岸坡、潮流冲刷槽、海底平原 4 种地貌类型，其中潮流冲刷槽已开发为航道。廉州湾海域有水下三角洲、水下岸坡、潮流深槽 3 种地貌类型，潮流深槽已被开发为北海港重要的进出港航道。北海市-涠洲岛交通走廊有水下岸坡、残留堆积平原、浅海堆积平原、潮流深槽、凸地5种地貌类型，总体地势平缓，适宜建设。结合铁山港、北海-涠洲岛实测结果，空白区参照海图地形数据，编制了陆海统筹地形“一张图”及地质结构等整装性成果，支撑北海海岸带区域规划编制，助力西南出海大通道建设。

(2)海岸线。利用历史高潮线法，采用图像分割法和人工目视解译分别提取了调查区各个时期海岸线信息，并针对2000年以来的三期(2000年、2014年、2019年)分别进行了岸线类型的划分。海岸线长度总体呈现增长趋势，1956—2019年的63年间，海岸线长度增长了6.98km，年均增幅为110.80m。1956—1973年和2000—2014年海岸线长度变化较大，其中1956—1973年海岸线长度减少了36.99km，年均减幅为2.18km;2000—2014年海岸线长度增加了45.91km，年均增幅为3.28km。在1973—2000年间的3个监测区间(1973—1980年、1980—1990年、1990—2000年)海岸线长度变化总体趋势是小幅减少的。

2000—2019年三期(2000年、2014年、2019年)遥感解译结果显示，红树林总体面积均呈现大幅度增加趋势，表明红树林湿地生态呈现良性发展趋势。对比1990年海岸线，1990—2000年新增填海造地约1.21km^2，2000—2014年新增约17.83km^2，集中在南侧南万—侨港镇一带及铁山港西侧营盘镇—兴港镇一带，主要用于港口建设及商业开发。2014—2019年新增面积约4.77km^2。

(3)水工环地质。根据含水岩组(层)、地下水赋存条件及水动力特征，调查区地下水类型可分为松散岩类孔隙水、碎屑岩类裂隙水、碎屑岩类孔隙裂隙水、碳酸盐岩裂隙岩溶水、玄武岩裂隙孔洞水和花岗岩类风化网状裂隙水6个大类，12个含水岩组。其中南康盆地内部的中心城区-银滩新城-铁山港调查区主要开采层位为下更新统湛江组、新近系南康组上段孔隙承压水，水量丰富。涠洲岛具有开采价值的地下水为上更新统湖光岩组、中更新统石峁岭组玄武岩孔洞裂隙水和下更新统湛江组孔隙承压水。龙港新区调查区水量贫乏，局部地区泥盆系天子岭组裂隙岩溶水具有一定的开采潜力。

根据岩土体的成因、建造类型、岩性、结构、岩石强度及岩土体的组合关系，将调查区岩土体划分为松散土体、红层碎屑岩类、碎屑岩类、花岗岩类、玄武岩类和碳酸岩类6个大类，12个工程地质岩组。总体工程地质条件较好，湛江组黏土埋深一般5～20m，为盆地内良好的持力层，盆地边缘的龙港新区和涠洲岛基岩埋深浅或直接出露，是良好的持力层。

4.查明北海市100m以浅地下三维地质结构，反演地下空间利用程度，开展地下空间适宜性评价。

基于海量钻孔数据与物探解译剖面，查明中心城区、银滩新城100m以浅地下三维地质结构，基于GF-2遥感影像，提取建筑物阴影，计算建筑物高度，结合区域地质资料和水文地质资料，开展示范区城市建筑物地下空间的最大近似估算。在此基础上分析示范区建筑物地下空间的开发利用现状，探讨建筑物基础深度与地下水的关系，以及存在的影响。建筑物高度计算平均误差控制在1m以内，准确度达到了98%以上。反演结果表明示范区地下空间资源的开发利用以浅层空间为主，地下空间利用单一，地下空间总体开发潜力大。基于海量钻孔数据与物探解译剖面，查明中心城区、银滩新城100m以浅地下三维地质结构，建立精细化三维地质结构模型，开展三维立体地下空间开发适宜性评价，突破传统二维评价方法在深度上的精度问题，由二维评价的浅层、中层、深层3个分层提升为立体评价，可提供评价范围内任意范围、任意深度上动态信息提取，服务重大工程选址和可利用地下空间资源量计算。

5.推进海岸带生态地质调查，完善地质环境监测体系，开展海岸带含水层地下水咸化来源及过程的综合影响研究，引导高位养殖产业布局。

(1)地下水咸化。滨海多层地下水水化学及碳、硫同位素地球化学表明，受制于区内地质和水文地质条件，酸雨与硅酸盐、金属硫化物之间的相互作用从本质上控制着区域地下水中Ca^{2+}、Mg^{2+}、HCO_3^-、SO_4^{2-}、Na^+、Cl^-的形成和载荷。此外，海水入侵和由海水、淡地下水组成的高位池塘水的入渗极大地影响着地下水主要离子的载荷、同位素组成，及其时间上的变化。因此，对于地下水主要离子和硫同位素，均未观测到明显的季节性和年际变化趋势。地下水溶解性无机碳和硫酸盐可由$\delta^{13}C_{DIC}$、

$\delta^{34}S_{SO_4}$值识别。上述同位素特征表明，除硅酸盐水解外，硫化物氧化产生的H^+与咸化水输入带来的HCO_3^-之间的“中和”反应是控制地下水DIC载荷和$\delta^{13}C_{DIC}$值特征的主要原因。此外，微生物的有机质降解及土壤CO_2溶解亦对其具有一定贡献。同样地，咸化水的输入极大地影响着地下水SO_4^{2-}载荷。

(2)冯家江流域污染。总氮、硝氮浓度丰水期大于枯水期，总磷、氨氮浓度丰水期小于枯水期（总磷、氨氮浓度变化主要反映了点源污染；总氮、硝氮浓度变化主要受到农业、居民生活排污等引起的面源污染影响）。总氮、总磷、氨氮从上游鲤鱼地水库到下游河口均呈现出浓度逐渐下降的趋势，硝氮浓度整体不高。丰水期超标点集中分布于鲤鱼地水库马鞍塘农场一带，枯水期无超标点。

(3)地质环境监测网络。在冯家江沿线部署了3个水文地质一孔多通道分层监测井，总进尺400m。联合项目组之前完成的大冠沙海岸带地下水分层监测基地，目前监测井数量已达46口，完成3组16通道全自动实时监测设备安装，初步建成北海市地下水、海岸带地质环境监测网，实现地下水的分层同步自动监测。海岸带地质环境监测以人工监测为主。

6.集成与探索城市地下空间探测技术，总结陆海统筹调查技术方法。

开展北海市区不同干扰强度下（中心城区：强干扰区；规划区：弱干扰区）地下空间探测技术方法对比研究。系统收集北海城区、银滩新区、铁山港区及涠洲岛物探、地质成果。总结各种地球物理方法在我国南方滨海城市进行地下空间探测的应用条件。

在中心城区开展地下空间探测，推荐使用微动方法；在规划区推荐使用微动或浅层地震，辅助使用高密度电法。海域地下空间探测推荐单波束测深及水上地震反射波法。高密度电法对海水入侵边界有很好的判别作用。

陆海统筹调查中，在项目顶层设计和工作部署阶段，坚持“六统一”思想，贯彻陆海统筹指导方针，“六统一”即“统一技术规范、统一组织开展、统一工作部署、统一调查体系、统一分类标准、统一数据平台”，工作部署也要贯彻陆海统筹，从野外调查、物探、钻探等工作技术手段，均是从陆到海连贯性统一部署，应发挥陆区河流的中介作用，可以很好贯彻陆海连贯性；在项目实施和成果表达阶段，着眼于区域性而非局部地区的地质成果编制，开展陆海统筹调查技术方法总结，在陆地、潮间带、海域不同工作区域，打破陆海分离、专业分割，开展野外调查方法、物探方法、钻探方法等技术方法总结，针对不同工作区、工作条件、工作环境，选取适宜的不同技术方法，最终达到从陆到海“一张图”，包括地形地貌、地质结构、地质构造等，实现陆海无缝对接，真正做到陆海统筹；在成果图件编制上，为实现陆海成果的有机整合，统一陆海数据标准是关键，在保存数据科学信息的前提下适当简化数据等级的分类。

7.开展隐式三维地质建模算法研究，建立城市地质信息共享服务与决策支持平台。

统一地层框架约束下的三维地质结构模型快速构建方法可以快速自动建模，加入更新信息后可更新模型，从方法原理上防止发生地层重叠或者遗漏的情况。该方法可自动填补并支持任意拓扑的复杂几何界面，建立的界面自然光滑，更加符合地质现实。此外，方法将观测数据与地质约束在隐式框架下结合在一起，可便利地处理地质约束。基于上述原则完成北海市全域三维地质结构框架模型构建。编制完成北海市地质数据建库技术标准和地形图数据、钻孔数据、地质剖面图数据、地质图数据和标准地层数据标准化要求。

建成北海市城市地质信息共享服务与决策支持平台。系统开发框架包括三种图层插件（数据库、二维图层、三维模型），协助功能为功能插件、交互插件。系统界面配置器可实现视图、工具栏各功能项、工程管理的一键式搭建与操作；增加多视图绑定菜单切换功能，不同视图对应不同工具栏菜单。

8.探索涠洲岛资源环境承载能力和国土空间开发适宜性双评价方法。

构建“一个核心”“四个维度”的资源环境承载能力综合评价体系。“一个核心”指资源环境承载能力始终围绕“海岛资源环境对人类活动规模和强度承载”这个核心问题，将人类活动规模和强度作为评价的最终目的。“四个维度”指评价指标的构建涵盖资源、生态环境、社会经济、地质背景4个方面，将经济、社会与环境、资源、地质结合,分析经济发展与资源环境承载能力的动态变化关系。

评估了涠洲岛陆域生态资产价值。完成涠洲岛水资源环境承载能力评价研究,结果表明涠洲岛水资源环境承载能力处于临界超载状态。分析资源环境禀赋特征,并将评价结果的空间分布与土地利用现状或规划进行对比,识别空间冲突,特别是识别因生产生活利用方式不合理、资源过度开发粗放利用引起的问题和风险。针对涠洲岛的定位,结合资源环境问题和风险,提出建议助推涠洲岛旅游发展。

大别-罗霄山区城镇灾害地质调查项目成果报告

提交单位:中国地质调查局武汉地质调查中心

项目负责人:谭建民

档案号:调 1345

工作周期:2019—2020 年

主要成果:

1.赣州地区共发生各类大小地质灾害 26 881 处,共造成 158 人死亡,593 人受伤,18 978 间房屋倒塌,25 318 间房屋毁坏,直接经济损失达 32 741.27 万元。此外,赣州地区现有各类地质灾害隐患点 25 266 处,受威胁户数达 33 740 户,受威胁人口 203 494 人,潜在经济损失约 630 177.6 万元。

2.赣州地区地质灾害 90%以上由切坡诱发,切坡与降雨是主要诱发因素,具有突发性、群发性、多发性、规模小和危害大等特点,多分布在变质岩、花岗岩、碎屑岩、第四系分布的山前坡脚地带,沿地质构造线附近、人口密集区较发育,沿支流水系冲沟呈带状分布。

3.区内地质灾害的发生与微地貌条件、岩土体类型、风化特征、斜坡结构、地质构造及植被密切相关。

4.赣州地区斜坡破坏模式共分为 9 种:冲刷侵蚀崩岗型、表层溜滑型、小型坍滑型、陡峭崩滑型、顺层滑移型、弧形滑移型、差异风化渐进崩落型、楔形块体滑移崩落型和流动型,对比分析了不同基岩区成灾机理。

5.基本摸清赣州四县各岩土体风化分布特征,花岗岩在低山区山顶、坡肩位置,在剥蚀侵蚀盆地及断陷盆地边缘风化相对严重;红层砂砾岩在断陷盆地残丘岗地及其边缘丘陵地带,海拔 240m 以下,在古分水岭处残留全强风化层厚度 30~50m,具有阳坡厚度大于阴坡、分布不连续特点;梓山组砂页岩、变质岩在断陷盆地、向斜盆地及其边缘丘陵地带风化厚度较大,在构造带附近形成的风化较厚。风化层区人工开挖后边坡极不稳定,是人工扰动敏感区,也是地质灾害易发区。

6.切坡易诱发或易遭受地质灾害的区域,如风化破碎变质岩区、松散第四系层、风化厚度大于 5m 的花岗岩区、顺向坡区、坡度大于 25°区、地表水汇水区地质灾害风险较大。

7.建立了地质灾害早期识别判据。通过系统梳理和总结归纳各岩组地质灾害主控因素及灾害发生条件,对花岗岩岩组、变质岩岩组、含软弱夹层的碎屑岩岩组、红层砂岩岩组及第四系松散岩类 5 种地质灾害易发岩组分别建立了地质灾害早期识别指标及识别判据。

8.初步建立了 4 种花岗岩风化边坡失稳早期预警模型。利用 1stOpt 数据分析软件对组合的数据进行拟合,得出了 4 种不同降雨工况下,花岗岩风化层中边坡坡高度(h)、边坡角度(α)与边坡稳定性系数(F_s)之间的关系数学模型,即边坡地质灾害早期预警模型。

鄂西-渝东地区油气地质调查项目成果报告

提交单位：中国地质调查局油气资源调查中心

项目负责人：陈科

档案号：调 1346

工作周期：2019—2020 年

主要成果：

一、鄂秭地 5 井取淂新区发现

（一）在下志留统和下寒武统钻遇优质烃源岩

鄂秭地 5 井钻遇下志留统龙马溪组和下寒武统牛蹄塘组两套烃源岩层。龙马溪组埋藏浅，钻遇厚度 55m，其中黑色碳质/硅质页岩厚度为 15m，全烃最高为 0.5%。牛蹄塘组钻遇厚度 311.50m，其中牛蹄塘组下部黑色含钙质碳质泥岩厚度 92.5m，全烃 0.752%～18.613%，平均 6.161%，自下而上逐步减小；总有机碳含量（TOC）主要分布在 1.44%～8.90%之间，平均约 4.34%（图 4-105、表 4-3）。TOC 含量与气测具有良好相关性。

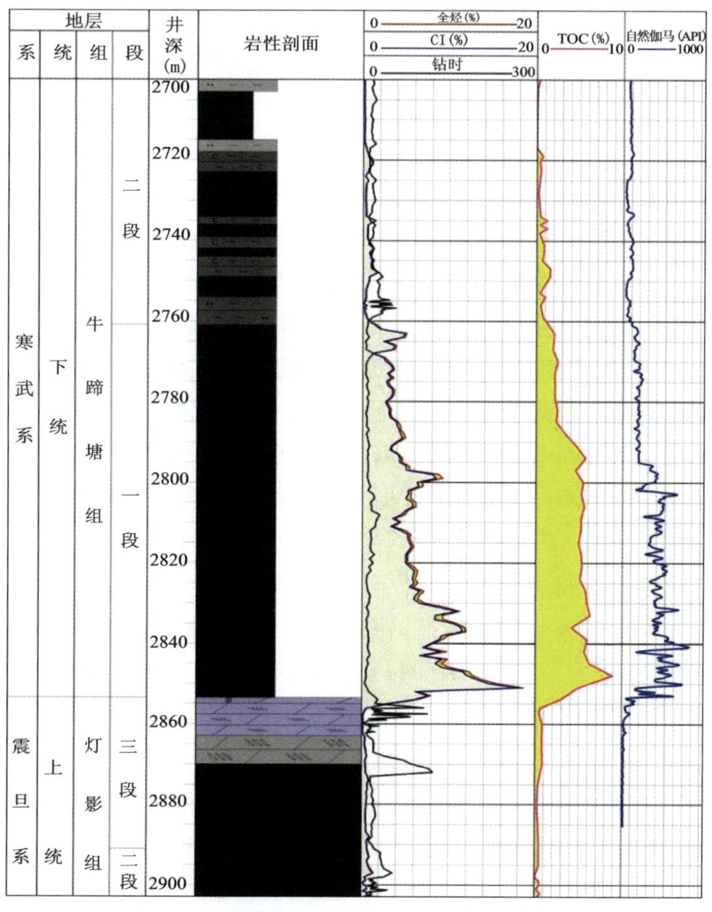

图 4-105　鄂秭地 5 井下寒武统综合柱状图

表 4-3 鄂秭地 5 井钻遇烃源岩层统计表

地层	顶深/m	底深/m	厚度/m	碳质泥岩/页岩分布
龙马溪组	42.00	97.00	55.00	82.00～97.00m,厚度 15m
牛蹄塘组	2 542.00	2 853.50	311.50	2 761.00～2 853.50m,厚度 92.5m

(二)揭示了上震旦统灯影组顶部风化壳含气性

鄂秭地 5 井目的层系为震旦系灯影组,区域上灯影组白云岩发育岩溶缝洞型储层,可能发现常规气藏。取芯资料显示灯影组顶部的确存在铁铝质风化壳:泥质含量高、岩性破碎,裂缝、溶孔发育,但多被碳质及白云石充填。灯影组上部(完钻井深 2 903.22m 以浅)岩性致密,溶蚀孔洞欠发育,但高角度裂缝发育,且部分裂缝未被充填,具备一定储气能力,岩芯浸水试验可见少量气泡(图 4-106、图 4-107)。

图 4-106 灯影组顶部溶蚀孔洞充填特征
(井深 2 855.50m,木板宽度为 1cm)

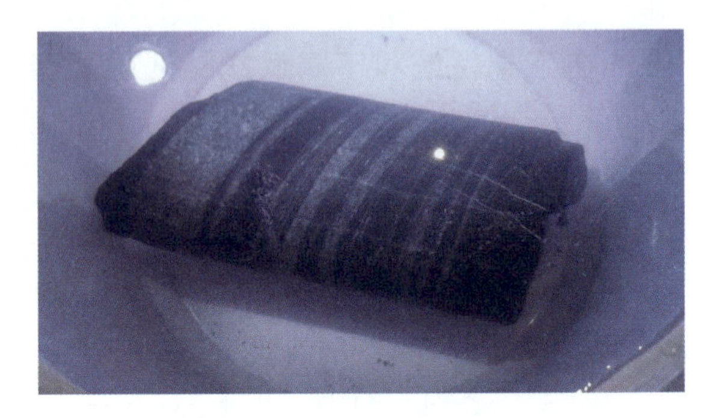

图 4-107 灯影组岩芯浸水试验
(井深 2 091.46m,弱起泡)

(三)钻井证实仙女山断裂北段具有逆冲性质

仙女山断裂为鄂西地区重要区域断裂,但由于缺少关键资料,在断裂的切割深度、活动历史、力学性质等关键问题上仍有争议。目前普遍认为,仙女山断裂的性质以走滑为主,兼有逆冲性质,北段西倾,中段和南段东倾。由于黄陵背斜前震旦纪结晶岩系刚性块体对区域应力具有抵抗作用,仙女山断裂各段表现出不同的力学性质:北段离黄陵隆起较近,在派生的侧向应力作用下,表现为压性错动;中段主要为顺扭性,兼具张性;南段距离隆起较远表现为张扭性错动。有学者根据重力、航磁和地震资料解译结果,认为仙女山断裂带为区域性基底断裂带,或已切割至莫霍面(周明礼等,1982;谢广林,1983)。基于该断裂带中段较新的二维地震剖面解释结果,有学者提出仙女山断裂自地表延伸至下寒武统页岩滑脱层,并以正断层为主要活动方式(邓铭哲等,2018),切割深度或没有前人认为的那样大。

鄂秭地 5 井井位位于仙女山断裂西侧,距离主干断裂约 1km,为迄今距离仙女山断裂最近的钻井。实钻结果证实了仙女山断裂北段西倾逆冲特征,造成了中—上寒武统的重复、破碎和变陡,局部形成揉皱,可在岩芯上观察到(图 4-108)。受仙女山断裂影响,井区浅部—深部发育多条断裂,构造活动、流体活动强烈,虽形成大量裂缝,但多数被脉体充填,不利于油气储集。同时,仙女山断裂切穿地表,且部分高角度裂隙处于开启/半开启状态,是油气运移的优势通道,造成油气大量散失,不利于油气保存。同时,受构造影响,娄山关组—覃家庙组地层重复加厚,导致目的层牛蹄塘组、灯影组埋藏加深,而且地层区域厚度横向变化大,对后期井区周缘油气勘探部署具有一定影响。

图 4-108　鄂秭地 5 井过断裂岩芯

a. 灰色含泥质白云岩夹薄层深灰色泥质条带，发育揉皱构造，断裂面见擦痕(2 194.59～2 194.96m)；b. 灰色含泥质白云岩，发育揉皱构造，层面近垂直(2 194.96～2 195.48m)

(四)断裂对中上寒武统碳酸盐岩地层具有一定的改造作用，形成了良好储层

鄂秭地 5 井在钻遇寒武统上部、中部地层时，多次出现放空、快钻时、涌水等现象，在测井曲线上具有电阻率低、深浅电阻率正差异、三孔隙度变大等特征(图 4-109)，综合判断发育碳酸盐孔洞型-裂缝型储层，认为是仙女山断裂改造所致，断裂沟通了地表与深部地层，淡水渗入造成局部发育岩溶和微裂缝，改善了地层储集特性(图 4-110)。

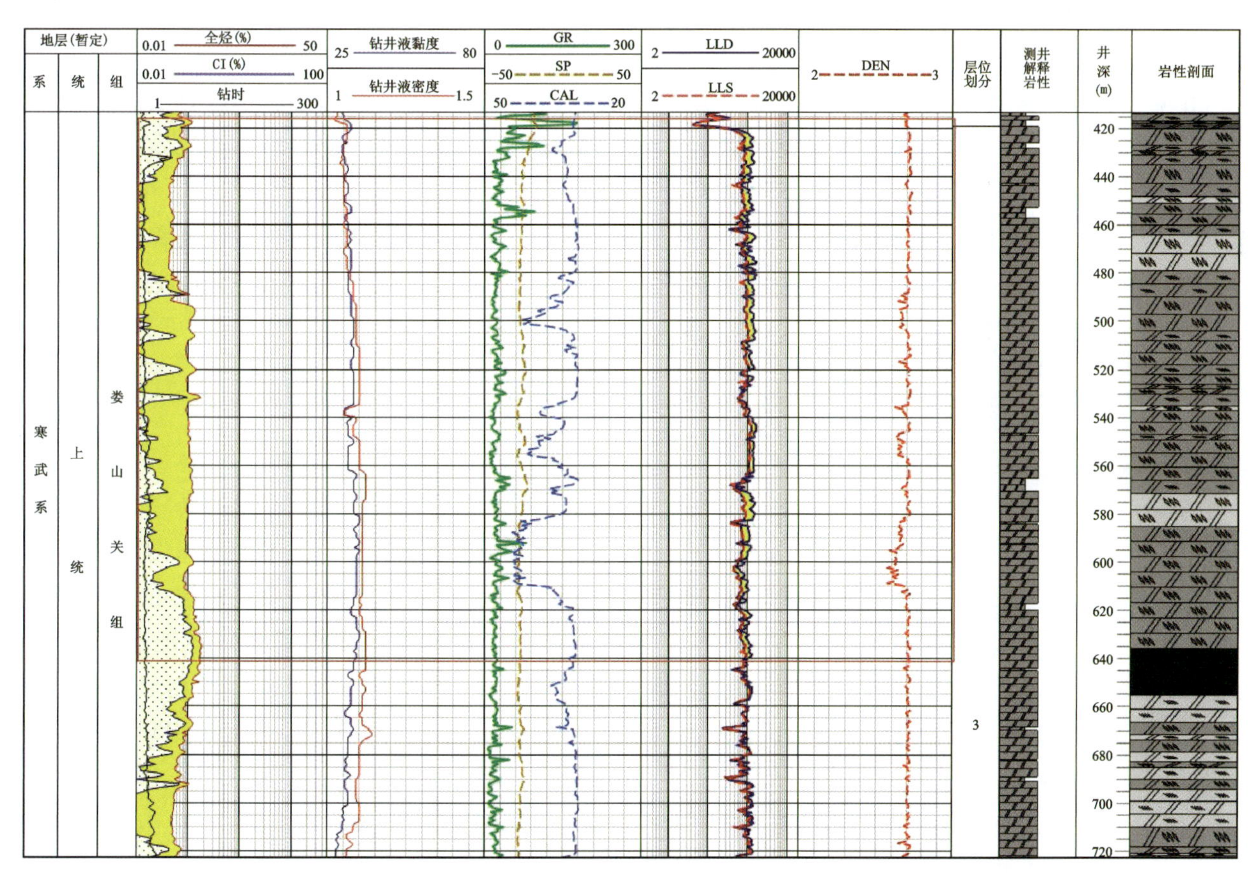

图 4-109　鄂秭地 5 井寒武系上部电测曲线综合柱状图(红框内为岩溶发育层)

图 4-110　鄂秭地 5 井岩芯内的断裂岩溶

a.灰色泥质白云岩,裂隙发育,局部有孔洞(2 199.84～2 201.89m);b.深灰色泥质白云岩,裂隙发育(2 201.89～2 202.66m)

二、划分了地层层序

根据实测剖面及地质填图路线资料,并结合前人有关研究成果,依据古风化壳、溶洞塌积岩(喀斯特角砾岩)、膏溶角砾岩、河流回春现象等层序界面识别标志,查明了鄂西-渝东地区震旦系—寒武系关键层序界面。依据 Vail 的层序地层学理论,以盆山转换和海平面与构造活动的叠加效应为指导思想,对被动大陆边缘和活动大陆边缘由盆地成生、发展转为前陆盆地过程中层序不整合面类型进行了识别。通过野外地质调查和样品测试等工作手段,并结合前人研究成果,在震旦系—寒武系建立了层序地层格架,在陡山沱组—牛蹄塘组共划分了 11 个三级层序,识别出 12 个三级层序界面,其中震旦系 7 个、寒武系牛蹄塘组 4 个。在陡山沱组由下至上识别出 3 个三级层序界面,即 ZSB1、ZSB2 和 ZSB3,在灯影组由下至上识别出 5 个三级层序界面,即 ZSB4、ZSB5、ZSB6、ZSB7、ZSB8,在寒武系岩家河组—牛蹄塘组由下至上识别出 4 个三级层序界面,即∈SB1、∈SB2、∈SB3 和∈SB4。除 ZSQ8 天柱山段沉积较局限外,每个层序均发育海侵体系域和高位体系域,准层序组单元的个数及其厚度在侧向上变化明显,具有全区的可对比性。通过与前人研究结果对比,认为建立的层序地层格架具有科学性和实用性,可有效应用于岩相古地理调查和储层研究工作。

三、划分了区域岩相古地理

建立了震旦系—寒武系碳酸盐岩沉积模式:结合前人认识和野外钻井岩芯和剖面中实际观察到的各层序地层单元的岩石类型、颜色、结构、构造,厚度等特征,确定了研究区为碳酸盐台地沉积体系。将震旦系—寒武系沉积相带划分陆棚相(分为浅水陆棚亚相和深水陆棚亚相)、台地边缘相(分为台地前缘斜坡亚相、台缘礁滩亚相、碳酸盐台地亚相、局限台地亚相等),每类亚相均划分了若干微相。通过元素、矿物特征,明确了沉积相的古水深、古盐度、古氧化还原等条件,为沉积相划分提供了准确依据。

恢复了震旦系—寒武系岩相古地理:通过准确的沉积相研究,采用连井剖面对比、单因素定量多因素综合等研究方法,恢复了鄂西-渝东地区震旦系—寒武系岩相古地理。鄂西震旦系—寒武系主要发育于长约 400km、宽约 160km 呈条带状分布的裂陷槽内,该裂陷槽东部和西部均为扬子陆块,北接大陆边缘,南临华南洋盆,形成了台-槽-盆明显分区的构造格局。经过多次构造运动及海侵、海退的影响，形成了从震旦纪至中生代不同时期沉积相的反复变迁，震旦纪主要为碳酸盐岩沉积建造，早古生代早期在保留晚震旦世古地理的格局下，扬子地区迅速海侵，形成新一轮的碳酸盐岩-碎屑岩-碳酸盐岩建造。经过早寒武世夷平，鄂中古陆消失。同时鄂北裂谷盆地趋于平静，继承了南华纪地形起伏的基本轮廓，从而形成了近东西向展布的台盆（鄂中碳酸盐岩台地和鄂东南陆棚盆地）的古地理格局。

在震旦纪初期，地壳由南沱期后短暂的上升转为下降，气候变暖，冰期结束，海水快速的上升，形成广布的陆表浅海，在冰碛物之上沉积了一套厚度不大的碎屑碳酸盐岩建造，俗称"盖帽白云岩"，构成陡山沱期的海侵体系域，此后便开始了碳酸盐岩台地的建造发育阶段。此时裂谷作用减弱，而代之以较稳定的热沉降作用，扬子陆块南、北边缘也由早期大陆边缘裂谷盆地向被动大陆边缘演化。震旦纪末期，中上扬子区发生了一次重要的构造运动——桐湾运动（惠亭运动），使得全区整体抬升，在江汉平原区北部钟祥-京山地区更是形成了具有一定规模的鄂中古陆，鄂中古陆的形成即是桐湾运动的直接结果，也是对早期肩部隆起的继承和发展。晚震旦世基本延续早震旦世的台盆相间格局，随着碳酸盐岩台地加积和相对海平面的周期性变化，台地向两侧扩展，盆地范围则相对萎缩。惠亭运动不仅造成了寒武系与上震旦统之间明显的平行不整合接触，同时古风化壳岩溶的发育也改善了灯影组上部白云岩储层的储集性能，使其成为中扬子区下古生界最主要的一套勘探目的层系。早寒武世在经过震旦纪稳定热沉降的演化阶段后，随着 Rodinia 大陆裂解作用的再次加强，扬子陆块南、北两侧的拉张裂解作用再次活跃，海水快速侵入，鄂西及鄂东南地区形成台缘坳陷。江汉平原区北靠古陆，南向大海，基本处于水体浅而流动不畅的局限台地相沉积环境，发育一套深灰—浅灰色泥质条带灰岩、鲕状灰（白云）岩、砂屑灰（白云）岩及浅灰色薄—中层状泥粉晶白云岩为主的沉积。早寒武世梅树村期和筇竹寺期海侵达最大，涉及全区，成为南方早古生代最大海泛期，并且使晚震旦世发育的碳酸盐岩台地第一次淹没，鄂西-渝东大部地区沉积了黑色页岩，表现为最大凝缩层沉积特征，是本区发育的主要泥页岩发育段。

四、初步查明常规油气地质特征

（一）查明了震旦系—寒武系烃源岩特征

烃源岩主要发育在陡山沱组和牛蹄塘组。陡山沱组烃源岩发育 2 个沉积厚度中心，厚度可达 130～200m，有机碳丰度大多在 1.0%～2.0%之间，为较好烃源岩。有机质丰度受到沉积相带的控制，台盆相沉积环境有机质丰度较大，鹤峰走马镇江坪河剖面 TOC 平均值 1.43%，秭归阳页 1 井 TOC 平均值 1.63%。干酪根显微组分以富含腐泥组为主体，有机质类型主要为腐泥型Ⅰ型或腐植腐泥$Ⅱ_1$型，生烃物质基础好。有机质成熟度普遍较高，多为 2.0%～3.0%；少量处于中成熟度阶段，如秭地、荆门等地区小于 2.0%；局部地区过高，如恩施利川、神农架等。牛蹄塘组烃源岩厚度在 0～300m 之间，主要有两个沉积中心，厚度 200～300m。陆棚边缘厚度较薄，相带变差，烃源岩不发育。有机质丰度主要集中在 1.0%～2.0%和 2.0%～4.0%两个值域范围，多为优质烃源岩。干酪根显微组分以富含腐泥组为主体，有机质类型主要为腐植腐泥$Ⅱ_1$型、腐泥腐植$Ⅱ_2$型。有机质成熟度多大于 2%，属于高成熟度阶段，少量处于中成熟度阶段；部分地区成熟度较高，如鹤峰走马镇地区超过 4.0%。黄陵隆起周缘多较低，在 2%～2.5%之间。

（二）查明了震旦系—寒武系储集层特征

区内储集层主要为震旦系灯影组碳酸盐岩，主要岩石类型有泥晶白云岩、鲕粒白云岩、亮晶砾屑白云岩、含碳泥晶白云岩、鲕粒灰岩、藻迹白云岩、微晶白云岩等,由碳酸盐矿物、非碳酸盐自生矿物和陆源矿物组成,其中碳酸盐矿物成分含量总体在90%以上,主要由方解石和白云石组成;非碳酸盐矿物含量在10%以内,由石英、斜长石、钾长石、菱铁矿、黄铁矿和黏土矿物组成。研究区震旦系灯影组主要碳酸盐矿物为白云石,质量分数在50%以上的样品占57%,其次为方解石,质量分数在50%以上的样品占32%,脆性矿物含量高、黏土矿物含量较低,所以该碳酸盐岩具有很高的脆性,易产生裂缝,可为游离气提供运移通道及储集空间,提高油气的产能及储量。本次研究依据岩芯、薄片观察以及分析测试,采用宏观微观相结合的工作方法,结合前人研究成果综合分析认为,研究区内储层发育具有明显的岩石选择性,主要发育于藻白云岩、颗粒白云岩及粉—粗晶白云岩中。

查明了震旦系—寒武系盖层特征:主要包括下寒武统泥岩盖层和中上寒武统膏岩盖层。下寒武统泥岩盖层包含下部具生烃能力的暗色泥岩和与其相邻的不具生烃能力的灰色泥岩、钙质泥岩和少许硅质泥岩,主要为牛蹄塘组和石牌组泥页岩地层,其分布受控于鄂西裂陷槽的充填作用,是良好区域盖层。膏岩盖层主要发育在中寒武统覃家庙组中下部,区内广泛分布,累计厚度50～200m,在湘鄂西大部地区该套盖层未遭破坏而保存下来,成为该区重要区域性盖层。

查明了常规油气生储盖匹配条件:区域内发育以下寒武统牛蹄塘组和下震旦统陡山沱组黑色页岩为烃源层,以上震旦统灯影组和下寒武统顶部的石龙洞组的颗粒云岩、岩溶白云岩等为储层,以下寒武统泥质岩和中寒武统覃家庙组膏岩为盖层构成的一套成藏组合。该组合在区内普遍发育,是最主要的油气勘探组合。

查明了常规油气成藏主控因素:湘鄂西寒武系生烃中心周缘的鄂西古隆起的宜昌斜坡带和江南隆起北缘斜坡带的成藏地质条件整体优越,但不确定因素也较多。该区油气藏的油气主要来自古油气藏,因此,古油藏的成藏条件和改造保存,是寻找这类油气藏的关键。主控因素可概括为古构造隆起及其周缘斜坡带是油气运移和聚集的指向区。后期保存条件是关键。确定了研究区常规油气藏主要集中在古隆起周缘,须围绕落实灯影组斜坡带范围,寻找构造相对稳定的有利目标。

五、优选了油气远景区和有利区

依据常规油气地质特征和成藏主控因素,确定了宜昌灯影组台缘带和湘西北张家界桑植地区为油气远景区。灯影期裂陷扩张,西至鄂西利川、东至宜昌一带,台盆进一步分异,湘鄂西大部分为裂陷槽区,可依据灯影组从斜坡相过渡到台缘相再到台地相规律性变薄特征,顶积、超覆等地震相特征,地震反射波组特征加以识别,即在台地环境下,碳酸盐岩沉积厚度较大,而坳陷区沉积厚度较薄,反之,下寒武统碎屑岩则在浅水的灯影期台地稳定带的沉积充填厚度较薄;而坳陷区沉积厚度大,这是已知的宜昌地区斜坡-台缘-台地相特征。基于上述发现,结合野外地表剖面及钻井资料和修编的鄂西地区震旦系灯影组沉积相图,认为台地边缘主要发育在乔家坪—长阳—聂家河—白果坪—张家界—慈利一线;局限台地相区主要发育在桑植—石门北部以及宜昌东部地区;初步认为乔家坪—长阳—聂家河—白果坪一带为灯影组台地边缘勘探有利区,该区远离慈利-保靖大断裂,保存条件相对较好,其次更加靠近黄陵隆起,为油气运移有利指向区。同时认为湖南石门-桑植复向斜位于慈利-保靖断裂带西北,地表可见寒武系出露,震旦系—寒武系埋深较浅,推测应是天然气勘探的有利区块,油气地质条件好,为潜在的油气有利区。

广西贺州-梧州地区综合地质调查成果报告

提交单位：中国地质调查局武汉地质调查中心

项目负责人：胡俊良

档案号：调 1347

工作周期：2019—2020 年

主要成果：

1. 查清了调查区地质环境背景。

(1)调查区气候炎热、降水丰富，植被发育较好，生态环境较好。

(2)地层发育齐全，沉积类型多样，出露地层有青白口系、南华系、震旦系、寒武系、奥陶系、泥盆系、石炭系、二叠系、三叠系、侏罗系、白垩系、古近系和第四系；侵入岩主要分布于调查区北部、东北部的钟山县东部，八步区北部和东部一带，呈岩基或岩株产出，包括牛庙岩体、同安岩体、花山岩体、金子岭岩体、姑婆山岩体、里松岩体等，调查区南部大瑶山地区主要为小型岩株和岩脉群。区内断裂以南北向断裂为主，次级构造发育，断裂主要有大黎断裂、栗木-马江断裂带、富川-沙田断裂带、梧州-鹰扬关断裂带等。区内褶皱主要为大瑶山-大桂山复式背斜。

(3)地下水主要为孔隙水、裂隙水和岩溶水，多以下降泉方式进行排泄。区内岩、土类型主要有岩浆岩、碎屑岩、碳酸盐岩和第四系松散土类，多发育滑坡、崩塌、不稳定斜坡等地质灾害。

2. 基本查明了调查区水、土、矿产等自然资源分布和开发利用情况。

调查区森林资源丰富，以乔木林地为主，各镇均有国有林场进行开发；耕地资源较少，以水田为主，主要分布在河流阶地；水资源丰富，贺江、桂江、蒙江、大同江等均建有水电站进行防洪发电工作；调查区矿产资源丰富，在建、生产、停产、废弃等矿山共 150 座，其中大多金属矿山目前均已关停整改，正在开采的主要为非金属矿山。

3. 厘清了调查区地质灾害情况并进行了易发程度区划。

(1)调查区共发现地质灾害 1503 处，以滑坡、崩塌、不稳定斜坡为主，次为地面塌陷、泥石流。其中滑坡 441 处，崩塌 426 处，不稳定斜坡 604 处，地面塌陷 24 处，泥石流 8 处。

(2)区内地质灾害的稳定性总体上较差，地质灾害主要威胁道路和行人，危害程度整体较轻。

(3)开展地质灾害易发性评价，划分出 19 个高易发区、16 个中易发区，其余部分为低易发区。其中高易发区面积约 $260km^2$，占总面积的 8.9%；中易发区面积约 $547km^2$，占总面积的 18.73%；低易发区面积约 $2113km^2$，占总面积的 72.36%。

4. 基本查明了调查区水土环境条件，调查区地表水整体环境较好，呈清洁—尚清洁状态。

(1)桂江、贺江、蒙江等流域的主要地表水系水质均为优良，呈清洁状态，但在大黎河东岸和陈塘镇西岸部分地表溪流呈重污染状态。地表水重污染河段位于矿区下游，影响范围较小，对下游干流基本无影响。

(2)地下水整体呈清洁—尚清洁状态，但在局部区域因矿山开采引发了地下水污染，污染范围主要集中于大黎矿集区、桃花矿集区和古袍矿集区等区域，地下水污染程度以中—重污染为主；但影响范围较小，矿集区外地下水呈清洁状态。

(3)调查区土壤环境较好，呈清洁—尚清洁状态，但在局部区域因矿山开采引发了的严重的土壤污染问题，尤其在大黎矿集区土壤污染现象更为突出；重点区土壤污染面积 $56.85km^2$，其中土壤重污染面积 $15.32km^2$。

(4)土壤污染导致农作物不同程度受到污染，大黎矿集区农作物污染最为严重，污染表现最为突出的品种是木薯和水稻,茶叶和砂糖橘样品中重金属含量较低,可作为优势作物推广。

5.基本查清了矿集区内矿山地质环境问题。

(1)矿集区内因矿山开采造成地形地貌景观破坏,望高大理岩集中开采区尤其严重。景观破坏主要由废石堆、尾砂库、露天采场引起;矿业开发损毁土地资源 2 423.53km^2,主要以窿口工业场地、废石渣堆、露天采场、堆淋场和排土场占地最为严重。

(2)矿山开采诱发的地质灾害有崩塌及隐患、滑坡及隐患、不稳定斜坡及泥石流,其中崩塌及隐患68处、滑坡及隐患57处、不稳定斜坡81处、泥石流2处。早期人类过度开采和掠夺式开采是矿山地质灾害问题的主要原因。

(3)矿山开采形成平硐、竖井、露天采坑等需要疏干排水,对含水层造成破坏,但调查区降水量丰富,地表水和地下水资源充沛,对含水层水量影响较小。

(4)矿山开采引发区内严重水土环境污染,水体主要污染元素为Pb、Cd和As;矿集区内土壤主要污染元素为Pb、Cd、As。

(5)矿集区周边农作物中重金属超标最为严重的是木薯等薯类作物,其次为水稻,尤其以大黎矿集区最为严重。大黎矿集区中木薯中Pb最大值比限量高出60余倍;经分析土壤中重金属元素超标及其有效态占比高是导致农作物污染的成因。

(6)进行重金属阻断和形态固化等修复治理技术研发,或改种观赏性经济作物可减少对人体的伤害。

6.初步研究了采矿活动对矿集区生态环境效应,探讨了矿山开采利用过程中的重金属环境地球化学行为,赋存、迁移、累积的方式和条件,不同环境地球化学界面间的循环过程、富集机理等,分析了重金属的污染特征及其生态效应,建立了矿业活动引起重金属释放与迁移模式;分析了研究贺州市马尾河一带Tl元素异常的分布、成因来源,并提出了相关防治措施。

7.开展环境地质综合评价,探索调查区"双评价"工作。在梧州地区开展生态重要性评价、农业适宜性评价、城镇建设适宜性评价,根据集成评价结果划分了该区生态空间、农业空间和城镇空间。

8.对矿集区进行矿山地质环境影响评价,划定影响严重区6处、影响较严重区5处,并根据矿集区矿山地质环境影响评价结果,将重点矿集区及影响范围划分为6个重点防治区、5个次重点防治区,并对矿山地质环境问题提出了防治措施。

黄柏河流域综合地质调查成果报告

提交单位:中国地质调查局武汉地质调查中心

项目负责人:王传尚

档案号:调1349

工作周期:2019—2020年

主要成果:

一、系统梳理了基础地质条件、资源禀赋特点

黄柏河和沮漳河是长江北侧发育的两条一级支流,区域基础地质决定了区内地形地貌特点、资源禀赋。黄柏河流域和沮漳河流域西北部为黄陵背斜,东部进入荆当盆地,黄陵背斜为区内的刚性基底,在北部的大巴山-大洪山冲断带和南部的江南逆冲推覆构造带的复合影响下,自西向东形成了堑垒相间的构造格局,塑造了区内地形地貌特点,聚集了丰富的矿产、页岩气资源,造就了典型的地质遗迹资源。

黄陵背斜发育古老的变质基底，围绕黄陵背斜呈环带状发育了南华纪、震旦纪、早古生代、晚古生代和中新生代各时代的地层序列，蕴含了不同基础地质背景条件下的矿产资源、油气资源（页岩气）。特别是震旦系陡山沱组黑色页岩，因沉积相的空间变化，北部以浅水台地相、浅滩相为主，形成了我国重要的磷矿资源基地；南部因水体较深，为局限盆地相沉积，海底为缺氧的滞留沉积，易于有机质富集和埋藏，形成了页岩气重要的目的层系之一。“北磷南气”成为区内最重要的资源禀赋特点，相关资源的开发所带来的水体环境污染问题是区内最重要的环境影响因素。

沮漳河流域的构造格局受控于通城河断裂和远安断裂，形成远安地堑和荆当地垒，塑造了沮漳河流域地质地貌特点。夹持于通城河断裂与远安断裂之间的远安地堑，呈北北西向，堑内沉积白垩纪、古近纪地层。堑内构造简单，地层平缓，变形构造甚微。

项目组在系统梳理区内基础地质条件的基础上，编制了黄柏河及沮漳河流域基础地质及资源环境现状图集，为支撑流域生态治理修复及宜昌生态文明示范区建设提供了翔实的基础地质资料。

二、黄柏河流域磷源识别把脉磷污染治理

黄柏河是长江中游一级支流，是宜昌市的母亲河。黄柏河流域磷矿资源丰富，是长江流域最大的磷矿资源基地；震旦系陡山沱组含磷层段既是磷矿层，也是庙河生物群主产层位，且沉积磷矿床以各种类型的生物泥丘存在，生物泥丘为磷矿床的容矿体并直接控制着矿床的形态和品位。为此，武汉地质调查中心充分利用长期研究庙河生物群积累的学术优势，对黄柏河流域开展了水体磷源识别和迁移转化规律专项研究，结果表明：①支流的溶解性磷含量均值为 0.04 mg/L，明显高于干流溶解性磷均值 0.013 mg/L。②磷矿加工冶炼对溶解性磷贡献较大，藻类和水生植物对溶解态磷的去除作用显著。③规范化的磷矿开采活动对河流水体溶解性磷的影响较小，磷矿开采区溶解性磷含量均值为 0.015mg/L，明显低于居民集中区。④自然风化的岩源磷输入对水体中溶解性磷的贡献较大，表明自 2018 年发布实施《宜昌市黄柏河流域保护条例》以来，倒逼磷矿山企业产业升级，矿山污水达标排放，治理效果已初步显现。根据上述认识，提出加强磷矿露头区生态保护、防止水土流失，将成为今后治理流域水体磷污染的重要一环。

根据区内磷污染情况和基础地质、生态地质条件综合分析，提出了湿地截污与植物吸附结合的生态修复方法。黄柏河流域湿地资源十分丰富，黄柏河流域湿地面积 211.2 km^2，占流域面积的 11%，以河流湿地、水库湿地为主。黄柏河流域是宜昌饮用水水源保护地，属于极高生态环境敏感区。黄柏河流域干流与支流交汇处丰富的河口湿地资源，借助湿地截污功能，以自然恢复为主、人工修复为辅方式，对于黄柏河流域重点点源污染（污水处理厂）可以在其排污口下游建立人工湿地净化系统。

三、初步形成生态地质调查技术方法，完成了 5 幅生态地质填图工作

以黄柏河流域为试点，开展了生态地质调查技术方法的总结。以“山”为基础、“水”为主线，突出了流域“七山二丘一分平”的地貌格局及黄柏河坡降大、水系密度高的自然地理特点；以黄柏河流域“磷源识别”及“特色农业”等制约地方经济发展的约束性因素等为突破口和落脚点；以摸清自然资源禀赋条件（本底特征）的自然资源调查和查明突出生态地质现象与基础地质条件关系的生态地质问题调查为抓手，梳理生态敏感因素、开展生态地质评价、划分生态环境脆弱性等级，为自然资源合理利用、生态保护与修复、政府决策等提供基础保障。

流域尺度的生态地质调查，从地质、地貌、水文、生态等多个维度，系统查明和总结了各建造区生态地质特点、生态环境地质问题。以地质建造＋地貌＋关键带为主线，完成了黄柏河流域及沮漳河流域典型图幅生态地质调查。包括宜昌市幅、远安县幅、分乡场幅、苟家垭幅、荷花店幅等 5 幅生态地质填图，提交了各图幅说明书及图件数据库。

四、土地质量调查圈定出集中连片富硒土地资源

开展宜昌市幅(H49E008014)、分乡场幅(H49E007014)1：5万土地质量地球化学调查和立地条件评价,基本查明土壤中有益元素、营养元素、有害元素的含量及分布特征,了解调查区重点污染区和绿色土地资源区分布状况,系统研究影响土地质量各项地球化学指标特征与控制因素,评价土地质量等级以及土地利用适宜性。

调查区内土壤养分丰富(一等)、较丰富(二等)、中等(三等)、较缺乏(四等)、缺乏(五等)的面积分别为67 635亩、361 329亩、530 355亩、327 649亩和38 899亩,分别占调查面积的5.10%、27.25%、40.00%、24.71%和2.93%。调查区N、P、K、B、S等营养元素普遍缺乏,较缺乏和缺乏等级的面积占调查总面积的比例分别为24.02%、40.88%、35.18%、34.87%和50.07%。

调查区清洁、轻微污染、轻度污染、中度污染、重度污染土地面积分别为23 169亩、628 505亩、304 991亩、319 635亩、49 567亩,分别占调查区总面积的1.75%、47.40%、23.00%、24.11%、3.74%。土壤酸化现象比较突出,局部Cd元素重度污染情况偏重,As、Ni元素普遍存在轻微—轻度污染大范围成片出现的现象,土壤污染防治应得到足够重视。Hg、Cu、Cr、Zn污染土地零星分布,比例极低。不存在Pb污染土地情况。

综合养分指标和环境质量指标,调查区土壤质量地球化学综合等级统计显示,一等(优质)、二等(良好)、三等(中等)、四等(差等)、五等(劣等)的面积分别为69.95亩、470.4亩、630 902亩、325 222亩、369 202亩;分别占调查区总面积的0.0053%、0.035%、47.58%、24.53%和27.85%,调查区土壤质量以中等为主,差等和劣等比例也较高,优质和良好土地分布较少。

调查圈定富硒(硒含量≥0.40mg/kg)土地资源面积192 219亩,占调查区总面积的14.50%;土壤硒适量区面积934 440亩,占调查区面积的70.48%;土壤硒较缺乏和缺乏区面积为196 369亩,占调查区面积的14.81%;土壤硒过剩区2840亩,占调查区面积的0.21%。结合土壤重金属的污染程度,调查圈定的清洁、轻微污染、轻度污染、中度污染、重度污染富硒土地资源面积分别为7.16亩、108 887亩、36 519亩、35 927亩、10 878亩,占富硒面积的比例依次为0.003 7%、56.65%、19.00%、18.69%和5.66%,调查区富硒土地资源主要以轻微度污染为主,清洁富硒土地资源缺乏。

五、建立了特色农产品立地条件模型

黄柏河流域位于黄陵背斜东南翼,地层朝南东东方向缓倾,成土母质自北西向南东方向有序排列,依次出露中新太古界片麻岩,震旦系—奥陶系白云岩、灰岩,志留系—泥盆系泥页岩,石炭系—二叠系灰岩,白垩系砂砾岩,沟谷平原则发育第四系松散堆积物。因此,地形地貌、气候、土壤、植物的形成与基岩密切相关。

基于"土以岩为基"的思想,分析了黄柏河特色农产品猕猴桃、柑橘、高山蔬菜、茶叶高品质的决定因素,初步认为猕猴桃适宜富Ca、Mg、Fe、Mn的片麻岩、花岗岩、碳酸盐岩区,柑橘适宜富Mn、Mg的砂砾岩区;茶叶适宜富Mn的片麻岩区。根据特色农产品的立地地质背景的差异,初步建立特色农产品立地条件模型。

根据特色农产品种植现状调查和所建立的立地条件模型,初步提出茶叶、柑橘等特色农产品种植结构优化建议,即将黄柏河流域划分为西北以茶为主,中部以桑、烟、药、菌为主和东南部以柑橘为主的三大特色农产品种植区。

六、以地质文化为魂创建三峡地区地质文化名片

根据局党组关于加强地质文化村(镇)建设的要求,应远安县委县政府之邀,项目组充分利用南漳-远安动物群研究取得的国际前沿性成果,以“海恐龙”的故事为主线,围绕“海生爬行动物之源”“水汇伏河武陵峡”和“沧海桑田之变”三大主题,整合了距今2.48亿年前三叠纪生物复苏期“海恐龙”化石群、溶洞和峡谷地貌景观,以及典型地质剖面等远安县境内最具特色的地质遗迹资源,规划创建以“地质+自然教育”为主要模式的落星地质文化村;并从远安县、乃至宜昌市全域总体布局的高度着眼,提出在远安县城配套建设三叠纪”主题公园、开展远安县多层次全方位地质遗迹开发利用的规划建议,促进远安县全域旅游发展,打造长江三峡地质文化名片。为此,项目组编制完成《落星地质文化村建设方案》《落星地质文化村申报视频》和《落星地质文化村宣传画册》等申报材料,经中国地质学会评审,并于2021年7月6日公布了全国首批地质文化村(镇)名单,落星地质文化村是湖北省唯一入选的地质文化村,也是全国目前仅有的8个三星级地质文化村之一。

丹江口水库南阳—十堰市水源区1∶5万环境地质调查成果报告

提交单位:中国地质调查局武汉地质调查中心

项目负责人:伏永朋

档案号:档0593

工作周期:2016—2018年

主要成果:

1.查明了库周环境地质条件,查清了矿山环境地质问题、湿地消落带环境问题、农业面源污染和水土流失与石漠化等主要环境地质问题,为库区生态环境保护及综合防治提供了基础地质依据。

一是库区关停了污染严重的矿山,矿山环境治理有序,潜在污染风险可控。库周有各类矿产地及矿点338处,矿种39种。矿山开发企业254家,在采矿产68处、停采矿产180处、未开发利用矿产90处。矿山开采引起的环境地质问题主要有资源毁损、地质灾害和水土污染。典型的如2000年关闭的白河县圣母山硫铁矿,遗留矿渣总量达$550\times10^4m^3$,含硫、铁的废矿渣经氧化和雨水淋溶,分解出的含酸性及大量含铁废水,长期污染厚子河,水质为劣Ⅴ类,主要超标指标为pH、NH_4^+、Fe^{3+}、Cd、Cu、Zn、As、Cr、SO_4^{2-}。

二是库周湿地、消落带土壤无序开垦、利用方式和管理模式不当导致土壤侵蚀和氮、磷元素流失,以及化肥农药残留物、作物秸秆等进入水库,造成秸秆漂浮滞留、难降解物堆积,农田残留的营养物质(氮、磷和有机质等)、重金属、农药等有毒有害物质逐渐释放,威胁库区水质安全;水位季节性涨落引起白色垃圾等滞留,水质受污染的风险增大。库周点源污染已基本得到控制,但部分库湾水体流动性差,面源污染和随支流而来的污染物扩散能力减弱,营养盐易累积,水体自净能力削弱。部分库湾支流库湾水域发生水华的风险较大,局部库湾水体富营养化趋势越来越明显。

三是农业面源污染和生活污染仍存在,库区总氮、总磷浓度偏高,威胁水质。比如违规使用化肥、农药、除草剂,分散养殖,生活垃圾、污水随意排放等。小型畜禽养殖粪便随意排放,违规使用化肥、农药、除草剂等农业面源污染仍存在。农村生活垃圾、污水随意排放,偏远山区垃圾处理方式粗放,存在污染隐患。城镇扩张与人口增长速度较快,人口高度集中,城区不断扩大,生活污染增加。

四是库周局部仍存在水土流失和石漠化现象,需进一步加强治理。由人类工程活动(耕地和城镇建设)造成水土流失面积 438km^2,自然因素造成水土流失与石漠化面积 111.7km^2。水土流失与石漠化程度以轻度为主。碳酸盐岩区覆盖率低,易形成石漠化,红层陡坡区多是水土流失严重区。活动断裂带、构造部位,岩石破碎而松散,易在水流作用下产生位移。中新生代红色页岩、泥岩、砂岩和浅变质的千枚岩、板岩以及松散的第四系,面蚀作用强烈,地形陡峻,水力坡度大,抗侵蚀能力和携带能力弱,易产生水土流失。植被覆盖率高,抗冲刷能力强,对水土保持有利。

五是库区集中式污染处理设施逐步完善,生态地质环境持续改善。部分环境基础设施管理和运营水平及效率低,维护费用难保障。乡镇污水处理设施覆盖面小,处理能力不足;部分已建污水处理设施配套管网普遍不够完善,相当数量的城镇污水处理厂缺乏除磷脱氮工艺。部分垃圾填埋场难以防范暴雨山洪,成为潜在风险源。较为偏远的村庄仍存在垃圾露天随意堆放。普遍采取填埋垃圾和污泥处理,无害化处置不彻底;焚烧法处理时产生粉尘、Cl_2、HCl、二噁英等物质造成二次污染和安全风险。

2.查清了库区水文地质条件和水环境质量现状,划分了地下水类型,系统分析了库区水质现状、潜在污染源污染风险,提出了地下水监测地学建议,为库区长久性水质安全提供科学支撑。

库周主要入库支流有 16 条,多年平均天然入库水量 387.8 亿 m^3。入库水量丰富,可为南水北调中线工程提供可靠的水源。地下水类型主要为松散岩类孔隙水、碎屑岩类孔隙裂隙水、碳酸盐岩类裂隙岩溶水及基岩裂隙水四大类型,区内地下水资源量为 9.49 亿 m^3/a。

库区地表水总氮、总磷超标,占比 75.9%。地表水 Hg 含量超标,占比 22.4%,高值区主要分布于老灌河—西峡—淅川县城一线和汉江堵河—郧阳—泗河口一线,六里坪镇一带则零星分布,该区是工业和城市集中区,Hg 超标与工业企业生产活动和历史淘金等关系密切。库区地表水 F 含量超标样品共计 14 个,占比 3.1%,主要分布于滔河沿线老城镇—盛湾镇段,和该区高氟背景值密切相关。库周直接入库河流中,部分支流入库断面水质仍难达标。如神定河、泗河、犟河和老灌河等,全年水质状况为Ⅴ类和劣Ⅴ的监测断面占 8%,超标水质参数主要包括总磷、氨氮、COD_{Mn} 和 COD_{Cr} 等。对比库周地表水与水库、入库河流水质,库周地表水受人类工程活动影响,水质整体较差,但因地表水进入库区水量少,入库水量主要源于大气降雨形成的地表径流,因此地表水对水库水质影响有限。

库周包气带水及浅层地下水整体水质状况不容乐观,影响地下水水质的主要指标为硝酸盐(总氮计)、总硬度、Mn、氨氮、亚硝酸盐和 F^-(图 4-111)。劣质地下水主要分为两大类:一类是分布于铁锰质高背景区和总硬度高背景区的原生劣质水;二类是人类活动引起的氨氮、硝酸盐(总氮计)、亚硝酸盐、氟、菌群总数的含量增加。库周地下水主要赋存于碳酸盐岩中,以裂隙岩溶水为主,占库周地下水总资源量的 69%。主要以降雨入渗和上游侧向径流补给,以岩溶泉形式排泄,地下径流快,交替迅速,水质好,排泄入库的该类地下水水质优于水库水。变质岩区地下水主要赋存于风化裂隙中,该区地下水虽然铁锰质超标,但其水量贫乏,径流交换缓慢,以滞水为主,排泄入库水量甚微,对水库水质影响甚微。碎屑岩区和松散层分布区在区内出露面积小,地下水总资源量仅 2.5 亿 m^3,占库周地下水总资源量达 26%,该区为人类活动集中,浅层地下水氨氮、硝酸盐(总氮计)、亚硝酸盐、氟、菌群总数超标,对水库水质虽有影响,但因其排泄入库总量小,对水库水质影响不大。

开展了地下水+地表水断面长期监测试点,为改善汉江流域及其支流水环境状况提供依据。水质监测成果和地下水监测建议及时服务当地企业、政府,为库区水资源科学管理、水质保护提供地学支撑。

3.查明了库区地质灾害发育特征,开展了库岸稳定性评价,总结了变质岩地区地质灾害成灾模式和形成机理,为潜在地质灾害预测预报提供了支撑,为地方防灾减灾提供了翔实的基础数据,为南水北调工程持续平稳运行提供了地质安全保障。

丹江口库区地跨鄂西北、豫西南交界处的大巴山、秦岭与江汉平原过渡地带,地处秦岭褶皱系大地构造区,经历多期次构造运动,地形地质条件复杂,断裂及褶皱发育,地质构造复杂,广泛分布的变质岩,岩性软弱,岩体结构破碎,风化强烈,地质条件脆弱,地质灾害高发、多发(图 4-112)。持续性强降雨和暴雨与强烈人类工程活动共同作用，加剧了地质灾害发生的频率和危害性。库周共发育地质灾害5677处。截至2015年，造成十堰市66人死亡，直接经济损失84 767.34万元，潜在威胁210 506人，潜在经济损失958 882.9万元；淅川县7人死亡，直接经济损失278万元，潜在威胁2768人，潜在经济损失5 514.7万元，地质灾害防控任务艰巨。

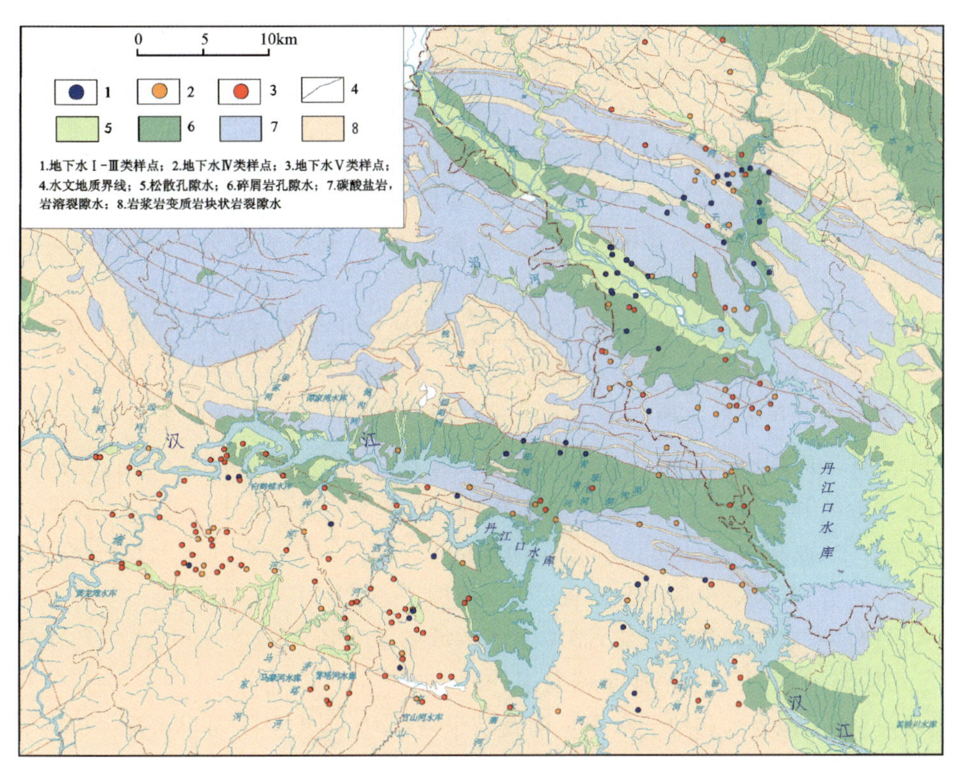

图4-111　地下水水质单因素评价图

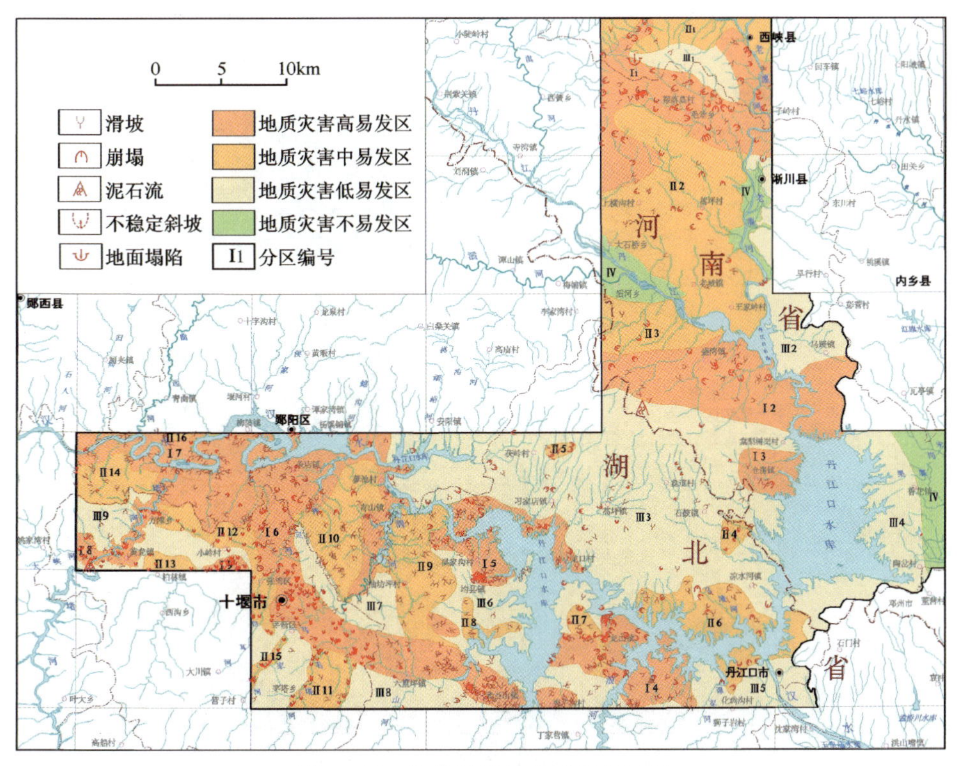

图4-112　地质灾害易发程度分区图

丹江口库区岸线总长度 3 109.0km。稳定性预测评价结果为：稳定库岸 492.6km，占 15.8%；基本稳定库岸长 1 520.5km，占 48.9%；不稳定库岸长 1 095.9km，占 35.3%。丹水库区淅川盆地、李官桥盆地丹江左岸及郧县盆地等平缓土质岸坡段，稳定性现状好，预测稳定性好。丹江大石桥—盛湾北、右岸关防滩—李官桥盆地段、肖河峡谷段，汉江青山港峡谷、郧县盆地等岩质陡坡段，稳定性现状较好，预测稳定性中等。汉江青山港峡谷—均县盆地段、郧县至五峰乡段变质岩、红层库岸，岩性软弱，在库水位作用下，易发生库岸再造，地质灾害密集发育，岸坡稳定性现状差，预测稳定性差。

项目在开展过程中，积极发挥专业优势，主动承担应急调查，共参与应急处置 168 处，提出应急防治措施建议 108 份，发放地质灾害防治宣传册 1200 余册，得到地方政府一致好评。典型涉水滑坡变形与库水位变动相关性研究成果，及时提供给郧阳区政府建设专业监测试点使用，为设备精准埋设提供了科学依据，社会效益明显。2019 年，项目开展洪灾应急调查 3 处，调查成果服务地方政府应急处置，成效显著。

4.查清了库区周边土壤地球化学指标，进行土地质量地球化学等级评定，开展了服务于农业生产的无公害农产品产地评价，提出了国土空间规划建议。

围绕库区周边土壤开展表层土壤测量 1459km^2，系统开展土壤微量及重金属元素分析 8008 件、有机污染物分析 182 件。库周土壤环境质量以一级清洁区为主，面积 3 453.28km^2，占总面积的 85.32%。土壤养分以中等养分区和低养分区为主，占总面积的 79.52%，养分条件一般。土壤综合质量相对较好，以良好至中等为主，面积 3 175.46km^2，占总面积的 78.45%。土壤优质区及良好区可作为未来发展生态旅游观光农业的潜在区域；中等区分布面积大，范围广，可作为一般农业区。差等和劣等区存在土壤环境污染，从保护水库水质的角度考虑，需加强该区域的水土流失防范，防止土壤环境质量进一步恶化，或针对特定污染源，加强土壤环境质量修复工作。

依据土壤环境质量、地表水和地下水质量调查结果，将库区国土空间划为水源保护区、城镇空间、农业空间以及生态空间(图 4-113)。其中水源保护区包括南阳市丹水库区、十堰市汉水库区和汉水水系；

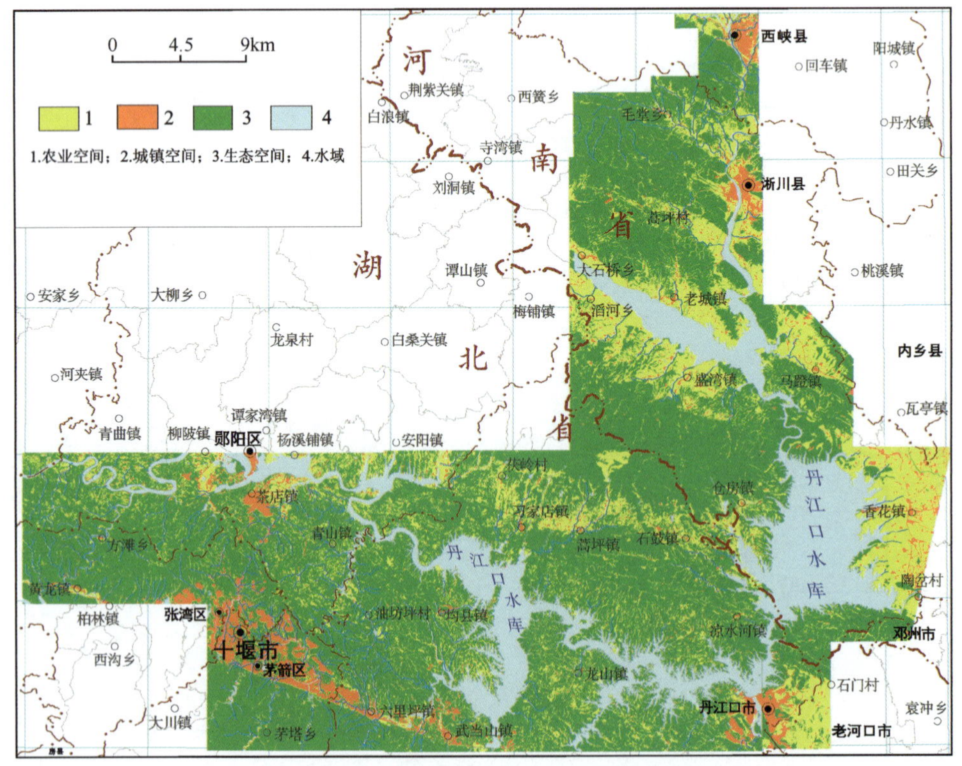

图 4-113　丹江口库区国土空间规划图

城镇空间总面积 335.01km²，主要分布在西峡县城、淅川县城、丹江口市、十堰市以及郧阳区周边；农业空间总面积 1 040.37km²，集中分布在丹水、汉水水库以及汉江水系周边，该区水土环境质量良好，土壤肥沃，水源充足，适宜发展优质农业；其余生态空间总面积 3 434.38km²，该区域土地环境质量优良，未来按照“山水林田湖草”有机整体来统一保护，确保丹江口库区的生态环境质量与安全。

土地质量调查成果服务湖北省国土资源厅水工环勘查与评价和矿山恢复治理，房县国土空间规划、水资源利用与保护及生态修复，郧阳区高标准农田建设及国土综合整治等，项目研究成果起到了促进作用，具有重要借鉴价值，产生了积极效益。

5.系统总结了 2016—2018 年调查技术方法，编制了《饮用水水源区环境地质调查技术方法指南》《支撑服务丹江口库区发展地质报告》和《国土资源与生态环境图集》；构建了生态功能区生态地质环境承载力技术方法、评价指标和模型，初步形成生态地质环境评价方法和管理规范；研发丹江口水库水源区综合地质环境评价系统，数据和成果可支撑“地质云”实现与建设。

西江中下游岩溶峰林区 1∶5 万水文地质环境地质调查成果报告

提交单位：中国地质科学院探矿工艺研究所

项目负责人：张统得

档案号：调 1292

工作周期：2017 年

主要成果：

一、解决资源环境和基础地质问题

2017 年，在所属二级项目地质调查项目组前期地面水文地质调查及物理勘探的基础上布置钻孔 28 个，通过实施水文地质钻探取芯、抽水试验、水文测井、岩芯编录、水质分析等工作，绘制了相关水文地质综合成果图以及编制各类报告和总结，基本上查明了调查区的地下水埋藏状况及水质水量，以及岩溶水文地质条件、岩溶含水层介质结构的空间特征，取得水文地质参数，解决和验证了水文地质测绘和物探工作中难以解决的水文地质问题，为评价和合理开发利用地下水资源提供可靠的水文地质资料和依据。

例如在湖南省宜章县天塘乡肖家村和新民村实施的钻孔 ZK-15 及 ZK-13，通过野外水文地质调查，肖家村钻孔处于一近东西向的断层带上，施工钻孔深度为 133.67m，涌水量为 611m³/d；新民村钻孔为一轴向近南北向向斜转折端，施工钻孔深度为 130.04m，涌水量为 112m³/d。在上述两个钻孔的施工中发现了大量富水溶蚀孔洞及裂隙，查明了断层性质、向斜蓄水构造以及不同含水岩组的富水性，为水资源评价提供了水文地质参数，同时也为总结岩溶丘陵区勘探找水提供了技术支撑与经验总结。

二、了解调查区水文地质条件及岩溶发育总体情况

1.西江流域中渡幅、太平幅调查区。该调查区共完成钻孔 13 个，钻探工作量 1 000.39m，成井 8 口，成井率为 61.54%。钻遇主要岩性均为灰岩，按照基岩裂隙水富水性等级划分，富水性为微弱的钻孔 7 个，富水性为弱的钻孔 6 个，地下水类型主要为承压水。因此，该调查区整体地下水富水性较弱。此外，在钻孔 XJ-01、XJ-03、XJ-06、XJ-12 钻遇溶洞，其余钻孔未钻遇大型溶洞，但通过岩芯分析，多数钻

孔岩芯表面裂隙、溶蚀小孔发育，或由方解石脉充填。钻孔见洞率为30.77%，所钻遇溶洞中钻孔XJ-06中两个溶洞由黄色黏土充填，钻孔XJ-12中两个溶洞由砾石充填，其余溶洞均无充填。调查区整体岩溶发育程度中等。

2.湘江流域天塘幅、大路边幅调查区。在湘江流域天塘幅、大路边幅调查区共完成钻孔9个，钻探工作量为1 270.84m，成井5口，成井率为55.55%。钻遇主要岩性均为灰岩，按照基岩裂隙水富水性等级划分，富水性中等的钻孔2个，富水性微弱的钻孔2个，富水性弱的钻孔5个，地下水类型主要为承压水。因此，该调查区整体地下水富水性一般。此外，仅在钻孔ZK-12、ZK-15、ZK-19钻遇溶洞，其余钻孔未钻遇大型溶洞，岩芯较完整。钻孔见洞率为33.33%，其中钻孔ZK-19由泥质、砂质砾石充填，其余钻孔溶洞均无充填。调查区整体岩溶发育程度较弱。

3.湘江流域罗城幅调查区。在湘江流域罗城幅调查区共完成钻孔4个，钻探工作量为487.20m，成井2口，成井率为50%。钻遇主要岩性为泥质灰岩，按照基岩裂隙水富水性等级划分，富水性微弱的钻孔1个，富水性弱的钻孔3个，地下水类型主要为承压水。该调查区整体地下水富水性较弱。在钻探施工中各钻孔均未钻遇明显溶洞，岩芯整体较为完整，局部地层裂隙发育，基本由方解石脉填充，调查区整体岩溶发育程度微弱。

4.湘江流域新田扶贫调查区。在湘江流域新田扶贫区共完成钻孔2个，钻探工作量为264.80m，成井1口，成井率为50%。钻遇主要岩性为灰岩及泥质灰岩，按照基岩裂隙水富水性等级划分，富水性微弱的钻孔1个，富水性弱的钻孔1个，地下水类型主要为承压水。该调查区整体地下水富水性较弱。在钻探施工中各钻孔均未钻遇明显溶洞，岩芯整体较为完整，局部地层见少量溶蚀孔洞或裂隙，调查区整体岩溶发育程度微弱。

第五章

物化遥地质与地质信息

WU HUA YAO DIZHI YU DIZHI XINXI

1∶5万白沙幅、一渡水幅、芦洪市幅、新宁县幅、大庙口幅区域地质综合调查成果报告

提交单位：中国地质调查局武汉地质调查中心

项目负责人：刘圣博

档案号：档 0563-03

工作周期：2014—2016 年

主要成果：

1.编制了 1∶5 万白沙幅、一渡水幅、芦洪市幅、新宁县幅、大庙口幅布格重力异常平面图等基础图件；编制了 $200km^2$ 的 1∶5 专项地质调查成果图件；编制了一系列推断解释的报告插图和成果附图；统计和分析了调查区内岩石密度特征，根据布格重力值与地形高程的相关性分析，最终选取计算布格重力值中各项改正的密度值为 $2.67g/cm^3$，得到参与后期一系列数据处理的布格重力数据。

2.利用位场刻痕分析方法结合水平方向导数方法，共推断了 2 条Ⅰ级断裂、6 条Ⅱ级断裂和 33 条Ⅲ级断裂，总计 41 条推断断裂。分别分析了断裂的产状、性质、重力异常特征和断裂与地表地质构造的关系。对主要断裂进行的详细分析，深大断裂通常起到导矿和容矿的作用。

3.利用位场分离方法，得到结晶基底起伏引起的重力异常，然后采用密度界面 Parker 法反演计算结晶基底的起伏面。结晶基底起伏的深度范围为 8.2～12.6km，共有 7 个基底隆起区和 6 个基底凹陷区。

4.滑动平均窗口 3km×3km 的布格重力剩余异常，大致为结晶基底起伏以上的密度差异引起的综合效应，共圈定了局部异常区 19 个，其中 12 个局部高重力异常区、7 个局部低重力异常区；滑动平均窗口 9km×9km 的重力剩余异常，大致为结晶基底及以上密度差异的综合效应，用于圈定隐伏岩体或大型出露岩体、结晶基底的隆起或凹陷和沉积盆地引起的局部异常，共圈定了局部异常区 13 个，其中 6 个基底隆起、5 个隐伏岩体、1 个出露岩体和 1 个沉积盆地；滑动平均窗口 14km×14km 的重力剩余异常，大致为莫霍面以上密度差异的效应，用于圈定和研究越城岭半隐伏岩体。对以上所有圈定的异常区，都进行了定量计算，获得了这些异常体的三维空间特征。

5.总结了越城岭半隐伏岩体的三维特征。越城岭半隐伏岩体的底界面总体呈南深北浅、西深东浅的趋势。越城岭半隐伏岩体在唐坪界-洪门口顶界面埋深最浅，离地面不到 300m；高阳村-刘家湾村处的隐伏岩体顶界面离地面大概 900m；一渡水-文家村处的隐伏岩体顶界面离地面大概 500m；白竹村处隐伏岩体顶界面离地面大概 1500m；大竹山-陈家村隐伏岩体的顶界面离地面大概 1100m。

6.利用重力异常研究土状铁锰矿体。由于土状铁锰矿体赋存在二叠系孤峰组中，其岩性为风化的硅质岩，含铁锰矿物，该岩石风化程度高、密度较低，因此可以利用重力异常圈定和研究土状铁锰矿体。

调查区内共 4 处重力低异常对应的二叠系孤峰组地层，分别为花桥村、杨柳村和新宁县花园村及罗洪村异常区。对其进行重力异常定量解释，花桥村五里长冲处异常中心低密度体最深达到海拔－1100m；花桥村牙形东侧的低密度体最深达到海拔－430m；杨柳村低密度体最深达到海拔－540m。花桥村低密度体的土状锰矿体的地面长度大约 3.5km，杨柳村低密度体的土状锰矿体的地面长度约 1.5km。花园村和罗洪村二叠系孤峰组低密度体随着深度的增加，花园村低密度体的底界面大概海拔－650m，罗洪村低密度体的底界面深度大概海拔 70m。花园村低密度体南北走向长度平均为 1.5km，东西走向平均为 0.7km。罗洪村低密度体北西向走向长度平均为 0.8km，北东走向平均为 0.4km。

7.通过重磁综合研究，结合区内成矿地质条件及矿产分布规律的分析，特别是隐伏岩体顶界面埋深

与已知钨锡锑等矿点对应关系的总结，建立了区内多金属矿的地球物理找矿模式，并在此基础上圈定了8处成矿远景区和6处找矿靶区。

湖南千里山-瑶岗仙地区1∶5万区域地质综合调查报告

提交单位：湖南省地球物理地球化学勘查院

项目负责人：宋才见

档案号：档0563-07

工作周期：2014—2015年

主要成果：

1. 编制并提交了1∶5万郴州市幅、滁口幅、良田幅、瑶岗仙幅布格重力异常平面图等基础图件。编制的一系列成果报告的推断解释图件，展示了本项目重要的区域重力综合推断解释的地质成果。这不仅为湖南省当前区域地质找矿提供了有价值的基础物探资料，而且为今后深入地质研究，进行二次开发提供了丰富的信息储备。

2. 通过计算9个变密度布格异常，分析了重力异常与高程的相关性特征，可以看出：中间层密度越大，线性相关性越好，镜像关系越明显，但密度越高异常值越大，如2.73g/cm^3的布格异常值就从$-435\times10^{-5}m/s^2$变化到$-448\times10^{-5}m/s^2$；而中间层密度小于2.67g/cm^3的布格异常与高程的相关性为正相关，这不符合布格异常与高程的镜像关系特征。而且中间层密度小于2.65g/cm^3的布格重力异常全部为正异常，中间层密度越低，异常值越大，如2.61g/cm^3的布格重力异常值就从$282\times10^{-5}m/s^2$变化到$299\times10^{-5}m/s^2$。因此，中间层密度取得过大或者过小都不适合本调查区地层结构特征和定性推断解释的需要。

3. 根据重磁异常特征和地质特征分析以及3条重力剖面半定量反演结果，提高了局部重力异常地质起因定性解释的可靠性。圈定重力局部异常36处。其中，隐伏—半隐伏花岗岩体引起的重力低异常17个；较高密度地层引起的重力高异常3个；较低密度地层引起的重力低异常1个；深部褶皱基底隆起引起的重力高异常11个；褶皱基底隆起与较高密度地层叠加因素引起的重力高异常4个。对重要的局部重力异常的地质起因进行了详细的定性推断解释。

4. 根据重磁异常特征和各种重力位场转换异常特征，划出各级断裂共30条，其中地壳断裂1条、基底断裂6条、盖层断裂23条。推断的7条深大断裂反映了调查区区域构造格架，并对主要断裂构造进行了详细的地质解释，它们对岩浆活动和矿产的聚集形成起到了重要的控制作用。F_1、F_3两条断裂是由不同级别断裂构成的郴州-资兴断阶带的组成部分，其中F_3断裂是主体。另外，推断F_3断裂构成了本区一级、二级构造单元的分界线，F_{14}断裂构成了本区三级、四级构造单元的分界线，F_8、F_9、F_{13}、F_{16}断裂构成了本区四级构造单元的分界线。

5. 根据本区重力场特征与分布规律以及深部断裂的推断成果，参考前人已有研究成果，对区内地质构造单元进行了划分，等级为四级。划分的四级构造单元有6个，其中岩浆岩带2个、基底隆起区4个。

6. 根据1∶5万区域重力资料提取出来的局部重力异常和方向导数特征等，结合航(地)磁、地质、化探等成果，定性识别与圈定半隐伏花岗岩体4处，隐伏岩体11处，其中良田、大开湾、红旗岭3处已有钻探施工验证，证实其地下不深处存在隐伏岩体。根据岩浆岩带的识别标志，划分构造岩浆岩带2条。由于瑶岗仙花岗岩与王仙岭、千里山岩体在深部不相连，磁场特征不同，地球化学行为有差异，矿床类型也不同，因此，独立划分瑶岗仙岩浆岩带。

对与矿产有关的主要隐伏、半隐伏岩体进行了较为详细的推断解释，分析讨论了主要岩体的空间连接关系问题。骑田岭、王仙岭、千里山、种叶山、宝峰仙等隐伏—半隐伏岩体在深部相连，王仙岭、千里山与骑田岭之间的连接地带隐伏岩体厚度不是很大，埋深较浅；王仙岭、千里山岩体与瑶岗仙岩体至少在一定深度内是不相连的。瑶岗仙半隐伏岩体与界牌岭隐伏岩体在深部相连。

参考前人相关研究成果，简要探讨了推断岩体与成矿的关系问题。深部构造和推断的深部岩体为众多矿床的形成提供了丰富的成矿物质来源。深部岩体提供了热源，使地层中丰度高的元素萃取、活化、转移，在构造有利部位成矿，这就形成了隐伏、半隐伏岩体附近的系列矿床或者矿点。

7.岩体形态研究实际上就是在定性解释的基础上，经数据处理、模拟反演计算等数学方法求出地质体的大小、产状、空间位置、立体形状、相互间连接情况等要素的过程，即进行定量解释的过程。本次主要进行了二维、三维可视化建模反演(图 5-1)。

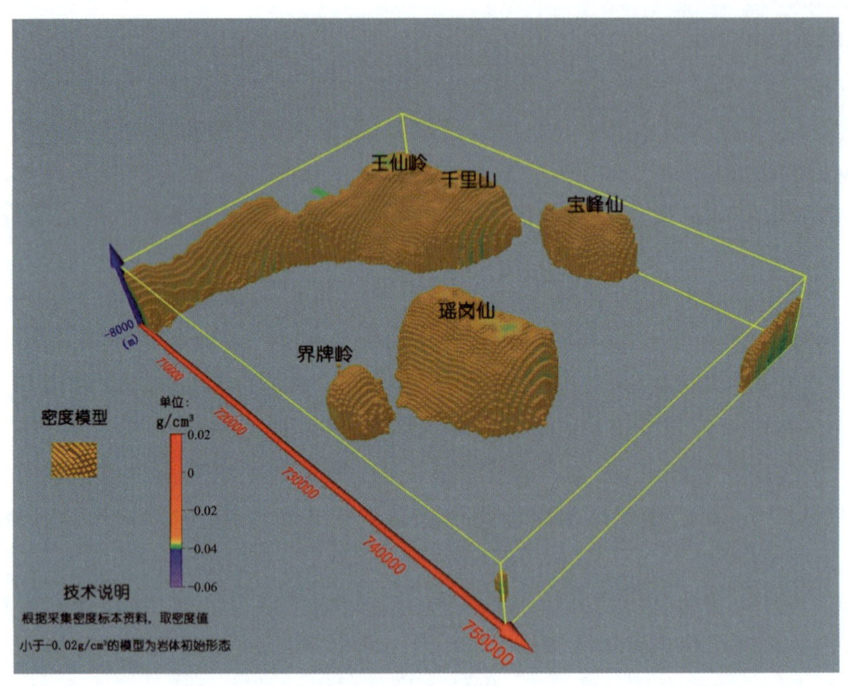

图 5-1　千里山-瑶岗仙地区 8km 深度空间主要岩体三维形态分布图

(1)剖面反演结果表明：已出露的王仙岭岩体、千里山岩体、瑶岗仙岩体在地下存在隐伏部分，深部隐伏岩体部分以规模很大的岩基产出，并且受到深大断裂严格控制。王仙岭岩体与千里山岩体在深部是相连的，其接触面产状较陡，而且千里山岩体往北西方向延伸较大，桃花垄、大地坪地下隐伏岩体似乎主要由千里山岩体的隐伏部分构成，再结合东坡矿田各矿床(点)的分布情况看，这些矿床(点)的形成似乎主要与燕山期的千里山岩体有关。

千里山岩体、瑶岗仙岩体在地下深处的岩基不相连，印证了前面定性推断解释关于两者不相连的论断，至少说明在剖面方向上是不相连的。

王仙岭、千里山半隐伏岩体顶面起伏相对较为平缓，深部岩基两侧产状较陡，底部起伏变化大。王仙岭岩体、千里山岩体在岩体出露中心地段的地下存在超覆现象，这也就是王仙岭、千里山地段出现相对重力高异常的原因。

瑶岗仙半隐伏岩体顶面起伏变化较大，深部岩基两侧产状较陡，底部起伏变化大。

(2)重力三维反演结果表明：王仙岭岩体、千里山岩体、宝峰仙岩体、瑶岗仙岩体等的顶面有一定的起伏，并且往深部隐伏延伸，在深部均呈大岩基产出。王仙岭岩体、千里山岩体等在深部是相连的，并且王仙岭岩体往西南方向与图幅外的骑田岭岩体相连，其连接处有两个小岩凸，是推断的大开湾、良田两个隐伏岩体。宝峰仙岩体与种叶山岩体、高垄山岩体在深部相连，千里山岩体与种叶山岩体、宝峰仙岩体等在深部相连，瑶岗仙岩体在深部往南延伸与界牌岭隐伏岩体相连。

8.通过探讨重力场(布格异常、局部异常)与成矿、控矿及矿产分布之间的关系，分析区域地质成矿条件，总结出了本区地质-地球物理找矿标志与成矿规律。

地质标志：有良好的棋子桥组、佘田桥组矿源层，小的酸性岩株高侵位于其中，良好的断裂构造，岩体内外接触带云英岩化、夕卡岩化蚀变强烈。

重磁异常标志：大的隐伏酸性岩基引起的重力负异常中叠加有小岩株引起的重力局部负异常，是寻找夕卡岩矿床的间接找矿标志。在高磁区背景下岩体内外接触带附近以及断裂交会处含矿蚀变体引起的局部航磁异常，是判别夕卡岩型多金属矿的典型标志。物化探综合异常区往往是重要的矿化集中区，W、Sn、Mo、Bi、Pb、Zn化探异常与磁异常重叠时出现的综合异常，是找矿远景较好的地带。

东坡矿田-瑶岗仙矿田成矿规律：印支运动后期开始，大量岩浆沿区内坳上-塘溪、宝峰仙-邓家塘、里田-排上等深断裂带侵入，形成岩浆岩带，并有大量酸性岩体、岩株高侵位于含有矿源层的泥盆系—石炭系中，形成内生矿床和层控矿床。

因此，矿田内多金属矿床一般分布在棋子桥组、锡矿山组层位中，即有一定的层位选择。

9.根据研究区内重磁异常特征、区域化探异常特征、重砂异常特征以及矿床、矿(化)点的分布情况，圈定5处找矿远景区，圈定找矿靶区6处。其中Ⅰ级找矿远景区2处、Ⅱ级找矿远景区2处、Ⅲ级找矿远景区1处；圈出A级找矿靶区3处、B级找矿靶区2处、C级找矿靶区1处。基于湘南地区大中型内生多金属矿床均与花岗岩产出有关，即岩体控制矿田(床)的生成，因此认为良田-东坡-宝峰仙岩浆岩带以及瑶岗仙-界牌岭岩浆岩带中的高侵位岩株分布的地段，是开展深部找矿潜力最大的找矿远景区和找矿靶区。

10.根据地表地质特征、岩浆活动特征、围岩蚀变特征、物化探异常特征以及隐伏—半隐伏岩体的推断成果综合分析，推断认为：长城岭地区找矿“只见星星，不见月亮”的根本原因是该地段岩浆活动次数较少，形成的中酸性隐伏岩体规模、厚度较小，深部没有大岩基，导致成矿物质不丰富、热源不充足，围岩矿化蚀变程度一般，从而产生的中型矿少，小型矿床和矿(化)点较多，不可能形成大型矿床。

湖北省矿产资源开发环境遥感监测成果报告

提交单位：中国地质调查局武汉地质调查中心

项目负责人：崔放

档案号：档0580-05

工作周期：2016—2018年

主要成果：

1.利用2016—2018年多期、多源遥感数据和矿权数据开展矿产资源规划执行情况遥感监测。以2016年为节点，针对《2016—2020年湖北省矿产资源总体规划》(湖北省第三轮矿产资源规划)，查明了湖北省矿产资源规划执行情况，动态监测了第三轮规划执行情况，并提出了规划建议。

2.利用2016—2018年湖北省土地变更调查卫片数据及高分辨率国产卫星数据，查明了湖北省矿产资源开发状况，矿山分布、数量、主要开采矿种、开发规模、开采方式及变化规律等。截至2018年，共解译各类开采图斑4618个。按开采方式分，露天开采图斑3726个，占总数的80.7%，开采矿种基本为非金属石材矿；地下开采图斑892个，占总数的19.3%，多为磷矿、煤矿和金属矿开采。按开采状态分，合法开采图斑1916个，占总数的41.5%；关闭或废弃图斑2451个，占总数的53.1%；疑似违法开采图斑251个，占总数的5.4%。

3. 利用高分辨国产卫星遥感数据和年度土地卫片遥感数据连续三年对湖北省矿产卫片疑似违法图斑进行遥感解译及野外验证,2016 年湖北省共解译出各类违法开采图斑 195 个,2017 年湖北省各类违法开采图斑 251 个,2018 年解译出各类违法图斑 90 个。

4. 利用多期多源遥感影像,完成了湖北省 2016—2018 年度矿山开发占地、矿山地质灾害、矿山环境污染、矿山环境恢复治理等矿山地质环境遥感调查和监测工作。截止到 2018 年,共解译 10 912 个各类矿山开发环境图斑,正在活动矿山占地面积为 19 069.42hm²,占总矿山占地面积的 61.42%;废弃或关闭矿山占地面积为 11 846.2hm²,占总矿山占地面积的 38.16%,暂停开采矿山占地面积为 130.64hm²。从矿产资源开发占地方式分析,采场占地面积最大,共 18 758.9hm²,占总面积的 60%;矿山中转场地占地面积为 7 175.55hm²,占总面积的 23.11%;矿山固体废弃物占地面积为 4 501.79hm²,占矿山占地总面积的 14.50%;矿山建筑占地面积为 610.02hm²,占总面积的 1.96%;采空沉陷区占地面积 282.95hm²,恢复治理面积 2 135.2hm²,分别占矿山总占地面积的 0.88%和 2.87%。解译出各类矿山地质灾害 85 处,以矿山地下开采引发的地面塌陷为主,共 40 处,占矿山地质灾害总数的 47.05%;其次为崩塌和泥石流,分别为 22 处、20 处;滑坡共 6 处,主要分布在荆襄磷矿区和鄂东南多金属矿区。

基于 GIS 和遥感技术手段,对 2018 年湖北省矿山地质环境进行评价,了解湖北省矿山地质环境影响区的分布及变化。划分出矿山地质环境严重影响区、较严重影响区、一般影响区和无影响区。其中,严重影响区 359.53km²,较严重影响区 4 243.91km²,一般影响区 4.53 万 km²,无影响区 13.63 万 km²,分别占湖北省国土面积的 0.19%、2.28%、24.35%和 73.18%。

基于遥感调查的矿山开发环境成果为自然资源部环境修复司开展矿山环境保护和恢复治理工作提供数据支撑,为各级政府的矿山环境恢复治理专项规划的编制提供依据。

8. 利用多期遥感数据,开展了 2017—2018 年湖北省 21 个国家级自然保护区、36 个国家级绿色矿山遥感调查与监测工作,查明了自然保护区和绿色矿山内矿业活动变化和恢复治理现状。

汉水库区土地环境质量调查与评价成果报告

提交单位:中国地质大学(武汉)

项目负责人:王占岐

档案号:档 0593-03、档 0593-08、档 0593-13

工作周期:2016—2018 年

主要成果:

1. 库区土壤养分条件一般,但仍需控制农业耕作的化肥施用量。调查区内土壤养分条件一般,主要以三等为主,面积占比达到 43%;二等与四等次之,略有差异,分别占 22.14%和 30.67%。但从保护库区水质,防止库区水体富营养化角度出发,仍需控制农业耕作的化肥施用量。

2. 土壤有益元素含量适中,富硒土壤开发利用潜力不大。调查区土壤硒含量主要为边缘与适量等级,面积占比之和达到 95.65%,其中适量区占比达到 73.23%。与此同时,调查区少量区域为硒高含量区,面积占比为 1.56%。调查区土壤硒(Se)元素含量适中,但富硒及相关产业开发利用潜力不大。

3. 调查区土壤环境质量优良,部分元素存在潜在污染风险。调查区范围内,清洁区面积占调查区总面积的 68.82%,其余为轻微污染区域和轻度污染区,分别占调查区面积的 14.03%和 15.98%,总体而言,库区土地环境质量优良。从轻微污染区域的主要贡献指标看,受铜元素的影响较大,铜轻微污染区占调查区总面积的 5.81%;从空间分布上看,轻微污染区域集中于凉水河镇,部分存在于龙山镇,但由于面积不大,污染程度较低,对人类生活及库区水质安全危害不大。

4.库区存在一定的氟污染风险，氟来源研究及风险防控需进一步加强。从分级结果看，调查区氟含量较高，主要为高等级及过剩等级，面积占比之和达到 57.77%，其中高含量区占比达到 33.12%，存在可能的氟污染风险。从土壤氟元素含量垂向分布规律看，调查区表层土壤氟主要来源于地层岩性影响，为有效防控氟污染风险，有必要进一步加强工作区氟来源及污染防治研究。

5.土壤元素含量受多重因素的影响。对土壤元素含量的影响因素进行了多方面研究发现。从地形方面看，Cd、Zn 含量均表现出随高度和坡度的增加而逐渐减小的特征，N、P 营养元素在低海拔平原区的含量普遍较高，说明低海拔平缓地带容易出现重金属及营养元素富集现象；从人类土地利用的角度看，黄姜地的土壤重金属污染风险较大，菜地的营养元素含量较大，而大田作物，黄豆、花生的各类有害元素含量均较低，其环境质量较好，玉米次之，未来种植结构调整可考虑花生或黄豆与玉米的轮作模式，同时需注重种植管理模式的优化，以缓解农业耕作对土壤环境质量的影响。

6.水质状况总体良好，部分指标有待改善。从点位环境综合评价结果看，156 个地表水采样点位中，符合Ⅰ类水质标准的点位有 91 个，符合Ⅱ类水质标准点位有 15 个，符合Ⅱ类及以上水质标准的比例占到 67.95%，符合Ⅲ类及以上水质标准的有 113 个，占比达到 72.44%，说明丹江口库区水质环境总体较好。从点位富营养化情况来看，156 个地表水点位中，主要以中营养和贫营养为主，分别占总点位的37.82%和 46.15%；中度富营养化点位为 2 个，重度富营养化指标 13 个，分别占 1.28%和 8.33%。总体而言，库区地表水未出现严重富营养化现象。但部分富营养化指标情况不容乐观，其中以 N 最为严重，V 类点位达到 110 个，占总采样点位的 70.51%。

7.库区水质指标在一定程度上受到土地利用及土壤质量的影响。通过研究土地利用对水质的影响发现：土地利用类型对水质影响方面，城镇村用地及工矿用地对水质的影响较大，是影响水质的关键因素，主要影响指标为 Cr、Cd、Hg 等重金属元素和 N、P 等富营养化元素。土壤质量对水质的影响方面，流域尺度的分析较为显著，关联性较强的元素有 Se、N、P、Ni、Hg、Cu，说明土壤中这类元素的富集，将会对水质产生更为直接的影响，特别是 N 和 P，关联性较其他元素更强，因而，需加强库区流域水质安全管理，建立流域土壤及水质安全管理机制。

广西崇左东部及桂东南重要农业区土地质量地球化学调查成果报告

提交单位：中国地质调查局武汉地质调查中心

项目负责人：雷天赐

档案号：档 0596-01

工作周期：2016—2018 年

主要成果：

相比中国土壤 A 层，崇左东部工区表层土壤元素以富集为主，富集程度较高的元素主要有 Sb、Cd、Cr、Hg、As、V 等，桂东南工区表现为富集特征的元素明显减少，按富集程度依次减弱的元素有 N、S、Sn、Se、Hg、Pb、Ce、Th、Bi、Cd 等，相对贫化元素增多，贫化程度较强的元素（氧化物）有 CaO、Na_2O、Sr、MgO、Mn、Mo、Ag、Co、Br、Ni 等。崇左东部地区表、深层土壤大多数元素（或指标）以离散为主，而桂东南地区表、深层土壤元素（或指标）分布相对较均匀，不存在强分异和极强分异的元素或指标。

桂东南工区黄洞口组与正圆岭组、培地组、新隆组地层主体岩性均为砂岩，区别在于黄洞口组中夹有厚层状富含有机质的碳质页岩。黄洞口组分布区土壤有机碳含量和 Se 含量呈现显著的正相关关系，指示一定比例的 Se 以有机化合物或吸附于有机物的形式存在。

土壤风化淋溶系数为易迁移的盐基元素(K、Na、Ca、Mg)氧化物含量之和与稳定组分 Al_2O_3 含量的比值。土壤风化淋溶指数越高,土壤中驻留的盐基元素含量越高,对酸性物质的缓冲能力越强,从而使土壤碱性程度增加。碱性环境下土壤中的Cd更易以 $CdCO_3$ 形式沉淀而使土壤富集重金属Cd。碳酸盐岩区土壤Cd的高值区与碱性土壤以及风化淋溶程度低的土壤分布区高度一致,显示出较为一致的正相关关系。

崇左工区土壤Cd高值区主要分布在泥盆系融县组,石炭系英塘组、都安组、大埔组、黄龙组、马坪组,二叠系栖霞组、茅口组、合山组、大隆组等地层分布区,该类地层主体岩性为灰岩和白云岩,通常夹有燧石团块、硅质条带、锰结核、黑色页岩和煤系地层等高Cd介质。

圈定了环境综合异常24处,圈定矿产综合异常10处,分析了表层土壤中植物营养和有益元素丰缺异常。典型异常区异常查证显示:土壤环境污染异常区CZT-3所处崇左东部属于重金属高背景区,调查区大气和灌溉水质量符合环境标准,土壤环境异常成因主要为自然成因,与土壤母质有关。T_1m 泥岩夹碳质岩、P_3h-d 砂岩、P_3h-d 泥岩等岩石中重金属含量相对较高,C_2Pm、P_3h-d、P_2m、P_2q 等地层成因的土壤重金属含量相对较高,异常区农作物水稻、玉米重金属含量总体达标,花生中重金属含量存在一定的风险。大安镇的东北部新蒙村、联蒙村等地农作物富硒等级高,土壤与农作物都富硒,具有富硒特色农业开发潜力;大安镇富硒土壤面积 $67km^2$,达到了全镇的55.18%,且土壤环境质量优良,富硒土壤资源适合开发利用。大黎异常区多个成矿元素异常的主要原因如下:①受区内成矿地质条件影响,大黎侵入岩体接触带是区内钼、金、铜、砷、锑、钨、铅矿床的主要成矿位置,多元素异常受土壤母质影响明显,因此侵入岩体接触带附近多元素组合异常应是矿致异常。②区内镉、铅异常主要分布于采矿和选矿厂周边,这也形成了自然母质和人类工业活动双重因素叠加的镉、铅等重金属污染异常。③大黎异常区灌溉水体异常,主要分布于大黎镇东南部采矿区的河流内,灌溉水受工业活动的影响明显,Cd、Zn元素含量严重超标。④农作物安全性评价显示,区内主要农作物,玉米中Pb元素超标2件,占9.52%;玉米中的As、Cr、Cd、Hg、Ni等5项重金属元素均未超标,大黎镇Pb元素的污染已经对当地主要农作物造成一定的影响。

崇左工区和桂东南工区土壤养分质量一般。崇左工区表层土壤养分综合等级以中等为主,占全区总面积的49.89%;较丰富土壤占全区总面积的20.80%,集中分布于江州区北部和扶绥县西部一带;丰富土壤极少,仅占全区总面积的0.17%。桂东南工区表层土壤养分综合等级也以中等为主,占全区总面积的53.03%;较丰富与丰富土壤占全区总面积的29.56%,集中分布于容县北部和平南县南部一带。

崇左工区土壤健康元素含量较高,桂东南工区健康元素含量较低。崇左工区和桂东南工区富硒土地面积达60%以上,边缘和缺乏土壤极少,占全区总面积的2.00%以下。崇左工区表层土壤碘含量整体偏高,等级为高的土壤占全区总面积的66.78%,桂东南工区表层土壤碘含量相对偏低,等级为高的土壤占全区总面积的11.26%,适量土壤占全区总面积的66.28%。表层土壤氟含量整体偏低,崇左工区表层土壤氟元素过剩和高的土壤占全区总面积的25.34%,边缘和缺乏土壤占全区总面积的66.67%;桂东南工区表层土壤氟元素过剩和高的土壤占全区总面积的24.91%,边缘和缺乏土壤占全区总面积的62.27%。

崇左工区和桂东南工区表层土壤均以酸性为主。崇左工区强酸性与酸性土壤面积占全区总面积的82.93%;桂东南工区几乎全为酸性土壤,强酸性与酸性土壤占全区总面积的98.50%。

崇左工区土壤环境综合等级质量较差,桂东南工区环境质量较好。崇左工区表层土壤污染土壤面积占全区总面积的62.70%,其中重度污染的土壤面积占全区总面积的18.22%,清洁土壤面积占全区总面积的37.30%。桂东南工区表层土壤环境质量较好,污染土壤面积仅占全区总面积的10.10%,清洁土壤面积占全区总面积的89.90%。

崇左工区土壤质量综合等级较差，桂东南工区土壤质量较好。崇左工区表层土壤质量综合等级以中等为主，占全区总面积的41.09%，差等和劣等土壤面积占全区总面积的46.84%，优质和良好土壤面积仅占全区总面积的12.07%。桂东南工区表层土壤质量较好，优质土壤面积占全区总面积的25.15%，良好土壤面积占全区总面积的48.10%，中等土壤面积占全区总面积的22.83%，差等和劣等土壤面积仅占全区总面积的3.91%。

崇左工区和桂东南工区富硒土地面积均较大。崇左工区富硒土地面积为5160km^2，无污染风险富硒土地面积为1100km^2，绿色富硒土地面积为768km^2。桂东南工区富硒土地面积为8000km^2，无污染风险富硒土地面积为6936km^2，绿色富硒土地面积为5496km^2。

海渊镇土壤养分质量较差，区内无丰富土壤，以较缺乏土壤为主，占全区总面积的55.68%，缺乏土壤占全区总面积的27.68%，中等土壤占全区总面积的14.74%，较丰富土壤极少，仅占全区总面积的1.90%。大安镇土壤养分质量较好，丰富与较丰富土壤占全区总面积的24.10%，中等土壤占全区总面积的49.43%，较缺乏与缺乏土壤占全区总面积的26.48%。

海渊镇和大安镇土壤均以酸性为主，土壤环境均以清洁为主。海渊镇清洁土壤占全区总面积的95.74%；污染土壤占全区总面积的4.26%，污染以轻微和重度为主。大安镇清洁土壤占全区总面积的92.13%；污染土壤占全区总面积的7.88%，污染以轻微为主。

海渊镇土壤质量一般，以中等为主，占全区总面积的57.81%，差等土壤占全区总面积的27.98%，劣等土壤占全区总面积的1.53%，优质和良好土壤占全区总面积的12.69%。大安镇土壤质量较好，优质土壤占全区总面积的19.37%，良好土壤占全区总面积的48.88%，中等土壤占全区总面积的26.76%，差等和劣等土壤占全区总面积的4.99%。

海渊镇和大安镇大气干湿沉降物、灌溉水环境地球化学等级均为一等。海渊镇土地质量一般，土地质量为中等及以上且灌溉水和大气质量均合格的面积为155.33km^2，占全区总面积的70.5%；大安镇土地质量较好，土地质量为中等及以上且灌溉水和大气质量均合格的面积为119.36km^2，占全区总面积的95.01%。

海渊镇和大安镇内水稻富硒率为69.38%，玉米富硒率为95.24%，花生富硒率为96.30%。海渊镇和大安镇富硒水稻基本上生长在富硒的土壤上，不富硒、轻度富硒和中度富硒的水稻在区内均匀分布，与土壤是否富硒无明显的对应关系。

对海渊镇和大安镇工区水稻、玉米、花生中的硒与重金属进行综合评价，重金属不超标的绿色富硒水稻比例为62.50%，绿色不富硒水稻比例为30.63%。绿色富硒玉米的比例高达88.10%，富硒重金属超标的玉米仅占7.14%，不存在不富硒重金属超标的情形。花生富硒比例为96.30%，但是有16.67%的花生重金属超标，存在3.70%的花生不富硒重金属超标。

岩溶区土壤Cd高背景的自然成因来源及Cd同位素分馏。碳酸盐岩具有较高的Cd含量，加之成壤过程中部分主量元素的风化淋失导致Cd发生表生浓集作用，两者的耦合作用是形成土壤Cd高背景的主要原因。碳酸盐岩风化成壤过程中发生水-土反应，水介质优先带走土壤中的重Cd同位素，导致土壤高度富集轻Cd同位素，土壤样品可分馏至很负的Cd同位素组成($\delta^{114/110}Cd=-1.63$)。

西江流域平南-苍梧段沿江高Cd背景及Cd来源示踪。风化淋滤作用将Ca带入地势低洼的浔江，Ca的缓冲效应造成浔江底积物整体呈碱性特征，Cd在碱性环境下有一定比例以$CdCO_3$形式存在并沉淀进入底积物，长期富集形成西江流域平南一苍梧段的高镉异常带。

蒙江在蒙江镇汇入浔江，该位置将浔江分为浔江上游和下游两部分。蒙江最靠近上游的沿岸土壤、底积物样品Cd同位素分馏可以达到0.5‰，指示沿岸土壤和底积物中的Cd均是自然来源。从大黎镇往下游，底积物中Cd含量显著升高，Cd同位素组成迅速变轻。大黎铅锌矿床开采冶炼过程中的废渣废水直接进入蒙江，是蒙江底积物中重金属强烈超标及底积物Cd同位素迅速变轻的主要原因。

浔江上游到浔江和蒙江交汇处沿岸土壤和底积物的Cd同位素分馏在0.4‰～0.6‰之间，指示自然风化淋滤的结果。交汇处到浔江下游沿岸土壤与底积物的同位素分馏介于0.2‰～0.4‰之间，这种分馏程度不同于完全的自然风化，也不同于蒙江段人为源大量加入的情况，反映的是蒙江段河流携带的人为来源物质与土壤自然风化产物混合的结果。

湖南永州南部及娄邵盆地重要农业区土地质量地球化学调查成果报告

提交单位：湖南省地球物理地球化学勘查院
项目负责人：聂小春
档案号：档0596-02
工作周期：2016—2018年
主要成果：

一、调查成果

1.查明了区域土壤54项元素或指标的分布、分配和组合特征。获得了表层和深层土壤两套54种元素或指标的分析数据，数据的系统性、规范性、精度和质量都是调查区内前所未有的，具有极其重要的使用价值和深远意义。根据区域地球化学和异常查证资料，共编制了各类图件(附图)148张，其中基础图件4张、地球化学图108张(含pH值分布图2张)、环境质量分类图9张、其他应用类图件27张。为生态环境保护、农业产业规划、地质找矿等工作提供了丰富的土壤地球化学基础资料。这套数据和图件系统地反映了永州南部地区和娄邵盆地地区不同介质中元素的空间分布特征，可以为地学、农学、环境学、生态学等学科建立大信息量的、内涵丰富的研究平台，为该地区的经济建设、农业环境的发展和保护提供了可靠的基础性地球化学资料。

2.确定了全区及不同子区的地球化学基准值和背景值，充实了区内地球化学基本参数。利用本次工作中采集的表层和深层土壤样的分析结果，统计计算全区和区内不同子区的地球化学基准值和背景值，为土壤环境质量评价、土壤营养和有益元素的丰缺评价、土壤质量的综合评估以及土壤学研究提供了基础性的可比资料。

3.圈定各种类型地球化学异常，并对异常进行了查证与评价。初步查明有益元素的来源和生态效应，有害元素的物质来源和生态影响。研究并圈定了重金属环境异常，营养元素、有益元素异常，与矿产有关的异常三大类异常，获取了异常的分布特征，并选取典型异常进行了异常查证，对异常的成因、影响进行了评价，为区域生态研究积累了资料。

4.开展区域地球化学分区研究，总结了区域土壤地球化学特征。以地貌类型分区为基础，叠加地质背景、土壤类型进行了区域地球化学分区。永州南部工区共划分为10个地球化学分区，娄邵盆地工区共划分为7个地球化学分区。

5.查明区内土壤碳密度和碳储量的特征，为区域碳储量和全球碳循环研究积累了宝贵的资料。利用调查取得表层、深层两套土壤中的有机碳、总碳含量数据，合理计算出土壤0～20cm、0～100cm、0～180cm的碳密度和碳储量，并分析了不同土壤类型的碳密度、有机碳密度以及碳储量和有机碳储量，丰富了碳密度和碳循环研究资料，为研究湖南省工农业生产对碳循环的影响，对比研究数十年来湖南省农业生产对土壤碳储量的增减，有效指导减少碳排放提供了基础地球化学资料。

6.完成区域土地质量地球化学评价，为区域土地资源质量与生态管护提供了地球化学依据。依据土壤养分和土壤环境地球化学综合等级，在其基础上对工区表层土壤质量进行地球化学综合等级评价。永州南部工区优质土壤主要分布于双牌县单江地区、江永县千家峒瑶族乡—上江圩镇一带、江华瑶族自治县水口镇等地，适宜开发绿色特色农产品；铜山岭、后江桥等矿集区周边需进行详细调查，查明土壤环境质量状况后分类管控治理。娄邵盆地工区土壤质量综合等级以中等为主，其原因主要是本区为湘中成矿带的重要矿集区，多锑、钒等有色金属矿产和煤、锰等黑色矿产，因有色金属地质高背景和矿业采选活动等的复合影响，本区土壤环境质量相对较差，导致本区土壤质量综合等级相对一般。

7.发现并圈定了一批优质土地资源，为区域农业发展提供了建议。永州南部工区发现优质绿色土地总面积为6214km^2，其中1722km^2适宜开发绿色富硒富锗农产品，1916km^2适宜开发绿色富硒农产品，567km^2适宜开发绿色富锗农产品。娄邵盆地工区发现优质绿色土地总面积为1115km^2，其中344km^2适宜开发绿色富硒富锗农产品，491km^2适宜开发绿色富硒农产品，855km^2适宜开发绿色富锗农产品。

8.服务地方、精准扶贫。与地方政府积极互动，服务于地方需求，带动精准扶贫。向永州市各市县区各政府部门提供了《湖南省永州市土地质量地球化学调查图集》，调查成果得到了各级政府部门的充分认可，共提供图册100余册。积极参与当地政府组织的各类科技会议，为地方发展决策出力。调查成果积极应用于地方耕地质量等别年度更新评价工作，使得耕地质量等别的划分更加准确，满足了土地资源数量与质量并重管理的需求。

9.推动了土地质量调查方法技术的发展。项目的实施带动了省厅项目的投入，在本项目调查基础上设立了相关的详查项目。编制起草《湖南省土地质量地球化学评价技术指南》，有望指导湖南省土地质量地球化学评价工作的正确部署，规范野外工作方法和技术要求，保证成果质量。应用于湖南省土壤污染状况详查工作，提供重要的基础数据支撑，有效推进农用地分类管理和建设用地准入管理，确保土壤资源永续利用。积极参与科研立项，拟在本项目区内选择典型地貌景观区开展土壤污染区精细调查的方法技术研究，为国土空间规划、农用地分类管理、生态调查与保护、自然资源调查与利用等提供技术支撑，构建文明生态、保障粮食和人居安全。

二、调查结论

（一）区域地球化学元素分布特征

永州南部工区：寒武系、震旦系和岩体分布区Se含量较高，白垩系、奥陶系和石炭系单元Cd含量较高，岩体分布区土壤中的Hg、Ni、Pb、Li、Nb、Rb、W、Sn含量较高；黄壤、黄棕壤分布土壤中的Se、N、P、K_2O、Corg含量较高，石灰土分布区土壤中的Cd、Cr、Cu、Hg、Ni、Zn含量均较高；镇居民区土壤中的N、P、K含量相对较低，其他土地利用现状对土壤中元素的含量影响较小。

娄邵盆地工区：寒武系、震旦系、南华系分布区土壤中的Se、As、Sb、Au、Ag含量较高，三叠系和壶天群分布区土壤中的Cd含量较高；黄壤分布区土壤中的Se、N、P、K_2O含量较高，紫色土分布区土壤中的重金属含量相对较低。镇居民区土壤中的N、P、K含量相对较低，其他土地利用现状对土壤中元素的含量影响较小。表层土壤Sb具有强富集现象，其含量水平超深层土壤近3倍。

（二）区域地球化学异常分布特征

永州南部工区：重金属元素的异常分布面积较大，As、Cd异常强度较高，引起异常的原因主要为矿产开发和特殊地质体；N、P、K等大量养分元素的分布较为平均，无高值异常区，圈定营养元素缺乏综合异常1处，位于江华和宁远的交界处，元素组合为N、P、Corg，N、Corg具有三级异常，P为二级异常；Ge异常主要分布在江华和宁远的交界处，道县祥霖铺镇西北，在其他地区零散小面积分布，异常级别不高，均为一级异常,异常形成原因不明,Se异常呈大面积分布于工区东南部江永与道县的交界处,异常面积大,但异常强度不高,无明显浓集中心。主要分布在海拔较高的山区,异常受黄壤、黄棕壤分布区控制;圈定矿产综合异常8处,其中K-Ta-1、K-Ta-2、K-Ta-3、K-Ta-4有寻找铅锌钨锡多金属矿的潜力,K-Ta-7和K-Ta-8可作为寻找稀土矿的潜力区。

娄邵盆地工区:除As外,其他重金属元素异常分布面积较小,As、Cd异常强度较高,As异常主要由相关地质体(寒武系、震旦系)引起,Cd异常则主要由矿产开发活动引起;圈定营养元素缺乏综合异常1处,编号NQ-Tb-2,位于新邵县的西北处,元素组合为N、P,N具有三级异常,P为一级异常;Ge异常面积很小,仅在新邵县东部少量分布,且为一级异常,Se异常呈大面积分布于新邵县北部、涟源市市区、涟源市南部等地区,异常面积大,但异常强度一般,大多二级异常,有明显的浓集中心,异常分布形态受地层控制较为明显;圈定矿产综合异常5处,其中K-Ta-9有寻找铅锌多金属矿的潜力,K-Ta-10、K-Ta-12、K-Ta-13可作为寻找金、银矿的潜力区,K-Ta-11是寻找金锑矿的有利区域。

(三)土壤碳储量

永州南部工区:表层(0～20cm)土壤有机碳储量为45.18Mt,土壤有机碳密度为4.64kg/m^2,总碳储量为51.20Mt,土壤总碳密度为5.25kg/m^2;中层(0～100cm)土壤有机碳储量为159.49Mt,土壤有机碳密度为16.37kg/m^2,总碳储量为185.53Mt,土壤总碳密度为19.04kg/m^2;深层(0～180cm)土壤有机碳储量为189.68Mt,土壤有机碳密度为19.47kg/m^2,总碳储量为228.44Mt,土壤总碳密度为23.44kg/m^2。

娄邵盆地工区:表层(0～20cm)土壤有机碳储量为30.63Mt,土壤有机碳密度为6.22kg/m^2,总碳储量为33.43Mt,土壤总碳密度为6.83kg/m^2;中层(0～100cm)土壤有机碳储量为100.18Mt,土壤有机碳密度为20.71kg/m^2,总碳储量为112.70Mt,土壤总碳密度为23.37kg/m^2;深层(0～180cm)土壤有机碳储量为102.60Mt,土壤有机碳密度为22.02kg/m^2,总碳储量为122.19Mt,土壤总碳密度为26.07kg/m^2。

(四)土壤质量地球化学评价结果

永州南部工区:优质土壤面积1152km^2,占比12%,大多分布在山区林地;良好土壤面积3357km^2,占比34%,主要分布在林地与耕地过渡交叉地区;差等—劣等区土壤面积231km^2,占比2.31%,主要分布在铜山岭、后江桥等矿集区周边。

娄邵盆地工区:土壤以中等为主,面积达3974km^2,占比79.46%,几乎全区为中等质量土壤;优质土壤面积339km^2,占比6.79%,主要分布在山区林地;良好土壤面积595km^2,占比11.90%,主要分布在林地与耕地过渡交叉地区;差等—劣等区土壤面积92km^2,占比1.84%,主要分布在区内的主要矿山及城市周边。

(五)土地资源

永州南部工区:土壤环境无风险区面积达6214km^2;符合绿色食品产地土壤环境质量要求的区域面积为4571km^2;富硒土地6272km^2;富锗土地4678km^2。优质土地资源分布面积较大,但分布区大多位于海拔较高的山区,农业开发难度较大。

娄邵盆地工区:土壤环境无风险区面积达1115km^2;符合绿色食品产地土壤环境质量要求的区域面积为599km^2;富硒土地3700km^2;富锗土地3596km^2。特色土地资源分布面积较大,但绿色土地面积占比较小,农业开发时应着重考虑土壤污染状况。

广西桂中-桂东北重要农业区土地质量地球化学调查成果报告

提交单位：广西壮族自治区地质调查院

项目负责人：李杰

档案号：档 0596-03

工作周期：2016—2018 年

主要成果：

1.获取了调查区表、深层土壤基础地球化学数据。按照地质单元、土壤类型、土地利用类型进行了土壤 54 项元素或指标的地球化学参数统计，提供了土壤地球化学基准值和背景值。与全国土壤丰度相比，调查区表、深层土壤呈现 Cd、Se、Hg 富集，K_2O、CaO、Na_2O 显著贫化。

2.土壤中碳以有机碳为主，表层土壤(0～20cm)有机碳储量为 10 239 万 t，占表层总碳的 84.01%，单位平均有机碳储量为 3469t/km^2，单位储量区间变化范围为 365～17 761t/km^2。中层土壤(0～100cm)有机碳储量为 32 357 万 t，占中层总碳的 79.43%，单位平均有机碳储量为 10 964t/km^2，单位储量区间变化范围为 2251～50 049t/km^2。深层土壤(0～180cm)有机碳储量为 42 693 万 t，占深层总碳的 77.55%，单位平均有机碳储量为 14 466t/km^2，单位储量区间变化范围为 4404～73 373t/km^2。

3.调查区土壤 Cd、Se 元素高度富集，Cd 元素基准值和背景值分别是全国 C 层土壤、A 层土壤平均值的 5.46 倍和 5.4 倍；Se 元素基准值和背景值分别是全国 C 层土壤、A 层土壤平均值的 1.87 倍和 2.37 倍。碳酸盐岩母质土壤 Cd 含量最高，硅质岩母质区土壤中 Se 含量最高，二叠系大隆组、合山组、栖霞组等含煤地层母质土壤 Se 含量显著高于其他地层母质土壤。二叠系大隆组、合山组 Se 含量高达 2.58mg/kg 和 1.84mg/kg，是富硒土壤标准值 0.4mg/kg 的 6.45 倍和 4.6 倍。

4.Cd 离子交换态占全量的 4.26%～74.52%，平均为 39.13%；As、Hg、Cr 以残渣态为主，占全量 75%以上；Pb 以残渣态为主，占全量 41.97%。土壤中重金属活性和潜在生物可利用性大小顺序为 Cd、Pb、Se、As、Cr、Hg。水稻对 Cd 富集能力强，玉米对 Zn 富集能力强，水稻 Cd 元素平均含量是玉米含量的 16 倍，玉米中 Zn 是水稻中的 1.78 倍，相关性统计结果显示农作物对 Cd 与 Zn 吸收存在拮抗作用。玉米存在 1 件样品 Pb 超标，水稻 Cd 超标率 24.76%，且晚稻样品 Cd 超标率明显高于早稻样品。水稻中重金属元素含量与根系土中元素含量相关性不明显而玉米 Cd 则与土壤 Cd、Pb、Zn 表现出显著的正相关性，体现出种植环境、作物类型差异造成影响因素的不同。

5.311 件水稻样品中有 275 件样品富硒，富硒率为 88.42%，其中轻度富硒、中度富硒、高度富硒样品分别占水稻样品总数的 48.87%、18.33%和 21.22%；92 件玉米样品富硒率达到 95.65%，其中轻度富硒、中度富硒、高度富硒样品分别占玉米样品总数的 28.26%、25%和 42.39%。农作物中 Se 含量主要受控于根系土中 Se 总量。

6.查明调查区耕地质量现状。土壤以酸性土壤为主，占调查区总面积的 53.18%，70.38%的土壤呈酸性—强酸性。调查区高风险元素主要为 Cd 元素，16.54%的土壤属于高风险，低风险土壤仅为 37%；As、Cr、Cu、Hg、Pb、Ni 和 Zn 土壤污染等级以低风险等级为主，占调查区总面积的 82%以上。土壤环境质量综合等级为一类、二类的土壤面积分别为 9844km^2 和 14 656km^2，分别占调查区总面积的 33.35%和 49.65%；其余 17.01%为三类严格管控土壤。

7.圈定富硒土壤特色资源，为地方经济发展提供关键信息。圈定富硒土壤 27 992km^2，占调查区总面积的94.82%,其中7036km²属于绿色富硒,占富硒土壤25%。71%的富硒土壤分布在碳酸盐岩母质区,绿色富硒土壤主要分布在碎屑岩母质区。

8.对调查区主要河流沉积物环境风险作出判断。水系沉积物中金属元素金属空间离散程度最大,其次为化合物,非金属元素空间变异性最低。沉积物中金属元素含量高值区分布于红水河及金城江流域,低值区集中于罗秀河、洛清江流域。潜在生态风险元素主要为Cd、As、Hg,成因来源以自然源为主,自然源贡献率超过80%。

珠江下游基本农田土地质量地球化学调查成果报告

提交单位:广东省地质调查院

项目负责人:朱鑫

档案号:档0596-04

工作周期:2016—2018年

主要成果:

一、区域地球化学特征

(一)土壤地球化学基准值与背景值

湛江地区土壤元素地球化学基准值继承了成土母岩母质的元素地球化学特征,与地壳丰度相比,贫乏元素主要包括铁族元素、亲铜元素和易于流失的造岩矿物元素等;富集元素主要包括钨钼族元素、放射性元素等;以第四系松散沉积物为成土母质的土壤,绝大多数元素基准值与全区基准值相当;以沉积岩风化物为成土母质的土壤,主要富集亲铜元素、放射性元素、造岩矿物元素等,Rb、Sb、K_2O富集明显;以花岗岩风化物为成土母质的土壤,富集钨钼族元素、放射性元素、稀有稀土元素、分散元素等,Th、Pb、Rb、K_2O、La富集明显;以变质岩风化物为成土母质的土壤,富集亲铜元素、稀有稀土元素、放射性元素等,Pb、Ba、Rb、K_2O富集明显;以玄武岩风化物为成土母质的土壤,富集铁族元素及有益营养元素,Ni、Mn、Co富集尤为突出。

湛江地区表层土壤元素背景值与中国土壤背景值相比,富集Hg、Se、Sn、Br、B、Zr;贫乏的元素较多,主要是易于流失的造岩矿物、铁族元素及亲铜元素;与全区土壤基准值相比,富集亲生物元素和环境元素,主要是生物富集和人类活动影响造成的,贫乏铁族元素和造岩矿物,主要是淋溶作用造成的。

与全区土壤背景值相比,以第四纪松散沉积物为成土母质的土壤,多数指标都与全区地球化学背景值相当;以沉积岩风化物为成土母质的土壤,富集元素较多,Rb、K_2O富集明显。以花岗岩风化物为成土母质的土壤,富集钨钼族元素、放射性元素、稀有稀土元素,Rb、K_2O、Th富集最为显著,贫乏主要为铁族元素,Ni、Cr、B贫乏最为明显;以变质岩为成土母质的土壤,富集的元素亦较多,K_2O、Rb富集最为明显;以玄武岩风化物为成土母质的土壤,以高强度的铁族元素富集为特点,Co、Mn、Ni等元素富集尤为突出。

不同地貌中,平原区土壤多数元素背景值与全区地球化学背景值相当,岗地铁族元素富集明显,贫乏Rb、SiO_2、B,丘陵区富集钨钼族元素、放射性元素、稀有稀土元素,贫乏铁族元素;区内沿江河流域富集的元素主要为亲铜元素、钨钼族元素、放射性元素、稀有稀土元素等。不同土壤类型中，滨海盐土大部分元素背景值远低于其他土类元素背景值，贫乏元素以铁族元素和有益营养元素为主；赤红壤大多数元素背景值要高于其他土类背景值，K_2O、Rb 富集最为明显；砖红壤和水稻土大多数元素背景值与全区背景值相当；酸性硫酸土与全区背景值相比，富集和贫乏元素约各占 1/3。

（二）土壤元素的地球化分区

湛江地区元素地球化学的空间分布主要受区域地质条件和人为经济活动等制约，表现为与土壤母质、基岩、地貌类型以及工农业生产布局密切相关。根据元素地球化学分布特征，结合地质背景和地形特征等将湛江地区划分为北部富 W、Sn、Bi、Th、U、La、Y、Ce、Au、Ag、Pb、Sb、K_2O、Tl 区（Ⅰ）和南部富 Fe_2O_3、V、Cr、Cu、Mn、Ni、Zn、Co、Ti、Al_2O_3、Sc、Nb、I 区（Ⅱ）。2 个大区又进一步划分为 7 个亚区，分别为北部花岗岩富 W、Bi、Sn、La、Ce、U、Th 区（$Ⅰ_1$），廉江盆地富 Au、Ag、Pb、Sb、Cd、Th 区（$Ⅰ_2$），鉴江流域富 W、Sn、Ag、Be、Pb、Ge、Hg 区（$Ⅰ_3$）；中部平原低背景区（$Ⅱ_1$），中部玄武岩铁族元素高背景区（$Ⅱ_2$），南渡河下游富 Be、F、K_2O、Li、Rb 区（$Ⅱ_3$），南部玄武岩铁族元素高背景区（$Ⅱ_4$）。

二、区域地球化学评价

（一）元素的来源和迁移途径

调查显示，在不同地质背景上，成土母质存在着差异，元素富集情况也不一样。以泥盆系风化物为成土母质的土壤富集 As，以火山岩风化物为成土母质的土壤富集 Cr、Ni、Cu、Zn，以花岗岩风化物为成土母质的土壤富集 Pb、Cd。土壤在区域上富集特征，与岩石富集特征基本一致，表明地质背景是影响土壤重金属分布的主要因素之一。大气干湿沉降物和灌溉水调查显示，调查区元素外源性输入量较少，对土壤元素富集的影响不大。

湛江地区土壤中有毒有害元素高含量区主要分布于玄武岩背景区，局部重金属元素 Cr、Cu、Ni 含量甚至超过了农用地风险管控值，显示出与地质背景密切相关。除此以外，廉江市北部采矿区的 Cd 含量达到 1.8mg/kg，超过了农用地污染管控值，应采取退耕还林或改种其他非食用性农作物措施，针对性的进行调查和治理。

对比 1997 年水系沉积物测量结果发现，湛江地区土壤中的 Cr、Ni、Cu 元素变化较大区域与地质背景套合较好，跟玄武岩成土母质关系密切，玄武岩地区土壤中 Cr、Ni、Cu 含量增加明显。在不同的土地利用方式上，园地土壤中 Cr、Ni、Cu 增加明显，其次为耕地。在两次调查的基础上，建立计算模型，估算元素平均含量达到农用地污染风险筛选值所需要的时间，预测该地区土壤中 Ni 元素含量最先达到风险筛选值，其次为 Cr、Cu。

（二）土地质量地球化学评估

调查区土壤环境质量总体情况优良，以无污染风险土壤为主，有污染风险土壤分布面积较为集中于中南部玄武岩区，受地质背景所制约；绝大部分区域土壤呈酸性、强酸性。各项营养元素丰缺评价结果表明，湛江地区土壤肥力整体较低，多种营养、有益元素普遍缺乏，不同地区含量差异性明显，其分布主要受成土母质所制约。P 含量较为丰富，N、有机质含量适中，K 属于区域性严重缺乏，是影响调查区养分等级最主要的指标。养分综合等级以中等土壤为主，整体水平一般，总体上沿海地区土壤养分较为缺乏，尤其是遂溪-雷州西部沿海、湛江市区东部沿海、廉江市西部沿海等地。

微量营养元素中，以 S、Mo 最为丰富，Fe、Co、V、B、Zn 等元素总体以缺乏为主，但局部呈富集趋势。

Ca、Mg、Ge、Mn等元素含量较为缺乏;Ge、Mn元素缺乏程度相对较弱。调查区Se元素含量较丰富,富硒土壤面积占总面积的45.60%。

土壤质量地球化学综合等级评价显示,调查区土壤质量总体一般,以良好、中等土壤为主,土壤质量分布差异性明显,主要受制于土壤环境质量影响,在遂溪县西南、雷州市南部及徐闻县大部分地区Ni、Cu等元素含量偏高;湛江市东部及雷州市西部沿海等地土壤环境质量普遍较好,但区域性缺氮、缺钾,土壤养分水平较低,是影响这类地区的土壤质量的主要因素。

(三)土壤碳储量分布特征

土壤表层碳密度及碳总量均高于底层土壤,表层土壤的碳密度和总碳量均是底层土壤的1.55倍。各层位有机碳占碳总储量的比例较高,无机碳储量远小于有机碳储量。与珠三角、阳江-茂名地区土壤相比,调查区土壤有机碳密度高于珠三角、阳江-茂名地区。与我国其他地区土壤相比,调查区土壤有机碳密度高于全国平均水平。

表层土壤有机碳与全碳密度高值区大片分布在调查区东南部徐闻县附近,其他高值区分布于调查区中北部,遂溪县岭北镇、廉江市和寮镇等地区。高值区的分布与花岗岩、玄武岩出露地区较为吻合。深层土壤有机碳与全碳密度高值区主要分布在调查区的南部(大片分布)及调查区中北部廉江市良垌镇、遂溪县岭北镇和湛江市湖光镇一带。中层土壤有机碳和全碳密度高值区分布与深层土壤有机碳和全碳密度高值区分布十分相似。

从不同土壤类型来看,土壤有机碳均主要分布于砖红壤和水稻土中,其次是赤红壤。从不同土地利用类型来看,土壤有机碳主要分布于耕地和林地。从各地貌单元有机碳储量分布来看,土壤有机碳主要分布于平原、岗地。从各成土母质单元有机碳储量分布来看,土壤有机碳主要分布于第四纪母质土壤和火山岩母质土壤分布区,而侵入岩母质土壤、变质岩母质土壤和沉积岩母质土壤中有机碳含量较少。

对比1985年广东省第二次土壤普查取得的土壤有机碳密度,结果表明,33年来,湛江地区土壤有机质含量略有增加,表层土壤有机质平均含量为由1.62%增加至2.11%,总体增加幅度较大;从空间变化上来看,增加幅度较大地区主要分布在调查区中北部丘陵地带,与北部花岗岩、中部玄武岩出露范围相似;土壤有机碳储量减少地区主要分布在徐闻县和安镇、徐闻县曲界镇、遂溪县下六镇以东等地区,东西两侧沿海地带同样存在较大面积弱降低区域。

(四)植物样品生态评价

调查区132件植物样品中,有13件样品超标,超标率9.85%。其中水稻超标10件、红江橙超标1件、花生超标2件;超标元素为Cr、Pb、Cd,其中Pb超标9件、Cr超标3件、Cd超标3件,其余元素未超标。从区域分布来看,湛江南部地区农作物超标率超过45%,情况不容乐观。

从配套根系土样品分析结果来看,有1件样品Cd、Pb均达到严格管控类,52件根系土样品属安全利用类,79件为优先保护类。在区域分布上,除了廉江高村地区的根系土Cd、Pb超标外,其余超标样品主要分布于南部的遂溪城月和徐闻地区,主要重金属污染物有Cr、Cu、Ni。

三、典型地区生态地球化学评价与异常查证

(一)特色农业区生态地球化学评价

湛江市是农业大市,本次调查选取了吴川市吴阳优质水稻种植区、遂溪县城月镇富硒土壤区以廉江市青平镇红江橙特色种植区,开展特色农业区生态地球化学评价。评价结果表明,吴阳地区拥有大面积

的优质土地，区内土壤环境质量优良，基本无重金属污染风险，土壤养分水平较高，土壤质量等级状况总体优良，以一等、二等土壤为主；富硒土壤面积比例较高，富硒且重金属含量未超标的稻谷样占总数的64.71%，适宜大力推广富硒水稻种植。

城月地区受地质高背景影响，土壤环境质量一般，大部分地区为重金属污染风险可控区，影响评价区环境质量的元素主要是Cr；受限于土壤K元素普遍缺乏，评价区土壤养分较贫乏；全区土壤质量等级较低，以中等、差等土壤为主；同时城月地区拥有大面积的富硒土壤，占评价区总面积的60%以上，主要分布在评价区中部、东北部地区；土壤与水稻硒协同分析表明，富硒农产品与富硒土壤关系密切，水稻普遍富硒且重金属未超标，仍适合发展富硒水稻种植，但要注意Cr等重金属元素的摄入。

（二）异常查证与评价

湛江地区共圈出环境类表层土壤综合异常11处、深层土壤综合异常9处；圈出农业类表层土壤综合异常12处、深层土壤综合异常10处；圈定矿产类表层综合异常12处、深层综合异常10处。

针对重金属异常区和硒异常区，以表生环境中元素地球化学迁移转化规律及其生态效应为主线，开展异常查证和评价工作。异常评价结果表明，高村铅镉异常区受地质背景与人类采矿污染影响，上游高村金矿等矿山无序开采，矿石、矿渣随意堆放，废水直接排入下游农田，是造成下游农田土壤镉、铅污染的直接原因；河唇砷硒异常由地质背景所引起，异常元素来源于泥盆系信都组含铁砂页岩；螺岗岭重金属异常与螺岗岭火山喷发有关，富含Cr、Ni等元素的火山喷发物往四周迁移，造成异常扩大化，距火山口越远，异常强度越低；徐闻田洋、马桥位于玄武岩中心区，受地质高背景影响，Se、Cr、Ni等元素表现为极高含量，其中酸性土壤中易于溶解的Cr、Ni、Cu、Cd等重金属元素含量与高程负相关，难以溶解的As、Pb等元素正好相反，体现了玄武岩区元素淋滤迁移、次生富集作用。

四、优质土壤资源评价

本次调查发现，湛江地区富硒土壤资源丰富，富硒土壤面积达5696km^2，占整个调查区的45.61%，主要分布于调查区中北部的内陆区、雷州市南部、徐闻县大部分地区以及硇洲岛等地。

根据绿色富硒食品产地适宜性评价结果，湛江地区符合绿色富硒农产品产地环境质量标准的土地面积为2398km^2，占调查区总面积的19.20%，主要分布在调查区中北部，如廉江市中北部、东南部，吴川市西北部、东南部，遂溪县西南部及雷州市中北部等地。

除了富硒土壤资源以外，本次调查还发现湛江地区拥有大面积的富锌、富钼土壤资源，其中富锌土壤面积3 174.03km^2，占调查区总面积的25.41%，其分布范围与湛江地区的玄武岩相关性较大，受地质背景控制明显；湛江地区土壤钼平均值达到1.14$\mu g/g$，圈定富钼土壤面积高达7 348.60km^2，占调查区面积的58.84%，分布于雷州半岛南部、中东部、东部以及东北角等地。

以富硒、富锌、富钼土壤区划图为基础，将富硒、富锌、富钼区块进行叠加，并剔除零散区块、非农用地区块以及污染风险较高的区块，最终划分出可供开发的富硒、富锌、富钼3个区块，分别是遂溪富集区、硇洲岛富集区以及雷州-徐闻富集区，可推广建立富硒、富锌、富钼种植产业链，打造高品质农产品品牌，助力将湛江打造成优质“富硒半岛”。

划定了无公害农产品适宜种植区域8 958.34km^2，占总面积的71.72%；划定了绿色农产品产地8 501.44km^2，占总面积的68.07%。此项成果为区内发展无公害和绿色农业提供了科学的依据。

湖北随州北部土地质量地球化学调查成果报告

提交单位:湖北省地质调查院
项目负责人:胡绍祥
档案号:档 0596-05
工作周期:2018 年
主要成果:

一、地球化学调查成果

1. 通过详细的野外调查,获得了高精度的、翔实的基础地球化学资料。通过完成评价区 1∶25 万土壤地球化学、1∶5 万土壤地球化学测量,农作物及土壤剖面测量等工作,获取了大量元素地球化学数据。共采集各类样品 6700 余件,获得样品分析数据 100 703 个。这些数据为本地区基础地质研究、矿产资源评价、土地质量地球化学评价、农产品安全适宜性评价及农业结构调整等提供了基础地球化学资料。

2. 系统编制了基础性导图、区域表层与深层土壤 54 种元素(指标)的地球化学图、区域土壤地球化学特征解释推断图、土壤异常评价图、土壤质量地球化学评价和基础地质研究与资源潜力评价图件。这些图件以 MapGIS 系统为平台,蕴含了湖北随州北部农业地质、生态环境、矿产资源的丰富信息,为区域农业发展和生态环境保护、矿产资源开发提供了重要地球化学依据。

3. 统计了表层和深层土壤地球化学参数值,确定了区域土壤 54 种元素(指标)地球化学基准值和背景值,同时统计了各地质单元、土壤类型、土地利用等不同类型单元的土壤地球化学参数。查明了调查区土壤中化学元素的基本分布特征。

4. 对该区表层土壤、深层土壤的分布特征和规律进行了系统的阐述和总结,从构造区、成土母质、土壤类型和土地利用角度剖析了土壤区域分布及其地球化学组成特征,并在此基础上根据区域地质构造特征和地球化学元素分布特征对全区进行了地球化学分区。

调查区划分为 3 个一级地球化学分区,分别为随州构造区多元素地球化学区、桐柏构造区富钡锶钾贫砷镍金地球化学区,北秦岭陆块多元素地球化学区。在一级分区基础上,以不同母质层元素分布的差异,将随州构造区多元素地球化学区为 3 个亚区,即南华纪—寒武纪火山-沉积母质高钴钒铜铁钛等多金属地球化学亚区、中生代侵入岩母质高锶铍钍铀地球化学亚区、白垩纪—新生代母质高硼砷金钨锑低锶钠钙地球化学亚区;将桐柏构造区富钡锶钾贫砷镍金地球化学区划分为中生代侵入岩母质高钍锶钡、元古代侵入岩母质高锶钡钾、南华纪母质富钪钇锰硫和元古代侵入岩母质富钼铷铊多金属 4 个地球化学亚区。

二、土壤地球化学异常综合评价成果

1. 按照元素性质分别圈定 3 类土壤地球化学异常,即与环境质量或污染有关的异常、与农业有关的营养及有益元素异常、与矿产资源有关的异常,并选择重点异常进行了查证,对异常元素的分布特征、成因来源及迁移方式、生态效应进行了初步研究。

2. 通过土壤生态环境污染异常综合评价,圈定土壤污染综合异常 5 处,土壤环境污染综合异常面积为 182.9km^2。土壤环境污染综合异常主要分布于随县吴山、环潭、高城—万店—余店、大悟县三里城—

大新、芳畈一带。

3. 对调查区磷、钾、氮、有机质、锶、锗、硼、硫、钼共9项指标按丰缺标准圈定。氮很丰—丰区面积1 354.57km²；中等区面积1 445.11km²；较缺乏—缺乏区面积2 280.31km²。磷很丰—丰区面积509.66km²，主要集中在高城—万店—余店以及殷店—岩子河—吴家店一带。钾很丰—丰区面积2 474.86km²，大部分位于新城-黄陂断裂东北部；中等—缺乏区面积分别为1 902.2km²和702.94km²，主要分布于位于新城-黄陂断裂西南部。钾的丰缺分布明显与成土母质相关。有机质很丰—丰区面积为37.156km²；中等区面积为142.61km²；较缺乏—缺乏总面积为4 900.23km²；锶很丰—丰区面积4 763.587km²，调查区锶非常富足，占全区面积的93.77%；中等区面积159.88km²，主要集中在调查区西边，与枣阳接壤；缺乏区面积156.738km²。锗很丰—丰区面积341.88km²，主要集中在吴山—万和镇—唐县—尚市和武胜关—大新一带；中等区面积为1 238.69km²，其中高城—万店—余店面积较大；较缺乏—缺乏区面积为3 499.43km²。硼很丰—丰区面积17.71km²，零散分布在调查区西部，唐县—尚市—环潭以北附近；中等区面积219.98km²，主要分布在调查区的西部，分为2处，即唐县—环潭以西和随县尚市；较缺乏—缺乏区面积4 842.31km²，分布面积较为广泛。硫很丰—丰区面积165.77km²，零星分布在调查区内，其中小部分连片分布于尚市—随县一带；中等区面积659.28km²；较缺乏—缺乏区面积4 254.937km²。钼很丰—丰区面积1 354.57km²，分布比较零散；中等区面积1 445.11km²；缺乏区面积2 280.32km²。

4. 依据区内找矿条件，按成因分类圈定矿产资源多元素组合异常34处。其中与金、银、铜、铅、锌有关的异常10处，与铬、钴、锡、钛等有关的异常9处，与磷、银、锰、钒等有关的异常7处，与钨、铋、钼、锡等有关的异常8处。具有较好找矿前景的甲类异常7处，具有一般找矿前景的乙类异常18处，不具找矿前景的丙类异常9处。

三、土地质量地球化学评价成果

（一）全区土地质量评价成果

以本次调查数据为依据，按照现行的国家和行业土地质量地球化学评价标准，系统进行了土地质量地球化学评价。通过评价，调查区土壤质量以良好（二等）为主，面积为2740km²，所占比例为53.9%，其次为中等（三等），面积和比例分别为1868km²和36.8%。区内土壤主要养分元素氮、磷、钾中，钾元素丰富，中等以上面积占全区面积的85.2%；氮元素较丰富，中等以上面积占全区面积的61.8%；磷元素缺乏，中等以上面积仅占全区面积的35.5%。土壤主要养分综合质量以中等为主，中等占全区面积的56.69%。土壤环境质量以无风险为主，无风险区面积为4764km²，占全区面积的93.78%，风险可控区面积为316km²，占全区面积的6.22%。研究发现，影响区内土地质量的主要原因为土壤中磷元素含量偏低，铜元素含量偏高。区内土壤以酸性为主，酸性土壤占全区面积的96.5%。

（二）典型异常区土地质量评价成果

根据调查区1∶25万表层土壤元素异常组合特征，结合区内土地利用现状，选择区内铜锌锗等多金属元素组合异常规模最大且耕地面积占比较大的异常区开展了查证工作。

1. 异常区土壤元素总体表现为异常区多元素富集特征。与全区表层背景值相比，表现土壤中Cu、Ca、Mg元素最为富集，平均值/背景值比值大于2；其次为Cd、Cr、F、Ge、Hg、Ni、P、Zn元素富集，平均值/背景值大于1.2。与全区深层基准值相比，表现土壤中Cd、Cu、N、S、Ca、Corg元素最为富集，平均值/基准值大于2；其次为Cr、Hg、Ni、P、Zn、Mg元素富集，平均值/基准值大于1.2。对比全国的土壤背景值（A层），Ge、F、Pb、Corg、pH与之相近，比值介于0.7～1.2之间。Mo、B、As、K、Hg元素表现得较为贫乏，比值小于等于 0.7，Ni、Cr、Zn、CaO、MgO、Cd、Cu 与全国背景值比值为大于等于 1.2，表现为富集，尤其 Cd、Cu、Ca 最为富集，比值大于 2。

2.异常区土壤元素在水平剖面上变化规律不明显。不同的地质背景，不同的土壤类型和不同的土地利用均出现高值和低值。总体上显示出元素含量受成土母质控制的特点，绝大多数元素如重金属元素 As、Cd、Hg、Cu、Pb、Zn、Cr、Ni 及主要养分元素(氧化物)N、P、Corg、MgO、CaO 极值点均出现在南华系耀岭河组中，B、N、P、Mg、Corg 在水平方向上含量变化较大，含量极差在 20 倍以上，特别在南华系耀岭河组中变化尤为明显，而 Cr、Ge、Pb、Zn、Ni 在水平方向上含量变化相对较小。重金属元素 As、Cd、Hg、Cu、Pb、Zn、Cr、Ni 含量在水田或旱地相对较高，表明其受人类活动、土壤施肥等影响，促进其在表层富集。

3.异常区土壤质量整体上较好。中等以上土壤占 96.78%。异常区土壤养分综合等级以中等为主，中等面积 19.32km^2，占评价总面积的 74.30%，影响土壤养分综合质量的主要因素是土壤中钾含量偏低。异常区土壤环境综合质量以无风险为主，无风险区面积 16.09km^2，占评价总面积的 61.91%。其次为风险可控区，面积为 9.91km^2，占 38.08%。整体上评价异常区土壤环境质量较好，影响其土壤环境质量的主要因素是土壤中 Cu 元素含量偏高，需要关注和监测。

4.水稻及水稻根系土中硒元素含量均较低，稻米安全性好。与湖北仙桃地区对比，稻米硒均值仅为湖北仙桃地区的 50%，根系土硒均值仅为湖北仙桃地区的 44%。26 件样品中，稻米硒含量达到水稻富硒标准(Se≥0.04μg/g)的有 3 件，富硒率仅为 11.54%，根系土硒含量最大值为 0.209μg/g，均未达到土壤富硒标准(Se≥0.4μg/g)。采用《食品安全国家标准食品中污染物限量》(GB 2762—2012)对稻米中污染元素进行评价，调查的 26 件水稻样品都没有超过“食品中污染物限量”的标准，说明调查区农产品安全性好。

5.水稻 Se 与水稻中 Cd、Cu、Hg、Ni 关系较为密切，呈中等程度的正相关，而与水稻根系土重金属元素全量相关性并不明显。经过与根系土重金属元素相关性分析，水稻 Se 与根系土重金属水溶态呈不同程度的正相关，明显受根系土中 Cd、Cr、Pb 有交换量的控制。经过与根系土养分元素相关性分析，水稻 Se 与根系土水溶态 Se 呈中等程度的正相关，与离子交换态 Se 呈弱负正相关，与有效硼呈中等程度负正相关，与其他中营养有益元素相关性并不明显，其相关系数在−0.19～0.10 之间，可见，水稻 Se 含量不仅取决于土壤中 Se 总量，更取决于土壤中 Se 水溶态的多少。

6.根系土养分元素中有效磷相对变化较大，平均值与中值相差较大，变异系数为 79.78%，其他元素含量相对变化较小，平均值与中值接近，变异系数小于 35%。根系土中缓效钾丰富，较丰富以上为 100%；水解性氮较丰富，中等以上占比 73.08%；速效钾较为适中，中等以上占比 57.69%；有效磷、有效钼、有效硼缺乏，较缺乏以下占比分别为 73.08%、100%、100%。

7.水稻中重金属元素 Hg、Zn 含量相对变化较小，平均值与中值接近，变异系数小于 20%，Cd、Ni、Pb 则相对变化较大，平均值与中值相差较大，变异系数大于 65%，其他元素变化情况处于二者之间。根系土中重金属含量相对变化较小，平均值与中值接近，变异系数均小于 35%。与湖北仙桃地区对比，稻米 Ni 含量明显高于湖北仙桃地区，其均值比值为 1.73，As 高于湖北仙桃地区，其均值比值为 1.21，Cd、Pb、Zn 与之相当，均值比值为 0.94～1.10，Cr、Cu、Hg 则低于湖北仙桃地区，尤以低 Cr 为特征，其均值比值仅为 0.4。根系土中仅 Pb 含量与湖北仙桃地区相当，其均值比值为 0.96，其他元素均低于湖北仙桃地区，均值比值为 0.31～0.75，且 Cd、Zn 明显低于于湖北仙桃地区，其均值比值分别为 0.31 和 0.5。

8.对水稻根系土中重金属元素形态分析研究表明，As、Cr、Hg、Pb 赋存形态以残渣态为主，而 Cd 以离子交换态为主，表明 Cd 与其他重金属元素具有不一样的形态特征。

土壤重金属铁锰结合态、强有机结合态、残渣态随其在土壤中的含量增加而增加，但对各形态的影响程度不同，As、Cr、Hg 表现为残渣态受全量控制最为显著，Cd 表现为碳酸盐结合态、离子交换态受全量控制较为明显，Pb表现为铁锰结合态和腐殖酸结合态与全量存在共消涨关系。

9.对水稻重金属元素生态效应研究表明，调查区水稻对Cd富集能力最强，富集系数4.258%～208.007%，平均为52.3%。调查区土壤主要为酸性，说明在酸性环境下，水稻对Cd积累效应较强，Cd生物富集系数最大值达208.007%，表现出超强的富集能力，应引起关注和重视。其次为Zn、Se和Cu，富集系数变化范围分别为24.152%～54.783%、5.393%～32.337%、2.724%～28.532%，均值分别为37.42%、16.714%、16.838%，其他元素富集性较弱，富集系数小于10%。环境元素富集系数大小依次为：Cd＞Zn＞Cu＞Hg＞As＞Ni＞Cr＞Pb。

四、农业种植适宜性评价成果

1.根据区内土壤主要营养有益元素丰缺状况，进行了农业种植适宜性地球化学评价。评价结果显示，区内土壤主要营养有益元素含量较低，农业种植以一般适宜区、勉强适宜区、暂时不适宜区为主，一般适宜区以上面积1692km^2，占全区面积的33.31%；勉强适宜区面积1884km^2，占全区面积的37.09%；暂时不适宜区以下面积为1504km^2，占全区面积的29.96%。空间分布上，中等适宜区和一般适宜区分布在新城—股店—郝店一线和唐县和尚市等耕地区。从土壤主要营养有益元素含量看，影响区内农业种植条件的主要因素是土壤中的磷和硼含量偏低，中等—丰富面积不足全区总面积的40%，尤其是硼，中等—丰富面积仅占全区总面积的5%。

按农用地分类，农用地中水田、旱地、有林地、灌木林地土壤营养有益元素均以勉强适宜区占比最大，其他林地则一般适宜区占比最大，不同土地利用一般适宜区以上面积占比均不足50%。总体来看，区内农业种植适宜程度较低。

2.无公害农产品种植业产地环境评价结果显示，区内能满足无公害农产品产地土壤环境质量要求的面积为4944km^2，占全区面积的97.32%；不能满足无公害农产品产地土壤环境质要求的面积为136km^2，占全区面积的2.68%。区内土壤环境质量优良。

3.依据《绿色食品产地环境质量标准》对区内进行了绿色食品产地土壤环境质量评价。评价结果表明，区内绿色食品产地面积为4552km^2，占全区面积的89.61%；非绿色食品产地面积为528km^2，占全区面积的10.39%。在绿色食品产地中AA级面积为3024km^2，占全区面积的63.07%；A级面积为1348km^2，占全区面积的26.54%。

按农用地分类，水田中符合绿色食品产地环境的面积为1392km^2，占调查区水田总面积的87.44%；旱地中符合绿色食品产地环境的面积为124km^2，占调查区旱地总面积的72.78%；有林地中符合绿色食品产地环境的面积为2532km^2，占调查区有林地总面积的90.69%；灌木林地中符合绿色食品产地环境的面积为92km^2，占调查区灌木林地总面积的91.3%；其他林地中符合绿色食品产地环境的面积为348km^2，占调查区其他林地总面积的91.58%。

影响区内绿色食品产地的主要因素是土壤中的铜和铬元素。其中，土壤中铜不能满足绿色食品产地环境质量要求的面积为256km^2，占全区非绿色面积的48.48%；土壤中铬不能满足绿色食品产地环境质量要求的面积为176km^2，占全区非绿色面积的33.33%。

五、基础研究成果

1.对区内表层土壤风化淋溶特征进行了初步研究。结果表明，区内土壤化学蚀变指数平均值为59.53，中位数为58.92，众数为60.90，三者十分相近，但均小于65%，土壤风化淋溶程度较低，分布均匀，呈现良好的正态分布。土壤化学蚀变指数高值区主要分布于唐县—尚市西南部，该区地势相对平缓，成土母源主要为第四系和白垩系—古近系。相关性分析表明，CIA与pH值相关系数为0.056，与有机质相关系数为0.101,基本不相关,表明土壤酸碱性和土壤有机质对土壤风化程度没有明显的影响。

2.通过碳库研究,查明了区内土壤有机碳储量和密度分布特征,统计了不同地质单元、土壤类型单元、不同土地利用单元和不同生态系统表层(0～0.2m)、中层(0～1.0m)、深层(0～1.8m)碳密度和碳储量。结果表明:

(1)表层土壤有机碳含量平均值为1.227%,总体略低于江汉平原表层土壤有机碳含量(平均值1.39%)。表层土壤有机碳含量分布总体上大部分地区呈背景及以下分布,高值区主要呈零星状分布于西北部林地中。深层土壤有机碳含量平均值为0.523%,总体略高于江汉平原深层土壤有机碳含量(平均值0.41%)。深层土壤有机碳含量总体分布与表层土壤有机碳含量分布极为相似,大部分地区呈背景及以下分布,高值区主要呈零星状分布于北部林地中。

(2)表层、中层和深层土壤碳密度均高于全国、东北平原和江汉平原平均水平,表明调查区有机碳储量较为丰富。

(3)土壤表层(0～0.2m)、中层(0～1.0m)、深层(0～1.8m)有机碳密度具有相同的空间分布特征,总体表现大部分地区呈背景分布,高值区主要呈北西-南东向分布于万和—郝店以北一线。

(4)同一单元土壤有机碳储量随土壤垂向深度增加而增加,土壤有机碳密度随土壤垂向深度增加而加大。

(5)受区内不同成土母质形成的土壤分布特征影响,区内有机碳储量主要分布于白垩系—古近系、南华系、中生代中酸性岩和元古宙中酸性岩成土母质形成的土壤中,表层、中层和深层三者之和分别占其储量的88.23%、88.06%和88.00%;区内土壤类型以黄棕壤和水稻土为主,其土壤有机碳储量表层(0～0.2m)、中层(0.2～1.0m)、深层(1.0～1.8m)分别占调查区的比例为98.89%、98.95%、98.97%,表明区内主要固碳土壤类型为黄棕壤和水稻土;调查区以林地分布面积最大,是调查区总面积的65.72%,其次为耕地,是调查区总面积的33.67%,因此,林地和耕地是区内最为重要的土壤固碳单元;就生态系统而言,调查区以森林生态系统为主,面积占调查区总面积的63.80%,其次是农田生态系统,面积占调查区总面积的34.30%,二者面积之和占调查区总面积的98.10%,其有机碳储量为远高于其他生态系统,因此,农田生态系统和森林生态系统是区内最为重要的土壤固碳单元。

六、预警和资源潜力评价成果

1.通过对表层土壤每个采样单元与深层土壤单元进行比较,获取表层土壤酸碱度的变化指数,按指数分析对区域土壤酸化进行预警研究。研究表明,调查区土壤酸化趋势明显。较安全区和安全区面积为672km²,预警区面积为3844km²,危险区面积为788km²。预警区(弱酸化区)分布面积最大,占调查区总面积的72.47%,其次是危险区(酸化区),占调查区总面积的14.86%。预警区和危险区占调查区总面积的87.33%。由于调查区绝大部分土壤存在土壤酸化趋势,不同的成土母质、不同的土壤类型及不同的土地利用方式均有预警区和危险区分布,因此调查区土壤酸化与成土母质、土壤类型及土地利用方式的关系并不明显。

2.通过本次1∶25万土壤调查,发现调查区土壤锶元素含量高,存在大量的富锶土壤。调查区表、深层土壤锶元素含量平均值均高于十堰—丹江平均值和中国土壤(C层)背景值,表层平均含量是中国土壤(A)层的1.60倍,是十堰—丹江平均值的2.07倍。深层平均含量是中国土壤(C)层的1.49倍,是十堰—丹江平均值的2.04倍。在空间分布上,表、深层土壤表现出高度的一致性,分布不均匀,且明显受成土母岩控制,高值区分布于中酸性侵入岩母质中。

圈出富锶(土壤锶含量≥200μg/g)面积2824km²,占调查区面积的55.59%。其中,能满足无公害农产品种植业产地环境条件要求的富锶土壤面积2740km²;尚不能满足无公害农产品种植业产地环境条件要求的富锶土壤面积84km²。富锶土壤区主要呈北西-南东向分布于新城—万和西南及新城—股店—蔡河与淮河—草店—三里城所夹区域。区内具有较好的开发富锶土壤资源潜力。

3. 通过矿产资源潜力评价，共划分银金成矿预测区1处，银金铜铅锌成矿预测区6处，银金铜锌成矿预测区1处，铜铅锌成矿预测区1处，磷锰钒成矿预测区5处，锰钒成矿预测区2处，钨钼成矿预测区5处，铬钴锡钛成矿预测区9处。具有甲类找矿潜力的预测区7处。

湖北省恩施西部特色农业区土地质量地球化学调查成果报告

提交单位：湖北省地质调查院

项目负责人：万能

档案号：档0596-06

工作周期：2014—2016年

主要成果：

一、地球化学调查成果

（一）土壤地球化学基准值及元素分布特征

1. 与中国土壤背景值比较，恩施地区深层土壤中大部分亲铁元素、亲铜元素以及表生还原环境下的亲硫元素相对富集；区内主要一些亲石元素（氧化物）如Ba、Br、Ce、Ga、Ge、La、Rb、S、Th、Y、Zr、SiO_2、Al_2O_3、MgO、K_2O接近于全国土壤背景值；尚有Ag、Cl、P、Sr、CaO、Na_2O比较贫乏。

2. 恩施地区土壤具如下地球化学环境特点：①地质背景处于上扬子沉积区，地球化学组成明显带有上扬子地层环境的特点，即该区所具有的Li、B、F高度富集，Na_2O、Sr贫乏，显示出上扬子区相对稳定的克拉通沉积环境下所具有的泥质碳酸盐环境蒸发海沉积；②全区显示出国内少有的Se富集，并伴随Cd、Hg、V、U、Mo、Ni的富集，展示出上扬子区在后扬子构造期基本以还原的封闭海环境沉积为主，以至于在母质风化成土后仍然保存着最原始的沉积环境特征；③全区以原地风化母质所形成的土壤为主，以异地河流搬运冲积母质形成的土壤仅占0.7%，原岩母质的高度风化造成CaO、MgO的大量淋失，尽管区内地质出现有大量碳酸盐岩台地，但土壤中CaO、MgO残留量极低，以CaO最为显著，全区基准值仅0.42%；仅为江汉平原冲积带钙量（基准值达1.55%）的27%，反映出风化母质土壤与冲积母质在成土性质上的重大差异。

3. 各地质单元母质深层土壤元素分布特征：区内南华系—震旦系母质有Ag、Au、Ba、Cd、Cu、Hg、P、S、Sb、Sr、Zn、Na_2O、C的富集，可以认为上述高富集的化学组成是扬子地台区一个十分重要的成矿时期；B、Li、F是本区寒武系母质层的标志性元素；奥陶系母质主要表现为富铝质泥质沉积环境下元素富集；志留系—石炭系母质元素分布比较平稳，没有特别富集与贫化的元素；Ag、Cd、Hg、Mo、Se、C的富集是二叠系母质的标志；三叠系母质也存在B、Li、Cl共同富集；侏罗系母质贫乏Br、Cd、F、Hg、I、Mn、Mo、U，可能表达了原始母质形成于干燥的炎热环境；白垩系母质主要出现SiO_2的特殊富集，高硅、钠，低铝，多元素匮乏是本母质层的基本特点；全新统冲积层显示为Na_2O、CaO、Sr、SiO_2、Cl、Ag的富集，其富集组分与白垩系母质极为相似。

4. 表层土壤元素背景特征：表层土壤元素分布存在着高度的不均匀性；化学元素在土壤第一环境和第二环境的分布差异不大。

5.各地质单元母质表层土壤元素分布特征:第四系全新统中 OrgC、C、Se、S、P、N、Mo、Cd 较为富集,As、Br、Co、I、Mn、N、Ni、Rb、Sb、Th、Tl 较贫乏;白垩系表层土壤相对于深层土壤主要有 Ag、Cd、Cl、N、P、S、Se、Sr、CaO、Na_2O、OrgC、C 富集,其中以 N、P、S、Se、OrgC、C 的富集比较显著;侏罗系表土显示为生物元素 OrgO、C、N、P 以及重金属 Cd、Hg、Sb、Mn、Ag 的富集;上中三叠统母质区表现出高 B、Li、CaO、MgO、Cl、K_2O 特征外,Br、Cd、Hg、I、Mo、Se 处于完全贫乏状态,下三叠统富集 As、Br、Co、I、Mn、Sr、Ti、U、CaO、Na_2O;二叠系表土富集 Ag、Br、Cd、Cr、F、Hg、I、Mo、N、Ni、S、Sb、Se、Sr、U、V、MgO、OrgC、C,高度富集 Cd、Mo、Se;石炭系—泥盆系、志留系、奥陶系母质共同出现 Ag,Ba、Cd、N、P、S、Se、Sr、CaO、Na_2O、OrgC、C 在表层环境中富集的态势;寒武系表土存在 As、B、Br、Cl、F、Hg、I、Li、P、S、Sb、MgO、K_2O 的富集,其中以 B、F、Li 的富集度最大。

6.各土壤类区表层元素分布特征:棕红壤显示绝大部分元素偏低于区域背景值;黄壤的元素分布完全服从母质地质背景;黄棕壤主要富集一套表生富集或生物富集元素,主要在上二叠统、石炭系—泥盆系、中下二叠统形成 Cd、Mo、Se、V 的强富集;暗黄棕壤中元素存在着总体均匀分布的现象;棕壤是一种多元素富集的土壤;石灰土中除 CaO 在各母质层区共同富集外,而在中上三叠统母质区富集 B、Li,在二叠系富集 Ag、Au、As、Cd、Co、Cr、Cu、Mo、Ni、Sr、V、Zn、TFe_2O_3、C,在寒武系富集 B、Li、Ag、Mo、Cl、P、MgO、Sr 等;紫色土表现为 CaO、MgO、K_2O、B、Li、Cl 富集,并存在 Br、Cd、Hg、I、Mo、Se 的严重贫乏。

7.土地利用是自然因素和人类活动因素的双重利用结果,它造就了不同的生态功能区:水田主要集中在三叠系和奥陶系母质区,属弱酸—中性土,土壤养分含量受母质影响;旱地除 Mo 相对富集外,其他富集系数均在 0.96～1.05 之间。进一步按照地质背景进行分解,发现不同景观地质条件下元素明显差异,呈现出受地质单元控制的元素分布态势;林地以三叠系母质区面积最大,是 B、Li 的富集区,二叠系、石炭系—泥盆系母质林地是 Ag、Cd、F、S、Se、V、OrgC 富集区,寒武系林地区高度富集 B、Li 和 F、Hg、S、K_2O 等;区内果园、茶园的养分相对富足,营养元素充沛,富 K_2O、Mg、Ca、Fe 含量适当,并具备 B、Mo、Se 的富集特征。

8.针对区内不同行政区,提出了相应的农业种植建议:秭归县分布中元古代中酸性侵入岩以及南华系—震旦系母质土壤,富钾低钙以及贫乏的硼、砷、镉,使之成为优良的茶叶种植区;发育于二叠系、石炭系—泥盆系、寒武系母质层上的富硒土壤适宜富硒农产品种植,对农业开发相对有利;巴东县土壤养分比较适宜,没有过于贫乏元素,是开发喜硼农作物的有利种植区,也是富硒资源开发的有利地区;宣恩县具有发育富硒土壤和富硼土壤的优势,开发意义重大;建始县从土壤元素分布种类和条件来看,山地土壤具有发展农业的潜力;来凤县以奥陶系、志留系母质为主为大片富钾区,可成为发展农业的优势区,且在二叠系、下三叠统沉积母质区为大片的富硒区,面积约 208km^2,对开发富硒农产品有利;咸丰县具高硼、富硒土壤的分布,十分有利于咸丰县的农业种植,为咸丰县农业开发提供了土壤资源基础;利川最大特点是主体受三叠系母质控制,无论是暗棕壤区还是棕壤区,均呈现出高硼的分布态势,可能成为其农业发展的优势区。

9.表层土壤中的元素分布,主要受土壤原生母质环境、后生成土环境、外部生态环境多重因素影响:表现出复杂的区域分布变化,由 N、Se、Sr、Cr 块金效应介于 25%～75%之间,说明它们受到的空间变化是自然因素和人为因素共同作用的结果,它们含量受人类活动影响相对较大;其他元素 C、P、K、Ag、Au、Ge、As、Cd、Hg、Cu、Pb、Zn、Ni 均小于 25%,表明具有强烈的空间相关性,变量的空间变异以结构性变异为主,空间变异主要来源于自然因素,总体上,恩施地区多数养分和重金属元素受控于自然因素,表明恩施地区仍然是一个原生态的环境。恩施地区土壤中元素活动性处于两个极端,在土壤强烈风化体系中相当部分亲石、亲铁元素甚至亲硫元素已经趋于相对稳定状态,化学活动性变得很差,但也有不少亲气或表生生物活动中活泼的元素变得活动性强烈,易于在土壤表层迁移聚集。

10.土壤风化淋溶特征:恩施地区是富铝环境,区内土壤风化程度较高,土壤养分不足的状态,土壤淋溶程度极高。

（二）地球化学异常

1.恩施地区的环境元素异常：几乎全部为天然物质在自然营力作用下堆积所致，被定义为土壤环境质量的原生危害。划分为 Cd、As、Ni、V、Pb、Se、Cr，其中以 Cd 最为重要；划出 Cd 的原生危害区 9869km^2；在此基础上，设计 1μg/g 作为土壤实际发生的危害作为土壤整治值，确定出镉的总原生危害区，全区总共划出 13 个危害区（异常区）。

2.农业营养有益元素丰缺异常：硒丰足区计 11 330km^2，对于大于 3μg/g 的硒过剩区则统计为原生危害区面积 289.86km^2。缺乏区共划出 2 处，总面积 38.35km^2；硼丰足区计 13 023.5km^2；缺乏区共划出 3 处，面积 72.53km^2；钼全区无缺乏区，丰足区计 12 700km^2；磷全区丰足区计 14 552km^2；缺乏区两处，面积共 42.34km^2；氮全区丰足区计 16 631.5km^2，缺乏区 3 处，面积共 181km^2；钾全区丰足区计 16 566km^2，缺乏区沿建始-恩施构造带零星分布，另在新塘一带分布零星；有机质全区丰足区计 16 033km^2，缺乏区 3 处，面积共 450.14km^2。

3.矿致异常：依据区内找矿条件，按成因分类圈定矿产资源多元素组合异常，全区共计圈定找矿异常 54 处，包括三类异常：①与黑色岩系硒、钒、钼等矿产资源有关的异常 28 处，其中圈出异常强度高，层位稳定，具有高硒资源的找矿前景的乙 1 类异常 8 处，占本类异常区数的 28.7%；②新开辟找矿方向，圈定与寒武系、三叠系硼锂矿产资源有关的异常 12 处，认为寒武系母质层可能存在较好的含矿富集体；③与铅锌金锑找矿有关的异常 14 处，其中 3 处存在极大的找矿可能性，区内发现数处金异常，具有较大的找矿潜力。

4.根据硒相关的综合异常评价情况以及硒矿控矿因素的研究，分别选择 CMSe-5 太阳河异常、CMSe-7 白杨河异常、CMSe-10 野三关异常、CMSe-11 沐抚区异常、CMSe-14 新塘异常、CMSe-16 龙塘口异常、CMSe-17 椿木营异常用岩石地球化学剖面测量的手段，进行异常查证（其中 16 号异常为甲类异常，其余均为乙类异常），最终在龙塘口异常区发现硒矿点 3 处。其余异常中部分岩石也达到硒肥矿的含量水平，说明本次异常指示性较好。

（三）土壤碳储量分布特征

1.全区土壤有机碳含量总体表现为南北高、中部低。土壤有机碳低值区主要分布在调查区中部恩施—建始一带的耕地中，高值区主要分布于调查区南部建始县官店—宣恩县椿木营—宣恩县沙道沟林地中，主要土壤类型为棕壤和黄棕壤。土壤有机碳储量和密度表层、中层和深层土壤碳密度均高于全国、东北平原和江汉平原平均水平。

2.土壤表层（0～0.2m）、中层（0～1.0m）、深层（0～1.8m）有机碳密度在空间分布上与表层土壤有机碳分布特征相似。

3.同一单元土壤有机碳储量随土壤垂向深度增加而增加，土壤有机碳密度随土壤垂向深度增加而加大。

4.受区内不同成土母质形成的土壤分布特征影响，区内有机碳储量主要分布于由中生界、古生界成土母质形成的土壤中。二者分布面积占全区面积的 99.03%，表层二者之和占表层有机碳储量的 99.29%，中层二者之和占中层有机碳储量的 99.25%，深层三者之和占深层有机碳储量的 99.23%，因此，中生界、古生界成土母质形成的土壤是区内最为重要的土壤固碳地质单元。

5.调查区主要土地利用为林地和耕地，二者面积之和占调查区总面积的 97.93%，其有机碳储量远高于建设用地和其他用地，因此，林地和耕地是区内最为重要的土壤固碳单元。

6.就生态系统而言，调查区以森林生态系统为主，面积占调查总面积的 75.48%，其次是农田生态系统，面积占调查总面积的 23.80%，二者面积之和占调查总面积的 99.28%，其有机碳储量为远高于其他生态系统。农田生态系统和森林生态系统土壤表层（0～20cm）碳储量分别为全区土壤表层碳储量的

21.82%和77.70%，中层碳储量分别为21.41%和77.09%，深层碳储量分别为22.75%和76.73%，因此，森林生态系统和农田生态系统是区内最重要的土壤固碳单元。

二、土地质量评价成果

(一)全区土地质量评价成果

1.评价区土壤养分等级丰富—中等面积16 259.32km²，占全区面积的96.48%；土壤养分较缺乏—缺乏的地区主要分布于恩施市，其中氮元素在恩施市地区缺乏情况严重，但在全区其余地区均较为丰富。磷、钾元素在巴东县、秭归县、咸丰县可见局部较缺乏的情况，其余地区土壤养分情况均良好。

2.评价区土壤健康元素含量普遍较高，全区Se含量适量到高的面积占总面积的96.72%，2.39%的面积为过剩，0.21%的面积为缺乏。富硒资源广泛分布于全区，资源含量丰富且硒高含量主要沿二叠系分布；全区碘含量为中量到高的面积占总面积的92.06%，2.49%的面积为缺乏，5.46%的面积为过剩；全区氟含量为适量到高的面积占总面积的19.85%，77.31%的面积为过剩，2.85%的面积为边缘到缺乏。

3.评价区土壤酸碱度评价结果以酸性为主，占全区面积的45.91%；其次是中性—碱性占全区面积的48.8%；区内5.27%的土壤酸碱度评价等级为强酸性，需特别注意此地块的土壤重金属污染的风险。全区土壤环境质量评价情况整体较好，清洁—尚清洁面积占全区面积的71.83%，轻度污染—中度污染面积占全区面积的20.65%，土壤重度污染面积占全区面积的7.52%。

4.评价区土壤质量以中等(三等)为主，所占比例为52.8%，优质(一等)和良好(二等)，面积比例分别为9.39%、9.38%。空间分布上，与土壤质量地球化学综合分等特征一致，一等和二等主要分布于利川县、秭归县和咸丰县一线，与地层分布有较大关系；三等遍布全区；四等与五等则与二叠系套合较好，主要是由于土壤镉元素指标超标，主要分布于恩施市、巴东县和建始县南部。

(二)典型区土地质量评价成果

1.野三关镇评价区土壤质量以中等(三等)为主，所占比例为63.04%，其次为良好(二等)和差等(四等)，面积所占比例分别为6.13%、24.57%。

2.评价区灌溉水指标均为一等(合格)，大气干湿沉降综合质量均为一等，水气环境优良。

3.农作物质量地球化学等级划分结果显示：区内玉米、水稻、红薯富硒水平高，绝大多数达到了绿色食品卫生标准，属于一等农作物，适宜作为富Se产品开发；四季豆、魔芋、土豆等作物在富硒的同时也有部分镉超标的现象，所以划为二等农作物，在现有条件下，不适宜作为富Se产品开发；大蒜、辣椒、木瓜硒含量较高，但是重金属镉超标较严重，划为三等农作物，建议在解决作物镉超标后，再考虑作富Se产品开发。

4.土地质量地球化学综合等级以三等为主，面积为329.87km²，其次为二等和四等，面积分别为33.02km²、128.57km²。空间分布上，与土壤质量地球化学综合分等特征一致，一等和二等主要分布于四渡河村、水井淌村、耳乡湾村—白米溪村、马眠塘村—金山坡村、下支坪村一线，与地层分布有较大关系；三等遍布全区；四等与五等则与二叠系套合较好，主要是由于土壤重金属指标超标。

5.调查区内土壤中硒的来源主要是二叠纪地层，二叠纪各地层中硒含量水平均较高，特别是孤峰组的硅质岩最为富硒。同时，硒的富集也有部分次生富集作用的贡献。

6.通过综合异常图，圈出了5个硒矿远景区，并划定柳家山—黄连坪一带的肥料用硒矿靶区，估算出区内硒肥矿石量898.8万t，硒金属量1 276.3t。

7. 通过本次 1∶5 万和 1∶1 万土壤调查，圈出富硒土壤（土壤硒含量＞0.4mg/kg）面积 193.7km^2。通过区内硒资源综合评价，评价区硒土壤资源以中等为主，面积为 425.31km^2，所占比例为 81.28%，其次为良好和差等，面积分别为 49.55km^2、8.92km^2，所占比例分别为 9.47%、8.92%。良好—中等区主要分布于麻沙坪—铺坪黄连坪一带、楸树坪—瓦屋场—大湖坝一带、道子坪—石马岭和高阳寨—木龙垭一带，其土壤母质主要为二叠系硅质岩-泥岩-页岩等黑色岩系，土壤硒平均含量为 0.69mg/kg，变化范围 0.2～19.12mg/kg，是该区富硒资源开发重要地区，具有开发富硒农产品的土地资源潜力。

8. 估算出调查区富硒区土体中硒的金属量为 12.17t，其中耕地硒金属量 9.68t，林地硒金属量 2.48t；富硒区中表层土壤硒金属量为 0.97t，其中耕地硒金属量 0.14t，林地硒金属量 0.83t；富硒区植物中硒的年带出量 0.82kg。表层耕地土壤硒量仅占耕地土体总硒的 1.44%，硒从表层土壤到植物中的年损耗率为 0.6%，表明区内土体中硒元素总量大，表层土壤中硒的供应非常充足，植物带出的硒年损耗率非常小，因此，区内富硒资源开发潜力巨大，并且具有可持续开发利用的能力。

9. 结合当地政府农业发展规划和需求，配合富硒标准化农田建设，共圈定了麻沙坪-黄连坪富硒区、故县坪-大甘坪富硒区、菜子坝-石马岭富硒区 3 个重点富硒区，并在区内圈出 3 个产业园建设建议区。

10. 绿色食品产地土壤质量环境评价结果显示绿色食品产地面积为 38.4km^2，占全区面积的 7.34%。在绿色食品产地中 AA 级面积为 18.78km^2，占总面积的 3.59%；A 级面积 19.62km^2，占总面积的 3.75%。通过无公害水稻、蔬菜产地土壤环境适宜性评价，区内能满足无公害蔬菜产地土壤环境质量要求的面积为 100.21km^2，占全区面积的 19.15%；能满足无公害水稻产地土壤环境质量要求的面积为 93.77km^2，占全区面积的 17.92%。影响区内无公害蔬菜和水稻产地环境的主要因素是土壤中的 Cd 元素含量超标。

11. 优质农产品种植优选分区结果：区内优质红薯高度适宜产地 509.72km^2，占总面积的 95.33%，中高等级适宜产地 13.13km^2；优质玉米高度适宜产地面积 522.85km^2；优质水稻高度适宜产地面积 497.37km^2，优质水稻的中高等级适宜地块面积 25.33km^2。区内具备发展优质高效生态大农业的土地资源优势。

三、研究性成果

1. 地球化学构造层是构造发展阶段物质分配总的结果，调查区存在着 4 个依序发展的构造层：一是扬子构造地球化学层，本区仅局部有分布，由少量的南华系—震旦系沉积母质及本期中酸性岩母质组成，显示为 Ag、Ba、Cd、Cl、Cu、P、S、Se、Sr、Zn、Na_2O 的富集；二是后扬子构造期形成的由寒武系沉积直到中生界中三叠统诸沉积相构成的后扬子构造地球化学层，本构造层元素趋于富集，含量均匀，尤在 Cd、F、Hg、Li、Mo、Se、MgO、C 基准值偏高；三是中晚三叠世发展起来的燕山-喜马拉雅构造运动以大陆边缘构造运动为主的构造地球化学层，该层仅见 Ag、Cl、Sr、SiO_2、CaO、Na_2O 的富集；四是现代沉积地球化学层。

2. 表层土壤基本划分为 3 个一级地球化学分区：黄陵中新元古代构造层富钠锶钡贫镉硼硒多元素富集地球化学区、八面山上扬子地台富硒硼钼镉多元素富集地球化学区、晚中生代坳陷盆地高钠钡多元素贫乏地球化学区。

3. 黄陵中新元古代构造层富钠锶钡贫镉硼硒多元素富集地球化学区土壤溶淋程度较低，富铝化程度不高，盐基组分饱和，养分元素充足。在中部花岗岩母质区，以发展茶叶生产为主，是邓村绿茶种植的天然土壤。然而本区缺乏硼，对发展油菜、棉花生产不利。

4. 八山上扬子地台地球化学区以不同母质层元素分布的差异划分出有其特色的地球化学带，包括：①寒武系、三叠系母质区硼锂特高、中高、低高地球化学带，本母质土壤中高硼是农业种植中最为有益的微量元素，该母质区土壤高硼（85～280μg/g）特性为湖北乃至全国范围为唯一发现，既具有寻找原生富集体的条件，又具有有益元素农业种植开发的条件，全区被划分为11个富集区；②二叠系—(石炭系—泥盆系)母质高硒钼钒镍锌铬镉地球化学带，主要为二叠纪含碳黑色岩系沉积母质，富集元素以硒为代表，恩施成为国内最为典型的硒沉积富集区，伴随硒的富集，伴生有钼、钒、镉、镍的高量富集，使之在区域上构成紧密共生的共同富集区，按照空间分布的专属性，本次按照后期构造形变和区域展布形态划分为10个大小不等的富集区，首先为开发富硒农产品提供了雄厚的资源保障，其次是开发硒的矿产资源之根本，首次系统地向社会提供了硒的找矿异常区，为区内硒矿产资源寻找提供了基础；③奥陶系—(志留系)母质高钡(钾)地球化学带，本区母质土壤的偏钡、钾分布特征，使之成为扬子沉积区地球化学分区的标定元素。根据区域构造展布形态与本套母质地层分布，一共划出9个高钡钾地球化学小区，分布区坐落于高硼锂区与高硒钼镉钒区之间，本区奥陶纪沉积母源土壤 K_2O 平均背景含量达2.97%，为区内最富钾母源区，而其两侧母源钾背景含量亦高。

5.中生代坳陷盆地沉积母质分为秭归坳陷盆地、恩施坳陷带、利川坳陷盆地、来凤坳陷带4个构造区，陆源碎屑沉积是本时期的主要沉积形式。这些母质区偏高的钠量和严重的贫硼，是农业经济发展的不利地区。其一，因土壤贫瘠，本次测得ba值为0.35、0.41，明显表现土壤盐基成分不足，富铝化严重，有益微量元素尤其硼、钼严重贫乏，直接影响农作物的生长；其二，这些地区邻近城镇，受人为污染影响，土地质量下降。

6.恩施地区硒元素是在(265.1±2.4)～(260.0±2.0)Ma期间，西南部的海底火山喷发产物以及盆地中生物遗体所带来的Se、Mo等造矿金属元素及 SiO_2、Al_2O_3 等造岩元素，在海盆的还原环境中浓集形成了含硒碳质硅质岩相堆积——含硒胚胎层，其动力可能来自火山喷发，也可能来自大洋环流。所以恩施地区硒矿床属于同沉积型矿床，但是后期硒元素的表生富集作用也对硒矿形成起到一定作用。含碳硅质岩、含硅碳质页岩互层是硒矿形成的有利的岩性组合，硒矿石主要类型为含碳硅质岩型矿石和碳质页岩型矿石。

7.恩施地区二叠系是硒元素主要富集岩层，但不是唯一岩层，其中奥陶纪龙马溪组对硒也有一定的富集；部分地区，三叠纪岩层也有部分富集；二叠纪岩层硒元素富集程度最高，甚至在双河乡可富集成独立硒矿，其他岩层富集程度较低，但这些富集岩石共同组成恩施地区富硒土壤的物质来源；硒元素在二叠系富集，但是各地富集程度不一致，其富集程度由高到低依次是新塘、沐抚乡、业州镇、野三关镇、晓关乡，说明在二叠纪，区内沉积环境不同，此时硒元素的沉积中心在新塘地区。

8.二叠系在恩施地区均是硒元素的富集层位，各地层均较为富集，并且在孤峰组达最大程度富集；不同区域各地层的富集程度不同，新塘乡在孤峰组富集程度明显高于业州镇与野三关地区，这与当时的沉积环境有关，已有研究表明，二叠纪恩施地区的沉积中心在新塘、双河附近，所以，双河可以形成独立的硒矿床，而野三关未发现达到工业硒矿品位的矿点；在新塘乡与业州镇地区大隆组中有较高的硒富集程度，是该区硒元素第二富集层位，但是在野三关范围内却未发现该层位的硒富集，并且大隆组在野三关出露也非常少，厚度非常薄；另外，两个地区的下窑组和龙谭组中的硒平均含量较为接近，均有较高的硒含量；野三关区内茅口组、栖霞组也有一定硒富集，而新塘乡、业州镇区内相应层位没有表现出对应的富集特点。整个恩施地区硒的来源主要是二叠系，特别是其中的孤峰组硅质岩，但是由于沉积环境的不同，硒元素的富集程度和富集层位有所差异。

9.调查区内岩石中硒元素与镉元素的确在二叠纪大量富集，但是二者之间并没有明确的相关关系，这可能说明当时沉积环境有选择性地富集某种元素；但是，调查发现，在整个恩施地区的土壤中，硒元素与镉元素的相关性较强，往往是共生的，这说明土壤中的硒、镉同高是在后期成土过程中，两元素性质相近而产生的同富同贫的现象。这一结论具有较大的意义，说明恩施地区具备找到富硒但镉含量相对较低的岩石，这一结论将为当地富硒岩石开发指明一条新的方向。

10.富硒土壤中硒的易利用态与中等利用态含量之和是非富硒土壤的2.13倍，显示富硒土壤更有利于产生富硒农作物；土壤有机质与土壤硒可利用形态相关性较弱；在碱性环境下，土壤硒有效量高于酸性环境和中性环境，土壤 pH 高低与离子交换态、强有机结合态关系明显，与前者呈弱正相关，与后者呈弱负相关。在一定范围内，硒有效量随着土壤 pH 升高而增加，因此增加土壤 pH 值能有效地提高硒生物有效性；区内 Cd 元素各形态中离子交换态及碳酸盐结合态比例最高，尤其是 Cd 的离子交换态远高于其他元素，Cd 可利用态受全量影响最显著；土壤酸碱度对重金属形态影响较大，随着土壤 pH 值升高，土壤中黏土矿物、水合氧化物和有机质表面的负电荷增加，对重金属的吸附能力增强，使溶液中的重金属浓度降低，因此适当增加土壤 pH 值，能有效地抑制土壤重金属活性，降低土壤重金属污染风险。

11. 农作物对硒的富集系数大小顺序为：银杏树叶＞辣椒＞玉米＞水稻＞大蒜＞红薯＞土豆。农作物的硒含量水平取决于土壤的硒含量水平，土豆、红薯、水稻、大蒜、辣椒对重金属元素镉的吸收能力比较强，所以在种植此类作物时要做好措施预防重金属镉的超标；玉米对重金属镉的生物富集系数只有 3.2%，说明玉米比较容易达到绿色食品的标准；土豆、红薯、银杏树叶等农作物在酸性土壤中富集大部分重金属元素，尤其是 Cd 元素，在土豆、红薯、水稻、大蒜、银杏树叶 5 种作物内均是在酸性土壤较为富集，因此适当提高土壤 pH 值可以有效减少大部分农作物对重金属元素的富集，从而提升农作物的安全性和自身品质。

国家地质数据库建设与整合（中国地质调查局武汉地质调查中心）二级项目成果报告

提交单位：中国地质调查局武汉地质调查中心

项目负责人：王江立

档案号：档 0582

工作周期：2017—2018 年

主要成果：

1. 以数据产品汇聚为基础，整合中心数据资源并上云共享，支撑“地质云”建设，解决地质数据产品共享服务难题。

（1）整理境外地质图数据库、中南地区矿产地数据库、工作程度数据库、同位素测年数据库，1∶5 万区调矿调目录数据，1∶5 万、1∶25 万、1∶50 万、1∶150 万、1∶250 万地质图空间数据库等数据，并通过“地质云”进行共享。

节点按照数据服务的内容与分级、共享方式、工作流程、接口标准、数据整理技术要求等，开展地质数据准备、数据处理、服务发布、接口封装、注册服务等工作（图 5-2），在“地质云”上新增巽他群岛境外地质图、印度尼西亚苏门答腊岛空间数据库，更新中南地区矿产地数据库矿产地 46 条，工作程度数据库 79 条，同位素测年数据库 98 条，区调矿调目录数据 633 条，各数据库数据都已经更新到 2018 年，支撑了“地质云”数据共享服务。

（2）发布南漳-远安动物群、滑坡涌浪、地质灾害、金钉子等中心特色地学科普产品和北部湾、长江中游城市群、珠三角等城市地质调查成果共 235 个产品。

武汉地质调查中心开放地质信息产品服务范围，通过服务系统主动提供更多的公开地质信息产品的开放服务，包括移动服务、在线浏览、下载实体数据等。同时加强服务宣传，根据用户特定需求，提供定制处理和专题服务等。

2. 夯实信息化基础，在基础设施、网络安全、制度标准等保障方面构建了中心信息化“高速公路”，解决了“地质云”中南节点信息化基础支撑的问题。

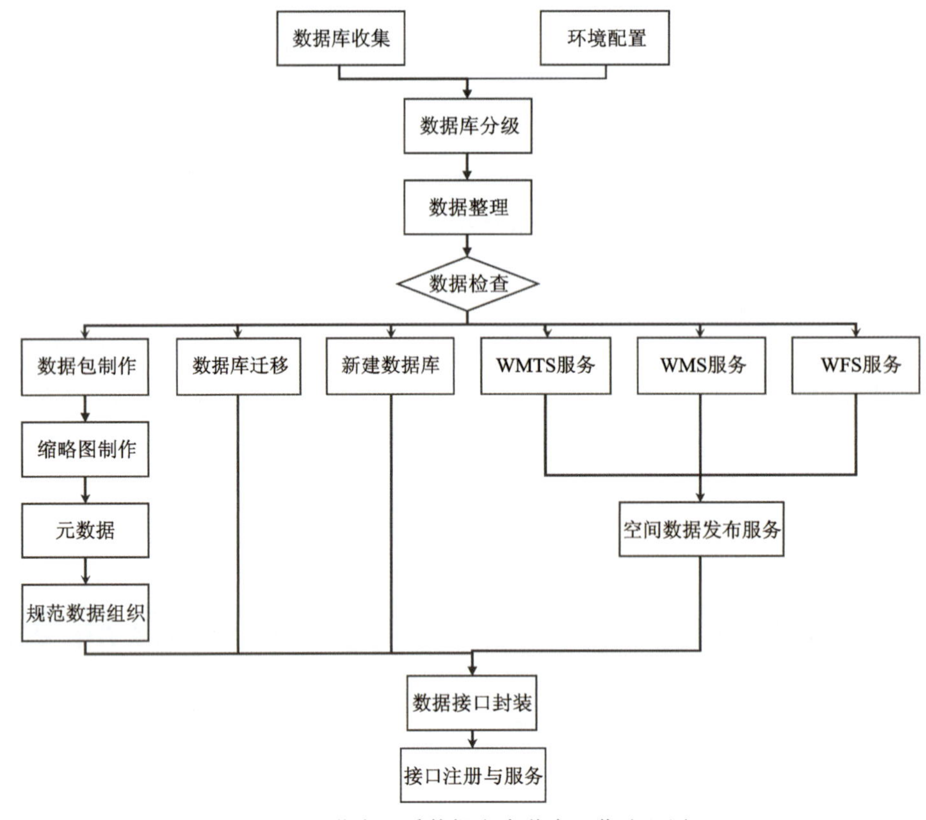

图 5-2　节点地质数据发布共享工作流程图

(1)“地质云”武汉节点实现各类软硬件资源的虚拟化；提供资源、调度、软件服务、监控和运维的统一管理与调度能力，提升业务部署与运营维护效率(图 5-3)。

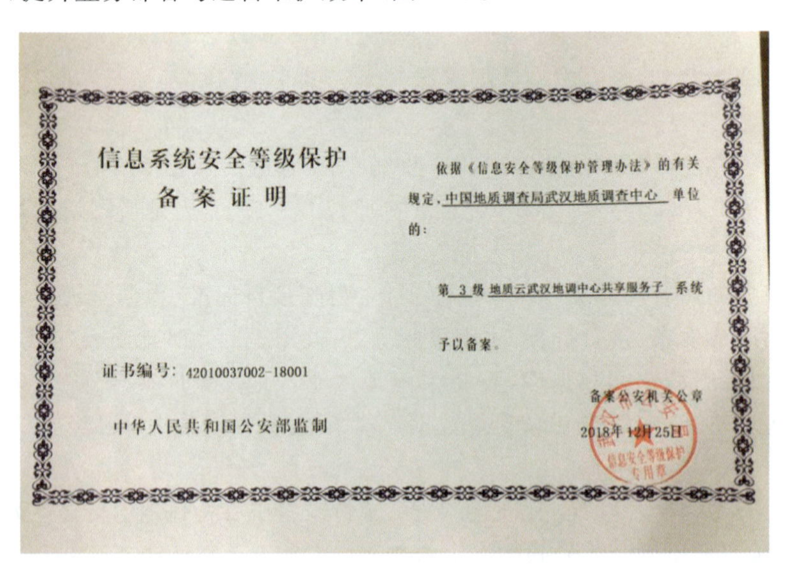

信息系统安全等级保护
备案证明

依据《信息安全等级保护管理办法》的有关规定，中国地质调查局武汉地质调查中心 单位的：

第 3 级 地质云武汉地调中心共享服务子 系统

予以备案。

证书编号：42010037002-18001

中华人民共和国公安部监制

备案公安机关公章

2018年12月25日

图 5-3　信息系统安全等级备案证明

(2)根据局无线网与业务网隔离的要求，对中心现有网络结构进行改造，清理、关闭了中心业务网中的无线路由器，部署无线覆盖网络，实现无线网络与地质调查业务网的隔离。

(3)完成与宜昌基地专线网络，为宜昌基地职工访问“地质云”业务网、中心内部网络提供基础环境。

(4)完成中心涉密数据屏蔽机房技术方案编制、论证和采购，推动中心涉密数据处理、传输、存储环境的建立。

(5)通过梳理中心关键信息基础设施，开展关键信息基础设施安全防护，极大增强了中心网络安全防御能力。

根据差距分析查找问题漏洞48项，提出节点网络安全建设方案并组织实施，配备防火墙、入侵防御系统、网闸、日志审计、数据库审计等安全设备，强化关键信息基础设施安全防护。

(6)规范了中心网络安全管理。通过加强网络安全工作的领导，完善中心网络安全管理制度。

出台中心网络安全和信息化规章制度7项，即中心网络安全管理办法(试行)、网络安全与信息化组织管理规定(试行)、网络安全等级保护管理规定(试行)、信息系统账户与密码安全管理规定(试行)、机房安全管理规定(试行)、网络安全事件管理规定(试行)、网络安全事件应急预案(试行)7项管理制度。

开展节点网络三级安全等级保护备案测评(图5-3)。

在所有安全内容实施完成后，为确保项目设计达到设计预期、满足技术标准，聘请了武汉市具有资质的等级保护测评机构对网络安全情况开展等级测评。

(7)实现中心网络安全态势感知，切实提高了风险隐患发现、监测预警和突发事件处置能力，能够全面感知网络安全威胁态势、洞悉网络及应用运行健康状态；及时发现各种攻击威胁与异常；具备威胁调查分析及可视化能力，可以对威胁相关的影响范围、攻击路径、目的、手段进行快速判别，从而支撑有效的安全管理和响应。

3.系统收集南岭区域近30年来各类地质科研资料，编制《南岭区域地质志》及系列图件，总结了南岭各地质时代的地层、沉积岩和沉积作用、岩浆岩和岩浆作用、变质岩与变质作用、岩石圈结构构造、地质构造与区域地质发展史等方面的基本特征，反映了南岭当前的区域地质研究现状和地质科学理论水平。

4.利用编图软件，制作专家知识库，划分构造-地层区，并与前寒武纪地层对比，完成1∶250、1∶150万中南地区地质图，初步完成了1∶50万大庸市地质图(初稿)编制，为中南地区关键地质问题分析、地质调查规划部署提供了支撑。开展神农架、随枣地块、云开大山、海南岛等关键地区野外调研，取得了一些新年龄数据和新认识。

(1)出版了《1∶150万中华人民共和国地质图(中南)及说明书》。充分利用新近完成的1∶5万、1∶25万区域地质调查和综合研究资料，借鉴了湘西-鄂西成矿带、南岭成矿带、钦杭(西段)成矿带1∶50万地质图，1∶50万湖南省地质图，1∶50万海南省地质图，体现近年来地质调查与科研的若干新进展与新认识，编制了《1∶150万中华人民共和国地质图(中南)及说明书》，通过多次修改和补充，该图及说明书已经进入出版印刷发行阶段。

(2)建立了1∶250万中华人民共和国地质图(中南)数据库。在已经编制完成的中华人民共和国地质图(中南)的基础上，按照二级项目提出的数据库建设细则，建立了1∶250万中华人民共和国地质图(中南)数据库。

区域地质图数据库建设(中南)成果报告(2011—2015年度)

提交单位：中国地质调查局武汉地质调查中心

项目负责人：刘凯

档案号：档0519

工作周期：2011—2015年

主要成果：

1.有效收集和整理中南地区地质大调查以前产生的地质调查成果和数据资料，及时补充到中国地质调查局已建成的区域地质图数据库中。中南地区 1∶5 万区域地质图数据库已建成 792 幅。

2.完成 25 幅数字填图与传统填图数据转换示范工作,实现了同源异构数据一体化管理与综合应用。

3.逐步完善数据库建设方法和规范,经过逐年不断开展的区域地质图数据库建设工作,在工作中不断探索总结,寻找规律,逐渐完善区域地质图数据库的建库方法,形成完整的理论基础,为今后其他建库工作的开展奠定基础。

4.基本形成了空间数据验收的方法和流程,针对 1∶5 万区域地质图空间数据库的特点,结合相关标准,制定了对应的评分方法和成果评价等级。同时,在成果验收检查中使用了部分程序自动检查功能,实践证明计算机程序自动检查是可行的和高效的。通过前期的数据检查与验收,积累了丰富的经验,基本形成了一套空间数据验收的方法和流程,为本项目的顺利进行打下的基础,也为今后同类空间数据库的验收提供了行之有效的解决方案。

5.形成完善的数据质量检查和管理方法,使生产数据质量得到进一步提高,保证了数据库的完整性、一致性。通过空间数据库的建立工作,数据生产单位均掌握了空间数据库的建设方法、工作流程、文档编录和成果表达方法。通过建库工作的实施,对相关数据库建设的指南也提出了相应的补充和修改的要求,为今后更好地进行空间数据库的建设奠定了坚实的基础。

6.确保数据库现势性和稳定运行,创新数据管理方式和手段,提高数据管理和维护水平,对公益性地质数据进行综合、整理和二次开发,为地质调查信息化建设和数据资料社会化服务,提供了基础数据支撑。

湖南省矿产资源开发环境遥感监测成果报告

提交单位:湖南省地质环境监测总站

项目负责人:刘立

档案号:调 1272

工作周期:2015—2017 年

主要成果:

一、查明了区域矿山开发环境问题

1.查明矿产资源开发状况,获取矿产疑似违法开采图斑 345 个。

湖南省 2015 年度设置有效采矿权 3484 个,有效探矿权 568 个。遥感监测查明了全省正在开采矿山 3737 个,其中界内开采图斑 3392 个,疑似违法开采图斑 345 个。正在开采矿山涉及能源、金属、非金属和水气矿产中的 85 个矿种,开采方式有露天开采、地下开采和联合开采 3 种方式。疑似违法类型包括无证开采、越界开采、擅自改变开采方式和其他(一证多井)等,疑似违法开采矿种包括煤、锰矿、铁矿、建筑石料用灰岩、石灰岩、砖瓦用页岩等 60 个矿种,分布在湖南省 14 个地级行政区的 99 个县级行政区。

除了水气矿产之外,能源矿产、金属矿产和非金属矿产采矿权设置的数量呈逐年减少趋势。矿产疑似违法图斑数量近年来总量平稳,变化不明显。无证开采矿山违法形势整体高于持证矿山,但无证矿山的违法数量呈减少趋势,持证矿山的违法数量呈增加趋势。能源矿产的疑似违法图斑数量呈波动变化趋势,金属矿产疑似违法图斑数量呈减少趋势,非金属矿产疑似违法图斑数量呈波动上升趋势。

2. 查明矿山环境现状，掌握主要矿山环境问题。

查明了湖南省矿山开发占地情况，2015 年度总面积约 58 182.27hm^2。按占地要素统计，采场占地 32 331.72hm^2，中转场地占地 20 103.38hm^2，固体废弃物占地 4 805.94hm^2，矿山建筑占地 941.23hm^2。按图斑合法性统计，界内开采矿山占地面积 16 077.50hm^2，疑似违法开采矿山占地面积 3 458.92hm^2。按矿产类型统计，能源矿产开发占地面积 6 435.25hm^2，金属矿产开发占地面积 14 175.10hm^2，非金属矿产开发占地面积 37 571.14hm^2，水气矿产开发占地面积 0.18hm^2。矿山开发占地面积较大的地级行政区为衡阳市、郴州市和永州市。

发现了矿山地质灾害（含隐患）37 个，其中有塌陷 25 个、泥石流 7 个、滑坡 2 个、崩塌（危岩）2 个。从发生规模上看，特大型地质灾害 1 个、大型地质灾害 2 个、中型地质灾害 11 个、小型地质灾害 23 个。由能源矿引发的地质灾害 27 个，由金属矿引发的地质灾害 7 个，由非金属矿引发的地质灾害 3 个。引发地质灾害最多的矿种为煤矿、钨矿和锑矿。娄底市、郴州市、衡阳市三地的矿山地质灾害（含隐患）相对严重。

查明了湖南省矿山环境恢复治理规划执行情况和矿山“复绿行动”进展情况。2015 年期间，湖南省 14 个恢复治理规划区共实施矿山环境生态恢复治理工程项目 31 个，包括自然复绿 13 个，人工恢复林地 13 个，人工恢复建设用地 1 个，边坡治理 4 个，其中能源矿山 5 个、金属矿山 6 个、非金属矿山 20 个，治理内容为矿山地质灾害防治、“三废”治理、水资源恢复与引水、土地复垦与还绿等。截止到 2015 年底，全省 211 个拟开展“复绿行动”的矿山中，调查有 30 个矿山已经完成复绿，复绿面积约 2 914.53hm^2；正在进行复绿的矿山有 72 个，复绿面积约 10 446.36hm^2；尚未开展复绿的矿山有 109 个，面积 6 971.17hm^2。

发现了矿山环境污染情况，煤矿集中区如娄底市、衡阳市、邵阳市和郴州市，土壤污染较严重，污染了周边的居民生产生活用水和农田。衡阳市等地区的金属矿比较富集，其开采和选矿造成了周边河流和地下水等的污染，同样给人民的生命财产安全造成了威胁。

3. 查明矿产资源开采规划执行情况，总体执行情况不良。

查明了湖南省矿产资源开采规划执行情况，鼓励开采区内规划设置矿权 1506 个，2015 年度实际投放采矿权 1126 个，有界内开采矿山 1148 个，疑似违法开采矿山 105 个，实际投放量比规划投放量少了 380 个，整体与规划不符。限制开采区内规划设置矿权 2144 个，2015 年度实际投放采矿权 958 个，有界内开采矿山 902 个，疑似违法开采矿山 98 个，矿权实际投放量比规划投放量少了 1186 个，整体未超出限制数量，与规划相符。禁止开采区内 2015 年度投放采矿权 164 个，有界内开采矿山 128 个，疑似违法开采矿山 18 个，有 40 个禁止开采区中目前仍设置有矿权或存在矿产资源开发活动，总体与规划不符。

查明了湖南省主要交通沿线矿权设置和矿产资源开发状况。2015 年度主要交通沿线正在开采的矿山约 239 个，其中普通公路沿线有 133 个，高速公路沿线有 21 个，铁路沿线有 42 个，河流沿线有 43 个；涉及采矿权 359 个，其中普通公路沿线有 183 个，高速公路沿线有 20 个，铁路沿线有 63 个，河流沿线有 93 个。主要交通沿线的矿权设置和矿产资源开发状况总体不符合规划要求。

二、推进了相关科技理论的创新

1. 遥感图像处理技术得到明显提高。针对项目中最常用的 SPOT-5 数据，项目组采用“同态滤波及模糊区与无云区平均反射率匹配相结合”方法，将多光谱影像处理过程中反演出的气溶胶浓度运用到全色影像，用 MODTRAN 进行大气校正，明显剔除了因云雾引起的影像反差低、纹理模糊不清等缺点，较好解决了我国南方多云雾天气影响 SPOT-5 遥感图像对地物的识别能力的问题。

2. 矿区信息提取方法取得突破。在模糊 C 均值聚类的基础上，提出了“基于决策树自动分类器”的 PCA 矿区景观分类方法，建立了南方矿区景观生态分类系统，在很大程度上降低了常规景观指数指标之间存在的冗余，为快速开展矿区景观生态评价提供了有效方法和工具支撑。利用 VR Map 三维可视化技术,通过编程构建基于矢量数据的矿区三维地形模型,结合诱发矿区地质灾害的相关因素,针对性地研发了基于GIS空间分析的建模功能,建立了矿山地质灾害隐患预测模型,成功进行了地质灾害隐患点预测和解译。

3.矿产资源开发现状研究取得成效。通过近年来研究发现,疑似越界开采矿山的矿权设置面积多数很小。矿权设置面积过小可能会导致以下情形发生:①越界开采;②难以按照安全生产标准在界内进行分级开采;③矿山的开拓系统、洗(选)矿场、堆矿场以及固体废弃物等违法占用和破坏土地(林业)资源。矿山疑似越界开采行为发生的可能性与采矿权设置面积大小成幂函数关系,矿权设置面积越小,越可能造成疑似越界开采行为;反之,则可减少或避免。当矿权设置面积不足2hm^{2}时,可减少约一半的疑似越界开采图斑数量。

三、为国土资源应用需求发挥作用

1.矿山开发监测成果有机衔接矿产卫片执法监督检查。将2015年度监测成果中提取的矿产违法线索提交给地方国土资源执法监察部门,为矿产资源执法监察部门有效打击非法勘查开采行为提供了技术支撑,并对全域的矿产资源开发秩序有了直观正确的认识,为矿产资源的开发管理提供了第一手的资料。

2.矿山开发理论研究成果被矿政管理部门采纳。将矿权设置面积问题的研究成果向湖南省国土资源厅汇报后,省厅领导高度重视并与省安全生产监督管理局联合下发了《关于加强矿产资源开发管理促进安全生产有关问题的通知》(湘国土资〔2015〕28号),其中明确了湖南省主要矿种矿山的最低开采规模标准,强调了须按要求科学划定矿区范围,充分论证,合理布局,推进矿产资源开发集约节约进程。

3.矿业活动开发占地和"复绿行动"监测结果被地质环境管理部门采纳。将2015年度监测成果中调查出的矿业活动占地情况和矿山"复绿工程"进展情况提交给地方地质环境管理部门,为地质环境管理部门全面掌握辖区内矿业活动强度、主要分布区域、存在的矿山地质环境严重区、需要重点治理矿山、已开展恢复治理的矿山数量、已复绿面积、治理程度和治理效果等情况提供技术支持,便于及时加强矿山地质环境监管和调整恢复治理政策。

4.矿山遥感技术资料成果应用于其他部门的取证。除了国土资源管理部门外,成果资料还有效应用于其他相关单位和部门。例如,湖南省中方县森林公安局在应用证明中写道:"……提供的遥感资料,为非法采矿毁林案件的侦破工作提供了有力的证据。"

南部沿海地区国土遥感综合调查成果报告

提交单位:海南省地质调查院
项目负责人:李志超
档案号:调1273
工作周期:2015—2017年
主要成果:

一、海南省自然资源调查成果

1.2014年海南省林地资源总量为12 067.55km^2。其中,有林地覆盖面积为9 720.15km^2,灌木林地覆盖面积为1 497.37km^2,其他林地覆盖面积为850.03km^2。林地主要分布于中西部市县。

2.2014 年海南省草地资源总量为 242.67km²。其中，天然草地覆盖面积为 0.24km²，主要分布于屯昌县、乐东县和儋州市；人工草地覆盖面积为 25.38km²，主要为高尔夫球场，分布于市区及其周边；其他草地覆盖面积为 217.05km²，全省各县市都有分布。

3.2014 年海南省地表水资源总量为 1 267.46km²。其中，河流水面覆盖面积为 354.76km²，湖泊水面覆盖面积为 61.36km²，水库水面覆盖面积为 550.90km²，坑塘水面覆盖面积为 283.57km²，沟渠覆盖面积为 16.87km²。

二、海南省生态地质环境调查成果

1.2014 年海南省荒漠化土地总量为 39.28km²，约占省域国土面积的 0.11%，全部为工矿型荒漠化，集中分布于文昌市昌洒—木兰头沿海一带。项目组解译和修编的成果数据比 2007 年海南省荒漠化面积数据减少了 192.87km²，减少幅度为 83.08%。

2.2014 年海南省全岛陆域湿地资源总量为 7 585.36km²，占全省陆域面积的 22.31%，其中自然湿地覆盖面积为 2 309.95km²，人工湿地覆盖面积为 5 275.41km²。全省湿地主要以浅海水域和水田为主，占湿地总面积的近 72.48%。

3.2014 年海南省海岸线长度为 1 550.39km，包括基岩海岸、沙(砾)质海岸、淤泥质海岸、生物海岸和人工海岸。其中沙(砾)质海岸最长，长度为 767.94km，占全省海岸线总长 49.53%，广泛分布于全省沿海；其次为人工海岸，长度为 306.15km，占全省海岸线总长 19.75%，主要分布于琼北沿海一带，还有文昌清澜港、万宁市、陵水县、三亚市沿海。

长江中游地区国土遥感综合调查成果报告

提交单位：安徽省地质调查院

项目负责人：陈有明

档案号：调 1276

工作周期：2015—2017 年

主要成果：

项目围绕新时期自然资源管理与生态保护的重大需求，依托已有工作基础，利用国产高分卫星遥感数据，开展长江中游地区国土遥感综合调查，获取系统全面的本底数据，研究提出自然资源管理和生态地质环境保护对策建议，为国家、地方管理部门及社会公众提供科学数据。

1.通过项目实施，全面获取安徽省、湖北省国土遥感综合调查成果数据。

以航遥中心提供的最新国产高分卫星遥感数据为本底，按照所属项目精度要求开展了林地、草地、地表水、荒漠化、湿地因子遥感调查，按时完成了相应阶段工作任务，获取自然资源与生态环境因了调查本底数据成果，主要包括：①安徽、湖北省域 32.6 万 km²林地因子遥感调查数据；②安徽、湖北省域 32.6 万 km²草地因子遥感调查数据；③安徽、湖北省域 32.6 万 km²地表水因子遥感调查数据；④安徽、湖北省域 32.6 万 km²湿地因子遥感调查数据；⑤安徽、湖北省域 32.6 万 km²荒漠化因子遥感调查数据；⑥皖江经济带芜湖大拐重点区 140km²国土遥感综合调查(耕地、林地、地表水、湿地)数据。

2.通过遥感调查成果初步统计分析，基本掌控了安徽省、湖北省及重点区自然资源与生态环境因子现状。

(1)遥感调查成果统计表明，安徽省、湖北省林地面积分别为 37 894.15km²、87 367.92km²；草地面积分别为 762.92km²、2 967.93km²；湿地面积分别为 10 586.38 km²、14 295.78km²；地表水面积分别为

9 527.45km^2、12 912.53km^2;荒漠化面积分别为 688.84km^2、8 320.48km^2;

(2)皖江经济带芜湖大拐重点区遥感调查成果统计表明,区域内林地面积为 5.36km^2,草地面积为 0.18km^2,地表水面积为 57.95km^2,湿地总面积为 63.73km^2。

3. 较为系统全面地总结了安徽省、湖北省自然资源区域生态环境现状问题,并相应提出自然资源环境治理保护意见建议。尤其通过专项调查研究,发现前人调查圈定的鄂西等地岩溶石漠化区生态环境状况目前已发生了颠覆性改善。分析认为,湖北省岩溶石漠化目前不应构成区域性生态环境问题,并经类比与遥感概览,全面认识所谓的南方岩溶石漠化问题应有现实意义。

4. 依据自然资源遥感综合调查成果及区域内已有相关资源环境调查研究成果,结合野外实地调查观察,初步形成"调查区自然资源环境现状为总体态势良好,但区域性自然资源禀赋不足、生态因子空间分布结构性缺陷、人类活动对自然环境强力扰动等局部问题依然较多"的基本结论。

西南典型岩溶地区多目标地球化学调查成果报告

提交单位:南京大学地球科学与工程学院

项目负责人:李伟

档案号:调 1278

工作周期:2014—2015 年

主要成果:

1. 广西岩溶地区横县和武鸣的根系土,根据土壤环境质量标准(GB 15618—1995)二级标准,Cd 超标最为严重,超标率 79.1%,其次为 As,超标率 58.3%,Ni 的超标率为 38.3%,Cr 的超标率为 22.5%,Zn 的超标率为 15.0%,Cu、Hg、Pb 含量均只有 1 件样品超标。

2. 水稻根际土壤中 Cd 的形态分布研究表明,Cd 水溶态含量 0.005mg/kg,离子交换态含量 0.696mg/kg,占总量的 13.54%;碳酸盐态含量 0.377mg/kg,占总量的 6.90%;腐殖质态的含量 0.231mg/kg,占总量的 5.03%;铁锰氧化态的含量 1.221mg/kg,占总量的 19.86%,强有机态的含量 0.333mg/kg,占总量的 7.23%;残渣态的含量 2.141mg/kg,占总量的 47.41%。与长三角土壤相比,广西岩溶区土壤 Cd 水溶态和离子交换态含量占总量比例较低。

3. 水稻籽实调查显示,Cd 仅有 11.9%超标,最高含量为 0.67mg/kg;Ni 有 3.13%的样品超标,最高含量为 2.43mg/kg;As 有一件超标,其含量为 0.59mg/kg;Cr、Pb 均不超标。值得注意的是,对于 Cd、Ni 而言,同一点位采集样品的根系土与水稻籽实之间呈大致的负相关关系,根系土中 Cd、Ni 含量越高,水稻籽实中 Cd、Ni 的含量反而越低,水稻籽实中超过 Cd 限量标准 0.2×10^{-6} 的样品对应的土壤 Cd 含量均在 0.7×10^{-6} 以下,水稻籽实中超过 Ni 限量标准 1×10^{-6} 的样品对应的土壤 Ni 含量均在 35×10^{-6} 以下。

4. 广西岩溶地区农作物的生物有效性有特殊的规律,在广西地区根系土与水稻籽实中重金属元素呈负相关,水稻超标点位土壤中元素含量均较低。土壤中的 pH、碳酸盐等理化指标对于水稻中的重金属含量起指示作用。水稻中 Ca、K 作为营养通道对 Zn 等元素是协同作用,而 Zn、Ni 等抑制 Cd 的吸收,为拮抗作用。

5. 调查区水稻 Cd 与 Se 含量之间存在明显的拮抗作用,即土壤中高浓度 Se 则能有效抑制植物对 Cd 的吸收,显著降低 Cd 生态风险,同时还可以生产富 Se 农产品。

6.广西典型岩溶区土壤的平均化学蚀变指数为90.8%，表明在其母岩风化过程中Ca、Na和K等组分相对于Al发生了较强烈的淋蚀作用；并且随着土壤风化程度的增强，土壤中重金属的含量随之升高，铁锰氧化物的含量也呈现递增关系。尤其是在化学蚀变指数达到95%以上时，土壤中重金属的含量呈指数递增，表明碳酸盐岩风化形成的土壤在风化程度超过一定阈值时对于土壤重金属中有强烈的富集作用。

7.调查区土壤中高背景的重金属元素有Cd、As、Ni、Cr、Zn，来源于碳酸盐岩的原地风化。碳酸盐岩风化的过程中盐基元素Ca、K、Na、Mg等会强烈淋失，而Si、Al、Fe、Mn以及重金属元素会残留富集下来。控制风化成土过程中重金属富集的因素有风化程度和铁、铝、锰的氧化物含量等。Cd富集的原因主要是地质历史时期碳酸盐岩中含量本来就较高，而As、Ni、Cr、Zn的富集是在通过风化成土过程中一系列物理化学过程，由于矿物、土壤理化性质的改变控制的。

8.采用同步辐射X射线微区成分分析，原位直观地揭示了调查区土壤中Ti、Cr、Fe、Mn、Zn、Cu、As等多种元素的分布关系。分析表明，土壤Fe分别与Zn和Cr的相关性较好，表现出和宏观分布相似的特征。并且根据广西土壤中Zn元素的同步辐射X射线近边吸收谱，获得了Zn在不同矿物相中的赋存相态所占权重。结果显示土壤中Zn的赋存形态以与黏土矿物和铁锰氧化物结合为主，与逐步提取方法得到以残渣态占主导的结果一致。

9.研究发现土壤脲酶活性与重金属Zn、As、Ni、Pb、Cr均有显著的正相关关系，说明土壤中一定含量的金属，刺激了植物根系与土壤的作用；蔗糖酶活性与土壤Zn、Cr的含量相关性较好，与其他重金属相关性不明显，进一步说明调查区土壤重金属虽然含量较高，但是其毒性效应较低。

10.广西典型岩溶区土壤中Cd、Cu、Ni、Zn的DGT提取态对水稻籽实中的相应含量有较好的预测效果，与传统的形态分析技术相比，能更好地反映生物体对重金属的吸收，DGT技术可用于该类地质高背景区土壤的生态预测分析。调查区土壤DGT重金属提取和土壤溶液重金属元素浓度有很好的相关性，在DGT界面土壤颗粒补充重金属元素到溶液中的能力大小顺序为Zn>Cd>Cu>Ni。

湘鄂重金属高背景区1∶5万土地质量地球化学调查与风险评价成果报告

提交单位：国家地质实验测试中心

项目负责人：杨忠芳

档案号：调1281

工作周期：2016—2018年

主要成果：

一、发现富硒土地资源，提升土地利用价值

通过1∶5万土地质量地球化学调查，为当地土地进行了一次全面的“体检”，获得了湖北仙桃、监利等地，江西瑞金、石城等地的土壤-水体-大气-农作物高精度土地质量地球化学参数，在此基础上规划了绿色、无公害食品产地。湖北仙桃和监利605km^{2}调查区内，分别有30%和53%的耕地符合绿色食品产地标准，面积为181.36km^{2}和127.95km^2，共发现富硒土地249.58km^2，占调查总面积的41.84%，富硒与适中以上接近百分之百，达到99.85%，水稻富硒率达90%(图5-4)。

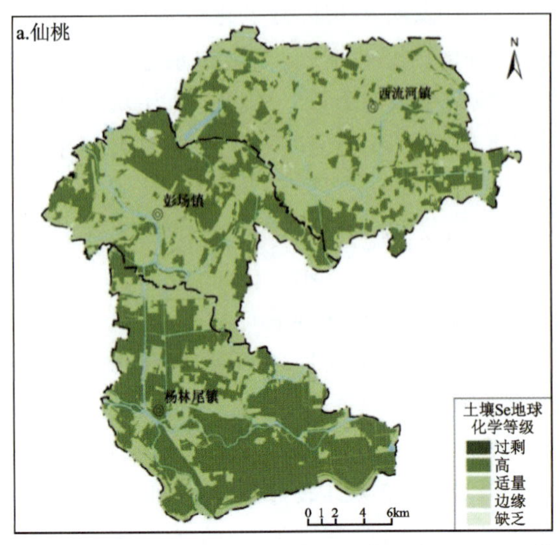

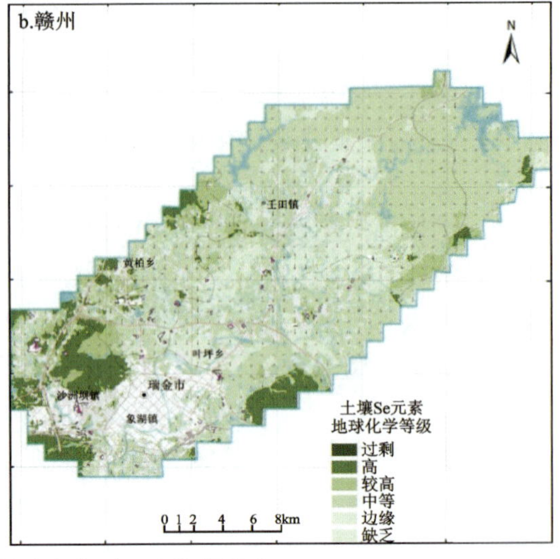

图 5-4　湖北仙桃和江西赣州瑞金富硒土地资源分布

江西省赣州市瑞金和石城 800km² 调查区内分别有 91%和 99%的调查耕地符合绿色食品产地标准，绿色食品产地面积 394km² 和 396km²。共发现富硒土壤 37.45km²。瑞金的莲子、杨梅、花生富硒，石城莲子富硒，调查区莲子、杨梅、花生、葡萄等农作物富含 Ca、Zn、K、Cu、Mn、Mg 等微量有益元素，堪称“天然善存”(图 5-5)。

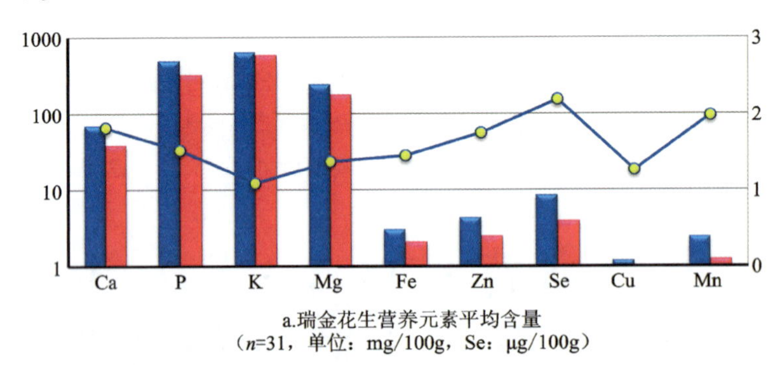

a.瑞金花生营养元素平均含量
(n=31，单位：mg/100g，Se：μg/100g)

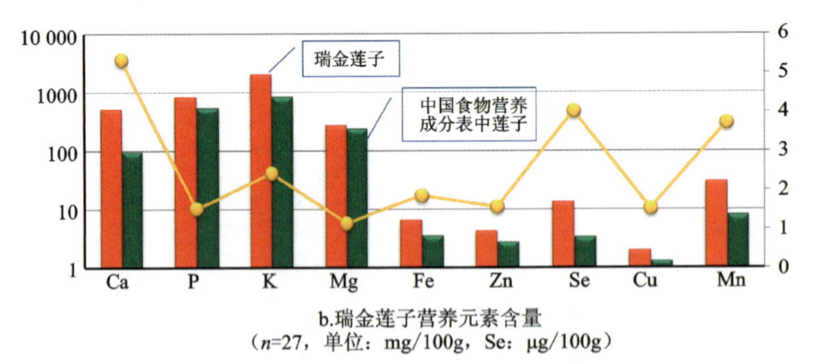

b.瑞金莲子营养元素含量
(n=27，单位：mg/100g，Se：μg/100g)

图 5-5　江西瑞金花生、莲子中微量元素含量对比

二、成果转化有效服务，助力地方经济发展

1∶5 万土地质量地球化学调查，在湖北省仙桃工作区 1∶5 万土地质量地球化学调查的基础上，进行土地利用地球化学适宜性分区，提出富硒产业园规划建议。在彭场镇和杨林尾镇划出 4 个富硒产业园选区和 1 个潜在富硒产业园，为仙桃市政府规划富硒水稻、富硒蔬菜、富硒藕带、富硒水产品等富硒产业园 8 个。

基于瑞金市调查面积整体环境质量好，在无公害、绿色食品种植产地评价基础上进行了瑞金市无公害、绿色、富硒和富锌土地的综合评价。进行了集中连片的无公害、富硒、富锌产业基地圈定，共圈定农业产业基地16处，其中无公害绿色富硒产业基地9处，无公害绿色富锌产业基地7处。2017年7月恩施项目组为恩施沙地乡政府编制了图册，系统地介绍了土地质量地球化学调查评价成果。

2018年12月16日，国家地质实验测试中心向瑞金市人民政府移交了《赣州市瑞金市1∶5万土地质量地球化学调查成果报告》(包含附图)以及《瑞金市农业基地档案集》。

三、创新土地质量评价，推动土壤科学评价

针对湘鄂地区Cd污染问题，选择典型地区以元素地球化学理论为指导，以地质背景与成土过程为主线，查清了土壤元素富集贫化的控制因素是成土母质化学成分差异以及矿业活动的外源输入；以表生过程中元素在固相与液相分配为主体，研究了影响元素生物有效性的控制因素，为构建农作物籽实Cd、Se预测模型奠定了理论依据，使土地资源安全利用区划成为可能。

本项目通过研究进一步查清了Cd在土壤-水稻籽实之间迁移转化的关键控制因素，分区建立了Cd的生物有效性预测模型。利用两湖地区的多目标地球化学调查数据，采用3种不同的土地区划方案对研究区进行了区划，区划结果表明长江与湘江水系两岸土地安全状况不容忽视；利用湖南省株洲市三门镇和湖北省洪湖市曹市镇的1∶5万地球化学调查数据对区划结果进行了验证，验证结果表明高镉地区和低镉地区需采用不同的区划方案，基于此提出了湖南和湖北重金属高背景区农用地土壤镉污染风险建议筛选值(表5-1)。确定土壤Cd重金属风险筛选值的方法，同样可以应用于土壤Se、Cu、Zn、Mo等有益元素双阈值的确定，对类似地区制订适合于本地区实际情况的土壤环境质量标准与富硒、富铜、富锌等土壤的开发标准具有重要的示范意义。利用表5-1中建议值和土壤环境质量《农用地土壤污染风险管理标准(试行)》(GB 15618—2018)中的筛选值，评价结果见图5-6，该结果进一步说明对于弱酸至碱性区，在保证安全的前提下，土地优先保护比例大大提高了。

表5-1 湘鄂农用地土壤污染风险建议筛选值

pH值	风险筛选值(mg/kg)	
	建议值	GB15618
pH≤5.5	0.3	0.3
5.5<pH≤6.5	0.6	0.4
6.5<pH≤7.5	1.0	0.6
pH>7.5	2.0	0.8

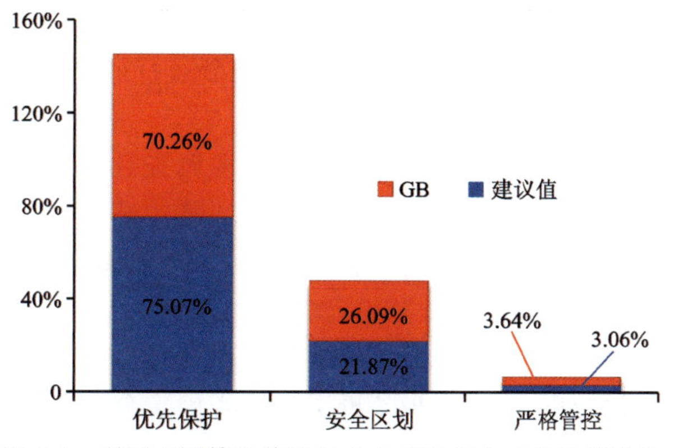

图5-6 利用不同筛选值进行土地利用安全区划结果对比

查明了恩施镉硒共生区土壤与农作物镉、硒地球化学特征及富集规律。发现了在土壤高镉低硒暴露区，由于镉的肾毒害作用，当地居民已出现早期肾功能损伤，而在高镉高硒暴露区，镉对当地居民肾健康暂无明显影响，表明硒对镉具有明显的拮抗作用，这为高镉区土地资源开发提供了理论依据。基于此提出了高硒背景下的土壤镉环境容量的确定方法，建立了镉硒共生区土地资源安全区划方法技术，并据此进行了研究区的土地安全利用综合区划，划分了5类种植区，为当地的土地资源安全利用和农产品开发提供了科学依据。

查明了湘鄂、赣南等调查区土地质量现状，为土地资源规划管理、革命老区脱贫致富与重金属污染农田安全利用提供了有力支撑；揭示了湘鄂高背景区土壤中Cd、Se等元素迁移途径与有效性控制因素；创新了硫化物矿区潜在风险评价方法与遥感监测技术；形成了重金属污染区土地安全利用区划方法；完善了生态地球化学理论与方法。

长江中游地区国土遥感综合调查成果报告

提交单位：湖南省地质环境监测总站

项目负责人：姜端午

档案号：调1283

工作周期：2015年

主要成果：

1.初步建立了调查因子分类分级体系。通过区域1∶25万和重点区1∶5万遥感解译，初步建立了林地、草地、地表水等自然资源因子，以及湿地、荒漠化、石漠化等生态环境因子分类分级标准和指标体系。

2.建立了调查因子国产卫星遥感解译标志。全面收集了湖南省和江西省2014年度土地变更调查国产卫星数据，通过室内解译与野外验证，建立了林地、草地、地表水等自然资源因子，以及湿地、荒漠化、石漠化等生态环境各类型调查因子及其等级典型影像与遥感解译标志。

3.编制了调查因子遥感解译系列图件。全面收集和利用湖南省和江西省第二次土地调查数据、长江流域基础地质环境遥感调查成果资料、全国石漠化遥感调查等资料，以2014年度土地变更调查国产卫星数据为主要信息源，采用人机交互式解译方式进行区域1∶25万和重点区1∶5万遥感解译。以此为基础，编制了1∶5万、1∶25万、1∶100万、1∶400万等多种比例尺，林地、草地、地表水、湿地、荒漠化、石漠化等系列图件。

4.获取了调查因子分布现状基础数据。通过1∶25万调查因子遥感解译与编图，获取了调查区自然资源和生态环境因子2014年度分布现状基础数据。其中林地占调查区总面积的60.98%、草地占1.41%、地表水占3.41%、湿地占4.20%、荒漠化占1.92%、石漠化占0.84%。

5.掌握了调查因子空间分布规律。在1∶25万调查因子遥感解译成果的基础上，分别以省、地市等行政区以及二级流域为统计单元，分析了各调查因子的空间分布特征，为行政区域管理和流域治理规划提供了基础数据依据。

6.大致了解了调查因子变化状况。通过将本次自然资源调查数据与2009年第二次土地调查数据对比，以及本次生态环境调查数据与2007年全国陆域生态环境遥感调查与监测数据对比分析，大致了解了各类调查因子的变化情况。其中林地资源面积大致不变，草地资源面积减少，地表水面积减少，湿地面积有所减少，荒漠化(含石漠化)面积大幅减少，仅局部工矿型荒漠化面积有所增加。

7.初步分析了调查因子分布与变化的原因。从地形地貌、地层岩性、气象、水文、经济发展、工程建设、矿山开发等自然和人文条件分析入手，初步分析了各调查因子分布与变化的原因，总结了影响分布和产生变化的主要控制因素。

8.根据各调查因子现状分布特点、变化情况、影响因素的分析，总结存在的主要问题，提出了改进措施和建议。例如调查发现洞庭湖地区存在围湖造地破坏湿地的行为，及时上报政府部门给予制止和纠正；建议在湘南和赣南地区加强工矿型荒漠化的治理，在湘西地区加强水蚀荒漠化和石漠化的治理，在鄱阳湖地区加强沙质荒漠化治理等。

湘江下游典型地区土壤重金属污染成因与风险评价成果报告

提交单位：中国地质大学（北京）

项目负责人：汪明启

档案号：调1290

工作周期：2015—2016年

主要成果：

1.通过土壤地球化学调查，查明区内表层土壤重金属元素分布，采用单因子污染指数法进行质量评价，发现工作区土壤Cd污染严重，其他重金属元素也使土壤受到不同程度污染。

2.通过农作物稻米地球化学调查，查明区内稻米中重金属元素分布，采用单因子污染指数法进行质量评价，发现调查区稻米Cd污染严重。

3.水化学调查发现，流入株洲的湘江水质良好，清澈见底，重金属元素含量低于Ⅰ类国家地表水环境质量标准。但位于清水塘工业区的株洲冶炼厂排污渠排放的水金属元素严重超标，是湘江重金属污染的重要来源之一。

4.湘江下游衡阳-株洲水系沉积物Cd含量高，均大于1000ng/g，可能与上游存在大量多金属矿床有关。

5.土壤剖面元素分布表明，株洲附近土壤污染主要出现在表层土壤，污染源为株洲冶炼厂。土壤中可交换态Cd、Pb比例较高，而As、Hg主要以残渣态等稳定状态存在。

6.从地形地貌分析、元素空间分析、因子分析、冶炼厂工艺分析、铅镉同位素示踪结果看，土壤重金属元素污染可能主要来自株洲冶炼厂和群丰镇小型冶炼厂。

粤桂湘鄂1∶25万土地质量地球化学调查成果报告

提交单位：中国地质调查局武汉地质调查中心

项目负责人：雷天赐

档案号：档0596

工作周期：2016—2018年

主要成果：

一、圈定了大面积富硒（锶）、优质的土地资源

1.富硒土地资源分布特征及来源。全区圈定富硒土壤面积59 800km^2，占调查区总面积的68.74%。

其中无污染风险富硒土壤面积 25 740km^2、绿色富硒土壤面积 18 894km^2。8 个工区中,桂中-桂东北、崇左东部和娄邵盆地富硒土壤面积占调查区总面积比例均在 70%以上,尤其桂中-桂东北工区比例最高,达到 94.82%。

区内土壤中硒来源主要受成土母岩控制,最主要来源于沉积地层出露区的石炭系和二叠系,其次为玄武岩。沉积地层由于沉积环境的不同,各工区硒的富集程度和富集层位又有所差异,岩石硒含量较高地层主要为石炭系鹿寨组,二叠系孤峰组、大隆组等,岩性均为一套碳硅质岩、生物碎屑灰岩夹钙质页岩、含燧石生物碎屑泥晶灰岩等,富含铁锰质结核,部分地层夹煤线。恩施地区孤峰组硒含量最高,岩石硒平均含量达 13.26mg/kg,上覆土壤硒含量平均值 1.16mg/kg,岩石硒含量远大于土壤硒含量。此外,该区硒还存在一个显著特征,即与重金属元素含量相关性明显。研究认为,早二叠世晚期,浅海滞留盆地的沉积环境下,生物大量繁殖、有机质聚集以及碱金属组分的贫乏使水介质呈现弱碱性的还原环境,为赋硒层的原始沉积创造了有利条件;而早、晚二叠世之间大规模的深部岩浆活动带来了深源的 Se、Mo、Cu、Zn、Hg 等金属元素。由于封闭海盆还原环境中海水流动性较差,生物死亡堆积后,Se 及其他金属元素也被大量固定在沉积物中,形成富硒的含碳硅质岩层,碳质吸附了海水中异常高的 Se 元素、也同时沉积了海水中背景值很高的其他金属元素,以至于二叠纪中晚期的沉积岩层不仅富集 Se 元素,重金属元素也异常高。

雷州半岛南部土壤硒富集与玄武岩背景有关,岩浆作用时,基性、超基性岩石中,在岩浆硫化物与硅酸盐岩浆发生分离的过程中,硒与硫同时在进行硫化物熔离体中发生硒的富集并分散到硫化物的矿物中,形成镍、钴、钼、铜等的某些硫化物,受后期成土和风化淋滤影响在地表发生富集。

2.富锶土壤分布特征及来源。随州北部工区表层土壤 Sr 元素含量 38.5～981mg/kg,平均值 263.40mg/kg,中位数 217mg/kg,变异系数 58.27%,平均值高于全国背景值(165mg/kg)。圈定富锶土壤(锶含量≥200μg/g)面积 2824km^2。其中,满足无公害农产品种植业产地环境条件要求的富锶土壤面积 2740km^2,主要分布于七尖峰岩体周边、新城-殷店-蔡河与淮河-草店-三里城所夹区域,与区内二长花岗岩展布方向一致。

空间分布上,表、深层土壤表现出高度的一致性,且明显受成土母岩控制,高值区分布于中酸性侵入岩区,岩石中 Sr 元素含量 18.9～2005mg/kg,平均值达 659.91mg/kg,岩石中 Sr 元素平均含量是表层土壤 Sr 元素平均含量的 2.5 倍、深层土壤 Sr 元素平均含量的 2.6 倍,说明高锶岩石为土壤富锶提供了丰富的物质基础。

3.圈定大面积优质土地资源。全区开展了土壤养分、土壤环境和土壤质量综合等级评价,圈定土壤养分综合等级较丰富以上等级面积 28 677km^2、土壤环境质量无风险等级土壤面积 50 318km^2、土壤质量优良等级的面积 41 095km^2。

二、发现了一批富硒农产品,实现富硒水稻商业化生产

针对优质富硒富锶土壤区、特色农业种植区、重金属污染农耕区、黑色岩系出露区等典型地区,开展了 1∶5 万土地质量地球化学评价 636km^2(10 处),编制了部分评价区土地资源利用开发规划图和成果转化应用建议,为地方政府优选、推荐可供开发的优质农业生产基地 8 处。采集了水稻、玉米、花生、土豆、蔬菜、水果、甘蔗等 16 种农副产品,筛选出多种富硒大宗农产品,其中水稻富硒率达 80%、玉米富硒率达 92.6%、花生富硒率达 93.4%,辣椒果实、大蒜茎、红薯块茎、四季豆果实、药用木瓜果实富硒率均达到 100%,雷州半岛吴阳地区富硒大米被冠以"俏农民"状元贡米,成功实行商业化生产。

三、西江流域平南—苍梧段沿江高 Cd 成因来源同位素示踪研究

采用沿岸土壤和底积物 Cd 同位素对比分析,发现浔江(西江主流)上游沿岸土壤和底积物 Cd 同位

素的分馏可以达到 0.4‰～0.6‰之间，而在蒙江镇陡然出现下降(图 5-7a)，说明了浔江上游 Cd 富集是自然风化淋滤的结果，而在蒙江镇附近有人为源加入，下游则受人为与自然源混合作用影响；同理，蒙江(西江支流)大黎铅锌矿区以上土壤-底积物 Cd 同位素的分馏达到 0.5‰之间，大黎铅锌矿区以下则迅速降低且底积物同位素组成变轻与土壤同位素组成趋于一致(图 5-7b)，说明矿山开采冶炼过程中的废渣废水直接进入蒙江，是造成蒙江底积物中 Cd、Zn、Pb、As 强烈超标的重要原因。

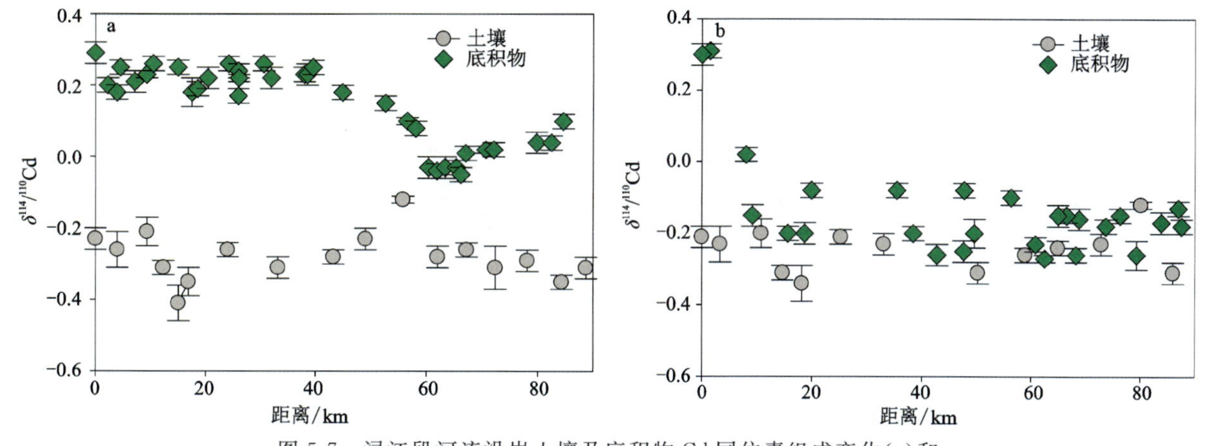

图 5-7　浔江段河流沿岸土壤及底积物 Cd 同位素组成变化(a)和
蒙江段河流沿岸土壤及底积物 Cd 同位素组成变化(b)

综合元素地球化学特征和 Cd 同位素分析，西江流域广西平南—苍梧段高镉背景来源除了上游携带少量污染外，大量污染则源于蒙江上游采矿所致。

第六章

境外地质矿产

JINGWAI DIZHI KUANGCHAN

埃及及邻区矿产资源潜力评价二级项目成果报告

提交单位：中国地质调查局武汉地质调查中心

项目负责人：向文帅

档案号：档 0554

工作周期：2016—2018 年

主要成果：

1. 编制了埃及及邻区 31 张地质矿产系列图件，包括东北非地区、西非地区、阿拉伯半岛地区、阿拉伯地盾区、阿曼山地区、埃及、乍得、摩洛哥、利比里亚等，分析了各地区的成矿地质背景和构造特征。

2. 完成了厄立特里亚全国低密度地球化学填图，编制了厄立特里亚 1∶100 万地球化学图(69 种元素)；完成了埃塞俄比亚中部北部地区低密度地球化学填图，编制了埃塞俄比亚 1∶100 万地球化学图(69 种元素)；分析了厄立特里亚、埃塞俄比亚地球化学元素分布特征及其富集规律，探讨了各元素组合及其分区。

3. 完成了苏丹 B12、N12 区块 1∶10 万地球化学调查，编制了 2 个区块 39 种元素地球化学图、综合异常图、遥感解译图等，分析研究了苏丹 B12、N12 工作区不同地质体元素分布、分配及富集特征，对金等多金属元素的富集区进行了分析；圈定单元素异常 416 个，其中具有三级浓度分带异常 8 个，具有二级浓度分带异常 16 个，圈定综合异常 23 个，其中乙类异常 2 处。圈定金及多金属找矿远景区共 5 处。

4. 编制了苏丹 2C、2D 区块 1∶25 万地球化学图(39 种元素)、综合异常图，总结了苏丹 2C、2D 区块元素富集特征。共圈定单元素异常 520 处，综合异常 34 个，其中经初步评序评定甲 1 类异常 4 处，乙 1 类异常 1 处，乙 2 类异常 9 处，乙 3 类异常 10 处，初步划分了 6 个找矿远景区。

5. 圈定了成矿远景区共 59 处，其中东北非努比亚地盾 15 处、西非莱奥地盾 23 处、西非马恩地盾 10 处、阿拉伯地盾 11 处。

6. 研究了厄立特里亚新元古代成矿地质背景，新发现了弧后环境的 A 型花岗岩；首次提出了厄立特里亚在新元古代主要有两期两类 VMS 型矿床产出：早期属诺兰达型，主要形成于岛弧环境中；晚期属黑矿型，主要形成于岛弧裂谷或弧后盆地环境中。

7. 初步建立了东北非地区 VMS 型多金属矿床和造山型金矿床的成矿模式，研究了矿床成因及找矿标志。

8. 基于厄立特里亚全国低密度地球化学数据，利用地球化学块体法，对厄立特里亚优势矿产资源进行了资源潜力评价，预测结果显示厄立特里亚境内金的潜在资源量为 482.35t，其中 3 号、4 号金地球化学块体应作为下一步的重点找矿区域；铜的潜在矿产资源量为 709 万 t，其中，1 号、2 号、4 号、6 号、7 号铜地球化学块体应作为下一步的重点找矿区域。

9. 利用品位-吨位联合模型和蒙特卡罗资源量模拟，对阿拉伯地盾进行了资源潜力评价，阿拉伯地盾区与弧火山相关的金矿潜在资源量为 1561t，铜矿潜在资源量为 757 万 t，锌矿潜在资源量为 1021 万 t，具有较大的找矿潜力；利用证据权重法，对苏丹东北部进行了资源潜力分析。

10. 积极为中资境外企业提供精准服务，陆续为 8 家在境外工作的中资地矿企业提供了信息资料等服务；并调研了在埃塞俄比亚、苏丹、尼日尔等多个国家中资企业需求；参加了多次境外信息发布会，将项目信息成果及时发布到“地质云”，服务社会(图 6-1)。

图 6-1 “海上丝绸之路数据平台”界面

11. 推动摩洛哥、尼日利亚、马里、尼日尔、苏丹等国地质矿产主管政府部门与中国地质调查局签署谅解备忘录,并与埃塞俄比亚、尼日利亚签订了项目合作协议,为中国地质调查局下一阶段国际合作打下良好基础。

印度尼西亚优势矿产资源区域成矿规律与潜力评价研究专题成果报告

提交单位:中国地质调查局武汉地质调查中心

项目负责人:高小卫

档案号:档 0555

工作周期:2011—2013 年

主要成果:

1. 开展了印度尼西亚成矿特征、优势矿产资源成矿类型划分、典型矿床解剖及成矿规律研究,提高了区域成矿规律研究程度。

(1)在对印度尼西亚矿产资源概况及成矿特征分析基础上,提出印度尼西亚优势矿产资源为金、铜、锡、铝土矿、镍矿,其主要成因类型为:①低温热液型金矿;②斑岩型铜(铜)矿;③砂锡矿;④红土型铝土矿;⑤红土型镍矿。

(2)开展了典型矿床的解剖,对各类矿床的典性矿床进行了概略性研究。

(3)依据前人研究成果,通过对成矿地质背景、区域成矿特征分析,进行了成矿带划分,共划分出 9 个Ⅲ级成矿带,并以Ⅲ级成矿带为基础对其特征进行了初步分析。总结了主要成矿带的区域控矿条件、成矿规律,并对成矿作用进行了分析,提高了区域成矿规律研究程度。

2. 在优势矿产资源潜力分析基础上,划分了成矿远景区,分析了成矿远景区的资源潜力,为中资企业在印度尼西亚开展矿业投资提供了地域。

(1)依据对印度尼西亚区域成矿规律的认识,结合资料综合分析及典型矿床成矿规律研究,以Ⅲ级成矿单元为基础,依据所圈定成矿远景区成矿地质条件、成矿带和矿种的重要性、已发现矿产的特点、成矿潜力分析的结果及矿产勘查的程度,对圈定的 16 个成矿远景区进行了分类,初步确定 A 类成矿远景区 13 个，B 类成矿远景区 3 个。

(2)在对区域成矿特征、典型矿床解剖、成矿规律研究、成矿带划分的基础上编制了印度尼西亚 1∶250 万地质矿产图、印尼苏门答腊岛-爪哇岛 1∶100 万地质矿产图、印尼苏门答腊岛-爪哇岛 1∶100 万成矿规律等系列图件，建立了印度尼西亚矿产地数据库。

3. 开展印度尼西亚矿业政策、投资环境的分析研究，提出了中国企业投资的建议。

对矿业政策、矿业管理体制、矿业法规、新矿法的主要变化进行了详细介绍分析，对印尼的投资环境进行了分析研究。针对印尼的优势矿产资源及重要性，结合圈定成矿远景区的分级和各远景区勘查条件，提出了中国企业在印尼投资矿业建议和注意问题。

乍得共和国西凯比河地区地质地球化学调查成果报告

提交单位：中国地质调查局武汉地质调查中心、乍得矿业与地质部

项目负责人：张继纯，Sadrack Dobe

档案号：档 0599

工作周期：2016—2017 年

主要成果：

一、国际合作方面的成果

本项目利用中国商务部经济援助资金，以我国成熟的地球化学探矿技术为手段，在乍得西南部 Mayo Kebbi Ouest 地区成功开展了 1∶5 万遥感、水系沉积物调查及地质矿产调查等工作，同时在乍得北部 Ennedi 地区开展了 1∶10 万遥感影像解译工作。通过一年的工作，顺利完成了项目的目标任务，在地球化学调查、矿产地质及基础地质方面取得了较大进展，并获得了良好的找矿效果，为中乍两国在地质矿产资源领域开展更深入的合作奠定了良好的基础。

二、地质调查主要成果

通过路线地质调查和室内综合研究，在岩石、地层及区域构造演化方面获得了新的认识和新的发现，初步确立了区域侵入岩时序，草测了调查区 1∶5 万地质图。

1. 通过路线地质矿产调查结合遥感地质解译成果草测 Mayo Kebbi Ouest 地区 1∶5 万地质图，详细标定各地质单元，很大程度上提高了该区地质工作程度。

2. 在 LÉRÉ 镇以东新发现第三纪次火山岩，可与东非地区第三纪次火山岩进行对比。

3. 在与 Mayo Kebbi Ouest 调查区相接的 Pala 地区白垩纪地层中采获双壳化石，鉴定为 *Pseudopleurophorus rochi*（洛氏假肋蛤）（图 6-2），地质时代为晚白垩世，该双壳类生活在滨海环境，说明调查区这套以陆相沉积为主的地层夹有海相地层。

4. 通过本次工作，将 Zalbi 变质岩系进一步划分为以变沉积岩为主的副变质岩组合（Pza^1）、以变基性火山岩为主的绿片岩组合（Pza^2）和以滑石片岩为主的超基性岩石组合（Pza^3）3 个岩组。

5. 在 Mayo Kebbi Ouest 调查区野外地质调查发现了一套滑石片岩、蛇纹岩-绿片岩-石英岩组合。经野外岩相学观察，原岩可能为蛇绿岩套组合。

图 6-2 *Pseudopleurophorus rochi*(洛氏假肋蛤)化石

三、地球化学调查主要成果

1. 完成 1∶5 万水系沉积物测量采样面积 1460km²,测试分析了 Au、Ag、Cu、Fe、Ni、Co、Pt、Pd 等 40 种元素,并编制了 40 种元素地球化学异常图。

2. 编制了 Au-Ag-As-Sb-Hg、Ni-Pb-Cu-Ti-B、Co-Ni-V-Zn、W-Mo-Bi-Be-F 4 组元素组合异常图和综合异常图,共圈出组合异常 30 处。其中,B1 类异常 5 处、B2 类异常 7 处、B3 类异常 7 处;C2 类异常 5 处、C3 类异常 6 处,有效地获取了调查区地球化学找矿信息。

3. 对 HS5、HS6、HS9、HS18、HS23 5 处异常进行了重点查证,分析了这些异常的基本特征,大致查明了引起这些异常的原因,初步评价了异常的强度,并指出了可能的潜在主要矿种及成因类型,阐述了与围岩的相关性。

四、地质找矿主要成果

1. 通过地质矿产路线调查确认各类矿(化)点或矿化信息点 35 处,其中金矿(化)点 13 个(新发现 9 个,检查 4 个)、砂金点 4 个、滑石矿点 12 个、花岗岩建材矿点 4 个。根据本次工作成果结合前人资料编制了调查区 1∶5 万地质矿产图。

2. 总结了 Mayo Kebbi Ouest 地区主要优势矿种。根据区域成矿地质背景分析,调查区以金为主的矿产资源潜力,并编制了 Mayo Kebbi Ouest 地区 1∶5 万地质矿产图。

3. 通过矿产地质路线调查、矿点检查,结合异常检查工作结果,划分了 Yanli 金矿找矿远景区、Matasang 金矿找矿远景区、Bekie 金矿找矿远景区 3 个以金矿为主的找矿远景区。

4. 通过矿点检查工作,Bekie 金矿点分布区、Matasang 金矿点分布区可作为今后金矿找矿靶区。

摩洛哥地球化学图说明书项目成果报告

提交单位:中国地质调查局武汉地质调查中心

项目负责人:王建雄

档案号:档 0601

工作周期:2014—2016 年

主要成果:

1. 完成 1∶10 万 Alnif 幅水系沉积物测量采样面积 2646km²,测试分析了 45 种元素和氧化物。编制了地球化学采样实际材料图1张、单元素点状地球化学图45张、单元素等值线地球化学图45张、三元地球化学图13张、多元素综合地球化学异常1张，主因子综合地球化学异常图4张、多元素综合地球化学异常1张，编制了地球化学图集和说明书。

2. Alnif图幅圈出了203处主要单元素异常、5个主因子综合异常，有效地获取了该区域地球化学找矿信息。

3. 通过对综合异常区量化的评价，确定了甲类异常2处、乙类异常1处、丙类异常2处，总结了异常分布规律，提出图幅西部具有寻找热液矿的潜力。

4. 利用水系沉积物样品测试结果编制了环境地球化学图，为认识Alnif地区环境地球化学特征提供了基础资料。

摩洛哥王国区域地质调查成果报告

提交单位：中国地质调查局武汉地质调查中心
项目负责人：王建雄
档案号：调 1335
工作周期：2015—2018 年
主要成果：

一、地质调查部分

（一）地质填图

对填图区进行了全面地质调查，填制完成了1∶5万El Menizla幅、Jbel Toubkal幅、Had Zraqtane幅、Talwat幅地质图，填补了摩洛哥在该区地质填图空白。

（二）地层与古生物学研究

1. 通过对填图区全面地质调查，在El Menizla幅划分了41填图单位(含非正式填图单位)、在Jbel Toubkal幅划分了33填图单位(含非正式填图单位)、在Had Zraqtane幅划分了42填图单位(含非正式填图单位)、在Talwat幅划分了34个填图单位(含非正式填图单位)，对部分层位进行了沉积环境分析，系统地建立了不同图幅的地层序列，提高了填图区地层的研究程度。

2. 查明了调查区各岩石地层单位的物质组成和含矿特征。在1∶5万El Menizla幅新发现新元古代埃迪卡拉纪火山岩，在石炭系识别出一套含粗碎屑岩的复理石建造，将其分解为3个填图单位，解体了寒武纪、奥陶纪、志留纪、泥盆纪、石炭纪、侏罗纪地层，通过对比建立了区域可比的填图单位；在Jbel Toubkal幅新识别出侏罗纪地层，厘定了白垩纪地层单位，发现了寒武纪、三叠纪地层与新元古代地层角度不整合接触；在Had Zraqtane幅和Talwat幅对古生代、中生代地层进行了解体并重新厘定了组级地层单位。

3. 在古生物研究方面取得重要进展。在El Menizla幅、Had Zraqtane幅、Talwat幅采获丰富化石，提高了调查区地层的研究程度，对研究摩洛哥大阿特拉斯山地区地质演化历史具有重要意义。

(1)在El Menizla幅东北部奥陶纪地层中采获腕足化石 *Lingulella* sp., *Chonetoidea*? sp.，三叶虫化石 *Encrinuroides*? *yanheensis*, *Dalmenitina guizhouensis*，时代属晚奥陶世晚期；在El Menizla幅中北部原定为古生代未分地层中采获角石化石 *Kionoceras* cf. *styliqorme*, *Geisonceras* cf. *rivale*, *Para-*

kionoceras sp.,时代属早志留世晚期至文洛克世;在hV2c组中采获植物化石 *Pecopteris* sp.,*Cordaites* sp.等,时代属石炭纪;在侏罗纪采获丰富的双壳类、腕足类化石和珊瑚化石,双壳类计有19属23种,腕足类计有11属16种,珊瑚有2个属种,确定该区早侏罗世跨里阿斯期和中侏罗世,以上这些化石在该区都是首次发现,丰富了大阿特拉斯山西部地区不同时代古生物面貌,对重新认识该地区的地质发展史、古地理变迁、生物古地理研究具有重要意义。

(2)在El Menizla幅中南部全新统古洪冲积层(A2)中采获丰富的孢粉化石,计有14个孢粉属种类型,垂向上木本植物的数量与豆科植物的数量是互为消长的关系,反映气候纵向上存在相对干、湿变动,对研究大阿特拉斯山西部地区气候变化和大阿特拉斯山脉的隆升具有重要意义。

(3)在Had Zraqtane幅东南部dm2组中采获丰富的竹节石、海绵骨针、牙形石、放射虫等化石,竹节石的时代属中—晚泥盆世;在dm2组中采获海百合、角石化石,其中经专家初步鉴定可能唯一新种;在Had Zraqtane幅东南部三叠纪地层中(t4)采获菊石和双壳化石,时代属三叠纪晚期Carnian-Norian期。这些化石的发现丰富了大阿特拉斯山西部地区泥盆纪和三叠纪古生物面貌。

(4)在Talwat幅南部边界白垩纪地层中采获丰富的双壳、菊石和腹足类化石,双壳厘定时代属晚白垩世。

(三)岩浆岩研究方面

系统地查明了调查区岩浆岩的时空分布及岩石类型,通过岩石学、岩石地球化学和同位素地球化学及年代学等的研究,厘定了成岩时代,探讨了岩石成因,提出其形成的构造环境。

确定新元古代火山岩为一套碱性中基性火山岩和火山碎屑岩组合,测定其锆石U-Pb年龄为(584.2±2.1)~(549.3±3.7)Ma,形成于大陆板内裂解环境。

确定新元古代侵入岩类主体为中酸性花岗岩类,测定其锆石U-Pb年龄为(559.4±1.9)~(554.2±1.4)Ma,形成于大陆板内(WPG)和火山弧(VAG)过渡环境。

早古生代火山岩主要是一套玄武安山岩,测定其锆石U-Pb年龄为(451.3±5.6)Ma,形成于被动大陆边缘。

中生代火山岩主要是一套玄武岩,在El Menizla幅北部识别出6个火山沉积旋回,测定其下部岩石中锆石U-Pb年龄为(244.8±2.0)Ma,形成于大陆裂解环境。

(四)构造研究

对调查区主要构造运动旋回进行了总结。通过翔实的野外地质调查资料,识别出调查区存在新元古代末期的泛非运动、石炭纪末期至二叠纪早期海西运动(Hercynian)及阿尔卑斯(早期、晚期)运动3次大的主要构造运动。

建立了4幅图区的构造格架,与各构造旋回期对应耦合的逆冲推覆、松弛伸展、俯冲拼贴与走滑,在构造形态上表现为褶皱与断层的耦合伴生,构造格架形成北东向、北东东向、近东西向断层为主导,局部南北向断层发育,塌陷构造伴随的复杂构造特征。

通过对前石炭纪地层中的岩石学观测,认为前石炭纪地层中的岩石发生了低绿片岩相变质作用。

二、矿产调查部分

在区内进行了系统的矿资源调查,检查矿(化)点32处,其中新发现值得进一步工作的金矿点1处,发现重晶石矿、铜矿、石膏矿、铀铜矿、盐矿、锌矿以及建材矿(化)点18处。

总结了调查区成矿作用、矿床类型和矿产资源种类:提出构造热液型矿化(床)、蒸发沉积型矿化(床)、砂岩型铀矿化(床)、卤水矿床、沉积型矿床(MVT型)是调查区的5类主要成矿类型,成矿多在阿尔卑斯期。

指出调查区的主要矿产类型为重晶石矿、铜矿、石膏矿、铀铜矿、锌矿、金矿、盐矿以及建材矿产。

三、人员培训、技术交流及其他

结合项目工作，为摩方培训地质调查/填图技术人员8名。

在项目实施过程中与摩方地质专家开展了技术交流，促进了双方的互访，项目工作也得到摩方高度认可，巩固了两国的友谊，为后续项目申请奠定了基础。

通过项目的实施收集了摩洛哥1∶10万地质图、1∶5万地质图近70幅，丰富了西非北非地质矿产数据库资料。

第七章

综合研究

ZONGHE YANJIU

中南地区地质矿产调查评价进展跟踪与工作部署研究成果报告

提交单位：中国地质调查局武汉地质调查中心

项目负责人：金维群

档案号：调 1257，档 0505

工作周期：2013—2015 年

主要成果：

1. 更新完善了地质调查“一张图”，中南地区基础性地质调查工作程度有大幅度提高。

在以往“一张图”工作基础上，更新完善了 2013—2015 年中南地区基础地质调查、矿产远景评价和水文地质、环境地质和地质灾害调查工作程度数据库，更新了工作程度“一张图”，编制了中南地区地质调查工作程度和部署图集（数据截止到 2015 年）。

中南地区“十二五”期间基础性地质调查工作程度有大幅度提高。截止到 2015 年底，中南地区共完成 1∶5 万区域地质调查 1007 幅，面积 441 349km^2，占中南地区总面积的 47.3%。矿产远景调查共开展了 90 个项目，涉及图幅 339 个，面积 160 014km^2，占全区总面积的 18.91%。其中，湘西鄂西成矿带完成 72 幅 1∶5 万矿产地质调查；南岭成矿带完成 1∶5 万矿产地质调查 154 幅，面积约 8.3 万 km^2，占南岭成矿带总面积的 36%；钦杭成矿带（西段）完成 1∶5 万矿产地质调查 68 个图幅；武当-桐柏-大别成矿带完成 1∶5 万区域地质调查 195 个图幅，占 69.6%，1∶5 万矿产地质调查完成 41 个图幅，占 13.7%。页岩气基础调查获得了区内大量页岩气评价的新信息。

按标准图幅完成 1∶5 万水文地质调查 69 个图幅，完成 1∶5 万工程地质调查 54 个图幅，完成 1∶5 万岩溶塌陷调查 40 个图幅。完成 1∶25 万区域地下水污染调查 16 万 km^2；1∶25 万环境地质调查约 330 000km^2，占中南地区总面积的 39.5%。1∶5 万地质灾害详细调查共完成 184 个县（市）；1∶5 万地质灾害调查标准图幅 13 个。1∶25 万多目标区域地球化学调查完成 364 912km^2，占全区面积的 43.1%。

2. 梳理总结了中南地区“十二五”地质矿产调查评价专项实施进展和成果。

以“一张图”平台为基础，从页岩气等能源地质、矿产远景调查与整装区勘查、水工环地质调查、地质科研等方面，对中南地区“十二五”地质矿产调查评价专项实施进展跟踪，较系统地梳理总结了“十二五”地质调查成果。

湖北宜昌宜地 2 井钻获 70m 优质烃源岩，带动整个鄂西地区油气勘探；湖北宜昌鄂宜页 1 井（车页 1 井）钻获寒武系水井沱组 86m 厚水井沱组高含气页岩气层，获得了斜坡带寻找油气资源的新证据，实现从高点找油向斜坡找油的转变，指明了页岩气勘探方向，确定了中扬子地区寒武系在南方页岩气勘探开发中的地位和作用，有望改变湖北省能源结构；湖北宜昌鄂阳页 1 井在牛蹄塘组钻获巨厚优质含气页岩层，实现重大发现；秭归秭地 1 井、秭地 2 井揭示巨厚富有机质页岩层段并指明鄂西勘探方向。在宜昌地区震旦系、寒武系、志留系，湘西地区寒武系、湘中地区石炭系和二叠系以及桂中地区泥盆系发现多处页岩气显示。

“十二五”期间，新发现物化探异常 2751 处，见矿物化探异常 122 处，新发现矿（化）点 575 处，提交了 124 处找矿靶区，发现矿产地 41 处；获得一批高精度的成岩成矿年龄数据，编制完成中南地区 4 个成矿带基础地质矿产系列图件，建立地层-岩浆-构造-成矿序列，重新划分成矿远景区，系统总结成矿系列矿床类型、成因及时空分布规律，建立地质图数据库、矿产地数据库、区域化探数据库等基础数据库。

"十二五"期间,中南地区找矿取得了显著成果,主要矿种累计新增333类及以上资源量:铜179.23万t、铅锌1 483.86万t、钨矿137.71万t、锡46.75万t、金392.16t、银11 983.72t;334-1类及以上锰矿石资源量23 447.48万t、铝土矿石资源量61 506.64万t、钾盐2.25亿t。新增大中型矿产地170处,其中大型53处。

重要经济区和城市群地区完成1∶25万环境地质系列图件编制及出版,梳理了影响区域经济发展的重大环境地质问题,基本查清了重点地区区域地下水质量现状及其污染特征,提出了对策建议,为区域规划提供了翔实的基础地质资料,有效服务了区域国土规划;1∶5万水文地质工程地质基础调查程度不断提高,为城市建设和重大工程建设提供了基础资料;评价了主要盆地地下水资源,圈定了54处应急水源地(或后备水源地),可为城市和重大工程建设水源地和应急供水建设提供保障;地质灾害调查创新了图件直观表达方式,成灾规律和成灾模式认识不断深化,成果服务成效显著,技术方法应用与研究得到加强。

扬子陆核区发现太古宙绿岩建造和古元古代俯冲弧;赣南加里东期花岗闪长岩中发现冥古宙(4039Ma)锆石核,提供了研究华南乃至世界早期地壳生长和构造演化历史的重要信息;确认扬子北缘大洪山晋宁期俯冲增生杂岩;华夏云开地块确定早古生代贵子混杂岩带;提出华南中生代构造体制转换发生于中、晚三叠世;新发现早侏罗世成矿作用;研究了南岭成矿带钨锡多金属成矿作用的时空分布规律,提出华南找锡矿的工作方向。

3.全面分析了中南地区"十三五"地质调查工作需求和形势。

"十三五"期间,地质调查工作面临"我国基本资源国情没有变、资源环境约束趋紧的总体态势没有变、资源对经济社会发展的关键支撑作用没有变、地质工作的先行基础地位没有变"4个"没有变"的基本特征;当前和今后相当长一段时期,经济社会发展和生态文明建设对地质工作的"五大需求"没有变。长江经济带发展战略、"一带一路"倡导、创新驱动发展战略、脱贫攻坚工程等一系列重大战略的实施,以及各省(区)区域经济发展,均要求地质调查工作提供有力的基础地质支撑,也迫切需要地质调查工作提供规划建议、技术支撑和信息服务。

"十三五"期间,将践行"创新、协调、绿色、开放、共享"发展理念,面对优化能源供给结构、支撑找矿突破行动、资源环境承载力、地质灾害防治和地质环境保护的形势变化,未来几年油气、页岩气、铀、地热等清洁能源、战略性新兴矿产和紧缺矿种将成为新的需求重点;经济区和城市群未来在资源开发、工程建设、城镇化等驱动下,地质环境压力将不断加大,越来越多的区域接近或达到地质环境承载力的上限;地质灾害防治与地质环境保护的力度需要加强。2016年,国土资源部落实创新驱动发展战略,全面实施"三深一土"的科技创新战略,为地质调查科技创新指明了方向。中南地区地质调查工作面临的总体形势将是由过去的"资源为主"逐步转变为"资源环境并重",科技创新将引领地质调查。

4.明确了中南地区"十三五"地质调查部署重点方向和主要目标。

遵循"创新、协调、绿色、开放、共享"理念,以支撑服务长江经济带和21世纪"海上丝绸之路"发展倡议为核心,构建中央和省级地质调查工作联动机制,重点聚焦能源资源安全保障、重要矿产资源保障、经济区和城市群地质环境保障、地质灾害防治及地质环境保护、服务农业结构调整、服务脱贫攻坚工程六大需求,加强地质科技创新,形成一批具有宏观影响的整装成果,提升地质工作的社会影响力,助力新时期国家重大战略实施和区域经济社会发展。

中南地区"十三五"部署页岩气资源富集区、成矿远景区带、重要经济区和城市群、地质环境保护区、地质灾害易发区、贫困缺水区、农业耕地区等重点区域。"十三五"第一阶段(2016—2018年)二级项目共分解落实43个,第二阶段(2019—2020年)43个二级项目将根据前期实施情况实行延续滚动,同时2019—2020年建议新开二级项目5个。主要目标包括:

基本查明中扬子地区页岩气资源"家底",力争实现页岩气重大突破;提交页岩气远景区和有利目标区14～23个、可供招标的勘查区块9～14个,力争页岩气新发现1～2处,勘查基地1处,实现重大突破。

扬子陆块及周缘实现找矿新发现，促进找矿重大突破，发现一批新矿点与异常、圈定一批找矿靶区，加强对锡、锰、铅锌、铜等重要矿种的战略性评价与资源潜力分析，为实现“358”目标、形成亿吨级的环扬子铅锌远景区带以及花垣 2000 万吨级铅锌基地提供理论指导和技术支撑。

以支撑服务国家重大区域发展战略为核心，显著提高泛珠三角经济区和长江中游城市群地质环境综合调查水平，提升服务区域经济可持续发展能力。

支撑服务国土资源中心工作，服务土地资源管理，服务集中连片贫困区脱贫，为服务生态文明建设，发挥技术示范引领作用，增强地质灾害防灾减灾和地质环境保护能力。

加强科技创新，强化科技引领地质调查作用。落实国土资源部“三深一土”科技发展战略，开展重点城市地下空间地质调查，开展重点成矿区带 2000m 深部成矿研究和深部矿调试点，初步建立深部矿调技术方法。

5.探索了新形势下中央和地方公益性地质调查工作统筹部署、有效协调的共享机制。

中国地质调查局武汉地质调查中心(中国地质调查局中南地区地质调查项目管理办公室)会同湖南省国土资源厅，商议编制了《湖南省地质工作行动纲要(2016—2018 年)》(以下简称《纲要》)。

《纲要》分析了长江经济带建设重大战略和湖南省“十三五”经济社会发展对全省地质工作的需求，总结了湖南省地质工作现状和存在的问题，科学地提出了湖南省中央与地方事权地质工作统筹部署的指导思想、基本原则和主要目标。提出遵循“创新、协调、绿色、开放、共享”发展理念，建立中央和省级地质调查工作协调联动机制，建成分工明确、部署统一、统筹协调、共享开放、服务高效的中央与地方事权地质工作合作模式。

《纲要》重点围绕支撑服务长江经济带(湖南)建设、生态文明建设、农业结构调整、脱贫攻坚，破解资源环境和重大地质问题，提出加强水工环地质调查、能源和重要矿产资源保障调查、土地质量地球化学调查和支撑服务脱贫攻坚等方面的近期重点工作任务。

《纲要》围绕湖南省地质工作需求和问题，按照“统一规划、统一部署、统筹资金、统一标准、分类管理”的原则，有效协调中央财政、地方财政和社会勘查资金，统筹部署中央事权、地方事权地质工作，形成部署合理、规范有序、有机衔接、相互促进的地质工作新局面，最大限度地满足湖南省新时期国民经济、社会发展和生态文明建设等对地质工作的需求，为湖南省 2016—2018 年以及后续地质工作的开展提供了重要依据，也为在财政体制改革新要求下，如何建立协调、共享机制，提升地质工作服务功能进行了有益的探索。

广东省及香港、澳门特别行政区区域地质志

提交单位：广东省地质调查院

项目负责人：杜海燕

档案号：调 1279

工作周期：2013—2015 年

主要成果：

进入新世纪以来随着地质大调查的推进，通过 1∶25 万、1∶5 万区域地质调查以及专项科学研究，在地层方面涌现了不少新资料、新成果，也引发了不少新问题。在此次研编过程中，通过已有资料的广泛收集、野外重点查证，样品测试，参照《中国区域地质志工作指南》进行广东省地层断代区划，对全省岩石地层单位作了进一步的清理和研究对比，根据已有资料进一步研究了岩相古地理；按照全国地层委员会 2011 年发布的中国地层表(征求意见稿)对年代地层进行了修改；对厚度较小、延展不远新建的组，改

为非正式地层单位。同时利用新的精确的同位素测年数据,结合古生物、岩石地层资料,对地层时代作了进一步的厘定。在此基础上建立了全省新的地层划分对比表。主要按照年代地层、岩石地层、生物地层对地层进行了全面系统的研究总结。

地层划分方面取得了一些新进展。对前南华纪变质地层采用非正常地层进行划分和研究;中生代火山岩地层取得新进展,从原高基坪群、官草湖组中解体出一套碱流质酸性火山岩,新建立了白云嶂组岩石地层单位,并获得$^{40}Ar-^{39}Ar$法年龄为(129.5±0.07)Ma、1个全岩Rb-Sr等时线年龄为(140.4±2.4)Ma,其时代为早白垩世。从原南雄群中解体出长坝组,它与南雄盆地原南雄群的化石组合面貌无法对比,其层位偏低,时代为早白垩世,岩性组合也有所不同。

年代地层划分取得的新进展。近年区调工作于粤东北地区的嵩灵组火山岩中新获得的LA-ICP-MS锆石U-Pb法和Sm-Nd法同位素年龄值为190～185Ma。据国际地层委员会(2010)确定的三叠系与侏罗系的界限年龄为(199.6±0.6)Ma,两者之间的界线应置于嵩灵组的底部。热水洞组火山岩中获得的LA-ICP-MS锆石U-Pb法年龄为170～147Ma。据国际地层委员会(2010)确定的侏罗系中、上统的界限年龄为(161.2±4.0)Ma,广东省内中、上侏罗统的界线应在热水洞组内。南山村组中获得的LA-ICP-MS锆石U-Pb法同位素年龄值为151～137Ma。据国际地层委员会(2010)确定的侏罗系与白垩系的界限年龄为(145.5±4.0)Ma,故广东省内侏罗系与白垩系的分界在水底山组与南山村组之间。

通过对不同地质时期沉积作用与岩相古地理的研究,分析了各地质时期的沉积建造组合和沉积环境,总结了岩相古地理演化特征。

对沉积矿产与相关沉积岩建造组合及沉积相等进行了相关性的系统研究,总结成矿类型有沉积型、层控内生型、复合内生型等,为广东沉积矿产区域展布及成矿规律的研究提供重要地质资料。

地质调查预算标准动态更新与支出绩效管理机制研究成果报告

提交单位:中国地质调查局发展研究中心

项目负责人:王文

档案号:调1328

工作周期:2019—2020年

主要成果:

1.完成地质调查概算标准全面制修订,解决了概算标准不适应新形势需要的问题。概算标准研究制定是预算管理工作中一项长期的基础工作。“实施并评估1∶5万区调、矿调、环调新的技术规范和预算标准”列入局党组2019年重点工作(中地调党发〔2019〕21号)。结合最新修订的区调、矿调、水工环灾、生态等地质调查技术规范,项目组在《地质调查项目概算标准(2017)》的基础上,研制了生态地质调查概算标准,重新测算修订区调、矿调、环调等概算标准,形成的《地质调查项目概算标准(2019)》(建议稿)包括26种专业类型,共230项地质调查项目概算标准,能够满足中国地质调查局编制地质调查规划、地质调查项目年度计划、匡算预算建议数等工作的需要。

2.完成了一批急需紧缺标准的制修订,满足了预算管理的急需。

(1)完成物探和化探部分手段预算标准修订测算,形成建议稿。研究形成物探(瞬变电磁、重力、浅层地震等手段)和化探(土壤、岩石、水系沉积物等手段)预算标准修订建议稿,主要包括化探土壤测量、化探土壤剖面测量、化探多目标土壤测量、化探岩石测量、化探岩石剖面测量、化探水系沉积物测量、物探瞬变电磁测量、物探重力测量 8 个预算标准建议，解决了跟踪评估集中反映的现行预算标准体系结构、标准水平欠合理的问题。

(2)完成水质分析实验测试预算标准制修订研究和油气实验测试预算标准补充研制。通过采用定额测算法、经济因素测算法、统计分析法、专家意见法，综合分析研究形成水质分析、油气实验测试预算标准建议稿，包括水质综合分析、地下水污染有机组分分析、水质单项分析、油气实验测试等。解决了市场化运作和社会经济发展导致现行实验测试预算标准水平偏低、方法短缺等问题。

(3)开展了航空物探航空遥感预算标准整体修订研究，形成预算标准初稿。收集了基础定额数据，按量、价、费模式建立了预算标准制修订测算模型，开展了测算研究，形成航空物探预算标准测算初稿，包括航空磁测、航空磁重测量、航空磁放测量、航空磁放电测量、直升机 TEM 预算标准、物性测定、图件出版印刷等；航空遥感预算标准初稿，包括数字航空遥感(中低空机型：Y-12、大篷车 208 等)、数字航空遥感(高空机型：国王系列、Y-8、奖状等)、数字航空遥感(无人机)、机载 LIDAR 航空遥感(中低空机型：Y-12、大篷车 208 等)、航空高光谱遥感(中低空机型：Y-12、大篷车 208 等)、航空高光谱遥感(高空机型：国王系列、Y-8、奖状等)、航空数据处理和遥感解译等预算标准初稿，为下一年度研究奠定了基础。

(4)完成干热岩钻完井等专业 21 项应急预算标准建议稿。完成了干热岩应急预算标准测算研制，主要成果包括干热岩钻完井工程、录井工程、测井工程和地应力测量等预算标准建议，解决了地质调查前沿和热点领域无预算标准问题，为干热岩科技攻坚战顺利实施提供了基础支撑保障。

3. 支撑中国地质调查局完成预算标准目录建议稿(报财政部备案)。通过系统梳理以往研究成果，综合分析研究，初步形成了地质调查预算标准体系框架，制订地质调查项目预算标准目录建议稿，报财政部备案。主要内容包括陆域非油气地质调查、陆域油气地质调查、海洋地质调查、空域地质调查、地质调查科学研究费用标准等预算标准，预算标准体系框架初步形成。

4. 研究优化了地质调查项目预算绩效目标、指标与绩效评价指标体系，为地质调查项目绩效管理提供了基础支撑。

(1)开展地质调查项目预算绩效目标及指标规范化研究形成了《＜项目预算绩效目标申报表＞填报说明及示例》，提供 2019 年项目立项时绩效目标申报参考使用。本次研究主要在 4 个方面进行了改进：一是增加了绩效目标填报规范，将项目的各类目标统一整合到绩效目标之中，并提供了规范的表述格式，形成全覆盖的目标体系。研究提出绩效目标需要将任务目标、科技创新目标以及"五问"等各类目标高度提炼概括，按照 ABC 范式填报：A——开展(任务)工作；B——取得什么成果(产出)；C——达到什么效果(五问)。如果有多个目标，可以用目标一，目标二……分别列出。二是取消了《地质调查项目绩效指标体系框架》中的工作量指标。三是完善了效益指标填报规范，提出效益指标采用 DEF 范式表述(定性＋定量描述)：D——具体解决了什么问题；E——用什么指标衡量，部分产出指标中的核心内容指标(或指标的综合)，要可衡量、可考核；F——预期产生什么效果(可定性)。四是提供了区域地质调查等 9 个示例供填报时参考，将项目的各类目标统一整合到绩效目标之中，这是项目组的第一个创新。"ABC"的绩效目标表达范式和"DEF"的绩效指标表达范式的提出，是项目组的第二个创新。

(2)开展项目预算绩效评价指标体系研究。对评价指标体系和标准进行了修改优化，形成《地质调查项目评价指南》(修订)。研究形成地质调查项目绩效评价指标体系及评分标准。

(3)开展了地质调查绩效管理机制研究。起草《中国地质调查局关于全面实施预算绩效管理的通知》(建议稿)，含今后 5 年绩效管理规划方案。项目研究提出了中国地质调查局全面实施预算绩效管理的主要任务：一是构建绩效管理制度体系。包括绩效目标确定、绩效运行监控、绩效评价实施、绩效结果应用 4 个主要环节。制定全局预算绩效管理办法。制定全局预算绩效管理顶层制度即《中国地质调查局预算绩效管理办法》，覆盖项目和单位各项财政资金来源，规范绩效目标设置、绩效执行监控、绩效评价实施和绩效结果应用等全过程管理。建立预算绩效管理配套制度。二是加强绩效目标管理。包括绩效目标的编制、审核和上报等环节，合理确定绩效目标是全面实施预算绩效管理的基础。三是实行绩效运行监控。依据确定的项目和单位绩效目标,对资金运行状况及绩效目标实现程度进行监控,实现绩效目标实现程度与预算执行进度"双监控",为绩效目标实现提供保障。四是开展预算绩效评价。根据确定的绩效目标,建立健全适合实际的预算绩效评价指标体系,创新优化绩效评价方法,确保绩效评价结果的客观性和准确性。开展项目绩效自评,项目绩效评价和单位绩效评价。五是强化评价结果应用。

(4)开展了中央财政地质勘查项目实施效果评估案例研究。完善了中央财政地质勘查项目实施效果评估指标体系,研究提出中央财政地质勘查项目实施效果第三方评估机制的建议,为地勘行业管理提供了支撑。按照基础、环境、矿产地质调查和地质科技(信息化)4 种类型初步补充完善了中央财政地质勘查项目实施效果评估指标体系。完成了"青南藏北冻土区天然气水合物调查"等项目试评估。通过试评估,验证完善了评估指标体系。

5. 开展地质调查财务内控体系建设顶层设计与对策研究,为适应一级预算单位形成要求提供了制度体系建设的思路和体系框架。一是完成地调局内部控制建设与运行中关键风险分析。提出由以资金为主线转向建立风险为导向的顶层设计理念思路。二是提出制度体系建设框架。三是提出相关建议。建议内部控制工作机制落实到位,优化内部环境,充分发挥内部审计的作用,加强预算绩效管理,以及完善差旅费管理等。四是跟踪地质调查管理相关政策并开展分析。分类梳理预算财务管理政策文件,印制了《预算财务管理政策文件汇编》(6 册,390 余个文件),为开展相关制度制修订奠定了基础。五是开展财务信息网上跟踪监管分析。开展局属 30 家单位财务信息网上监管工作,支撑局财务信息网上监管,协助局财务部完成《财务信息监督工作情况报告》(2019 年第 1—6 期),第 1 期和第 5 期获批示。六是撰写对策建议 6 篇。1 篇获肯定性批示(2019.3.19),1 篇提交自然资源部勘查司,3 篇刊载在《地质战略研究》第 2 期,1 篇刊载在《地质战略研究》第 4 期。

6. 开展了一批管理制度起草,为新时期地质调查制度体系建设作出了研究支撑。①地质调查预算管理办法及细则,形成提纲和初稿;②地质调查项目绩效管理办法及细则,形成初稿;③地质调查质量和科研诚信黑名单管理办法(初稿);④地质调查质量和科研诚信评价细则及评价指标体系(初稿);⑤开展地质调查政府采购政策跟踪与制度优化研究。编制完成"中国地质调查局 2018 年地质调查项目政府采购工作总结报告";形成"中国地质调查局 1000 万元(含)以上采购项目情况统计报告";形成"政府采购管理制度汇编(2019 年版)"初稿。

绿色勘查试点推广与新时期找矿机制创新项目成果报告

提交单位:中国地质调查局发展研究中心

项目负责人:张福良

档案号:调 1343

工作周期:2019—2020 年

主要成果:

1. 全面开展绿色勘查研究,使习近平生态文明思想和国家生态文明战略在找矿领域落地生根。

(1)开展绿色勘查和绿色矿业评价研究,为绿色勘查提供了理论基础。以习近平生态文明思想为指引,分析了绿色勘查和矿业绿色发展的进展,梳理了矿业绿色发展的研究脉络,界定了绿色勘查的内容与内涵,明确了狭义、广义的矿业绿色发展内涵,提出了绿色勘查和绿色矿山建设模型,为引导我国绿色勘查和矿业绿色可持续发展提供了理论指导依据。

(2)完成绿色勘查行业标准编制报批发布,为新时期地勘工作提供技术依据。项目组在充分收集国内外资料、广泛开展调研活动、多轮次征询专家意见、举办起草组研讨会议、参加标准编制有关培训等基础上，经过实地调研、深入分析、试点验证、专家论证、征求意见、反复修改，本着“实用、好用”的原则，编制完成了《绿色地质勘查工作规范》(DZ/T 0374—2021)。该标准作为地质矿产标准体系中的通用技术与管理标准，与其他相关技术标准配套使用，为新时期地勘行业和勘查工作的可持续发展提供了技术依据，填补了国内绿色勘查行业规范的空白。

(3)组织开展绿色勘查项目示范工作，为全面铺开绿色勘查起到重要引领作用。举办绿色勘查项目示范有关问题研讨会且多次咨询一些先进省份来的专家对绿色勘查示范项目产生程序、示范内容、验收和申报要求、激励政策建议等方面的意见和建议的基础上，提出绿色勘查示范项目筛选评价思路，起草了部署绿色勘查示范项目工作的相关文件，支撑自然资源部地质勘查管理司组织评选出95个(第一批18个、第二批77个)绿色勘查示范项目，并在自然资源部门户网站上进行了公告，树立了全国绿色勘查标杆，为全面推进绿色勘查起到了示范带动作用。

(4)梳理总结绿色勘查技术方法，为切实降低找矿导致的生态影响提供支持。先进的技术、方法、工艺和设备能有效减少地质勘查工作对生态环境影响的范围、程度及持续时间，为此，项目组以理念为先导，在试点成果总结的基础上，持续动态跟踪青海省有色地勘局、贵州省西南能矿集团、中国地质调查局成都探矿工艺所和北京探矿工程研究所、甘肃省地矿局、山东省矿产勘查技术指导中心等单位在绿色勘查方面探索的经验做法，总结形成一套先进的技术方法和工艺设备等。如以钻代槽(井)、以铲代镐、一基多孔和一孔多支、洛阳铲、赣南钻、模块化便携式全液压钻机等，在具备条件的地区进行探索应用，可在达到预期找矿效果的同时，最大程度地降低对生态环境的扰动。

(5)通过多种方式的宣传与推广，绿色勘查理念深入人心。项目自实施以来，通过多方式、多渠道展开绿色勘查的宣传推广。首先在教育培训交流的推广，包括在多省地矿系统业务培训班上进行授课，在重大地质矿业会议、科技活动、改革发展论坛等相关学术交流平台做主旨宣讲，受训人员范围覆盖全国29个省(区、市)的相关管理部门、业务单位和基层代表，绿色勘查已经逐渐深入人心；其次在学术论文和报刊文章的推广，发表相关学术文章近20篇、署名登报刊发10余篇，加大了绿色勘查的影响力和曝光度，让更多的从业人员、相关技术管理人员了解绿色勘查理念和动态发展情况；最后拍摄录制两部绿色勘查宣教视频片，编辑完成《绿色勘查科普宣传手册》，进一步加大了绿色勘查的普及与宣传。在绿色勘查的“大潮”下，已由“要我做”向“我要做”转变，绿色发展理念和生态文明战略在找矿领域逐渐生根发芽、开花结果，全面推开绿色勘查条件已经成熟。

(6)持续跟踪提炼绿色勘查经验做法，为建立绿色勘查长效机制奠定基础。在技术规范方面，项目组收集汇总了青海、山东、贵州、内蒙古等省区印发编制的省级地方标准6个，同时通过绿色勘查示范项目申报材料梳理内蒙古山金地质、西乌珠穆沁旗宝山矿业、西南能矿、四川核工业、中国冶金地质总局等单位制定了相应的绿色勘查局标和企标13个、预算标准3个。在管理制度方面，汇总了各地有关主管部门、地勘单位、矿山企业实施的绿色勘查管理制度上百个。在技术创新方面，因地制宜采用无人机测绘技术，开展物探找矿组合方法研究应用，使用便携式全液压钻机，创新卷扬机等设备搬运方式，实施标准化机台建设等。在和谐勘查方面，充分尊重当地民族文化、民族风气，积极与当地政府、主管部门沟通，争取对勘查活动的支持，妥善处理好矿地关系。凡此种种，为下一阶段建立绿色勘查长效机制奠定基础。

(7)探索了绿色勘查激励政策和机制，调动实施绿色勘查的积极性。鉴于绿色勘查在一定程度上增加了矿产勘查的成本，为了进一步保障矿业绿色发展，引导勘查队伍的积极性提供良好的政策环境，探索提出要从主管部门层面加快相关制度修订，推进落实地勘单位改革的各项政策，充分落实绿色勘查的支持政策，推动绿色勘查示范项目建设，对保护生态环境、促进社区发展的勘查项目实行政策激励。如：具有绿色勘查经历的企事业单位在探矿权出让竞争中给于政策优惠；建立国家绿色勘查专项投融资渠道；在矿产勘查预算标准中对于绿色勘查项目进行一定程度的优待；建立国家专项资金协助开展绿色勘查项目等。绿色勘查的激励措施研究是一项十分重要且复杂的课题,将是下一步继续深化绿色勘查机制的重要研究方向。

2.在矿产开发及矿业发展领域落实习近平生态文明思想,绿色矿山和绿色矿业建设取得明显成效。

(1)落实六部委文件要求,支撑自然资源管理中心工作。按照原国土资源部、财政部、环保部、国家质检总局、银监会、证监会联合印发的《关于加快建设绿色矿山的实施意见》(以下简称《实施意见》)要求,项目组梳理了矿业绿色发展的微观运行机理,明晰了矿业绿色发展水平监测评价的内涵;开展了31个省(区、市)绿色矿山建设规划目标、政策、标准、管理制度等调查跟踪与监测;总结了全国绿色矿山建设进展成效、存在问题及建议;构建了矿业绿色发展指数,对我国2010—2017年矿业绿色发展水平进行评价监测;开展了绿色矿山建设评价指标体系研究;分析了长江经济带矿业资源概况和分布特征;开展了长江经济带各地区绿色矿山建设水平的统计分析;构建了体现区域特色的矿业绿色发展评价体系,并提出了评价的方法流程;构建绿色矿业发展示范区评价监测指标体系;设计了系统总体架构和监测平台功能模块,进行了预期平台应用分析。已从从技术支撑、文件转化、政策建议、科普宣传4个方面,取得了20余项有关绿色矿业发展和绿色矿山建设的实际工作成果。如:"十四五"绿色矿山建设工作思路建议、《全国24个省(区、市)绿色矿业发展示范区建设实施方案》《关于绿色矿山建设有关情况的报告》报部长稿、自然资源部绿色矿山有关财政支持政策纳入财政部"十四五"规划建议、长江经济带绿色矿山、黄河流域绿色矿山建设进展报告、绿色矿业发展指导中心公众号等。

(2)在持续支撑绿色矿山建设和绿色矿业发展管理决策的基础上,提出引导矿业绿色发展转型和政府绿色管理的对策建议。

关于全国矿业绿色发展和管理总体建议:

一是加快绿色矿山建设步伐。国家级绿色矿山建设试点数量总体偏少,带动范围有限。为在全国范围内形成广泛的激励推动作用,需加快遴选公告一批绿色矿山名单,增加绿色矿山数量,扩大覆盖面和影响力。建立完善绿色矿山建设评价指标体系,为绿色矿山科学认定和跟踪评估夯实基础。

二是细化落实支持政策措施。在用地方面,细化支持绿色矿山企业复垦盘活存量工矿用地政策,支持和保障绿色矿山企业和示范区转型发展的用地需求。在用矿方面,从总量调控指标、资源配置上实施倾斜,为绿色矿山企业拓展发展空间提供资源保障。在财税政策方面,积极申请国家财政资金支持,对优秀绿色矿山和绿色矿业发展示范区给予奖励。探索将绿色矿山企业的矿产品纳入政府绿色采购范畴,并引导供应商和消费者从绿色矿山企业进行采购。

三是促进矿业经济高质量发展。在《矿产资源法》修订过程中,明确绿色矿山建设相关要求,以绿色理念统领矿产资源勘查、开发、利用、保护、生态修复的全过程,为矿业绿色发展提供法治保障。在新一轮矿产资源规划中,做好淘汰过剩产能、落后产能和"非绿"产能的"减法",支持建设上下游一体化的矿产资源产业基地,提高资源开发规模化、集约化水平。牢固树立山水林田湖草生命共同体理念,加大矿山地质环境保护和修复力度,全面推进矿业产业生态化。

四是强化科技创新体系建设。大力支持绿色矿业为导向的科技研发推广,在绿色勘查、矿产资源节约、循环利用、节能减排、污染治理、生态修复关键环节突破一批"卡脖子"技术。覆盖绿色矿山建设全生命周期和全产业链,分批动态遴选并向社会公告绿色矿山建设先进适用技术、工艺和装备目录,加大示范推广和应用力度,激励引导矿山企业加快技术改造、推进绿色转型升级。

五是完善绿色矿山建设管理机制。制定绿色矿山建设入库指南,明确名录管理相关流程及要求。严格准入管理,在矿业权出让合同、开发利用方案中充分体现绿色矿山建设相关要求。强化事中事后监管,探索将绿色矿山建设纳入矿产资源日常监管、执法监察和自然资源督查体系。建立失信惩戒机制,将绿色矿山名录与矿业权人勘查开采信息公示系统、国家企业信用信息公示系统、银行征信系统等对接。强化政府目标责任考核,推进各地将矿业绿色发展与地方生态文明建设目标考核挂钩。

六是加强宣传交流与培训。评选并发布绿色矿山标识,提高公众对绿色矿山认知度,增强矿山企业的责任感和使命感。组织召开绿色矿山建设现场会、座谈会和系列培训会，打响绿色矿山建设攻坚战，增强各方推动矿业绿色发展的思想自觉和行动自觉。建立绿色矿业发展服务平台，广泛宣传绿色矿山建设政策标准、技术装备以及优秀案例，营造全社会了解、支持并共同推动的浓厚舆论氛围。

关于长江经济带矿业绿色发展相关建议：

一是长江经济带共涉及34处（占全国33%）国家能源资源基地和55个（占全国21%）国家规划矿区，主要以锰矿、钨锡多金属矿、稀土矿、锂矿和磷矿等优势战略性矿产为主，通过基地和矿区建设形成保障国家资源安全供应的战略核心区域。

二是强化“面上”保护，在11个省级矿产资源总体规划中共划定1512处（占全国的48%）具有生态环境保护功能的禁止开采区，区内禁止新设采矿权，已有采矿权有序退出。

三是按照省级矿产资源总体规划中，安排43个绿色矿业发展示范区建设，占到全国建设总量的45%，到2020年建设近8000个绿色矿山的目标，占全国拟建数量的60%，绿色矿山占比大幅提升，带动矿业绿色发展转型。

四是推进295片（占全国36%）矿山地质环境及矿区损毁土地重点治理工作，全面提升矿山地质环境和矿区土地复垦水平。

3.开展地质找矿机制创新研究，为新时期能源资源安全保障提供支持。

（1）研究分析了当前矿产资源安全保障面临的新形势。首先我国基本资源国情没有变、资源在发展大局中的地位和作用没有变、资源环境约束趋紧的总体态势没有变，我国经济社会发展对大宗紧缺矿产资源的需求仍将高位运行，特别是经济向高质量转型发展时期对一些关键矿产资源的需求呈爆发式增长；一些能源矿产、大宗矿产、关键矿产对外依存度居高不下甚至有的持续攀升。如：铁、铜、石油、铝、铅、锌等，预计到2030年，分别达到85%、81%、70%、61%、23%、30%左右；同时一些重要矿产静态保障年限降低，预计到2020年后，我国石油、铁、铜等矿种静态保障年限将下降到13年以下；锌、铝、铅、金等静态保障年限则低于10年；2030年，铁矿石、铜、铝等重要矿产资源静态保障年限将跌至10年以内，能源资源安全保障受到严峻挑战。特别是国内连续78年勘查投入下降，因中美的贸易争端等外部环境不确定因素的增加从国际上获取资源的难度不断加大的情况下，资源安全形势不容乐观。

（2）编译总结了国外主要矿业国家新一轮勘查战略特点。为了解世界主要矿业国家的矿产勘查战略，为我国新时期找矿机制创新研究提供参考借鉴，项目副负责人余韵副研究员编译了美、加、澳等6个国家和组织2017—2018年发布的13份矿产资源战略研究报告，包括“关于确保危机矿产安全和可靠供应的联邦战略”总统令、美国内政部《关键矿产独立与安全》部长令、美国众议院修订《国家战略和危机矿产生产法》、澳大利亚地球科学2018—2027年十年规划、澳大利亚资源：确保子孙后代的繁荣、2017—2022年澳大利亚国家矿产资源勘查战略、澳大利亚采矿设备技术和服务行业战略、澳大利亚全球油气大趋势、关于《加拿大矿产和金属规划》编制的讨论、2050愿景与科技和创新路线图——欧洲原材料产业可持续和具有竞争力的未来、印度矿业2030及以后的愿景等（见附件）。总结发现，近几年来，全球掀起了一轮研究和制定矿产资源战略的热潮，“资源2030”乃至“资源2050”战略版本接连出台。通过梳理发现呈现出3方面的新动向：

一是在逆全球化背景下，多国普遍重视本国国内地质找矿工作。如美国地质找矿的根本原则是“美国第一”和“能源独立”。2017年，先后颁布《美国第一能源计划》《促进能源独立和经济增长》和《关于确保关键矿产安全和可靠供应的联邦战略》总统行政命令，目的是释放美国的能源资源潜力，让国内找矿大有可为；印度制定的“印度矿业2030及长远愿景”，将国内找矿投入作为重中之重。

二是通过很多国家和组织都进行名录清单管理，关键矿产成为工作重点。如美国将确保关键矿产安全和可靠供应上升为联邦战略。2018年美国内政部公布新的关键矿产目录，共35个矿种；欧盟以安全获取原材料为目标的关键矿产战略，2017年从61个候选原材料中评估出27种关键原材料；英国提出以关键矿产为重点的自然资源联合战略，2015年英国地质调查局确定的40种关键矿产目录。

三是大多国家均高度重视生态环境、社区和谐、就业等方面。总结国外地质找矿战略具有回归国内找矿、突出关键矿种、改进找矿方法、加强信息共享、重视环境保护等特点，对我国新时期开展找矿机制创新研究具有重要参考作用。

(3)总结并探索提出了新时期找矿机制要点。项目组在加强国内外相关内容综合研究基础上，总结新时代地质找矿工作的特点，分析了新时代地质找矿工作的3个转变，梳理了新时代地质找矿工作的三方面定位，探索提出了新时代我国地质找矿机制要点“聚焦战略矿产、瞄准大型基地、财政资金选区、社会主体勘查、完善矿政制度、创新理论方法、推进绿色矿业、保障资源安全”，对统筹协调能源资源安全保障和生态环境保护二者关系，创新找矿机制等方面都发挥了重要支撑作用，也为自然资源部推进矿业绿色发展、实施新一轮找矿突破战略行动提供支持和服务。

主要参考文献

白云山,田巍,王保忠,等.湘中坳陷1:25万页岩气基础地质调查子项目成果报告[R].2019,8.

柏道远,姜文,李彬,等.1:5万涪口镇、沙市街、灰山港、煤炭坝幅区域地质调查成果报告[R].2019,1.

曹建华,张春来,于奭,等.长江、珠江、黄河岩溶流域碳循环综合环境地质调查成果报告[R].2019,11.

曹亮,周云,段其发,等.湖北1:5万三角坝幅、建始县幅、三里坝幅、屯堡幅、白杨坪幅、花果坪幅区域地质调查成果报告[R].2018,3.

曹烨,张新,刘磊,等.利川福宝山盆地三叠纪成钾条件及找矿潜力调查报告[R].2018,5.

陈科,周志,李浩涵,等.鄂西-渝东地区油气地质调查项目成果报告[R]. 2021,11.

陈立德,邵长生,路韬,等.长江中游城市群地质环境调查与区划综合研究报告[R].2016,11.

陈立德,邵长生,王新峰,等.长江中游城市群咸宁-岳阳和南昌-怀化段高铁沿线1:5万环境地质调查二级项目成果报告[R].2019,12.

陈希清,夏金龙,定立,等.湖南通道-广西泗水地区1:5万地质矿产综合调查成果报告[R].2019,3.

陈孝红,刘安,罗胜元,等.宜昌斜坡区页岩气有利区战略调查成果报告[R].2019,12.

陈有明,杨娟,黄燕,等.长江中游地区国土遥感综合调查成果报告[R]. 2017,8.

程顺波,刘阿睢,李荣志,等.广西壮族自治区1:5万果化镇、龙马、进结、平果县幅区域地质调查成果报告[R].2019,8.

丛源,陈旭,黄飞,等.上扬子东南缘锰矿资源基地综合地质调查项目成果报告[R].2021,10.

崔森,夏杰,刘小龙,等.湖南新宁-广西江头村地区矿产地质调查成果报告[R].2017,12.

崔森,夏杰,刘小龙.广西1:5万绍水幅、全州县幅区域地质调查成果报告[R].2019,3.

邓鑫,刘浩,金鑫镖,等.湖北1:5万长寿店、钟祥市、东桥镇幅区域地质调查成果报告[R].2020,9.

董芯岑,李源航,朱亚平,等.丹水库区淅川段(淅川县幅)1:5万环境地质调查成果报告[R].2018,3.

杜云,田磊,王敬元,等.湖南苗儿山地区矿产地质调查成果报告[R].2017,9.

段其发,曹亮,周云,等.湘西-鄂西成矿带神农架-花垣地区地质矿产调查成果报告[R].2020,8.

方子樊,鬲新,许程程,等.汉水库区1:5万郧县幅环境地质调查成果报告[R].2019,4.

付建明,卢友月,秦拯纬,等.南岭成矿带中西段地质矿产调查成果报告[R].2019,3.

高俊华,刘立,刘莎莎,等.湖南省矿产资源开发环境遥感监测成果报告[R].2016,6.

高小卫,吴秀荣,向文帅.印度尼西亚优势矿产资源区域成矿规律与潜力评价研究专题成果报告[R].2014,6.

鬲新,方子樊,丁厚炳,等.汉水库区1:5万习家店幅环境地质调查成果报告[R].2019,4.

宫研,韦良喜,罗立营,等.广西1∶5万金牙幅、平乐幅、沙里幅、月里幅地质矿产综合调查成果报告[R].2019,3.

龚志愚,赵雪松,翁茂芝,等.湖北1∶5万杨芳林、宝石河、沙洲店幅区域地质矿产综合调查成果报告[R].2019,6.

郭敏,林杰春,黄孔文,等.广东1∶5万大镇幅、官渡幅、高岗圩幅、白沙圩幅区域地质调查成果报告[R].2019,1.

郭天旭,王超,陈相霖,等.南方页岩气资源潜力评价成果报告[R].2020,4.

何恒程,宁钧陶,唐威源,等.湖南湘东北桃江地区1∶5万地质矿产综合调查成果报告[R].2018,10.

何俊美,庄文明,许汉森,等.广东省及香港、澳门特别行政区区域地质志[R].2017,12.

何文熹,崔放,徐宏根,等.湖北省矿产资源开发环境遥感监测成果报告[R].2019,1.

胡成,陈植华,黄琨,等.湖北省1∶5万平林市幅、小河镇幅水文地质调查综合评价成果报告[R].2019,5.

胡道功,马秀敏,陈超,等.泛珠三角地区活动构造与地壳稳定性调查成果报告[R].2019,12.

胡江龙,胡绍祥,杨清富,等.湖北随州北部土地质量地球化学调查报告[R].2019,8.

胡俊良,李堃,赵武强,等.广西贺州-梧州地区综合地质调查成果报告[R].2021,12.

胡俊良,刘劲松,张鲲,等.湘南柿竹园-香花岭有色稀有金属矿产集中开采区地质环境调查成果报告[R].2020,4.

胡在龙,林义华,袁海军,等.海南1∶5万保亭县、藤桥、新村港、黎安幅区域地质调查成果报告[R].2019,4.

黄波林,王世昌,赵永波,等.长江三峡典型滑坡涌浪风险评价专题研究成果报告[R].2019,12.

黄飞,叶锋,张维,等.湖南湘潭-九潭冲地区矿产地质调查报告[R].2017,12.

黄逢秋,刘显丽,徐雪生,等.湖南永州南部及娄邵盆地重要农业区土地质量地球化学调查成果报告[R].2018,5.

黄圭成,李堃,汤朝阳,等.右江成矿区桂西地区地质矿产调查成果报告[R].2019,9.

黄华谷,吴远明.广东重点矿集区稀有金属调查评价成果报告[R].2018,7.

黄琨,陈刚,常威,等.湖北1∶5万肖港镇幅水文地质调查综合评价成果报告[R].2018,3.

黄锡强,覃洪锋,蒋剑,等.广西1∶5万汀坪幅、两水幅、千家寺幅区域地质矿产调查成果报告[R].2017,9.

黄永泉,谈江南,李华,等.长江中游城市群沪昆高铁沿线萍乡幅环境地质调查报告[R].2019,1.

贾小辉,谢国刚,吴俊,等.广东省1∶5万冲蒌圩(F49E012020)、沙栏(F49E013019)、广海镇(F49E013020)、海宴街(F49E014019)幅区域地质调查成果报告[R].2019,5.

姜端午,鱼磊,曹进,等.长江中游地区国土遥感综合调查成果报告[R].2016,10.

金春爽,李昭,辛云路,等.南方地区1∶5万页岩气基础地质调查填图试点成果报告[R].2019,12.

金维群,陕亮,谢新泉,等.中南地区地质矿产调查评价进展跟踪与工作部署研究成果报告[R].2016,11.

康俊杰,熊志涛,彭桂芹,等.汉水库区1∶5万武当山幅环境地质调查成果报告[R].2018,12.

雷明堂,戴建玲,吴远斌,等.湘西鄂东皖北地区岩溶塌陷1∶5万环境地质调查成果报告[R].2019,10.

雷天赐,鲍波,姜华,等.粤桂湘鄂1∶25万土地质量地球化学调查成果报告[R].2021,10.

雷天赐,鲍波,徐宏林,等.广西崇左东部及桂东南重要农业区土地质量地球化学调查成果报告[R].2019,7.

李昌明,覃洪锋,蒋剑,等.广西1∶5万隆林县幅、沙梨幅、克长幅、隆或幅区域地质调查成果报告[R].2019,8.

李福林,王成刚,李强,等.湖北1∶5万十堰市、吕家河、薛家村、土城幅区域地质调查成果报告[R].2019,6.

李福林,王成刚,吴发富,等. 湖北1∶5万三角坝幅、建始县幅、三里坝幅、屯堡幅、白杨坪幅、花果坪幅区域地质调查成果报告[R].2018,3.

李宏,董裕军,刘雪梅,等.湖南省怀化龙潭地区矿产地质调查成果报告[R].2017,9.

李活松,韦良喜,罗立营,等.广西1∶5万龙川幅矿产地质调查成果报告[R].2019,3.

李江力,郭宁宁,袁航,等.湖北鹤峰走马坪地区1∶5万矿产地质调查报告[R].2019,6.

李杰,吴天生,柴龙飞,等.广西桂中-桂东北重要农业区土地质量地球化学调查成果报告[R].2019,6.

李堃,刘飞,严乐佳,等.广西1∶5万五塘、六景、刘圩、峦城镇幅区域地质调查成果报告[R].2019,6.

李朗田,吴继兵,陈旭,等.湘西-滇东地区矿产地质调查成果报告[R]. 2019,7.

李明,谭建民,闫举生,等.1∶5万南阳镇幅、平阳坝幅环境地质调查成果报告[R].2019,4.

李明,谭建民,闫举生,等.1∶5万乾溪口幅、白鹤坝幅环境地质调查成果报告[R].2019,4.

李明,谭建民,闫举生,等.三峡地区云安厂幅1∶5万环境地质调查成果报告[R].2019,4.

李朋,吴龙,杜小锋,等.湖北1∶5万岳武坝、恩施县、见天坝、芭蕉、大集场幅区域地质调查成果报告[R].2018,5.

李瑞,王建荣,邸文,等.广东1∶5万丰顺县幅、坪上幅、五经富幅、揭阳县幅区域地质调查成果报告[R].2019,3.

李世臻,李昭,孟凡洋,等.南方重点地区1∶5万页岩气地质调查成果报告[R].2021,11.

李卫军,李文林,刘改,等.湖北省荆当盆地煤炭资源调查评价报告[R].2015,12.

李响,张宗言,张楗钰,等.广东1∶5万河头镇、曲港圩、唐家镇、企水镇、龙门镇、东里镇幅区域地质调查成果报告[R].2019,6.

李旭兵,王强,周鹏,等.江汉盆地周缘1∶25万页岩气基础地质调查成果报告[R].2019,8.

李寅,王芮琼,范威,等.大别山连片贫困区1∶5万水文地质调查安陆幅成果报告[R].2017,12.

李云安,罗朝晖,陈华清,等.湘南香花岭矿产集中开采区地质环境调查成果报告[R].2017,11.

李泽泓,凌跃新,曾广乾,等.湖南1∶5万永顺县幅、抚字坪幅、王村幅综合地质调查成果报告[R].2019,1.

李志超,韩雪霞,江佳琳,等.南部沿海地区国土遥感综合调查成果报告[R]. 2016,4.

李智民,蔡烈刚,王娣,等.三峡地区莲沱幅1∶5万环境地质调查成果报告[R].2019,6.

连志鹏,刘磊,郭春迎,等.武陵山区湘西北城镇地质灾害调查成果报告[R].2019,4.

连志鹏,刘磊,郭春迎,等.武陵山区湘西北慈利县零阳镇地质灾害调查成果报告[R].2019,4.

连志鹏,刘磊,郭春迎,等.武陵山区湘西北凤凰县沱江镇地质灾害调查成果报告[R].2019,4.

连志鹏,刘磊,郭春迎,等.武陵山区湘西北古丈县古阳镇地质灾害调查成果报告[R].2021,10.

梁恩云,陈迪,邹光均,等.湖南1∶5万寿雁圩幅、上江圩幅、江永县幅区域地质调查成果报告[R].2019,1.

梁恩云,彭云益,邹光均,等.湖南1∶5万尹家溪幅、溪口幅、三岔村幅区域地质矿产调查成果报告[R].2018,1.

梁国科,吴祥珂,李玉坤,等.广西1∶5万甲篆幅、凤凰幅、巴马幅、民安幅区域地质调查成果报告[R].2019,8.

梁靖,罗树文,揭江,等.环北部湾南宁、北海、湛江 1∶5 万环境地质调查—雷州半岛西北部(青平幅)环境地质调查报告[R].2017,7.

梁靖,罗树文,张妙美,等.环北部湾南宁、北海、湛江 1∶5 万环境地质调查(北坡镇幅)成果报告[R].2019,5.

林玮鹏,欧阳志侠,陈友良,等.广东阳春铜多金属矿整装勘查区专项填图与技术应用示范报告[R]. 2016,6.

刘安,田巍,李海,等.湘中涟邵盆地页岩气有利区战略调查成果报告[R].2020,10.

刘广宁,黄长生,齐信,等.珠江—西江经济带梧州—肇庆先行试验区 1∶5 万环境地质调查成果报告[R].2019,9.

刘广宁,齐信,黎义勇,等.珠江—西江经济带梧州—肇庆先行试验区 1∶5 万环境地质调查(梧州市幅、封川幅、苍梧县幅)成果报告[R].2019,9.

刘华平,赵海军,吴继新,等.汉水库区 1∶5 万西峡幅环境地质调查成果报告[R].2018,6.

刘怀庆,陈雯,张宏鑫,等.北海海岸带陆海统筹综合地质调查成果报告[R].2021,12.

刘怀庆,黎清华,陈双喜,等.环北部湾南宁、北海、湛江 1∶5 万环境地质调查成果报告[R].2019,8.

刘怀庆,黎清华,张宏鑫,等.北部湾沿海经济带 1∶5 万环境地质调查成果报告[R].2019,8.

刘劲松,胡俊良,张鲲,等.湘南柿竹园矿产集中开采区地质环境调查成果报告[R].2019,7.

刘景涛,陈玺,张玉玺,等.珠江三角洲松散沉积含水层水质综合调查二级项目成果报告[R].2019,8.

刘军,张辉仁,张玉,等.广东黄坑-百顺地区矿产地质调查成果报告[R].2017,12.

刘军省,王春光,范杰,等.长江中游磷、硫铁矿基地矿山地质环境调查成果报告[R].2019,8.

刘凯,李林,崔放,等.区域地质图数据库建设(中南)成果报告(2011—2015 年度)[R].2016,12.

刘前进,黄旭娟,董毓,等.江西省九堡幅 1∶5 万水文地质调查成果报告[R].2019,1.

刘前进,罗晛,何建军,等.鄱阳湖生态经济区丰城市幅 1∶5 万环境地质调查报告[R].2017,10.

刘庆超,黄国彬,陈秋光,等.桂中地区岩溶塌陷调查临桂幅(G49E017009)桂林幅(G49E017010)成果报告[R]. 2016,6.

刘圣博,曾春芳,刘磊,等.1∶5 万白沙幅、一渡水幅、芦洪市幅、新宁县幅、大庙口幅区域地质综合调查成果报告[R].2017,10.

刘勇,姚腾飞,张立航,等.长江中游城市群京广高铁沿线岳阳幅环境地质调查报告[R].2018,3.

龙文国,柯贤忠,田洋,等.鄂东-湘东北地区地质矿产调查成果报告[R].2019,7.

鲁显松,黄景孟,李志刚,等.湖北竹山文峪-擂鼓地区 1∶5 万矿产地质调查成果报告[R].2019,7.

路韬,杨艳林,邵长生,等.江西省赣县、于都县 1∶5 万水文地质调查成果报告[R].2019,12.

罗华,刘力,毛启曦,等.湖北 1∶5 万丁砦幅、来凤幅、大河坝幅、龙山县幅、百福司幅区调成果报告[R].2019,6.

马腾,邓娅敏,梁杏,等.汉江下游旧口-沔阳段地球关键带 1∶5 万环境地质调查成果报告[R].2019,9.

蒙荣国,樊保东,黄辉,等.南宁(五塘幅 F49E007003)城市规划区环境地质调查成果报告[R].2018,2.

农军年,郭尚宇,孙明行,等.广西 1∶5 万自良圩、三堡圩、松山、容县幅区域地质调查成果报告[R].2019,8.

欧阳志侠,汪汝澎,吴晓东,等.广东省阳春市石菉-锡山矿山密集区深部铜锡钨(铅锌)矿战略性勘查报告[R]. 2017,1.

裴来政，王节涛，雷天赐，等. 武汉多要素城市地质调查2018年度成果报告[R]. 2019,8.

彭轲，何军，肖攀，等. 长江中游宜昌-荆州和武汉-黄石沿岸段1：5万环境地质调查成果报告[R]. 2021,10.

彭轲，肖攀，何军，等. 长江中游宜昌-荆州和武汉-黄石沿岸段1：5万环境地质调查成果报告[R]. 2019,9.

彭中勤，苗凤彬，田巍，等. 雪峰山地区1：25万页岩气基础地质调查成果报告[R]. 2019,8.

钱龙兵，颜伦明，易其森，等. 广东双华-平安镇地区矿产地质调查成果报告[R]. 2017,10.

阮明，符广卷，龚彬，等. 琼东南经济规划建设区1：5万环境地质调查-藤桥幅、黎安幅、新村港幅1：5万环境地质调查成果报告[R]. 2019,6.

阮岳军，姚海鹏，李旭杰，等. 湖南重点岩溶流域水文地质及环境地质调查成果报告[界岭幅(G49E004016)、双峰幅(G49E004017)][R]. 2016,9.

邵长生，张傲，杨艳林，等. 湖北省1：5万汀泗桥幅、蒲圻县幅环境地质调查成果报告[R]. 2019,12.

邵长生，张傲. 湖北省蒲圻县幅1：5万环境地质调查水文地质钻探施工总结报告[R]. 2018,1.

石伟民，李祥庚，农道义，等. 广西宝坛地区1：5万地质矿产综合调查成果报告[R]. 2019,5.

石先滨，翁茂芝，罗红，等. 湖北省1：5万三岔、红土溪、官店口、万寨、椿木营、下坪幅区域地质调查成果报告[R]. 2018,5.

宋才见，李谭伟，叶颖颖，等. 湖南千里山—瑶岗仙地区1：5万区域地质综合调查报告[R]. 2017,10.

苏春田，罗飞，杨杨，等. 湘江上游岩溶流域1：5万水文地质环境地质调查成果报告[R]. 2019,10.

孙腾，李江力，胡尚军，等. 湖南省沅陵县北部地区铜金多金属矿产地质调查报告[R]. 2018,10.

孙兴庭，李昌明，黄健，等. 广西五将地区矿产地质调查报告[R]. 2017,9.

覃小群，黄奇波，蓝芙宁，等. 西江中下游流域1：5万水文地质环境地质调查成果报告[R]. 2019,9.

谭建民，黄波林，李明，等. 三峡地区万州-宜昌段交通走廊1：5万环境地质调查成果报告[R]. 2019,12.

谭建民，裴来政，闫举生，等. 大别-罗霄山区城镇灾害地质调查项目成果报告[R]. 2021,11.

田洋，金巍，王晶，等. 湖南1：5万郭镇市、白羊田镇、北港镇幅区域地质调查成果报告[R]. 2018,11.

田云，吴晓东，汪汝澎，等. 广东省阳春市潭水镇地区矿产地质调查报告[R]. 2016,10.

童金南，胡军，叶琴，等. 神农架-雪峰山地区区域地质专项调查成果报告[R]. 2017,12.

涂兵，王令占，杨博，等. 湖北1：5万渡普口、山坡乡、神山镇、咸宁幅区域地质调查成果报告[R]. 2019,8.

涂兵，杨博，李响，等. 三亚重点地区自然资源综合地质调查项目成果报告[R]. 2021,11.

涂世亮，胡飞跃，邓成坚，等. 粤港澳湾区(平沙农场幅、荷包岛幅、平岚幅)1：5万环境地质调查成果报告[R]. 2019,5.

万能，曾明中，万翔，等. 湖北省恩施西部特色农业区土地质量地球化学调查报告[R]. 2017,7.

汪明启，杨少平，张鹤，等. 湘江下游典型地区土壤重金属污染成因与风险评价成果报告[R]. 2016,10.

汪双清，秦婧，徐学敏，等. 页岩气地质调查实验测试技术方法及质量监控体系建设成果报告[R]. 2019,12.

汪啸风，王传尚，阎春波. 吉林白山大阳岔全球寒武系与奥陶系界线层型候选剖面再研究[R].

2019,4.

王斌,符尤隆,龚彬,等.琼东南经济规划建设区 1∶5 万环境地质调查一高峰幅、马岭市幅 1∶5 万环境地质调查成果报告[R].2018,4.

王璨,孙锡良,覃佐辉,等.武陵山区湘西北泸溪县白沙镇地质灾害调查成果报告[R].2019,4.

王璨,孙锡良,覃佐辉,等.武陵山区湘西北沅陵县沅陵镇地质灾害调查成果报告[R].2019,4.

王璨,孙锡良,覃佐辉,等.武陵山区湘西北张家界市永定城区地质灾害调查成果报告[R].2017,10.

王成辉,王登红,孙艳,等.华南重点矿集区稀有稀散和稀土矿产调查项目成果报告[R].2019,12.

王传尚,彭中勤,王建坡,等.黄柏河流域综合地质调查成果报告[R].2021,10.

王传尚,彭中勤,王建坡,等.武当-桐柏-大别成矿带武当-随枣地区地质矿产调查成果报告[R].2021,10.

王传尚,彭中勤,王建坡,等.中扬子地区古生界页岩气基础地质调查成果报告[R].2020,6.

王洪磊,曹修定,潘书华,等.雪峰山区北部地质灾害调查成果报告[R]. 2019,12.

王建坡,王保忠,田巍.中扬子地区二维地震勘探与选区评价子项目成果报告[R].2019,8.

王建雄,宋雷鹰,吴发富,等.摩洛哥地球化学图说明书[R].2016,10.1

王建雄,吴发富,向鹏,等.摩洛哥王国区域地质调查报告[R]. 2018,10.

王江立,吴年文,段蔚,等.国家地质数据库建设与整合(中国地质调查局武汉地质调查中心)成果报告[R].2019,7.

王磊,章昱,伏永朋,等.丹江口库区盛湾幅、石鼓幅、凉水河幅环境地质调查成果报告[R].2019,6.

王磊,章昱,伏永朋,等.丹江口库区十堰市幅、黄龙滩幅 1∶5 万环境地质调查成果报告[R].2019,6.

王磊,周岱,吴俊,等.海南昌江-广东云浮地区区域地质调查项目成果报告[R]. 2021,12.

王良奎,王忠忠,胡飞跃,等.珠江-西江经济带梧州-肇庆先行试验区 1∶5 万环境地质调查成果报告[R].鳌头圩幅成果报告[R].2018,1.

王宁涛,王清,欧阳波罗,等.湖北 1∶5 万花园镇幅、王家店幅、松林岗幅水文地质调查成果报告[R].2019,5.

王清,王宁涛,廖金,等.大别山连片贫困区 1∶5 万水文地质调查成果报告[R].2019,10.

王世昌,李隆平,谭建民,等.1∶5 万秭归县幅环境地质调查成果报告[R].2019,4.

王文,吕晓岚,陈元旭,等.地质调查预算标准动态更新与支出绩效管理机制研究成果报告[R].2020,10.

王先辉,杨俊,陈迪,等.湖南 1∶5 万铁丝塘幅、草市幅、冠市街幅、樟树脚幅区域地质矿产调查成果报告[R].2017,10.

王尧,朱月琴,杨建锋,等.资源环境重大问题综合区划与开发保护策略研究成果报告[R].2020,10.

王占岐,谭力,杨斌,等.丹江口库区土地环境质量调查与评价成果报告[R].2019,5.

王占岐,谭力,杨斌,等.汉水库区土地环境质量调查与评价成果报告[R].2019,5.

王占岐,姚小薇,张利国,等.丹江口库区土地环境质量调查与评价成果报告[R].2018,3.

王占岐,姚小薇,张利国,等.丹江口水库南阳-十堰市水源区 1∶5 万环境地质调查成果报告[R].2019,8.

王忠忠,黄文龙,庄卓涵,等.珠江-西江经济带梧州-肇庆先行试验区 1∶5 万环境地质调查报告[R].2019,6.

王忠忠,黄文龙,庄卓涵,等.珠三角地区岩溶塌陷地质灾害调查报告[R].2016,6.

王宗秀，张林炎，李会军，等. 南方地区构造演化控制页岩气形成与分布调查成果报告[R]. 2019,12.

韦昌山，肖昌浩，吴付新，等. 广西河池—象州矿集区找矿预测项目报告[R]. 2016,7.

韦访，覃初礼，覃瑞才，等. 广西靖西-大新地区矿产地质调查成果报告[R]. 2017,6.

魏昌欣，周进波，袁海军，等. 海南 1：5 万东方县、感城、板桥、莺歌海幅区域地质调查成果报告[R]. 2017,8.

魏道芳，李佳平，金维群，等. 全国地质调查项目组织实施费(中国地质调查局武汉地质调查中心)成果报告[R]. 2019,6.

魏方辉，刘庚寅，赵伟，等. 湖南 1：5 万常德市、牛鼻滩、斗姆湖、汉寿县幅区域地质调查成果报告[R]. 2019,3.

魏克涛，金尚刚，刘博，等. 湖北大冶—阳新地区铜金矿整装勘查区专项填图与技术应用示范成果报告[R]. 2016,8.

温金梅，吴涛，陈立，等. 三峡地区磐石镇幅 1：5 万环境地质调查成果报告[R]. 2019,3.

文宇博，李伟，季峻峰，等. 西南典型岩溶地区多目标地球化学调查成果报告[R]. 2017,5.

吴波，万俊，刘万亮，等. 湖北 1：5 万大悟县、丰店、小河镇、四姑墩幅区域地质矿产调查成果报告[R]. 2018,5.

吴波，杨成，万俊，等. 湖北 1：5 万板凳岗幅区域地质调查成果报告[R]. 2019,7.

吴胡，陈立德，陈葛成，等. 鄂东南矿集区矿山地质环境调查(大冶县幅)成果报告[R]. 2019,1.

吴吉民，李逵，黄珏，等. 武陵山区湘西北桑植县澧源镇地质灾害调查成果报告[R]. 2019,4.

吴吉民，李逵，黄珏，等. 武陵山区湘西北永顺县灵溪镇地质灾害调查成果报告[R]. 2019,4.

吴吉民，李逵，徐勇，等. 武陵山区湘西北麻阳县高村镇地质灾害调查成果报告[R]. 2019,4.

吴剑，熊忠，胡振华，等. 广东省翁源县红岭钨矿接替资源勘查报告[R]. 2016,6.

吴俊，谢国刚，卜建军，等. 海岸带 1：5 万填图方法研究成果报告[R]. 2019,3.

吴俊，谢国刚，卜建军，等. 海岸带 1：5 万填图方法研究成果报告[R]. 2019,5.

吴小辉，杨晓聪，闫亚鹏，等. 广东 1：5 万三饶、钱东圩幅区域地质矿产调查成果报告[R]. 2017,9.

夏柳静，汤朝阳，文运强，等. 广西天等龙原-德保那温地区锰矿整装勘查区专项填图与技术应用示范报告[R]. 2016,6.

夏真，甘华阳，何海军，等. 北部湾等重点海岸带综合地质调查成果报告[R]. 2019,9.

向文帅，王建雄，向鹏，等. 埃及及邻区矿产资源潜力评价二级项目成果报告[R]. 2019,11.

肖尚德，邹安权，程刚，等. 武汉城市圈地质环境调查与区划成果报告[R]. 2017,6.

解习农，石万忠，陆永潮，等. 南方典型页岩气富集机理与综合评价参数体系成果报告[R]. 2020,6.

徐德明，王磊，周岱，等. 桂东-粤西成矿带云开-抱板地区地质矿产调查成果报告[R]. 2019,5.

徐勇，连志鹏，吴吉民，等. 武陵山湘西北地区城镇地质灾害调查成果报告[R]. 2019,4.

许冠军，杨伟彬，梁武，等. 广东 1：5 万棠下、派潭、增城县、石龙镇幅区域地质调查成果报告[R]. 2019,1.

闫举生，李明，王世昌，等. 三峡地区新滩幅、过河口幅 1：5 万环境地质调查成果报告[R]. 2019,3.

严成文，吴维盛，程亮开，等. 广东 1：5 万大布公社、罗坑圩、八宝山、横石塘幅区域地质矿产调查成果报告[R]. 2017,10.

杨成，陈铁龙，吴波，等. 湖北 1：5 万长岗店、均川、客店坡、古城畈、三阳店幅区域地质调查成果报告[R]. 2019,7.

杨青雄，杜小锋，宗维，等. 湖北 1：5 万古老背、安福寺、枝城市、董市镇幅区域地质调查成果报告[R]. 2019,6.

杨少辉,杨俊,罗鹏,等.湖南1∶5万石门县幅、合口镇幅、夏家港幅、临澧县幅区域地质调查成果报告[R].2019,1.1

杨文强,周岱,胡军,等.广东天露山地区1∶5万区域地质矿产综合调查成果报告[R].2019,5.

杨秀元,李刚,郭颖平,等.三峡库区万州至巫山段城镇灾害地质调查项目成果报告[R]. 2020,10.

杨忠芳,汤奇峰,刘久臣,等.湘鄂重金属高背景区1∶5万土地质量地球化学调查与风险评价[R].2019,12.

姚明,曾建康,贺令邦,等.湖南花垣团结-永顺润雅地区矿产地质调查成果报告[R].2018,1.

姚普,黄文龙,庄卓涵,等.粤港澳湾区三灶圩幅、飞沙幅1∶5万环境地质调查成果报告[R].2018,1.

银杰,张遵遵,甘金木,等.重庆宜居-贵州沿河地区矿产地质调查(2015—2016),武陵山成矿带酉阳一天柱地区地质矿产调查(中国地质调查局武汉地质调查中心)(2017—2018)成果报告[R].2019,7.

余凤鸣,王磊,何文熹,等.赣南地区矿山开发环境问题调查与恢复治理对策研究成果报告[R].2019,9.

余绍文,张彦鹏,刘凤梅,等.琼东南经济规划建设区1∶5万环境地质调查(雷鸣县幅、龙门市幅、琼海县幅)成果报告[R].2019,5.

余绍文,张彦鹏,王斌,等.琼东南经济规划建设区1∶5万环境地质调查成果报告[R].2019,9.

曾长育,李活松,陈海武,等.广西乐业雅庭地区金矿调查评价成果报告[R].2018,8.

曾建康,樊昂君,隋志恒,等.湖南省花垣-凤凰铅锌矿整装勘查区专项填图与技术应用示范报告[R].2016,9.

曾小华,刘嘉,鲁显松,等.湖北麻城福田河-白果镇地区矿产地质调查报告[R].2017,8.

张保民,张国涛,陈林,等.湘中坳陷上古生界页岩气战略选区调查成果报告[R].2019,11.

张福良,靳松,马骋,等.绿色勘查试点推广与新时期找矿机制创新项目成果报告[R]. 2021,11.

张继纯,王建雄,李闫华,等.乍得共和国西凯比河地区地质地球化学调查报告[R].2017,6.

张进富,肖冬贵,林碧海,等.湖南大福坪地区矿产地质调查成果报告[R].2018,2.

张良平,胡希颖,易菲霆,等.湖南省梅城-寒婆坳重点预测区煤炭资源调查评价成果报告[R].2016,12.

张统得,房勇,钱锋.西江中下游流域1∶5万水文地质环境地质调查(中国地质科学院探矿工艺研究所)成果报告[R].2018,4.

张伟,刘子宁,张高强,等.广东1∶5万丰阳公社、大路边公社、东陂、连县幅区域地质矿产调查成果报告[R].2017,8.

张小波,刘俊安,黄威,等.湖北黄石阳新岩体周缘铜金矿调查评价报告[R].2017,10.

赵武强,金世超,戴平云,等.湖南新晃-贵州松桃地区矿产地质调查成果报告[R]. 2018,3.

赵武强,金世超,李堃,等.湖南1∶5万芷江县、中方县、原神场、黔城镇幅区域地质调查成果报告[R].2019,3.

赵信文,曾敏,顾涛,等.粤港澳湾区1∶5万环境地质调查成果报告[R].2019,9.

周宏,陈植华,罗朝晖,等.宜昌长江南岸岩溶流域1∶5万水文地质环境地质调查成果报告[R].2019,9.

周进波,吕昭英,袁海军,等.海南1∶5万长流、海口市、临高县、福山市、白莲市、灵山市幅区域地质调查成果报告[R].2019,5.

周开华,卢友任,李乾,等.广西1∶5万界首镇幅、石塘幅区域地质调查成果报告[R].2019,1.

周念峰,祝西闯,刘晓曦,等.湖南省临武县香花岭地区矿产地质调查成果报告[R].2017,9.

周鹏,危凯.宜都地区1∶25万页岩气基础地质调查成果报告[R].2019,8.

周志，宋腾，王胜建，等. 鄂西页岩气示范基地拓展区战略调查成果报告[R]. 2019，12.

朱继华，林碧海，陈必河，等. 湖南浣溪地区 1∶5 万地质矿产综合调查成果报告[R]. 2018，12.

朱江，彭三国，周新，等. 湖北大悟宣化店地区 1∶5 万矿产地质调查报告[R]. 2019，3.

朱金，周豹，刘文文，等. 湖北随州天河口-历山地区 1∶5 万矿产地质调查成果报告[R]. 2019，7.

朱鑫，黎旭荣，罗思亮，等. 珠江下游基本农田土地质量地球化学调查成果报告[R]. 2019，8.

邹安权，程刚，冯田，等. 长江中游武汉-黄石沿岸段富池口幅 1∶5 万环境地质调查成果报告[R]. 2019，8.

邹安权，程刚，韦东，等. 长江中游武汉-黄石沿岸段 1∶5 万蕲州幅环境地质调查报告[R]. 2018，6.